CISCO

CCNP
企业高级路由
ENARSI 300-410
认证考试指南

[加] 雷蒙德 · 拉科斯特（Raymond Lacoste）
[美] 布拉德 · 埃奇沃思（Brad Edgeworth） 著
夏俊杰 译

人 民 邮 电 出 版 社
北 京

图书在版编目（CIP）数据

CCNP企业高级路由ENARSI 300 410认证考试指南 / (加) 雷蒙德·拉科斯特 (Raymond Lacoste) ，(美) 布拉德·埃奇沃思 (Brad Edgeworth) 著 ； 夏俊杰译. -- 北京 : 人民邮电出版社, 2023.8
ISBN 978-7-115-61675-3

Ⅰ. ①C… Ⅱ. ①雷… ②布… ③夏… Ⅲ. ①计算机网络－路由选择－资格考试－自学参考资料 Ⅳ. ①TN915.05

中国国家版本馆CIP数据核字(2023)第074707号

版权声明

◆ 著　　[加] 雷蒙德·拉科斯特（Raymond Lacoste）
　　　　[美] 布拉德·埃奇沃思（Brad Edgeworth）
译　　夏俊杰
责任编辑　李　瑾
责任印制　王　郁　焦志炜

◆ 人民邮电出版社出版发行　　北京市丰台区成寿寺路 11 号
邮编　100164　　电子邮件　315@ptpress.com.cn
网址　https://www.ptpress.com.cn
北京天宇星印刷厂印刷

◆ 开本：787×1092　1/16
印张：51　　2023 年 8 月第 1 版
字数：1 213 千字　　2023 年 8 月北京第 1 次印刷
著作权合同登记号　图字：01-2020 -6508 号

定价：199.80 元

读者服务热线：(010)81055410　印装质量热线：(010)81055316
反盗版热线：(010)81055315
广告经营许可证：京东市监广登字 20170147 号

内容提要

本书是思科 CCNP 企业高级路由 ENARSI 300-410 认证考试的备考指南，涵盖与 ENARSI 考试相关的各种故障排查技术，包括 IPv4 和 IPv6 编址、IPv4 EIGRP 和 EIGRPv6、OSPF 和 OSPFv3、BGP、路由映射、路由重分发、DMVPN、ACL 和前缀列表、基础设施安全以及设备管理和管理工具等的基础知识和故障排查技术，为广大备考人员提供翔实的学习资料。为了帮助读者更好地深入掌握各章知识，作者在每章开头均安排了“我已经知道了吗？”测验，可以帮助读者确定如何分配有限的学习时间；主要章节还提供了大量故障工单，便于读者掌握认证考试中可能遇到的各种复杂场景；每章结束前的“备考任务”中以列表方式总结了本章的考试要点以及各种有用的配置和故障排查命令，便于读者随时参考和复习。

本书主要面向备考 CCNP 企业高级路由 ENARSI 300-410 认证考试的考生，同时本书相关内容实用性很强，对于提高日常网络维护和排障工作效率来说也非常有用，因而也适合从事企业网络及复杂网络故障排查工作的工程技术人员参考。

关于作者

雷蒙德·拉科斯特致力于提升 IT 从业人员的技能，丰富 IT 从业人员的知识。他从 2001 年开始至今培训了数以百计的 IT 专业人员，帮助他们实现思科认证梦。工作特点决定了雷蒙德需要全职教授思科课程，他目前是 StormWind Studios 负责思科企业路由和交换、AWS 及 ITIL 的首席讲师。雷蒙德将所有技术都视为一间“逃生室”，致力于挖掘并解开所有协议的各种谜团。雷蒙德通过了 110 多项考试，他的办公室墙上挂满了微软、思科、ISC2、ITIL、AWS 和 CompTIA 证书。如果大家有机会参观雷蒙德的办公室，肯定会看到期望中的网络设备、证书及各种奖章，但这些并不是他的全部骄傲和兴趣，至少对雷蒙德来说不是。最令人印象深刻的是他的宝石和其他矿物收藏，只要谈到这些，雷蒙德就会滔滔不绝，他为黄铁矿石中那些奇妙的重晶石标本感到兴奋不已。目前雷蒙德与他的妻子和两个孩子居住在加拿大东部，一起经历各种冒险活动。

布拉德·埃奇沃思是思科公司的系统架构师，也是 Cisco Live 的杰出演讲者，曾发表过多次主题演讲。加入思科公司之前，布拉德曾在多家世界 500 强企业担任网络架构师和顾问。布拉德专注于企业和服务提供商环境，重点研究架构与操作的简便性和一致性。布拉德拥有得克萨斯州奥斯汀圣爱德华大学计算机系统管理的文学学士学位。

关于技术审稿人

赫克托·门多萨（Hector Mendoza）在思科公司工作了 14 年，目前是支持大型 SP 客户的解决方案集成架构师。在负责这项主动性支持工作之前，赫克托在安全组的 HTTS（High Touch Technical Support，深入接触技术支持）提供响应性支持，为思科公司的大型客户提供技术支持。赫克托曾在 Cisco Live 发表过 4 次演讲，也是思科安全课件的内部审稿人，是继续教育和知识共享的坚定倡导者。赫克托对技术充满热情，热衷于解决复杂问题，喜欢与客户开展合作。闲暇时，赫克托会从技术角度评审同事们写作的思科出版社出版的图书。

拉斯·朗（Russ Long）从小就痴迷于计算机和网络，致力于从数字化“怪物”和“外星人”手中“拯救世界”，而且始终初心不改。拉斯的职业生涯始于企业级 IT 工作，负责将太平洋西北部的光纤网络连接在一起。自此以后，他的职业道路漫长而曲折：从系统管理员到 IT 顾问，再到计算机商店老板，接下来是 IT 讲师。最近十多年里，拉斯致力于 IT 环境的教育和咨询工作。他喜欢的话题是思科路由和交换、现实世界的安全性及存储解决方案和虚拟化等。

献词

雷蒙德·拉科斯特

谨将本书献给我的妻子梅兰妮（Melanie），是她默默的支持让我不断进步，这是世界上最艰巨也最伟大的工作。感谢梅兰妮，你是无与伦比的妻子和母亲。

布拉德·埃奇沃思

谨将本书献给我的女儿蒂根（Teagan）。我知道你希望写一本有关精灵和公主的书，虽然我不知道该怎么做，但是你的原话始终萦绕于我心：

我可以说西班牙语、英语、法语、中文和“蛇语”！

致谢

雷蒙德·拉科斯特

衷心感谢布拉德和我一起加入本书的写作旅程，我们精诚合作，竭尽所能创造精品。感谢你的分享与帮助。

感谢我的妻子和孩子，让我安心写作，给予我最无私的支持与帮助。我爱你们！

感谢拉斯·朗，你是我的老朋友，也是值得信任的好朋友。感谢你在本书面世之前帮我找出各种错误，使我的写作一直保持最佳状态。

感谢赫克托·门多萨，虽然我们并不相识，不过你发现了很多对于读者来说影响重大的错误，在此表示感谢！

感谢布雷特·巴托（Brett Bartow），感谢你对我们的信任，让我们有机会写作本书。

感谢 MJB，感谢你让我不断接受挑战，并确保不会出现纰漏。

最后，感谢思科出版社团队以及你们的家人和朋友，出版如此高质量的培训材料离不开你们的努力。

布拉德·埃奇沃思

感谢雷蒙德和布雷特，让我有机会写作本书。非常荣幸能有机会与大家分享我的知识，在此深表感谢！感谢思科出版社团队，感谢你们将我的一堆零散知识变成一件文化精品。

感谢技术审稿人赫克托和拉斯，感谢你们在本书面世之前发现我们的错误。如果还有遗漏，就怪你们俩哦。

感谢众多的思科公司的同事和朋友，感谢你们向我无私地分享各种知识，并在过去几年的多个项目中为我提供了机会，在此表示衷心的感谢。特别感谢克雷格·史密斯（Craig Smith）、亚伦·福斯（Aaron Foss）、拉米罗·加尔萨·里奥斯（Ramiro Garza Rios）、维尼特·贾恩（Vinit Jain）、理查德·弗尔（Richard Furr）、大卫·普拉尔（David Prall）、达斯汀·舒曼（Dustin Schueman）、泰森·斯科特（Tyson Scott）、丹尼斯·菲什伯恩（Denise Fishbourne）、泰勒·克里克（Tyler Creek）和穆罕默德·阿里（Mohammed Ali）。

前言

恭喜！如果你正在阅读本书前言，那表明你已经决定要获得思科 CCNP 企业认证了。获得思科认证有助于加深你对常见通信协议及思科设备的体系架构和配置的理解。思科公司在路由器和交换机领域占有很高的市场份额且产品遍布全球。

多年以来，专业认证一直都是计算机行业的重要一环，其重要性也日益显著。这些专业认证能够长期存在的原因有很多，但最重要的原因之一就是可信度。在其他条件相同的情况下，人们普遍认为拥有专业认证的员工/顾问/求职者更加出色。

思科主要提供 3 类认证：CCNA（思科认证网络工程师）、CCNP（思科认证资深网络工程师）和 CCIE（思科认证互联网专家）。

思科宣布对上述 3 项认证进行调整，所有调整均于 2020 年 2 月生效。调整声明包含诸多对认证的修改，但最值得注意的地方包括以下几点。

- 认证考试将包括一些额外主题（如编程）。
- CCNA 认证不再是获得 CCNP 认证的先决条件，不再提供 CCNA 专项课程。
- 除选择题之外，认证考试还将加强对考生在网络设备配置及故障排查方面的能力考查。
- 如果希望获得 CCNP 认证，就必须参加并通过核心课程和主修课程考试，如 ENARSI。

希望通过 CCNP 企业认证的考生必须参加并通过 CCNP 和 CCIE 企业认证核心课程 ENCOR 350-401 考试，然后还要参加并通过以下任意一门主修课程考试才能获得 CCNP 企业认证。

- ENARSI 300-410，以获得 ENARSI（Implementing Cisco Enterprise Advanced Routing and Service，部署思科企业高级路由和服务）。
- ENSDWI 300-415，以获得 SDWAN300（Implementing Cisco SD-WAN Solution，部署思科 SD-WAN 解决方案）。
- ENSLD 300-420，以获得 ENSLD（Designing Cisco Enterprise Network，设计思科企业网络）。
- ENWLSD 300-425，以获得 ENWLSD（Designing Cisco Enterprise Wireless Network，设计思科企业无线网络）。
- ENWLSI 300-430，以获得 ENWLSI（Implementing Cisco Enterprise Wireless Network，部署思科企业无线网络）。
- ENAUTO 300-435，以获得 ENAUI（Implementing Automation for Cisco Enterprise Solution，思科企业解决方案部署自动化）。

目标和方法

本书最重要也最明显的目标就是帮助读者通过 CCNP ENARSI 300-410 认证考试。同时，本书的组织方式也能够帮助读者更好地应对日常工作。

本书旨在帮助读者发现需要深入学习的考试主题，并充分理解和记住这些细节信息，同时确认自己已经记住这些知识。我们希望读者能够真正学懂并理解这些主题，而非死记硬背。ENARSI 300-410 认证考试涵盖了 CCNP 认证的基础主题，涵盖的知识对娴熟的路由/交换工程师或专家而言至关重要。本书将通过以下方法来帮助读者通过考试。

- 帮助读者发现尚未掌握的考试主题。
- 提供必要的解释和信息以填补知识空白。
- 提供练习和应用场景，以增强读者回忆和推断考题答案的能力。
- 通过配套网站的测试题，为读者提供考试主题的相关练习，帮助读者适应考试过程。

本书对象

本书不是通用性的有关网络的图书（虽然也可以这么设计），而是旨在提高读者通过 ENARSI 300-410 认证考试的概率。虽然阅读本书也能够达到很多其他目的，但本书的真正目的是帮助读者通过考试。

为什么要通过 ENARSI 300-410 认证考试呢？因为这是获得 CCNP 企业认证的“里程碑”事件，并不是一件很容易的事情。获得 CCNP 企业认证有何意义呢？加薪、升职、得到尊重？美化自己的简历？证明自己一直都在认真学习，不满足于现有成就？得到自己的经销商雇主的认同（需要更多的认证员工才能获得更高的思科折扣）？我相信，获得 CCNP 企业认证的原因应该是其中之一甚至更多。

备考策略

ENARSI 300-410 认证考试的备考策略可能会因每个人掌握的技能、知识和经验的不同而有所不同。例如，参加过 CCNP ENARSI 300-410 认证考试培训课程的考生与完全通过在职培训学习路由知识的考生，两者采取的备考策略不太一样。

无论采用何种备考策略或者具备何种背景、能力，本书的目的都是帮助大家在最短的时间内通过考试。例如，如果你已经完全了解了 IP 编址和子网划分，就无须练习或阅读这部分内容。当然，也有很多人喜欢确保自己真正掌握了特定知识，因而仍然希望阅读已经掌握的知识。本书的组织方式能够帮助大家获得自信，确信自己已经掌握了很多知识，而且能发现自己还有哪些不足，必须进一步学习才能真正掌握这些知识。

本书组织方式

本书在结构设计上充分考虑灵活阅读的需要，允许读者在不同的章之间轻松切换，从而快速发现所需的有用信息。当然，读者也可以按部就班地逐章阅读本书。如果读者希望阅读整本书，那么依照本书的编写顺序阅读就是一种非常好的方式。

本书各章的主要内容如下。

- 第 1 章“IPv4/IPv6 编址与路由回顾”：本章讨论 IPv4 和 IPv6 编址、DHCP 与路由等基础知识以及相关的故障排查技术。

- 第 2 章“EIGRP”：本章解释 EIGRP 基础知识、EIGRP 配置模式以及路径度量计算。
- 第 3 章“高级 EIGRP”：本章解释多种 EIGRP 高级概念，包括故障检测、路由汇总、WAN 站点优化技术以及路由过滤。
- 第 4 章“IPv4 EIGRP 故障排查”：本章讨论与 EIGRP 邻居邻接关系和 EIGRP 路由相关的故障排查技术。
- 第 5 章“EIGRPv6”：本章讨论 EIGRP 宣告 IPv6 网络的方式以及 EIGRPv6 的配置和故障排查方式。
- 第 6 章“OSPF”：本章解释 OSPF 的基本概念、路由交换以及 OSPF 网络类型、故障检测、认证等内容。
- 第 7 章“高级 OSPF”：本章在第 6 章的基础上，解释 OSPF 数据库及其构建拓扑结构的方式，同时讨论 OSPF 路径选择、路由汇总以及 OSPF 网络优化技术。
- 第 8 章“OSPFv2 故障排查”：本章讨论与 OSPFv2 邻居邻接关系和 OSPFv2 路由相关的故障排查技术。
- 第 9 章“OSPFv3”：本章解释 OSPF 协议为支持 IPv6 而进行的变更。
- 第 10 章“OSPFv3 故障排查”：本章讨论与 OSPFv3 相关的故障排查技术。
- 第 11 章“BGP”：本章解释 BGP 的基本概念、路径属性以及 IPv4 和 IPv6 网络前缀的配置方式。
- 第 12 章“高级 BGP”：本章在第 11 章的基础上讨论拥有大量 BGP 对等关系的路由器的 BGP 团体及配置技术。
- 第 13 章“BGP 路径选择”：本章讨论 BGP 路径选择进程、识别 BGP 最佳路径以及在等价路径上实现负载均衡的方法。
- 第 14 章“BGP 故障排查”：本章讨论识别和排查与 BGP 邻居邻接关系、BGP 路由及 BGP 路径选择有关的故障问题。此外，还讨论 MP-BGP（IPv6 BGP）。
- 第 15 章“路由映射与条件转发”：本章讨论路由映射、网络前缀选择机制，还讨论将特定网络流量通过不同的接口向外进行条件转发的方式。
- 第 16 章“路由重分发”：本章解释路由重分发规则、路由重分发的配置方式以及基于源或目的路由协议的重分发行为。
- 第 17 章“路由重分发故障排查”：本章讨论与路由重分发相关的故障排查技术，包括配置差错、次优路由及路由环路故障等内容。
- 第 18 章“VRF、MPLS 和 MPLS 三层 VPN”：本章讨论 VRF 的配置和验证方式，以及 MPLS 和 MPLS 三层 VPN 的操作方式。
- 第 19 章“DMVPN 隧道”：本章讨论 GRE 隧道、NHRP、DMVPN 以及 DMVPN 的部署优化技术。
- 第 20 章“DMVPN 隧道安全”：本章解释保护 WAN 网络流量的重要性以及为 DMVPN 隧道部署 IPsec 隧道保护机制的方式。
- 第 21 章“ACL 和前缀列表故障排查”：本章讨论与 IPv4 ACL 和 IPv6 ACL 及

前缀列表相关的故障排查技术。

- 第 22 章“基础设施安全”：本章讨论与 AAA、uRPF 和 CoPP 相关的故障排查技术，同时介绍多种 IPv6 第一跳安全特性。
- 第 23 章“设备管理和管理工具故障排查”：本章讨论与本地或远程接入、远程传输、syslog、SNMP、IP SLA、对象跟踪、NetFlow 和 Flexible NetFlow 相关的故障排查技术，还介绍 Cisco DNA Center Assurance 提供的故障排查工具。

认证考试要点

虽然每次 ENARSI 300-410 认证考试的考题都严格保密，但我们知道哪些内容是成功通过考试的关键，思科将考试要点发布为考试大纲。表 I-1 列出了大纲中的考试要点，以及每个要点在本书中对应的章，这些要点也是现实中使用企业网络技术时必须掌握的核心内容。

表 I-1　　ENARSI 300-410 认证考试的要点及对应的章

ENARSI 300-410 认证考试要点	对应的章
1.0 三层技术	
1.1 管理距离故障排查（所有路由协议）	1
1.2 路由协议的路由映射故障排查（属性、标记、过滤）	17
1.3 环路避免机制故障排查（过滤、标记、水平分割、路由毒化）	17
1.4 路由协议或路由源之间的重分发故障排查	16、17
1.5 路由协议手动和自动汇总故障排查	3、4、5、7、8、9、10、12
1.6 配置和验证策略路由	15
1.7 配置和验证 VRF-Lite	18
1.8 描述双向转发检测（BFD）	23
1.9 EIGRP 故障排查（传统配置和命名配置模式）	4、5
1.9.a 地址簇（IPv4 和 IPv6）	2、3、4、5
1.9.b 邻居关系和认证	2、4、5
1.9.c 无环路径选择（RD、FD、FC、后继路由、可行后继路由、SIA）	3、4
1.9.d 末梢	4
1.9.e 负载均衡（等价和非等价）	2
1.9.f 度量	2
1.10 OSPF（v2 和 v3）故障排查	6、7、8、9、10
1.10.a 地址簇（IPv4 和 IPv6）	8、10
1.10.b 邻居关系和认证	6、8、10
1.10.c 网络类型、区域类型和路由器类型	8、10
1.10.c（i）点到点、点到多点、广播、非广播	6、8、10

续表

ENARSI 300-410 认证考试要点	对应的章
1.10.c（ii）区域类型：骨干区域、普通区域、转接区域、末梢区域、NSSA、完全末梢区域	7、8、10
1.10.c（iii）内部路由器、骨干路由器、ABR、ASBR	6、8、10
1.10.c（iv）虚链路	7、8
1.10.d 路由优先级	7
1.11 BGP（内部和外部）故障排查	11、12、13、14
1.11.a 地址簇（IPv4 和 IPv6）	10、14
1.11.b 邻居关系和认证（下一跳、多跳、4 字节 AS、私有 AS、路由刷新、同步、操作、对等体组、状态和定时器）	10、14
1.11.c 路由优先级（属性和最佳路径）	13、14
1.11.d 路由反射器（不含多路由反射器、联盟及动态对等体）	10
1.11.e 策略（入站/出站过滤、路径控制）	11、14
2.0 VPN 技术	
2.1 描述 MPLS 操作（LSR、LDP、标签交换、LSP）	18
2.2 描述 MPLS 三层 VPN	18
2.3 配置和验证 DMVPN（单台中心路由器）	19、20
2.3.a GRE/mGRE	19
2.3.b NHRP	19
2.3.c IPsec	20
2.3.d 动态邻居	19
2.3.e Spoke-to-Spoke（分支路由器到分支路由器）	19
3.0 基础设施安全	
3.1 基于 IOS AAA（TACACS+、RADIUS、本地数据库）的设备安全	22
3.2 路由器安全特性故障排查	
3.2.a IPv4 ACL（标准、扩展和基于时间的 ACL）	21
3.2.b IPv6 流量过滤器	21
3.2.c uRPF	22
3.3 CoPP 故障排查［Telnet、SSH、HTTP（S）、SNMP、EIGRP、OSPF、BGP］	22
3.4 描述 IPv6 第一跳安全特性（RA 保护、DHCPv6 保护、绑定表、IPv6 ND 检测/监听、源保护）	22
4.0 基础设施服务	
4.1 设备管理故障排查	23
4.1.a 控制台和 vty	23
4.1.b Telnet、HTTP、HTTPS、SSH、SCP	23
4.1.c（T）FTP	23
4.2 SNMP（v2c 和 v3）故障排查	23
4.3 利用日志记录（本地、syslog、debug、条件式 debug、时间戳）排查网络故障	23
4.4 IPv4 和 IPv6 DHCP 故障排查（DHCP 客户端、IOS DHCP 服务器、DHCP 中继、DHCP 操作）	1

续表

ENARSI 300-410 认证考试要点	对应的章
4.5 利用 IP SLA 排查网络性能故障（抖动、跟踪对象、时延、连接性）	23
4.6 NetFlow（v5、v9、Flexible NetFlow）故障排查	23
4.7 利用 Cisco DNA Center Assurance 排查网络故障（连接性、监控、设备运行状况、网络运行状况）	23

每个版本的认证考试都有不同的考试要点，强调不同的功能或特征，而且某些考试要点可能相当广泛和笼统。本书的目的是尽可能全面地呈现 ENARSI 300-410 认证考试要点，以帮助读者做好考试准备。虽然某些章节的内容并未涉及特定的考试要点，但是它们能够为读者清晰地理解考试要点提供必要的基础知识。

本书只能作为"静态"参考，实际的考试要点可能会随时发生变化，思科可以，也确实经常调整认证考试的主题内容。

准备认证考试期间，不要将本书作为唯一的参考内容，建议经常登录思科官网，上面提供了大量与考试要点相关的有用信息。如果希望了解与特定主题相关的更多详细信息，建议参阅相关主题的思科文档。

需要注意的是，随着技术的不断发展，思科保留更改考试要点的权利，恕不另行通知。虽然可以参考表 I-1 中的考试要点，但读者还是应该登录思科官网确认实际的考试要点，以确保考前做好充足准备。

在实验室环境中学习

虽然本书是非常好的自学资源，但是仅仅阅读本书还不够。通常，网络工程师都知道，要想真正掌握一门网络技术，就必须自己动手去实践这门技术。我们鼓励读者按照本书案例，自己动手创建拓扑结构并加以部署。

思科提供如下多种在线资源供大家动手练习。

- 思科 VIRL（Virtual Internet Routing Lab，虚拟 Internet 路由实验室），提供可扩展的网络设计和仿真环境。
- 思科 dCloud，提供各种思科体系架构的演示、培训及沙箱资源，提供可定制的网络环境，而且都是免费的。
- 思科 DevNet，提供大量与编程和可编程性相关的学习资源，包括免费的实验室。

服务与支持

本书由异步社区出品，社区（https://www.epubit.com）为您提供后续服务。

提交勘误信息

作者、译者和编辑尽最大努力来确保书中内容的准确性，但难免会存在疏漏。欢迎您将发现的问题反馈给我们，帮助我们提升图书的质量。

当您发现错误时，请登录异步社区，按书名搜索，进入本书页面，单击“发表勘误”，输入错误信息，单击“提交勘误”按钮即可，如下图所示。本书的作者、译者和编辑会对您提交的错误信息进行审核，确认并接受后，您将获赠异步社区的100积分。积分可用于在异步社区兑换优惠券、样书或奖品。

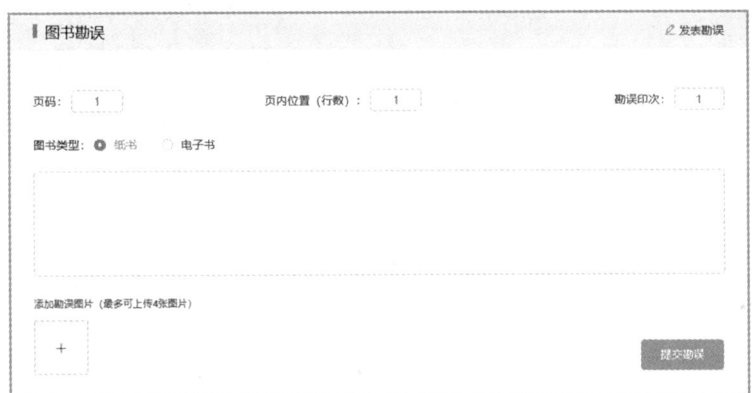

与我们联系

我们的联系邮箱是contact@epubit.com.cn。

如果您对本书有任何疑问或建议，请您发邮件给我们，并请在邮件标题中注明本书书名，以便我们更高效地做出反馈。

如果您有兴趣出版图书、录制教学视频，或者参与图书翻译、技术审校等工作，可以发邮件给我们；有意出版图书的作者也可以到异步社区在线投稿（直接访问www.epubit.com/contribute即可）。

如果您所在的学校、培训机构或企业想批量购买本书或异步社区出版的其他图书，也可以发邮件给我们。

如果您在网上发现有针对异步社区出品图书的各种形式的盗版行为，包括对图书全部或部分内容的非授权传播，请您将怀疑有侵权行为的链接通过邮件发送给我们。您的这一举动是对作者权益的保护，也是我们持续为您提供有价值的内容的动力之源。

关于异步社区和异步图书

“异步社区”是人民邮电出版社旗下 IT 专业图书社区，致力于出版精品 IT 图书和相关学习产品，为作译者提供优质出版服务。异步社区创办于 2015 年 8 月，提供大量精品 IT 图书和电子书，以及高品质技术文章和视频课程。更多详情请访问异步社区官网 https://www.epubit.com。

“异步图书”是由异步社区编辑团队策划出版的精品 IT 专业图书的品牌，依托于人民邮电出版社的计算机图书出版积累和专业编辑团队，相关图书在封面上印有异步图书的 LOGO。异步图书的出版领域包括软件开发、大数据、人工智能、测试、前端、网络技术等。

异步社区

微信服务号

目录

第 1 章　IPv4/IPv6 编址与路由回顾……1

1.1　“我已经知道了吗？”测验……2

1.2　IPv4 编址……5

1.2.1　IPv4 编址问题……5

1.2.2　确定子网中的 IP 地址……8

1.3　IPv4 DHCP……9

1.3.1　DHCP 操作……9

1.3.2　潜在的 DHCP 故障排查问题……13

1.3.3　DHCP 故障排查命令……14

1.4　IPv6 编址……15

IPv6 编址回顾……15

1.5　IPv6 SLAAC、状态化 DHCPv6 和无状态 DHCPv6……18

1.5.1　SLAAC……18

1.5.2　状态化 DHCPv6……22

1.5.3　无状态 DHCPv6……23

1.5.4　DHCPv6 操作……24

1.5.5　DHCPv6 中继代理……25

1.6　包转发过程……26

1.6.1　回顾三层包转发过程……26

1.6.2　包转发过程故障排查……30

1.7　路由信息源……33

1.7.1　数据结构和路由表……33

1.7.2　路由信息源简介……34

1.8　静态路由……35

1.8.1　IPv4 静态路由……36

1.8.2　IPv6 静态路由……39

1.9　故障工单……41

1.9.1　IPv4 编址故障工单……41

1.9.2　IPv6 编址故障工单……46

1.9.3　静态路由故障工单……52

备考任务……57

第 2 章　EIGRP……60

2.1　“我已经知道了吗？”测验……60

2.2　EIGRP 基础知识……62

2.2.1　自治系统……62

2.2.2　EIGRP 术语……63

2.2.3　拓扑表……64

2.2.4　EIGRP 邻居……65

2.2.5　建立 EIGRP 邻居关系……66

2.3　EIGRP 配置模式……67

2.3.1　传统配置模式……67

2.3.2　命名配置模式……67

2.3.3　EIGRP network 语句……68

2.3.4　示例拓扑结构与配置……69

2.3.5　确认接口……71

2.3.6　验证 EIGRP 邻居邻接关系……72

2.3.7　显示已安装的 EIGRP 路由……73

2.3.8　RID……73

2.3.9　被动接口……74

2.3.10　认证……77

2.4　路径度量计算……79

2.4.1　宽度量……81

2.4.2　度量后向兼容性……83

2.4.3　接口时延设置……83

2.4.4　自定义 *K* 值……84

2.4.5　负载均衡……84

备考任务……86

第 3 章　高级 EIGRP……89

3.1　“我已经知道了吗？”测验……89

3.2　故障检测和定时器……91

3.2.1　收敛……92

3.2.2　SIA……94

3.3　路由汇总……96

3.3.1　特定接口汇总……96

3.3.2　汇总丢弃路由……98

3.3.3　汇总度量……98

3.3.4　自动汇总……99

3.4　WAN 注意事项……100

3.4.1　EIGRP 末梢路由器……100

3.4.2　末梢站点功能……102

3.4.3 IP 带宽比例 ······ 106
3.4.4 水平分割 ······ 107
3.5 路由控制 ······ 109
3.5.1 路由过滤 ······ 109
3.5.2 通过 EIGRP 偏移列表引导流量 ······ 112
备考任务 ······ 114
第 4 章 IPv4 EIGRP 故障排查 ······ 117
4.1 “我已经知道了吗？”测验 ······ 117
4.2 IPv4 EIGRP 邻居邻接关系故障排查 ······ 119
4.2.1 接口中断 ······ 120
4.2.2 ASN 不匹配 ······ 121
4.2.3 network 语句错误 ······ 122
4.2.4 *K* 值不匹配 ······ 123
4.2.5 被动接口 ······ 124
4.2.6 子网不同 ······ 125
4.2.7 认证 ······ 126
4.2.8 ACL ······ 128
4.2.9 定时器 ······ 129
4.3 IPv4 EIGRP 路由故障排查 ······ 129
4.3.1 network 命令错误或缺失 ······ 130
4.3.2 更优的路由信息源 ······ 131
4.3.3 路由过滤 ······ 134
4.3.4 末梢配置 ······ 135
4.3.5 接口处于关闭状态 ······ 136
4.3.6 水平分割 ······ 137
4.4 其他 IPv4 EIGRP 故障排查 ······ 138
4.4.1 可行后继路由 ······ 138
4.4.2 不连续网络和自动汇总 ······ 141
4.4.3 路由汇总 ······ 142
4.4.4 负载均衡 ······ 143
4.5 故障工单（IPv4 EIGRP） ······ 144
4.5.1 故障工单 4-1 ······ 144
4.5.2 故障工单 4-2 ······ 150
4.5.3 故障工单 4-3 ······ 154
备考任务 ······ 157
第 5 章 EIGRPv6 ······ 159
5.1 “我已经知道了吗？”测验 ······ 159
5.2 EIGRPv6 基础知识 ······ 161
5.2.1 EIGRPv6 路由器间通信 ······ 161
5.2.2 EIGRPv6 配置 ······ 162
5.2.3 IPv6 路由汇总 ······ 165
5.2.4 默认路由宣告 ······ 166
5.2.5 路由过滤 ······ 166
5.3 EIGRPv6 邻居故障排查 ······ 167
5.3.1 接口处于关闭状态 ······ 167
5.3.2 自治系统号不匹配 ······ 167
5.3.3 *K* 值不匹配 ······ 168
5.3.4 被动接口 ······ 168
5.3.5 认证参数不匹配 ······ 168
5.3.6 定时器 ······ 169
5.3.7 接口未参与路由进程 ······ 169
5.3.8 ACL ······ 169
5.4 EIGRPv6 路由故障排查 ······ 170
5.4.1 接口未参与路由进程 ······ 170
5.4.2 更优的路由信息源 ······ 170
5.4.3 路由过滤 ······ 170
5.4.4 末梢配置 ······ 170
5.4.5 水平分割 ······ 171
5.5 EIGRP 命名配置模式故障排查 ······ 172
5.6 故障工单（EIGRPv6 和 EIGRP 命名配置模式） ······ 176
5.6.1 故障工单 5-1 ······ 177
5.6.2 故障工单 5-2 ······ 180
备考任务 ······ 184
第 6 章 OSPF ······ 187
6.1 “我已经知道了吗？”测验 ······ 187
6.2 OSPF 基础知识 ······ 190
6.2.1 区域 ······ 191
6.2.2 路由器间通信 ······ 192
6.2.3 路由器 ID ······ 193
6.2.4 OSPF Hello 包 ······ 193
6.2.5 邻居 ······ 194
6.2.6 建立邻居邻接关系的要求 ······ 194
6.3 OSPF 配置 ······ 196
6.3.1 OSPF network 语句 ······ 196
6.3.2 特定接口配置 ······ 196
6.3.3 被动接口 ······ 197
6.3.4 示例拓扑结构及配置 ······ 197

6.3.5 接口确认 ……198
6.3.6 OSPF 邻居邻接关系验证 ……200
6.3.7 查看 OSPF 安装的路由 ……201
6.3.8 外部 OSPF 路由 ……202
6.3.9 默认路由宣告 ……203
6.4 DR 和 BDR ……205
6.4.1 选举 DR ……206
6.4.2 DR 和 BDR 的部署位置 ……207
6.5 OSPF 网络类型 ……207
6.5.1 广播网络 ……208
6.5.2 非广播网络 ……208
6.5.3 点到点网络 ……209
6.5.4 点到多点网络 ……211
6.5.5 环回网络 ……213
6.6 故障检测 ……214
6.6.1 Hello 定时器 ……215
6.6.2 失效定时器 ……215
6.6.3 验证 OSPF 定时器 ……215
6.7 认证 ……215
备考任务 ……217
第 7 章 高级 OSPF ……220
7.1 “我已经知道了吗？”测验 ……220
7.2 LSA ……222
7.2.1 LSA 序列号 ……223
7.2.2 LSA 老化时间和泛洪 ……224
7.2.3 LSA 类型 ……224
7.3 OSPF 末梢区域 ……241
7.3.1 末梢区域 ……241
7.3.2 完全末梢区域 ……243
7.3.3 NSSA ……245
7.3.4 完全 NSSA ……248
7.4 OSPF 路径选择 ……250
7.4.1 接口开销 ……250
7.4.2 区域内路由 ……251
7.4.3 区域间路由 ……252
7.4.4 外部路由选择 ……252
7.4.5 E1 和 N1 外部路由 ……252
7.4.6 E2 和 N2 外部路由 ……253
7.4.7 等价多路径 ……253
7.5 路由汇总 ……254
7.5.1 路由汇总概述 ……254
7.5.2 区域间汇总 ……256
7.5.3 配置区域间汇总 ……256
7.5.4 外部汇总 ……258
7.6 不连续网络 ……260
7.7 虚链路 ……261
备考任务 ……263
第 8 章 OSPFv2 故障排查 ……266
8.1 “我已经知道了吗？”测验 ……266
8.2 OSPFv2 邻居邻接关系故障排查 ……268
8.2.1 接口处于关闭状态 ……270
8.2.2 接口未运行 OSPF 进程 ……270
8.2.3 定时器不匹配 ……272
8.2.4 区域 ID 不匹配 ……273
8.2.5 区域类型不匹配 ……274
8.2.6 子网不同 ……275
8.2.7 被动接口 ……275
8.2.8 认证信息不匹配 ……276
8.2.9 ACL ……277
8.2.10 MTU 不匹配 ……278
8.2.11 RID 重复 ……279
8.2.12 网络类型不匹配 ……280
8.3 OSPFv2 路由故障排查 ……281
8.3.1 接口未运行 OSPF 进程 ……282
8.3.2 更优的路由信息源 ……283
8.3.3 路由过滤 ……285
8.3.4 末梢区域配置 ……288
8.3.5 接口处于关闭状态 ……289
8.3.6 选举了错误的 DR ……289
8.3.7 RID 重复 ……292
8.4 其他 OSPFv2 故障排查 ……293
8.4.1 在网络中跟踪 OSPF 宣告 ……293
8.4.2 路由汇总 ……295
8.4.3 不连续区域 ……297
8.4.4 负载均衡 ……299
8.4.5 默认路由 ……299
8.5 故障工单（OSPFv2） ……299

8.5.1 故障工单 8-1 …… 300
8.5.2 故障工单 8-2 …… 306
8.5.3 故障工单 8-3 …… 309
备考任务 …… 311
第 9 章 OSPFv3 …… 313
9.1 “我已经知道了吗？”测验 …… 313
9.2 OSPFv3 基础知识 …… 314
9.2.1 OSPFv3 LSA …… 315
9.2.2 OSPFv3 通信 …… 316
9.3 OSPFv3 配置 …… 316
9.3.1 OSPFv3 验证 …… 319
9.3.2 被动接口 …… 320
9.3.3 IPv6 路由汇总 …… 321
9.3.4 网络类型 …… 322
9.3.5 OSPFv3 认证 …… 323
9.3.6 OSPFv3 链路本地转发 …… 324
9.4 OSPFv3 LSA 泛洪范围 …… 326
备考任务 …… 331
第 10 章 OSPFv3 故障排查 …… 333
10.1 “我已经知道了吗？”测验 …… 333
10.2 IPv6 OSPFv3 故障排查 …… 335
OSPFv3 故障排查命令 …… 335
10.3 故障工单（OSPFv3） …… 340
10.3.1 故障工单 10-1 …… 341
10.3.2 故障工单 10-2 …… 343
10.4 OSPFv3 地址簇故障排查 …… 347
10.5 故障工单（OSPFv3 AF） …… 355
故障工单 10-3 …… 355
备考任务 …… 359
第 11 章 BGP …… 361
11.1 “我已经知道了吗？”测验 …… 361
11.2 BGP 基础知识 …… 363
11.2.1 ASN …… 363
11.2.2 BGP 会话 …… 363
11.2.3 路径属性 …… 364
11.2.4 环路预防 …… 364
11.2.5 地址簇 …… 364
11.2.6 路由器间通信 …… 365
11.3 BGP 基本配置 …… 369
11.3.1 验证 BGP 会话 …… 371
11.3.2 前缀宣告 …… 373
11.3.3 接收和查看路由 …… 375
11.4 理解 BGP 会话类型和行为 …… 379
11.4.1 iBGP …… 380
11.4.2 eBGP …… 384
11.4.3 eBGP 和 iBGP 拓扑结构 …… 385
11.4.4 下一跳控制 …… 387
11.4.5 iBGP 扩展性增强 …… 388
11.5 IPv6 MP-BGP …… 395
11.5.1 IPv6 BGP 配置 …… 396
11.5.2 IPv6 汇总 …… 400
11.5.3 IPv6 over IPv4 …… 401
备考任务 …… 405
第 12 章 高级 BGP …… 408
12.1 “我已经知道了吗？”测验 …… 408
12.2 路由汇总 …… 410
12.2.1 汇总地址 …… 410
12.2.2 原子聚合属性 …… 415
12.2.3 基于 AS_SET 的路由聚合 …… 416
12.3 BGP 路由过滤和控制 …… 418
12.3.1 分发列表过滤 …… 419
12.3.2 前缀列表过滤 …… 420
12.3.3 AS_PATH 过滤 …… 421
12.3.4 路由映射 …… 428
12.3.5 清除 BGP 连接 …… 430
12.4 BGP 团体 …… 430
12.4.1 启用 BGP 团体支持 …… 431
12.4.2 周知团体 …… 431
12.4.3 条件匹配 BGP 团体 …… 435
12.4.4 设置私有 BGP 团体 …… 436
12.5 最大前缀数量 …… 438
12.6 配置扩展性 …… 439
12.6.1 IOS 对等体组 …… 439
12.6.2 IOS 对等体模板 …… 440
备考任务 …… 441
第 13 章 BGP 路径选择 …… 443
13.1 “我已经知道了吗？”测验 …… 443

13.2 理解 BGP 路径选择……445
13.3 BGP 最佳路径……446
13.3.1 权重……447
13.3.2 本地优先级……450
13.3.3 network 或聚合宣告中源自本地的路由……455
13.3.4 AIGP……455
13.3.5 最短 AS_PATH……457
13.3.6 路由来源类型……459
13.3.7 MED……461
13.3.8 eBGP 路由优于 iBGP 路由……466
13.3.9 最小 IGP 度量……466
13.3.10 优选最早的 eBGP 路径……467
13.3.11 路由器 ID……467
13.3.12 最小 Cluster_List 长度……467
13.3.13 最小 BGP 邻居地址……467
13.4 BGP 等价多路径……468
备考任务……469
第 14 章 BGP 故障排查……471
14.1 "我已经知道了吗？"测验……472
14.2 BGP 邻居邻接关系故障排查……474
14.2.1 接口处于中断状态……475
14.2.2 三层连接中断……475
14.2.3 通过默认路由到达邻居……476
14.2.4 邻居没有到达本地路由器的路径……477
14.2.5 neighbor 语句错误……478
14.2.6 BGP 数据包来自错误的 IP 地址……478
14.2.7 ACL……480
14.2.8 BGP 数据包的 TTL 到期……481
14.2.9 认证参数不匹配……483
14.2.10 对等体组配置错误……484
14.2.11 定时器……485
14.3 BGP 路由故障排查……486
14.3.1 network mask 命令缺失或错误……487
14.3.2 下一跳地址不可达……489
14.3.3 BGP 水平分割规则……491
14.3.4 更优的路由信息源……492
14.3.5 路由过滤……494
14.4 BGP 路径选择故障排查……498
14.4.1 理解最佳路径决策进程……499
14.4.2 私有自治系统号……502
14.4.3 使用 debug 命令……502
14.5 IPv6 BGP 故障排查……504
14.6 故障工单（BGP）……508
14.6.1 故障工单 14-1……508
14.6.2 故障工单 14-2……513
14.6.3 故障工单 14-3……518
14.7 故障工单（MP-BGP）……522
故障工单 14-4……522
备考任务……525
第 15 章 路由映射与条件转发……527
15.1 "我已经知道了吗？"测验……527
15.2 条件匹配……528
15.2.1 ACL……528
15.2.2 前缀匹配……531
15.3 路由映射……533
15.3.1 条件匹配……534
15.3.2 可选操作……536
15.3.3 continue……537
15.4 条件转发数据包……537
15.4.1 PBR 配置……538
15.4.2 本地 PBR……540
15.5 故障工单……542
15.5.1 故障工单 15-1……542
15.5.2 故障工单 15-2……546
15.5.3 故障工单 15-3……547
备考任务……549
第 16 章 路由重分发……551
16.1 "我已经知道了吗？"测验……551
16.2 路由重分发概述……552
16.2.1 重分发是非传递的……554
16.2.2 连续协议重分发……555
16.2.3 路由必须位于 RIB 中……556
16.2.4 种子度量……557
16.3 特定协议配置……558
16.3.1 特定源协议行为……558
16.3.2 特定目的协议行为……560
备考任务……572

第 17 章 路由重分发故障排查…………574
17.1 "我已经知道了吗？"测验………574
17.2 高级路由重分发故障排查…………576
17.2.1 重分发导致的次优路由故障排查……577
17.2.2 重分发导致的路由环路故障排查……578
17.3 IPv4 和 IPv6 路由协议路由重分发故障排查……………………………………585
17.3.1 路由重分发回顾………………………585
17.3.2 重分发到 EIGRP 时的故障排查………587
17.3.3 重分发到 OSPF 时的故障排查………591
17.3.4 重分发到 BGP 时的故障排查…………596
17.3.5 基于路由映射的重分发故障排查……598
17.4 故障工单（重分发）…………598
17.4.1 故障工单 17-1……………………………598
17.4.2 故障工单 17-2……………………………602
17.4.3 故障工单 17-3……………………………606
17.4.4 故障工单 17-4……………………………610
备考任务……………………………………………614
第 18 章 VRF、MPLS 和 MPLS 三层 VPN………………………………617
18.1 "我已经知道了吗？"测验………617
18.2 部署和验证 VRF-Lite………………619
18.2.1 VRF-Lite 概述……………………………619
18.2.2 创建和验证 VRF 实例…………………620
18.3 MPLS 操作……………………………………630
18.3.1 MPLS LIB 和 LFIB………………………631
18.3.2 LSR …………………………………………632
18.3.3 LSP……………………………………………632
18.3.4 标签……………………………………………632
18.3.5 LDP……………………………………………633
18.3.6 标签交换……………………………………634
18.3.7 倒数第二跳…………………………………635
18.4 MPLS 三层 VPN……………………………636
18.4.1 MPLS 三层 VPN 概述……………………636
18.4.2 MPLS 三层 VPNv4 地址…………………637
18.4.3 MPLS 三层 VPN 标签栈…………………638
备考任务……………………………………………641
第 19 章 DMVPN 隧道……………………643
19.1 "我已经知道了吗？"测验………643
19.2 GRE 隧道……………………………………645
19.2.1 GRE 隧道配置……………………………646
19.2.2 GRE 隧道配置示例………………………648
19.3 NHRP…………………………………………650
19.4 DMVPN………………………………………651
19.4.1 第一阶段：Spoke-to-Hub………………652
19.4.2 第二阶段：Spoke-to-Spoke……………652
19.4.3 第三阶段：分层树状 Spoke-to-Spoke……………………………653
19.4.4 DMVPN 阶段对比…………………………653
19.5 DMVPN 配置………………………………654
19.5.1 DMVPN 中心路由器配置………………655
19.5.2 DMVPN 分支路由器配置：DMVPN 第一阶段（点到点）………656
19.5.3 查看 DMVPN 隧道状态…………………659
19.5.4 查看 NHRP 缓存…………………………661
19.5.5 DMVPN 第三阶段配置（多点）……664
19.5.6 IP NHRP 认证……………………………666
19.5.7 IP NHRP 注册唯一性……………………666
19.6 Spoke-to-Spoke 通信………………667
19.6.1 建立 Spoke-to-Spoke 隧道………………668
19.6.2 NHRP 路由表控制…………………………672
19.6.3 基于路由汇总的 NHRP 路由表控制……674
19.7 叠加网络的故障问题………………677
19.7.1 递归路由……………………………………677
19.7.2 出站接口选择………………………………678
19.7.3 FVRF…………………………………………679
19.8 DMVPN 故障检测与高可用性…680
DMVPN 中心路由器冗余机制…………………681
19.9 IPv6 DMVPN 配置…………………681
19.9.1 IPv6 over IPv6 配置实例………………683
19.9.2 IPv6 DMVPN 验证…………………………685
备考任务……………………………………………686
第 20 章 DMVPN 隧道安全……………689
20.1 "我已经知道了吗？"测验………689
20.2 安全传输组件………………………………690
20.3 IPsec 基础知识……………………………692
20.3.1 安全协议……………………………………693
20.3.2 密钥管理……………………………………693

20.3.3 安全关联……693
20.3.4 ESP 模式……694
20.4 IPsec 隧道保护……695
20.4.1 预共享密钥认证……695
20.4.2 DMVPN 隧道加密验证……702
20.4.3 IKEv2 保护……704
备考任务……705
第 21 章 ACL 和前缀列表故障排查……707
21.1 “我已经知道了吗？”测验……707
21.2 IPv4 ACL 故障排查……709
21.2.1 阅读 IPv4 ACL……710
21.2.2 使用 IPv4 ACL 进行过滤……711
21.2.3 使用基于时间的 IPv4 ACL……712
21.3 IPv6 ACL 故障排查……713
21.3.1 阅读 IPv6 ACL……713
21.3.2 利用 IPv6 ACL 进行过滤……714
21.4 前缀列表故障排查……715
21.4.1 阅读前缀列表……715
21.4.2 前缀列表的处理……717
21.5 故障工单……718
21.5.1 故障工单 21-1：IPv4 ACL 故障工单……718
21.5.2 故障工单 21-2：IPv6 ACL 故障工单……720
21.5.3 故障工单 21-3：前缀列表故障工单……723
备考任务……725
第 22 章 基础设施安全……727
22.1 “我已经知道了吗？”测验……727
22.2 思科 IOS AAA 故障排查……729
22.3 uRPF 故障排查……733
22.4 CoPP 故障排查……734
22.4.1 创建 ACL 以识别流量……734
22.4.2 创建分类映射以定义流量类别……736
22.4.3 创建策略映射以定义服务策略……738
22.4.4 将服务策略应用于控制平面接口……740
22.4.5 CoPP 小结……742
22.5 IPv6 第一跳安全特性……742
22.5.1 RA 保护……742
22.5.2 DHCPv6 保护……743
22.5.3 绑定表……743
22.5.4 IPv6 ND 检查/监听……743
22.5.5 源保护……743
备考任务……743
第 23 章 设备管理和管理工具故障排查……746
23.1 “我已经知道了吗？”测验……746
23.2 设备管理故障排查……748
23.2.1 控制台接入故障排查……749
23.2.2 vty 接入故障排查……749
23.2.3 远程传输故障排查……752
23.3 管理工具故障排查……755
23.3.1 syslog 故障排查……755
23.3.2 SNMP 故障排查……758
23.3.3 思科 IOS IP SLA 故障排查……761
23.3.4 对象跟踪故障排查……766
23.3.5 NetFlow 和 Flexible NetFlow 故障排查……767
23.3.6 BFD……774
23.3.7 Cisco DNA Center Assurance……775
备考任务……782
附录 “我已经知道了吗？”测验的答案……785

第 1 章

IPv4/IPv6 编址与路由回顾

本章主要讨论以下主题。

- **IPv4 编址**：本节将回顾 IPv4 编址的基本内容，并讨论与 IPv4 编址相关的故障及故障排查技术。
- **IPv4 DHCP**：本节将回顾 IPv4 DHCP 的基本内容，并讨论与 DHCP 相关的故障以及各种 DHCP **show** 命令的输出结果。
- **IPv6 编址**：本节将简要回顾 IPv6 编址的基本内容。
- **IPv6 SLAAC、状态化 DHCPv6 和无状态 DHCPv6**：本节将讨论客户端如何通过 SLAAC、状态化 DHCPv6 和无状态 DHCPv6 获得 IPv6 编址信息。
- **包转发过程**：本节将讨论包转发过程以及验证包转发过程中数据结构表项的相关命令，还将提供一系列有助于排查相关故障的思科 IOS 软件命令。
- **路由信息源**：本节将讨论最可靠的路由信息源以及路由表与各种数据结构进行交互以填充最佳信息的方式。
- **静态路由**：本节将讨论 IPv4 和 IPv6 静态路由的配置和验证方式。
- **故障工单**：本节将通过一些故障工单来说明通过结构化的故障排查过程解决故障问题的方法。

虽然全球都在部署 IPv6，但整体部署进度仍然较为缓慢，大多数网络仍然依赖 IPv4，很多新网络以及网络扩容还在通过 IPv4 进行部署，因而要求人们必须掌握相关技能来配置、验证 IPv4 编址以及完成与 IPv4 编址相关的故障排查操作。因此，本章将简要回顾与 IPv4 编址相关的基本内容。

通常，人们倾向于采用 DHCP（Dynamic Host Configuration Protocol，动态主机配置协议）来部署 IPv4 地址，以实现 IP 地址的动态分配。但这种动态分配过程可能会出现问题，导致设备无法从 DHCP 服务器成功获取 IPv4 地址。因此，本章将简要回顾 DHCP 的工作方式以及识别可能导致客户端无法从 DHCP 服务器获取 IP 地址问题的方法。

无论如何，组织机构早晚都要迁移到 IPv6，IPv6 不但能够提供比 IPv4 大得多的地址空间，而且具备很多优势。本章将说明 IPv6 设备确定目的端是位于本地还是远程的方式，同时将讨论与 IPv6 地址分配及故障排查相关的注意事项。

在深入研究 EIGRP（Enhanced Interior Gateway Routing Protocol，增强型内部网关

路由协议)、OSPF (Open Shortest Path First，开放最短通路优先) 和 BGP (Border Gateway Protocol，边界网关协议) 等高级路由主题之前，需要先讨论常规的数据包传递过程(也称为路由过程)。该过程是数据包到达路由器的入站接口并通过包交换处理到达出站接口所经历的过程，与数据包是 IPv4 还是 IPv6 数据包无关。无论哪种数据包，路由器都执行相同的处理步骤，即从入站接口获取数据包之后通过交换处理使其到达出站接口。此外，还需要了解路由器通过“最佳”路由填充路由表的方式，了解将这些路由归为最佳路由的原因。通过 EIGRP 学到的路由是否比静态路由更优？通过 OSPF 或 BGP 学到的路由又如何呢？如何对比不同来源的路由信息？如果同时有多个源端提供了相同的路由信息，那么路由器该如何做出最佳路由决策呢？

静态路由是网络的一部分，但由于静态路由都是手动配置的，因而极易出现人为错误，从而导致次优路由或路由环路。因此，本章将回顾 IPv4 和 IPv6 静态路由的配置和验证过程。

请注意，本章将主要讨论 CCNA 或 ENCOR 认证考试涉及的 IPv4/IPv6 编址、IPv4/IPv6 DHCP、包转发过程、管理距离和静态路由等内容，建议大家认真阅读本章内容，因为这些内容是后续章节以及备考 ENARSI 的基础知识。

1.1 “我已经知道了吗？”测验

“我已经知道了吗？”测验的目的是帮助读者确定是否需要完整地学习本章知识或者直接跳至“备考任务”，如果读者对题目的答案还存在疑问，或者评估自己对这些主题知识的掌握程度还不够的话，就可以从头学起。表 1-1 列出了本章的主要内容以及与这些内容相关联的“我已经知道了吗？”测验题，答案可参见附录。

表 1-1 “我已经知道了吗？”基本主题章节与所对应的测验题

涵盖测验题的基本主题章节	测验题
IPv4 编址	1～3
IPv4 DHCP	4～6
IPv6 编址	7～8
IPv6 SLAAC、状态化 DHCPv6 和无状态 DHCPv6	9～12
包转发过程	13～15
路由信息来源	16～17
静态路由	18～19

注意：自我评价的目的是检验你对本章知识的掌握程度，如果不知道或仅知道部分问题的答案，出于自我评价的目的，请在该问题上标记“错”。为了不影响自我评价的结果，对不懂的问题请不要猜测答案，否则可能会造成一种已掌握的假象。

1. 如果 IP 地址为 10.1.1.27/28 的 PC 希望与 IP 地址为 10.1.1.18 的 PC 进行通信，那么会发生什么情况？（选择两项）
   a. 将帧发送给默认网关

b．将帧直接发送给目的 PC

c．使用 ARP 获取默认网关的 MAC 地址

d．使用 ARP 获取目的 PC 的 MAC 地址

2．如果 IP 地址为 10.1.1.27/29 的 PC 希望与 IP 地址为 10.1.1.18 的 PC 进行通信，那么会发生什么情况？（选择两项）

a．将帧发送给默认网关

b．将帧直接发送给目的 PC

c．使用 ARP 获取默认网关的 MAC 地址

d．使用 ARP 获取目的 PC 的 MAC 地址

3．可以通过下面哪条命令来验证路由器接口配置的 IP 地址？

a．**ipconfig**

b．**show ip interface**

c．**arp -a**

d．**show ip arp**

4．IPv4 DHCP 的进程的正确操作顺序是什么？

a．Offer→Request→Acknowledgment→Discover

b．Discover→Request→Acknowledgment→Offer

c．Request→Offer→Discover→Acknowledgment

d．Discover→Offer→Request→Acknowledgment

5．下面哪条命令可以在路由器接口上将 DHCPDISCOVER（发现）消息转发给不同子网中的 DHCP 服务器？

a．**ip address dhcp**

b．**ip helper-address**

c．**ip dhcp-forwarder**

d．**ip dhcp server**

6．下面哪条命令能够让路由器接口从 DHCP 服务器获取 IP 地址？

a．**ip dhcp client**

b．**ip dhcp server**

c．**ip address dhcp**

d．**ip helper-address**

7．IPv6 通过下面哪种协议来确定同一局域网中的设备的 MAC 地址？

a．地址解析协议

b．反向地址解析协议

c．邻居发现协议

d．邻居请求

8．使用 EUI-64 时，下面哪些选项是正确的？（选择两项）

a．不加修改地使用接口 MAC 地址

b．将 FFFE 添加到接口 MAC 地址中间

c. 将 MAC 地址从左数的第 7 个比特翻转

d. 将 MAC 地址从右数的第 7 个比特翻转

9. Cisco IOS 路由器通过什么命令在接口上启用 SLAAC?

a. **ipv6 address autoconfig**

b. **ipv6 address dhcp**

c. **ipv6 address** *prefix* **eui-64**

d. **ipv6 nd ra suppress**

10. 无状态地址自动配置的要求是什么？（选择 3 项）

a. 前缀必须为/64

b. 路由器必须发送而不抑制 RA 消息

c. 路由器必须启用 IPv6 单播路由

d. 路由器必须发送 RS 消息

11. 路由器可以通过下面哪条命令通知客户端它们需要从 DHCPv6 服务器获取额外的配置信息?

a. **ipv6 nd ra suppress**

b. **ipv6 dhcp relay destination**

c. **ipv6 address autoconfig**

d. **ipv6 nd other-config-flag**

12. 可以通过下面哪条命令将路由器接口配置为 DHCPv6 中继代理?

a. **ipv6 forwarder**

b. **ipv6 helper-address**

c. **ipv6 dhcp relay destination**

d. **ipv6 dhcp client**

13. 路由器的数据平面维护了哪两种数据结构?

a. IP 路由表

b. ARP 缓存

c. 转发信息库

d. 邻接表

14. 可以通过下面哪条命令验证 FIB 中的路由?

a. **show ip route**

b. **show ip arp**

c. **show ip cef**

d. **show adjacency detail**

15. 下面哪些选项可以填充路由协议的数据结构，如 EIGRP 拓扑表?（选择 3 项）

a. 来自邻居的更新

b. 重分发的路由

c. 为路由进程启用的接口

d. 静态路由

16. 下面哪一项的默认管理距离最小?
   a. OSPF
   b. EIGRP(内部)
   c. RIP
   d. BGP
17. OSPF 区域内路由的默认管理距离是多少?
   a. 90
   b. 110
   c. 115
   d. 120
18. 如何创建浮动静态路由?
   a. 将静态路由的度量值设置得大于首选路由来源
   b. 将静态路由的度量值设置得小于首选路由来源
   c. 将静态路由的 AD 设置得大于首选路由来源
   d. 将静态路由的 AD 设置得小于首选路由来源
19. 如果使用指定的以太网接口而不是下一跳 IP 地址来创建 IPv4 静态路由,那么会怎么样?
   a. 路由器将通过 ARP 获取直连路由器的 IP 地址的 MAC 地址
   b. 路由器将以目的 MAC 地址 FFFF:FFFF:FFFF 转发数据包
   c. 路由器将通过 ARP 获取数据包源 IP 地址的 MAC 地址
   d. 路由器将通过 ARP 获取数据包目的 IP 地址的 MAC 地址

基本主题

1.2 IPv4 编址

与通过街道地址唯一地定义每个人的住址相似,IPv4 地址负责唯一地定义设备在网络中的位置。街道地址通常由两部分组成:街道名称和房屋编号。两者组成的地址在整个城镇范围内都是唯一的,这样就能确保比萨送货员可以将比萨送到家中。如果街道地址不正确,就无法收到比萨,我想没有人希望发生这种情况。

IPv4 编址与此类似,如果设备编址不正确,就无法收到发给它们的数据包。因此,必须掌握 IPv4 编址的基本知识以及验证网络上的设备编址是否正确的方法。本节将简要回顾 IPv4 编址的基本知识,并讨论与 IPv4 编址相关的故障及排查方式。

1.2.1 IPv4 编址问题

IPv4 地址由两部分组成:网络/子网部分和主机部分。同一网络/子网中的所有设备都必须共享完全相同的网络/子网部分。如果网络/子网部分不相同,那么 PC 对二层帧的编址就会出现错误,并向错误的方向发送数据包。图 1-1 给出了一个正确的 IPv4 编址示例,在子网(10.1.1.0/26)中包含了两台 PC 和一台默认网关 R1。

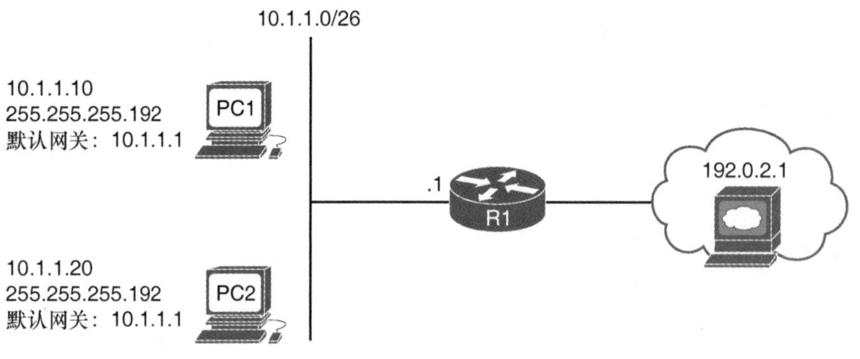

图 1-1 正确的 IPv4 编址示例

如果 PC1 需要与 PC2 进行通信，那么首先需要对 PC2 的 IP 地址执行 DNS 查找操作，然后返回其 IP 地址 10.1.1.20。接下来，PC1 需要确定 PC2 是否与自己位于同一子网中，因为这将确定该帧是否拥有 PC2 的 MAC 地址或 DG（Default Gateway，默认网关）的 MAC 地址。PC1 确定其网络/子网部分的方式是以二进制方式比较其 IP 地址和子网掩码。

- 00001010.00000001.00000001.00001010：二进制 PC1 IP 地址。
- 11111111.11111111.11111111.11000000：二进制 PC1 子网掩码（子网掩码中的 1 表示网络部分）。
- 00001010.00000001.00000001.00：PC1 网络/子网 ID。

接下来，PC1 将网络/子网 ID 的二进制比特与 PC2 IP 地址中的对应位二进制比特进行对比。

- 00001010.00000001.00000001.00：PC1 网络/子网 ID。
- 00001010.00000001.00000001.00010100：二进制 PC2 IP 地址。

由于两者的二进制比特完全相同，因而 PC1 判断出 PC2 与自己位于同一个网络/子网中，能够进行直接通信，而不需要将数据发送给默认网关。此后，PC1 就可以使用自己的 MAC 地址作为源地址，并将 PC2 的 MAC 地址作为目的地址来创建数据帧。

如果 PC1 需要与 IP 地址为 192.0.2.1 的 Web 服务器进行通信，那么情况又如何呢？首先，PC1 需要对 Web 服务器的 IP 地址执行 DNS 查找操作，此时将返回其 IP 地址 192.0.2.1。接下来，PC1 需要确定 Web 服务器是否与自己位于同一个网络/子网中，这将确定帧是否拥有 Web 服务器的 MAC 地址或默认网关的 MAC 地址。PC1 确定其网络/子网部分的方式是以二进制方式比较其 IP 地址和子网掩码的。

- 00001010.00000001.00000001.00001010：二进制 PC1 IP 地址。
- 11111111.11111111.11111111.11000000：二进制 PC1 子网掩码（子网掩码中的 1 表示网络部分）。
- 00001010.00000001.00000001.00：PC1 网络/子网 ID。

接下来，PC1 将网络/子网 ID 的二进制比特与 Web 服务器 IP 地址中的对应位二进制比特进行对比。

- 00001010.00000001.00000001.00：PC1 网络/子网 ID。
- 11000000.00000000.00000010.00000001：二进制形式的 Web 服务器 IP 地址。

由于这些二进制比特不相同，因而 PC1 判断出 Web 服务器与自己不在同一个网络/子网中。因此，为了与 Web 服务器进行通信，PC1 需要将数据发送给默认网关。此后，PC1 就可以使用自己的 MAC 地址作为源地址，并将 R1 的 MAC 地址作为目的地址来创建数据帧。

可以看出，正确的 IP 编址对于成功的通信过程来说至关重要。如果 PC1 配置的子网掩码（255.255.255.240）有问题，那么会怎么样呢（见图 1-2）？

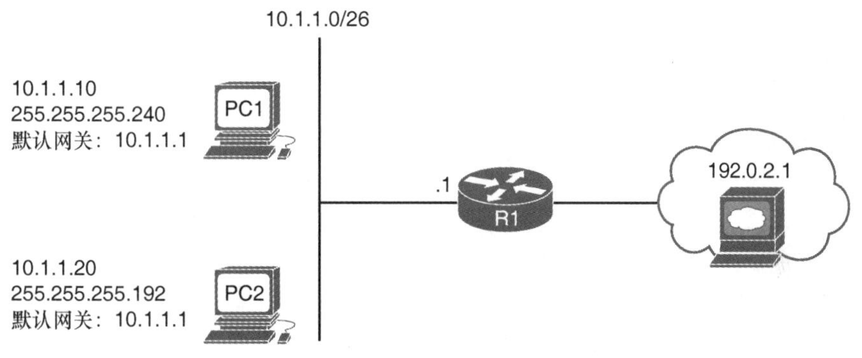

图 1-2　错误的 IPv4 编址示例

PC1 通过对比二进制形式的 IP 地址与子网掩码来确定其网络/子网部分。

- 00001010.00000001.00000001.00001010：二进制 PC1 IP 地址。
- 11111111.11111111.11111111.11110000：二进制 PC1 子网掩码。
- 00001010.00000001.00000001.0000：PC1 网络/子网 ID。

接下来，PC1 将网络/子网 ID 的二进制比特与 PC2 IP 地址中的对应位二进制比特进行对比。

- 00001010.00000001.00000001.0000：PC1 网络/子网 ID。
- 00001010.00000001.00000001.00010100：二进制 PC2 IP 地址。

由于这些二进制比特不相同，因而 PC1 判断出 PC2 与自己不在同一个网络/子网中，无法进行直接通信，必须将数据包发送给路由器，再由路由器将数据包路由给 PC2 所在的子网。但这两台 PC 实际上都连接在同一个子网中，因而出现了 IPv4 编址和连接故障。

除子网掩码错误可能产生故障之外，错误的 IP 地址与正确的子网掩码相结合也可能产生故障问题。此外，如果 PC 配置的默认网关有问题，就无法将数据包转发给其他子网中的正确设备。

作为故障排查人员，必须能够快速识别并解决这些故障问题。可以在 Windows PC 上通过 **ipconfig** 命令验证 IP 地址信息（见例 1-1），在 IOS 路由器或 IOS 交换机上通过 **show ip interface** *interface_type interface_number* 命令验证 IP 地址信息（见例 1-1）。

考试要点

例 1-1 在 PC 和路由器上验证 IP 地址

```
C:\>ipconfig
Windows IP Configuration

Ethernet adapter PC1:

 Connection-specific DNS Suffix . :
 IP Address. . . . . . . . . . . . : 10.1.1.10
 Subnet Mask . . . . . . . . . . . : 255.255.255.192
 IP Address. . . . . . . . . . . . : 2001:10::10
 IP Address. . . . . . . . . . . . : fe80::4107:2cfb:df25:5124%7
 Default Gateway . . . . . . . . . : 10.1.1.1

R1# show ip interface gigabitEthernet 1/0
GigabitEthernet1/0 is up, line protocol is up
 Internet address is 10.1.1.1/26
...output omitted...
```

1.2.2 确定子网中的 IP 地址

考试要点

本节将以图 1-3 为例介绍一种快速确定特定子网中的 IP 地址的方法。

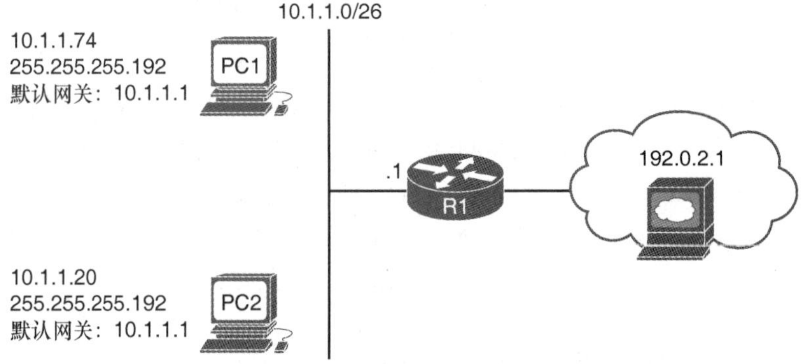

图 1-3 确定子网中的 IP 地址

首先在子网掩码中找到我们最关心的八比特组。从二进制角度来看，就是拥有最后一个二进制 1 的八比特组。从十进制角度来看，就是大于 0 的最后一个八比特组。对于本例的 255.255.255.192 来说，第四个八比特组是大于 0 的最后一个八比特组，该八比特组的数值是 192。如果子网掩码是 255.255.192.0，那么最后一个大于 0 的八比特组就是第三个八比特组。考虑子网掩码 255.255.255.0，由于第四个八比特组是 0，因而我们关心的是第三个八比特组，因为这是最后一个数值大于 0 的八比特组。

接下来，用 256 减去 192，得到 64。数字 64 表示地址块的大小，或者说是在该八比特组中进行计数的数字。本例的子网为 10.1.1.0/26，由于块大小为 64，因而该子网始于 10.1.1.0/26，结束于 10.1.1.63/26。下一个子网则是 10.1.1.64/26～10.1.1.127/26，第三个子网是 10.1.1.128/26～10.1.1.191/26，以此类推。

接下来将设备地址与刚才确定的子网范围进行比较。本例中的 PC1、PC2 和 R1

上的接口应该位于同一个子网，因而必须为它们配置正确的 IP 地址，否则将无法进行正确通信。例如，从 PC1 上 **ipconfig** 命令的输出结果可以看出（见例 1-2），由于已经确定了地址范围，因而可以很容易地看出 PC1 与 R1 及 PC2 不在同一个子网中。虽然它们的子网掩码相同，但 PC1 的地址范围是 10.1.1.64/26～10.1.1.127/26，而 PC2 和 R1 的地址范围却是 10.1.1.0/26～10.1.1.63/26。根据图 1-3，PC1 应该与 PC2 及 R1 位于同一个子网中，但现在却位于不同的子网中。因此，必须修改 PC1 的 IP 地址，以确保其位于正确的子网中。

例 1-2　通过 **ipconfig** 命令验证 PC 的 IP 地址

```
C:\>ipconfig
Windows IP Configuration

Ethernet adapter PC1:

 Connection-specific DNS Suffix . :
 IP Address. . . . . . . . . . . .: 10.1.1.74
 Subnet Mask . . . . . . . . . . .: 255.255.255.192
 IP Address. . . . . . . . . . . .: 2001:10::10
 IP Address. . . . . . . . . . . .: fe80::4107:2cfb:df25:5124%7
 Default Gateway . . . . . . . . .: 10.1.1.1
```

1.3 IPv4 DHCP

DHCP 负责将 IPv4 地址信息分配给网络主机。具体来说，DHCP 允许 DHCP 客户端从 DHCP 服务器获取 IP 地址、子网掩码、默认网关 IP 地址、DNS 服务器 IP 地址以及其他类型的 IP 地址信息。DHCP 服务器可以位于子网内部或远程子网中，也可以与默认网关是同一台设备。

由于 DHCP 是目前较为常用的 IPv4 地址分配方法，因而我们必须掌握 DHCP 的处理过程，从而能够识别和排查与 DHCP 相关的故障问题。本节将解释 DHCP 的操作方式，重点讨论 DHCP 故障的识别和排查技术。

1.3.1 DHCP 操作

如果家里有电缆调制解调器、DSL（Digital Subscriber Line，数字用户线）或光纤连接，那么家里的路由器很可能是通过 DHCP 方式从服务提供商那里获得 IP 地址的，此时的路由器将充当家庭设备的 DHCP 服务器。企业网中的 PC 启动之后，会从企业的 DHCP 服务器接收其 IP 地址配置信息。图 1-4 显示了 DHCP 客户端从 DHCP 服务器获取 IP 地址信息时发生的消息交换过程，即 DORA（Discover, Offer, Request, Acknowledgement，发现、提供、请求、确认）进程。

DORA 进程的操作步骤如下。

步骤 1　由于 DHCP 客户端刚开始启动时没有 IP 地址、默认网关或其他此类配置信息，因而 DHCP 客户端最初进行通信的方式是将广播消息（DHCPDISCOVER 消息）发送给目的 IP 地址 255.255.255.255 和目的

MAC 地址 FFFF:FFFF:FFFF，以试图找到 DHCP 服务器，此时的源 IP 地址为 0.0.0.0，源 MAC 地址为发送设备的 MAC 地址。

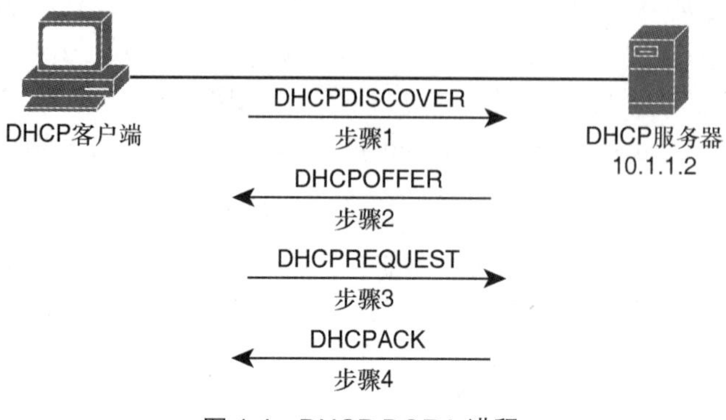

图 1-4 DHCP DORA 进程

步骤 2 DHCP 服务器收到 DHCPDISCOVER 消息之后，通过 DHCPOFFER 消息进行响应，该消息携带了未租借的 IP 地址、子网掩码和默认网关信息。由于 DHCPDISCOVER 消息的发送方式是广播，因而可能会有多台 DHCP 服务器通过 DHCPOFFER 消息响应该 DHCPDISCOVER 消息，通常客户端会选择其接收到的第一个发送 DHCPOFFER 消息的服务器。

步骤 3 DHCP 客户端以广播方式向选定的服务器发送 DHCPREQUEST 消息，说明其将使用 DHCPOFFER 消息提供的 IP 地址，因而希望服务器将相关 IP 地址租借给自己。

步骤 4 DHCP 服务器以 DHCPACK 消息响应客户端，指示已经将该 IP 地址租借给客户端，并在消息中包含客户端可能需要的其他 DHCP 选项（如租期等）。

请注意，步骤 1 需要以广播方式发送 DHCPDISCOVER 消息，由于广播包无法跨越路由器边界，因而客户端如果与 DHCP 服务器位于不同的网络上，就需要将客户端的默认网关配置为 DHCP 中继代理，以便将广播包作为单播包转发给服务器。可以使用接口配置模式命令 **ip helper-address** *ip_address* 配置路由器，让路由器将 DHCP 消息中继给组织机构中的 DHCP 服务器。

下面将以图 1-5 和例 1-3 为例加以说明。图 1-5 中的 DHCP 客户端属于 172.16.1.0/24 网络，而 DHCP 服务器则属于 10.1.1.0/24 网络。例 1-3 将路由器 R1 配置为 DHCP 中继代理。

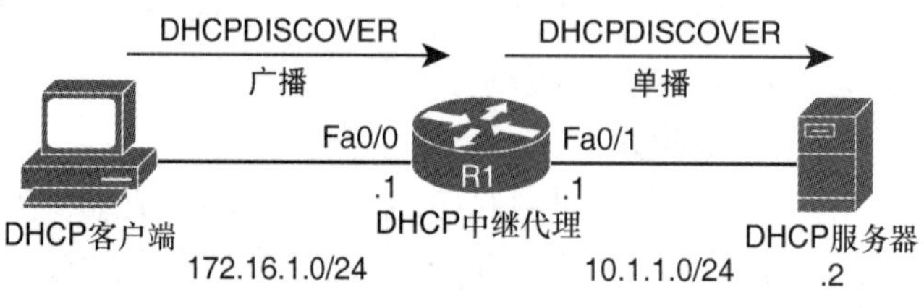

图 1-5 DHCP 中继代理

例 1-3 DHCP 中继代理配置

```
R1# configure terminal
Enter configuration commands, one per line. End with CNTL/Z.
R1(config)# service dhcp
R1(config)# interface fa 0/0
R1(config-if)# ip helper-address 10.1.1.2
```

请注意配置中的 **service dhcp** 命令，该命令的作用是在路由器上启用 DHCP 服务，必须启用 DHCP 服务才能确保 DHCP 服务正常工作。但通常并不需要配置该命令，因为系统默认启用 DHCP 服务。不过，在排查 DHCP 中继代理故障时，还是需要确认是否已启用 DHCP 服务。此外，例 1-3 中通过 **ip helper-address 10.1.1.2** 命令指定了 DHCP 服务器的 IP 地址。如果指定了错误的 IP 地址，就会将 DHCP 消息中继给错误的网络设备。与此同时，还必须在接收客户端 DHCPDISCOVER 消息的接口上配置 **ip helper-address** 命令，否则路由器将无法中继 DHCP 消息。

需要注意的是，将路由器配置为 DHCP 中继代理之后，除 DHCP 消息之外，路由器还会中继以下类型的广播包。

- TFTP（Trivial File Transfer Protocol，简易文件传送协议）。
- DNS（Domain Name System，域名系统）。
- ITS（Internet Time Service，互联网时间服务）。
- NetBIOS 名称服务器。
- NetBIOS 数据报服务器。
- BootP（Boot Strap Protocol，引导协议）。
- TACACS（Terminal Access Controller Access Control System，终端访问控制器接入控制系统）。

表 1-2 列出了排查 DHCP 故障问题时可能遇到的各种 DHCP 消息类型，以供参考。

表 1-2 DHCP 消息类型

DHCP 消息	描述
DHCPDISCOVER	客户端发送该消息以试图定位 DHCP 服务器，该消息以广播 IP 地址 255.255.255.255 进行发送（使用 UDP 端口 67）
DHCPOFFER	DHCP 服务器发送该消息以响应 DHCPDISCOVER 消息（使用 UDP 端口 68）
DHCPREQUEST	客户端向 DHCP 服务器发送该消息以请求 DHCPOFFER 消息提供的 IP 编址信息及其他选项
DHCPDECLINE	客户端向 DHCP 服务器发送该消息以告知服务器 IP 地址已被网络占用
DHCPACK	DHCP 服务器向客户端发送该消息并在消息中包含 IP 配置参数
DHCPNAK	DHCP 服务器向客户端发送该消息以告知客户端，DHCP 服务器拒绝向客户端提供所请求的 IP 配置信息
DHCPRELEASE	客户端向 DHCP 服务器发送该消息以告知服务器，客户端已经释放了 DHCP 租约，允许 DHCP 服务器重新将该客户端 IP 地址分配给其他客户端
DHCPINFORM	客户端向 DHCP 服务器发送该消息以请求 IP 配置参数，通常由接入服务器发送该消息，目的是为连接在接入服务器上的远程客户端请求 IP 配置信息

除充当 DHCP 中继代理之外，路由器还可以充当 DHCP 客户端。也就是说，路由器接

口可以从 DHCP 服务器获取 IP 地址。图 1-6 显示了充当 DHCP 客户端的路由器，该路由器的 Fast Ethernet 0/1 接口从 DHCP 服务器获取 IP 地址。例 1-4 提供了 DHCP 服务器配置信息。请注意，**ip address** 命令使用了 **dhcp** 选项，而不是常见的 IP 地址和子网掩码信息。

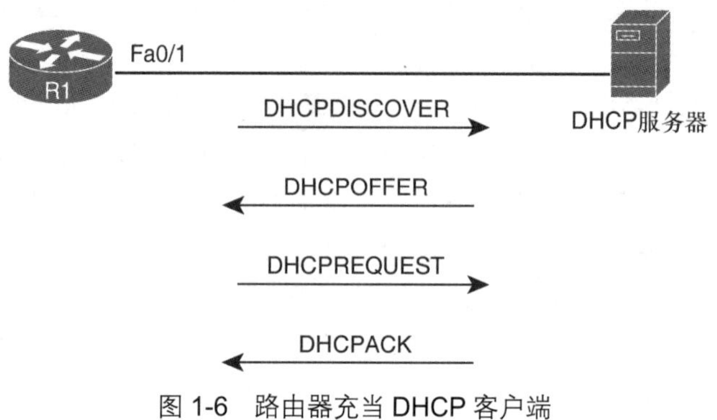

图 1-6 路由器充当 DHCP 客户端

以下代码显示了 DHCP 客户端的配置信息：

```
R1# configure terminal
R1(config)# int fa 0/1
R1(config-if)# ip address dhcp
```

路由器和多层交换机也可以充当 DHCP 服务器。图 1-7 显示了充当 DHCP 服务器的路由器，例 1-4 给出了路由器的配置信息。**ip dhcp excluded-address 10.8.8.1 10.8.8.10** 命令可防止 DHCP 将这些 IP 地址分配给客户端。请注意，必须在该命令的排除项中包含路由器接口的 IP 地址，因为路由器不会将自己的接口 IP 地址分配给客户端。**ip dhcp pool POOL-A** 命令的作用是创建一个名为 POOL-A 的 DHCP 地址池，该地址池从 10.8.8.0/24 网络区间内分配 IP 地址，默认网关为 10.8.8.1，DNS 服务器为 192.168.1.1，WINS 服务器为 192.168.1.2。

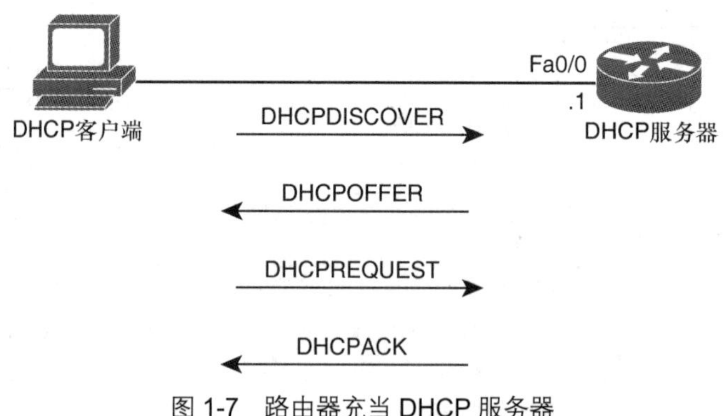

图 1-7 路由器充当 DHCP 服务器

例 1-4 DHCP 服务器配置

```
R1# show run
...OUTPUT OMITTED...
ip dhcp excluded-address 10.8.8.1 10.8.8.10
!
```

```
ip dhcp pool POOL-A
 network 10.8.8.0 255.255.255.0
 default-router 10.8.8.1
 dns-server 192.168.1.1
 netbios-name-server 192.168.1.2
...OUTPUT OMITTED...
```

从例 1-5 可以看出，如果将设备配置为从 DHCP 服务器接收 IP 地址，但是由于配置了自动配置机制，客户端显示的 IP 地址是 APIPA（Automatic Private IP Addressing，自动专用 IP 寻址）地址（169.254.x.x），那么就可以确定客户端无法从 DHCP 服务器获取 IP 地址。不过，此时千万不要立即断定 DHCP 就是故障根源，因为还有可能出现了二层故障，如 VLAN、中继、STP（Spanning Tree Protocol，生成树协议）或安全性等，这些故障也会导致客户端的 DHCPDISCOVER 消息无法到达 DHCP 服务器。

例 1-5 在 PC 上验证 DHCP 分配的 IP 地址

```
C:\>ipconfig /all
Windows IP Configuration

...output omitted...

Ethernet adapter PC1 Lab:

 Connection-specific DNS Suffix . :
 Description . . . . . . . . . . . : AMD PCNET Family PCI Ethernet Adapter
 Physical Address. . . . . . . . . : 08-00-27-5D-06-D6
 Dhcp Enabled. . . . . . . . . . . : Yes
 Autoconfiguration Enabled . . . . : Yes
 Autoconfiguration IP Address. . . : 169.254.180.166
 Subnet Mask . . . . . . . . . . . : 255.255.0.0
 IP Address. . . . . . . . . . . . : 2001:10::10
 IP Address. . . . . . . . . . . . : fe80::a00:27ff:fe5d:6d6%4
 Default Gateway . . . . . . . . . :
```

1.3.2 潜在的 DHCP 故障排查问题

如果怀疑 DHCP 出现了故障，就可以在故障排查过程中考虑以下潜在问题。

- **路由器不转发广播包**：路由器默认不转发广播包，包括 DHCPDISCOVER 广播消息。因此，如果 DHCP 客户端与 DHCP 服务器位于不同的子网中，就需要将路由器明确配置为充当 DHCP 中继代理。
- **DHCP 地址池的 IP 地址耗尽**：DHCP 地址池包含的地址数量有限，一旦耗尽，新的 DHCP 请求就会被拒绝。
- **配置错误**：DHCP 服务器的配置可能不正确。例如，地址池的网络地址范围不正确，或者没有将静态分配给路由器或 DNS 服务器的地址正确排除在外。
- **IP 地址重复**：DHCP 服务器可能将已经静态分配给网络上其他主机的 IP 地址分配给了客户端，这些重复的 IP 地址可能会给 DHCP 客户端以及静态分配了该 IP 地址的主机带来连接故障。

- **冗余服务器无法通信**：为了实现冗余机制，可能会在网络中部署一些冗余的 DHCP 服务器，为了确保冗余机制有效，这些 DHCP 服务器之间必须进行相互通信。如果服务器之间的通信失败，那么 DHCP 服务器就可能会给客户端分配完全重叠的 IP 地址。
- **DHCP 的"拉取"特性**：DHCP 客户端可以在需要 IP 地址的时候向 DHCP 服务器请求 IP 地址，但 DHCP 服务器无法在客户端获得 IP 地址之后更改客户端的 IP 地址。也就是说，DHCP 客户端可以从 DHCP 服务器拉取信息，而 DHCP 服务器却无法将信息变更推送给 DHCP 客户端。
- **接口配置的 IP 地址不在 DHCP 地址池中**：充当 DHCP 服务器的路由器或多层交换机必须有一个接口的 IP 地址位于该服务器分配的 IP 地址池/子网中，路由器只能将地址池中的地址分配给通过该接口可达的客户端，这样就能确保路由器接口与客户端位于同一个子网当中。不过，需要注意的是，如果由中继代理在客户端与充当 DHCP 服务器的路由器之间转发 DHCP 消息，那么情况将有所不同，此时，不要求 DHCP 服务器的接口 IP 地址必须位于地址池中。

1.3.3 DHCP 故障排查命令

show ip dhcp conflict 命令的示例输出结果如下：

```
R1# show ip dhcp conflict
IP address  Detection method     Detection time
172.16.1.3  Ping                 Oct 15 2018 8:56 PM
```

输出结果表明网络存在重复的 IP 地址 172.16.1.3，路由器通过 ping 测试发现了该重复 IP 地址。解决了网络中的重复 IP 地址问题之后，就可以通过 **clear ip dhcp conflict *** 命令清除上述信息。

例 1-6 显示了 **show ip dhcp binding** 命令输出结果，输出结果表明已将 IP 地址 10.1.1.10 分配给了 DHCP 客户端，可以通过 **clear ip dhcp binding ***命令释放该 DHCP 租约。

例 1-6 **show ip dhcp binding** 命令输出结果

```
R1# show ip dhcp binding
Bindings from all pools not associated with VRF:
IP address    Client-ID/          Lease expiration       Type
              Hardware address/
              User name
10.1.1.3      0100.50b6.0765.7a   Oct 17 2018 07:53 PM Automatic
10.1.1.10     0108.0027.5d06.d6   Oct 17 2018 07:53 PM Automatic
```

例 1-7 给出了 **debug ip dhcp server events** 命令输出结果，显示了 DHCP 数据库的更新情况。

例 1-7 **debug ip dhcp server events** 命令输出结果

```
R1# debug ip dhcp server events
DHCPD: Seeing if there is an internally specified pool class:
 DHCPD: htype 1 chaddr c001.0f1c.0000
```

```
 DHCPD: remote id 020a00000a01010101000000
 DHCPD: circuit id 00000000
DHCPD: Seeing if there is an internally specified pool class:
 DHCPD: htype 1 chaddr c001.0f1c.0000
 DHCPD: remote id 020a00000a01010101000000
 DHCPD: circuit id 00000000
DHCPD: no subnet configured for 192.168.1.238.
```

例 1-8 显示了 **debug ip dhcp server packet** 命令输出结果，表明 IP 地址为 10.1.1.3 的 DHCP 客户端关闭时收到了 DHCPRELEASE 消息。此外，还可以看到 DHCP 客户端获取 IP 地址 10.1.1.4 时所经历的四步过程：DHCPDISCOVER、DHCPOFFER、DHCPREQUEST 和 DHCPACK。

例 1-8　debug ip dhcp server packet 命令输出结果

```
R1# debug ip dhcp server packet
DHCPD: DHCPRELEASE message received from client
 0063.6973.636f.2d63.3030.312e.3066.3163.2e30.3030.302d.4661.302f.30 (10.1.1.3).
DHCPD: DHCPRELEASE message received from client
 0063.6973.636f.2d63.3030.312e.3066.3163.2e30.3030.302d.4661.302f.30 (10.1.1.3).
DHCPD: Finding a relay for client
 0063.6973.636f.2d63.3030.312e.3066.3163.2e30.3030.302d.4661.302f.30 on interface
FastEthernet0/1.
DHCPD: DHCPDISCOVER received from client
 0063.6973.636f.2d63.3030.312e.3066.3163.2e30.3030.302d.4661.302f.30 on interface
FastEthernet0/1.
DHCPD: Allocate an address without class information
 (10.1.1.0)
DHCPD: Sending DHCPOFFER to client
 0063.6973.636f.2d63.3030.312e.3066.3163.2e30.3030.302d.4661.302f.30 (10.1.1.4).
DHCPD: broadcasting BOOTREPLY to client c001.0f1c.0000.
DHCPD: DHCPREQUEST received from client
 0063.6973.636f.2d63.3030.312e.3066.3163.2e30.3030.302d.4661.302f.30.
DHCPD: No default domain to append - abort update
DHCPD: Sending DHCPACK to client
 0063.6973.636f.2d63.3030.312e.3066.3163.2e30.3030.302d.4661.302f.30 (10.1.1.4).
DHCPD: broadcasting BOOTREPLY to client c001.0f1c.0000.
```

1.4 IPv6 编址

与每个人都通过街道地址唯一地定义自己的居住位置一样，IPv6 地址也唯一地定义每台设备的位置。街道地址由两部分组成：街道名称和房屋编号。两者组成的地址在整个城镇范围内都是唯一的。同样，IPv6 地址也由两部分组成，前 64 比特通常代表子网前缀（所属的网络），后 64 比特通常代表接口/主机 ID（在网络中的位置）。

本节将简要回顾 IPv6 编址及地址分配的基本知识，并讨论与 IPv6 编址相关的故障及其排查方式。

IPv6 编址回顾

与 IPv4 一样，IPv6 也必须根据设备所处的位置为其配置适当的 IPv6 地址，以确保能够将数据包路由给设备或者从设备路由出去。图 1-8 给出了一个 IPv6 编址示例，2001:db8:a:a::/64 是 IPv6 地址的前 64 比特，代表子网前缀，是节点所在的 IPv6 网络。路由器 R1 分配了接口 IPv6 地址 2001:db8:a:a::1，最后 64 比特（::1）是接口/主机 ID，表示其在该 IPv6 网络中的位置。PC1 的 IPv6 地址为::10，而 PC2 的 IPv6 地址为::20。2001:db8:a:a::/64 中的所有设备都将 R1 的 Gig0/0 接口地址（2001:db8:a:a::1）配置为默认网关地址。

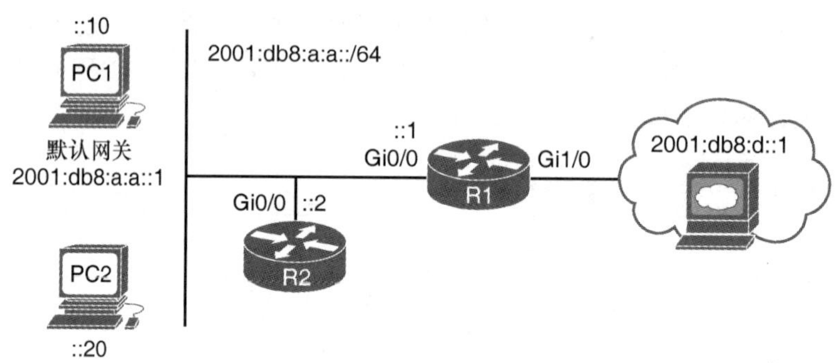

图 1-8 IPv6 编址示例

考试要点

与 IPv4 一样，IPv6 主机与其他主机进行通信时，会将自己的子网比特与目的 IP 地址中的相同比特进行比较。如果匹配，就表明两台设备都位于同一个子网中；如果不匹配，就表明两台设备位于不同的子网中。如果两台设备位于同一个子网中，那么相互之间就可以进行直接通信；如果位于不同的子网中，就需要通过默认网关进行通信。

例如，假设图 1-8 中的 PC1 需要与 Web 服务器 2001:db8:d::1 进行通信，由于 PC1 意识到 Web 服务器位于其他网络当中，因而 PC1 必须使用默认网关的 MAC 地址将帧发送给默认网关。假设 PC1 需要与 PC2 进行通信，由于两者位于同一子网中，因而可以进行直接通信。

可以通过 **ipconfig** 命令验证 Windows PC 的 IPv6 地址（见例 1-9）。例 1-9 中的 PC1 静态配置了链路本地地址 fe80::a00:27ff:fe5d:6d6 和全局单播地址 2001:db8:a:a::10。请注意链路本地地址末尾的%11，这是接口标识号，它是必需的，因为系统可以据此知道应该从哪个接口发送数据包。需要记住的是，可以在同一台设备上为多个接口分配相同的链路本地地址。

例 1-9 使用 **ipconfig** 命令验证 IPv6 编址

```
C:\PC1>ipconfig

Windows IP Configuration

Ethernet adapter Local Area Connection:

 Connection-specific DNS Suffix . :
 IPv6 Address. . . . . . . . . . . : 2001:db8:a:a::10
 Link-local IPv6 Address . . . . . : fe80::a00:27ff:fe5d:6d6%11
```

```
IPv4 Address. . . . . . . . . . . : 10.1.1.10
Subnet Mask . . . . . . . . . . . : 255.255.255.192
Default Gateway . . . . . . . . . : 2001:db8:a:a::1
                                    10.1.1.1
```

EUI-64

IPv6 地址由两部分组成：子网 ID 和接口/主机 ID。由于接口 ID 通常为 64 比特，因而几乎没有人希望在组织机构内部对其进行手动配置。虽然可以静态定义接口 ID，但最好的方法是允许终端设备为全局单播地址和链路本地地址自动随机或基于 IEEE EUI-64 标准分配自己的接口 ID。

EUI-64 使用客户端的 MAC 地址（48 比特）将其分为两半，在中间添加十六进制数值 FFFE，然后从左数将第 7 比特翻转，如果该比特为 1，就变为 0，如果是 0，就变为 1。例 1-9 中的链路本地地址为 fe80::a00:27ff:fe5d:6d6，其中，子网 ID 为 fe80::，接口 ID 为 a00:27ff:fe5d:6d6，如果补上省略的前导 0，那么该地址就变为 0a00:27ff:fe5d:06d6。由于其中包含了 FFFE，因而这是一个 EUI-64 接口 ID。接下来将详细解释其衍生方式。

例 1-10 显示了 PC1 的 **ipconfig/all** 输出结果。请注意，MAC 地址为 08-00-27-5D-06-D6。将其分成两半并在中间添加 FFFE 之后，就可以得到 08-00-27-FF-FE-5D-06-D6。接下来将十六进制数值分为 4 组，并用冒号替换其中的“-”，从而得到 0800:27FF:FE5D:06D6（看起来与链路本地地址中的内容非常接近，但并不完全相同）。链路本地地址中的接口 ID 以 0a 开头，而这里以 08 开头，原因就在于第 7 比特被翻转了。下面看一下翻转情况：十六进制形式的 08 写成二进制形式就是 00001000。从左到右数第 7 比特是 0，因而将其变为 1，得到 00001010，转换为十六进制之后就是 0a，因而接口 ID 为 0A00:27FF:FE5D:06D6。

例 1-10 使用 ipconfig/all 验证 IPv6 编址

```
C:\PC1>ipconfig/all

Windows IP Configuration

 Host Name . . . . . . . . . . . . : PC1
 Primary Dns Suffix . . . . . . . :
 Node Type . . . . . . . . . . . . : Broadcast
 IP Routing Enabled. . . . . . . . : No
 WINS Proxy Enabled. . . . . . . . : No

Ethernet adapter Local Area Connection:

 Connection-specific DNS Suffix . :
 Description . . . . . . . . . . . : Intel(R) PRO/1000 MT Desktop Adapter
 Physical Address. . . . . . . . . : 08-00-27-5D-06-D6
 DHCP Enabled. . . . . . . . . . . : No
 Autoconfiguration Enabled . . . . : Yes
 IPv6 Address. . . . . . . . . . . : 2001:db8:a:a::10(Preferred)
 Link-local IPv6 Address . . . . . : fe80::a00:27ff:fe5d:6d6%11(Preferred)
 IPv4 Address. . . . . . . . . . . : 10.1.1.10(Preferred)
```

```
Subnet Mask . . . . . . . . . . . : 255.255.255.192
Default Gateway . . . . . . . . . : 2001:db8:a:a::1
                                    10.1.1.1
DNS Servers . . . . . . . . . . . : fec0:0:0:ffff::1%1
                                    fec0:0:0:ffff::2%1
                                    fec0:0:0:ffff::3%1
NetBIOS over Tcpip. . . . . . . . : Enabled
```

路由器默认以 EUI-64 方式生成链路本地地址的接口部分。Windows PC 在自动配置 IPv6 地址时，默认随机为链路本地地址和全局单播地址生成接口部分。不过，也可以更改该默认设置，让其使用 EUI-64。在 PC 上静态配置 IPv6 地址时，需要以手动方式分配接口部分。但是在路由器上，如果希望通过 EUI-64 方式静态配置全局单播地址，就需要在 **ipv6 address** 命令的末尾使用关键字 **eui-64**（见例 1-11）。

例 1-11 在路由器接口上使用 EUI-64

```
R2# config t
Enter configuration commands, one per line. End with CNTL/Z.
R2(config)# interface gigabitEthernet 0/0
R2(config-if)# ipv6 address 2001:db8:a:a::/64 eui-64
```

可以使用 **show ipv6 interface** 命令验证全局单播地址以及分配给接口的 EUI-64 接口 ID（见例 1-12）。可以看出，R2 的 Gig0/0 接口拥有一个全局单播地址，该地址的接口 ID 基于 EUI-64 标准。

考试要点

例 1-12 在路由器接口上验证 EUI-64

```
R2# show ipv6 interface gigabitEthernet 0/0
GigabitEthernet0/0 is up, line protocol is up
 IPv6 is enabled, link-local address is FE80::C80E:15FF:FEF4:8
 No Virtual link-local address(es):
 Global unicast address(es):
 2001:DB8:A:A:C80E:15FF:FEF4:8, subnet is 2001:DB8:A:A::/64 [EUI]
 Joined group address(es):
 FF02::1
 FF02::1:FFF4:8
 MTU is 1500 bytes
 ...output omitted...
```

1.5 IPv6 SLAAC、状态化 DHCPv6 和无状态 DHCPv6

手动分配 IP 地址（IPv4 或 IPv6）是一种无法满足大规模网络扩展需求的地址配置方式。对于 IPv4 来说，可以通过 DHCP 来提供动态编址方式。对于 IPv6 来说，可以采用 3 种动态地址配置方式：SLAAC（Stateless Address Autoconfiguration，无状态地址自动配置）、状态化 DHCPv6 或无状态 DHCPv6。本节将分别介绍这 3 种地址配置方式以及相应的故障排查方式。

1.5.1 SLAAC

SLAAC 旨在允许设备无须使用 DHCPv6 服务器即可配置自己的 IPv6 地址、前缀和默认网关。Windows PC 默认自动启用 SLAAC 并生成自己的 IPv6 地址，例 1-13 显示了 PC1 的 **ipconfig/all** 命令的输出结果。

例 1-13　使用 **ipconfig/all** 验证是否已启用 IPv6 SLAAC

```
C:\PC1>ipconfig/all

Windows IP Configuration

 Host Name . . . . . . . . . . . . : PC1
 Primary Dns Suffix . . . . . . . :
 Node Type . . . . . . . . . . . . : Broadcast
 IP Routing Enabled. . . . . . . . : No
 WINS Proxy Enabled. . . . . . . . : No

Ethernet adapter Local Area Connection:

 Connection-specific DNS Suffix . : SWITCH.local
 Description . . . . . . . . . . . : Intel(R) PRO/1000 MT Desktop Adapter
 Physical Address. . . . . . . . . : 08-00-27-5D-06-D6
 DHCP Enabled. . . . . . . . . . . : Yes
 Autoconfiguration Enabled . . . . : Yes
 IPv6 Address. . . . . . . . . . . : 2001:db8::a00:27ff:fe5d:6d6(Preferred)
 Link-local IPv6 Address . . . . . : fe80::a00:27ff:fe5d:6d6%11(Preferred)
 IPv4 Address. . . . . . . . . . . : 10.1.1.10(Preferred)
 Subnet Mask . . . . . . . . . . . : 255.255.255.192
 ...output omitted...
```

如果要在思科路由器上使用 SLAAC，就需要通过 **ipv6 address autoconfig** 命令在接口上手动启用 SLAAC（见例 1-14）。

例 1-14　在路由器接口上启用 SLAAC

```
R2# config t
Enter configuration commands, one per line. End with CNTL/Z.
R2(config)# interface gigabitEthernet 0/0
R2(config-if)# ipv6 address autoconfig
```

Windows PC 和路由器接口启用了 SLAAC 之后，PC 将发送 RS（Router Solicitation，路由器请求）消息，以确定是否有路由器连接在本地链路上，然后等待路由器发送 RA（Router Advertisement，路由器宣告）消息，该消息将指示连接在相同网络上的路由器（默认网关）所使用的前缀。此后 PC 和路由器就可以使用该前缀信息生成自己的 IPv6 地址（在生成该 RA 消息的路由器接口所处的网络中），路由器采用 EUI-64 生成接口部分，PC 则随机生成接口部分（除非明确配置使用 EUI-64）。此外，PC 还将发送 RA 消息的设备的 IPv6 链路本地地址作为默认网关地址。

图 1-9 显示了 RA 消息处理过程。首先，R1 通过 Gig0/0 接口发送 RA 消息，源 IPv6 地址是 Gig0/0 的链路本地地址，源 MAC 地址是接口 Gig0/0 的 MAC 地址，目的 IPv6 地址是全部节点（all-nodes）链路本地多播 IPv6 地址 FF02::1，目的 MAC 地址是全部节点目的 MAC 地址 33:33:00:00:00:01（与全部节点链路本地多播 IPv6 地址 FF02::1 相关联）。在默认情况下，所有启用了 IPv6 功能的接口都要侦听去往这两个地址的数据包和帧。

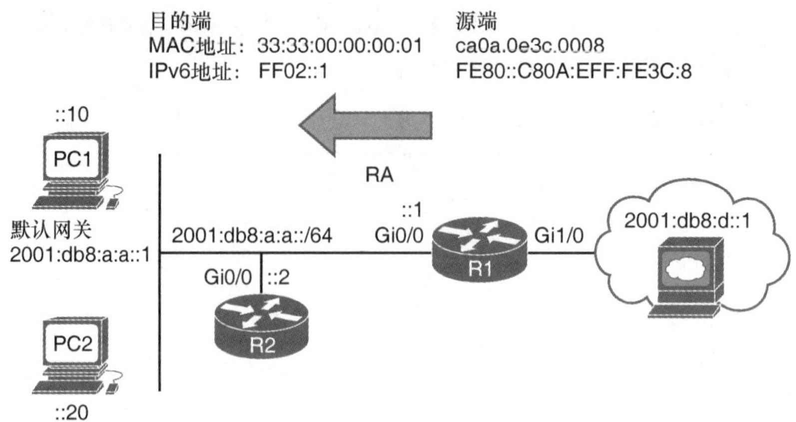

图 1-9 RA 消息处理过程

图 1-9 中的 PC1 收到 RA 消息之后，将提取 RA 消息中包含的前缀信息(2001:db8:a:a::/64)。本例使用 EUI-64 创建 IPv6 地址，同时从 RA 消息的源地址字段获得链路本地地址并将其用作默认网关地址（见例 1-15）。例 1-15 中显示了 PC1 的 **ipconfig** 输出结果。

例 1-15 在 PC 上验证 SLAAC 生成的 IPv6 地址

```
C:\PC1>ipconfig

Windows IP Configuration

Ethernet adapter Local Area Connection:

 Connection-specific DNS Suffix . :
 IPv6 Address. . . . . . . . . . . : 2001:db8:a:a:a00:27ff:fe5d:6d6
 Link-local IPv6 Address . . . . . : fe80::a00:27ff:fe5d:6d6%11
 IPv4 Address. . . . . . . . . . . : 10.1.1.10
 Subnet Mask . . . . . . . . . . . : 255.255.255.192
 Default Gateway . . . . . . . . . : fe80::c80a:eff:fe3c:8%11
                                     10.1.1.1
```

如果要在路由器接口上验证 SLAAC 生成的 IPv6 地址，就可以使用 **show ipv6 interface** 命令。从例 1-16 可以看出，全局单播地址是通过 SLAAC 方式生成的。请注意示例底部，默认路由器被列为 R1 的链路本地地址，但需要注意的是，仅当路由器未启用 IPv6 单播路由（从而该路由器仅充当终端设备）时才会出现这种情况。

例 1-16 在路由器接口上验证 SLAAC 生成的 IPv6 地址

```
R2# show ipv6 interface gig 0/0
GigabitEthernet0/0 is up, line protocol is up
 IPv6 is enabled, link-local address is FE80::C80B:EFF:FE3C:8
 No Virtual link-local address(es):
 Stateless address autoconfig enabled
 Global unicast address(es):
 2001:DB8:A:A:C80B:EFF:FE3C:8, subnet is 2001:DB8:A:A::/64 [EUI/CAL/PRE]
 valid lifetime 2591816 preferred lifetime 604616
 Joined group address(es):
```

```
 FF02::1
 FF02::1:FF3C:8
...output omitted...
 Default router is FE80::C80A:EFF:FE3C:8 on GigabitEthernet0/0
```

请注意，仅在路由器接口启用了 IPv6 及 IPv6 单播路由，且未在接口上抑制 RA 的情况下，路由器接口才默认生成 RA 消息。因此，如果 SLAAC 工作异常，就需要检查。

- 通过 **show run | include ipv6 unicast-routing** 命令确保应该生成 RA 消息的路由器已经启用了 IPv6 单播路由：

```
R1# show run | include ipv6 unicast-routing
ipv6 unicast-routing
```

- 通过 **show ipv6 interface** 命令确保路由器在正确接口上启用了 IPv6（见例 1-17）。
- 通过 **show ipv6 interface** 命令确保宣告 RA 消息的路由器接口拥有/64 前缀（见例 1-17，仅当路由器使用/64 前缀时，SLAAC 才起作用）。
- 通过 **show ipv6 interface** 命令确保路由器接口未抑制 RA 消息（见例 1-18）。

例 1-17　验证路由器接口已启用 IPv6

```
R1# show ipv6 interface gigabitEthernet 0/0
GigabitEthernet0/0 is up, line protocol is up
 IPv6 is enabled, link-local address is FE80::C80A:EFF:FE3C:8
 No Virtual link-local address(es):
 Global unicast address(es):
 2001:DB8:A:A::1, subnet is 2001:DB8:A:A::/64
 Joined group address(es):
 FF02::1
 FF02::2
 FF02::1:FF00:1
 FF02::1:FF3C:8
 ...output omitted...
```

例 1-18　验证未抑制 RA 消息

```
R1# show ipv6 interface gigabitEthernet 0/0
GigabitEthernet0/0 is up, line protocol is up
 IPv6 is enabled, link-local address is FE80::C80A:EFF:FE3C:8
 No Virtual link-local address(es):
 Global unicast address(es):
 2001:DB8:A:A::1, subnet is 2001:DB8:A:A::/64
 ...output omitted...
 ND DAD is enabled, number of DAD attempts: 1
 ND reachable time is 30000 milliseconds (using 30000)
 ND RAs are suppressed (all)
 Hosts use stateless autoconfig for addresses.
```

此外，如果子网上有多台路由器生成了 RA 消息（这一点对于使用冗余默认网关的场景来说很正常），那么客户端就可以通过 RA 消息了解到有多个默认网关（见例 1-19）。上部的默认网关是 R2 的链路本地地址，下部的默认网关是 R1 的链路本地地址。看起来似乎很好，但仅当这两个默认网关都能到达相同网络时才能提供所谓的冗余能力。以图 1-8 为例，如果 PC1 使用 R2 作为默认网关，就会丢弃去往 Web 服务器的数据包，因为 R2 无法将数据包路由给 Web 服务器（见例 1-20 的 ping 输出结果），除非将这些数据包从接收接口重定向回去，但这是非正常处理行为。因此，如果用户抱怨无法访问资源，且通过多台生成 RA 消息的路由器连接网络，就应该检查通过 SLAAC 获得的默认网关，验证这些默认网关能否路由到期望的网络资源。

考试要点

例 1-19 验证 PC 配置的默认网关

```
C:\PC1># ipconfig

Windows IP Configuration

Ethernet adapter Local Area Connection:

 Connection-specific DNS Suffix . :
 IPv6 Address. . . . . . . . . . . .: 2001:db8:a:a:a00:27ff:fe5d:6d6
 Link-local IPv6 Address . . . . .: fe80::a00:27ff:fe5d:6d6%11
 IPv4 Address. . . . . . . . . . .: 10.1.1.10
 Subnet Mask . . . . . . . . . . .: 255.255.255.192
 Default Gateway . . . . . . . . .: fe80::c80b:eff:fe3c:8%11
                                   fe80::c80a:eff:fe3c:8%11
                                   10.1.1.1
```

例 1-20 从 PC1 到 2001:db8:d::1 的 ping 失败

```
C:\PC1>ping 2001:db8:d::1

Pinging 2001:db8:d::1 with 32 bytes of data:
Destination net unreachable.
Destination net unreachable.
Destination net unreachable.
Destination net unreachable.

Ping statistics for 2001:db8:d::1:
 Packets: Sent = 4, Received = 0, Lost = 4 (100% loss),
```

1.5.2 状态化 DHCPv6

虽然设备可以通过 SLAAC 来确定自己的 IPv6 地址、前缀及默认网关，但设备通过 SLAAC 获取的信息相对较少。现代网络中的设备可能还需要 NTP（Network Time Protocol，网络时间协议）服务器信息、域名信息、DNS 服务器信息以及 TFTP 服务器信息等。此时就可以通过 DHCPv6 服务器来分发 IPv6 编址信息以及其他多种可选信息。思科路由器和多层交换机都可以充当 DHCP 服务器。例 1-21 提供了 R1 的 DHCPv6 配置示例，通过命令 **ipv6 dhcp server** 让接口可以使用 DHCP 地址池分发 IPv6 编址信息。如果客户端未收到 IPv6 编址信息或者从充当 DHCPv6 服务器的路由器或多层交换机收到错误的 IPv6 编址信息，就可以检查接口配置并确保其关联了正确的 DHCP 地址池。

例 1-21 R1 的 DHCPv6 配置示例

```
R1# show run | section dhcp
ipv6 dhcp pool DHCPV6POOL
 address prefix 2001:DB8:A:A::/64
 dns-server 2001:DB8:B:B::1
 domain-name cisco.com
R1# show run interface gigabitEthernet 0/0
Building configuration...

Current configuration : 173 bytes
!
interface GigabitEthernet0/0
 no ip address
 ipv6 address 2001:DB8:A:A::1/64
 ipv6 dhcp server DHCPV6POOL
end
```

例 1-22 提供了 **show ipv6 dhcp binding** 命令（该命令可以显示客户端使用的 IPv6 地址）、**show ipv6 dhcp interface** 命令（该命令可以显示与 DHCPv6 地址池相关联的接口）以及 **show ipv6 dhcp pool** 命令（该命令可以显示已配置的 DHCP 地址池）的输出结果。

例 1-22 验证 R1 的 DHCPv6 信息

```
R1# show ipv6 dhcp binding
Client: FE80::A00:27FF:FE5D:6D6
 DUID: 000100011B101C740800275D06D6
 Username : unassigned
 VRF : default
 IA NA: IA ID 0x0E080027, T1 43200, T2 69120
 Address: 2001:DB8:A:A:D519:19AB:E903:F802
 preferred lifetime 86400, valid lifetime 172800
 expires at May 25 2018 08:37 PM (172584 seconds)

R1# show ipv6 dhcp interface
GigabitEthernet0/0 is in server mode
 Using pool: DHCPV6POOL
 Preference value: 0
 Hint from client: ignored
 Rapid-Commit: disabled

R1# show ipv6 dhcp pool
DHCPv6 pool: DHCPV6POOL
 Address allocation prefix: 2001:DB8:A:A::/64 valid 172800 preferred 86400 (1 in
use, 0 conflicts)
 DNS server: 2001:DB8:B:B::1
 Domain name: cisco.com
     Active clients: 0
```

1.5.3 无状态 DHCPv6

无状态 DHCPv6 是 SLAAC 和 DHCPv6 的组合。这种情况下的客户端通过路由器的 RA 消息自动确定 IPv6 地址、前缀和默认网关。RA 消息中包含一个标志，该标志告诉客户端从 DHCPv6 服务器获取其他非编址信息，如 DNS 服务器或 TFTP 服务器的地址。为此，需要确保启用了接口配置命令 **ipv6 nd other-config-flag**，以确保 RA 消息会通知客户端必须从 DHCPv6 服务器获取其他信息。例 1-23 在 Gigabit Ethernet 0/0 接口下配置了该命令，而且从 **show ipv6 interface gigabitEthernet 0/0** 的输出结果可以看出，主机通过无状态自动配置获取了 IPv6 编址信息，并且从 DHCP 服务器获取了其他信息。

考试要点

例 1-23 验证无状态 DHCPv6

```
R1# show run int gig 0/0
Building configuration...

Current configuration : 171 bytes
!
interface GigabitEthernet0/0
 no ip address
 media-type gbic
 speed 1000
 duplex full
 negotiation auto
 ipv6 address 2001:DB8:A:A::1/64
 ipv6 nd other-config-flag
end

R1# show ipv6 interface gigabitEthernet 0/0
GigabitEthernet0/0 is up, line protocol is up
 IPv6 is enabled, link-local address is FE80::C80A:EFF:FE3C:8
 No Virtual link-local address(es):
 Global unicast address(es):
 2001:DB8:A:A::1, subnet is 2001:DB8:A:A::/64
 Joined group address(es):
 FF02::1
 FF02::2
 FF02::1:FF00:1
 FF02::1:FF3C:8
...output omitted...
 ND advertised default router preference is Medium
 Hosts use stateless autoconfig for addresses.
 Hosts use DHCP to obtain other configuration.
```

1.5.4 DHCPv6 操作

与 IPv4 相似，DHCPv6 也要经历 4 个协商步骤。不过，DHCPv6 使用的是以下消息。

步骤 1 **SOLICIT（请求）消息：**客户端通过多播地址 FF02::1:2 发送该消息以定位 DHCPv6 服务器，其中，FF02::1:2 是全部 DHCPv6 服务器（all-DHCPv6-servers）多播地址。

步骤 2 **ADVERTISE（宣告）消息：**服务器以单播 ADVERTISE 消息响应 SOLICIT 消息，向客户端提供编址信息。

步骤 3 **REQUEST（请求）消息：**客户端向服务器发送该消息，以确认服务器提供的地址及其他参数。

步骤 4 REPLY（应答）消息：服务器通过该消息完成协商过程。

表 1-3 提供了排查 DHCPv6 故障问题时可能遇到的各种 DHCPv6 消息类型，以供参考。

表 1-3 DHCPv6 消息类型

DHCPv6 消息	描述
SOLICIT（请求）	客户端发送该消息以试图定位 DHCPv6 服务器
ADVERTISE（宣告）	DHCPv6 服务器发送该消息以响应 SOLICIT 消息，指示其可用
REQUEST（请求）	客户端向特定 DHCPv6 服务器发送该消息以请求 IP 配置参数
CONFIRM（证实）	客户端向服务器发送该消息以确定服务器分配的地址是否仍然可用
RENEW（续租）	客户端向分配地址参数的服务器发送该消息以延长所分配地址的生存期
REBIND（重新绑定）	如果客户端未收到 RENEW 消息的应答消息，那么客户端就会发送该消息以延长所分配地址的生存期
REPLY（应答）	服务器向客户端发送该消息（包含已分配的地址和其他配置参数）以响应从客户端收到的 SOLICIT、REQUEST、RENEW 或 REBIND 消息
RELEASE（释放）	客户端向服务器发送该消息以告知服务器不再需要其分配的地址
DECLINE（拒绝）	客户端向服务器发送该消息以告知服务器其已经使用已分配的地址
RECONFIGURE（重新配置）	如果服务器有新信息或更新信息，就向客户端发送该消息
INFORMATION-REQUEST（信息请求）	如果客户端不需要服务器分配的 IP 地址，而只需要其他配置信息，就向服务器发送该消息
RELAY-FORW（中继转发）	中继代理通过该消息将消息转发给 DHCP 服务器
RELAY-REPL（中继应答）	服务器通过该消息应答中继代理

1.5.5 DHCPv6 中继代理

到目前为止，所有 DHCPv6 示例中的 DHCP 服务器与客户端都位于同一个本地网络中，但是对于实际的大多数网络来说，DHCP 服务器通常位于不同的网络中，这样就会出现新的问题。请注意，SOLICIT 消息的多播地址是一个链路本地范围多播地址，以 FF02 开头，因而该多播消息不会离开本地网络，客户端也无法访问 DHCPv6 服务器。

如果要将 DHCPv6 消息中继给其他网络中的 DHCPv6 服务器，就需要使用接口配置命令 **ipv6 dhcp relay destination**，将客户端所属网络中的本地路由器接口配置为中继代理。例 1-24 为接口 Gigabit Ethernet 0/0 配置了命令 **ipv6 dhcp relay destination 2001:db8:a:b::7**，作用是将 SOLICIT 消息转发给所列地址的 DHCPv6 服务器。

例 1-24 将 R1 配置为 DHCPv6 中继代理

```
R1# config t
Enter configuration commands, one per line. End with CNTL/Z.
R1(config)# interface gigabitethernet0/0
R1(config-if)# ipv6 dhcp relay destination 2001:db8:a:b::7
```

1.6 包转发过程

排查基于 IP 的网络连接故障时，通常都选择从 OSI 参考模型的网络层（第 3 层）开始开展故障排查工作（分而治之法）。例如，如果网络上两台主机之间出现了连接问题，就可以通过在主机之间执行 ping 测试来检查第 3 层是否有问题。如果 ping 测试成功，就可以确定故障出在 OSI 参考模型的上层（第 4 层～第 7 层）；如果 ping 测试失败，就可以将故障排查工作集中在第 1 层～第 3 层上。如果最终确定第 3 层有问题，就可以将故障排查工作聚焦到路由器的包转发过程上。

本节将讨论具体的包转发过程以及验证包转发过程中用到的各种数据结构表项的相关命令。此外，本节还将提供与包转发故障排查操作相关的思科 IOS 软件命令集。

1.6.1 回顾三层包转发过程

下面先以图 1-10 为例来解释基本的路由过程。假设拓扑结构中的 PC1 需要访问 Server1 的 HTTP 资源，请注意，PC1 和 Server1 位于不同的网络上。那么，该如何将来自源 IP 地址 192.168.1.2 的数据包路由到目的 IP 地址 192.168.3.2 呢？

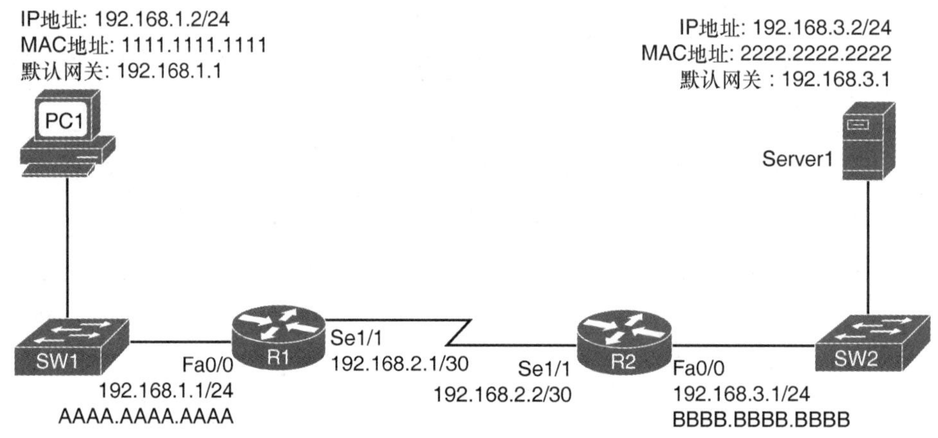

图 1-10 基本的路由拓扑结构

具体的包转发过程如下。

步骤 1 如前所述，PC1 将自己的 IP 地址和子网掩码 192.168.1.2/24 与目的 IP 地址 192.168.3.2 进行对比。PC1 首先确定自己的 IP 地址的网络部分，然后将这些二进制比特与目的 IP 地址的相同二进制比特进行对比。如果相同，就知道其与目的端位于同一个子网中；如果不同，就说明目的端位于远程子网中。对于本例来说，PC1 判断出目的 IP 地址位于远程子网中。因此，PC1 需要将帧发送到默认网关（可以在 PC1 上手动配置网关，也可以通过 DHCP 方式加以动态学习），本例中的 PC1 拥有默认网关地址 192.168.1.1（路由器 R1）。为了构建正确的二层帧，PC1 需要知道帧的目的 MAC 地址，对于本例来说就是 PC1 的默认网关的 MAC 地址。如果 PC1 的 ARP（Address Resolution Protocol，地址解析协议）缓存中没有该MAC地址，那么PC1就需要通过ARP来发现该MAC地址。PC1收到路由器R1的ARP应答消息之后，就可以将路由器R1的MAC地址添加到自己的ARP缓存中。此后，PC1就可以将目的端为Server1的数据封装到发送给R1的帧中（见图1-11）。

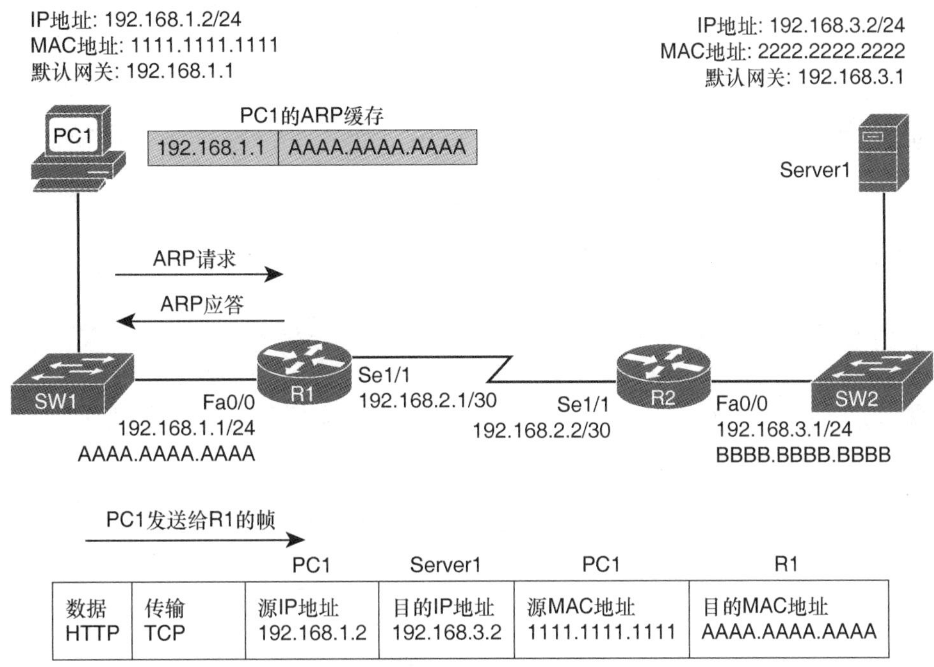

图1-11 基本路由过程：步骤1

步骤2 路由器R1收到PC1发送的数据帧，由于目的MAC地址是R1的，因而R1将删除二层报头并查看IP（三层）报头。IP报头包含一个TTL（Time-To-Live，生存时间）字段，该字段每经过一跳路由器都会递减1，因而路由器R1会构建数据包的TTL字段，如果TTL字段值递减至0，那么路由器就会丢弃该数据包，并向源端发送一条time-exceeded（超时）的ICMP（Internet Control Message Protocol，互联网控制报文协议）消息。假定TTL字段值未递减至0，那么路由器R1就会检查其路由表以确定到达IP地址192.168.3.2的最佳路径。对于本例来说，路由器R1的路由表中有一个表项，其指出可以通过接口Serial 1/1到达网络192.168.3.0/24。请注意，由于串行接口没有MAC地址，因而不需要ARP。因此，路由器R1将使用PPP（Point-to-Point Protocol，点到点协议）二层帧头通过Serial 1/1接口向外转发该数据帧（见图1-12）。

步骤3 路由器R2收到帧后，将删除PPP帧头，然后像路由器R1一样递减IP报头中的TTL字段值。同样，假设TTL字段值未递减至0，那么路由器R2将查看IP报头以确定目的网络。对于本例来说，目的网络192.168.3.0/24直连在路由器R2的Fast Ethernet 0/0接口上。与PC1发出ARP请求以确定默认网关的 MAC 地址一样，路由器 R2 也发送 ARP 请求以确定 Server1 的 MAC 地址（如果 Server1 的 MAC 地址不在 ARP 缓存中）。从 Server1 收到 ARP 应答之后，路由器 R2 就可以将 ARP 应答结果存储到 ARP 缓存中，并通过 Fast Ethernet 0/0 接口将数据帧转发给 Server1（见图 1-13）。

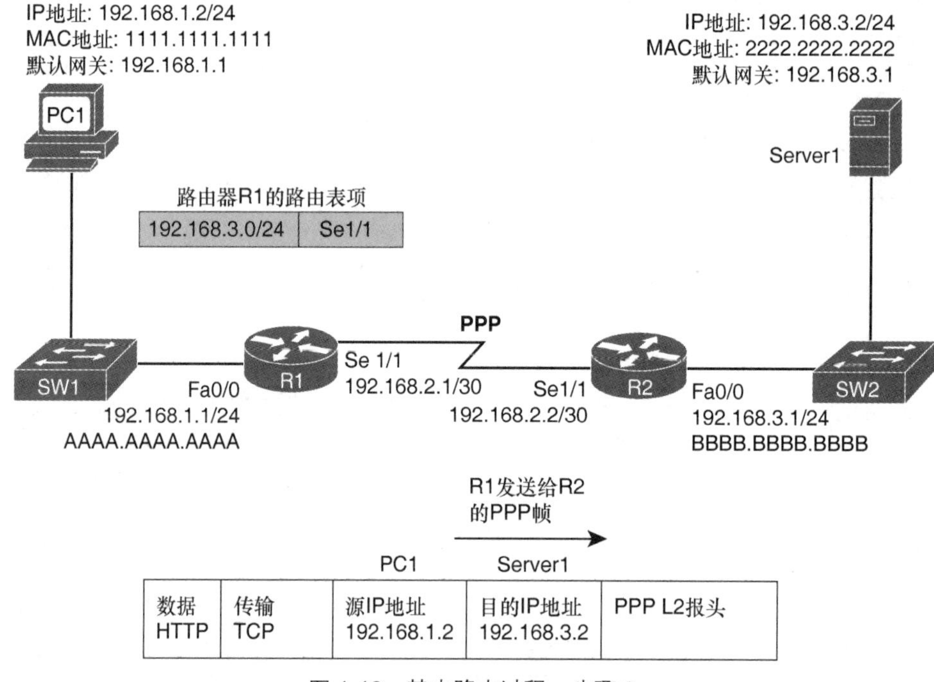

数据 HTTP	传输 TCP	源IP地址 192.168.1.2	目的IP地址 192.168.3.2	PPP L2报头

图 1-12 基本路由过程：步骤 2

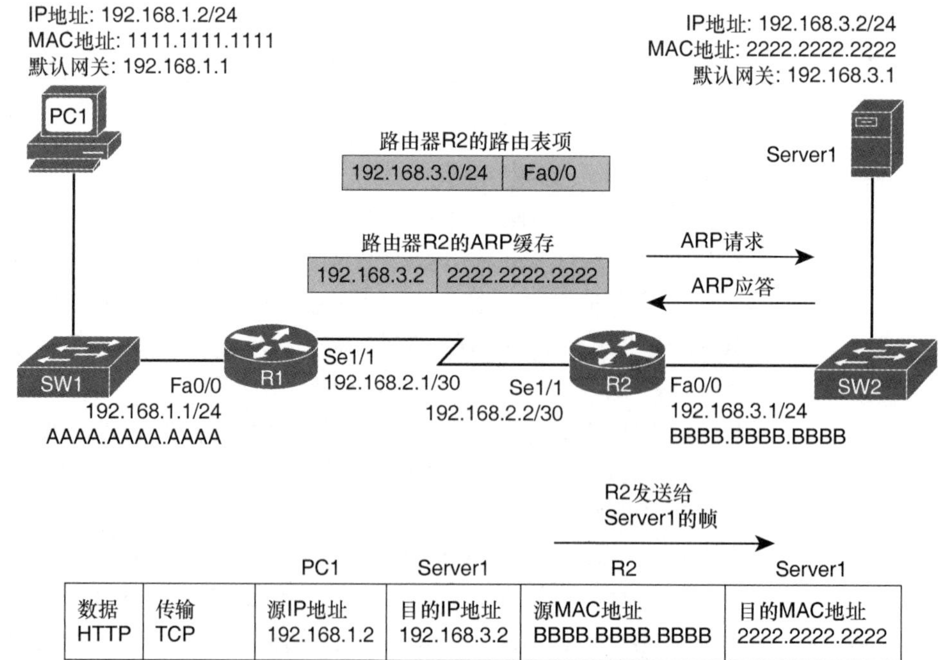

数据 HTTP	传输 TCP	源IP地址 192.168.1.2	目的IP地址 192.168.3.2	源MAC地址 BBBB.BBBB.BBBB	目的MAC地址 2222.2222.2222

图 1-13 基本路由过程：步骤 3

上述路由过程用到了两种路由器数据结构。

- **IP 路由表**：路由器在路由 IP 包时，需要查询 IP 路由表以找到最佳匹配路由。最佳匹配路由指的是前缀最长的路由。例如，假设路由器拥有网络 10.0.0.0/8、10.1.1.0/24 和 10.1.1.0/26 的路由表项，此外，假设路由器正在尝试转发目的 IP 地址为 10.1.1.10 的数据包，那么路由器将会选择 10.1.1.0/26 路由表项作为 10.1.1.10 的最佳匹配路由，因为该路由表项拥有最长前缀/26（匹配的比特数最多）。
- **三层到二层映射表**：图 1-13 中的路由器 R2 的 ARP 缓存包含了三层到二层映射信息。具体来说，就是该 ARP 缓存包括了一个映射关系，说明 MAC 地址 2222.2222.2222 对应于 IP 地址 192.168.3.2。虽然 ARP 缓存用于以太网的三层到二层映射数据结构，但相似的数据结构也可以用于多点帧中继网络和 DMVPN（Dynamic Multipoint Virtual Private Network，动态多点虚拟专网）网络。但是，对于 PPP 或 HDLC（High-Level Data Link Control，高级数据链路控制）等点到点链路来说，由于链路另一侧所连接的设备只有一种可能，因而无须映射信息即可确定下一跳设备。

持续查询路由器的 IP 路由表及三层到二层映射表（如 ARP 缓存）的效率比较低。幸运的是，CEF（Cisco Express Forwarding，思科快速转发）可以从路由器的 IP 路由表和三层到二层映射表收集相关信息，此后就可以直接引用 CEF 硬件中的数据结构来转发数据包。

CEF 提供了两种主要数据结构。

- **FIB（Forwarding Information Base，转发信息库）**：FIB 包含了与 IP 路由表信息相似的三层信息，还包含了与多播路由和直连主机相关的信息。
- **邻接表（Adjacency Table）**：路由器使用 CEF 执行路由查找时，FIB 会引用邻接表中的表项。邻接表表项包含了路由器正确构建数据帧所需的帧头信息，因而多点以太网接口的邻接表表项中存在出站接口和下一跳 MAC 地址信息，而点到点接口则只需要出站接口信息。

图 1-14 显示了路由器的数据结构。

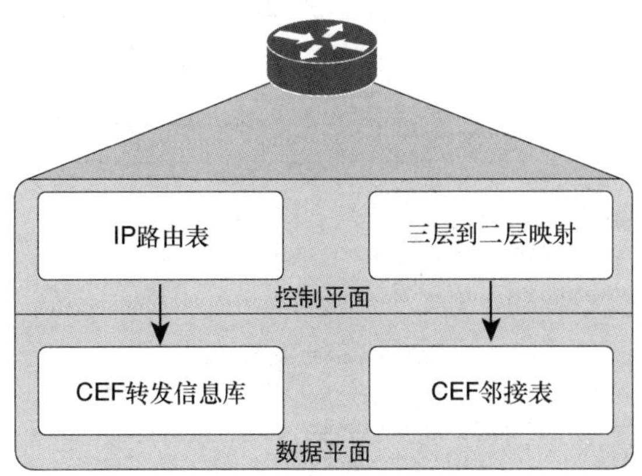

图 1-14 路由器的数据结构

1.6.2 包转发过程故障排查

排查包转发过程故障时，需要检查路由器的 IP 路由表。如果观察到的流量行为与 IP 路由表信息不一致，那么需要记住的是，IP 路由表由路由器的控制平面进行维护，并用于在数据平面构建表项。CEF 运行在数据平面并使用 FIB。需要查看 CEF 数据结构（FIB 和邻接表），其中包含了做出包转发决策所需的所有信息。

例 1-25 提供了 **show ip route** *ip_address* 命令输出结果，表明到达 IP 地址 192.168.1.11 的下一跳 IP 地址是 192.168.0.11（通过接口 Fast Ethernet 0/0 可达）。由于该信息来自控制平面，因而包含了路由协议（本例为 OSPF）信息。

例 1-25 **show ip route** *ip_address* 命令输出结果

```
Router# show ip route 192.168.1.11
Routing entry for 192.168.1.0/24
Known via "ospf 1", distance 110, metric 11, type intra area
Last update from 192.168.0.11 on FastEthernet0/0, 00:06:45 ago
Routing Descriptor Blocks:
192.168.0.11, from 10.1.1.1, 00:06:45 ago, via FastEthernet0/0
Route metric is 11, traffic share count is 1
```

例 1-26 提供了 **show ip route** *ip_address subnet_mask* 命令输出结果，表明整个网络 192.168.1.0/24 都可以通过接口 Fast Ethernet 0/0 访问，下一跳 IP 地址为 192.168.0.11。

例 1-26 **show ip route** *ip_address subnet_mask* 命令输出结果

```
Router# show ip route 192.168.1.0 255.255.255.0
Routing entry for 192.168.1.0/24
Known via "ospf 1", distance 110, metric 11, type intra area
Last update from 192.168.0.11 on FastEthernet0/0, 00:06:57 ago
Routing Descriptor Blocks:
192.168.0.11, from 10.1.1.1, 00:06:57 ago, via FastEthernet0/0
Route metric is 11, traffic share count is 1
```

例 1-27 显示了携带和不携带 **longer-prefixes** 选项的 **show ip route** *ip_address subnet_mask* **longer-prefixes** 命令输出结果。可以看出，不携带 **longer-prefixes** 选项时，路由器显示 IP 路由表中没有子网 172.16.0.0 255.255.0.0，但是携带了 **longer-prefixes** 选项之后，则显示了两条路由，因为这两条路由都是 172.16.0.0/16 网络的子网。

例 1-27 **show ip route** *ip_address subnet_mask* **longer-prefixes** 命令输出结果

```
Router# show ip route 172.16.0.0 255.255.0.0
% Subnet not in table
R2# show ip route 172.16.0.0 255.255.0.0 longer-prefixes
Codes: C - connected, S - static, R - RIP, M - mobile, B - BGP
D - EIGRP, EX - EIGRP external, O - OSPF, IA - OSPF inter area
N1 - OSPF NSSA external type 1, N2 - OSPF NSSA external type 2
E1 - OSPF external type 1, E2 - OSPF external type 2
i - IS-IS, su - IS-IS summary, L1 - IS-IS level-1, L2 - IS-IS level-2
ia - IS-IS inter area, * - candidate default, U - per-user static route
- ODR, P - periodic downloaded static route
```

```
Gateway of last resort is not set

172.16.0.0/30 is subnetted, 2 subnets
C 172.16.1.0 is directly connected, Serial1/0.1
C 172.16.2.0 is directly connected, Serial1/0.2
```

例 1-28 显示了 **show ip cef** *ip_address* 命令输出结果。可以看出，根据 CEF，可以通过 Fast Ethernet 0/0 接口访问 IP 地址 192.168.1.11，下一跳 IP 地址为 192.168.0.11。

例 1-28 **show ip cef** *ip_address* 命令输出结果

```
Router# show ip cef 192.168.1.11
192.168.1.0/24, version 42, epoch 0, cached adjacency 192.168.0.11
0 packets, 0 bytes
via 192.168.0.11, FastEthernet0/0, 0 dependencies
next hop 192.168.0.11, FastEthernet0/0
valid cached adjacency
```

例 1-29 显示了 **show ip cef** *ip_address subnet_mask* 命令输出结果。可以看出，根据 CEF，可以通过 Fast Ethernet 0/0 接口访问 IP 地址 192.168.1.0/24，下一跳 IP 地址为 192.168.0.11。

例 1-29 **show ip cef** *ip_address subnet_mask* 命令输出结果

```
Router# show ip cef 192.168.1.0 255.255.255.0
192.168.1.0/24, version 42, epoch 0, cached adjacency 192.168.0.11
0 packets, 0 bytes
via 192.168.0.11, FastEthernet0/0, 0 dependencies
next hop 192.168.0.11, FastEthernet0/0
valid cached adjacency
```

show ip cef exact-route *source_address destination_address* 命令输出结果如下：

```
Router# show ip cef exact-route 10.2.2.2 192.168.1.11

10.2.2.2 -> 192.168.1.11 : FastEthernet0/0 (next hop 192.168.0.11)
```

从输出结果可以看出，自源 IP 地址 10.2.2.2 并去往目的 IP 地址 192.168.1.11 的数据包将从 Fast Ethernet 0/0 去往下一跳 IP 地址 192.168.0.11。

对于点对多点帧中继或以太网等多点接口来说，路由器知道了数据包的下一跳地址之后，还需要相应的二层信息［如下一跳 MAC 地址或 DLCI（Data Link Connection Identifier，数据链路连接标识符）］才能正确构建数据帧。例 1-30 提供了 **show ip arp** 命令输出结果，该命令可以显示存储在路由器控制平面的 ARP 缓存信息，包括已学到或已配置的 MAC 地址以及相关联的 IP 地址。

例 1-30 **show ip arp** 命令输出结果

```
Router# show ip arp
Protocol Address Age (min) Hardware Addr Type Interface
Internet 192.168.0.11 0 0009.b7fa.d1e1 ARPA FastEthernet0/0
Internet 192.168.0.22 - c001.0f70.0000 ARPA FastEthernet0/0
```

例 1-31 提供了 **show frame-relay map** 命令输出结果。输出结果显示了帧中继接口、与该接口相关联的 DLCI 以及可以通过该接口到达的下一跳 IP 地址［使用与列出的 DLCI 相关联的 PVC（Permanent Virtual Circuit，永久虚电路）］。对于本例来说，如果 R2 需要将数据发送给下一跳 IP 地址 172.16.33.6，就需要通过与 DLCI 406 相关联的 PVC 到达该目的端。

例 1-31 **show frame-relay map 命令输出结果**

```
Router# show frame-relay map
Serial1/0 (up): ip 172.16.33.5 dlci 405(0x195,0x6450), static,broadcast,
CISCO, status defined, active
Serial1/0 (up): ip 172.16.33.6 dlci 406(0x196,0x6460), static,broadcast,
CISCO, status defined, active
```

例 1-32 提供了 **show ip nhrp** 命令输出结果。该命令可以显示 DMVPN 网络使用的 NHRP（Next Hop Resolution Protocol，下一跳解析协议）缓存。对于本例来说，如果需要将数据包发送给下一跳 IP 地址 192.168.255.2，就需要通过 NBMA（Non-Broadcast MultiAccess，非广播多路访问）地址 198.51.100.2 到达该目的端。

例 1-32 **show ip nhrp 命令输出结果**

```
HUBRouter# show ip nhrp
192.168.255.2/32 via 192.168.255.2
Tunnel0 created 00:02:35, expire 01:57:25
Type: dynamic, Flags: unique registered
NBMA address: 198.51.100.2
192.168.255.3/32 via 192.168.255.3
Tunnel0 created 00:02:36, expire 01:57:23
Type: dynamic, Flags: unique registered
NBMA address: 203.0.113.2
```

例 1-33 提供了 **show adjacency detail** 命令输出结果。输出结果显示了 CEF 信息，这些信息用于构造通过不同的路由器接口到达下一跳 IP 地址所需的帧头。请注意，Serial 1/0 接口的数值为 64510800，这是路由器将数据包转发到下一跳 IP 地址 172.16.33.5 所需信息（包括 DLCI 405）的十六进制表示形式。请注意 Fast Ethernet 3/0 接口的数值 CA1B01C4001CCA1C164000540800，该数值是以太网帧的目的 MAC 地址、源 MAC 地址和 EtherType 代码，前 12 个十六进制数值是目的 MAC 地址，后 12 个十六进制数值是源 MAC 地址，0800 是 IPv4 EtherType 代码。

例 1-33 **show adjacency detail 命令输出结果**

```
Router# show adjacency detail
Protocol      Interface                  Address
IP            Serial1/0                  172.16.33.5(7)
                                         0 packets, 0 bytes
                                         epoch 0
                                         sourced in sev-epoch 1
                                         Encap length 4
                                         64510800
                                         FR-MAP
IP            Serial1/0                  172.16.33.6(7)
                                         0 packets, 0 bytes
```

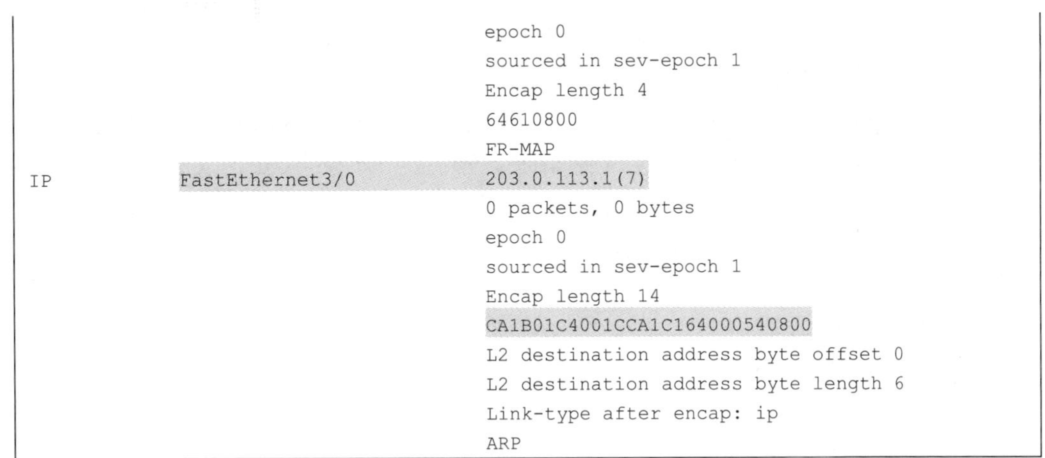

		epoch 0
		sourced in sev-epoch 1
		Encap length 4
		64610800
		FR-MAP
IP	FastEthernet3/0	203.0.113.1(7)
		0 packets, 0 bytes
		epoch 0
		sourced in sev-epoch 1
		Encap length 14
		CA1B01C4001CCA1C164000540800
		L2 destination address byte offset 0
		L2 destination address byte length 6
		Link-type after encap: ip
		ARP

1.7 路由信息源

设计路由网络时，需要在多种可选路由信息源（如直连、静态、EIGRP、OSPF 和 BGP 等）之间确定路由信息源。对于这些不同的路由信息源选项来说，我们必须能够识别出最值得信任（可信）的路由信息源，这一点对于使用多个路由信息源的场景来说极为重要，因为对于任何给定路由来说，只能使用其中的一个路由信息源来填充路由表。因此，对于故障排查人员来说，必须了解如何确定最佳路由信息源以及如何将该路由信息源的信息安装到路由表中。

本节将解释什么是最可靠的路由信息源以及路由表与各种数据结构进行交互以使用最佳信息填充路由表的方式。

1.7.1 数据结构和路由表

通常来说，为了更有效地排查路由信息源故障，必须理解动态路由协议的数据结构与路由器的 IP 路由表之间的交互方式。图 1-15 显示了 IP 路由协议的数据结构与路由器的 IP 路由表之间的交互方式。

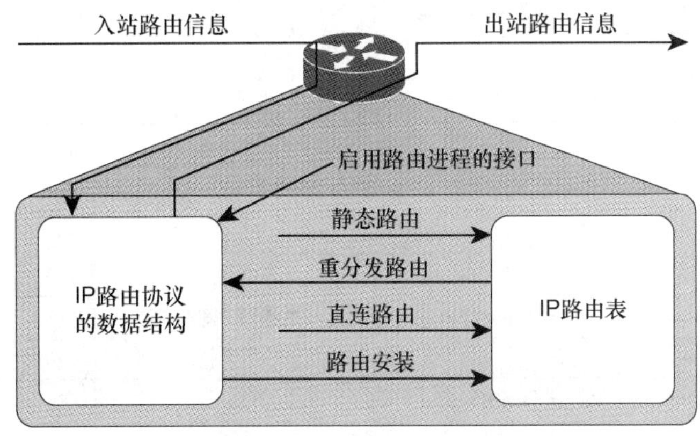

图 1-15 IP 路由协议的数据结构与 IP 路由表之间的交互方式

路由器收到相邻路由器的路由信息之后，将信息存储在 IP 路由协议的数据结构中，并由路由协议进行分析以确定最佳路径（基于度量）。IP 路由协议的数据结构也可以由本地路由器填充。例如，路由器可能会被配置为进行路由重分发，将路由信息从路由表重分发到 IP 路由协议的数据结构中。此外，路由器也可能会让指定接口参与 IP 路由协议进程，此时，该接口所属的网络就会被安装到路由协议的数据结构中。

不过，路由表中包含哪些信息呢？从图 1-15 可以看出，路由协议的数据结构可以填充路由表，直连路由可以填充路由表，静态路由也可以填充路由表，这些都是路由信息源。

1.7.2 路由信息源简介

路由器可以同时从以下路由信息源接收路由信息。

- 直连路由。
- 静态路由。
- RIP（Routing Information Protocol，路由信息协议）。
- EIGRP。
- OSPF。
- BGP。

如果从这些路由源收到的路由信息是面向不同目的网络的路由信息，就可以将这些路由信息分别用于各自学到的目的网络，并安装到路由表中。但是，如果从 RIP 和 OSPF 收到的路由信息完全相同，那么该怎么办呢？例如，假设这两种路由协议都向路由器通告了网络 10.1.1.0/24，那么路由器该如何选择最可信或最佳路由信息源呢？路由器不可能同时使用这两种路由信息源，必须选择一个并将该路由信息安装到路由表中。

每种路由信息源都有一个 AD（Administrative Distance，管理距离），不同的路由信息源进行对比时，可以将路由信息源的 AD 视为该路由源的可信度或信任度。表 1-4 列出了不同路由信息源的默认 AD，AD 值越小的路由信息源越优。

表 1-4 路由信息源的默认 AD

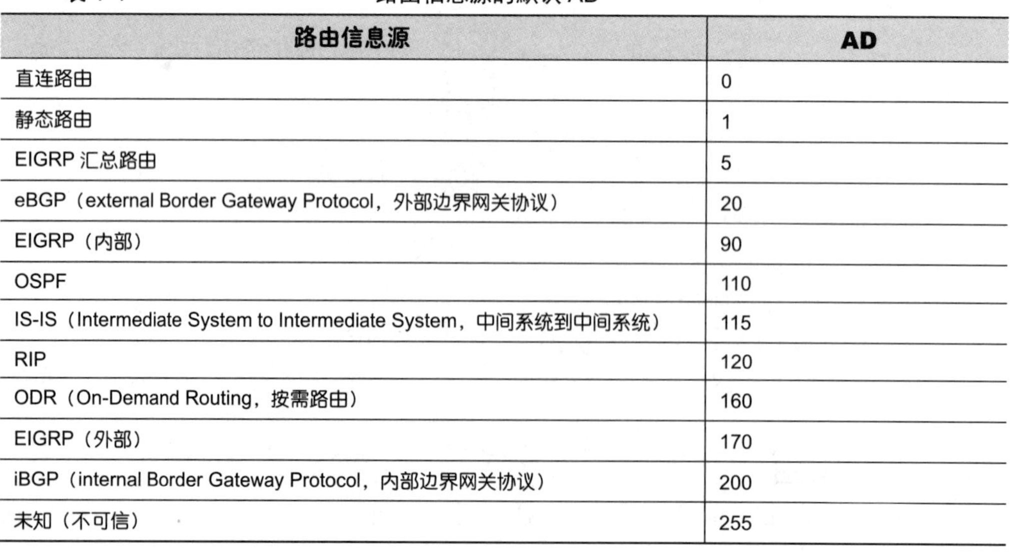

路由信息源	AD
直连路由	0
静态路由	1
EIGRP 汇总路由	5
eBGP（external Border Gateway Protocol，外部边界网关协议）	20
EIGRP（内部）	90
OSPF	110
IS-IS（Intermediate System to Intermediate System，中间系统到中间系统）	115
RIP	120
ODR（On-Demand Routing，按需路由）	160
EIGRP（外部）	170
iBGP（internal Border Gateway Protocol，内部边界网关协议）	200
未知（不可信）	255

例如，RIP 的默认 AD 为 120，OSPF 的默认 AD 为 110。因此，如果 RIP 和 OSPF 都知道去往某特定网络的路由（如 10.1.1.0/24），就会将 OSPF 路由注入路由器的 IP 路由表中，因为 OSPF 拥有更加可信的 AD。因此，IP 路由协议的数据结构选择的最佳路由只是即将注入路由器 IP 路由表的候选路由，仅当路由器确定某路由来自最佳路由信息源之后，才会将该路由注入路由表中。如本书后续章节所述，排查特定路由协议故障时，可能会发现路由表中缺失特定路由协议的路由，或者因使用较低 AD 值的路由信息源而产生次优路由问题。

可以通过 **show ip route** *ip_address* 命令验证路由表中的路由的 AD 值（见例 1-34）。可以看出，去往 10.1.1.0 的路由的 AD 为 0，去往 10.1.23.0 的路由的 AD 为 90。

考试要点

例 1-34　验证路由表中的路由的 AD 值

```
R1# show ip route 10.1.1.0
Routing entry for 10.1.1.0/26
Known via "connected", distance 0, metric 0 (connected, via interface)
Redistributing via eigrp 100
Routing Descriptor Blocks:
directly connected, via GigabitEthernet1/0
Route metric is 0, traffic share count is 1
R1# show ip route 10.1.23.0
Routing entry for 10.1.23.0/24
Known via "eigrp 100", distance 90, metric 3072, type internal
Redistributing via eigrp 100
Last update from 10.1.13.3 on GigabitEthernet2/0, 09:42:20 ago
Routing Descriptor Blocks:
10.1.13.3, from 10.1.13.3, 09:42:20 ago, via GigabitEthernet2/0
Route metric is 3072, traffic share count is 1
Total delay is 20 microseconds, minimum bandwidth is 1000000 Kbit
Reliability 255/255, minimum MTU 1500 bytes
Loading 1/255, Hops 1
```

如果希望始终不使用来自特定路由信息源的路由信息或路由信息的子网，就可以将来自该路由信息源的特定路由或全部路由的 AD 值更改为 255，即意味着这些路由“不可信”。

此外，还可以通过 AD 来控制路径选择。例如，假设有两条不同的路径都能到达同一目的端，这两条路径学自不同的路由信息源（如 EIGRP 和静态路由），那么此时将优选静态路由。但是，该静态路由指向的却是一条比 EIGRP 路径慢的备用链路，因而此时更希望将 EIGRP 路径安装到路由表中（因为静态路由会产生次优路由），但是又不允许删除该静态路由，那么该如何处理呢？为了解决该问题，可以创建一条浮动静态路由，让该静态路由的 AD 值大于优选路由。由于此时希望优选 EIGRP 路由，因而需要将该静态路由的 AD 值调整为大于 EIGRP 的 AD 值（90），调整之后，就可以将学自 EIGRP 的路由安装到路由表中，该路由失效之后，才会将静态路由安装到路由表中。

1.8 静态路由

静态路由由管理员手动配置，在默认情况下，静态路由是第二可靠的路由信息源（AD

为 1)。管理员可以通过静态路由精确地控制如何将数据包路由到特定目的端。本节将讨论 IPv4 和 IPv6 静态路由配置语法以及相关的故障排查技术。

1.8.1 IPv4 静态路由

可以在全局配置模式下通过命令 **ip route** *prefix mask* {*ip_address* | *interface_type interface_number*} [*distance*]配置 IPv4 静态路由。下面的代码段显示了 R1 的静态路由配置示例，为 R1 配置了一条关于网络 10.1.3.0/24 的静态路由：

```
R1# config t

Enter configuration commands, one per line. End with CNTL/Z.

R1(config)# ip route 10.1.3.0 255.255.255.0 10.1.12.2 8
```

可以通过下一跳地址 10.1.12.2（R2）到达该网络（见图 1-16），分配的 AD 值为 8（默认值为 1）。

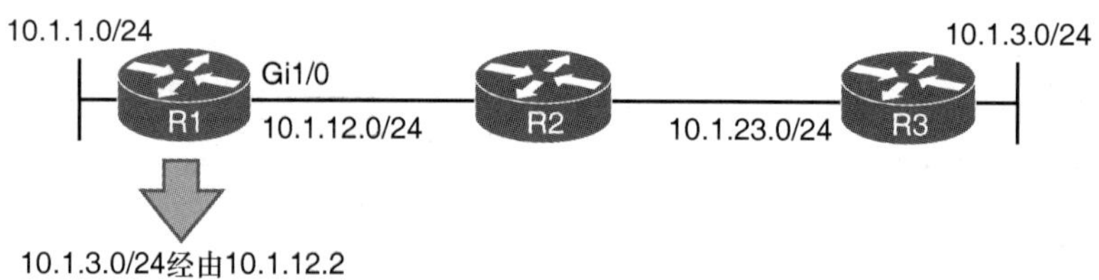

图 1-16 在 R1 上使用下一跳选项配置静态路由

例 1-35 显示了 R1 的 **show ip route static** 命令输出结果。可以看出，网络 10.1.3.0/24 是通过静态路由学到的，可以通过下一跳 IP 地址 10.1.12.2 到达该网络，且 AD 为 8，度量为 0（因为无法像动态路由协议那样了解目的端的真正距离）。

例 1-35 验证 R1 的静态路由

```
R1# show ip route static
Codes: L - local, C - connected, S - static, R - RIP, M - mobile, B - BGP
...output omitted...

10.0.0.0/8 is variably subnetted, 7 subnets, 2 masks
S 10.1.3.0/24 [8/0] via 10.1.12.2
```

排查 IPv4 静态路由故障时，需要了解静态路由无法提供所需路由结果的原因。例如，网络和掩码如果其中任何一个不正确，那么静态路由都无法按预期路由数据包，此时，路由器就可能会丢弃数据包，因为这些数据包与静态路由或其他路由都不匹配，最终可能需要通过默认路由转发数据包，导致指向错误的方向。此外，如果静态路由包含了不应包含的网络，那么也可能会以错误的方式路由数据包。

考虑以下问题：如果在图 1-16 中的 R2 上通过命令 **ip route 10.1.3.0 255.255.255.0 10.1.12.1** 配置了静态路由，那么去往 10.1.3.0 的数据包就会发送给 R1，这是错误的路由方式。这是因为例 1-35 显示 R1 将通过 R2（10.1.12.2）去往网络 10.1.3.0/24，因此，R1 与 R2 将不停地来回发送目的端为 10.1.3.0/24 的数据包，直至 TTL 到期。

请注意，下一跳 IP 地址对于静态路由来说是非常重要的参数，它可以告诉本地路由器应该将数据包发送到哪里。以例 1-35 为例，下一跳 IP 地址是 10.1.12.2，因而必须将目的端为 10.1.3.0 的数据包转发到 10.1.12.2。接下来，R1 在路由表中递归查找 10.1.12.2 以确定如何到达该 IP 地址（见例 1-36）。例 1-36 显示了 R1 的 **show ip route 10.1.12.2** 命令输出结果，可以看出，10.1.12.2 直连 Gigabit Ethernet 1/0。

例 1-36 R1 递归查找下一跳地址

```
R1# show ip route 10.1.12.2
Routing entry for 10.1.12.0/24
Known via "connected", distance 0, metric 0 (connected, via interface)
Routing Descriptor Blocks:
directly connected, via GigabitEthernet1/0
Route metric is 0, traffic share count is 1
```

由于到达 10.1.12.2 的出站接口是 Gigabit Ethernet 1/0，因而以太网帧需要源和目的 MAC 地址。因此，R1 在 ARP 缓存中查找 MAC 地址（见例 1-37），发现 10.1.12.2 的 MAC 地址是 ca08.0568.0008。

例 1-37 在 ARP 缓存中查找 MAC 地址

```
R1# show ip arp
Protocol Address      Age (min) Hardware Addr Type Interface
Internet 10.1.1.1       -       ca07.0568.0008 ARPA GigabitEthernet0/0
Internet 10.1.12.1      -       ca07.0568.001c ARPA GigabitEthernet1/0
Internet 10.1.12.2     71       ca08.0568.0008 ARPA GigabitEthernet1/0
```

请注意，本例中的下一跳 IP 地址的 MAC 地址用于二层帧，而不是数据包中的 IP 地址的 MAC 地址。这样做的好处是，路由器在使用 ARP 进程时，只要查找下一跳的 MAC 地址并将其存储到 ARP 缓存中。此后，所有去往下一跳地址 10.1.12.2 的数据包都不需要再发送 ARP 请求，只要在 ARP 缓存中查找即可，使得整个路由过程更加高效。

了解了下一跳 IP 地址之后，还需要了解另一个选项。从前面的 **ip route** 语法可以看出，可以在命令中指定出站接口而非下一跳 IP 地址。使用出站接口选项时必须正确区分适用场景，正确的场景是纯点到点接口，如 DSL 或串行接口。点到点以太网链路并不是纯点到点链路，而是多路访问连接，而且由于是以太网接口，因而还需要源 MAC 地址和目的 MAC 地址。如果将以太网接口指定为下一跳，那么路由器就必须通过 ARP 为每个数据包中的每个目的 IP 地址查找对应的 MAC 地址。具体情况如下。

假设 R1 配置了以下静态路由：**ip route 10.1.3.0 255.255.255.0 gigabit Ethernet 1/0**。例 1-38 显示了该静态路由在路由表中的呈现方式，说明 10.1.3.0/24 与接口 Gigabit Ethernet 1/0 直连。但事实是否如此呢？从图 1-17 可以看出，10.1.3.0/24 并没有与该接口直连，但是由于静态路由的配置方式，导致 R1 认为其与该接口直连。

例 1-38 指定出站接口的静态路由

```
R1# show ip route static
...output omitted...
```

```
10.0.0.0/8 is variably subnetted, 7 subnets, 2 masks
S 10.1.3.0/24 is directly connected, GigabitEthernet1/0
```

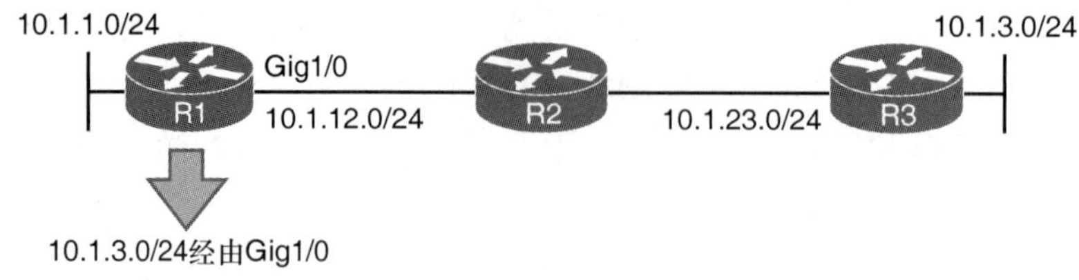

图 1-17 在 R1 上使用出站接口选项配置静态路由

假设网络 10.1.1.0/24 中的用户试图访问网络 10.1.3.0/24 中的资源，即通过 10.1.3.8 访问 10.1.3.1 的资源。R1 收到数据包之后，查找路由表并发现最长匹配项如下：

```
S 10.1.3.0/24 is directly connected, GigabitEthernet1/0
```

由于 R1 认为该网络与其直连，因而数据包中的目的 IP 地址应该位于与 Gig1/0 直连的网络上，但图 1-17 显示的事实却并非如此。由于 Gig1/0 是以太网接口，因而 R1 通过 ARP 来确定数据包目的地址字段中的 IP 地址的 MAC 地址（这一点与指定下一跳 IP 地址不同，如果指定的是下一跳 IP 地址，那么将使用下一跳 IP 地址的 MAC 地址）。例 1-39 显示了 R1 的 ARP 缓存，请注意，每个目的 IP 地址在 ARP 缓存中都有一个表项。如果路由器没有转发 ARP 请求，那会是什么原因呢？出现这种情况的原因是代理 ARP（路由器默认启用该功能特性），如果路由器的路由表拥有去往 ARP 请求中的 IP 地址的路由，那么代理 ARP 功能就允许路由器以自己的 MAC 地址响应 ARP 请求。请注意，例 1-39 中列出的 MAC 地址全部相同，而且与表项 10.1.12.2 的 MAC 地址完全匹配。由于 R2 拥有到达 ARP 请求的 IP 地址的路由，因而以自己的 MAC 地址进行响应。

例 1-39 R1 的 ARP 缓存（R2 启用了代理 ARP 功能）

```
R1# show ip arp
Protocol Address     Age (min) Hardware Addr  Type Interface
Internet 10.1.1.1     -        ca07.0568.0008 ARPA GigabitEthernet0/0
Internet 10.1.3.1     0        ca08.0568.0008 ARPA GigabitEthernet1/0
Internet 10.1.3.2     0        ca08.0568.0008 ARPA GigabitEthernet1/0
Internet 10.1.3.3     3        ca08.0568.0008 ARPA GigabitEthernet1/0
Internet 10.1.3.4     0        ca08.0568.0008 ARPA GigabitEthernet1/0
Internet 10.1.3.5     1        ca08.0568.0008 ARPA GigabitEthernet1/0
Internet 10.1.3.6     0        ca08.0568.0008 ARPA GigabitEthernet1/0
Internet 10.1.3.7     0        ca08.0568.0008 ARPA GigabitEthernet1/0
Internet 10.1.3.8     1        ca08.0568.0008 ARPA GigabitEthernet1/0
Internet 10.1.12.1    -        ca07.0568.001c ARPA GigabitEthernet1/0
Internet 10.1.12.2   139       ca08.0568.0008 ARPA GigabitEthernet1/0
```

例 1-40 通过命令 **show ip interface** 验证路由器是否启用了代理 ARP 功能。

例 1-40 验证是否启用了代理 ARP 功能

```
R2# show ip interface gigabitEthernet 0/0
GigabitEthernet0/0 is up, line protocol is up
Internet address is 10.1.12.2/24
```

```
Broadcast address is 255.255.255.255
Address determined by non-volatile memory
MTU is 1500 bytes
Helper address is not set
Directed broadcast forwarding is disabled
Multicast reserved groups joined: 224.0.0.5 224.0.0.6
Outgoing access list is not set
Inbound access list is not set
Proxy ARP is enabled
Local Proxy ARP is disabled
Security level is default
Split horizon is enabled
ICMP redirects are always sent
```

如果未启用代理 ARP 功能，那么 R1 的 ARP 缓存将如例 1-41 所示。请注意，虽然 R1 仍在发送 ARP 请求，但是并未收到任何 ARP 应答消息，因而无法构建二层帧，从而出现封装故障（调试 IP 数据包就可以发现该故障）。

例 1-41　R1 的 ARP 缓存（R2 禁用了代理 ARP 功能）

```
R1# show ip arp
Protocol Address    Age (min) Hardware Addr  Type Interface
Internet 10.1.1.1   -         ca07.0568.0008 ARPA GigabitEthernet0/0
Internet 10.1.3.1   0         Incomplete     ARPA
Internet 10.1.3.2   0         Incomplete     ARPA
Internet 10.1.3.3   0         Incomplete     ARPA
Internet 10.1.3.4   0         Incomplete     ARPA
Internet 10.1.3.5   0         Incomplete     ARPA
Internet 10.1.3.6   0         Incomplete     ARPA
Internet 10.1.3.7   0         Incomplete     ARPA
Internet 10.1.3.8   0         Incomplete     ARPA
Internet 10.1.12.1 -          ca07.0568.001c ARPA GigabitEthernet1/0
Internet 10.1.12.2 139        ca08.0568.0008 ARPA GigabitEthernet1/0
```

由于 R1 通过 ARP 来确定每个数据包中的目的 IP 地址的 MAC 地址，因而永远也不要在静态路由中指定以太网接口。如果在静态路由中指定了以太网接口，就会导致路由器资源（如处理器和内存）的过度消耗，因为控制平面会在转发过程中通过 ARP 来确定二层 MAC 地址。

识别静态路由配置差错以及所引起的问题，对于故障排查操作来说非常重要，因为静态路由配置出错会导致流量被错误路由或次优路由。此外，需要记住的是，由于静态路由的 AD 值为 1，因而静态路由比去往同一目的端的其他路由信息源更优。

1.8.2　IPv6 静态路由

可以在全局配置模式下通过命令 **ipv6 route** {*ipv6_prefix/prefix_length*} {*ipv6_address* | *interface_type interface_number*} [*administrative_distance*] [*next_hop_address*]配置 IPv6 静态路由。下面的代码段显示了 R1 的 IPv6 静态路由配置示例。在 R1 上使用下一跳选项配置 IPv6 静态路由如图 1-18 所示。

```
R1# config t

R1(config)# ipv6 route 2001:DB8:0:3::/64 gigabitEthernet 1/0
   FE80::2 8
```

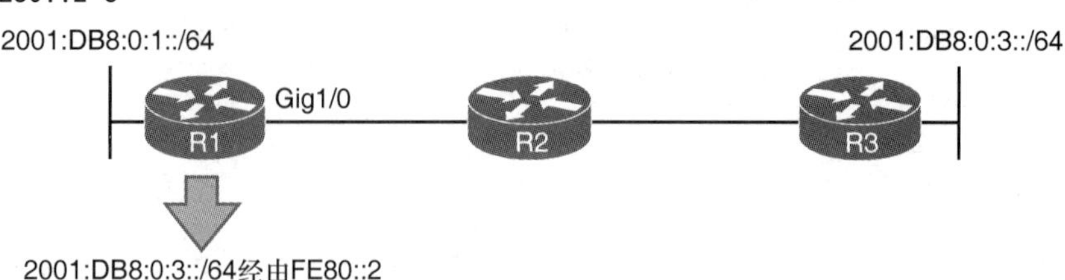

图 1-18 在 R1 上使用下一跳选项配置 IPv6 静态路由

静态路由告诉 R1 关于网络 2001:DB8:0:3::/64 的路由信息，可以通过下一跳地址 FE80::2（R2 的链路本地地址）到达该网络，且分配了 AD 值 8（默认值为 1）。请注意，该配置指定了以太网出站接口，如果将链路本地地址作为下一跳 IP 地址，那么这就是强制要求，因为同一个链路本地地址可以用在多个本地路由器接口上。此外，多个远程路由器接口也可以使用相同的链路本地地址。只要链路本地地址在同一局域网内的两台设备之间是唯一的，就可以实现正常通信。如果将全局单播地址作为下一跳地址，就不必指定出站接口。

例 1-42 显示了 R1 的 **show ipv6 route static** 命令输出结果，表明网络 2001:DB8:0:3::/64 是通过静态路由学到的，可以通过下一跳地址 FE80::2 到达该网络，且 AD 值为 8，度量为 0（因为无法像动态路由协议那样了解目的端的真正距离）。

例 1-42 验证 R1 的 IPv6 静态路由

```
R1# show ipv6 route static
...output omitted...
S 2001:DB8:0:3::/64 [8/0]
 via FE80::2, GigabitEthernet1/0
```

前文曾经说过，IPv6 没有广播，因而 IPv6 不使用 ARP，而是使用基于多播的 NDP（Neighbor Discovery Protocol，邻居发现协议）来确定邻居设备的 MAC 地址。对于本例来说，如果 R1 需要将数据包路由到 2001:DB8:0:3::/64，那么查询路由表后发现应该使用下一跳地址 FE80::2（出站接口 Gig1/0），因而查询 IPv6 邻居表以确定是否存在 FE80::2 出站接口 Gig 1/0 的 MAC 地址：

```
R1# show ipv6 neighbors

IPv6 Address       Age        Link-layer Addr    State Interface

FE80::2             0         ca08.0568.0008     REACH Gi1/0
```

该表必须有一个映射链路本地地址和接口的表项，但是，如果只有一个匹配项，就不是正确表项。如果 IPv6 邻居表中没有表项，就要发送邻居请求消息以发现 Gig1/0 接口的 MAC 地址 FE80::2。

与 IPv4 相似，如果接口是以太网接口，就不能在静态路由中使用接口选项，因为代理 ARP 会消耗大量的路由器资源。请注意，IPv6 不存在代理 ARP，因此，如果要为以太网接口使用接口选项，那么仅当目的 IPv6 地址与指定路由器接口直连时才有效。这是因为数据包中的目的 IPv6 地址用作下一跳地址，且需要通过 NDP 查找 MAC 地址。如果目的 IPv6 地址不在直连网络中，那么邻居发现操作将会失败，最终导致二层封装失败。以图 1-18 为例，如果在 R1 上配置了以下 IPv6 静态路由（称为直连静态路由），那么将会发生什么情况？

```
ipv6 route 2001:DB8:0:3::/64 gigabitEthernet 1/0
```

R1 收到去往 2001:db8:0:3::3 的数据包之后，通过静态路由发现该目的端与 Gig1/0 直连（与图 1-18 不一致），因而 R1 通过 Gig1/0 接口向外发送 NS（Neighbor Solicitation，邻居请求）消息（使用请求节点多播地址 FF02::1:FF00:3），以请求与 2001:db8:0:3::3 相关联的 MAC 地址发送的 NS。如果没有连接在 Gig1/0 上的设备正在使用请求节点多播地址 FF02::1:FF00:3 和 IPv6 地址 2001:db8:0:3::3，就无法得到该 NS 消息的应答消息，二层封装也将失败。

因此，能够识别静态路由的配置差错以及所导致的故障问题，对于故障排查人员来说是一项非常重要的技能，静态路由的配置差错会导致流量被错误路由或次优路由。此外，需要记住的是，由于静态路由的默认 AD 值为 1，因而静态路由比去往相同目的端的其他路由信息源更优。

1.9　故障工单

本节将介绍与本章主题相关的各种故障工单，目的是解释在现实世界或考试环境中开展故障排查操作的过程。

1.9.1　IPv4 编址故障工单

故障工单 1-1 和 1-2 基于图 1-19 所示的拓扑结构。

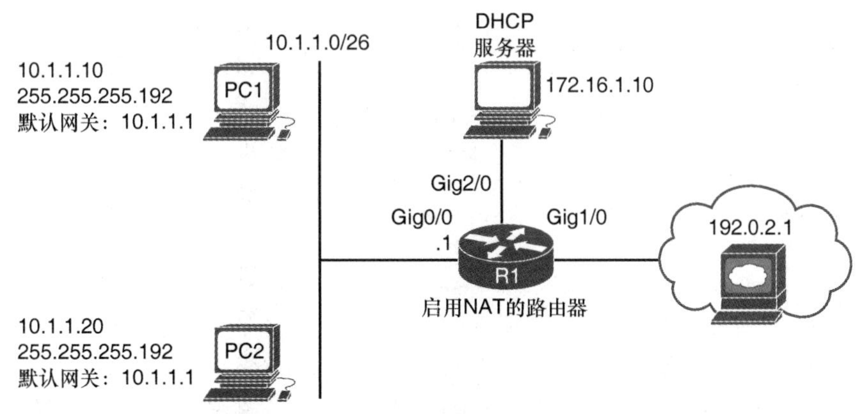

图 1-19　IPv4 编址故障工单示例拓扑结构

1．故障工单 1-1

故障问题：PC1 无法访问 Web 服务器 192.0.2.1 上的资源。

首先，可以从 PC1 向 192.0.2.1 发起 ping 测试（见例 1-43）。可以看出，ping 测试失败。

例 1-43 从 PC1 向 192.0.2.1 发起的 ping 测试失败

```
C:\PC1>ping 192.0.2.1
Pinging 192.0.2.1 with 32 bytes of data:

Request timed out.
Request timed out.
Request timed out.
Request timed out.

Ping statistics for 192.0.2.1:
 Packets: Sent = 4, Received = 0, Lost = 4 (100% loss),
```

接下来，从 PC1 向默认网关 R1（10.1.1.1）发起 ping 测试（见例 1-44）。可以看出，ping 测试成功。

例 1-44 从 PC1 向默认网关发起的 ping 测试成功

```
C:\PC1>ping 10.1.1.1

Reply from 10.1.1.1: bytes=32 time 1ms TTL=128
Reply from 10.1.1.1: bytes=32 time 1ms TTL=128
Reply from 10.1.1.1: bytes=32 time 1ms TTL=128
Reply from 10.1.1.1: bytes=32 time 1ms TTL=128

Ping statistics for 10.1.1.1:
 Packets: Sent = 4, Received = 4, Lost = 0 (0% loss),
Approximate round trip times in milli-seconds:
 Minimum = 0ms, Maximum = 0ms, Average = 0ms
```

此时需要确定该故障是否是一个孤立事件，因而登录 PC2 并向 192.0.2.1 发起 ping 测试（见例 1-45）。可以看出，ping 测试成功。

例 1-45 从 PC2 向 192.0.2.1 发起的 ping 测试成功

```
C:\PC2>ping 192.0.2.1

Reply from 192.0.2.1: bytes=32 time 1ms TTL=128
Reply from 192.0.2.1: bytes=32 time 1ms TTL=128
Reply from 192.0.2.1: bytes=32 time 1ms TTL=128
Reply from 192.0.2.1: bytes=32 time 1ms TTL=128
Ping statistics for 192.0.2.1:
 Packets: Sent = 4, Received = 4, Lost = 0 (0% loss),
Approximate round trip times in milli-seconds:
 Minimum = 0ms, Maximum = 0ms, Average = 0ms
```

至此，可以确定 PC1 和 PC2 到路由器的二层及三层连接正常，还可以确定 PC2 可以访问 Internet 资源（虽然 PC1 无法访问 Internet 资源）。出现这种情况的原因很多，最可能的原因就是 Gig0/0 或 Gig1/0 接口配置的 ACL（Access Control List，访问控制列表）禁止 PC1 访问 Internet 资源。当然，也可能是 NAT（Network Address Translation，网络地址转换）阻止了 10.1.1.10 的地址转换。不过在沿着这个思路继续排查故障之前，应该首先检查一些基本配置信息。如 PC1 的默认网关配置是否正确？如果不正确，那么 PC1 就可能会将去往远程子网的数据包发送给错误的默认网关。查看 PC1 的 **ipconfig** 输出结果（见例 1-46），即可发现 PC1 的默认网关被配置为 10.1.1.100，而 IP 地址并不是 R1 的接口的 IP 地址。

例 1-46 PC1 的 **ipconfig** 输出结果

```
C:\PC1>ipconfig
Windows IP Configuration

Ethernet adapter Local Area Connection:

 Connection-specific DNS Suffix . :
 IP Address. . . . . . . . . . . .: 10.1.1.10
 Subnet Mask . . . . . . . . . . .: 255.255.255.192
 Default Gateway . . . . . . . . .: 10.1.1.100
```

将默认网关的 IP 地址更改为 R1 的接口地址 10.1.1.1 之后，即可成功 ping 通 192.0.2.1（见例 1-47）。

例 1-47 从 PC1 向 192.0.2.1 发起的 ping 测试成功

```
C:\PC1>ping 192.0.2.1

Reply from 192.0.2.1: bytes=32 time 1ms TTL=128
Reply from 192.0.2.1: bytes=32 time 1ms TTL=128
Reply from 192.0.2.1: bytes=32 time 1ms TTL=128
Reply from 192.0.2.1: bytes=32 time 1ms TTL=128

Ping statistics for 192.0.2.1:
 Packets: Sent = 4, Received = 4, Lost = 0 (0% loss),
Approximate round trip times in milli-seconds:
 Minimum = 0ms, Maximum = 0ms, Average = 0ms
```

2. 故障工单 1-2

故障问题：PC1 无法访问 Web 服务器 192.0.2.1 上的资源。

首先，可以从 PC1 向 192.0.2.1 发起 ping 测试（见例 1-48）。可以看出，ping 测试失败。

例 1-48 从 PC1 向 192.0.2.1 发起的 ping 测试失败

```
C:\PC1>ping 192.0.2.1
Pinging 192.0.2.1 with 32 bytes of data:

Request timed out.
Request timed out.
Request timed out.
Request timed out.

Ping statistics for 192.0.2.1:
 Packets: Sent = 4, Received = 0, Lost = 4 (100% loss),
```

接下来，从 PC1 向默认网关 R1（10.1.1.1）发起 ping 测试（见例 1-49）。可以看出，ping 测试仍然失败。

例 1-49 从 PC1 向默认网关发起的 ping 测试失败

```
C:\PC1>ping 10.1.1.1
Pinging 10.1.1.1 with 32 bytes of data:

Request timed out.
Request timed out.
Request timed out.
Request timed out.

Ping statistics for 10.1.1.1:
 Packets: Sent = 4, Received = 0, Lost = 4 (100% loss),
```

此时需要确定该故障是否是一个孤立事件，因而登录 PC2 并向 IP 地址 192.0.2.1 及默认网关发起 ping 测试（见例 1-50）。可以看出，ping 测试均失败，表明该故障不是孤立事件。

例 1-50 从 PC2 向 192.0.2.1 和默认网关发起的 ping 测试失败

```
C:\PC2>ping 192.0.2.1
Pinging 192.0.2.1 with 32 bytes of data:

Request timed out.
Request timed out.
Request timed out.
Request timed out.

Ping statistics for 192.0.2.1:
 Packets: Sent = 4, Received = 0, Lost = 4 (100% loss),
C:\PC2>ping 10.1.1.1
Pinging 10.1.1.1 with 32 bytes of data:

Request timed out.
Request timed out.
Request timed out.
Request timed out.

Ping statistics for 10.1.1.1:
 Packets: Sent = 4, Received = 0, Lost = 4 (100% loss),
```

至此，可以确定 PC1 和 PC2 到默认网关的二层及三层连接中断。出现这种问题的原因很多，如 VLAN、VACL（VLAN Access Control List，VLAN 访问控制列表）、中继、VTP（VLAN Trunking Protocol，VLAN 中继协议）和 STP 都可能导致该故障。不过，在检查这些故障原因之前仍然应该先检查一些基础配置信息，首先查看客户端的 IP 编址信息。在 PC1 上执行 **ipconfig** 命令后可以看出（见例 1-51），PC1 配置了 APIPA 地址 169.254.180.166/16，且没有默认网关，这就意味着 PC1 无法与 DHCP 服务器进行通信，且正在自动配置 IP 地址。虽然该信息仍然不能排除 VLAN、中继、VTP、STP 等故障原因，但确实可以帮助故障排查人员缩小排查范围。

例 1-51 PC1 的 ipconfig 输出结果

```
C:\PC1>ipconfig
Windows IP Configuration

Ethernet adapter Local Area Connection:

 Connection-specific DNS Suffix . :
 IP Address. . . . . . . . . . . . .: 169.254.180.166
 Subnet Mask . . . . . . . . . . . .: 255.255.0.0
 Default Gateway . . . . . . . . . .:
```

从图 1-19 的故障工单示例的拓扑结构可以看出，DHCP 服务器位于 R1 的接口 Gig2/0 之外，与 PC 位于不同的子网中，因而需要通过 R1 将 PC 的 DHCPDISCOVER 消息转发给位于 172.16.1.10 的 DHCP 服务器。为此，需要在 Gig0/0 接口上配置 **ip helper-address** 命令，此时可以从这里开始排查故障问题，并根据需要排查其他区域。在 R1 上运行命令 **show run interface gigabitEthernet 0/0**（见例 1-52），可以看出 IP 辅助地址为 172.16.1.100，与拓扑结构不一致。

例 1-52 验证 R1 Gig0/0 的 IP 辅助地址

```
R1# show run interface gigabitEthernet 0/0
Building configuration...

Current configuration : 193 bytes
!
interface GigabitEthernet0/0
 ip address 10.1.1.1 255.255.255.192
 ip helper-address 172.16.1.100
 ip nat inside
end
```

在接口配置模式下通过 **no ip helper-address 172.16.1.100** 和 **ip helper-address 172.16.1.10** 命令修复了 IP 辅助地址之后，PC1 即可从 DHCP 服务器接收 IP 地址信息（见例 1-53）。

例 1-53 通过 **ip helper-address** 命令解决 IP 编址错误问题

```
C:\PC1>ipconfig
Windows IP Configuration

Ethernet adapter Local Area Connection:

 Connection-specific DNS Suffix . :
 IP Address. . . . . . . . . . . . : 10.1.1.10
 Subnet Mask . . . . . . . . . . . : 255.255.255.192
 Default Gateway . . . . . . . . . : 10.1.1.1
```

验证了 PC1 的编址信息之后，发现可以成功 ping 通 192.0.2.1（见例 1-54）。

例 1-54 从 PC1 向 192.0.2.1 发起的 ping 测试成功

```
C:\PC1>ping 192.0.2.1

Reply from 192.0.2.1: bytes=32 time 1ms TTL=128
Reply from 192.0.2.1: bytes=32 time 1ms TTL=128
Reply from 192.0.2.1: bytes=32 time 1ms TTL=128
Reply from 192.0.2.1: bytes=32 time 1ms TTL=128

Ping statistics for 192.0.2.1:
 Packets: Sent = 4, Received = 4, Lost = 0 (0% loss),
Approximate round trip times in milli-seconds:
 Minimum = 0ms, Maximum = 0ms, Average = 0ms
```

1.9.2 IPv6 编址故障工单

故障工单 1-3 和 1-4 基于图 1-20 所示的拓扑结构。

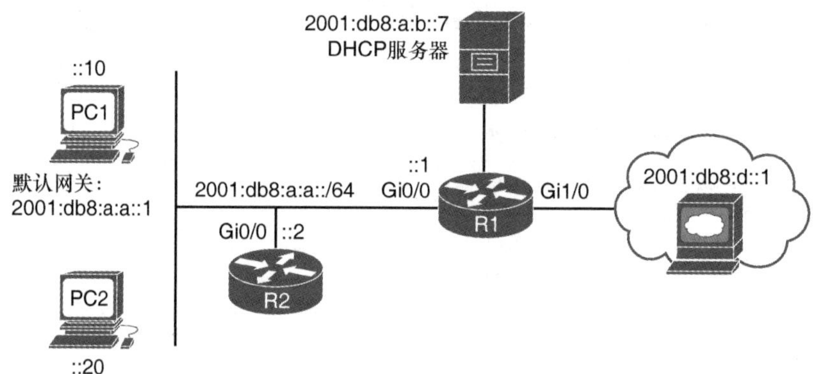

图 1-20 IPv6 编址故障工单示例拓扑结构

1. 故障工单 1-3

故障问题：PC1 无法访问 Web 服务器 2001:db8:d::1 上的资源。

假设网络通过 SLAAC 进行 IPv6 编址，并通过 DHCPv6 提供其他选项信息（如域名、TFTP 服务器地址以及 DNS 服务器地址）。

首先，可以从 PC1 向 2001:db8:d::1 的 Web 服务器发起 ping 测试（见例 1-55）。可以看出，ping 测试失败。

例 1-55 从 PC1 向 2001:db8:d::1 的 Web 服务器发起的 ping 测试失败

```
C:\PC1>ping 2001:db8:d::1

Pinging 2001:db8:d::1 with 32 bytes of data:
PING: transmit failed. General failure.
PING: transmit failed. General failure.
PING: transmit failed. General failure.
PING: transmit failed. General failure.

Ping statistics for 2001:db8:d::1:
 Packets: Sent = 4, Received = 0, Lost = 4 (100% loss),
```

接下来，向 2001:db8:a:a::1 的默认网关发起 ping 测试（见例 1-56）。可以看出，ping 测试失败。

例 1-56 从 PC1 向 2001:db8:a:a::1 的默认网关发起的 ping 测试失败

```
C:\PC1>ping 2001:db8:a:a::1

Pinging 2001:db8:a:a::1 with 32 bytes of data:
PING: transmit failed. General failure.
PING: transmit failed. General failure.
PING: transmit failed. General failure.
PING: transmit failed. General failure.

Ping statistics for 2001:db8:a:a::1:
 Packets: Sent = 4, Received = 0, Lost = 4 (100% loss),
```

接下来，通过 **ipconfig** 命令验证 PC1 的 IPv6 地址。从例 1-57 可以看出，PC1 并没有通过 SLAAC 生成自己的全局单播地址，也没有识别出网络上的默认网关。

例 1-57 验证 PC1 的 IPv6 地址

```
C:\PC1>ipconfig

Windows IP Configuration

Ethernet adapter Local Area Connection:

 Connection-specific DNS Suffix  . : cisco.com
 Link-local IPv6 Address . . . . . : fe80::a00:27ff:fe5d:6d6%11
 IPv4 Address. . . . . . . . . . . : 10.1.1.10
 Subnet Mask . . . . . . . . . . . : 255.255.255.192
 Default Gateway . . . . . . . . . : 10.1.1.1
```

PC2 用户打电话称自己无法访问任何 IPv6 资源，因而访问 PC2 并运行 **ipconfig** 命令（见例 1-58）。可以看出，PC2 没有生成 IPv6 地址，也没有识别出默认网关。

例 1-58 验证 PC2 的 IPv6 地址

```
C:\PC2>ipconfig

Windows IP Configuration

Ethernet adapter Local Area Connection:

 Connection-specific DNS Suffix  . : cisco.com
 Link-local IPv6 Address . . . . . : fe80::a00:27ff:fe5d:ce47%9
 IPv4 Address. . . . . . . . . . . : 10.1.1.20
 Subnet Mask . . . . . . . . . . . : 255.255.255.192
 Default Gateway . . . . . . . . . : 10.1.1.1
```

前文曾经说过，SLAAC 依赖于 RA，因而 R1 的 Gig0/0 接口必须在链路上发送 RA 消息，以确保 PC1 和 PC2 通过 SLAAC 生成自己的 IPv6 地址。在 R1 上运行命令 **show ipv6 interface gigabitEthernet 0/0**（见例 1-59），输出结果表明主机通过 SLAAC

进行编址，并通过 DHCP 获得其他配置参数，但同时表明 RA 消息被抑制了。因此，PC1 和 PC2 无法收到 RA 消息（为地址自动配置提供必需的前缀信息）。

例 1-59 验证 R1 是否抑制了 RA 消息

```
R1# show ipv6 interface gigabitEthernet 0/0
GigabitEthernet0/0 is up, line protocol is up
 IPv6 is enabled, link-local address is FE80::C80A:EFF:FE3C:8
 No Virtual link-local address(es):
 Global unicast address(es):
 2001:DB8:A:A::1, subnet is 2001:DB8:A:A::/64
 Joined group address(es):
 FF02::1
 FF02::2
 FF02::1:2
 FF02::1:FF00:1
 FF02::1:FF3C:8
 MTU is 1500 bytes
 ICMP error messages limited to one every 100 milliseconds
 ICMP redirects are enabled
 ICMP unreachables are sent
 ND DAD is enabled, number of DAD attempts: 1
 ND reachable time is 30000 milliseconds (using 30000)
 ND RAs are suppressed (all)
 Hosts use stateless autoconfig for addresses.
 Hosts use DHCP to obtain other configuration.
```

可以通过命令 **show run interface gigabitEthernet 0/0** 验证接口的配置信息（见例 1-60）。可以看出，该接口配置了 **ipv6 nd ra suppress all** 命令，该命令将阻止 R1 发送 RA 消息。

例 1-60 验证 R1 的接口配置

```
R1# show run interface gigabitEthernet 0/0
Building configuration...

Current configuration : 241 bytes
!
interface GigabitEthernet0/0
 no ip address
 ipv6 address 2001:DB8:A:A::1/64
 ipv6 nd other-config-flag
 ipv6 nd ra suppress all
 ipv6 dhcp relay destination 2001:DB8:A:B::7
end
```

通过 **no ipv6 nd ra all** 命令删除上述命令之后，PC1 即可成功生成一个全局 IPv6 地址并识别出 IPv6 默认网关（见例 1-61）。

例 1-61 验证 PC1 的 IPv6 地址

```
C:\PC1>ipconfig

Windows IP Configuration
```

```
Ethernet adapter Local Area Connection:

 Connection-specific DNS Suffix  . : cisco.com
 IPv6 Address. . . . . . . . . . . : 2001:db8:a:a:a00:27ff:fe5d:6d6
 Link-local IPv6 Address . . . . . : fe80::a00:27ff:fe5d:6d6%11
 IPv4 Address. . . . . . . . . . . : 10.1.1.10
 Subnet Mask . . . . . . . . . . . : 255.255.255.192
 Default Gateway . . . . . . . . . : fe80::c80a:eff:fe3c:8%11
                                     10.1.1.1
```

通过向 2001:db8:d::1 的 Web 服务器发起 ping 测试即可确认是否能够访问 IPv6 资源（见例 1-62）。可以看出，ping 测试成功。此时，可以打电话给 PC2 的用户，让其确认是否可以访问 Internet 资源，该用户表示已经可以访问。

例 1-62　从 PC1 向 2001:db8:d::1 的 Web 服务器发起 ping 测试

```
C:\PC1>ping 2001:db8:d::1
Pinging 2001:db8:d::1 with 32 bytes of data:
Reply from 2001:db8:d::1: time=37ms
Reply from 2001:db8:d::1: time=35ms
Reply from 2001:db8:d::1: time=38ms
Reply from 2001:db8:d::1: time=38ms

Ping statistics for 2001:db8:d::1:
 Packets: Sent = 4, Received = 4, Lost = 0 (0% loss),
Approximate round trip times in milli-seconds:
 Minimum = 35ms, Maximum = 38ms, Average = 36ms
```

2. 故障工单 1-4

故障问题：PC1 无法访问 Web 服务器 2001:db8:d::1 上的资源。

假设网络通过 SLAAC 进行 IPv6 编址，并通过 DHCPv6 提供其他选项信息（如域名、TFTP 服务器地址以及 DNS 服务器地址）。

首先，可以从 PC1 向 2001:db8:d::1 的 Web 服务器发起 ping 测试（见例 1-63）。可以看出，ping 测试失败。

例 1-63　从 PC1 向 2001:db8:d::1 的 Web 服务器发起的 ping 测试失败

```
C:\PC1>ping 2001:db8:d::1

Pinging 2001:db8:d::1 with 32 bytes of data:
PING: transmit failed. General failure.
PING: transmit failed. General failure.
PING: transmit failed. General failure.
PING: transmit failed. General failure.

Ping statistics for 2001:db8:d::1:
 Packets: Sent = 4, Received = 0, Lost = 4 (100% loss),
```

接下来，向默认网关 2001:db8:a:a::1 发起 ping 测试（见例 1-64），但 ping 测试失败。

例 1-64 从 PC1 向默认网关 2001:db8:a:a::1 发起的 ping 测试失败

```
C:\PC1>ping 2001:db8:a:a::1

Pinging 2001:db8:a:a::1 with 32 bytes of data:
PING: transmit failed. General failure.
PING: transmit failed. General failure.
PING: transmit failed. General failure.
PING: transmit failed. General failure.

Ping statistics for 2001:db8:a:a::1:
 Packets: Sent = 4, Received = 0, Lost = 4 (100% loss),
```

接下来，通过 **ipconfig** 命令验证 PC1 的 IPv6 地址。从例 1-65 可以看出，PC1 并没有通过 SLAAC 生成自己的全局单播地址，但其识别出了网络上链路本地地址为 fe80::c80a:eff:fe3c:8 的默认网关。

例 1-65 验证 PC1 的 IPv6 地址

```
C:\PC1>ipconfig

Windows IP Configuration

Ethernet adapter Local Area Connection:

 Connection-specific DNS Suffix  . : cisco.com
 Link-local IPv6 Address . . . . . : fe80::a00:27ff:fe5d:6d6%11
 IPv4 Address. . . . . . . . . . . : 10.1.1.10
 Subnet Mask . . . . . . . . . . . : 255.255.255.192
 Default Gateway . . . . . . . . . : fe80::c80a:eff:fe3c:8%11
                                     10.1.1.1
```

PC2 用户打电话称自己无法访问任何 IPv6 资源，因而访问 PC2 并运行 **ipconfig** 命令（见例 1-66）。可以看出，PC2 遇到了与 PC1 相同的故障问题。

例 1-66 验证 PC2 的 IPv6 地址

```
C:\PC2>ipconfig

Windows IP Configuration

Ethernet adapter Local Area Connection:

 Connection-specific DNS Suffix  . : cisco.com
 Link-local IPv6 Address . . . . . : fe80::a00:27ff:fe5d:ce47%9
 IPv4 Address. . . . . . . . . . . : 10.1.1.10
 Subnet Mask . . . . . . . . . . . : 255.255.255.192
 Default Gateway . . . . . . . . . : fe80::c80a:eff:fe3c:8%11
                                     10.1.1.1
```

前文曾经说过，SLAAC 依赖于 RA，因而 R1 的 Gig0/0 接口必须在链路上发送 RA 消息，以确保 PC1 和 PC2 通过 SLAAC 生成自己的 IPv6 地址。在 R1 上运行命令 **show ipv6 interface gigabitEthernet 0/0**（见例 1-67），输出结果表明主机通过 SLAAC

进行编址，并通过 DHCP 获得其他配置参数，但是没有证据表明 RA 消息被抑制了，这一点从 PC1 和 PC2 能够识别出默认网关也能判断出来，但其识别出的默认网关是否正确呢？从例 1-65 和例 1-66 可以看出，默认网关是 fe80::c80a:eff:fe3c:8，例 1-67 似乎也证实没有问题，但如果进一步分析例 1-67，是否能够看出什么问题呢？

例 1-67 验证 R1 是否抑制了 RA 消息

```
R1# show ipv6 interface gigabitEthernet 0/0
GigabitEthernet0/0 is up, line protocol is up
 IPv6 is enabled, link-local address is FE80::C80A:EFF:FE3C:8
 No Virtual link-local address(es):
 Global unicast address(es):
 2001:DB8:A:A::1, subnet is 2001:DB8:A::/60
 Joined group address(es):
 FF02::1
 FF02::2
 FF02::1:2
 FF02::1:FF00:1
 FF02::1:FF3C:8
 MTU is 1500 bytes
 ICMP error messages limited to one every 100 milliseconds
 ICMP redirects are enabled
 ICMP unreachables are sent
 ND DAD is enabled, number of DAD attempts: 1
 ND reachable time is 30000 milliseconds (using 30000)
 ND advertised reachable time is 0 (unspecified)
 ND advertised retransmit interval is 0 (unspecified)
 ND router advertisements are sent every 200 seconds
 ND router advertisements live for 1800 seconds
 ND advertised default router preference is Medium
 Hosts use stateless autoconfig for addresses.
 Hosts use DHCP to obtain other configuration.
```

如果没有发现问题，那么请仔细查看分配给接口 Gig0/0 的全局前缀，该前缀是 2001:db8:a::/60，但 SLAAC 仅在前缀为/64 时才有效。

可以通过命令 **show run interface gigabitEthernet 0/0** 验证接口的配置信息（见例 1-68）。可以看出，该接口配置了命令 **ipv6 address 2001:db8:a:a::1/60**。虽然能够生成 RA 消息，但是 SLAAC 无法工作（除非前缀为/64）。

例 1-68 验证 R1 的接口配置

```
R1# show run interface gigabitEthernet 0/0
Building configuration...

Current configuration : 216 bytes
!
interface GigabitEthernet0/0
 ipv6 address 2001:DB8:A:A::1/60
 ipv6 nd other-config-flag
 ipv6 dhcp relay destination 2001:DB8:A:B::7
end
```

检查了网络设计方案之后，确认应该是/64 前缀。通过 **no ipv6 address 2001:db8:a:a::1/60** 命令删除了配置命令并运行命令 **ipv6 address 2001:db8:a:a::1/64** 之后，PC1 即可成功生成一个全局 IPv6 单播地址（见例 1-69）。

例 1-69 验证 PC1 的 IPv6 地址

```
C:\PC1>ipconfig

Windows IP Configuration

Ethernet adapter Local Area Connection:

 Connection-specific DNS Suffix .  : cisco.com
 IPv6 Address. . . . . . . . . . . : 2001:db8:a:a:a00:27ff:fe5d:6d6
 Link-local IPv6 Address . . . . . : fe80::a00:27ff:fe5d:6d6%11
 IPv4 Address. . . . . . . . . . . : 10.1.1.10
 Subnet Mask . . . . . . . . . . . : 255.255.255.192
 Default Gateway . . . . . . . . . : fe80::c80a:eff:fe3c:8%11
                                     10.1.1.1
```

通过向 2001:db8:d::1 的 Web 服务器发起 ping 测试即可确认是否能够访问 IPv6 资源（见例 1-70）。可以看出，ping 测试成功。此时，可以打电话给 PC2 的用户，让其确认是否可以访问 Internet 资源，该用户表示已经可以访问。

例 1-70 从 PC1 向 2001:db8:d::1 的 Web 服务器发起 ping 测试

```
C:\PC1>ping 2001:db8:d::1
Pinging 2001:db8:d::1 with 32 bytes of data:
Reply from 2001:db8:d::1: time=37ms
Reply from 2001:db8:d::1: time=35ms
Reply from 2001:db8:d::1: time=38ms
Reply from 2001:db8:d::1: time=38ms

Ping statistics for 2001:db8:d::1:
 Packets: Sent = 4, Received = 4, Lost = 0 (0% loss),
Approximate round trip times in milli-seconds:
 Minimum = 35ms, Maximum = 38ms, Average = 36ms
```

1.9.3 静态路由故障工单

故障工单 1-5 和 1-6 基于图 1-21 所示的拓扑结构。

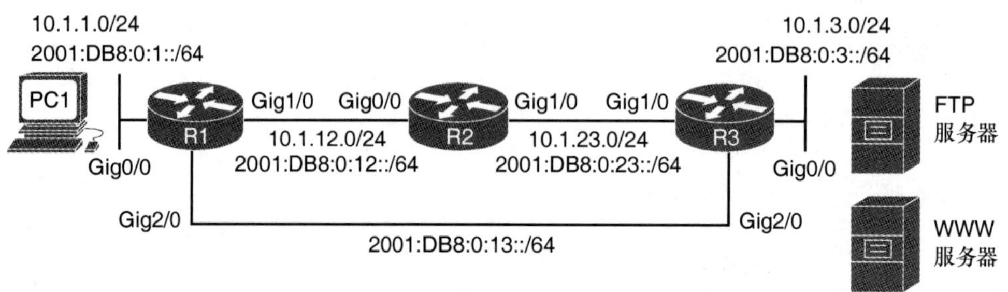

图 1-21 静态路由故障工单示例拓扑结构

1. 故障工单 1-5

故障问题：网络 10.1.1.0/24 中的用户抱怨无法访问 10.1.3.0/24 网络中 FTP 服务器上的资源，FTP 服务器使用静态 IPv4 地址 10.1.3.10。另外，用户表示他们能够访问地址为 10.1.3.5 的 Web 服务器（请注意，本例的网络仅使用静态路由）。

首先，从网络 10.1.1.0/24 中的 PC1 向 10.1.3.10 发起 ping 测试来验证故障问题。从例 1-71 可以看出，ping 测试失败，R1 响应了目的端不可达消息，表明 R1 不知道如何路由去往 10.1.3.10 的数据包。此外，从 PC1 向 10.1.3.5 发起的 ping 测试成功（见例 1-71）。

例 1-71 PC1 无法 ping 通 10.1.3.10，但是能够 ping 通 10.1.3.5

```
C:\PC1>ping 10.1.3.10

Pinging 10.1.3.10 with 32 bytes of data;

Reply from 10.1.1.1: Destination host unreachable.
Reply from 10.1.1.1: Destination host unreachable.
Reply from 10.1.1.1: Destination host unreachable.
Reply from 10.1.1.1: Destination host unreachable.

Ping statistics for 10.1.3.10:
Packets: Sent = 4, Received = 4, lost = 0 (0% loss),
Approximate round trip times in milli-seconds:
Minimum = 0ms, Maximum = 0ms, Average = 0ms

C:\PC1>ping 10.1.3.5

Pinging 10.1.3.5 with 32 bytes of data:

Reply from 10.1.3.5: bytes=32 time 1ms TTL=128
Reply from 10.1.3.5: bytes=32 time 1ms TTL=128
Reply from 10.1.3.5: bytes=32 time 1ms TTL=128
Reply from 10.1.3.5: bytes=32 time 1ms TTL=128

Ping statistics for 10.1.3.5:
Packets: Sent = 4, Received = 4, Lost = 0 (0% loss),
Approximate round trip times in milli-seconds:
Minimum = 0ms, Maximum = 0ms, Average = 0ms
```

接下来，访问 R1 并在 R1 上运行 **show ip route** 命令，以确认其是否知道如何将数据包路由到 10.1.3.10。从例 1-72 可以看出，与 10.1.3.10 最匹配的路由表项是 10.1.3.0/29，但 10.1.3.10 是否属于该子网？

例 1-72 验证路由表项

```
R1# show ip route
...output omitted...

Gateway of last resort is not set

10.0.0.0/8 is variably subnetted, 6 subnets, 3 masks
```

```
C 10.1.1.0/24 is directly connected, GigabitEthernet0/0
L 10.1.1.1/32 is directly connected, GigabitEthernet0/0
S 10.1.3.0/29 [1/0] via 10.1.12.2
C 10.1.12.0/24 is directly connected, GigabitEthernet1/0
L 10.1.12.1/32 is directly connected, GigabitEthernet1/0
S 10.1.23.0/24 [1/0] via 10.1.12.2
```

网络 10.1.3.0/29 的地址范围是 10.1.3.0～10.1.3.7，10.1.3.10 并不在该子网范围内，但 10.1.3.5 在该子网范围内。这就解释了为何用户能够到达 10.1.3.0/24 网络中的一个地址而不能到达另一个地址。在 R1 上运行 **show ip route 10.1.3.10** 和 **show ip route 10.1.3.5** 命令可以进一步验证该结果。从例 1-73 可以看出，R1 有匹配 10.1.3.5 的路由表项，但是没有匹配 10.1.3.10 的路由表项。

例 1-73　验证特定路由

```
R1# show ip route 10.1.3.10
% Subnet not in table
R1# show ip route 10.1.3.5
Routing entry for 10.1.3.0/29
Known via "static", distance 1, metric 0
Routing Descriptor Blocks:
10.1.12.2
Route metric is 0, traffic share count is 1
```

由于图 1-21 中的网络是 10.1.3.0/24，而路由表中的表项却是 10.1.3.0/29，因而可以初步判断静态路由配置错误。此时，可以通过 **show run | include ip route** 命令检查运行配置来加以验证：

```
R1# show run | include ip route

ip route 10.1.3.0 255.255.255.248 10.1.12.2

ip route 10.1.23.0 255.255.255.0 10.1.12.2
```

请注意命令 **ip route 10.1.3.0 255.255.255.248 10.1.12.2**，该命令在路由表中生成了路由表项 10.1.3.0/29。仔细分析后可以发现，该命令的子网掩码配置有问题。

为了解决该问题，需要通过命令 **no ip route 10.1.3.0 255.255.255.248 10.1.12.2** 删除静态路由，然后通过命令 **ip route 10.1.3.0 255.255.255.0 10.1.12.2** 创建一条新静态路由。完成上述操作之后，在 R1 上运行 **show ip route** 命令，可以看出此时的路由表中的表项为 10.1.3.0/24（见例 1-74）。

例 1-74　验证 R1 路由表中更新后的静态路由

```
R1# show ip route
...output omitted...

Gateway of last resort is not set

10.0.0.0/8 is variably subnetted, 6 subnets, 2 masks
C 10.1.1.0/24 is directly connected, GigabitEthernet0/0
L 10.1.1.1/32 is directly connected, GigabitEthernet0/0
```

```
S 10.1.3.0/24 [1/0] via 10.1.12.2
C 10.1.12.0/24 is directly connected, GigabitEthernet1/0
L 10.1.12.1/32 is directly connected, GigabitEthernet1/0
S 10.1.23.0/24 [1/0] via 10.1.12.2
```

接下来，运行 **show ip route 10.1.3.10** 命令（见例 1-75）。可以看出，目前路由表中已经有了 IP 地址 10.1.3.10 的路由表项。

例 1-75 验证是否存在 10.1.3.10 的路由表项

```
R1# show ip route 10.1.3.10
Routing entry for 10.1.3.0/24
Known via "static", distance 1, metric 0
Routing Descriptor Blocks:
10.1.12.2
Route metric is 0, traffic share count is 1
```

最后，从 PC1 向 IP 地址 10.1.3.10 发起 ping 测试。从例 1-76 可以看出，ping 测试成功。

例 1-76 从 PC1 向 10.1.3.10 发起的 ping 测试成功

```
C:\PC1>ping 10.1.3.10

Pinging 10.1.3.10 with 32 bytes of data:

Reply from 10.1.3.10: bytes=32 time 1ms TTL=128
Reply from 10.1.3.10: bytes=32 time 1ms TTL=128
Reply from 10.1.3.10: bytes=32 time 1ms TTL=128
Reply from 10.1.3.10: bytes=32 time 1ms TTL=128

Ping statistics for 10.1.3.10:
Packets: Sent = 4, Received = 4, Lost = 0 (0% loss),
Approximate round trip times in milli-seconds:
Minimum = 0ms, Maximum = 0ms, Average = 0ms
```

2. 故障工单 1-6

故障问题：对流量进行主动监测后发现，所有从 2001:DB8:0:1::/64 到 2001:DB8:0:3::/64 的流量都经过了 R2，但实际上应该直接通过 Gig2/0 链路去往 R3，仅当 Gig2/0 链路出现故障之后，才应该通过 R2 将流量从 2001:DB8:0:1::/64 转发给 2001:DB8:0:3::/64。因此，需要确定网络以错误方式转发流量的原因并加以修复（请注意，本例的网络仅使用静态路由）。

首先，可以从 PC1 向 2001:DB8:0:3::3（该地址是 R3 Gig0/0 接口的 IPv6 地址）发起跟踪操作来确认故障问题（见例 1-77）。跟踪结果表明，数据包正在通过 R2 进行转发。

例 1-77 从 PC1 向 R3 Gig0/0 接口的 IPv6 地址发起跟踪操作

```
C:\PC1>tracert 2001:DB8:0:3::3
Tracing route to 2001:DB8:0:3::3 over a maximum of 30 hops

1 6 ms 1 ms 2 ms 2001:DB8:0:1::1
```

```
2 5 ms 1 ms 2 ms 2001:DB8:0:12::2
3 5 ms 1 ms 2 ms 2001:DB8:0:23::3

Trace complete.
```

接下来，在 R1 上运行 **show ipv6 route 2001:DB8:0:3::/64** 命令（见例 1-78），确认 2001:DB8:0:3::/64 的下一跳 IPv6 地址是 2001:DB8:0:12::2，该地址是 R2 的 Gig0/0 接口的 IPv6 地址，但实际的下一跳 IPv6 地址应该是 2001:DB8:0:13::3，即 R3 的 Gig2/0 接口地址。

例 1-78 在 R1 上验证去往 2001:DB8:0:3::/64 的 IPv6 路由

```
R1# show ipv6 route 2001:DB8:0:3::/64
Routing entry for 2001:DB8:0:3::/64
Known via "static", distance 10, metric 0
Backup from "static [11]"
Route count is 1/1, share count 0
Routing paths:
2001:DB8:0:12::2
Last updated 00:09:07 ago
```

看起来似乎有人在静态路由中配置了错误的下一跳 IPv6 地址。可以通过 **show run | include ipv6 route** 命令验证 R1 为 2001:DB8:0:3::/64 网络配置的静态路由，从例 1-79 可以看出，R1 为网络 2001:DB8:0:3::/64 配置了两条路由，这两条路由的下一跳 IPv6 地址分别是 2001:DB8:0:12::2 和 2001:DB8:0:13::3。

例 1-79 验证 R1 配置的 IPv6 静态路由

```
R1# show run | include ipv6 route
ipv6 route 2001:DB8:0:3::/64 2001:DB8:0:12::2 10
ipv6 route 2001:DB8:0:3::/64 2001:DB8:0:13::3 11
ipv6 route 2001:DB8:0:23::/64 2001:DB8:0:12::2
```

为什么下一跳 IPv6 地址为 2001:DB8:0:12::2 的路由优于下一跳 IPv6 地址为 2001:DB8:0:13::3 的路由呢？仔细分析例 1-80 中的两条命令可以发现，下一跳 IPv6 地址为 2001:DB8:0:12::2 的 AD 值为 10，下一跳 IPv6 地址为 2001:DB8:0:13::3 的 AD 值为 11，由于首选 AD 值较低的路由，因而 AD 值为 10 的静态路由更优，是首选路由。

为了解决该问题，需要将下一跳 IPv6 地址为 2001:DB8:0:13::3 的静态路由的 AD 值配置得较低。对于本例来说，可以通过 **ipv6 route 2001:DB8:0:3::/64 2001:DB8:0:13::3 1** 命令将其 AD 值更改为 1，即静态路由的默认设置。更改完成后，可以通过命令 **show ipv6 route 2001:DB8:0:3::/64** 检查路由表信息，以确认下一跳 IPv6 地址为 2001:DB8:0:13::3 的静态路由是否已经位于路由表当中。从例 1-80 可以看出，修改操作成功。

例 1-80 验证 R1 的 IPv6 路由表

```
R1# show ipv6 route 2001:DB8:0:3::/64
Routing entry for 2001:DB8:0:3::/64
Known via "static", distance 1, metric 0
Backup from "static [11]"
```

```
Route count is 1/1, share count 0
Routing paths:
2001:DB8:0:13::3
Last updated 00:01:14 ago
```

接下来，从 PC1 向 2001:DB8:0:3::3 发起跟踪操作。从例 1-81 可以看出，此时已经不再通过 R2 转发数据包，所有流量均流经 R1 与 R3 之间的链路。

例 1-81　从 PC1 向 R3 Gig0/0 接口的 IPv6 地址发起跟踪操作

```
C:\PC1>tracert 2001:DB8:0:3::3
Tracing route to 2001:DB8:0:3::3 over a maximum of 30 hops

1 6 ms 1 ms 2 ms 2001:DB8:0:1::1
2 5 ms 1 ms 2 ms 2001:DB8:0:13::3

Trace complete.
```

备考任务

本书提供多种备考手段，包括此处的考试要点。

1. 复习所有考试要点

请复习本章涉及的所有重要主题，这些内容都用“考试要点”图标做了标记，表 1-5 列出了这些考试要点及其描述。

表 1-5　考试要点

考试要点	描述
段落	设备确定是否将数据包发送给本地或远程设备的决策过程
段落	IPv4 编址错误可能产生的后果
例 1-1	验证 PC 和路由器的 IPv4 编址信息
小节	确定子网中的 IP 地址
步骤列表	DHCPv4 DORA 进程
例 1-3	DHCP 中继代理配置
代码	DHCP 客户端配置
段落	如何将路由器配置为 DHCP 服务器
列表	排查 DHCP 相关故障时需考虑的潜在问题
小节	DHCP 故障排查命令
段落	IPv6 场景下，设备确定是否将数据包发送给本地或远程设备的决策过程
段落	EUI-64 进程
例 1-12	在路由器接口上验证 EUI-64
例 1-14	在路由器接口上启用 SLAAC
段落	RA 消息处理进程

续表

考试要点	描述
段落	验证 SLAAC 生成的 IPv6 地址
列表	使用 SLAAC 时可能存在的问题
例 1-17	验证接口是否启用了 IPv6
例 1-18	验证是否抑制了 RA 消息
例 1-19	验证 PC 配置的默认网关
例 1-21	R1 的 DHCPv6 配置示例
例 1-22	验证 R1 的 DHCPv6 信息
例 1-23	验证无状态 DHCPv6
步骤列表	DHCPv6 的 4 个协商步骤
例 1-24	将 R1 配置为 DHCPv6 中继代理
列表	IP 路由表和三层到二层映射表
列表	FIB 和邻接表
例 1-25	**show ip route** *ip_address* 命令输出结果
例 1-28	**show ip cef** *ip_address* 命令输出结果
例 1-30	**show ip arp** 命令输出结果
表 1-4	路由信息源的默认 AD
例 1-34	验证路由表中的路由的 AD 值
段落	IPv4 静态路由中的下一跳 IP 地址的重要性
段落	在 IPv4 静态路由中使用以太网接口
段落	在 IPv6 静态路由中使用以太网接口

2．定义关键术语

请对本章中的下列关键术语进行定义。

DHCP、DORA、DHCPDISCOVER、DHCPOFFER、DHCPREQUEST、DHCPACK、DHCP 中继代理、APIPA、邻居发现、EUI-64、SLAAC、状态化 DHCPv6、无状态 DHCPv6、路由器请求、路由器宣告、链路本地地址、全局单播地址、SOLICIT 消息、ADVERTISE 消息、REQUEST 消息、REPLY 消息、DHCPv6 中继代理、数据包转发、ARP、TTL、路由表、ARP 缓存、CEF、FIB、邻接表、控制平面、数据平面、管理距离、静态路由、代理 ARP。

3．检查命令的记忆程度

以下列出本章用到的各种重要的配置和验证命令，虽然不需要记忆每条命令的完整语法格式，但是应该记住这些命令所需的基本关键字。

为了检查你对这些命令的记忆情况，请用一张纸遮住表 1-6 的右侧，通过表格左侧的描述内容，看一看是否能记起这些命令。

表 1-6 命令参考

任务	命令语法
显示 Windows PC 的 IP 地址、子网掩码和默认网关	**ipconfig**
显示 Windows PC 的 IP 地址、子网掩码和默认网关以及 DNS 服务器、域名、MAC 地址和是否启用了自动配置机制	**ipconfig /all**
显示路由器接口的各种 IP 相关参数，包括已分配的 IP 地址和子网掩码	**show ip interface** *interface_type interface_number*
识别被配置为 DHCP 服务器的路由器存在的所有 IP 地址冲突问题以及路由器识别地址冲突的方法〔通过 ping 或无故 ARP（gratuitous ARP）〕	**show ip dhcp conflict**
显示 IOS DHCP 服务器分配的 IP 地址、相应的 MAC 地址和租约到期时间	**show ip dhcp binding**
确定接口是否启用了 IPv6，显示路由器接口所属多播组，显示与接口相关联的全局和链路本地单播地址，指示采用 EUI-64 还是无状态自动配置来获取接口的 IPv6 地址，显示接口是否抑制了 RA 消息，显示与接口连接在同一条链路上的设备获取 IPv6 地址及其他地址选项的方式	**show ipv6 interface** *interface_type interface_number*
显示每个 DHCPv6 客户端正在使用的 IPv6 地址	**show ipv6 dhcp binding**
显示分配给路由器每个接口的 DHCPv6 地址池	**show ipv6 dhcp interface**
显示路由器上配置的 DHCPv6 地址池	**show ipv6 dhcp pool**
显示路由器去往指定 IP 地址的最佳路由	**show ip route** *ip_address*
显示路由器的路由表中唯一的静态路由	**show ip route static**
如果在路由器的 IP 路由表中找到了指定路由（拥有匹配的子网掩码长度），就显示路由器到指定网络的最佳路由	**show ip route** *ip_address subnet_mask*
显示路由器的 IP 路由表中指定网络地址和子网掩码范围内的所有路由（排查路由汇总故障时，该命令非常有用）	**show ip route** *ip_address subnet_mask* **longer- prefixes**
显示转发数据包所需的信息（如下一跳 IP 地址和出站接口），与 **show ip** route *ip_address* 命令的输出结果类似（该命令的输出结果来自 CEF，因而不显示路由协议信息）	**show ip cef** *ip_address*
显示路由器 FIB 信息，显示将数据包路由到拥有指定子网掩码的指定网络所需的信息	**show ip cef** *ip_address subnet_mask*
显示将数据包从指定源 IP 地址转发到指定目的 IP 地址所需的邻接关系（如果路由器在多个邻接关系之间进行负载均衡，且希望查看负责特定源 IP 地址与目的 IP 地址组合的邻接关系，那么该命令将非常有用）	**show ip cef exact-route** *source_address destination_address*
显示设备配置的静态 IPv6 路由	**show ipv6 route static**
显示三层 IPv6 地址到二层 MAC 地址的映射	**show ipv6 neighbors**
显示路由器的 ARP 缓存，包含 IPv4 地址到 MAC 地址的映射	**show ip arp**

由于 ENARSI 300-410 认证考试重点考查考生作为网络专家的实际动手能力，因而必须掌握与本章主题相关的配置、验证及故障排查命令。

第 2 章

EIGRP

本章主要讨论以下主题。

- **EIGRP 基础知识**：本节将讨论 EIGRP 与其他路由器建立邻居关系和进行路由交换的方式。
- **EIGRP 配置模式**：本节将通过基线配置来说明 EIGRP 的两种配置模式。
- **路径度量计算**：本节将解释 EIGRP 计算路径度量以识别最佳和备用无环路径的方式。

EIGRP（Enhanced Interior Gateway Routing Protocol，增强型内部网关路由协议）是企业网最常见的增强型距离向量路由协议，EIGRP 是 IGRP（Interior Gateway Routing Protocol，内部网关路由协议）的派生协议，提供了对 VLSM（Variable-Length Subnet Masking，可变长度子网掩码）和高速接口度量的支持。最初的 EIGRP 是思科专有协议，但目前已通过 RFC 7868 发布为 IETF（Internet Engineering Task Force，互联网工程任务组）标准。

本章将讨论 EIGRP 的底层机制和路径度量计算方式，并解释路由器的 EIGRP 配置方式。有关 EIGRP 的相关内容将在以下章进行讨论。

- **第 2 章“EIGRP”**：本章将介绍 EIGRP 的基本概念。
- **第 3 章“高级 EIGRP”**：本章将讨论 EIGRP 的故障检测机制以及路由协议优化技术，还将讨论包括路由过滤和流量控制在内的相关内容。
- **第 4 章“IPv4 EIGRP 故障排查”**：本章将从 IPv4 的角度回顾路由协议的常见故障问题以及 EIGRP 的故障排查方法。
- **第 5 章“EIGRPv6”**：本章将讨论如何将 IPv4 EIGRP 的概念延伸到 IPv6 以及常见的 EIGRPv6 故障排查方法。

2.1 “我已经知道了吗？”测验

“我已经知道了吗？”测验的目的是帮助读者确定是否需要完整地学习本章知识或者直接跳至“备考任务”，如果读者对题目的答案还存在疑问，或者评估自己对这些主题知识的掌握程度还不够的话，就可以从头学起。表 2-1 列出了本章的主要内容以及与这些内容相关联的“我已经知道了吗？”测验题，答案可参见附录。

表 2-1 “我已经知道了吗？”基本主题章节与所对应的测验题

涵盖测验题的基本主题章节	测验题
EIGRP 基础知识	1～6
EIGRP 配置模式	7～9
路径度量计算	10

注意：自我评价的目的是检验你对本章知识的掌握程度，如果不知道或仅知道部分问题的答案，出于自我评价的目的，请在该问题上标记“错”。为了不影响自我评价的结果，对不懂的问题请不要猜测答案，否则可能会造成一种已掌握的假象。

1. EIGRP 使用协议 ID________进行路由器间通信。
   a. 87
   b. 88
   c. 89
   d. 90
2. EIGRP 使用几种数据包类型进行路由器间通信?
   a. 3 种
   b. 4 种
   c. 5 种
   d. 6 种
   e. 7 种
3. 建立 EIGRP 邻接关系时，无须匹配下面哪一项?
   a. 度量 *K* 值
   b. 主用子网
   c. Hello 和保持定时器
   d. 认证参数
4. 什么是 EIGRP 后继路由器?
   a. 去往目的前缀且路径度量最小的路径的下一跳路由器
   b. 去往目的前缀且路径度量最小的路由器
   c. 为广播网络维护 EIGRP 邻接关系的路由器
   d. 满足可行性条件（报告距离小于可行距离）的路由器
5. EIGRP 拓扑表包含哪些属性?（选择所有正确项）
   a. 目的端网络前缀
   b. 跳数
   c. 总路径时延
   d. 最大路径带宽
   e. EIGRP 邻居列表
6. 在可行情况下，EIGRP 使用哪些目的地址?（选择两项）
   a. IP 地址 224.0.0.9

b．IP 地址 224.0.0.10

c．IP 地址 224.0.0.8

d．MAC 地址 01:00:5E:00:00:0A

e．MAC 地址 0C:15:C0:00:00:01

7．EIGRP 进程通过以下哪些技术初始化？（选择两项）

a．使用接口命令 **ip eigrp** *as-number* **ipv4 unicast**

b．使用全局配置命令 **router eigrp** *as-number*

c．使用全局配置命令 **router eigrp** *process-name*

d．使用接口命令 **router eigrp** *as-number*

8．是非题：为了建立邻居关系，必须为 EIGRP 配置 EIGRP 路由器 ID（RID）。

a．对

b．错

9．是非题：在 EIGRP 路由器之间使用 MD5 认证时，只要密码相同即可，密钥链序列号可以不同。

a．对

b．错

10．EIGRP 可以修改路由器的哪个参数来控制路径选择，同时不影响 OSPF 等其他路由协议？

a．接口带宽

b．接口 MTU

c．接口时延

d．接口优先级

基础主题

2.2 EIGRP 基础知识

EIGRP 克服了其他距离向量路由协议（如 RIP）的不足，支持非等价负载均衡、最大支持 255 跳网络以及快速收敛等功能特性。EIGRP 通过 DUAL（Diffusing Update ALgorithm，扩散更新算法）来识别网络路径，并通过预先计算好的无环备份路径提供快速收敛能力。大多数距离向量路由协议将跳数作为路由决策的度量，但通过跳数选择路径时无法考虑链路速率和总时延，因而 EIGRP 在路由选择算法中引入了除跳数之外的决策因素。

2.2.1 自治系统

路由器可以运行多个 EIGRP 进程，每个进程都运行在一个 AS（Autonomous System，自治系统）环境下。这里所说的自治系统指的是公共路由域，同一路由域内的路由器使用相同的度量计算公式，并且仅与同一自治系统内的成员交换路由。请注意，不要将 EIGRP 自治系统与 BGP 自治系统相混淆。

以图 2-1 为例，EIGRP AS 100 包括 R1、R2、R3 和 R4，EIGRP AS 200 包括 R3、R5 和 R6。每个 EIGRP 进程都与一个特定的自治系统相关联，都维护一个独立的 EIGRP 拓扑表。R1 不知道 AS 200 的路由，因为 AS 200 与其自治系统（AS 100）不是同一个自治系统。R3 同时参与了两个自治系统，在默认情况下，R3 不会将某个自治系统学到的路由传输给另一个自治系统。

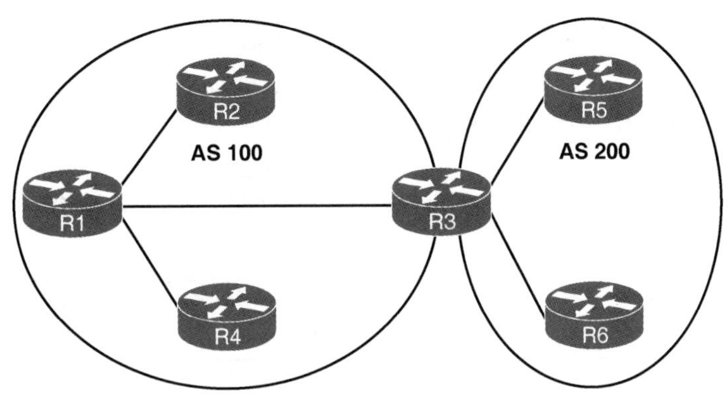

图 2-1 EIGRP 自治系统

EIGRP 通过 PDM（Protocol-Dependent Module，协议相关模块）支持多种网络协议，如 IPv4、IPv6、AppleTalk 和 IPX。EIGRP 的设计思路就是由 PDM 负责处理每种通信协议的路由选择准则。从理论上来说，如果创建了新的通信协议，那么只要设计新的 PDM 即可。请注意，目前的 EIGRP 实现仅支持 IPv4 和 IPv6。

2.2.2 EIGRP 术语

本节将介绍 EIGRP 的一些术语以及路径选择过程。下面将以图 2-2 为例，解释 R1 计算去往网络 10.4.4.0/24 的最佳路径和可选无环路径的方式，括号中的数值表示根据带宽和时延计算得到的链路度量。

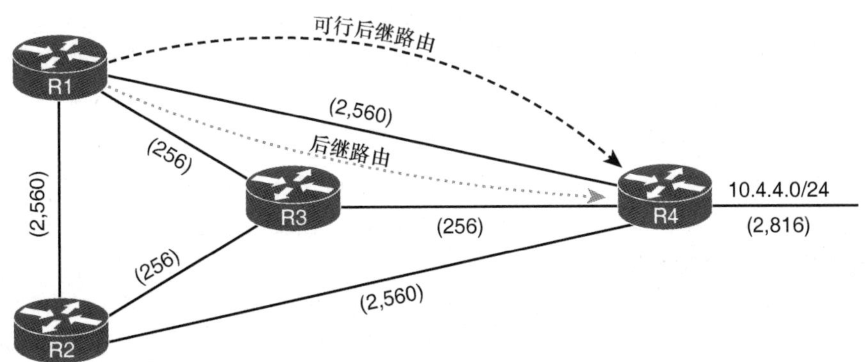

图 2-2 EIGRP 示例拓扑结构

表 2-2 定义了 EIGRP 的关键术语以及其与图 2-2 的关系。

表 2-2　　EIGRP 的关键术语

术语	定义及其与图 2-2 的关系
后继路由	到达目的端的拥有最低路径度量的路由，R1 到达 R4 上的 10.4.4.0/24 的后继路由是 R1→R3→R4
后继路由器	后继路由的第一台下一跳路由器，10.4.4.0/24 的后继路由器是 R3
FD（Feasible Distance，可行距离）	到达目的端的最低度量路径的度量值。FD 的计算公式将在 2.4 节介绍，R1 为网络 10.4.4.0/24 计算得到的 FD 值为 3328（256 + 256 + 2816）
RD（Reported Distance，报告距离）	路由器报告的到达指定前缀的距离。RD 值宣告路由器的 FD，R3 以 RD 值 3072 宣告前缀 10.4.4.0/24，R4 以 RD 值 2816 将前缀 10.4.4.0/24 宣告给 R1 和 R2
可行性条件	如果要将某路由视为备用路由，那么收到的该路由的 RD 值必须小于本地计算出的 FD 值。该逻辑可以确保无环路径
可行后继路由	满足可行性条件的路由被保留为备用路由，可行性条件可以确保备用路由是无环路径。路由 R1→R4 是可行后继路由，因为对于路径 R1→R3→R4 来说，RD 值 2816 小于 FD 值 3328

2.2.3 拓扑表

EIGRP 提供了一张拓扑表，使其与真正的距离向量路由协议有所不同。EIGRP 的拓扑表是 DUAL 的重要组成部分，其中包含了识别无环备份路由的相关信息。拓扑表包含了 EIGRP 自治系统内宣告的所有网络前缀。拓扑表的每个表项均包含以下信息。

- 网络前缀。
- 宣告该前缀的 EIGRP 邻居。
- 每个邻居的度量（RD 和跳数）。
- 用于度量计算的相关数值（负载、可靠性、总时延和最小带宽）。

可以通过命令 **show ip eigrp topology** [**all-links**]查看拓扑表信息。虽然默认仅显示后继路由和可行后继路由，但是也可以通过可选关键字 **all-links** 显示所有未通过可行性条件的路径。

图 2-3 显示了图 2-2 中的 R1 的拓扑表信息。本节将以网络 10.4.4.0/24 为重点来介绍拓扑表的相关内容。

分析网络 10.4.4.0/24 可以看出，R1 计算出后继路由的 FD 值为 3328。后继路由器（上游路由器）以 RD 值 3072 宣告该后继路由。第二个路径表项的路径度量为 5376，RD 值为 2816。由于 2816 小于 3072，因而第二个表项通过了可行性条件，成为该网络前缀的可行后继路由。

路由 10.4.4.0/24 处于被动状态（用 P 表示，即 Passive），表明该拓扑结构稳定。如果拓扑结构发生了变化，那么在计算新路径的时候，路由将处于主动状态（用 A 表示，即 Active）。

```
R1#show ip eigrp topology
EIGRP-IPv4 Topology Table for AS (100)/ID(192.168.1.1)
Codes: P - Passive, A - Active, U - Update, Q - Query, R - Reply,
       r - reply Status, s - sia Status

P 10.12.1.0/24, 1 successors, FD is 2816
       via Connected, GigabitEthernet0/3
P 10.13.1.0/24, 1 successors, FD is 2816
       via Connected, GigabitEthernet0/1
P 10.14.1.0/24, 1 successors, FD is 5120
       via Connected, GigabitEthernet0/2
P 10.23.1.0/24, 2 successors, FD is 3072
       via 10.12.1.2 (3072/2816), GigabitEthernet0/3
       via 10.13.1.3 (3072/2816), GigabitEthernet0/1
P 10.34.1.0/24, 1 successors, FD is 3072
       via 10.13.1.3 (3072/2816), GigabitEthernet0/1
       via 10.14.1.4 (5376/2816), GigabitEthernet0/2
P 10.24.1.0/24, 1 successors, FD is 5376
       via 10.12.1.2 (5376/5120), GigabitEthernet0/3
       via 10.14.1.4 (7680/5120), GigabitEthernet0/2
P 10.4.4.0/24, 1 successors, FD is 3328
       via 10.13.1.3 (3328/3072), GigabitEthernet0/1
       via 10.14.1.4 (5376/2816), GigabitEthernet0/2
```

FD

后继路由

路径度量

RD

可行后继路由

通过可行性条件
2816<3328

图 2-3 EIGRP 拓扑表输出结果

2.2.4 EIGRP 邻居

EIGRP 不需要在自治系统内部周期性地宣告所有网络前缀，这一点与 RIP、OSPF 和 IS-IS 等路由协议不同。EIGRP 邻居在建立邻接关系时会交换整个路由表，以后在网络出现拓扑结构变化之后，仅宣告增量更新。邻居邻接表对于跟踪邻居状态以及发送给每个邻居的更新来说至关重要。

路由器间通信

EIGRP 使用 5 种不同的数据包类型与其他路由器进行通信（见表 2-3）。EIGRP 使用 IP 协议 ID 88，并尽可能使用多播包，当然，也可以在必要时使用单播包。路由器之间的通信应尽可能采用组播方式，使用组地址 224.0.0.10 或 MAC 地址 01:00:5e:00:00:0a。

表 2-3 EIGRP 数据包类型

数据包类型	数据包名称	功能
1	Hello	该数据包负责发现 EIGRP 邻居，而且可以在邻居不可用的时候检测邻居
2	请求（Request）	用于从一个或多个邻居获得特定信息

续表

数据包类型	数据包名称	功能
3	更新（Update）	负责与其他 EIGRP 路由器一起传送包含路由和可达性信息的数据包
4	查询（Query）	在路由收敛期间，发送该数据包以查找其他路径
5	应答（Reply）	该数据包是查询数据包的响应数据包

注：为了降低链路的带宽消耗，EIGRP 使用了多播包（可到达多台设备的数据包）。虽然广播包的效果相似，但网段上的所有节点都必须处理广播包，使用多播包的好处是只有侦听特定多播组的节点才需要处理这些多播包。

EIGRP 使用 RTP（Reliable Transport Protocol，可靠传输协议）来确保按序传送数据包，并确保路由器能够收到特定数据包。每个 EIGRP 数据包中都包含一个序列号。如果序列号为 0，那么接收端 EIGRP 路由器就无须响应；如果序列号不为 0，那么接收端 EIGRP 路由器都必须以 ACK 包（包含原始序列号）加以响应。

确保能够收到数据包可以让传输方法变得更加可靠。EIGRP 的所有更新、查询和应答包都要求可靠传输，而 Hello 和 ACK 包则无须确认，因而可能并不可靠。

如果发端路由器在重传超时之前仍未收到邻居发送的 ACK 包，就会通知未确认路由器停止处理多播包。发端路由器将以单播方式发送所有流量，直到邻居完全同步。完成同步操作之后，发端路由器会通知目的端路由器再次处理多播包。请注意，所有单播包都需要确认。对于每个需要确认的数据包来说，EIGRP 最多重传 16 次，如果达到最大重传次数，就会重置邻居关系。

注：不要将 EIGRP 环境中的 RTP 与另一个 RTP（Real-Time Transport Protocol，实时传输协议）相混淆，后者负责在 IP 网络上传输音频或视频，而 EIGRP 的 RTP 则在支持多播通信的同时实现数据包的确认操作，其他可靠的面向连接的通信协议（如 TCP）则无法使用多播寻址。

2.2.5 建立 EIGRP 邻居关系

与其他距离向量路由协议不同，EIGRP 需要在处理路由并将路由添加到 RIB（Routing Information Base，路由信息库）之前建立邻居关系。路由器收到 EIGRP Hello 包之后，就会尝试成为对端路由器的邻居。两台路由器必须确保以下参数匹配才能成为邻居。

- 度量计算公式的 K 值。
- 主用子网必须匹配。
- ASN（Autonomous System Number，自治系统号）必须匹配。
- 认证参数必须匹配。

图 2-4 显示了 EIGRP 建立邻居邻接关系的过程。

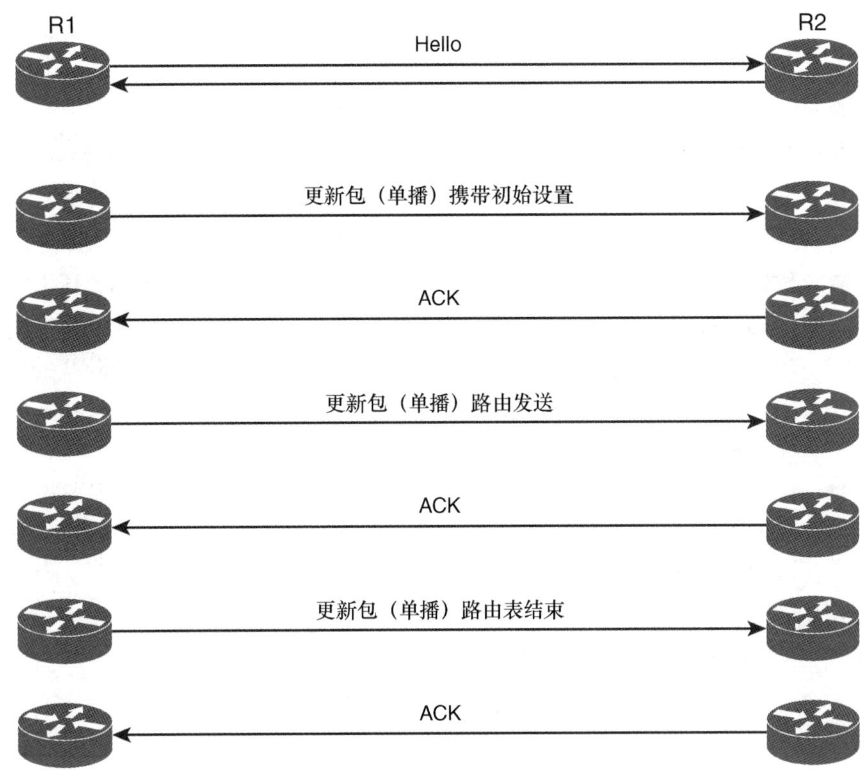

图 2-4 EIGRP 邻居邻接关系建立过程（从 R1 的角度来看）

2.3 EIGRP 配置模式

本节将介绍两种 EIGRP 配置模式：传统配置模式和命名配置模式。

2.3.1 传统配置模式

对于 EIGRP 传统配置模式来说，大多数配置是在 EIGRP 进程中完成的，但某些设置需要在接口子模式下完成。由于用户需要在 EIGRP 进程与多个网络接口之间来回切换，因而增加了部署和故障排查的复杂性。需要独立设置的参数包括 Hello 宣告间隔、水平分割、认证和汇总路由宣告。

传统配置模式需要初始化路由进程，首先通过全局配置命令 **router eigrp** *as-number* 标识 ASN 并初始化 EIGRP 进程，接下来需要通过命令 **network** *ip-address* [*mask*]标识网络接口。相关配置语句将在后续章节进行讨论。

2.3.2 命名配置模式

为了帮助网络工程师克服在传统 EIGRP 自治系统配置中遇到的诸多困难，包括配置分散以及命令范围不清晰等，思科提供了 EIGRP 命名配置模式。

EIGRP 命名配置模式具有以下优点。

- 可以在同一个位置执行所有 EIGRP 配置。
- 支持当前及未来扩展的各种 EIGRP 功能特性。

- 支持多地址簇［包括 VRF（Virtual Routing and Forwarding，虚拟路由和转发）实例］。EIGRP 命名配置模式也称为多地址簇配置模式。
- 命令的配置范围非常明确。

EIGRP 命名配置模式提供了分层配置能力，将设置存储在 3 个层级。

- **地址簇子模式：**该子模式包含了与全局 EIGRP AS 操作相关的设置，如网络接口的选择、EIGRP *K* 值、日志记录设置及末梢设置。
- **接口子模式：**该子模式包含了与接口相关的设置，如 Hello 宣告间隔、水平分割、认证和汇总路由宣告。EIGRP 的接口配置支持两种配置方法，可以将命令分配给指定接口或默认接口（此时会为所有启用了 EIGRP 的接口应用这些设置）。如果默认接口配置与指定接口配置存在冲突，那么指定接口配置将优于默认接口配置。
- **拓扑结构子模式：**该子模式包含了与 EIGRP 拓扑数据库以及将路由呈现给路由器 RIB 的方式相关的设置。本节还将讨论与路由重分发和管理距离相关的设置。

EIGRP 命名配置模式使得在同一个 EIGRP 进程下运行多个实例成为可能。在特定实例上启用 EIGRP 接口的过程如下。

步骤 1 通过命令 **router eigrp** *process-name* 初始化 EIGRP 进程（请注意，如果为 *process-name* 使用数字，那么千万不要将其与自治系统号相关联）。

步骤 2 通过命令 **address-family** {**IPv4** | **IPv6**} {**unicast** | **vrf** *vrf-name*} *autonomous-system as-number* 为相应的地址簇初始化 EIGRP 实例。

步骤 3 通过命令 **network** *network mask* 在接口上启用 EIGRP。

2.3.3 EIGRP network 语句

两种配置模式都需要通过 **network** 语句来标识 EIGRP 将要使用的接口，**network** 语句支持通配符掩码，可以根据需要进行精确或模糊配置。

> 注：EIGRP 的两种配置方式相互独立。传统 EIGRP 自治系统配置模式下的配置变更，不会修改运行 EIGRP 命名配置模式的路由器的设置。

EIGRP 进程下的 **network** 语句的语法形式为 **network** *ip-address* [*mask*]，关键字 *mask* 可以省略，从而启用特定接口（属于该 **network** 语句定义的类别边界）。

一种常见误解是认为 **network** 语句负责将网络添加到 EIGRP 拓扑表中。但实际上，**network** 语句的作用是标识启用 EIGRP 的接口，并将该接口的直连网络添加到 EIGRP 拓扑表中，再由 EIGRP 将拓扑表宣告给 EIGRP 自治系统中的其他路由器。

EIGRP 不会将接口的辅助直连网络添加到拓扑表中，如果希望将辅助直连网络安装到 EIGRP 路由表中，就必须将它们重分发到 EIGRP 进程中。有关路由重分发的详细内容请参阅本书第 16 章。

为了更好地解释通配符掩码的概念，表 2-4 列出了一组路由器接口及 IP 地址，接下来将提供与特定场景相匹配的配置示例。

表 2-4 路由器接口和 IP 地址示例

路由器接口	IP 地址
Gigabit Ethernet 0/0	10.0.0.10/24
Gigabit Ethernet 0/1	10.0.10.10/24
Gigabit Ethernet 0/2	192.0.0.10/24
Gigabit Ethernet 0/3	192.10.0.10/24

例 2-1 仅在与表 2-4 所列 IP 地址显式匹配的接口上启用 EIGRP。

例 2-1 使用显式 IP 地址的 EIGRP 配置

```
Router eigrp 1
    network 10.0.0.10 0.0.0.0
    network 10.0.10.10 0.0.0.0
    network 192.0.0.10 0.0.0.0
    network 192.10.0.10 0.0.0.0
```

例 2-2 通过 **network** 语句配置 EIGRP，匹配了表 2-4 列出的子网。本例中的 **network** 语句将 IP 地址的最后一个八比特组设置为 0，并将通配符掩码更改为 255，这样就能匹配/24 网络范围内的所有 IP 地址。

例 2-2 使用显式子网的 EIGRP 配置

```
Router eigrp 1
    network 10.0.0.0 0.0.0.255
    network 10.0.10.0 0.0.0.255
    network 192.0.0.0 0.0.0.255
    network 192.10.0.0 0.0.0.255
```

以下代码通过 **network** 语句为 10.0.0.0/8 或 192.0.0.0/8 网络范围内的接口配置 EIGRP：

```
router eigrp 1

    network 10.0.0.0 0.255.255.255

    network 192.0.0.0 0.255.255.255
```

以下代码为所有接口启用 EIGRP：

```
router eigrp 1

network 0.0.0.0 255.255.255.255
```

注：虽然通配符 network 语句能够简化大网络范围的配置操作，但是也可能会在非期望接口上启用 EIGRP。

2.3.4 示例拓扑结构与配置

接下来将以图 2-5 为例来解释 R1（传统配置模式）和 R2（命名配置模式）的 EIGRP 配置。

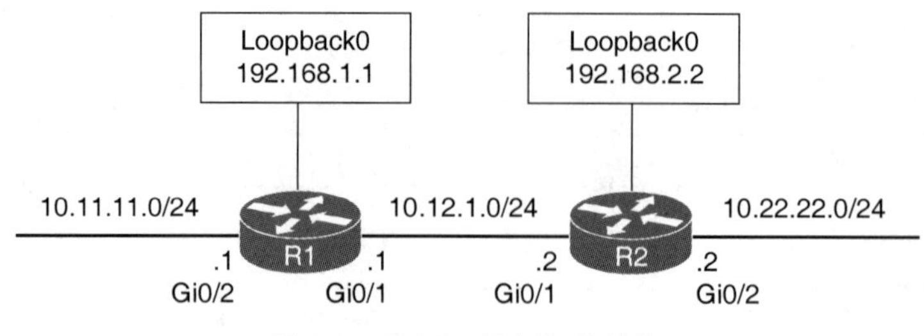

图 2-5 EIGRP 示例拓扑结构

R1 和 R2 在所有接口上启用了 EIGRP。R1 通过多个明确的网络接口地址来配置 EIGRP，R2 则通过一条命令在所有网络接口上启用 EIGRP。例 2-3 给出了 R1 和 R2 的 EIGRP 配置示例。

例 2-3 EIGRP 配置示例

```
R1 (Classic Configuration)
interface Loopback0
 ip address 192.168.1.1 255.255.255.255
!
interface GigabitEthernet0/1
    ip address 10.12.1.1 255.255.255.0
!
interface GigabitEthernet0/2
    ip address 10.11.11.1 255.255.255.0
!
router eigrp 100
 network 10.11.11.1 0.0.0.0
 network 10.12.1.1 0.0.0.0
 network 192.168.1.1 0.0.0.0
```

```
R2 (Named Mode Configuration)
interface Loopback0
 ip address 192.168.2.2 255.255.255.255
!
interface GigabitEthernet0/1
    ip address 10.12.1.2 255.255.255.0
!
interface GigabitEthernet0/2
    ip address 10.22.22.2 255.255.255.0
!
router eigrp EIGRP-NAMED
 address-family ipv4 unicast autonomous-system 100
  network 0.0.0.0 255.255.255.255
```

如前所述，EIGRP 命名配置模式包括 3 种配置子模式。例 2-3 仅使用了 EIGRP 地址簇子模式（使用 **network** 语句）。EIGRP 拓扑结构子模式由命令 **topology base** 自动创建，并通过命令 **exit-af-topology** 退出该子模式，拓扑结构子模式的所有设置均列在这两条命令之间。

例 2-4 显示了 EIGRP 传统配置模式与命名配置模式在路由器上的配置结构差异。

例 2-4 两种配置模式的配置结构

```
R1# show run | section router eigrp
router eigrp 100
 network 10.11.11.1 0.0.0.0
 network 10.12.1.1 0.0.0.0
 network 192.168.1.1 0.0.0.0
```

```
R2# show run | section router eigrp
router eigrp EIGRP-NAMED
 !
 address-family ipv4 unicast autonomous-system 100
  !
  topology base
  exit-af-topology
  network 0.0.0.0
 exit-address-family
```

注：EIGRP 接口子模式配置包含命令 af-interface *interface-id* 或 af-interface default，并在该命令之后立即列出所有特定命令，然后通过命令 exit-af-interface 退出 EIGRP 接口子模式配置。本章将在后面给出具体示例。

2.3.5 确认接口

配置 EIGRP 时，一种最佳实践是验证只有期望接口运行了 EIGRP。可以通过命令 **show ip eigrp interfaces** [{*interface-id* [**detail**] | **detail**}]显示活动的 EIGRP 接口，如果使用了可选关键字 **detail**，就可以显示更多有用信息，如认证、EIGRP 定时器、水平分割以及各种数据包计数信息。

例 2-5 显示了 R1 EIGRP 接口的摘要信息以及 R2 Gi0/1 接口的详细信息。

例 2-5 验证 EIGRP 接口

```
R1# show ip eigrp interfaces
EIGRP-IPv4 Interfaces for AS(100)
                 Xmit Queue   PeerQ        Mean   Pacing Time Multicast  Pending
Interface Peers  Un/Reliable  Un/Reliable  SRTT   Un/Reliable Flow Timer Routes
Gi0/2        0       0/0         0/0          0       0/0          0          0
Gi0/1        1       0/0         0/0         10       0/0         50          0
Lo0          0       0/0         0/0          0       0/0          0          0
```

```
R2# show ip eigrp interfaces gi0/1 detail
EIGRP-IPv4 VR(EIGRP-NAMED) Address-Family Interfaces for AS(100)
                 Xmit Queue   PeerQ        Mean   Pacing Time  Multicast  Pending
Interface Peers  Un/Reliable  Un/Reliable  SRTT   Un/Reliable  Flow Timer Routes
Gi0/1         1      0/0         0/0       1583       0/0        7912          0
  Hello-interval is 5, Hold-time is 15
  Split-horizon is enabled
  Next xmit serial <none>
  Packetized sent/expedited: 2/0
  Hello's sent/expedited: 186/2
  Un/reliable mcasts: 0/2  Un/reliable ucasts: 2/2
```

```
Mcast exceptions: 0  CR packets: 0  ACKs suppressed: 0
Retransmissions sent: 1  Out-of-sequence rcvd: 0
Topology-ids on interface - 0
Authentication mode is not set
Topologies advertised on this interface:  base
Topologies not advertised on this interface:
```

表 2-5 解释了 EIGRP 接口显示的主要字段信息。

表 2-5 EIGRP 接口字段

字段	描述
Interface	运行 EIGRP 的接口
Peers	接口上检测到的对等体数量
Xmit Queue Un/Reliable	传输队列中剩余的不可靠/可靠数据包数，数值为 0 表示网络稳定
Mean SRTT	将数据包发送给邻居并收到邻居应答消息的平均时间（ms）
Multicast Flow Timer	路由器发送多播包的最大时间（s）
Pending Routes	发送队列中等待发送的路由数

2.3.6 验证 EIGRP 邻居邻接关系

每个 EIGRP 进程都要维护一张邻居表，以确保邻居处于活动状态并正确处理更新消息。如果不跟踪邻居状态，那么自治系统就可能包含错误数据，导致错误地路由流量。EIGRP 路由器在宣告包含网络前缀的更新包之前，必须先建立邻居关系。

可以通过命令 **show ip eigrp neighbors** [*interface-id*]显示路由器的 EIGRP 邻居。例 2-6 通过该命令显示了 EIGRP 邻居信息。

例 2-6 验证 EIGRP 邻居

```
R1# show ip eigrp neighbors
EIGRP-IPv4 Neighbors for AS(100)
H   Address                 Interface          Hold Uptime   SRTT   RTO  Q  Seq
                                               (sec)         (ms)       Cnt Num
0   10.12.1.2               Gi0/1                13 00:18:31   10   100  0   3
```

表 2-6 解释了例 2-6 显示的关键字段信息。

表 2-6 EIGRP 邻居字段

字段	描述
Address	EIGRP 邻居的 IP 地址
Interface	检测到邻居存在的接口
Hold Uptime	从邻居接收数据包以确保其仍然有效的剩余时间
SRTT	数据包发送到邻居的时间以及从邻居收到答复的时间（ms）
RTO	重传超时时间（等待 ACK）
Q Cnt	队列中等待发送的数据包（更新/查询/应答）数量
Seq Num	从该路由器最后收到的序列号

2.3.7 显示已安装的 EIGRP 路由

可以通过 **show ip route eigrp** 命令查看 RIB 中安装的 EIGRP 路由。源自 AS 内部的 EIGRP 路由的 AD 值为 90，且在路由表中以“D”加以标记。源自 AS 外部的路由是外部 EIGRP 路由，外部 EIGRP 路由的 AD 值为 170，且在路由表中以“D EX”加以标记。将 AD 值较高的外部 EIGRP 路由安装到 RIB 中是一种环路保护机制。

例 2-7 显示了图 2-5 所示的示例拓扑结构中的 EIGRP 路由，以高亮方式显示的方括号中的第二个数字就是路由的度量。

例 2-7　R1 和 R2 的 EIGRP 路由

```
R1# show ip route eigrp
Codes: L - local, C - connected, S - static, R - RIP, M - mobile, B - BGP
       D - EIGRP, EX - EIGRP external, O - OSPF, IA - OSPF inter area
       N1 - OSPF NSSA external type 1, N2 - OSPF NSSA external type 2
       E1 - OSPF external type 1, E2 - OSPF external type 2
       i - IS-IS, su - IS-IS summary, L1 - IS-IS level-1, L2 - IS-IS level-2
       ia - IS-IS inter area, * - candidate default, U - per-user static route
       o - ODR, P - periodic downloaded static route, H - NHRP, l - LISP
       a - application route
       + - replicated route, % - next hop override, p - overrides from PfR
Gateway of last resort is not set

       10.0.0.0/8 is variably subnetted, 5 subnets, 2 masks
D         10.22.22.0/24 [90/3072] via 10.12.1.2, 00:19:25, GigabitEthernet0/1
       192.168.2.0/32 is subnetted, 1 subnets
D         192.168.2.2 [90/2848] via 10.12.1.2, 00:19:25, GigabitEthernet0/1
```

```
R2# show ip route eigrp
! Output omitted for brevity
Gateway of last resort is not set

       10.0.0.0/8 is variably subnetted, 5 subnets, 2 masks
D         10.11.11.0/24 [90/15360] via 10.12.1.1, 00:20:34, GigabitEthernet0/1
       192.168.1.0/32 is subnetted, 1 subnets
D         192.168.1.1 [90/2570240] via 10.12.1.1, 00:20:34, GigabitEthernet0/1
```

注：R2 的路由度量与 R1 的路由度量不同，这是因为在默认情况下，R1 的 EIGRP 传统配置模式使用传统度量，而 R2 的命名配置模式使用宽度量。相关内容将在 2.4 节进行详细讨论。

2.3.8 RID

RID（Router ID，路由器 ID）是一个唯一标识 EIGRP 路由器的 32 比特数字，通常用于环路预防机制。可以动态设置 RID（默认方式），也可以手动设置 RID。

EIGRP RID 的动态选择算法将所有处于 Up 状态的环回接口的最大 IPv4 地址作为 RID。如果没有处于 Up 状态的环回接口，那么 EIGRP 进程在初始化的时候，就会将所有处于 Up 状态的物理接口的最大 IPv4 地址作为 RID。

由于 IPv4 地址长度为 32 比特且以点分十进制格式表示，因而通常将 IPv4 地址作为 RID。可以在传统配置模式和命名配置模式中通过命令 **eigrp router-id** *router-id* 配置 RID（见例 2-8）。

例 2-8 静态配置 EIGRP RID

```
R1(config)# router eigrp 100
R1(config-router)# eigrp router-id 192.168.1.1
```

```
R2(config)# router eigrp EIGRP-NAMED
R2(config-router)# address-family ipv4 unicast autonomous-system 100
R2(config-router-af)# eigrp router-id 192.168.2.2
```

2.3.9 被动接口

虽然某些网络拓扑必须将网段宣告到 EIGRP 中，但是又要防止邻居与该网段上的其他路由器建立邻接关系。例如，在园区拓扑结构中宣告接入层网络时就可能遇到这种情况。在这种情况下，需要将 EIGRP 接口设置为被动状态。被动 EIGRP 接口不会发出或处理 EIGRP Hello 消息，从而能够避免 EIGRP 在该接口上建立邻接关系。

如果要将 EIGRP 接口设置为被动接口，可以在传统配置模式的 EIGRP 进程下通过命令 **passive-interface** *interface-id* 进行设置。另一种方式是通过命令 **passive-interface default** 将所有接口都默认配置为被动接口，再通过命令 **no passive-interface** *interface-id* 允许指定接口处理 EIGRP 数据包，从而改变全局被动接口的默认配置。

例 2-9 将 R1 的 Gi0/2 接口设置为被动状态，同时给出了另一种配置选项，将所有接口都设置为被动状态，但是将 Gi0/1 接口设置为非被动状态。

例 2-9 传统配置模式下的被动 EIGRP 接口配置

```
R1# configure terminal
Enter configuration commands, one per line. End with CNTL/Z.
R1(config)# router eigrp 100
R1(config-router)# passive-interface gi0/2
```

```
R1(config)# router eigrp 100
R1(config-router)# passive-interface default
04:22:52.031: %DUAL-5-NBRCHANGE: EIGRP-IPv4 100: Neighbor 10.12.1.2 (GigabitEthernet0/1)
is down: interface passive
R1(config-router)# no passive-interface gi0/1
*May 10 04:22:56.179: %DUAL-5-NBRCHANGE: EIGRP-IPv4 100: Neighbor 10.12.1.2 (GigabitEt-
hernet0/1) is up: new adjacency
```

如果采用命名配置模式，就可以通过 **af-interface default** 在所有 EIGRP 接口上都配置 **passive-interface**，或者在 **af-interface** *interface-id* 子模式下将特定接口设置为被动状态。例 2-10 通过两种配置策略将 Gi0/2 接口设置为被动状态，同时将 Gi0/1 接口设置为主动状态。

例 2-10 命名配置模式下的被动 EIGRP 接口配置

```
R2# configure terminal
Enter configuration commands, one per line. End with CNTL/Z.
```

```
R2(config)# router eigrp EIGRP-NAMED
R2(config-router)# address-family ipv4 unicast autonomous-system 100
R2(config-router-af)# af-interface gi0/2
R2(config-router-af-interface)# passive-interface
R2(config-router-af-interface)# exit-af-interface
```

```
R2(config)# router eigrp EIGRP-NAMED
R2(config-router)# address-family ipv4 unicast autonomous-system 100
R2(config-router-af)# af-interface default
R2(config-router-af-interface)# passive-interface
04:28:30.366: %DUAL-5-NBRCHANGE: EIGRP-IPv4 100: Neighbor 10.12.1.1
(GigabitEthernet0/1) is down: interface passiveex
R2(config-router-af-interface)# exit-af-interface
R2(config-router-af)# af-interface gi0/1
R2(config-router-af-interface)# no passive-interface
R2(config-router-af-interface)# exit-af-interface
*May 10 04:28:40.219: %DUAL-5-NBRCHANGE: EIGRP-IPv4 100: Neighbor 10.12.1.1
(GigabitEthernet0/1) is up: new adjacency
```

例 2-11 通过命名配置模式在 **af-interface default** 或 **af-interface** *interface-id* 下进行被动接口的配置（**passive-interface** 或 **no passive-interface**）。

例 2-11 查看命名配置模式的 EIGRP 接口设置

```
R2# show run | section router eigrp
router eigrp EIGRP-NAMED
 !
 address-family ipv4 unicast autonomous-system 100
  !
  af-interface default
   passive-interface
  exit-af-interface
  !
  af-interface GigabitEthernet0/1
   no passive-interface
  exit-af-interface
 !
 topology base
 exit-af-topology
 network 0.0.0.0
exit-address-family
```

虽然启用了被动接口，但被动接口并不会出现在命令 **show ip eigrp interfaces** 的输出结果中。不过，被动接口的直连网络仍然安装到了 EIGRP 拓扑表中，从而宣告给了邻居。

与例 2-5 相比，例 2-12 的输出结果并没有出现 R1 的 Gi0/2 接口。

例 2-12 被动接口不见了

```
R1# show ip eigrp interfaces
EIGRP-IPv4 Interfaces for AS(100)
                    Xmit Queue   PeerQ        Mean   Pacing Time   Multicast    Pending
Interface  Peers    Un/Reliable  Un/Reliable  SRTT   Un/Reliable   Flow Timer   Routes
Gi0/1        1          0/0        0/0         9        0/0           50            0
```

为了更快地排查被动接口及相关配置故障，可以通过命令 **show ip protocols** 显示所有路由协议的各种有用信息。对于 EIGRP 来说，该命令将显示 EIGRP 进程标识符、ASN、用于路径计算的 *K* 值、RID、邻居、AD 设置以及所有被动接口等信息。

例 2-13 给出了 R1 和 R2 在传统配置模式及命名配置模式下的 **show ip protocols** 命令输出结果。

例 2-13 show ip protocols 命令输出结果

```
R1# show ip protocols
! Output omitted for brevity
Routing Protocol is "eigrp 100"
  Outgoing update filter list for all interfaces is not set
  Incoming update filter list for all interfaces is not set
  Default networks flagged in outgoing updates
  Default networks accepted from incoming updates
  EIGRP-IPv4 Protocol for AS(100)
    Metric weight K1=1, K2=0, K3=1, K4=0, K5=0
    Soft SIA disabled
    NSF-aware route hold timer is 240
    Router-ID: 192.168.1.1
    Topology : 0 (base)
      Active Timer: 3 min
      Distance: internal 90 external 170
      Maximum path: 4
      Maximum hopcount 100
      Maximum metric variance 1

  Automatic Summarization: disabled
  Maximum path: 4
  Routing for Networks:
    10.11.11.1/32
    10.12.1.1/32
    192.168.1.1/32
  Passive Interface(s):
    GigabitEthernet0/2
    Loopback0
  Routing Information Sources:
    Gateway         Distance      Last Update
    10.12.1.2             90      00:21:35
    Distance: internal 90 external 170
```

```
R2# show ip protocols
! Output omitted for brevity
Routing Protocol is "eigrp 100"
  Outgoing update filter list for all interfaces is not set
  Incoming update filter list for all interfaces is not set
  Default networks flagged in outgoing updates
  Default networks accepted from incoming updates
  EIGRP-IPv4 VR(EIGRP-NAMED) Address-Family Protocol for AS(100)
    Metric weight K1=1, K2=0, K3=1, K4=0, K5=0 K6=0
    Metric rib-scale 128
    Metric version 64bit
    Soft SIA disabled
    NSF-aware route hold timer is 240
```

```
  Router-ID: 192.168.2.2
  Topology : 0 (base)
    Active Timer: 3 min
    Distance: internal 90 external 170
    Maximum path: 4
    Maximum hopcount 100
    Maximum metric variance 1
    Total Prefix Count: 5
    Total Redist Count: 0

Automatic Summarization: disabled
Maximum path: 4
Routing for Networks:
  0.0.0.0
Passive Interface(s):
  GigabitEthernet0/2
  Loopback0
Routing Information Sources:
  Gateway         Distance      Last Update
  10.12.1.1             90      00:24:26
Distance: internal 90 external 170
```

2.3.10 认证

认证机制可以确保仅授权路由器才有资格成为 EIGRP 邻居。某些人可能会在网络中增添路由器，从而意外或恶意引入无效路由，此时就可以通过认证机制来防范这种情况。所有 EIGRP 数据包都包含预先计算好的哈希密码，接收端路由器收到数据包之后对哈希密码进行解密，如果哈希密码与数据包不匹配，那么路由器就会丢弃该数据包。

EIGRP 使用 MD5（Message Digest 5，消息摘要 5）和密钥链功能加密密码，哈希由密钥号和密码组成。EIGRP 认证机制仅加密密码，而不加密整个 EIGRP 数据包。

> 注：密钥链功能可以将密码配置为在特定时间内有效，从而能够根据预配置时间更改密码。不过，将密钥序列限定为特定时间的内容已经超出了本书写作范围，更多详细信息可以参考思科官网。

配置 EIGRP 认证机制时，首先需要创建一个密钥链，然后在接口上启用 EIGRP 认证机制。接下来将详细介绍 EIGRP 认证机制的配置步骤。

1. 创建密钥链

密钥链的创建步骤如下。

步骤 1 通过命令 **key chain** *key-chain-name* 创建密钥链。

步骤 2 通过命令 **key** *key-number* 标识密钥序列，其中，*key-number* 的取值范围是 0～2,147,483,647。

步骤 3 通过命令 **key-string** *password* 指定预共享密码。

> 注：请注意，不要在密码后面使用空格，因为空格也会被用于哈希计算。

2. 为接口启用认证机制

使用传统配置模式时，需要在接口子模式下为接口启用认证机制。也就是说，在接口子模式下配置以下命令：

```
ip authentication key-chain eigrp as-number key-chain-name
```

```
ip authentication mode eigrp as-number md5
```

命名配置模式需要在 EIGRP 接口子模式下（**af-interface default** 或 **af-interface** *interface-id* 下）启用认证机制。命名配置模式支持 MD5 或 HMAC-SHA-256（Hashed Message Authentication Code-Secure Hash Algorithm-256，哈希消息认证码-安全哈希算法-256）认证。MD5 认证需要使用以下命令：

```
authentication key-chain eigrp key-chain-name
```

```
authentication mode md5
```

HMAC-SHA-256 认证需要使用命令 **authentication mode hmacsha-256** *password*。

例 2-14 给出了 R1 采用 EIGRP 传统配置模式以及 R2 采用命名配置模式进行 MD5 认证配置的示例。需要记住的是，哈希值的计算需要用到密钥序列号和密钥字符串（两个节点必须完全匹配）。

例 2-14　配置 EIGRP 认证机制

```
R1(config)# key chain EIGRPKEY
R1(config-keychain)# key 2
R1(config-keychain-key)# key-string CISCO
R1(config)# interface gi0/1
R1(config-if)# ip authentication mode eigrp 100 md5
R1(config-if)# ip authentication key-chain eigrp 100 EIGRPKEY
```

```
R2(config)# key chain EIGRPKEY
R2(config-keychain)# key 2
R2(config-keychain-key)# key-string CISCO
R2(config-keychain-key)# router eigrp EIGRP-NAMED
R2(config-router)# address-family ipv4 unicast autonomous-system 100
R2(config-router-af)# af-interface default
R2(config-router-af-interface)# authentication mode md5
R2(config-router-af-interface)# authentication key-chain EIGRPKEY
```

可以通过命令 **show key chain** 验证密钥链。从例 2-15 可以看出，每个密钥序列都提供了生存期和密码信息。

例 2-15　验证密钥链

```
R1# show key chain
Key-chain EIGRPKEY:
    key 2 -- text "CISCO"
        accept lifetime (always valid) - (always valid) [valid now]
        send lifetime (always valid) - (always valid) [valid now]
```

查看 EIGRP 接口的详细信息可以验证特定接口的 EIGRP 认证，例 2-16 给出了 EIGRP 接口的详细信息。

例 2-16 验证 EIGRP 认证

```
R1# show ip eigrp interface detail
EIGRP-IPv4 Interfaces for AS(100)
                Xmit Queue   PeerQ        Mean   Pacing Time   Multicast    Pending
Interface Peers Un/Reliable  Un/Reliable  SRTT   Un/Reliable   Flow Timer   Routes
Gi0/1       0      0/0        0/0         0       0/0           50            0
  Hello-interval is 5, Hold-time is 15
  Split-horizon is enabled
  Next xmit serial <none>
  Packetized sent/expedited: 10/1
  Hello's sent/expedited: 673/12
  Un/reliable mcasts: 0/9 Un/reliable ucasts: 6/19
  Mcast exceptions: 0 CR packets: 0 ACKs suppressed: 0
  Retransmissions sent: 16 Out-of-sequence rcvd: 1
  Topology-ids on interface - 0
  Authentication mode is md5, key-chain is "EIGRPKEY"
```

2.4 路径度量计算

度量计算对于所有路由协议来说都是至关重要的组成部分，EIGRP 采用多种参数来计算路径度量。虽然默认采用带宽和时延来计算路径度量，但是也可以包含接口负载以及可靠性等参数。图 2-6 给出了 EIGRP 传统度量计算公式。

$$度量 = \left(K_1 \times \mathrm{BW} + \frac{K_2 \times 带宽}{256 - 负载} + K_3 \times 时延\right) \times \frac{K_5}{K_4 + 可靠性}$$

图 2-6 EIGRP 传统度量计算公式

EIGRP 通过 K 值来定义度量计算公式将要使用哪些参数来计算度量以及这些参数的影响程度。一种常见误解是 K 值与带宽、负载、时延或可靠性等参数直接相关，这是不准确的，例如，K_1 和 K_2 引用的都是 BW（BandWidth，带宽）。

BW 指的是路径上速率最低的链路，最大支持 10Gbit/s 链路（10^7），可以通过接口上配置的接口带宽来采集链路速率。时延指的是路径上的总时延，以 10μs 为单位。

EIGRP 度量计算公式基于 IGRP 度量计算公式，区别在于将计算结果乘 256，从而将度量从 24 比特调整为 32 比特。因此，EIGRP 传统度量计算公式如图 2-7 所示。

$$度量 = 256 \times \left[\left(K_1 \times \frac{10^7}{最小带宽} + \frac{K_2 \times \frac{10^7}{最小带宽}}{256 - 负载} + \frac{K_3 \times 总时延}{10}\right) \times \frac{K_5}{K_4 + 可靠性}\right]$$

图 2-7 EIGRP 传统度量计算公式

在默认情况下，K_1 和 K_3 取值为 1，K_2、K_4 和 K_5 取值为 0。将这些默认 K 值代入上面的度量计算公式之后，可以得到简化后的度量计算公式（见图 2-8）。

EIGRP 更新包携带了与每个前缀相关联的路径属性。EIGRP 的路径属性包括跳数、累积时延、最小带宽链路速率以及 RD。路径上的每一跳都会更新这些路径属性，从而允许每台路由器都能独立识别最短路径。

$$度量 = 256 \times \left[\left(1\times\frac{10^7}{最小带宽} + \frac{\frac{10^7}{0\times最小带宽}}{256-负载} + \frac{1\times总时延}{10}\right)\times\frac{0}{0+可靠性}\right]$$

等于

$$度量 = 256 \times \left(\frac{10^7}{最小带宽} + \frac{总时延}{10}\right)$$

图 2-8 简化后的 EIGRP 传统度量计算公式

图 2-9 显示了在自治系统内部传播的前缀为 10.1.1.0/24 的 EIGRP 更新包信息。请注意每个 EIGRP 更新包中的跳数增加、最小带宽减少、总时延增加以及 RD 变化情况。

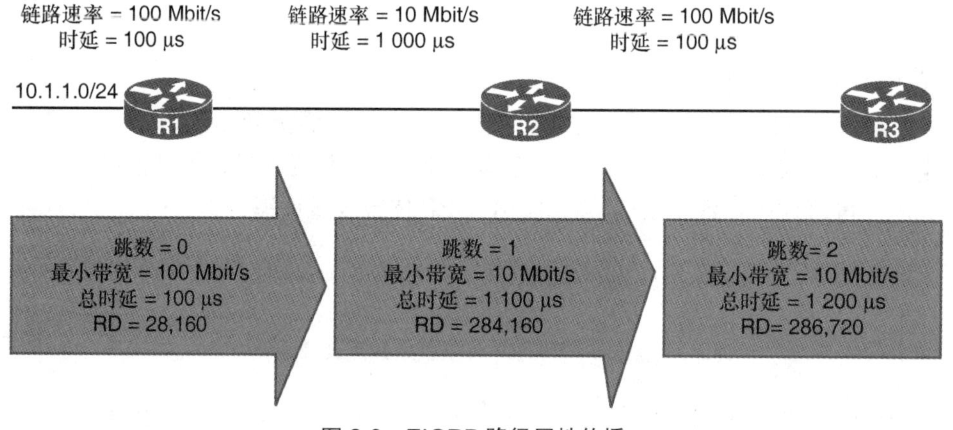

图 2-9 EIGRP 路径属性传播

表 2-7 列出了常见网络接口类型、链路速率、时延及 EIGRP 度量信息。

表 2-7 传统度量的默认 EIGRP 接口度量

接口类型	链路速率/（kbit/s）	时延	度量
串行接口	64	20,000μs	40,512,000
T1	1544	20,000μs	2,170,031
以太网	10,000	1000μs	281,600
快速以太网	100,000	100μs	28,160
千兆以太网	1,000,000	10μs	2816
万兆以太网	10,000,000	10μs	512

接下来以图 2-2 中的示例拓扑结构为例，按照图 2-10 中的度量计算公式来计算 R1 和 R2 到达网络 10.4.4.0/24 的度量。这两台路由器的链路速率均为 1Gbit/s，总时延均为 30μs（链路 10.4.4.0/24 的时延为 10μs，链路 10.34.1.0/24 的时延为 10μs，链路 10.13.1.0/24 的时延为 10μs）。

$$\text{度量} = 256 \times \left(\frac{10^7}{1,000,000} + \frac{30}{10}\right) = 3\,328$$

图 2-10 取默认 *K* 值时的 EIGRP 传统度量计算公式

如果无法确定 EIGRP 度量，就可以通过命令 **show ip eigrp topology** *network/prefix-length* 直接从 EIGRP 拓扑表查询计算公式的相关参数。

例 2-17 显示了 R1 关于网络 10.4.4.0/24 的拓扑表信息。可以看出，输出结果包括后继路由、可行后继路由以及该前缀的 EIGRP 状态，每条路径都包含了最小带宽、总时延、接口可靠性、负载以及跳数等 EIGRP 属性。

例 2-17 特定前缀的 EIGRP 拓扑表信息

```
R1# show ip eigrp topology 10.4.4.0/24
! Output omitted for brevity
EIGRP-IPv4 Topology Entry for AS(100)/ID(10.14.1.1) for 10.4.4.0/24
  State is Passive, Query origin flag is 1, 1 Successor(s), FD is 3328
  Descriptor Blocks:
  10.13.1.3 (GigabitEthernet0/1), from 10.13.1.3, Send flag is 0x0
      Composite metric is (3328/3072), route is Internal
      Vector metric:
        Minimum bandwidth is 1000000 Kbit
        Total delay is 30 microseconds
        Reliability is 252/255
        Load is 1/255
        Minimum MTU is 1500
        Hop count is 2
        Originating router is 10.34.1.4
  10.14.1.4 (GigabitEthernet0/2), from 10.14.1.4, Send flag is 0x0
      Composite metric is (5376/2816), route is Internal
      Vector metric:
        Minimum bandwidth is 1000000 Kbit
        Total delay is 110 microseconds
        Reliability is 255/255
        Load is 1/255
        Minimum MTU is 1500
        Hop count is 1
        Originating router is 10.34.1.4
```

2.4.1 宽度量

最初的 EIGRP 规范以 10μs 和 KB/s 为单位度量时延，难以满足高速接口的度量需求。例如，表 2-7 中的千兆以太网和万兆以太网接口的时延完全相同。

例 2-18 提供了一些常见 LAN 接口速率的度量计算结果。可以看出，11Gbit/s 接口和 20Gbit/s 接口没有任何区别，虽然这两个接口的带宽速率不同，但计算出来的度量却都是 256。

例 2-18 常见 LAN 接口速率的度量计算结果

```
GigabitEthernet:
Scaled Bandwidth = 10,000,000 / 1,000,000
```

```
Scaled Delay = 10 / 10
Composite Metric = 10 + 1 * 256 = 2816
```

```
10 GigabitEthernet:
Scaled Bandwidth = 10,000,000 / 10,000,000
Scaled Delay = 10 / 10
Composite Metric = 1 + 1 * 256 = 512
```

```
11 GigabitEthernet:
Scaled Bandwidth = 10,000,000 / 11,000,000
Scaled Delay = 10 / 10
Composite Metric = 0 + 1 * 256 = 256
```

```
20 GigabitEthernet:
Scaled Bandwidth = 10,000,000 / 20,000,000
Scaled Delay = 10 / 10
Composite Metric = 0 + 1 * 256 = 256
```

EIGRP 支持另一种被称为宽度量（Wide Metrics）的度量计算方式，宽度量解决了大容量接口的扩展性问题。

图 2-11 给出了 EIGRP 宽度量计算公式。请注意，该计算公式引入了一个额外 *K* 值（K_6），可以度量抖动、能量或其他扩展属性。

$$宽度量 = \left(K_1 \times 带宽 + \frac{K_2 \times 带宽}{256 - 负载} + K_3 \times 时延 + K_6 \times 扩展属性\right) \times \frac{K_5}{K_4 + 可靠性}$$

图 2-11 EIGRP 宽度量计算公式

与 EIGRP 传统度量乘 256 以适应 IGRP 相似，EIGRP 宽度量也要乘 65,535 以适应高速链路的需求，这样就能最大支持每秒 655TB（$65,535 \times 10^7$）的接口速率。时延指的是总接口时延，但此时以 ps（10^{-12}）为单位而不是以 μs（10^{-6}）为单位。考虑了时延和扩展性变换之后，图 2-12 给出了 EIGRP 宽度量计算公式。

$$宽度量 = 65,535 \times \left[\left(\frac{K_1 \times 10^7}{最小带宽} + \frac{\frac{K_2 \times 10^7}{最小带宽}}{256 - 负载} + \frac{K_3 \times 时延}{10^6} + K_6 \times 扩展属性\right) \times \frac{K_5}{K_4 + 可靠性}\right]$$

图 2-12 EIGRP 宽度量计算公式

接口时延因路由器的不同而有所不同，具体取决于以下逻辑。

- 如果明确设置了接口时延，那么时延值的单位将被转换为 ps。设置接口时延时，始终以 10μs 为单位并乘 10^7 将值的单位转换为 ps。
- 如果明确设置了接口带宽，就需要使用传统默认时延（转换为 ps）配置接口时延。确定接口时延时，不考虑配置带宽。如果配置了时延，就忽略本步骤。
- 如果接口支持 1Gbit/s 或更低速率，且不包含带宽或时延配置，那么接口时延就是传统的默认时延（转换为 ps）。

■ 如果接口支持 1Gbit/s 以上的速率，且不包含带宽或时延配置，那么接口时延的计算方式为 10^{13}/接口带宽。

EIGRP 传统度量仅支持 EIGRP 传统配置模式，EIGRP 宽度量仅支持 EIGRP 命名配置模式。可以通过命令 **show ip protocols** 显示路由器使用的度量类型。如果存在 K_6 度量，就表明路由器正在使用宽度量。

例 2-19 验证了 R1 和 R2 的 EIGRP 度量类型。可以看出，R1 没有 K_6 度量，表明使用的是 EIGRP 传统度量；R2 拥有 K_6 度量，表明使用的是 EIGRP 宽度量。

例 2-19 验证 EIGRP 度量类型

```
R1# show ip protocols | include AS|K
  EIGRP-IPv4 Protocol for AS(100)
    Metric weight K1=1, K2=0, K3=1, K4=0, K5=0
```

```
R2# show ip protocols | include AS|K
  EIGRP-IPv4 VR(EIGRP-NAMED) Address-Family Protocol for AS(100)
    Metric weight K1=1, K2=0, K3=1, K4=0, K5=0 K6=0
```

2.4.2 度量后向兼容性

EIGRP 宽度量在设计之初就支持后向兼容性。EIGRP 宽度量将 K_1 和 K_3 设置为 1，将 K_2、K_4、K_5、K_6 设置为 0 之后，就实现了后向兼容性，因为此时的 K 值度量与传统度量完全匹配。只要 K_1～K_5 相同且不设置 K_6，就允许使用这两种度量类型的路由器之间建立邻接关系。

与路由器建立对等连接时，EIGRP 可以检测出路由器使用的是传统度量，从而将度量计算公式调整为图 2-13 所示公式。

$$\text{未缩放带宽} = \frac{\text{EIGRP带宽} \times \text{EIGRP传统度量}}{\text{缩放带宽}}$$

图 2-13 度量计算公式换算

如果路由穿越了同时部署了传统度量和宽度量的网络设备，那么这种度量转换就会导致路由明细度的下降。最终结果就是，通过宽度量对等体学到的路径始终优于通过传统度量学到的路径。混合使用传统度量和宽度量的设备可能会出现次优路由选择问题，因而最好让所有设备都使用相同的度量类型。

2.4.3 接口时延设置

如果不记得表 2-7 列出的时延值，就可以通过 **show interface** *interface-id* 命令查询这些时延值，该命令可以显示 EIGRP 接口时延（以 μs 为单位，位于 DLY 字段之后）。例 2-20 提供了验证 EIGRP 接口时延时 R1 和 R2 的输出结果。可以看出，两个接口的时延均为 10μs。

例 2-20 验证 EIGRP 接口时延

```
R1# show interfaces gigabitEthernet 0/1 | i DLY
  MTU 1500 bytes, BW 1000000 Kbit/sec, DLY 10 usec,
```

```
R2# show interfaces gigabitEthernet 0/1 | i DLY
  MTU 1500 bytes, BW 1000000 Kbit/sec, DLY 10 usec,
```

EIGRP 以逐个接口的方式设置时延，从而能够控制穿越特定路由器接口的流量模式。可以在接口下通过命令 **delay** *tens-of-microseconds* 配置接口时延。

例 2-21 将 R1 的接口时延修改为 100μs，从而将 R1 与 R2 之间的链路时延增加到 1000μs。为了确保路由的一致性，还需要修改 R2 的 Gi0/1 接口时延，修改之后还可以验证时延变更情况。

例 2-21 修改接口时延

```
R1# configure terminal
R1(config)# interface gi0/1
R1(config-if)# delay 100
R1(config-if)# do show interface Gigabit0/1 | i DLY
  MTU 1500 bytes, BW 1000000 Kbit/sec, DLY 1000 usec,
```

注：虽然通过接口参数命令 bandwidth *bandwidth* 修改带宽对度量计算公式能够产生相似的影响，但修改带宽会影响其他路由协议（如 OSPF），而修改接口时延仅影响 EIGRP。

2.4.4 自定义 *K* 值

如果默认度量计算公式无法满足需求，那么也可以自定义路径度量计算公式。可以在 EIGRP 进程下通过命令 **metric weights** *TOS* K_1 K_2 K_3 K_4 K_5 [K_6]设置路径度量计算公式中的 *K* 值，其中，*TOS* 始终为 0，K_6 仅用于命名配置模式。

为了确保 EIGRP 自治系统内路由逻辑的一致性，EIGRP 邻居的 *K* 值必须完全匹配才能建立邻接关系并交换路由。*K* 值包含在 EIGRP Hello 包中，可以通过 **show ip protocols** 命令查看 *K* 值。从例 2-13 可以看出，两台路由器使用的都是默认 *K* 值，R1 采用的是传统度量，R2 采用的是宽度量。

2.4.5 负载均衡

EIGRP 允许将多条后继路由（拥有相同度量）安装到 RIB 中，在 RIB 中为同一前缀安装多条路径称为 ECMP（Equal-Cost MultiPathing，等价多路径）路由。截至本书写作之时，默认最多支持 4 条 ECMP 路由。可以在 EIGRP 进程下（传统配置模式）或拓扑结构子模式下（命名配置模式）通过命令 **maximum-paths** *maximum-paths* 修改默认的 ECMP 设置。

例 2-22 修改了 R1 和 R2 的 EIGRP 最大路径数（分别采用了传统配置模式和命名配置模式）。

例 2-22 修改 EIGRP 最大路径数

```
R1# show run | section router eigrp
router eigrp 100
 maximum-paths 6
```

```
 network 0.0.0.0
```

```
R2# show run | section router eigrp
router eigrp EIGRP-NAMED
 !
 address-family ipv4 unicast autonomous-system 100
  !
  topology base
   maximum-paths 6
  exit-af-topology
  network 0.0.0.0
  eigrp router-id 192.168.2.2
 exit-address-family
```

EIGRP 支持非等价负载均衡，允许将后继路由和可行后继路由都安装到 EIGRP RIB 中。如果要使用 EIGRP 的非等价负载均衡，就需要调整 EIGRP 的方差倍数(Variance Multiplier)。EIGRP 的方差值是路由的 FD 值乘 EIGRP 的方差倍数。如果可行后继路由的 FD 值小于 EIGRP 方差值，就可以将该可行后继路由安装到 RIB 中。EIGRP 可以安装多条 FD 值小于 EIGRP 的方差倍数的路由，直至达到前面所说的最大允许的 ECMP 路由条数为止。

将可行后继路由的 FD 值除以后继路由 FD 值即可得到方差倍数。方差倍数是一个整数，必须将结果取整。

根据图 2-2 所示的拓扑结构以及图 2-3 所示的 EIGRP 拓扑表输出结果，可以计算出最小 EIGRP 方差倍数，从而可以将 R1 到 R4 的直连路径安装到 RIB 中。后继路由的 FD 值为 3328，可行后继路由的 FD 值为 5376，计算得到的方差倍数约为 1.6，四舍五入为最接近的整数之后，即可得到 EIGRP 方差倍数 2（见图 2-14）。

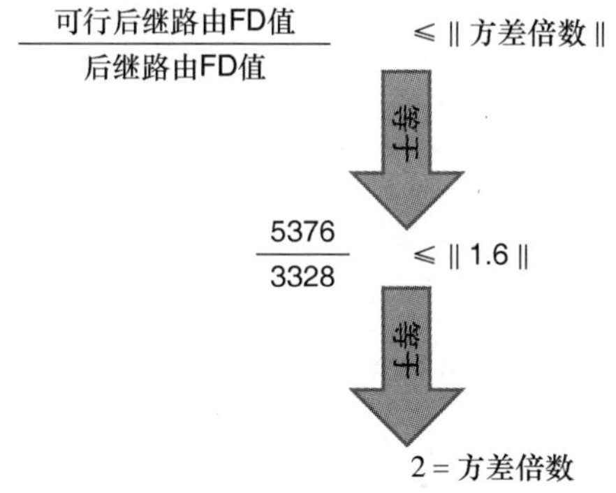

图 2-14　EIGRP 方差倍数计算公式

可以在 EIGRP 进程（传统配置模式）下或拓扑结构子模式（命名配置模式）下通过命令 **variance** *multiplier* 配置方差倍数。

例 2-23 给出了两种配置模式下的配置示例。

例 2-23　配置 EIGRP 方差倍数

```
R1 (Classic Configuration)
router eigrp 100
```

```
 variance 2
 network 0.0.0.0
```

```
R1 (Named Mode Configuration)
router eigrp EIGRP-NAMED
 !
 address-family ipv4 unicast autonomous-system 100
  !
  topology base
   variance 2
  exit-af-topology
  network 0.0.0.0
  exit-address-family
```

例 2-24 确认两条路径均已安装到了 RIB 中。请注意，这两条路径的度量值不同，其中一条路径的度量值为 3328，另一条路径的度量值为 5376。可以通过命令 **show ip route** *network*（如第二个输出结果）查看流量负载均衡比例，例 2-24 中以高亮方式显示了负载均衡的流量共享情况。

例 2-24 验证非等价负载均衡

```
R1# show ip route eigrp | begin Gateway
Gateway of last resort is not set

      10.0.0.0/8 is variably subnetted, 10 subnets, 2 masks
D        10.4.4.0/24 [90/5376] via 10.14.1.4, 00:00:03, GigabitEthernet0/2
                     [90/3328] via 10.13.1.3, 00:00:03, GigabitEthernet0/1
```

```
R1# show ip route 10.4.4.0
Routing entry for 10.4.4.0/24
  Known via "eigrp 100", distance 90, metric 3328, type internal
  Redistributing via eigrp 100
  Last update from 10.13.1.3 on GigabitEthernet0/1, 00:00:35 ago
  Routing Descriptor Blocks:
  * 10.14.1.4, from 10.14.1.4, 00:00:35 ago, via GigabitEthernet0/2
      Route metric is 5376, traffic share count is 149
      Total delay is 110 microseconds, minimum bandwidth is 1000000 Kbit
      Reliability 255/255, minimum MTU 1500 bytes
      Loading 1/255, Hops 1
      10.13.1.3, from 10.13.1.3, 00:00:35 ago, via GigabitEthernet0/1
        Route metric is 3328, traffic share count is 240
        Total delay is 30 microseconds, minimum bandwidth is 1000000 Kbit
        Reliability 254/255, minimum MTU 1500 bytes
        Loading 1/255, Hops 2
```

备考任务

本书提供多种备考手段：此处的练习题以及 Pearson Test Prep 软件中的模拟考试题。与实际试题相比，下面问题的难度更高，因为它们都是开放式问题。通过这种难度更高的问题，读者可以更好地测试知识掌握程度，以确保完全掌握本章基本概念和主要内容。下面的问题都可以在附录中找到参考答案。

1. 复习所有考试要点

请复习本章涉及的所有重要主题，这些内容都用“考试要点”图标做了标记，表 2-8 列出了这些考试要点及其描述。

表 2-8　考试要点

考试要点	描述
段落	EIGRP 的关键术语
段落	拓扑表
表 2-3	EIGRP 数据包类型
段落	建立 EIGRP 邻居关系
段落	EIGRP 传统配置模式
段落	EIGRP 命名配置模式
段落	被动接口
段落	认证
段落	路径度量计算
段落	EIGRP 路径属性传播
图 2-11	EIGRP 宽度量计算公式
段落	自定义 *K* 值
段落	非等价负载均衡

2. 定义关键术语

请对本章中的下列关键术语进行定义。

自治系统（AS）、后继路由、后继路由器、可行距离、报告距离、可行性条件、可行后继路由、拓扑表、EIGRP 传统配置模式、EIGRP 命名配置模式、被动接口、*K* 值、宽度量、方差值。

3. 检查命令的记忆程度

以下列出本章用到的各种重要的配置和验证命令，虽然不需要记忆每条命令的完整语法格式，但是应该记住这些命令所需的基本关键字。

为了检查你对这些命令的记忆情况，请用一张纸遮住表 2-9 的右侧，通过表格左侧的描述内容，看一看是否能记起这些命令。

表 2-9　命令参考

任务	命令语法
在传统配置模式下初始化 EIGRP	**router eigrp** *as-number* **network** *network mask*
在命名配置模式下初始化 EIGRP	**router eigrp** *process-name* *address-family* {**ipv4**| **ipv6**} {**unicast** | **vrf** *vrf-name*} **autonomous-system** *as-number* **network** *network mask*
定义 EIGRP 路由器 ID	**eigrp router-id** *router-id*

续表

任务	命令语法
阻止启用了 EIGRP 的接口建立邻居邻接关系	传统配置模式：（EIGRP 进程） **passive-interface** *interface-id* 命名配置模式：**af-interface** {**default** | *interface-id*} **passive-interface**
为 EIGRP MD5 认证配置密钥链	**key chain** *key-chain-name* **key** *key-number* **key-string** *password*
为 EIGRP 接口配置 MD5 认证机制	传统配置模式：（EIGRP 进程） **ip authentication key-chain eigrp** *as-number key-chain-name* **ip authentication mode eigrp** *as-number* **md5** 命名配置模式：**af-interface** {**default** | *interface-id*} **authentication key-chain eigrp** *key-chain-name* **authentication mode md5**
为 EIGRP 命名配置模式接口配置 SHA 认证机制	命名配置模式：**af-interface {default** | *interface-id***}** **authentication mode hmac-sha-256** *password*
修改接口时延	**delay** *tens-of-microseconds*
修改 EIGRP 的 *K* 值	**metric weights** *TOS* K_1 K_2 K_3 K_4 K_5 [K_6]
修改允许安装到 RIB 中的默认 EIGRP 最大路径数	**maximum-paths** *maximum-paths*
为非等价负载均衡修改 EIGRP 方差倍数	**variance** *multiplier*
显示启用了 EIGRP 的接口	**show ip eigrp interface** [{*interface-id* [**detail**] | **detail**}]
显示 EIGRP 拓扑表	**show ip eigrp topology** [**all-links**]
显示已配置的 EIGRP 密钥链和密码	**show key chain**
显示路由器配置的 IP 路由协议信息	**show ip protocols**

由于 ENARSI 300-410 认证考试重点考查考生作为网络专家的实际动手能力，因而必须掌握与本章主题相关的配置、验证及故障排查命令。

第 3 章

高级 EIGRP

本章主要讨论以下主题。

- **故障检测和定时器**：本节将讨论 EIGRP 检测邻居不存在的方式以及收敛进程。
- **路由汇总**：本节将介绍路由器的路由汇总逻辑和配置方式。
- **WAN 注意事项**：本节将回顾在 WAN 中使用 EIGRP 时的常见注意事项。
- **路由控制**：本节将讨论过滤或控制路由度量的相关技术。

本章将首先讨论 EIGRP 在路径计算过程中设置备用路由的相关机制，然后讨论加快 EIGRP 路由收敛速度及大规模 EIGRP 网络设计技术，最后讨论路由过滤或路由控制技术。

3.1 "我已经知道了吗？"测验

"我已经知道了吗？"测验的目的是帮助读者确定是否需要完整地学习本章知识或者直接跳至"备考任务"，如果读者对题目的答案还存在疑问，或者评估自己对这些主题知识的掌握程度还不够的话，就可以从头学起。表 3-1 列出了本章的主要内容以及与这些内容相关联的"我已经知道了吗？"测验题，答案可参见附录。

表 3-1 "我已经知道了吗？"基本主题章节与所对应的测验题

涵盖测验题的基本主题章节	测验题
故障检测和定时器	1～4
路由汇总	5～6
WAN 注意事项	7
路由控制	8

> 注意：自我评价的目的是检验你对本章知识的掌握程度，如果不知道或仅部分知道问题的答案，出于自我评价的目的，请在该问题上标记"错"。为了不影响自我评价的结果，对不懂的问题请不要猜测答案，否则可能会造成一种已掌握的假象。

1. 高速接口的默认 EIGRP Hello 间隔是多少？

   a. 1s

   b. 5s

c．10s

d．20s

e．30s

f．60s

2．低速接口的默认 EIGRP Hello 间隔是多少？

a．1s

b．5s

c．10s

d．20s

e．30s

f．60s

3．如果某路径被 EIGRP 识别出来并处于稳定状态，就认为该路由处于________。

a．被动状态

b．中断状态

c．主动状态

d．活着状态

4．EIGRP 路由器如何指示需要为特定路由进行路径计算？

a．EIGRP 发送携带拓扑结构变更通知标志位的 EIGRP 更新包

b．EIGRP 发送度量值为 0 的 EIGRP 更新包

c．EIGRP 发送时延设置为无穷大的 EIGRP 查询包

d．EIGRP 发送路由撤销消息以通知其他邻居从拓扑表中删除该路由

5．是非题：EIGRP 汇总是在传统配置模式的 EIGRP 进程下通过命令 **summary-aggregate** *network subnet-mask* 进行配置的。

a．对

b．错

6．是非题：系统默认启用 EIGRP 自动汇总功能特性，如果网络跨越了有类别网络边界，那么必须禁用该功能特性，以免出现故障问题。

a．对

b．错

7．是非题：EIGRP 末梢站点功能可以部署在所有分支站点，无论是否存在下游 EIGRP 路由器。

a．对

b．错

8．EIGRP 偏移列表如何控制路由？

a．完全删除一组特定路由

b．将总路径度量降低到某个更优值

c．为一组特定路由增加总路径度量

d．为一组特定路由的路径度量增加时延

基本主题

3.2 故障检测和定时器

EIGRP Hello 包的一个辅助功能是确保 EIGRP 邻居处于正常且可用状态。EIGRP Hello 包按照 Hello 间隔进行周期性发送。虽然默认的 EIGRP Hello 间隔为 5s，但 EIGRP 在低速接口（T1 或更低）上使用 60s。

EIGRP 使用的另一个定时器是保持定时器（Hold Timer），保持定时器指的是 EIGRP 认为路由器可达且运行正常的时间。保持时间默认为 Hello 间隔的 3 倍，默认值为 15s（如果是低速接口，那么默认值为 180s）。保持时间将持续递减，路由器收到 Hello 包之后，将重置保持时间并重新开始递减。如果保持时间递减至 0，那么 EIGRP 就宣称邻居不可达，并将拓扑结构变更信息宣告给 DUAL。采用 EIGRP 传统配置模式时，可以通过接口参数命令 **ip hello-interval eigrp** *as-number seconds* 修改 Hello 定时器，通过接口参数命令 **ip hold-time eigrp** *as-number seconds* 修改保持定时器。

采用 EIGRP 命名配置模式时，需要在 **af-interface default** 或 **af-interface** *interface-id* 子模式下进行配置，可以通过命令 **hello-interval** *seconds* 修改 Hello 定时器，通过命令 **hold-time** *seconds* 修改保持定时器。

例 3-1 将 R1（传统配置模式）和 R2（命名配置模式）的 EIGRP Hello 间隔修改为 3s，将保持时间修改为 15s。

例 3-1 验证 EIGRP Hello 间隔和保持时间

```
R1 (Classic Mode Configuration)
interface GigabitEthernet0/1
 ip address 10.12.1.1 255.255.255.0
 ip hello-interval eigrp 100 3
 ip hold-time eigrp 100 15
```

```
R2 (Named Mode Configuration)
router eigrp EIGRP-NAMED
 address-family ipv4 unicast autonomous-system 100
  !
 af-interface default
   hello-interval 3
   hold-time 15
  exit-af-interface
  !
  topology base
  exit-af-topology
  network 0.0.0.0
exit-address-family
```

可以通过命令 **show ip eigrp interfaces detail** [*interface-id*]查看 EIGRP 接口信息来验证 EIGRP Hello 间隔和保持时间：

```
R1# show ip eigrp interfaces detail gi0/1 | i Hello|Hold
  Hello-interval is 3, Hold-time is 15
  Hello's sent/expedited: 18348/5
```

注：虽然定时器不匹配，EIGRP 邻居也能建立邻接关系，但是在保持时间递减至 0 之前必须收到 Hello 包，Hello 间隔必须小于保持时间。

3.2.1 收敛

链路发生故障且接口协议进入中断状态之后，连接在该接口上的所有 EIGRP 邻居都将进入中断状态。EIGRP 邻居进入中断状态之后，必须对以该 EIGRP 邻居为后继路由器（上游路由器）的所有前缀重新执行路径计算。

EIGRP 检测到某路径的后继路由器丢失之后，可行后继路由将立即成为后继路由(提供备用路由)。由于出现了新的 EIGRP 路径度量，因而路由器会发送该路径的更新包。下游路由器则为所有受影响的前缀运行自己的 DUAL，以考虑该新 EIGRP 度量。从后继路由器收到某前缀的新 EIGRP 度量之后，路由器可能会更改后继路由或可行后继路由。

图 3-1 给出了 R1 与 R3 之间的链路出现故障的 EIGRP 拓扑结构。

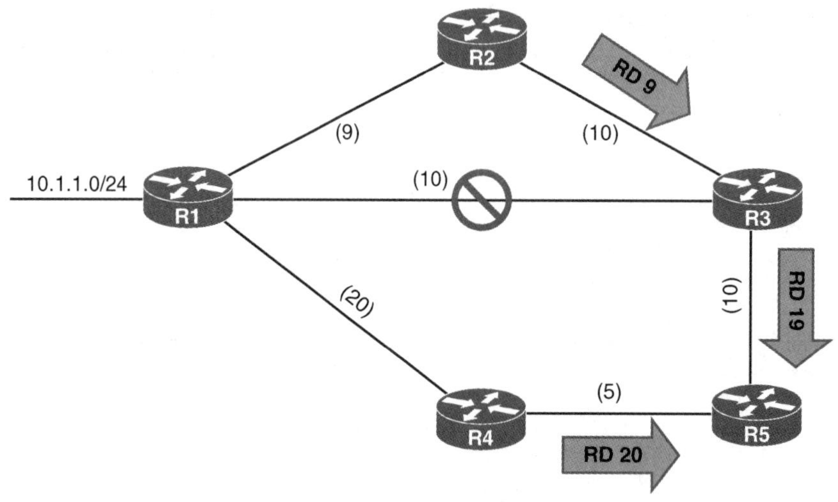

图 3-1 出现链路故障的 EIGRP 拓扑结构

R3 将 R2 宣告的可行后继路由安装为后继路由，发送前缀 10.1.1.0/24 的更新包，携带新的 RD 值 19。R5 收到 R3 的更新包之后，计算出去往 10.1.1.0/24 的路径 R1→R2→R3 的 FD 值为 29。R5 将该路径与从 R4 收到的路径进行比较，由于后者的路径度量为 25，因而 R5 选择经由 R4 的路径作为后继路径。

例 3-2 显示了 R1 与 R3 之间的链路出现故障后，R5 关于前缀 10.1.1.0/24 的 EIGRP 拓扑结构信息。

例 3-2　R5 关于前缀 10.1.1.0/24 的 EIGRP 拓扑结构信息

```
R5# show ip eigrp topology 10.1.1.0/24
EIGRP-IPv4 Topology Entry for AS(100)/ID(192.168.5.5) for 10.4.4.0/24
  State is Passive, Query origin flag is 1, 1 Successor(s), FD is 25
  Descriptor Blocks:
  *10.45.1.4 (GigabitEthernet0/2), from 10.45.1.4, Send flag is 0x0
      Composite metric is (25/20), route is Internal
      Vector metric:
        Hop count is 2
        Originating router is 192.168.1.1
  10.35.1.3 (GigabitEthernet0/1), from 10.35.1.3, Send flag is 0x0
      Composite metric is (29/19), route is Internal
      Vector metric:
        Hop count is 3
        Originating router is 192.168.1.1
```

如果前缀没有可行后继路由，那么 DUAL 就必须执行新的路由计算，该路由在 EIGRP 拓扑表中的状态将由被动（P）转变为主动（A）。

检测到拓扑结构变更的路由器会向 EIGRP 邻居发送路由查询包。查询包携带了时延被设置为无穷大的网络前缀，从而使得其他路由器可以知道该前缀目前处于主动状态。路由器发送 EIGRP 查询包之后，会以逐个前缀的方式为每个邻居设置应答状态标志。

收到查询包后，EIGRP 路由器将执行以下操作之一。

- 应答该查询包，宣称路由器没有去往该前缀的路由。
- 如果查询包来自路由的后继路由器，那么接收路由器将检测到设置为无穷大的时延，从而在 EIGRP 拓扑表中将前缀设置为主动状态，然后向该路由的所有下游 EIGRP 邻居发送查询包。
- 如果查询包不是来自该路由的后继路由器，那么接收路由器将检测到设置为无穷大的时延，但是由于查询包不是来自后继路由器而加以忽略，同时以该路由的 EIGRP 属性进行应答。

如果路由器不再将该前缀标记为主动状态，就表明建立了查询边界，意味着该路由器将以如下方式响应查询。

- 没有去往该前缀的路由。
- 以 EIGRP 属性进行应答（因为该查询包不是来自后继路由器）。

如果路由器收到了所有向下游 ETGRP 邻居发送的查询包的应答包，就表明已经完成了 DUAL，从而将路由更改为被动状态，并向所有向其发送查询包的上游路由器发送应答包。收到特定前缀的应答包之后，就会为该邻居和前缀标记应答包。此后，将继续沿上游方向执行应答进程，直至第一台发送查询包的路由器收到应答为止。

图 3-2 给出了 R1 与 R2 之间出现链路故障之后的收敛拓扑结构。

从 R2 的角度来看，R2 计算去往网络 10.1.1.0/24 的新路由的步骤如下。

步骤 1　R2 检测到链路故障。R2 没有该路由的可行后继路由，从而将前缀 10.1.1.0/24 设置为主动状态，并向 R3 和 R4 发送查询包。

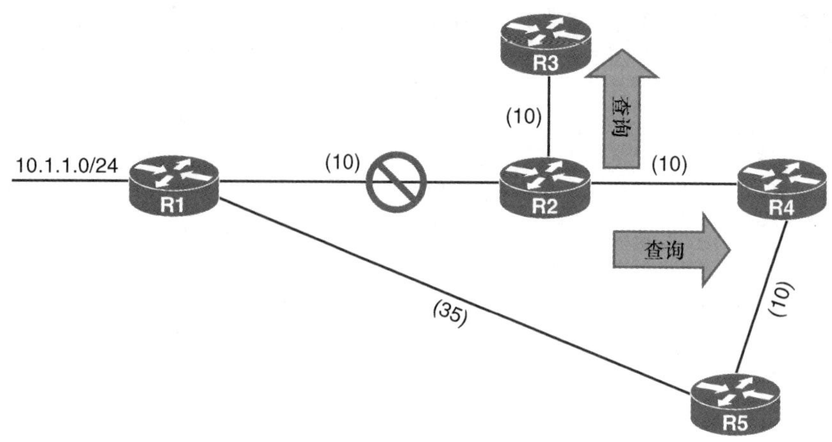

图 3-2 EIGRP 收敛拓扑结构

步骤 2 R3 收到 R2 发送的查询包并处理设置为无穷大的时延字段。R3 没有其他 EIGRP 邻居，因而向 R2 发送应答包，说明不存在其他路由。R4 收到 R2 发送的查询包并处理设置为无穷大的时延字段，由于收到查询包的是后继路由器，且不存在该前缀的可行后继路由，因而 R4 将该路由标记为主动状态，并向 R5 发送查询包。

步骤 3 R5 收到 R4 发送的查询包并检测到时延字段被设置为无穷大。由于收到查询包的是非后继路由器，且后继路由器位于其他接口上，因而 R5 通过适当的 EIGRP 属性向 R4 发送关于网络 10.4.4.0/24 的应答包。

步骤 4 R4 收到 R5 发送的应答包之后，确认该应答包并计算新路径。由于这是 R4 上最后一个未完成的查询包，因而 R4 将该前缀设置为被动状态。在满足所有查询包的情况下，R4 以新的 EIGRP 度量响应 R2 的查询。

步骤 5 R2 收到 R4 发送的应答包之后，确认该应答包并计算新路径。由于这是 R2 最后一个未完成的查询包，因而 R2 将该前缀设置为被动状态。

3.2.2 SIA

DUAL 在快速查找无环路径方面非常有效，通常在几秒之内就能找到备用路径。有时 EIGRP 查询可能会因丢包、邻居响应缓慢或跳数过多等问题出现延时。EIGRP 维护了一个被称为主动定时器的定时器，默认值为 3min（180s）。EIGRP 最多可以为应答消息等待主动定时器值的一半（90s），如果路由器在 90s 内未收到应答消息，那么发端路由器就会向未响应的 EIGRP 邻居发送 SIA（Stuck-In-Active，卡在主动状态）查询消息。

收到 SIA 查询消息之后，路由器应该在 90s 之内响应 SIA 应答消息。SIA 应答消息包含了路由信息或提供与该查询过程相关的信息。如果路由器在主动定时器超时之前未能响应 SIA 查询消息，那么 EIGRP 就会认为该路由器处于 SIA。如果将某邻居声明为 SIA，那么 DUAL 就会删除来自该邻居的所有路由，并将这种情况视为该邻居对所有路由均返回了不可达消息。

> **注：**早期的 IOS 版本会与从未响应 SIA 查询消息的路由器终结 EIGRP 邻居会话。

只能在路由器等待应答时对处于主动状态的 EIGRP 前缀进行故障排查，可以通过 **show ip eigrp topology** 命令显示主动查询信息。

接下来以图 3-3 为例解释 SIA 进程，图中 R1 与 R2 之间的链路出现了故障。R2 向 R4 和 R3 发送查询消息，R4 向 R2 发送了应答消息，而 R3 则将查询消息发送给了 R5。

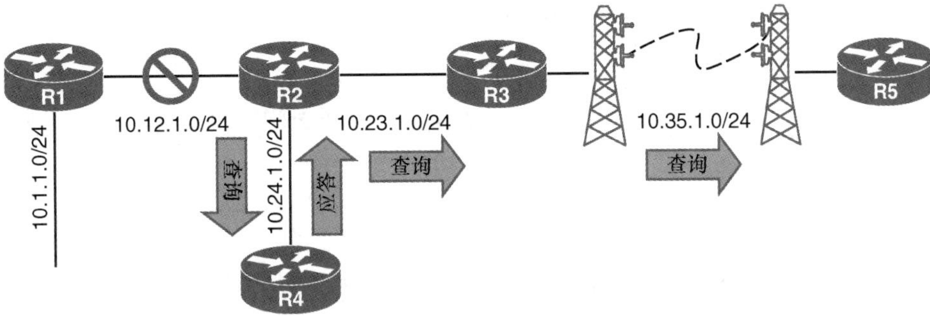

图 3-3 EIGRP SIA 拓扑结构

网络工程师发现链路故障的 syslog 消息之后，立即在 R2 上运行 **show ip eigrp topology active** 命令，得到例 3-3 所示的输出结果。对等体 IP 地址（10.23.1.3）旁边的“r”表示 R2 仍在等待 R3 的应答消息以及 R4 已经响应了查询消息。接下来在 R3 上运行该命令，可以看出 R3 正在等待 R5 的应答消息。在 R5 上运行该命令之后，没有看到任何主动前缀，表明 R5 从未收到 R3 发送的查询消息。因此，R3 发送的查询消息可能被无线网络连接丢弃了。

例 3-3 SIA 主动定时器的输出结果

```
R2# show ip eigrp topology active
Codes: P - Passive, A - Active, U - Update, Q - Query, R - Reply,
       r - Reply status

A 10.1.1.0/24, 0 successors, FD is 512640000, Q
    1 replies, active 00:00:01, query-origin: Local origin
         via 10.24.1.4 (Infinity/Infinity), GigabitEthernet 0/0
    1 replies, active 00:00:01, query-origin: Local origin
         via 10.23.1.3 (Infinity/Infinity), r, GigabitEthernet 0/1
    Remaining replies:
         via 10.23.1.3, r, GigabitEthernet 0/1
```

主动定时器值默认设置为 3min，可以在 EIGRP 进程下通过命令 **timers active-time** {**disabled** | *1-65535-minutes*}禁用或修改主动定时器。如果是传统配置模式，就直接在 EIGRP 进程下运行该命令；如果是命名配置模式，就在拓扑结构子模式下运行该命令。例 3-4 将 R1（传统配置模式）和 R2（命名配置模式）的 SIA 主动定时器值修改为 2min。

例 3-4 配置 SIA 主动定时器

```
R1(config)# router eigrp 100
R1(config-router)# timers active-time 2
```

```
R2(config)# router eigrp EIGRP-NAMED
```

```
R2(config-router)# address-family ipv4 unicast autonomous-system 100
R2(config-router-af)# topology base
R2(config-router-af-topology)# timers active-time 2
```

可以通过 **show ip protocols** 命令检查路由器的 IP 协议信息来查看主动定时器，使用关键字 **Active** 进行过滤之后可以大大简化输出结果信息。可以看出，R2 的 SIA 主动定时器值被设置为 2min：

```
R2# show ip protocols | include Active

    Active Timer: 2 min
```

此后，将每隔 1min 发送一条 SIA 查询消息，该时间是已配置的 SIA 主动定时器值的一半。

3.3 路由汇总

EIGRP 无须过多优化措施即可实现良好的运行效果。EIGRP 自治系统的扩展性依赖于路由汇总机制。随着 EIGRP 自治系统规模的不断扩大，路由收敛时间也将越来越长。扩展 EIGRP 拓扑结构需要以分层方式汇总路由。图 3-4 分别在网络拓扑结构的接入层、分发层和核心层进行了路由汇总操作。路由汇总不但能够缩减所有路由器的路由表，还能创建查询边界，在路由收敛过程中缩小处于主动状态的路由的查询域，从而大大减少 SIA 场景。

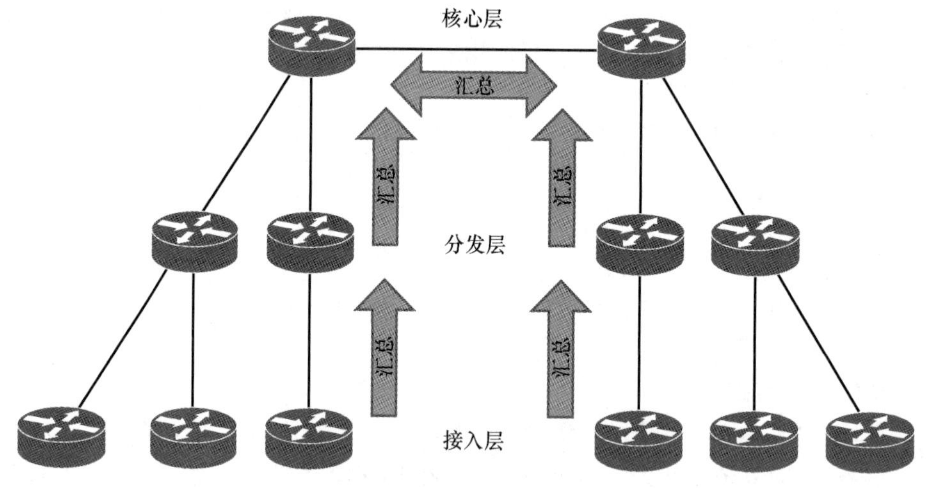

图 3-4 EIGRP 分层汇总

注：这种规模的路由汇总要求 IP 编址方案也采用分层部署模式。

3.3.1 特定接口汇总

EIGRP 以逐个接口方式汇总网络前缀。为 EIGRP 接口配置汇总聚合之后，汇总聚合路由中的前缀就会被抑制，并以汇总聚合前缀代替原始前缀进行宣告。仅当前缀匹配之后才宣告汇总聚合前缀。可以在网络拓扑结构的任何部分执行特定接口汇总操作。

图 3-5 解释了 EIGRP 路由汇总的基本概念。如果不进行路由汇总，那么 R2 就会向 R4 宣告网络前缀 172.16.1.0/24、172.16.3.0/24、172.16.12.0/24 和 172.16.23.0/24。R2 将这些网络前缀汇总为汇总聚合前缀 172.16.0.0/16 之后，只要向 R4 宣告该汇总聚合前缀即可。

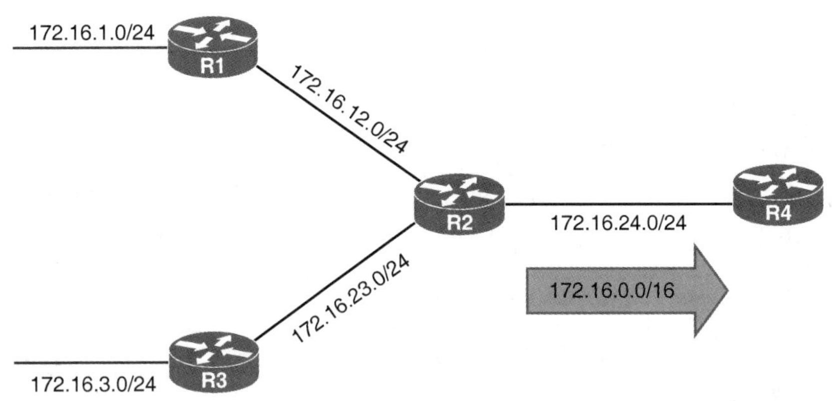

图 3-5 EIGRP 路由汇总

考试要点

EIGRP 以逐个接口的方式宣告汇总路由。如果是 EIGRP 传统配置模式，就可以通过接口参数命令 **ip summary-address** *eigrp as-number network subnet-mask* [**leak-map** *route-map-name*]在接口上配置 EIGRP 汇总聚合功能。如果是命令配置模式，就可以在 **af-interface** *interface-id* 子模式下通过命令 **summary-address** *network subnet-mask* [**leak-map** *route-map-name*]配置路由汇总功能。

请注意，选项 **leak-map** 可以宣告由路由映射标识的路由。由于 EIGRP 将这些路由与汇总聚合路由一起进行了向外宣告，没有被抑制，因而可以认为这些路由被泄露了。这样做的好处是，可以在抑制大多数前缀的情况下，通过最长匹配路由来影响特定流量模式。

例 3-5 显示了在 R2 配置路由汇总之前的 R4 路由表信息。可以看出，路由表中仅存在/24 网络。

例 3-5 在 R2 配置路由汇总之前的 R4 路由表信息

```
R4# show ip route eigrp | begin Gateway
Gateway of last resort is not set

      172.16.0.0/16 is variably subnetted, 6 subnets, 2 masks
D        172.16.1.0/24 [90/3328] via 172.16.24.2, 1d01h, GigabitEthernet0/2
D        172.16.3.0/24 [90/3328] via 172.16.24.2, 1d01h, GigabitEthernet0/2
D        172.16.12.0/24 [90/3072] via 172.16.24.2, 1d01h, GigabitEthernet0/2
D        172.16.23.0/24 [90/3072] via 172.16.24.2, 1d01h, GigabitEthernet0/2
```

例 3-6 通过接口 Gi 0/4 向 R4 宣告汇总路由 172.16.0.0/16。汇总路由始终通过出站接口进行宣告。请注意，**summary-address** 命令不能使用选项 **af-interface default**，必须使用特定接口。

例 3-6 配置 EIGRP 路由汇总

```
R2 (Classic Configuration)
interface gi0/4
 ip summary-address eigrp 100 172.16.0.0/16
```

```
R2 (Named Mode Configuration)
router eigrp EIGRP-NAMED
 address-family ipv4 unicast autonomous-system 100
  af-interface GigabitEthernet0/4
   summary-address 172.16.0.0 255.255.0.0
```

例 3-7 显示了 R2 启用路由汇总之后的 R4 路由表信息。可以看出，EIGRP 路径数量已大大减少，从而减少了 CPU 和内存资源的消耗。请注意，所有路由均被汇总到了聚合路由 172.16.0.0/16 中。

例 3-7 R2 启用路由汇总之后的 R4 路由表信息

```
R4# show ip route eigrp | begin Gateway
Gateway of last resort is not set

      172.16.0.0/16 is variably subnetted, 3 subnets, 3 masks
D        172.16.0.0/16 [90/3072] via 172.16.24.2, 00:00:24, GigabitEthernet0/2
```

注：将默认路由宣告到 EIGRP 中需要用到本节前面描述的汇总语法，只是网络和掩码使用 0.0.0.0、0.0.0.0（通常称为双全零）。

3.3.2 汇总丢弃路由

作为路由环路预防机制，EIGRP 会在汇总路由器上安装一条丢弃路由，丢弃路由指的是汇总聚合前缀匹配目的端 Null0 的路由。由于汇总路由器 RIB 中的部分汇总网络范围没有明细路由表项，因而安装丢弃路由之后就可以避免由此导致的路由环路问题。Null0 路由的默认 AD 值为 5。

可以通过 **show ip route** *network subnet-mask* 命令查看丢弃路由（见例 3-8）。可以看出，AD 值为 5 且连接在 Null0 上，这就意味着如果没有最长匹配项，就丢弃数据包。

例 3-8 验证汇总路由的 AD 值变化情况

```
R2# show ip route 172.16.0.0 255.255.0.0 | include entry|distance|via
Routing entry for 172.16.0.0/16
  Known via "eigrp 100", distance 5, metric 10240, type internal
  Redistributing via eigrp 100
  * directly connected, via Null0
```

3.3.3 汇总度量

汇总路由器使用汇总聚合前缀中的成员路由的最低度量。汇总聚合前缀的路径度量基于最低路径度量的路径属性。EIGRP 路径属性（如总时延和最小带宽）嵌入汇总路由中，使得下游路由器能够为汇总前缀计算正确的路径度量。

从图 3-6 可以看出，R2 拥有路径度量为 3072 的前缀 172.16.1.0/24 和路径度量为 3328 的前缀 172.16.3.0/24，因而 R2 以路径度量 3072 以及从 R1 收到的 EIGRP 路径属性来宣告汇总聚合前缀 172.16.0.0/16。

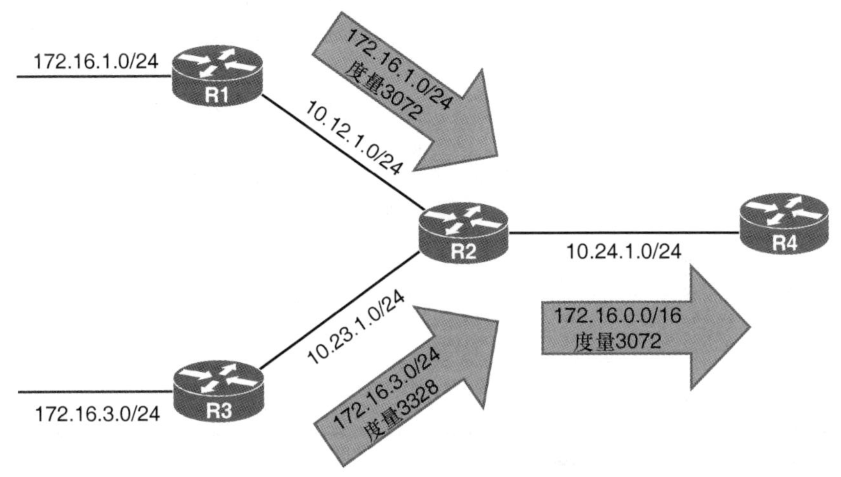

图 3-6 EIGRP 汇总度量

每次增加或删除汇总聚合路由的匹配成员路由时，EIGRP 都要验证汇总路由是否仍在使用度量最低的路径的属性。如果不是，就要通过更新的 EIGRP 属性宣告新的汇总聚合路由，且下游路由必须重新运行 DUAL。虽然汇总聚合前缀对下游路由器隐藏了明细前缀，但下游路由器仍要处理汇总聚合前缀的更新消息。

为了解决路径度量的波动问题，可以通过命令 **summary-metric** *network* {*/prefix-length* | *subnet-mask*} *bandwidth delay reliability load MTU* 静态设置汇总聚合路由的度量。其中，带宽以 kbit/s 为单位，时延以 10μs 为单位，可靠性和负载的取值范围为 1～255，MTU（Maximum Transmission Unit，最大传输单元）是接口的 MTU。

3.3.4 自动汇总

EIGRP 支持自动汇总功能，可以在网络宣告跨越有类别网络边界时进行自动汇总。图 3-7 中的 R2 和 R4 分别对路由 10.1.1.0/24、10.5.5.0/24 进行自动汇总，R2 和 R4 仅向 R3 宣告有类别网络 10.0.0.0/8。

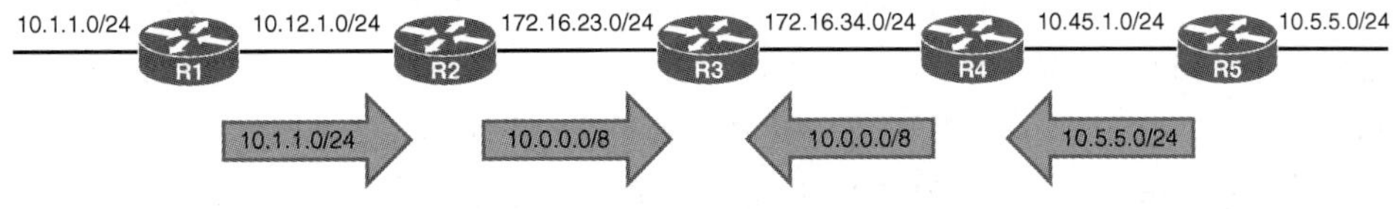

图 3-7 EIGRP 自动汇总存在的问题

例 3-9 显示了 R3 路由表信息。可以看出，R3 没有网络 10.1.1.0/24 或 10.5.5.0/24 的路由，只有下一跳为 R2 和 R4 的路由 10.0.0.0/8。因此，发送给这两个网络的流量都可能会从错误的接口发送出去。除了源自 R3 的流量之外，该问题还会对跨网络传输的流量产生影响。

例 3-9 启用自动汇总机制之后 R3 出现的路径选择问题

```
R3# show ip route eigrp | begin Gateway
Gateway of last resort is not set

D     10.0.0.0/8 [90/3072] via 172.16.34.4, 00:08:07, GigabitEthernet0/0
                 [90/3072] via 172.16.23.2, 00:08:07, GigabitEthernet0/1
```

从例 3-10 可以看出，当 R2 将网络 172.16.23.0/24 和 172.16.34.0/24 以汇总网络 172.16.0.0/16 宣告给 R1 的时候，也存在类似的问题。R4 发送给 R5 的路由宣告也存在同样的问题。

例 3-10 R1 和 R5 的自动汇总

```
R1# show ip route eigrp | begin Gateway
Gateway of last resort is not set

D     172.16.0.0/16 [90/3072] via 10.12.1.2, 00:09:50, GigabitEthernet0/0
```

```
R5 # show ip route eigrp | begin Gateway
Gateway of last resort is not set

D     172.16.0.0/16 [90/3072] via 10.45.1.4, 00:09:50, GigabitEthernet0/1
```

当前的 IOS XE 版本默认禁用 EIGRP 有类别网络的自动汇总功能。对于传统配置模式来说，可以在 EIGRP 进程下通过命令 **auto-summary** 启用自动汇总功能；对于命名配置模式来说，可以在拓扑结构子模式下通过该命令启用自动汇总功能。如果要禁用自动汇总功能，就需要使用命令 **no auto-summary**。

3.4 WAN 注意事项

EIGRP 的处理行为不会因接口的介质类型而发生变化，EIGRP 对串行接口和以太网接口的处理方式完全相同。某些 WAN 拓扑结构可能需要特别关注带宽利用率、水平分割或下一跳自身问题。接下来将详细讨论每种情况。

3.4.1 EIGRP 末梢路由器

适当的网络设计可根据业务需求提供冗余机制，以确保远程站点能够始终保持网络连接。为了克服单点故障问题，可以在每个站点上都增加额外路由器、冗余电路（可能使用不同的服务提供商），使用不同的路由协议或者使用 Internet 上的 VPN（Virtual Private Network，虚拟专用网络）隧道提供备份传输通道。

图 3-8 中的 R1 和 R2 在两个关键数据中心站点提供网络连接，R1 与 R2 之间通过 10Gbit/s 电路（10.12.1.0/24）互连，并通过备份 VPN 隧道实现两者之间的备份连接。R1 和 R2 通过 T1（1.5Mbit/s）电路连接 R3。R1 直接向 R2 和 R3 宣告前缀 10.1.1.0/24，R2 向 R1 和 R3 宣告前缀 10.2.2.0/24。

注：图 3-8 至图 3-12 未显示串行 WAN 链路的网络宣告，而是侧重于多跳之外的路由宣告。

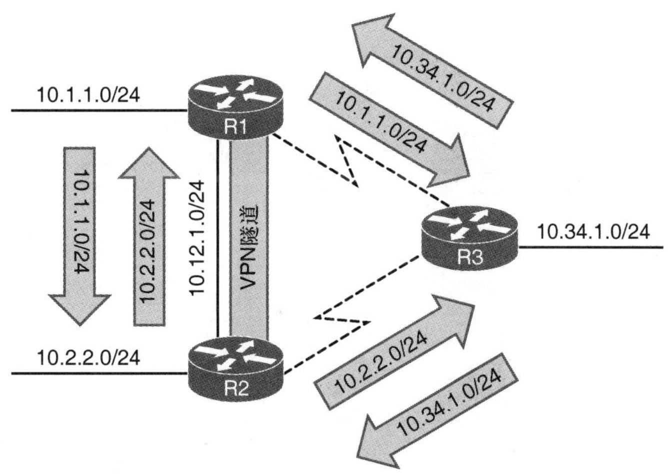

图 3-8 两个数据中心站点之间的 WAN 连接

正确的网络设计应考虑正常运行期间以及各种故障状况下的流量模式，以避免出现次优路由或路由环路问题。图 3-9 中的 R1 与 R2 之间的 10Gbit/s 网络链路出现了故障，虽然 R1 的流量应该通过 VPN 隧道到达 R2，但 R3 仍然继续将前缀 10.1.1.0/24 宣告给 R2。10.2.2.0/24 的流量也出现了同样的问题，该流量通过 R3 进行转接，而不是通过 VPN 隧道到达 R1。

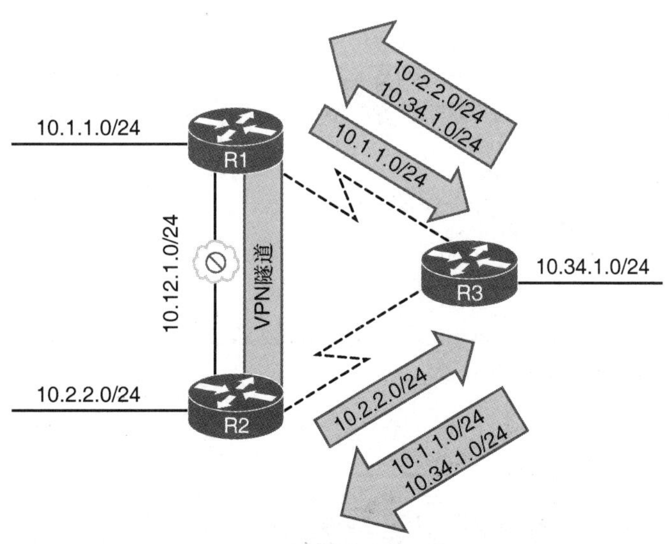

图 3-9 非期望的转接分支路由

EIGRP 末梢功能可以解决这类问题，还能节约 EIGRP 路由器的资源。EIGRP 末梢路由器不会宣告从其他 EIGRP 对等体学到的路由。EIGRP 末梢路由器默认仅宣告直连路由和汇总路由，不过也可以进行灵活配置，使其仅接收路由或者宣告重分发路由、直连路由或汇总路由的任意组合。

图 3-10 中的 R3 被配置为 EIGRP 末梢路由器，且 R1 与 R2 之间的 10Gbit/s 链路出现了故障。由于 R3 被配置为仅宣告直连网络（10.34.1.0/24），因而 R1 与 R2 之间

的流量经由备用 VPN 隧道，而没有经由 R3 的 T1 电路。

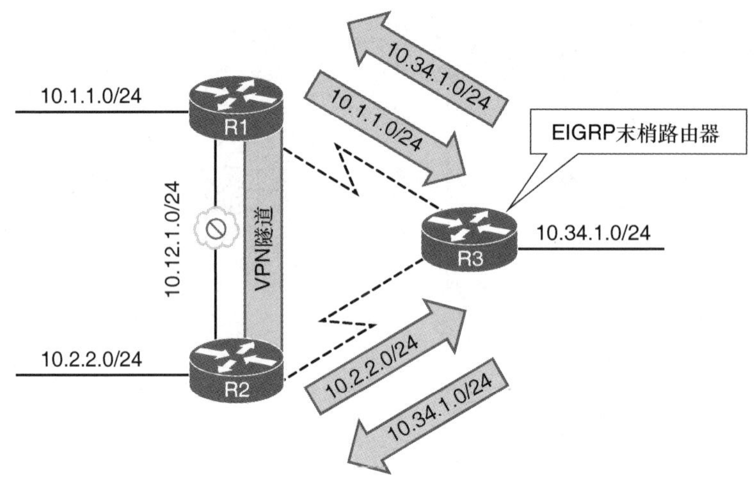

图 3-10　通过 EIGRP 末梢路由器阻止转接分支路由

EIGRP 末梢路由器在 EIGRP Hello 包中将自己宣称为末梢路由器，邻居路由器检测末梢字段并更新 EIGRP 邻居表以反映路由器的末梢状态。如果某路由处于主动状态，那么 EIGRP 就不会向 EIGRP 末梢路由器发送 EIGRP 查询，从而缩小了该前缀的查询域范围，大大提高了 EIGRP 自治系统的路由收敛速度。

可以在 EIGRP 进程（传统配置模式）下或地址簇子模式（命名配置模式）下通过 **eigrp stub** {**connected** | **receive-only** | **redistributed** | **static** | **summary**}配置末梢路由器。例 3-11 给出了 EIGRP 传统配置模式和命名配置模式的末梢路由器配置示例。

例 3-11　配置 EIGRP 末梢路由器

```
R3 (Classic Configuration)
router eigrp 100
  network 0.0.0.0 255.255.255.255
  eigrp stub
```

```
R3 (Named Mode Configuration)
router eigrp EIGRP-NAMED
 address-family ipv4 unicast autonomous-system 100
  eigrp stub
```

注：**receive-only** 选项不能与其他 EIGRP 末梢选项一起使用，因为该选项不会将任何网络宣告给邻居。如果网络连接了携带 **receive-only** 末梢选项的 EIGRP 路由器，为了确保路由器能够知道如何发送返回流量，必须仔细设计网络架构，以确保网络的双向连接。

3.4.2　末梢站点功能

EIGRP 末梢路由器的一个常见问题就是忘了不能宣告从其他对等体学到的 EIGRP 路由。图 3-11 在前面的示例拓扑结构上进行了一定的扩展，在分支网络中增加了 R4 路由器，R4 连接在 R3 上。

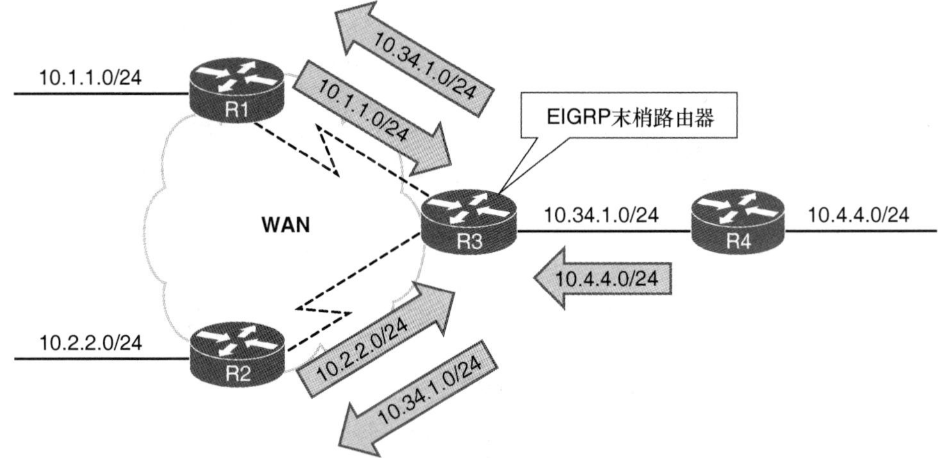

图 3-11　下游路由及 EIGRP 末梢路由器的问题

假设某初级网络工程师最近学习了 EIGRP 末梢功能，对 R3 进行了配置，以避免瞬时路由并缩小查询域的范围。但连接在 R4 上的网络 10.4.4.0/24 中的用户开始抱怨无法访问连接在 R1 和 R2 上的任何资源，不过，仍然能够与连接在 R3 上的设备进行通信。

例 3-12 显示了 R1 和 R4 通过 EIGRP 学到的路由，R1 缺少前缀 10.4.4.0/24，R4 缺少前缀 10.1.1.0/24。缺少这两条前缀的原因是 R3 是 EIGRP 末梢路由器。

例 3-12　因 EIGRP 末梢路由器而导致路由缺失

```
R1# show ip route eigrp | begin Gateway
Gateway of last resort is not set

      10.0.0.0/8 is variably subnetted, 9 subnets, 2 masks
D        10.34.1.0/24 [90/61440] via 10.13.1.3, 00:20:26, GigabitEthernet0/5
```

```
R4# show ip route eigrp | begin Gateway
Gateway of last resort is not set

      10.0.0.0/8 is variably subnetted, 6 subnets, 2 masks
! These networks are the serial links directly attached to R3
D        10.13.1.0/24 [90/61440] via 10.34.1.3, 00:19:39, GigabitEthernet0/1
D        10.23.1.0/24 [90/61440] via 10.34.1.3, 00:19:39, GigabitEthernet0/1
```

EIGRP 末梢站点功能建立在 EIGRP 末梢功能基础之上，该功能允许路由器将自身作为末梢路由器仅宣告给指定 WAN 接口上的对等体，但允许其交换 LAN 接口上学到的路由。EIGRP 末梢站点功能具有以下主要优点。

- 路由变为主动状态时，WAN 链路上的 EIGRP 邻居不会向远程站点发送 EIGRP 查询。
- EIGRP 末梢站点功能允许下游路由器在 WAN 上接收和宣告网络前缀。
- EIGRP 末梢站点功能可防止 EIGRP 末梢站点路由器成为转接站点。

EIGRP 末梢站点功能首先需要标识 WAN 接口，然后设置 EIGRP 末梢站点标识符。

所有从 WAN 接口上的对等体收到的路由都要使用 EIGRP 末梢站点标识符属性加以标识。EIGRP 通过标识的 WAN 接口向外宣告网络前缀时，会检查 EIGRP 末梢站点标识符。如果发现了 EIGRP 末梢站点标识符，就不宣告该路由；如果未发现 EIGRP 末梢站点标识符，就宣告该路由。

图 3-12 进一步解释了上述概念，将 R3 配置为 EIGRP 末梢站点路由器，将串行链路配置为 EIGRP WAN 接口。

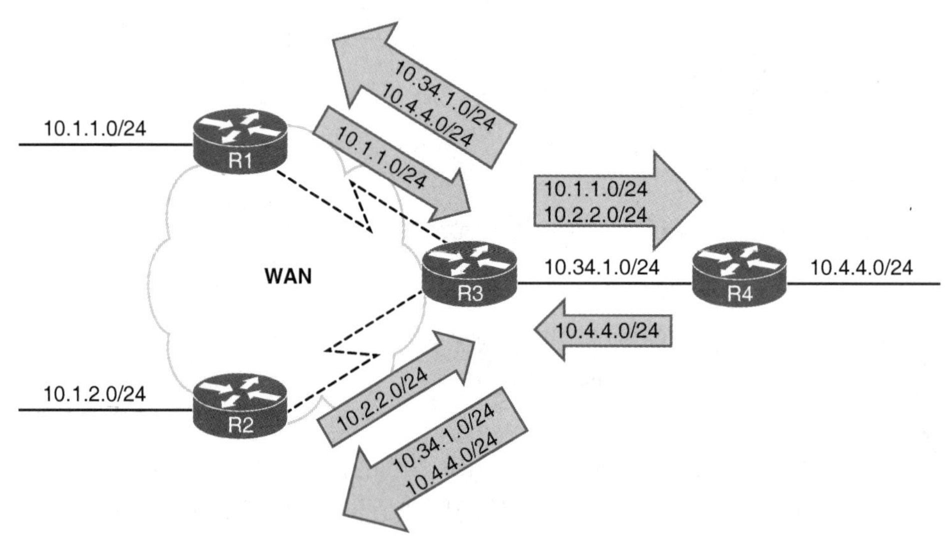

图 3-12 EIGRP 末梢站点功能

步骤 1 R1 将路由 10.1.1.0/24 宣告给 R3，R3 在 WAN 接口上收到路由 10.1.1.0/24。此后，R3 可以将该前缀宣告给下游路由器 R4。

步骤 2 R2 将路由 10.2.2.0/24 宣告给 R3，R3 在另一个 WAN 接口上收到路由 10.2.2.0/24。此后，R3 可以将该前缀宣告给下游路由器 R4。

步骤 3 R4 将网络 10.4.4.0/24 宣告给 R3。R3 在通过两个 WAN 接口中的一个向外宣告该前缀之前，会检查路由 10.4.4.0/24 的 EIGRP 末梢站点属性。R3 能够将前缀宣告给 R1 和 R2，因为该前缀不包含 EIGRP 末梢站点标识符属性。

请注意，R3 不向 R2 宣告前缀 10.1.1.0/24，也不向 R1 宣告前缀 10.2.2.0/24，因为 R3 收到前缀后立即添加了 EIGRP 末梢站点属性，因而通过其他 WAN 接口向外宣告时被阻塞了。

EIGRP 末梢站点功能只能用于 EIGRP 命名配置模式，在 **af-interface** *interface-id* 子模式下标识 WAN 接口并配置 **stub-site wan-interface** 命令，然后通过命令 **eigrp stub-site** *as-number:identifier* 启用末梢站点功能和标识符。其中，*as-number:identifier* 在站点内的所有设备上必须相同。将接口关联到 EIGRP 末梢站点之后，路由器将重置该接口的 EIGRP 邻居。

例 3-13 为 R3 的两个串行接口配置了 EIGRP 末梢站点。

例 3-13 配置 EIGRP 末梢站点

```
R3
router eigrp EIGRP-NAMED
 address-family ipv4 unicast autonomous-system 100
  af-interface Serial1/0
   stub-site wan-interface
  exit-af-interface
  !
  af-interface Serial1/1
   stub-site wan-interface
  exit-af-interface
   eigrp stub-site 100:1
  exit-address-family
```

例 3-14 证实从 R3 串行接口学到的路由 10.1.1.0/24 已经标记了 EIGRP 末梢站点属性。同时，其以 R4 为例说明已经将该属性传递给了其他下游路由器。

例 3-14 验证从 R3 串行接口学到的路由

```
R4# show ip eigrp topology 10.1.1.0/24
EIGRP-IPv4 VR(EIGRP-NAMED) Topology Entry for AS(100)/ID(192.168.4.4) for 10.1.1.0/24
  State is Passive, Query origin flag is 1, 1 Successor(s), FD is 8519680, RIB is
66560
  Descriptor Blocks:
  10.34.1.3 (GigabitEthernet0/1), from 10.34.1.3, Send flag is 0x0
      Composite metric is (8519680/7864320), route is Internal
      Vector metric:
        Minimum bandwidth is 100000 Kbit
        Total delay is 30000000 picoseconds
        Reliability is 255/255
        Load is 1/255
        Minimum MTU is 1500
        Hop count is 2
        Originating router is 192.168.1.1
      Extended Community: StubSite:100:1
```

EIGRP 末梢站点功能带来的主要好处在于可以将末梢功能传递给拥有多台边缘路由器的分支站点。只要每台路由器都配置了 EIGRP 末梢站点功能且末梢站点标识符均相同，就能确保该站点不会成为转接路由站点，不过，仍然允许将所有网络宣告给 EIGRP 自治系统中的其他路由器。

例 3-15 证实 R1 已经将 R3 识别为 EIGRP 末梢路由器，在路由变为主动状态之后不再向 R3 发送任何查询消息。

例 3-15 识别 EIGRP 末梢路由器

```
R1# show ip eigrp neighbors detail Serial1/0
EIGRP-IPv4 VR(EIGRP-NAMED) Address-Family Neighbors for AS(100)
H   Address                 Interface              Hold Uptime    SRTT  RTO  Q  Seq
                                                   (sec)          (ms)       Cnt Num
1   10.13.1.3               Serial                  11 00:04:39    13   100  0 71
   Time since Restart 00:04:35
   Version 23.0/2.0, Retrans: 0, Retries: 0, Prefixes: 3
```

```
   Topology-ids from peer - 0
   Topologies advertised to peer: base

   Stub Peer Advertising (CONNECTED STATIC SUMMARY REDISTRIBUTED ) Routes
   Suppressing queries
Max Nbrs: 0, Current Nbrs: 0
```

注：虽然并不必需，但是在所有分支路由器上都配置 EIGRP 末梢站点功能有利于保持配置的一致性，而且未来还可以在站点的路由器上执行其他无中断部署。可以在站点的所有 WAN 接口上使用相同的 *as-number:identifier*，因为永远也不会将这些网络宣告给除隧道或后门网络链路之外的其他 EIGRP 末梢站点，这样做有助于避免次优路由问题。

3.4.3 IP 带宽比例

RIP 和其他路由协议会耗尽低速电路上的所有带宽，即使路由器可能拥有准确的路由表，但是如果没有可用带宽发送数据包，那么路由器也将毫无价值。EIGRP 解决该问题的做法是将所有电路的最大可用带宽设置为 50%，也就是说，EIGRP 最多可以使用 50%的带宽，同时为数据包预留了 50%的带宽。

对于 EIGRP 传统配置模式来说，可以通过接口参数命令 **ip bandwidth-percent eigrp** *as-number percentage* 更改 EIGRP 的可用带宽。对于命名配置模式来说，可以在 **af-interface default** 子模式或 **af-interface** *interface-id* 子模式下，通过命令 **bandwidth-percent** *percentage* 更改 EIGRP 的可用带宽。

例 3-16 分别以传统配置模式和命名配置模式在 R1 上配置了 EIGRP 带宽比例。

例 3-16　配置 EIGRP 带宽比例

```
R1 (Classic Configuration)
interface GigabitEthernet0/0
ip address 10.34.1.4 255.255.255.0
 ip bandwidth-percent eigrp 100 25
```

```
R1 (Named Mode Configuration)
router eigrp EIGRP-NAMED
 address-family ipv4 unicast autonomous-system 100
  af-interface GigabitEthernet0/0
   bandwidth-percent 25
```

可以通过选项 **detail** 查看 EIGRP 接口信息来了解 EIGRP 的带宽比例设置情况，例 3-17 显示了 EIGRP 的带宽比例设置情况。

例 3-17　查看 EIGRP 带宽比例

```
R1# show ip eigrp interfaces detail
! Output omitted for brevity
EIGRP-IPv4 Interfaces for AS(100)
                  Xmit Queue   PeerQ        Mean   Pacing Time   Multicast    Pending
Interface Peers   Un/Reliable  Un/Reliable  SRTT   Un/Reliable   Flow Timer   Routes
Gi0/0       1        0/0       0/0           1      0/0            50            0
..
```

```
Interface BW percentage is 25
Authentication mode is not set
```

3.4.4 水平分割

EIGRP 是第一个通过所有接口向外宣告所有已知网络前缀的距离向量路由协议。下面以图 3-13 为例加以解释，图中的 3 台路由器都要处理路由宣告。

考试要点

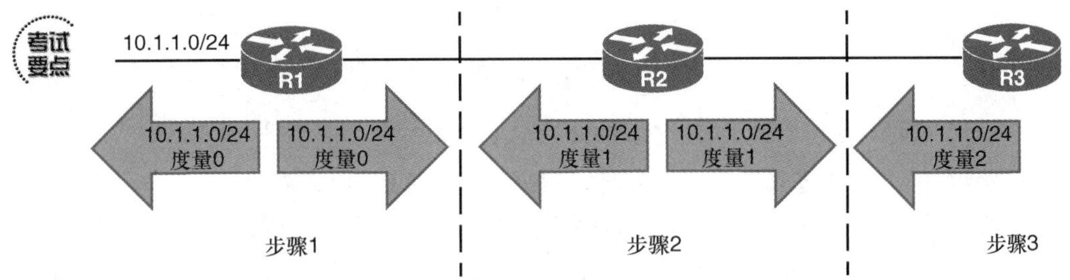

图 3-13 通过所有接口向外宣告所有路由

步骤 1 R1 通过其所有接口向外宣告网络 10.1.1.0/24。

步骤 2 R2 增加度量之后，将该网络宣告给 R1 和 R3。将路由（10.1.1.0/24）宣告回原始路由器（R1）被称为反向路由（Reverse Route）。反向路由会浪费网络资源，因为 R1 会丢弃 R2 宣告的路由（因为 10.1.1.0/24 是直连网络且拥有较高的 AD 值）。

步骤 3 R3 增加度量之后，将反向路由宣告给 R2。R2 将丢弃 R3 宣告的路由，因为该路由的度量大于 R1 宣告的路由的度量。

图 3-14 中的 R1 与 R2 之间的链路出现了故障。R2 删除了从 R1 学到的路由 10.1.1.0/24。在 R2 宣布 10.1.1.0/24 网络不可达之前，R3 可能会通过所有接口向外宣告度量为 2 的路由 10.1.1.0/24。

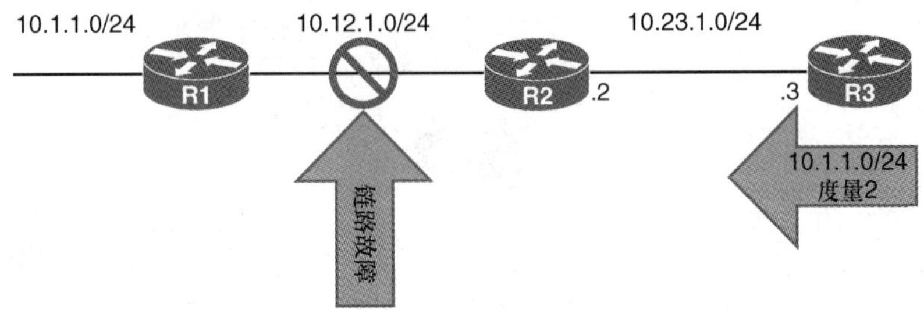

图 3-14 R1 与 R2 之间的链路出现故障

R2 安装 R3 宣告的下一跳 IP 地址为 10.23.1.3 的路由，同时，R3 仍然保留了 R2 宣告的下一跳 IP 地址为 10.23.1.2 的原始路由。因此，如果将数据包从 R2 或 R3 发送到网络 10.1.1.0/24，就会出现路由环路问题。最终，路由表项将超时并结束路由环路。

水平分割功能可以防止宣告反向路由，从而避免出现图 3-14 所示场景。图 3-15 给出了启用水平分割功能之后的相同场景。

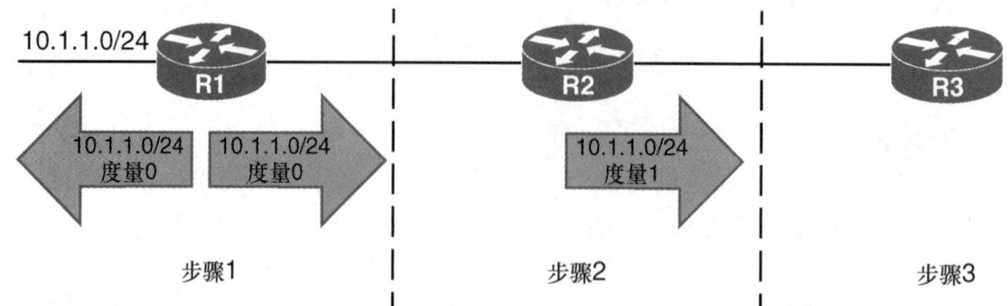

图 3-15 启用水平分割功能之后的路由更新

启用了水平分割功能之后，R1 宣告前缀 10.1.1.0/24 时将发生以下操作。

步骤 1 R1 通过其所有接口向外宣告网络 10.1.1.0/24。

步骤 2 R2 增加度量之后，将该网络宣告给 R3，由于已经启用了水平分割功能，因而不会将该路由宣告回 R1。

步骤 3 R3 收到 R2 宣告的路由之后，由于已经启用了水平分割功能，因而不会将该路由宣告回 R2。

EIGRP 默认在所有接口上启用水平分割功能。如果接口连接在不支持所有节点全网状连接的多路接入介质上，就必须禁用水平分割功能。该场景通常出现在星形拓扑结构中，如帧中继、DMVPN 或 L2VPN（Layer 2 Virtual Private Network，二层虚拟专网）。

图 3-16 给出了一个星形拓扑结构示例，其中，R1 是中心路由器，R2 和 R3 是只能与中心路由器进行通信的分支路由器。R1 使用相同的接口建立 DMVPN 隧道，并且通过水平分割功能，防止将从某个分支路由器（R2）收到的路由宣告给另一个分支路由器（R3）。

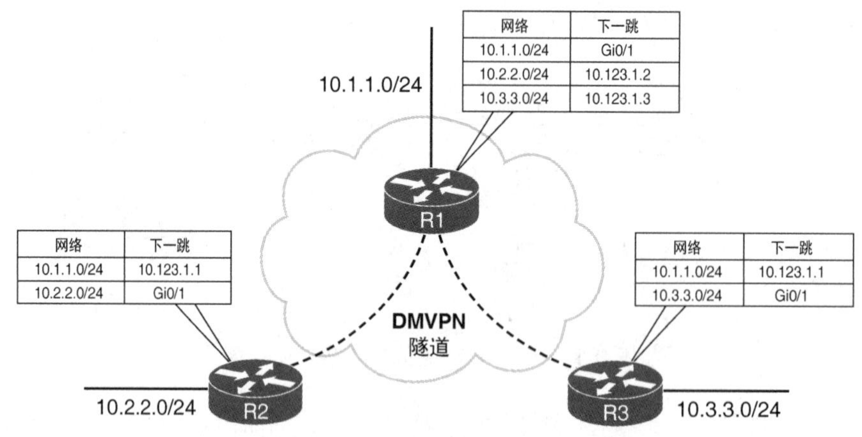

图 3-16 启用了水平分割功能的星形拓扑结构

请注意，此时并非所有的路由器都拥有完整的 EIGRP 路由表。R2 仅拥有去往 R1 的 10.1.1.0/24 网络的远程路由，R3 仅拥有去往 R1 的 10.1.1.0/24 网络的远程路由。R1 的水平分割功能可以避免将从某个分支路由器收到的路由宣告给另一个分支路由器。

对于 EIGRP 传统配置模式来说，可以通过接口参数命令 **no ip split-horizon eigrp** *as-number* 在指定接口上禁用水平分割功能。对于 EIGRP 命名配置模式来说，可以在 **af-interface default** 或 **af-interface** *interface-id* 子模式下通过命令 **no split-horizon** 禁用水平分割功能。例 3-18 在 tunnel 100 接口上禁用了水平分割功能。

例 3-18 禁用水平分割功能

```
R1 (Classic Configuration)
interface tunnel 100
  ip address 10.123.1.1 255.255.255.0
  no ip split-horizon eigrp 100
```

```
R1 (Named Mode Configuration)
router eigrp EIGRP-NAMED
 address-family ipv4 unicast autonomous-system 100
  af-interface tunnel 100
   no split-horizon
```

在 R1 上禁用了水平分割功能之后，所有路由器的路由表信息如图 3-17 所示。此时，所有路由器都拥有了完整的 EIGRP 路由表。

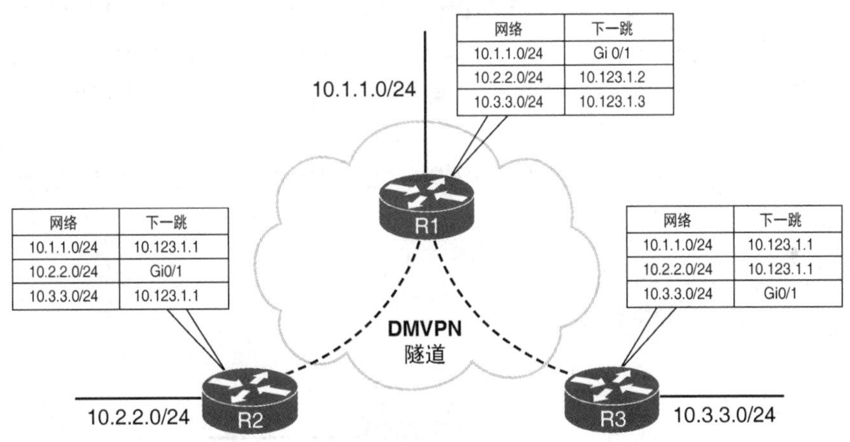

图 3-17 禁用水平分割功能之后的星形拓扑结构

3.5 路由控制

路由控制包括选择性地识别宣告给邻居路由器或者从邻居路由器接收的路由。可以修改路由以改变流量模式，也可以删除路由以降低内存消耗或提高安全性。接下来将详细讨论如何通过过滤机制删除路由或者通过 EIGRP 偏移列表修改路由。

3.5.1 路由过滤

EIGRP 可以在接口接收或宣告路由时进行路由过滤，路由过滤可以匹配以下内容。

- ACL（命名式或编号式）。
- IP 前缀列表。
- 路由映射。

- 网关 IP 地址。

如图 3-18 所示，如果在执行 DUAL 处理操作之前通过入站过滤机制丢弃路由，那么由于这些路由未知，因而不会将这些路由安装到 RIB 中。不过，如果在出站路由宣告时执行过滤操作，那么这些路由将由 DUAL 进行处理，并安装到宣告路由器的本地 RIB 中。

考试要点

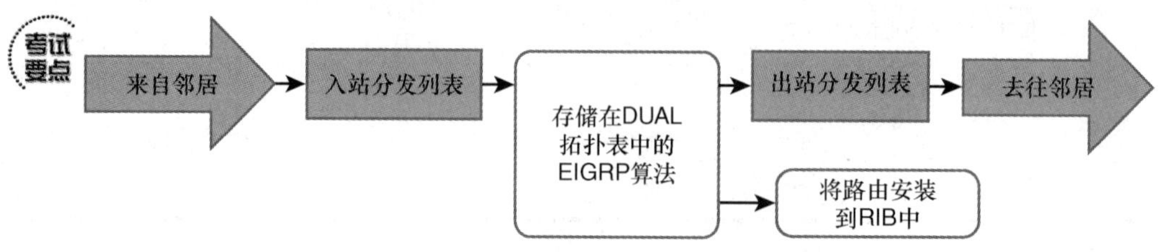

图 3-18 EIGRP 分发列表过滤逻辑

可以通过命令 **distribute-list** {*acl-number* | *acl-name* | **prefix** *prefix-list-name* | **route-map** *route-map-name* | **gateway** *prefix-list-name*} {**in** | **out**} [*interface-id*]执行过滤操作。如果采用 EIGRP 传统配置模式，就在 EIGRP 进程下执行该命令；如果采用命名配置模式，就在拓扑结构子模式下执行该命令。

与 **deny** 语句相匹配的前缀均被拒绝，与 **permit** 语句相匹配的前缀均被允许。**gateway** 命令可以单独使用，也可以与前缀列表、ACL 或路由映射结合使用，以根据下一跳转发地址限制前缀。如果指定了接口，就可以将过滤操作局限于接收或向外宣告路由的接口。

图 3-19 给出了一个 EIGRP 分发列表过滤拓扑结构，解释了在 R2 上进行入站和出站路由过滤的方式。

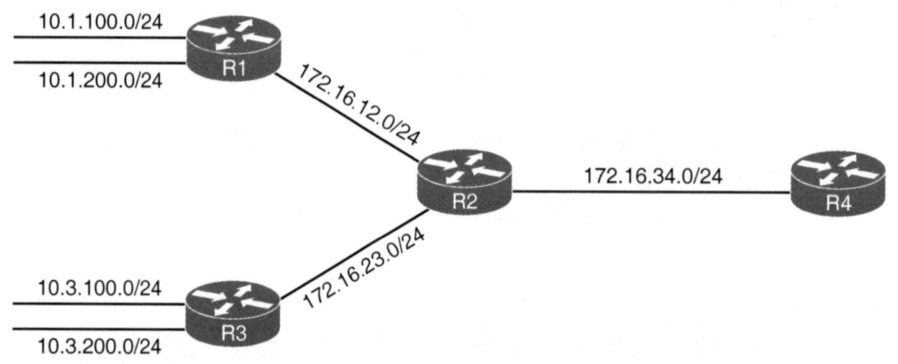

图 3-19 EIGRP 分发列表过滤拓扑结构

例 3-19 显示了应用路由过滤之前的 R2 和 R4 路由表信息。可以看出，R2 和 R4 都拥有 10.1.0.0/16 和 10.3.0.0/16 范围内的所有路由。

例 3-19 R2 和 R4 路由表信息

```
R2# show ip route eigrp | begin Gateway
Gateway of last resort is not set

      10.0.0.0/24 is subnetted, 4 subnets
```

```
D        10.1.100.0 [90/15360] via 172.16.12.1, 00:05:45, GigabitEthernet0/1
D        10.1.200.0 [90/15360] via 172.16.12.1, 00:05:36, GigabitEthernet0/1
D        10.3.100.0 [90/15360] via 172.16.23.3, 00:06:26, GigabitEthernet0/3
D        10.3.200.0 [90/15360] via 172.16.23.3, 00:06:14, GigabitEthernet0/3
```

```
R4# show ip route eigrp | begin Gateway
Gateway of last resort is not set

      10.0.0.0/24 is subnetted, 4 subnets
D        10.1.100.0 [90/3328] via 172.16.24.2, 00:05:41, GigabitEthernet0/2
D        10.1.200.0 [90/3328] via 172.16.24.2, 00:05:31, GigabitEthernet0/2
D        10.3.100.0 [90/3328] via 172.16.24.2, 00:06:22, GigabitEthernet0/2
D        10.3.200.0 [90/3328] via 172.16.24.2, 00:06:10, GigabitEthernet0/2
      172.16.0.0/16 is variably subnetted, 4 subnets, 2 masks
D        172.16.12.0/24
           [90/3072] via 172.16.24.2, 00:07:04, GigabitEthernet0/2
D        172.16.23.0/24
           [90/3072] via 172.16.24.2, 00:07:04, GigabitEthernet0/2
```

例 3-20 中 R2 被配置为入站过滤 10.1.100.0/24 和出站过滤 10.3.100.0/24。入站过滤器使用标准 ACL 过滤入站路由，使用前缀列表过滤出站路由。请注意，引用前缀列表时，必须使用关键字 **prefix**。

例 3-20　配置 EIGRP 路由过滤

```
R2 (Classic Configuration)
ip access-list standard FILTER-R1-10.1.100.X
 deny 10.1.100.0
 permit any
!
ip prefix-list FILTER-R3-10.3.100.X deny 10.3.100.0/24
ip prefix-list FILTER-R3-10.3.100.X permit 0.0.0.0/0 le 32
!
router eigrp 100
 distribute-list FILTER-R1-10.1.100.X in
 distribute-list prefix FILTER-R3-10.3.100.X out
```

```
R2 (Named Mode Configuration)
ip access-list standard FILTER-R1-10.1.100.X
 deny 10.1.100.0
 permit any
!
ip prefix-list FILTER-R3-10.3.100.X deny 10.3.100.0/24
ip prefix-list FILTER-R3-10.3.100.X permit 0.0.0.0/0 le 32
!
router eigrp EIGRP-NAMED
 address-family ipv4 unicast autonomous-system 100
  topology base
   distribute-list FILTER-R1-10.1.100.X in
   distribute-list prefix FILTER-R3-10.3.100.X out
```

注：条件匹配 ACL、IP 前缀列表和路由映射，相关内容将在第 15 章进行详细讨论。

例 3-21 显示了应用 EIGRP 路由过滤之后的 R2 和 R4 路由表信息。R2 收到前缀 10.1.100.0/24 之后会过滤该前缀，因而 EIGRP 拓扑表中没有该前缀，也不会将其宣告给 R4。虽然 R2 的 RIB 中仍然安装了前缀 10.3.100.0/24，但是并没有将该前缀宣告给 R4。R4 的路由表中没有 10.1.100.0/24 前缀或 10.3.100.0/24 前缀。

例 3-21　应用 EIGRP 路由过滤之后的 R2 和 R4 路由表信息

```
R2# show ip route eigrp | begin Gateway
Gateway of last resort is not set

      10.0.0.0/24 is subnetted, 4 subnets
D        10.1.200.0 [90/15360] via 172.16.12.1, 00:06:58, GigabitEthernet0/1
D        10.3.100.0 [90/15360] via 172.16.23.3, 00:06:15, GigabitEthernet0/3
D        10.3.200.0 [90/15360] via 172.16.23.3, 00:06:15, GigabitEthernet0/3
```

```
R4# show ip route eigrp | begin Gateway
Gateway of last resort is not set

      10.0.0.0/24 is subnetted, 2 subnets
D        10.1.200.0 [90/3328] via 172.16.24.2, 00:00:31, GigabitEthernet0/2
D        10.3.200.0 [90/3328] via 172.16.24.2, 00:00:31, GigabitEthernet0/2
      172.16.0.0/16 is variably subnetted, 4 subnets, 2 masks
D        172.16.12.0/24
           [90/3072] via 172.16.24.2, 00:00:31, GigabitEthernet0/2
D        172.16.23.0/24
           [90/3072] via 172.16.24.2, 00:00:31, GigabitEthernet0/2
```

3.5.2　通过 EIGRP 偏移列表引导流量

修改 EIGRP 路径度量可以为 EIGRP 提供流量工程能力，调整接口的时延设置会修改该路由器接口接收和宣告的所有路由。偏移列表（Offset List）可以根据更新方向、特定前缀或者方向与前缀的组合来修改路由属性。

可以通过命令 **offset-list** *offset-value* {*acl-number* | *acl-name*] {**in** | **out**} [*interface-id*] 修改路由的度量值。如果指定了特定接口，就可以将偏移列表的条件匹配限制为接收或宣告路由的接口。采用 EIGRP 传统配置模式时需要在 EIGRP 进程下执行该命令，采用命名配置模式时则需要在拓扑结构子模式下执行该命令。

下游邻居按照偏移列表中的指定偏移值增加路径度量。EIGRP 路径属性中的现有时延加上额外时延即可得到偏移值。图 3-20 显示了包含偏移时延之后的路径度量计算公式。

$$\text{度量}+\text{偏移值}=256\times\left[\left(\frac{10^7}{\text{最小带宽}}+\frac{\text{总时延}}{10}\right)+\text{偏移时延}\right]$$

等于

$$\text{偏移值}=256\times\text{偏移时延}$$

图 3-20　包含偏移时延之后的路径度量计算公式

接下来以图 3-21 所示的 EIGRP 偏移列表拓扑结构为例来解释 EIGRP 偏移列表。R1 正在宣告网络 10.1.100.0/24 和 10.1.200.0/24，R3 正在宣告网络 10.3.100.0/24 和 10.3.200.0/24。

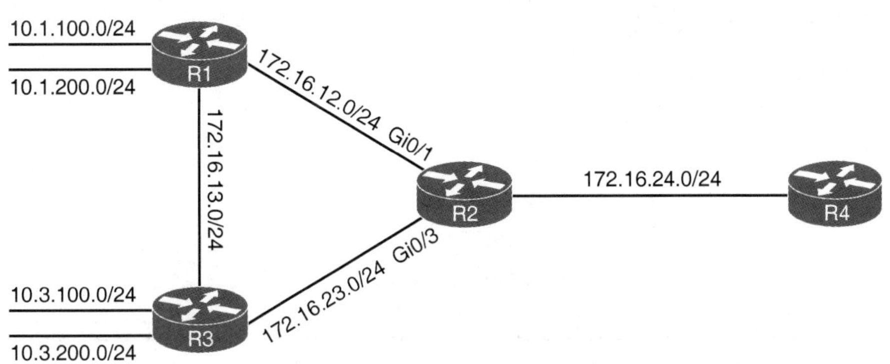

图 3-21 EIGRP 偏移列表拓扑结构

例 3-22 显示了执行路径度量控制操作之前的 R2 和 R4 EIGRP 路由表。

例 3-22 执行路径度量控制操作之前的 R2 和 R4 EIGRP 路由表

```
R2# show ip route eigrp | begin Gateway
Gateway of last resort is not set

      10.0.0.0/24 is subnetted, 4 subnets
D        10.1.100.0 [90/15360] via 172.16.12.1, 00:00:35, GigabitEthernet0/1
D        10.1.200.0 [90/15360] via 172.16.12.1, 00:00:35, GigabitEthernet0/1
D        10.3.100.0 [90/15360] via 172.16.23.3, 00:00:40, GigabitEthernet0/3
D        10.3.200.0 [90/15360] via 172.16.23.3, 00:00:40, GigabitEthernet0/3
      172.16.0.0/16 is variably subnetted, 7 subnets, 2 masks
D        172.16.13.0/24
           [90/15360] via 172.16.23.3, 00:00:42, GigabitEthernet0/3
           [90/15360] via 172.16.12.1, 00:00:42, GigabitEthernet0/1
```

```
R4# show ip route eigrp | b Gateway
Gateway of last resort is not set
      10.0.0.0/24 is subnetted, 4 subnets
D        10.1.100.0 [90/3328] via 172.16.24.2, 01:22:01, GigabitEthernet0/2
D        10.1.200.0 [90/3328] via 172.16.24.2, 01:22:01, GigabitEthernet0/2
D        10.3.100.0 [90/3328] via 172.16.24.2, 01:21:57, GigabitEthernet0/2
D        10.3.200.0 [90/3328] via 172.16.24.2, 01:21:57, GigabitEthernet0/2
      172.16.0.0/16 is variably subnetted, 5 subnets, 2 masks
D        172.16.12.0/24
           [90/3072] via 172.16.24.2, 01:22:01, GigabitEthernet0/2
D        172.16.13.0/24
           [90/3328] via 172.16.24.2, 00:00:34, GigabitEthernet0/2
D        172.16.23.0/24
           [90/3072] via 172.16.24.2, 01:22:01, GigabitEthernet0/2
```

为了更好地解释如何通过偏移列表来控制流量，在 R2 的 Gi0/1 接口上增加网络 10.1.100.0/24 的路径度量，使得 R2 将去往该网络的数据包转发给 R3。此外，在 R2

的 Gi0/1 接口上增加网络 10.3.100.0/24 的路径度量，使得 R2 将去往该网络的数据包转发给 R1。

例 3-23 显示了传统配置模式和命名配置模式下的 R2 EIGRP 偏移列表配置示例。

例 3-23 配置 EIGRP 偏移列表

```
R2 (Classic Configuration)
ip access-list standard R1
 permit 10.1.100.0
ip access-list standard R3
 permit 10.3.100.0
!
router eigrp 100
offset-list R1 in 200000 GigabitEthernet0/1
 offset-list R3 in 200000 GigabitEthernet0/3
```

```
R2 (Named Mode Configuration)
ip access-list standard R1
 permit 10.1.100.0
ip access-list standard R3
 permit 10.3.100.0
!
router eigrp EIGRP-NAMED
 address-family ipv4 unicast autonomous-system 100
  topology base
   offset-list R1 in 200000 GigabitEthernet0/1
   offset-list R3 in 200000 GigabitEthernet0/3
```

例 3-24 显示了应用 EIGRP 偏移列表之后的 R2 路由表信息。请注意，网络 10.1.100.0/24 和 10.3.100.0/24 的路径度量及下一跳 IP 地址发生了变化，而其他路由的度量则维持不变。

例 3-24 应用 EIGRP 偏移列表之后的 R2 路由表信息

```
R2# show ip route eigrp | begin Gateway
Gateway of last resort is not set

      10.0.0.0/24 is subnetted, 4 subnets
D        10.1.100.0 [90/20480] via 172.16.23.3, 00:05:09, GigabitEthernet0/3
D        10.1.200.0 [90/15360] via 172.16.12.1, 00:05:09, GigabitEthernet0/1
D        10.3.100.0 [90/20480] via 172.16.12.1, 00:05:09, GigabitEthernet0/1
D        10.3.200.0 [90/15360] via 172.16.23.3, 00:05:09, GigabitEthernet0/3
      172.16.0.0/16 is variably subnetted, 7 subnets, 2 masks
D        172.16.13.0/24
           [90/15360] via 172.16.23.3, 00:05:09, GigabitEthernet0/3
           [90/15360] via 172.16.12.1, 00:05:09, GigabitEthernet0/1
```

备考任务

本书提供多种备考手段：此处的练习题以及 Pearson Test Prep 软件中的模拟考试题。与实际试题相比，下面问题的难度更高，因为它们都是开放式问题。通过这种难度更高的问题，读者可以更好地测试知识掌握程度，以确保完全掌握本章基本概念和主要内容。下面的问题都可以在附录中找到参考答案。

1. 复习所有考试要点

请复习本章涉及的所有重要主题，这些内容都用“考试要点”图标做了标记，表 3-2 列出了这些考试要点及其描述。

表 3-2 考试要点

考试要点	描述
小节	故障检测和定时器
段落	收敛
段落	路由进入主动状态
段落	SIA（卡在主动状态）
段落	汇总路由
段落	汇总丢弃路由
段落	汇总度量
段落	EIGRP 末梢路由器
段落	EIGRP 末梢路由器配置
图 3-11	EIGRP 末梢路由器限制条件
段落	EIGRP 末梢站点功能优点
图 3-12	EIGRP 末梢站点功能
段落	IP 带宽比例
图 3-13	水平分割
图 3-18	EIGRP 分发列表过滤逻辑
段落	EIGRP 偏移列表

2. 定义关键术语

请对本章中的下列关键术语进行定义。

Hello 包、Hello 定时器、保持定时器、SIA（卡在主动状态）、路由汇总、EIGRP 末梢路由器、EIGPR 末梢站点路由器、水平分割、偏移列表。

3. 检查命令的记忆程度

以下列出本章用到的各种重要配置和验证命令，虽然并不需要记忆每条命令的完整语法格式，但是应该记住这些命令所需的基本关键字。

为了检查你对这些命令的记忆情况，请用一张纸遮住表 3-3 的右侧，通过表格左侧的描述内容，看一看是否能记起这些命令。

由于 ENARSI 300-410 认证考试重点考查考生作为网络专家的实际动手能力，因而必须掌握与本章主题相关的配置、验证及故障排查命令。

表 3-3 命令参考

任务	命令语法
逐个接口修改 EIGRP Hello 间隔和保持时间	传统配置模式：（EIGRP 进程） **ip hello-interval eigrp** *as-number seconds* **ip hold-time eigrp** *as-number seconds* 命名配置模式：**af-interface** {**default** | *interface-id*} **hello-interval** *seconds* **hold-time** *seconds*
配置 EIGRP 网络汇总	传统配置模式：（EIGRP 进程） **ip summary-address eigrp** *as-number network subnet-mask* [**leak-map** *route-map-name*] 命名配置模式：**af-interface** {default | *interface-id*} **summary-address** *network subnet-mask* [**leak-map** *route-map-name*]
为特定网络汇总聚合路由静态设置 EIGRP 度量	**summary-metric** *network* {*/prefix-length* | *subnet-mask*} *bandwidth delay reliability load MTU*
将 EIGRP 路由器配置为末梢路由器	**eigrp stub** {**connected** | **receive-only** | **redistributed** | **static** | **summary**}
将 EIGRP 路由器配置为末梢站点路由器	命名配置模式：**af-interface** {default | *interface-id*} **stub-site wan-interface** 和 **eigrp stub-site** *as-number:identifier*
在接口上禁用 EIGRP 水平分割功能	传统配置模式：（EIGRP 进程） **no ip split-horizon eigrp** *as-number* 命名配置模式：**af-interface** {**default** | *interface-id*} **no split-horizon**
过滤 EIGRP 邻居的路由	**distribute-list** {*acl-number* | *acl-name* | prefix *prefix-list-name* | **route-map** *route-map-name* | **gateway** *prefix-list-name*} {**in** | **out**} [*interface-id*]
修改/增加路由的路径开销	**offset-list** *offset-value* {*acl-number* | *acl-name*] {**in** | **out**} [*interface-id*]
显示已启用 EIGRP 的接口	**show ip eigrp interface** [{*interface-id* [**detail**] | **detail**}]
显示 EIGRP 拓扑表	**show ip eigrp topology** [**all-links**]
显示路由器配置的 IP 路由协议信息	**show ip protocols**

第 4 章

IPv4 EIGRP 故障排查

本章主要讨论以下主题。

- **IPv4 EIGRP 邻居邻接关系故障排查：** 本节将讨论 IPv4 EIGRP 邻居邻接关系无法建立的原因及故障排查方法。
- **IPv4 EIGRP 路由故障排查：** 本节将讨论路由器的 EIGRP 拓扑表或路由表缺失 IPv4 EIGRP 路由的原因及故障排查方法。
- **其他 IPv4 EIGRP 故障排查：** 本节将讨论其他可能出现的 EIGRP 故障以及相应的故障识别和故障排查方法。
- **故障工单（IPv4 EIGRP）：** 本节将通过 3 个故障工单来解释如何通过结构化的故障排查过程来解决故障问题。

本章将主要讨论与 IPv4 EIGRP 相关的故障排查问题，第 5 章将讨论与 IPv6 EIGRP 相关的故障排查问题。

在同一 LAN 或 WAN 上的 EIGRP 路由器之间交换路由之前，必须先建立 EIGRP 邻居关系。邻居关系无法建立的原因可能很多，作为故障排查人员，必须了解这些原因。本章将深入探讨这些问题，并提供识别与解决相关邻居故障所需的工具。

建立邻居关系之后，邻居路由器之间就可以交换 EIGRP 路由。但路由可能会因各种原因而丢失，因而故障排查人员必须能够确定路由丢失的原因。本章将讨论各种可能的路由丢失场景以及识别并解决相关路由故障的方法。

此外，本章还将讨论与可行后继路由、不连续网络、路由汇总负载均衡有关的故障排查问题。

4.1 “我已经知道了吗？”测验

“我已经知道了吗？”测验的目的是帮助读者确定是否需要完整地学习本章知识或者直接跳至“备考任务”，如果读者对题目的答案还存在疑问，或者评估自己对这些主题知识的掌握程度还不够的话，就可以从头学起。表 4-1 列出了本章的主要内容以及与这些内容相关联的“我已经知道了吗？”测验题，答案可参见附录。

表 4-1 “我已经知道了吗？”基本主题章节与所对应的测验题

涵盖测验题的基本主题章节	测验题
IPv4 EIGRP 邻居邻接关系故障排查	1～4
IPv4 EIGRP 路由故障排查	5、6、8
其他 IPv4 EIGRP 故障排查	7、9、10

注意：自我评价的目的是检验你对本章知识的掌握程度，如果不知道或仅部分知道问题的答案，出于自我评价的目的，请在该问题上标记“错”。为了不影响自我评价的结果，对不懂的问题请不要猜测答案，否则可能会造成一种已掌握的假象。

1. 下面哪条命令可以验证路由器与本地路由器建立了 EIGRP 邻接关系、它们成为邻居的时间以及 EIGRP 数据包的当前序列号？
   a. **show ip eigrp interfaces**
   b. **show ip eigrp neighbors**
   c. **show ip route eigrp**
   d. **show ip protocols**
2. 下面哪些原因可能导致 EIGRP 邻居关系无法建立？（选择 3 项）
   a. 自治系统号不同
   b. *K* 值不同
   c. 定时器不同
   d. 认证参数不同
3. 下面哪条命令可以验证已配置的 EIGRP *K* 值？
   a. **show ip protocols**
   b. **show ip eigrp interfaces**
   c. **show ip eigrp neighbor**
   d. **show ip eigrp topology**
4. 下面哪条命令可以验证 EIGRP 认证、水平分割以及已配置的 EIGRP 定时器？
   a. **show ip interfaces**
   b. **show ip protocols**
   c. **show ip eigrp interfaces detail**
   d. **show ip eigrp neighbor**
5. 除未建立邻居关系之外，下面哪 3 项是 EIGRP 自治系统出现路由缺失的可能原因？（选择 3 项）
   a. 接口未参与 EIGRP 进程
   b. 过滤器
   c. 末梢配置错误
   d. 被动接口功能
6. 下面哪条命令可以验证是否已将路由过滤器应用于启用了 EIGRP 的接口？
   a. **show ip interface brief**

b. **show ip interface**

c. **show ip protocols**

d. **show ip eigrp interface**

7. 下面哪条命令可以验证为负载均衡配置的最大路径数以及是否启用了非等价路径负载均衡?

a. **show ip protocols**

b. **show ip eigrp interfaces**

c. **show ip eigrp neighbors**

d. **show ip interfaces**

8. 假设某 DMVPN 网络拥有一台中心路由器和 3 台分支路由器，分支路由器不从其他分支路由器学习路由。出现这种情况的可能原因是什么?

a. 在分支路由器的 GRE 接口上启用了水平分割功能

b. 在中心路由器的 mGRE 接口上启用了水平分割功能

c. 在中心路由器的 mGRE 接口上禁用了水平分割功能

d. 在分支路由器的 GRE 接口上禁用了水平分割功能

9. 如果 EIGRP 汇总路由没有出现在自治系统中的预期路由上，那么执行故障排查操作时应回答哪些问题? （选择 3 项）

a. 是否在正确的接口上启用了路由汇总

b. 是否将汇总路由与正确的 EIGRP 自治系统进行了关联

c. 是否创建了正确的汇总路由

d. 是否创建了去往 Null0 的路由

10. 假设路由域的 IP 编址方案不连续，那么在 EIGRP 配置模式下应该通过什么命令来确认 EIGRP 自治系统不存在任何路由问题?

a. **no auto-summary**

b. **auto-summary**

c. **passive-interface**

d. **network** *ip_address wildcard_mask*

基本主题

4.2 IPv4 EIGRP 邻居邻接关系故障排查

EIGRP 通过参与 EIGRP 进程的接口向多播地址 224.0.0.10 发送 Hello 包来建立邻居关系。如果要在接口上启用 EIGRP 进程，就要在路由器 EIGRP 配置模式下使用命令 **network** *ip_address wildcard_mask*。例如，命令 **network 10.1.1.0 0.0.0.255** 在 IP 地址为 10.1.1.0～10.1.1.255 的所有接口上启用 EIGRP 进程，命令 **network 10.1.1.65 0.0.0.0** 仅在 IP 地址为 10.1.1.65 的接口上启用 EIGRP 进程。看起来很简单，事实也确实如此。但是，出于各种原因，人们经常会遇到 EIGRP 邻居关系无法建立的故障。如果希望成功解决 EIGRP 的相关故障，就必须了解出现这些问题的原因。本节将重点讨论 EIGRP 邻居关系无法建立的原因以及相应的故障排查方法。

可以通过 **show ip eigrp neighbors** 命令验证 EIGRP 邻居。例 4-1 给出了 **show ip eigrp neighbors** 命令的输出结果示例，可以看到发送 Hello 包的邻居设备的接口 IPv4 地址、路由器到达该邻居的本地接口、本地路由器将邻居路由器视为邻居的时长、路由器与邻居通信的平均时间、队列中等待发送给邻居的 EIGRP 数据包的数量（由于希望获得最新的路由信息，因而该值应始终为 0）以及用于跟踪从邻居收到的 EIGRP 数据包的序列号（以确保仅接收和处理新数据包）。

例 4-1 通过 **show ip eigrp neighbors** 命令验证 EIGRP 邻居

```
R2# show ip eigrp neighbors
H   Address                  Interface        Hold Uptime    SRTT    RTO  Q   Seq
                                              (sec)          (ms)         Cnt Num
1   10.1.23.3                Gi1/0             14   10:01:09  72     432  0    3
0   10.1.12.1                Gi0/0             11   10:32:14  75     450  0    8
```

EIGRP 邻居关系无法建立的可能原因包括以下几种。

- **接口中断**：接口必须处于 Up/Up 状态。
- **自治系统号不匹配**：两台路由器必须使用相同的自治系统号。
- **network 语句错误**：必须在 **network** 语句中标识希望包含在 EIGRP 进程中的接口的 IP 地址。
- ***K* 值不匹配**：两台路由器必须使用相同的 *K* 值。
- **被动接口**：被动接口功能可以抑制 Hello 包的发送与接收，同时允许宣告接口的网络。
- **子网不同**：必须在同一子网中交换 Hello 包，否则，Hello 包将被忽略。
- **认证参数不一致**：如果使用了认证机制，那么密钥 ID 和密钥字符串必须匹配，且密钥必须有效（如果配置了有效时间）。
- **ACL**：ACL 可能拒绝发送到 EIGRP 多播地址 224.0.0.10 的数据包。
- **定时器**：虽然并不要求定时器必须匹配，但是如果配置错误，那么邻居邻接关系很可能会出现震荡问题。

如果未建立 EIGRP 邻居关系，那么邻居就不会出现在邻居表中。此时，需要准确的物理和逻辑网络结构图以及 **show cdp neighbors** 命令的帮助，以确认哪些设备应该成为邻居。

排查 EIGRP 故障时，必须知道如何验证与上述错误原因相关联的参数信息。

4.2.1 接口中断

为了建立 EIGRP 邻居邻接关系，必须确保该接口处于 Up 状态。可以通过 **show ip interface brief** 命令验证接口的状态信息，状态应该显示为 Up，协议也应该显示为 Up。

4.2.2 ASN 不匹配

为了建立 EIGRP 邻居邻接关系，两台路由器必须位于同一个 AS 中。在全局配置模式下配置 **router eigrp** *autonomous_system_number* 命令时，需要指定 ASN。如果两台路由器位于不同的 AS 中，那么将无法建立 EIGRP 邻居关系。虽然大多数 EIGRP **show** 命令能显示 ASN，但最好使用 **show ip protocols** 命令，因为该命令可以显示大量极其有用的故障排查信息（见例 4-2，可以看出 R1 参与了 EIGRP AS 100）。此时可以采用对比分析法，将命令列出的 ASN 与邻居路由器配置的 ASN 进行对比，以确定两者是否相同。

考试要点

例 4-2 通过 show ip protocols 命令验证 ASN

```
R1# show ip protocols
*** IP Routing is NSF aware ***

Routing Protocol is "eigrp 100"
  Outgoing update filter list for all interfaces is not set
  Incoming update filter list for all interfaces is not set
  Default networks flagged in outgoing updates
  Default networks accepted from incoming updates
  EIGRP-IPv4 Protocol for AS(100)
    Metric weight K1=1, K2=0, K3=1, K4=0, K5=0
    NSF-aware route hold timer is 240
    Router-ID: 10.1.12.1
    Topology : 0 (base)
      Active Timer: 3 min
      Distance: internal 90 external 170
      Maximum path: 4
      Maximum hopcount 100
      Maximum metric variance 1

  Automatic Summarization: disabled
  Maximum path: 4
  Routing for Networks:
    10.1.1.1/32
    10.1.12.1/32
  Routing Information Sources:
    Gateway         Distance      Last Update
    10.1.12.2             90      09:54:36
  Distance: internal 90 external 170
```

从例 4-3 的 **debug eigrp packets** 命令输出结果可以看出，路由器未从 ASN 不匹配的邻居收到任何 Hello 包。例中的 R1 正在通过 Gi0/0 和 Gi1/0 向外发送 Hello 包，但是未收到任何 Hello 包。原因是 ASN 不匹配，可能是本地路由器配置了错误的 ASN，也可能是远程路由器配置了错误的 ASN。

例 4-3 ASN 不匹配时的 debug eigrp packets 命令输出结果

```
R1# debug eigrp packets
 (UPDATE, REQUEST, QUERY, REPLY, HELLO, UNKNOWN, PROBE, ACK, STUB, SIAQUERY, SIAREPLY)
EIGRP Packet debugging is on
R1#
```

```
EIGRP: Sending HELLO on Gi0/0 - paklen 20
   AS 100, Flags 0x0:(NULL), Seq 0/0 interfaceQ 0/0 iidbQ un/rely 0/0
R1#
EIGRP: Sending HELLO on Gi1/0 - paklen 20
   AS 100, Flags 0x0:(NULL), Seq 0/0 interfaceQ 0/0 iidbQ un/rely 0/0
R1#
EIGRP: Sending HELLO on Gi0/0 - paklen 20
   AS 100, Flags 0x0:(NULL), Seq 0/0 interfaceQ 0/0 iidbQ un/rely 0/0
R1# l
EIGRP: Sending HELLO on Gi1/0 - paklen 20
   AS 100, Flags 0x0:(NULL), Seq 0/0 interfaceQ 0/0 iidbQ un/rely 0/0
R1# l
EIGRP: Sending HELLO on Gi0/0 - paklen 20
   AS 100, Flags 0x0:(NULL), Seq 0/0 interfaceQ 0/0 iidbQ un/rely 0/0
R1# u all
All possible debugging has been turned off
```

4.2.3 network 语句错误

如果 **network** 命令配置错误，就可能无法在正确的接口上启用 EIGRP，从而无法发送 Hello 包，也不会建立邻居关系。可以通过 **show ip eigrp interfaces** 命令确定哪些接口参与了 EIGRP 进程。从例 4-4 可以看出，有两个接口参与了 AS 100 的 EIGRP 进程，Gi0/0 没有 EIGRP 对等体，而 Gi1/0 有一个 EIGRP 对等体，该结果完全可以预期，因为无法通过 Gi0/0 向外连接其他路由器。但是根据网络文档，该接口也应该拥有 EIGRP 对等体，因而必须排查无法建立对等/邻居关系的故障问题。将注意力转移到"Pending Routes"列，请注意所有接口均被列为 0，这是预料之中的结果，因为如果本列出现了其他数值，就表示网络有问题（如处于拥塞状态），正在阻止接口向邻居发送必要的更新信息。

例 4-4 通过 **show ip eigrp interfaces** 命令验证 EIGRP 接口

```
R2# show ip eigrp interfaces
EIGRP-IPv4 Interfaces for AS(100)
                          Xmit Queue   Mean   Pacing Time   Multicast    Pending
Interface        Peers    Un/Reliable  SRTT   Un/Reliable   Flow Timer   Routes
Gi0/0              0          0/0        0        0/0            0          0
Gi1/0              1          0/0       78        0/0          300          0
```

> 注：需要记住的是，EIGRP 被动接口不会出现在该输出结果中。因此，如果某接口未出现在该输出结果中，那么不应该马上得出结论：**network** 命令不正确或缺失，因为该接口可能是被动接口。

命令 **show ip protocols** 可以显示由 **network** 命令启用的正在运行 EIGRP 的接口，但是如果没人告诉你，那么该输出结果看起来似乎并不明显，看起来不明显的原因是输出结果有点儿小问题。请注意例 4-5 以高亮方式显示的文本，虽然显示的是"Routing for Networks"，但这些并不是正在路由的网络，正在路由的应该是与启用了 EIGRP 进程的接口（基于 **network** 命令）相关联的网络。对于本例来说，**10.1.1.1/32** 实际上应该是 **network 10.1.1.1 0.0.0.0**，**10.1.12.1/32** 实际上应该是 **network 10.1.12.1 0.0.0.0**。因而更好的验证方式是使用 **show run | section router eigrp** 命令（见例 4-6）。

例 4-5　通过 **show ip protocols** 命令验证 **network** 语句

```
R1# show ip protocols
*** IP Routing is NSF aware ***

Routing Protocol is "eigrp 100"
  Outgoing update filter list for all interfaces is not set
  Incoming update filter list for all interfaces is not set
  Default networks flagged in outgoing updates
  Default networks accepted from incoming updates
  EIGRP-IPv4 Protocol for AS(100)
    Metric weight K1=1, K2=0, K3=1, K4=0, K5=0
    NSF-aware route hold timer is 240
    Router-ID: 10.1.12.1
    Topology : 0 (base)
      Active Timer: 3 min
      Distance: internal 90 external 170
      Maximum path: 4
      Maximum hopcount 100
      Maximum metric variance 1

  Automatic Summarization: disabled
  Maximum path: 4
  Routing for Networks:
    10.1.1.1/32
    10.1.12.1/32
  Routing Information Sources:
    Gateway         Distance      Last Update
    10.1.12.2             90      09:54:36
  Distance: internal 90 external 170
```

例 4-6　通过 **show run | section router eigrp** 命令验证 **network** 语句

```
R1# show run | section router eigrp
router eigrp 100
 network 10.1.1.1 0.0.0.0
 network 10.1.12.1 0.0.0.0
```

可以看出，**network** 语句非常重要。如果配置有误，那么应该参与 EIGRP 进程的接口就有可能无法参与，而不应该参与 EIGRP 进程的接口则有可能参与了，因而必须能够识别与 **network** 语句相关的故障问题。

如果 **network** 语句配置出错或者缺失，那么在路由器上使用 **debug eigrp packets** 命令之后，将会发现应该发送 Hello 包的接口并没有发送 Hello 包。例如，假设期望接口 Gig1/0 向外发送 Hello 包，但 **debug eigrp packets** 命令的显示结果却并非如此，那么接口 Gig1/0 未参与 EIGRP 进程的可能原因就是 **network** 语句有问题，或者该接口是被动接口，从而抑制了 Hello 包。

4.2.4　*K* 值不匹配

对于建立邻居关系的两台路由器来说，用于度量计算的 *K* 值必须完全匹配。利用 **show ip protocols** 命令可以验证 *K* 值的匹配情况（见例 4-7），例 4-7 以高亮方式显示

了默认 *K* 值。通常无须更改 *K* 值，如果更改了 *K* 值，就要保证自治系统内的每台路由器的 *K* 值完全匹配。可以通过对比分析法来确定路由器的 *K* 值是否匹配。此外，如果系统记录严重性等级为 5 的 syslog 消息，那么在 *K* 值不匹配的情况下将会收到如下类似消息：

```
%DUAL-5-NBRCHANGE: EIGRP-IPv4 100: Neighbor 10.1.12.2
(GigabitEthernet1/0) is down: K-value mismatch
```

例 4-7 通过 **show ip protocols** 命令验证 *K* 值

```
R1# show ip protocols
*** IP Routing is NSF aware ***

Routing Protocol is "eigrp 100"
  Outgoing update filter list for all interfaces is not set
  Incoming update filter list for all interfaces is not set
  Default networks flagged in outgoing updates
  Default networks accepted from incoming updates
  EIGRP-IPv4 Protocol for AS(100)
    Metric weight K1=1, K2=0, K3=1, K4=0, K5=0
    NSF-aware route hold timer is 240
    Router-ID: 10.1.12.1
    Topology : 0 (base)
      Active Timer: 3 min
      Distance: internal 90 external 170
      Maximum path: 4
      Maximum hopcount 100
      Maximum metric variance 1

Automatic Summarization: disabled
Maximum path: 4
Routing for Networks:
  10.1.1.1/32
  10.1.12.1/32
Routing Information Sources:
  Gateway         Distance    Last Update
  10.1.12.2             90    09:54:36
Distance: internal 90 external 170
```

4.2.5 被动接口

被动接口功能是所有组织机构网络都必须具备的，它可以提供以下功能。

- 减少网络中与 EIGRP 相关的流量。
- 提高 EIGRP 的安全性。

被动接口可以禁止接口收发 EIGRP 包，但允许将接口的网络 ID 注入 EIGRP 进程并宣告给其他 EIGRP 邻居，这样就能确保连接在 LAN 上的“欺诈”路由器无法与接口上的合法路由器建立邻居关系（因为该接口不收发 EIGRP 包）。不过，如果将错误的接口配置为被动接口，那么合法的 EIGRP 邻居关系也将无法建立。从例 4-8 的 **show ip protocols** 命令输出结果可以看出，GigabitEthernet0/0 是被动接口。如果路由器没有被动接口，那么 **show ip protocols** 命令的输出结果中将不显示“Passive Interface(s)”部分。

考试要点

例 4-8　通过 **show ip protocols** 命令验证被动接口

```
R1# show ip protocols
*** IP Routing is NSF aware ***

Routing Protocol is "eigrp 100"
  Outgoing update filter list for all interfaces is not set
  Incoming update filter list for all interfaces is not set
  Default networks flagged in outgoing updates
  Default networks accepted from incoming updates
  EIGRP-IPv4 Protocol for AS(100)
    Metric weight K1=1, K2=0, K3=1, K4=0, K5=0
    NSF-aware route hold timer is 240
    Router-ID: 10.1.12.1
    Topology : 0 (base)
      Active Timer: 3 min
      Distance: internal 90 external 170
      Maximum path: 4
      Maximum hopcount 100
      Maximum metric variance 1

  Automatic Summarization: disabled
  Maximum path: 4
  Routing for Networks:
    10.1.1.1/32
    10.1.12.1/32
  Passive Interface(s):
    GigabitEthernet0/0
  Routing Information Sources:
    Gateway         Distance      Last Update
    10.1.12.2             90      11:00:14
  Distance: internal 90 external 170
```

需要记住的是，EIGRP 的被动接口不会出现在 EIGRP 接口表中。因此，在推断接口使用了错误的 **network** 命令致使接口未启用 EIGRP 之前，需要检查接口是否是被动接口。

在拥有被动接口的路由器上运行 **debug eigrp packets** 命令时，可以看到被动接口不会发送和接收 Hello 包。例如，如果认为 Gig1/0 应该向外发送 Hello 包，但是 **debug eigrp packets** 命令的显示结果却并非如此，就有可能是该接口虽然参与了 EIGRP 进程，但是却被配置成了被动接口。

4.2.6　子网不同

为了建立 EIGRP 邻居关系，路由器的接口必须位于同一个子网内。验证接口是否处于相同子网的方法很多，最简单的方法就是利用 **show run interface** *interface_type interface_number* 命令查看运行配置中的接口配置信息。例 4-9 显示了 R1 Gig1/0 和 R2 Gig0/0 接口的配置情况，这两个接口都位于同一个子网中吗？是的！从它们的 IP 地址和子网掩码可以看出，这两个接口都位于子网 10.1.12.0/24 中。但是如果接口不在同一个子网中，而且记录了严重性等级为 6 的 syslog 消息，就会收到如下类似消息：

```
%DUAL-6-NBRINFO: EIGRP-IPv4 100: Neighbor 10.1.21.2 (GigabitEthernet1/0)
Is blocked: not on common subnet (10.1.12.1/24)
```

例 4-9 验证路由器接口的 IPv4 地址和子网掩码

```
R1# show running-config interface gigabitEthernet 1/0
Building configuration...

Current configuration : 90 bytes
!
interface GigabitEthernet1/0
 ip address 10.1.12.1 255.255.255.0
 negotiation auto
end

R2# show running-config interface gigabitEthernet 0/0
Building configuration...

Current configuration : 132 bytes
!
interface GigabitEthernet0/0
 ip address 10.1.12.2 255.255.255.0
 negotiation auto
end
```

4.2.7 认证

认证机制可以确保 EIGRP 路由器仅与合法路由器建立邻居关系，且仅接收合法路由器的 EIGRP 包。因此，如果部署了认证机制，那么希望建立邻居关系的两台路由器配置的认证机制就必须完全匹配，可以通过对比分析法加以判断。例 4-10 显示了 **show run interface** *interface_type interface_number* 命令和 **show ip eigrp interface detail** *interface_type interface_number* 命令的输出结果，可以据此判断接口是否启用了 EIGRP 认证机制。从高亮显示的文本可以看出，接口启用了 EIGRP 认证机制。请注意，必须在正确的接口上启用认证机制，并且需要关联正确的自治系统号，如果使用了错误的自治系统号，那么将无法为正确的自治系统启用认证机制。此外，还必须为 MD5 认证哈希算法指定正确的密钥链。可以通过 **show key chain** 命令验证 EIGRP 认证机制使用的密钥链（见例 4-11），从输出结果可以看出，本例中的密钥没有到期。请注意，如果部署了轮换密钥（Rotating Key），那么密钥必须有效才能确保认证成功。

例 4-10 验证接口的 EIGRP 认证机制

```
R1# show run interface gig 1/0
Building configuration...

Current configuration : 178 bytes
!
interface GigabitEthernet1/0
```

```
 ip address 10.1.12.1 255.255.255.0
 ip authentication mode eigrp 100 md5
 ip authentication key-chain eigrp 100 EIGRP_AUTH
 negotiation auto
end

R1# show ip eigrp interfaces detail gigabitEthernet 1/0
EIGRP-IPv4 Interfaces for AS(100)
                   Xmit Queue   PeerQ         Mean   Pacing Time   Multicast    Pending
Interface   Peers  Un/Reliable  Un/Reliable   SRTT   Un/Reliable   Flow Timer   Routes
Gi1/0         1        0/0        0/0          87       0/0           376           0
  Hello-interval is 5, Hold-time is 15
  Split-horizon is enabled
  Next xmit serial <none>
  Packetized sent/expedited: 2/0
  Hello's sent/expedited: 17/2
  Un/reliable mcasts: 0/3 Un/reliable ucasts: 2/2
  Mcast exceptions: 0 CR packets: 0 ACKs suppressed: 0
  Retransmissions sent: 1 Out-of-sequence rcvd: 1
  Topology-ids on interface - 0
  Authentication mode is md5, key-chain is "EIGRP_AUTH"
```

例 4-11 验证 EIGRP 认证机制使用的密钥链

```
R1# show key chain
Key-chain EIGRP_AUTH:
    key 1 -- text "ENARSI"
        accept lifetime (always valid) - (always valid) [valid now]
        send lifetime (always valid) - (always valid) [valid now]
```

在密钥链中可以找到密钥 ID（本例为 1）和密钥字符串（本例为 ENARSI），EIGRP 强制要求邻居之间使用的密钥 ID 和密钥字符串必须匹配。因此，如果密钥链包含了多个密钥 ID 和密钥字符串，那么两台路由器必须在相同的时间内使用相同的密钥 ID 和密钥字符串（意味着均有效且在用），否则，认证将失败。

通过 **debug eigrp packets** 命令排查认证故障时，可能会显示不同的输出结果（取决于具体的认证故障）。例 4-12 显示了邻居未配置认证机制时该命令的输出结果，路由器将忽略邻居的数据包并显示“(missing authentication)”。如果邻居之间的密钥 ID 或密钥字符串不匹配，那么 **debug** 命令的输出结果将显示“(invalid authentication)”（见例 4-13）。

例 4-12 邻居未配置认证机制时 **debug** 命令的输出结果

```
R1# debug eigrp packets
 (UPDATE, REQUEST, QUERY, REPLY, HELLO, UNKNOWN, PROBE, ACK, STUB, SIAQUERY, SIAREPLY)
EIGRP Packet debugging is on
R1#
EIGRP: Sending HELLO on Gi1/0 - paklen 60
 AS 100, Flags 0x0:(NULL), Seq 0/0 interfaceQ 0/0 iidbQ un/rely 0/0
EIGRP: Gi1/0: ignored packet from 10.1.12.2, opcode = 5 (missing authentication)
EIGRP: Sending HELLO on Gi0/0 - paklen 20
 AS 100, Flags 0x0:(NULL), Seq 0/0 interfaceQ 0/0 iidbQ un/rely 0/0
R1# u all
All possible debugging has been turned off
```

例 4-13 密钥 ID 或密钥字符串不匹配时 **debug** 命令的输出结果

```
R1# debug eigrp packets
 (UPDATE, REQUEST, QUERY, REPLY, HELLO, UNKNOWN, PROBE, ACK, STUB, SIAQUERY, SIAREPLY)
EIGRP Packet debugging is on
R1#
EIGRP: pkt authentication key id = 2, key not defined
EIGRP: Gi1/0: ignored packet from 10.1.12.2, opcode = 5 (invalid authentication)
EIGRP: Sending HELLO on Gi0/0 - paklen 20
 AS 100, Flags 0x0:(NULL), Seq 0/0 interfaceQ 0/0 iidbQ un/rely 0/0
EIGRP: Sending HELLO on Gi1/0 - paklen 60
 AS 100, Flags 0x0:(NULL), Seq 0/0 interfaceQ 0/0 iidbQ un/rely 0/0
R1# u all
All possible debugging has been turned off
```

4.2.8 ACL

访问控制列表（ACL）的功能非常强大，其实现方式决定了网络中的控制行为。如果在接口上应用了 ACL，且 ACL 拒绝了 EIGRP 包，就无法建立邻居关系。如果要确定接口是否应用了 ACL，就可以使用 **show ip interface** *interface_type interface_number* 命令（见例 4-14）。可以看出，ACL 100 应用在接口 Gig1/0 的入站方向。如果要验证 ACL 100 的表项信息，就可以使用 **show access-lists 100** 命令（见例 4-15）。可以看出，ACL 100 正在拒绝 EIGRP 流量，从而阻止了邻居关系的建立。请注意，出站 ACL 并不影响 EIGRP 包，仅入站 ACL 影响 EIGRP 包。因此，拒绝 EIGRP 包的出站 ACL 不会给 EIGRP 的故障排查操作带来任何影响。

例 4-14 验证接口应用的 ACL

```
R1# show ip interface gig 1/0
GigabitEthernet1/0 is up, line protocol is up
  Internet address is 10.1.12.1/24
  Broadcast address is 255.255.255.255
  Address determined by setup command
  MTU is 1500 bytes
  Helper address is not set
  Directed broadcast forwarding is disabled
  Multicast reserved groups joined: 224.0.0.10
  Outgoing access list is not set
  Inbound access list is 100
  Proxy ARP is enabled
  Local Proxy ARP is disabled
  Security level is default
  Split horizon is enabled
```

例 4-15 验证 ACL 表项信息

```
R1# show access-lists 100
Extended IP access list 100
    10 deny eigrp any any (62 matches)
    20 permit ip any any
```

4.2.9 定时器

虽然 EIGRP 并不要求定时器完全匹配，但是如果定时器参数相差过大，那么邻居关系将会出现翻动现象。例如，假设 R1 使用的默认定时器值是 5s 和 15s，而 R2 每 20s 发送一次 Hello 包，那么 R1 在收到 R2 发送来的下一个终结邻居关系的 Hello 包之前，R1 的保持时间将到期，5s 之后 Hello 包到达，开始建立邻居关系，那么只有在 15s 之后才能终结邻居关系。

请注意，虽然定时器无须匹配，但每台路由器发送 Hello 包的速率都应该大于保持定时器的，可以通过 **show ip eigrp interfaces detail** 命令验证已配置的定时器（见例 4-10）。

4.3 IPv4 EIGRP 路由故障排查

建立邻居关系之后，EIGRP 路由器需要与新建立邻居关系的邻居交换全部路由信息，交换了全部路由信息之后，仅与该邻居交换路由信息的更新信息。EIGRP 路由器将从 EIGRP 邻居学到的路由信息插入 EIGRP 拓扑表，如果特定路由的 EIGRP 信息正好是最佳路由信息源，就将其安装到路由表中。拓扑表或路由表出现 EIGRP 路由缺失的原因有很多，如果要排查与 EIGRP 路由相关的故障问题，就必须了解这些原因。本节将讨论 EIGRP 路由缺失的原因以及相应的故障排查方法。

由于 EIGRP 仅从直连邻居学习路由，因而进行故障排查操作时能够很容易地跟踪 EIGRP 的路由路径。例如，如果 R1 不知道某路由，但是邻居知道，那么极有可能是这两个邻居之间的连接出了问题。不过，如果该邻居也不知道该路由，就可以将排查重点放到邻居的邻居上，以此类推。

如前所述，邻居关系是 EIGRP 信息共享的基础，如果没有邻居，那么 EIGRP 就无法学到任何路由。因此，除了邻居缺失之外，还有哪些原因会导致 EIGRP 网络出现路由缺失故障呢？EIGRP 拓扑表或路由表出现 EIGRP 路由缺失的常见原因如下。

- **network 命令错误或缺失：network** 命令可以在接口上启用 EIGRP 进程，并将接口所属的网络注入 EIGRP 进程中。
- **更优的路由信息源：**如果从更可靠的路由信息源学到了完全相同的网络，就不会使用从 EIGRP 学到的路由信息。
- **路由过滤：**可能配置了阻止路由宣告或学习的路由过滤器。
- **末梢配置：**如果在配置末梢路由器的时候选择了错误的配置参数，或者将路由器错误地配置为末梢路由器，就可能无法宣告特定网络。
- **接口处于关闭状态：**启用了 EIGRP 的接口必须处于 Up/Up 状态，才能宣告与该接口相关联的网络。
- **水平分割：**是一种环路避免机制，可以防止路由器从学到路由的同一个接口向外宣告这些路由。

下面将逐一分析这些可能的故障原因，并解释如何在故障排查过程中识别这些故障原因。

4.3.1 network 命令错误或缺失

运行了 **network** 命令之后，该命令定义的 IP 地址范围内的所有接口都将启用 EIGRP 进程，此后，EIGRP 会将接口所属的网络/子网都注入拓扑表中，进而将这些网络/子网宣告给自治系统中的其他路由器。因此，即使不与其他路由器建立邻居关系的接口也要通过有效的 **network** 命令在这些接口上启用 EIGRP 进程，从而将这些接口所属的网络注入 EIGRP 进程并宣告出去。如果 **network** 命令缺失或配置不正确，就无法在接口上启用 EIGRP，也就无法宣告该接口所属的网络，其他路由器也就无法到达这些网络。

如前所述，**show ip protocols** 命令显示的 **network** 语句很不直观。请注意例 4-16 中以高亮方式显示的文本，例中显示的是“Routing for Networks”，但这些并不是正在路由的网络，正在路由的应该是与启用了 EIGRP 进程的接口（基于 **network** 命令）相关联的网络。对于本例来说，**10.1.1.1/32** 实际上应该是 **network 10.1.1.1 0.0.0.0**，**10.1.12.1/32** 实际上应该是 **network 10.1.12.1 0.0.0.0**。

例 4-16 通过 show ip protocols 命令验证 network 语句

```
R1# show ip protocols
*** IP Routing is NSF aware ***

Routing Protocol is "eigrp 100"
  Outgoing update filter list for all interfaces is not set
  Incoming update filter list for all interfaces is not set
  Default networks flagged in outgoing updates
  Default networks accepted from incoming updates
  EIGRP-IPv4 Protocol for AS(100)
    Metric weight K1=1, K2=0, K3=1, K4=0, K5=0
    NSF-aware route hold timer is 240
    Router-ID: 10.1.12.1
    Topology : 0 (base)
      Active Timer: 3 min
      Distance: internal 90 external 170
      Maximum path: 4
      Maximum hopcount 100
      Maximum metric variance 1

  Automatic Summarization: disabled
  Maximum path: 4
  Routing for Networks:
    10.1.1.1/32
    10.1.12.1/32
  Routing Information Sources:
    Gateway         Distance      Last Update
    10.1.12.2             90      09:54:36
  Distance: internal 90 external 170
```

那么实际路由的网络是哪些呢？实际路由的网络应该是与启用了 EIGRP 的接口相关联的网络，从例 4-17 的 R1 Gig0/0 和 Gig1/0 的 **show ip interface** 命令（该命令使用了管道符，仅包含 **Internet** 地址）输出结果可以看出，这两个接口都在/24 网络内，因而网络 ID 应该是 10.1.1.0/24 和 10.1.12.0/24，这些就是正在路由的网络。

例 4-17 通过 **show ip interface** 命令验证网络 ID

```
R1# show ip interface gi0/0 | i Internet
Internet address is 10.1.1.1/24
R1# show ip interface gi1/0 | i Internet
 Internet address is 10.1.12.1/24
```

因此，如果希望路由的网络是 10.1.1.0/24 或 10.1.12.0/24（如本例），那么最好在这些网络的路由器接口上通过 **network** 语句启用 EIGRP 进程。

可以通过 **show ip eigrp interfaces** 命令确认参与 EIGRP 进程的接口（见例 4-4）。

4.3.2 更优的路由信息源

如果要将从 EIGRP 学到的路由安装到路由表中，就必须确保 EIGRP 是最可信的路由信息源。前文曾经说过，路由信息源的可信度基于 AD，对于从内部学到的路由（自治系统内部的网络）来说，其 EIGRP 的 AD 值为 90；对于从外部学到的路由（自治系统外部的网络）来说，其 EIGRP 的 AD 值为 170。因此，如果路由器从其他路由信息源学到完全相同的网络，而且该路由信息源的 AD 更优，那么拥有更优 AD 的路由信息源将胜出，其信息将被安装到路由表中。对比例 4-18（EIGRP 拓扑表）与例 4-19（仅显示路由器已安装的 EIGRP 路由的路由表），请注意拓扑表中以高亮方式显示的路由，它们在路由表中被列为 EIGRP 路由了吗？

例 4-18 **show ip eigrp topology** 命令输出结果

```
Router# show ip eigrp topology
EIGRP-IPv4 Topology Table for AS(100)/ID(192.4.4.4)
Codes: P - Passive, A - Active, U - Update, Q - Query, R - Reply,
 r - reply Status, s - sia Status

P 172.16.33.8/30, 2 successors, FD is 2681856
        via 172.16.33.6 (2681856/2169856), Serial1/0
        via 172.16.33.18 (2681856/2169856), Serial1/2
P 10.1.34.0/24, 1 successors, FD is 2816
        via Connected, GigabitEthernet2/0
P 192.7.7.7/32, 1 successors, FD is 2300416
        via 172.16.33.5 (2300416/156160), Serial1/0
        via 172.16.33.6 (2809856/2297856), Serial1/0
        via 172.16.33.18 (2809856/2297856), Serial1/2
P 192.4.4.4/32, 1 successors, FD is 128256
        via Connected, Loopback0
P 172.16.33.16/30, 1 successors, FD is 2169856
        via Connected, Serial1/2
P 172.16.32.0/25, 2 successors, FD is 2172416
        via 172.16.33.6 (2172416/28160), Serial1/0
        via 172.16.33.18 (2172416/28160), Serial1/2
P 10.1.23.0/24, 1 successors, FD is 3072
        via 10.1.34.3 (3072/2816), GigabitEthernet2/0
P 203.0.113.0/30, 1 successors, FD is 28160
        via Connected, FastEthernet3/0
P 192.5.5.5/32, 1 successors, FD is 2297856
        via 172.16.33.5 (2297856/128256), Serial1/0
```

```
P 192.3.3.3/32, 1 successors, FD is 130816
        via 10.1.34.3 (130816/128256), GigabitEthernet2/0
P 192.2.2.2/32, 1 successors, FD is 131072
        via 10.1.34.3 (131072/130816), GigabitEthernet2/0
P 10.1.13.0/24, 1 successors, FD is 3072
        via 10.1.34.3 (3072/2816), GigabitEthernet2/0
P 0.0.0.0/0, 1 successors, FD is 28160
        via Rstatic (28160/0)
P 192.1.1.1/32, 1 successors, FD is 131072
        via 10.1.34.3 (131072/130816), GigabitEthernet2/0
P 172.16.32.192/29, 1 successors, FD is 2174976
        via 172.16.33.5 (2174976/30720), Serial1/0
        via 172.16.33.6 (2684416/2172416), Serial1/0
        via 172.16.33.18 (2684416/2172416), Serial1/2
P 198.51.100.0/30, 1 successors, FD is 28416
        via 10.1.34.3 (28416/28160), GigabitEthernet2/0
P 172.16.33.12/30, 1 successors, FD is 2172416
        via 172.16.33.5 (2172416/28160), Serial1/0
P 192.6.6.6/32, 2 successors, FD is 2297856
        via 172.16.33.6 (2297856/128256), Serial1/0
        via 172.16.33.18 (2297856/128256), Serial1/2
P 172.16.33.0/29, 1 successors, FD is 2169856
        via Connected, Serial1/0
P 10.1.1.0/26, 1 successors, FD is 3328
        via 10.1.34.3 (3328/3072), GigabitEthernet2/0
P 172.16.32.128/26, 1 successors, FD is 2172416
        via 172.16.33.5 (2172416/28160), Serial1/0
```

例 4-19 **show ip route eigrp** 命令输出结果

```
Router# show ip route eigrp
Codes: L - local, C - connected, S - static, R - RIP, M - mobile, B - BGP
 D - EIGRP, EX - EIGRP external, O - OSPF, IA - OSPF inter area
 N1 - OSPF NSSA external type 1, N2 - OSPF NSSA external type 2
 E1 - OSPF external type 1, E2 - OSPF external type 2
 i - IS-IS, su - IS-IS summary, L1 - IS-IS level-1, L2 - IS-IS level-2
 ia - IS-IS inter area, * - candidate default, U - per-user static route
 o - ODR, P - periodic downloaded static route, H - NHRP, l - LISP
 + - replicated route, % - next hop override

Gateway of last resort is 203.0.113.1 to network 0.0.0.0

      10.0.0.0/8 is variably subnetted, 5 subnets, 3 masks
D        10.1.1.0/26 [90/3328] via 10.1.34.3, 00:49:19, GigabitEthernet2/0
D        10.1.13.0/24 [90/3072] via 10.1.34.3, 00:49:22, GigabitEthernet2/0
D        10.1.23.0/24 [90/3072] via 10.1.34.3, 00:49:22, GigabitEthernet2/0
      172.16.0.0/16 is variably subnetted, 9 subnets, 5 masks
D        172.16.32.0/25 [90/2172416] via 172.16.33.18, 00:49:22, Serial1/2
                        [90/2172416] via 172.16.33.6, 00:49:22, Serial1/0
D        172.16.32.128/26 [90/2172416] via 172.16.33.5, 00:49:23, Serial1/0
D        172.16.32.192/29 [90/2174976] via 172.16.33.5, 00:49:23, Serial1/0
D        172.16.33.8/30 [90/2681856] via 172.16.33.18, 00:49:22, Serial1/2
                        [90/2681856] via 172.16.33.6, 00:49:22, Serial1/0
D        172.16.33.12/30 [90/2172416] via 172.16.33.5, 00:49:23, Serial1/0
      192.1.1.0/32 is subnetted, 1 subnets
```

```
D        192.1.1.1 [90/131072] via 10.1.34.3, 00:49:19, GigabitEthernet2/0
      192.2.2.0/32 is subnetted, 1 subnets
D        192.2.2.2 [90/131072] via 10.1.34.3, 00:49:19, GigabitEthernet2/0
      192.3.3.0/32 is subnetted, 1 subnets
D        192.3.3.3 [90/130816] via 10.1.34.3, 00:49:22, GigabitEthernet2/0
      192.5.5.0/32 is subnetted, 1 subnets
D        192.5.5.5 [90/2297856] via 172.16.33.5, 00:49:23, Serial1/0
      192.6.6.0/32 is subnetted, 1 subnets
D        192.6.6.6 [90/2297856] via 172.16.33.18, 00:49:22, Serial1/2
                   [90/2297856] via 172.16.33.6, 00:49:22, Serial1/0
      192.7.7.0/32 is subnetted, 1 subnets
D        192.7.7.7 [90/2300416] via 172.16.33.5, 00:49:23, Serial1/0
      198.51.100.0/30 is subnetted, 1 subnets
D        198.51.100.0 [90/28416] via 10.1.34.3, 00:49:22, GigabitEthernet2/0
```

例 4-18 中以高亮方式显示的路由都没有作为 EIGRP 路由列在路由表中，对于本例来说，这些路由信息存在更优的路由信息源。例 4-20 显示了 **show ip route 172.16.33.16 255.255.255.252** 命令的输出结果，可以看出该网络是直连网络且 AD 值为 0。由于直连网络的 AD 值为 0，而内部 EIGRP 路由的 AD 值为 90，因而路由表安装的是直连路由信息源。回顾例 4-18 并注意路由 0.0.0.0/0，该路由被标记为 Rstatic，表示该路由是从该路由器的静态路由宣告来的。由于本地路由器上的静态默认路由的 AD 比 EIGRP 默认路由的更优（EIGRP 默认路由的 AD 值为 170），因而路由表没有安装 EIGRP 0.0.0.0/0，而是安装了静态默认路由。

例 4-20 **show ip route 172.16.33.16 255.255.255.252** 命令的输出结果

```
Router# show ip route 172.16.33.16 255.255.255.252
Routing entry for 172.16.33.16/30
  Known via "connected", distance 0, metric 0 (connected, via interface)
...output omitted...
```

虽然拥有更优 AD 的路由信息源可能并不会导致用户抱怨或上报故障工单，因为用户可能仍然能够访问所需的网络资源，但网络可能会出现次优路由问题。分析图 4-1，图中的网络运行了两种不同的路由协议，那么从 PC1 发送给 10.1.1.0/24 的流量会选择哪条路径呢？如果判断出选择的是较长的 EIGRP 路径，那么完全正确。虽然选择 OSPF 路径会更快，但是由于 EIGRP 默认路由的 AD 值更小，因而 EIGRP 路径胜出，从而出现了次优路由问题。

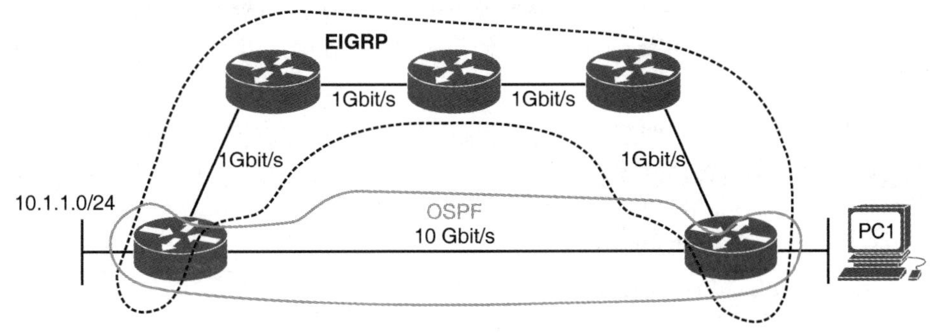

图 4-1 使用次优路由的 EIGRP 路径

能够识别特定路由信息源何时该用何时不该用，对于网络优化以及减少与“网络变慢”等相关故障的排查次数来说至关重要。对于本例来说，可以通过增大 EIGRP 的 AD 值或减小 OSPF 的 AD 值来优化路由。

4.3.3 路由过滤

应用于 EIGRP 进程的分发列表可以控制将哪些路由宣告给邻居或者从邻居接收哪些路由，在 EIGRP 配置模式下应用的分发列表可以应用于入站或出站方向，由 ACL、前缀列表或路由映射来控制路由的收发操作。因此，在排查路由过滤故障时，必须考虑如下问题。

- 分发列表应用在正确的方向上了吗？
- 分发列表应用在正确的接口上了吗？
- 如果分发列表使用了 ACL，那么 ACL 正确吗？
- 如果分发列表使用了前缀列表，那么前缀列表正确吗？
- 如果分发列表使用了路由映射，那么路由映射正确吗？

利用 **show ip protocols** 命令可以显示是否有分发列表应用在所有接口或单个接口上（见例 4-21），本例显示没有出站过滤器，但是在 Gig1/0 上有一个入站过滤器。

例 4-21 利用 **show ip protocols** 命令验证路由过滤器

```
R1# show ip protocols
*** IP Routing is NSF aware ***

Routing Protocol is "eigrp 100"
 Outgoing update filter list for all interfaces is not set
 Incoming update filter list for all interfaces is not set
      GigabitEthernet1/0 filtered by 10 (per-user), default is not set
 Default networks flagged in outgoing updates
 Default networks accepted from incoming updates
 EIGRP-IPv4 Protocol for AS(100)
    Metric weight K1=1, K2=0, K3=1, K4=0, K5=0
    NSF-aware route hold timer is 240
    Router-ID: 10.1.12.1
...output omitted...
```

例 4-21 中的 Gig1/0 入站过滤器正在使用 ACL 10 进行路由过滤，为了验证 ACL 10 的表项信息，需要运行 **show access-lists 10** 命令。如果使用的是前缀列表，就需要运行 **show ip prefix-list** 命令；如果使用的是路由映射，就需要运行 **show route-map** 命令。

如例 4-22 所示，通过检查输出结果中的 EIGRP 配置部分，可以验证在运行配置中应用分发列表所需的相关命令。

例 4-22 验证 EIGRP 的 **distribute-list** 命令

```
R1# show run | section router eigrp
router eigrp 100
 distribute-list 10 in GigabitEthernet1/0
```

```
network 10.1.1.1 0.0.0.0
network 10.1.12.1 0.0.0.0
passive-interface GigabitEthernet0/0
```

4.3.4 末梢配置

EIGRP 的末梢特性可以控制网络中的 EIGRP 查询范围。图 4-2 显示 R1 路由网络 192.168.1.0/24 时失败，导致 R1 向 R2 发送查询消息，然后查询消息依次从 R2 发送给 R3 和 R4，但是由于 R3 不可能有网络 192.168.1.0/24 的路由信息，因而不需要向 R3 发送查询消息，因而该查询消息白白浪费了路由器的资源。因此，可以利用 **eigrp stub** 命令在 R3 上配置 EIGRP 末梢特性，从而确保 R2 始终不向 R3 发送查询消息（见图 4-3）。

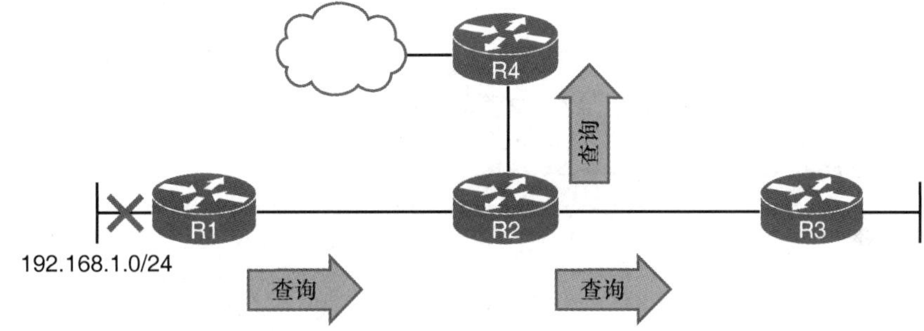

图 4-2　未配置 EIGRP 末梢特性时的查询范围

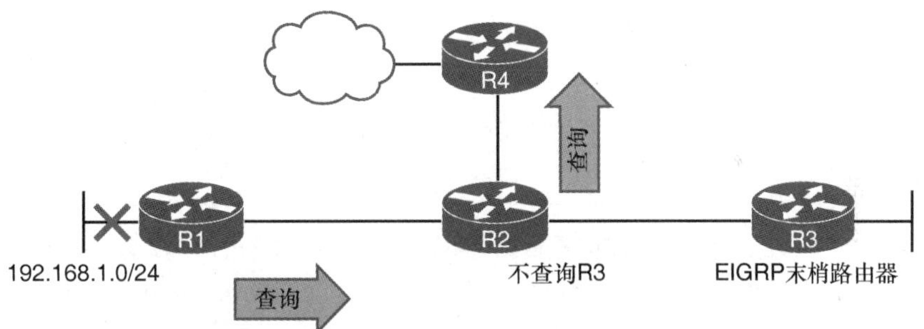

图 4-3　配置 EIGRP 末梢特性后的查询范围

对于低速星形 WAN 链路来说，末梢特性非常有用（见图 4-4），该特性可以防止中心路由器查询分支路由器，从而减少经 WAN 链路发送的 EIGRP 流量。此外，末梢特性还能降低路由器出现 SIA 的概率，如果路由器没有收到其发送的查询消息的应答消息，就会出现 SIA。WAN 出现这种情况的原因是 WAN 链路拥塞会导致重新建立邻居关系，进而导致路由收敛，产生大量 EIGRP 流量。因此，如果不查询中心路由器，就无须担心这些问题。

配置 EIGRP 末梢特性时，可以控制末梢路由器向其邻居宣告的路由，默认仅向邻居宣告直连路由和汇总路由。不过，也可以选择仅宣告直连路由、汇总路由、重分发路由、静态路由或者它们的组合，还可以选择不发送路由（仅接收）选项。如果选择了错误选项，那么末梢路由器就无法将正确的路由宣告给邻居，导致中心路由器和拓扑结构中的其他路由器出现路由缺失问题。此外，如果将错误的路由器配置为末梢路由器，例如图 4-4 中的 R1，那么 R1 不会将自己知道的路由共享给 R4、R2 和 R3，导致该拓扑结构出现路由缺失问题。如果要验证路由器是否是末梢路由器以及末梢路由器宣告的路由类型，就可以使用 **show ip protocols** 命令（见例 4-23）。

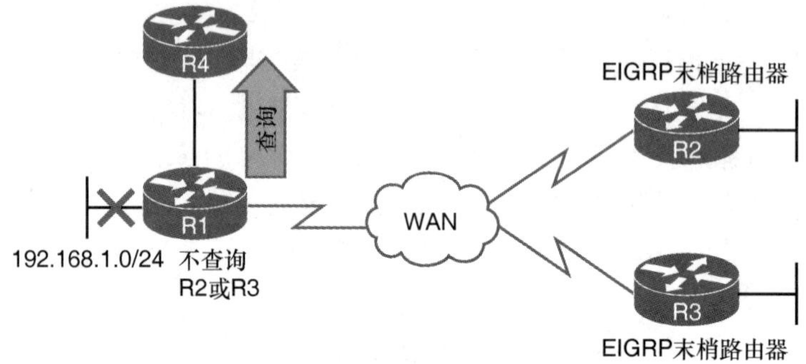

图 4-4 WAN 链路的 EIGRP 末梢特性

例 4-23 R2 的 **show ip protocols** 命令输出结果

```
R2# show ip protocols
...output omitted...
  EIGRP-IPv4 Protocol for AS(100)
    Metric weight K1=1, K2=0, K3=1, K4=0, K5=0
    NSF-aware route hold timer is 240
    Router-ID: 192.1.1.1
    Stub, connected, summary
    Topology : 0 (base)
      Active Timer: 3 min
      Distance: internal 90 external 170
      Maximum path: 4
...output omitted...
```

如果要验证邻居是否是末梢路由器以及邻居宣告的路由情况，可以使用 **show ip eigrp neighbors detail** 命令。例 4-24 显示了 R1 的 **show ip eigrp neighbors detail** 命令输出结果，可以看出邻居是末梢路由器，正在宣告直连路由和汇总路由。

例 4-24 验证 EIGRP 邻居是否是末梢路由器

```
R1# show ip eigrp neighbors detail
EIGRP-IPv4 Neighbors for AS(100)
H   Address                 Interface           Hold Uptime   SRTT   RTO  Q   Seq
                                                (sec)         (ms)        Cnt Num
0   10.1.13.1               Se1/0                 14 00:00:18  99     594  0    11
  Version 11.0/2.0, Retrans: 0, Retries: 0, Prefixes: 2
  Topology-ids from peer - 0
  Stub Peer Advertising (CONNECTED SUMMARY ) Routes
  Suppressing queries
...output omitted...
```

4.3.5 接口处于关闭状态

如前所述，**network** 命令可以在接口上启用 EIGRP 进程，一旦在接口上启用了

EIGRP 进程，该接口所属的网络（路由表中的直连路由项）就将被注入 EIGRP 进程中，如果该接口处于关闭状态，那么路由表中将不会出现该网络的直连路由项，因而该网络不存在，也不会被注入 EIGRP 进程中。因此，如果希望宣告路由或者建立邻居关系，必须确保接口处于 Up/Up 状态。

4.3.6 水平分割

EIGRP 的水平分割特性不允许将从接口入站方向学到的路由从同一个接口宣告出去，建立该规则的目的是防止出现路由环路，不过，该规则对于某些拓扑结构来说也会产生一定的问题。图 4-5 给出了一个 NBMA 星形帧中继拓扑结构或 DMVPN 拓扑结构示例，这两种拓扑结构都在中心路由器上使用多点接口，多点接口（单个物理接口或 mGRE 隧道接口）可以通过单个接口连接同一个子网内的多台路由器（与以太网相似）。图 4-5 中的 R2 正在 PVC 或 GRE（Generic Routing Encapsulation，通用路由封装）隧道上向 R1 发送 EIGRP 更新，由于 R1 的 Ser1/0 接口或多点 GRE 隧道接口启用了水平分割特性，R1 不会将网络 10.1.2.0/24 宣告回该接口，因而 R3 永远也学不到网络 10.1.2.0/24。

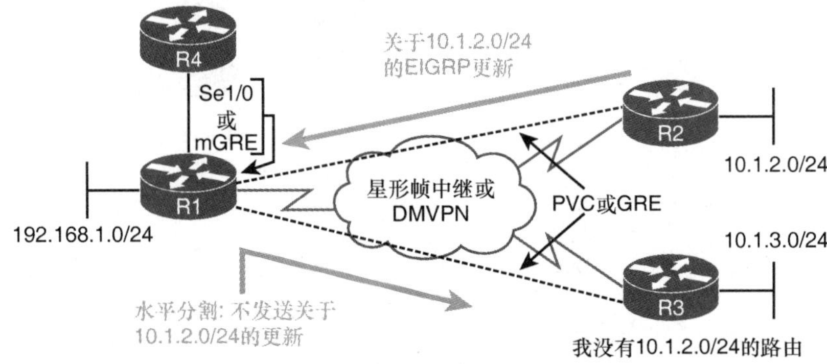

图 4-5 EIGRP 水平分割问题

如果要验证接口是否启用了水平分割特性，可以使用 **show ip interface** *interface_type interface_number* 命令（见例 4-25）。可以看出，本例启用了水平分割特性。

例 4-25 验证接口是否启用了水平分割特性

```
R1# show ip interface tunnel 0
Tunnel0 is up, line protocol is up
  Internet address is 192.168.1.1/24
  Broadcast address is 255.255.255.255
  Address determined by setup command
  MTU is 1476 bytes
  Helper address is not set
  Directed broadcast forwarding is disabled
  Outgoing access list is not set
  Inbound access list is not set
  Proxy ARP is enabled
  Local Proxy ARP is disabled
```

```
  Security level is default
  Split horizon is enabled
  ICMP redirects are never sent
...output omitted...
```

如果希望完全禁用水平分割特性，就要在接口配置模式下运行 **no ip split-horizon** 命令。如果仅希望在运行了 EIGRP 进程的接口上禁用水平分割特性，就可以运行 **no ip split-horizon eigrp** *autonomous_system_number* 命令。

即便禁用了 EIGRP 进程的水平分割特性，但是在 **show ip interface** 命令输出结果中仍然显示水平分割特性为启用状态（如前面的例 4-25）。如果要验证指定接口是否启用或禁用了 EIGRP 进程的水平分割特性，可以运行命令 **show ip eigrp interfaces detail** *interface_type interface_number*。例 4-26 显示接口 tunnel 0 禁用了 EIGRP 的水平分割特性。

例 4-26 验证接口是否启用了 EIGRP 的水平分割特性

```
R1# show ip eigrp interfaces detail tunnel 0
EIGRP-IPv4 Interfaces for AS(100)
                        Xmit Queue   Mean  Pacing Time  Multicast    Pending
Interface        Peers  Un/Reliable  SRTT  Un/Reliable  Flow Timer   Routes
Tu0                0       0/0        0       6/6           0           0
  Hello-interval is 5, Hold-time is 15
  Split-horizon is disabled
  Next xmit serial <none>
  Packetized sent/expedited: 0/0
  Hello's sent/expedited: 17/1
  Un/reliable mcasts: 0/0 Un/reliable ucasts: 0/0
  Mcast exceptions: 0 CR packets: 0 ACKs suppressed: 0
  Retransmissions sent: 0 Out-of-sequence rcvd: 0
  Topology-ids on interface - 0
  Authentication mode is not set
```

4.4 其他 IPv4 EIGRP 故障排查

到目前为止，已经讨论了 EIGRP 邻居关系和 EIGRP 路由的故障排查问题，本节将讨论与可行后继路由、不连续网络和自动汇总、路由汇总以及等价和非等价度量负载均衡相关的故障排查问题。

4.4.1 可行后继路由

EIGRP 拓扑表中特定网络的最佳路由（FD 值最小的路由）将成为候选路由并被注入路由器的路由表中（这里使用术语候选路由的原因是，虽然该路由是最佳 EIGRP 路由，但路由器有可能会使用更优路由信息源提供的相同路由信息）。如果路由确实被注入了路由表中，就将该路由称为后继（最佳）路由，该路由就是随后宣告给邻居路由器的路由。例 4-27 给出了 **show ip eigrp topology** 命令的输出结果，请注意输出结果中的表项 172.16.32.192/29，可以看出有 3 条路径去往该网络，不过该表项显示“1 successors”，表示只有一条路径被用作最佳路径，也就是 FD 值最小（2,174,976）的路径（经由 172.16.33.5），通过接口 Serial 1/0 可达。

例 4-27 **show ip eigrp topology** 命令的输出结果

```
R4# show ip eigrp topology
EIGRP-IPv4 Topology Table for AS(100)/ID(192.4.4.4)
Codes: P - Passive, A - Active, U - Update, Q - Query, R - Reply,
 r - reply Status, s - sia Status

...output omitted...
P 10.1.13.0/24, 1 successors, FD is 3072
        via 10.1.34.3 (3072/2816), GigabitEthernet2/0
P 0.0.0.0/0, 1 successors, FD is 28160
        via Rstatic (28160/0)
P 192.1.1.1/32, 1 successors, FD is 131072
        via 10.1.34.3 (131072/130816), GigabitEthernet2/0
P 172.16.32.192/29, 1 successors, FD is 2174976
        via 172.16.33.5 (2174976/30720), Serial1/0
        via 172.16.33.6 (2684416/2172416), Serial1/0
        via 172.16.33.18 (2684416/2172416), Serial1/2
P 198.51.100.0/30, 1 successors, FD is 28416
        via 10.1.34.3 (28416/28160), GigabitEthernet2/0
P 172.16.33.12/30, 1 successors, FD is 2172416
        via 172.16.33.5 (2172416/28160), Serial1/0
...output omitted...
```

下一跳 IP 地址后面括号中的数值是 FD，FD 后面跟的是 RD。

- FD：RD 加上到达下一跳地址的邻居（正在宣告该 RD）的度量。
- RD：从下一跳地址的邻居到目的网络的距离。

后继路由指的是 FD 值最小的路径，不过 EIGRP 会预先计算路径，在后继路由不可用时使用这些路径，这些路径被称为可行后继路由。如果要成为可行后继路由，那么希望成为可行后继路由的路径 RD 值必须小于后继路由的 FD 值。回顾例 4-27，经由 172.16.33.5 的路径是后继路由，那么使用 172.16.33.6 和 172.16.33.18 的路径是可行后继路由（备份路径）吗？为了弄清楚这个问题，可以将这些路径的 RD 值（对于本例来说都是 2,172,416）与后继路由的 FD 值（2,174,976）进行对比，RD 值小于 FD 值吗？是的。因此，这些路径都是可行后继路由。

排查相关故障时，必须注意到 **show ip eigrp topology** 命令的输出结果仅显示后继路由和可行后继路由。如果需要验证去往相同目的地的其他路径的 FD 或 RD，就可以使用 **show ip eigrp topology all-links** 命令，例 4-28 显示了 **show ip eigrp topology** 命令和 **show ip eigrp topology all-links** 命令的输出结果。请注意表项 10.1.34.0/24，**show ip eigrp topology** 命令的输出结果只列出了一条路径，而 **show ip eigrp topology all-links** 命令的输出结果列出了两条路径，这是因为下一跳 172.16.33.13 的 RD 值大于后继路由的 FD 值，因而无法成为可行后继路由。

例 4-28 **show ip eigrp topology** 对比示例

```
Router# show ip eigrp topology
EIGRP-IPv4 Topology Table for AS(100)/ID(172.16.33.14)
Codes: P - Passive, A - Active, U - Update, Q - Query, R - Reply,
       r - reply Status, s - sia Status
```

```
P 172.16.33.8/30, 1 successors, FD is 2169856
        via Connected, Serial1/0
P 10.1.34.0/24, 1 successors, FD is 2682112
        via 172.16.33.9 (2682112/2170112), Serial1/0
P 203.0.113.0/30, 1 successors, FD is 2684416
        via 172.16.33.9 (2684416/2172416), Serial1/0
P 172.16.32.192/29, 1 successors, FD is 28160
        via Connected, FastEthernet2/0
P 172.16.33.12/30, 1 successors, FD is 5511936
        via Connected, Serial1/1
P 172.16.33.0/29, 1 successors, FD is 2681856
        via 172.16.33.9 (2681856/2169856), Serial1/0

Router# show ip eigrp topology all-links
EIGRP-IPv4 Topology Table for AS(100)/ID(172.16.33.14)
Codes: P - Passive, A - Active, U - Update, Q - Query, R - Reply,
       r - reply Status, s - sia Status

P 172.16.33.8/30, 1 successors, FD is 2169856, serno 1
        via Connected, Serial1/0
P 10.1.34.0/24, 1 successors, FD is 2682112, serno 8
        via 172.16.33.9 (2682112/2170112), Serial1/0
        via 172.16.33.13 (6024192/3072256), Serial1/1
P 203.0.113.0/30, 1 successors, FD is 2684416, serno 9
        via 172.16.33.9 (2684416/2172416), Serial1/0
        via 172.16.33.13 (6026496/3074560), Serial1/1
P 172.16.32.192/29, 1 successors, FD is 28160, serno 3
        via Connected, FastEthernet2/0
P 172.16.33.12/30, 1 successors, FD is 5511936, serno 2
        via Connected, Serial1/1
P 172.16.33.0/29, 1 successors, FD is 2681856, serno 5
        via 172.16.33.9 (2681856/2169856), Serial1/0
        via 172.16.33.13 (6023936/3072000), Serial1/1
```

EIGRP 拓扑表不仅包含从其他路由器学到的路由，还包含重分发到 EIGRP 进程中的路由以及接口参与 EIGRP 进程的本地网络（见例 4-29 高亮显示部分）。

例 4-29 验证拓扑表中的直连表项和重分发表项

```
R4# show ip eigrp topology
EIGRP-IPv4 Topology Table for AS(100)/ID(192.4.4.4)
Codes: P - Passive, A - Active, U - Update, Q - Query, R - Reply,
       r - reply Status, s - sia Status

...output omitted...
P 192.2.2.2/32, 1 successors, FD is 131072
        via 10.1.34.3 (131072/130816), GigabitEthernet2/0
P 10.1.13.0/24, 1 successors, FD is 3072
        via 10.1.34.3 (3072/2816), GigabitEthernet2/0
P 0.0.0.0/0, 1 successors, FD is 28160
        via Rstatic (28160/0)
P 192.1.1.1/32, 1 successors, FD is 131072
        via 10.1.34.3 (131072/130816), GigabitEthernet2/0
P 172.16.32.192/29, 1 successors, FD is 2174976
```

```
        via 172.16.33.5 (2174976/30720), Serial1/0
        via 172.16.33.6 (2684416/2172416), Serial1/0
        via 172.16.33.18 (2684416/2172416), Serial1/2
P 198.51.100.0/30, 1 successors, FD is 28416
        via 10.1.34.3 (28416/28160), GigabitEthernet2/0
P 172.16.33.12/30, 1 successors, FD is 2172416
        via 172.16.33.5 (2172416/28160), Serial1/0
P 192.6.6.6/32, 2 successors, FD is 2297856
        via 172.16.33.6 (2297856/128256), Serial1/0
        via 172.16.33.18 (2297856/128256), Serial1/2
P 172.16.33.0/29, 1 successors, FD is 2169856
        via Connected, Serial1/0
...output omitted...
```

4.4.2 不连续网络和自动汇总

EIGRP 支持 VLSM，在早期的思科 IOS 版本（15.0 版本之前）中，EIGRP 会在有类别网络边界自动执行路由汇总操作，这一点对于包含不连续网络的网络来说有问题，因而在配置 EIGRP 时，需要在路由器配置模式下利用 **no auto-summary** 命令为 EIGRP 自治系统关闭自动汇总功能。不过，从思科 IOS 15.0 及以后版本开始，EIGRP 已经默认关闭自动汇总功能，因而无须再担心 **no auto-summary** 命令的启用问题。但是，在检查网络拓扑结构时必须能够识别不连续网络，而且如果有人以手动方式在 EIGRP 自治系统中开启了自动汇总机制，那么必须理解路由出现中断的原因。

图 4-6 给出了一个不连续网络示例，B 类有类别网络 172.16.0.0/16 是一个不连续网络，因为该网络被划分为 172.16.1.0/24 和 172.16.2.0/24，并且这两个子网被不同的有类别网络（本例为 10.0.0.0）相互隔开。在开启了自动汇总功能的情况下，R3 向 R2 宣告网络 172.16.2.0/24 时会被汇总为 172.16.0.0/16（这是因为通过位于其他有类别网络中的接口向外宣告），因而 R3 宣告的不是 172.16.2.0/24，而是 172.16.0.0/16。同样，相似的问题也会出现在 R1 向 R2 宣告网络 172.16.1.0/24 的时候，R1 实际上向 R2 宣告的是 172.16.0.0/16。检查 R2 的路由表可以发现，路由 172.16.0.0 存在两个下一跳（如果其他参数完全一致），一个经 R3 使用接口 Fa0/1，另一个经 R1 使用接口 Fa0/0。

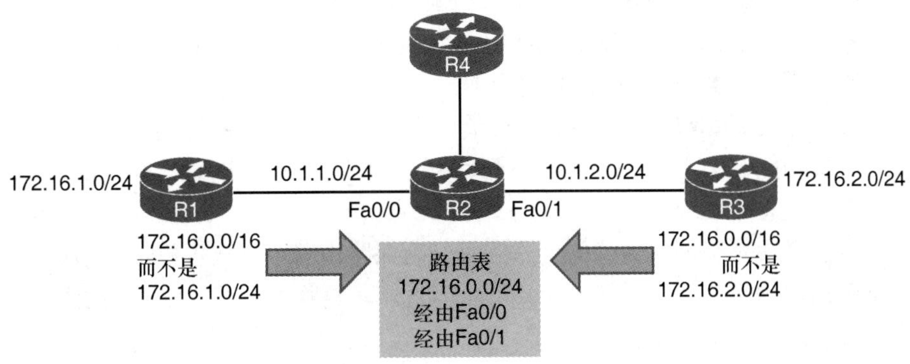

图 4-6 不连续网络示例

接下来分析 R4 发送给目的 IP 地址为 172.16.2.5 的数据包，数据包到达 R2 后，R2 将通过哪条路径发送数据包呢？看出问题在哪儿了吗？R2 应该通过 Fa0/1 发送该数据包，但 R2 也可能会通过 Fa0/0 发送该数据包，正确概率是 50/50。从这个示例可以看出：如果存在不连续网络，就必须关闭自动汇总功能，而且在执行手动汇总操作时也必须额外小心。如果要验证是否启用了自动汇总功能，就可以使用 **show ip protocols** 命令（见例 4-30）。

例 4-30 利用 **show ip protocols** 命令验证自动汇总功能

```
Router# show ip protocols
...output omitted...
  EIGRP-IPv4 Protocol for AS(100)
    Metric weight K1=1, K2=0, K3=1, K4=0, K5=0
    NSF-aware route hold timer is 240
    Router-ID: 10.1.13.1
    Topology : 0 (base)
      Active Timer: 3 min
      Distance: internal 90 external 170
      Maximum path: 4
      Maximum hopcount 100
      Maximum metric variance 1

  Automatic Summarization: disabled
  Address Summarization:
    10.1.0.0/20 for Gi2/0
      Summarizing 2 components with metric 2816
  Maximum path: 4
  Routing for Networks:
...output omitted...
```

4.4.3 路由汇总

思科 IOS 15.0 及以后版本默认关闭自动汇总功能，因而可以开启自动汇总（不建议）或执行手动路由汇总操作（建议）。对于 EIGRP 来说，可以逐个接口启用手动路由汇总功能。因此，在排查路由汇总故障时，需要注意以下问题。

- 是否在正确的接口上启用了路由汇总？
- 是否将汇总路由与正确的 EIGRP 自治系统关联在一起？
- 是否创建了合适的汇总路由？

可以通过 **show ip protocols** 命令验证上述问题，从例 4-30 可以看出，本例禁用了自动汇总功能，并且在接口 Gigabit Ethernet 2/0 上为 EIGRP AS 100 启用了手动路由汇总功能，汇总路由为 10.1.0.0/20。

请注意，必须创建精确的汇总路由以确保路由器不会宣告位于汇总路由内却又并不真正知道如何到达的网络。如果路由器宣告了这样的网络，那么路由器就有可能会收到目的地位于汇总路由内但该路由器并不真正知道如何到达目的地的数据包。对于本例来说，路由器将丢弃这些数据包，因为汇总路由指向 Null0。

在路由器上创建汇总路由之后，汇总路由指向 Null0：

```
Router# show ip route | include Null
D 10.1.0.0/20 is a summary, 00:12:03, Null0
```

创建指向 Null0 的汇总路由的目的是防止产生路由环路。路由表中必须存在汇总路由，这样一来，当路由器收到目的网络在汇总路由内但该路由器并不真正知道如何到达的数据包时，就会丢弃该数据包。如果路由表中没有指向 Null0 的汇总路由，但路由器有一条默认路由，那么该路由器就会通过默认路由转发数据包，下一跳路由器则将数据包转发回该路由器（因为使用汇总路由），然后本地路由器又根据默认路由转发数据包，接着数据包又被回送给下一跳路由器，从而产生路由环路。

指向 Null0 的路由的 AD 值为 5（见如下代码），这样就可以确保该路由比大多数路由信息源的路由信息更可信：

```
Router# show ip route 10.1.0.0
Routing entry for 10.1.0.0/20
 Known via "eigrp 100", distance 5, metric 2816, type internal
```

因此，该路由不在路由表中的唯一原因就是存在 AD 值更小的路由信息源，例如，有人为相同的汇总网络创建了一条静态路由，并且该路由指向下一跳 IP 地址，而不是指向 Null0，就可能会产生路由环路。

4.4.4 负载均衡

EIGRP 默认可以在 4 条等价度量路径上实现负载均衡，可以在 EIGRP 的路由器配置模式下利用 **maximum-path** 命令更改默认路径数量。此外，EIGRP 还可以通过方差（Variance）特性支持通过非等价度量路径的负载均衡，EIGRP 进程的默认方差值为 1，意味着只能通过等价度量路径实现负载均衡。在路由器配置模式下运行 **variance** *multiplier* 命令，可以指定实现负载均衡的路径的度量范围。例如，假设某路由的度量为 200,000，同时为 EIGRP 进程配置了命令 **variance 2**，就意味着可以在度量为 200,000～400,000（2×200,000）的所有路由上实现负载均衡。可以看出，度量值高达 400,000（最佳路径的度量乘方差倍数）的路由也会被用于负载均衡。

不过，即便是非等价度量路径负载均衡，也要受 **maximum-path** 命令的控制。因此，如果要使用 5 条非等价度量路径，也为其配置了正确的度量倍数，但最大路径数被设置为 2，那么仍然只能使用 5 条路径中的 2 条路径实施负载均衡。如果要使用所有的 5 条路径，就必须确保也将最大路径数设置为 5。

需要记住的是，可行性条件对于非等价路径负载均衡来说至关重要。如果路径不是可行后继路由，就无法用于非等价路径负载均衡，没有任何例外。前文曾经说过，可行性条件是：如果要成为可行后继路由，其 RD 值必须小于后继路由的 FD 值。

如果要验证已配置的最大路径数和方差值，就可以使用 **show ip protocols** 命令（见例 4-31）。

例 4-31 验证最大路径数和方差值

```
Router# show ip protocols
Routing Protocol is "eigrp 100"
  Outgoing update filter list for all interfaces is not set
  Incoming update filter list for all interfaces is not set
  Default networks flagged in outgoing updates
  Default networks accepted from incoming updates
  EIGRP-IPv4 Protocol for AS(100)
    Metric weight K1=1, K2=0, K3=1, K4=0, K5=0
    NSF-aware route hold timer is 240
    Router-ID: 10.1.12.1
    Topology : 0 (base)
      Active Timer: 3 min
      Distance: internal 90 external 170
      Maximum path: 4
      Maximum hopcount 100
      Maximum metric variance 1

  Automatic Summarization: disabled
  Maximum path: 4
  Routing for Networks:
    0.0.0.0
  Routing Information Sources:
    Gateway Distance Last Update
    10.1.12.2 90 10:26:36
  Distance: internal 90 external 170
```

4.5 故障工单（IPv4 EIGRP）

本节将给出与本章讨论过的主题相关的故障工单，目的是通过这些故障工单让读者真正了解现实世界或考试环境中的故障排查流程。本节的所有故障工单都以图 4-7 所示的拓扑结构为例。

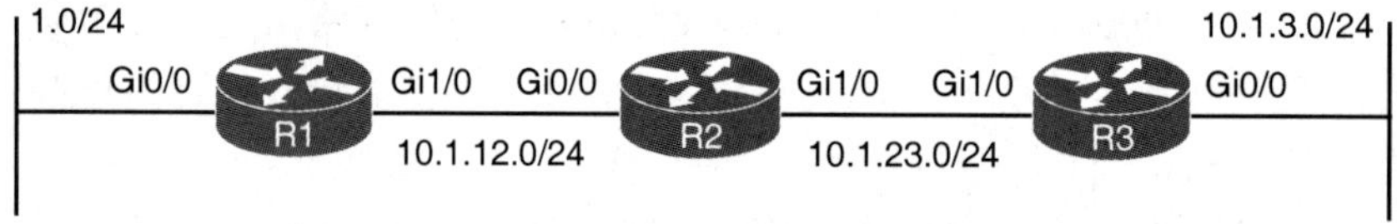

图 4-7 IPv4 EIGRP 故障工单拓扑结构

4.5.1 故障工单 4-1

故障问题：网络 10.1.1.0/24 中的用户报告称无法访问网络 10.1.3.0/24 中的资源。

与以前一样，故障排查的第一步就是验证故障问题。首先访问网络 10.1.1.0/24 中的 PC 并向网络 10.1.3.0/24 中的某个 IP 地址发起 ping 测试，从例 4-32 可以看出 ping 测试成功（显示“0% loss”），但注意到默认网关 10.1.1.1 返回的应答消息为“Destination host unreachable”，因而从技术上来说，ping 测试不成功。

例 4-32 在 PC 上运行 **ping** 命令产生目的地不可达结果

```
C:\>ping 10.1.3.10

Pinging 10.1.3.10 with 32 bytes of data;

Reply from 10.1.1.1: Destination host unreachable.
Reply from 10.1.1.1: Destination host unreachable.
Reply from 10.1.1.1: Destination host unreachable.
Reply from 10.1.1.1: Destination host unreachable.

Ping statistics for 10.1.3.10:
    Packets: Sent = 4, Received = 4, lost = 0 (0% loss),
Approximate round trip times in milli-seconds:
    Minimum = 0ms, Maximum = 0ms, Average = 0ms
```

从 ping 测试可以看出两个非常重要的问题：PC 能够到达默认网关，默认网关不知道如何到达网络 10.1.3.0/24。因此，下面将重点关注 R1，并从 R1 开始排查故障。

在 R1 上运行相同的 **ping** 命令（见例 4-35），可以看出 ping 测试失败。

例 4-33 从 R1 向 10.1.3.10 发起的 ping 测试失败

```
R1# ping 10.1.3.10
Type escape sequence to abort.
Sending 5, 100-byte ICMP Echos to 10.1.3.10, timeout is 2 seconds:
.....
Success rate is 0 percent (0/5)
```

接下来利用 **show ip route** 命令检查 R1 的路由表（见例 4-34）。可以看出路由表中只有直连路由，因而可以断定 R1 没有从 R2 学到任何路由。

例 4-34 R1 的 **show ip route** 命令输出结果

```
R1# show ip route
...output omitted...
Gateway of last resort is not set

      10.0.0.0/8 is variably subnetted, 4 subnets, 2 masks
C        10.1.1.0/24 is directly connected, GigabitEthernet0/0
L        10.1.1.1/32 is directly connected, GigabitEthernet0/0
C        10.1.12.0/24 is directly connected, GigabitEthernet1/0
L        10.1.12.1/32 is directly connected, GigabitEthernet1/0
```

从图 4-7 可以看出，目前网络使用的路由协议是 EIGRP，因而运行 **show ip protocols** 命令以验证 EIGRP 是否运行在正确的自治系统内。例 4-35 显示了 **show ip protocols** 命令输出结果，证实 R1 运行了 EIGRP 100。

例 4-35 R1 的 **show ip protocols** 命令输出结果

```
R1# show ip protocols
*** IP Routing is NSF aware ***

Routing Protocol is "eigrp 100"
```

```
  Outgoing update filter list for all interfaces is not set
  Incoming update filter list for all interfaces is not set
  Default networks flagged in outgoing updates
  Default networks accepted from incoming updates
  EIGRP-IPv4 Protocol for AS(100)
    Metric weight K1=1, K2=0, K3=1, K4=0, K5=0
    NSF-aware route hold timer is 240
    Router-ID: 10.1.12.1
    Topology : 0 (base)
      Active Timer: 3 min
      Distance: internal 90 external 170
      Maximum path: 4
      Maximum hopcount 100
      Maximum metric variance 1

  Automatic Summarization: disabled
  Maximum path: 4
  Routing for Networks:
    10.1.1.1/32
    10.1.12.1/32
  Routing Information Sources:
    Gateway         Distance      Last Update
    10.1.12.2             90      00:45:53
  Distance: internal 90 external 170
```

接下来检查 R1 是否有 EIGRP 邻居。从图 4-7 可以看出，R2 应该是 R1 的邻居。为了验证 EIGRP 邻居，需要在 R1 上运行 **show ip eigrp neighbors** 命令：

```
R1# show ip eigrp neighbors

EIGRP-IPv4 Neighbors for AS(100)
```

从输出结果可以看出，R1 没有 EIGRP 邻居。

接下来通过 **show ip eigrp interfaces** 命令验证 R1 是否有接口参与 EIGRP 进程。从例 4-36 可以看出，有两个接口参与了 EIGRP 进程：Gig0/0 和 Gig1/0。

例 4-36 R1 的 show ip eigrp interfaces 命令输出结果

```
R1# show ip eigrp interfaces
EIGRP-IPv4 Interfaces for AS(100)
                          Xmit Queue   Mean   Pacing Time   Multicast    Pending
Interface          Peers  Un/Reliable  SRTT   Un/Reliable   Flow Timer   Routes
Gi0/0                0        0/0        0        0/0           0           0
Gi1/0                0        0/0        0        0/0         304           0
```

从命令 **show cdp neighbors** 的输出结果可以看出（见例 4-37），R1 通过 Gig1/0 连接 R2，R2 通过 Gig0/0 连接 R1，因而我们期望这两台路由器使用这些接口建立对等关系。

例 4-37 R1 的 show cdp neighbors 命令输出结果

```
R1# show cdp neighbors
Capability Codes: R - Router, T - Trans Bridge, B - Source Route Bridge
 S - Switch, H - Host, I - IGMP, r - Repeater, P - Phone,
```

```
 D - Remote, C - CVTA, M - Two-port Mac Relay

Device ID     Local Intrfce    Holdtme    Capability   Platform   Port ID
R2            Gig 1/0          172                 R   7206VXR    Gig 0/0
```

现在需要验证 R2 的接口 Gig0/0 是否参与了 EIGRP 进程。在 R2 上运行 **show ip eigrp interfaces** 命令（见例 4-38）。

例 4-38 R2 的 **show ip eigrp interfaces** 命令输出结果

```
R2# show ip eigrp interfaces
EIGRP-IPv4 Interfaces for AS(100)
                            Xmit Queue   Mean   Pacing Time   Multicast    Pending
Interface            Peers  Un/Reliable  SRTT   Un/Reliable   Flow Timer   Routes
Gi1/0                  0       0/0         0       0/0           448         0
```

例 4-38 的输出结果证实 R2 的接口 Gig0/0 没有参与 EIGRP 进程。

检查 R2 的 **show run | section router eigrp** 和 **show ip interface brief** 命令输出结果（见例 4-39），可以看出 R2 运行了错误的 **network** 语句。**network** 语句 **network 10.1.21.2 0.0.0.0** 在该 IP 地址的接口上启用了 EIGRP 进程，但是，根据 **show ip interface brief** 命令的输出结果，**network** 语句应该是 **network 10.1.12.2 0.0.0.0**（基于接口 GigabitEthernet0/0 的 IP 地址 10.1.12.2）。

例 4-39 R2 的 **show run | section router eigrp** 命令输出结果，验证接口的 IP 地址

```
R2# show run | section router eigrp
router eigrp 100
  network 10.1.21.2 0.0.0.0
  network 10.1.23.2 0.0.0.0

R2# show ip interface brief
Interface              IP-Address    OK?  Method   Status    Protocol
GigabitEthernet0/0     10.1.12.2     YES  manual   up        up
GigabitEthernet1/0     10.1.23.2     YES  manual   up        up
```

为了解决该问题，可以在 R2 上运行 **no network 10.1.21.2 0.0.0.0** 命令，并在路由器 EIGRP 配置模式下输入 **network 10.1.12.2 0.0.0.0** 命令。完成该操作后，邻居关系将成功建立（如以下 syslog 消息）：

```
R1#
%DUAL-5-NBRCHANGE: EIGRP-IPv4 100: Neighbor 10.1.12.2
(GigabitEthernet1/0) is up: new adjacency
R2#
%DUAL-5-NBRCHANGE: EIGRP-IPv4 100: Neighbor 10.1.12.1
(GigabitEthernet0/0) is up: new adjacency
```

在 R1 上通过 **show ip eigrp neighbors** 命令验证邻居关系（见例 4-40）。

例 4-40 通过 **show ip eigrp neighbors** 命令验证邻居关系

```
R1# show ip eigrp neighbors
EIGRP-IPv4 Neighbors for AS(100)
H    Address                  Interface       Hold Uptime  SRTT  RTO  Q  Seq
```

```
                                   (sec)          (ms)        Cnt Num
0   10.1.12.2              Gi1/0   14 00:02:10    75    450   0   12
```

回到 PC 并且 ping 同一个 IP 地址，以确认故障问题是否已解决。从例 4-41 的输出结果可以看出，收到了相同的 ping 结果，R1 仍然不知道网络 10.1.3.0/24。

例 4-41 在 PC 上运行 **ping** 命令产生目的地不可达结果

```
C:\>ping 10.1.3.10

Pinging 10.1.3.10 with 32 bytes of data;

Reply from 10.1.1.1: Destination host unreachable.
Reply from 10.1.1.1: Destination host unreachable.
Reply from 10.1.1.1: Destination host unreachable.
Reply from 10.1.1.1: Destination host unreachable.

Ping statistics for 10.1.3.10:
    Packets: Sent = 4, Received = 4, lost = 0 (0% loss),
Approximate round trip times in milli-seconds:
    Minimum = 0ms, Maximum = 0ms, Average = 0ms
```

再次回到 R1 并运行 **show ip route** 命令（见例 4-42）。可以看出，R1 正在接收 EIGRP 路由，这是因为目前的路由表中有一条 EIGRP 路由（由 D 加以标识），但 R1 仍然不知道网络 10.1.3.0/24。

例 4-42 与 R2 建立邻居关系后 **show ip route** 命令输出结果

```
R1# show ip route
...output omitted...
Gateway of last resort is not set

      10.0.0.0/8 is variably subnetted, 5 subnets, 2 masks
C        10.1.1.0/24 is directly connected, GigabitEthernet0/0
L        10.1.1.1/32 is directly connected, GigabitEthernet0/0
C        10.1.12.0/24 is directly connected, GigabitEthernet1/0
L        10.1.12.1/32 is directly connected, GigabitEthernet1/0
D        10.1.23.0/24 [90/3072] via 10.1.12.2, 00:07:40, GigabitEthernet1/0
```

那么 R2 知道网络 10.1.3.0/24 吗？从例 4-43 输出的 R2 路由表可以看出，R2 也不知道 10.1.3.0/24。

例 4-43 R2 的 **show ip route** 命令输出结果

```
R2# show ip route
...output omitted...
Gateway of last resort is not set

      10.0.0.0/8 is variably subnetted, 5 subnets, 2 masks
D        10.1.1.0/24 [90/3072] via 10.1.12.1, 00:12:11, GigabitEthernet0/0
C        10.1.12.0/24 is directly connected, GigabitEthernet0/0
L        10.1.12.2/32 is directly connected, GigabitEthernet0/0
C        10.1.23.0/24 is directly connected, GigabitEthernet1/0
L        10.1.23.2/32 is directly connected, GigabitEthernet1/0
```

如果 R2 希望学到网络 10.1.3.0/24，就必须与 R3 成为邻居。从 R2 的 **show ip eigrp neighbors** 命令输出结果可以看出（见例 4-44），R3 不是 R2 的邻居，R2 的邻居只有 R1。

例 4-44　R2 的 **show ip eigrp neighbors** 命令输出结果

```
R2# show ip eigrp neighbors
EIGRP-IPv4 Neighbors for AS(100)
H   Address                 Interface       Hold   Uptime     SRTT   RTO  Q   Seq
                                            (sec)             (ms)       Cnt  Num
0   10.1.12.1               Gi0/0           11     00:17:28   65     390  0    7
```

前面的例 4-38 显示 R2 的 Gig1/0 参与了 EIGRP 进程，因而应检查 R3 的接口情况。从例 4-45 的输出结果可以看出，R3 的两个接口均参与了 AS 10 的 EIGRP 进程。

例 4-45　R3 的 **show ip eigrp interfaces** 命令输出结果

```
R3# show ip eigrp interfaces
EIGRP-IPv4 Interfaces for AS(10)
                         Xmit Queue   Mean   Pacing Time   Multicast    Pending
Interface         Peers  Un/Reliable  SRTT   Un/Reliable   Flow Timer   Routes
Gi0/0               0       0/0        0        0/0           0           0
Gi1/0               0       0/0        0        0/0           0           0
```

看出问题在哪儿了吗？如果没有，请再次查看例 4-45，如果需要与例 4-44 进行对比，就仔细对比吧。

可以看出，问题在于 ASN 不匹配。如果要建立 EIGRP 邻居关系，ASN 必须匹配。为了解决该问题，必须在 R3 上启用 EIGRP AS 100，然后配置正确的 **network** 语句，从而在需要的接口上启用 EIGRP AS 100。此外，还应该删除不需要的 EIGRP 配置，如 EIGRP AS 10 的相关配置。例 4-46 给出了上述操作所需的配置命令。

例 4-46　解决故障问题所需的 R3 配置命令

```
R3# config t
Enter configuration commands, one per line. End with CNTL/Z.
R3(config)# no router eigrp 10
R3(config)# router eigrp 100
R3(config-router)# network 10.1.3.3 0.0.0.0
R3(config-router)# network 10.1.23.3 0.0.0.0
%DUAL-5-NBRCHANGE: EIGRP-IPv4 100: Neighbor 10.1.23.2 (GigabitEthernet1/0) is up:
new adjacency
R3(config-router)#
```

从例 4-46 可以看出，R3 与 R2 的邻居关系已经成功建立，现在需要验证故障问题是否已全部解决。在 R2 上运行 **show ip route** 命令（见例 4-47），可以看出网络 10.1.3.0/24 已经存在，在 R1 上运行相同的命令后可以看出网络 10.1.3.0/24 也已经存在（见例 4-48）。最后，再次在 PC 上执行相同的 ping 测试，从例 4-49 可以看出 ping 测试完全成功。

例 4-47 R2 的 **show ip route** 命令输出结果

```
R2# show ip route
...output omitted...

Gateway of last resort is not set

      10.0.0.0/8 is variably subnetted, 6 subnets, 2 masks
D        10.1.1.0/24 [90/3072] via 10.1.12.1, 00:37:21, GigabitEthernet0/0
D        10.1.3.0/24 [90/3072] via 10.1.23.3, 00:06:16, GigabitEthernet1/0
C        10.1.12.0/24 is directly connected, GigabitEthernet0/0
L        10.1.12.2/32 is directly connected, GigabitEthernet0/0
C        10.1.23.0/24 is directly connected, GigabitEthernet1/0
L        10.1.23.2/32 is directly connected, GigabitEthernet1/0
```

例 4-48 R1 的 **show ip route** 命令输出结果

```
R1# show ip route
Codes: L - local, C - connected, S - static, R - RIP, M - mobile, B - BGP
       D - EIGRP, EX - EIGRP external, O - OSPF, IA - OSPF inter area
       N1 - OSPF NSSA external type 1, N2 - OSPF NSSA external type 2
       E1 - OSPF external type 1, E2 - OSPF external type 2
       i - IS-IS, su - IS-IS summary, L1 - IS-IS level-1, L2 - IS-IS level-2
       ia - IS-IS inter area, * - candidate default, U - per-user static route
       o - ODR, P - periodic downloaded static route, H - NHRP, l - LISP
       + - replicated route, % - next hop override

Gateway of last resort is not set
     10.0.0.0/8 is variably subnetted, 6 subnets, 2 masks
C        10.1.1.0/24 is directly connected, GigabitEthernet0/0
L        10.1.1.1/32 is directly connected, GigabitEthernet0/0
D        10.1.3.0/24 [90/3328] via 10.1.12.2, 00:07:08, GigabitEthernet1/0
C        10.1.12.0/24 is directly connected, GigabitEthernet1/0
L        10.1.12.1/32 is directly connected, GigabitEthernet1/0
D        10.1.23.0/24 [90/3072] via 10.1.12.2, 00:38:12, GigabitEthernet1/0
```

例 4-49 从网络 10.1.1.0/24 向网络 10.1.3.0/24 发起的 ping 测试成功

```
C:\>ping 10.1.3.10

Pinging 10.1.3.10 with 32 bytes of data:

Reply from 10.1.3.10: bytes=32 time 1ms TTL=128
Reply from 10.1.3.10: bytes=32 time 1ms TTL=128
Reply from 10.1.3.10: bytes=32 time 1ms TTL=128
Reply from 10.1.3.10: bytes=32 time 1ms TTL=128

Ping statistics for 10.1.3.10:
   Packets: Sent = 4, Received = 4, Lost = 0 (0% loss),
Approximate round trip times in milli-seconds:
   Minimum = 0ms, Maximum = 0ms, Average = 0ms
```

4.5.2 故障工单 4-2

故障问题：网络 10.1.1.0/24 中的用户报告称无法访问网络 10.1.3.0/24 中的资源。

首先验证故障问题。从网络 10.1.1.0/24 中的 PC 向网络 10.1.3.0/24 中的 PC 发起 ping 测试（见例 4-50），可以看出 ping 测试失败。注意到默认网关 10.1.1.1 返回的应答消息为“Destination host unreachable”，因而从技术上来说，ping 测试不成功。

例 4-50　在 PC 上运行 **ping** 命令产生目的地不可达结果

```
C:\>ping 10.1.3.10

Pinging 10.1.3.10 with 32 bytes of data;

Reply from 10.1.1.1: Destination host unreachable.
Reply from 10.1.1.1: Destination host unreachable.
Reply from 10.1.1.1: Destination host unreachable.
Reply from 10.1.1.1: Destination host unreachable.

Ping statistics for 10.1.3.10:
    Packets: Sent = 4, Received = 4, lost = 0 (0% loss),
Approximate round trip times in milli-seconds:
    Minimum = 0ms, Maximum = 0ms, Average = 0ms
```

从 ping 测试可以看出两个非常重要的问题：PC 能够到达默认网关，默认网关不知道如何到达网络 10.1.3.0/24。因此，下面将重点关注 R1，并从 R1 开始排查故障。

在 R1 上运行相同的 **ping** 命令（见例 4-51），可以看出 ping 测试失败。

例 4-51　从 R1 向 10.1.3.10 发起的 ping 测试失败

```
R1# ping 10.1.3.10
Type escape sequence to abort.
Sending 5, 100-byte ICMP Echos to 10.1.3.10, timeout is 2 seconds:
.....
Success rate is 0 percent (0/5)
```

接下来利用 **show ip route 10.1.3.0 255.255.255.0** 命令检查 R1 的路由表，输出结果显示“% Subnet not in table”：

```
R1# show ip route 10.1.3.0 255.255.255.0
% Subnet not in table
```

R2 知道该路由吗？在 R2 上运行相同的命令，输出结果显示“% Subnet not in table”：

```
R2# show ip route 10.1.3.0 255.255.255.0
% Subnet not in table
```

接着在 R3 上运行相同的命令，输出结果表明 10.1.3.0/24 在路由表中显示为直连路由（见例 4-52）。

例 4-52　确定路由是否在 R3 路由表中

```
R3# show ip route 10.1.3.0 255.255.255.0
Routing entry for 10.1.3.0/24
  Known via "connected", distance 0, metric 0 (connected, via interface)
  Redistributing via eigrp 100
```

```
  Routing Descriptor Blocks:
  * directly connected, via GigabitEthernet0/0
      Route metric is 0, traffic share count is 1
```

是什么原因导致无法通过 EIGRP 将路由宣告给邻居呢？答案是接口未参与 EIGRP 进程。现在利用 **show ip eigrp interfaces** 命令检查 R3 的 EIGRP 接口表，例 4-53 表明只有 Gigabit Ethernet 1/0 参与了 EIGRP 进程。

例 4-53 确定接口是否参与了 EIGRP 进程

```
R3# show ip eigrp interfaces
EIGRP-IPv4 Interfaces for AS(100)
                        Xmit Queue   Mean   Pacing Time   Multicast    Pending
Interface        Peers  Un/Reliable  SRTT   Un/Reliable   Flow Timer   Routes
Gi1/0              1        0/0      821       0/0           4080         0
```

不过，此时不要急着下结论，即断定接口没有参与 EIGRP 进程。因为前文曾经说过，EIGRP 被动接口不会出现在输出结果中，因而需要利用 **show ip protocols** 命令检查被动接口。从例 4-54 可以看出，接口不是被动接口。

例 4-54 确定接口是否是被动接口

```
R3# show ip protocols
*** IP Routing is NSF aware ***

Routing Protocol is "eigrp 100"
  Outgoing update filter list for all interfaces is not set
  Incoming update filter list for all interfaces is not set
  Default networks flagged in outgoing updates
  Default networks accepted from incoming updates
  EIGRP-IPv4 Protocol for AS(100)
   Metric weight K1=1, K2=0, K3=1, K4=0, K5=0
    NSF-aware route hold timer is 240
    Router-ID: 10.1.23.3
    Topology : 0 (base)
      Active Timer: 3 min
      Distance: internal 90 external 170
      Maximum path: 4
      Maximum hopcount 100
      Maximum metric variance 1

   Automatic Summarization: disabled
   Maximum path: 4
   Routing for Networks:
     10.1.3.0/32
     10.1.23.3/32
   Routing Information Sources:
     Gateway         Distance      Last Update
     10.1.23.2             90      00:19:11
   Distance: internal 90 external 170
```

接下来需要确认是否配置了正确的 **network** 语句，以在连接网络 10.1.3.0/24 的接口上启用 EIGRP 进程。从例 4-54 的 **show ip protocols** 命令输出结果可以看出，R3 正

在路由网络 10.1.3.0/32。从前面的讨论可以知道，其实际含义应该是 **network 10.1.3.0 0.0.0.0**，因而 IP 地址为 10.1.3.0 的接口将启用 EIGRP 进程。例 4-55 显示了 **show ip interface brief** 命令的输出结果，可以看出没有任何接口的 IP 地址是 10.1.3.0，接口 Gi 0/0 的 IP 地址是 10.1.3.3，因而 **network** 语句不正确（见例 4-56 的 **show run | section router eigrp** 命令输出结果）。

例 4-55 查看接口的 IP 地址

```
R3# show ip interface brief
Interface            IP-Address OK? Method Status Protocol
GigabitEthernet0/0 10.1.3.3    YES NVRAM  up     up
GigabitEthernet1/0 10.1.23.3   YES NVRAM  up     up
```

例 4-56 查看运行配置中的 network 语句

```
R3# show run | section router eigrp
router eigrp 100
network 10.1.3.0 0.0.0.0
network 10.1.23.3 0.0.0.0
```

通过 **no network 10.1.3.0 0.0.0.0** 命令和 **network 10.1.3.3 0.0.0.0** 命令解决了上述问题后，可以通过命令 **show ip route 10.1.3.0 255.255.255.0** 检查 R1 路由表（见例 4-57）。可以看出，10.1.3.0/24 已经位于路由表中，且通过下一跳 10.1.12.2 可达。

例 4-57 检查 R1 路由表中的 10.1.3.0/24

```
R1# show ip route 10.1.3.0 255.255.255.0
Routing entry for 10.1.3.0/24
  Known via "eigrp 100", distance 90, metric 3328, type internal
  Redistributing via eigrp 100
  Last update from 10.1.12.2 on GigabitEthernet1/0, 00:00:06 ago
  Routing Descriptor Blocks:
  * 10.1.12.2, from 10.1.12.2, 00:00:06 ago, via GigabitEthernet1/0
      Route metric is 3328, traffic share count is 1
      Total delay is 30 microseconds, minimum bandwidth is 1000000 Kbit
      Reliability 255/255, minimum MTU 1500 bytes
      Loading 1/255, Hops 2
```

最后，在 PC 上再次发起 ping 测试，从例 4-58 可以看出 ping 测试完全成功。

例 4-58 从网络 10.1.1.0/24 向网络 10.1.3.0/24 发起的 ping 测试成功

```
C:\>ping 10.1.3.10

Pinging 10.1.3.10 with 32 bytes of data:

Reply from 10.1.3.10: bytes=32 time 1ms TTL=128
Reply from 10.1.3.10: bytes=32 time 1ms TTL=128
Reply from 10.1.3.10: bytes=32 time 1ms TTL=128
Reply from 10.1.3.10: bytes=32 time 1ms TTL=128

Ping statistics for 10.1.3.10:
    Packets: Sent = 4, Received = 4, Lost = 0 (0% loss),
```

```
Approximate round trip times in milli-seconds:
    Minimum = 0ms, Maximum = 0ms, Average = 0ms
```

4.5.3 故障工单 4-3

故障问题：网络 10.1.1.0/24 中的用户报告称无法访问网络 10.1.3.0/24 中的资源。

首先验证故障问题。从网络 10.1.1.0/24 中的 PC 向网络 10.1.3.0/24 中的 PC 发起 ping 测试，从例 4-59 可以看出 ping 测试失败。注意到默认网关 10.1.1.1 返回的应答消息为“Destination host unreachable”。

例 4-59 在 PC 上运行 **ping** 命令产生目的地不可达结果

```
C:\>ping 10.1.3.10

Pinging 10.1.3.10 with 32 bytes of data;

Reply from 10.1.1.1: Destination host unreachable.
Reply from 10.1.1.1: Destination host unreachable.
Reply from 10.1.1.1: Destination host unreachable.
Reply from 10.1.1.1: Destination host unreachable.

Ping statistics for 10.1.3.10:
    Packets: Sent = 4, Received = 4, lost = 0 (0% loss),
Approximate round trip times in milli-seconds:
    Minimum = 0ms, Maximum = 0ms, Average = 0ms
```

从 ping 测试可以看出两个非常重要的问题：PC 能够到达默认网关，默认网关不知道如何到达网络 10.1.3.0/24。因此，下面将重点关注 R1，并从 R1 开始排查故障。

在 R1 上运行相同的 **ping** 命令（见例 4-60），可以看出 ping 测试失败。

例 4-60 从 R1 向 10.1.3.10 发起的 ping 测试失败

```
R1# ping 10.1.3.10
Type escape sequence to abort.
Sending 5, 100-byte ICMP Echos to 10.1.3.10, timeout is 2 seconds:
.....
Success rate is 0 percent (0/5)
```

接下来利用 **show ip route 10.1.3.0 255.255.255.0** 命令检查 R1 的路由表，输出结果如下：

```
R1# show ip route 10.1.3.0 255.255.255.0

% Subnet not in table
```

R2 知道该路由吗？在 R2 上运行相同的命令（见例 4-61），输出结果显示 R2 知道该路由。

例 4-61 确定 R2 是否知道该路由

```
R2# show ip route 10.1.3.0 255.255.255.0
Routing entry for 10.1.3.0/24
  Known via "eigrp 100", distance 90, metric 3072, type internal
```

```
  Redistributing via eigrp 100
  Last update from 10.1.23.3 on GigabitEthernet1/0, 00:44:37 ago
  Routing Descriptor Blocks:
  * 10.1.23.3, from 10.1.23.3, 00:44:37 ago, via GigabitEthernet1/0
      Route metric is 3072, traffic share count is 1
      Total delay is 20 microseconds, minimum bandwidth is 1000000 Kbit
      Reliability 255/255, minimum MTU 1500 bytes
      Loading 1/255, Hops 1
```

接下来回到 R1 并运行 **show ip eigrp topology** 命令，以确定 R1 是否学到了 10.1.3.0/24。例 4-62 的输出结果表明 R1 未学到该路由。

例 4-62 确定 R1 是否学到了 10.1.3.0/24

```
R1# show ip eigrp topology
EIGRP-IPv4 Topology Table for AS(100)/ID(10.1.12.1)
Codes: P - Passive, A - Active, U - Update, Q - Query, R - Reply,
 r - reply Status, s - sia Status

P 10.1.12.0/24, 1 successors, FD is 2816
        via Connected, GigabitEthernet1/0
P 10.1.23.0/24, 1 successors, FD is 3072
        via 10.1.12.2 (3072/2816), GigabitEthernet1/0
P 10.1.1.0/24, 1 successors, FD is 2816
        via Connected, GigabitEthernet0/0
```

此时需要进行假设推断！为什么 R2 知道 10.1.3.0/24，而 R1 不知道 10.1.3.0/24 呢？

- R1 和 R2 不是 EIGRP 邻居。
- R2 上的路由过滤器阻止 R2 将 10.1.3.0/24 宣告给 R1。
- R1 上的路由过滤器阻止 R1 从 Gig1/0 学习 10.1.3.0/24。

在 R1 上运行 **show ip eigrp neighbors** 命令（见例 4-63），可以看出 R2 是 R1 的邻居。仔细分析 R1 的拓扑表后可以发现，R1 正在从 R2 学习 10.1.23.0/24，意味着 R1 和 R2 是邻居，并且从 R2 学到了路由，因而可以推断出存在路由过滤器。

例 4-63 确定 R1 和 R2 是否是邻居

```
R1# show ip eigrp neighbors
EIGRP-IPv4 Neighbors for AS(100)
H   Address                 Interface      Hold   Uptime     SRTT   RTO  Q   Seq
                                           (sec)             (ms)        Cnt Num
0   10.1.12.2               Gi1/0           12    01:20:27    72    432  0   18
```

接下来运行 **show ip protocols** 命令以确定 R1 上是否存在路由过滤器（见例 4-64）。从输出结果可以看出，R1 的 Gigabit Ethernet 1/0 接口上应用了一个入站路由过滤器，该路由过滤器基于名为 DENY_10.1.3.0/24 的前缀列表对路由进行过滤。

例 4-64 确定 R1 上是否存在路由过滤器

```
R1# show ip protocols
*** IP Routing is NSF aware ***

Routing Protocol is "eigrp 100"
```

```
  Outgoing update filter list for all interfaces is not set
  Incoming update filter list for all interfaces is not set
    GigabitEthernet1/0 filtered by (prefix-list) DENY_10.1.3.0/24 (per-user),
default is not set
  Default networks flagged in outgoing updates
  Default networks accepted from incoming updates
  EIGRP-IPv4 Protocol for AS(100)
...output omitted...
```

在 R1 上运行 **show ip prefix-list** 命令（见例 4-65），可以看出 10.1.3.0/24 被拒绝了。

例 4-65 查看前缀列表

```
R1# show ip prefix-list
ip prefix-list DENY_10.1.3.0/24: 2 entries
seq 5 deny 10.1.3.0/24
seq 10 permit 0.0.0.0/0 le 32
```

此时，可以修改前缀列表以允许 10.1.3.0/24，也可以从 EIGRP 进程中删除分发列表，具体解决方式取决于组织机构或应用场景的需求。本例利用 **no distribute-list prefix DENY_10.1.3.0/24 in GigabitEthernet1/0** 命令删除了该分发列表，操作完成后邻居关系将被重置（如以下 syslog 消息）：

```
%DUAL-5-NBRCHANGE: EIGRP-IPv4 100: Neighbor 10.1.12.2
(GigabitEthernet1/0) is resync: intf route configuration changed
```

解决了上述问题之后，利用 **show ip route 10.1.3.0 255.255.255.0** 命令检查 R1 的路由表。从例 4-66 可以看出，10.1.3.0/24 已经位于路由表中，并且经下一跳 10.1.12.2 可达。

例 4-66 在 R1 的路由表中验证 10.1.3.0/24

```
R1# show ip route 10.1.3.0 255.255.255.0
Routing entry for 10.1.3.0/24
  Known via "eigrp 100", distance 90, metric 3328, type internal
  Redistributing via eigrp 100
  Last update from 10.1.12.2 on GigabitEthernet1/0, 00:00:06 ago
  Routing Descriptor Blocks:
  * 10.1.12.2, from 10.1.12.2, 00:00:06 ago, via GigabitEthernet1/0
      Route metric is 3328, traffic share count is 1
      Total delay is 30 microseconds, minimum bandwidth is 1000000 Kbit
      Reliability 255/255, minimum MTU 1500 bytes
      Loading 1/255, Hops 2
```

最后，在 PC 上再次发起 ping 测试，从例 4-67 可以看出 ping 测试完全成功。

例 4-67 从网络 10.1.1.0/24 向网络 10.1.3.0/24 发起的 ping 测试成功

```
C:\>ping 10.1.3.10

Pinging 10.1.3.10 with 32 bytes of data:

Reply from 10.1.3.10: bytes=32 time 1ms TTL=128
Reply from 10.1.3.10: bytes=32 time 1ms TTL=128
```

```
Reply from 10.1.3.10: bytes=32 time 1ms TTL=128
Reply from 10.1.3.10: bytes=32 time 1ms TTL=128

Ping statistics for 10.1.3.10:
    Packets: Sent = 4, Received = 4, Lost = 0 (0% loss),
Approximate round trip times in milli-seconds:
    Minimum = 0ms, Maximum = 0ms, Average = 0ms
```

备考任务

本书提供多种备考手段：此处的练习题以及 Pearson Test Prep 软件中的模拟考试题。与实际试题相比，下面问题的难度更高，因为它们都是开放式问题。通过这种难度更高的问题，读者可以更好地测试知识掌握程度，以确保完全掌握本章基本概念和主要内容。下面的问题都可以在附录中找到参考答案。

1．复习所有考试要点

请复习本章涉及的所有重要主题，这些内容都用“考试要点”图标做了标记，表 4-2 列出了这些考试要点及其描述。

表 4-2　　考试要点

考试要点	描述
列表	EIGRP 邻居关系无法建立的可能原因
例 4-2	通过 **show ip protocols** 命令验证 AS
例 4-4	通过 **show ip eigrp interfaces** 命令验证 EIGRP 接口
例 4-7	通过 **show ip protocols** 命令验证 *K* 值
例 4-8	通过 **show ip protocols** 命令验证被动接口
小节	认证
列表	EIGRP 拓扑表或路由表缺失 IPv4 EIGRP 路由的常见原因
段落	更优的路由信息源导致次优路由的原因
列表	排查路由过滤故障时必须考虑的问题
小节	末梢配置
小节	水平分割
列表	排查路由汇总故障时需要注意的问题
例 4-31	验证最大路径数和方差值

2．定义关键术语

请对本章中的下列关键术语进行定义。

Hello 包、**network** 命令、ASN、*K* 值、被动接口、密钥 ID、密钥字符串、密钥链、末梢、水平分割、后继路由、可行后继路由、报告距离、可行距离、不连续网络、自动汇总、有类别、无类别、最大路径数、方差。

3．检查命令的记忆程度

以下列出本章用到的各种重要配置和验证命令，虽然并不需要记忆每条命令的完整语法格式，但是应该记住这些命令所需的基本关键字。

为了检查你对这些命令的记忆情况，请用一张纸遮住表 4-3 的右侧，通过表格左侧的描述内容，看一看是否能记起这些命令。

表 4-3　命令参考

任务	命令语法
显示路由器启用的 IPv4 路由协议；对于 EIGRP 来说，显示 ASN、入站和出站路由过滤器、*K* 值、路由器 ID、最大路径、方差、本地末梢配置、路由的网络、路由信息源、管理距离和被动接口	**show ip protocols**
显示路由器的 EIGRP 邻居	**show ip eigrp neighbors**
显示路由器的 EIGRP 邻居的详细信息，包括邻居是否是末梢路由器以及宣告为末梢的网络类型	**show ip eigrp neighbors detail**
显示路由器加入 EIGRP 进程的所有接口（被动接口除外）	**show ip eigrp interfaces**
显示参加 IPv4 EIGRP 进程的接口以及 EIGRP Hello 和保持定时器、是否启用了水平分割功能、是否使用了认证机制	**show ip eigrp interfaces detail**
显示运行配置中的 EIGRP 配置信息	**show run | section router eigrp**
显示运行配置中的特定接口配置（这一点对于排查 EIGRP 接口故障来说非常有用）	**show run interface** *interface_type interface_number*
显示密钥链以及相关的密钥 ID 和密钥字符串	**show key chain**
显示 IPv4 接口参数。对于 EIGRP 来说，可以验证接口是否加入了正确的多播组（224.0.0.10）以及是否在接口上应用了 ACL 以阻止 EIGRP 邻居关系的建立	**show ip interface** *interface_type interface_number*
显示路由器 EIGRP 进程知道的路由信息（包含在 EIGRP 拓扑表中），关键字 **all-links** 可以显示从每个网络学到的所有路由，如果没有使用关键字 **all-links**，那么仅为每个网络显示后继路由和可行后继路由	**show ip eigrp topology [all-links]**
显示路由器的 IP 路由表知道的由 EIGRP 进程注入的路由	**show ip route eigrp**
显示该路由器与 EIGRP 邻居交换的所有 EIGRP 数据包，或者仅显示特定类型的 EIGRP 数据包（如 EIGRP Hello 包）	**debug eigrp packets**

由于 ENARSI 300-410 认证考试重点考查考生作为网络专家的实际动手能力，因而必须掌握与本章主题相关的配置、验证及故障排查命令。

第 5 章

EIGRPv6

本章主要讨论以下主题。

- **EIGRPv6 基础知识**：本节将讨论 EIGRPv6 的基本知识及其与 IPv4 EIGRP 的关系。
- **EIGRPv6 邻居故障排查**：本节将讨论 EIGRPv6 邻居关系无法建立的可能原因以及相应的故障排查方法。
- **EIGRPv6 路由故障排查**：本节将讨论 EIGRPv6 路由缺失的可能原因以及相应的故障排查方法。
- **EIGRP 命名配置模式故障排查**：本节将介绍排查 EIGRP 命名配置模式故障时可能用到的各种 **show** 命令。
- **故障工单（EIGRPv6 和 EIGRP 命名配置模式）**：本节将通过故障工单来说明如何通过结构化的故障排查过程来解决故障问题。

原始的 EIGRP 支持多种协议集，PDM 可以为每种协议提供唯一的邻居表和拓扑表。如果路由协议启用了 IPv6 地址簇，那么通常将该路由协议称为 EIGRPv6。

本章将回顾 EIGRPv6 的基础知识以及相应的配置和验证技术，介绍常见的 EIGRPv6 邻居和路由故障的排查方式，还将讨论 EIGRP 命名配置模式的相关内容，并通过两个故障工单加以总结。

5.1 “我已经知道了吗？”测验

“我已经知道了吗？”测验的目的是帮助读者确定是否需要完整地学习本章知识或者直接跳至“备考任务”，如果读者对题目的答案还存在疑问，或者评估自己对这些主题知识的掌握程度还不够的话，就可以从头学起。表 5-1 列出了本章的主要内容以及与这些内容相关联的“我已经知道了吗？”测验题，答案可参见附录。

表 5-1　“我已经知道了吗？”基本主题章节与所对应的测验题

涵盖测验题的基本主题章节	测验题
EIGRPv6 基础知识	1～4
EIGRPv6 邻居故障排查	5、9
EIGRPv6 路由故障排查	6、7
EIGRP 命名配置模式故障排查	8

注意：自我评价的目的是检验你对本章知识的掌握程度，如果不知道或仅部分知道问题的答案，出于自我评价的目的，请在该问题上标记“错”。为了不影响自我评价的结果，对不懂的问题请不要猜测答案，否则可能会造成一种已掌握的假象。

1. EIGRPv6 Hello 包的目的地址是什么？
   a. MAC 地址 00:C1:00:5C:00:FF
   b. MAC 地址 E0:00:00:06:00:AA
   c. IP 地址 224.0.0.8
   d. IP 地址 224.0.0.10
   e. IPv6 地址 FF02::A
   f. IPv6 地址 FF02::8
2. 采用 EIGRPv6 传统配置模式在接口上启用 EIGRPv6 时，需要________。
   a. 在 EIGRP 进程下执行命令 **network** *prefix/prefix-length*
   b. 在 EIGRP 进程下执行命令 **network** *interface-id*
   c. 在接口下执行命令 **ipv6 eigrp** *as-number*
   d. 无须任何操作；EIGRP 进程初始化之后即可在所有 IPv6 接口上启用 EIGRPv6
3. 采用 EIGRPv6 命名配置模式在接口上启用 EIGRPv6 时，需要________。
   a. 在 EIGRP 进程下执行命令 **network** *prefix/prefix-length*
   b. 在 EIGRP 进程下执行命令 **network** *interface-id*
   c. 在接口下执行命令 **ipv6 eigrp** *as-number*
   d. 无须任何操作；EIGRP 进程初始化之后即可在所有 IPv6 接口上启用 EIGRPv6
4. 哪条 EIGRPv6 命令可以验证是否已将接口配置为被动接口？
   a. **show ipv6 protocols**
   b. **show ipv6 eigrp interfaces detail**
   c. **show ipv6 eigrp neighbors detail**
   d. **show ipv6 eigrp topology**
5. 哪条 EIGRPv6 命令可以验证本地路由器是否为末梢路由器？
   a. **show ipv6 protocols**
   b. **show ipv6 eigrp interfaces detail**
   c. **show ipv6 eigrp neighbors detail**
   d. **show ipv6 eigrp topology**
6. 哪条 EIGRPv6 命令可以验证邻居路由器是否为末梢路由器？
   a. **show ipv6 protocols**
   b. **show ipv6 eigrp interfaces detail**
   c. **show ipv6 eigrp neighbors detail**
   d. **show ipv6 eigrp topology**
7. 下面哪些命令可以验证接口参与了命名式 IPv4 EIGRP 地址簇？（选择两项）
   a. **show ip eigrp interfaces**

b. **show eigrp address-family ipv4 interfaces**

c. **show ipv6 eigrp interfaces**

d. **show eigrp address-family ipv6 interfaces**

8. 以下哪些选项必须匹配才能建立 EIGRPv6 邻居？（选择两项）

a. 接口所属的子网

b. 自治系统号

c. 被动接口

d. *K* 值

9. IPv6 ACL 必须允许以下哪些项才能建立 EIGRPv6 邻居邻接关系？

a. FF02::A

b. FF02::10

c. 邻居设备的链路本地地址

d. 邻居设备的全局地址

基础主题

5.2 EIGRPv6 基础知识

IPv4 EIGRP 和 IPv6 EIGRP 的功能行为并没有任何区别，两者使用相同的管理距离、度量、定时器和 DUAL 机制来构建路由表。本章将详细讨论 EIGRP 的操作行为及其常见功能，本节将讨论 IPv6 特有的路由协议组件。

5.2.1 EIGRPv6 路由器间通信

IPv4 和 IPv6 EIGRP 数据包都使用周知协议 ID 88 加以标识。启用 EIGRPv6 时，路由器使用接口的 IPv6 链路本地地址作为源 IP 地址相互通信，目的 IP 地址可能是单播链路本地地址或多播链路本地范围地址 FF02::A（具体取决于 EIGRP 数据包类型）。

表 5-2 显示了不同类型的 EIGRPv6 数据包的源 IP 地址和目的 IP 地址。

表 5-2 EIGRPv6 数据包

EIGRPv6 数据包	源 IP 地址	目的 IP 地址	作用
Hello 包	链路本地地址	FF02::A	邻居发现和保活
确认包	链路本地地址	链路本地地址	确认收到更新包
查询包	链路本地地址	FF02::A	在拓扑结构发生变化之后请求路由信息
应答包	链路本地地址	链路本地地址	响应查询消息
更新包	链路本地地址	链路本地地址	邻接关系建立
更新包	链路本地地址	FF02::A	拓扑结构变化

5.2.2 EIGRPv6 配置

可以通过两种方法在 IOS 和 IOS XE 路由器中配置 IPv6 EIGRP。

- 传统 AS 配置模式。
- 命名配置模式。

1. EIGRPv6 传统配置模式

传统配置模式是最初 IOS 启用 IPv6 EIGRP 的配置方法。该模式通过自治系统号配置路由进程。

在 IOS 路由器上配置 EIGRPv6 的步骤如下。

步骤 1 通过全局配置命令 **ipv6 router eigrp** *as-number* 配置 EIGRPv6 进程。

步骤 2 通过 IPv6 地址簇命令 **eigrp router-id** *id* 分配路由器 ID。为了确保路由进程的正确运行，应该手动分配路由器 ID。EIGRP 的默认行为是将最大的 IPv4 环回地址（如果没有，就使用最大的 IPv4 接口地址）在本地分配路由器 ID。路由器 ID 不需要映射为 IPv4 地址，其可以是任何 32 比特唯一的点分十进制标识符。如果未定义 IPv4 地址或未手动配置路由器 ID，那么路由进程将无法启动。

步骤 3 使用接口参数命令 **ipv6 eigrp** *as-number* 在接口上启用进程。

几乎所有的 IPv6 EIGRP 功能特性的配置方式都与 IPv4 EIGRP 传统配置模式相同，主要区别就是在大多数命令之前用关键字 **ipv6** 替代关键字 **ip**。一个值得关注的例外就是大家非常熟悉的 EIGRP 路由配置模式下的 IPv4 **network** 语句，EIGRPv6 无 **network** 语句。使用 IPv6 EIGRP 传统 AS 配置模式时，必须直接在接口上启用该协议。

2. EIGRPv6 命名配置模式

EIGRP 命名配置模式是一种较新的在 IOS 路由器上配置 EIGRP 的方法。命名配置模式可以在单个 EIGRP 实例中支持 IPv4、IPv6 以及 VRF。

EIGRPv6 命名配置模式的步骤如下。

步骤 1 在全局配置模式下使用命令 **router eigrp** *process-name* 配置 EIGRPv6 路由进程。与传统配置模式不同，命名配置模式可以指定一个名称而非自治系统号。

步骤 2 使用命令 **address-family ipv6 autonomous-system** *as-number* 为路由进程定义地址簇和自治系统号。

步骤 3 使用 IPv6 地址簇命令 **eigrp router-id** *router-id* 分配路由器 ID。

EIGRPv6 命名配置模式采用分层配置方式，大多数命令结构与 IPv4 EIGRP 命名配置模式的命令结构相同。命名配置模式可以大大简化配置并提高 CLI（Command-Line Interface，命令行接口）的可用性。所有与接口相关的 EIGRP 参数都要在 EIGRP 命名式进程的 IPv6 地址簇内的 **af-interface default** 或 **af-interface** *interface-id* 子模式下进行配置。

为 EIGRP 命名式进程配置 IPv6 地址簇时，所有启用了 IPv6 功能的接口都会立即参与路由进程。如果要在接口上禁用路由进程，就需要在 **af-interface** 配置模式下关闭

该接口。

3. EIGRPv6 验证

IPv6 使用与第 3 章和第 4 章相同的 EIGRP 验证命令，唯一的区别在于在命令语法中使用关键字 **ipv6**。

表 5-3 列出了本章将要使用的 IPv6 版本的 EIGRP **show** 命令。

表 5-3　EIGRP **show** 命令

命令	描述
show ipv6 eigrp interfaces [*interface-id*] [**detail**]	显示 EIGRPv6 接口
show ipv6 eigrp neighbors	显示 EIGRPv6 邻居
show ipv6 route eigrp	仅显示路由表中的 IPv6 EIGRP 路由
show ipv6 protocols	显示活动路由协议的当前状态

图 5-1 给出了一个简单的 EIGRPv6 拓扑结构示例，路由器 R1 与 R2 之间启用了 EIGRPv6 AS 100 以进行网络互连。

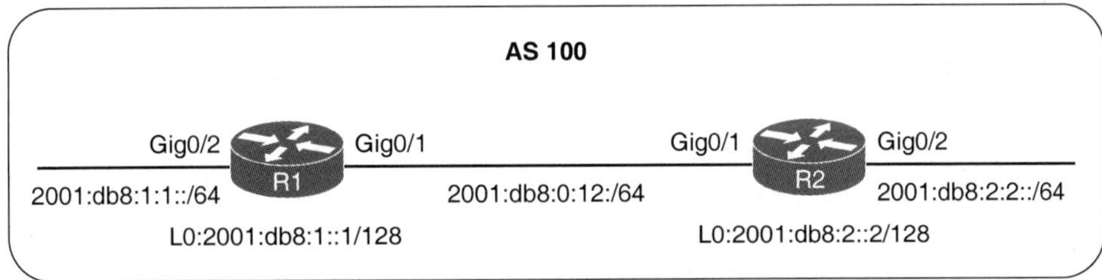

图 5-1　简单的 EIGRPv6 拓扑结构示例

例 5-1 显示了该拓扑结构完整的 EIGRPv6 配置信息，该例同时提供了 EIGRPv6 传统 AS 配置模式和命名配置模式。请注意，IOS 传统配置模式需要在每个物理接口上启用 EIGRP，而命名配置模式则自动在所有接口上启用 EIGRP。

例 5-1　EIGRPv6 配置信息

```
R1 (Classic Configuration)
interface GigabitEthernet0/1
 ipv6 address 2001:DB8:0:12::1/64
 ipv6 address fe80::1 link-local
 ipv6 eigrp 100
!
interface GigabitEthernet0/2
 ipv6 address 2001:DB8:1:1::1/64
 ipv6 address fe80::1 link-local
 ipv6 eigrp 100
!
interface Loopback0
 ipv6 address 2001:DB8:1::1/128
 ipv6 eigrp 100
!
```

```
ipv6 unicast-routing
!
ipv6 router eigrp 100
  passive-interface Loopback0
  eigrp router-id 192.168.1.1
```

```
R2 (Named Mode Configuration)
interface GigabitEthernet0/1
 ipv6 address 2001:DB8:0:12::2/64
 ipv6 address fe80::2 link-local
!
interface GigabitEthernet0/2
 ipv6 address 2001:DB8:2:2::2/64
 ipv6 address fe80::2 link-local
!
interface Loopback0
 ipv6 address 2001:DB8:2::2/128
!
ipv6 unicast-routing
!
router eigrp NAMED-MODE
 address-family ipv6 unicast autonomous-system 100
  eigrp router-id 192.168.2.2
```

例 5-2 验证了 EIGRPv6 邻居邻接关系。请注意，该邻接关系使用的是链路本地地址。

例 5-2 EIGRPv6 邻居邻接关系

```
R1# show ipv6 eigrp neighbors
EIGRP-IPv6 Neighbors for AS(100)
H   Address                Interface              Hold Uptime    SRTT   RTO  Q  Seq
                                                  (sec)          (ms)        Cnt Num
0   Link-local address:    Gi0/1                  13 00:01:14 1593    5000  0   7
    FE80::2
```

```
R2# show ipv6 eigrp neighbors
EIGRP-IPv6 VR(NAMED-MODE) Address-Family Neighbors for AS(100)
H   Address                Interface              Hold Uptime    SRTT   RTO  Q  Seq
                                                  (sec)          (ms)        Cnt Num
0   Link-local address:    Gi0/1                    11 00:01:07   21    126  0   5
    FE80::1
```

例 5-3 显示了 R1 和 R2 的 EIGRPv6 路由表信息。请注意，IPv6 下一跳转发地址使用的也是链路本地地址，而不是对等体的全局单播地址。

例 5-3 EIGRPv6 路由表信息

```
R1# show ipv6 route eigrp
! Output omitted for brevity
D   2001:DB8:2::2/128 [90/2848]
     via FE80::2, GigabitEthernet0/1
D   2001:DB8:2:2::/64 [90/3072]
     via FE80::2, GigabitEthernet0/1
```

```
R2# show ipv6 route eigrp
```

```
! Output omitted for brevity
D   2001:DB8:1:1::/64 [90/15360]
     via FE80::1, GigabitEthernet0/1
D   2001:DB8:1::1/128 [90/10752]
     via FE80::1, GigabitEthernet0/1
```

5.2.3 IPv6 路由汇总

IPv6 不存在有类别和无类别路由的概念，因而无法实现自动路由汇总，需要手动在每个接口上配置 IPv6 的 EIGRPv6 路由汇总。规则如下，与 IPv4 的相同。

- 不宣告汇总聚合前缀，除非有前缀与其匹配。
- 抑制明细前缀。
- 为了避免路由环路，需要在路由表中增加一条管理距离为 5 的 Null0 路由。
- 宣告汇总地址时，可以通过泄露映射来宣告明细前缀。

对于传统配置模式来说，需要通过命令 **ipv6 summary-address eigrp** *as-number ipv6-prefix/prefix-length* 在接口级别配置网络汇总。对于命名配置模式来说，就需要在 **af-interface** 子模式下通过命令 **summary-address** *ipv6-prefix/prefix-length* 配置网络汇总。

例 5-4 配置 R1 向 R2 宣告 EIGRPv6 汇总路由 2001:db8:1::/48，同时配置 R2 向 R1 宣告 EIGRPv6 汇总路由 2001:DB8:2::/48。本例同时显示了传统配置模式和命名配置模式的汇总配置。

例 5-4 配置 EIGRPv6 汇总路由

```
R1 (Classic Mode Configuration)
interface GigabitEthernet0/1
 ipv6 summary-address eigrp 100 2001:DB8:1::/48
```

```
R2 (Named Mode Configuration)
router eigrp NAMED-MODE
 address-family ipv6 unicast autonomous-system 100
  af-interface GigabitEthernet0/1
   summary-address 2001:DB8:2::/48
```

例 5-5 显示了 R1 和 R2 的 EIGRPv6 路由表。可以看出，路由器仅从邻居路由器收到了/48 汇总前缀，抑制了更明细的/64 和/128 前缀。此外，路由器还为本地/48 汇总路由宣告安装了一条 Null0 路由。

例 5-5 EIGRPv6 路由表

```
R1# show ipv6 route eigrp
! Output omitted for brevity
D   2001:DB8:1::/48 [5/2816]
     via Null0, directly connected
D   2001:DB8:2::/48 [90/2848]
     via FE80::2, GigabitEthernet0/1
```

```
R2# show ipv6 route eigrp
```

```
! Output omitted for brevity
D   2001:DB8:1::/48 [90/2841]
     via FE80::1, GigabitEthernet0/1
D   2001:DB8:2::/48 [5/2816]
     via Null0, directly connected
```

5.2.4 默认路由宣告

如果要将默认路由发布到 EIGRPv6 拓扑中，可以在接口级别将默认前缀（::/0）作为汇总地址。使用路由汇总机制时，路由器会抑制除::/0 默认路由表项之外的所有前缀宣告。

例 5-6 采用两种配置模式将默认路由注入 EIGRPv6 中。

例 5-6 EIGRPv6 默认路由注入

```
R2 (Classic Configuration)
interface GigabitEthernet0/1
 ipv6 eigrp 100
 ipv6 summary-address eigrp 100 ::/0
```

```
R2 (Named Mode Configuration)
router eigrp CISCO
 address-family ipv6 unicast autonomous-system 100
  af-interface GigabitEthernet0/1
   summary-address ::/0
```

5.2.5 路由过滤

在 IOS 和 IOS XE 中，可以使用前缀列表来匹配路由映射和分发列表中的 IPv6 路由。

例 5-7 通过分发列表过滤了与接口 GigabitEthernet0/1 相连的上游邻居的默认路由::/0 宣告。与 Sequence 5 相关联的前缀列表 BLOCK-DEFAULT 是一条拒绝语句，负责过滤与默认路由前缀::/0 精确匹配的路由。Sequence 10 是一条 **permit-any** 匹配语句，允许接收任何长度的前缀。

例 5-7 过滤默认路由的 IOS 分发列表

```
R1 (Classic Configuration)
ipv6 router eigrp 100
 distribute-list prefix-list BLOCK-DEFAULT in GigabitEthernet0/1
!
ipv6 prefix-list BLOCK-DEFAULT seq 5 deny ::/0
ipv6 prefix-list BLOCK-DEFAULT seq 10 permit ::/0 le 128
```

```
R2 (Named Mode Configuration)
router eigrp CISCO
 address-family ipv6 unicast autonomous-system 100
  topology base
   distribute-list prefix-list BLOCK-DEFAULT in GigabitEthernet0/1
  exit-af-topology
 exit-address-family
```

```
!
ipv6 prefix-list BLOCK-DEFAULT seq 5 deny ::/0
ipv6 prefix-list BLOCK-DEFAULT seq 10 permit ::/0 le 128
```

5.3 EIGRPv6 邻居故障排查

由于 IPv6 EIGRP 基于 IPv4 EIGRP，因而两者的故障排查方式非常相似（虽然两者确实有一些差异）。虽然无须掌握大量与 IPv6 EIGRP 相关的新知识，但必须掌握与 IPv6 EIGRP 故障排查相关的 **show** 命令使用方式。

虽然本节讨论的故障问题与第 4 章相似，但重点是解释与 EIGRPv6 故障排查相关的 **show** 命令使用方式。

IPv6 EIGRP 邻居故障与 IPv4 EIGRP 的非常相似，区别在于在接口上启用 IPv6 EIGRP 的方式。如果要验证 IPv6 EIGRP 邻居，可以使用 **show ipv6 eigrp neighbors** 命令（见例 5-8），请注意通过链路本地地址标识 IPv6 EIGRP 邻居的方式，本例中的 R2 是两台路由器的邻居，其中一台可以通过 Gig1/0 到达，另一台可以通过 Gig0/0 到达。

例 5-8 验证 IPv6 EIGRP 邻居

```
R2# show ipv6 eigrp neighbors
EIGRP-IPv6 Neighbors for AS(100)
H   Address                    Interface          Hold  Uptime    SRTT   RTO   Q  Seq
                                                  (sec)           (ms)         Cnt Num
1 Link-local address:        Gi1/0               10    00:17:59   320   2880   0  4
  FE80::C823:17FF:FEEC:1C
0 Link-local address:        Gi0/0               12    00:18:01   148    888   0  3
  FE80::C820:17FF:FE04:1C
```

5.3.1 接口处于关闭状态

可以通过 **show ipv6 interface brief** 命令验证接口是否处于 Up/Up 状态（见例 5-9）。从输出结果可以看出，Gig0/0 和 Gig1/0 均处于 Up/Up 状态，而 Gig2/0 则处于 administratively Down/Down 状态，表明接口 Gig2/0 配置了 **shutdown** 命令。

例 5-9 验证 IPv6 接口的状态

```
R1# show ipv6 interface brief
GigabitEthernet0/0 [up/up]
 FE80::C80E:1FF:FE9C:8
 2001:DB8:0:1::1
GigabitEthernet1/0 [up/up]
 FE80::C80E:1FF:FE9C:1C
 2001:DB8:0:12::1
GigabitEthernet2/0 [administratively down/down]
 FE80::C80E:1FF:FE9C:38
 2001:DB8:0:13::1
```

5.3.2 自治系统号不匹配

可以通过 **show ipv6 protocols** 命令验证正在使用的自治系统号（见例 5-10）。例 5-10

中的 EIGRP 自治系统号是 100。

5.3.3 *K* 值不匹配

可以通过 **show ipv6 protocols** 命令验证 IPv6 EIGRP 的 *K* 值（见例 5-10）。例 5-10 中的 *K* 值为 1、0、1、0、0（均为默认值）。

5.3.4 被动接口

可以通过 **show ipv6 protocols** 命令验证参与 IPv6 EIGRP 自治系统的被动路由器接口（见例 5-10）。例 5-10 中的 Gigabit Ethernet 0/0 是被动接口。

例 5-10 利用命令 **show ipv6 protocols** 验证 IPv6 EIGRP 的配置参数

```
R1# show ipv6 protocols
...output omitted...
IPv6 Routing Protocol is "eigrp 100"
EIGRP-IPv6 Protocol for AS(100)
  Metric weight K1=1, K2=0, K3=1, K4=0, K5=0
  NSF-aware route hold timer is 240
  Router-ID: 10.1.12.1
  Topology : 0 (base)
    Active Timer: 3 min
    Distance: internal 90 external 170
    Maximum path: 16
    Maximum hopcount 100
    Maximum metric variance 1

  Interfaces:
    GigabitEthernet1/0
    GigabitEthernet0/0 (passive)
  Redistribution:
    None
```

5.3.5 认证参数不匹配

如果部署了认证机制，那么必须保证密钥 ID 和密钥字符串完全匹配，如果配置了密钥有效期，那么还必须保证邻居之间的密钥必须有效。可以通过 **show ipv6 eigrp interfaces detail** 命令验证接口是否启用了 IPv6 EIGRP 认证，通过 **show key chain** 命令验证正在使用的密钥链（见例 5-11）。本例使用的认证模式是 MD5，使用的密钥链是 TEST。

例 5-11 验证 IPv6 EIGRP 认证机制

```
R1# show ipv6 eigrp interfaces detail
EIGRP-IPv6 Interfaces for AS(100)
                  Xmit Queue   PeerQ        Mean   Pacing Time   Multicast    Pending
Interface  Peers  Un/Reliable  Un/Reliable  SRTT   Un/Reliable   Flow Timer   Routes
Gi1/0        1        0/0          0/0       72        0/0          316         0
  Hello-interval is 5, Hold-time is 15
  Split-horizon is enabled
  Next xmit serial <none>
```

```
  Packetized sent/expedited: 5/0
  Hello's sent/expedited: 494/6
  Un/reliable mcasts: 0/4 Un/reliable ucasts: 4/59
  Mcast exceptions: 0 CR packets: 0 ACKs suppressed: 0
  Retransmissions sent: 54 Out-of-sequence rcvd: 3
  Topology-ids on interface - 0
  Authentication mode is md5, key-chain is "TEST"
R1# show key chain
Key-chain TEST:
    key 1 -- text "TEST"
        accept lifetime (always valid) - (always valid) [valid now]
        send lifetime (always valid) - (always valid) [valid now]
```

5.3.6 定时器

虽然 EIGRP 并不要求定时器完全匹配，但如果定时器配置有问题，就可能会导致邻居关系出现翻动问题。可以通过 **show ipv6 eigrp interfaces detail** 命令验证已配置的定时器（见例 5-11）。例 5-11 中配置的 Hello 间隔为 5，保持时间为 15，均是默认值。

5.3.7 接口未参与路由进程

利用接口配置命令 **ipv6 eigrp** *autonomous_system_number* 可以为接口启用 IPv6 EIGRP 进程，**show ipv6 eigrp interfaces** 和 **show ipv6 protocols** 两个 **show** 命令都能验证参与路由进程的接口情况（见例 5-12）。与 IPv4 EIGRP 相似，**show ipv6 eigrp interfaces** 命令也不显示被动接口，而 **show ipv6 protocols** 命令则可以显示被动接口。

例 5-12 验证 IPv6 EIGRP 接口

```
R1# show ipv6 eigrp interfaces
EIGRP-IPv6 Interfaces for AS(100)
                Xmit Queue   PeerQ        Mean   Pacing Time   Multicast    Pending
Interface Peers Un/Reliable Un/Reliable SRTT   Un/Reliable   Flow Timer   Routes
Gi1/0       1        0/0        0/0       282       0/0          1348           0
R1# show ipv6 protocols
IPv6 Routing Protocol is "connected"
IPv6 Routing Protocol is "ND"
IPv6 Routing Protocol is "eigrp 100"
EIGRP-IPv6 Protocol for AS(100)
  Metric weight K1=1, K2=0, K3=1, K4=0, K5=0
  NSF-aware route hold timer is 240
...output omitted...
  Interfaces:
    GigabitEthernet1/0
    GigabitEthernet0/0 (passive)
  Redistribution:
  None
```

5.3.8 ACL

IPv6 EIGRP 使用 IPv6 组播地址 FF02::A 建立邻居关系，如果 IPv6 ACL 拒绝了去往组播地址 FF02::A 的数据包，那么邻居关系将无法建立。此外，由于 IPv6 EIGRP 是通过链路本地地址建立邻居关系的，如果链路本地地址范围被 IPv6 ACL 根据接口

中的源或目的 IPv6 地址拒绝了，那么邻居关系也将无法成功建立。

5.4 EIGRPv6 路由故障排查

由于 IPv6 EIGRP 路由缺失的可能原因以及故障排查步骤与前文讨论过的 IPv4 EIGRP 相似，因而本节将讨论一些常见的故障问题并解释识别这些常见故障所需的 **show** 命令。

5.4.1 接口未参与路由进程

对于由 IPv6 EIGRP 进程宣告的网络来说，与该网络相关联的接口必须参与路由进程。如前面的例 5-12 所示，可以通过 **show ipv6 eigrp interfaces** 和 **show ipv6 protocols** 命令验证参与路由进程的接口情况。

5.4.2 更优的路由信息源

如果路由器从更可靠的路由信息源学到完全相同的网络，那么路由器将使用该路由信息，而不使用从 IPv6 EIGRP 学到的路由信息。为了验证路由表中与特定路由相关联的 AD 值，可以运行 **show ipv6 route** *ipv6_address/prefix* 命令。从例 5-13 可以看出，网络 2001:db8:0:1::/64 的 AD 值为 90，该路由是从 EIGRP AS 100 学到的。

例 5-13 验证 IPv6 路由的 AD 值

```
R2# show ipv6 route 2001:DB8:0:1::/64
Routing entry for 2001:DB8:0:1::/64
 Known via "eigrp 100", distance 90, metric 3072, type internal
 Route count is 1/1, share count 0
 Routing paths:
   FE80::C820:17FF:FE04:1C, GigabitEthernet0/0
     Last updated 00:25:27 ago
```

5.4.3 路由过滤

路由过滤器可以阻止宣告或学习路由。对于 IPv6 EIGRP 来说，可以利用 **distribute-list prefix-list** 命令来配置路由过滤器。如果要验证已应用的路由过滤器，可以使用 **show run | section ipv6 router eigrp** 命令（见例 5-14）。本例中的分发列表正在使用名为 ENARSI_EIGRP 的前缀列表过滤接口 Gigabit Ethernet 1/0 的入站路由。为了成功排查与路由过滤相关的故障问题，还需要利用 **show ipv6 prefix-list** 命令验证 IPv6 前缀列表。

例 5-14 验证 IPv6 EIGRP 分发列表

```
R1# show run | section ipv6 router eigrp
ipv6 router eigrp 100
 distribute-list prefix-list ENARSI_EIGRP in GigabitEthernet1/0
 passive-interface default
 no passive-interface GigabitEthernet1/0
```

5.4.4 末梢配置

如果将错误的路由器配置为末梢路由器，或者在配置末梢路由器的过程中选择了错误的设置选项，就有可能无法宣告应该宣告的网络。在排查与 IPv6 EIGRP 末梢配置相关的故障问题时，可以利用 **show ipv6 protocols** 命令验证本地路由器是否是末梢路由器以及正在宣告的网络（见例 5-15）。在远程路由器上运行 **show ipv6 eigrp neighbors detail** 命令（见例 5-16），可以看出 R1 是末梢路由器，正在宣告直连路由和汇总路由。

例 5-15 在末梢路由器上验证 EIGRP 末梢配置

```
R1# show ipv6 protocols
IPv6 Routing Protocol is "connected"
IPv6 Routing Protocol is "ND"
IPv6 Routing Protocol is "eigrp 100"
EIGRP-IPv6 Protocol for AS(100)
  Metric weight K1=1, K2=0, K3=1, K4=0, K5=0
  NSF-aware route hold timer is 240
  Router-ID: 10.1.12.1
  Stub, connected, summary
  Topology : 0 (base)
    Active Timer: 3 min
    Distance: internal 90 external 170
    Maximum path: 16
    Maximum hopcount 100
    Maximum metric variance 1

Interfaces:
  GigabitEthernet1/0
  GigabitEthernet0/0 (passive)
Redistribution:
  None
```

例 5-16 验证邻居路由器的 EIGRP 末梢配置

```
R2# show ipv6 eigrp neighbors detail
EIGRP-IPv6 Neighbors for AS(100)
H   Address                   Interface             Hold   Uptime    SRTT    RTO  Q   Seq
                                                    (sec)            (ms)         Cnt Num

0 Link-local address:     Gi0/0                 11     00:03:35  68      408  0   10
  FE80::C820:17FF:FE04:1C
 Version 11.0/2.0, Retrans: 0, Retries: 0, Prefixes: 2
 Topology-ids from peer - 0
 Stub Peer Advertising (CONNECTED SUMMARY ) Routes
 Suppressing queries
1 Link-local address: Gi1/0                     13 00:14:16 252 1512 0 7
  FE80::C823:17FF:FEEC:1C
 Version 11.0/2.0, Retrans: 0, Retries: 0, Prefixes: 2
 Topology-ids from peer - 0
```

5.4.5 水平分割

EIGRP 的水平分割是一种环路避免特性，可以避免接口将从入站方向学到的路由从同一个接口宣告出去。利用 **show ipv6 eigrp interfaces detail** 命令可以验证接口是否启用了水平分割特性（见例 5-17）。

例 5-17 验证接口是否启用了水平分割特性

```
R1# show ipv6 eigrp interfaces detail
EIGRP-IPv6 Interfaces for AS(100)
                  Xmit Queue  PeerQ        Mean  Pacing Time   Multicast    Pending
Interface Peers  Un/Reliable Un/Reliable  SRTT  Un/Reliable   Flow Timer   Routes
Gi1/0       1        0/0        0/0        50        0/0          208          0
 Hello-interval is 5, Hold-time is 15
 Split-horizon is enabled
 Next xmit serial <none>
 Packetized sent/expedited: 8/0
 Hello's sent/expedited: 708/3
 Un/reliable mcasts: 0/6 Un/reliable ucasts: 11/5
 Mcast exceptions: 0 CR packets: 0 ACKs suppressed: 0
 Retransmissions sent: 1 Out-of-sequence rcvd: 0
 Topology-ids on interface - 0
 Authentication mode is md5, key-chain is "TEST"
```

与 IPv4 EIGRP 一样，水平分割特性对于需要将路由从学到该路由的接口向外宣告的 IPv6 EIGRP 网络（NBMA 星形帧中继拓扑结构或 DMVPN）来说可能会产生故障问题，这两种网络都在中心路由器上使用多点接口。因此，必须在这些网络的中心路由器上禁用水平分割特性。

5.5 EIGRP 命名配置模式故障排查

EIGRP 命名配置模式可以为本地路由器提供一个集中式位置来完成所有的 IPv4 EIGRP 和 IPv6 EIGRP 配置操作。例 5-18 给出了一个名为 ENARSI_EIGRP 的 EIGRP 命名配置模式配置示例，该 EIGRP 命名配置包含一个 IPv4 单播地址簇和一个 IPv6 单播地址簇，且均使用自治系统 100（但并不强制如此，由于是不同的路由进程，因而不会产生冲突）。

例 5-18 EIGRP 命名配置模式配置示例

```
Branch# show run | section router eigrp
router eigrp ENARSI_EIGRP
 !
 address-family ipv4 unicast autonomous-system 100
  !
  af-interface default
   passive-interface
  exit-af-interface
  !
  af-interface FastEthernet1/0
   no passive-interface
  exit-af-interface
  !
  topology base
  exit-af-topology
  network 10.1.4.4 0.0.0.0
  network 10.1.14.4 0.0.0.0
  eigrp router-id 4.4.4.4
  eigrp stub connected summary
```

```
exit-address-family
!
address-family ipv6 unicast autonomous-system 100
 !
 af-interface default
  passive-interface
 exit-af-interface
 !
 af-interface FastEthernet1/0
  no passive-interface
 exit-af-interface
 !
 topology base
 maximum-paths 2
 variance 3
 exit-af-topology
 eigrp router-id 44.44.44.44
 eigrp stub connected summary
exit-address-family
```

到目前为止，本章已经讨论了与 IPv4 EIGRP 和 IPv6 EIGRP 相关的所有故障问题，两者的区别在于配置方式，接下来需要掌握的就是应该利用哪些 **show** 命令来排查 EIGRP 命名配置模式的故障。

对于 EIGRP 命名配置模式来说，不但可以使用第 4 章以及前文介绍过的 IPv4 EIGRP 和 IPv6 EIGRP 传统配置模式的 **show** 命令，还可以使用各种专用的 EIGRP 命名配置模式的 **show** 命令。

show eigrp protocols 命令不但能同时显示 IPv4 EIGRP 地址簇和 IPv6 EIGRP 地址簇以及与它们相关联的自治系统号，还能显示 *K* 值、路由器 ID、路由器是否是末梢路由器、AD、最大路径数以及方差值等大量有用信息（见例 5-19）。

例 5-19 **show eigrp protocols 命令输出结果**

```
Branch# show eigrp protocols
EIGRP-IPv4 VR(ENARSI_EIGRP) Address-Family Protocol for AS(100)
  Metric weight K1=1, K2=0, K3=1, K4=0, K5=0 K6=0
  Metric rib-scale 128
  Metric version 64bit
  NSF-aware route hold timer is 240
  Router-ID: 4.4.4.4
  Stub, connected, summary
  Topology : 0 (base)
    Active Timer: 3 min
    Distance: internal 90 external 170
    Maximum path: 4
    Maximum hopcount 100
    Maximum metric variance 1
    Total Prefix Count: 5
    Total Redist Count: 0

EIGRP-IPv6 VR(ENARSI_EIGRP) Address-Family Protocol for AS(100)
  Metric weight K1=1, K2=0, K3=1, K4=0, K5=0 K6=0
```

```
  Metric rib-scale 128
  Metric version 64bit
  NSF-aware route hold timer is 240
  Router-ID: 44.44.44.44
  Stub, connected, summary
  Topology : 0 (base)
    Active Timer: 3 min
    Distance: internal 90 external 170
    Maximum path: 2
    Maximum hopcount 100
    Maximum metric variance 3
    Total Prefix Count: 7
    Total Redist Count: 0
```

show eigrp protocols 命令的输出结果与 **show ip protocols** 命令及 **show ipv6 protocols** 命令的输出结果相似，但 **show eigrp protocols** 命令并不显示参与路由进程的接口以及被动接口。因此，如果需要验证这些信息，那么应该首选 **show ip protocols** 命令及 **show ipv6 protocols** 命令。

如果要验证每种地址簇参与路由进程的接口情况，可以运行 **show eigrp address-family ipv4 interfaces** 和 **show eigrp address-family ipv6 interfaces** 命令（见例 5-20）。请注意，输出结果并不显示被动接口。如果要验证被动接口，那么需要使用传统的 **show ip protocols** 命令及 **show ipv6 protocols** 命令。

例 5-20 验证参与命名式 EIGRP 进程的接口

```
Branch# show eigrp address-family ipv4 interfaces
EIGRP-IPv4 VR(ENARSI_EIGRP) Address-Family Interfaces for AS(100)
                  Xmit Queue  PeerQ        Mean  Pacing Time   Multicast    Pending
Interface Peers  Un/Reliable Un/Reliable SRTT  Un/Reliable   Flow Timer   Routes
Fa1/0       1      0/0         0/0        88      0/0          50           0
Branch# show eigrp address-family ipv6 interfaces
EIGRP-IPv6 VR(ENARSI_EIGRP) Address-Family Interfaces for AS(100)
                  Xmit Queue  PeerQ        Mean  Pacing Time   Multicast    Pending
Interface Peers  Un/Reliable Un/Reliable SRTT  Un/Reliable   Flow Timer   Routes
Fa1/0        1     0/0          0/0       73      0/1          304          0
```

从例 5-21 可以看出，在 **show eigrp address-family ipv4 interfaces** 和 **show eigrp address-family ipv6 interfaces** 命令后面添加关键字 **detail** 之后，可以验证一些额外的接口参数（如 Hello 间隔和保持时间、是否启用了水平分割特性、是否设置了认证机制以及 Hello 包和数据包的统计信息）。

考试要点

例 5-21 验证参与命名式 EIGRP 进程的接口的详细信息

```
Branch# show eigrp address-family ipv4 interfaces detail
EIGRP-IPv4 VR(ENARSI_EIGRP) Address-Family Interfaces for AS(100)
                  Xmit Queue  PeerQ        Mean  Pacing Time   Multicast    Pending
Interface Peers  Un/Reliable Un/Reliable SRTT  Un/Reliable   Flow Timer   Routes
Fa1/0       1       0/0           0/0     88      0/0          50           0
  Hello-interval is 5, Hold-time is 15
  Split-horizon is enabled
  Next xmit serial <none>
```

```
 Packetized sent/expedited: 1/0
 Hello's sent/expedited: 333/2
 Un/reliable mcasts: 0/1 Un/reliable ucasts: 2/2
 Mcast exceptions: 0 CR packets: 0 ACKs suppressed: 0
 Retransmissions sent: 1 Out-of-sequence rcvd: 1
 Topology-ids on interface - 0
 Authentication mode is not set
Branch# show eigrp address-family ipv6 interfaces detail
EIGRP-IPv6 VR(ENARSI_EIGRP) Address-Family Interfaces for AS(100)
                Xmit Queue  PeerQ        Mean  Pacing Time   Multicast     Pending
Interface Peers  Un/Reliable Un/Reliable SRTT  Un/Reliable   Flow Timer    Routes
Fa1/0         1      0/0          0/0      73        0/1          304           0
 Hello-interval is 5, Hold-time is 15
 Split-horizon is enabled
 Next xmit serial <none>
 Packetized sent/expedited: 3/0
 Hello's sent/expedited: 595/3
 Un/reliable mcasts: 0/2 Un/reliable ucasts: 5/3
 Mcast exceptions: 0 CR packets: 0 ACKs suppressed: 0
 Retransmissions sent: 1 Out-of-sequence rcvd: 2
 Topology-ids on interface - 0
 Authentication mode is not set
```

利用 **show eigrp address-family ipv4 neighbors** 和 **show eigrp address-family ipv6 neighbors** 命令可以验证邻居信息（见例 5-22）。与前面所说的传统命令相似，如果希望验证邻居是否是末梢路由器，就需要在这些命令后面添加关键字 **detail**。

例 5-22 验证命名式 EIGRP 邻居

```
Branch# show eigrp address-family ipv4 neighbors
EIGRP-IPv4 VR(ENARSI_EIGRP) Address-Family Neighbors for AS(100)
H   Address                 Interface          Hold  Uptime      SRTT    RTO  Q   Seq
                                                   (sec)             (ms)         Cnt  Num
0   10.1.14.1               Fa1/0               14   00:31:08     88     528  0    8
Branch# show eigrp address-family ipv6 neighbors
EIGRP-IPv6 VR(ENARSI_EIGRP) Address-Family Neighbors for AS(100)
H   Address                 Interface          Hold  Uptime      SRTT    RTO  Q   Seq
                                                   (sec)             (ms)         Cnt  Num
0 Link-local address:       Fa1/0               14   00:50:33     73     438  0    40
  FE80::C820:17FF:FE04:54
```

如果要验证拓扑表，就可以使用命令 **show eigrp address-family ipv4 topology** 和 **show eigrp address-family ipv6 topology**（见例 5-23）。

例 5-23 验证命名式 EIGRP 拓扑表

```
Branch# show eigrp address-family ipv4 topology
EIGRP-IPv4 VR(ENARSI_EIGRP) Topology Table for AS(100)/ID(4.4.4.4)
Codes: P - Passive, A - Active, U - Update, Q - Query, R - Reply,
 r - reply Status, s - sia Status

P 10.1.12.0/24, 1 successors, FD is 13762560
        via 10.1.14.1 (13762560/1310720), FastEthernet1/0
P 10.1.14.0/24, 1 successors, FD is 13107200
```

```
        via Connected, FastEthernet1/0
P 10.1.3.0/24, 1 successors, FD is 15073280
        via 10.1.14.1 (15073280/2621440), FastEthernet1/0
P 10.1.23.0/24, 1 successors, FD is 14417920
        via 10.1.14.1 (14417920/1966080), FastEthernet1/0
P 10.1.4.0/24, 1 successors, FD is 1310720
        via Connected, GigabitEthernet0/0
P 10.1.1.0/24, 1 successors, FD is 13762560
        via 10.1.14.1 (13762560/1310720), FastEthernet1/0

Branch# show eigrp address-family ipv6 topology
EIGRP-IPv6 VR(ENARSI_EIGRP) Topology Table for AS(100)/ID(44.44.44.44)
Codes: P - Passive, A - Active, U - Update, Q - Query, R - Reply,
 r - reply Status, s - sia Status

P 2001:DB8:0:4::/64, 1 successors, FD is 1310720
        via Connected, GigabitEthernet0/0
P 2001:DB8:0:1::/64, 1 successors, FD is 13762560
        via FE80::C820:17FF:FE04:54 (13762560/1310720), FastEthernet1/0
P 2001:DB8:0:3::/64, 1 successors, FD is 15073280
        via FE80::C820:17FF:FE04:54 (15073280/2621440), FastEthernet1/0
P ::/0, 1 successors, FD is 13762560
        via FE80::C820:17FF:FE04:54 (13762560/1310720), FastEthernet1/0
P 2001:DB8:0:14::/64, 1 successors, FD is 13107200
        via Connected, FastEthernet1/0
P 2001:DB8:0:12::/64, 1 successors, FD is 13762560
        via FE80::C820:17FF:FE04:54 (13762560/1310720), FastEthernet1/0
P 2001:DB8:0:23::/64, 1 successors, FD is 14417920
        via FE80::C820:17FF:FE04:54 (14417920/1966080), FastEthernet1/0
```

5.6 故障工单（EIGRPv6 和 EIGRP 命名配置模式）

本节将讨论与本章主题相关的故障工单，目的是通过这些故障工单让读者真正了解现实世界或考试环境中的故障排查流程。

故障工单 5-1 以图 5-2 所示的拓扑结构为例。

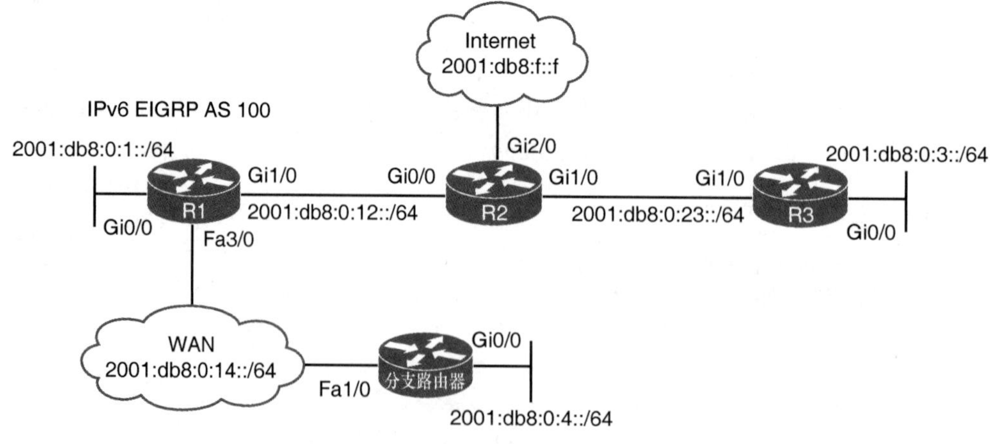

图 5-2 EIGRPv6 故障工单拓扑结构

5.6.1 故障工单 5-1

故障问题：分支网络 2001:db8:0:4::/64 中的用户报告称无法访问 Internet。

首先验证故障问题。以 2001:db8:0:4::4 为源地址向 2001:db8:f::f 发起 ping 测试，从例 5-24 可以看出 ping 测试失败。

例 5-24 利用扩展的 IPv6 ping 测试验证故障问题

```
Branch# ping
Protocol [ip]: ipv6
Target IPv6 address: 2001:db8:f::f
Repeat count [5]:
Datagram size [100]:
Timeout in seconds [2]:
Extended commands? [no]: y
Source address or interface: 2001:db8:0:4::4
UDP protocol? [no]:
Verbose? [no]:
Precedence [0]:
DSCP [0]:
Include hop by hop option? [no]:
Include destination option? [no]:
Sweep range of sizes? [no]:
Type escape sequence to abort.
Sending 5, 100-byte ICMP Echos to 2001:DB8:F::F, timeout is 2 seconds:
Packet sent with a source address of 2001:DB8:0:4::4
.....
Success rate is 0 percent (0/5)
```

接下来在分支路由器上运行 **show ipv6 route 2001:db8:f::f** 命令以确定 IPv6 路由表中是否有去往该地址的路由。从下面的输出结果可以看出，未发现去往该地址的路由：

```
Branch# show ipv6 route 2001:db8:f::f
% Route not found
```

接下来访问 R1 并利用 **show ipv6 route 2001:db8:f::f** 命令确定 R1 是否有去往 2001:db8:f::f 的路由（见例 5-25）。从输出结果可以看出，经默认路由（::/0）可以到达 **Internet** 地址，该默认路由是通过 EIGRP 学到的。

例 5-25 验证 R1 的 IPv6 路由表中去往 2001:db8:f::f 的路由

```
R1# show ipv6 route 2001:db8:f::f
Routing entry for ::/0
 Known via "eigrp 100", distance 170, metric 2816, type external
 Route count is 1/1, share count 0
 Routing paths:
 FE80::C821:17FF:FE04:8, GigabitEthernet1/0
 Last updated 00:08:28 ago
```

因此，可以看出分支路由器没有从 R1 学到默认路由（该默认路由用于到达 Internet 地址），可以推断邻居关系可能有问题，因而回到分支路由器并运行 **show ipv6 eigrp neighbors** 命令（见例 5-26）。从输出结果可以看出，分支路由器通过 Fa1/0 接口与链路本地地址为 FE80::C820:17FF:FE04:54 的设备建立了邻居关系，由于确信该链路本地地址是 R1 的 Fa3/0 接口的链路本地地址（但仅仅只是确信而已），因而需要在 R1 上运行 **show ipv6 interface brief** 命令（见例 5-27）。可以看出，例 5-26 显示的链路本地地址与例 5-27 显示的完全匹配。

例 5-26 验证 IPv6 EIGRP 邻居关系

```
Branch# show ipv6 eigrp neighbors
EIGRP-IPv6 Neighbors for AS(100)
H   Address              Interface            Hold Uptime    SRTT    RTO  Q   Seq
                                              (sec)          (ms)         Cnt Num 0
Link-local address:    Fa1/0              12 00:16:01     63     378  0   16
   FE80::C820:17FF:FE04:54
```

例 5-27 验证 IPv6 链路本地地址

```
R1# show ipv6 interface brief fastEthernet 3/0
FastEthernet3/0 [up/up]
 FE80::C820:17FF:FE04:54
 2001:DB8:0:14::1
```

接下来检查分支路由器的 IPv6 EIGRP 拓扑表以确定分支路由器是否从 R1 学到了 IPv6 路由。从例 5-28 可以看出，分支路由器正在从 R1 学习路由，学到了 2001:DB8:0:1::/64 和 2001:DB8:0:12::/64，但是这两条路由只是 R1 上的直连路由，因而访问 R1 并运行 **show ipv6 eigrp topology** 命令（见例 5-29）。可以看出 R1 还知道其他 IPv6 路由，但是却没有将这些路由宣告给分支路由器（见例 5-28）。

例 5-28 验证分支路由器学到的 IPv6 路由

```
Branch# show ipv6 eigrp topology
EIGRP-IPv6 Topology Table for AS(100)/ID(4.4.4.4)
Codes: P - Passive, A - Active, U - Update, Q - Query, R - Reply,
 r - reply Status, s - sia Status

P 2001:DB8:0:4::/64, 1 successors, FD is 2816
        via Connected, GigabitEthernet0/0
P 2001:DB8:0:1::/64, 1 successors, FD is 28416
        via FE80::C820:17FF:FE04:54 (28416/2816), FastEthernet1/0
P 2001:DB8:0:14::/64, 1 successors, FD is 28160
        via Connected, FastEthernet1/0
P 2001:DB8:0:12::/64, 1 successors, FD is 28416
        via FE80::C820:17FF:FE04:54 (28416/2816), FastEthernet1/0
```

例 5-29 验证 R1 学到的 IPv6 路由

```
R1# show ipv6 eigrp topology
EIGRP-IPv6 Topology Table for AS(100)/ID(10.1.12.1)
Codes: P - Passive, A - Active, U - Update, Q - Query, R - Reply,
 r - reply Status, s - sia Status

P 2001:DB8:0:4::/64, 1 successors, FD is 28416
        via FE80::C828:DFF:FEF4:1C (28416/2816), FastEthernet3/0
```

```
P 2001:DB8:0:1::/64, 1 successors, FD is 2816
        via Connected, GigabitEthernet0/0
P 2001:DB8:0:3::/64, 1 successors, FD is 3328
        via FE80::C821:17FF:FE04:8 (3328/3072), GigabitEthernet1/0
P ::/0, 1 successors, FD is 2816
        via FE80::C821:17FF:FE04:8 (2816/256), GigabitEthernet1/0
P 2001:DB8:0:14::/64, 1 successors, FD is 28160
        via Connected, FastEthernet3/0
P 2001:DB8:0:12::/64, 1 successors, FD is 2816
        via Connected, GigabitEthernet1/0
P 2001:DB8:0:23::/64, 1 successors, FD is 3072
        via FE80::C821:17FF:FE04:8 (3072/2816), GigabitEthernet1/0
```

此时推断路由器可能应用了路由过滤器。回到分支路由器并运行 **show run | section ipv6 router eigrp** 命令：

```
Branch# show run | section ipv6 router eigrp
ipv6 router eigrp 100
 eigrp router-id 4.4.4.4
```

从输出结果可以看出，路由器并未应用任何分发列表（路由过滤器），仅配置了 EIGRP 路由器 ID。因而回到 R1 并运行相同的 **show** 命令（见例 5-30），输出结果也表明未应用任何分发列表（路由过滤器）。

例 5-30　验证 R1 的路由过滤器

```
R1# show run | section ipv6 router eigrp
ipv6 router eigrp 100
 passive-interface default
 no passive-interface GigabitEthernet1/0
 no passive-interface FastEthernet3/0
 eigrp stub connected summary
```

不过从例 5-30 的输出结果可以发现，R1 被配置成了仅宣告直连路由和汇总路由的 EIGRP 末梢路由器，这就是故障问题的根源之所在，即将错误的路由器配置成了末梢路由器。末梢路由器应该是分支路由器，而不应该是总部的中心路由器（R1）。为了解决该问题，需要在 IPv6 路由器 EIGRP 100 配置模式下利用 **no eigrp stub** 命令删除 R1 的末梢配置，然后在分支路由器的 IPv6 路由器 EIGRP 100 配置模式下运行 **eigrp stub** 命令。

为了验证故障问题是否已解决，可以在分支路由器上运行 **show ipv6 route 2001:db8:f::f** 命令，以确定当前路由表是否存在相应的路由项。从例 5-31 的输出结果可以看出，分支路由器使用了默认路由。

例 5-31　验证分支路由器的路由表中去往 2001:db8:f::f 的路由

```
Branch# show ipv6 route 2001:db8:f::f
Routing entry for ::/0
 Known via "eigrp 100", distance 170, metric 28416, type external
 Route count is 1/1, share count 0
 Routing paths:
 FE80::C820:17FF:FE04:54, FastEthernet1/0
 Last updated 00:03:09 ago
```

接下来执行扩展的 IPv6 ping 测试，从例 5-32 可以看出 ping 测试完全成功。

例 5-32 利用扩展的 IPv6 ping 测试验证故障问题已解决

```
Branch# ping
Protocol [ip]: ipv6
Target IPv6 address: 2001:db8:f::f
Repeat count [5]:
Datagram size [100]:
Timeout in seconds [2]:
Extended commands? [no]: y
Source address or interface: 2001:db8:0:4::4
UDP protocol? [no]:
Verbose? [no]:
Precedence [0]:
DSCP [0]:
Include hop by hop option? [no]:
Include destination option? [no]:
Sweep range of sizes? [no]:
Type escape sequence to abort.
Sending 5, 100-byte ICMP Echos to 2001:DB8:F::F, timeout is 2 seconds:
Packet sent with a source address of 2001:DB8:0:4::4
!!!!!
Success rate is 100 percent (5/5)
```

5.6.2 故障工单 5-2

故障工单 5-2 以图 5-3 所示的拓扑结构为例。

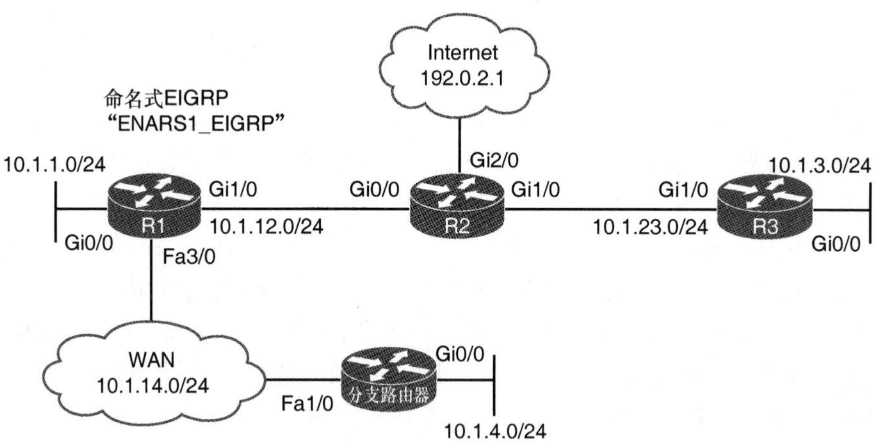

图 5-3 EIGRP 命名配置模式故障工单拓扑结构

故障问题：网络 10.1.4.0/24 中的用户报告称无法访问 LAN 之外的资源。

首先验证故障问题。在分支路由器上以 10.1.4.4 为源地址 ping 多个不同的 IP 地址（见例 5-33），可以看出所有的 ping 测试均失败。

例 5-33 验证故障问题

```
Branch# ping 10.1.3.3 source 10.1.4.4
Type escape sequence to abort.
```

```
Sending 5, 100-byte ICMP Echos to 10.1.3.3, timeout is 2 seconds:
Packet sent with a source address of 10.1.4.4
.....
Success rate is 0 percent (0/5)
Branch# ping 192.0.2.1 source 10.1.4.4
Type escape sequence to abort.
Sending 5, 100-byte ICMP Echos to 192.0.2.1, timeout is 2 seconds:
Packet sent with a source address of 10.1.4.4
.....
Success rate is 0 percent (0/5)
Branch# ping 10.1.1.1 source 10.1.4.4
Type escape sequence to abort.
Sending 5, 100-byte ICMP Echos to 10.1.1.1, timeout is 2 seconds:
Packet sent with a source address of 10.1.4.4
.....
Success rate is 0 percent (0/5)
```

接下来运行 **show ip route** 命令以验证分支路由器的路由表中是否安装了路由。从例 5-34 可以看出，路由表中只有本地路由和直连路由。

例 5-34　显示分支路由器的 IPv4 路由表

```
Branch# show ip route
...output omitted...
Gateway of last resort is not set

 10.0.0.0/8 is variably subnetted, 4 subnets, 2 masks
C 10.1.4.0/24 is directly connected, GigabitEthernet0/0
L 10.1.4.4/32 is directly connected, GigabitEthernet0/0
C 10.1.14.0/24 is directly connected, FastEthernet1/0
L 10.1.14.4/32 is directly connected, FastEthernet1/0
```

此时怀疑分支路由器没有通过 WAN 与 R1 建立邻居关系，因而运行 **show eigrp address-family ipv4 neighbors** 命令，下列输出结果可以证实 R1 确实不是邻居（因为地址簇表为空）：

```
Branch# show eigrp address-family ipv4 neighbors
EIGRP-IPv4 VR(ENARSI_EIGRP) Address-Family Neighbors for AS(100)
```

接下来假定 Fast Ethernet 1/0（将与 R1 建立邻居关系的接口）没有参与命名式 EIGRP 进程，因而运行 **show eigrp address-family ipv4 interfaces** 命令（见例 5-35），证实假设正确。

例 5-35　显示命名式 EIGRP 进程的 IPv4 接口表

```
Branch# show eigrp address-family ipv4 interfaces
EIGRP-IPv4 VR(ENARSI_EIGRP) Address-Family Interfaces for AS(100)
                  Xmit Queue  PeerQ        Mean  Pacing Time   Multicast    Pending
Interface Peers Un/Reliable Un/Reliable SRTT   Un/Reliable   Flow Timer   Routes
Gi0/0        0       0/0         0/0      0        0/0           0           0
```

例 5-36 显示了 **show ip interface brief** 命令的输出结果，可以看出 Fast Ethernet 1/0 的 IPv4 地址是 10.1.14.4，因而需要利用 **network** 语句在该接口上启用 EIGRP 进程。

例 5-36 显示接口的 IPv4 地址

```
Branch# show ip interface brief
Interface              IP-Address      OK? Method Status        Protocol
GigabitEthernet0/0     10.1.4.4        YES manual up            up
FastEthernet1/0        10.1.14.4       YES manual up            up
```

根据现有信息，在分支路由器上运行 **show running-config | section router eigrp** 命令以确认 **network** 语句是否缺失。从例 5-37 可以看出，10.1.14.4 有一条有效的 **network** 语句，即 **network 10.1.14.4 0.0.0.0**，该 **network** 语句能够在接口上成功启用 EIGRP 进程，因而该假设不正确。

例 5-37 检查运行配置中的 EIGRP 命名模式配置

```
Branch# show running-config | section router eigrp
router eigrp ENARSI_EIGRP
 !
 address-family ipv4 unicast autonomous-system 100
 !
  af-interface default
   passive-interface
  exit-af-interface
  !
  af-interface GigabitEthernet0/0
   no passive-interface
  exit-af-interface
  !
  topology base
  exit-af-topology
  network 10.1.4.4 0.0.0.0
  network 10.1.14.4 0.0.0.0
  eigrp router-id 4.4.4.4
  eigrp stub connected summary
  exit-address-family
 !
 address-family ipv6 unicast autonomous-system 100
  !
  af-interface default
   passive-interface
  exit-af-interface
  !
  af-interface FastEthernet1/0
   no passive-interface
  exit-af-interface
  !
  topology base
  maximum-paths 2
  variance 3
  exit-af-topology
  eigrp router-id 44.44.44.44
  eigrp stub connected summary
 exit-address-family
```

导致邻居关系无法建立的原因是什么呢？可能的原因有：未配置认证机制、存在被动接口或错误的子网。

从例 5-37 可以看出路由器未配置认证机制，但是在 Gig0/0 上发现了一条被动接口命令，即 **no passive-interface** 命令，而且还注意到 **af-interface default** 子模式下配置了一条 **passive-interface** 命令。前文曾经说过，虽然所有接口都要继承 **af-interface default** 下面的配置，但接口级命令可以改写这些配置。从图 5-3 的拓扑结构可以看出，**no passive-interface** 命令应用在了错误的接口上，不应该在 Gig0/0 上应用该命令，而应该在 Fast Ethernet 1/0 上应用该命令。

例 5-38 列出了解决该问题的配置示例，解决了该问题之后，分支路由器就能与 10.1.14.1 的 R1 成功建立邻居关系。

例 5-38 修改 EIGRP 命名模式配置

```
Branch# config t
Enter configuration commands, one per line. End with CNTL/Z.
Branch(config)# router eigrp ENARSI_EIGRP
Branch(config-router)# address-family ipv4 unicast autonomous-system 100
Branch(config-router-af)# af-interface GigabitEthernet0/0
Branch(config-router-af-interface)# passive-interface
Branch(config-router-af-interface)# exit
Branch(config-router-af)# af-interface fastEthernet1/0
Branch(config-router-af-interface)# no passive-interface
%DUAL-5-NBRCHANGE: EIGRP-IPv4 100: Neighbor 10.1.14.1 (FastEthernet1/0) is up: new
adjacency
Branch(config-router-af-interface)# end
Branch#
```

接下来检查 IPv4 路由表（见例 5-39），可以看到所有从 EIGRP 学到的路由。

例 5-39 验证从 EIGRP 学到的路由

```
Branch# show ip route
...output omitted...
Gateway of last resort is 10.1.14.1 to network 0.0.0.0

D*EX 0.0.0.0/0 [170/112640] via 10.1.14.1, 00:00:34, FastEthernet1/0
 10.0.0.0/8 is variably subnetted, 8 subnets, 2 masks
D 10.1.1.0/24 [90/107520] via 10.1.14.1, 00:05:53, FastEthernet1/0
D 10.1.3.0/24 [90/117760] via 10.1.14.1, 00:05:53, FastEthernet1/0
C 10.1.4.0/24 is directly connected, GigabitEthernet0/0
L 10.1.4.4/32 is directly connected, GigabitEthernet0/0
D 10.1.12.0/24 [90/107520] via 10.1.14.1, 00:05:53, FastEthernet1/0
C 10.1.14.0/24 is directly connected, FastEthernet1/0
L 10.1.14.4/32 is directly connected, FastEthernet1/0
D 10.1.23.0/24 [90/112640] via 10.1.14.1, 00:05:53, FastEthernet1/0
```

最后，运行与验证故障问题相同的 ping 测试。从例 5-40 可以看出，ping 测试全部成功。

例 5-40 从分支路由器向不同的网络 IP 地址发起的 ping 测试均成功

```
Branch# ping 10.1.1.1 source 10.1.4.4
Type escape sequence to abort.
Sending 5, 100-byte ICMP Echos to 10.1.1.1, timeout is 2 seconds:
Packet sent with a source address of 10.1.4.4
!!!!!
Success rate is 100 percent (5/5), round-trip min/avg/max = 44/55/72 ms
Branch# ping 10.1.3.3 source 10.1.4.4
Type escape sequence to abort.
Sending 5, 100-byte ICMP Echos to 10.1.3.3, timeout is 2 seconds:
Packet sent with a source address of 10.1.4.4
!!!!!
Success rate is 100 percent (5/5), round-trip min/avg/max = 52/79/92 ms
Branch# ping 192.0.2.1 source 10.1.4.4
Type escape sequence to abort.
Sending 5, 100-byte ICMP Echos to 192.0.2.1, timeout is 2 seconds:
Packet sent with a source address of 10.1.4.4
!!!!!
Success rate is 100 percent (5/5), round-trip min/avg/max = 76/84/92 ms
```

备考任务

本书提供多种备考手段：此处的练习题以及 Pearson Test Prep 软件中的模拟考试题。与实际试题相比，下面问题的难度更高，因为它们都是开放式问题。通过这种难度更高的问题，读者可以更好地测试知识掌握程度，以确保完全掌握本章基本概念和主要内容。下面的问题都可以在附录中找到参考答案。

1．复习所有考试要点

请复习本章涉及的所有重要主题，这些内容都用“考试要点”图标做了标记，表 5-4 列出了这些考试要点及其描述。

表 5-4 考试要点

考试要点	描述
表 5-2	EIGRPv6 数据包
列表	EIGRPv6 传统配置模式
列表	EIGRPv6 命名配置模式
段落	在接口上禁用路由进程
小节	EIGRPv6 路由汇总
小节	路由过滤
小节	EIGRPv6 邻居故障排查
段落	排查 ACL 和 EIGRPv6 邻居故障时需要关注的两个重要地址
段落	管理距离对于在路由表中安装 EIGRPv6 路由的影响
段落	路由过滤对于在路由表中安装 EIGRPv6 路由的影响
例 5-19	show eigrp protocols 命令输出结果
例 5-21	验证参与命名式 EIGRP 进程的接口的详细信息
例 5-22	验证命名式 EIGRP 邻居

2．定义关键术语

请对本章中的下列关键术语进行定义。

Hello 包、FF02::A、**network** 命令、自治系统号、*K* 值、被动接口、密钥 ID、密钥字符串、密钥链、末梢、水平分割、后继路由、可行后继路由、报告距离、可行距离、最大路径数、方差、EIGRP 命名配置模式、地址簇。

3．检查命令的记忆程度

以下列出本章用到的各种重要的配置和验证命令，虽然并不需要记忆每条命令的完整语法格式，但是应该记住这些命令所需的基本关键字。

为了检查你对这些命令的记忆情况，请用一张纸遮住表 5-5 的右侧，通过表格左侧的描述内容，看一看是否能记起这些命令。

表 5-5　　命令参考

任务	命令语法
通过传统配置模式初始化 EIGRPv6	**ipv6 router eigrp** *as-number* **eigrp router-id** *id* **interface** *interface-id* **ipv6 eigrp** *as-number*
通过命名配置模式初始化 EIGRPv6	**router eigrp** *process-name* **address-family ipv6 autonomous-system** *as-number* **eigrp router-id** *id*
显示所有 EIGRPv6	**show ipv6 eigrp interface** [*interface-id*] [**detail**]
显示已建立的 EIGRPv6 邻居	**show ipv6 eigrp neighbors**
显示路由器的 EIGRPv6 邻居	**show ipv6 eigrp neighbors**
显示路由器启用的 IPv6；如果是 EIGRP，那么将显示自治系统号、出站和入站过滤器、*K* 值、路由器 ID、最大路径数、方差、本地末梢配置、参加路由进程的接口、路由信息源、管理距离以及被动接口	**show ipv6 protocols**
显示所有被配置为参与 EIGRPv6 路由进程的路由器接口（被动接口除外）	**show ipv6 eigrp interfaces**
显示参与 EIGRPv6 路由进程的接口以及 EIGRP Hello 间隔和保持时间、是否启用了水平分割功能、是否使用了认证机制	**show ipv6 eigrp interfaces detail**
显示运行配置中的 IPv6 EIGRP 配置	**show run | section ipv6 router eigrp**
显示路由器 EIGRP 邻居的详细信息，包括邻居是否是末梢路由器以及正在宣告为末梢网络的网络类型	**show ipv6 eigrp neighbors detail**
显示路由器的 IP 路由表知道的由 EIGRP 进程注入的路由	**show ipv6 route eigrp**
显示路由器上启用的 IPv4 和 IPv6 地址簇 EIGRP 的详细信息，包括自治系统号、*K* 值、路由器 ID、最大路径数、方差、本地末梢配置和管理距离	**show eigrp protocols**
显示参与命名式 IPv4 EIGRP 地址簇的接口	**show eigrp address-family ipv4 interfaces**
显示参与命名式 EIGRPv6 地址簇的接口	**show eigrp address-family ipv6 interfaces**

续表

任务	命令语法
显示参与命名式 IPv4 EIGRP 地址簇的接口详细信息，包括 Hello 间隔和保持时间、是否启用了水平分割、是否设置了认证机制以及 Hello 包及其他数据包的统计信息	**show eigrp address-family ipv4 interfaces detail**
显示参与命名式 EIGRPv6 地址簇的接口详细信息，包括 Hello 间隔和保持时间、是否启用了水平分割、是否设置了认证机制以及 Hello 包及其他数据包的统计信息	**show eigrp address-family ipv6 interfaces detail**
显示已经建立的 IPv4 EIGRP 邻居关系	**show eigrp address-family ipv4 neighbors**
显示已经建立的 EIGRPv6 邻居关系	**show eigrp address-family ipv6 neighbors**
显示地址簇的 IPv4 EIGRP 拓扑表	**show eigrp address-family ipv4 topology**
显示地址簇的 EIGRPv6 拓扑表	**show eigrp address-family ipv6 topology**
显示路由器与 EIGRP 邻居交换的所有 EIGRP 数据包，不过，也可以将输出结果限定为特定 EIGRP 数据包类型（如 EIGRP Hello 包）	**debug eigrp packets**

由于 ENARSI 300-410 认证考试重点考查考生作为网络专家的实际动手能力，因而必须掌握与本章主题相关的配置、验证及故障排查命令。

第 6 章

OSPF

本章主要讨论以下主题。

- **OSPF 基础知识**：本节将介绍 OSPF 路由协议的基本内容。
- **OSPF 配置**：本节将介绍如何配置具有基本 OSPF 功能的路由器。
- **DR（Designated Router，指派路由器）和 BDR（Backup Designated Router，备用指派路由器）**：本节将讨论指派路由器的功能以及其为广播网段提供扩展能力的方式。
- **OSPF 网络类型**：本节将介绍 OSPF 网络类型及其对 OSPF 行为的影响。
- **故障检测**：本节将介绍 OSPF 故障检测以及验证 OSPF 邻居路由器运行状况的方式。
- **认证**：本节将讨论 OSPF 的认证功能及配置方式。

OSPF 路由协议是本书介绍的第一种链路状态路由协议。OSPF 是一种非专有的 IGP（Interior Gateway Protocol，内部网关协议），克服了距离向量路由协议的不足，可以在单个 OSPF 路由域内分配路由信息。OSPF 引入了 VLSM 的概念，支持无类别路由、汇总、认证及外部路由标记。目前实际应用的 OSPF 主要有两种版本。

- OSPFv2：最初定义在 RFC 2328 中，支持 IPv4。
- OSPFv3：修改后支持 IPv6。

本章将介绍 OSPF 的关键概念以及 OSPF 路由器之间建立邻居关系和交换路由的方式，介绍 OSPF 的基础知识以及常见的网络优化方式。第 7 章将解释 OSPF LSA（Link-State Advertisement，链路状态宣告）、OSPF 末梢区域、OSPF 路径选择、路由汇总、不连续网络及其虚链路解决方案，第 8 章将介绍 OSPFv2 相关故障的排查方式。

6.1 “我已经知道了吗？”测验

“我已经知道了吗？”测验的目的是帮助读者确定是否需要完整地学习本章知识或者直接跳至“备考任务”，如果读者对题目的答案还存在疑问，或者评估自己对这些主题知识的掌握程度还不够的话，就可以从头学起。表 6-1 列出了本章的主要内容以及与这些内容相关联的“我已经知道了吗？”测验题，答案可参见附录。

表 6-1 "我已经知道了吗？"基本主题章节与所对应的测验题

涵盖测验题的基本主题章节	测验题
OSPF 基础知识	1～6
OSPF 配置	7～9
DR 和 BDR	10、11
OSPF 网络类型	12
故障检测	13
认证	14

注意：自我评价的目的是检验你对本章知识的掌握程度，如果不知道或仅部分知道问题的答案，出于自我评价的目的，请在该问题上标记"错"。为了不影响自我评价的结果，对不懂的问题请不要猜测答案，否则可能会造成一种已掌握的假象。

1. OSPF 用于路由器间通信的协议 ID 是多少？
   a. 87
   b. 88
   c. 89
   d. 90
2. OSPF 用于路由器间通信的数据包类型有多少种？
   a. 3 种
   b. 4 种
   c. 5 种
   d. 6 种
   e. 7 种
3. 在可行的情况下，OSPF 可以使用下面哪些目的地址？（选择两项）
   a. IP 地址 224.0.0.5
   b. IP 地址 224.0.0.10
   c. IP 地址 224.0.0.8
   d. MAC 地址 01:00:5E:00:00:05
   e. MAC 地址 01:00:5E:00:00:0A
4. 是非题：如果路由器的接口与 Area 1 和 Area 2 相关联，就可以将从某个区域学到的路由注入另一个区域中。
   a. 对
   b. 错
5. 是非题：成员路由器包含路由域中每个区域的 LSDB 完整副本。
   a. 对
   b. 错

6．OSPF 在处理邻居邻接关系时需要维护几种状态？

a．3 种

b．4 种

c．5 种

d．8 种

7．是非题：OSPF 进程 ID 必须匹配，路由器才能建立邻居邻接关系。

a．对

b．错

8．是非题：只能在 OSPF 路由器进程下通过命令 **network** *ip-address wildcard-mask* **area** *area-id* 在路由器接口上启用 OSPF。

a．对

b．错

9．是非题：宣告到 OSPF 中的默认路由始终显示为 OSPF 区域间路由。

a．对

b．错

10．是非题：使用串行点到点链路时，拥有最大 IP 地址的路由器是指派路由器。

a．对

b．错

11．可以通过下面哪条命令来防止路由器成为网段上的指派路由器？

a．接口命令 **ip ospf priority 0**

b．接口命令 **ip ospf priority 255**

c．OSPF 进程下的命令 **dr-disable** *interface-id*

d．OSPF 进程下的命令 **passive interface** *interface-id*

e．OSPF 进程下的命令 **dr-priority** *interface-id* **255**

12．IP 地址为 10.123.4.1/30 的环回接口宣告的网络是什么？

a．10.123.4.1/24

b．10.123.4.0/30

c．10.123.4.1/32

d．10.123.4.0/24

13．OSPF 失效间隔默认是 Hello 间隔的多少倍？

a．2 倍

b．3 倍

c．4 倍

d．5 倍

14．是非题：为某个区域启用 OSPF 认证机制包括在 OSPF 进程下设置 OSPF 认证类型并将密码放到所有区域的接口上。

a．对

b．错

基础主题

6.2 OSPF 基础知识

OSPF 将包含链路状态和链路度量的 LSA 宣告给相邻路由器，路由器将收到的 LSA 存储在被称为 LSDB（Link-State DataBase，链路状态数据库）的本地数据库中，LSDB 将链路状态信息准确地宣告给邻居路由器，就像发端宣告路由器所宣告的那样。与发端宣告路由器一样，该过程会将 LSA 泛洪到整个 OSPF 路由域中。同一区域中的所有 OSPF 路由器都会为该区域维护一份同步的相同 LSDB 副本。

LSDB 提供了网络拓扑结构信息，实质上是为路由器提供了完整的网络视图。所有的 OSPF 路由器都运行 Dijkstra SPF（Shortest Path First，最短路径优先）算法，以构建最短路径的无环拓扑。OSPF 可以动态检测网络中的拓扑结构变化情况，并在短时间内以最小的路由协议流量计算无环路径。

每台路由器将自己视为 SPT（SPF Tree，SPF 树）的根部或顶部，SPT 包含了 OSPF 域内的所有网络目的端。虽然每台 OSPF 路由器的 SPT 各不相同，但每台 OSPF 路由器用来计算 SPT 的 LSDB 都是相同的。

图 6-1 给出了一个简单的 OSPF 拓扑结构示例，并从 R1 和 R4 的角度列出了各自的 SPT。请注意，从本地路由器的角度来看，自己始终是树根（或树的顶部）。从 R1 和 R4 的 SPT 可以看出，两者到达网络 10.3.3.0/24 的连接并不相同。从 R1 的角度来看，R3 与 R4 之间的串行链路不见了。从 R4 的角度来看，R1 与 R3 之间的以太网链路不见了。

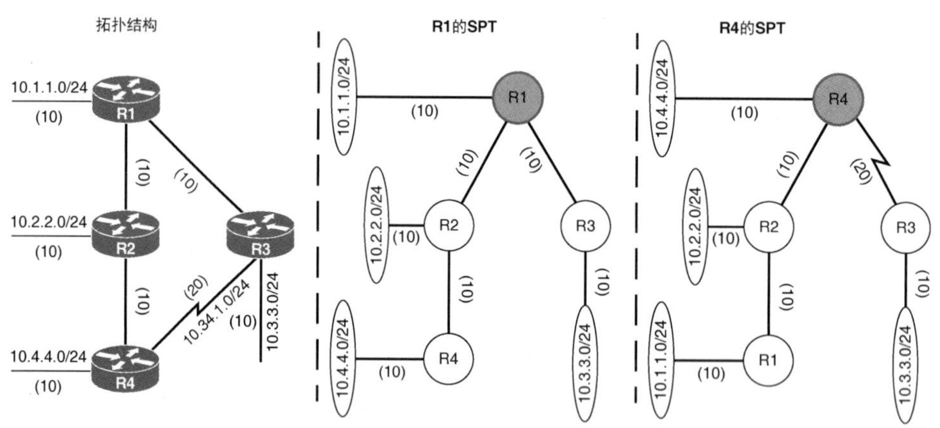

图 6-1 一个简单的 OSPF 拓扑结构示例以及 R1 和 R4 的 SPT

SPT 看起来给人一种网络不存在冗余链路的错觉。不过需要记住的是，SPT 显示的是到达网络的最短路径，而且是由 LSDB 构建的，其中，LSDB 包含了区域内的所有链路。如果拓扑结构发生了变化，就会重建 SPT，而且 SPT 很可能会出现变更。

路由器可以运行多个 OSPF 进程，每个进程都维护各自唯一的数据库。如果不在

OSPF 进程之间重分发路由，那么从某个 OSPF 进程学到的路由对于其他 OSPF 进程来说不可用。OSPF 进程 ID 具有本地意义，无须在不同的路由器之间匹配。假设某路由器运行的 OSPF 进程 ID 为 1，另一台路由器运行的 OSPF 进程 ID 为 1234，那么这两台路由器也能成为邻居。

6.2.1 区域

OSPF 将拓扑结构网段划分为路由域内的多个 OSPF 区域，从而为路由表提供良好的扩展能力。OSPF 区域是路由器的逻辑分组，确切而言，是路由器接口的逻辑分组。区域成员关系在接口层面进行设置，区域 ID 包含在 OSPF Hello 包中。一个接口只能属于一个区域，同一 OSPF 区域内的所有路由器都维护相同的 LSDB 副本。

随着区域中的网络链路数量和路由器数量的增加，OSPF 区域的大小也不断增加。虽然使用单个区域可以简化拓扑结构，但是需要根据实际情况进行权衡和取舍。

- 如果区域内的链路出现翻动，就需要运行完整的 SPT 计算。
- 单一区域会导致 LSDB 的大小增加且变得难以管理。
- 单一区域的 LSDB 会不断增长，从而占用更多的内存，SPF 计算过程也更长。
- 单一区域不支持路由信息汇总。

正确的设计方案应将路由器划分为多个 OSPF 区域来解决上述问题，将 LSDB 保持在可管理的大小范围内。OSPF 网络的规模和设计应考虑区域中最弱路由器的硬件能力限制。

如果某路由器的接口位于多个区域中，那么该路由器就有多个 LSDB（每个区域一个）。区域的内部拓扑结构对于区域外部来说不可见。如果区域内的拓扑结构出现了变化（如链路震荡或增加了其他网络），那么该 OSPF 区域内的所有路由器都要重新计算 SPT，该区域之外的路由器无须执行完整的 SPT 计算，但是如果度量发生了变化或者删除了前缀，那么也要执行部分 SPF 计算。

从本质上来说，虽然 OSPF 区域向其他区域隐藏了自己的拓扑结构，但是其仍然允许 OSPF 域内的其他区域了解本区域的网络。将 OSPF 域划分为多个区域，可以有效减小每个区域的 LSDB 大小，从而加快 SPT 计算速度，并在链路出现震荡时，减少路由器之间的 LSDB 泛洪。

路由器如果只是简单地连接在多个 OSPF 区域上，那么还不能认为某个区域内的路由会被注入其他区域中。图 6-2 中的路由器 R1 连接了 Area 1 和 Area 2，但 Area 1 中的路由不会宣告到 Area 2 中，Area 2 中的路由也不会宣告到 Area 1 中。

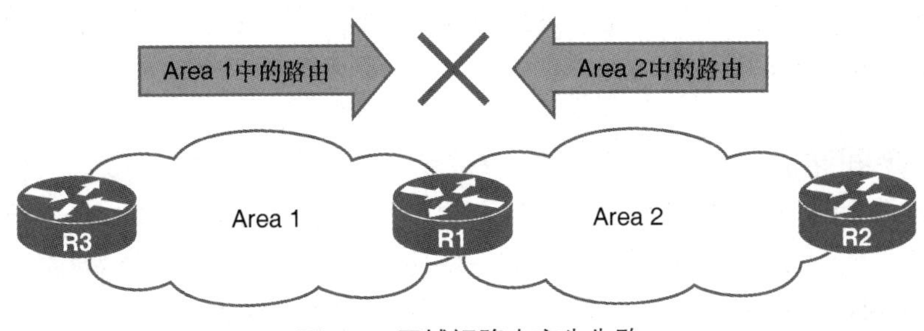

图 6-2 区域间路由宣告失败

Area 0是一类特殊区域，称为骨干区域。按照设计规则，OSPF采用两层架构，所有区域都必须连接上层区域Area 0，因为OSPF要求所有区域都将路由信息注入Area 0中，再由Area 0将路由宣告给其他非骨干区域。骨干区域设计模式对于避免路由环路来说至关重要。

区域标识符（也称为区域ID）是一个32比特字段，可以是简单的十进制格式（0～4,294,967,295）或点分十进制格式（0.0.0.0～255.255.255.255）。在区域中配置路由器时，如果在一台路由器上采用了十进制格式，在另一台路由器上采用了点分十进制格式，那么这两台路由器也能建立邻接关系。OSPF在OSPF数据包中宣告区域ID。

根据思科及RFC 3509定义，ABR（Area Border Router，区域边界路由器）指的是同时连接Area 0和其他OSPF区域的OSPF路由器。ABR负责宣告区域内的路由并将其注入其他OSPF区域中。每个ABR都需要参与Area 0，从而将路由宣告给其他区域。ABR需要为每个参与的区域进行SPT计算。

图6-3中的R1同时连接了Area 0、Area 1和Area 2。R1是ABR，因为它参与了Area 0。R1的操作情况如下。

- 将Area 1路由宣告给Area 0。
- 将Area 2路由宣告给Area 0。
- 将Area 0路由宣告给Area 1和Area 2，除从Area 1和Area 2宣告到Area 0的路由外，还包括本地Area 0路由。

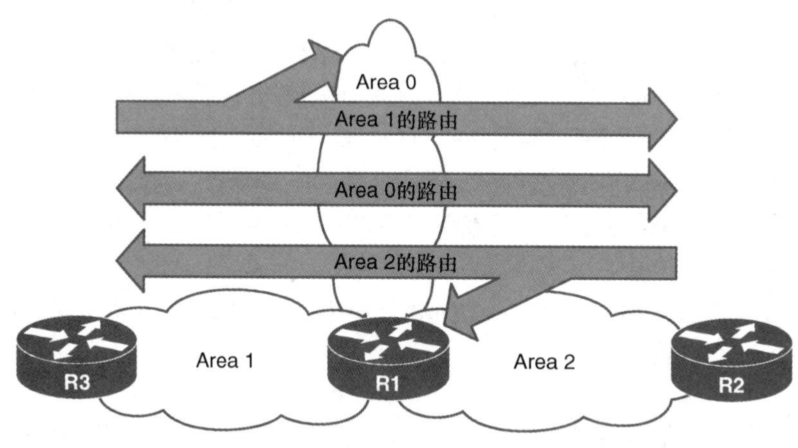

图6-3 区域间路由宣告成功

图6-3所示的拓扑结构是一种大规模多区域OSPF拓扑结构，本章将以该拓扑结构为例解释各种OSPF概念。

6.2.2 路由器间通信

OSPF直接运行在IPv4上，使用IANA（Internet Assigned Numbers Authority，互联网编号分配机构）为OSPF分配的专用协议ID 89。为了减少不必要的网络流量，OSPF尽可能采用多播通信方式。OSPF有两个多播地址。

- **AllSPFRouters多播地址**：IPv4地址224.0.0.5或MAC地址01:00:5E:00:00:05。

所有运行 OSPF 的路由器都应该能够接收这些数据包。

- **AllDRouters 多播地址**：IPv4 地址 224.0.0.6 或 MAC 地址 01:00:5E:00:00:06。与 DR 进行通信时使用该地址。

OSPF 协议定义了 5 种数据包进行协议通信。表 6-2 描述了这些 OSPF 数据包类型。

考试要点

表 6-2　　OSPF 数据包类型

数据包类型	数据包名称	功能描述
1	Hello	所有 OSPF 接口都要周期性地发送 Hello 包，以发现新邻居并确保其他邻居仍然在线
2	DBD（DataBase Descriptor，数据库描述符）或 DDP（DataBase Description，数据包描述）	首次建立 OSPF 邻接关系时交换该数据包，这类数据包用于描述 LSDB 的内容
3	LSR（Link-State Request，链路状态请求）	如果路由器认为其 LSDB 的部分内容过时，就可以利用该数据包请求邻居数据库的部分信息
4	LSU（Link-State Update，链路状态更新）	这是特定网络链路的显式 LSA，通常发送该数据包以直接响应 LSR
5	链路状态确认（Link-State Acknowledgment）	这些数据包是 LSA 泛洪的应答消息，使得泛洪成为一种可靠的传输特性

6.2.3　路由器 ID

OSPF RID（Router ID，路由器 ID）是一个 32 比特数字，用于唯一标识 OSPF 路由器。在某些 OSPF 输出命令中，*neighbor ID* 指的就是 RID，这些术语都是同义词。RID 对于 OSPF 域中的每个 OSPF 进程来说必须唯一，而且在路由器的不同 OSPF 进程之间也必须保持唯一。

RID 默认采用动态分配方式，可以将处于 Up 状态的环回接口中的最大 IP 地址作为 RID。如果没有处于 Up 状态的环回接口，就在 OSPF 进程初始化的时候，将处于 Up 状态的物理接口中的最大 IP 地址作为 RID。OSPF 进程在 OSPF 进程初始化的时候选择 RID，在进程重启之后才更改 RID。这就意味着如果出现了更大的环回地址且重新启动了进程（或路由器），RID 将会发生变化。

设置静态 RID 不但有助于简化故障排查操作，还能减少 OSPF 环境中因 RID 变更而产生的 LSA。RID 的长度为 4 个八比特组，可以在 OSPF 进程下通过命令 **router-id** 进行配置。

6.2.4　OSPF Hello 包

OSPF Hello 包负责发现和维护邻居。在大多数情况下，路由器将 Hello 包发送给 AllSPFRouters 地址（224.0.0.5）。表 6-3 列出了 OSPF Hello 包的数据字段信息。

表 6-3　　OSPF Hello 包的数据字段信息

数据字段	描述
RID	OSPF 域中唯一的 32 比特 ID
认证选项	该字段允许 OSPF 路由器之间进行安全通信以防止恶意行为。支持的认证选项包括无（None）、明文（Clear Text）或 MD5
区域 ID	OSPF 接口所属的 OSPF 区域，该字段是一个 32 比特数字，可以采用点分十进制格式（0.0.1.0）或十进制格式（256）

续表

数据字段	描述
接口地址掩码	向外发送 Hello 包的接口的主用 IP 地址的子网掩码
接口优先级	用于 DR 选举的路由器接口优先级
Hello 间隔	以秒为单位的时间间隔，路由器按照该时间间隔在接口上发送 Hello 包
失效间隔	以秒为单位的时间间隔，路由器在宣告路由器中断之前等待接收邻居路由器的 Hello 包
DR 和 BDR	该网络链路的 DR 和 BDR 的 IP 地址
活动邻居	该网段上看到的 OSPF 邻居列表，路由器必须在失效间隔内收到邻居的 Hello 包

6.2.5 邻居

OSPF 邻居指的是共享相同 OSPF 网络链路的路由器，OSPF 路由器通过 OSPF Hello 包发现其他邻居。邻接 OSPF 邻居指的是两个邻居之间共享同步的 OSPF 数据库的 OSPF 邻居。

每个 OSPF 进程都要维护一张包含邻接 OSPF 邻居和路由器状态的表格，表 6-4 描述了 OSPF 邻居状态信息。

考试要点

表 6-4 OSPF 邻居状态信息

状态	描述
Down（未启动状态）	邻居关系的初始状态，表示没有从路由器收到任何 OSPF Hello 包
Attempt（尝试状态）	该状态与不支持广播且需要显式邻居配置的 NBMA 网络相关，该状态表示未收到最近信息，但路由器仍在尝试进行通信
Init（初始化状态）	虽然从其他路由器收到了 Hello 包，但仍未建立双向通信
2-Way（双向状态）	已经建立双向通信，如果需要指派路由器或备用指派路由器，就在该状态进行选举
ExStart（预启动状态）	该状态是建立邻接关系的首个状态，路由器会为 LSDB 的同步操作选择主从设备
Exchange（交换状态）	该状态下的路由器会通过 DBD 包交换链路状态信息
Loading（加载状态）	该状态下的路由器会向邻居发送 LSR 包，以请求更多在 Exchange 状态下发现（但未收到）的最新的 LSA
Full（完全邻接状态）	邻居路由器已经完全邻接

6.2.6 建立邻居邻接关系的要求

建立 OSPF 邻居邻接关系，必须满足以下要求。

- 两台设备的 RID 必须唯一。为了避免出现差错，RID 在整个 OSPF 路由域中均应唯一。
- 接口必须共享同一个子网。OSPF 向外发送 Hello 包时使用接口的主用 IP 地址，Hello 包中的子网掩码（Netmask）用于提取 Hello 包的网络 ID。
- 接口 MTU 必须匹配，因为 OSPF 协议不支持分段。
- 区域 ID 必须与网段匹配。

- DR 的需求必须与网段匹配。
- OSPF Hello 和失效定时器必须与网段匹配。
- 认证类型和证书（如果有）必须与网段匹配。
- 网段的区域类型标志必须相同（末梢、非完全末梢区域等）。

图 6-4 解释了两台路由器 R1 与 R2 建立 OSPF 邻接关系时的状态和交换的数据包。

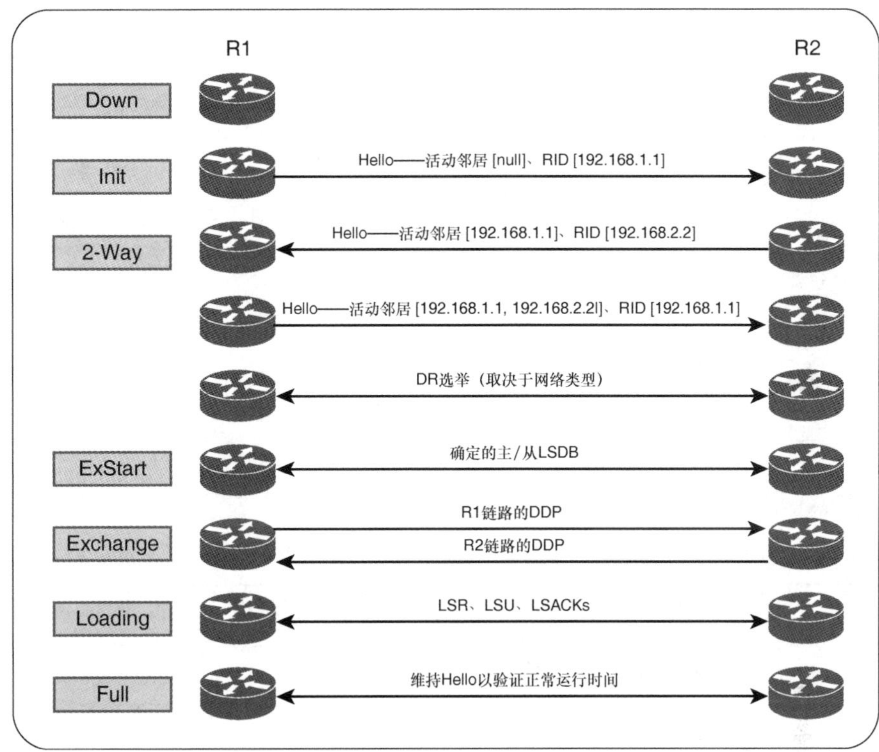

图 6-4　建立 OSPF 邻居邻接关系的过程

例 6-1 显示了建立 OSPF 邻接关系所需的操作步骤。如果启用了 OSPF 邻接关系调试功能，就可以得到所有状态的详细信息。

例 6-1　建立 OSPF 邻接关系所需的操作步骤

```
R1# debug ip ospf adj
OSPF adjacency events debugging is on

*21:10:01.735: OSPF: Build router LSA for area 0, router ID 192.168.1.1,
  seq 0x80000001, process 1
*21:10:09.203: OSPF: 2 Way Communication to 192.168.2.2 on GigabitEthernet0/0,
  state 2WAY
*21:10:39.855: OSPF: Rcv DBD from 192.168.2.2 on GigabitEthernet0/0 seq 0x1823
  opt 0x52 flag 0x7 len 32 mtu 1500 state 2WAY
*21:10:39.855: OSPF: Nbr state is 2WAY
*21:10:41.235: OSPF: end of Wait on interface GigabitEthernet0/0
*21:10:41.235: OSPF: DR/BDR election on GigabitEthernet0/0
*21:10:41.235: OSPF: Elect BDR 192.168.2.2
```

```
*21:10:41.235: OSPF: Elect DR 192.168.2.2
*21:10:41.235:        DR: 192.168.2.2 (Id) BDR: 192.168.2.2 (Id)
*21:10:41.235: OSPF: GigabitEthernet0/0 Nbr 192.168.2.2: Prepare dbase exchange
*21:10:41.235: OSPF: Send DBD to 192.168.2.2 on GigabitEthernet0/0 seq 0xFA9
  opt 0x52 flag 0x7 len 32
*21:10:44.735: OSPF: Rcv DBD from 192.168.2.2 on GigabitEthernet0/0 seq 0x1823
  opt 0x52 flag 0x7 len 32 mtu 1500 state EXSTART
*21:10:44.735: OSPF: NBR Negotiation Done. We are the SLAVE
*21:10:44.735: OSPF: GigabitEthernet0/0 Nbr 2.2.2.2: Summary list built, size 1
*21:10:44.735: OSPF: Send DBD to 192.168.2.2 on GigabitEthernet0/0 seq 0x1823
  opt 0x52 flag 0x2 len 52
*21:10:44.743: OSPF: Rcv DBD from 192.168.2.2 on GigabitEthernet0/0 seq 0x1824
  opt 0x52 flag 0x1 len 52 mtu 1500 state EXCHANGE
*21:10:44.743: OSPF: Exchange Done with 192.168.2.2 on GigabitEthernet0/0
*21:10:44.743: OSPF: Send LS REQ to 192.168.2.2 length 12 LSA count 1
*21:10:44.743: OSPF: Send DBD to 192.168.2.2 on GigabitEthernet0/0 seq 0x1824
  opt 0x52 flag 0x0 len 32
*21:10:44.747: OSPF: Rcv LS UPD from 192.168.2.2 on GigabitEthernet0/0 length
76 LSA count 1
*21:10:44.747: OSPF: Synchronized with 192.168.2.2 GigabitEthernet0/0, state FULL
*21:10:44.747: %OSPF-5-ADJCHG: Process 1, Nbr 192.168.2.2 on GigabitEthernet0/0

  from LOADING to FULL, Loading Done
```

6.3 OSPF 配置

OSPF 的大多数配置发生在 OSPF 进程下，但某些 OSPF 选项需要直接在接口子模式下进行配置。虽然 OSPF 进程 ID 只有本地意义，但是为了保持操作一致性，通常需要保持 OSPF 进程 ID 相同。可以通过以下两种方法在接口上启用 OSPF。

- OSPF **network** 语句。
- 特定接口配置。

6.3.1 OSPF network 语句

可以通过命令 **router ospf** *process-id* 定义并初始化 OSPF 进程。OSPF **network** 语句可以标识 OSPF 进程将要使用的接口以及这些接口参与的区域，可以匹配与接口相关联的主用 IPv4 地址和子网掩码。

一种常见误解就是 **network** 语句会将网络宣告到 OSPF 中。但实际上，**network** 语句的作用是选择并在接口上启用 OSPF，然后通过 LSA 在 OSPF 中宣告该接口。**network** 语句支持通配符掩码，从而能够根据需要进行模糊配置或精确配置。可以通过命令 **network** *ip-address wildcard-mask* **area** *area-id* 在 OSPF 进程中选择接口。

6.3.2 特定接口配置

在 IOS 接口上启用 OSPF 的另一种方法就是通过命令 **ip ospf** *process-id* **area** *area-id* [**secondaries none**]在特定接口上配置 OSPF，该方法可以将辅助直连网络添加到 LSDB 中，除非使用 **secondaries none** 选项。

该配置方法可以为 OSPF 的启用提供显式控制能力，但是由于该配置方法属于分散配置，随着路由器接口数量的增加，配置复杂性也将随之增加。如果路由器同时存在这两种配置，那么特定接口配置将优于 **network** 语句。

6.3.3 被动接口

将网段宣告给其他 OSPF 路由器的最快方法就是在接口上启用 OSPF。将网络接口配置为被动接口仍然会将网段添加到 LSDB 中，但接口无法建立 OSPF 邻接关系。被动接口不向外发送 OSPF Hello 包，也不处理收到的 OSPF 数据包。

可以在 OSPF 进程下通过命令 **passive** *interface-id* 将指定接口配置为被动接口，而通过命令 **passive interface default** 则可以将所有接口都配置为被动接口。如果要允许接口处理 OSPF 数据包，就需要应用命令 **no passive** *interface-id*。

6.3.4 示例拓扑结构及配置

接下来以图 6-5 所示的拓扑结构为例来解释多区域 OSPF 的基本配置。

- R1、R2、R3 和 R4 属于 Area 1234。
- R4 和 R5 属于 Area 0。
- R5 和 R6 属于 Area 56。
- R1、R2 和 R3 是成员（内部）路由器。
- R4 和 R5 是 ABR。
- Area 1234 连接在 Area 0 上，Area 56 连接在 Area 0 上。
- Area 1234 中的路由器可以看到 Area 0 和 Area 56 中的路由器（分别为 R4 和 R5、R5 和 R6）的路由，Area 0 和 Area 56 中的路由器也可以看到 Area 1234 中的路由器的路由。

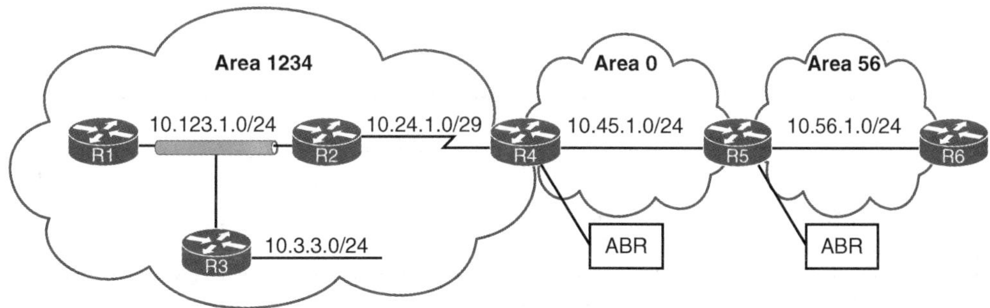

图 6-5 基本的多区域 OSPF 拓扑结构

为了解释不同的 OSPF 配置方法，本例将图 6-5 中的路由器配置如下。

- R1 通过一条 **network** 语句在所有接口上启用 OSPF。
- R2 通过两条显式 **network** 语句在两个接口上启用 OSPF。
- R3 通过一条 **network** 语句在所有接口上启用 OSPF，但是将 10.3.3.0/24 LAN 接口设置为被动接口以防止在该接口上建立 OSPF 邻接关系。
- R4 采用特定接口 OSPF 配置方法启用 OSPF。
- R5 将 10.45.1.0/24 网段中的所有接口都放到 Area 0 中，将其他网络接口都放到 Area 56 中。

■ R6 通过一条 **network** 语句将所有接口都放到 Area 56 中。

■ R1 和 R2 通过一条命令在所有接口上启用 OSPF，R3 使用的是 **network** 语句，R4 使用的则是特定接口配置命令。

例 6-2 显示了示例拓扑结构的 OSPF 配置。

例 6-2 示例拓扑结构的 OSPF 配置

```
R1
router ospf 1
 router-id 192.168.1.1
 network 0.0.0.0 255.255.255.255 area 1234
```

```
R2
router ospf 1
 router-id 192.168.2.2
 network 10.123.1.2 0.0.0.0 area 1234
 network 10.24.1.2 0.0.0.0 area 1234
```

```
R3
router ospf 1
 router-id 192.168.1.1
 network 0.0.0.0 255.255.255.255 area 1234
 passive interface GigabitEthernet0/1
```

```
R4
router ospf 1
 router-id 192.168.4.4
!
interface GigabitEthernet0/0
 ip ospf 1 area 0
interface Serial1/0
 ip ospf 1 area 1234
```

```
R5
router ospf 1
 router-id 192.168.5.5
 network 10.45.1.0 0.0.0.255 area 0
 network 0.0.0.0 255.255.255.255 area 56
```

```
R6
router ospf 1
 router-id 192.168.6.6
 network 0.0.0.0 255.255.255.255 area 56
```

6.3.5 接口确认

可以通过命令 **show ip ospf interface** [**brief** | *interface-id*]查看已启用 OSPF 的接口。例 6-3 显示了 R4 的 **show ip ospf interface** 命令输出结果，其中列出了所有已启用 OSPF 的接口、与每个接口相关联的 IP 地址、DR 和 BDR 的 RID（以及相关联的接口 IP 地址）以及该接口的 OSPF 定时器。

例 6-3 OSPF 接口详细信息

```
R4# show ip ospf interface
GigabitEthernet0/0 is up, line protocol is up
  Internet Address 10.45.1.4/24, Area 0, Attached via Interface Enable
  Process ID 1, Router ID 192.168.4.4, Network Type BROADCAST, Cost: 1
  Topology-MTID    Cost    Disabled    Shutdown      Topology Name
        0           1         no          no            Base
  Enabled by interface config, including secondary ip addresses
  Transmit Delay is 1 sec, State BDR, Priority 1
  Designated Router (ID) 192.168.5.5, Interface address 10.45.1.5
  Backup Designated router (ID) 192.168.4.4, Interface address 10.45.1.4
  Timer intervals configured, Hello 10, Dead 40, Wait 40, Retransmit 5
    oob-resync timeout 40
    Hello due in 00:00:02
..
  Neighbor Count is 1, Adjacent neighbor count is 1
    Adjacent with neighbor 192.168.5.5 (Designated Router)
  Suppress hello for 0 neighbor(s)
Serial1/0 is up, line protocol is up
  Internet Address 10.24.1.4/29, Area 1234, Attached via Interface Enable
  Process ID 1, Router ID 192.168.4.4, Network Type POINT_TO_POINT, Cost: 64
  Topology-MTID    Cost    Disabled    Shutdown      Topology Name
        0           64        no          no            Base
  Enabled by interface config, including secondary ip addresses
  Transmit Delay is 1 sec, State POINT_TO_POINT
  Timer intervals configured, Hello 10, Dead 40, Wait 40, Retransmit 5
..
  Neighbor Count is 1, Adjacent neighbor count is 1
    Adjacent with neighbor 192.168.2.2
  Suppress hello for 0 neighbor(s)
```

例 6-4 显示了携带关键字 **brief** 之后的 R1、R2、R3 和 R4 的输出结果。"State"字段提供了非常有用的信息，可以帮助我们了解接口是广播接口还是点到点接口、与接口相关联的区域以及与接口相关联的进程。

例 6-4 OSPF 接口摘要信息

```
R1# show ip ospf interface brief
Interface    PID   Area            IP Address/Mask    Cost  State Nbrs F/C
Gi0/0        1     1234            10.123.1.1/24      1     DROTH 2/2
```

```
R2# show ip ospf interface brief
Interface    PID   Area            IP Address/Mask    Cost  State Nbrs F/C
Se1/0        1     1234            10.24.1.1/29       64    P2P   1/1
Gi0/0        1     1234            10.123.1.2/24      1     BDR   2/2
```

```
R3# show ip ospf interface brief
Interface    PID   Area            IP Address/Mask    Cost  State Nbrs F/C
Gi0/1        1     1234            10.3.3.3/24        1     DR    0/0
Gi0/0        1     1234            10.123.1.3/24      1     DR    2/2
```

```
R4# show ip ospf interface brief
Interface    PID   Area            IP Address/Mask    Cost  State Nbrs F/C
```

```
Gi0/0          1      0               10.45.1.4/24       1      BDR    1/1
Se1/0          1      1234            10.24.1.4/29       64     P2P    1/1
```

表6-5列出了例6-4输出结果中的相关字段信息。

表6-5 OSPF接口字段信息

字段	描述
Interface	启用了OSPF的接口
PID	与该接口相关联的OPSF进程ID
Area	与该接口相关联的区域
IP Address/Mask	该接口的IP地址和子网掩码
Cost	SPF用于计算路径度量的因子
State	拥有指派路由器的网段的当前接口状态（DR、BDR或DROTHER、P2P、LOOP或Down）
Nbrs F	该网段已建立完全邻接关系的邻居OSPF路由器数量
Nbrs C	网段已检测到且处于2-Way状态的邻居OSPF路由器数量

注：DROTHER是已启用DR的网段上非DR或BDR的路由器，简单而言就是其他路由器。DROTHER不会与其他DROTHER建立完全邻接关系。

6.3.6 OSPF邻居邻接关系验证

可以通过命令 **show ip ospf neighbor** [**detail**]显示OSPF邻居表。例6-5显示了R1和R2的OSPF邻居。请注意，R2的S1/0接口状态没有反映其与对等体R4（192.168.4.4）的DR状态，因为点到点链路不存在DR。

例6-5 OSPF邻居输出结果

```
R1# show ip ospf neighbor

Neighbor ID     Pri   State           Dead Time   Address         Interface
192.168.2.2       1   FULL/BDR        00:00:34    10.123.1.2      GigabitEthernet0/0
192.168.3.3       1   FULL/DR         00:00:37    10.123.1.3      GigabitEthernet0/0
```

```
R2# show ip ospf neighbor
Neighbor ID     Pri   State           Dead Time   Address         Interface
192.168.4.4       0   FULL/ -         00:00:38    10.24.1.4       Serial1/0
192.168.1.1       1   FULL/DROTHER    00:00:37    10.123.1.1      GigabitEthernet0/0
192.168.3.3       1   FULL/DR         00:00:34    10.123.1.3      GigabitEthernet0/0
```

表6-6简要描述了例6-5的字段信息。R1的邻居状态将R3和R2分别标识为网段10.123.1.0的DR和BDR，R2将R1标识为该网段的DROTHER。

表6-6 OSPF邻居状态字段信息

字段	描述
Neighbor ID	邻居路由器的RID
Pri	邻居的接口优先级，用于DR/BDR选举进程
State	第一个字段值是表6-4描述的邻居状态。第二个字段值是DR、BDR或DROTHER角色（如果接口需要DR）。如果是非DR网络链路，那么第二个字段将显示为“-”

续表

字段	描述
Dead Time	在路由器被宣告为不可达之前剩下的失效时间
Address	OPSF 邻居的主用 IP 地址
Interface	OSPF 邻居所连接的本地接口

6.3.7 查看 OSPF 安装的路由

可以通过命令 **show ip route ospf** 显示安装在 RIB 中的 OSPF 路由。输出结果中的括号里面有几组与[110/2]类似的数字，第一个数字是 AD 值，OSPF 的默认 AD 值为 110，第二个数字是该网络及下一跳 IP 地址的路径度量。

例 6-6 显示了图 6-5 中的 R1 路由表信息。请注意，R1 的 OSPF 路由表将 Area 1234 的路由（10.24.1.0/29 和 10.3.3.0/24）显示为区域内路由（O 路由），将 Area 0 和 Area 56 的路由（10.45.1.0/24 和 10.56.1.0/24）显示为区域间路由（O IA 路由）。

例 6-6 从 R1 的角度显示了拓扑结构中的区域内和区域间路由。

例 6-6　安装在 RIB 中的 OSPF 路由

```
R1# show ip route ospf
! Output omitted for brevity
Codes: L - local, C - connected, S - static, R - RIP, M - mobile, B - BGP
       D - EIGRP, EX - EIGRP external, O - OSPF, IA - OSPF inter area
       N1 - OSPF NSSA external type 1, N2 - OSPF NSSA external type 2
       E1 - OSPF external type 1, E2 - OSPF external type 2
Gateway of last resort is not set

      10.0.0.0/8 is variably subnetted, 6 subnets, 3 masks
O        10.3.3.0/24 [110/2] via 10.123.1.3, 00:18:54, GigabitEthernet0/0
O        10.24.1.0/29 [110/65] via 10.123.1.2, 00:18:44, GigabitEthernet0/0
O IA     10.45.1.0/24 [110/66] via 10.123.1.2, 00:11:54, GigabitEthernet0/0
O IA     10.56.1.0/24 [110/67] via 10.123.1.2, 00:11:54, GigabitEthernet0/0
```

注：术语路径开销（Path Cost）和路径度量（Path Metric）对于 OSPF 来说是同义词。

例 6-7 显示了图 6-5 中的 R4 路由表信息。请注意，R4 的 OSPF 路由表将 Area 1234 和 Area 0 的路由显示为区域内路由，将 Area 56 的路由显示为区域间路由（因为 R4 未连接 Area 56）。

请注意，相对于网络 10.56.1.0/24，网络 10.123.1.0/24 和 10.3.3.0/24 的路径度量非常大，原因是 R4 需要通过慢速串行链路到达这两个网络，而串行链路的接口开销为 64。

例 6-7　ABR R4 的 OSPF 路由表信息

```
R4# show ip route ospf | begin Gateway
Gateway of last resort is not set
```

```
      10.0.0.0/8 is variably subnetted, 7 subnets, 3 masks
O        10.3.3.0/24 [110/66] via 10.24.1.2, 00:03:45, Serial1/0
O IA     10.56.1.0/24 [110/2] via 10.45.1.5, 00:04:56, GigabitEthernet0/0
O        10.123.1.0/24 [110/65] via 10.24.1.2, 00:13:19, Serial1/0
```

例 6-8 显示了图 6-5 中 R5 和 R6 的 OSPF 路由表信息。R5 和 R6 在 OSPF 路由表中仅包含区域间路由，因为区域内路由直连。

例 6-8 R5 和 R6 的 OSPF 路由表信息

```
R5# show ip route ospf | begin Gateway
Gateway of last resort is not set

      10.0.0.0/8 is variably subnetted, 7 subnets, 3 masks
O IA     10.3.3.0/24 [110/67] via 10.45.1.4, 00:04:13, GigabitEthernet0/0
O IA     10.24.1.0/29 [110/65] via 10.45.1.4, 00:04:13, GigabitEthernet0/0
O IA     10.123.1.0/24 [110/66] via 10.45.1.4, 00:04:13, GigabitEthernet0/0
```

```
R6# show ip route ospf | begin Gateway
Gateway of last resort is not set

      10.0.0.0/8 is variably subnetted, 6 subnets, 3 masks
O IA     10.3.3.0/24 [110/68] via 10.56.1.5, 00:07:04, GigabitEthernet0/0
O IA     10.24.1.0/29 [110/66] via 10.56.1.5, 00:08:19, GigabitEthernet0/0
O IA     10.45.1.0/24 [110/2] via 10.56.1.5, 00:08:18, GigabitEthernet0/0
O IA     10.123.1.0/24 [110/67] via 10.56.1.5, 00:08:19, GigabitEthernet0/0
```

6.3.8 外部 OSPF 路由

外部 OSPF 路由指的是从 OSPF 域外学到的路由，这些路由通过重分发方式注入 OSPF 域中。

如果某路由器将路由重分发到 OSPF 域中，就将该路由器称为 ASBR（Autonomous System Boundary Router，自治系统边界路由器）。ASBR 可以是任何 OSPF 路由器，且 ASBR 功能与 ABR 功能相独立，OSPF 域可以有 ASBR 而没有 ABR，OSPF 路由器可以同时是 ASBR 和 ABR。

外部 OSPF 路由分为 Type 1 和 Type 2 两类，Type 1 和 Type 2 外部 OSPF 路由的主要区别如下。

- Type 1 路由优于 Type 2 路由。
- Type 1 度量等于重分发度量加上到达 ASBR 的总路径度量。也就是说，随着 LSA 从发端 ASBR 向外传播，度量不断增加。
- Type 2 度量等于重分发度量。对于紧邻 ASBR 的路由器与离发端 ASBR 30 跳之外的路由器来说，两者 Type 2 度量相同。Type 2 是 OSPF 使用的默认外部度量类型。

图 6-6 仍然以图 6-5 所示的拓扑结构为例，其中的 R6 将两个网络重分发到 OSPF 域中。

- R1、R2 和 R3 是成员（内部）路由器。
- R4 和 R5 是 ABR。
- R6 是 ASBR。
- 172.16.6.0/24 被重分发为 Type 1 外部 OSPF 路由。

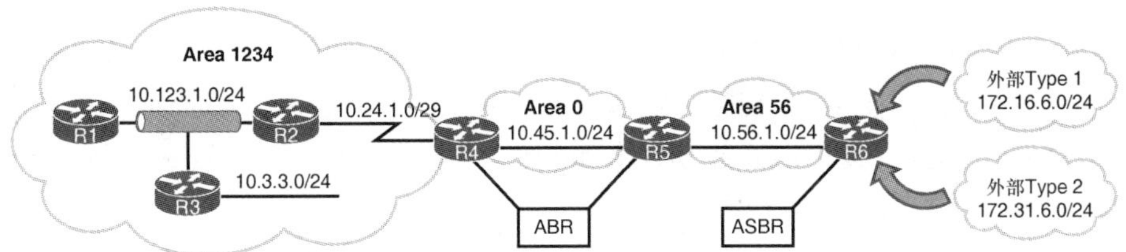

图 6-6 拥有外部路由的 OSPF 多区域拓扑结构

例 6-9 仅显示了 R1 和 R2 路由表中的外部 OSPF 路由。网络 172.16.6.0/24 被重分发为 Type 1 路由，网络 172.31.6.0/24 被重分发为 Type 2 路由。

外部 OSPF 路由在路由表中被标记为 O E1 和 O E2，分别对应 Type 1 和 Type 2 外部 OSPF 路由。请注意，网络 172.31.6.0/24 的度量对于 R1 和 R2 来说完全相同，但网络 172.16.6.0/24 的度量对于这两台路由器来说则不相同，因为 Type 1 外部度量包含了到达 ASBR 的路径度量。

例 6-9 检查 R1 和 R2 的外部 OSPF 路由度量

```
R1# show ip route ospf
! Output omitted for brevity
Codes: L - local, C - connected, S - static, R - RIP, M - mobile, B - BGP
       D - EIGRP, EX - EIGRP external, O - OSPF, IA - OSPF inter area
       E1 - OSPF external type 1, E2 - OSPF external type 2
Gateway of last resort is not set

      10.0.0.0/8 is variably subnetted, 6 subnets, 3 masks
O        10.3.3.0/24 [110/2] via 10.123.1.3, 23:20:25, GigabitEthernet0/0
O        10.24.1.0/29 [110/65] via 10.123.1.2, 23:20:15, GigabitEthernet0/0
O IA     10.45.1.0/24 [110/66] via 10.123.1.2, 23:13:25, GigabitEthernet0/0
O IA     10.56.1.0/24 [110/67] via 10.123.1.2, 23:13:25, GigabitEthernet0/0
      172.16.0.0/24 is subnetted, 1 subnets
O E1     172.16.6.0 [110/87] via 10.123.1.2, 00:01:00, GigabitEthernet0/0
      172.31.0.0/24 is subnetted, 1 subnets
O E2     172.31.6.0 [110/20] via 10.123.1.2, 00:01:00, GigabitEthernet0/0
```

```
R2# show ip route ospf | begin Gateway
Gateway of last resort is not set

      10.0.0.0/8 is variably subnetted, 7 subnets, 3 masks
O        10.3.3.0/24 [110/2] via 10.123.1.3, 23:24:05, GigabitEthernet0/0
O IA     10.45.1.0/24 [110/65] via 10.24.1.4, 23:17:11, Serial1/0
O IA     10.56.1.0/24 [110/66] via 10.24.1.4, 23:17:11, Serial1/0
      172.16.0.0/24 is subnetted, 1 subnets
O E1     172.16.6.0 [110/86] via 10.24.1.4, 00:04:45, Serial1/0
      172.31.0.0/24 is subnetted, 1 subnets
O E2     172.31.6.0 [110/20] via 10.24.1.4, 00:04:45, Serial1/0
```

6.3.9 默认路由宣告

OSPF 支持将默认路由宣告到 OSPF 域中。对于要宣告的默认路由来说，宣告路由器的路由表中必须有一条默认路由。如果要宣告默认路由，就要在 OSPF 进程下使用命令 **default-information originate** [**always**] [**metric** *metric-value*] [**metric-type** *type-value*]，如果使用了关键字 **always**，那么即使 RIB 中没有默认路由，也始终会宣告默认路由。此外，还可以通过 **metric** *metric-value* 选项更改路由度量，通过 **metric-type** *type-value* 选项更改度量类型。

图 6-7 给出了一个默认路由示例拓扑结构，其中的 R1 拥有一条到达防火墙的静态默认路由，该防火墙连接了 Internet。为了提供其他网络部分（R2 和 R3）的连接性，R1 将默认路由宣告到了 OSPF 中。

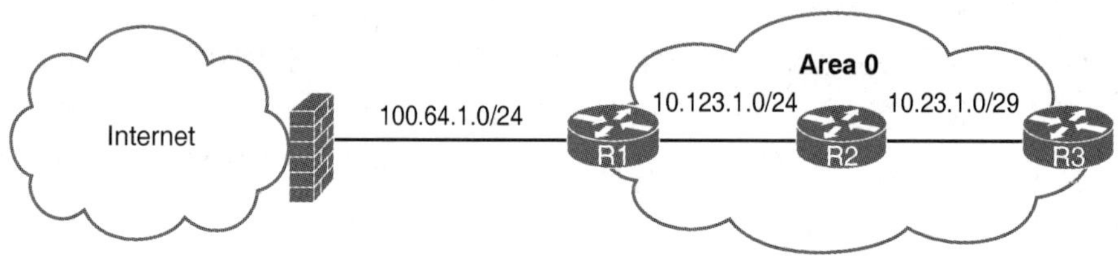

图 6-7 默认路由示例拓扑结构

例 6-10 显示了 R1 的相关配置信息。请注意，R1 有一条到达防火墙（100.64.1.2）的静态默认路由，满足了 RIB 必须拥有默认路由的要求。

例 6-10 OSPF 默认信息源端 R1 的相关配置信息

```
R1
ip route 0.0.0.0 0.0.0.0 100.64.1.2
!
router ospf 1
 network 10.0.0.0 0.255.255.255 area 0
 default-information originate
```

例 6-11 显示了 R2 和 R3 的路由表信息。请注意，OSPF 将默认路由宣告为外部 OSPF 路由。

例 6-11 R2 和 R3 的路由表信息

```
R2# show ip route | begin Gateway
Gateway of last resort is 10.12.1.1 to network 0.0.0.0

O*E2 0.0.0.0/0 [110/1] via 10.12.1.1, 00:02:56, GigabitEthernet0/1
     10.0.0.0/8 is variably subnetted, 4 subnets, 2 masks
C       10.12.1.0/24 is directly connected, GigabitEthernet0/1
C       10.23.1.0/24 is directly connected, GigabitEthernet0/2
```

```
R3# show ip route | begin Gateway
Gateway of last resort is 10.23.1.2 to network 0.0.0.0
O*E2 0.0.0.0/0 [110/1] via 10.23.1.2, 00:01:47, GigabitEthernet0/1
     10.0.0.0/8 is variably subnetted, 3 subnets, 2 masks
O       10.12.1.0/24 [110/2] via 10.23.1.2, 00:05:20, GigabitEthernet0/1
C       10.23.1.0/24 is directly connected, GigabitEthernet0/1
```

6.4 DR 和 BDR

以太网（LAN）和帧中继等多路接入网络允许同一个网段存在两台以上的路由器。但是，网段上的路由器数量增加之后，可能会导致 OSPF 出现扩展性问题。额外的路由器不但会在网段上泛洪更多的 LSA，而且随着 OSPF 邻居邻接关系的增加，OSPF 流量也会变得越来越多。如果 4 台路由器共享同一个多路接入网络，就要建立 6 条 OSPF 邻接关系，网络上也将出现 6 次数据库泛洪。

按照计算公式 $n(n-1)/2$，其中，n 表示路由器的数量，如果网段上有 5 台路由器，那么 $5(5-1)/2 = 10$，即该网段存在 10 条 OSPF 邻接关系。继续按照该逻辑进行计算，增加 1 台路由器之后，该网段将存在 15 条 OSPF 邻接关系。网段拥有过多的邻接关系会消耗过量可用带宽、CPU 处理能力以及内存来维护每个邻居的状态。

OSPF 解决这种低效问题的办法是创建伪节点（虚拟路由器）来管理广播网段上的所有其他路由器的邻接关系状态。广播网段由 DR 承担伪节点角色，DR 可以大大减少多路接入网段上的 OSPF 邻接关系数量，因为网段上的路由器只要与 DR 建立 OSPF 完全邻接关系即可，相互之间无须建立 OSPF 完全邻接关系。更新出现后，DR 负责将更新消息泛洪给网段上的所有 OSPF 路由器。图 6-8 解释了如何通过 3 条邻居邻接关系来简化 4 台路由器的拓扑结构。

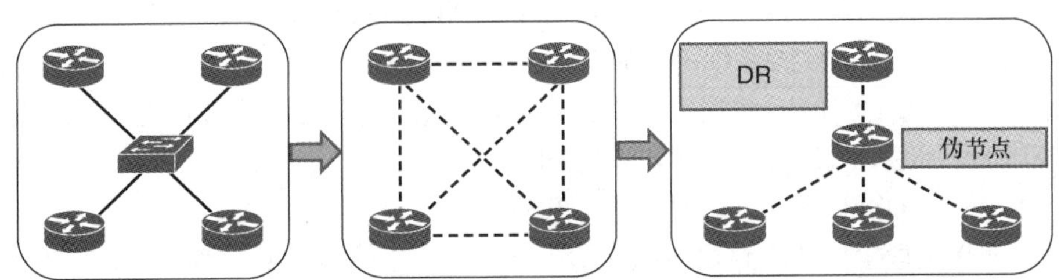

图 6-8　通过邻居邻接关系简化拓扑结构

如果 DR 出现了故障，那么 OSPF 就需要建立新的邻接关系，调用所有新的 LSA，还可能会出现短暂的路由丢失问题。DR 发生故障后，BDR 将成为新的 DR，并发起选举进程以替换 BDR。为了最大程度地缩短过渡时间，BDR 也要与网段上的所有 OSPF 路由器建立 OSPF 完全邻接关系。

DR/BDR 分发 LSA 的步骤如下。

步骤 1　网段上的所有 OSPF 路由器（DR、BDR 和 DROTHER）均与 DR 和 BDR 建立 OSPF 完全邻接关系。OSPF 路由器学到新路由之后，会向 AllDRouters（224.0.0.6）地址发送更新 LSA，仅 DR 和 BDR 接收和处理该 LSA（见图 6-9 中的步骤 1）。

步骤 2　DR 向发送初始 LSA 更新的路由器发送单播确认消息（见图 6-9 中的步骤 2）。

步骤 3　DR 通过 AllSPFRouters（224.0.0.5）地址将 LSA 泛洪给网段上的所有路由器（见图 6-9 中的步骤 3）。

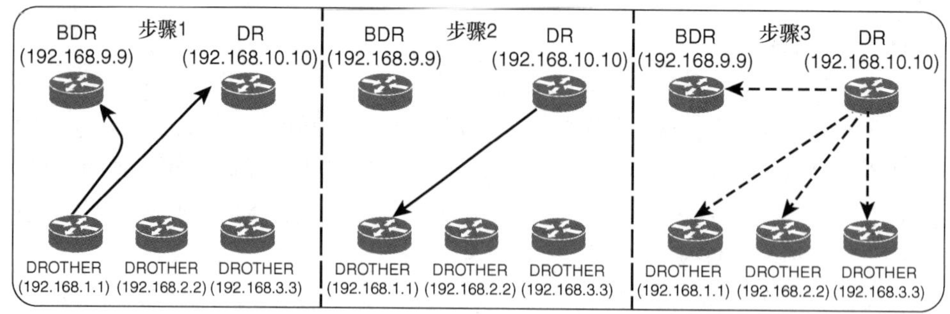

图 6-9 DR/BDR 分发 LSA 的步骤

6.4.1 选举 DR

DR/BDR 选举发生在 OSPF 邻居关系建立期间，具体来说，就是在 2-Way 邻居状态的最后阶段到 ExStart 状态之前。路由器进入 2-Way 状态之后，就会收到邻居的 Hello 包，如果 Hello 包中的 RID 与 DR 或 BDR 的 0.0.0.0 不同，那么新路由器将认为当前路由器是 DR 和 BDR。

OSPF 接口上的 OSPF 优先级为 1～255 的路由器都会尝试成为 DR，OSPF 接口的默认优先级为 1。路由器将自己的 RID 和 OSPF 优先级都放在该网段的 OSPF Hello 包中。

此后，路由器将接收并检查从邻居路由器收到的 OSPF Hello 包。如果路由器发现自己的 Hello 包比收到的 OSPF Hello 包更优，就继续发送携带其 RID 和优先级的 Hello 包。如果收到的 Hello 包更优，那么路由器就会在 DR 字段中使用更优的 RID 更新其 OSPF Hello 包。如果接口的优先级是该网段的最高优先级，那么 OSPF 就认为该路由器更优。如果 OSPF 优先级相同，那么 RID 越高越优。

如果网段上的所有路由器都在 DR 选举问题上达成一致，那么网段上的所有路由器都将与 DR 建立邻接关系，此后接着选举 BDR。BDR 的选举逻辑与 DR 选举逻辑相同，区别在于 DR 不将自己的 RID 添加到 Hello 包的 BDR 字段中。

选举出 DR/BDR 之后，OSPF 不会抢占 DR 和 BDR 的角色。只有发生故障（或 DR、BDR 进程重启）之后，OSPF 才会进行新的选举进程以替换故障角色。

> 注：为了确保网段上的所有路由器都已经完全初始化，OSPF 会在 OSPF Hello 包不包含网段的 DR / BDR 时，启动一个等待定时器。 等待定时器的默认值为失效间隔。等待定时器到期之后，路由器将参与 DR 选举进程。接口首次启动 OSPF 的时候，会启动等待定时器，因而在网段没有其他 OSPF 路由器的时候，路由器也可以将自己选举为网段的 DR，此后路由器将一直等待，直至等待定时器到期。

图 6-6 中的网络 10.123.1.0/24 要求在 R1、R2 和 R3 之间有一个 DR。可以通过 **show ip ospf interface brief** 命令查看 OSPF 接口来确定接口的角色（见例 6-12）。可以看出，对于网络 10.123.1.0/24 来说，R3 的接口 Gi0/0 被选为 DR，R2 的 Gi0/0 接口被选为 BDR，R1 的 Gi0/0 接口被选为 DROTHER。R3 的 Gi0/1 接口是 DR，因为该网段上没有其他路由器。R2 的 Serial1/0 接口是点到点链路，因而没有 DR。

例 6-12 OSPF 接口状态

```
R1# show ip ospf interface brief
Interface      PID    Area              IP Address/Mask    Cost   State Nbrs F/C
Lo0            1      0                 192.168.1.1/32     1      LOOP  0/0
Gi0/0          1      0                 10.123.1.1/24      1      DROTH 2/3
```

```
R2# show ip ospf interface brief
Interface      PID    Area              IP Address/Mask    Cost   State Nbrs F/C
Lo0            1      0                 192.168.2.2/32     1      LOOP  0/0
Se1/0          1      1234              10.24.1.1/29       64     P2P   1/1
Gi0/0          1      1234              10.123.1.2/24      1      BDR   2/2
```

```
R3# show ip ospf interface brief
Interface      PID    Area              IP Address/Mask    Cost   State Nbrs F/C
Lo0            1      0                 192.168.3.3/32     1      LOOP  0/0
Gi0/0          1      0                 10.123.1.3/24      1      DR    2/2
Gi0/1          1      0                 10.3.3.3/24        1      DR    0/0
```

邻居的完全邻接字段反映了该网段上已成为邻接路由器的路由器数量，邻居计数字段反映的是该网段上的其他 OSPF 路由器数量。初始假设是所有路由器都将彼此邻接，但这样就违背了使用 DR 的目的，此时仅要求 DR 和 BDR 与网段上的其他路由器建立邻接关系。

6.4.2 DR 和 BDR 的部署位置

例 6-12 表明 R3 赢得了 DR 选举进程，R2 赢得了 BDR 选举进程。这是因为所有的 OSPF 路由器都拥有相同的 OSPF 优先级，因而决策因素就是更大的 RID，RID 与 Loopback 0 接口的 IP 地址相匹配，而 R3 的环回地址在网段中最大，R2 次之。

修改路由器的 RID 以调整 DR 的部署位置是一种错误的设计策略，一种好的调整方式是将接口优先级数值修改为大于现有 DR 的优先级。将接口优先级修改为大于其他路由器的优先级（默认值为 1），能够增加该路由器成为该节点所属网段上的 DR 的机会。需要记住的是，OSPF 不会抢占 DR 或 BDR 的角色，为了确保变更生效，有可能需要在当前 DR/BDR 上重启 OSPF 进程。

可以在接口配置模式下通过命令 **ip ospf priority** *0-255* 手动设置 IOS 节点的接口优先级。如果将接口优先级设置为 0，就会立即从 DR/BDR 选举进程中删除该接口。如果将接口优先级设置为大于默认值（1），那么该接口就将优于拥有默认值的接口。

6.5 OSPF 网络类型

不同的介质可以提供不同的特性，也可能会限制网段所允许的节点数量。帧中继和以太网是常见的多路接入介质，由于它们都支持网段拥有两个以上的节点，因而都存在 DR 的需求。其他网络电路（如串行链路）则不需要 DR，因为这样只会浪费路由器的 CPU 周期。

默认的 OSPF 网络类型基于连接所使用的介质类型，也可以不考虑所使用的实际介质类型进行更改。思科的 OSPF 实现考虑了多种介质类型，支持 5 种 OSPF 网络类型（见表 6-7）。

考试要点

表 6-7 OSPF 网络类型

类型	描述	OSPF Hello 包中的 DR/BDR 字段	定时器/s
广播（Broadcast）	启用了 OSPF 的以太网链路的默认设置	有	Hello：10 等待：40 失效：40
非广播（Non-Broadcast）	启用了 OSPF 的帧中继主接口或帧中继多点子接口的默认设置	有	Hello：30 等待：120 失效：120
点到点（Point-to-Point）	启用了 OSPF 的帧中继点到点子接口的默认设置	无	Hello：10 等待：40 失效：40
点到多点（Point-to-Multipoint）	默认在所有接口类型上都不启用。接口被宣告为主机路由（/32）且将下一跳地址设置为出站接口。主要用于星形拓扑结构	无	Hello：30 等待：120 失效：120
环回（Loopback）	启用了 OSPF 的环回接口的默认设置，接口被宣告为主机路由（/32）	不适用	不适用

接下来将详细讨论这些 OSPF 网络类型。

6.5.1 广播网络

最好将以太网等广播网络定义为广播多路接入网络，从而与 NBMA 网络区分开。广播网络具有多种接入能力，因为它们能够连接两台以上的设备，而且从一个接口发送的广播包能够到达连接在该网段上的所有接口。

以太网接口的默认 OSPF 网络类型是广播类型。这类 OSPF 网络需要 DR，因为这类网络的网段上存在多个节点，而且需要控制 LSA 泛洪。Hello 定时器默认值为 10s（定义在 RFC 2328 中）。

接口参数命令 **ip ospf network broadcast** 可以覆盖所有自动设置，并将接口静态设置为 OSPF 广播网络类型。

6.5.2 非广播网络

帧中继、ATM 和 X.25 都是 NBMA 网络，可以连接两台以上的设备，从一个接口发送出去的广播包并不总是能够到达连接该网段的所有接口。虽然动态虚电路可以提供连接性，但其拓扑结构可能并不是全网状连接，可能只能提供星形拓扑结构。

帧中继接口默认将 OSPF 网络类型设置为非广播网络类型，该 OSPF 网络类型的 Hello 间隔为 30s。同一个网段上可以存在多台路由器，因而需要使用 DR 功能。由于这种类型的电路不存在多播和广播功能，因而邻居是通过命令 **neighbor** *ip-address* 静态定义的，配置静态邻居导致 OSPF 通过单播方式发送 Hello 包。

可以通过接口参数命令 **ip ospf network non-broadcast** 将接口手动设置为 OSPF 非广播网络类型。

图 6-10 给出了一个基于帧中继的 OSPF 拓扑结构。

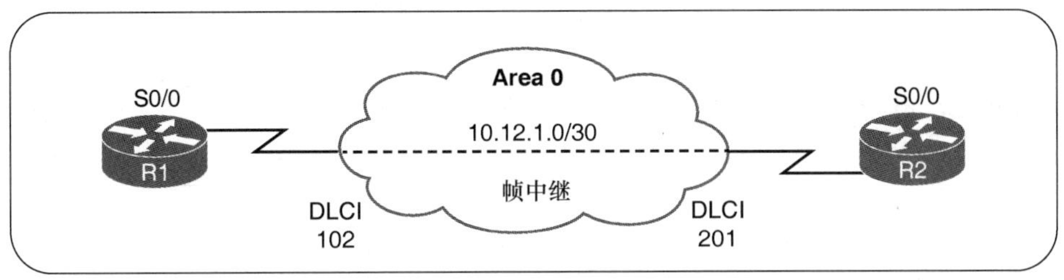

图 6-10 基于帧中继的 OSPF 拓扑结构

例 6-13 显示了帧中继接口的 OSPF 配置。请注意，如果无法通过广播（多播）发现机制接收 OSPF 数据包，就需要以静态方式配置邻居。

例 6-13 帧中继接口的 OSPF 配置

```
R1
interface Serial 0/0
  ip address 10.12.1.1 255.255.255.252
  encapsulation frame-relay
  no frame-relay inverse-arp
  frame-relay map ip address 10.12.1.2 102
!
router ospf 1
  router-id 192.168.1.1
  neighbor 10.12.1.2
  network 0.0.0.0 255.255.255.255 area 0
```

可以通过关键字 **Type** 过滤 **show ip ospf interface** 命令的输出结果来验证非广播网络类型。下面的输出结果表明接口运行为非广播网络类型：

```
R1# show ip ospf interface Serial 0/0 | include Type
  Process ID 1, Router ID 192.168.1.1, Network Type NON _ BROADCAST, Cost: 64
```

6.5.3 点到点网络

仅允许两台设备进行通信的网络是 P2P（Point-to-Point，点到点）网络。这类网络的特性是不使用 ARP，而且广播流量也不会成为限制因素。

串行接口（HDLC 或 PPP 封装）、GRE 隧道和点到点帧中继子接口的 OSPF 网络类型默认设置为点到点网络。这种类型的网络只能存在两个节点，因而 OSPF 不会在 DR 功能上浪费 CPU 周期。OSPF 点到点网络类型的 Hello 定时器被设置为 10s。

图 6-11 显示了 R1 与 R2 之间的串行连接。

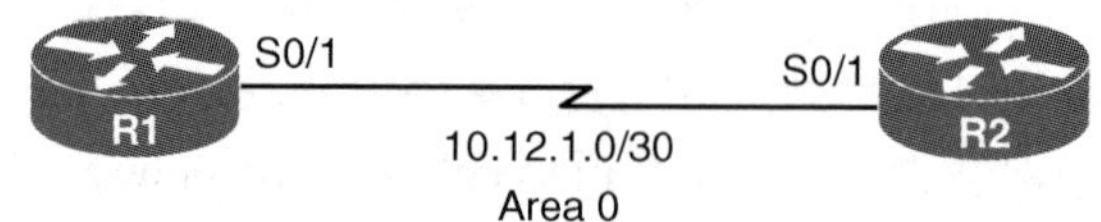

图 6-11 R1 与 R2 之间的串行连接 OSPF 拓扑结构

例 6-14 显示了 R1 和 R2 的串行接口及 OSPF 配置。可以看出，配置中没有任何特殊命令。

例 6-14 R1 和 R2 的串行接口及 OSPF 配置

```
R1
interface serial 0/1
  ip address 10.12.1.1 255.255.255.252
!
router ospf 1
  router-id 192.168.1.1
  network 0.0.0.0 255.255.255.255 area 0
```

```
R2
interface serial 0/1
  ip address 10.12.1.2 255.255.255.252
!
router ospf 1
  router-id 192.168.2.2
  network 0.0.0.0 255.255.255.255 area 0
```

例 6-15 证实 OSPF 网络类型被设置为 POINT_TO_POINT，表明是 OSPF 点到点网络类型。

例 6-15 验证 OSPF 点到点接口

```
R1# show ip ospf interface s0/1 | include Type
  Process ID 1, Router ID 192.168.1.1, Network Type POINT_TO_POINT, Cost: 64
```

```
R2# show ip ospf interface s0/1 | include Type
  Process ID 1, Router ID 192.168.2.2, Network Type POINT_TO_POINT, Cost: 64
```

例 6-16 表明点到点 OSPF 网络不使用 DR。请注意 State 字段中的连字符（-）。

例 6-16 在点到点接口上验证 OSPF 邻居

```
R1# show ip ospf neighbor

Neighbor ID     Pri   State           Dead Time   Address       Interface
192.168.2.2       0   FULL/ -         00:00:36    10.12.1.2     Serial0/1
```

使用 OSPF 点到点网络类型的接口会快速建立 OSPF 邻接关系，原因是不需要执行 DR 选举进程，也没有等待定时器。可以将仅与子网中两台 OSPF 路由器直连的以太网接口更改为 OSPF 点到点网络类型，从而更快地建立邻接关系并简化 SPF 计算。可以通过接口参数命令 **ip ospf network point-to-point** 将接口手动设置为 OSPF 点到点网络类型。

6.5.4 点到多点网络

OSPF 默认不为任何介质启用点到多点 OSPF 网络类型，必须手动进行配置。该 OSPF 网络类型不启用 DR，且 Hello 定时器值被设置为 30s。点到多点 OSPF 网络类型在使用相同 IP 子网时支持星形连接，通常用于帧中继和 L2VPN 拓扑结构。

将接口设置为 OSPF 点到多点网络类型之后，该接口的 IP 地址将作为/32 网络添加到 OSPF LSDB 中。该接口向 OSPF 对等体宣告路由时，下一跳地址将被设置为该接口的 IP 地址（使下一跳 IP 地址位于同一个 IP 子网中）。

可以通过 IOS 接口参数命令 **ip ospf network point-to-multipoint** 将接口手动设置为 OSPF 点到多点网络类型。

图 6-12 中的 R1、R2 和 R3 都使用帧中继点到多点子接口（使用同一子网）。

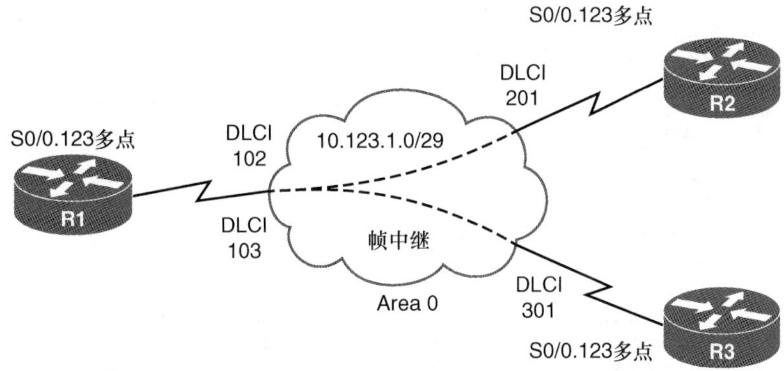

图 6-12 基于帧中继点到多点子接口的 OSPF 拓扑结构

例 6-17 显示了这 3 台路由器的相关配置信息。

例 6-17 OSPF 点到多点配置

```
R1
interface Serial 0/0
  encapsulation frame-relay
  no frame-relay inverse-arp
!
interface Serial 0/0.123 multipoint
  ip address 10.123.1.1 255.255.255.248
  frame-relay map ip 10.123.1.2 102 broadcast
  frame-relay map ip 10.123.1.3 103 broadcast
  ip ospf network point-to-multipoint
!
router ospf 1
  router-id 192.168.1.1
  network 0.0.0.0 255.255.255.255 area 0
```

```
R2
interface Serial 0/1/0
  encapsulation frame-relay
  no frame-relay inverse-arp
```

```
!
interface Serial 0/1/0/0.123 multipoint
  ip address 10.123.1.2 255.255.255.248
  frame-relay map ip 10.123.1.1 201 broadcast
  ip ospf network point-to-multipoint
!
router ospf 1
  router-id 192.168.2.2
  network 0.0.0.0 255.255.255.255 area 0
```

R3

```
interface Serial 0/0
  encapsulation frame-relay
  no frame-relay inverse-arp
!
interface Serial 0/0.123 multipoint
  ip address 10.123.1.3 255.255.255.248
  frame-relay map ip 10.123.1.1 301 broadcast
  ip ospf network point-to-multipoint
!
router ospf 1
  router-id 192.168.3.3
  network 0.0.0.0 255.255.255.255 area 0
```

例 6-18 证实这些接口是 OSPF 点到多点网络类型。

例 6-18 验证 OSPF 点到多点网络类型

```
R1# show ip ospf interface Serial 0/0.123 | include Type
  Process ID 1, Router ID 192.168.1.1, Network Type POINT_TO_MULTIPOINT, Cost: 64
```

```
R2# show ip ospf interface Serial 0/0.123 | include Type
  Process ID 1, Router ID 192.168.2.2, Network Type POINT_TO_MULTIPOINT, Cost: 64
```

```
R3# show ip ospf interface Serial 0/0.123 | include Type
  Process ID 1, Router ID 192.168.3.3, Network Type POINT_TO_MULTIPOINT, Cost: 64
```

从例 6-19 可以看出，OSPF 没有为 OSPF 点到多点网络类型启用 DR。虽然这 3 台路由器都位于同一子网上，但 R2 与 R3 之间并没有建立邻接关系。

例 6-19 星形拓扑结构中的 OSPF 邻居邻接关系

```
R1# show ip ospf neighbor

Neighbor ID     Pri   State        Dead Time    Address        Interface
192.168.3.3       0   FULL/  -     00:01:33     10.123.1.3     Serial0/0.123
192.168.2.2       0   FULL/  -     00:01:40     10.123.1.2     Serial0/0.123
```

```
R2# show ip ospf neighbor

Neighbor ID     Pri   State        Dead Time    Address        Interface
192.168.1.1       0   FULL/  -      00:01:49    10.123.1.1     Serial0/0.123
```

```
R3# show ip ospf neighbor
```

```
Neighbor ID     Pri   State       Dead Time   Address       Interface
192.168.1.1       0   FULL/ -     00:01:46    10.123.1.1    Serial0/0.123
```

从例 6-20 可以看出，所有的 Serial 0/0.123 接口都被作为/32 网络宣告给了 OSPF，而且在宣告给分支节点时设置了下一跳地址（由 R1 设置）。

例 6-20　OSPF 点到多点路由表

```
R1# show ip route ospf | begin Gateway
Gateway of last resort is not set

      10.0.0.0/8 is variably subnetted, 4 subnets, 2 masks
O        10.123.1.2/32 [110/64] via 10.123.1.2, 00:07:32, Serial0/0.123
O        10.123.1.3/32 [110/64] via 10.123.1.3, 00:03:58, Serial0/0.123
      192.168.2.0/32 is subnetted, 1 subnets
O        192.168.2.2 [110/65] via 10.123.1.2, 00:07:32, Serial0/0.123
      192.168.3.0/32 is subnetted, 1 subnets
O        192.168.3.3 [110/65] via 10.123.1.3, 00:03:58, Serial0/0.123
```

```
R2# show ip route ospf | begin Gateway
Gateway of last resort is not set

      10.0.0.0/8 is variably subnetted, 4 subnets, 2 masks
O        10.123.1.1/32 [110/64] via 10.123.1.1, 00:07:17, Serial0/0.123
O        10.123.1.3/32 [110/128] via 10.123.1.1, 00:03:39, Serial0/0.123
      192.168.1.0/32 is subnetted, 1 subnets
O        192.168.1.1 [110/65] via 10.123.1.1, 00:07:17, Serial0/0.123
      192.168.3.0/32 is subnetted, 1 subnets
O        192.168.3.3 [110/129] via 10.123.1.1, 00:03:39, Serial0/0.123
```

```
R3# show ip route ospf | begin Gateway
Gateway of last resort is not set

      10.0.0.0/8 is variably subnetted, 4 subnets, 2 masks
O        10.123.1.1/32 [110/64] via 10.123.1.1, 00:04:27, Serial0/0.123
O        10.123.1.2/32 [110/128] via 10.123.1.1, 00:04:27, Serial0/0.123
      192.168.1.0/32 is subnetted, 1 subnets
O        192.168.1.1 [110/65] via 10.123.1.1, 00:04:27, Serial0/0.123
      192.168.2.0/32 is subnetted, 1 subnets
O        192.168.2.2 [110/129] via 10.123.1.1, 00:04:27, Serial0/0.123
```

6.5.5 环回网络

OSPF 默认为环回接口启用 OSPF 环回网络类型，环回网络只能用于环回接口。OSPF 环回网络类型意味着始终以/32 前缀长度宣告 IP 地址（使环回接口配置的 IP 地址不是/32 前缀长度）。

可以从图 6-11 看到该操作行为，图中的 Loopback 0 接口被宣告给了 OSPF。例 6-21 显示了更新后的配置信息，此时 R2 的环回接口的网络类型被设置为 OSPF 点到点网络类型。

例 6-21　OSPF 环回网络类型

```
R1
interface Loopback0
```

```
    ip address 192.168.1.1 255.255.255.0
interface Serial 0/1
    ip address 10.12.1.1 255.255.255.252
!
router ospf 1
   router-id 192.168.1.1
   network 0.0.0.0 255.255.255.255 area 0
```

```
R2
interface Loopback0
    ip address 192.168.2.2 255.255.255.0
    ip ospf network point-to-point
interface Serial 0/0
    ip address 10.12.1.2 255.255.255.252
!
router ospf 1
   router-id 192.168.2.2
   network 0.0.0.0 255.255.255.255 area 0
```

此时，应该检查 R1 和 R2 环回接口的网络类型，以确认这些接口的网络类型已变更且不相同（见例 6-22）。

例 6-22 显示环回接口的 OSPF 网络类型

```
R1# show ip ospf interface Loopback 0 | include Type
  Process ID 1, Router ID 192.168.1.1, Network Type LOOPBACK, Cost: 1
```

```
R2# show ip ospf interface Loopback 0 | include Type
Process ID 1, Router ID 192.168.2.2, Network Type POINT_TO_POINT, Cost: 1
```

例 6-23 显示了 R1 和 R2 的路由表信息。请注意，R1 的环回地址是/32 网络，R2 的环回地址是/24 网络。虽然这两个路由器的环回接口均配置了/24 网络，但由于 R1 的 Lo0 是 OSPF 环回网络类型，因而将其宣告为/32 网络。

例 6-23 OSPF 环回网络类型的 OSPF 路由表信息

```
R1# show ip route ospf
! Output omitted for brevity
Gateway of last resort is not set

O        192.168.2.0/24 [110/65] via 10.12.1.2, 00:02:49, Serial0/0
```

```
R2# show ip route ospf
! Output omitted for brevity
Gateway of last resort is not set

      192.168.1.0/32 is subnetted, 1 subnets
O        192.168.1.1 [110/65] via 10.12.1.1, 00:37:15, Serial0/0
```

6.6 故障检测

OSPF Hello 包的辅助功能是确保邻接的 OSPF 邻居处于正常状态且可用。OSPF 按照设置好的时间间隔（基于 Hello 定时器）发送 Hello 包。OSPF 使用的另一个定时器是 OSPF 失效定时器，默认值是 Hello 定时器值的 4 倍。收到邻居路由器的 Hello 包之后，OSPF 就将失效定时器重置为初始值，然后再次开始递减。

如果路由器在 OSPF 失效间隔递减至 0 的时候仍未收到 Hello 包，就会将邻居状态更改为 Down。同时，OSPF 路由器还会发出适当的 LSA 以反映拓扑结构变化信息，且区域内的所有路由器都将执行 SPF 算法。

6.6.1 Hello 定时器

OSPF Hello 定时器的默认时间间隔与 OSPF 网络类型相关。OSPF 允许将 Hello 定时器间隔修改为 1～65,535s 之间的任意值，修改 Hello 定时器间隔也会修改默认的失效间隔。可以通过接口子模式命令 **ip ospf hello-interval** *1-65,535* 修改 OSPF Hello 定时器。

6.6.2 失效定时器

可以将失效定时器间隔修改为 1～65,535s 之间的任意值。可以在接口子模式下通过命令 **ip ospf dead-interval** *1-65,535* 修改 OSPF 失效定时器间隔。

6.6.3 验证 OSPF 定时器

可以通过命令 **show ip ospf interface** 查看 OSPF 接口的定时器信息（见例 6-24），请注意高亮显示的 Hello 定时器和失效定时器。

例 6-24　OSPF 接口定时器

```
R1# show ip ospf interface | i Timer|line
Loopback0 is up, line protocol is up
GigabitEthernet0/2 is up, line protocol is up
  Timer intervals configured, Hello 10, Dead 40, Wait 40, Retransmit 5
GigabitEthernet0/1 is up, line protocol is up
  Timer intervals configured, Hello 10, Dead 40, Wait 40, Retransmit 5
```

6.7 认证

攻击者可能会伪造 OSPF 数据包或获得网络的物理访问权限，控制了路由表之后，攻击者可能会拦截流量、发起拒绝服务攻击或其他恶意行为。

可以逐个接口启用 OSPF 认证机制，也可以在区域内的所有接口上同时启用 OSPF 认证机制。此外，只能将密码设置为接口参数，必须为每个接口设置密码。如果没有为接口设置密码，那么默认密码将设置为空值。

OSPF 支持两种认证模式。

- **明文认证**：几乎没有什么安全性，任何有权访问链路的人都能通过网络嗅探器看到密码。可以通过命令 **area** *area-id* **authentication** 为 OSPF 区域启用明文认证模式，也可以通过接口参数命令 **ip ospf authentication** 仅在特定接口启用明文认证模式。可以通过接口参数命令 **ip ospf authentication-key** *password* 配置明文密码。

- MD5 认证：该认证模式使用哈希，永远也不会通过链路向外发送密码。MD5 认证是一种较为安全的认证模式。可以通过命令 **area** *area-id* **authentication message-digest** 为 OSPF 区域启用 MD5 认证，也可以通过接口参数命令 **ip ospf authentication message-digest** 为特定接口启用 MD5 认证。可以通过接口参数命令 **ip ospf message-digest-key** *key-number* **md5** *password* 配置 MD5 密码。

注：MD5 认证使用的是由密钥号和密码组成的哈希，如果密钥不匹配，那么节点之间的哈希值也不同。

图 6-13 通过一个简单的拓扑结构解释了 OSPF 的认证配置方式。Area 12 使用明文认证，Area 0 使用 MD5 认证。R1 和 R3 使用基于接口的认证方式，R2 使用特定区域的认证方式。所有区域的密码均为 CISCO。

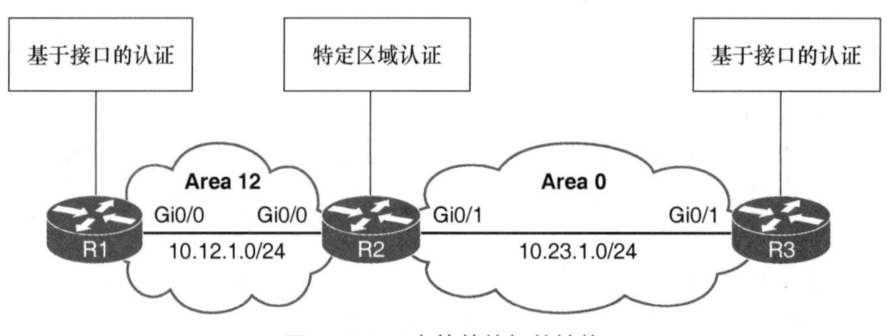

图 6-13 一个简单的拓扑结构

例 6-25 配置 OSPF 认证

```
R1
interface GigabitEthernet0/0
 ip address 10.12.1.1 255.255.255.0
 ip ospf authentication
 ip ospf authentication-key CISCO
!
router ospf 1
 network 10.12.1.0 0.0.0.255 area 12
```

```
R2
interface GigabitEthernet0/0
 ip address 10.12.1.2 255.255.255.0
 ip ospf authentication-key CISCO
!
interface GigabitEthernet0/1
 ip address 10.23.1.2 255.255.255.0
 ip ospf message-digest-key 1 md5 CISCO
!
router ospf 1
 area 0 authentication message-digest
 area 12 authentication
 network 10.12.1.0 0.0.0.255 area 12
 network 10.23.1.0 0.0.0.255 area 0
```

```
R3
interface GigabitEthernet0/1
```

```
 ip address 10.23.1.3 255.255.255.0
 ip ospf authentication message-digest
 ip ospf message-digest-key 1 md5 CISCO
!
router ospf 1
 network 10.23.1.0 0.0.0.255 area 0
```

可以在不使用选项 **brief** 的情况下，通过检查 OSPF 接口信息来验证认证配置情况。例 6-26 显示了 R1、R2 和 R3 的输出结果。可以看出，Gi0/0 接口使用 MD5 认证，Gi0/1 接口使用明文认证。此外，MD5 认证还标识了接口使用的密钥号。

例 6-26 验证 IOS OSPF 认证机制

```
R1# show ip ospf interface | include line|authentication|key
GigabitEthernet0/0 is up, line protocol is up
  Simple password authentication enabled
```

```
R2# show ip ospf interface | include line|authentication|key
GigabitEthernet0/1 is up, line protocol is up
  Cryptographic authentication enabled
    Youngest key id is 1
GigabitEthernet0/0 is up, line protocol is up
  Simple password authentication enabled
```

```
R3# show ip ospf interface | include line|authentication|key
GigabitEthernet0/1 is up, line protocol is up
  Cryptographic authentication enabled
    Youngest key id is 1
```

备考任务

本书提供多种备考手段：此处的练习题以及 Pearson Test Prep 软件中的模拟考试题。与实际试题相比，下面问题的难度更高，因为它们都是开放式问题。通过这种难度更高的问题，读者可以更好地测试知识掌握程度，以确保完全掌握本章基本概念和主要内容。下面的问题都可以在附录中找到参考答案。

1. 复习所有考试要点

请复习本章涉及的所有重要主题，这些内容都用“考试要点”图标做了标记，表 6-8 列出了这些考试要点及其描述。

表 6-8 考试要点

考试要点	描述
段落	OSPF 区域
段落	OSPF 骨干区域
段落	区域边界路由器
表 6-2	OSPF 数据包类型
表 6-4	OSPF 邻居状态信息
段落	建立邻居邻接关系的要求

续表

考试要点	描述
段落	OSPF **network** 语句
段落	特定接口配置
段落	外部 OSPF 路由
段落	DR
段落	DR 选举进程
段落	DR 和 BDR 的部署位置
表 6-7	OSPF 网络类型
段落	认证

2. 定义关键术语

请对本章中的下列关键术语进行定义。

路由器 ID（RID）、Hello 包、Hello 间隔、失效间隔、指派路由器（DR）、备用指派路由器（BDR）、接口优先级、被动接口、最短路径优先树（SPT）、区域边界路由器（ABR）、骨干区域、区域内路由、区域间路由、外部 OSPF 路由、路由器 LSA、网络 LSA、汇总 LSA。

3. 检查命令的记忆程度

以下列出本章用到的各种重要的配置和验证命令，虽然并不需要记忆每条命令的完整语法格式，但是应该记住这些命令所需的基本关键字。

为了检查你对这些命令的记忆情况，请用一张纸遮住表 6-9 的右侧，通过表格左侧的描述内容，看一看是否能记起这些命令。

表 6-9 命令参考

任务	命令语法
初始化 OSPF 进程	**router ospf** *process-id*
在特定 OSPF 区域中与指定网络范围相匹配的网络接口上启用 OSPF	**network** *ip-address wildcard-mask* **area** *area-id*
在特定 OSPF 区域中明确指定的网络接口上启用 OSPF	**ip ospf** *process-id* **area** *area-id*
将特定接口配置为被动接口	**passive** *interface-id*
将所有接口均配置为被动接口	**passive interface default**
将默认路由宣告到 OSPF 中	**default-information originate** [**always**] [**metric** *metric-value*] [**metric-type** *type-value*]
修改 OSPF 参考带宽以动态计算接口度量开销	**auto-cost reference-bandwidth** *bandwidth-in-mbps*
为 DR/BDR 选举进程配置 OSPF 优先级	**ip ospf priority** *0-255*
将接口静态配置为广播 OSPF 网络类型	**ip ospf network broadcast**
将接口静态配置为非广播 OSPF 网络类型	**ip ospf network non-broadcast**
将接口静态配置为点到点 OSPF 网络类型	**ip ospf network point-to-point**
将接口静态配置为点到多点 OSPF 网络类型	**ip ospf network point-to-multipoint**

续表

任务	命令语法
为某个区域启用 OSPF 认证	**area** *area-id* **authentication** [**message-digest**]
为特定接口定义明文密码	**ip ospf authentication-key** *password*
为特定接口定义 MD5 密码	**ip ospf message-digest-key** *key-number* **md5** *password*
重启 OSPF 进程	**clear ip ospf process**
显示路由器上的 OSPF 接口	**show ip ospf interface** [brief | *interface-id*]
显示 OSPF 邻居及其当前状态	**show ip ospf neighbor** [**detail**]
显示 RIB 中安装的 OSPF 路由	**show ip route ospf**

由于 ENARSI 300-410 认证考试重点考查考生作为网络专家的实际动手能力，因而必须掌握与本章主题相关的配置、验证及故障排查命令。

第 7 章

高级 OSPF

本章主要讨论以下主题。

- **LSA**：本节将解释与 OSPF LSA 相关的存储和通信机制，以及通过 LSA 构建拓扑结构的方式。
- **OSPF 末梢区域**：本节将讨论 OSPF 过滤外部路由同时提供外部连接性的方法。
- **OSPF 路径选择**：本节将讨论 OSPF 对于从 OSPF 路由域内学到的路由做出路径选择决策的方式。
- **路由汇总**：本节将解释 OSPF 的网络汇总机制。
- **不连续网络**：本节将讨论不连续网络以及不能将路由正确分发给所有区域的原因。
- **虚链路**：本节将说明 OSPF 解决不连续网络问题的方法。

本章将在第 6 章的基础上进行扩展，解释大型企业网络的相关功能和特性。通过对本章内容的学习，读者可以对多区域 OSPF 域内的路由宣告、路径选择及 OSPF 环境优化等技术有更加深入的理解。

7.1 “我已经知道了吗？”测验

“我已经知道了吗？”测验的目的是帮助读者确定是否需要完整地学习本章知识或者直接跳至“备考任务”，如果读者对题目的答案还存在疑问，或者评估自己对这些主题知识的掌握程度还不够的话，就可以从头学起。表 7-1 列出了本章的主要内容以及与这些内容相关联的“我已经知道了吗？”测验题，答案可参见附录。

表 7-1　“我已经知道了吗？”基本主题章节与所对应的测验题

涵盖测验题的基本主题章节	测验题
LSA	1～4
OSPF 末梢区域	5、6
OSPF 路径选择	7、8
路由汇总	9、10
不连续网络	11
虚链路	12

> 注意：自我评价的目的是检验你对本章知识的掌握程度，如果不知道或仅部分知道问题的答案，出于自我评价的目的，请在该问题上标记“错”。为了不影响自我评价的结果，对不懂的问题请不要猜测答案，否则可能会造成一种已掌握的假象。

1. 路由传统 IPv4 数据包的 OSPF LSA 有多少种？
   a. 2
   b. 3
   c. 5
   d. 6
   e. 7
2. LSDB 中的 LSA Age（老化时间）字段的作用是什么？
   a. 版本控制，以确保当前是最新 LSA
   b. 老化时间递减至 0 时删除 LSA，从而淘汰老的 LSA
   c. 排查故障时，可以准确识别 LSA 的宣告时间
   d. 老化时间达到 3600s 时删除 LSA，从而淘汰老的 LSA
3. 所有 OSPF 区域都存在哪种类型的 LSA？
   a. 网络 LSA
   b. 汇总 LSA
   c. 路由器 LSA
   d. AS 外部 LSA
4. 是非题：ABR 收到网络 LSA 之后，会将网络 LSA 转发给其他相连区域。
   a. 对
   b. 错
5. OSPF 末梢区域阻止 ABR 将哪些类型的 LSA 注入区域中？（选择两项）
   a. Type 1 LSA
   b. Type 3 LSA
   c. Type 4 LSA
   d. Type 5 LSA
6. 是非题：如果 ABR 不让 Type 5 LSA 注入 NSSA，那么 OSPF NSSA 就会自动创建一条默认路由。
   a. 对
   b. 错
7. OSPF 根据下面哪个参考带宽自动为接口分配链路开销？
   a. 100Mbit/s
   b. 1Gbit/s
   c. 10Gbit/s
   d. 40Gbit/s
8. 是非题：如果两台不同的路由器同时将同一网络（如 10.1.1.0/24）重分发为 OSPF 外部

Type 2 路由，且拥有相同的度量，那么这两条路由都会安装到下游路由器上。

a．对

b．错

9．是非题：将大型 OSPF 拓扑结构划分为较小的 OSPF 区域可以视为网络汇总的一种形式。

a．对

b．错

10．可以通过________汇总外部 OSPF 路由。

a．接口配置命令 **summary-address** *network prefix-length*

b．OSPF 进程配置命令 **summary-address** *network subnet-mask*

c．OSPF 进程配置命令 **area** *area-id* **range** *network subnet-mask*

d．接口配置命令 **area** *area-id* **summary-address** *network subnet-mask*

11．在非骨干区域收到 Type 3 LSA 之后，ABR 会做什么？

a．丢弃 Type 3 LSA，不进行任何处理

b．仅在收到该 LSA 的区域安装 Type 3 LSA

c．将 Type 3 LSA 宣告到骨干区域并显示差错

d．将 Type 3 LSA 宣告到骨干区域

12．是非题：虚链路是启用 OSPF 的 GRE 隧道的另一种称呼。

a．对

b．错

基础主题

OSPF LSA（Link-State Advertisement，链路状态宣告）包含了到达邻居路由器的链路状态和链路度量。路由器将收到的 LSA 存储在被称为 LSDB 的本地数据库中，LSDB 将链路状态信息准确宣告给邻居路由器，就像发端宣告路由器所宣告的那样。与发端宣告路由器一样，该过程会将 LSA 泛洪到整个 OSPF 路由域中。同一区域中的所有 OSPF 路由器都会为该区域维护一份同步的相同 LSDB 副本。

LSDB 提供了网络拓扑结构信息，实质上是为路由器提供了完整的网络视图。所有 OSPF 路由器都运行 Dijkstra SPF 算法，以构建最短路径的无环拓扑。OSPF 可以动态检测网络中的拓扑结构变化情况，并在短时间内以最小的路由协议流量计算无环路径。

7.2 LSA

OSPF 邻居建立邻接关系之后，就会在 OSPF 路由器之间同步 LSDB。OSPF 路由器在数据库中添加直连网络链路或者从数据库中删除直连网络链路之后，路由器会将 LSA 泛洪给所有处于主动状态的 OSPF 接口。OSPF LSA 包含了该路由器宣告的完整网络列表。

针对 IPv4 路由，OSPF 使用以下 6 种 LSA。

- Type 1，路由器 LSA：该 LSA 负责在区域内宣告网络前缀。
- Type 2，网络 LSA：该 LSA 负责指示区域内连接在广播网段上的路由器。
- Type 3，汇总 LSA：该 LSA 负责宣告来自不同区域的网络前缀。
- Type 4，ASBR 汇总 LSA：该 LSA 负责从其他区域定位 ASBR。
- Type 5，AS 外部 LSA：该 LSA 负责宣告重分发到 OSPF 中的网络前缀。
- Type 7，外部 NSSA LSA：该 LSA 负责宣告重分发到本地 NSSA（Not-So-Stubby Area，非完全末梢区域）区域中的外部网络前缀。

Type 1、2 和 3 LSA 负责为区域内和区域间路由建立 SPF 树，Type 4、5 和 7 LSA 则与外部 OSPF 路由（重分发到 OSPF 路由域中的路由）相关。

图 7-1 显示了 OSPF LSA 更新消息的抓包情况，可以看到一些非常重要的 LSA 消息：LSA 类型、LSA 老化时间、链路 ID、LSA 序列号以及宣告路由器等。由于这是一条 Type 1 LSA，因而链路 ID 增加了相关性，列出了每个接口连接的网络以及相关联的 OSPF 开销。

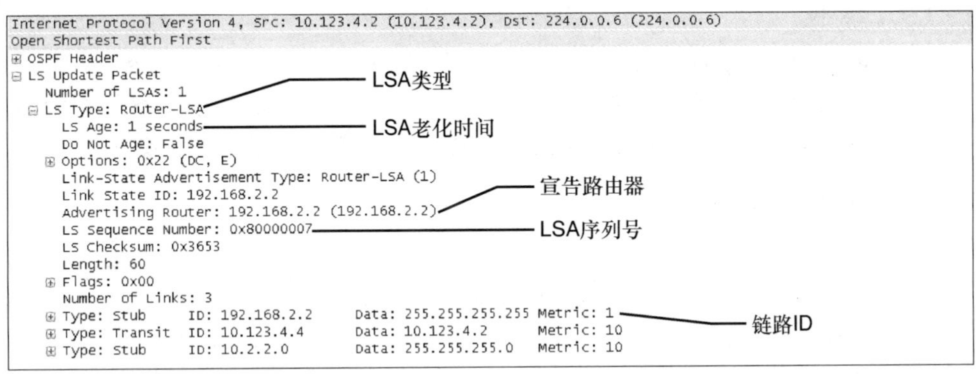

图 7-1 第二个接口的 LSA 更新消息的抓包情况

图 7-2 通过一个拓扑结构示例解释了不同的 LSA 类型。

- R1、R2 和 R3 是成员（内部）路由器。
- R4 和 R5 是 ABR。
- R6 是 ASBR（将网络 172.16.6.0/24 重分发到 OSPF 中）。

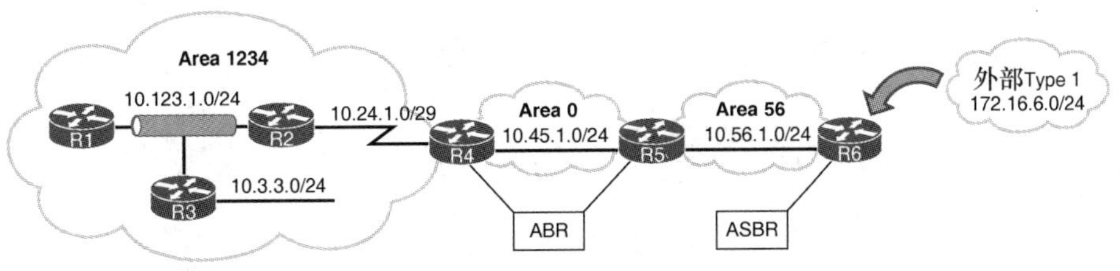

图 7-2 拓扑结构示例

7.2.1 LSA 序列号

OSPF 通过 LSA 序列号来解决 LSA 在网络中传播导致的时延问题。LSA 序列号是一个负责版本控制的 32 比特数字。发端路由器向外发出 LSA 之后，LSA 序列号就会递增。如果路由器收到的 LSA 序列号大于 LSDB 中的 LSA 序列号，就处理该 LSA。如果 LSA 序列号小于 LSDB 中的 LSA 序列号，那么路由器就认为该 LSA 是旧 LSA，从而丢弃该 LSA。

7.2.2 LSA 老化时间和泛洪

每条 OSPF LSA 都包含一个输入本地 LSDB 的 LSA 老化时间，LSA 老化时间每秒递增 1。如果路由器的 OSPF LSA 老化时间超过了 1800s（30min），那么发端路由器就会宣告一条新 LSA，且将 LSA 老化时间重置为 0。每台路由器在转发 LSA 的时候，都会利用计算出来的时延（反映链路状况）递增 LSA 老化时间。如果 LSA 老化时间达到 3600s，那么该 LSA 就会被视为无效 LSA，并从 LSDB 中清除。LSA 重复泛洪是一种辅助安全机制，可以确保区域内的所有路由器都维护一致的 LSDB。

7.2.3 LSA 类型

OSPF 区域内的所有路由器都拥有该区域支持的完全相同的 LSA 集。ABR 为每个 OSPF 区域都维护一组独立的 LSA，每个区域的大多数 LSA 与其他区域中的 LSA 不同。可以通过命令 **show ip ospf database** 查看路由器 LSA 的摘要信息。

1. Type 1 LSA：路由器 LSA

每台 OSPF 路由器都要宣告 Type 1 LSA。Type 1 LSA 是 LSDB 不可缺少的组成部分。每条启用了 OSPF 的链路（也就是接口及相连网络）都有一条 Type 1 LSA 表项。从图 7-3 可以看出，Type 1 LSA 不会宣告到 Area 1234 之外，因而本区域的底层拓扑结构对于外部其他区域来说不可见。

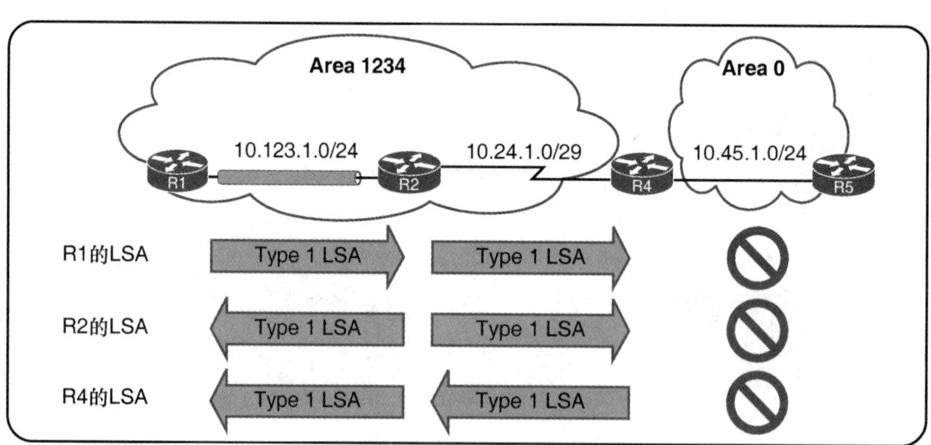

图 7-3 区域内的 Type 1 LSA 泛洪

如果要了解区域内的 Type 1 LSA 摘要信息，就可以查看 LSDB 中的 Router Link States 下方的信息（见例 7-1）。

例 7-1 Type 1 LSA 的通用 OSPF LSA 输出结果

```
R1# show ip ospf database
            OSPF Router with ID (192.168.1.1) (Process ID 1)

               Router Link States (Area 1234)

Link ID         ADV Router      Age         Seq#       Checksum Link count
192.168.1.1     192.168.1.1     14          0x80000006 0x009EA7 1
192.168.2.2     192.168.2.2     2020        0x80000006 0x00AD43 3
192.168.3.3     192.168.3.3     6           0x80000006 0x0056C4 2
192.168.4.4     192.168.4.4     61          0x80000005 0x007F8C 2
```

表 7-2 列出了 LSDB 的主要字段信息。

表 7-2 OSPF LSDB 的主要字段信息

字段	描述
Link ID	标识链路所连接的对象，可以引用邻居路由器的 RID、DR 接口的 IP 地址或 IP 网络地址
ADV Router	该 LSA 的 OSPF RID
Age	运行该命令的路由器的 LSA 老化时间，超过 1800s 就会被立即刷新
Seq #	LSA 序列号，目的是避免 LSA 失序
Checksum	LSA 的校验和，目的是在泛洪期间验证完整性
Link count	Type 1 LSA 列出的该路由器链路数

图 7-4 截自图 7-2 的 Area 1234。

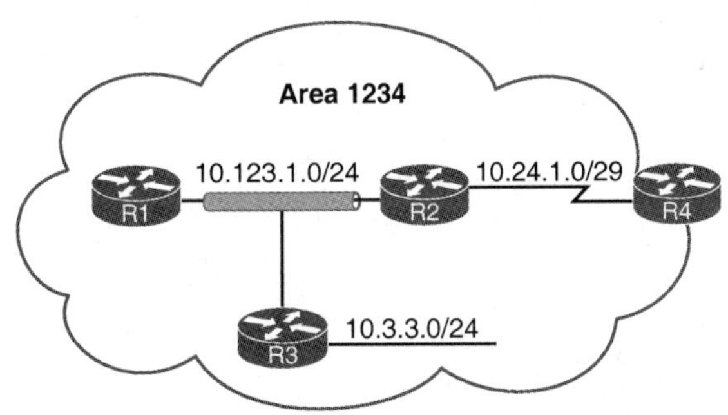

图 7-4 Area 1234 拓扑结构示例

可以通过命令 **show ip ospf database router** 检查 OSPF Type 1 LSA（见例 7-2）。注意，区域内的 4 台路由器都有 Type 1 LSA 表项。

例 7-2 Area 1234 的 OSPF Type 1 LSA

```
R1# show ip ospf database router
! Output omitted for brevity
            OSPF Router with ID (192.168.1.1) (Process ID 1)

               Router Link States (Area 1234)

  LS age: 352
```

```
Options: (No TOS-capability, DC)
LS Type: Router Links
Link State ID: 192.168.1.1
Advertising Router: 192.168.1.1
LS Seq Number: 80000014
Length: 36
Number of Links: 1

Link connected to: a Transit Network
  (Link ID) Designated Router address: 10.123.1.3
  (Link Data) Router Interface address: 10.123.1.1
    TOS 0 Metrics: 1


LS age: 381
Options: (No TOS-capability, DC)
LS Type: Router Links
Link State ID: 192.168.2.2
Advertising Router: 192.168.2.2
LS Seq Number: 80000015
Length: 60
Number of Links: 3

  Link connected to: another Router (point-to-point)
   (Link ID) Neighboring Router ID: 192.168.4.4
   (Link Data) Router Interface address: 10.24.1.1
     TOS 0 Metrics: 64

  Link connected to: a Stub Network
   (Link ID) Network/subnet number: 10.24.1.0
   (Link Data) Network Mask: 255.255.255.248
     TOS 0 Metrics: 64

  Link connected to: a Transit Network
   (Link ID) Designated Router address: 10.123.1.3
   (Link Data) Router Interface address: 10.123.1.2
     TOS 0 Metrics: 1
LS age: 226
Options: (No TOS-capability, DC)
LS Type: Router Links
Link State ID: 192.168.3.3
Advertising Router: 192.168.3.3
LS Seq Number: 80000014
Length: 48
Number of Links: 2

  Link connected to: a Stub Network
   (Link ID) Network/subnet number: 10.3.3.0
   (Link Data) Network Mask: 255.255.255.0
     TOS 0 Metrics: 1

  Link connected to: a Transit Network
   (Link ID) Designated Router address: 10.123.1.3
   (Link Data) Router Interface address: 10.123.1.3
```

```
    TOS 0 Metrics: 1


LS age: 605
Options: (No TOS-capability, DC)
LS Type: Router Links
Link State ID: 192.168.4.4
Advertising Router: 192.168.4.4
LS Seq Number: 80000013
Length: 48
Area Border Router
Number of Links: 2

  Link connected to: another Router (point-to-point)
   (Link ID) Neighboring Router ID: 192.168.2.2
   (Link Data) Router Interface address: 10.24.1.4
    TOS 0 Metrics: 64

  Link connected to: a Stub Network
   (Link ID) Network/subnet number: 10.24.1.0
   (Link Data) Network Mask: 255.255.255.248
    TOS 0 Metrics: 64
```

每条 Type 1 LSA 的初始字段都与表 7-2 相同。如果路由器是 ABR、ASBR 或虚链路端点，就会在 Length（长度）字段和 Number of Links（链路数量）字段之间列出该路由器的功能。从例 7-2 的输出结果可以看出，R4（192.168.4.4）是 ABR。

每台路由器的链路数量下面都会列出所有启用了 OSPF 的接口，路由器的每条网络链路都包含以下信息（按序）。

- 链路类型（见表 7-3），位于所连接的链路后面。
- 链路 ID，数值基于表 7-3 列出的链路类型。
- 链路数据（如果适用）。
- 接口度量。

表 7-3 Type 1 LSA 的 OSPF 链路状态

描述	链路类型	链路 ID	链路数据
点到点链路（分配了 IP 地址）	1	邻居 RID	接口 IP 地址
点到点链路（使用无编号 IP 地址）	1	邻居 RID	MIB II IfIndex 值
连接转接网络的链路	2	DR 的接口地址	接口 IP 地址
连接末梢网络的链路	3	网络地址	子网掩码
虚链路	4	邻居 RID	接口 IP 地址

计算 SPF 树时，网络链路类型为下列类型之一。

- **转接：** 转接链路表明邻接关系已建立，且已为该链路选举了 DR。
- **点对点：** 点对点链路表明已在不使用 DR 的网络类型上建立了邻接关系。使用 OSPF 点对点网络类型的接口会宣告两条链路，一条链路是点对点链路，标识该网段的 OSPF 邻居 RID；另一条链路是末梢网络链路，为该网络提供子网掩码。

- **末梢**：末梢链路表明该链路未建立邻居邻接关系。未与其他 OSPF 路由器建立邻接关系的点对点和转接链路被归为末梢网络链路类型。建立 OSPF 邻接关系之后，该链路类型就会更改为相应类型：点对点或转接类型。

注：辅助直连网络始终被宣告为末梢链路类型，因为永远不会在其上建立 OSPF 邻接关系。

通过图 7-2 中的拓扑结构示例理解了 Type 1 LSA 之后，接下来将以图 7-5 为例来说明 Area 1234 中的路由器构建拓扑结构的过程（利用 Area 1234 中的 4 台路由器的 LSA 属性）。如果仅使用 Type 1 LSA，就可以在 R2 与 R4 之间建立一条连接，因为 R2 和 R4 都在点对点 LSA 中指向了彼此的 RID。请注意，此时 R1、R2 和 R3（10.123.1.0）的 3 个网络尚未直连。

2. Type 2 LSA：网络 LSA

Type 2 LSA 表示使用 DR 的多路接入网段。DR 始终宣告 Type 2 LSA，并标识连接在该网段上的所有路由器。如果尚未选举 DR，那么 LSDB 就没有 Type 2 LSA，因为对应的 Type 1 转接链路类型 LSA 是末梢网络。Type 2 LSA 不会以与 Type 1 LSA 相同的方式泛洪到发端 OSPF 区域之外。

可以在 LSDB 的 Net Link States 下查看 Type 2 LSA 的摘要信息。例 7-3 显示了拓扑结构示例中的 Area 1234 的 Type 2 LSA 的通用 OSPF LSA 输出结果。

例 7-3　Type 2 LSA 的通用 OSPF LSA 输出结果

```
R1# show ip ospf database
! Output omitted for brevity
            OSPF Router with ID (192.168.1.1) (Process ID 1)
..
                Net Link States (Area 1234)

Link ID        ADV Router         Age         Seq#         Checksum
10.123.1.3      10.192.168.3.3    1752        0x80000012 0x00ADC5
```

Area 1234 只有一个连接了 R1、R2 和 R3 的 DR 网段，因为 R3 尚未在网段 10.3.3.0/24 上建立 OSPF 邻接关系。对于网段 10.123.1.0/24 来说，根据 RID 的大小顺序，R3 被选举为 DR，R2 被选举为 BDR。

如果要查看 Type 2 LSA 的详细信息，就可以使用命令 **show ip ospf database network**。例 7-4 显示了 R3 宣告的 OSPF Type 2 LSA 详细信息，可以看出链路 ID 10.123.1.3 关联了 R1、R2 和 R3（输出结果底部列出了这些路由器的 RID）。Type 2 LSA 包含了该子网的子网掩码信息。

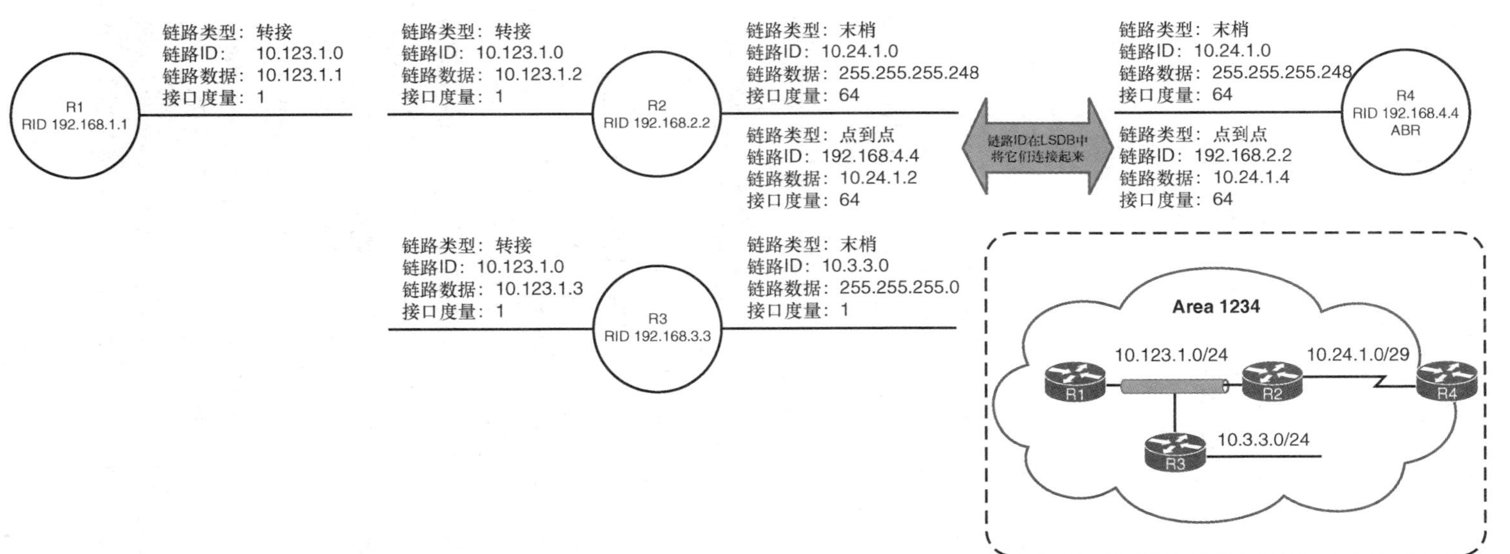

图 7-5　拥有 Type 1 LSA 的区域拓扑结构

例 7-4 OSPF Type 2 LSA 详细信息

```
R1# show ip ospf database network
            OSPF Router with ID (192.168.1.1) (Process ID 1)

                Net Link States (Area 1234)

  LS age: 356
  Options: (No TOS-capability, DC)
  LS Type: Network Links
  Link State ID: 10.123.1.3 (address of Designated Router)
  Advertising Router: 192.168.3.3
  LS Seq Number: 80000014
  Checksum: 0x4DD
  Length: 36
  Network Mask: /24
        Attached Router: 192.168.3.3
        Attached Router: 192.168.1.1
        Attached Router: 192.168.2.2
```

有了 Area 1234 的 Type 2 LSA 之后，就可以连接所有网络链路。图 7-6 显示了 Type 1 和 Type 2 LSA 的详细信息（与 Area 1234 完全对应）。

注：网段的 DR 发生变化之后，会创建新的 Type 2 LSA，从而导致在 OSPF 区域内重新进行 SPF 计算。

3. Type 3 LSA：汇总 LSA

Type 3 LSA 表示其他区域的网络。ABR 的作用是参与多个 OSPF 区域，并确保与 Type 1 LSA 相关联的网络能够在非发端 OSPF 区域中访问。

如前所述，ABR 不会将 Type 1 或 Type 2 LSA 转发给其他区域。ABR 收到 Type 1 LSA 之后，引用原始 Type 1 LSA 中的网络创建 Type 3 LSA（利用 Type 2 LSA 确定多路接入网络的子网掩码），然后将 Type 3 LSA 宣告到其他区域。如果 ABR 收到了 Area 0（骨干区域）的 Type 3 LSA，就会为非骨干区域重新生成一条新的 Type 3 LSA，并将自己列为宣告路由器（同时增加额外的开销度量）。

图 7-7 所示为 Type 3 LSA 与 Type 1 LSA 的交互概念示意。请注意，Type 1 LSA 仅存在于发端区域，穿越 ABR（R4 和 R5）之后就转换为 Type 3 LSA。

如果要查看 Type 3 LSA 的摘要信息，可以查看 Summary Net Link States 下面的信息（见例 7-5）。Type 3 LSA 显示在 OSPF 域的相应区域下面。例如，10.56.1.0 Type 3 LSA 仅存在于 Area 0 和 Area 1234 的 R4 上面，R5 仅有 Area 0 的 10.56.1.0 Type 3 LSA，而没有 Area 56 的 10.56.1.0 Type 3 LSA（因为 Area 56 有一条 Type 1 LSA）。

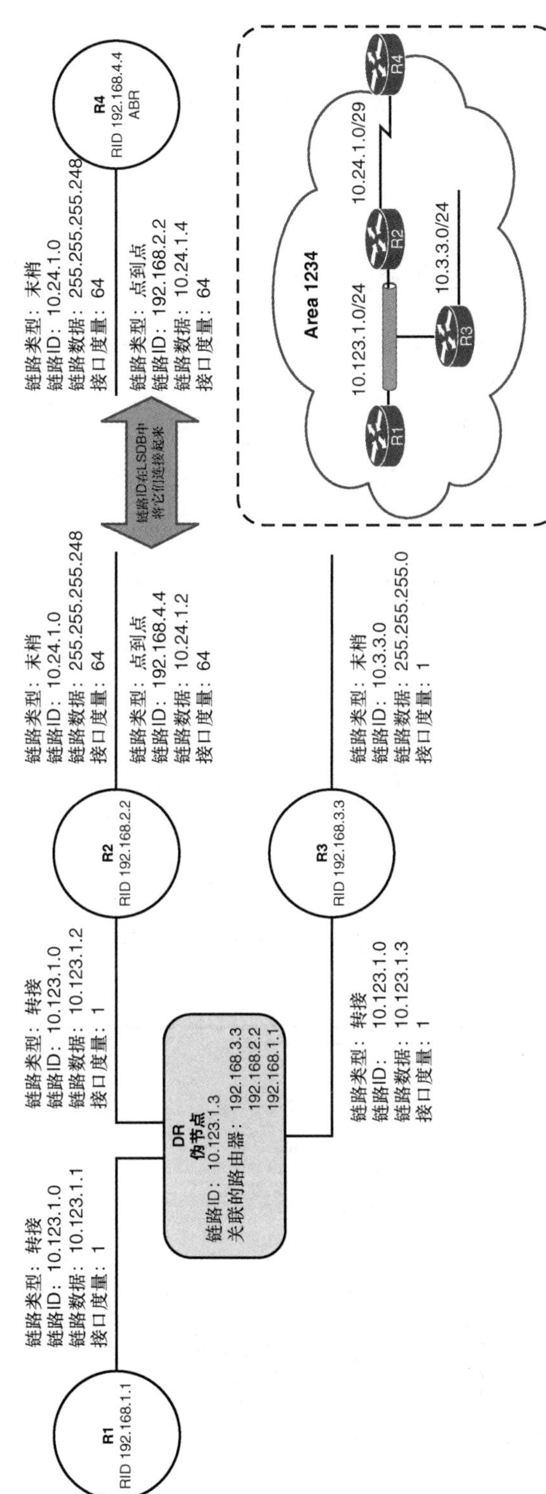

图 7-6 拥有 Type 1 和 Type 2 LSA 的 Area 1234

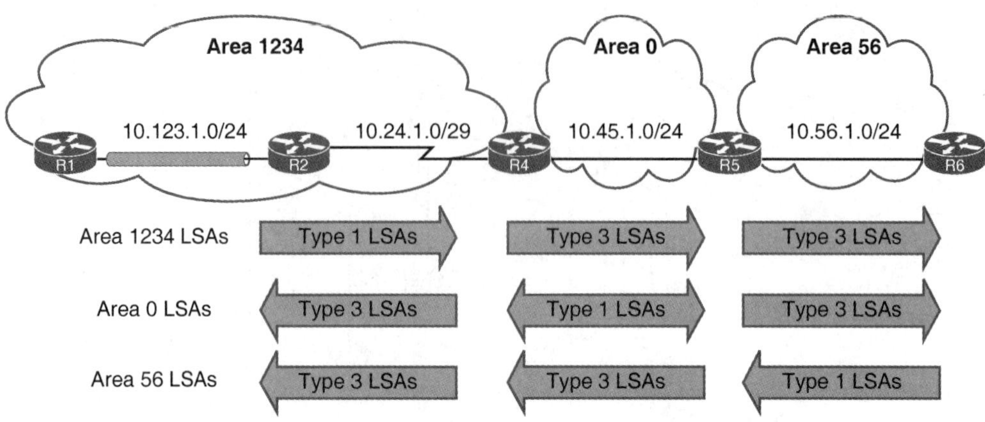

图 7-7 Type 3 LSA 与 Type 1 LSA 的交互概念示意

例 7-5 Type 3 LSA 的通用 OSPF LSA 输出结果

```
R4# show ip ospf database
! Output omitted for brevity
            OSPF Router with ID (192.168.4.4) (Process ID 1)
..
               Summary Net Link States (Area 0)

Link ID         ADV Router      Age         Seq#       Checksum
10.3.3.0        192.168.4.4     813         0x80000013 0x00F373
10.24.1.0       192.168.4.4     813         0x80000013 0x00CE8E
10.56.1.0       192.168.5.5     591         0x80000013 0x00F181
10.123.1.0      192.168.4.4     813         0x80000013 0x005A97
..
               Summary Net Link States (Area 1234)

Link ID         ADV Router      Age         Seq#       Checksum
10.45.1.0       192.168.4.4     813         0x80000013 0x0083FC
10.56.1.0       192.168.4.4     813         0x80000013 0x00096B
```

```
R5# show ip ospf database
! Output omitted for brevity
            OSPF Router with ID (192.168.5.5) (Process ID 1)
..

               Summary Net Link States (Area 0)

Link ID         ADV Router      Age         Seq#       Checksum
10.3.3.0        192.168.4.4     893         0x80000013 0x00F373
10.24.1.0       192.168.4.4     893         0x80000013 0x00CE8E
10.56.1.0       192.168.5.5     668         0x80000013 0x00F181
10.123.1.0      192.168.4.4     893         0x80000013 0x005A97
..
               Summary Net Link States (Area 56)

Link ID         ADV Router      Age         Seq#       Checksum
10.3.3.0        192.168.5.5     668         0x80000013 0x00F073
10.24.1.0       192.168.5.5     668         0x80000013 0x00CB8E
```

```
10.45.1.0       192.168.5.5     668         0x80000013 0x007608
10.123.1.0      192.168.5.5     668         0x80000013 0x005797
```

如果要查看 Type 3 LSA 的详细信息，就可以使用命令 **show ip ospf database summary**，如果在命令末尾添加了前缀信息，就可以将输出结果限制为特定 LSA。

Type 3 LSA 的宣告路由器宣告该前缀的最后一台 ABR。Type 3 LSA 中的度量计算逻辑如下。

- 如果 Type 3 LSA 创建自 Type 1 LSA，那么其度量就是到达 Type 1 LSA 中的发端路由器的总路径度量。
- 如果 Type 3 LSA 创建自 Area 0 的 Type 3 LSA，那么其度量就是到达 ABR 的总路径度量加上原始 Type 3 LSA 的度量。

例 7-6 显示了来自 R4 LSDB 的 Area 56 前缀（10.56.1.0/24）的 Type 3 LSA。R4 是 ABR，因而同时显示了 Area 0 和 Area 1234 的相关信息。请注意，与 Area 0 的 LSA 相比，Area 1234 的 LSA 度量增大了。

例 7-6　OSPF Type 3 LSA 详细信息

```
R4# show ip ospf database summary 10.56.1.0
            OSPF Router with ID (192.168.4.4) (Process ID 1)

                Summary Net Link States (Area 0)

  LS age: 754
  Options: (No TOS-capability, DC, Upward)
  LS Type: Summary Links(Network)
  Link State ID: 10.56.1.0 (summary Network Number)
  Advertising Router: 192.168.5.5
  LS Seq Number: 80000013
  Checksum: 0xF181
  Length: 28
  Network Mask: /24
        MTID: 0         Metric: 1


                Summary Net Link States (Area 1234)

  LS age: 977
  Options: (No TOS-capability, DC, Upward)
  LS Type: Summary Links(Network)
  Link State ID: 10.56.1.0 (summary Network Number)
  Advertising Router: 192.168.4.4
  LS Seq Number: 80000013
  Checksum: 0x96B
  Length: 28
  Network Mask: /24
        MTID: 0         Metric: 2
```

表 7-4 列出了 Type 3 LSA 的主要字段信息。

表 7-4 Type 3 LSA 的主要字段信息

字段	描述
Link ID	网络号
Advertising Router	宣告该路由的路由器的 RID（ABR）
Network Mask	被宣告网络的前缀长度
Metric	LSA 的度量

理解 Type 3 LSA 的度量概念非常重要。图 7-8 从 R4 的角度列出了 ABR（R5）为网络 10.56.1.0/24 创建的 Type 3 LSA。R4 不知道网络 10.56.1.0/24 是与 ABR（R5）直连还是相距多跳。R4 知道它到 ABR（R5）的度量为 1，且 Type 3 LSA 已经拥有度量 1，因而到达网络 10.56.1.0/24 的总路径度量为 2。

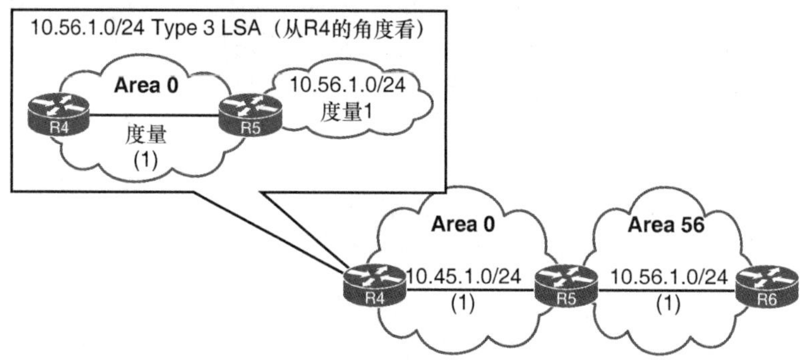

图 7-8 来自 Area 0 的 10.56.1.0/24 Type 3 LSA

图 7-9 从 R3 的角度列出了 ABR（R4）为网络 10.56.1.0/24 创建的 Type 3 LSA。R3 不知道网络 10.56.1.0/24 是与 ABR（R4）直连还是相距多跳。R3 知道它到达 ABR（R4）的度量为 65，且 Type 3 LSA 已经拥有度量 2，因而到达网络 10.56.1.0/24 的总路径度量为 67。

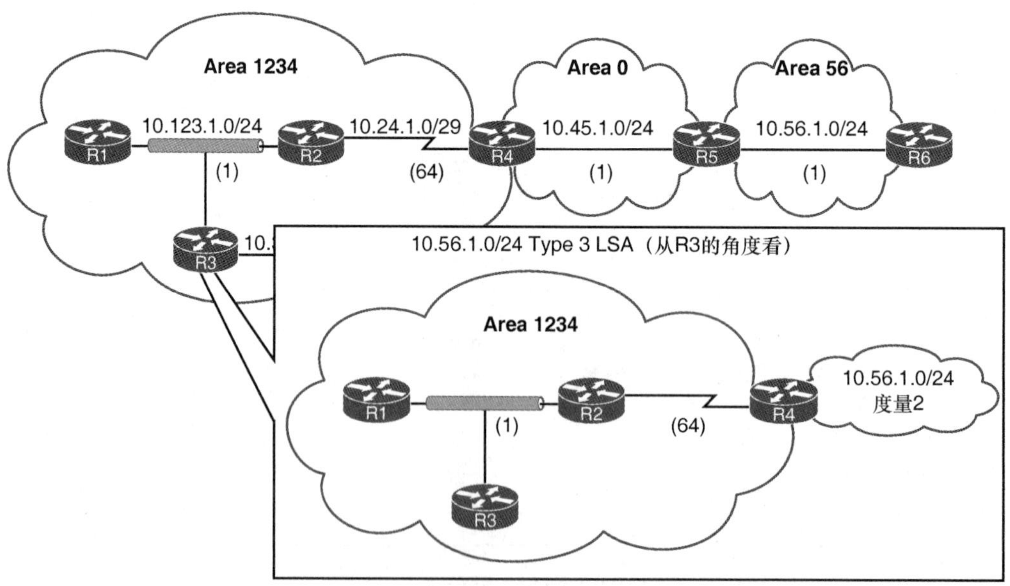

图 7-9 来自 Area 1234 的 10.56.1.0/24 Type 3 LSA

> 注：ABR 仅为前缀宣告一条 Type 3 LSA，即使 ABR 知道来自其区域内（Type 1 LSA）或区域外（Type 3 LSA）的多条路径。将 LSA 宣告到其他区域之后，使用的是最佳路径的度量。

4．Type 5 LSA：AS 外部 LSA

如果路由器将路由重分发到 OSPF 中，就将该路由器称为 ASBR。外部路由以 Type 5 LSA 的方式在整个 OSPF 域中泛洪。Type 5 LSA 在整个 OSPF 域中泛洪，不与任何特定区域相关联。Type 5 外部 OSPF 路由在泛洪期间，路由器仅修改 LSA 老化时间。

图 7-10 中的 R6 将静态路由 172.16.6.0/24 重分发到了 OSPF 域中。请注意，该路由域的所有 OSPF 区域中都有 Type 5 LSA。

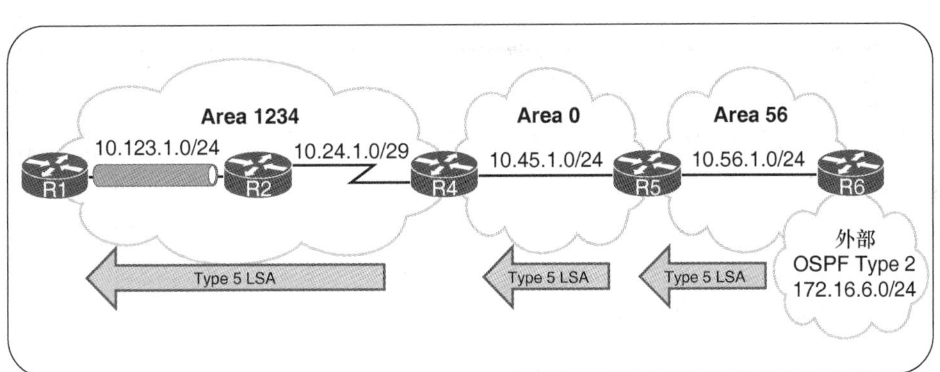

图 7-10　OSPF Type 5 LSA 泛洪

例 7-7 显示了 Type 5 LSA 的摘要信息（位于 Type-5 AS External Link States 下方），其中，Link ID 是链路 ID，ADV Router 是发起 Type 5 LSA 的路由器的 RID。请注意，Type 5 LSA 不与任何特定 OSPF 区域相关联，因为系统默认在整个 OSPF 路由域内泛洪 Type 5 LSA。

例 7-7　Type 5 LSA 的通用 OSPF LSA 输出结果

```
R6# show ip ospf database
! Output omitted for brevity
               Type-5 AS External Link States

Link ID         ADV Router      Age         Seq#       Checksum Tag
172.16.6.0      192.168.6.6     11          0x80000001 0x000866 0
```

可以通过命令 **show ip ospf database external** 查看 Type 5 LSA 的详细信息。请注意，Type 5 LSA 在 OSPF 域内传播的过程中，ABR 仅修改 LSA 老化时间。例 7-8 显示了 OSPF 域中的外部 OSPF LSA 的详细信息，可以看出，路由器仅修改了“LS age”。

例 7-8　OSPF Type 5 LSA 详细信息

```
R6# show ip ospf database external
            OSPF Router with ID (192.168.6.6) (Process ID 1)
```

```
                Type-5 AS External Link States

  LS age: 720
  Options: (No TOS-capability, DC, Upward)
  LS Type: AS External Link
  Link State ID: 172.16.6.0 (External Network Number )
  Advertising Router: 192.168.6.6
  LS Seq Number: 8000000F
  Checksum: 0xA9B0
  Length: 36
  Network Mask: /24
        Metric Type: 2 (Larger than any link state path)
        MTID: 0
        Metric: 20
        Forward Address: 0.0.0.0
        External Route Tag: 0
```

```
R1# show ip ospf database external

            OSPF Router with ID (192.168.1.1) (Process ID 1)

                Type-5 AS External Link States

  LS age: 778
  Options: (No TOS-capability, DC, Upward)
  LS Type: AS External Link
  Link State ID: 172.16.6.0 (External Network Number )
  Advertising Router: 192.168.6.6
  LS Seq Number: 8000000F
  Checksum: 0xA9B0
  Length: 36
  Network Mask: /24
        Metric Type: 2 (Larger than any link state path)
        MTID: 0
        Metric: 20
        Forward Address: 0.0.0.0
        External Route Tag: 0
```

表 7-5 列出了 Type 5 LSA 的主要字段信息。

表 7-5 Type 5 LSA 的主要字段信息

字段	描述
Link ID	外部网络号
Advertising Router	宣告该路由的路由器的 RID（ABR）
Network Mask	外部网络的子网掩码
Metric Type	OSPF 外部度量类型（Type 1 O E1 或 Type 2 O E2）
Metric	重分发后的度量
External Route Tag	包含在外部路由中的 32 比特字段，正常操作下 OSPF 不使用该字段，但是可以通告 AS 边界或其他相关信息以防止路由环路

5. Type 4 LSA：ASBR 汇总 LSA

Type 4 LSA 可以为 Type 5 LSA 定位 ASBR。Type 5 LSA 在整个 OSPF 域内进行泛洪，标识 ASBR 的唯一机制就是 RID。路由器会检查 Type 5 LSA 以确定 RID 是否位于本地区域，如果 ASBR 不在本地区域，就需要某种机制来定位 ASBR。

需要记住的是，RID 不必与 OSPF 路由器（包括 ASBR）的任何 IP 地址相匹配。Type 1 或 Type 2 LSA 提供了在区域内定位 RID 的方法（见图 7-6）。

如果路由器与 ASBR 不在同一区域，就需要通过 Type 4 LSA 来定位 ASBR。Type 4 LSA 由第一台 ABR 创建，为 Type 5 LSA 的 ASBR 提供一条汇总路由。Type 4 LSA 的度量计算逻辑如下。

- Type 5 LSA 穿越第一台 ABR 之后，ABR 将创建一条 Type 4 LSA，并将度量设置为到达 ASBR 的总路径度量。
- ABR 收到 Area 0 的 Type 4 LSA 之后，将创建一条新的 Type 4 LSA，并将度量设置为第一台 ABR 的总路径度量加上原始 Type 4 LSA 的度量。

图 7-11 显示了 ABR（R4 和 R5）为 ASBR（R6）创建 Type 4 LSA 的方式，即在 OSPF 域内泛洪 OSPF Type 4 和 Type 5 LSA。

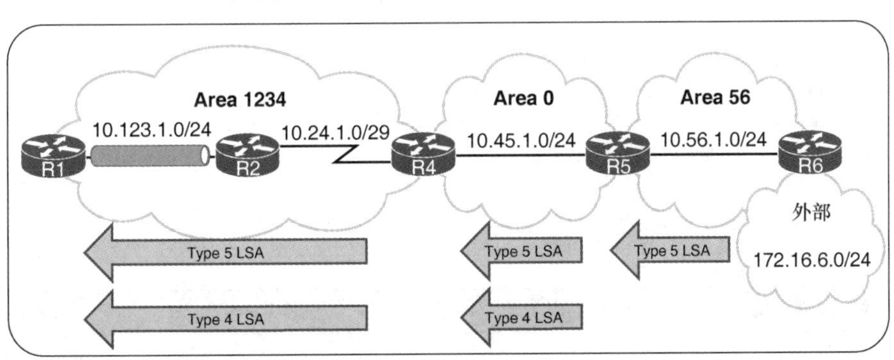

图 7-11　在 OSPF 域内泛洪 OSPF Type 4 和 Type 5 LSA

例 7-9 显示了 R4 的 Type 4 LSA 摘要信息（位于 LSDB 的 Summary ASB Link States 下方），需要注意 LSA 从一台 ABR 穿越到另一台 ABR 时的宣告路由器变化情况。

例 7-9　Type 4 LSA 的通用 OSPF LSA 输出结果

```
R4# show ip ospf database
! Output omitted for brevity
            OSPF Router with ID (192.168.4.4) (Process ID 1)
..
               Summary ASB Link States (Area 0)

Link ID        ADV Router       Age         Seq#       Checksum
192.168.6.6    192.168.5.5      930         0x8000000F 0x00EB58
..
               Summary ASB Link States (Area 1234)

Link ID ADV    Router           Age         Seq#       Checksum
192.168.6.6    192.168.4.4      1153        0x8000000F 0x000342
```

如果要查看 Type 4 LSA 的详细信息，就可以使用命令 **show ip ospf database asbr-summary**。例 7-10 显示了 R4 的 OSPF Type 4 LSA 详细信息。请注意 OSPF 区域之间的度量及宣告路由器变化情况。

例 7-10 OSPF Type 4 LSA 详细信息

```
R4# show ip ospf database asbr-summary
! Output omitted for brevity
            OSPF Router with ID (192.168.4.4) (Process ID 1)

               Summary ASB Link States (Area 0)
  LS age: 1039
  Options: (No TOS-capability, DC, Upward)
  LS Type: Summary Links(AS Boundary Router)
  Link State ID: 192.168.6.6 (AS Boundary Router address)
  Advertising Router: 192.168.5.5
  Length: 28
  Network Mask: /0
        MTID: 0          Metric: 1

               Summary ASB Link States (Area 1234)

  LS age: 1262
  Options: (No TOS-capability, DC, Upward)
  LS Type: Summary Links(AS Boundary Router)
  Link State ID: 192.168.6.6 (AS Boundary Router address)
  Advertising Router: 192.168.4.4
  Length: 28
  Network Mask: /0
        MTID: 0         Metric: 2
```

注：ABR 仅为每台 ASBR 宣告一条 Type 4 LSA，即使 ASBR 宣告了成千上万条 Type 5 LSA。

6．Type 7 LSA：外部 NSSA LSA

考试要点

本章稍后将介绍如何通过 NSSA 来缩减区域中的 LSDB。只有执行了路由重分发的 NSSA 才存在 Type 7 LSA。

ASBR 将外部路由以 Type 7 LSA 的方式注入 NSSA 中。ABR 不会将 Type 7 LSA 宣告到发端 NSSA 外部，但是会将 Type 7 LSA 转换为 Type 5 LSA，再宣告给其他 OSPF 区域。Type 5 LSA 穿越 Area 0 之后，第二台 ABR 将会为该 Type 5 LSA 创建 Type 4 LSA。

图 7-12 中的 Area 56 是 NSSA，R6 重分发了前缀 172.16.6.0/24。Type 7 LSA 仅存在于 Area 56 中。R5 将 Type 5 LSA 注入 Area 0 中，并传播到 Area 1234。R4 则为 Area 1234 创建了 Type 4 LSA。

例 7-11 显示了 Type 7 LSA 的摘要信息（位于 Type-7 AS External Link States 下方）。Type 7 LSA 仅存在于执行路由重分发的 OSPF NSSA 中。请注意，R4 没有 Type 7 LSA，R4 包含一条 Type 5 LSA（由 R5 创建）和 Type 4 LSA（由 R4 为 Area 1234 创建）。

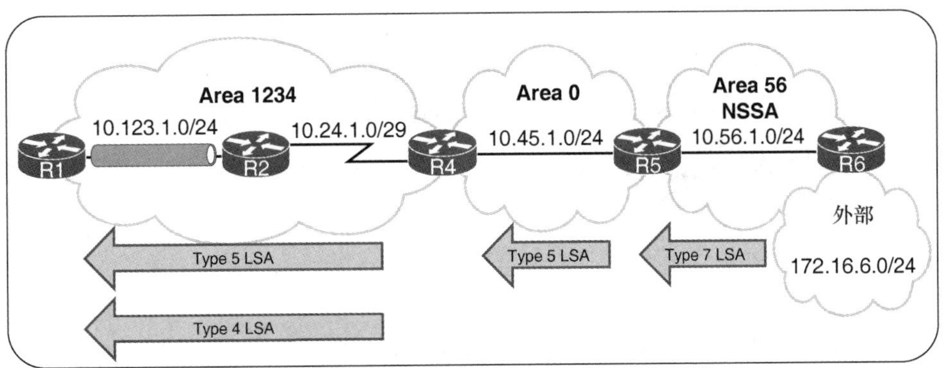

图 7-12 OSPF Type 7 LSA

例 7-11 Type 7 LSA 的通用 OSPF LSA 输出结果

```
R5# show ip ospf database
! Output omitted for brevity
            OSPF Router with ID (192.168.5.5) (Process ID 1)

..
Type-7 AS External Link States (Area 56)

Link ID         ADV Router      Age         Seq#       Checksum Tag
172.16.6.0      192.168.6.6     46          0x80000001 0x00A371 0

!  Notice that no Type-4 LSA has been generated. Only the Type-7 LSA for Area 56
!  and the Type-5 LSA for the other areas. R5 advertises the Type-5 LSA
                Type-5 AS External Link States

Link ID         ADV Router      Age         Seq#       Checksum Tag
172.16.6.0      192.168.5.5     38          0x80000001 0x0045DB
```

```
R4# show ip ospf database
! Output omitted for brevity
            OSPF Router with ID (192.168.4.4) (Process ID 1)
..
                Summary ASB Link States (Area 1234)

Link ID         ADV Router      Age         Seq#       Checksum
192.168.5.5     192.168.4.4     193         0x80000001 0x002A2C

                Type-5 AS External Link States

Link ID         ADV Router      Age         Seq#       Checksum Tag
172.16.6.0      192.168.5.5     176         0x80000001 0x0045DB 0
```

如果要查看 Type 7 LSA 的详细信息，就可以使用命令 **show ip ospf database nssa-external**（见例 7-12）。

例 7-12 OSPF Type 7 LSA 的详细信息

```
R5# show ip ospf database nssa-external
            OSPF Router with ID (192.168.5.5) (Process ID 1)
```

```
                Type-7 AS External Link States (Area 56)
  LS age: 122
  Options: (No TOS-capability, Type 7/5 translation, DC, Upward)
  LS Type: AS External Link
  Link State ID: 172.16.6.0 (External Network Number )
  Advertising Router: 192.168.6.6
  LS Seq Number: 80000001
  Checksum: 0xA371
  Length: 36
  Network Mask: /24
        Metric Type: 2 (Larger than any link state path)
        MTID: 0
        Metric: 20
        Forward Address: 10.56.1.6
        External Route Tag: 0
```

表 7-6 列出了 Type 7 LSA 的主要字段信息。

表 7-6　　　　Type 7 LSA 的主要字段信息

字段	描述
Link ID	外部网络号
Advertising Router	宣告该路由的路由器的 RID（ASBR）
Network Mask	外部网络的子网掩码
Metric Type	OSPF 外部度量类型（Type 1 O N1 或 Type 2 O N2）
Metric	重分发后的度量
External Route Tag	包含在外部路由中的 32 比特字段，OSPF 自身并不使用该字段，但是可以通告 AS 边界或其他相关信息以防止路由环路

7. LSA 类型小结

OSPF LSA 类型乍看起来似乎很难理解，但是必须掌握这些内容，因为 OSPF LSA 类型对于排查特定前缀的路由器行为故障来说非常重要。表 7-7 总结了前面讨论过的 OSPF LSA 类型。

表 7-7　　　　OSPF LSA 类型

LSA 类型	描述
Type 1	路由器 LSA
Type 2	网络 LSA
Type 3	汇总 LSA
Type 4	ASBR 汇总 LSA
Type 5	AS 外部 LSA
Type 7	外部 NSSA LSA

图 7-13 显示了拓扑结构示例中的网络前缀以及相关的 LSA 类型。请注意，Type 2 LSA 仅位于与其他路由器（10.123.1.0/24、10.45.1.0/24 和 10.56.1.0/24）建立了邻接关

系的广播网段，不会被宣告到本地区域之外。

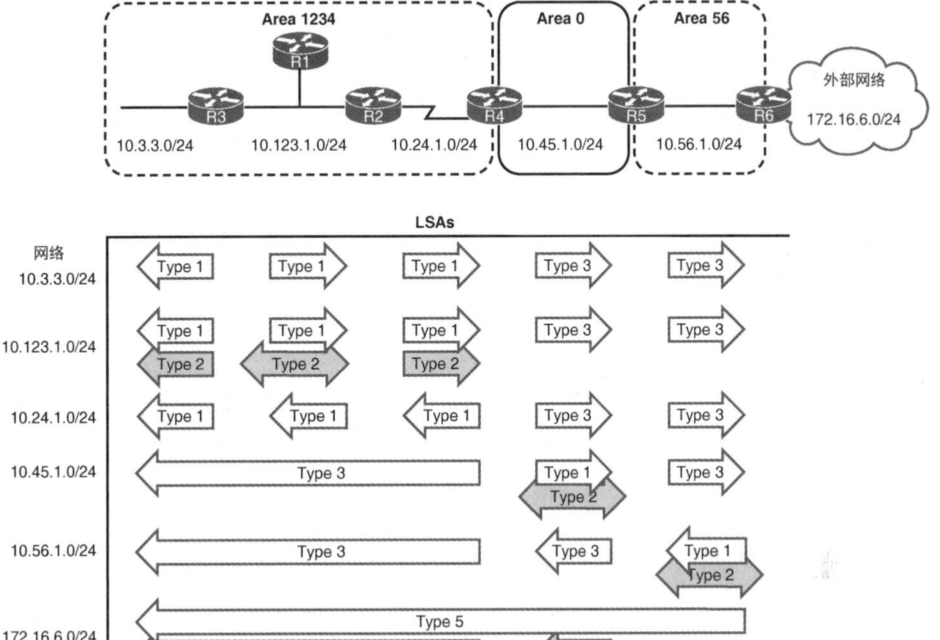

图 7-13 拓扑结构示例中的 LSA 类型

7.3 OSPF 末梢区域

7.2 节着重介绍了路由离开区域时的汇总机制。OSPF 末梢区域提供了一种过滤外部路由的方法，也提供了阻止区域间路由的选项。

OSPF 末梢区域由 OSPF Hello 包中的区域标志加以标识。OSPF 末梢区域内的每台路由器都要被配置为末梢路由器，这样才能建立/维护 OSPF 邻接关系。接下来将详细讨论以下 4 种 OSPF 末梢区域。

- 末梢区域。
- 完全末梢区域。
- NSSA。
- 完全 NSSA。

注：虽然 RFC 2328 并没有定义完全末梢区域和完全 NSSA，但思科及其他网络设备商基本都实现了这两类末梢区域。

7.3.1 末梢区域

OSPF 末梢区域禁止 Type 5 LSA（AS 外部 LSA）和 Type 4 LSA（ASBR 汇总 LSA）从 ABR 进入区域。RFC 2328 指出，Type 5 LSA 到达末梢区域的 ABR 之后，ABR 将通过 Type 3 LSA 为末梢区域生成默认路由。如果某区域被配置为末梢区域且为 Area 0 配置了一个启用了 OSPF 的接口，那么思科 ABR 就会生成一条默认路由（见图 7-14）。

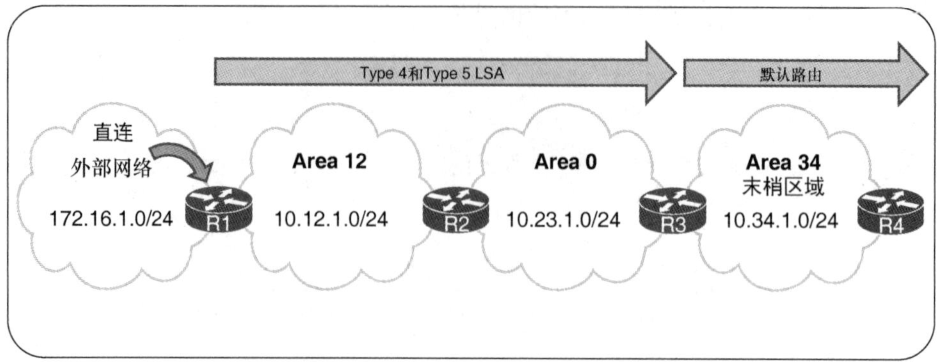

图 7-14 OSPF 末梢区域概念

例 7-13 显示了 Area 34 被配置为末梢区域之前的 R3 和 R4 路由表。请注意，R1 已经将外部网络 172.16.1.0/24 重分发到了路由表中，R3 和 R4 都能看到该路由。

例 7-13 配置末梢区域之前的 R3 和 R4 路由表

```
R3# show ip route ospf | begin Gateway
! Output omitted for brevity
Gateway of last resort is not set

      10.0.0.0/8 is variably subnetted, 5 subnets, 2 masks
O IA     10.12.1.0/24 [110/2] via 10.23.1.2, 00:01:36, GigabitEthernet0/1
    172.16.0.0/24 is subnetted, 1 subnets
O E1     172.16.1.0 [110/22] via 10.23.1.2, 00:01:36, GigabitEthernet0/1
O IA     192.168.1.1 [110/3] via 10.23.1.2, 00:01:36, GigabitEthernet0/1
O        192.168.2.2 [110/2] via 10.23.1.2, 00:01:46, GigabitEthernet0/1
O        192.168.4.4 [110/2] via 10.34.1.4, 00:01:46, GigabitEthernet0/0
```

```
R4# show ip route ospf | begin Gateway
! Output omitted for brevity
Gateway of last resort is not set

      10.0.0.0/8 is variably subnetted, 4 subnets, 2 masks
O IA     10.12.1.0/24 [110/3] via 10.34.1.3, 00:00:51, GigabitEthernet0/0
O IA     10.23.1.0/24 [110/2] via 10.34.1.3, 00:00:58, GigabitEthernet0/0
      172.16.0.0/24 is subnetted, 1 subnets
O E1     172.16.1.0 [110/23] via 10.34.1.3, 00:00:46, GigabitEthernet0/0
O IA     192.168.1.1 [110/4] via 10.34.1.3, 00:00:51, GigabitEthernet0/0
O IA     192.168.2.2 [110/3] via 10.34.1.3, 00:00:58, GigabitEthernet0/0
O IA     192.168.3.3 [110/2] via 10.34.1.3, 00:00:58, GigabitEthernet0/0
```

末梢区域中的所有路由器都必须配置为末梢路由器，否则将无法建立邻接关系，因为 Hello 包中的区域类型标志不匹配。可以通过 OSPF 进程命令 **area** *area-id* **stub** 将区域配置为末梢区域。例 7-14 显示了 R3 和 R4 的配置信息，使得 Area 34 成为 OSPF 末梢区域。

例 7-14 使得 Area 34 成为 OSPF 末梢区域的 R3 和 R4 的配置信息

```
R3# configure terminal
Enter configuration commands, one per line. End with CNTL/Z.
R3(config)# router ospf 1
```

```
R3(config-router)# area 34 stub
```

```
R4# configure terminal
Enter configuration commands, one per line. End with CNTL/Z.
R4(config)# router ospf 1
R4(config-router)# area 34 stub
```

例 7-15 显示了将 Area 34 设置为 OSPF 末梢区域后的 R3 和 R4 路由表。从 R3 的角度来看，路由表没有变化，因为它从 Area 0 接收了 Type 4 和 Type 5 的 LSA。Type 5 LSA（172.16.1.0/24）到达 ABR（R3）之后，ABR 利用 Type 3 LSA 生成了一条默认路由。虽然 R4 的路由表中没有去往网络 172.16.1.0/24 的路由，但是可以通过默认路由连接该网络。请注意，Area 34 允许区域间路由。

例 7-15 配置末梢区域之后的 R3 和 R4 路由表

```
R3# show ip route ospf | begin Gateway
! Output omitted for brevity
Gateway of last resort is not set

      10.0.0.0/8 is variably subnetted, 5 subnets, 2 masks
O IA     10.12.1.0/24 [110/2] via 10.23.1.2, 00:03:10, GigabitEthernet0/1
      172.16.0.0/24 is subnetted, 1 subnets
O E1     172.16.1.0 [110/22] via 10.23.1.2, 00:03:10, GigabitEthernet0/1
O IA     192.168.1.1 [110/3] via 10.23.1.2, 00:03:10, GigabitEthernet0/1
O        192.168.2.2 [110/2] via 10.23.1.2, 00:03:10, GigabitEthernet0/1
O        192.168.4.4 [110/2] via 10.34.1.4, 00:01:57, GigabitEthernet0/0
```

```
R4# show ip route ospf | begin Gateway
! Output omitted for brevity
Gateway of last resort is 10.34.1.3 to network 0.0.0.0

O*IA 0.0.0.0/0 [110/2] via 10.34.1.3, 00:02:45, GigabitEthernet0/0
      10.0.0.0/8 is variably subnetted, 4 subnets, 2 masks
O IA     10.12.1.0/24 [110/3] via 10.34.1.3, 00:02:45, GigabitEthernet0/0
O IA     10.23.1.0/24 [110/2] via 10.34.1.3, 00:02:45, GigabitEthernet0/0
O IA     192.168.1.1 [110/4] via 10.34.1.3, 00:02:45, GigabitEthernet0/0
O IA     192.168.2.2 [110/3] via 10.34.1.3, 00:02:45, GigabitEthernet0/0
O IA     192.168.3.3 [110/2] via 10.34.1.3, 00:02:45, GigabitEthernet0/0
```

注：由于末梢区域禁止 Type 5 LSA，因而默认路由是 Type 3 LSA（区域间汇总 LSA）。使用 Type 3 LSA 的好处是无法将路由从非骨干区域宣告到骨干区域中。相关内容将在 7.6 节进行详细讨论。

7.3.2 完全末梢区域

完全末梢区域禁止 Type 3 LSA（区域间汇总 LSA）、Type 4 LSA（ASBR 汇总 LSA）和 Type 5 LSA（AS 外部 LSA）从 ABR 进入区域。完全末梢区域的 ABR 收到 Type 3 或 Type 5 LSA 之后，该 ABR 会为完全末梢区域生成一条默认路由。

事实上，将接口分配给 Area 0 的瞬间，完全末梢区域的 ABR 会将默认路由宣告到完全末梢区域中。分配接口会触发 Type 3 LSA，从而生成默认路由。完全末梢区域应该仅存在区域内路由和默认路由。

图 7-15 解释了完全末梢区域概念。

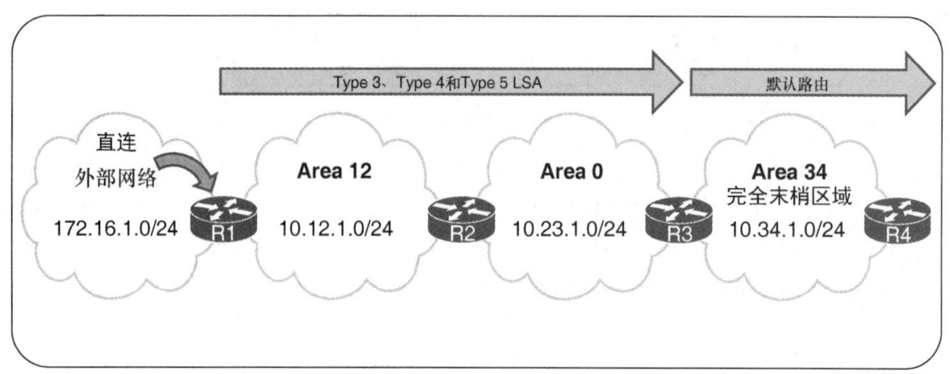

图 7-15 完全末梢区域概念

例 7-16 显示了 Area 34 被配置为 OSPF 完全末梢区域之前的 R3 和 R4 路由表。

例 7-16 配置完全末梢区域之前的 R3 和 R4 路由表

```
R3# show ip route ospf | begin Gateway
! Output omitted for brevity
Gateway of last resort is not set

      10.0.0.0/8 is variably subnetted, 5 subnets, 2 masks
O IA     10.12.1.0/24 [110/2] via 10.23.1.2, 00:01:36, GigabitEthernet0/1
      172.16.0.0/24 is subnetted, 1 subnets
O E1     172.16.1.0 [110/22] via 10.23.1.2, 00:01:36, GigabitEthernet0/1
O IA     192.168.1.1 [110/3] via 10.23.1.2, 00:01:36, GigabitEthernet0/1
O        192.168.2.2 [110/2] via 10.23.1.2, 00:01:46, GigabitEthernet0/1
O        192.168.4.4 [110/2] via 10.34.1.4, 00:01:46, GigabitEthernet0/0
```

```
R4# show ip route ospf | begin Gateway
! Output omitted for brevity
Gateway of last resort is not set

      10.0.0.0/8 is variably subnetted, 4 subnets, 2 masks
O IA     10.12.1.0/24 [110/3] via 10.34.1.3, 00:00:51, GigabitEthernet0/0
O IA     10.23.1.0/24 [110/2] via 10.34.1.3, 00:00:58, GigabitEthernet0/0
      172.16.0.0/24 is subnetted, 1 subnets
O E1     172.16.1.0 [110/23] via 10.34.1.3, 00:00:46, GigabitEthernet0/0
O IA     192.168.1.1 [110/4] via 10.34.1.3, 00:00:51, GigabitEthernet0/0
O IA     192.168.2.2 [110/3] via 10.34.1.3, 00:00:58, GigabitEthernet0/0
O IA     192.168.3.3 [110/2] via 10.34.1.3, 00:00:58, GigabitEthernet0/0
```

完全末梢区域的成员路由器（非 ABR）的配置与末梢区域的相同。配置完全末梢区域的 ABR 时需要附加关键字 **no-summary**，在 OSPF 进程下配置命令 **area** *area-id* **stub no-summary**。其中，关键字 **no-summary** 的作用与其名称完全一致，即阻止所有 Type 3 LSA 进入末梢区域，使其成为一个完全末梢区域。

例 7-17 显示了将 Area 34 配置为完全末梢区域时的 R3 和 R4 配置信息。

例 7-17 配置完全末梢区域时的 R3 和 R4 配置

```
R3# configure terminal
Enter configuration commands, one per line. End with CNTL/Z.
R3(config)# router ospf 1
R3(config-router)# area 34 stub no-summary
```

```
R4# configure terminal
Enter configuration commands, one per line. End with CNTL/Z.
R4(config)# router ospf 1
R4(config-router)# area 34 stub
```

例 7-18 显示了将 Area 34 配置为完全末梢区域之后的 R3 和 R4 路由表。请注意，R4 仅存在默认路由。R3 的环回接口是 Area 0 的成员，但是如果该接口是 Area 34 的成员，就会显示为区域内路由。R3 的路由表未受任何影响。

例 7-18 Area 34 被配置为完全末梢区域之后的 R3 和 R4 路由表

```
R3# show ip route ospf | begin Gateway
! Output omitted for brevity
Gateway of last resort is not set

      10.0.0.0/8 is variably subnetted, 5 subnets, 2 masks
O IA     10.12.1.0/24 [110/2] via 10.23.1.2, 00:02:34, GigabitEthernet0/1
      172.16.0.0/24 is subnetted, 1 subnets
O E1     172.16.1.0 [110/22] via 10.23.1.2, 00:02:34, GigabitEthernet0/1
O IA     192.168.1.1 [110/3] via 10.23.1.2, 00:02:34, GigabitEthernet0/1
O        192.168.2.2 [110/2] via 10.23.1.2, 00:02:34, GigabitEthernet0/1
O        192.168.4.4 [110/2] via 10.34.1.4, 00:03:23, GigabitEthernet0/0
```

```
R4# show ip route ospf | begin Gateway
! Output omitted for brevity
Gateway of last resort is 10.34.1.3 to network 0.0.0.0

O*IA 0.0.0.0/0 [110/2] via 10.34.1.3, 00:02:24, GigabitEthernet0/0
```

7.3.3 NSSA

OSPF 末梢区域禁止 Type 5 LSA（AS 外部 LSA）和 Type 4 LSA（ASBR 汇总 LSA）从 ABR 进入区域，还禁止将外部路由重分发到末梢区域。NSSA 禁止 Type 5 LSA 从 ABR 进入区域，但是允许将外部路由重分发到 NSSA 中。

ASBR 将网络重分发到 OSPF 的 NSSA 中时，ASBR 通过 Type 7 LSA 而不是 Type 5 LSA 宣告网络。Type 7 LSA 到达 ABR 之后，ABR 将 Type 7 LSA 转换为 Type 5 LSA。

Type 5 或 Type 7 LSA 被阻塞之后，ABR 并不会自动宣告默认路由。在配置过程中，可以通过特定选项来宣告默认路由，以提供与被阻塞 LSA 的连接性。此外，还可以利用其他技术来确保双向连接。

图 7-16 显示了 NSSA 的 ABR 对 LSA 的处理情况。请注意，图中的默认路由是否可选取决于具体配置。

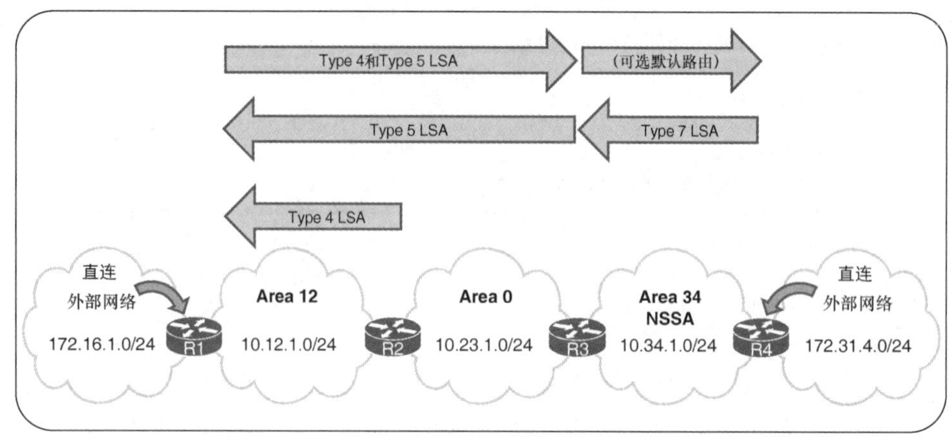

图 7-16 NSSA 的 ABR 对 LSA 的处理情况

例 7-19 显示了将 Area 34 转换为 NSSA 之前的 R1、R3 和 R4 路由表。请注意，R1 和 R4 已收到彼此的外部路由。

例 7-19 将 Area 34 转换为 NSSA 之前的 R1、R3 和 R4 路由表

```
R1# show ip route ospf | section 172.31
      172.31.0.0/24 is subnetted, 1 subnets
O E1     172.31.4.0 [110/23] via 10.12.1.2, 00:00:38, GigabitEthernet0/0
```

```
R3# show ip route ospf | begin Gateway
! Output omitted for brevity
Gateway of last resort is not set

      10.0.0.0/8 is variably subnetted, 5 subnets, 2 masks
O IA     10.12.1.0/24 [110/2] via 10.23.1.2, 00:01:34, GigabitEthernet0/1
      172.16.0.0/24 is subnetted, 1 subnets
O E1     172.16.1.0 [110/22] via 10.23.1.2, 00:01:34, GigabitEthernet0/1
      172.31.0.0/24 is subnetted, 1 subnets
O E1     172.31.4.0 [110/21] via 10.34.1.4, 00:01:12, GigabitEthernet0/0
O IA     192.168.1.1 [110/3] via 10.23.1.2, 00:01:34, GigabitEthernet0/1
O        192.168.2.2 [110/2] via 10.23.1.2, 00:01:34, GigabitEthernet0/1
O        192.168.4.4 [110/2] via 10.34.1.4, 00:01:12, GigabitEthernet0/0
```

```
R4# show ip route ospf | begin Gateway
! Output omitted for brevity
Gateway of last resort is not set
      10.0.0.0/8 is variably subnetted, 4 subnets, 2 masks
O IA     10.12.1.0/24 [110/3] via 10.34.1.3, 00:02:28, GigabitEthernet0/0
O IA     10.23.1.0/24 [110/2] via 10.34.1.3, 00:02:28, GigabitEthernet0/0
      172.16.0.0/24 is subnetted, 1 subnets
O E1     172.16.1.0 [110/23] via 10.34.1.3, 00:02:28, GigabitEthernet0/0
O IA     192.168.1.1 [110/4] via 10.34.1.3, 00:02:28, GigabitEthernet0/0
O IA     192.168.2.2 [110/3] via 10.34.1.3, 00:02:28, GigabitEthernet0/0
O IA     192.168.3.3 [110/2] via 10.34.1.3, 00:02:28, GigabitEthernet0/0
```

需要在 ABR 的 OSPF 进程下配置命令 **area** *area-id* **nssa** [**default-information-originate**]，必须利用 **nssa** 选项配置 NSSA 中的所有路由器，否则将无法建立邻接关

系，因为 OSPF Hello 协议中的区域类型标志匹配路由器才能相邻。ABR 不会为 NSSA 自动注入默认路由，如果 NSSA 需要默认路由，就要在配置命令中附加可选关键字 **default-information-originate**。

例 7-20 显示了将 Area 34 配置为 NSSA 之后的 R3 和 R4 OSPF 配置。R3 配置了可选关键字 **default-information-originate**，作用是将默认路由注入 Area 34。请注意，该配置允许 R4 将网络重分发到 NSSA 中。

例 7-20　将 Area 34 配置为 NSSA 之后的 R3 和 R4 OSPF 配置

```
R3# show run | section router ospf
router ospf 1
 router-id 192.168.3.3
 area 34 nssa default-information-originate
 network 10.23.1.0 0.0.0.255 area 0
 network 10.34.1.0 0.0.0.255 area 34
 network 192.168.3.3 0.0.0.0 area 0
```

```
R4# show run | section router ospf
router ospf 1
 router-id 192.168.4.4
 area 34 nssa
 redistribute connected metric-type 1 subnets
 network 10.34.1.0 0.0.0.255 area 34
 network 192.168.4.4 0.0.0.0 area 34
```

例 7-21 给出了将 Area 34 转换为 NSSA 之后的 R3 和 R4 路由表。对于 R3 来说，之前来自 R1 的外部路由仍然以 OSPF 外部 Type 1（O E1）路由存在，R4 的外部路由目前以 OSPF 外部 NSSA Type 1（O N1）路由存在。对于 R4 来说，R1 的外部路由不再存在。此外，R3 被配置为宣告默认路由，默认路由显示为 OSPF 外部 NSSA Type 2（O N2）路由。OSPF 外部路由表示 Type 7 LSA，仅存在于 NSSA 中。

例 7-21　R3 和 R4 路由表

```
R3# show ip route ospf | begin Gateway
! Output omitted for brevity
Gateway of last resort is not set

      10.0.0.0/8 is variably subnetted, 5 subnets, 2 masks
O IA     10.12.1.0/24 [110/2] via 10.23.1.2, 00:04:13, GigabitEthernet0/1
      172.16.0.0/24 is subnetted, 1 subnets
O E1     172.16.1.0 [110/22] via 10.23.1.2, 00:04:13, GigabitEthernet0/1
      172.31.0.0/24 is subnetted, 1 subnets
O N1     172.31.4.0 [110/22] via 10.34.1.4, 00:03:53, GigabitEthernet0/0
O IA     192.168.1.1 [110/3] via 10.23.1.2, 00:04:13, GigabitEthernet0/1
O        192.168.2.2 [110/2] via 10.23.1.2, 00:04:13, GigabitEthernet0/1
O        192.168.4.4 [110/2] via 10.34.1.4, 00:03:53, GigabitEthernet0/0
```

```
R4# show ip route ospf | begin Gateway
! Output omitted for brevity
Gateway of last resort is 10.34.1.3 to network 0.0.0.0
```

```
O*N2  0.0.0.0/0 [110/1] via 10.34.1.3, 00:03:13, GigabitEthernet0/0
      10.0.0.0/8 is variably subnetted, 4 subnets, 2 masks
O IA     10.12.1.0/24 [110/3] via 10.34.1.3, 00:03:23, GigabitEthernet0/0
O IA     10.23.1.0/24 [110/2] via 10.34.1.3, 00:03:23, GigabitEthernet0/0
      192.168.1.0/32 is subnetted, 1 subnets
O IA     192.168.1.1 [110/4] via 10.34.1.3, 00:03:23, GigabitEthernet0/0
      192.168.2.0/32 is subnetted, 1 subnets
O IA     192.168.2.2 [110/3] via 10.34.1.3, 00:03:23, GigabitEthernet0/0
      192.168.3.0/32 is subnetted, 1 subnets
O IA     192.168.3.3 [110/2] via 10.34.1.3, 00:03:23, GigabitEthernet0/0
```

7.3.4　完全 NSSA

完全末梢区域禁止 Type 3 LSA（区域间汇总 LSA）、Type 4 LSA（ASBR 汇总 LSA）和 Type 5 LSA（AS 外部 LSA）从 ABR 进入区域，也禁止将路由重分发到区域中。如果某区域希望阻塞 Type 3 和 Type 5 LSA，又希望能够将外部网络重分发到 OSPF 中，就应该使用完全 NSSA。

ASBR 将网络重分发到 OSPF 中时，ASBR 通过 Type 7 LSA 宣告网络。Type 7 LSA 到达 ABR 之后，ABR 将 Type 7 LSA 转换为 Type 5 LSA。完全 NSSA 的 ABR 收到骨干区域的 Type 3 LSA 之后，会为完全 NSSA 生成一条默认路由。将 ABR 的某个接口分配给 Area 0 之后，就会触发 Type 3 LSA，从而在完全 NSSA 中生成默认路由。

图 7-17 解释了完全 NSSA 的 ABR 对 LSA 的处理情况。

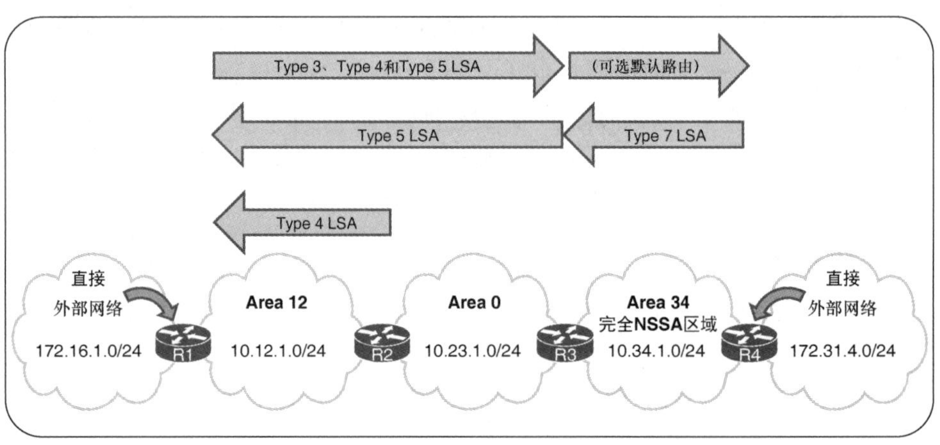

图 7-17　完全 NSSA 的 ABR 对 LSA 的处理情况

例 7-22 显示了将 Area 34 转换为 OSPF 完全 NSSA 之前的 R1、R3 和 R4 路由表。

例 7-22　将 Area 34 转换为 OSPF 完全 NSSA 之前的 R1、R3 和 R4 路由表

```
R1# show ip route ospf | section 172.31
      172.31.0.0/24 is subnetted, 1 subnets
O E1     172.31.4.0 [110/23] via 10.12.1.2, 00:00:38, GigabitEthernet0/0
```

```
R3# show ip route ospf | begin Gateway
! Output omitted for brevity
Gateway of last resort is not set
```

```
      10.0.0.0/8 is variably subnetted, 5 subnets, 2 masks
O IA     10.12.1.0/24 [110/2] via 10.23.1.2, 00:01:34, GigabitEthernet0/1
      172.16.0.0/24 is subnetted, 1 subnets
O E1     172.16.1.0 [110/22] via 10.23.1.2, 00:01:34, GigabitEthernet0/1
      172.31.0.0/24 is subnetted, 1 subnets
O E1     172.31.4.0 [110/21] via 10.34.1.4, 00:01:12, GigabitEthernet0/0
O IA     192.168.1.1 [110/3] via 10.23.1.2, 00:01:34, GigabitEthernet0/1
O        192.168.2.2 [110/2] via 10.23.1.2, 00:01:34, GigabitEthernet0/1
O        192.168.4.4 [110/2] via 10.34.1.4, 00:01:12, GigabitEthernet0/0
```

```
R4# show ip route ospf | begin Gateway
! Output omitted for brevity
Gateway of last resort is not set

      10.0.0.0/8 is variably subnetted, 4 subnets, 2 masks
O IA     10.12.1.0/24 [110/3] via 10.34.1.3, 00:02:28, GigabitEthernet0/0
O IA     10.23.1.0/24 [110/2] via 10.34.1.3, 00:02:28, GigabitEthernet0/0
      172.16.0.0/24 is subnetted, 1 subnets
O E1     172.16.1.0 [110/23] via 10.34.1.3, 00:02:28, GigabitEthernet0/0
O IA     192.168.1.1 [110/4] via 10.34.1.3, 00:02:28, GigabitEthernet0/0
O IA     192.168.2.2 [110/3] via 10.34.1.3, 00:02:28, GigabitEthernet0/0
O IA     192.168.3.3 [110/2] via 10.34.1.3, 00:02:28, GigabitEthernet0/0
```

完全 NSSA 的成员路由器的配置与 NSSA 成员路由器的相同。配置完全末梢区域的 ABR 时需要附加关键字 **no-summary**，在 OSPF 进程下配置命令 **area** *area-id* **nssa no-summary**。

例 7-23 显示了将 Area 34 转换为完全 NSSA 的 R3 和 R4 OSPF 配置。请注意，R3 在 **nssa** 命令后面附加了关键字 **no-summary**。

例 7-23　将 Area 34 转换为完全 NSSA 的 R3 和 R4 OSPF 配置

```
R3# show run | section router ospf 1
router ospf 1
 router-id 192.168.3.3
 area 34 nssa no-summary
 network 10.23.1.0 0.0.0.255 area 0
 network 10.34.1.0 0.0.0.255 area 34
 network 192.168.3.3 0.0.0.0 area 0
```

```
R4# show run | section router ospf 1
router ospf 1
 router-id 192.168.4.4
 area 34 nssa
 redistribute connected metric-type 1 subnets
 network 10.34.1.0 0.0.0.255 area 34
 network 192.168.4.4 0.0.0.0 area 34
```

例 7-24 显示了将 Area 34 转换为完全 NSSA 之后的 R3 和 R4 路由表。对于 R3 来说，R1 的重分发路由显示为 O E1（Type 5 LSA），R4 的重分发路由显示为 O N1（Type 7 LSA）。请注意，R4 仅存在默认路由。R3 的环回接口是 Area 0 的成员，但如果其是 Area 34 的成员，就会显示为区域内路由。

例 7-24 将 Area 34 转换为完全 NSSA 之后的 R3 和 R4 路由表

```
R3# show ip route ospf | begin Gateway
! Output omitted for brevity
Gateway of last resort is not set

      10.0.0.0/8 is variably subnetted, 5 subnets, 2 masks
O IA     10.12.1.0/24 [110/2] via 10.23.1.2, 00:02:14, GigabitEthernet0/1
      172.16.0.0/24 is subnetted, 1 subnets
O E1     172.16.1.0 [110/22] via 10.23.1.2, 00:02:14, GigabitEthernet0/1
      172.31.0.0/24 is subnetted, 1 subnets
O N1     172.31.4.0 [110/22] via 10.34.1.4, 00:02:04, GigabitEthernet0/0
O IA     192.168.1.1 [110/3] via 10.23.1.2, 00:02:14, GigabitEthernet0/1
O        192.168.2.2 [110/2] via 10.23.1.2, 00:02:14, GigabitEthernet0/1
O        192.168.4.4 [110/2] via 10.34.1.4, 00:02:04, GigabitEthernet0/0
```

```
R4# show ip route ospf | begin Gateway
! Output omitted for brevity
Gateway of last resort is 10.34.1.3 to network 0.0.0.0

O*IA 0.0.0.0/0 [110/2] via 10.34.1.3, 00:04:21, GigabitEthernet0/0
```

7.4 OSPF 路径选择

OSPF 利用 Dijkstra SPF 算法来创建最短路径的无环拓扑结构，所有路由器都使用相同的逻辑来计算每个网络的最短路径。路径选择使用以下逻辑对路径进行优先级排序。

- 区域内路径。
- 区域间路径。
- 外部 Type 1 路径。
- 外部 Type 2 路径。

接下来将详细介绍 OSPF 路径计算的每个组件。

7.4.1 接口开销

接口开销是 Dijkstra SPF 计算过程必不可少的组成部分，因为最短路径度量基于从路由器到目的端的累积接口开销（度量）。OSPF 使用图 7-18 所示公式为接口分配 OSPF 接口开销（度量）。

$$\text{接口开销} = \frac{\text{参考带宽}}{\text{接口带宽}}$$

图 7-18 OSPF 接口开销公式

默认参考带宽为 100Mbit/s。对于快速以太网接口和万兆以太网接口来说，两者的接口开销没有任何区别。增大参考带宽才能区分高速接口的开销差异。OSPF LSA 度量字段为 16 比特，因而接口开销不能超过 65,535。

可以在 OSPF 进程下通过命令 **auto-cost reference-bandwidth** *bandwidth-inmbps* 更

改与该进程相关联的所有 OSPF 接口的参考带宽。如果更改了某台路由器的参考带宽，就应该更改所有 OSPF 路由器的参考带宽，以确保 SPF 使用相同的计算逻辑，从而避免产生路由环路。最佳实践是为所有 OSPF 路由器都设置相同的参考带宽。

可以在接口下通过命令 **ip ospf cost** *1-65535* 手动设置 OSPF 接口开销。虽然接口开销被限制为 65,535（受限于 LSA 字段），但是由于所有链路度量都是在本地计算的，因而路径度量可能会超过 16 比特数值（65,535）。

7.4.2 区域内路由

通过 Type 1 LSA 宣告的区域内路由始终优于通过 Type 3 LSA 宣告的，如果存在多条区域内路由，那么总路径度量最低的路由将被安装到 OSPF RIB 中，然后呈现给路由器的全局 RIB。如果两条路由的度量相同，就将这两条路由都安装到 OSPF RIB 中。

图 7-19 中的 R1 正在计算去往 10.4.4.0/24 的路由。R1 选择速度较慢的串行链路（R1→R3→R4）到达 R4，而没有选择速度更快的以太网连接（R1→R2→R4），因为串行链路是区域内路由。

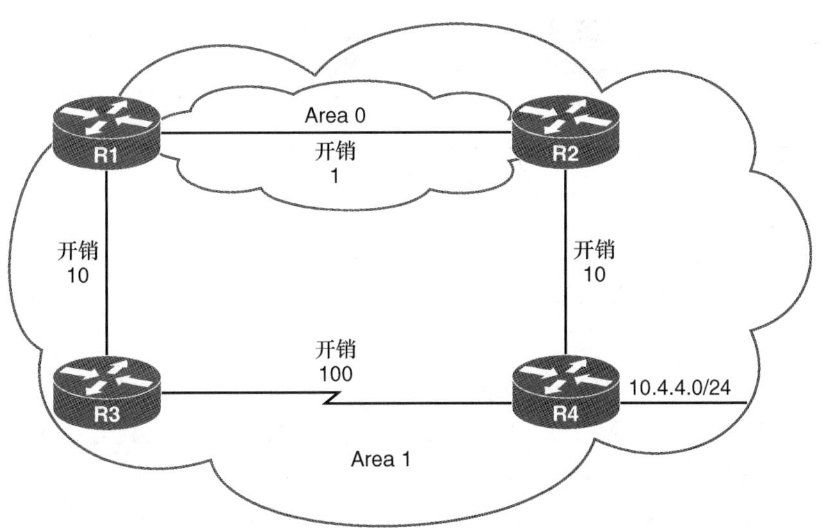

图 7-19 区域内路由优于区域间路由

例 7-25 显示了 R1 关于网络 10.4.4.0/24 的路由表。可以看出，路径度量为 111，R1 选择的区域内路由比区域间路由的总路径度量低。

例 7-25 R1 关于网络 10.4.4.0/24 的路由表

```
R1# show ip route 10.4.4.0
Routing entry for 10.4.4.0/24
  Known via "ospf 1", distance 110, metric 111, type intra area
  Last update from 10.13.1.3 on GigabitEthernet0/1, 00:00:42 ago
  Routing Descriptor Blocks:
  * 10.13.1.3, from 10.34.1.4, 00:00:42 ago, via GigabitEthernet0/1
      Route metric is 111, traffic share count is 1
```

7.4.3 区域间路由

选择去往特定网络的路径时，区域间路由是第二优选路由，此时应选择到达目的端的总路径度量最低的路由。如果两条路由的度量相同，就将这两条路由都安装到 OSPF RIB 中。区域间路由的所有路径都必须经由 Area 0。

图 7-20 中的 R1 正在计算去往 R6 的路径。R1 选择路径 R1→R3→R5→R6，因为该路径的总路径度量是 35，优于度量为 40 的路径 R1→R2→R4→R6。

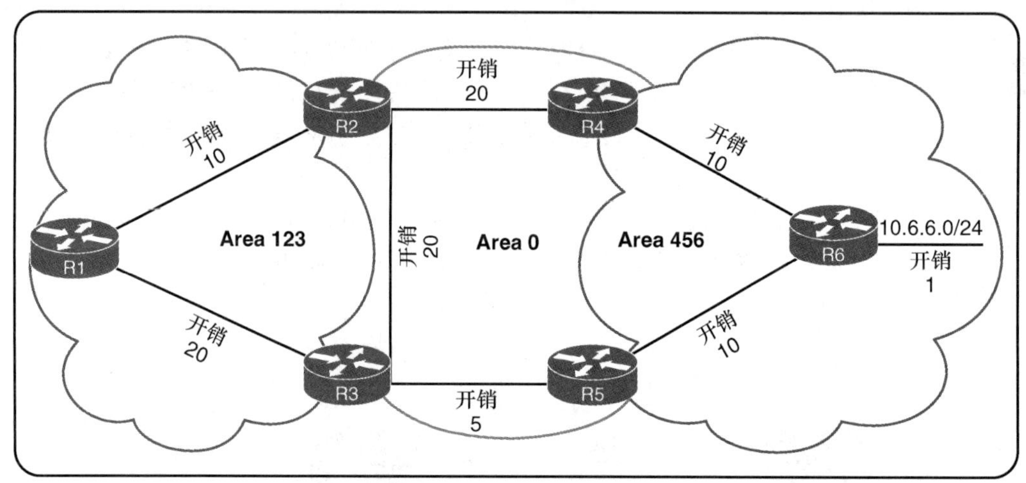

图 7-20 区域间路由选择

7.4.4 外部路由选择

外部路由分为 Type 1 和 Type 2 外部路由。Type 1 和 Type 2 外部 OSPF 路由的主要区别如下。

- Type 1 路由优于 Type 2 路由。
- Type 1 度量等于重分发度量加上到达 ASBR 的总路径度量。也就是说，随着 LSA 从发端 ASBR 向外不断传播，度量也随之增大。
- Type 2 度量仅等于重分发度量。对于紧邻 ASBR 的路由器与离发端 ASBR 30 跳之外的路由器来说，两者度量相同。这是 OSPF 使用的默认外部度量类型。

接下来将详细讨论外部路由的最佳路径计算问题。

7.4.5 E1 和 N1 外部路由

外部 OSPF Type 1 的路由计算使用重分发度量加上到达宣告网络的 ASBR 的最小路径度量。距发端 ASBR 较近的路由器的 Type 1 路径度量较小，距 ASBR 10 跳之外的路由器的 Type 1 路径度量较大。

如果路径度量相同，就将两条路由都安装到 RIB 中。如果 ASBR 位于其他区域，那么流量路径就必须经过 Area 0。ABR 不会同时将 O E1 和 O N1 路由都安装到 RIB 中。O N1 路由对于典型的 NSSA 来说始终较优，O N1 路由的存在会阻止 ABR 安装 O E1 路由。

7.4.6 E2 和 N2 外部路由

无论到达 ASBR 的路径度量是多少，外部 OSPF Type 2 路由的度量都不增加。如果重分发度量相同，那么路由器就会对比转发开销。转发开销指的是到达宣告网络的 ASBR 的度量，转发开销越低越优。如果转发开销相同，就将两条路由都安装到路由表中。ABR 不会同时将 O E2 和 O N2 路由都安装到 RIB 中，O N2 路由对于典型的 NSSA 来说始终较优，O N2 路由的存在会阻止 ABR 安装 O E2 路由。

图 7-21 中的 R1 正在计算去往被重分发的外部网络（172.16.0.0/24）的路径。

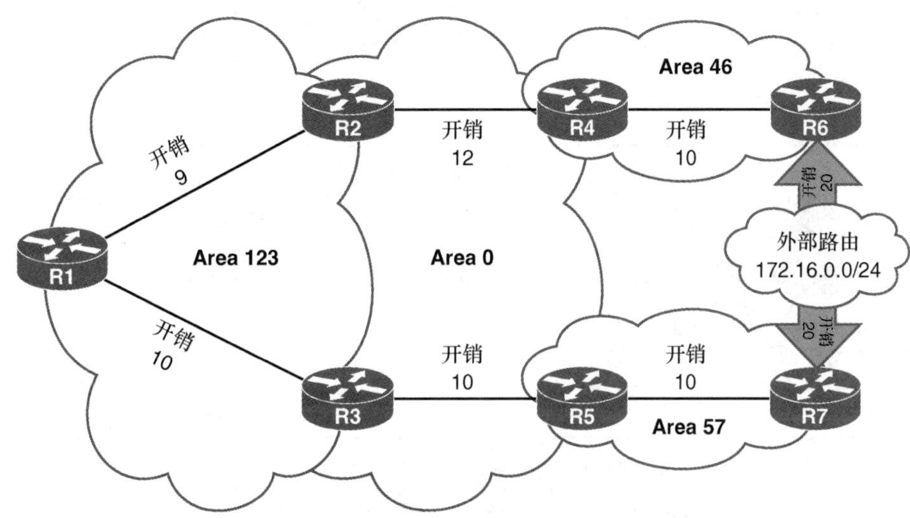

图 7-21 外部 Type 2 路由选择拓扑结构

路径 R1→R2→R4→R6 的度量为 20，与路径 R1→R3→R5→R7 的度量相同。路径 R1→R2→R4→R6 的转发度量为 31，而路径 R1→R3→R5→R7 的转发度量为 30，因而 R1 将路径 R1→R3→R5→R7 安装到路由表中。

例 7-26 显示了 R1 去往网络 172.16.0.0/24 的度量和转发度量。

例 7-26 R1 去往网络 172.16.0.0/24 的度量和转发度量

```
R1# show ip route 172.16.0.0
Routing entry for 172.16.0.0/24
  Known via "ospf 1", distance 110, metric 20, type extern 2, forward metric 30
  Last update from 10.13.1.3 on GigabitEthernet0/1, 00:12:40 ago
  Routing Descriptor Blocks:
  * 10.13.1.3, from 192.168.7.7, 00:12:40 ago, via GigabitEthernet0/1
      Route metric is 20, traffic share count is 1
```

7.4.7 等价多路径

如果 OSPF 按照本章所讨论的算法确定了多条路径，就会通过 ECMP（Equal-Cost Multi-Pathing，等价多路径）功能将这些路径都安装到路由表中。ECMP 默认最多支持 4 条路径。可以在 OSPF 进程下通过命令 **maximum-paths** *maximum-paths* 更改默认的

ECMP 设置。

7.5 路由汇总

路由扩展性是服务提供商选择内部网关协议时极为重要的考虑因素，因为网络可能存在成千上万台路由器。将 OSPF 路由域划分成多个区域，可以有效减小每个区域的 LSDB 大小。在 OSPF 路由域中的路由器和网络数量保持不变的情况下，可以将复杂的 Type 1 和 Type 2 LSA 转换为相对简单的 Type 3 LSA。

仍然以图 7-6 所示的拓扑结构中的 LSA 为例，图中的 Area 1234 有 3 条关于网络 10.123.1.0/24 的 Type 1 LSA 和 1 条 Type 2 LSA，可以将这 4 条 LSA 转换为 1 条 Area 1234 外部的 Type 3 LSA。从图 7-22 可以看出，对网络 10.123.1.0/24 进行区域分段之后，可以有效减少 LSA 的数量。

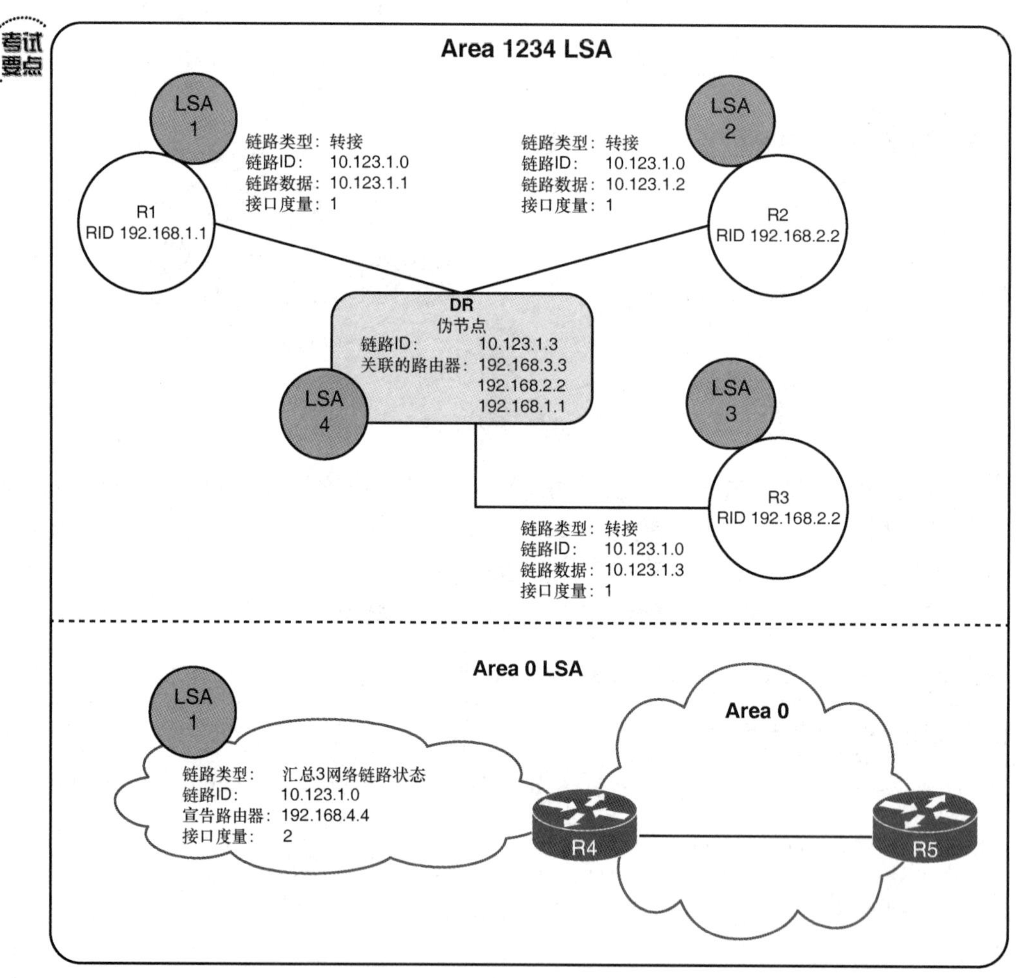

图 7-22 通过区域分段减少 LSA

7.5.1 路由汇总概述

减小 LSDB 的另一种方法是汇总网络前缀。虽然新路由器通常比旧路由器拥有更多的内存和速度更快的处理器，但由于所有路由器的 LSDB 副本均相同，因而 OSPF 区域必须适应区域内内存最少、速度最慢的路由器。

此外，路由汇总还能加快 SPF 的计算速度。与拥有 500 条网络表项的路由器相比，拥有 10,000 条网络表项的路由器执行 SPF 计算所花的时间更长。由于区域内的所有路由器都必须维护相同的 LSDB 副本，因而可以在区域之间的 ABR 上进行路由汇总。

由于路由汇总隐藏了明细前缀，因而减少了 SPF 对区域外汇总前缀的计算需求。图 7-23 显示了一个简单的示例拓扑结构，其中的串行链路（R3 与 R4 之间）显著增大了路径度量，所有流量都使用经 R2 的路径到达网络 172.16.46.0/24。如果链路 10.1.12.0/24 出现了故障，那么 Area 1 中的所有路由器都要执行 SPF 计算。R4 将网络 10.1.13.0/24 和 10.1.34.0/24 的下一跳修改为经由串行链路，因而需要使用新的路径度量更新这些网络的两条 Type 3 LSA 并宣告给 Area 0，Area 0 中的路由器则仅对这两条前缀执行 SPF 计算。

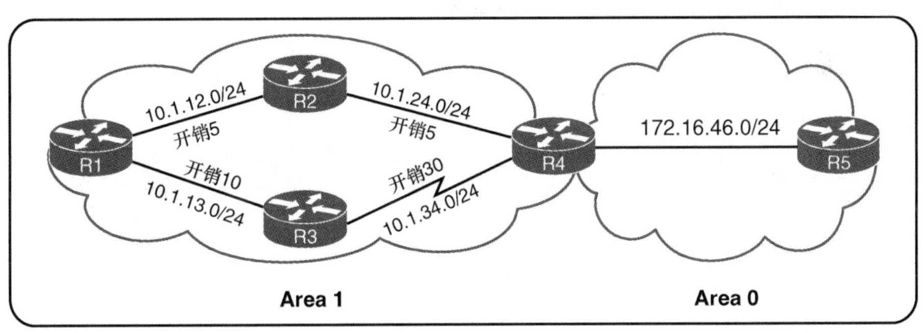

图 7-23 汇总对 SPF 拓扑结构计算的影响

图 7-24 显示 Area 1 中的网络在 ABR 处被汇总为聚合前缀 10.1.0.0/18。如果链路 10.1.12.0/24 出现了故障，那么 Area 1 中的所有路由器都要运行 SPF 计算，但 Area 0 中的路由器不受影响，因为网络 10.1.13.0/24 和 10.1.34.0/24 对于 Area 1 外部来说是未知的。

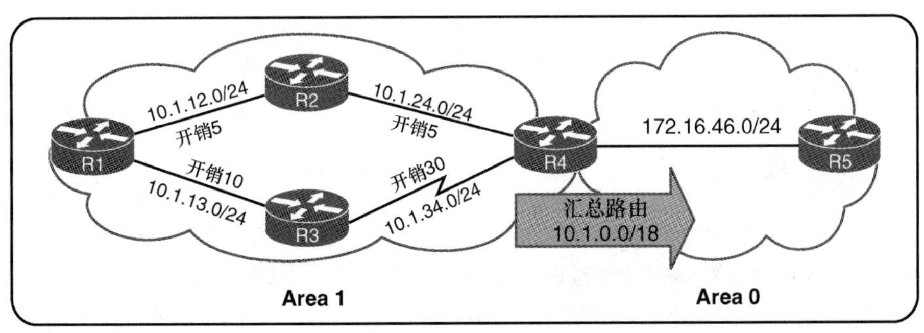

图 7-24 汇总拓扑结构示例

虽然上述概念适用于各种规模的网络，但是对于 IP 编址和汇总方案经过精心设计的网络来说尤为有益。接下来将详细讨论路由汇总问题。

7.5.2 区域间汇总

区域间汇总可以大大减少 ABR 收到 Type 1 LSA 之后宣告到区域中的 Type 3 LSA 的数量。网络汇总的范围与 Type 1 LSA 的源端区域相关联。

汇总范围内的 Type 1 LSA 从源端区域到达 ABR 之后，ABR 会为该汇总范围创建 Type 3 LSA。由于 ABR 抑制了明细 Type 1 LSA，因而大大减少了生成的 Type 3 LSA 的数量。区域间汇总不会影响源端区域中的 Type 1 LSA。

图 7-25 解释了上述概念，将 3 条 Type 1 LSA（172.16.1.0/24、172.16.2.0/24 和 172.16.3.0/24）汇总为 1 条 Type 3 LSA，即网络 172.16.0.0/20。

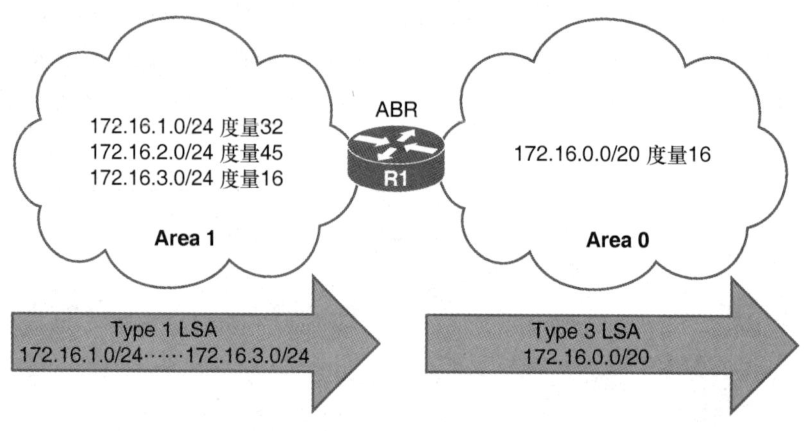

图 7-25 OSPF 区域间汇总

路由汇总仅对 Type 1 LSA 有效，通常都会配置（或设计）路由汇总机制，从而在路由从非骨干区域进入骨干区域时进行汇总。

汇总 LSA 的默认度量是与 LSA 相关联的最小度量，但是也可以根据需要进行配置。图 7-25 中的 R1 汇总了 3 条拥有不同路径开销的前缀，由于前缀 172.16.3.0/24 的度量最小，因而汇总路由使用该前缀的度量。

OSPF 的操作行为与 EIGRP 的相同，因为增加或删除一条匹配的 Type 1 LSA 之后，OSPF 和 EIGRP 都要检查汇总范围内的每个前缀。如果发现了更小的度量，就用新度量宣告汇总 LSA；如果删除的是最小度量，就要识别新的较大度量，并以该较大度量宣告新的汇总 LSA。

7.5.3 配置区域间汇总

可以在 OSPF 进程下通过命令 **area** *area-id* **range** *network subnet-mask* [**advertise** | **not-advertise**] [**cost** *metric*]配置路由汇总，由于该命令的默认行为是宣告汇总前缀，因而不需要关键字 **advertise**。使用了 **cost** *metric* 之后，就可以在静态路由上静态配置度量。

图 7-26 显示了一个拓扑结构示例，其中的 R1 正在宣告网络 172.16.1.0/24、172.16.2.0/24 和 172.16.3.0/24。

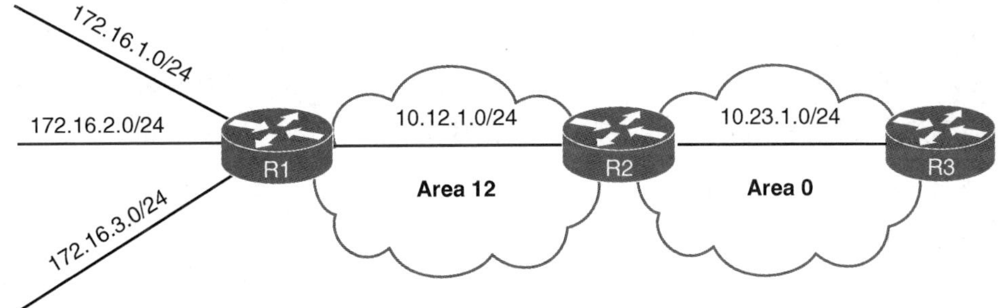

图 7-26 OSPF 区域间汇总拓扑结构示例

例 7-27 显示了汇总前的 R3 路由表，可以看出，网络 172.16.1.0/24、172.16.2.0/24 和 172.16.3.0/24 都在路由表中。

例 7-27 执行 OSPF 区域间汇总之前的 R3 路由表

```
R3# show ip route ospf | begin Gateway
Gateway of last resort is not set

      10.0.0.0/8 is variably subnetted, 5 subnets, 2 masks
O IA     10.12.1.0/24 [110/20] via 10.23.1.2, 00:02:22, GigabitEthernet0/1
      172.16.0.0/24 is subnetted, 3 subnets
O IA     172.16.1.0 [110/3] via 10.23.1.2, 00:02:12, GigabitEthernet0/1
O IA     172.16.2.0 [110/3] via 10.23.1.2, 00:02:12, GigabitEthernet0/1
O IA     172.16.3.0 [110/3] via 10.23.1.2, 00:02:12, GigabitEthernet0/1
```

R2 在网络 172.16.1.0/24、172.16.2.0/24 和 172.16.3.0/24 宣告到 Area 0 的时候，将这些网络汇总为单个汇总网络 172.16.0.0/16。例 7-28 显示了 R2 的区域间汇总配置（将 3 个网络汇总为一条聚合路由 172.16.0.0/16），如果 3 个网络中的任何一个出现抖动，就会为汇总路由增加静态开销 45，以降低 CPU 负载。

例 7-28 R2 的区域间汇总配置

```
router ospf 1
 router-id 192.168.2.2
 area 12 range 172.16.0.0 255.255.0.0 cost 45
 network 10.12.0.0 0.0.255.255 area 12
 network 10.23.0.0 0.0.255.255 area 0
```

例 7-29 显示了 R3 的路由表，可以看出聚合了汇总路由之后，抑制了明细路由。请注意，此时的路径度量为 46，而此前网络 172.16.1.0/24 的度量为 3。

例 7-29 执行 OSPF 区域间汇总之后 R3 的路由表

```
R3# show ip route ospf | begin Gateway
Gateway of last resort is not set

      10.0.0.0/8 is variably subnetted, 3 subnets, 2 masks
O IA    10.12.1.0/24 [110/2] via 10.23.1.2, 00:02:04, GigabitEthernet0/1
O IA  172.16.0.0/16 [110/46] via 10.23.1.2, 00:00:22, GigabitEthernet0/1
```

执行区域间汇总的 ABR 会安装一条指向 Null0 接口的丢弃路由，该路由与汇总网络相匹配。如果汇总网络范围的一部分在 RIB 中没有明细路由，那么丢弃路由就可以避免出现路由环路。内部网络的 OSPF 汇总丢弃路由的 AD 值为 110，外部网络的 AD 值为 254。例 7-30 显示了 R2 指向 Null0 接口的丢弃路由。

例 7-30 防止路由环路的丢弃路由

```
R2# show ip route ospf | begin Gateway
Gateway of last resort is not set

      172.16.0.0/16 is variably subnetted, 4 subnets, 2 masks
O        172.16.0.0/16 is a summary, 00:03:11, Null0
O        172.16.1.0/24 [110/2] via 10.12.1.1, 00:01:26, GigabitEthernet0/0
O        172.16.2.0/24 [110/2] via 10.12.1.1, 00:01:26, GigabitEthernet0/0
O        172.16.3.0/24 [110/2] via 10.12.1.1, 00:01:26, GigabitEthernet0/0
```

7.5.4 外部汇总

在 OSPF 重分发期间，外部路由会以 Type 5 或 Type 7 LSA（NSSA）的形式宣告到 OSPF 域中。外部汇总可以减少 OSPF 域中外部 LSA 的数量。在 ASBR 上配置了外部汇总范围之后，与该范围相匹配的网络前缀就不会为明细前缀生成 Type 5/7 LSA，而是创建一条外部汇总范围内的 Type 5/7 LSA，汇总范围内的所有明细路由都会被抑制。

图 7-27 解释了外部汇总的概念，在 ASBR（R6）上配置了外部汇总范围 17.16.0.0/20。此后，EIGRP 将路由重分发到 OSPF 中时，ASBR 仅在 Area 56 中创建一条 Type 5/7 LSA。

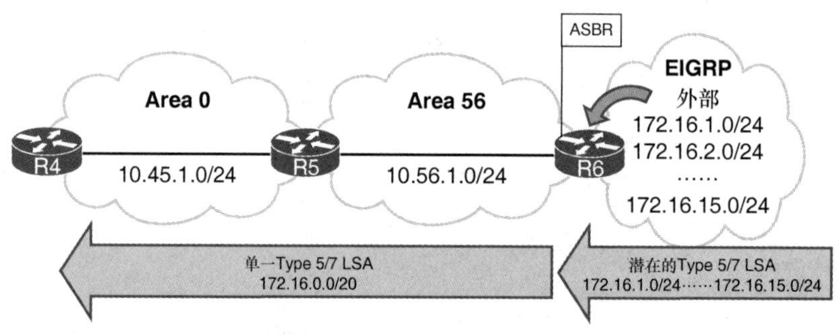

图 7-27 外部汇总示意

例 7-31 显示了执行外部汇总之前的 R5 路由表。

例 7-31 执行外部汇总之前的 R5 路由表

```
R5# show ip route ospf | begin Gateway
! Output omitted for brevity
Gateway of last resort is not set

      10.0.0.0/8 is variably subnetted, 7 subnets, 3 masks
O IA     10.3.3.0/24 [110/67] via 10.45.1.4, 00:01:58, GigabitEthernet0/0
O IA     10.24.1.0/29 [110/65] via 10.45.1.4, 00:01:58, GigabitEthernet0/0
```

```
O IA     10.123.1.0/24 [110/66] via 10.45.1.4, 00:01:58, GigabitEthernet0/0
      172.16.0.0/24 is subnetted, 15 subnets
O E2     172.16.1.0 [110/20] via 10.56.1.6, 00:01:00, GigabitEthernet0/1
O E2     172.16.2.0 [110/20] via 10.56.1.6, 00:00:43, GigabitEthernet0/1
..
O E2     172.16.14.0 [110/20] via 10.56.1.6, 00:00:19, GigabitEthernet0/1
O E2     172.16.15.0 [110/20] via 10.56.1.6, 00:00:15, GigabitEthernet0/1
```

如果要配置外部汇总，就要在 OSPF 进程下使用命令 **summary-address** *network subnet-mask*。例 7-32 显示了 R6（ASBR）的外部汇总配置示例。

例 7-32　配置 OSPF 外部汇总

```
R6
router ospf 1
 router-id 192.168.6.6
 summary-address 172.16.0.0 255.255.240.0
 redistribute eigrp 1 subnets
 network 10.56.1.0 0.0.0.255 area 56
```

例 7-33 显示了外部汇总之后的 R5 路由表，可以看出，组件路由都被汇总为汇总网络 172.16.0.0/20。

例 7-33　外部汇总之后的 R5 路由表

```
R5# show ip route ospf | begin Gateway
Gateway of last resort is not set

      10.0.0.0/8 is variably subnetted, 7 subnets, 3 masks
O IA     10.3.3.0/24 [110/67] via 10.45.1.4, 00:04:55, GigabitEthernet0/0
O IA     10.24.1.0/29 [110/65] via 10.45.1.4, 00:04:55, GigabitEthernet0/0
O IA     10.123.1.0/24 [110/66] via 10.45.1.4, 00:04:55, GigabitEthernet0/0
      172.16.0.0/20 is subnetted, 1 subnets
O E2     172.16.0.0 [110/20] via 10.56.1.6, 00:00:02, GigabitEthernet0/1
```

```
R5# show ip route 172.16.0.0 255.255.240.0
Routing entry for 172.16.0.0/20
  Known via "ospf 1", distance 110, metric 20, type extern 2, forward metric 1
  Last update from 10.56.1.6 on GigabitEthernet0/1, 00:02:14 ago
  Routing Descriptor Blocks:
  * 10.56.1.6, from 192.168.6.6, 00:02:14 ago, via GigabitEthernet0/1
      Route metric is 20, traffic share count is 1
```

作为路由环路预防机制的一部分，执行外部汇总的 ASBR 会安装一条指向 Null0 的丢弃路由，该路由与汇总网络范围相匹配。例 7-34 显示了携带外部汇总丢弃路由的 R6 路由表。

例 7-34　携带外部汇总丢弃路由的 R6 路由表

```
R6# show ip route ospf | begin Gateway
Gateway of last resort is not set

      10.0.0.0/8 is variably subnetted, 6 subnets, 3 masks
O IA     10.3.3.0/24 [110/68] via 10.56.1.5, 00:08:36, GigabitEthernet0/1
```

```
O IA      10.24.1.0/29 [110/66] via 10.56.1.5, 00:08:36, GigabitEthernet0/1
O IA      10.45.1.0/24 [110/2] via 10.56.1.5, 00:08:36, GigabitEthernet0/1
O IA      10.123.1.0/24 [110/67] via 10.56.1.5, 00:08:36, GigabitEthernet0/1
      172.16.0.0/16 is variably subnetted, 15 subnets, 3 masks
O         172.16.0.0/20 is a summary, 00:03:52, Null0
```

注：NSSA 的 ABR 将 Type 7 LSA 转换为 Type 5 LSA 时，充当的是 ASBR。ABR 仅在该场景下执行外部汇总。

7.6 不连续网络

未完全理解 OSPF 设计规则的网络工程师可能会创建图 7-28 所示的拓扑结构。虽然 R2 和 R3 有 OSPF 接口在 Area 0 中，但是 Area 12 发出的流量必须穿越 Area 234 才能到达 Area 45。该设计方案中的 OSPF 网络是不连续网络，因为所有区域间流量都要穿越非骨干区域。

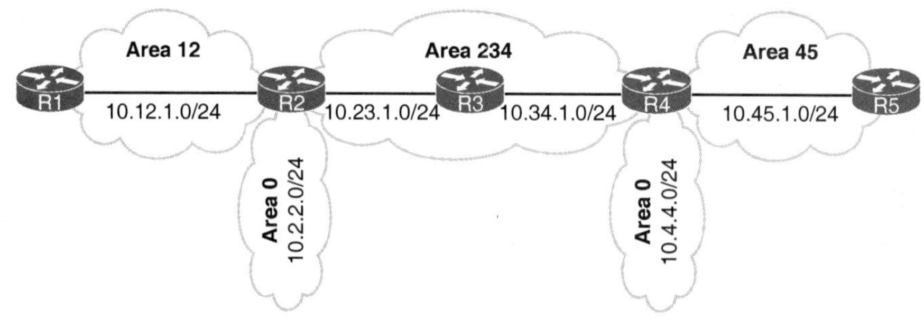

图 7-28 不连续网络

分析图 7-29 中的 R2 和 R3 路由表，初看起来似乎所有路由都通过 Area 234 进行宣告。R4 收到网络 10.45.1.0/24 之后，注入 Area 0 中，然后宣告给 Area 234，此后 Area 234 中的 R2 将安装该路由。

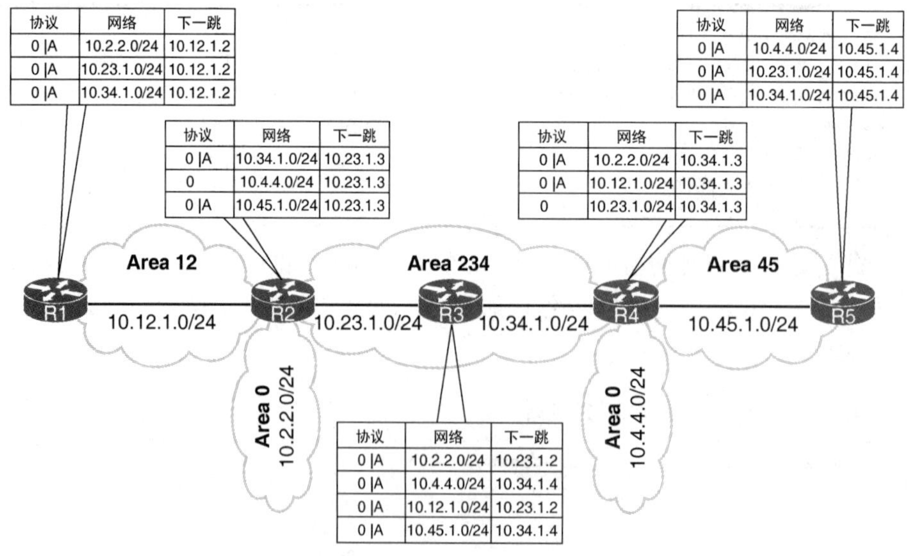

图 7-29 不连续网络的 OSPF 路由

由于 R4 是 ABR，因而大多数人认为 R1 应该能够学到 Area 45 知晓的路由，但这是错误的。ABR 创建 Type 3 LSA 时遵循以下 3 个基本规则。

- 收到区域的 Type 1 LSA 之后，ABR 会创建 Type 3 LSA 并将其注入骨干区域和非骨干区域中。
- 收到 Area 0 的 Type 3 LSA 之后，ABR 会为非骨干区域创建 Type 3 LSA。
- 收到非骨干区域的 Type 3 LSA 之后，ABR 仅将其插入源端区域的 LSDB 中，而不会为其他区域（包括分段 Area 0）创建 Type 3 LSA。

解决上述不连续网络的最简单方法就是确保 Area 0 的连续性，将网络 10.23.1.0/24 和 10.34.1.0/24 的 R2、R3 和 R4 接口转换为 Area 0 的成员。另一种解决方法就是使用虚链路（如 7.7 节所述）。

7.7 虚链路

OSPF 虚链路提供了一种解决不连续网络的方法。使用虚链路就相当于在 OSPF 域内的 ABR 与其他多区域 OSPF 路由器之间运行一条虚拟隧道，由于虚拟隧道属于骨干区域（Area 0），因而终结虚链路的路由器将成为 ABR（如果该路由器还没有与 Area 0 相关联的接口）。

图 7-30 仍然以 7.6 节的不连续网络拓扑结构为例，通过一条跨 Area 234 的虚链路，在 R2 与 R4 之间建立了一个连续的骨干区域。建立了虚链路之后，就可以将 Area 12 的路由宣告到 Area 45 中，也可以将 Area 45 中的路由宣告到 Area 12 中。

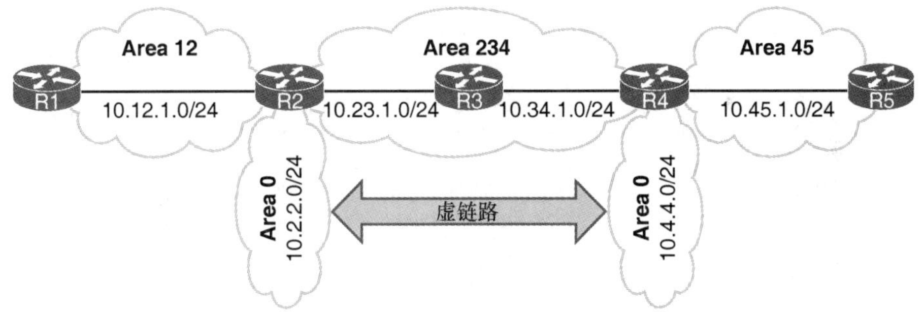

图 7-30　不连续网络

虚链路是在同一区域内的不同路由器之间建立的，通常将建立虚链路端点的区域称为转接区域（Transit Area）。每台路由器都通过自己的 RID 来标识远端路由器，虚链路可以距离远端路由器一跳或多跳。虚链路由 Type 1 LSA 进行构建，相应的邻居状态为链路类型 4（见本章的表 7-3）。

可以通过命令 **area** *area-id* **virtual-link** *endpoint-RID* 配置虚链路。请注意，必须在虚链路的两个端点上配置该命令。至少要有一个端点的虚链路路由器是 Area 0 的成员，而且不能在 OSPF 末梢区域中建立虚链路。因此，图 7-30 中的 Area 234 不能是 OSPF 末梢区域。

例 7-35 显示了 R2 与 R4 之间的虚链路配置。请注意，RID 被指定为远端隧道端点（虽然没有被宣告到 OSPF 中）。

例 7-35 R2 与 R4 之间的虚链路配置

```
R2
router ospf 1
 router-id 192.168.2.2
 area 234 virtual-link 192.168.4.4
 network 10.2.2.2 0.0.0.0 area 0
 network 10.12.1.2 0.0.0.0 area 12
 network 10.23.1.2 0.0.0.0 area 234
```

```
R4
router ospf 1
 router-id 192.168.4.4
 area 234 virtual-link 192.168.2.2
 network 10.4.4.4 0.0.0.0 area 0
 network 10.34.1.4 0.0.0.0 area 234
 network 10.45.1.4 0.0.0.0 area 45
```

可以通过命令 **show ip ospf virtual-links** 验证虚链路的状态（见例 7-36），输出结果列出了虚链路状态、去往端点的出站接口以及接口开销等信息。

请注意，不能将虚链路的接口开销设置为（或动态生成为）两个虚链路端点之间的区域内距离的度量。

例 7-36 验证虚链路的状态

```
R2# show ip ospf virtual-links
Virtual Link OSPF_VL0 to router 192.168.4.4 is up
  Run as demand circuit
  DoNotAge LSA allowed.
  Transit area 234, via interface GigabitEthernet0/1
 Topology-MTID    Cost    Disabled    Shutdown      Topology Name
        0           2         no          no            Base
  Transmit Delay is 1 sec, State POINT_TO_POINT,
  Timer intervals configured, Hello 10, Dead 40, Wait 40, Retransmit 5
    Hello due in 00:00:01
    Adjacency State FULL (Hello suppressed)
    Index 1/1/3, retransmission queue length 0, number of retransmission 0
    First 0x0(0)/0x0(0)/0x0(0) Next 0x0(0)/0x0(0)/0x0(0)
    Last retransmission scan length is 0, maximum is 0
    Last retransmission scan time is 0 msec, maximum is 0 msec
```

```
R4# show ip ospf virtual-links
! Output omitted for brevity
Virtual Link OSPF_VL0 to router 192.168.2.2 is up
  Run as demand circuit
  DoNotAge LSA allowed.
  Transit area 234, via interface GigabitEthernet0/0
 Topology-MTID    Cost    Disabled    Shutdown      Topology Name
        0           2         no          no            Base
  Transmit Delay is 1 sec, State POINT_TO_POINT,
  Timer intervals configured, Hello 10, Dead 40, Wait 40, Retransmit 5
    Hello due in 00:00:08
    Adjacency State FULL (Hello suppressed)
```

从例 7-37 可以看出，虚链路看起来就像一个特殊的 OSPF 接口，接口开销为 2（考虑了 R2 与 R4 之间的度量）。

例 7-37　OSPF 虚链路看起来像 OSPF 接口

```
R4# show ip ospf interface brief
Interface     PID   Area            IP Address/Mask    Cost  State Nbrs F/C
Gi0/2         1     0               10.4.4.4/24        1     DR    0/0
VL0           1     0               10.34.1.4/24       2     P2P   1/1
Lo0           1     34              192.168.4.4/32     1     DOWN  0/0
Gi0/1         1     45              10.45.1.4/24       1     BDR   1/1
Gi0/0         1     234             10.34.1.4/24       1     BDR   1/1
```

从例 7-38 可以看出，虚链路路由器之间会建立点对点的邻接关系。请注意，虽然 R2 与 R4 没有直连，但 R4 仍然将 R2 视为邻居。

例 7-38　虚链路显示为 OSPF 邻居

```
R4# show ip ospf neighbor
Neighbor ID     Pri   State           Dead Time   Address         Interface
192.168.2.2       0   FULL/ -             -       10.23.1.2       OSPF_VL0
192.168.5.5       1   FULL/DR         00:00:34    10.45.1.5       GigabitEthernet0/1
192.168.3.3       1   FULL/DR         00:00:38    10.34.1.3       GigabitEthernet0/0
```

例 7-39 显示了创建虚链路之后的 R1 和 R5 路由表。可以看出，目前 R1 的路由表中有了网络 10.45.1.0/24，R5 的路由表中有了网络 10.12.1.0/24。

例 7-39　创建虚链路之后的 R1 和 R5 路由表

```
R1# show ip route ospf | begin Gateway
Gateway of last resort is not set

      10.0.0.0/8 is variably subnetted, 7 subnets, 2 masks
O IA     10.2.2.0/24 [110/2] via 10.12.1.2, 00:00:10, GigabitEthernet0/0
O IA     10.4.4.0/24 [110/4] via 10.12.1.2, 00:00:05, GigabitEthernet0/0
O IA     10.23.1.0/24 [110/2] via 10.12.1.2, 00:00:10, GigabitEthernet0/0
O IA     10.34.1.0/24 [110/3] via 10.12.1.2, 00:00:10, GigabitEthernet0/0
O IA     10.45.1.0/24 [110/4] via 10.12.1.2, 00:00:05, GigabitEthernet0/0
```

```
R5# show ip route ospf | begin Gateway
Gateway of last resort is not set

      10.0.0.0/8 is variably subnetted, 7 subnets, 2 masks
O IA     10.2.2.0/24 [110/4] via 10.45.1.4, 00:00:43, GigabitEthernet0/1
O IA     10.4.4.0/24 [110/2] via 10.45.1.4, 00:01:48, GigabitEthernet0/1
O IA     10.12.1.0/24 [110/4] via 10.45.1.4, 00:00:43, GigabitEthernet0/1
O IA     10.23.1.0/24 [110/3] via 10.45.1.4, 00:01:48, GigabitEthernet0/1
O IA     10.34.1.0/24 [110/2] via 10.45.1.4, 00:01:48, GigabitEthernet0/1
```

备考任务

本书提供多种备考手段：此处的练习题以及 Pearson Test Prep 软件中的模拟考试题。与实际试题相比，下面问题的难度更高，因为它们都是开放式问题。通过这种难度更高的问题，读者可以更好地测试知识掌握程度，以确保完全掌握本章基本概念和主要内容。下面的问题都可以在附录中找到参考答案。

1. 复习所有考试要点

请复习本章涉及的所有重要主题，这些内容都用“考试要点”图标做了标记，表 7-8 列出了这些考试要点及其描述。

表 7-8 考试要点

考试要点	描述
列表	LSA
段落	Type 1 LSA：路由器 LSA
段落	Type 1 LSA 链路类型
段落	Type 2 LSA：网络 LSA
图 7-6	拥有 Type 1 和 Type 2 LSA 的 Area 1234
段落	Type 3 LSA：汇总 LSA
段落	Type 3 LSA 度量计算
段落	Type 3 LSA 拓扑结构
段落	Type 5 LSA：AS 外部 LSA
图 7-10	OSPF Type 5 LSA 泛洪
段落	Type 4 LSA：ASBR 汇总 LSA
图 7-11	OSPF Type 4 和 Type 5 LSA 泛洪
段落	Type 7 LSA：外部 NSSA LSA
图 7-12	OSPF Type 7 LSA
图 7-13	拓扑结构示例中的 LSA 类型
段落	末梢区域
图 7-14	OSPF 末梢区域概念
段落	完全末梢区域
图 7-15	完全末梢区域概念
段落	NSSA
图 7-16	NSSA 的 ABR 对 LSA 的处理情况
段落	完全 NSSA
图 7-17	完全 NSSA 的 ABR 对 LSA 的处理情况
段落	OSPF 路径选择
段落	区域内路由
段落	区域间路由
段落	E1 和 N1 外部路由
段落	E2 和 N2 外部路由
图 7-22	通过区域分段减少 LSA
段落	区域间汇总

续表

考试要点	描述
段落	Type 1 LSA 汇总
段落	丢弃路由汇总
段落	外部汇总
段落	不连续网络
段落	虚链路
段落	通过 RID 定位虚链路端点

2. 定义关键术语

请对本章中的下列关键术语进行定义。

ABR、ASBR、骨干区域、路由器 LSA、网络 LSA、汇总 LSA、ASBR 汇总 LSA、AS 外部 LSA、外部 NSSA LSA、OSPF 末梢区域、OSPF 完全末梢区域、OSPF NSSA、OSPF 完全 NSSA、不连续网络、虚链路。

3. 检查命令的记忆程度

以下列出了本章用到的各种重要的配置和验证命令，虽然不需要记忆每条命令的完整语法格式，但是应该记住这些命令所需的基本关键字。

为了检查你对这些命令的记忆情况，请用一张纸遮住表 7-9 的右侧，通过表格左侧的描述内容，看一看是否能记起这些命令。

表 7-9　　命令参考

任务	命令语法
初始化 OSPF 进程	**router ospf** *process-id*
显示路由器 LSDB 中的通用 LSA 列表以及宣告路由器发送的 LSA 类型及每种类型的数量	**show ip ospf database**
显示 Type 1、2、3、4、5、7 LSA 的特定信息	**show ip ospf database** {**router** | **network** | **summary** | **asbr-summary** | **external** | **nssa-external**}
将 OSPF 区域内的全部路由器都配置为 OSPF 末梢区域	**area** *area-id* **stub**
将 ABR 配置为完全末梢区域 ABR	**area** *area-id* **stub no-summary**
将 OSPF 区域内的全部路由器都配置为 OSPF NSSA	**area** *area-id* **nssa**
使用可选项配置 ABR，自动为 NSSA 注入默认路由	**area** *area-id* **nssa** [**default-information-originate**]
将 ABR 配置为完全 NSSA ABR	**area** *area-id* **nssa no-summary**
为动态计算接口度量开销修改 OSPF 参考带宽	**auto-cost reference-bandwidth** *bandwidth-in-mbps*
为接口静态设置 OSPF 度量	**ip ospf cost** *1-65535*
在连接源端网络的第一台 ABR 上配置内部路由汇总	**area** *area-id* range *network subnet-mask* [*advertise* | *not-advertise*] [*cost metric*]
在 ASBR 上配置外部路由汇总	**summary-address** *network subnet-mask*
配置 OSPF 虚链路以扩展 Area 0	**area** *area-id* **virtual-link** *endpoint-RID*

由于 ENARSI 300-410 认证考试重点考查考生作为网络专家的实际动手能力，因而必须掌握与本章主题相关的配置、验证及故障排查命令。

第 8 章

OSPFv2 故障排查

本章主要讨论以下主题。

- **OSPFv2 邻居邻接关系故障排查**：本节将介绍 OSPFv2 邻居邻接关系无法建立的原因及故障排查方法。
- **OSPFv2 路由故障排查**：本节将介绍 LSDB 和路由表出现 OSPFv2 路由缺失的原因及故障排查方法。
- **其他 OSPFv2 故障排查**：本节将重点讨论通过网络跟踪 LSA 以及路由汇总、不连续区域、负载均衡和默认路由等故障问题。
- **故障工单（OSPFv2）**：本节将通过 3 个故障工单来解释如何通过结构化的故障排查过程来解决故障问题。

动态路由协议 OSPF 是一种链路状态路由协议，使用 Dijkstra 的 SPF 算法。OSPF 采用了分层设计模式，是一种极具扩展性的路由协议。OSPF 可以同时路由 IPv4 和 IPv6 数据包，本章将重点讨论 OSPFv2 的故障排查技术，第 9 章和第 10 章将重点讨论 OSPFv3。

OSPF 路由器（同一 LAN 或跨 WAN）在交换路由之前，必须首先建立 OSPF 邻居关系。邻居关系无法建立的可能原因有很多，作为故障排查人员，必须对这些原因透彻理解并加以掌握。本章将深入探讨这些故障原因，并提供识别和解决邻居关系故障的方法及工具。

建立了邻居关系之后，相邻路由器就可以交换 OSPF LSA 了，其中包含路由信息。但路由可能会因各种原因而最终缺失，因而必须确定路由缺失的原因。本章将讨论 OSPFv2 路由缺失的各种原因，并提供识别和解决路由缺失故障的方法及工具。

此外，本章还将讨论与负载均衡、路由汇总和不连续区域有关的故障排查问题。

8.1 “我已经知道了吗？”测验

“我已经知道了吗？”测验的目的是帮助读者确定是否需要完整地学习本章知识或者直接跳至“备考任务”，如果读者对题目的答案还存在疑问，或者评估自己对这些主题知识的掌握程度还不够的话，就可以从头学起。表 8-1 列出了本章的主要内容以及与这些内容相关联的“我已经知道了吗？”测验题，答案可参见附录。

表 8-1 “我已经知道了吗？”基本主题章节与所对应的测验题

涵盖测验题的基本主题章节	测验题
OSPFv2 邻居邻接关系故障排查	1～5、7
OSPFv2 路由故障排查	6、8
其他 OSPFv2 故障排查	9、10

注意：自我评价的目的是检验你对本章知识的掌握程度，如果不知道或仅部分知道问题的答案，出于自我评价的目的，请在该问题上标记“错”。为了不影响自我评价的结果，对不懂的问题请不要猜测答案，否则可能会造成一种已掌握的假象。

1. 下面哪些原因可能导致 OSPF 邻居关系无法建立？（选择三项）
   a. 定时器不匹配
   b. 区域 ID 不匹配
   c. 路由器 ID 重复
   d. 选举了错误的 DR
2. 可以在下面哪些 OSPF 状态中发现 MTU 不匹配的路由器？（选择两项）
   a. Init
   b. 2-Way
   c. ExStart
   d. Exchange
3. 下面哪条 OSPFv2 命令可以验证 Hello 间隔和失效间隔？
   a. **show ip protocols**
   b. **show ip ospf interface**
   c. **show ip ospf neighbor**
   d. **show ip ospf database**
4. 下面哪条 OSPFv2 debug 命令可以验证区域 ID 是否不匹配？
   a. **debug ip ospf hello**
   b. **debug ip ospf adj**
   c. **debug ip ospf packet**
   d. **debug ip ospf events**
5. LAN 接口的默认 OSPF 网络类型是什么？
   a. 广播
   b. NBMA
   c. 点对点
   d. 点对多点
6. 下面哪种 LSA 类型描述了在区域外部但仍在 OSPF 路由域内的路由（区域间路由）？
   a. 1
   b. 2

c．3

d．5

7．下面哪个选项可以阻止建立 OSPF 邻居关系？

a．应用于入站接口的分发列表

b．应用于出站接口的分发列表

c．应用于入站接口的 ACL

d．应用于出站接口的 ACL

8．假设整个路由域都成功建立了 OSPF 邻居关系，下面哪些原因可能导致路由器的本地 LSDB 或本地路由表出现路由缺失问题？（选择两项）

a．缺失路由的网络接口被配置为被动接口

b．路由域存在重复的路由器 ID

c．配置了出站分发列表

d．星形拓扑结构中的分支路由器是 DR

9．下面哪条命令可以将静态默认路由重分发到 OSPF 中？

a．**redistribute static**

b．**redistribute ospf 1 subnets**

c．**default-information originate**

d．**ip route 0.0.0.0 0.0.0.0 110**

10．下面哪些原因可能导致虚链路无法建立？（选择两项）

a．**virtual-link** 命令使用了路由器的接口 IP 地址

b．**virtual-link** 命令使用了本地区域 ID

c．**virtual-link** 命令使用了路由器 ID

d．**virtual-link** 命令使用了转接区域 ID

基础主题

8.2 OSPFv2 邻居邻接关系故障排查

OSPF 通过参与 OSPF 进程的接口向外发送 Hello 包来建立邻居关系，如果要在接口上启用 OSPF 进程并将接口放入 OSPF 区域中，可以在路由器 OSPF 配置模式下使用 **network** *ip_address wildcard_mask* **area** *area_id* 命令，或者在接口配置模式下使用 **ip ospf** *process_id* **area** *area_id* 命令。例如，下面的 **network area** 命令将在 IP 地址为 10.1.1.0～10.1.1.255 的所有接口启用 OSPF 进程并将这些接口放入 Area 0 中：**network 10.1.1.0 0.0.0.255 area 0**。下面的接口配置命令将在接口上启用 OSPF 进程并将接口放入 Area 51 中：**ip ospf 1 area 51**。由于可以采取两种不同的方式在接口上启用 OSPF 进程，因而在排查 OSPF 邻居关系故障时必须非常仔细，以免误认为接口未启用 OSPF 进程（实际上已启用了 OSPF 进程），进而沿着这条错误思路开展故障排查工作，一定要注意检查这两种不同的启用方式。

本节将重点讨论 OSPFv2 邻居关系无法建立的可能原因以及相应的故障排查方法。

可以通过 **show ip ospf neighbor** 命令验证 OSPFv2 邻居，例 8-1 给出了 **show ip ospf neighbor** 命令的输出结果。该命令不但可以显示邻居 ID（邻居的 RID）、用于 DR/BDR 选举进程的邻居优先级、邻居状态（稍后讨论）以及是否是 DR、BDR 或 DROTHER，还能显示失效时间。失效时间是本地路由器在宣告邻居中断之前需要等待的时间，在这段时间内本地路由器都未侦听到 Hello 包（LAN 的默认失效时间为 40s）。此外，还可以查看邻居发送 Hello 包的接口的 IP 地址以及本地路由器用于到达邻居的接口。

考试要点

例 8-1 通过 **show ip ospf neighbor** 命令验证 OSPFv2 邻居

```
R1# show ip ospf neighbor

Neighbor ID      Pri   State          Dead Time    Address        Interface
10.1.23.2         1    FULL/BDR       00:00:37     10.1.12.2      GigabitEthernet1/0
```

成功建立了 OSPFv2 邻居关系之后，将会收到如下类似的 syslog 消息：

```
%OSPF-5-ADJCHG: Process 1, Nbr 10.1.23.2 on GigabitEthernet1/0 from LOADING to FULL,
Loading Done
```

考试要点

OSPFv2 邻居关系无法建立的可能原因包括以下几种。

- **接口处于关闭状态**：接口必须处于 Up/Up 状态。
- **接口未运行 OSPF 进程**：如果未在接口上启用 OSPF，就无法发送 Hello 包，也就无法建立邻居关系。
- **定时器不匹配**：邻居之间的 Hello 定时器和失效定时器必须匹配。
- **区域 ID 不匹配**：链路两端必须位于同一个 OSPF 区域内。
- **区域类型不匹配**：除了常规的 OSPF 区域类型之外，还存在末梢区域或 NSSA，路由器所处的区域类型必须匹配。
- **子网不同**：邻居必须位于同一个子网内。
- **被动接口**：被动接口特性会抑制 Hello 包的发送和接收，但仍然允许宣告接口所属的网络。
- **认证信息不匹配**：如果一端 OSPF 接口配置了认证参数，那么对端的 OSPF 接口也必须配置匹配的认证参数。
- **ACL**：ACL 拒绝了去往 OSPF 组播地址 224.0.0.5 的数据包。
- **MTU 不匹配**：邻居接口的 MTU 必须匹配。
- **RID 重复**：RID 必须唯一。
- **网络类型不匹配**：根据 OSPF 网络类型特性和默认值，两个配置了不同 OSPF 网络类型的邻居之间可能无法建立邻接关系。

需要注意的是，并不是收到 Hello 消息之后就能立即建立邻接关系，而是要经过一系列状态跃迁才能最终建立邻接关系（见表 8-2）。

考试要点

表 8-2 邻接状态

状态	描述
Down（未启动状态）	该状态表明未从邻居处接收到 Hello 包
Attempt（尝试状态）	该状态指的是路由器向其已配置的邻居发送了单播 Hello 包（与组播 Hello 包相对），但未从该邻居处接收到 Hello 包
Init（初始化状态）	该状态指的是路由器已经从其邻居处接收到 Hello 包，但 Hello 包中没有包含接收路由器的 OSPF RID。如果路由器长期处于该状态，则表明存在某些原因阻止了该路由器从其邻居路由器正确接收 Hello 包
2-Way（双向状态）	该状态指的是两台 OSPF 路由器各自从对方接收到 Hello 包且每台路由器都在接收到的 Hello 包中发现了自己的 OSPF RID。对于以太网 LAN 上的 DROTHER 来说，2-Way 状态是可接受的最终状态
ExStart（预启动状态）	该状态指的是建立完全的邻接关系的路由器决定由谁首先发送它们的路由信息，这一点是通过 RID 来完成的，RID 较大的路由器将成为主路由器（表示为 master），另一台路由器则成为从路由器（表示为 slave），主路由器将首先发送路由信息。对于多路接入网络来说，在进入本状态之前，必须首先确定 DR 和 BDR，不过 DR 不必是主路由器，因为每个主/从路由器选举过程都是以每个邻居为基础的。如果路由器长期处于该状态，就表明邻居路由器之间的 MTU 不匹配或者可能存在重复的 OSPF RID
Exchange（交换状态）	该状态指的是两台正在建立邻接关系的路由器相互发送包含了路由器链路状态数据库信息的 DBD 包，每台路由器都会比较从对方路由器接收到的 DBD 包，以找出本链路状态数据库中没有的表项。如果路由器长期处于 Exchange 状态，就表明邻居路由器之间的 MTU 不匹配
Loading（加载状态）	根据在交换状态找到的缺失的链路状态数据库表项，邻居路由器请求对方向自己发送这些表项时，路由器会进入 Loading 状态。如果路由器长期处于 Loading 状态，就表明数据包可能已经被破坏或路由器存在内存故障，也有可能是邻居路由器之间的 MTU 不匹配
Full（完全邻接状态）	该状态表明邻居 OSPF 路由器已成功交换了各自的链路状态信息，邻接关系已建立

如果 OSPF 邻居关系未建立，那么该邻居就不会出现在邻居表中，因而需要借助准确的网络结构图并通过 **show cdp neighbors** 命令来验证哪些设备应该是邻居。

排查 OSPF 故障时，必须理解并掌握与上述故障原因相关联的参数验证方法，下面将逐一加以介绍。

8.2.1 接口处于关闭状态

如果要建立 OSPF 邻居关系，就必须保证接口处于 Up/Up 状态。如前所述，可以通过 **show ip interface brief** 命令验证接口的状态。

8.2.2 接口未运行 OSPF 进程

如果路由器 OSPF 配置模式命令 **network** *ip_address wildcard_mask* **area** *area_id* 或接口命令 **ip ospf** *process_id* **area** *area_id* 配置错误，就无法在正确的接口上启用 OSPF，也就无法发送 Hello 包，导致无法建立邻居关系。此外，还必须指定接口所属的 OSPF 区域。因此，如果命令正确（除区域 ID 之外），那么接口将参与 OSPF 进程，但是却位于错误的区域内，邻居关系同样无法建立。可以通过 **show ip ospf interface brief** 命令验证哪些接口参与了 OSPF 进程（见例 8-2），例 8-2 有两个接口参与了 OSPF 进程 1，它们都位于 Area 1 中，而且都是多路接入网络的 DR 接口。此外，还可以验证接口的 IP 地址和子网掩码，以及验证通过该接口已经建立完全邻接关系的邻居数量以及该接口的邻居总数。

注：请记住，**show ip ospf interface brief** 命令的输出结果不显示 OSPF 被动接口。

例 8-2 通过 **show ip ospf interface brief** 命令验证 OSPF 接口

```
R1# show ip ospf interface brief
Interface    PID   Area            IP Address/Mask    Cost  State Nbrs F/C
Gi0/0         1     1              10.1.1.1/24        1     DR         0/0
Gi1/0         1     1              10.1.12.1/24       1     DR         1/1
```

命令 **show ip protocols** 可以显示由 **network** *ip_address wildcard_mask* **area** *area_id* 命令及 **ip ospf** *process_id* **area** *area_id* 命令启用了 OSPF 的接口。请注意例 8-3 输出结果中以高亮方式显示的文本，虽然显示的是“Routing for Networks”，但这些并不是正在路由的网络，正在路由的网络应该是与启用了 OSPF 进程的接口（基于 **network area** 语句）相关联的网络。对于本例来说，**10.1.1.1 0.0.0.0 area 1** 实际上应该是 **network 10.1.1.1 0.0.0.0 area 1**，因而该 IP 地址的接口将会启用 OSPF 进程并进入 Area 1。此外，该命令还可以查看哪些接口被接口配置命令 **ip ospf** *process_id* **area** *area_id* 显式配置为参与 OSPF 进程。对于本例来说，Gigabit Ethernet 1/0 被 **ip ospf 1 area 1** 命令启用了 OSPF，Gigabit Ethernet 0/0 则被路由器 OSPF 配置模式命令 **network 10.1.1.1 0.0.0.0 area 1** 启用了 OSPF。

例 8-3 通过 **show ip protocols** 命令验证启用了 OSPF 的接口

```
R1# show ip protocols
*** IP Routing is NSF aware ***

Routing Protocol is "ospf 1"
 Outgoing update filter list for all interfaces is not set
 Incoming update filter list for all interfaces is not set
 Router ID 10.1.12.1
 Number of areas in this router is 1. 1 normal 0 stub 0 nssa
 Maximum path: 4
 Routing for Networks:
  10.1.1.1 0.0.0.0 area 1
 Routing on Interfaces Configured Explicitly (Area 1):
  GigabitEthernet1/0
 Routing Information Sources:
    Gateway         Distance      Last Update
    10.1.23.2       110           00:24:22
 Distance: (default is 110)
```

可以看出，**network** *ip_address wildcard_mask* **area** *area_id* 语句与 **ip ospf** *process_id* **area** *area_id* 命令都非常重要，如果任一条命令配置出错，那么应该参与 OSPF 进程的接口将可能无法参与，而不应该参与 OSPF 进程的接口则有可能参与了。此外，还有可能接口虽然参与了 OSPF 进程，但位于错误的区域内，从而导致无法建立邻居关系，因而必须能够识别与这两条命令相关的故障问题。

注：如果同时使用 **network** *ip_address wildcard_mask* **area** *area_id* 以及 **ip ospf** *process_id* **area** *area_id* 命令为接口启用 OSPF，那么将优选 **ip ospf** *process_id* **area** *area_id* 命令。

8.2.3 定时器不匹配

与 EIGRP 不同，OSPF 邻居之间建立邻接关系时必须确保定时器完全匹配，Hello 定时器的默认值是 10s（广播和点对点网络类型）或 30s（非广播和点对多点网络类型），失效定时器的默认值是 40s（广播和点对点网络类型）或 120s（非广播和点对多点网络类型）。可以通过 **show ip ospf interface** *interface_type interface_number* 命令验证与 OSPF 接口相关联的当前定时器的设置情况（见例 8-4）。可以看出，GigabitEthernet1/0 正在使用 Hello 定时器的默认值 10s 和失效定时器的默认值 40s。在确定定时器是否匹配的时候，可以通过对比分析法检查两台路由器的相应命令输出结果。

考试要点

例 8-4 显示 R1 GigabitEthernet 1/0 的 OSPF 接口定时器

```
R1# show ip ospf interface gigabitEthernet 1/0
GigabitEthernet1/0 is up, line protocol is up
 Internet Address 10.1.12.1/24, Area 1, Attached via Interface Enable
 Process ID 1, Router ID 10.1.12.1, Network Type BROADCAST, Cost: 1
 Topology-MTID Cost Disabled Shutdown Topology Name
 0 1 no no Base
 Enabled by interface config, including secondary ip addresses
 Transmit Delay is 1 sec, State DR, Priority 1
 Designated Router (ID) 10.1.12.1, Interface address 10.1.12.1
 Backup Designated router (ID) 10.1.23.2, Interface address 10.1.12.2
 Timer intervals configured, Hello 10, Dead 40, Wait 40, Retransmit 5
   oob-resync timeout 40
   Hello due in 00:00:04
 Supports Link-local Signaling (LLS)
 Cisco NSF helper support enabled
 IETF NSF helper support enabled
 Index 1/1, flood queue length 0
 Next 0x0(0)/0x0(0)
 Last flood scan length is 1, maximum is 1
 Last flood scan time is 0 msec, maximum is 4 msec
 Neighbor Count is 1, Adjacent neighbor count is 1
   Adjacent with neighbor 10.1.23.2 (Backup Designated Router)
 Suppress hello for 0 neighbor(s)
```

排查邻接关系故障时，可以通过 **debug ip ospf hello** 命令发现定时器不匹配情况（见例 8-5）。可以看出，接收到的数据包（R）的失效定时器值为 44s，Hello 定时器值为 11s，而本地设备（C）的失效定时器值为 40s，Hello 定时器值为 10s。

例 8-5 通过 **debug ip ospf hello** 命令识别不匹配的定时器

```
R1# debug ip ospf hello
OSPF hello debugging is on
R1#
OSPF-1 HELLO Gi1/0: Rcv hello from 2.2.2.2 area 1 10.1.12.2
OSPF-1 HELLO Gi1/0: Mismatched hello parameters from 10.1.12.2
OSPF-1 HELLO Gi1/0: Dead R 44 C 40, Hello R 11 C 10 Mask R 255.255.255.0 C
255.255.255.0
R1#
```

8.2.4 区域 ID 不匹配

OSPF 通过区域的概念来实现极具扩展性的动态路由协议。OSPF 路由器在建立邻居的邻接关系时，它们的邻居接口必须位于同一个区域内，如果要验证 OSPF 接口所属的区域信息，可以使用 **show ip ospf** *interface interface_type interface_number* 命令（见例 8-6）或 **show ip ospf interface brief** 命令（见例 8-7）。在确定区域 ID 是否匹配的时候，可以通过对比分析法检查两台路由器的相应命令输出结果。

例 8-6 通过 **show ip ospf interface** *interface_type interface_number* 命令显示 OSPF 接口的区域信息

```
R1# show ip ospf interface gigabitEthernet 1/0
GigabitEthernet1/0 is up, line protocol is up
 Internet Address 10.1.12.1/24, Area 1, Attached via Interface Enable
 Process ID 1, Router ID 10.1.12.1, Network Type BROADCAST, Cost: 1
 Topology-MTID Cost Disabled Shutdown Topology Name
 0 1 no no Base
 Enabled by interface config, including secondary ip addresses
 Transmit Delay is 1 sec, State DR, Priority 1
 Designated Router (ID) 10.1.12.1, Interface address 10.1.12.1
 Backup Designated router (ID) 10.1.23.2, Interface address 10.1.12.2
 Timer intervals configured, Hello 10, Dead 40, Wait 40, Retransmit 5
   oob-resync timeout 40
   Hello due in 00:00:04
 Supports Link-local Signaling (LLS)
 Cisco NSF helper support enabled
 IETF NSF helper support enabled
 Index 1/1, flood queue length 0
 Next 0x0(0)/0x0(0)
 Last flood scan length is 1, maximum is 1
 Last flood scan time is 0 msec, maximum is 4 msec
 Neighbor Count is 1, Adjacent neighbor count is 1
   Adjacent with neighbor 10.1.23.2 (Backup Designated Router)
 Suppress hello for 0 neighbor(s)
```

例 8-7 通过 **show ip ospf interface brief** 命令显示 OSPF 接口的区域信息

```
R1# show ip ospf interface brief
Interface    PID   Area            IP Address/Mask    Cost  State Nbrs F/C
Gi1/0         1     1              10.1.12.1/24       1     DR          1/1
```

排查邻接关系故障时，可以通过 **debug ip ospf adj** 命令发现区域 ID 不匹配的情况（见例 8-8）。可以看出，收到的数据包的区域 ID 是 1，而本地接口位于 Area 2 内。

例 8-8 通过 **debug ip ospf adj** 命令识别不匹配的区域 ID

```
R1# debug ip ospf adj
OSPF adjacency debugging is on
R1#
OSPF-1 ADJ Gi1/0: Rcv pkt from 10.1.12.2, area 0.0.0.2, mismatched area 0.0.0.1 in
the header
R1# u all
All possible debugging has been turned off
```

8.2.5 区域类型不匹配

虽然默认的 OSPF 区域类型属于普通区域，但是也可以将普通区域转换为末梢区域或 NSSA，以控制 ABR 发送到区域内的 LSA 类型。区域内的路由器在建立邻接关系时，区域类型必须保持一致。Hello 包中有一个末梢区域标记，其作用是标识邻居路由器所处区域的类型。通过 **show ip protocols** 命令可以验证路由器所连区域的类型，例 8-9 显示了 **show ip protocols** 命令的输出结果，可以看出只有一个区域（Area 1），因而可以推断该区域是末梢区域。如果路由器连接了多个区域，就可以通过 **show ip ospf** 命令验证这些区域以及相应的区域类型（见例 8-9），可以看出位于 Area 1 中的所有接口都在末梢区域中。

考试要点

例 8-9 确定 OSPF 区域类型

```
R1# show ip protocols
*** IP Routing is NSF aware ***

Routing Protocol is "ospf 1"
 Outgoing update filter list for all interfaces is not set
 Incoming update filter list for all interfaces is not set
 Router ID 10.1.12.1
 Number of areas in this router is 1. 0 normal 1 stub 0 nssa
 Maximum path: 4
 Routing for Networks:
   10.1.1.1 0.0.0.0 area 1
 Routing on Interfaces Configured Explicitly (Area 1):
   GigabitEthernet1/0
 Routing Information Sources:
    Gateway          Distance      Last Update
   10.1.23.2         110           00:04:42
 Distance: (default is 110)

R1# show ip ospf
 Routing Process "ospf 1" with ID 10.1.12.1
 Start time: 02:23:19.824, Time elapsed: 02:08:52.184
 ...output omitted...
 Reference bandwidth unit is 100 mbps
  Area 1
   Number of interfaces in this area is 2
   It is a stub area
   Area has no authentication
   SPF algorithm last executed 00:05:46.800 ago
 ...output omitted...
```

排查邻接关系故障时，可以通过 **debug ip ospf hello** 命令发现区域类型不匹配的情况（见例 8-10）。可以看出，接收到的数据包有一个不匹配的 Stub/Transit area（末梢/转接区域）选项比特。

例 8-10 通过 **debug ip ospf hello** 命令识别不匹配的区域类型

```
R1# debug ip ospf hello
OSPF hello debugging is on
```

```
R1#
OSPF-1 HELLO Gi1/0: Rcv hello from 2.2.2.2 area 1 10.1.12.2
OSPF-1 HELLO Gi1/0: Hello from 10.1.12.2 with mismatched Stub/Transit area option bit
R1#
```

8.2.6 子网不同

如果要建立 OSPF 邻居关系，路由器的接口就必须位于同一个子网内。验证是否位于相同子网的方法很多，最简单的方法就是通过 **show running-config interface** *interface_type interface_number* 命令查看运行配置中的配置信息。例 8-11 显示了 R1 Gig1/0 和 R2 Gig0/0 接口的配置，这两个接口位于同一个子网内吗？是的！从它们的 IP 地址和子网掩码可以看出，这两个接口都位于子网 10.1.12.0/24 内。

例 8-11 验证邻居接口位于同一子网内

```
R1# show running-config interface gigabitEthernet 1/0
Building configuration...

Current configuration : 108 bytes
!
interface GigabitEthernet1/0
 ip address 10.1.12.1 255.255.255.0
 ip ospf 1 area 1
 negotiation auto
end

R2# show running-config interface gigabitEthernet 0/0
Building configuration...

Current configuration : 132 bytes
!
interface GigabitEthernet0/0
 ip address 10.1.12.2 255.255.255.0
 negotiation auto
end
```

8.2.7 被动接口

被动接口是所有组织机构网络都必须具备的功能特性，可以实现如下功能。

- 减少网络中与 OSPF 相关的流量。
- 提高 OSPF 的安全性。

被动接口可以禁止接口发送和接收 OSPF 包，但仍然允许将接口的网络 ID 注入 OSPF 进程并宣告给其他 OSPF 邻居，这样就能确保连接在 LAN 上的欺诈路由器无法与接口上的合法路由器建立邻居关系（因为该接口不发送和接收 OSPF 包）。但是如果将错误的接口配置为被动接口，那么合法的 OSPF 邻居关系也将无法建立。从例 8-12 的 **show ip protocols** 命令输出结果可以看出，GigabitEthernet0/0 是被动接口。如果路由器没有被动接口，那么 **show ip protocols** 命令的输出结果将不显示这部分内容。

例 8-12 通过 **show ip protocols** 命令验证被动接口

```
R1# show ip protocols
*** IP Routing is NSF aware ***

Routing Protocol is "ospf 1"
 Outgoing update filter list for all interfaces is not set
 Incoming update filter list for all interfaces is not set
 Router ID 10.1.12.1
 Number of areas in this router is 1. 0 normal 1 stub 0 nssa
 Maximum path: 4
 Routing for Networks:
   10.1.1.1 0.0.0.0 area 1
 Routing on Interfaces Configured Explicitly (Area 1):
   GigabitEthernet1/0
 Passive Interface(s):
   GigabitEthernet0/0
 Routing Information Sources:
    Gateway         Distance      Last Update
    10.1.23.2       110           00:00:03
 Distance: (default is 110)
```

8.2.8 认证信息不匹配

认证机制可以确保 OSPF 路由器仅与合法路由器建立邻居关系，并且仅接收合法路由器的 OSPF 数据包。因此，如果部署了认证机制，那么希望建立邻居关系的两台路由器的认证配置必须完全匹配，可以通过对比分析法来判断是否匹配。OSPF 支持以下 3 种认证类型。

- Null：称为类型 0，意味着无认证。
- 明文：称为类型 1，以明文方式发送认证凭证。
- MD5：称为类型 2，会发送一个哈希值。

可以逐个接口启用 OSPF 认证，也可以同时为区域内的所有接口启用 OSPF 认证。知道应该使用哪些命令来验证这些不同的认证配置选项是非常重要的，如果要验证路由器是否为整个区域启用了认证机制，可以使用 **show ip ospf** 命令（见例 8-13）。不过对于 MD5 认证来说，还必须通过 **show ip ospf interface** *interface_type interface_number* 命令验证各个接口使用的密钥 ID（见例 8-14）。此外，还必须通过 **show run interface** *interface_type interface_number* 命令验证认证机制的密钥字符串（大小写敏感）。

例 8-13 验证 OSPF 区域认证

```
R1# show ip ospf
Routing Process "ospf 1" with ID 10.1.12.1
 Start time: 02:23:19.824, Time elapsed: 02:46:34.488
...output omitted...
 Reference bandwidth unit is 100 mbps
  Area 1
    Number of interfaces in this area is 2
    It is a stub area
    Area has message digest authentication
```

```
   SPF algorithm last executed 00:25:12.220 ago
...output omitted...
```

例 8-14 验证 OSPF 认证密钥

```
R1# show ip ospf interface gigabitEthernet 1/0
GigabitEthernet1/0 is up, line protocol is up
 Internet Address 10.1.12.1/24, Area 1, Attached via Interface Enable
 ...output omitted...
 Neighbor Count is 0, Adjacent neighbor count is 0
 Suppress hello for 0 neighbor(s)
 Message digest authentication enabled
 Youngest key id is 1
```

注：如果逐个接口配置认证机制，那么 **show ip ospf** 命令的输出结果将显示"Area has no authentication"（区域无认证），因而还要同时检查 **show ip ospf interface** 命令的输出结果。

排查邻接关系故障时，可以通过 **debug ip ospf adj** 命令发现认证信息不匹配的情况（见例 8-15）。可以看出，接收到的数据包正在使用 Null 认证（类型 0），而本地路由器使用的是明文认证（类型 1）。

例 8-15 通过 **debug ip ospf adj** 命令识别不匹配的认证信息

```
R1# debug ip ospf adj
OSPF adjacency debugging is on
R1#
OSPF-1 ADJ Gi1/0: Rcv pkt from 10.1.12.2 : Mismatched Authentication type. Input
packet specified type 0, we use type 1
R1#
```

8.2.9 ACL

ACL 的功能非常强大，其实现方式决定了网络中的控制行为，如果在接口上应用了 ACL，并且该 ACL 拒绝了 OSPF 数据包，那么邻居关系将无法建立。如果要确定接口是否应用了 ACL，可以使用 **show ip interface** *interface_type interface_number* 命令（见例 8-16）。可以看出，ACL 100 应用在接口 Gig1/0 的入站方向。为了验证 ACL 100 的表项信息，可以运行 **show access-lists 100** 命令（见例 8-17）。可以看出，ACL 100 正在拒绝 OSPF 流量，从而阻止了邻居关系的建立。

请注意，出站 ACL 不影响 OSPF 数据包。因此，如果接口配置了出站 ACL 且未建立邻居邻接关系，那么问题的根源也不是出站 ACL（即便出站 ACL 可能拒绝了 OSPF 数据包，但出站 ACL 并不会用于本地路由器生成的 OSPF 数据包）。

例 8-16 验证接口上应用的 ACL

```
R1# show ip interface gig 1/0
GigabitEthernet1/0 is up, line protocol is up
 Internet address is 10.1.12.1/24
 Broadcast address is 255.255.255.255
 Address determined by setup command
 MTU is 1500 bytes
```

```
 Helper address is not set
 Directed broadcast forwarding is disabled
 Multicast reserved groups joined: 224.0.0.10
 Outgoing access list is not set
 Inbound access list is 100
 Proxy ARP is enabled
 Local Proxy ARP is disabled
 Security level is default
 Split horizon is enabled
```

例 8-17 验证 ACL 表项信息

```
R1# show access-lists 100
Extended IP access list 100
 10 deny ospf any any (62 matches)
 20 permit ip any any
```

8.2.10 MTU 不匹配

OSPF 路由器要成为邻居并达到完全邻接状态，要求每台路由器建立邻接关系的接口都必须拥有相同的 MTU，否则路由器虽然能够看到对方，但是会陷入 ExStart/Exchange 状态。例 8-18 显示的 **show ip ospf neighbor** 命令的输出结果表明 R1 陷入了 Exchange 状态，而 R2 则陷入了 ExStart 状态。

例 8-18 MTU 不匹配的现象（陷入 ExStart/Exchange 状态）

```
R1# show ip ospf neighbor

Neighbor ID     Pri   State           Dead Time   Address         Interface
10.1.23.2         1   EXCHANGE/DR     00:00:38    10.1.12.2       GigabitEthernet1/0

R2# show ip ospf neighbor


Neighbor ID     Pri   State           Dead Time   Address         Interface

10.1.12.1         1   EXSTART/BDR     00:00:37    10.1.12.1       GigabitEthernet0/0
```

从 **show ip ospf interface brief** 命令的输出结果可以看出，Nbrs F/C 列没有显示期望值。例 8-19 中的 Nbrs F/C 列显示的是 0/1，表明该接口连接了一个邻居，但是没有建立完全邻接状态。

例 8-19 MTU 不匹配的现象（Nbrs F/C 列的值不匹配）

```
R1# show ip ospf interface brief

Interface    PID   Area            IP Address/Mask    Cost  State Nbrs F/C
Gi1/0         1     1              10.1.12.1/24       1     BDR       0/1
Gi0/0         1     1              10.1.1.1/24        1     DR        0/0
```

如果要验证接口配置的 MTU 情况，就可以运行 **show run interface** *interface_type interface_number* 命令（见例 8-20）。R1 的 Gigabit Ethernet 1/0 接口的 MTU 值为 1476，

由于 R2 的 Gigabit Ethernet 0/0 接口没有显示任何数值，因而使用的是默认 MTU 值 1500。

例 8-20 验证接口的 MTU

```
R1# show run interface gigabitEthernet 1/0
Building configuration...

Current configuration : 195 bytes
!
interface GigabitEthernet1/0
 ip address 10.1.12.1 255.255.255.0
 ip mtu 1476
 ip ospf authentication-key CISCO
 ip ospf message-digest-key 1 md5 CISCO
 ip ospf 1 area 1
 negotiation auto
end

R2# show run interface gigabitEthernet 0/0
Building configuration...
Current configuration : 211 bytes
!
interface GigabitEthernet0/0
 ip address 10.1.12.2 255.255.255.0
 ip ospf authentication message-digest
 ip ospf message-digest-key 1 md5 CISCO
 negotiation auto
end
```

为了解决该问题，可以手动修改接口的 MTU 以实现 MTU 匹配，也可以使用接口配置命令 **ip ospf mtu-ignore**，该命令的作用是让 OSPF 路由器在试图建立邻接关系的时候不比较双方的 MTU。

8.2.11 RID 重复

确保 RID 唯一性的原因有很多，其中的一个原因就是两台路由器如果拥有相同的 RID，就无法建立邻居关系。如果存在 RID 重复的情况，将会收到如下类似的 syslog 消息：

```
%OSPF-4-DUP_RTRID_NBR: OSPF detected duplicate router-id 10.1.23.2 from 10.1.12.2 on
interface GigabitEthernet1/0
```

可以通过 **show ip protocols** 命令验证 OSPF 路由器的 RID（见例 8-21），不过几乎所有的 OSPF **show** 命令的输出结果都能显示 RID，因而可以根据自己的喜好来选择 RID 的验证方式，本例中 R1 的 RID 是 10.1.23.2（如 **show ip protocols** 命令输出结果）。如果在路由器 OSPF 配置下使用 **router-id** 命令来更改 RID，在更改生效之前必须运行 **clear ip ospf process** 命令来重启 OSPF 进程。

例 8-21 验证 OSPF RID

```
R1# show ip protocols
*** IP Routing is NSF aware ***
```

```
Routing Protocol is "ospf 1"
 Outgoing update filter list for all interfaces is not set
 Incoming update filter list for all interfaces is not set
 Router ID 10.1.23.2
 Number of areas in this router is 1. 0 normal 1 stub 0 nssa
 Maximum path: 4
 Routing for Networks:
   10.1.1.1 0.0.0.0 area 1
 Routing on Interfaces Configured Explicitly (Area 1):
   GigabitEthernet1/0
 Passive Interface(s):
   Ethernet0/0
   GigabitEthernet0/0
 Routing Information Sources:
    Gateway          Distance       Last Update
    10.1.23.2        110            00:05:31
 Distance: (default is 110)
```

8.2.12　网络类型不匹配

OSPF 支持多种网络类型，由于不同网络类型的默认值不同，因此，如果两台试图建立邻居邻接关系的 OSPF 路由器配置了不兼容的网络类型，邻居关系将无法建立。例如，如果 R1 接口的网络类型是广播，R2 接口的网络类型是 NBMA，定时器将不匹配，也就无法建立邻接关系。表 8-3 列出了 OSPF 支持的各种网络类型及其特性。

考试要点

表 8-3　　OSPF 支持的各种网络类型及其特性

类型	默认	邻居	DR/BDR	定时器
广播	LAN 接口的默认 OSPF 网络类型	自动发现	自动选择 DR/BDR	Hello 10 Dead 40
NBMA（非广播）	帧中继主接口和点对多点接口的默认 OSPF 网络类型	静态配置	必须在中心路由器上手动配置 DR	Hello 30 Dead 120
点对点	点对点串行接口和点对点帧中继子接口的默认 OSPF 网络类型	自动发现	无 DR 或 BDR	Hello 10 Dead 40
点对多点	（非默认）对于星形拓扑结构（帧中继）来说是优化的网络类型	自动发现	无 DR 或 BDR	Hello 30 Dead 120
点对多点非广播	（非默认）对于不支持广播或组播流量的星形拓扑结构（帧中继）来说是优化的网络类型	静态配置	无 DR 或 BDR	Hello 30 Dead 120

如果要确定与 OSPF 接口相关联的网络类型，就可以运行 **show ip ospf interface** *interface_type interface_number* 命令，例 8-22 中 R1 的接口 GigabitEthernet 1/0 使用的 OSPF 网络类型为广播。通过对比分析法可以发现是否存在网络类型不匹配的情况。

例 8-22　验证 OSPF 网络类型

```
R1# show ip ospf interface gigabitEthernet 1/0
GigabitEthernet1/0 is up, line protocol is up
```

```
Internet Address 10.1.12.1/24, Area 1, Attached via Interface Enable
Process ID 1, Router ID 10.1.12.1, Network Type BROADCAST, Cost: 1
Topology-MTID Cost Disabled Shutdown Topology Name
0 1 no no Base
Enabled by interface config, including secondary ip addresses
Transmit Delay is 1 sec, State BDR, Priority 1
Designated Router (ID) 10.1.23.2, Interface address 10.1.12.2
Backup Designated router (ID) 10.1.12.1, Interface address 10.1.12.1
Timer intervals configured, Hello 10, Dead 40, Wait 40, Retransmit 5
  oob-resync timeout 40
  Hello due in 00:00:07
Supports Link-local Signaling (LLS)
Cisco NSF helper support enabled
IETF NSF helper support enabled
Index 1/1, flood queue length 0
Next 0x0(0)/0x0(0)
Last flood scan length is 1, maximum is 1
Last flood scan time is 4 msec, maximum is 4 msec
Neighbor Count is 1, Adjacent neighbor count is 1
  Adjacent with neighbor 10.1.23.2 (Designated Router)
Suppress hello for 0 neighbor(s)
Message digest authentication enabled
Youngest key id is 1
```

8.3 OSPFv2 路由故障排查

OSPF 路由器可以从同一区域内的每台路由器接收 LSA，意味着它们可以直接从同一区域内的源端学习路由。因此，必须在区域内泛洪 LSA，这是强制规定，因为区域内的每台路由器都必须拥有完全相同的 LSDB。这就使得 OSPF 路由故障排查操作比距离向量路由协议的更加困难，因为很难跟踪流量路径，尤其是多区域 OSPF 域。

本节将讨论 OSPF 路由缺失的可能原因以及相应的故障排查方法。

如前所述，邻居关系是 OSPF 信息共享的基础，如果没有邻居，就无法学到任何路由。那么除了邻居缺失之外，还有哪些原因可能会导致 OSPF 网络出现路由缺失故障呢？

下面列出了 LSDB 或路由表出现 OSPF 路由缺失故障的常见原因。

- **接口未运行 OSPF 进程**：如果接口未运行 OSPF 进程，就无法将该接口所属的网络注入 OSPF 进程，因而也就无法宣告给邻居。
- **更优的路由信息源**：如果从更可靠的路由信息源学到了完全相同的网络，就不会使用从 OSPF 学到的路由信息。
- **路由过滤**：可能配置了阻止将路由安装到路由表中的路由过滤器。
- **末梢区域配置**：如果选择了错误的末梢区域类型，收到的就可能是默认路由，而不是实际路由。
- **接口处于关闭状态**：启用了 OSPF 的接口必须处于 Up/Up 状态，才能宣告与该接口相关联的网络。
- **选举了错误的 DR**：对于星形网络环境来说，如果将错误的路由器选举为 DR，就无法正确交换路由信息。

- **RID 重复**：如果两台或多台路由器都使用相同的 RID，就会导致拓扑结构中出现路由缺失问题。

下面将逐一分析这些可能的故障原因，并解释如何在故障排查过程中识别这些故障原因。

8.3.1 接口未运行 OSPF 进程

如前所述，运行了 **network** *ip_address wildcard_mask* **area** *area_id* 命令或接口命令 **ip ospf** *process_id* **area** *area_id* 之后，就可以在接口上启用 OSPF 进程，然后 OSPF 会将该接口所属的网络/子网注入 LSDB 中，从而将这些网络/子网宣告给自治系统中的其他路由器。因此，即使接口不与其他路由器建立邻居关系也需要启用 OSPF 进程，以便将这些接口所属的网络 ID 宣告出去。

如前所述，**show ip protocols** 命令不但能显示 **network** *ip_address wildcard_mask* **area** *area_id* 命令，还能显示由接口命令 **ip ospf** *process_id* **area** *area_id* 显式配置的接口。请注意例 8-23 中以高亮方式显示的文本，虽然显示的是“Routing for Networks”，但这些并不是正在路由的网络，正在路由的网络应该是与启用了 OSPF 进程的接口（基于 **network** 语句）相关联的网络。对于本例来说，**10.1.1.1 0.0.0.0 area 1** 意味着在 IP 地址为 10.1.1.1 的接口上启用 OSPF 并将其放入 Area 1 中，之后就能路由与该接口相关联的网络。此外，还可以看出 GigabitEthernet1/0 被显式配置为参与 OSPF 进程，因而 OSPF 也能路由与该接口相关联的网络。

例 8-23 通过 **show ip protocols** 命令验证启用了 OSPF 的接口

```
R1# show ip protocols
*** IP Routing is NSF aware ***

Routing Protocol is "ospf 1"
 Outgoing update filter list for all interfaces is not set
 Incoming update filter list for all interfaces is not set
 Router ID 10.1.12.1
 Number of areas in this router is 1. 1 normal 0 stub 0 nssa
 Maximum path: 4
 Routing for Networks:
   10.1.1.1 0.0.0.0 area 1
 Routing on Interfaces Configured Explicitly (Area 1):
   GigabitEthernet1/0
 Passive Interface(s):
   Ethernet0/0
   GigabitEthernet0/0
 Routing Information Sources:
     Gateway         Distance      Last Update
     10.1.23.2       110           01:00:43
     10.1.23.3       110           01:00:43
 Distance: (default is 110)
```

那么实际路由的网络是哪些网络呢？实际路由的网络应该是与启用了 OSPF 进程

的接口相关联的网络，从例 8-24 的 R1 Gi0/0 和 Gi1/0 的 **show ip interface** 命令（该命令使用了管道符，仅包含 **Internet** 地址）的输出结果可以看出，它们都在/24 网络内，因而网络 ID 应该是 10.1.1.0/24 和 10.1.12.0/24，这就是实际所要路由的网络。

例 8-24　通过 **show ip interface** 命令验证网络 ID

```
R1# show ip interface gi0/0 | i Internet
 Internet address is 10.1.1.1/24
R1# show ip interface gi1/0 | i Internet
 Internet address is 10.1.12.1/24
```

8.3.2　更优的路由信息源

如果要将从 OSPF 学到的路由安装到路由表中，就必须确保 OSPF 是最可信的路由信息源。前文曾经说过，路由信息源的可信度基于 AD，对于所有从区域内、区域间以及区域外学到的 OSPF 路由来说，AD 值均为 110。因此，如果路由器从其他路由信息源学到完全相同的网络，而且该路由信息源的 AD 更优，那么拥有更优 AD 的路由信息源将胜出，其信息将被安装到路由表中。例 8-25 显示了路由表中仅通过 OSPF 安装的路由信息，请注意，路由表中没有网络 10.1.1.0/24 和 10.1.12.0/24 的 OSPF 路由项。

例 8-25　**show ip route ospf** 命令输出结果

```
R1# show ip route ospf
Codes: L - local, C - connected, S - static, R - RIP, M - mobile, B - BGP
 D - EIGRP, EX - EIGRP external, O - OSPF, IA - OSPF inter area
 N1 - OSPF NSSA external type 1, N2 - OSPF NSSA external type 2
 E1 - OSPF external type 1, E2 - OSPF external type 2
 i - IS-IS, su - IS-IS summary, L1 - IS-IS level-1, L2 - IS-IS level-2
 ia - IS-IS inter area, * - candidate default, U - per-user static route
 o - ODR, P - periodic downloaded static route, H - NHRP, l - LISP
 + - replicated route, % - next hop override

Gateway of last resort is 10.1.12.2 to network 0.0.0.0

O*E2 0.0.0.0/0 [110/1] via 10.1.12.2, 01:15:29, GigabitEthernet1/0
 10.0.0.0/8 is variably subnetted, 6 subnets, 2 masks
O IA 10.1.3.0/24 [110/3] via 10.1.12.2, 01:15:29, GigabitEthernet1/0
O IA 10.1.23.0/24 [110/2] via 10.1.12.2, 01:15:29, GigabitEthernet1/0
O IA 203.0.113.0/24 [110/3] via 10.1.12.2, 01:15:29, GigabitEthernet1/0
```

本例中的网络 10.1.1.0/24 和 10.1.12.0/24 拥有更优的路由信息源。例 8-26 显示了 **show ip route 10.1.1.0 255.255.255.0** 命令的输出结果，可以看出该网络是直连网络且 AD 值为 0。由于直连网络的 AD 值为 0，而 OSPF 路由的 AD 值为 110，因而路由表安装的是直连路由信息源。

例 8-26　**show ip route 10.1.1.0 255.255.255.0** 命令的输出结果

```
R1# show ip route 10.1.1.0 255.255.255.0
Routing entry for 10.1.1.0/24
```

```
Known via "connected", distance 0, metric 0 (connected, via interface)
Routing Descriptor Blocks:
* directly connected, via GigabitEthernet0/0
Route metric is 0, traffic share count is 1
```

不过大家可能会疑惑 10.1.1.0/24 是否存在于 LSDB 中，因为 10.1.1.0/24 是直连网络。请记住，当接口参与路由进程时，其网络会以 Type 1 LSA（路由器 LSA）注入 LSDB 中，通过 **show ip ospf database** 命令即可验证这一点（见例 8-27）。不过输出结果并没有显示 10.1.1.0/24，这是因为该命令仅显示 LSDB 的 LSA 摘要信息，如果希望查看 LSA 的细节信息，需要进一步展开指定的 LSA。例 8-28 显示了 **show ip ospf database router 10.1.12.1** 命令输出结果，该命令显示了 RID 为 10.1.12.1 的路由器（R1）宣告的 Type 1 LSA 的详细信息。可以看出，10.1.1.0/24 位于 LSDB 中，因而可以在 OSPF 进程中宣告该网络。

例 8-27 R1 的 **show ip ospf database** 命令输出结果

```
R1# show ip ospf database

            OSPF Router with ID (10.1.12.1) (Process ID 1)

                Router Link States (Area 1)

Link ID         ADV Router      Age         Seq#       Checksum Link count
10.1.12.1       10.1.12.1       1025        0x80000009 0x006B41 2
10.1.23.2       10.1.23.2       1210        0x8000002D 0x00E7A3 1

                Net Link States (Area 1)

Link ID         ADV Router      Age         Seq#       Checksum
10.1.12.2       10.1.23.2       1210        0x80000007 0x00B307

                Summary Net Link States (Area 1)

Link ID         ADV Router      Age         Seq#       Checksum
10.1.3.0        10.1.23.2       1210        0x80000004 0x00D72E
10.1.23.0       10.1.23.2       1210        0x8000001A 0x00C418
203.0.113.0     10.1.23.2       1210        0x80000004 0x004E88

                Summary ASB Link States (Area 1)
Link ID         ADV Router      Age         Seq#       Checksum
10.1.23.3       10.1.23.2       1210        0x80000003 0x00C629

                Type-5 AS External Link States

Link ID         ADV Router      Age         Seq#       Checksum Tag
0.0.0.0         10.1.23.3       1268        0x80000003 0x00B399 1
```

例 8-28 R1 的 **show ip ospf database router 10.1.12.1** 命令输出结果

```
R1# show ip ospf database router 10.1.12.1

            OSPF Router with ID (10.1.12.1) (Process ID 1)
```

```
            Router Link States (Area 1)

LS age: 1368
Options: (No TOS-capability, DC)
LS Type: Router Links
Link State ID: 10.1.12.1
Advertising Router: 10.1.12.1
LS Seq Number: 80000009
Checksum: 0x6B41
Length: 48
Number of Links: 2

  Link connected to: a Transit Network
   (Link ID) Designated Router address: 10.1.12.2
   (Link Data) Router Interface address: 10.1.12.1
     Number of MTID metrics: 0
      TOS 0 Metrics: 1

  Link connected to: a Stub Network
   (Link ID) Network/subnet number: 10.1.1.0
   (Link Data) Network Mask: 255.255.255.0
     Number of MTID metrics: 0
      TOS 0 Metrics: 1
```

虽然拥有更优的路由信息源可能并不会导致用户抱怨或上报故障工单，因为用户可能仍然能够访问所需的网络资源，但网络可能会出现次优路由问题。分析图 8-1，图中的网络运行了两种不同的路由协议，那么从 PC1 发送给 10.1.1.0/24 的流量会选择哪条路径呢？如果判断出选择的是较长的 EIGRP 路径，那么完全正确。虽然选择 OSPF 路径会更快，但是由于 EIGRP 路径的默认 AD 值更小，因而 EIGRP 路径胜出，从而出现了次优路由问题。

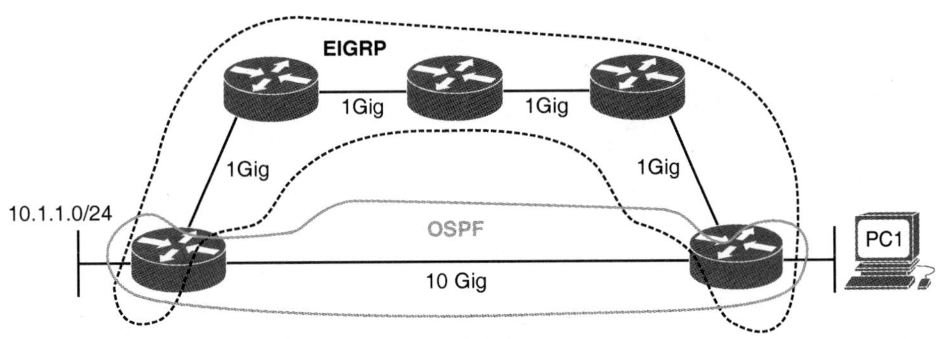

图 8-1　PC1 将使用哪条路径去往 10.1.1.0/24

能够准确识别何时应该使用以及何时不应该使用特定路由信息源，对于优化网络并减少因网络运行缓慢而导致的故障排查次数来说非常关键。对于本例来说，可能需要考虑增大 EIGRP 的 AD 值或减小 OSPF 的 AD 值，以优化路由。

8.3.3 路由过滤

应用于 OSPF 进程的分发列表可以控制将 LSDB 中的哪些路由安装到路由表中，

这一点与 EIGRP 有所不同，EIGRP 控制邻居之间发送和接收的路由。出现这种差异的原因是同一区域内的所有 OSPF 路由器均使用相同的 LSDB，如果能够控制发送给邻居或者从邻居接收到的路由，那么区域内的路由器就不会拥有相同的 LSDB，而这是 OSPF 所不允许的。

为了将路由过滤器应用到 OSPF，需要在 OSPF 配置模式下将分发列表应用于入站方向（意味着进入路由表），路由的安装操作则由 ACL、前缀列表或路由映射进行控制。因此，在排查 OSPF 路由过滤故障时，需要考虑如下问题。

- 分发列表应用在正确的方向上了吗？
- 如果分发列表使用了 ACL，那么 ACL 正确吗？
- 如果分发列表使用了前缀列表，那么前缀列表正确吗？
- 如果分发列表使用了路由映射，那么路由映射正确吗？

通过 **show ip protocols** 命令可以显示是否有分发列表应用在 OSPF 进程上（见例 8-29）。本例显示没有出站过滤器，但是有一个入站过滤器，该入站过滤器引用了名为 TEST 的前缀列表。

例 8-29 通过 **show ip protocols** 命令验证路由过滤器

```
R1# show ip protocols
*** IP Routing is NSF aware ***

Routing Protocol is "ospf 1"
 Outgoing update filter list for all interfaces is not set
 Incoming update filter list for all interfaces is (prefix-list) TEST
 Router ID 10.1.12.1
 Number of areas in this router is 1. 1 normal 0 stub 0 nssa
 Maximum path: 4
 Routing for Networks:
   10.1.1.1 0.0.0.0 area 1
 Routing on Interfaces Configured Explicitly (Area 1):
   GigabitEthernet1/0
 Passive Interface(s):
   Ethernet0/0
   GigabitEthernet0/0
 Routing Information Sources:
     Gateway         Distance      Last Update
     10.1.23.2           110       00:00:20
     10.1.23.3           110       00:00:20
 Distance: (default is 110)
```

例 8-29 的入站过滤器利用前缀列表 TEST 进行路由过滤。为了验证该前缀列表中的表项信息，需要运行 **show ip prefix-list TEST** 命令（见例 8-30）。如果使用的是 ACL，就需要运行 **show access-list** 命令；如果使用的是路由映射，就需要运行 **show route-map** 命令。

例 8-30 显示了在运行配置中应用分发列表所需要的配置命令。

例 8-30 验证 OSPF 分发列表和前缀列表

```
R1# show ip prefix-list TEST
ip prefix-list TEST: 2 entries
```

```
 seq 5 deny 10.1.23.0/24
 seq 10 permit 0.0.0.0/0 le 32

R1# show run | section router ospf 1
router ospf 1
 area 1 authentication message-digest
 passive-interface default
 no passive-interface GigabitEthernet1/0
 network 10.1.1.1 0.0.0.0 area 1
 distribute-list prefix TEST in
```

从例 8-31 可以看出，LSDB 虽然列出了网络 10.1.23.0/24，但是却没有将其安装在路由表中，这是因为分发列表拒绝安装 10.1.23.0/24。

例 8-31　应用了分发列表之后验证 OSPF 路由和 LSDB

```
R1# show ip ospf database

            OSPF Router with ID (10.1.12.1) (Process ID 1)

               Router Link States (Area 1)

Link ID         ADV Router      Age             Seq#       Checksum Link count
10.1.12.1       10.1.12.1       16              0x80000011 0x005B49 2
10.1.23.2       10.1.23.2       13              0x80000033 0x00DBA9 1

               Net Link States (Area 1)

Link ID         ADV Router      Age             Seq#       Checksum
10.1.12.2       10.1.23.2       12              0x8000000D 0x00A70D

               Summary Net Link States (Area 1)

Link ID         ADV Router      Age             Seq#       Checksum
10.1.3.0        10.1.23.2       16              0x80000002 0x00DB2C
10.1.23.0       10.1.23.2       16              0x80000002 0x00F4FF
203.0.113.0     10.1.23.2       16              0x80000002 0x005286

               Summary ASB Link States (Area 1)

Link ID         ADV Router      Age             Seq#       Checksum
10.1.23.3       10.1.23.2       18              0x80000001 0x00CA27

               Type-5 AS External Link States

Link ID         ADV Router      Age             Seq#       Checksum Tag
0.0.0.0         10.1.23.3       779             0x80000005 0x00AF9B 1

R1# show ip route
...output omitted...

Gateway of last resort is 10.1.12.2 to network 0.0.0.0

O*E2 0.0.0.0/0 [110/1] via 10.1.12.2, 00:00:02, GigabitEthernet1/0
  10.0.0.0/8 is variably subnetted, 5 subnets, 2 masks
```

```
C 10.1.1.0/24 is directly connected, GigabitEthernet0/0
L 10.1.1.1/32 is directly connected, GigabitEthernet0/0
O IA 10.1.3.0/24 [110/3] via 10.1.12.2, 00:00:02, GigabitEthernet1/0
C 10.1.12.0/24 is directly connected, GigabitEthernet1/0
L 10.1.12.1/32 is directly connected, GigabitEthernet1/0
O IA 203.0.113.0/24 [110/3] via 10.1.12.2, 00:00:02, GigabitEthernet1/0
```

8.3.4 末梢区域配置

由于区域内的所有路由器都要求拥有相同的 LSDB，因而无法控制区域内的 LSA。不过，利用末梢区域和 NSSA OSPF 特性，可以控制区域间的 LSA。

创建末梢区域或 NSSA 后，Type 5 LSA 将无法通过 ABR 进入区域。对于完全末梢区域和完全 NSSA 来说，Type 5 LSA 和 Type 3 LSA 将无法通过 ABR 进入区域，原先在区域内通过 Type 5 和 Type 3 LSA 学到的路由将由默认路由来替代。由于是默认路由，因而路由器将失去对整个网络的可视性，对于高度冗余的网络环境来说，如果部署不正确，将很容易产生次优路由问题。

因此，如果期望某特定路由的 Type 5 LSA 或 Type 3 LSA，但是其却没有出现在区域内，就可以验证该区域是否是末梢区域或 NSSA，以确定被抑制的路由类型。通过 **show ip ospf** 命令可以验证路由器所连接的区域是否是末梢区域或 NSSA（见例 8-32）。

例 8-32 确定 OSPF 区域类型

```
R1# show ip ospf
 Routing Process "ospf 1" with ID 10.1.12.1
 Start time: 02:23:19.824, Time elapsed: 02:08:52.184
 ...output omitted...
 Reference bandwidth unit is 100 mbps
  Area 1
   Number of interfaces in this area is 2
   It is a stub area
   Area has no authentication
   SPF algorithm last executed 00:05:46.800 ago
...output omitted...
```

需要记住的是，由于部署完全末梢区域或完全 NSSA 时，仅在 ABR 上配置 **no-summary** 关键字，因而最好检查 ABR 的 **show ip ospf** 命令输出结果（见例 8-33）。可以看出，R2 被配置为抑制 Type 5 和 Type 3 LSA 进入 Area 1，并且以开销为 1 的默认路由替代这些类型的路由。

例 8-33 确定 ABR 的 OSPF 区域类型

```
R2# show ip ospf
Routing Process "ospf 1" with ID 10.1.23.2
 Start time: 02:39:09.376, Time elapsed: 15:19:40.352
...output omitted...
 Flood list length 0
  Area 1
   Number of interfaces in this area is 1
   It is a stub area, no summary LSA in this area
   Generates stub default route with cost 1
```

```
   Area has no authentication
...output omitted...
```

8.3.5 接口处于关闭状态

如前所述，在接口上启用了 OSPF 进程之后，该接口所属的网络（路由表中的直连路由项）就会被注入 OSPF 进程中。如果接口处于关闭状态，路由表中将不会出现该网络的直连路由项，因而该网络不存在，也不会被注入 OSPF 进程中。如果希望宣告路由或者建立邻居关系，必须确保接口处于 Up/Up 状态。

8.3.6 选举了错误的 DR

多路接入网络允许多台路由器驻留在一个公共网段上。为了避免在所有的路由器之间建立全网状的邻接关系，OSPF 会选举一台 DR，网段上的其他路由器与该 DR 建立完全邻接关系（见图 8-2），其余的路由器之间将建立 2-Way 邻接关系，如果存在 BDR，这些路由器也会与 BDR 建立完全邻接关系。

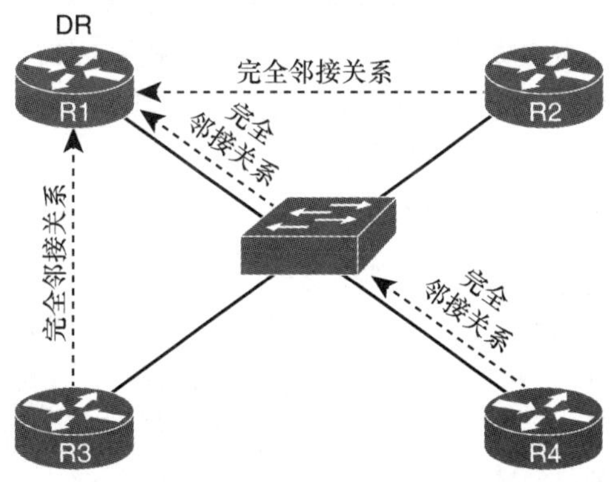

图 8-2 以太网中的 DR 选举示意

OSPF 根据路由器的优先级选举 DR，优先级越高越优，如果路由器的优先级相同，就根据最大的 OSPF RID 来选举 DR。BDR 的选举规则与 DR 的相同，在 DR 不可用的情况下，多路接入网络上的路由器会与 BDR 建立完全邻接关系。

对于多路接入以太网拓扑结构或全网状帧中继拓扑结构来说，由于每台路由器都能到达 DR（因为二层拓扑结构与三层编址一致），因而将哪台路由器选举为 DR 并没有任何问题。不过，对于星形 NBMA 网络（如帧中继）或 DMVPN 拓扑结构来说，由于底层的二层拓扑结构与三层编址并不一致，因而将哪台路由器选举为 DR 显得非常重要。

图 8-3 给出了一个星形帧中继拓扑结构或 DMVPN 拓扑结构示例。多点接口［单个物理接口或 mGRE（multipoint Generic Routing Encapsulation，多点通用路由封装）隧道接口］可以通过单个接口连接相同子网内的多台路由器，不过本例中的二层拓扑结构与三层拓扑结构并不相同，三层拓扑结构表明所有路由器都能通过接口直达（同

一个子网)，但二层拓扑结构却并非如此，无法从 R3 直达 R2，也无法从 R2 直达 R3，R3 与 R2 必须通过 R1 才能到达对方。

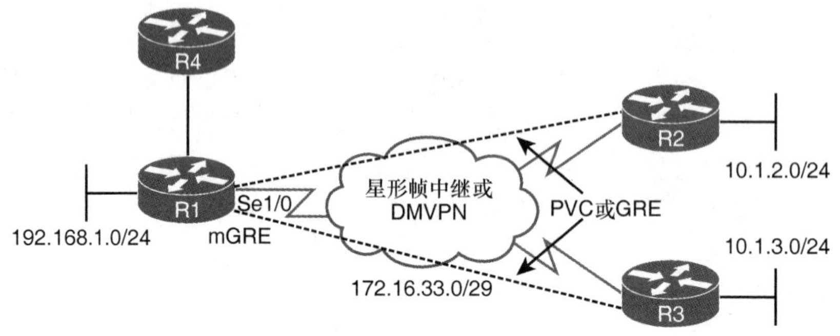

图 8-3 星形帧中继拓扑结构或 DMVPN 拓扑结构

图 8-4 显示了错误的 DR 位置，根据 OSPF 邻居关系的建立方式以及路由器与 DR 之间的通信方式，DR 路由器必须单跳可达。Hello 包使用组播地址 224.0.0.5，并且通过组播地址 224.0.0.6 可以到达 DR，其他路由器不会中继去往这两个组播地址的数据包。由于 DR 负责中继多路接入网络中学到的路由，因而其必须位于拓扑结构的中心位置。因此，如果 R2 是 DR，那么 R3 将无法与其建立邻居关系（因为 R1 不会中继 Hello 包），致使 R3 无法与 DR 进行通信，意味着 R3 无法将网络 10.1.3.0 告知 DR，其他路由器也就无法学到网络 10.1.3.0/24。

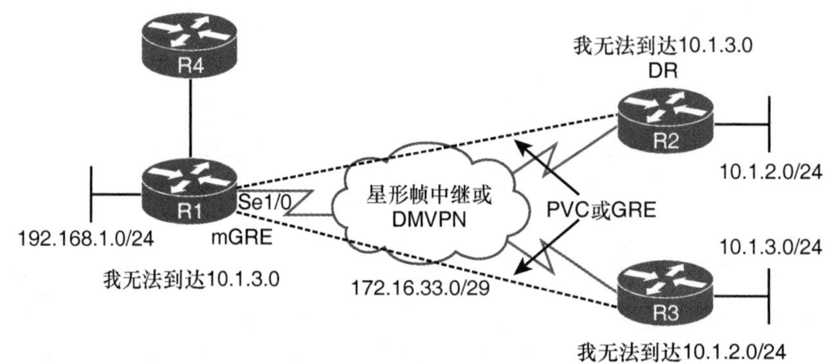

图 8-4 错误的 DR 位置

对于本例来说，必须控制 DR 的选举过程，将 R1 选举为 DR，这样才能确保所有路由器都能向 DR 发送 LSA，也能从 DR 接收 LSA（见图 8-5）。

如果要验证 DR 的位置，就可以在每台路由器上都运行 **show ip ospf interface** *interface_type interface_number* 命令。例 8-34 表明 R1 在接口 172.16.33.6 上认为 RID 为 3.3.3.3 的路由器是 DR；R2 认为自己是 DR，R1 是 BDR；R3 认为自己是 DR，R1 是 BDR。因此该星形拓扑结构中有两个 DR，导致路由无法被拓扑结构中的所有路由器都学到。

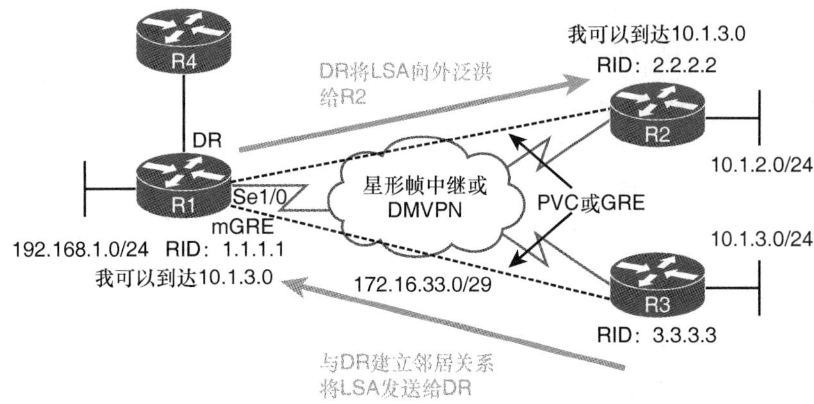

图 8-5　正确的 DR 位置

例 8-34　验证 DR 位置

```
R1# show ip ospf interface ser 1/0
Serial1/0 is up, line protocol is up
 Internet Address 172.16.33.4/29, Area 0, Attached via Network Statement
 Process ID 1, Router ID 1.1.1.1, Network Type NON_BROADCAST, Cost: 64
 Topology-MTID Cost Disabled Shutdown Topology Name
       0          64     no         no        Base
 Transmit Delay is 1 sec, State BDR, Priority 1
 Designated Router (ID) 3.3.3.3, Interface address 172.16.33.6
 Backup Designated router (ID) 1.1.1.1, Interface address 172.16.33.4
 Timer intervals configured, Hello 30, Dead 120, Wait 120, Retransmit 5
...output omitted...

R2# show ip ospf interface ser 1/0
Serial1/0 is up, line protocol is up
 Internet Address 172.16.33.5/29, Area 0, Attached via Network Statement
 Process ID 1, Router ID 2.2.2.2, Network Type NON_BROADCAST, Cost: 64
 Topology-MTID Cost Disabled Shutdown Topology Name
       0          64     no         no        Base
Transmit Delay is 1 sec, State DR, Priority 1
 Designated Router (ID) 2.2.2.2, Interface address 172.16.33.5
 Backup Designated router (ID) 1.1.1.1, Interface address 172.16.33.4
 Timer intervals configured, Hello 30, Dead 120, Wait 120, Retransmit 5
...output omitted...

R3# show ip ospf interface ser 1/0
Serial1/0 is up, line protocol is up
 Internet Address 172.16.33.6/29, Area 0, Attached via Network Statement
 Process ID 1, Router ID 3.3.3.3, Network Type NON_BROADCAST, Cost: 64
 Topology-MTID Cost Disabled Shutdown Topology Name
       0          64     no         no        Base
 Transmit Delay is 1 sec, State DR, Priority 1
 Designated Router (ID) 3.3.3.3, Interface address 172.16.33.6
 Backup Designated router (ID) 1.1.1.1, Interface address 172.16.33.4
 Timer intervals configured, Hello 30, Dead 120, Wait 120, Retransmit 5
...output omitted...
```

为了解决这个问题，需要强制 R1 成为 DR，阻止 R2 和 R3 成为 DR。因此进入 R2 和 R3 的接口配置模式，并将它们的 OSPF 优先级设置为 0（见例 8-35）。

例 8-35 更改分支路由器的 OSPF 优先级

```
R2# config t
R2(config)# int ser 1/0
R2(config-if)# ip ospf priority 0

R3# config t
R3(config)# int ser 1/0
R3(config-if)# ip ospf priority 0
```

从 R1 的 **show ip ospf interface ser 1/0** 命令输出结果可以看出（见例 8-36），R1 目前已成为 DR，没有 BDR。这是因为我们不希望分支路由器成为 BDR，否则会出现前面所说的问题。

例 8-36 验证中心路由器是 DR

```
R1# show ip ospf interface ser 1/0
Serial1/0 is up, line protocol is up
 Internet Address 172.16.33.4/29, Area 0, Attached via Network Statement
 Process ID 1, Router ID 1.1.1.1, Network Type NON_BROADCAST, Cost: 64
 Topology-MTID Cost Disabled Shutdown Topology Name
       0        64     no        no        Base
 Transmit Delay is 1 sec, State DR, Priority 1
 Designated Router (ID) 1.1.1.1, Interface address 172.16.33.4
 No backup designated router on this network
 Old designated Router (ID) 3.3.3.3, Interface address 172.16.33.6
 ...output omitted...
```

8.3.7 RID 重复

RID 唯一标识了 OSPF 域中的路由器，由于邻居关系建立过程中需要用到 RID，以确定由哪台路由器来宣告特定的 LSA，因而要求域中的 RID 必须保持唯一性。如果域中存在重复的 RID，就会出现网络问题。例如，路由器从同一区域内与其 RID 相同的路由器收到未知网络的 Type 1 LSA 时，会认为这些 LSA 是由自己产生的。为了避免环路，路由器在收到自己生成的 LSA 后，不会使用该 LSA 中包含的路由信息。但这些 LSA 实际上并不是自己生成的，只是拥有相同的 RID 而已，因而域中的路由器就会出现路由缺失问题。

以图 8-6 为例，R3 忽略了来自 R1 的 Type 1 LSA，因为该 LSA 中的 RID 与 R3 的 RID 完全相同，因而 R3 认为该 LSA 是自己生成的 LSA，致使 R3 无法学到网络 10.1.1.0/24。对 R1 来说也是如此，由于 R1 会忽略 R3 发送的 LSA（因为 RID 相同），因而 R1 将无法学到网络 10.1.3.0/24。

如果不同区域内的 RID 出现重复会怎么样呢？此时会导致 OSPF 物理拓扑结构与 SPF 算法看到的拓扑结构不一致。以图 8-7 为例，该 OSPF 域中的不同区域出现了重复的 RID，R1 和 R4 的 RID 均为 1.1.1.1，此时 R2 会在 Area 0 和 Area 1 中都看到该 RID 的路由器（从技术上来说，R2 认为这两台路由器是同一台路由器，但在物理上却并非如此），这样就会产生路由问题，因为某些路由可能无法在域间进行传递，导致 LSDB 和路由表不完整。

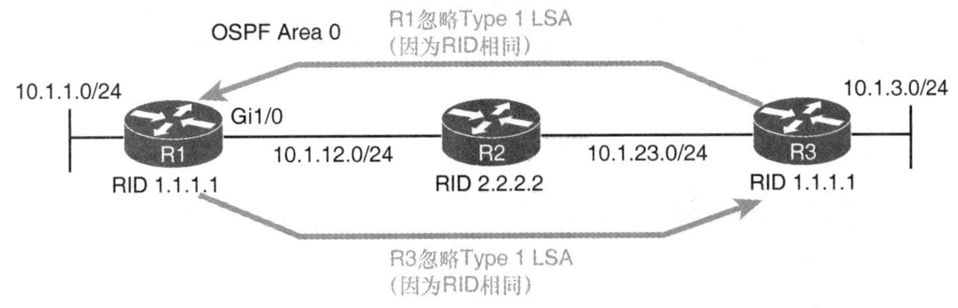

图 8-6　同一区域内 RID 重复

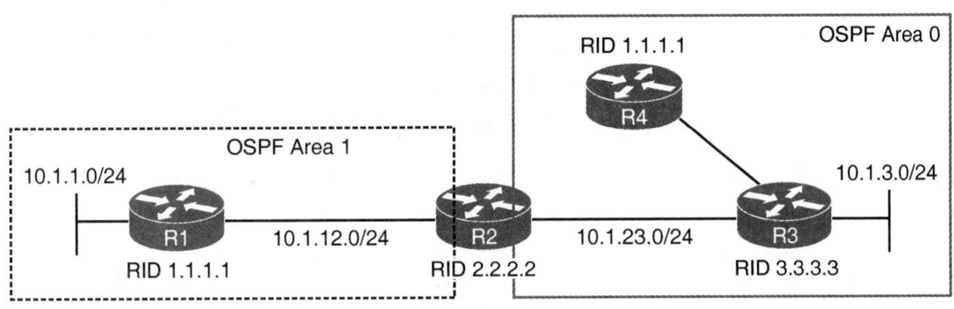

图 8-7　不同区域内 RID 重复

在排查 LSDB 或路由表路由缺失故障时，如果已经排除了所有可能的故障，就可以考虑使用 **show ip protocols** 命令检查路由器的 RID（见例 8-37）。

例 8-37　验证 OSPF RID

```
R1# show ip protocols
*** IP Routing is NSF aware ***

Routing Protocol is "ospf 1"
 Outgoing update filter list for all interfaces is not set
 Incoming update filter list for all interfaces is not set
 Router ID 1.1.1.1
 Number of areas in this router is 1. 0 normal 1 stub 0 nssa
 Maximum path: 4
 ...output omitted...
```

8.4　其他 OSPFv2 故障排查

到目前为止，我们已经讨论了与 OSPFv2 邻居关系及路由相关的故障排查问题，本节将讨论在网络中跟踪 OSPF 宣告、路由汇总、不连续区域、负载均衡以及默认路由等问题。

8.4.1　在网络中跟踪 OSPF 宣告

跟踪 OSPF 宣告的路径，对于排查 OSPF 故障问题以及确定特定路由位于路由器

LSDB 中的真实原因来说非常有价值。接下来以图 8-8 所示拓扑结构中的网络 192.168.1.0/24 为例，来分析该网络为何会进入其他 OSPF 路由器的 LSDB。

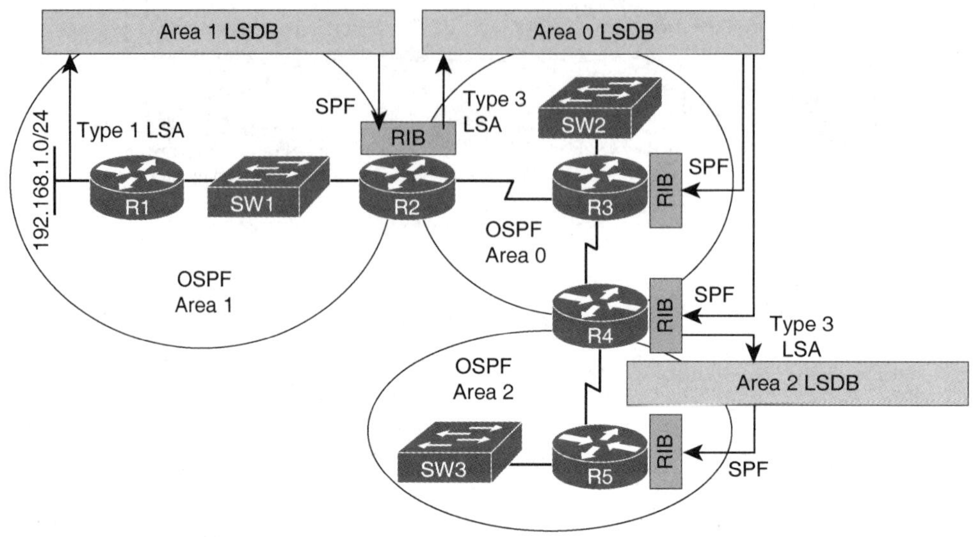

图 8-8 跟踪 OSPF 宣告

下面将逐步说明路由器 R2、R3、R4 和 R5 的 LSDB 学到网络 192.168.1.0/24（直连在路由器 R1 上）的过程。

步骤 1 路由器 R1 在 Area 1 的 LSDB 中为网络 192.168.1.0/24 创建一条 Type 1 LSA。

步骤 2 路由器 R2 收到关于网络 192.168.1.0/24 的路由器 LSA 并将其放入 Area 1 的 LSDB 中，R2 运行 SPF 算法来确定通过 Area 1 去往网络 192.168.1.0/24 的最佳路径，并将计算结果存储在路由器 R2 的 RIB 中。

步骤 3 路由器 R2 将关于网络 192.168.1.0/24 的 Type 3 LSA 注入 Area 0 的 LSDB 中，向 Area 0 路由器通告网络 192.168.1.0/24 的路由信息，该 LSA 包括了到达网络 192.168.1.0/24 的开销（从路由器 R2 的角度来看）。

步骤 4 其他 Area 0 路由器（R3 和 R4）收到 Type 3 LSA 并将其添加到各自的 Area 0 LSDB 中，然后运行 SPF 算法以确定到达路由器 R2 的开销，并将该开销加到由路由器 R2 宣告的 Type 3 LSA 的开销上，然后将结果存储到路由器 R3 和 R4 的 RIB 中。

步骤 5 路由器 R4 将关于网络 192.168.1.0/24 的 Type 3 LSA 注入 Area 2 的 LSDB 并泛洪到 Area 2 中，该 LSA 包括了到达网络 192.168.1.0/24 的开销（从路由器 R4 的角度来看）。

步骤 6 Area 2 中的每台路由器都收到 Type 3 LSA 并将其添加到各自的 Area 2 LSDB 中，然后运行 SPF 算法以确定到达路由器 R4 的开销，并将该开销加到由路由器 R4 宣告的 Type 3 LSA 的开销上，然后将计算结果存储到路由器的 RIB 中。

为了成功排查 OSPF 相关故障问题，必须全面理解并掌握上述处理过程以及各种不同类型的 OSPF LSA，表 8-4 列出了排查基于思科的 OSPF 网络故障时需要用到的常见 LSA 类型。

表 8-4 常见 LSA 类型

LSA 类型	描述
Type 1	所有 OSPF 路由器都能发出 Type 1 LSA，Type 1 LSA 列出了直连子网、路由器的 OSPF 连接类型以及路由器已知的 OSPF 邻接关系等信息。Type 1 LSA 不会被发送到本地区域之外
Type 2	多路接入网络中的 DR 会向包含至少两台路由器的网络发送 Type 2 LSA，Type 2 LSA 中列出了所有连接到多路访问网络的路由器，与 Type 1 LSA 一样，Type 2 LSA 也不会被发送到本地区域之外
Type 3	Type 3 LSA 由 ABR 发出，发送到每个区域中的 Type 3 LSA 包含可以到达其他区域中网络的信息。请注意，网络信息仅在主干区域与非主干区域之间进行交换，而不会在两个非主干区域之间进行交换
Type 4	与 Type 3 LSA 非常相似，Type 4 LSA 也由 ABR 发出，但 Type 4 LSA 包含的不是 OSPF 网络信息，而是如何到达 ASBR 的信息
Type 5	Type 5 LSA 由 ASBR 发出，包含可以到达 OSPF 域外网络的信息。Type 5 LSA 会被发送给除末梢区域外的所有 OSPF 区域（注：末梢区域的 ABR 会将默认路由信息发送到末梢区域中，而不会将与特定网络相关的 Type 5 LSA 发送到末梢区域中）
Type 7	Type 7 LSA 由 NSSA 中的路由器发出。请注意，末梢区域无法连接外部自治系统，而 NSSA 可以。Type 7 LSA 仅存在于 NSSA 中，因而外部路由是由 NSSA 的 ABR 通过 Type 5 LSA 宣告给 Area 0 的。此外，与末梢区域相似，也不会将其他 OSPF 区域知道的外部路由转发到 NSSA 中，因为 Type 5 LSA 被禁止进入 NSSA

8.4.2 路由汇总

OSPF 对路由汇总的应用场合有很严格的限制，OSPF 可以逐个区域在 ABR 上启用手动路由汇总功能以汇总进入或离开区域的路由，也可以在 ASBR 上汇总注入区域的外部路由。因此，在排查路由汇总故障时，需要注意以下问题。

- 是否在正确的接口上启用了路由汇总？
- 是否为正确的区域启用了汇总路由？
- 是否创建了合适的汇总路由？

可以通过 **show ip ospf** 命令验证上述问题。从例 8-38 可以看出，本例中的 R2 是 ABR，Area 1 的汇总地址 10.1.0.0/16 当前处于有效状态，并宣告给了 Area 0。

例 8-38 通过 **show ip ospf** 命令验证区域间路由汇总

```
R2# show ip ospf
 Routing Process "ospf 1" with ID 2.2.2.2
...output omitted...
 Event-log enabled, Maximum number of events: 1000, Mode: cyclic
 It is an area border router
 Router is not originating router-LSAs with maximum metric
 ...output omitted...
 Reference bandwidth unit is 100 mbps
 Area BACKBONE(0)
 Number of interfaces in this area is 1
 Area has no authentication
 SPF algorithm last executed 00:03:27.000 ago
 SPF algorithm executed 14 times
```

```
 Area ranges are
 Number of LSA 6. Checksum Sum 0x033162
 Number of opaque link LSA 0. Checksum Sum 0x000000
 Number of DCbitless LSA 0
 Number of indication LSA 0
 Number of DoNotAge LSA 0
 Flood list length 0
  Area 1
   Number of interfaces in this area is 1
   Area has no authentication
   SPF algorithm last executed 00:03:27.024 ago
   SPF algorithm executed 13 times
   Area ranges are
   10.1.0.0/16 Active(1) Advertise
   Number of LSA 9. Checksum Sum 0x0555F1
...output omitted...
```

需要记住的是，可以通过 **area range** 命令在 ABR 上创建区域间汇总路由，通过 **summary-address** 命令在 ASBR 上创建外部汇总路由。

在路由器上创建汇总路由之后，该汇总路由指向的是 Null0：

```
R2# show ip route | include Null
O 10.1.0.0/16 is a summary, 00:16:07, Null0
```

在路由器上创建指向 Null0 的汇总路由是为了预防路由环路，路由表中必须存在该汇总路由，这样一来，如果路由器收到了目的网络在汇总路由内但是却并不真正知道如何到达（较长匹配）的数据包，就会丢弃该数据包。如果路由表中没有指向 Null0 的汇总路由，但路由器有一条默认路由，路由器就会通过默认路由转发数据包，下一跳路由器则将数据包转发回该路由器（因为使用汇总路由），然后本地路由器又根据默认路由转发数据包，数据包又返回下一跳路由器，从而产生路由环路。

请注意，为了确保路由器不会宣告位于汇总路由内却又不真正知道如何到达的网络，必须创建精确的汇总路由。如果路由器宣告了这样的网络，必须创建精确的汇总路由，该路由器就可能会收到目的地位于汇总路由内但该路由器并不真正知道如何到达目的地的数据包。对于本例来说，路由器将丢弃这些数据包，因为汇总路由指向 Null0。

与 EIGRP 将指向 Null0 的路由的 AD 值设置为 5 不同，OSPF 将指向 Null0 的路由的 AD 值设置为 110（见例 8-39），这样就无法确保该路由比大多数路由信息源的路由信息更可信。因此，可能会有更优的路由信息源转发位于指向 Null0 的汇总路由内的网络的流量。

例 8-39 验证指向 Null0 的本地汇总路由的 AD 值

```
R2# show ip route 10.1.0.0 255.255.0.0
Routing entry for 10.1.0.0/16
 Known via "ospf 1", distance 110, metric 1, type intra area
 Routing Descriptor Blocks:
 * directly connected, via Null0
 Route metric is 1, traffic share count is 1
```

8.4.3 不连续区域

对于多区域 OSPF 网络来说，必须有一个骨干区域（称为 Area 0），其他区域都必须连接到 Area 0 上。如果区域与 Area 0 之间不是物理直连，路由就无法被 OSPF 域中的所有路由器正确学到。为了解决这个问题，需要配置虚链路（Virtual Link），以便在逻辑上将非邻接区域连接到 Area 0 上。图 8-9 中的 Area 51 没有物理直连 Area 0，使得 OSPF 域中的其他路由器无法学到网络 10.1.4.0，这是因为需要通过 ABR 将 Type 3 LSA 发送到 Area 0 中。本例中的 R4 不是 ABR，因为 ABR 必须有一个接口位于 Area 0 中，并且有一个或多个接口位于其他区域中，而本例中的 R4 没有任何接口位于 Area 0 中。

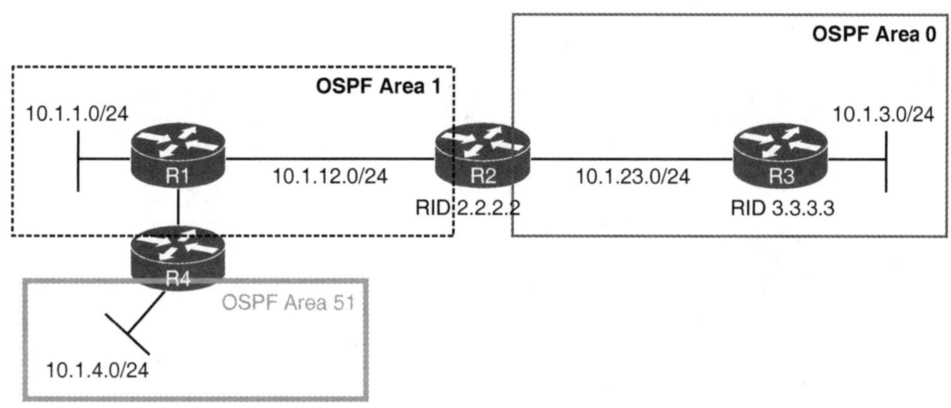

图 8-9 Area 51 没有物理直连 Area 0

图 8-10 给出了一个相似的拓扑结构，不过本例中的 Area 0 是不连续区域，因而 LSA 无法在 OSPF 域中进行成功泛洪，从而导致路由表不完整。

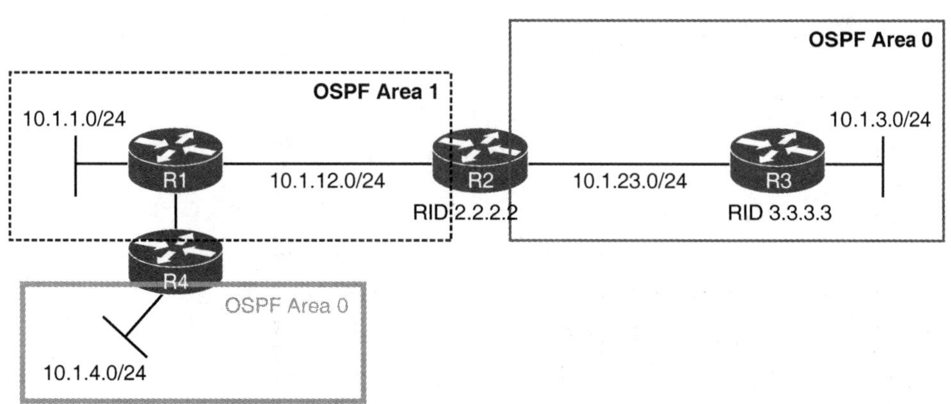

图 8-10 不连续的 Area 0

作为故障排查人员，必须能够准确识别这些 OSPF 网络设计问题，掌握相应的故障排查方法并部署正确的解决方案，此处的解决方案就是虚链路。这两个案例创建的虚链路需要穿越 Area 1，由于此处的 Area 1 负责转接从 Area 51 到 Area 0 或者从 Area 0 到 Area 0 的 LSA，因而通常将这类区域称为转接区域。请注意，虚链路只是上述问题的临时解决方案，应该尽可能快地重新设计解决方案以永久修复不连续区域问题。

在连接转接区域的路由器之间创建虚链路时，需要使用路由器的 RID 以及转接区域 ID（见图 8-11），在 R2 上运行路由器 OSPF 配置模式命令 **area 1 virtual-link 4.4.4.4**，在 R4 上运行 **area 1 virtual-link 2.2.2.2** 命令。建立了虚链路之后，R4 将成为 ABR，因为此时的 R4 已经有一个接口（本例中的虚链路接口）位于 Area 0 中了。与虚链路有关的常见故障问题就包括区域 ID 或 RID 配置错误，如果输入的区域 ID 是试图连接 Area 0 的区域 ID，而不是转接区域的区域 ID，就无法建立虚链路；如果使用的是接口 IP 地址而不是 RID，那么虚链路也将无法建立。

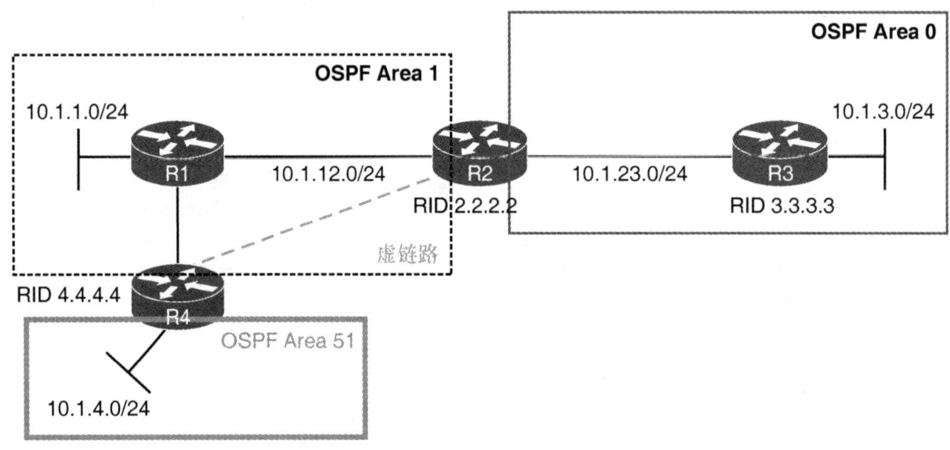

图 8-11 虚链路场景下的 LSA 泛洪

例 8-40 显示了 R2 的 **show ip ospf neighbor** 命令输出结果。可以看出，R2 与 4.4.4.4 建立了一个新的邻居关系，但本地接口是 OSPF_VL0（虚链路接口）。

例 8-40 验证跨越虚链路的邻居关系

```
R2# show ip ospf neighbor

Neighbor ID     Pri   State           Dead Time   Address         Interface
4.4.4.4           0   FULL/  -            -       10.1.14.4       OSPF_VL0
3.3.3.3           1   FULL/BDR        00:00:34    10.1.23.3       GigabitEthernet1/0
1.1.1.1           1   FULL/BDR        00:00:35    10.1.12.1       GigabitEthernet0/0
```

例 8-41 显示了 **show ip ospf virtual-links** 命令输出结果，该命令提供了更加详细的虚链路信息，不但能够验证虚链路处于 Up 状态，还能验证邻居关系处于完全邻接状态（证实已经成功交换了 LSA）。

考试要点

例 8-41 验证虚链路

```
R2# show ip ospf virtual-links
Virtual Link OSPF_VL0 to router 4.4.4.4 is up
 Run as demand circuit
 DoNotAge LSA allowed.
 Transit area 1, via interface GigabitEthernet0/0
 Topology-MTID Cost Disabled Shutdown Topology Name
```

```
     0          64      no         no        Base
Transmit Delay is 1 sec, State POINT_TO_POINT,
Timer intervals configured, Hello 10, Dead 40, Wait 40, Retransmit 5
Hello due in 00:00:09
Adjacency State FULL (Hello suppressed)
Index 2/3, retransmission queue length 0, number of retransmission 0
First 0x0(0)/0x0(0) Next 0x0(0)/0x0(0)
Last retransmission scan length is 0, maximum is 0
Last retransmission scan time is 0 msec, maximum is 0 msec
```

8.4.4 负载均衡

OSPF 仅支持基于等价开销的负载均衡，因而在排查 OSPF 负载均衡故障时，需要重点关注的两个问题就是整体的端到端开销以及允许的最大负载均衡路径数。如果要验证 OSPF 路由器已配置的最大负载均衡路径数，可以使用 **show ip protocols** 命令（见例 8-42），对于本例来说，R1 当前使用的是默认值 4。

例 8-42　验证最大负载均衡路径数

```
R1# show ip protocols
*** IP Routing is NSF aware ***

Routing Protocol is "ospf 1"
 Outgoing update filter list for all interfaces is not set
 Incoming update filter list for all interfaces is (prefix-list) TEST
 Router ID 1.1.1.1
 Number of areas in this router is 2. 2 normal 0 stub 0 nssa
 Maximum path: 4
 Routing for Networks:
   10.1.1.1 0.0.0.0 area 1
 Routing on Interfaces Configured Explicitly (Area 1):
   GigabitEthernet1/0
...output omitted...
```

如果拓扑结构显示存在多条路径可到达组织机构中的特定网络，但是这些路径却没有全部显示在路由表中，那么最可能的原因是，这些路径不是负载均衡路径或者配置的最大路径数过小。

8.4.5 默认路由

对于 OSPF 来说，将静态默认路由注入路由进程的命令是 **default-information originate**，而不是 **redistribute static**。因此，在排查静态默认路由没有被宣告到 OSPF 进程中的故障时，可以使用 **show run | section router ospf** 命令验证是否使用了 **default-information originate** 命令。

8.5 故障工单（OSPFv2）

本节将给出与本章前面讨论过的主题相关的故障工单，目的是通过这些故障工单让读者真正了解现实世界或考试环境中的故障排查流程。本节的所有故障工单都以

图 8-12 所示的拓扑结构为例。

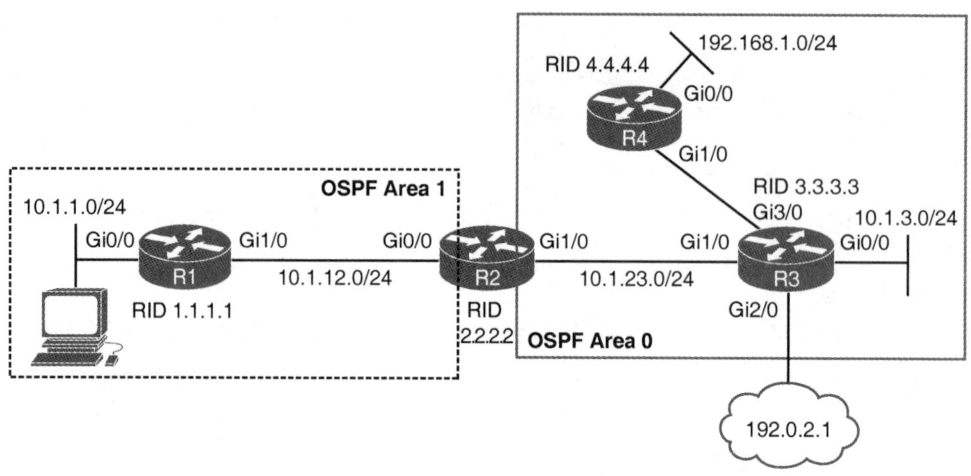

图 8-12　OSPFv2 故障工单拓扑结构

8.5.1　故障工单 8-1

故障问题：网络 10.1.1.0/24 中的用户报告称无法访问网络 192.168.1.0/24 中的资源。

与以前一样，故障排查操作的第一步就是验证故障问题。首先访问网络 10.1.1.0/24 中的 PC 并向网络 192.168.1.0/24 中的某个 IP 地址发起 ping 测试，从例 8-43 可以看出 ping 测试成功（显示"0% loss"），但注意到默认网关 10.1.1.1 返回的应答消息为"Destination host unreachable"，因而从技术上来说，ping 测试不成功。

例 8-43　在 PC 上运行 **ping** 命令产生目的地不可达结果

```
C:\>ping 192.168.1.10

Pinging 192.168.1.10 with 32 bytes of data;

Reply from 10.1.1.1: Destination host unreachable.
Reply from 10.1.1.1: Destination host unreachable.
Reply from 10.1.1.1: Destination host unreachable.
Reply from 10.1.1.1: Destination host unreachable.

Ping statistics for 192.168.1.10:
 Packets: Sent = 4, Received = 4, lost = 0 (0% loss),
Approximate round trip times in milli-seconds:
 Minimum = 0ms, Maximum = 0ms, Average = 0ms
```

从 ping 测试可以看出两个非常重要的问题：PC 能够到达默认网关，但默认网关不知道如何到达网络 10.1.3.0/24。因此，下面将重点关注 R1，并从 R1 开始排查故障。

在 R1 上运行相同的 **ping** 命令（见例 8-44），可以看出 ping 测试失败。

例 8-44　从 R1 向 192.168.1.10 发起的 ping 测试失败

```
R1# ping 192.168.1.10
Type escape sequence to abort.
```

```
Sending 5, 100-byte ICMP Echos to 192.168.1.10, timeout is 2 seconds:
.....
Success rate is 0 percent (0/5)
```

接下来通过 **show ip route** 命令检查 R1 的路由表（见例 8-45）。可以看出，路由表中只有直连路由，因而可以断定 R1 没有从 R2 学到任何路由。

例 8-45　R1 的 **show ip route** 命令输出结果

```
R1# show ip route
...output omitted...
Gateway of last resort is not set

 10.0.0.0/8 is variably subnetted, 4 subnets, 2 masks
C 10.1.1.0/24 is directly connected, GigabitEthernet0/0
L 10.1.1.1/32 is directly connected, GigabitEthernet0/0
C 10.1.12.0/24 is directly connected, GigabitEthernet1/0
L 10.1.12.1/32 is directly connected, GigabitEthernet1/0
```

从图 8-12 可以看出，目前网络使用的路由协议是 OSPF，因而运行 **show ip protocols** 命令以验证 R1 正在运行 OSPF。例 8-46 显示了 **show ip protocols** 命令的输出结果，证实 R1 正在运行的是 OSPF 进程 1。

例 8-46　R1 的 **show ip protocols** 命令输出结果

```
R1# show ip protocols
*** IP Routing is NSF aware ***

Routing Protocol is "ospf 1"
 Outgoing update filter list for all interfaces is not set
 Incoming update filter list for all interfaces is not set
 Router ID 1.1.1.1
 Number of areas in this router is 2. 2 normal 0 stub 0 nssa
 Maximum path: 4
 Routing for Networks:
   10.1.1.1 0.0.0.0 area 1
 Routing on Interfaces Configured Explicitly (Area 1):
   GigabitEthernet1/0
 Passive Interface(s):
   Ethernet0/0
   GigabitEthernet0/0
 Routing Information Sources:
  Gateway      Distance Last Update
  4.4.4.4      110      01:20:29
  2.2.2.2      110      00:48:38
  3.3.3.3      110      01:20:29
  10.1.23.2    110      16:56:39
  203.0.113.3 110       17:10:26
 Distance: (default is 110)
```

接下来检查 R1 是否有 OSPF 邻居，从拓扑结构可以看出 R2 应该是 R1 的邻居。为了验证 OSPF 邻居，需要在 R1 上运行 **show ip ospf neighbor** 命令（见例 8-47），从输出结果可以看出，R1 与 R2 是邻居。

例 8-47 R1 的 **show ip ospf neighbor** 命令输出结果

```
R1# show ip ospf neighbor
Neighbor ID     Pri   State           Dead Time   Address         Interface
2.2.2.2           1   FULL/DR         00:00:36    10.1.12.2       GigabitEthernet1/0
```

接下来需要仔细考虑并做出明智选择，下一步究竟应该怎么办呢？有些人可能认为应该检查与 R1 相关的各种功能特性和配置参数以确定 R1 出现路由缺失的原因，不过网络 192.168.1.0/24 位于不同的区域中，谁能告诉 R1 关于 192.68.1.0/24 的信息呢？是 R4 吗？不。是 R2 吗？是的。R2 向 Area 1 发送 Type 3 LSA，告诉 Area 1 有关网络 192.168.1.0/24 的路由信息，因此，如果 R2 不知道网络 192.168.1.0/24，就可以不必继续排查 R1。从这个例子可以看出，掌握各种不同 LSA 的传递特性能够大大节约故障排查时间。

在 R2 上运行 **show ip route** 命令（见例 8-48），证实 R2 也不知道网络 192.168.1.0/24。事实上，R2 并没有在 Area 0 中学到任何网络。

例 8-48 R2 的 **show ip route** 命令输出结果

```
R2# show ip route
...output omitted...
Gateway of last resort is not set

 10.0.0.0/8 is variably subnetted, 6 subnets, 3 masks
O 10.1.0.0/16 is a summary, 15:15:33, Null0
O 10.1.1.0/24 [110/2] via 10.1.12.1, 01:33:14, GigabitEthernet0/0
C 10.1.12.0/24 is directly connected, GigabitEthernet0/0
L 10.1.12.2/32 is directly connected, GigabitEthernet0/0
C 10.1.23.0/24 is directly connected, GigabitEthernet1/0
L 10.1.23.2/32 is directly connected, GigabitEthernet1/0
```

请仔细分析输出结果中的信息。请记住，OSPF 使用分发列表来允许或拒绝从 LSDB 将路由安装到路由表中，因而路由器有可能只是学到了这些路由，但是并没有真正地安装这些路由。

例 8-49 显示了 R2 的 LSDB 信息，可以看出没有来自 R3（3.3.3.3）或 R4（4.4.4.4）的 Area 0 Type 1 LSA，因而可以证实 R2 没有学到缺失的路由。

例 8-49 从 R2 的 **show ip ospf database** 命令输出结果可以证实路由缺失

```
R2# show ip ospf database

       OSPF Router with ID (2.2.2.2) (Process ID 1)

           Router Link States (Area 0)

Link ID    ADV Router Age    Seq#       Checksum Link count
2.2.2.2    2.2.2.2    316    0x80000025 0x003B9F 1

           Summary Net Link States (Area 0)

Link ID    ADV Router Age    Seq#       Checksum
```

```
10.1.0.0  2.2.2.2     1339   0x8000001C 0x00927B

          Router Link States (Area 1)

Link ID    ADV Router Age    Seq#        Checksum Link count
1.1.1.1    1.1.1.1    1988   0x80000022 0x007843 2
2.2.2.2    2.2.2.2    316    0x80000024 0x0012BA 1

          Net Link States (Area 1)

Link ID    ADV Router Age    Seq#        Checksum
10.1.12.2 2.2.2.2     1589   0x8000001C 0x007C75

          Summary Net Link States (Area 1)

Link ID    ADV Router Age    Seq#        Checksum
10.1.23.0 2.2.2.2     61     0x80000020 0x008C66
```

为了接收 LSA，必须让接口参与 OSPF 进程，而且必须建立邻居关系。从 **show cdp neighbors** 命令的输出结果可以看出，R3 是邻居，而且可以通过 R2 的本地 Gig1/0 接口到达 R3（见例 8-50）。

例 8-50 通过 show cdp neighbors 命令验证路由器接口

```
R2# show cdp neighbors
Capability Codes: R - Router, T - Trans Bridge, B - Source Route Bridge
                  S - Switch, H - Host, I - IGMP, r - Repeater, P - Phone,
                  D - Remote, C - CVTA, M - Two-port Mac Relay

Device ID        Local Intrfce     Holdtme    Capability  Platform  Port ID
R3               Gig 1/0           178                 R  7206VXR   Gig 1/0
R1               Gig 0/0           179                 R  7206VXR   Gig 1/0
```

从例 8-51 的 **show ip ospf interface brief** 和 **show ip ospf neighbor** 命令输出结果可以看出，R2 的本地 Gi1/0 接口参与了 OSPF 进程，但是该接口没有邻居。

例 8-51 验证启用了 OSPF 的接口和邻居

```
R2# show ip ospf interface brief
Interface    PID   Area            IP Address/Mask    Cost  State Nbrs F/C
Gi1/0          1   0               10.1.23.2/24       1     DR     0/0
Gi0/0          1   1               10.1.12.2/24       1     DR     1/1
R2# show ip ospf neighbor


Neighbor ID     Pri   State           Dead Time   Address         Interface

1.1.1.1           1   FULL/BDR        00:00:37    10.1.12.1       GigabitEthernet0/0
```

因而可以推断故障根源在于 R2 与 R3 之间没有建立邻接关系，出现这个问题的原因是什么呢？本章在前面曾经说过，无法建立邻接关系的原因有很多，不过很多原因都与接口相关，因而可以考虑采用对比分析法来排查与接口相关的故障问题，检查 R2 和 R3 的 **show ip ospf interface gigabitEthernet 1/0** 命令输出结果（见例 8-52）。

例 8-52 对比 R2 与 R3 的 OSPF 接口参数

```
R2# show ip ospf interface gigabitEthernet 1/0
GigabitEthernet1/0 is up, line protocol is up
 Internet Address 10.1.23.2/24, Area 0, Attached via Network Statement
 Process ID 1, Router ID 2.2.2.2, Network Type BROADCAST, Cost: 1
 Topology-MTID Cost Disabled Shutdown Topology Name
 0 1 no no Base
 Transmit Delay is 1 sec, State DR, Priority 1
 Designated Router (ID) 2.2.2.2, Interface address 10.1.23.2
 No backup designated router on this network
 Timer intervals configured, Hello 11, Dead 44, Wait 44, Retransmit 5
  oob-resync timeout 44
  Hello due in 00:00:08
 Supports Link-local Signaling (LLS)
 Cisco NSF helper support enabled
 IETF NSF helper support enabled
 Index 1/2, flood queue length 0
 Next 0x0(0)/0x0(0)
 Last flood scan length is 0, maximum is 3
 Last flood scan time is 0 msec, maximum is 4 msec
 Neighbor Count is 0, Adjacent neighbor count is 0
 Suppress hello for 0 neighbor(s)
 Message digest authentication enabled
 Youngest key id is 1

R3# show ip ospf interface gigabitEthernet 1/0
GigabitEthernet1/0 is up, line protocol is up
 Internet Address 10.1.23.3/24, Area 0, Attached via Network Statement
 Process ID 1, Router ID 3.3.3.3, Network Type BROADCAST, Cost: 1
 Topology-MTID Cost Disabled Shutdown Topology Name
 0 1 no no Base
 Transmit Delay is 1 sec, State DR, Priority 1
 Designated Router (ID) 3.3.3.3, Interface address 10.1.23.3
 No backup designated router on this network
 Timer intervals configured, Hello 10, Dead 40, Wait 40, Retransmit 5
  oob-resync timeout 40
  Hello due in 00:00:04
 Supports Link-local Signaling (LLS)
 Cisco NSF helper support enabled
 IETF NSF helper support enabled
 Index 2/2, flood queue length 0
 Next 0x0(0)/0x0(0)
 Last flood scan length is 1, maximum is 2
 Last flood scan time is 0 msec, maximum is 4 msec
 Neighbor Count is 0, Adjacent neighbor count is 0
 Suppress hello for 0 neighbor(s)
 Message digest authentication enabled
 Youngest key id is 1
```

接下来回答以下问题。

- 接口处于 Up 状态吗？是。
- 接口位于同一个子网内吗？是。
- 接口位于同一个区域内吗？是。

- 路由器的 RID 相同吗？是。
- 接口使用兼容的网络类型吗？是。
- Hello 定时器和失效定时器匹配吗？否（可能是故障原因）。
- 认证参数匹配吗？启用了认证机制，并且密码匹配，但是不确定密钥字符串是否匹配，除非检查运行配置（可能是故障原因）。

从例 8-52 可以看出，Hello 定时器和失效定时器不匹配，但是它们必须匹配。检查 R2 的 **show run interface gigabitEthernet 1/0** 命令输出结果可以看出（见例 8-53），该接口配置了 **ip ospf hello-interval 11** 命令。

例 8-53　验证 R2 的接口配置

```
R2# show run interface gigabitEthernet 1/0
Building configuration...

Current configuration : 196 bytes
!
interface GigabitEthernet1/0
 ip address 10.1.23.2 255.255.255.0
 ip ospf authentication message-digest
 ip ospf message-digest-key 1 md5 CISCO
 ip ospf hello-interval 11
 negotiation auto
end
```

运行 **no ip ospf hello-interval 11** 命令之后，R2 将会收到如下 syslog 消息：

```
%OSPF-5-ADJCHG: Process 1, Nbr 3.3.3.3 on GigabitEthernet1/0 from LOADING to FULL,
Loading Done
```

这表明邻接关系已建立。检查 R2 的 **show ip route** 命令输出结果可以看出，R2 已经学到了路由（见例 8-54）。

例 8-54　验证 R2 路由表中的路由

```
R2# show ip route
...output omitted...
Gateway of last resort is 10.1.23.3 to network 0.0.0.0

O*E2 0.0.0.0/0 [110/1] via 10.1.23.3, 00:01:00, GigabitEthernet1/0
 10.0.0.0/8 is variably subnetted, 8 subnets, 3 masks
O 10.1.0.0/16 is a summary, 00:01:49, Null0
O 10.1.1.0/24 [110/2] via 10.1.12.1, 00:01:00, GigabitEthernet0/0
O 10.1.3.0/24 [110/2] via 10.1.23.3, 00:01:00, GigabitEthernet1/0
C 10.1.12.0/24 is directly connected, GigabitEthernet0/0
L 10.1.12.2/32 is directly connected, GigabitEthernet0/0
C 10.1.23.0/24 is directly connected, GigabitEthernet1/0
L 10.1.23.2/32 is directly connected, GigabitEthernet1/0
O 10.1.34.0/24 [110/2] via 10.1.23.3, 00:01:00, GigabitEthernet1/0
O 192.168.1.0/24 [110/3] via 10.1.23.3, 00:01:00, GigabitEthernet1/0
O 203.0.113.0/24 [110/2] via 10.1.23.3, 00:01:00, GigabitEthernet1/0
```

从 R1 的 **show ip route** 命令输出结果可以看出（见例 8-55），目前 R1 也知道了这些路由。

例 8-55 验证 R1 路由表中的路由

```
R1# show ip route
...output omitted...
Gateway of last resort is 10.1.12.2 to network 0.0.0.0

O*E2 0.0.0.0/0 [110/1] via 10.1.12.2, 00:00:13, GigabitEthernet1/0
 10.0.0.0/8 is variably subnetted, 7 subnets, 2 masks
C 10.1.1.0/24 is directly connected, GigabitEthernet0/0
L 10.1.1.1/32 is directly connected, GigabitEthernet0/0
O IA 10.1.3.0/24 [110/3] via 10.1.12.2, 00:00:19, GigabitEthernet1/0
C 10.1.12.0/24 is directly connected, GigabitEthernet1/0
L 10.1.12.1/32 is directly connected, GigabitEthernet1/0
O IA 10.1.23.0/24 [110/2] via 10.1.12.2, 00:00:19, GigabitEthernet1/0
O IA 10.1.34.0/24 [110/3] via 10.1.12.2, 00:00:19, GigabitEthernet1/0
O IA 192.168.1.0/24 [110/4] via 10.1.12.2, 00:00:19, GigabitEthernet1/0
O IA 203.0.113.0/24 [110/3] via 10.1.12.2, 00:00:19, GigabitEthernet1/0
```

最后，再次从 PC 发起 ping 测试，从例 8-56 可以看出 ping 测试成功。

例 8-56 从网络 10.1.1.0/24 向网络 192.168.1.10/24 发起的 ping 测试成功

```
C:\>ping 192.168.1.10

Pinging 192.168.1.10 with 32 bytes of data:

Reply from 192.168.1.10: bytes=32 time 1ms TTL=128
Reply from 192.168.1.10: bytes=32 time 1ms TTL=128
Reply from 192.168.1.10: bytes=32 time 1ms TTL=128
Reply from 192.168.1.10: bytes=32 time 1ms TTL=128

Ping statistics for 192.168.1.10:
 Packets: Sent = 4, Received = 4, Lost = 0 (0% loss),
Approximate round trip times in milli-seconds:
 Minimum = 0ms, Maximum = 0ms, Average = 0ms
```

8.5.2 故障工单 8-2

故障问题：网络 10.1.1.0/24 中的用户报告称无法访问网络 192.168.1.0/24 中的资源。

与以前一样，故障排查操作的第一步就是验证故障问题。首先访问网络 10.1.1.0/24 中的 PC 并向网络 192.168.1.0/24 中的某个 IP 地址发起 ping 测试，从例 8-57 可以看出 ping 测试成功（显示“0% loss”），但注意 10.1.32.2 返回的应答消息为“TTL expired in transit”，因而从技术上来说，ping 测试不成功。

例 8-57 在 PC 上运行 **ping** 命令产生数据包在传输过程中超时的结果

```
C:\>ping 192.168.1.10

Pinging 192.168.1.10 with 32 bytes of data:

Reply from 10.1.23.2: TTL expired in transit.
Reply from 10.1.23.2: TTL expired in transit.
```

```
Reply from 10.1.23.2: TTL expired in transit.
Reply from 10.1.23.2: TTL expired in transit.

Ping statistics for 192.168.1.10:
 Packets: sent = 4, Received = 4, Lost = 0 (0% loss),
Approximate round trip times in milli-seconds:
 Minimum = 0ms, Maximum = 0ms, Average = 0ms
```

从 ping 测试可以看出两个非常重要的问题：PC 能够到达默认网关 10.1.1.1；设备 10.1.23.2 判断数据包超时（因为 TTL 达到 0），并且该设备向 PC 发送了一条 ICMP 超时消息。

请仔细分析并思考该问题！如果 TTL 在传输过程中超时，就意味着数据包到达目的地之前 TTL 已经被递减至 0，数据包每经过一台路由器的处理，其 TTL 就递减 1。TTL 通常被默认设置为 255，除非修改了 TTL（实际上并没有这么做），否则在 IP 地址为 10.1.23.2 的设备将 TTL 递减至 0 之前，数据包已经在网络中大约传输了 255 台路由器，最后该设备向 PC 发送了 ICMP 超时消息。由于图 8-12 很清楚地表明从 10.1.1.0/24 到 192.168.1.0/24 只有 4 台路由器，因而数据包肯定在网络中的某个地方出现了环路。从 PC 发起路由跟踪操作，对于识别这类路径故障来说非常有用（见例 8-58）。可以看出，R3（10.1.23.3）与 R2（10.1.23.2）正在来回转发该数据包。

例 8-58　跟踪操作显示 R3 与 R2 正在来回转发该数据包

```
C:\>tracert 192.168.1.10

Tracing route to 192.168.1.10 over a maximum of 30 hops

 1 23 ms 15 ms 10 ms 10.1.1.1
 2 36 ms 30 ms 29 ms 10.1.12.2
 3 53 ms 50 ms 39 ms 10.1.23.3
 4 61 ms 39 ms 40 ms 10.1.23.2
 5 61 ms 69 ms 59 ms 10.1.23.3
 6 68 ms 50 ms 69 ms 10.1.23.2
 7 * ms 78 ms 89 ms 10.1.23.3
 8 87 ms 69 ms * ms 10.1.23.2
...output omitted...
 29 175 ms 169 ms 179 ms 10.1.23.3
 30 204 ms 189 ms 189 ms 10.1.23.2

Trace complete.
```

据此可以推断出 R3 没有正确路由数据包，R3 将数据包发给了 R2 而不是 R4。访问 R3 并运行 **show ip ospf database router 4.4.4.4** 命令（见例 8-59），可以清楚地看出 R3 从 R4 学到了网络 192.168.1.0/24，但是 R3 并没有将 R4 作为下一跳，而是将 R2 作为下一跳（因为从前面的路由跟踪操作可以看出，R3 正在向 R2 发送数据包）。

例 8-59　验证特定路由是否在 OSPF 数据库中

```
R3# show ip ospf database router 4.4.4.4

           OSPF Router with ID (3.3.3.3) (Process ID 1)
```

```
                Router Link States (Area 0)

 LS age: 894
 Options: (No TOS-capability, DC)
 LS Type: Router Links
 Link State ID: 4.4.4.4
 Advertising Router: 4.4.4.4
 LS Seq Number: 80000004
 Checksum: 0xEA47
 Length: 48
Number of Links: 2
   Link connected to: a Transit Network
   (Link ID) Designated Router address: 10.1.34.4
   (Link Data) Router Interface address: 10.1.34.4
    Number of MTID metrics: 0
    TOS 0 Metrics: 1

   Link connected to: a Stub Network
   (Link ID) Network/subnet number: 192.168.1.0
   (Link Data) Network Mask: 255.255.255.0
    Number of MTID metrics: 0
     TOS 0 Metrics: 1
```

接下来查看路由表以确定是否在路由表中安装了网络 192.168.1.0/24。在 R3 上运行 **show ip route ospf** 命令（见例 8-60），可以看出路由表中并没有安装这条从 OSPF 学到的路由。

例 8-60 R3 的 show ip route ospf 命令输出结果

```
R3# show ip route ospf
...output omitted...

Gateway of last resort is 203.0.113.1 to network 0.0.0.0

 10.0.0.0/8 is variably subnetted, 7 subnets, 3 masks
O IA 10.1.0.0/16 [110/2] via 10.1.23.2, 01:25:02, GigabitEthernet1/0
```

现在是进行假设推断的时候了！导致 R3 学到路由但是却没有将其安装到路由表中的原因有哪些呢？可能有路由过滤、更优路由信息源等，此时应该根据自己所掌握的知识关注实际发生的情况。R3 正在路由去往 192.168.1.0/24 的数据包，表明路由表中肯定有相关路由表项或者执行了某种形式的策略路由。

在 R3 上运行 **show ip route 192.168.1.0 255.255.255.0** 命令，证实 R3 的路由表中确实有该路由表项（见例 8-61），不过这是一条 AD 值为 1 且指向 10.1.23.2 的静态路由。看起来似乎已经找到问题根源了，即存在更优的路由信息源（根据 AD 值）。

例 8-61 R3 的 show ip route 192.168.1.0 255.255.255.0 命令输出结果

```
R3# show ip route 192.168.1.0 255.255.255.0
Routing entry for 192.168.1.0/24
 Known via "static", distance 1, metric 0
 Routing Descriptor Blocks:
```

```
* 10.1.23.2
Route metric is 0, traffic share count is 1
```

从例 8-62 的 **show run | include ip route** 命令输出结果可以看出，静态路由确实存在。

例 8-62 **show run | include ip route 命令输出结果**

```
R3# show run | include ip route
ip route 0.0.0.0 0.0.0.0 203.0.113.1
ip route 192.168.1.0 255.255.255.0 10.1.23.2
```

通过 **no ip route 192.168.1.0 255.255.255.0 10.1.23.2** 命令删除了命令 **ip route 192.168.1.0 255.255.255.0 10.1.23.2** 之后，再次从 PC 发起 ping 测试，从例 8-63 可以看出 ping 测试成功。

例 8-63 向网络 192.168.1.0/24 发起的 ping 测试成功

```
C:\>ping 192.168.1.10

Pinging 192.168.1.10 with 32 bytes of data:

Reply from 192.168.1.10: bytes=32 time 1ms TTL=128
Reply from 192.168.1.10: bytes=32 time 1ms TTL=128
Reply from 192.168.1.10: bytes=32 time 1ms TTL=128
Reply from 192.168.1.10: bytes=32 time 1ms TTL=128

Ping statistics for 192.168.1.10:
 Packets: Sent = 4, Received = 4, Lost = 0 (0% loss),
Approximate round trip times in milli-seconds:
 Minimum = 0ms, Maximum = 0ms, Average = 0ms
```

8.5.3 故障工单 8-3

故障问题：路由器 R1 与 R2 之间未建立邻居的邻接关系。

首先验证故障问题。访问 R1 并运行 **show ip ospf neighbor** 命令（见例 8-64），证实 R1 与 R2 之间确实没有建立邻居关系。

例 8-64 验证 R1 的 OSPF 邻居

```
R1# show ip ospf neighbor
R1#
```

前文曾经说过，如果要建立邻居关系，接口必须参与 OSPF 进程。通过 **show cdp neighbors** 命令确认 R2 连接在 R1 的本地接口 Gig1/0 上（见例 8-65），因而需要在该接口上启用 OSPF。

例 8-65 验证 R1 的 OSPF 邻居

```
R1# show cdp neighbors
Capability Codes: R - Router, T - Trans Bridge, B - Source Route Bridge

                  S - Switch, H - Host, I - IGMP, r - Repeater, P - Phone,

                  D - Remote, C - CVTA, M - Two-port Mac Relay
```

```
Device ID        Local Intrfce     Holdtme    Capability  Platform  Port ID

R2               Gig 1/0            142               R   7206VXR   Gig 0/0
```

show ip ospf interface brief 命令的输出结果证实 Gig1/0 参与了 OSPF 进程（见例 8-66），不过从图 8-12 可以看出，该接口所处的区域不对，其应该位于 Area 1 中。

例 8-66 验证 R1 启用了 OSPF 的接口

```
R1# show ip ospf interface brief
Interface    PID Area            IP Address/Mask    Cost  State Nbrs F/C
Gi0/0        1   1               10.1.1.1/24        1     DR    0/0
Gi1/0        1   51              10.1.12.1/24       1     DR    0/0
```

根据例 8-66，Gi1/0 的 IP 地址是 10.1.12.1/24，因而需要配置包含该 IP 地址并将该接口放入 Area 1 的 **network** 命令。从 **show run | section router ospf** 命令的输出结果可以看出，有一条 **network** 命令在接口 Gi1/0 上启用了 OSPF 进程，并将该接口放入 Area 1 中（见例 8-67）。

例 8-67 验证 R1 的 OSPF 配置

```
R1# show run | section router ospf
router ospf 1
 router-id 1.1.1.1
 area 1 authentication message-digest
 passive-interface default
 no passive-interface GigabitEthernet1/0
 network 10.1.1.1 0.0.0.0 area 1
 network 10.1.12.1 0.0.0.0 area 1
```

如果此时感到有点儿无计可施的话，那么很正常，很多人在这个时候不知道该怎么办。运行配置清楚地显示有命令将 Gig1/0 放入了 Area 1，但 **show ip interface brief** 命令的输出结果却显示该接口位于 Area 51 中，如果到这时候还没有想明白，那就继续往下看吧。

前文曾经说过，在接口上启用 OSPF 的方式有两种：在路由器 OSPF 配置模式下使用 **network area** 命令，或者使用接口配置模式命令 **ip ospf area**。

如果同时配置了上述两条命令，那么 **ip ospf area** 命令将会覆盖 **network area** 命令，因此需要通过 **show run interface gigabitEthernet 1/0** 命令查看 R1 的 GigabitEthernet1/0 接口配置信息（见例 8-68）。

例 8-68 验证 R1 的 GigabitEthernet1/0 配置

```
R1# show run interface gigabitEthernet 1/0
Building configuration...

Current configuration : 183 bytes
!
interface GigabitEthernet1/0
 ip address 10.1.12.1 255.255.255.0
 ip ospf authentication-key CISCO
 ip ospf message-digest-key 1 md5 CISCO
 ip ospf 1 area 51
```

```
 negotiation auto
end
```

可以看出，**ip ospf 1 area 51** 命令覆盖了 **network 10.1.12.1 0.0.0.0 area 1** 命令，因而解决该问题的方法就是修改 **ip ospf 1 area 51** 命令，将该接口放入 Area 1，也可以彻底删除该命令，从而仅使用 **network** 命令。

备考任务

本书提供多种备考手段：此处的练习题以及 Pearson Test Prep 软件中的模拟考试题。与实际试题相比，下面问题的难度更高，因为它们都是开放式问题。通过这种难度更高的问题，读者可以更好地测试知识掌握程度，以确保完全掌握本章基本概念和主要内容。下面的问题都可以在附录中找到参考答案。

1．复习所有考试要点

请复习本章涉及的所有重要主题，这些内容都用“考试要点”图标做了标记，表 8-5 列出了这些考试要点及其描述。

表 8-5 考试要点

考试要点	描述
例 8-1	通过命令 **show ip ospf neighbor** 验证 OSPFv2 邻居
列表	OSPFv2 邻居邻接关系无法建立的可能原因
表 8-2	邻接状态
例 8-2	通过命令 **show ip ospf interface brief** 验证 OSPF 接口
例 8-4	显示 R1 GigabitEthernet 1/0 的 OSPF 接口定时器
小节	区域 ID 不匹配
例 8-9	确定 OSPF 区域类型
段落	被动接口的功能特性与故障排查
例 8-13	验证 OSPF 区域认证
例 8-14	验证 OSPF 认证密钥
小节	MTU 不匹配
表 8-3	OSPF 支持的各种网络类型及其特性
列表	LSDB 或路由表出现 OSPF 路由缺失的常见原因
列表	排查路由过滤故障时需要考虑的问题
小节	末梢区域配置
段落	DR 选举对于星形多路接入网络的重要性
表 8-4	常见 LSA 类型
列表	排查路由汇总故障时需要注意的问题
例 8-41	验证虚链路

2．定义关键术语

请对本章中的下列关键术语进行定义。

OSPF 接口表、OSPF 邻居表、OSPF 链路状态数据库（LSDB）、链路状态宣告（LSA）、Dijkstra 最短路径优先（SPF）算法、OSPF 区域、虚链路、OSPF 区域边界路由器（ABR）、OSPF 自治系统边界路由器（ASBR）、OSPFv2、地址簇、指派路由器、备份指派路由器、末梢区域、完全末梢区域、NSSA、完全 NSSA。

3．检查命令的记忆程度

以下列出了本章用到的各种重要的配置和验证命令，虽然不需要记忆每条命令的完整语法格式，但是应该记住这些命令所需的基本关键字。

为了检查你对这些命令的记忆情况，请用一张纸遮住表 8-6 的右侧，通过表格左侧的描述内容，看一看是否能记起这些命令。

表 8-6 命令参考

任务	命令语法
显示设备上启用的 IPv4 路由协议。对于 OSPFv2 来说，将显示是否应用了路由过滤器、RID、该路由器参与的区域数量、区域类型、负载均衡的最大路径数、**network area** 命令、显式参与路由进程的接口、被动接口、路由信息源和 AD	**show ip protocols**
显示常见的 OSPF 参数，包括 PID、RID、参考带宽、路由器配置的区域、区域类型（末梢、完全末梢、NSSA 和完全 NSSA）和区域认证机制	**show ip ospf**
显示参与 OSPF 进程的接口	**show ip ospf interface brief**
显示参与 OSPF 进程的接口的详细信息，包括接口 IPv4 地址和掩码、区域 ID、PID、RID、网络类型、开销、DR/BDR、优先级和定时器	**show ip ospf interface**
显示已经与本地路由器建立邻居邻接关系的 OSPF 设备	**show ip ospf neighbor**
显示已经安装在 IPv4 路由表中的 OSPF 路由	**show ip route ospf**
显示 OSPF 链路状态数据库	**show ip ospf database**
显示 OSPF 虚链路的状态信息，虚链路对于与骨干区域（Area 0）非物理相邻的区域来说是必需的	**show ip ospf virtual-links**
显示与 OSPF Hello 包交换相关的实时信息，这对于排查 OSPF 定时器不匹配和 OSPF 区域类型不匹配等故障来说非常有用	**debug ip ospf hello**
显示 OSPF 数据包的实时收发信息	**debug ip ospf packet**
显示 OSPF 邻接关系的实时更新信息，这对于排查区域 ID 不匹配以及认证故障来说非常有用	**debug ip ospf adj**
显示 OSPF 事件的实时信息，包括 Hello 包和 LSA 的收发情况，这对于排查路由器忽略邻居路由器发送来的 Hello 消息故障来说非常有用	**debug ip ospf events**

由于 ENARSI 300-410 认证考试重点考查考生作为网络专家的实际动手能力，因而必须掌握与本章主题相关的配置、验证及故障排查命令。

第 9 章

OSPFv3

本章主要讨论以下主题。

- **OSPFv3 基础知识**：本节将介绍 OSPFv3 路由协议的基本内容、与 OSPFv2 的相似性以及配置方式。
- **OSPFv3 配置**：本节将讨论 OSPFv3 交换 IPv6 路由的方式。
- **OSPFv3 LSA 泛洪范围**：本节将深入讨论 OSPFv3 LSA 及其与 OSPFv2 的差异。

OSPFv3（Open Shortest Path First version 3，开放最短通路优先版本 3）是 OSPF 协议的最新版本，支持 IPv4 和 IPv6 地址簇。虽然 OSPFv3 与 OSPFv2 并不向后兼容，但第 6 章和第 7 章所描述的协议机制在本质上都是相同的。本章将对第 6 章～第 8 章进行扩展，讨论 OSPFv3 及其对 IPv6 的支持能力。

9.1 "我已经知道了吗？" 测验

"我已经知道了吗？"测验的目的是帮助读者确定是否需要完整地学习本章知识或者直接跳至"备考任务"，如果读者对题目的答案还存在疑问，或者评估自己对这些主题知识的掌握程度还不够的话，就可以从头学起。表 9-1 列出了本章的主要内容以及与这些内容相关联的"我已经知道了吗？"测验题，答案可参见附录。

表 9-1　"我已经知道了吗？"基本主题章节与所对应的测验题

涵盖测验题的基本主题章节	测验题
OSPFv3 基础知识	1、2
OSPFv3 配置	3～5
OSPFv3 LSA 泛洪范围	6

注意：自我评价的目的是检验你对本章知识的掌握程度，如果不知道或仅部分知道问题的答案，出于自我评价的目的，请在该问题上标记"错"。为了不影响自我评价的结果，对不懂的问题请不要猜测答案，否则可能会造成一种已掌握的假象。

1．OSPFv3 使用下面哪个协议 ID 进行路由器间通信？

a．87

b. 88

c. 89

d. 90

2. OSPFv3 使用了多少种数据包类型进行路由器间通信?

a. 3 种

b. 4 种

c. 5 种

d. 6 种

e. 7 种

3. 如何在接口上启用 OSPFv3?

a. 在 OSPF 进程下使用命令 **network** *prefix/prefix-length*

b. 在 OSPF 进程下使用命令 **network** *interface-id*

c. 在接口下使用命令 **ospfv3** *process-id* **ipv6 area** *area-id*

d. 无须任何操作。OSPF 进程初始化之后就立即在所有 IPv6 接口上启用了 OSPFv3

4. 是非题：在全新安装的路由器上，OSPFv3 仅需要配置 IPv6 链路本地地址并在接口上启用 OSPFv3，即可与其他路由器建立 OSPFv3 邻居关系。

a. 对

b. 错

5. 是非题：OSPFv3 对 IPv4 网络的支持仅要求将 IPv4 地址分配给接口并为 IPv4 初始化 OSPFv3 进程。

a. 对

b. 错

6. 下面哪个 OSPFv3 泛洪范围与两台路由器之间的链路相关?

a. 链路本地范围

b. 邻居范围

c. 进程范围

d. 自治系统范围

基础主题

9.2 OSPFv3 基础知识

OSPFv3 与 OSPFv2 之间的主要区别如下。

- **支持多个地址簇**：OSPFv3 支持 IPv4 和 IPv6 地址簇。
- **新的 LSA 类型**：OSPFv3 创建了新的 LSA 类型以携带 IPv6 前缀。
- **删除了编址语义**：IP 前缀信息不再出现在 OSPF 数据包的报头中，而是作为 LSA 的净荷，使得 OSPFv3 与地址簇相互独立（与 IS-IS 相似）。OSPFv3 使用术语“链路”代替“网络”，因为此时的 SPT 计算基于链路而不是子网。

- **LSA 泛洪**：OSPFv3 提供了一个新的 LS 类型字段，用于确定 LSA 的泛洪范围以及未知 LSA 类型的处理。
- **数据包格式**：OSPFv3 直接运行在 IPv6 之上，减少了数据包报头中的字段数。
- **路由器 ID**：所有的 OSPFv3 网络类型都通过路由器 ID 来标识邻居。
- **认证**：邻居认证已从 OSPFv3 中删除，目前通过 IPv6 数据包中的 IPsec（Internet Protocol Security，互联网络层安全协议）扩展报头执行认证功能。
- **邻居邻接关系**：OSPFv3 路由器间的通信由 IPv6 链路本地地址进行处理。不再通过 NBMA 接口自动检测邻居，必须通过链路本地地址手动指定邻居。IPv6 允许将多个子网分配给单个接口，OSPFv3 允许两台不共享相同子网的路由器建立邻居邻接关系。
- **多实例**：OSPFv3 数据包提供了一个实例 ID 字段，可以控制网段上的哪些路由器能够建立邻接关系。

注：RFC 5340 深入分析了 OSPFv3 与 OSPFv2 之间的所有差异。

9.2.1 OSPFv3 LSA

OSPFv3 与 OSPFv2 在 LSDB 信息的组织与宣告方式上有所区别。OSPFv3 修改了路由器 LSA（Type 1）的结构，将网络汇总 LSA 重命名为区域间前缀 LSA，并将 ASBR 汇总 LSA 重命名为区域间路由器 LSA。核心区别在于路由器 LSA 仅负责宣告接口参数，如接口类型（点对点、广播、NBMA，点对多点和虚链路）和度量（开销）。

IP 地址信息由两类新的 LSA 分别宣告。

- 区域内前缀 LSA。
- 本地链路 LSA。

用于确定 SPT 的 OSPF Dijkstra SPF 算法仅检查路由器和网络 LSA。使用新的 LSA 类型宣告 IP 地址信息，OSPF 就无须在接口上增加或更改新地址前缀之后执行完整的 SPT 计算。OSPFv3 LSDB 基于链路而不是网络创建最短路径拓扑树。

表 9-2 列出了 OSPFv3 LSA 类型信息。

表 9-2　　OSPFv3 LSA 类型信息

LSA 类型	名称	描述
0x2001	路由器 LSA	每台路由器都能生成路由器 LSA，用于描述路由器连接该区域的接口的状态和开销
0x2002	网络 LSA	由 DR 生成网络 LSA，用于宣告连接在链路上的所有路由器（包括自己）
0x2003	区域间前缀 LSA	由 ABR 生成区域间前缀 LSA，用于描述去往其他区域的 IPv6 地址前缀的路由
0x2004	区域间路由器 LSA	由 ABR 生成区域间路由器 LSA，用于宣告其他区域中的 ASBR 地址
0x2005	AS 外部 LSA	由 ASBR 生成 AS 外部 LSA，用于宣告默认路由或者通过其他路由协议重分发学到的路由

续表

LSA 类型	名称	描述
0x2007	NSSA LSA	由位于 NSSA 的 ASBR 为重分发到区域内的路由宣告 NSSA LSA
0x2008	链路 LSA	链路 LSA 将与接口相关联的所有全局单播地址前缀映射为该路由器的链路本地接口 IP 地址。链路 LSA 仅在同一链路上的邻居之间共享
0x2009	区域内前缀 LSA	区域内前缀 LSA 用于宣告与路由器、末梢网络或转接网段相关联的一个或多个 IPv6 前缀

9.2.2 OSPFv3 通信

OSPFv3 数据包使用协议 ID 89，路由器将本地接口的 IPv6 链路本地地址作为源地址进行相互通信。根据不同的数据包类型，目的地址可以是单播链路本地地址，也可以是多播链路本地范围地址。

- FF02::05：OSPFv3 AllSPFRouters。
- FF02::06：OSPFv3 AllDRouters。

每台路由器都使用 AllSPFRouters 多播地址 FF02::5 向同一链路上的路由器发送 OSPF Hello 消息，Hello 消息用于邻居发现并检测邻居关系是否中断。DR 和 BDR 也使用该地址向所有路由器发送链路状态更新和泛洪确认消息。

非 DR/BDR 使用 AllDRouters 地址 FF02::6 向 DR 和 BDR 发送更新或链路状态确认消息。

OSPFv3 使用与 OSPFv2 相同的 5 种数据包类型和逻辑。表 9-3 列出了这些数据包类型的名称、地址及作用。

表 9-3 OSPFv3 数据包类型

类型	数据包名称	源地址	目的地址	作用
1	Hello	链路本地地址	FF02::5	发现和维护邻居
		链路本地地址	链路本地地址	发起邻接关系建立，立即发送 Hello 包
2	数据库描述	链路本地地址	链路本地地址	汇总数据库内容
3	链路状态请求	链路本地地址	链路本地地址	数据库信息请求
4	链路状态更新	链路本地地址	链路本地地址	发起邻接关系建立，响应链路状态请求
		链路本地地址（来自 DR）	FF02::5（全部路由器）	数据库更新
		链路本地地址（来自非 DR）	FF02::6（DR/BDR）	数据库更新
5	链路状态确认	链路本地地址	链路本地地址	发起邻接关系建立，响应链路状态更新
		链路本地地址（来自 DR）	FF02::5（全部路由器）	泛洪确认消息
		链路本地地址（来自非 DR）	FF02::6（DR/BDR）	泛洪确认消息

9.3 OSPFv3 配置

OSPFv3 的配置过程如下。

步骤 1 通过命令 **ipv6 unicast-routing** 在路由器上启用 IPv6 单播路由，然后通过命令 **router ospfv3** [*process-id*]配置 OSPFv3，从而初始化路由进程。

步骤 2 通过命令 **router-id** 定义 RID。RID 是一个 32 比特数值，不需要匹配 IPv4 地址，可以是任意数字，只要在 OSPF 域中保持唯一性即可。OSPFv3 使用与 OSPFv2 相同的算法来动态定位 RID。如果没有可用的 IPv4 接口，就可以将 RID 设置为 0.0.0.0，且不允许建立邻接关系。

步骤 3 通过可选命令 **address-family** {**ipv6** | **ipv4**} **unicast** 在路由进程中初始化地址簇。在接口上启用了 OSPFv3 之后，就会自动启用相应的地址簇。

步骤 4 通过接口命令 **ospfv3** *process-id* **ipv6 area** *area-id* 启用协议并将接口分配给区域。

图 9-1 以一个简单的包含 4 台路由器的拓扑结构为例来解释 OSPFv3 的配置过程。Area 0 包含 R1、R2 和 R3，Area 34 包含 R3 和 R4。R3 是 ABR。

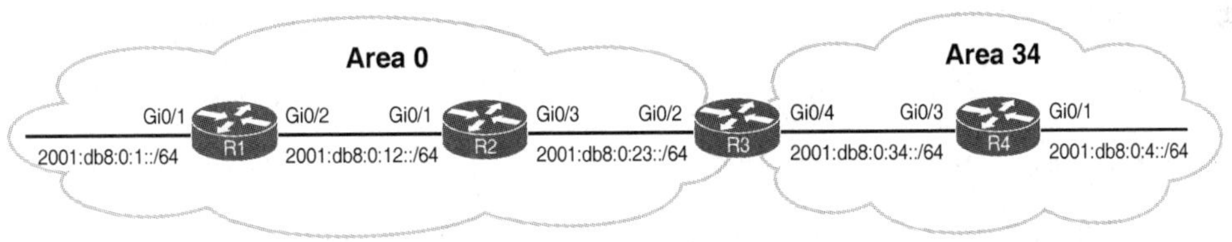

图 9-1 OSPFv3 拓扑结构

例 9-1 显示了 R1、R2、R3 和 R4 的 OSPFv3 和 IPv6 地址配置，此处配置了 IPv6 链路本地地址，因而除了传统的 IPv6 地址之外，每台路由器的接口都反映了自己的本地地址（如 R1 的接口被设置为 FE80::1）。为了便于解释本章的故障诊断输出结果，均以静态方式配置了链路本地地址。例中以高亮方式显示了 OSPFv3 的配置信息。

例 9-1 配置 IPv6 地址及 OSPFv3

```
R1
interface Loopback0
 ipv6 address 2001:DB8::1/128
 ospfv3 1 ipv6 area 0
!
interface GigabitEthernet0/1
 ipv6 address FE80::1 link-local
 ipv6 address 2001:DB8:0:1::1/64
 ospfv3 1 ipv6 area 0
!
interface GigabitEthernet0/2
 ipv6 address FE80::1 link-local
 ipv6 address 2001:DB8:0:12::1/64
 ospfv3 1 ipv6 area 0
!
router ospfv3 1
```

```
 router-id 192.168.1.1
```

```
R2
interface Loopback0
 ipv6 address 2001:DB8::2/128
 ospfv3 1 ipv6 area 0
!
interface GigabitEthernet0/1
 ipv6 address FE80::2 link-local
 ipv6 address 2001:DB8:0:12::2/64
 ospfv3 1 ipv6 area 0
!
interface GigabitEthernet0/3
 ipv6 address 2001:DB8:0:23::2/64
 ipv6 address FE80::2 link-local
 ospfv3 1 ipv6 area 0
!
router ospfv3 1
 router-id 192.168.2.2
```

```
R3
interface Loopback0
 ipv6 address 2001:DB8::3/128
 ospfv3 1 ipv6 area 0
!
interface GigabitEthernet0/2
 ipv6 address FE80::3 link-local
 ipv6 address 2001:DB8:0:23::3/64
 ospfv3 1 ipv6 area 0
!
interface GigabitEthernet0/4
 ipv6 address FE80::3 link-local
 ipv6 address 2001:DB8:0:34::3/64
 ospfv3 1 ipv6 area 34
!
router ospfv3 1
 router-id 192.168.3.3
```

```
R4
interface Loopback0
 ipv6 address 2001:DB8::4/128
 ospfv3 1 ipv6 area 34
!
interface GigabitEthernet0/1
 ipv6 address FE80::4 link-local
 ipv6 address 2001:DB8:0:4::4/64
 ospfv3 1 ipv6 area 34
!
interface GigabitEthernet0/3
 ipv6 address FE80::4 link-local
 ipv6 address 2001:DB8:0:34::4/64
 ospfv3 1 ipv6 area 34
!
router ospfv3 1
 router-id 192.168.4.4
```

注：早期的 IOS 版本通过命令 **ipv6 router ospf** 来初始化 OSPF 进程，通过命令 **ipv6 ospf** *process-id* **area** area-*id* 来标识接口。目前这些命令均已过时，需要替换为本章和本书其余部分描述的命令。

9.3.1 OSPFv3 验证

查看 OSPFv3 设置和状态的命令与 OSPFv2 的非常相似。验证 OSPFv3 接口、邻居、路由表等信息对于确保 OSPFv3 的正常运行来说非常重要。从本质上来说，只要将 **ip ospf** 替换为 **ospfv3** 即可。例如，查看 OSPFv2 邻居邻接关系的命令是 **show ip ospf neighbor**，查看 OSPFv3 邻居邻接关系的命令则是 **show ospfv3 ipv6 neighbor**。例 9-2 给出了 R3 的该命令输出结果。

例 9-2 查看 R3 的 OSPFv3 邻居邻接关系

```
R3# show ospfv3 ipv6 neighbor

          OSPFv3 1 address-family ipv6 (router-id 192.168.3.3)

Neighbor ID   Pri   State          Dead Time    Interface ID    Interface
192.168.2.2    1   FULL/DR         00:00:32     5               GigabitEthernet0/2
192.168.4.4    1   FULL/BDR        00:00:33     5               GigabitEthernet0/4
```

例 9-3 通过命令 **show ospfv3 interface** [*interface-id*]显示了 R1 启用了 OSPFv3 的 GigabitEthernet0/2 的接口状态。请注意，与 OSPFv2 相比，OSPFv3 删除了地址语义，接口映射的是接口 ID（3），而不是 OSPFv2 的 IP 地址。此外，该命令的输出结果还列出了一些有用的描述链路状况的拓扑结构信息，本地路由器是 DR（192.168.1.1），相邻的邻居路由器是 BDR（192.168.2.2）。

例 9-3 查看 OSPFv3 的接口配置

```
R1# show ospfv3 interface GigabitEthernet0/2
GigabitEthernet0/2 is up, line protocol is up
  Link Local Address FE80::1, Interface ID 3
  Area 0, Process ID 1, Instance ID 0, Router ID 192.168.1.1
  Network Type BROADCAST, Cost: 1
  Transmit Delay is 1 sec, State DR, Priority 1
  Designated Router (ID) 192.168.1.1, local address FE80::1
  Backup Designated router (ID) 192.168.2.2, local address FE80::2
  Timer intervals configured, Hello 10, Dead 40, Wait 40, Retransmit 5
    Hello due in 00:00:01
  Graceful restart helper support enabled
  Index 1/1/1, flood queue length 0
  Next 0x0(0)/0x0(0)/0x0(0)
  Last flood scan length is 0, maximum is 4
  Last flood scan time is 0 msec, maximum is 0 msec
  Neighbor Count is 1, Adjacent neighbor count is 1
    Adjacent with neighbor 192.168.2.2 (Backup Designated Router)
  Suppress hello for 0 neighbor(s)
```

可以通过命令 **show ospfv3 interface brief** 显示 OSPFv3 接口的摘要配置信息，包

括相关联的进程 ID、区域、地址簇（IPv4 或 IPv6）、接口状态和邻居数量等。

例 9-4 给出了 ABR R3 的该命令输出结果示例。请注意，某些接口位于 Area 0 中，其余接口则位于 Area 34 中。

例 9-4 查看 OSPFv3 接口的摘要配置信息

```
R3# show ospfv3 interface brief
Interface     PID   Area            AF         Cost  State Nbrs F/C
Lo0           1     0               ipv6       1     LOOP  0/0
Gi0/2         1     0               ipv6       1     BDR   1/1
Gi0/4         1     34              ipv6       1     DR    1/1
```

可以通过命令 **show ipv6 route ospf** 查看 OSPFv3 IPv6 路由表。区域内路由以 O 表示，区域间路由以 OI 表示。例 9-5 给出了 R1 的该命令输出结果，路由的转发地址是邻居路由器的链路本地地址。

例 9-5 查看 IPv6 路由表中的 OSPFv3 路由

```
R1# show ipv6 route ospf
! Output omitted for brevity
IPv6 Routing Table - default - 11 entries
       RL - RPL, O - OSPF Intra, OI - OSPF Inter, OE1 - OSPF ext 1
       OE2 - OSPF ext 2, ON1 - OSPF NSSA ext 1, ON2 - OSPF NSSA ext 2
..
O   2001:DB8::2/128 [110/1]
     via FE80::2, GigabitEthernet0/2
O   2001:DB8::3/128 [110/2]
     via FE80::2, GigabitEthernet0/2
OI  2001:DB8::4/128 [110/3]
     via FE80::2, GigabitEthernet0/2
OI  2001:DB8:0:4::/64 [110/4]
     via FE80::2, GigabitEthernet0/2
O   2001:DB8:0:23::/64 [110/2]
     via FE80::2, GigabitEthernet0/2
OI  2001:DB8:0:34::/64 [110/3]
     via FE80::2, GigabitEthernet0/2
```

9.3.2 被动接口

OSPFv3 支持将接口标记为被动接口，可以通过命令 **passive-interface** *interface-id* 将特定接口标记为被动接口，也可以通过命令 **passive-interface default** 在全局范围内将接口标记为被动接口，还可以通过 **no passive-interface** *interface-id* 命令将指定接口标记为主动接口。这些命令运行在 OSPFv3 进程下或特定的地址簇下，如果在全局进程下运行这些命令，就会将设置延展到两个地址簇。

例 9-6 将 R1 的 LAN 接口明确设置为被动接口，将 R4 的所有接口均设置为被动接口，同时将 Gi0/3 接口标记为主动接口。

例 9-6 配置 OSPFv3 被动接口

```
R1(config)# router ospfv3 1
R1(config-router)# passive-interface GigabitEthernet0/1
R4(config)# router ospfv3 1
R4(config-router)# passive-interface default
22:10:46.838: %OSPFv3-5-ADJCHG: Process 1, IPv6, Nbr 192.168.3.3 on
GigabitEthernet0/3 from FULL to DOWN, Neighbor Down: Interface down or detached
R4(config-router)# no passive-interface GigabitEthernet 0/3
```

可以通过 **show ospfv3 interface** [*interface-id*]命令来验证 OSPFv3 接口的主动/被动状态（搜索关键字 **Passive**）。从下列输出结果可以看出，R1 的 Gi0/1 接口是被动接口：

```
R1# show ospfv3 interface gigabitEthernet 0/1 | include Passive
    No Hellos (Passive interface)
```

9.3.3 IPv6 路由汇总

IPv6 网络的路由汇总能力与 IPv4 网络的路由汇总能力同样重要，由于受到硬件扩展能力的限制，IPv6 的路由汇总能力可能更加重要。以图 9-1 为例，例 9-7 显示了在 R3 上应用路由汇总之前 R4 的 IPv6 路由表。

例 9-7 在 R3 上应用路由汇总之前 R4 的 IPv6 路由表

```
R4# show ipv6 route ospf | begin Application
      lA - LISP away, a - Application
OI  2001:DB8::1/128 [110/3]
     via FE80::3, GigabitEthernet0/3
OI  2001:DB8::2/128 [110/2]
     via FE80::3, GigabitEthernet0/3
OI  2001:DB8::3/128 [110/1]
     via FE80::3, GigabitEthernet0/3
OI  2001:DB8:0:1::/64 [110/4]
     via FE80::3, GigabitEthernet0/3
OI  2001:DB8:0:12::/64 [110/3]
     via FE80::3, GigabitEthernet0/3
OI  2001:DB8:0:23::/64 [110/2]
     via FE80::3, GigabitEthernet0/3
```

汇总了 Area 0 路由器的环回接口（2001:db8:0::1/128、2001:db8:0::2/128 和 2001:db8:0::3/128）之后，就会从路由表中删除这 3 条明细路由。

OSPFv3 内部路由的汇总规则与 OSPFv2 相同，且必须在 ABR 上进行汇总。R3 将这 3 个环回地址汇总为 2001:db8:0:0::/65，需要在 OSPFv3 进程的地址簇下运行路由汇总命令 **area** *area-id* **range** *prefix*/*prefix-length*。

例 9-8 显示了 R3 汇总这些前缀的配置。

例 9-8 R3 汇总前缀的配置

```
R3# configure terminal
Enter configuration commands, one per line. End with CNTL/Z.
R3(config)# router ospfv3 1
```

```
R3(config-router)# address-family ipv6 unicast
R3(config-router-af)# area 0 range 2001:db8:0:0::/65
```

例 9-9 显示了 R3 被配置为汇总 Area 0 环回接口之后 R4 的 IPv6 路由表（以高亮方式显示了汇总路由）。

例 9-9 汇总后 R4 的 IPv6 路由表

```
R4# show ipv6 route ospf | begin Application
       lA - LISP away, a - Application
OI  2001:DB8::/65 [110/4]
     via FE80::3, GigabitEthernet0/3
OI  2001:DB8:0:1::/64 [110/4]
     via FE80::3, GigabitEthernet0/3
OI  2001:DB8:0:12::/64 [110/3]
     via FE80::3, GigabitEthernet0/3
OI  2001:DB8:0:23::/64 [110/2]
     via FE80::3, GigabitEthcrnct0/3
```

9.3.4 网络类型

OSPFv3 支持与 OSPFv2 相同的 OSPF 网络类型。例 9-10 显示 R2 的 GigabitEthernet0/3 接口被设置为广播 OSPF 网络类型且处于 DR 状态。

例 9-10 查看动态配置的 OSPFv3 网络类型

```
R2# show ospfv3 interface GigabitEthernet 0/3 | include Network
  Network Type BROADCAST, Cost: 1
R2# show ospfv3 interface brief
Interface      PID   Area            AF         Cost  State Nbrs F/C
Lo0            1     0               ipv6       1     LOOP  0/0
Gi0/3          1     0               ipv6       1     DR    1/1
Gi0/1          1     0               ipv6       1     BDR   1/1
```

可以通过接口参数命令 **ospfv3 network** {**point-to-point** | **point-to-multipoint broadcast** | **nonbroadcast**}更改 OSPFv3 网络类型。例 9-11 显示与 2001:DB8:0:23::/64 相关联的接口已被更改为点对点类型。

例 9-11 更改 OSPFv3 网络类型

```
R2# configure terminal
Enter configuration commands, one per line. End with CNTL/Z.
R2(config)# interface GigabitEthernet 0/3
R2(config-if)# ospfv3 network point-to-point
R3(config)# interface GigabitEthernet 0/2
R3(config-if)# ospfv3 network point-to-point
```

例 9-12 显示了验证新设置的方式。当前网络类型是点对点类型，接口状态显示为 P2P。

例 9-12 查看静态配置的 OSPFv3 网络类型

```
R2# show ospfv3 interface GigabitEthernet 0/3 | include Network
 Network Type POINT_TO_POINT, Cost: 1
R2# show ospfv3 interface brief
```

```
Interface    PID   Area          AF          Cost  State Nbrs F/C
Lo0          1     0             ipv6        1     LOOP  0/0
Gi0/3        1     0             ipv6        1     P2P   1/1
Gi0/1        1     0             ipv6        1     BDR   1/1
```

9.3.5 OSPFv3 认证

虽然 OSPFv3 本身并不支持邻居认证，但是该路由协议通过 IPsec 提供认证能力，可以将 IPv6 AH（Authentication Header，认证报头）或 ESP（Encapsulating Security Payload，封装安全净荷）扩展报头添加到 OSPF 数据包中，以提供认证能力、完整性和机密性。

- AH：提供认证能力。
- ESP：提供认证和加密能力。

图 9-2 列出了 IPv6 IPsec 数据包格式。

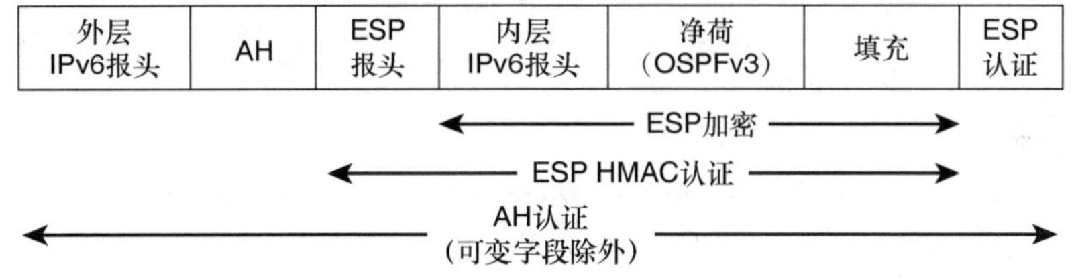

图 9-2　IPv6 IPsec 数据包格式

OSPFv3 认证支持 IPsec AH 认证（使用命令 **ospfv3 authentication**）或 ESP 认证及加密（使用命令 **ospfv3 encryption**），该配置可以应用于接口、虚链路或整个区域。区域认证要求区域中的每台路由器都要在建立邻居邻接关系时执行 IPsec 认证机制。请注意，接口级认证设置会抢占区域级认证设置。

与 IPsec VPN 隧道不同，OSPFv3 邻居认证并不执行 IKE（Internet Key Exchange，互联网密钥交换）以协商 IPsec SA（Security Association，安全关联）值。因此，在配置 OSPFv3 认证特性时，必须手动定义 IPsec SPI（Security Parameter Index，安全参数索引）哈希算法和密钥。IPsec 对等体不能重用相同的 SPI 值。可以通过命令 **show crypto ipsec sa | include spi** 确定活动 IPsec 会话以及当前使用的 SPI 值。

完整的接口命令 **ospfv3 encryption** {**ipsec spi** *spi* **esp** *encryption-algorithm* {*key-encryption-type key*} *authentication-algorithm* {*key-encryption-type key*} | **null**}可以使用 ESP 对 IOS 中的 OSPFv3 数据包进行加密和认证。关键字 **null** 的作用是禁止对 OSPFv3 数据包净荷进行加密，仅启用 ESP 报头认证。

例 9-13 显示了使用 ESP 对 OSPFv3 接口进行加密和认证的配置示例，配置包含以下虚构值以建立 IPsec 会话。

- SPI：500。
- 加密算法：3DES。
- 加密密钥：012345678901234567890123456789012345678901234567。
- 认证算法：SHA-1。

■ 认证密钥：0123456789012345678901234567890123456789。

注：例中的认证和加密密钥均为虚构值，仅用于示例，实际部署时不应该使用此类可预测值。

例 9-13 OSPFv3 接口加密和认证

```
interface GigabitEthernet0/1
ospfv3 encryption ipsec spi 500 esp 3des 01234567890123456789012345678901234567
  8901234567 sha1 0123456789012345678901234567890123456789
! The ospfv3 encryption rolls over to two lines in the example, but it is only
! one single CLI command.
```

例 9-14 利用相同的 IPsec 设置配置了区域认证和加密机制。

例 9-14 OSPFv3 区域认证和加密

```
router ospfv3 100
 area 0 encryption ipsec spi 500 esp 3des 12345678901234567890123456789012345678901234567
    8901234567 sha1 0123456789012345678901234567890123456789
! The ospfv3 encryption rolls over to two lines in the example, but it is
! entered as one long command. The running configuration will display the
! password encrypted
```

例 9-15 显示了命令 **show ospfv3 interface** [*interface-id*]的输出结果，可以通过该命令验证接口已启用的认证和加密机制以及与邻居之间建立的安全连接。

例 9-15 OSPFv3 IPsec 验证

```
R2# show ospfv3 interface
GigabitEthernet0/1 is up, line protocol is up
  Link Local Address FE80::2, Interface ID 3
  Area 0, Process ID 100, Instance ID 0, Router ID 100.0.0.2
  Network Type BROADCAST, Cost: 1
  3DES encryption SHA-1 auth SPI 500, secure socket UP (errors: 0)
  Transmit Delay is 1 sec, State DR, Priority 1
  Designated Router (ID) 100.0.0.2, local address FE80::2
  Backup Designated router (ID) 100.0.0.1, local address FE80::1
! Output omitted for brevity
```

9.3.6 OSPFv3 链路本地转发

从 OSPF 构建区域拓扑结构的方式来看，OSPFv2 与 OSPFv3 之间存在重大差异。OSPFv2 利用接口的网络地址来构建邻接关系和链路设备，OSPFv3 LSDB 则基于链路（而非网络）创建最短路径拓扑结构树，这就意味着转接链路仅需要配置 IPv6 链路本地地址来转发流量。因此，完全可以删除示例拓扑结构中的 R1 与 R4 之间的转接链路的全局 IPv6 单播地址，此时 R4 仍然能够与 R1 的 2001:DB8:0:1::/64 网络进行通信。

例 9-16 删除了 R1、R2 和 R3 转接链路上的全局 IPv6 单播地址。

例 9-16 删除全局 IPv6 单播地址

```
R1# configure terminal
Enter configuration commands, one per line. End with CNTL/Z.
R1(config)# interface gi0/2
```

```
R1(config-if)# no ipv6 address 2001:DB8:0:12::1/64
```

```
R2# configure terminal
Enter configuration commands, one per line. End with CNTL/Z.
R2(config)# interface gi0/1
R2(config-if)# no ipv6 address 2001:DB8:0:12::2/64
R2(config-if)# interface Gi0/3
R2(config-if)# no ipv6 address 2001:DB8:0:23::2/64
```

```
R3# configure terminal
Enter configuration commands, one per line. End with CNTL/Z.
R3(config)# interface gigabitEthernet 0/2
R3(config-if)# no ipv6 address 2001:DB8:0:23::3/64
R3(config-if)# interface GigabitEthernet 0/4
R3(config-if)# no ipv6 address 2001:DB8:0:34::3/64
```

例 9-17 从 R4 的角度显示了 OSPFv3 学到的路由。请注意，此时不再出现转接链路，但 R1、R2 和 R3 的环回接口以及 R1 的 LAN 接口 2001:DB8:0:1::/64 仍然存在。

例 9-17 删除全局 IPv6 单播地址后的 R4 路由表

```
R4# show ipv6 route ospf
IPv6 Routing Table - default - 8 entries
Codes: C - Connected, L - Local, S - Static, U - Per-user Static route
       B - BGP, HA - Home Agent, MR - Mobile Router, R - RIP
       H - NHRP, I1 - ISIS L1, I2 - ISIS L2, IA - ISIS interarea
       IS - ISIS summary, D - EIGRP, EX - EIGRP external, NM - NEMO
       ND - ND Default, NDp - ND Prefix, DCE - Destination, NDr - Redirect
       RL - RPL, O - OSPF Intra, OI - OSPF Inter, OE1 - OSPF ext 1
       OE2 - OSPF ext 2, ON1 - OSPF NSSA ext 1, ON2 - OSPF NSSA ext 2
       la - LISP alt, lr - LISP site-registrations, ld - LISP dyn-eid
       lA - LISP away, a - Application
OI  2001:DB8::1/128 [110/3]
     via FE80::3, GigabitEthernet0/3
OI  2001:DB8::2/128 [110/2]
     via FE80::3, GigabitEthernet0/3
OI  2001:DB8::3/128 [110/1]
     via FE80::3, GigabitEthernet0/3
OI  2001:DB8:0:1::/64 [110/4]
     via FE80::3, GigabitEthernet0/3
```

由于拓扑结构是根据 IPv6 链路本地地址构建的，因而 R4 仍然保持了与例 9-17 中的网络的全部连接性。只要源端设备与目的端设备之间有路由，就可以进行正常通信。从例 9-18 可以看出，R4 仍然保持了与 R1 的 LAN 接口之间的连接性。（请注意，本场景的目的只是解释底层实现机制，实际部署时并不建议这么做。）

例 9-18 链路本地转发的连接性测试

```
R4# ping 2001:DB8:0:1::1
Type escape sequence to abort.
Sending 5, 100-byte ICMP Echos to 2001:DB8:0:1::1, timeout is 2 seconds:
!!!!!
Success rate is 100 percent (5/5), round-trip min/avg/max = 4/5/6 ms
```

9.4　OSPFv3 LSA 泛洪范围

OSPFv2 存在两类 LSA 泛洪范围：区域和自治系统。OSPFv3 支持 3 类泛洪范围。

- **链路本地范围**：仅限于链路本地。
- **区域范围**：在本地区域内泛洪 LSA。
- **自治系统范围**：在整个 OSPF 路由域内泛洪 LSA。

OSPFv3 中的 LS 类型字段已从 8 比特修改为 16 比特，图 9-3 显示了新的 LS 类型字段格式。新的 LS 类型字段的 3 个高阶比特可以对泛洪信息进行编码。第一比特 U（Unrecognized，无法识别）指示路由器在无法识别的情况下该如何处理 LSA。第二和第三比特均为 S（Scope，作用范围）比特，指示路由器应该如何泛洪 LSA。LS 类型字段的其余比特指示 LSA 的功能代码，如功能代码 1 映射为路由器 LSA，与初始的 OSPFv2 LS 类型值 1 相匹配。

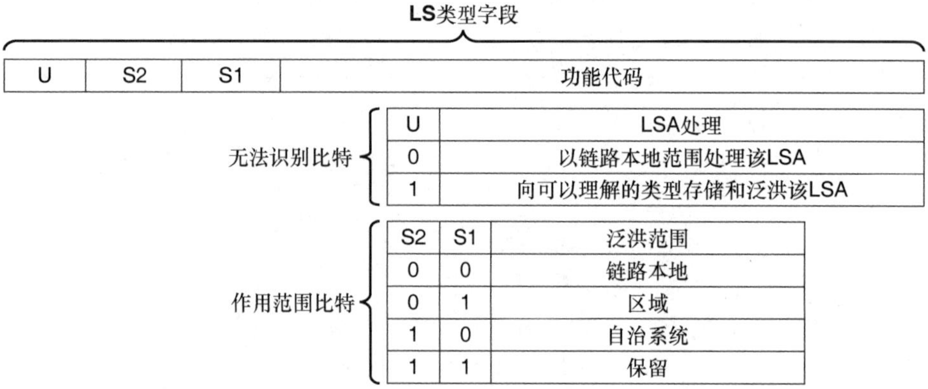

LS类型字段

U	S2	S1	功能代码

无法识别比特

U	LSA处理
0	以链路本地范围处理该LSA
1	向可以理解的类型存储和泛洪该LSA

作用范围比特

S2	S1	泛洪范围
0	0	链路本地
0	1	区域
1	0	自治系统
1	1	保留

图 9-3　LS 类型字段

表 9-4 列出了 OSPFv3 支持的 8 种 LSA 类型及泛洪范围。

表 9-4　OSPFv3 支持的 8 种 LSA 类型及泛洪范围

功能代码	LS 类型	LSA 名称	泛洪范围
1	0x2001	路由器 LSA	区域
2	0x2002	网络 LSA	区域
3	0x2003	区域间前缀 LSA	区域
4	0x2004	区域间路由器 LSA	区域
5	0x2005	AS 外部 LSA	自治系统
7	0x2007	NSSA LSA	区域
8	0x2008	链路 LSA	链路本地
9	0x2009	区域内前缀 LSA	区域

路由器 LSA 描述了路由器的接口状态和开销。例 9-19 显示了命令 **show ospfv3 database router**[**self-originate** | **adv-router** *RID*]的输出结果，可选关键字 **self-originate** 将 LSA 过滤为由运行该命令的路由器创建的 LSA，关键字 **adv-router** *RID* 的作用是

选择本地路由器 LSDB 中存在的特定路由器 LSA。

R1 正在为本地 GigabitEthernet0/2 接口（接口 ID 为 4）宣告路由器 LSA（开销为 1），由于 R1 是该网段的 DR，因而在 LSA 中填充了自己的 RID。

例 9-19　查看 OSPFv3 数据库中自己发起的 LSA

```
R1# show ospfv3 database router self-originate

         OSPFv3 1 address-family ipv6 (router-id 192.168.1.1)

               Router Link States (Area 0)

  LS age: 563
  Options: (V6-Bit, E-Bit, R-Bit, DC-Bit)
  LS Type: Router Links
  Link State ID: 0
  Advertising Router: 192.168.1.1
  LS Seq Number: 80000012
  Checksum: 0x13FB
  Length: 40
  Number of Links: 1

    Link connected to: a Transit Network
      Link Metric: 1
      Local Interface ID: 4
      Neighbor (DR) Interface ID: 4
      Neighbor (DR) Router ID: 192.168.1.1
```

OSPFv3 LSA 包含了一个描述路由器能力的选项比特字段（见表 9-5）。

表 9-5　OSPFv3 选项比特字段

选项	描述
V6	V6 比特指示该路由器参与了 IPv6 路由
E	E 比特指示该路由器能够处理外部 LSA。末梢区域内的路由器将 E 比特设置为 0。如果 E 比特设置不匹配，那么邻居路由器将无法建立邻接关系
R	R 比特指示该路由器主动参与流量转发。R 比特为 0 表示该路由器不被用作转发流量的转接路由器，但是仍然能够交换路由信息
DC	DC 比特指示该路由器能够抑制将来接口向外发送 Hello 包。为了确保抑制 Hello 包，必须将接口配置为按需电路（按需电路通常指的是昂贵的低带宽的传统 ISDN BRI 电路，该内容不在本书写作范围内）
MC	MC 比特指示该路由器支持 MOSPF（多播 OSPF），该比特暂未使用，列在此处仅供参考。2008 年发布的 RFC 5340 废除了 MOSPF 和组成员关系 LSA
N	N 比特指示该路由器支持 Type 7 LSA（外部 NSSA LSA）。如果 N 比特设置不匹配，那么邻居路由器将无法建立邻接关系

例 9-20 显示了 R3 的 LSA 的 LSDB 信息，高亮显示的内容指示了该路由器可以在每个区域执行的功能。

例 9-20　在 OSPFv3 数据库中查看 R3 的 LSA 的 LSDB 信息

```
R1# show ospfv3 database router adv-router 192.168.3.3

          OSPFv3 1 address-family ipv6 (router-id 192.168.1.1)
```

```
                Router Link States (Area 0)

  LSA ignored in SPF calculation
  LS age: 136
  Options: (V6-Bit, E-Bit, R-Bit, DC-Bit)
  LS Type: Router Links
  Link State ID: 0
  Advertising Router: 192.168.3.3
  LS Seq Number: 80000011
  Checksum: 0x34D4
  Length: 40
  Area Border Router
  Number of Links: 1

    Link connected to: another Router (point-to-point)
      Link Metric: 1
      Local Interface ID: 4
      Neighbor Interface ID: 5
      Neighbor Router ID: 192.168.2.2
```

网络 LSA 描述了广播接口 GigabitEthernet0/2（接口 ID 为 4）上的已知路由器。例 9-21 显示了 **show ospfv3 database network [self-originate]**命令的输出结果，表明该网络存在两台路由器：192.168.1.1（R1）和 192.168.2.2（R2）。

例 9-21　OSPFv3 数据库网络

```
R1# show ospfv3 database network self-originate

          OSPFv3 1 address-family ipv6 (router-id 192.168.1.1)

                Net Link States (Area 0)

  LS age: 1791
  Options: (V6-Bit, E-Bit, R-Bit, DC-Bit)
  LS Type: Network Links
  Link State ID: 4 (Interface ID of Designated Router)
  Advertising Router: 192.168.1.1
  LS Seq Number: 8000000B
  Checksum: 0x9F17
  Length: 32
        Attached Router: 192.168.1.1
        Attached Router: 192.168.2.2
```

链路 LSA 负责提供与接口相关联的 IPv6 前缀的详细信息。例 9-22 显示了命令 **show ospfv3 database link [self-originate]**的输出结果。可以看出，前缀 2001:db8:0:12::/64 与 GigabitEthernet0/2（接口 ID 为 4）相关联且可以通过链路本地地址 FE80::1 到达，前缀 2001:db8:0:1::/64 与 GigabitEthernet0/1（接口 ID 为 3）相关联。

例 9-22　OSPFv3 数据库链路

```
R1# show ospfv3 database link self-originate
          OSPFv3 1 address-family ipv6 (router-id 192.168.1.1)
```

```
                Link (Type-8) Link States (Area 0)

  LS age: 1572
  Options: (V6-Bit, E-Bit, R-Bit, DC-Bit)
  LS Type: Link-LSA (Interface: GigabitEthernet0/2)
  Link State ID: 4 (Interface ID)
  Advertising Router: 192.168.1.1
  LS Seq Number: 8000000C
  Checksum: 0x389C
  Length: 56
  Router Priority: 1
  Link Local Address: FE80::1
  Number of Prefixes: 1
  Prefix Address: 2001:DB8:0:12::
  Prefix Length: 64, Options: None

  LS age: 1829
  Options: (V6-Bit, E-Bit, R-Bit, DC-Bit)
  LS Type: Link-LSA (Interface: GigabitEthernet0/1)
  Link State ID: 3 (Interface ID)
  Advertising Router: 192.168.1.1
  LS Seq Number: 8000000B
  Checksum: 0xBB2C
  Length: 56
  Router Priority: 1
  Link Local Address: FE80::1
  Number of Prefixes: 1
  Prefix Address: 2001:DB8:0:1::
  Prefix Length: 64, Options: None
```

R3 拥有骨干区域连接，而且是示例网络拓扑结构中的 Area 34 的本地 ABR。作为 ABR，R3 负责宣告区域间前缀 LSA，这些区域间前缀 LSA 描述了属于 OSPF 域中其他区域的路由。命令 **show ospfv3 database** 可以显示该路由器 OSPFv3 数据库的摘要视图。

例 9-23 显示了 R3 的数据库摘要视图。请注意，R3 的路由器 LSA 比特被设置为 B，表示其是 ABR。所有区域间前缀 LSA 的宣告 RID 都源自 192.168.3.3（R3）。

例 9-23　OSPFv3 LSDB 的摘要视图

```
R3# show ospfv3 database
! Output Omitted for brevity
          OSPFv3 1 address-family ipv6 (router-id 192.168.3.3)

                Router Link States (Area 0)

ADV Router        Age          Seq#         Fragment ID  Link count  Bits
 192.168.1.1      416          0x80000005   0            1           None
 192.168.2.2      375          0x80000007   0            2           None
 192.168.3.3      351          0x80000005   0            1           B

                Net Link States (Area 0)
```

```
ADV Router       Age         Seq#        Link ID    Rtr count
 192.168.2.2     375         0x80000002  3          2
 192.168.3.3     351         0x80000002  4          2

                Inter Area Prefix Link States (Area 0)

ADV Router       Age         Seq#        Prefix
 192.168.3.3     351         0x80000002  2001:DB8:0:34::/64

                Link (Type-8) Link States (Area 0)

ADV Router       Age         Seq#        Link ID    Interface
 192.168.2.2     375         0x80000002  5          Gi0/2
 192.168.3.3     351         0x80000002  4          Gi0/2

                Intra Area Prefix Link States (Area 0)

ADV Router       Age         Seq#        Link ID    Ref-lstype Ref-LSID
 192.168.1.1     416         0x80000003  0          0x2001     0
 192.168.2.2     375         0x80000002  0          0x2001     0
 192.168.2.2     375         0x80000002  3072       0x2002     3
 192.168.3.3     351         0x80000003  0          0x2001     0
 192.168.3.3     351         0x80000002  4096       0x2002     4

                Router Link States (Area 34)

ADV Router       Age         Seq#        Fragment ID  Link count  Bits
 192.168.3.3     351         0x80000004  0            1           B
 192.168.4.4     399         0x80000005  0            1           None

                Net Link States (Area 34)

ADV Router       Age         Seq#        Link ID      Rtr count
 192.168.4.4     399         0x80000002  5            2

                Inter Area Prefix Link States (Area 34)

ADV Router       Age         Seq#        Prefix
 192.168.3.3     351         0x80000002  2001:DB8:0:23::/64
 192.168.3.3     351         0x80000002  2001:DB8:0:12::/64
 192.168.3.3     1572        0x80000001  2001:DB8:0:1::/64
 192.168.3.3     6           0x80000001  2001:DB8::3/128
 192.168.3.3     6           0x80000001  2001:DB8::2/128
 192.168.3.3     6           0x80000001  2001:DB8::1/128

                Link (Type-8) Link States (Area 34)

ADV Router       Age         Seq#        Link ID    Interface
 192.168.3.3     351         0x80000002  6          Gi0/4
 192.168.4.4     399         0x80000002  5          Gi0/4

                Intra Area Prefix Link States (Area 34)

ADV Router       Age         Seq#        Link ID    Ref-lstype   Ref-LSID
 192.168.4.4     399         0x80000002  5120       0x2002       5
```

备考任务

本书提供多种备考手段：此处的练习题以及 Pearson Test Prep 软件中的模拟考试题。与实际试题相比，下面问题的难度更高，因为它们都是开放式问题。通过这种难度更高的问题，读者可以更好地测试知识掌握程度，以确保完全掌握本章基本概念和主要内容。下面的问题都可以在附录中找到参考答案。

1. 复习所有考试要点

请复习本章涉及的所有重要主题，这些内容都用“考试要点”图标做了标记，表 9-6 列出了这些考试要点及其描述。

表 9-6　　考试要点

考试要点	描述
段落	OSPFv3 基础知识
段落	OSPFv3 LSA
段落	OSPFv3 通信
段落	OSPFv3 配置
段落	OSPFv3 验证
段落	IPv6 路由汇总
段落	网络类型
段落	OSPFv3 认证
段落	OSPFv3 LSA 泛洪范围

2. 检查命令的记忆程度

以下列出了本章用到的各种重要的配置和验证命令，虽然并不需要记忆每条命令的完整语法格式，但是应该记住这些命令所需的基本关键字。

为了检查你对这些命令的记忆情况，请用一张纸遮住表 9-7 的右侧，通过表格左侧的描述内容，看一看是否能记起这些命令。

表 9-7　　命令参考

任务	命令语法
在路由器上配置 OSPFv3 并在接口上启用 OSPFv3	**router ospfv3** [*process-id*] **interface** *interface-id* **ospfv3** *process-id* {**ipv4** | **ipv6**} **area** *area-id*
将特定的 OSPFv3 接口配置为被动接口	**passive-interface** *interface-id*
将所有的 OSPFv3 接口均配置为被动接口	**passive-interface default**
在 ABR 上汇总 IPv6 网络区间	**area** *area-id* **range** *prefix/prefix-length*
将 OSPFv3 接口配置为点到点或广播网络类型	**ospfv3 network** {**point-to-point** | **broadcast**}
显示 OSPFv3 接口设置	**show ospfv3 interface** [*interface-id*]

续表

任务	命令语法
显示 OSPFv3 IPv6 邻居	**show ospfv3 ipv6 neighbor**
显示 OSPFv3 路由器 LSA	**show ospfv3 database router**
显示 OSPFv3 网络 LSA	**show ospfv3 database network**
显示 OSPFv3 链路 LSA	**show ospfv3 database link**

由于 ENARSI 300-410 认证考试重点考查考生作为网络专家的实际动手能力，因而必须掌握与本章主题相关的配置、验证及故障排查命令。

第 10 章

OSPFv3 故障排查

本章主要讨论以下主题。

- **IPv6 OSPFv3 故障排查**：本节将讨论与 OSPFv3 故障相关的各种故障排查命令。
- **故障工单（OSPFv3）**：本节将通过故障工单来解释如何通过结构化的故障排查过程来解决故障问题。
- **OSPFv3 地址簇故障排查**：本节将讨论与 OSPFv3 地址簇配置相关的故障排查命令。
- **故障工单（OSPFv3 AF）**：本节将通过故障工单来解释如何通过结构化的故障排查过程来解决故障问题。

OSPFv3 是一种链路状态路由协议，使用 Dijkstra 的 SPF 算法。OSPF 采用了分层设计模式，是一种极具扩展性的路由协议。OSPFv3 旨在路由 IPv6 网络。本章将讨论基于传统配置模式和 OSPF 地址簇配置模式的 OSPFv3 故障排查方式。

OSPF 路由器（同一 LAN 或跨 WAN）在交换路由之前，必须先建立 OSPF 邻居关系。邻居关系无法建立的可能原因有很多，作为故障排查人员，必须对这些原因透彻理解并加以掌握。第 8 章已经深入探讨了这些故障原因，本章将不会重复相同信息。因此，如果尚未阅读第 8 章，那么建议先阅读该章内容，然后继续阅读本章。本章将重点介绍 OSPFv3 故障排查的相关 **show** 命令以及相应的故障工单示例。

建立了邻居关系之后，相邻路由器就可以交换 OSPF LSA，其中包含了路由信息。但路由可能会因各种原因而最终缺失，因而必须确定路由缺失的原因。第 8 章已经深入探讨了这些故障原因，本章将不再重复相同信息。本章将重点介绍 OSPFv3 路由缺失故障排查的相关 **show** 命令以及相应的故障工单示例。

10.1 “我已经知道了吗？”测验

“我已经知道了吗？”测验的目的是帮助读者确定是否需要完整地学习本章知识或者直接跳至“备考任务”，如果读者对题目的答案还存在疑问，或者评估自己对这些主题知识的掌握程度还不够的话，就可以从头学起。表 10-1 列出了本章的主要内容以及与这些内容相关联的“我已经知道了吗？”测验题，答案可参见附录。

表 10-1 “我已经知道了吗？”基本主题章节与所对应的测验题

涵盖测验题的基本主题章节	测验题
IPv6 OSPFv3 故障排查	1～8
OSPFv3 地址簇故障排查	9、10

注意：自我评价的目的是检验你对本章知识的掌握程度，如果不知道或仅部分知道问题的答案，出于自我评价的目的，请在该问题上标记“错”。为了不影响自我评价的结果，对不懂的问题请不要猜测答案，否则可能会造成一种已掌握的假象。

1．**show ipv6 protocols** 的输出结果可以验证下面哪些信息？（选择两项）

a．路由器 ID

b．哪些区域是普通区域、末梢区域和非完全末梢区域

c．参与路由进程的接口

d．DR 的 ID

2．下面关于 **show ipv6 ospf interface brief** 命令输出结果的描述哪些是正确的？（选择两项）

a．列出了接口开销

b．列出了邻居的 DR/BDR 状态

c．列出了接口参与的区域

d．列出了接口的网络类型

3．下面哪条 IPv6 OSPFv3 命令可以验证已配置的 Hello 间隔和失效间隔？

a．**show ip protocols**

b．**show ip ospf interface**

c．**show ip ospf neighbor**

d．**show ip ospf database**

4．OSPFv3 使用下面哪些多播地址？（选择两项）

a．FF02::A

b．FF02::9

c．FF02::5

d．FF02::6

5．下面哪类 IPv6 OSPFv3 LSA 负责描述在区域外但仍在 OSPF 路由域内的前缀？

a．路由器链路状态

b．网络链路状态

c．区域间前缀链路状态

d．Type 5 AS 外部链路状态

6．下面哪类 LSA 仅在本地链路泛洪，而不会被其他 OSPF 路由器再次泛洪？

a．Type 1

b．Type 8

c．Type 3

d. Type 9

7. 下面哪条 IPv6 OSPFv3 命令可以验证区域是末梢区域、完全末梢区域、NSSA 或完全 NSSA?
   a. **show ipv6 protocols**
   b. **show ipv6 ospf**
   c. **show ipv6 ospf interface**
   d. **show ipv6 ospf neighbor**
8. 下面哪条 IPv6 OSPFv3 命令可以验证本地路由器与哪些路由器建立了邻居邻接关系?
   a. **show ipv6 protocols**
   b. **show ipv6 ospf**
   c. **show ipv6 ospf interface**
   d. **show ipv6 ospf neighbor**
9. 下面哪些 OSPFv3 地址簇命令可以验证接口参与了哪个 OSPFv3 地址簇?（选择两项）
   a. **show ospfv3**
   b. **show ospfv3 interface brief**
   c. **show ospfv3 neighbor**
   d. **show ospfv3 database**
10. 下面哪条 OSPFv3 地址簇 **debug** 命令可以识别是否存在末梢区域配置不匹配问题?
   a. **debug ospfv3 hello**
   b. **debug ospfv3 packet**
   c. **debug ospfv3 adj**
   d. **debug ospfv3 events**

基础主题

10.2 IPv6 OSPFv3 故障排查

由于 OSPFv3 基于 OSPFv2，因而在排查 OSPFv3 故障时需要处理与 OSPFv2 故障相似的问题，两者之间只有少量细微差异。对于大家来说这是一个好消息，不需要再去学习大量 OSPFv3 的新知识，不过必须掌握排查 OSPFv3 相关故障时所要使用的各种 **show** 命令。

本节将主要描述排查 OSPFv3 邻居邻接性故障以及路由故障时所要使用的各种 **show** 命令。第 8 章提供了与 OSPF 邻居及路由问题相关的故障排查信息。

OSPFv3 故障排查命令

例 10-1 中的 **show ipv6 protocols** 命令可以验证设备正在运行的 IPv6 路由信息，对于 OSPFv3 来说，可以验证 PID（Process ID，进程号）、RID、路由器类型（ABR、ASBR）、路由器所属的区域 ID、是否有末梢区域或 NSSA、参与路由进程的接口以及这些接口所属的区域、是否发生了路由重分发等。

考试要点

例 10-1 **show ipv6 protocols** 命令可以验证的 OSPFv3 信息

```
R2# show ipv6 protocols
...output omitted...
IPv6 Routing Protocol is "ospf 1"
 Router ID 2.2.2.2
 Area border and autonomous system boundary router
 Number of areas: 2 normal, 0 stub, 0 nssa
 Interfaces (Area 0):
   GigabitEthernet0/0
 Interfaces (Area 23):
   GigabitEthernet1/0
 Redistribution:
   None
```

例 10-2 的 **show ipv6 ospf** 命令可以验证 OSPFv3 的全局设置，例如，可以验证 OSPFv3 PID、RID、路由器类型（ABR、ASBR）、各种定时器和统计信息、路由器所属的区域 ID、区域类型（包括普通区域、末梢区域和 NSSA）、基准带宽以及在路由器上配置的与不同区域相关的参数（例如，是否启用了区域认证机制以及区域是否是末梢区域、完全末梢区域、NSSA 或完全 NSSA）。

考试要点

例 10-2 **show ipv6 ospf** 命令可以验证的信息

```
R1# show ipv6 ospf
 Routing Process "ospfv3 1" with ID 1.1.1.1
 Supports NSSA (compatible with RFC 3101)
 Event-log enabled, Maximum number of events: 1000, Mode: cyclic
 It is an area border router
 Router is not originating router-LSAs with maximum metric
 Initial SPF schedule delay 5000 msecs
 Minimum hold time between two consecutive SPFs 10000 msecs
 Maximum wait time between two consecutive SPFs 10000 msecs
 Minimum LSA interval 5 secs
 Minimum LSA arrival 1000 msecs
 LSA group pacing timer 240 secs
 Interface flood pacing timer 33 msecs
 Retransmission pacing timer 66 msecs
 Retransmission limit dc 24 non-dc 24
 Number of external LSA 1. Checksum Sum 0x009871
 Number of areas in this router is 2. 1 normal 1 stub 0 nssa
 Graceful restart helper support enabled
 Reference bandwidth unit is 100 mbps
 RFC1583 compatibility enabled
 Area BACKBONE(0)
     Number of interfaces in this area is 2
     MD5 Authentication, SPI 257
     SPF algorithm executed 3 times
     Number of LSA 11. Checksum Sum 0x06DB20
     Number of DCbitless LSA 0
     Number of indication LSA 0
     Number of DoNotAge LSA 0
     Flood list length 0
```

```
 Area 1
    Number of interfaces in this area is 1
    It is a stub area, no summary LSA in this area
    Generates stub default route with cost 1
    SPF algorithm executed 4 times
    Number of LSA 7. Checksum Sum 0x03A033
    Number of DCbitless LSA 0
    Number of indication LSA 0
    Number of DoNotAge LSA 0
    Flood list length 0
```

例 10-3 中的 **show ipv6 ospf interface brief** 命令不但能够验证哪些接口参与了 OSPFv3 进程，还能识别这些接口所关联的 PID、参与的区域、代表接口的 IPv6 接口 ID、接口开销（默认值是接口带宽除以基准带宽）、DR/BDR 状态以及是否通过该接口建立了邻居的邻接关系。请注意，R1 有接口位于 Area 0 和 Area 1 中，因而 R1 是 ABR。

例 10-3　show ipv6 ospf interface brief 命令可以验证的信息

```
R1# show ipv6 ospf interface brief
Interface PID  Area  Intf ID  Cost  State  Nbrs F/C
Gi1/0       1    0    4          1   BDR         1/1
Gi0/0       1    0    3          1   DR          0/0
Fa3/0       1    1    6          1   BDR         1/1
```

利用 **show ipv6 ospf interface** *interface_type interface_number* 命令可以获得参与 OSPF 进程的接口的详细信息（见例 10-4）。对于故障排查来说，该命令可以获得很多独特信息，包括网络类型、开销、是否在接口上启用了认证、DR/BDR 的当前状态、接口优先级、DR ID 和 BDR ID 以及定时器（Hello 定时器和失效定时器）。

例 10-4　show ipv6 ospf interface *interface_type interface_number* 命令可以验证的信息

```
R1# show ipv6 ospf interface fastEthernet 3/0
FastEthernet3/0 is up, line protocol is up
 Link Local Address FE80::C809:13FF:FEB8:54, Interface ID 6
 Area 1, Process ID 1, Instance ID 0, Router ID 1.1.1.1
 Network Type BROADCAST, Cost: 1
 MD5 authentication SPI 256, secure socket UP (errors: 0)
 Transmit Delay is 1 sec, State BDR, Priority 1
 Designated Router (ID) 4.4.4.4, local address FE80::C808:9FF:FE30:1C
 Backup Designated router (ID) 1.1.1.1, local address FE80::C809:13FF:FEB8:54
 Timer intervals configured, Hello 10, Dead 40, Wait 40, Retransmit 5
 Hello due in 00:00:04
 Graceful restart helper support enabled
 Index 1/1/1, flood queue length 0
 Next 0x0(0)/0x0(0)/0x0(0)
 Last flood scan length is 1, maximum is 2
 Last flood scan time is 0 msec, maximum is 0 msec
 Neighbor Count is 1, Adjacent neighbor count is 1
 Adjacent with neighbor 4.4.4.4 (Designated Router)
 Suppress hello for 0 neighbor(s)
```

可以通过 **show ipv6 ospf neighbor** 命令验证与本地路由器成功建立邻居邻接关系的路由器（见例 10-5），可以通过 RID 来验证邻居（显示在 Neighbor ID 列中）、邻居设备用来建立邻居邻接关系的接口的优先级、邻居接口的状态、失效定时器、邻居设备的 IPv6 接口 ID 以及用来建立邻接关系的本地接口。

例 10-5 **show ipv6 ospf neighbor** 命令可以验证的信息

```
R1# show ipv6 ospf neighbor

 OSPFv3 Router with ID (1.1.1.1) (Process ID 1)

Neighbor ID    Pri    State     Dead Time  Interface ID    Interface
2.2.2.2         1     FULL/DR   00:00:36       3           GigabitEthernet1/0
4.4.4.4         1     FULL/DR   00:00:39       4           FastEthernet3/0
```

如果要验证已经收集并存储到 LSDB 中的 LSA，可以使用 **show ipv6 ospf database** 命令（见例 10-6），可以看出 R1 拥有 Area 0 和 Area 1 的信息（因为 R1 是 ABR）。

例 10-6 显示 OSPFv3 LSDB 中的 LSA

```
R1# show ipv6 ospf database

       OSPFv3 Router with ID (1.1.1.1) (Process ID 1)

               Router Link States (Area 0)

ADV Router   Age Seq#        Fragment ID   Link count    Bits
 1.1.1.1     847 0x80000005     0              1           B
 2.2.2.2     748 0x80000007     0              1           B E

               Net Link States (Area 0)

ADV Router   Age Seq#        Link ID     Rtr count
 2.2.2.2     878 0x80000003     3           2

          Inter Area Prefix Link States (Area 0)

ADV Router   Age  Seq#           Prefix
 1.1.1.1     1136 0x80000001     2001:DB8:0:14::/64
 2.2.2.2     1006 0x80000002     2001:DB8:0:23::/64
 2.2.2.2     1006 0x80000002     2001:DB8:0:3::/64

            Link (Type-8) Link States (Area 0)

ADV Router   Age  Seq#          Link ID    Interface
 1.1.1.1     847  0x80000002       4       Gi1/0
 2.2.2.2     1006 0x80000002       3       Gi1/0
 1.1.1.1     847  0x80000002       3       Gi0/0

          Intra Area Prefix Link States (Area 0)

ADV Router   Age Seq#           Link ID    Ref-lstype Ref-LSID
 1.1.1.1     847 0x80000006        0       0x2001          0
```

```
 2.2.2.2     878 0x80000003       3072    0x2002         3

               Router Link States (Area 1)

ADV Router   Age  Seq#           Fragment ID  Link count   Bits
 1.1.1.1     1151 0x80000004          0          1         B
 4.4.4.4     1152 0x80000006          0          1         None

                 Net Link States (Area 1)

ADV Router   Age  Seq#           Link ID   Rtr count
 4.4.4.4     1147 0x80000003        4         2

         Inter Area Prefix Link States (Area 1)

ADV Router    Age Seq#           Prefix
 1.1.1.1      847 0x80000002     ::/0

           Link (Type-8) Link States (Area 1)

ADV Router   Age  Seq#           Link ID    Interface
 1.1.1.1     1105 0x80000002       6        Fa3/0
 4.4.4.4     1158 0x80000003       4        Fa3/0

          Intra Area Prefix Link States (Area 1)

ADV Router   Age  Seq#           Link ID  Ref-lstype  Ref-LSID
 4.4.4.4     1147 0x80000003      4096     0x2002        4

            Type-5 AS External Link States

ADV Router   Age Seq#           Prefix
 2.2.2.2     748 0x80000002     ::/0
```

从例 10-6 可以看出，有两种新的 LSA 类型不在第 8 章表 8-4 列出的 LSA 类型范围之内：Type 8 链路 LSA（Link LSA）和 Type 9 区域内前缀 LSA（Intra-Area Prefix LSA）。表 10-2 定义了这两种类型的 OSPFv3 LSA。请注意，例 10-6 将 Type 3 LSA（汇总 LSA）称为区域间前缀 LSA（Inter-Area Prefix LSA）。

表 10-2　　OSPFv3 使用的其他 LSA 类型

LSA 类型	描述
8	该类型 LSA（链路 LSA）为邻居提供链路本地地址以及与链路相关联的 IPv6 地址信息，因而该 LSA 仅在本地链路进行泛洪，并且不会被其他 OSPF 路由器重新泛洪
9	该类型 LSA（区域内前缀 LSA）为以下两种场景提供信息：通过引用网络 LSA 来提供与转接网络相关联的 IPv6 地址前缀信息；通过引用路由器 LSA 来提供与路由器相关联的 IPv6 地址前缀信息。Type 9 LSA 仅在区域内进行泛洪

如果要验证路由表中已经安装的 OSPFv3 路由，可以使用 **show ipv6 route ospf** 命令（见例 10-7），可以看出 R1 仅知道 1 条外部 OSPFv3 路由（默认路由）和 2 条区域间路由（位于区域外但仍然处于 OSPF 路由域内的路由）。

例 10-7 显示路由表中的 OSPFv3 路由

```
R1# show ipv6 route ospf
IPv6 Routing Table - default - 10 entries
Codes: C - Connected, L - Local, S - Static, U - Per-user Static route
 B - BGP, R - RIP, H - NHRP, I1 - ISIS L1
 I2 - ISIS L2, IA - ISIS interarea, IS - ISIS summary, D - EIGRP
 EX - EIGRP external, ND - ND Default, NDp - ND Prefix, DCE - Destination
 NDr - Redirect, O - OSPF Intra, OI - OSPF Inter, OE1 - OSPF ext 1
 OE2 - OSPF ext 2, ON1 - OSPF NSSA ext 1, ON2 - OSPF NSSA ext 2, l - LISP
OE2 ::/0 [110/1], tag 1
      via FE80::C80A:13FF:FEB8:8, GigabitEthernet1/0
OI 2001:DB8:0:3::/64 [110/3]
      via FE80::C80A:13FF:FEB8:8, GigabitEthernet1/0
OI 2001:DB8:0:23::/64 [110/2]
      via FE80::C80A:13FF:FEB8:8, GigabitEthernet1/0
```

排查 OSPFv3 故障时，如果要验证接口是否正在侦听组播地址 FF02::5（全部 OSPFv3 路由器）和 FF02::6（OSPFv3 DR/BDR），就可以使用 **show ipv6 interface** *interface_type interface_id* 命令（见例 10-8），该命令还可以验证 MTU 以及接口是否应用了可能会阻塞 OSPFv3 数据包或来自/去往链路本地地址的数据包的 IPv6 ACL。

例 10-8 显示 IPv6 接口参数

```
R1# show ipv6 interface fastEthernet 3/0
FastEthernet3/0 is up, line protocol is up
 IPv6 is enabled, link-local address is FE80::C809:13FF:FEB8:54
 ...output omitted...
 Joined group address(es):
    FF02::1
    FF02::2
    FF02::5
    FF02::6
    FF02::1:FF00:1
    FF02::1:FFB8:54
 MTU is 1500 bytes
 ICMP error messages limited to one every 100 milliseconds
 ICMP redirects are enabled
 ICMP unreachables are sent
 Input features: Access List IPsec
 Output features: IPsec
 Inbound access list TSHOOT_ACL
 ND DAD is enabled, number of DAD attempts: 1
 ...output omitted...
```

10.3 故障工单（OSPFv3）

本节将给出与本章前面讨论过的主题相关的故障工单，目的是通过这些故障工单让读者真正了解现实世界或考试环境中的故障排查流程。本节所有故障工单均以图 10-1 所示的拓扑结构为例。

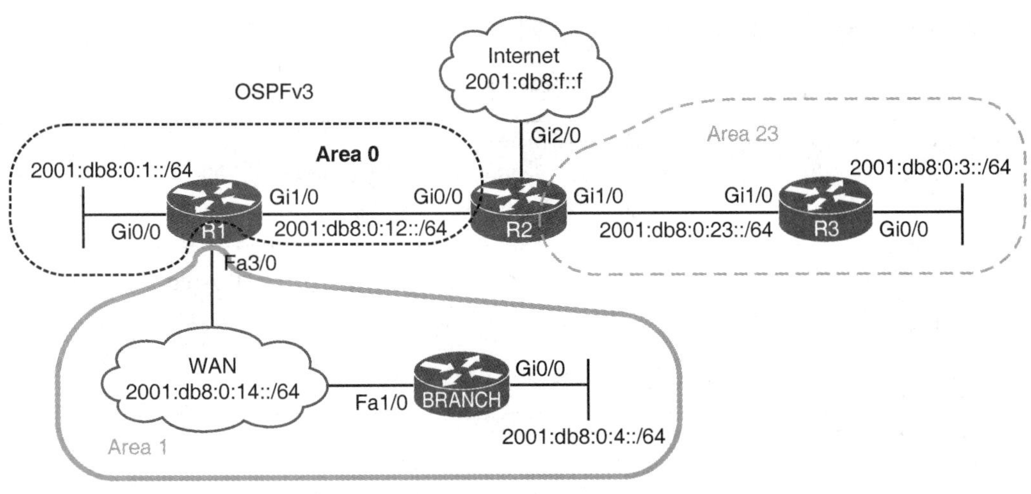

图 10-1 OSPFv3 故障工单拓扑结构

10.3.1 故障工单 10-1

故障问题：最近对网络进行了更新，目的是减少从 R1 到分支机构站点跨越 WAN 链路的 LSA 数量，唯一允许的 LSA 就是携带默认路由的 Type 3 LSA，但故障报告称 R1 向分支机构发送了更多的 Type 3 LSA。

首先检查实施网络更新时创建的网络变更文档，但是发现网络变更文档提供的信息很不清楚，仅说明了将 Area 1 创建为完全末梢区域，并没有记录每台设备的变更情况以及使用的命令信息。

因此，首先在分支路由器上利用 **show ipv6 route ospf** 命令验证故障问题（见例 10-9），证实除了有默认区域间路由外，还有很多其他区域间路由。

例 10-9 显示分支路由器的 IPv6 路由表

```
Branch# show ipv6 route ospf
IPv6 Routing Table - default - 10 entries
Codes: C - Connected, L - Local, S - Static, U - Per-user Static route
 B - BGP, R - RIP, H - NHRP, I1 - ISIS L1
 I2 - ISIS L2, IA - ISIS interarea, IS - ISIS summary, D - EIGRP
 EX - EIGRP external, ND - ND Default, NDp - ND Prefix, DCE - Destination
NDr - Redirect, O - OSPF Intra, OI - OSPF Inter, OE1 - OSPF ext 1
 OE2 - OSPF ext 2, ON1 - OSPF NSSA ext 1, ON2 - OSPF NSSA ext 2, l - LISP
OI ::/0 [110/2]
    via FE80::C801:10FF:FE20:54, FastEthernet1/0
OI 2001:DB8:0:1::/64 [110/2]
    via FE80::C801:10FF:FE20:54, FastEthernet1/0
OI 2001:DB8:0:3::/64 [110/4]
    via FE80::C801:10FF:FE20:54, FastEthernet1/0
OI 2001:DB8:0:12::/64 [110/2]
    via FE80::C801:10FF:FE20:54, FastEthernet1/0
OI 2001:DB8:0:23::/64 [110/3]
    via FE80::C801:10FF:FE20:54, FastEthernet1/0
```

接下来希望确认分支路由器所属的 Area 1 是否被配置为末梢区域，从例 10-10 的

show ipv6 ospf | include Area|stub 命令输出结果可以看出 Area 1 是末梢区域。

例 10-10 在分支路由器上验证 Area 1 是否是末梢区域

```
Branch# show ipv6 ospf | include Area|stub
 Number of areas in this router is 1. 0 normal 1 stub 0 nssa
    Area 1
        It is a stub area
```

然后在 R1 上运行相同的命令（见例 10-11），输出结果表明 Area 1 是末梢区域，并且有一条默认路由被注入该区域中（开销为 1）。

例 10-11 在 R1 上验证 Area 1 是否是末梢区域

```
R1# show ipv6 ospf | include Area|stub
Number of areas in this router is 2. 1 normal 1 stub 0 nssa
   Area BACKBONE(0)
   Area 1
       It is a stub area
       Generates stub default route with cost 1
```

不过从输出结果可以看出 Area 1 是一个末梢区域，而不是完全末梢区域，如果是完全末梢区域，就会显示“no summary LSA in this area”。为了确认这一点，可以在 R1 和分支路由器上运行 **show run | section ipv6 router ospf** 命令（见例 10-12）。从输出结果可以看出，R1 配置了 **area 1 stub**，分支路由器配置了 **area 1 stub no-summary**，看起来是在错误的路由器上执行了这些命令。

例 10-12 验证 R1 和分支路由器的 IPv6 路由器 OSPF 配置

```
R1# show run | section ipv6 router ospf
ipv6 router ospf 1
 router-id 1.1.1.1
 area 1 stub
 passive-interface GigabitEthernet0/0

Branch# show run | section ipv6 router ospf
ipv6 router ospf 1
 router-id 4.4.4.4
 area 1 stub no-summary
 passive-interface default
 no passive-interface FastEthernet1/0
```

为了解决该问题，可以在 R1 上运行 **area 1 stub no-summary** 命令，并在分支路由器上运行 **no area 1 stub no-summary** 命令和 **area 1 stub** 命令，修改完成后在 R1 和分支路由器上运行 **show run | section ipv6 router ospf** 命令，确认变更操作已完成（见例 10-13）。

例 10-13 配置变更后验证 R1 和分支路由器的 IPv6 路由器 OSPF 配置

```
R1# show run | section ipv6 router ospf
ipv6 router ospf 1
 router-id 1.1.1.1
 area 1 stub no-summary
```

```
 passive-interface GigabitEthernet0/0

Branch# show run | section ipv6 router ospf
ipv6 router ospf 1
 router-id 4.4.4.4
 area 1 stub
 passive-interface default
 no passive-interface FastEthernet1/0
```

接下来在 R1 上运行 **show ipv6 ospf | include Area|stub** 命令（见例 10-14），以验证是否显示“no summary LSA in this area”（该信息表示无 Type 3 LSA），从输出结果可以看出该信息已显示。

例 10-14 在 R1 上验证 Area 1 是一个无汇总 LSA 的末梢区域

```
R1# show ipv6 ospf | include Area|stub
Number of areas in this router is 2. 1 normal 1 stub 0 nssa
   Area BACKBONE(0)
   Area 1
       It is a stub area, no summary LSA in this area
       Generates stub default route with cost 1
```

此时，分支路由器的 **show ipv6 route ospf** 命令输出结果仅包含默认路由，表明故障问题已解决（见例 10-15）。

例 10-15 验证分支路由器仅收到默认路由

```
Branch# show ipv6 route ospf
IPv6 Routing Table - default - 6 entries
Codes: C - Connected, L - Local, S - Static, U - Per-user Static route
 B - BGP, R - RIP, H - NHRP, I1 - ISIS L1
 I2 - ISIS L2, IA - ISIS interarea, IS - ISIS summary, D - EIGRP
 EX - EIGRP external, ND - ND Default, NDp - ND Prefix, DCE - Destination
 NDr - Redirect, O - OSPF Intra, OI - OSPF Inter, OE1 - OSPF ext 1
 OE2 - OSPF ext 2, ON1 - OSPF NSSA ext 1, ON2 - OSPF NSSA ext 2, l - LISP
OI ::/0 [110/2]
      via FE80::C801:10FF:FE20:54, FastEthernet1/0
```

10.3.2 故障工单 10-2

故障问题：分支机构用户报告称无法访问分支机构之外的任何网络资源。

访问分支路由器并执行扩展的 **ping** 命令以测试连接性，从例 10-16 可以看出连接失败。

例 10-16 测试从分支路由器到远程网络的连接性

```
Branch# ping
Protocol [ip]: ipv6
Target IPv6 address: 2001:db8:0:1::1
Repeat count [5]:
Datagram size [100]:
Timeout in seconds [2]:
Extended commands? [no]: yes
```

```
Source address or interface: 2001:db8:0:4::4
UDP protocol? [no]:
Verbose? [no]:
Precedence [0]:
DSCP [0]:
Include hop by hop option? [no]:
Include destination option? [no]:
Sweep range of sizes? [no]:
Type escape sequence to abort.
Sending 5, 100-byte ICMP Echos to 2001:DB8:0:1::1, timeout is 2 seconds:
Packet sent with a source address of 2001:DB8:0:4::4
.....
Success rate is 0 percent (0/5)
```

在分支路由器上运行 **show ipv6 route** 命令（见例 10-17），可以看出路由表中只有本地路由和直连路由。

例 10-17 验证路由表中的 IPv6 路由

```
Branch# show ipv6 route
...output omitted...
C 2001:DB8:0:4::/64 [0/0]
      via GigabitEthernet0/0, directly connected
L 2001:DB8:0:4::4/128 [0/0]
      via GigabitEthernet0/0, receive
C 2001:DB8:0:14::/64 [0/0]
      via FastEthernet1/0, directly connected
L 2001:DB8:0:14::4/128 [0/0]
      via FastEthernet1/0, receive
L FF00::/8 [0/0]
      via Null0, receive
```

可以判断出分支路由器没有从 R1 学到路由，因而肯定存在邻居故障。为了证实这一点，可以在分支路由器上运行 **show ipv6 ospf neighbor** 命令，例 10-18 证实分支路由器确实不是 R1 的邻居。

例 10-18 验证 IPv6 OSPF 邻居

```
Branch# show ipv6 ospf neighbor
Branch#
```

此时怀疑分支路由器连接 R1 的接口没有启用 OSPFv3 进程，因而运行 **show ipv6 ospf interface brief** 命令以验证该接口是否参与了 OSPFv3 进程，从例 10-19 的输出结果可以看出，Fa1/0 参与了 OSPFv3 进程。

例 10-19 在分支路由器上验证启用了 OSPFv3 的接口

```
Branch# show ipv6 ospf interface brief
Interface PID  Area Intf ID  Cost State  Nbrs F/C
Gi0/0      1     1     3      1    DR         0/0
Fa1/0      1     1     4      1    BDR        1/1
```

因此，我们决定将注意力转移到 R1 并检查 R1 连接分支路由器的接口是否参与了

OSPFv3 进程。R1 使用 Fa3/0 连接分支路由器，因而在 R1 上运行 **show ipv6 ospf interface brief** 命令（见例 10-20），可以看出 Fa3/0 也参与了 OSPFv3 进程。

例 10-20 在 R1 上验证参与了 OSPFv3 进程的接口

```
R1# show ipv6 ospf interface brief
Interface PID  Area Intf ID  Cost State  Nbrs F/C
Gi1/0       1     0    4     1   BDR         1/1
Gi0/0       1     0    3     1   DR          0/0
Fa3/0       1     1    6     1   DR          0/0
```

重新检查分支路由器并运行 **debug ipv6 ospf hello** 命令以进一步收集有用信息。例 10-21 显示的输出结果表明定时器与 FE80::C801:10FF:FE20:54 的定时器不匹配，因而在分支路由器上运行 **show cdp neighbors detail** 命令（见例 10-22），以确认 R1 使用的就是该链路本地地址，输出结果显示确实如此！因此，邻居关系没有建立的原因是定时器不匹配。

例 10-21 利用 **debug ipv6 ospf hello** 命令进一步收集信息

```
Branch# debug ipv6 ospf hello
OSPFv3 hello events debugging is on for process 1, IPv6, Default vrf
Branch#
OSPFv3-1-IPv6 HELLO Fa1/0: Rcv hello from 1.1.1.1 area 1 from FE80::C801:10FF:FE20:54
interface ID 6
OSPFv3-1-IPv6 HELLO Fa1/0: Mismatched hello parameters from FE80::C801:10FF:FE20:54
OSPFv3-1-IPv6 HELLO Fa1/0: Dead R 40 C 120, Hello R 10 C 30
Branch# u all
All possible debugging has been turned off
```

例 10-22 利用 **show cdp neighbors detail** 命令验证邻居的 IPv6 地址

```
Branch# show cdp neighbors detail
-------------------------
Device ID: R1
Entry address(es):
 IP address: 10.1.14.1
 IPv6 address: 2001:DB8:0:14::1 (global unicast)
 IPv6 address: FE80::C801:10FF:FE20:54 (link-local)
Platform: Cisco 7206VXR, Capabilities: Router
Interface: FastEthernet1/0, Port ID (outgoing port): FastEthernet3/0
...output omitted...
```

接下来在 R1 上运行 **show ipv6 ospf interface fastEthernet 3/0** 命令，在分支路由器上运行 **show ipv6 ospf interface fastEthernet 1/0** 命令，并使用对比分析法进行分析（见例 10-23）。

例 10-23 对比分析 R1 和分支路由器

```
R1# show ipv6 ospf interface fastEthernet 3/0
FastEthernet3/0 is up, line protocol is up
 Link Local Address FE80::C801:10FF:FE20:54, Interface ID 6
 Area 1, Process ID 1, Instance ID 0, Router ID 1.1.1.1
```

```
 Network Type BROADCAST, Cost: 1
 Transmit Delay is 1 sec, State DR, Priority 1
 Designated Router (ID) 1.1.1.1, local address FE80::C801:10FF:FE20:54
 No backup designated router on this network
 Timer intervals configured, Hello 10, Dead 40, Wait 40, Retransmit 5
 Hello due in 00:00:09
...output omitted...

Branch# show ipv6 ospf interface fastEthernet 1/0
FastEthernet1/0 is up, line protocol is up
 Link Local Address FE80::C800:FFF:FE7C:1C, Interface ID 4
 Area 1, Process ID 1, Instance ID 0, Router ID 4.4.4.4
 Network Type NON_BROADCAST, Cost: 1
 Transmit Delay is 1 sec, State DR, Priority 1
 Designated Router (ID) 4.4.4.4, local address FE80::C800:FFF:FE7C:1C
 No backup designated router on this network
 Timer intervals configured, Hello 30, Dead 120, Wait 120, Retransmit 5
 Hello due in 00:00:25
...output omitted...
```

从输出结果可以发现这两台路由器的 Hello 定时器和失效定时器均不匹配。前文曾经说过，可以通过更改 OSPF 接口的网络类型来手动配置或控制这些参数，因而检查例 10-23 的网络类型后发现，R1 使用的是 BROADCAST（以太网接口的默认网络类型)，分支路由器使用的是 NON_BROADCAST（不是以太网接口的默认网络类型)，因而可以断定有人以手动方式更改了分支路由器的网络类型。

在分支路由器上运行 **show run interface fastEthernet 1/0** 命令（见例 10-24)，确认分支路由器的网络类型确实被 **ipv6 ospf network non-broadcast** 命令以手动方式更改了。

例 10-24 验证分支路由器的接口配置

```
Branch# show run interface fastEthernet 1/0
Building configuration...

Current configuration : 169 bytes
!
interface FastEthernet1/0
 ip address 10.1.14.4 255.255.255.0
 duplex full
 ipv6 address 2001:DB8:0:14::4/64
 ipv6 ospf 1 area 1
 ipv6 ospf network non-broadcast
end
```

利用 **no ipv6 ospf network non-broadcast** 命令删除上述命令之后，分支路由器的网络类型就变回了 BROADCAST。操作完成后将会收到以下 syslog 消息，表示 R1 与分支路由器之间已经成功建立了邻居关系：

```
%OSPFv3-5-ADJCHG: Process 1, Nbr 1.1.1.1 on FastEthernet1/0 from LOADING to FULL, Loading Done
```

最后，在分支路由器上再次运行扩展的 **ping** 命令，从例 10-25 可以看出 ping 测试成功。

例 10-25 测试从分支路由器到远程网络的连接性

```
Branch# ping
Protocol [ip]: ipv6
Target IPv6 address: 2001:db8:0:1::1
Repeat count [5]:
Datagram size [100]:
Timeout in seconds [2]:
Extended commands? [no]: yes
Source address or interface: 2001:db8:0:4::4
UDP protocol? [no]:
Verbose? [no]:
Precedence [0]:
DSCP [0]:
Include hop by hop option? [no]:
Include destination option? [no]:
Sweep range of sizes? [no]:
Type escape sequence to abort.
Sending 5, 100-byte ICMP Echos to 2001:DB8:0:1::1, timeout is 2 seconds:
Packet sent with a source address of 2001:DB8:0:4::4
!!!!!
Success rate is 100 percent (5/5), round-trip min/avg/max = 16/29/52 ms
```

10.4 OSPFv3 地址簇故障排查

利用 OSPFv3 AF（Address Family，地址簇）特性可以配置一个同时支持 IPv4 和 IPv6 的路由进程，还可以为 IPv4 和 IPv6 维护单个数据库，不过需要为每个 AF 分别建立邻接关系，并且可以基于每个 AF 分别进行参数配置。

本节将讨论利用地址簇部署 OSPFv3 时可能用到的各种故障排查命令。

例 10-26 给出了一个基于 AF 的 OSPFv3 配置示例，OSPFv3 PID 为 10 且仅在本地有意义，因而不需要与邻居相匹配。请注意，在主路由器 OSPF 配置模式下配置的任何参数都将应用于所有 AF，本例中的 **area 23 stub** 命令就是在主路由器 OSPF 配置模式下配置的，因而对于 IPv4 和 IPv6 AF 来说，Area 23 都是末梢区域。如果路由器 OSPFv3 配置模式与 AF 配置模式之间的配置有冲突，那么将优选 AF 配置模式。仍然可以在接口配置模式下使用 **ospfv3** *process_id* { **ipv4** | **ipv6**} **area** *area_id* 命令逐个接口启用 OSPFv3 进程，也仍然可以在接口配置模式下配置 OSPFv3 接口参数。不过需要记住的是，如果没有在配置命令中指定 AF（IPv4 或 IPv6），那么所配置的参数将应用于所有 AF，如果在配置命令中指定了 AF，那么所配置的参数将仅应用于指定 AF，如果存在冲突，那么将优选 AF 配置。以例 10-26 中的 GigabitEthernet 0/0 配置为例，可以看出 Hello 间隔的配置没有指定 AF，因而将同时应用于 IPv4 和 IPv6，但本例又为 IPv6 AF 配置了 Hello 间隔，因此将优选为 IPv6 AF 配置的 Hello 间隔，即 IPv6 使用的 Hello 间隔是 10，而 IPv4 使用的 Hello 间隔为 11。

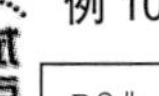

例 10-26 基于 AF 的 OSPFv3 配置示例

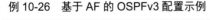

```
R2# show run | section router ospfv3
router ospfv3 10
```

```
 area 23 stub
 !
 address-family ipv4 unicast
 passive-interface default
 no passive-interface GigabitEthernet0/0
 no passive-interface GigabitEthernet1/0
 default-information originate
 router-id 2.2.2.2
 exit-address-family
 !
 address-family ipv6 unicast
 passive-interface default
 no passive-interface GigabitEthernet0/0
 no passive-interface GigabitEthernet1/0
 default-information originate
 router-id 22.22.22.22
 exit-address-family

R2# show run int gig 1/0
interface GigabitEthernet1/0
 ip address 10.1.23.2 255.255.255.0
 ipv6 address 2001:DB8:0:23::2/64
 ospfv3 10 ipv6 area 23
 ospfv3 10 ipv4 area 23
end

R2# show run int gig 0/0
interface GigabitEthernet0/0
 ip address 10.1.12.2 255.255.255.0
 ipv6 address 2001:DB8:0:12::2/64
 ospfv3 10 hello-interval 11
 ospfv3 10 ipv6 area 0
 ospfv3 10 ipv6 hello-interval 10
 ospfv3 10 ipv4 area 0
end
```

对于 OSPFv3 AF 来说，仍然可以使用 **show ip protocols** 和 **show ipv6 protocols** 命令来验证本章前面讨论过的所有相同信息（见例 10-27）。

例 10-27 使用 show ip protocols 和 show ipv6 protocols 命令

```
R2# show ip protocols
*** IP Routing is NSF aware ***

Routing Protocol is "ospfv3 10"
  Outgoing update filter list for all interfaces is not set
  Incoming update filter list for all interfaces is not set
  Router ID 2.2.2.2
  Area border and autonomous system boundary router
  Number of areas: 1 normal, 1 stub, 0 nssa
  Interfaces (Area 0):
    GigabitEthernet0/0
  Interfaces (Area 23):
    GigabitEthernet1/0
```

```
  Maximum path: 4
  Routing Information Sources:
    Gateway Distance  Last Update
    2.2.2.2      110  00:12:39
    3.3.3.3      110  00:12:39
    10.1.14.1    110  00:00:57
  Distance: (default is 110)

R2# show ipv6 protocols
IPv6 Routing Protocol is "connected"
IPv6 Routing Protocol is "ND"
IPv6 Routing Protocol is "static"
IPv6 Routing Protocol is "ospf 10"
  Router ID 22.22.22.22
  Area border and autonomous system boundary router
  Number of areas: 1 normal, 1 stub, 0 nssa
  Interfaces (Area 0):
    GigabitEthernet0/0
  Interfaces (Area 23):
    GigabitEthernet1/0
  Redistribution:
  None
```

例 10-28 给出了 **show ospfv3** 命令的输出结果，该命令可以显示与 **show ip protocols** 和 **show ipv6 protocols** 命令相同的信息。可以看出，首先列出的是 IPv4 AF 信息，然后列出的是 IPv6 AF 信息。

考试要点

例 10-28 利用 **show ospfv3** 命令验证 AF 的 OSPFv3 常规参数

```
R2# show ospfv3
 OSPFv3 10 address-family ipv4
 Router ID 2.2.2.2
 Supports NSSA (compatible with RFC 3101)
 Event-log enabled, Maximum number of events: 1000, Mode: cyclic
 It is an area border and autonomous system boundary router
 Redistributing External Routes from,
 Originate Default Route
 Router is not originating router-LSAs with maximum metric
 Initial SPF schedule delay 5000 msecs
 Minimum hold time between two consecutive SPFs 10000 msecs
 Maximum wait time between two consecutive SPFs 10000 msecs
 Minimum LSA interval 5 secs
 Minimum LSA arrival 1000 msecs
 LSA group pacing timer 240 secs
 Interface flood pacing timer 33 msecs
 Retransmission pacing timer 66 msecs
 Retransmission limit dc 24 non-dc 24
 Number of external LSA 1. Checksum Sum 0x0013EB
 Number of areas in this router is 2. 1 normal 1 stub 0 nssa
 Graceful restart helper support enabled
 Reference bandwidth unit is 100 mbps
 RFC1583 compatibility enabled
    Area BACKBONE(0)
        Number of interfaces in this area is 1
```

```
        SPF algorithm executed 13 times
        Number of LSA 11. Checksum Sum 0x05A71D
        Number of DCbitless LSA 0
        Number of indication LSA 0
        Number of DoNotAge LSA 0
        Flood list length 0
    Area 23
        Number of interfaces in this area is 1
        It is a stub area
        Generates stub default route with cost 1
        SPF algorithm executed 8 times
        Number of LSA 12. Checksum Sum 0x064322
        Number of DCbitless LSA 0
        Number of indication LSA 0
        Number of DoNotAge LSA 0
        Flood list length 0
 OSPFv3 10 address-family ipv6
 Router ID 22.22.22.22
 Supports NSSA (compatible with RFC 3101)
 Event-log enabled, Maximum number of events: 1000, Mode: cyclic
 It is an area border and autonomous system boundary router
 Originate Default Route
 Router is not originating router-LSAs with maximum metric
 Initial SPF schedule delay 5000 msecs
 Minimum hold time between two consecutive SPFs 10000 msecs
 Maximum wait time between two consecutive SPFs 10000 msecs
 Minimum LSA interval 5 secs
 Minimum LSA arrival 1000 msecs
 LSA group pacing timer 240 secs
 Interface flood pacing timer 33 msecs
Retransmission pacing timer 66 msecs
 Retransmission limit dc 24 non-dc 24
 Number of external LSA 1. Checksum Sum 0x00B8F5
 Number of areas in this router is 2. 1 normal 1 stub 0 nssa
 Graceful restart helper support enabled
 Reference bandwidth unit is 100 mbps
 RFC1583 compatibility enabled
   Area BACKBONE(0)
       Number of interfaces in this area is 1
       SPF algorithm executed 13 times
       Number of LSA 11. Checksum Sum 0x0422C7
       Number of DCbitless LSA 0
       Number of indication LSA 0
       Number of DoNotAge LSA 0
       Flood list length 0
   Area 23
       Number of interfaces in this area is 1
       It is a stub area
       Generates stub default route with cost 1
       SPF algorithm executed 11 times
       Number of LSA 12. Checksum Sum 0x0591F5
       Number of DCbitless LSA 0
       Number of indication LSA 0
       Number of DoNotAge LSA 0
       Flood list length 0
```

利用 **show ospfv3 interface brief** 命令可以显示每个 AF 参与 OSPFv3 进程的接口情况（见例 10-29），可以看出，增加的 AF 列显示了接口所参与的 AF 信息。

例 10-29 利用 **show ospfv3 interface brief** 命令验证 OSPFv3 接口

```
R2# show ospfv3 interface brief
Interface    PID    Area       AF      Cost    State    Nbrs F/C
Gi0/0        10     0          ipv4    1       BDR      1/1
Gi1/0        10     23         ipv4    1       BDR      1/1
Gi0/0        10     0          ipv6    1       BDR      1/1
Gi1/0        10     23         ipv6    1       BDR      1/1
```

利用 **show ospfv3 interface** 命令可以查看接口配置的详细信息（与本章前面讨论过的一样），例 10-30 的上半部分显示了 IPv4 AF 信息，下半部分显示了 IPv6 AF 信息。

例 10-30 利用 **show ospfv3 interface** 命令验证 OSPFv3 接口的详细信息

```
R2# show ospfv3 interface gigabitEthernet 1/0
GigabitEthernet1/0 is up, line protocol is up
  Link Local Address FE80::C802:10FF:FE20:1C, Interface ID 4
  Internet Address 10.1.23.2/24
  Area 23, Process ID 10, Instance ID 64, Router ID 2.2.2.2
  Network Type BROADCAST, Cost: 1
  Transmit Delay is 1 sec, State BDR, Priority 1
  Designated Router (ID) 3.3.3.3, local address FE80::C804:10FF:FE74:1C
  Backup Designated router (ID) 2.2.2.2, local address FE80::C802:10FF:FE20:1C
  Timer intervals configured, Hello 10, Dead 40, Wait 40, Retransmit 5
    Hello due in 00:00:02
  Graceful restart helper support enabled
  Index 1/1/2, flood queue length 0
  Next 0x0(0)/0x0(0)/0x0(0)
  Last flood scan length is 4, maximum is 5
  Last flood scan time is 4 msec, maximum is 4 msec
  Neighbor Count is 1, Adjacent neighbor count is 1
    Adjacent with neighbor 3.3.3.3 (Designated Router)
  Suppress hello for 0 neighbor(s)
GigabitEthernet1/0 is up, line protocol is up
  Link Local Address FE80::C802:10FF:FE20:1C, Interface ID 4
  Area 23, Process ID 10, Instance ID 0, Router ID 22.22.22.22
  Network Type BROADCAST, Cost: 1
  Transmit Delay is 1 sec, State BDR, Priority 1
  Designated Router (ID) 33.33.33.33, local address FE80::C804:10FF:FE74:1C
  Backup Designated router (ID) 22.22.22.22, local address FE80::C802:10FF:FE20:1C
  Timer intervals configured, Hello 10, Dead 40, Wait 40, Retransmit 5
   Hello due in 00:00:03
  Graceful restart helper support enabled
  Index 1/1/2, flood queue length 0
  Next 0x0(0)/0x0(0)/0x0(0)
  Last flood scan length is 1, maximum is 4
  Last flood scan time is 0 msec, maximum is 4 msec
  Neighbor Count is 1, Adjacent neighbor count is 1
    Adjacent with neighbor 33.33.33.33 (Designated Router)
  Suppress hello for 0 neighbor(s)
```

如果要验证为每个 AF 建立的邻居关系，可以使用 **show ospfv3 neighbor** 命令（见例 10-31）。同样，该命令显示的信息与本章前面讨论过的相关命令相同，区别在于本命令在不同的分区中显示了每个 AF 的信息。

例 10-31 利用 **show ospfv3 neighbor** 命令验证 OSPFv3 邻居

```
R2# show ospfv3 neighbor

          OSPFv3 10 address-family ipv4 (router-id 2.2.2.2)

Neighbor ID     Pri   State           Dead Time   Interface ID    Interface
10.1.14.1         1   FULL/DR         00:00:34    4               GigabitEthernet0/0
3.3.3.3           1   FULL/DR         00:00:36    4               GigabitEthernet1/0

          OSPFv3 10 address-family ipv6 (router-id 22.22.22.22)

Neighbor ID     Pri   State           Dead Time   Interface ID    Interface
10.1.14.1         1   FULL/DR         00:00:31    4               GigabitEthernet0/0
33.33.33.33       1   FULL/DR         00:00:34    4               GigabitEthernet1/0
```

如果要验证 LSDB 中的信息，可以使用 **show ospfv3 database** 命令。使用 AF 的时候，OSPFv3 数据库会同时包含 IPv4 和 IPv6 的 LSA（见例 10-32）。

例 10-32 利用 **show ospfv3 database** 命令验证 LSDB

```
R2# show ospfv3 database

          OSPFv3 10 address-family ipv4 (router-id 2.2.2.2)

                Router Link States (Area 0)

ADV Router       Age         Seq#         Fragment ID   Link count   Bits
 2.2.2.2         1456        0x80000008   0             1            B E
 10.1.14.1       1457        0x80000007   0             1            B

                Net Link States (Area 0)

ADV Router       Age         Seq#         Link ID       Rtr count
 10.1.14.1       1453        0x80000003   4             2

                Inter Area Prefix Link States (Area 0)

ADV Router       Age         Seq#         Prefix
 2.2.2.2         1618        0x80000003   10.1.23.0/24
 2.2.2.2         94          0x80000002   10.1.3.0/24
 10.1.14.1       1599        0x80000002   10.1.14.0/24
 10.1.14.1       1599        0x80000002   10.1.4.0/24

                Link (Type-8) Link States (Area 0)

ADV Router       Age         Seq#         Link ID     Interface
 2.2.2.2         1618        0x80000003   3           Gi0/0
 10.1.14.1       1599        0x80000002   4           Gi0/0
```

```
                Intra Area Prefix Link States (Area 0)

ADV Router      Age         Seq#        Link ID      Ref-lstype Ref-LSID
 10.1.14.1      1457        0x80000007  0            0x2001     0
 10.1.14.1      1453        0x80000003  4096         0x2002     4

                Router Link States (Area 23)

ADV Router      Age         Seq#        Fragment ID  Link count     Bits
 2.2.2.2        94          0x80000007  0            1              B
 3.3.3.3        248         0x80000009  0            1              None

                Net Link States (Area 23)

ADV Router      Age         Seq#        Link ID      Rtr count
 3.3.3.3        248         0x80000007  4            2

                Inter Area Prefix Link States (Area 23)

ADV Router      Age         Seq#        Prefix
 2.2.2.2        1869        0x80000002  0.0.0.0/0
 2.2.2.2        1442        0x80000001  10.1.1.0/24
 2.2.2.2        1442        0x80000001  10.1.12.0/24
 2.2.2.2        1442        0x80000001  10.1.4.0/24
 2.2.2.2        1442        0x80000001  10.1.14.0/24

                Link (Type-8) Link States (Area 23)

ADV Router      Age         Seq#        Link         ID Interface
 2.2.2.2        1618        0x80000004  4            Gi1/0
 3.3.3.3        1758        0x80000004  4            Gi1/0

                Intra Area Prefix Link States (Area 23)

ADV Router      Age         Seq#        Link ID      Ref-lstype Ref-LSID
 3.3.3.3        248         0x80000008  0            0x2001 0
 3.3.3.3        248         0x80000007  4096         0x2002 4

                Type-5 AS External Link States

ADV Router      Age         Seq#        Prefix
 2.2.2.2        1618        0x80000003  0.0.0.0/0

                OSPFv3 10 address-family ipv6 (router-id 22.22.22.22)

                Router Link States (Area 0)

ADV Router      Age         Seq#        Fragment ID  Link count    Bits
 10.1.14.1      330         0x80000007  0            1             B
 22.22.22.22    198         0x8000000A  0            1             B E

                Net Link States (Area 0)

ADV Router      Age         Seq#        Link ID      Rtr count
 10.1.14.1      330         0x80000004  4            2
```

```
                Inter Area Prefix Link States (Area 0)

ADV Router      Age         Seq#        Prefix
 10.1.14.1      1598        0x80000002  2001:DB8:0:14::/64
 10.1.14.1      1598        0x80000002  2001:DB8:0:4::/64
 22.22.22.22    198         0x80000002  2001:DB8:0:3::/64
 22.22.22.22    198         0x80000002  2001:DB8:0:23::/64

                Link (Type-8) Link States (Area 0)

ADV Router      Age         Seq#        Link ID       Interface
 10.1.14.1      1598        0x80000002  4             Gi0/0
 22.22.22.22    1446        0x80000003  3             Gi0/0

                Intra Area Prefix Link States (Area 0)

ADV Router      Age         Seq#        Link ID       Ref-lstype Ref-LSID
 10.1.14.1      330         0x80000006  0             0x2001     0
 10.1.14.1      330         0x80000004  4096          0x2002     4

                Router Link States (Area 23)

ADV Router      Age         Seq#        Fragment ID  Link count Bits
 22.22.22.22    198         0x8000000A  0            1          B
 33.33.33.33    237         0x80000008  0            1          None

                Net Link States (Area 23)

ADV Router      Age         Seq#        Link ID       Rtr count
 33.33.33.33    237         0x80000007  4             2

                Inter Area Prefix Link States (Area 23)

ADV Router      Age         Seq#        Prefix
 22.22.22.22    198         0x80000005  2001:DB8:0:12::/64
 22.22.22.22    1961        0x80000002  ::/0
 22.22.22.22    198         0x80000002  2001:DB8:0:1::/64
 22.22.22.22    198         0x80000002  2001:DB8:0:4::/64
 22.22.22.22    198         0x80000002  2001:DB8:0:14::/64

                Link (Type-8) Link States (Area 23)

ADV Router      Age         Seq#        Link ID        Interface
 22.22.22.22    1446        0x80000004  4              Gi1/0
 33.33.33.33    1713        0x80000004  4              Gi1/0

                  Intra Area Prefix Link States (Area 23)

ADV Router      Age         Seq#        Link ID          Ref-lstype Ref-LSID
 33.33.33.33    237         0x8000000A  0                0x2001     0
 33.33.33.33    237         0x80000007  4096             0x2002     4

                  Type-5 AS External Link States
```

```
ADV Router        Age         Seq#          Prefix
 22.22.22.22      1446        0x80000003    ::/0
```

需要记住的是，在排查包括 IPv4 OSPF 和 IPv6 OSPF 的 OSPFv3 AF 故障时，需要使用 IPv6 来交换路由信息，因而必须在路由器上启用 IPv6 单播路由。此外，传统的 OSPFv2 与 OSPFv3 相互之间不兼容，因此，为 IPv4 使用 OSPFv3 AF 的路由器无法与为 IPv4 使用常规 OSPFv2 配置的路由器建立对等关系。

如果要验证路由表中的 IPv4 OSPFv3 表项，可以使用 **show ip route ospfv3** 命令。如果要验证路由表中的 IPv6 OSPFv3 表项，可以使用 **show ipv6 route ospf** 命令。

如果需要对 OSPFv3 执行调试操作，可以运行 **debug ospfv3** 命令，后面携带相应的调试参数，如 **events**、**packets**、**hellos** 或 **adj**，该命令将打开所有 AF 的调试功能。如果仅希望打开特定 AF 的调试功能，就需要在命令中包含指定的 AF，如 **debug ospfv3 ipv6 hello**，该命令中的 **ipv6** 就是指定的 AF。

10.5 故障工单（OSPFv3 AF）

本节将给出与本章前面讨论过的主题相关的故障工单，目的是通过这些故障工单让读者真正了解现实世界或考试环境中的故障排查流程。本节的故障工单以图 10-2 所示的拓扑结构为例。

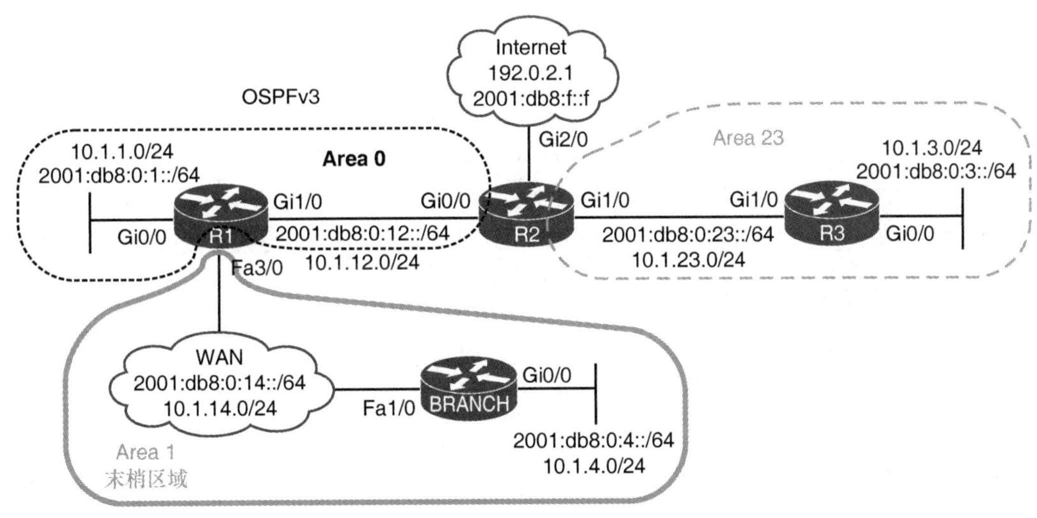

图 10-2　OSPFv3 AF 故障工单拓扑结构

故障工单 10-3

故障问题：分支机构中的用户报告称无法访问 Internet 上任何启用了 IPv6 的网络资源，但是能够访问启用了 IPv4 的网络资源。

在分支路由器上向目的地址 2001:db8:f::f 发起扩展 ping 测试证实了故障问题（见例 10-33），同时向 192.0.2.1 发起的 ping 测试成功，表明可以访问启用了 IPv4 的网络资源。

例 10-33 验证连接性

```
Branch# ping
Protocol [ip]: ipv6
Target IPv6 address: 2001:db8:f::f
Repeat count [5]:
Datagram size [100]:
Timeout in seconds [2]:
Extended commands? [no]: yes
Source address or interface: 2001:db8:0:4::4
UDP protocol? [no]:
Verbose? [no]:
Precedence [0]:
DSCP [0]:
Include hop by hop option? [no]:
Include destination option? [no]:
Sweep range of sizes? [no]:
Type escape sequence to abort.
Sending 5, 100-byte ICMP Echos to 2001:DB8:f::f, timeout is 2 seconds:
Packet sent with a source address of 2001:DB8:0:4::4
UUUUU
Success rate is 0 percent (0/5)

Branch# ping 192.0.2.1 source 10.1.4.4
Type escape sequence to abort.
Sending 5, 100-byte ICMP Echos to 192.0.2.1, timeout is 2 seconds:
Packet sent with a source address of 10.1.4.4
!!!!!
Success rate is 100 percent (5/5), round-trip min/avg/max = 80/112/152 ms
```

在分支路由器上运行 **show ipv6 route 2001:db8:f::f** 命令（见例 10-34），可以看出分支路由器拥有一条可以到达 IPv6 地址的默认路由，这就是 ping 操作返回“UUUUU”消息的原因，表明某些路由器无法到达该 IPv6 目的地，不过该消息是哪台路由器返回的呢?

例 10-34 验证 IPv6 路由表中的路由

```
Branch# show ipv6 route 2001:db8:f::f
Routing entry for ::/0
  Known via "ospf 1", distance 110, metric 2, type inter area
  Route count is 1/1, share count 0
  Routing paths:
    FE80::C801:10FF:FE20:54, FastEthernet1/0
      Last updated 00:07:28 ago
```

为此可以执行路由跟踪操作以确定哪台路由器有问题，例 10-35 显示了 **traceroute 2001:db8:f::f** 命令的运行结果，该跟踪操作表明目的地不可达消息是 R1 返回的。

例 10-35 路由跟踪

```
Branch# traceroute 2001:db8:f::f
Type escape sequence to abort.
Tracing the route to 2001:DB8:F::F

 1 2001:DB8:0:14::1 !U !U !U
```

访问 R1 并运行 **show ipv6 route 2001:db8:f::f** 命令，从下面的输出结果可以看出，没有路由可以到达该 IPv6 地址：

```
R1# show ipv6 route 2001:db8:f::f
% Route not found
```

为什么分支路由器有相应的默认路由，而 R1 却没有呢？从拓扑结构图可以看出 Area 1 是末梢区域，因此 R1 生成了默认路由并将其注入末梢区域中，这就是分支路由器拥有的默认路由的类型是区域间路由而不是外部路由的原因（如上面的输出结果）。

看起来 R2 似乎没有在应该生成默认路由的情况下生成默认路由，因而访问 R2 并运行 **show ospfv3 ipv6** 命令（见例 10-36），证实 R2 不是 ASBR，如果 R2 生成了默认路由，那么 R2 就应该是 ASBR。

例 10-36　验证 R2 的 OSPFv3 参数

```
R2# show ospfv3 ipv6
 OSPFv3 10 address-family ipv6
 Router ID 22.22.22.22
 Supports NSSA (compatible with RFC 3101)
 Event-log enabled, Maximum number of events: 1000, Mode: cyclic
 It is an area border router
 Router is not originating router-LSAs with maximum metric
 Initial SPF schedule delay 5000 msecs
 Minimum hold time between two consecutive SPFs 10000 msecs
 Maximum wait time between two consecutive SPFs 10000 msecs
 Minimum LSA interval 5 secs
 Minimum LSA arrival 1000 msecs
 LSA group pacing timer 240 secs
 Interface flood pacing timer 33 msecs
 Retransmission pacing timer 66 msecs
 Retransmission limit dc 24 non-dc 24
 Number of external LSA 0. Checksum Sum 0x000000
 Number of areas in this router is 2. 1 normal 1 stub 0 nssa
 Graceful restart helper support enabled
 Reference bandwidth unit is 100 mbps
 RFC1583 compatibility enabled
   Area BACKBONE(0)
        Number of interfaces in this area is 1
        SPF algorithm executed 14 times
        Number of LSA 11. Checksum Sum 0x04EDE6
        Number of DCbitless LSA 0
        Number of indication LSA 0
        Number of DoNotAge LSA 0
        Flood list length 0
   Area 23
        Number of interfaces in this area is 1
        It is a stub area
        Generates stub default route with cost 1
        SPF algorithm executed 11 times
        Number of LSA 12. Checksum Sum 0x06610D
```

```
        Number of DCbitless LSA 0
        Number of indication LSA 0
        Number of DoNotAge LSA 0
        Flood list length 0
```

接下来运行 **show run | section router ospfv3** 命令。例 10-37 显示的输出结果表明 IPv6 AF 配置模式下漏配了 **default-information originate** 命令，仅在 IPv4 AF 配置模式下配置了该命令。

例 10-37 验证 R2 的 OSPFv3 配置

```
R2# show run | section router ospfv3
router ospfv3 10
 area 23 stub
 !
 address-family ipv4 unicast
  passive-interface default
  no passive-interface GigabitEthernet0/0
  no passive-interface GigabitEthernet1/0
  default-information originate
  router-id 2.2.2.2
 exit-address-family
 !
 address-family ipv6 unicast
  passive-interface default
  no passive-interface GigabitEthernet0/0
  no passive-interface GigabitEthernet1/0
  router-id 22.22.22.22
 exit-address-family
```

因而在 IPv6 AF 配置模式下添加 **default-information originate** 命令，并且在分支路由器上再次运行扩展 ping 操作（见例 10-38），可以看出 ping 测试成功。

例 10-38 向 IPv6 Internet 资源发起的 ping 测试成功

```
Branch# ping
Protocol [ip]: ipv6
Target IPv6 address: 2001:db8:f::f
Repeat count [5]:
Datagram size [100]:
Timeout in seconds [2]:
Extended commands? [no]: yes
Source address or interface: 2001:db8:0:4::4
UDP protocol? [no]:
Verbose? [no]:
Precedence [0]:
DSCP [0]:
Include hop by hop option? [no]:
Include destination option? [no]:
Sweep range of sizes? [no]:
Type escape sequence to abort.
Sending 5, 100-byte ICMP Echos to 2001:DB8:F::F, timeout is 2 seconds:
```

```
Packet sent with a source address of 2001:DB8:0:4::4
!!!!!
Success rate is 100 percent (5/5), round-trip min/avg/max = 88/113/148 ms
```

备考任务

本书提供多种备考手段：此处的练习题以及 Pearson Test Prep 软件中的模拟考试题。与实际试题相比，下面问题的难度更高，因为它们都是开放式问题。通过这种难度更高的问题，读者可以更好地测试知识掌握程度，以确保完全掌握本章基本概念和主要内容。下面的问题都可以在附录中找到参考答案。

1．复习所有考试要点

请复习本章涉及的所有重要主题，这些内容都用“考试要点”图标做了标记，表 10-3 列出了这些考试要点及其描述。

表 10-3 考试要点

考试要点	描述
例 10-1	了解 **show ipv6 protocols** 命令可以验证的 OSPFv3 信息
例 10-2	了解 **show ipv6 ospf** 命令可以验证的信息
段落	在故障排查过程中通过 **show ipv6 ospf interface brief** 命令验证相关信息
段落	在故障排查过程中通过 **show ipv6 ospf interface** 命令验证相关信息
表 10-2	OSPFv3 使用的其他 LSA 类型
例 10-26	基于 AF 的 OSPFv3 配置示例
例 10-28	利用 **show ospfv3** 命令验证 AF 的 OSPFv3 常规参数
例 10-29	利用 **show ospfv3 interface brief** 命令验证 OSPFv3 接口
例 10-30	利用 **show ospfv3 interface** 命令验证 OSPFv3 接口的详细信息

2．定义关键术语

请对本章中的下列关键术语进行定义。

OSPFv3 接口表、OSPFv3 邻居表、OSPFv3 链路状态数据库（LSDB）、链路状态宣告（LSA）、Dijkstra 的最短路径优先（SPF）算法、OSPFv3 区域、虚链路、OSPFv3 区域边界路由器（ABR）、OSPFv3 自治系统边界路由器（ASBR）、OSPFv3、地址簇（AF）、指派路由器、备用指派路由器、末梢区域、完全末梢区域、NSSA、完全 NSSA。

3．检查命令的记忆程度

以下列出了本章用到的各种重要的配置和验证命令，虽然并不需要记忆每条命令的完整语法格式，但是应该记住这些命令所需的基本关键字。

为了检查你对这些命令的记忆情况，请用一张纸遮住表 10-4 的右侧，通过表格左侧的描述内容，看一看是否能记起这些命令。

表 10-4 命令参考

任务	命令语法
显示设备上启用的 IPv4 路由协议，对于 OSPFv2 来说，该命令将显示是否应用了路由过滤器、RID、该路由器加入的区域 ID、区域类型、最大负载均衡路径数、**network area** 命令、显式参与路由进程的接口、被动接口、路由信息源以及 AD 等信息	**show ip protocols**
显示设备上启用的 IPv6 路由协议，对于 OSPFv3 来说，该命令将显示 PID、RID、区域 ID、区域类型、参与路由进程的接口以及重分发信息	**show ipv6 protocols**
显示常规的 OSPF 参数，包括 PID、RID、参考带宽、路由器上配置的区域、区域类型（末梢区域、完全末梢区域、NSSA 和完全 NSSA）以及区域认证信息	**show ipv6 ospf**
显示参与 OSPF 进程的接口	**show ipv6 ospf interface brief**
显示参与 OSPF 进程的接口的详细信息，包括接口的 IPv4 地址和子网掩码、区域 ID、PID、RID、网络类型、开销、DR/BDR、优先级以及定时器	**show ipv6 ospf interface**
显示与本地路由器已经建立邻居邻接关系的 OSPF 设备	**show ipv6 ospf neighbor**
显示 IPv4/IPv6 路由表中已经安装的 OSPF 路由	**show ipv6 route**
显示 IPv4 和 IPv6 地址簇的 OSPFv3 常规参数，包括 PID、RID、基准带宽、路由器上配置的区域、区域类型（末梢区域、完全末梢区域、NSSA 和完全 NSSA）以及区域认证信息	**show ospfv3**
显示参与 OSPFv3 进程的接口以及这些接口所参与的 AF	**show ospfv3 interface brief**
显示参与 OSPFv3 地址簇的接口的详细信息，包括接口的 IPv4 和 IPv6 地址及子网掩码、区域 ID、PID、RID、网络类型、开销、DR/BDR、优先级以及定时器	**show ospfv3 interface**
显示每个 AF 已经建立的 OSPFv3 邻居的邻接关系	**show ospfv3 neighbor**
显示 OSPF 链路状态数据库	**show ipv6 ospf database**
显示 OSPFv3 链路状态数据库	**show ospfv3 database**
显示与 OSPF Hello 包交换相关的实时信息，这对于识别 OSPF 定时器不匹配以及 OSPF 区域类型不匹配问题非常有用	**debug {ip | ipv6} ospf hello** **debug ospfv3 {ip | ipv6} hello**
显示实时发送和接收到的 OSPF 数据包	**debug {ip | ipv6} ospf packet** **debug ospfv3 {ip | ipv6} packet**
显示 OSPF 邻接关系建立的实时更新信息，这对于识别区域 ID 和认证信息不匹配问题非常有用	**debug {ip | ipv6} ospf adj** **debug ospfv3 {ip | ipv6} adj**
显示 OSPF 事件的实时信息，包括发送和接收到的 Hello 消息以及 LSA，该命令对于看起来似乎忽略了从邻居路由器接收到的 Hello 消息的路由器来说非常有用	**debug {ip | ipv6} ospf events** **debug ospfv3 {ip | ipv6} events**

由于 ENARSI 300-410 认证考试重点考查考生作为网络专家的实际动手能力，因而必须掌握与本章主题相关的配置、验证及故障排查命令。

第 11 章

BGP

本章主要讨论以下主题。

- **BGP 基础知识**：本节将介绍 BGP 的基础知识。
- **BGP 基本配置**：本节将讨论配置 BGP 以建立邻居会话的过程以及在对等体之间交换路由的方式。
- **理解 BGP 会话类型和行为**：本节将讨论路由汇总的工作方式以及 BGP 路由汇总的使用方式及设计注意事项。
- **IPv6 MP-BGP（Multiprotocol BGP，多协议 BGP）**：本节将讨论 BGP 支持 IPv6 路由的方式及其配置机制。

BGP（Border Gateway Protocol，边界网关协议）是一种标准的路径矢量路由协议，具有很好的扩展性和灵活性。BGP 是唯一可以在 Internet 上交换网络信息的路由协议，拥有 80 多万条 IPv4 路由，而且这个数字一直都在不断增长。与 OSPF 和 IS-IS 不同，BGP 不会宣告增量更新或刷新网络宣告，因为 BGP 表中存储了大量路由。BGP 非常重视网络的稳定性，因为链路抖动可能会导致数以千计的路由计算。

本章介绍 BGP 的基本概念以及其他组织机构利用 BGP 进行路由宣告的实现方式。第 12 章将介绍优化大规模 BGP 部署方案的常见技术，包括路由汇总、BGP 路由过滤和控制、BGP 团体等。第 13 章将介绍路由器使用 BGP 的方式，包括 BGP 最佳路径以及 BGP 等价多路径等。第 14 章将介绍各种 BGP 故障排查技术及概念。

11.1 “我已经知道了吗？”测验

“我已经知道了吗？”测验的目的是帮助读者确定是否需要完整地学习本章知识或者直接跳至“备考任务”，如果读者对题目的答案还存在疑问，或者评估自己对这些主题知识的掌握程度还不够的话，就可以从头学起。表 11-1 列出了本章的主要内容以及与这些内容相关联的“我已经知道了吗？”测验题，答案可参见附录。

表 11-1　“我已经知道了吗？”基本主题章节与所对应的测验题

涵盖测验题的基本主题章节	测验题
BGP 基础知识	1～4
BGP 基本配置	5～7
理解 BGP 会话类型和行为	8～10
IPv6 MP-BGP	11、12

> 注意：自我评价的目的是检验你对本章知识的掌握程度，如果不知道或仅部分知道问题的答案，出于自我评价的目的，请在该问题上标记“错”。为了不影响自我评价的结果，对不懂的问题请不要猜测答案，否则可能会造成一种已掌握的假象。

1. 以下哪些自治系统是私有自治系统？（选择两项）
   a. 64,512～65,535
   b. 65,000～65,535
   c. 4,200,000,000～4,294,967,294
   d. 4,265,000～4,265,535,016
2. 下面哪种 BGP 属性对于所有 BGP 实现来说都必须能够识别且需要宣告给其他自治系统？
   a. 周知强制属性
   b. 周知自选属性
   c. 可选传递属性
   d. 可选非传递属性
3. 是非题：BGP 支持两台路由器进行动态邻居发现。
   a. 对
   b. 错
4. 是非题：BGP 会话始终距离邻居一跳。
   a. 对
   b. 错
5. 是非题：必须初始化 IPv4 地址簇，才能与使用 IPv4 编址的对等体建立 BGP 会话。
   a. 对
   b. 错
6. 下面哪条命令可以查看 BGP 邻居及其 Hello 间隔？
   a. **show bgp neighbors**
   b. **show bgp** *afi safi* **neighbors**
   c. **show bgp** *afi safi* **summary**
   d. **show** *afi* bgp **interface brief**
7. BGP 使用多少种表格来存储前缀？
   a. 1
   b. 2
   c. 3
   d. 4
8. 是非题：从 eBGP 对等体学到的路由会宣告给 iBGP 邻居。
   a. 对
   b. 错

9．是非题：从 iBGP 对等体学到的路由会宣告给 iBGP 邻居。

a．对

b．错

10．下面哪些选项可以增强 iBGP 的扩展性？（选择两项）

a．路由反射器

b．BGP 路由聚合

c．BGP 联盟（BGP Confederation）

d．BGP 同盟（BGP Alliance）

11．是非题：必须初始化 IPv6 地址簇，才能与使用 IPv6 编址的对等体建立 BGP 会话。

a．对

b．错

12．是非题：只能通过基于 IPv6 地址建立的 BGP 会话宣告 IPv6 前缀。

a．对

b．错

基础主题

11.2 BGP 基础知识

从 BGP 的角度来看，AS 是由单个组织机构控制的路由器集合，使用一种或多种 IGP 和相同的度量在 AS 中路由数据包。如果 AS 使用了多种 IGP 或度量，那么该 AS 在路由策略当中必须与外部 AS 保持一致。AS 内部并不需要 IGP，AS 可以仅将 BGP 用作唯一的路由协议。

11.2.1 ASN

需要连接到 Internet 的组织机构必须获得 ASN。ASN 最初为 2 字节（16 比特范围），可以提供 65,535 个 ASN。后来 ASN 逐渐被耗尽，RFC 4893 对 ASN 字段进行了扩展以容纳 4 字节（32 比特范围），从而能够提供 4,294,967,295 个唯一的 ASN，与最初的 65,535 个 ASN 相比有了大幅增加。

任何组织机构都能使用两块私有 ASN 空间，只要不在 Internet 上公开交换这些 ASN 即可。ASN 64,512～65,535 是 16 比特 ASN 空间内的专用 ASN，4,200,000,000～4,294,967,294 是扩展后的 32 比特空间内的专用 ASN。

> 注：必须使用 IANA 分配的 ASN、服务提供商分配的 ASN 或专用 ASN。未经允许使用其他组织机构的 ASN 可能会导致流量丢失，甚至可能会给 Internet 造成严重破坏。

11.2.2 BGP 会话

BGP 会话是两台 BGP 路由器之间建立的邻接关系，多跳会话要求路由器使用安装在 RIB 中的底层路由（静态路由或其他路由协议的路由）来建立与远程端点之间的 TCP 会话。

BGP 会话分为两类。

- **iBGP（internal BGP，内部 BGP）会话**：与 iBGP 路由器（位于相同 AS 或参与同一 BGP 联盟的路由器）建立的会话。
- **eBGP（external BPG，外部 BGP）会话**：与其他 AS 中的 BGP 路由器建立的会话。

11.2.3 路径属性

BGP 为每条网络路径都关联 PA（Path Attribute，路径属性），PA 可以为 BGP 提供精细化的路由策略控制能力。可以将 BGP 前缀的 PA 分为以下几种。

- 周知强制（Well-known Mandatory）属性。
- 周知自选（Well-known Discretionary）属性。
- 可选传递（Optional Transitive）属性。
- 可选非传递（Optional Nontransitive）属性。

所有的 BGP 实现都必须支持周知属性。每条前缀宣告都必须包含周知强制属性，可以包含也可以不包含周知自选属性。

并非所有的 BGP 实现都必须支持可选属性。如果设置了可选属性使其具有传递性，其就可以随着路由宣告从一个 AS 传递到另一个 AS。某些 PA 是不具备传递性的，无法在 AS 与 AS 之间共享。BGP 中的 NLRI（Network Layer Reachability Information，网络层可达性信息）是路由更新，由网络前缀、前缀长度以及特定路由的 BGP PA 组成。

11.2.4 环路预防

BGP 是一种路径矢量路由协议，与链路状态路由协议不同，BGP 并不包含完整的网络拓扑结构。BGP 的行为与距离矢量路由协议相似，以确保无环路径。

BGP 属性 AS_PATH 是一个周知强制属性，包含了前缀宣告从源端 AS 开始穿越的所有 AS 的完整 ASN 列表。BGP 利用 AS_PATH 来实现环路预防，如果 BGP 路由器收到前缀宣告之后，发现自己的 AS 位于 AS_PATH 列表中，就会丢弃该前缀，因为路由器认为该前缀宣告产生了环路。

11.2.5 地址簇

虽然最初的 BGP 主要负责在组织机构之间路由 IPv4 前缀，但 RFC 2858 通过 AFI（Address-Family Identifier，地址簇标识符）扩展能力增加了 MP-BGP 功能。地址簇与特定的网络协议（如 IPv4、IPv6 等）相关，可以通过 SAFI（Subsequent Address-Family Identifier，子地址簇标识符）来提供更精细化的标识能力（如单播和多播）。MP-BGP 利用 BGP PA 中的 MP_REACH_NLRI 和 MP_UNREACH_NLRI 来实现隔离能力，这些属性都位于 BGP 的更新消息当中，用于携带不同地址簇的网络可达性信息。

> 注：有些网络工程师将多协议 BGP 称为 MP-BGP，也有些网络工程师使用术语 MBGP，两者是一样的。

每个地址簇在 BGP 中都会为每种协议维护一个独立的数据库和配置（地址簇+子地址簇），这样就可以为不同的地址簇配置不同的路由策略，即使路由器与其他路由器之间使用的是同一个 BGP 会话。为了区分 AFI 和 SAFI 数据库，BGP 的每条路由宣告都会包含 AFI 和 SAFI。

11.2.6 路由器间通信

BGP 不像 IGP 那样使用 Hello 包来发现邻居，而且无法动态发现邻居。BGP 被设计为自治系统间的路由协议，意味着邻居邻接关系不应频繁发生变化。BGP 邻居由 IP 地址进行定义。

BGP 使用 TCP 端口 179 与其他路由器进行通信。TCP 支持通信数据包的分段、排序和可靠性（确认和重传）。最新的 BGP 实现都会设置 DF（Do-not-Fragment，不分段）比特以防止分段，且依赖路径 MTU 发现机制。

IGP 遵循物理拓扑，因为会话是通过无法跨越网络边界（仅支持单跳）的 Hello 包建立的。BGP 使用能够跨越网络边界的 TCP（具备多跳功能），不但能够与直连设备建立邻居邻接关系，也能与多跳之外的设备建立邻接关系。

BGP 会话是两台 BGP 路由器之间建立的邻接关系，多跳会话要求路由器使用安装在 RIB 中的底层路由（静态路由或其他路由协议的路由）来建立与远程端点之间的 TCP 会话。

图 11-1 中的 R1 能够与 R2 建立直接 BGP 会话。R2 能够与 R4 建立 BGP 会话（虽然跨越了 R3）。R1 和 R2 能够通过直连路由定位对方。R2 通过静态路由到达网络 10.34.1.0/24，R4 通过静态路由到达网络 10.23.1.0/24。虽然数据包流经了 R3，但 R3 并不感知 R2 与 R4 已经建立了 BGP 会话。

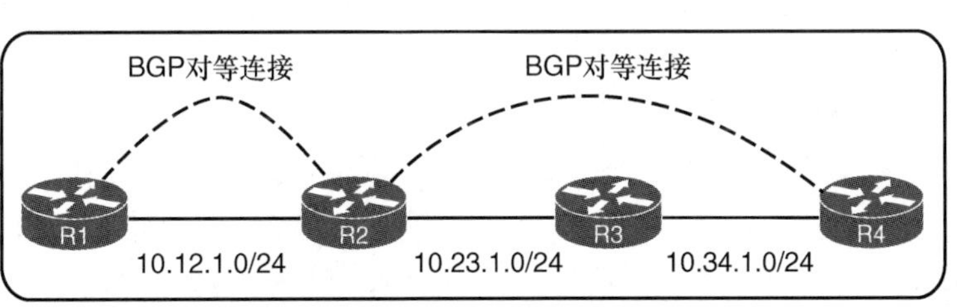

图 11-1 BGP 单跳和多跳会话

> 注：连接到同一网络上的 BGP 邻居使用 ARP 表查找对等体的 IP 地址，多跳 BGP 会话需要使用路由表信息来查找对等体的 IP 地址。iBGP 邻居之间通常运行静态路由或 IGP，提供拓扑路径信息以建立 BGP TCP 会话。默认路由不足以建立多跳 BGP 会话。

由于 BGP 允许与多跳之外的对等体交换路由信息，因而可以将 BGP 视为控制平面路由协议或应用程序。BGP 路由器不必在数据平面（路径）中交换前缀，但数据路径中的 BGP 路由器之间的所有路由器都必须知道通过它们转发的所有路由。

1. BGP 消息

BGP 通信需要用到 4 类消息（见表 11-2）。

表 11-2 BGP 消息类型

类型	名称	功能描述
1	OPEN（打开）	设置并建立 BGP 邻接关系
2	KEEPALIVE（保活）	确保 BGP 邻居始终处于激活状态
3	UPDATE（更新）	宣告、更新或撤销路由
4	NOTIFICATION（通告）	向 BGP 邻居指示差错状态

（1）OPEN 消息

OPEN 消息用于建立 BGP 邻接关系。双方在建立 BGP 对等关系之前需要协商会话能力，OPEN 消息包含 BGP 版本号、发端路由器的 ASN、保持时间（Hold Time）、BGP 标识符以及建立会话能力所需的其他可选参数。

- **保持时间**：保持时间属性为每个 BGP 邻居设置保持定时器（以秒为单位）。收到 UPDATE 或 KEEPALIVE 消息之后，保持定时器会被重置为初始值。如果保持定时器达到 0，就会拆除该 BGP 会话、删除来自该邻居的路由，还会向其他 BGP 邻居发送适当的路由撤销消息以通告受影响的前缀。保持时间是确保 BGP 邻居处于正常、有效状态的心跳机制。

建立 BGP 会话时，路由器会使用包含在两台路由器 OPEN 消息中较小的保持时间值。必须将保持时间值设置为至少 3s，或者将保持时间值设置为 0 以禁用 KEEPALIVE 消息，思科路由器的默认保持定时器的保持时间为 180s。

- **BGP 标识符**：BGP RID 是一个唯一的 32 比特数字，负责在宣告的前缀中标识 BGP 路由器。RID 可以为自治系统内宣告路由的路由器提供环路预防机制。可以为 BGP 手动或动态设置 RID。为了确保路由器能够成为邻居，必须设置一个非零的 RID 值。

（2）KEEPALIVE 消息

BGP 不依赖 TCP 连接状态来确保邻居的激活性。KEEPALIVE 消息按照两台 BGP 路由器协商好的保持定时器的 1/3 保持时间进行交换，思科路由器的默认保持时间为 180s，因而默认 KEEPALIVE 消息间隔为 60s。如果保持时间为 0，就不会在 BGP 邻居之间发送 KEEPALIVE 消息。

（3）UPDATE 消息

UPDATE 消息负责宣告可选路由、撤销以前宣告的路由或执行两者。UPDATE 消息包含 NLRI，NLRI 在宣告前缀时包含了前缀以及相关联的 BGP PA。撤销 NLRI 仅包含前缀信息。为了减少不必要的流量，UPDATE 消息也可以充当 KEEPALIVE 消息。

（4）NOTIFICATION 消息

如果检测到 BGP 会话出现差错（如保持定时器到期、邻居能力变更或请求 BGP 会话重置），就会发送 NOTIFICATION 消息，从而导致 BGP 连接关闭。

2. BGP 邻居状态

BGP 与称为对等体的邻居路由器建立 TCP 会话。BGP 使用 FSM（Finite State Machine，有限状态机）维护所有 BGP 对等体及其运行状态的表。BGP 会话可能会报告以下状态。

- Idle（空闲）状态。
- Connect（连接）状态。
- Active（激活）状态。
- OpenSent（打开发送）状态。
- OpenConfirm（打开确认）状态。
- Established（建立）状态。

图 11-2 显示了 BGP FSM。

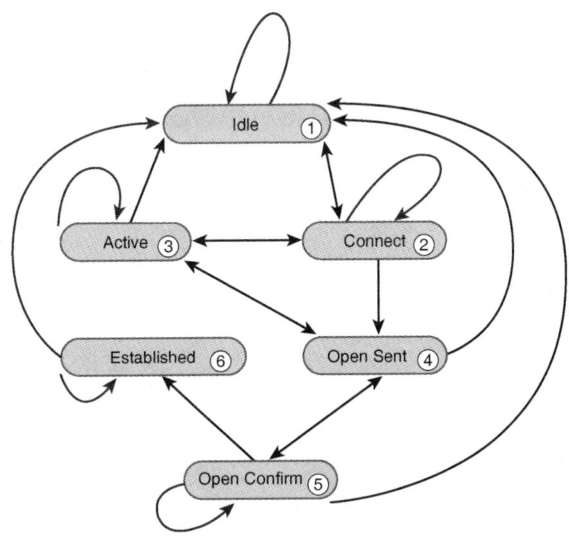

图 11-2 BGP FSM

（1）Idle 状态

Idle 状态是 BGP FSM 的第一阶段。BGP 检测到启动事件之后，会尝试初始化与 BGP 对等体之间的 TCP 连接，同时侦听来自对等路由器的新连接。

如果因差错导致 BGP 第二次返回 Idle 状态，就要将连接重试定时器（ConnectRetryTimer）的值设置为 60s，且在再次初始化连接之前该定时器的值必须递减为 0。如果仍未离开 Idle 状态，那么连接重试定时器的时长将比上一次增加 1 倍。

（2）Connect 状态

Connect 状态下的 BGP 将启动 TCP 连接。TCP 三次握手进程完成之后，已建立的 BGP 会话的 BGP 进程就会重置连接重试定时器并向邻居发送 OPEN 消息，同时迁移为 OpenSent 状态。

如果上述阶段完成之前，连接重试定时器超时，就会尝试建立新的 TCP 连接、重置连接重试定时器，状态迁移到 Active 状态。如果在这个过程中收到了其他输入，就会迁移到 Idle 状态。该阶段由 IP 地址较大的邻居管理连接，发起请求的路由器使用动态源端口，目的端口始终为 179。

例 11-1 显示了已建立的 BGP 会话，通过命令 **show tcp brief** 显示了路由器之间的活动 TCP 会话。可以看出，R1 的 TCP 源端口为 179，目的端口为 59884。R2 的端口号则正好相反。

例 11-1 已建立的 BGP 会话

```
R1# show tcp brief
TCB          Local Address          Foreign Address         (state)
F6F84258     10.12.1.1.59884        10.12.1.2.179            ESTAB
```

```
R2# show tcp brief
TCB          Local Address          Foreign Address         (state)
EF153B88     10.12.1.2.179          10.12.1.1.59884          ESTAB
```

（3）Active 状态

Active 状态下的 BGP 会启动一个新的 TCP 三次握手进程。如果建立了 TCP 连接，就会发送一条 OPEN 消息，将保持定时器的值设置为 4min，且状态迁移为 OpenSent 状态。如果 TCP 连接失败，状态将回到 Connect 状态并重置连接重试定时器。

（4）OpenSent 状态

OpenSent 状态下的发端路由器已经发送了 OPEN 消息并等待其他路由器发来的 OPEN 消息，发端路由器收到其他路由器发来的 OPEN 消息之后，会检查这两条 OPEN 消息的差错情况，并对比以下信息。

- BGP 版本必须匹配。
- OPEN 消息的源 IP 地址必须与为邻居配置的 IP 地址相匹配。
- OPEN 消息中的 ASN 必须与邻居的配置相匹配。
- BGP 标识符（RID）必须唯一。如果 RID 不存在，就不满足该条件。
- 安全参数（密码、TTL 等）。

如果 OPEN 消息没有任何差错，就协商保持时间（使用较低值），并发送 KEEPALIVE 消息（假设保持时间未设置为 0）。此后，Connect 状态将迁移到 OpenConfirm 状态。如果在 OPEN 消息中发现了差错，就会发送 NOTIFICATION 消息，并将状态迁移回 Idle 状态。

如果 TCP 收到了断开连接消息，那么 BGP 将关闭连接，重置连接重试定时器，并将状态设置为 Active 状态。如果在这个过程中收到了其他输入，BGP 就会迁移到 Idle 状态。

（5）OpenConfirm 状态

OpenConfirm 状态下的 BGP 会等待 KEEPALIVE 消息或 NOTIFICATION 消息。

收到邻居的 KEEPALIVE 消息之后，BGP 就会迁移到 Established 状态。如果保持定时器到期、出现终止事件或者收到 NOTIFICATION 消息，BGP 就会迁移回 Idle 状态。

（6）Established 状态

Established 状态下的 BGP 将建立 BGP 会话，BGP 邻居通过 UPDATE 消息交换路由。收到 UPDATE 和 KEEPALIVE 消息之后，BGP 将重置保持定时器。如果保持定时器到期，就会检测到差错，BGP 则将邻居迁移回 Idle 状态。

11.3 BGP 基本配置

配置 BGP 时，最好从模块化的角度来考虑配置过程。BGP 路由器的配置需要以下组件。

- **BGP 会话参数**：BGP 会话参数负责提供与远程 BGP 邻居建立通信关系所需的设置，包括 BGP 对等体的 ASN、认证、保持定时器以及会话的源 IP 地址和目的 IP 地址。
- **地址簇初始化**：需要在 BGP 路由器配置模式下初始化地址簇，网络宣告和路由汇总都发生在地址簇内。
- **在 BGP 对等体上激活地址簇**：必须激活 BGP 对等体的地址簇，以便 BGP 启动与该对等体的会话。路由器的 IP 地址被添加到邻居表中，BGP 会尝试建立 BGP 会话或者接受对等路由器发起的 BGP 会话。

BGP 的配置过程如下。

步骤 1 使用全局命令 **router bgp** *as-number* 初始化 BGP 进程。

步骤 2 静态定义 BGP RID（可选）。动态 RID 分配逻辑使用处于 Up 状态的环回接口中的最大 IP 地址。如果没有处于 Up 状态的环回接口，就在 BGP 进程初始化的时候，将处于 Up 状态的接口中的最大 IP 地址作为 RID。

为了确保 RID 不发生变化，可以分配静态 RID（通常采用路由器上的 IPv4 地址，如环回地址）。RID 可以使用任何 IPv4 地址，包括未在路由器上配置的 IP 地址。最佳实践是通过命令 **bgp router-id** 静态配置 BGP RID。RID 发生变化之后，所有 BGP 会话都要重置并重新建立。

步骤 3 使用 BGP 路由器配置命令 **neighbor** *ip-address* **remote-as** *as-number* 标识 BGP 邻居的 IP 地址和 ASN。

步骤 4 指定 BGP 会话的源接口（可选）。理解对等体之间 BGP 数据包的流量流非常重要，BGP 数据包的源 IP 地址反映了出站接口的 IP 地址。路由器收到 BGP 数据包之后，会将数据包的源 IP 地址与该邻居配置的 IP 地址相关联。如果 BGP 数据包的源 IP 地址与邻居表中的表项不匹配，就无法将数据包与邻居相关联，从而丢弃该数据包。可以通过命令 **neighbor** *ip-address* **updatesource** *interface-id* 为特定邻居指定 BGP 会话的接口。本章将在后面详细讨论该概念。

步骤 5 启用 BGP 认证（可选）。BGP 支持通过 MD5 认证哈希对 BGP 对等体进行认证，以防止对 BGP 数据包进行恶意控制。无认证机制的 BGP 会话可能会收到插入了错误更新内容的欺诈更新。如果要启用 BGP 认证机制，需要在邻居会话参数下使用命令 **neighbor** *ip-address* **password**。

步骤 6 修改 BGP 定时器（可选）。由于 BGP 表非常庞大，因而 BGP 对网络拓扑结构的稳定性非常依赖。BGP KEEPALIVE 和 UPDATE 消息可确保建立 BGP 邻居，默认的保持定时器要求每 3min（180s）收到一个数据包，以维护 BGP 会话。首次建立 BGP 会话的时候需要协商保持定时器。

BGP 默认每 60s 向 BGP 邻居发送一条 KEEPALIVE 消息。可以在进程级别或各个邻居会话中设置 BGP 保活定时器和保持定时器。某些设计方案可能要求采用更加积极或更具适应性的 BGP 定时器设置。可以通过命令 **neighbor** *ip-address* **timers** *keepalive holdtime* [*minimum-holdtime*]为会话修改 BGP 定时器。

注：IOS 默认激活 IPv4 地址簇，因而简化了 IPv4 环境的配置操作，因为此时步骤 7 和步骤 8 均可选，均默认启用。但是，如果还使用了其他地址簇，就有可能会产生混乱。此时，可以通过 BGP 路由器配置命令 **no bgp default ip4-unicast** 禁止 IPv4 AFI 自动激活，这样就需要执行步骤 7 和 8。

步骤 7 使用 BGP 路由器配置命令 **address-family** *afi safi* 初始化地址簇。AFI 的示例有 IPv4 和 IPv6，SAFI 的示例有单播和多播。

步骤 8 使用 BGP 地址簇配置命令 **neighbor** *ip-address* **activate** 激活 BGP 邻居的地址簇。

注：对于 IOS 和 IOS XE 设备来说，IPv4 和 IPv6 地址簇的默认 SAFI 是单播（可选）。

图 11-3 以一个简单的拓扑结构解释了 eBGP 的配置过程。

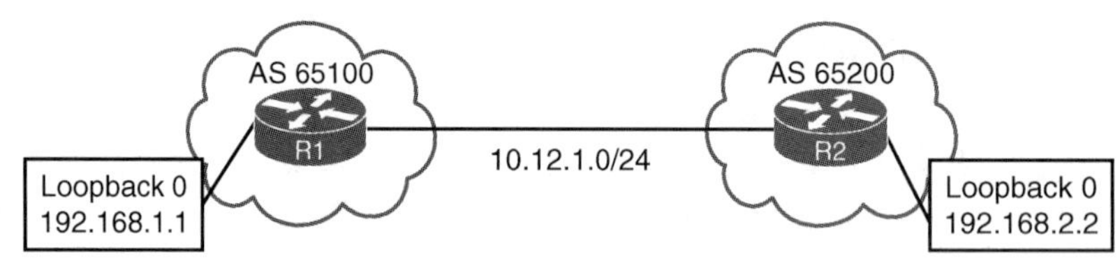

图 11-3 简单的 eBGP 拓扑结构

例 11-2 通过 IOS 默认和可选的 IPv4 AFI 修改器 CLI 语法配置了 R1 和 R2。R1 的配置默认启用 IPv4 地址簇，R2 的配置则禁止 IOS 默认启用 IPv4 地址簇，并以手动方式为特定邻居 10.12.1.1 激活 IPv4 地址簇。两台设备均修改了可选的 BGP 会话设置。

- 使用 CISCOBGP 密码启用认证机制。
- R1 将 BGP Hello 定时器的值设置为 10s，将保持定时器的值设置为 40s。R2 将 BGP Hello 定时器的值设置为 15s，将保持定时器的值设置为 50s。

例 11-2 BGP 配置

```
R1 (Default IPv4 Address-Family Enabled)
router bgp 65100
 neighbor 10.12.1.2 remote-as 65200
 neighbor 10.12.1.2 password CISCOBGP
 neighbor 10.12.1.2 timers 10 40
```

```
R2 (Default IPv4 Address-Family Disabled)
router bgp 65200
 no bgp default ipv4-unicast
 neighbor 10.12.1.1 remote-as 65100
 neighbor 10.12.1.2 password CISCOBGP
 neighbor 10.12.1.1 timers 15 50
 !
 address-family ipv4
  neighbor 10.12.1.1 activate
 exit-address-family
```

11.3.1 验证 BGP 会话

可以通过 **show bgp** *afi safi* **summary** 命令验证 BGP 会话。例 11-3 显示了 IPv4 BGP 会话摘要信息。请注意，首先显示的是 BGP RID 和路由表版本，Up/Down 列显示 BGP 会话的建立时间已经超过了 5min。

注：早期命令（如 **show ip bgp summary**）是在 MP-BGP 出现前发布的，没有为 BGP 的多协议功能提供层次化结构。无论 BGP 交换的是何种信息，使用 AFI 和 SAFI 语法的好处是可以确保命令的一致性。如果工程师使用了 IPv6、VPNv4 或 VPNv6 等地址簇，那么这一点就会非常明显。

例 11-3 验证 IPv4 BGP 会话摘要信息

```
R1# show bgp ipv4 unicast summary
BGP router identifier 192.168.2.2, local AS number 65200
BGP table version is 1, main routing table version 1

Neighbor        V    AS MsgRcvd MsgSent   TblVer  InQ OutQ Up/Down  State/PfxRcd
10.12.1.2       4  65200       8       9        1    0    0 00:05:23        0
```

表 11-3 列出了 BGP 表显示的摘要字段信息。

表 11-3 BGP 摘要字段信息

字段	描述
Neighbor	BGP 对等体的 IP 地址
V	BGP 对等体使用的 BGP 版本
AS	BGP 对等体的 ASN
MsgRcvd	从 BGP 对等体收到的消息数量
MsgSent	发送给 BGP 对等体的消息数量
TblVer	发送给 BGP 对等体的 BGP 数据库版本

续表

字段	描述
InQ	来自 BGP 对等体的待处理的排队消息数量
OutQ	需要发送给 BGP 对等体的排队消息数量
Up/Down	BGP 会话建立的时长。如果会话不是已建立状态，那么显示的是当前状态
State/PfxRcd	BGP 对等体的当前状态/从 BGP 对等体收到的前缀数量

可以通过 **show bgp** *afi safi* **neighbors** *ip-address* 命令获取 BGP 邻居的会话状态、定时器及其他重要的对等信息（见例 11-4）。请注意，根据 R1 的会话设置情况，BGP 的保持时间已被协商为 40。

例 11-4 获取对等信息

```
R2# show bgp ipv4 unicast neighbors 10.12.1.1
! Output omitted for brevity

! The first section provides the neighbor's IP address, remote-as, indicates if
! the neighbor is 'internal' or 'external', the neighbor's BGP version, RID,
! session state, and timers.

BGP neighbor is 10.12.1.1, remote AS65100, external link
  BGP version 4, remote router ID 192.168.1.1
  BGP state = Established, up for 00:01:04
  Last read 00:00:10, last write 00:00:09, hold is 40, keepalive is 13 seconds
  Neighbor sessions:
    1 active, is not multisession capable (disabled)
! This second section indicates the capabilities of the BGP neighbor and
! address-families configured on the neighbor.
  Neighbor capabilities:
    Route refresh: advertised and received(new)
    Four-octets ASN Capability: advertised and received
    Address family IPv4 Unicast: advertised and received
    Enhanced Refresh Capability: advertised
    Multisession Capability:
    Stateful switchover support enabled: NO for session 1
  Message statistics:
    InQ depth is 0
    OutQ depth is 0

! This section provides a list of the BGP packet types that have been received
! or sent to the neighbor router.
                         Sent       Rcvd
    Opens:                  1          1
    Notifications:          0          0
    Updates:                0          0
    Keepalives:             2          2
    Route Refresh:          0          0
    Total:                  4          3
  Default minimum time between advertisement runs is 0 seconds

! This section provides the BGP table version of the IPv4 Unicast address-
! family. The table version is not a 1-to-1 correlation with routes as multiple
```

```
! route change can occur during a revision change. Notice the Prefix Activity
! columns in this section.
For address family: IPv4 Unicast
  Session: 10.12.1.1
  BGP table version 1, neighbor version 1/0
  Output queue size : 0
  Index 1, Advertise bit 0
                              Sent       Rcvd
  Prefix activity:            ----       ----
    Prefixes Current:            0          0
    Prefixes Total:              0          0
    Implicit Withdraw:           0          0
    Explicit Withdraw:           0          0
    Used as bestpath:          n/a          0
    Used as multipath:         n/a          0

                                Outbound    Inbound
  Local Policy Denied Prefixes: --------    -------
    Total:                             0          0
  Number of NLRIs in the update sent: max 0, min 0

! This section indicates that a valid route exists in the RIB to the BGP peer IP
! address, provides the number of times that the connection has established and
! time dropped, since the last reset, the reason for the reset, if path-mtu-
! discovery is enabled, and ports used for the BGP session.

  Address tracking is enabled, the RIB does have a route to 10.12.1.1
  Connections established 2; dropped 1
  Last reset 00:01:40, due to Peer closed the session
  Transport(tcp) path-mtu-discovery is enabled
Connection state is ESTAB, I/O status: 1, unread input bytes: 0
Minimum incoming TTL 0, Outgoing TTL 255
Local host: 10.12.1.2, Local port: 179
Foreign host: 10.12.1.1, Foreign port: 56824
```

11.3.2 前缀宣告

BGP 通过下面 3 张表来维护前缀的网络路径和 PA 信息。

- Adj-RIB-in 表：包含原始形式（处理入站路由策略之前）的 NLRI 路由。处理完所有路由策略之后就会清除该表，以节省内存。
- Loc-RIB 表：包含所有本地发起或者从其他 BGP 对等体收到的 NLRI 路由。这些 NLRI 路由通过了有效性和下一跳可达性检查之后，BGP 最佳路径算法就会为特定前缀选择最佳 NLRI。Loc-RIB 是向 IP 路由表提供路由的表。
- Adj-RIB-out 表：包含所有已处理出站路由策略的 NLRI 路由。

可以在适当的 BGP 地址簇配置下，通过命令 **network mask** *subnet-mask* [**route-map** *route-map-name*]在 BGP Loc-RIB 表中安装网络前缀。可选关键字 **route-map** 可以在前缀安装到 Loc-RIB 表中时设置特定的 BGP PA。有关路由映射的详细内容将在第 15 章进行详细讨论。

BGP 的 **network** 语句并不是为特定接口启用 BGP，而是标识将要安装到 BGP 表（称为 Loc-RIB 表）中的特定网络前缀。

配置完 BGP **network** 语句之后，BGP 进程会在全局 RIB 中搜索精确的网络前缀匹配项，这里的网络前缀可以是直连网络、辅助直连网络或来自路由协议的路由。确认 **network** 语句与全局 RIB 中的前缀相匹配之后，就可以将前缀安装到 BGP Loc-RIB 表中。将 BGP 前缀安装到 Loc-RIB 表中时，将根据 RIB 前缀类型设置以下 BGP PA。

- **直连网络**：将下一跳 BGP 属性设置为 0.0.0.0，将 BGP 路由来源属性设置为 i（对于 IGP 来说），将 BGP 权重设置为 32,768。
- **静态路由或路由协议**：将下一跳 BGP 属性设置为 RIB 中的下一跳 IP 地址，将 BGP 路由来源属性设置为 i（对于 IGP 来说），将 BGP 权重设置为 32,768，将 MED（Multi-Exit Discriminator，多出口鉴别器）设置为 IGP 度量。

BGP 并不会将 Loc-RIB 表中的每条路由都宣告给 BGP 对等体。将 Loc-RIB 表中的路由宣告给 BGP 对等体时，需要遵循以下步骤。

步骤 1 验证 NLRI 有效且下一跳地址可以在全局 RIB 中解析。如果 NLRI 有问题，那么仍然保留 NLRI，但不会进行下一步处理。

步骤 2 处理所有特定的出站邻居策略。处理完策略之后，如果路由未被出站策略拒绝，就将该路由保留在 Adj-RIB-Out 表中，供后续使用。

步骤 3 将 NLRI 宣告给 BGP 对等体。如果 NLRI 的下一跳 BGP PA 为 0.0.0.0，就将下一跳地址更改为 BGP 会话的 IP 地址。

图 11-4 解释了将本地 BGP 网络宣告的网络前缀安装到 BGP 表中的过程。

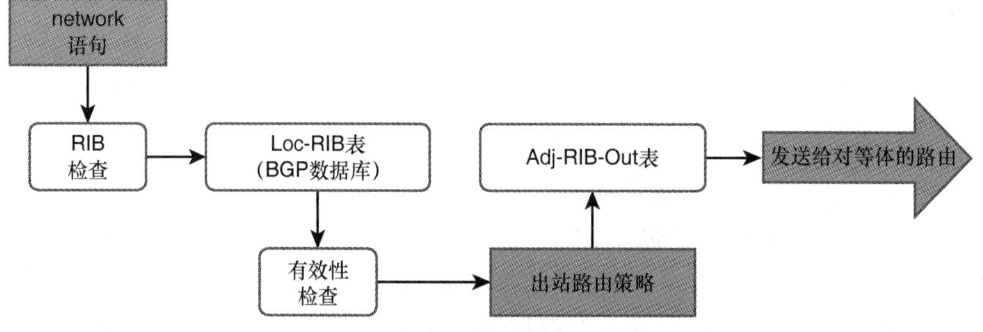

图 11-4 将本地 BGP 网络宣告的网络前缀安装到 BGP 表中

注：无论 BGP Loc-RIB 表中存在多少条路由（NLRI 路由），BGP 仅将最佳路径宣告给 BGP 对等体。

图 11-5 对图 11-3 所示的拓扑结构进行了扩展，此时的 R1 已经与 R2 建立了 eBGP 会话，R1 拥有从静态路由、EIGRP 和 OSPF 学到的多条路由。请注意，R3 的环回接口是通过 EIGRP 学到的，R4 的环回接口通过静态路由可达，R5 的环回接口是从 OSPF 学到的。

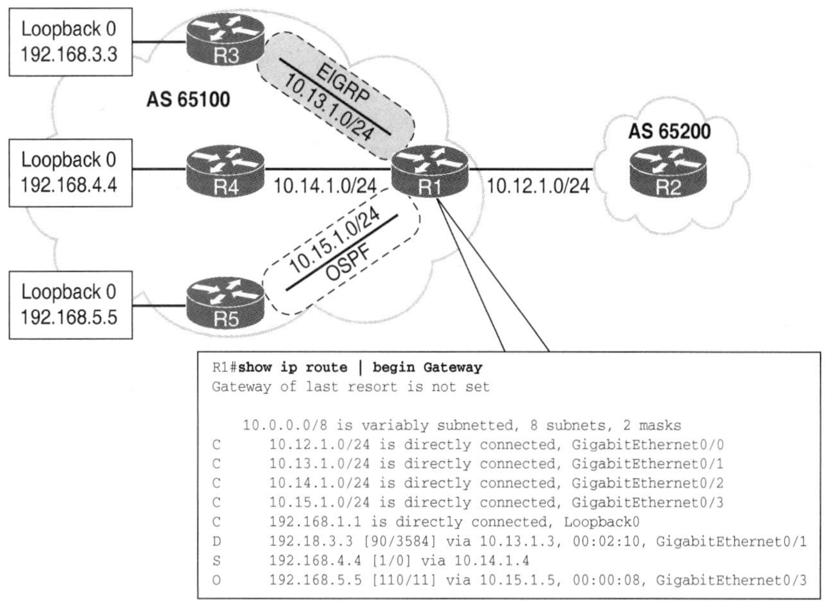

图 11-5　多个 BGP 路由来源

R1 路由表中的所有路由都能宣告到 BGP 中（无论是何种源协议）。例 11-5 在 R1 上通过 **network** 语句宣告了 R1、R3 和 R4 的环回接口，由于指定每条需要宣告的网络前缀看起来非常繁杂，因而通过将 OSPF 路由重分发到 BGP 中的方式将 R5 的环回接口注入 BGP 中。由于已经禁用了默认的 IPv4 单播地址簇，因而 R2 的配置位于 **address-family ipv4 unicast** 之下。

例 11-5　宣告非连接路由的配置

```
R1
router bgp 65100
 network 10.12.1.10 mask 255.255.255.0
 network 192.168.1.1 mask 255.255.255.255
 network 192.168.3.3 mask 255.255.255.255
 network 192.168.4.4 mask 255.255.255.255
 redistribute ospf 1
```

```
R2
router bgp 65200
 address-family ipv4 unicast
  network 10.12.1.0 mask 255.255.255.0
  network 192.168.2.2 mask 255.255.255.255
```

注：将学自 IGP 的路由重分发到 BGP 中是非常安全的，但是重分发学自 BGP 的路由时必须格外小心。因为 BGP 面向大规模网络，能够处理 Internet 规模的路由表（800,000 多条前缀），而 IGP 在路由数量不到 20,000 条时就可能会出现稳定性问题。

11.3.3　接收和查看路由

从 BGP 对等体收到前缀之后，并不会将 Loc-RIB 表中的每条前缀都宣告给 BGP

对等体或者安装到全局 RIB 中。BGP 的路由处理步骤如下。

步骤 1 将路由以原始状态存储在 Adj-RIB-In 表中，并根据收到该路由的邻居应用入站路由策略。

步骤 2 使用最新表项更新 Loc-RIB 表，清除 Adj-RIB-In 表以节省内存。

步骤 3 执行有效性检查，以验证路由是否有效以及下一跳地址在全局 RIB 中是否可以解析。如果路由有问题，就将路由保留在 Loc-RIB 表中，但不进行下一步处理。

步骤 4 确定 BGP 最佳路径，仅将最佳路径及其 PA 传递到步骤 5。有关 BGP 最佳路径选择过程的详细内容请参阅第 13 章。

步骤 5 将最佳路径路由安装到全局 RIB 中，处理出站路由策略，将非丢弃路由存储到 Adj-RIB-Out 表中并宣告给 BGP 对等体。

图 11-6 显示了完整的 BGP 路由处理逻辑，包括从 BGP 对等体接收路由以及 BGP 最佳路径算法。

考试要点

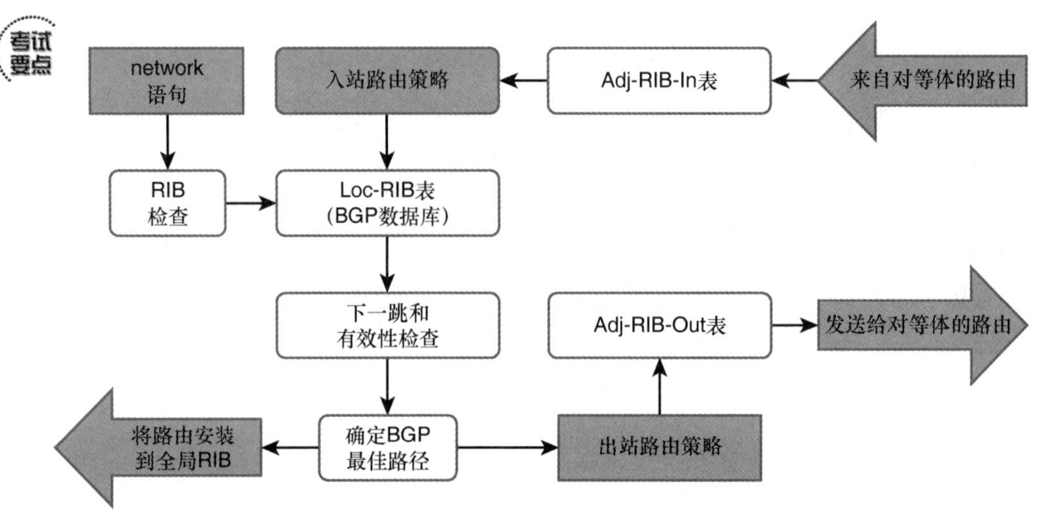

图 11-6 BGP 路由处理

使用命令 **show bgp** *afi safi* 可以显示路由器的 BGP 数据库（Loc-RIB 表）内容。BGP Loc-RIB 表中的每个表项都至少会为每个网络前缀包含一条路径，也可以包含多条路径。例 11-6 显示了 R1 的 BGP 表信息，包含了本地生成的路由和来自 R2 的路由。

例 11-6 来自多个路由来源的 BGP 表

```
R1# show bgp ipv4 unicast
BGP table version is 9, local router ID is 192.168.1.1
Status codes: s suppressed, d damped, h history, * valid, > best, i - internal,
              r RIB-failure, S Stale, m multipath, b backup-path, f RT-Filter,
              x best-external, a additional-path, c RIB-compressed,
Origin codes: i - IGP, e - EGP, ? - incomplete
RPKI validation codes: V valid, I invalid, N Not found
```

```
    Network          Next Hop            Metric LocPrf Weight Path
 *>  10.12.1.0/24     0.0.0.0                  0         32768 i
 *                    10.12.1.2                0             0 65200 i
 *>  10.15.1.0/24     0.0.0.0                  0         32768 ?
 *>  192.168.1.1/32   0.0.0.0                  0         32768 i
 *>  192.168.2.2/32   10.12.1.2                0             0 65200 i
 ! The following route comes from EIGRP and uses a network statement
 *>  192.168.3.3/32   10.13.1.3             3584         32768 i
! The following route comes from a static route and uses a network statement
 *>  192.168.4.4/32   10.14.1.4                0         32768 i
! The following route was redistributed from OSPF
 *>  192.168.5.5/32   10.15.1.5               11         32768 ?
```

```
R2# show bgp ipv4 unicast | begin Network
    Network          Next Hop            Metric LocPrf Weight Path
 *   10.12.1.0/24     10.12.1.1                0             0 65100 i
 *>                   0.0.0.0                  0         32768 i
 *>  10.15.1.0/24     10.12.1.1                0             0 65100 ?
 *>  192.168.1.1/32   10.12.1.1                0             0 65100 i
 *>  192.168.2.2/32   0.0.0.0                  0      32768 i
 *>  192.168.3.3/32   10.12.1.1             3584             0 65100 i
 *>  192.168.4.4/32   10.12.1.1                0             0 65100 i
 *>  192.168.5.5/32   10.12.1.1               11             0 65100 ?
```

从 R1 的 BGP 表可以看出，其下一跳与从 RIB 学到的下一跳相匹配，AS_PATH 为空，路由来源代码为 IGP（通过 **network** 语句学到的路由）或 incomplete（重分发路由）。度量来自 R3 和 R5 的 IGP，表示为 MED。R2 严格从 eBGP 学习路由且仅能看到 MED 和路由来源代码。

表 11-4 列出了 BGP 表显示的字段信息。

表 11-4　　BGP 表显示的字段信息

字段	描述
Network	安装在 BGP 表中的网络前缀列表，如果同一条前缀存在多条 NLRI 路由，那么仅识别第一条前缀，其余前缀留空。 有效的 NLRI 路由标记“*”。 被选为最佳路径的 NLRI 标记角括号（>）
Next Hop	周知强制 BGP 路径属性，负责定义该特定 NLRI 的下一跳的 IP 地址
Metric	MED，可选非传递 BGP 路径属性，用于该特定 NLRI 的 BGP 最佳路径算法
LocPrf	本地优先级，周知自选 BGP 路径属性，用于该特定 NLRI 的 BGP 最佳路径算法
Weight	具有本地意义的思科定义的属性，用于该特定 NLRI 的 BGP 最佳路径算法
Path and Origin	AS_PATH，周知强制 BGP 路径属性，用于环路预防以及该特定 NLRI 的 BGP 最佳路径算法。 Origin，周知强制 BGP 路径属性，用于 BGP 最佳路径算法，值 i 表示 IGP，值 e 表示 EGP，值? 表示重分发到 BGP 中的路由

可以通过命令 **show bgp** *afi safi network* 显示特定路由的所有路径以及该路由的 BGP 路径属性。例 11-7 显示了网络 10.12.1.0/24 的路径信息，输出结果包含了路径数以及哪条路径是最佳路径。

例 11-7 查看特定 BGP 路由及路径属性

```
R1# show bgp ipv4 unicast 10.12.1.0
BGP routing table entry for 10.12.1.0/24, version 2
Paths: (2 available, best #2, table default)
  Advertised to update-groups:
     2
  Refresh Epoch 1
  65200
    10.12.1.2 from 10.12.1.2 (192.168.2.2)
      Origin IGP, metric 0, localpref 100, valid, external
      rx pathid: 0, tx pathid: 0
  Refresh Epoch 1
  Local
    0.0.0.0 from 0.0.0.0 (192.168.1.1)
      Origin IGP, metric 0, localpref 100, weight 32768, valid, sourced, local, best
      rx pathid: 0, tx pathid: 0x0
```

表 11-5 解释了例 11-7 的输出结果以及每部分输出结果与 BGP 路径属性的关系。请注意，实际的 BGP 路径属性可能会略有不同，具体取决于所使用的 BGP 功能特性。

表 11-5 BGP 前缀属性

输出结果	描述
Paths: (2 available, best #2)	提供 BGP Loc-RIB 表中的 BGP 路径数并标识被选为 BGP 最佳路径的路径。后面列出了所有路径和 BGP 路径属性
Advertised to update-groups	标识是否将该前缀宣告给了 BGP 对等体。BGP 邻居被合并到 BGP 更新组中，如果未宣告路由，就显示“Not advertised to any peer”（未宣告给任何对等体）
65200（第 1 条路径） Local（第 2 条路径）	该信息是收到的 NLRI 的 AS_PATH，或者说明该前缀是否是本地宣告的
10.12.1.2 from 10.12.1.2 (192.168.2.2)	第一个表项列出了 eBGP 边缘对等体的 IP 地址。“from”字段列出了从 eBGP 边缘对等体收到该路由的 iBGP 路由器的 IP 地址。（对于本例来说，该路由是从 eBGP 边缘对等体学到的，因而地址是 eBGP 边缘对等体）从 iBGP 对等体学到外部路由之后，该字段会发生变化。括号中的数字是该节点的 BGP 标识符（RID）。
Origin IGP	路由来源是 BGP 周知强制属性，声明了宣告该路由的机制。对于本例来说，这是一条内部路由
metric 0	显示可选非传递 BGP 属性 MED，也称为 BGP 度量
localpref 100	显示周知自选 BGP 属性本地优先级
valid	显示该路径的有效性
external（第 1 条路径） local（第 2 条路径）	显示学到该路由的方式：内部、外部或本地

注：命令 **show bgp** *afi safi detail* 可以显示包含所有路径属性的整个 BGP 表（见例 11-7）。

Adj-RIB-Out 表是对每个 BGP 对等体进行维护的唯一表格，网络工程师可以据此查看宣告到特定路由器的路由。使用命令 **show bgp** *afi safi* **neighbors** *ip-address* **advertised-routes** 可以显示邻居 Adj-RIB-Out 表的内容。

例 11-8 显示了特定邻居的 Adj-RIB-Out 表信息。下一跳地址反映了本地路由器的 BGP 表，在路由宣告给对等体之后其会随之发生变化。

例 11-8 特定邻居的 Adj-RIB-Out 表信息

```
R1# show bgp ipv4 unicast neighbors 10.12.1.2 advertised-routes
! Output omitted for brevity
     Network          Next Hop            Metric LocPrf Weight Path
 *> 10.12.1.0/24      0.0.0.0                  0         32768 i
 *>  10.15.1.0/24     0.0.0.0                  0         32768 ?
 *>  192.168.1.1/32   0.0.0.0                  0         32768 i
 *>  192.168.3.3/32   10.13.1.3             3584         32768 i
 *>  192.168.4.4/32   10.14.1.4                0         32768 i
 *>  192.168.5.5/32   10.15.1.5               11         32768 ?

Total number of prefixes 6
```

```
R2# show bgp ipv4 unicast neighbors 10.12.1.1 advertised-routes
! Output omitted for brevity
     Network          Next Hop            Metric LocPrf Weight Path
*> 10.12.1.0/24       0.0.0.0                  0         32768 i
*> 192.168.2.2/32     0.0.0.0                  0         32768 i

Total number of prefixes 2
```

也可以通过命令 **show bgp ipv4 unicast summary** 验证节点之间交换的 NLRI 路由（见例 11-9）。

例 11-9 带有前缀的 BGP 摘要信息

```
R1# show bgp ipv4 unicast summary
! Output omitted for brevity
Neighbor        V           AS MsgRcvd MsgSent   TblVer  InQ OutQ Up/Down  State/PfxRcd
10.12.1.2       4        65200      11      10        9    0    0 00:04:56          2
```

可以通过命令 **show ip route bgp** 在全局 IP 路由表（RIB）中显示 BGP 路由。例 11-10 显示了该命令在示例拓扑结构（见图 11-5）中的输出结果。可以看出，前缀来自 eBGP 会话，AD 值为 20，度量为 0。

例 11-10 显示 IP 路由表中的 BGP 路由

```
R1# show ip route bgp | begin Gateway
Gateway of last resort is not set

      192.168.2.0/32 is subnetted, 1 subnets
B        192.168.2.2 [20/0] via 10.12.1.2, 00:06:12
```

11.4 理解 BGP 会话类型和行为

BGP 会话始终是两台路由器之间的点对点会话，可以分为以下两类。

- 内部 BGP（iBGP）会话：该会话是与位于同一 AS 或参与同一 BGP 联盟的 iBGP 路由器建立的会话。与 eBGP 会话相比，iBGP 会话被认为更安全，而且减少了某些 BGP 安全措施。将 iBGP 前缀安装到路由器的 RIB 中后，分配的 AD 值为 200。

- **外部 BGP（eBGP）会话：**该会话是与位于不同 AS 中的 BGP 路由器建立的会话。将 eBGP 前缀安装到路由器的 RIB 中后，分配的 AD 值为 20。

iBGP 与 eBGP 在路由宣告的方式上也存在一些差异，接下来将详细讨论这些差异。

> 注：AD 是对路由信息源可信度的评估。如果路由器从多个路由协议学到去往某目的端的路由，且这些路由拥有相同的前缀长度，就会比较 AD 值，优选 AD 值较低的路由。

11.4.1 iBGP

如果需要多个路由策略或者需要在 AS 之间提供转接连接，那么通常都会在 AS 中部署 BGP。图 11-7 中的 AS 65200 为 AS 65100 和 AS 65300 提供了转接连接。AS 65100 连接在 R2 上，AS 65300 连接在 R4 上。

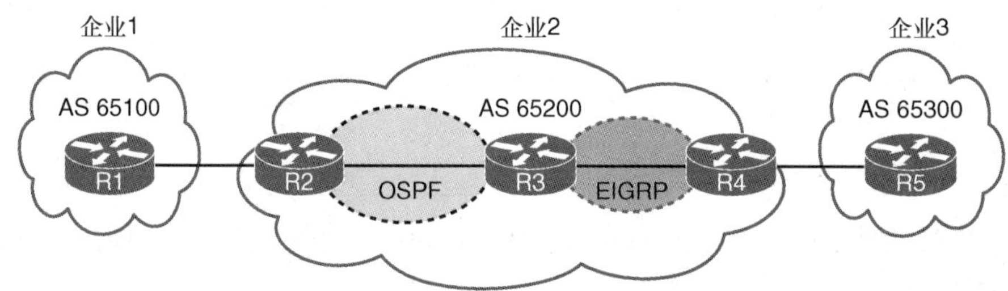

图 11-7 AS 65200 提供转接连接

R2 能够与 R4 直接建立 iBGP 连接，但是 AS 65100 或 AS 65300 的流量到达 R3 之后，R3 并不知道该如何路由这些流（见图 11-8），因为 R3 没有关于 AS 65100 或 AS 65300 中的网络的路由转发信息。

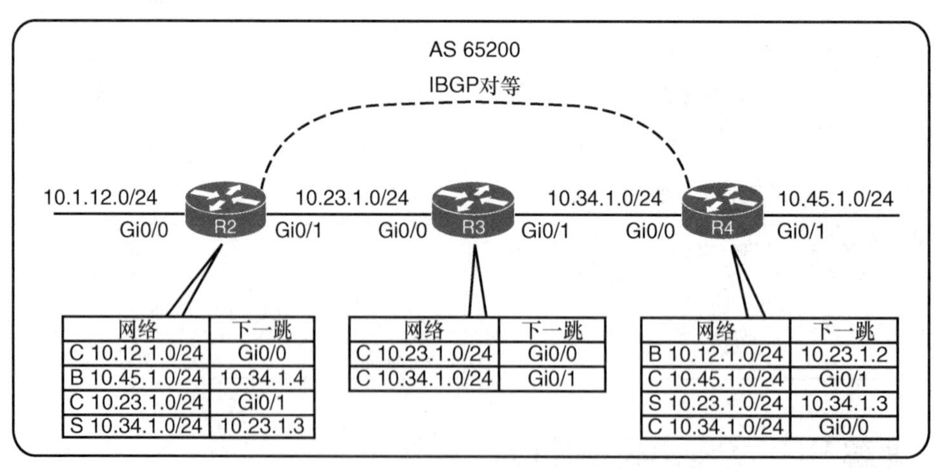

图 11-8 iBGP 前缀宣告行为

大家可能会想到将 BGP 表重分发到 IGP 中来解决这个问题，但是出于以下原因，这并不是一个可行的解决方案。

- **扩展性**：截至本书写作之时，Internet 拥有的 IPv4 网络前缀已经超过了 80 万条，而且规模还在不断扩大当中，IGP 无法满足如此大规模的路由扩展需求。
- **自定义路由**：链路状态协议和距离向量路由协议使用度量作为路由选择的主要方法，IGP 始终使用该路由模式选择路径。而 BGP 则使用多个步骤来确定最佳路径，允许通过 BGP 路径属性来控制特定前缀（NLRI）的路径，路径可能会更长，从 IGP 的角度来看，这些路径可能会被认为是次优路径。
- **路径属性**：无法在 IGP 中维护 BGP 的所有路径属性。从 AS 的一个边缘向另一个边缘宣告前缀的时候，只能通过 BGP 来维护这些路径属性。

在所有相同的路由器（本例为 R2、R3 和 R4）之间以全网状方式建立 iBGP 会话，可以确保在 AS 之间正确转发流量。

> 注：应该由服务提供商提供转接连接服务，企业组织是客户，不应该跨 Internet 在 AS 之间提供转接连接服务。

> 注：过去的这些年里，路由原理和路由设计模式都发生了很大的变化。在早期将 AS 作为转接 AS 的 iBGP 部署方案中，通常会将网络前缀重分发到 IGP 中。为了确保转接 AS 的完全连接性，BGP 需要使用同步机制。BGP 同步是指将路由宣告给 eBGP 对等体之前先验证 IGP 是否存在该 BGP 路由的进程。目前，BGP 同步机制不再是默认设置，已很少使用。

1．iBGP 全网状连接需求

如前所述，BGP 使用 AS_PATH 作为环路检测与预防机制。AS_PATH 可以为 eBGP 邻居提供环路检测功能，因为向其他 AS 宣告路由时它会附加自己的 ASN。但 iBGP 对等体并不会在 AS_PATH 中附加自己的 ASN，因为 NLRI 将无法通过有效性检查，不会将前缀安装到 IP 路由表中。

iBGP 会话没有其他的环路检测方法，RFC 4271 禁止将从 iBGP 对等体收到的 NLRI 宣告给其他 iBGP 对等体。RFC 4271 指出，AS 内的所有 BGP 路由器都必须建立全网状连接，以提供完整的无环路由表并防止流量黑洞。

图 11-9 中的 R1、R2 和 R3 都在 AS 65100 中。R1 与 R2 建立了 iBGP 会话，R2 与 R3 建立了 iBGP 会话。R1 将 10.1.1.0/24 前缀宣告给 R2，经过处理后 R2 将其安装到 BGP 表中，但 R2 不会将 10.1.1.0/24 NLRI 宣告给 R3，因为该前缀是从 iBGP 对等体学到的。

为了解决这个问题，R1 必须建立一个多跳 iBGP 会话，以确保 R3 能够直接从 R1 接收前缀 10.1.1.0/24。R1 连接 R3 的 IP 地址 10.23.1.3，R3 连接 R1 的 IP 地址 10.12.1.1。R1 和 R3 需要一条去往远程对等链路的静态路由，或者 R2 需要将 10.12.1.0/24 和 10.23.1.0/24 宣告到 BGP 中。

2．使用环回地址进行对等连接

BGP 会话默认由出站接口的主用 IP 地址指向 BGP 对等体。图 11-10 中的 R1、R2 和 R3 通过转接链路实现 iBGP 会话全网状对等连接。

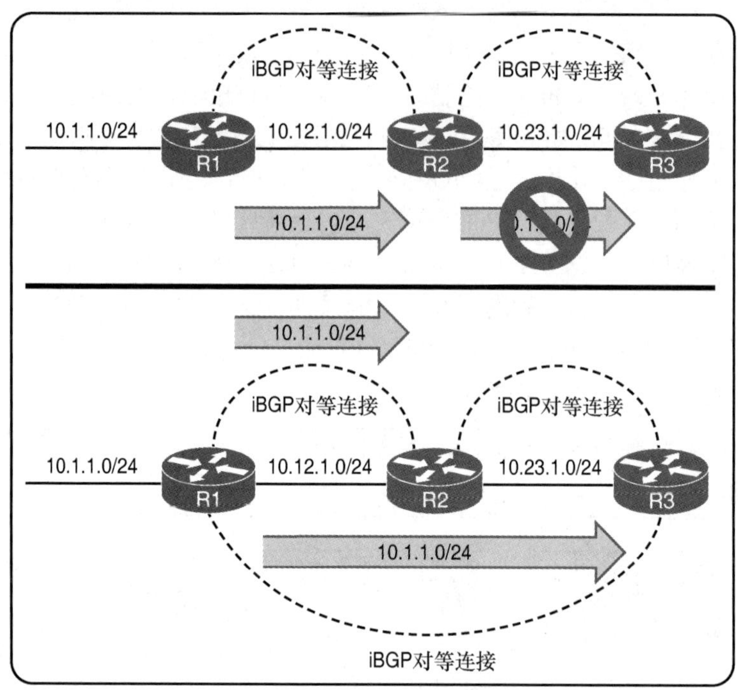

图 11-9 iBGP 前缀宣告行为

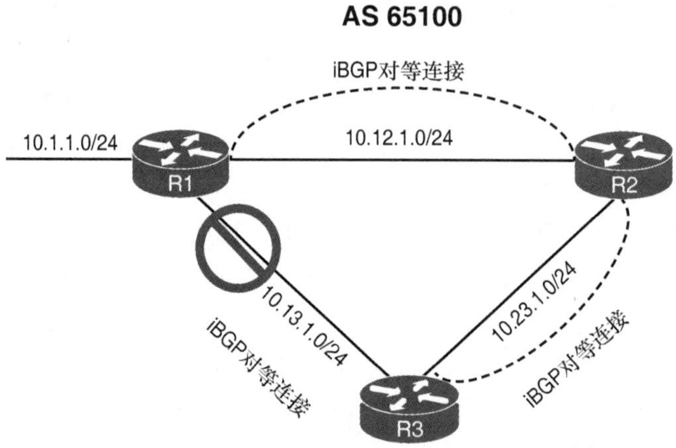

图 11-10 全网状 iBGP 拓扑结构中的链路故障

如果网络 10.13.1.0/24 上的链路出现故障，那么 R3 与 R1 的 BGP 会话将超时并终止，R3 将失去与网络 10.1.1.0/24 的连接，即使 R1 与 R3 可以通过 R2（经多跳路径）进行通信。如前面所述，由于 iBGP 不会宣告从另一个 iBGP 对等体学到的路由，因而会出现连接丢失问题。

可以通过以下两种方法来解决链路故障问题。

- 在每对路由器之间增加第二链路（从 3 条链路变为 6 条链路），并在每对路由器之间建立两条 BGP 会话。
- 在路由器的转接链路上配置 IGP，将环回接口宣告到 IGP 中。然后配置 BGP

邻居，与远程路由器的环回地址建立会话。

第二种方法更加有效，也是首选方法。

环回接口是虚拟接口且始终存在。出现链路故障后，会话将保持不变，IGP 会找到指向环回地址的其他路径。从本质上来说，这就是将单跳 iBGP 会话转变为了多跳 iBGP 会话。

图 11-11 解释了 10.13.1.0/24 网络链路出现故障后使用环回地址进行对等连接的概念。R1 和 R3 仍然保持 BGP 会话连接性，而且从 OSPF 学到的路由允许使用 R2 在环回地址之间转发 BGP 通信流量。

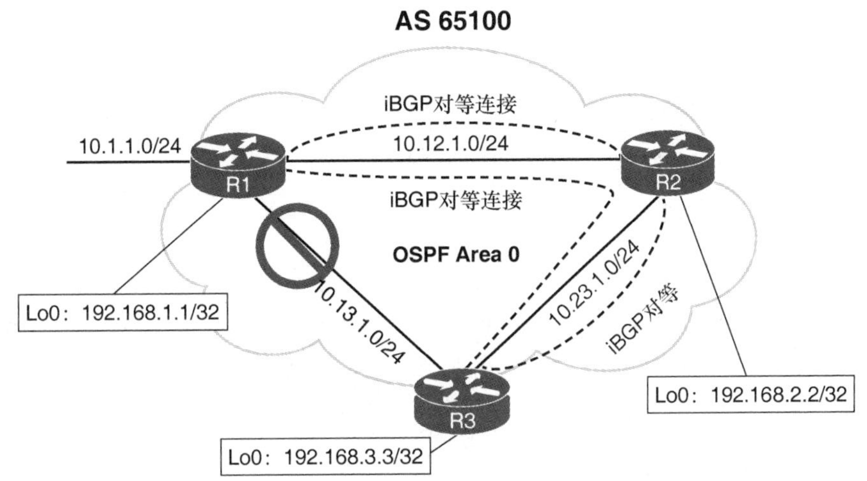

图 11-11 链路故障后基于环回接口的 iBGP 会话

请注意，仅仅更新 BGP 配置，从而将会话连接到远程路由器的环回接口的 IP 地址还不够。BGP 数据包的源 IP 地址仍然反映出站接口的 IP 地址，收到 BGP 数据包之后，路由器会将数据包的源 IP 地址与 BGP 邻居表相关联，如果 BGP 数据包的源 IP 地址与邻居表中的表项不匹配，那么该数据包就无法与邻居表相关联，从而被丢弃。

可以通过 BGP 会话配置命令 **neighbor** *ip-address* **update-source** *interface-id* 将 BGP 数据包的源 IP 地址静态设置为接口的主用 IP 地址。

例 11-11 显示了图 11-11 中使用环回接口建立对等连接的 R1 和 R2 的配置。R1 启用了默认的 IPv4 地址簇，R2 则没有。

例 11-11 建立对等连接的 R1 和 R2 的配置（以环回接口为源端）

```
R1 (Default IPv4 Address-Family Enabled)
router ospf 1
 network 10.12.0.0 0.0.255.255 area 0
 network 10.13.0.0 0.0.255.255 area 0
 network 192.168.1.1 0.0.0.0 area 0
!
router bgp 65100
 network 10.1.1.0 mask 255.255.255.0
 neighbor 192.168.2.2 remote-as 100
 neighbor 192.168.2.2 update-source Loopback0
```

```
 neighbor 192.168.3.3 remote-as 100
 neighbor 192.168.3.3 update-source Loopback0
 !
 address-family ipv4
  neighbor 192.168.1.1 activate
  neighbor 192.168.3.3 activate
```

```
R2 (Default IPv4 Address-Family Disabled)
router ospf 1
 network 10.0.0.0 0.255.255.255 area 0
 network 192.168.2.2 0.0.0.0 area 0
!
router bgp 65100
 no bgp default ipv4-unicast
 neighbor 192.168.1.1 remote-as 100
 neighbor 192.168.1.1 update-source Loopback0
 neighbor 192.168.3.3 remote-as 100
 neighbor 192.168.3.3 update-source Loopback0
 !
 address-family ipv4
  neighbor 192.168.1.1 activate
  neighbor 192.168.3.3 activate
```

例 11-12 显示了 R3 的 BGP 表，此时已经通过环回接口与 3 台路由器都建立了对等连接。请注意，下一跳 IP 地址是 R1 的环回地址（192.168.1.1）。R2 和 R3 将数据包转发到网络 10.1.1.0/24 之后，将执行递归查找以确定 IP 地址 192.168.1.1 的出站接口。

例 11-12 R3 的 BGP 表

```
R3# show bgp ipv4 unicast
! Output omitted for brevity

     Network          Next Hop            Metric LocPrf Weight Path
*> 10.1.1.1/24       192.168.1.1              0    100      0 I
```

注：以环回接口为源端建立 BGP 会话之后，即便对等链路出现了故障，也无须重新计算 BGP 最佳路径（见图 11-11）。如果存在多条经 IGP 可达环回地址的等价路径，那么这样做还能提供自动负载均衡能力。

11.4.2 eBGP

eBGP 对等连接是 Internet BGP 的核心组件，eBGP 涉及 AS 之间的网络前缀交换。以下行为对于 eBGP 会话与 iBGP 会话来说有所不同。

- eBGP 数据包的 TTL 设置为 1。如果尝试发起多跳 BGP 会话，那么 BGP 数据包就会在传输过程中丢失。iBGP 数据包的 TTL 设置为 255，允许进行多跳会话。
- 宣告路由器将 BGP 下一跳修改为发起 BGP 连接的 IP 地址。
- 宣告路由器将自己的 ASN 附加到现有 AS_PATH 上。

- 接收路由器验证 AS_PATH 不包含与本地路由器相匹配的 ASN。如果未通过 AS_PATH 环路预防检查，那么 BGP 就会丢弃该 NLRI。

eBGP 与 iBGP 会话的配置基本相同，区别在于 **remote-as** 语句中的 ASN 与 BGP 进程中定义的 ASN 不同。

图 11-12 显示 AS 65100 与 AS 65300 路由器之间建立连接所需的 eBGP 和 iBGP 会话。AS 65200 R2 与 R4 建立了 iBGP 会话，目的是解决通过 iBGP 学习路由时的环路预防问题（如本章前面所述）。

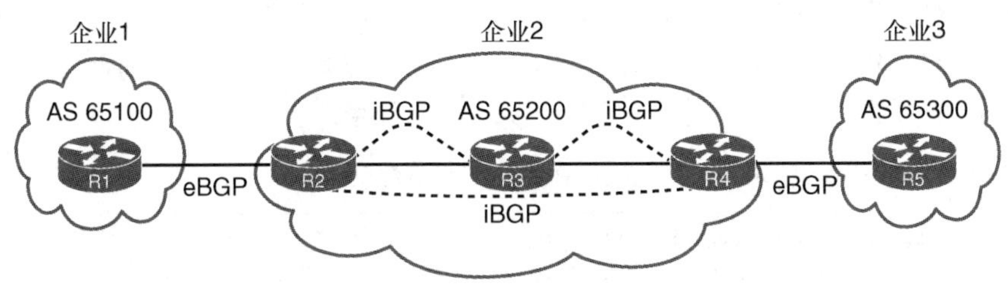

图 11-12 eBGP 和 iBGP 会话

对于通过 eBGP 学到的路径来说，其 AS_PATH 中始终至少存在一个 ASN。如果 AS_PATH 中列出了多个 AS，那么始终将最新的 AS 放在前面（最左侧）。可以通过命令 **show bgp ipv4 unicast** *network* 显示到特定网络前缀的所有路径的 BGP 属性。

11.4.3 eBGP 和 iBGP 拓扑结构

同时使用 eBGP 会话与 iBGP 会话时，可能会引起术语和概念上的混淆。图 11-13 给出的参考拓扑结构可以很好地解释 eBGP 和 iBGP 的概念，R1 与 R2 建立了一条 eBGP 会话，R3 与 R4 也建立了一条 eBGP 会话，R2 与 R3 建立了一条 iBGP 会话。R2 与 R3 是 iBGP 对等体，遵循 iBGP 宣告规则（即使是从 eBGP 对等体学到的路由）。

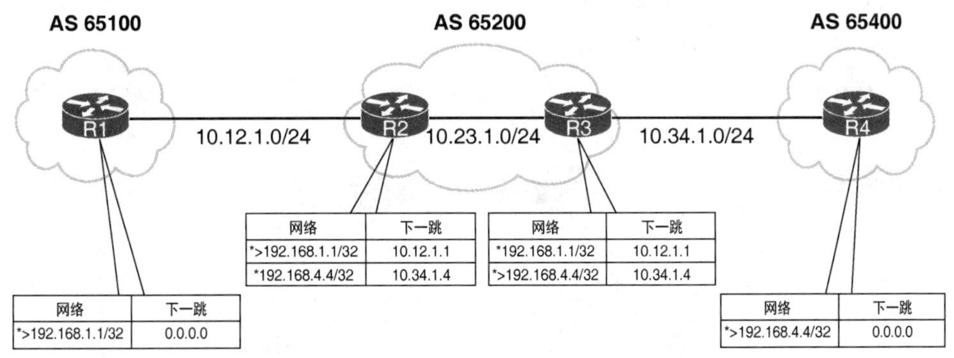

图 11-13 eBGP 和 iBGP 拓扑结构

将 eBGP 前缀宣告给 iBGP 邻居的时候，可能会在对 NLRI 执行有效性检查和下一跳可达性检查时出现问题，从而阻止向其他 BGP 对等体宣告前缀。最常见的问题包括下一跳可达性检查失败。如果 NLRI 的下一跳地址不是 0.0.0.0，那么 iBGP 对等体就不会修改下一跳地址。下一跳地址必须在全局 RIB 中可解析，以确保其有效并宣告给其他 BGP 对等体。

为了解释这一点，只有 R1 和 R4 将各自的环回接口宣告给了 BGP：192.168.1.1/32 和 192.168.4.4/32。图 11-13 显示了 4 台路由器的 BGP 表。请注意，R2 的前缀 192.168.4.4/32 和 R3 的前缀 192.168.1.1/32 前面没有 BGP 最佳路径指示符（>）。

R1 的 BGP 表缺少前缀 192.168.4.4/32，因为该前缀未通过 R2 的下一跳可达性检查，从而阻止了 BGP 最佳路径算法的执行。R4 以下一跳地址 10.34.1.4 将前缀宣告给 R3，R3 以下一跳地址 10.34.1.4 将前缀宣告给 R2。R2 没有 IP 地址 10.34.1.4 的路由，因而认为下一跳不可达。R1 将前缀 192.168.1.1/32 宣告给 R4 时也存在相同的情况。

例 11-13 显示了 R3 关于前缀 192.168.1.1/32 的 BGP 路径属性信息。请注意，由于下一跳不可达，因而没有将该前缀宣告给任何对等体。

例 11-13 R3 关于前缀 192.168.1.1/32 的 BGP 路径属性信息

```
R3# show bgp ipv4 unicast 192.168.1.1
BGP routing table entry for 192.168.1.1/32, version 2
Paths: (1 available, no best path)
  Not advertised to any peer
  Refresh Epoch 1
  65100
    10.12.1.1 (inaccessible) from 10.23.1.2 (192.168.2.2)
      Origin IGP, metric 0, localpref 100, valid, internal
```

为了解决这个问题，要求对等链路 10.12.1.0/24 和 10.34.1.0/24 必须位于 R2 和 R3 的路由表中。可以采取以下两种措施。

- IGP 宣告（请记住，可以通过被动接口来防止意外邻接关系的建立，大多数 IGP 不支持 BGP 提供的过滤功能）。
- 将网络宣告到 BGP 中。

这两种措施都能确保前缀通过下一跳可达性检查。

图 11-14 所示的拓扑结构将两条转接链路都宣告给了 BGP。请注意，此时 4 条前缀均有效且选择了 BGP 最佳路径。

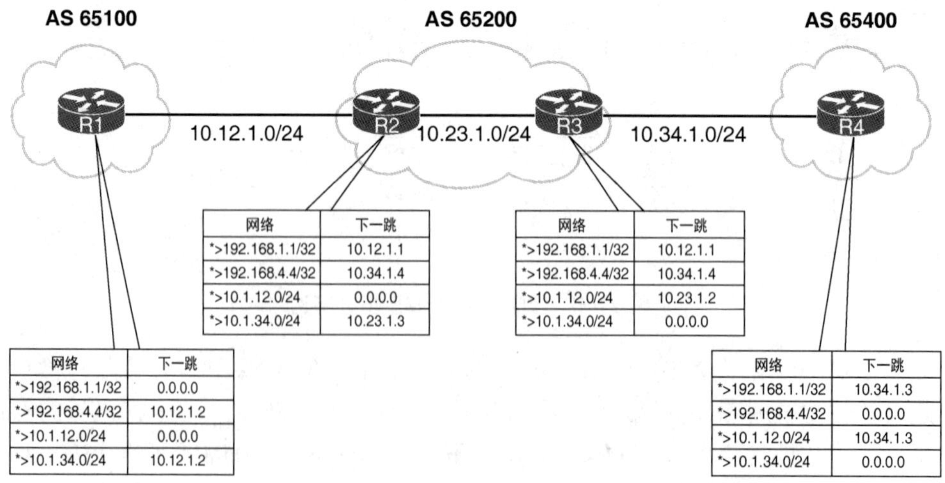

图 11-14 宣告对等链路之后的 eBGP 和 iBGP 拓扑结构

11.4.4 下一跳控制

假设某服务提供商网络拥有 500 台路由器，每台路由器都有 200 条 eBGP 对等链路。那么，为了确保 iBGP 对等体能够到达下一跳地址，就需要耗费大量路由器资源，在 BGP 或 IGP 中宣告 100,000 个对等网络。

为了确保通过下一跳 IP 地址检查，除了将对等网络宣告到路由协议中，还可以修改下一跳 IP 地址。可以在入站或出站邻居路由策略上修改下一跳 IP 地址。在路由策略中管理下一跳 IP 地址可能是一项非常复杂的任务，**next-hop-self** 功能可以修改 NLRI 中为 BGP 会话提供 IP 地址的外部 BGP 前缀的下一跳 IP 地址。

可以在地址簇配置下为每个邻居应用命令 **neighbor** *ip-address* **next-hop-self** [**all**]。**next-hop-self** 功能默认不修改 iBGP 前缀的下一跳 IP 地址。IOS 节点可以附加可选关键字 **all**，该关键字可以修改 iBGP 前缀的下一跳 IP 地址。例 11-14 显示了 R2 和 R3 的配置，此时不再需要将 eBGP 对等链路宣告到 BGP 中。

例 11-14　R2 和 R3 的配置（以 **next-hop-self** 为源端）

```
R2 (Default IPv4 Address-Family Enabled)
router bgp 65200
 neighbor 10.12.1.1 remote-as 65100
 neighbor 10.23.1.3 remote-as 65200
 neighbor 10.23.1.3 next-hop-self
```

```
R3 (Default IPv4 Address-Family Disabled)
router bgp 65200
 no bgp default ipv4-unicast
 neighbor 10.23.1.2 remote-as 65200
 neighbor 10.34.1.4 remote-as 65400
 !
 address-family ipv4
  neighbor 10.23.1.2 activate
  neighbor 10.23.1.2 next-hop-self
  neighbor 10.34.1.4 activate
```

图 11-15 显示了 4 台路由器的拓扑结构及 BGP 表信息。采用新的配置之后，

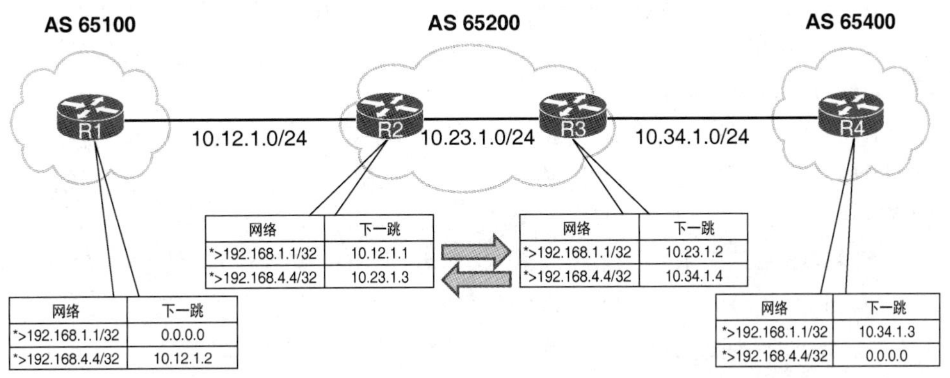

图 11-15　配置 **next-hop-self** 之后的 eBGP 和 iBGP 拓扑结构

R1 将前缀 192.168.1.1/32 宣告给了 R2，R2 将安装前缀 192.168.1.1/32，以对等链路（10.12.1.1）作为下一跳。R2 通过 **next-hop-self** 将 eBGP 路由宣告给 R3，这是 R3 与 R2（10.23.1.2）建立对等连接的 IP 地址。此时，R3 显示该前缀的下一跳为 10.23.1.2，并将该前缀宣告给 R4。R4 安装该前缀，以对等链路地址作为下一跳（因为该路由是从 eBGP 学到的）。将路由 192.168.4.4/32 宣告给 AS 65100 也遵循相同的过程。

11.4.5 iBGP 扩展性增强

由于 BGP 不能将从 iBGP 对等体学到的前缀宣告给其他 iBGP 对等体，因而可能会导致 AS 内出现扩展性问题。公式 $n(n-1)/2$ 提出了所需的 iBGP 会话数，其中，n 代表路由器的数量。也就是说，5 台路由器的全网状拓扑结构需要 10 条会话，10 台路由器的全网状拓扑结构就需要 45 条会话。对于大型网络来说，iBGP 的扩展性是一个不得不面对的重要问题。

1．路由反射器

RFC 1966 引入了一种扩展机制，可以将 iBGP 对等关系配置为将路由反射给其他 iBGP 对等体，负责反射路由的路由器称为 RR（Route Reflector，路由反射器），接收反射路由的路由器则称为 RR 客户端。RR 和路由反射涉及 3 条基本设计规则。

- **规则 1**：如果 RR 从非 RR 客户端收到了 NLRI，那么 RR 就将该 NLRI 宣告给 RR 客户端，但是不会将 NLRI 宣告给非 RR 客户端。
- **规则 2**：如果 RR 从 RR 客户端收到了 NLRI，就将该 NLRI 宣告给 RR 客户端和非 RR 客户端。即使发送该路由宣告的 RR 客户端收到了路由副本，也会丢弃该 NLRI，因为它可以看出自己是路由发端。
- **规则 3**：如果 RR 从 eBGP 对等体收到了路由，就会将该路由宣告给 RR 客户端和非 RR 客户端。

图 11-16 解释了 RR 的设计规则。

（1）RR 配置

由于 RR 客户端未执行任何额外的 BGP 配置，因而只有 RR 才能感知这种行为变化。BGP 路由反射的配置与每个特定的地址簇相关，需要在邻居地址簇配置下应用命令 **route-reflector-client**。

图 11-17 显示了一个简单的 iBGP 拓扑结构，解释了 RR 和 RR 客户端的配置情况。R1 是 R2 的 RR 客户端，R4 是 R3 的 RR 客户端。R2 和 R3 之间建立了常规的 iBGP 对等连接。

例 11-15 显示了 R1、R2、R3 和 R4 的相关 BGP 配置信息。R1 和 R2 启用了默认的 IPv4 地址簇，R3 和 R4 禁用了默认的 IPv4 地址簇。请注意，仅在 R2 和 R3 上配置 RR 客户端。R1 通过 **network** 语句显式宣告了网络 10.1.1.10/24。

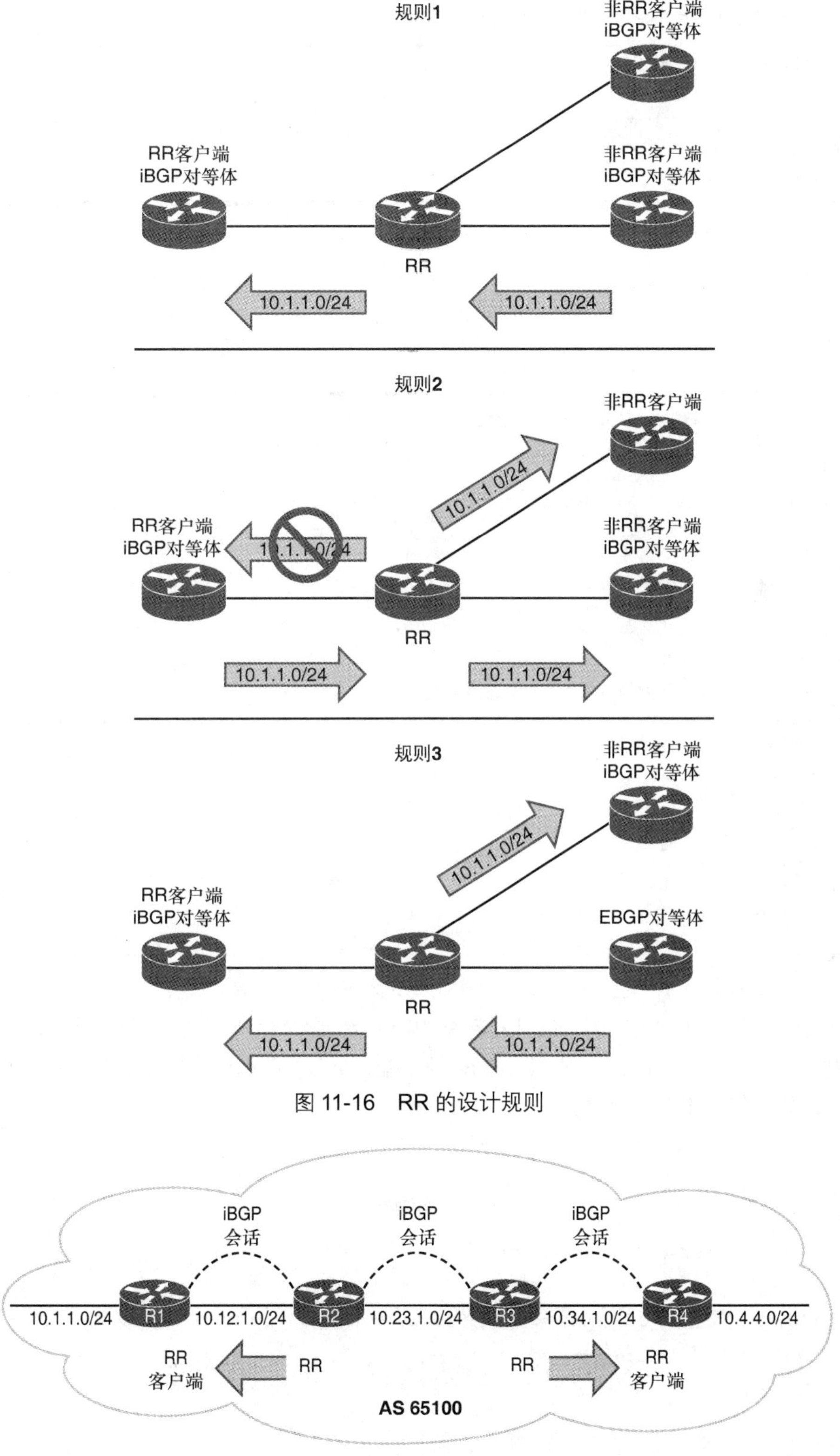

图 11-16 RR 的设计规则

图 11-17 iBGP 拓扑结构

例 11-15 BGP 配置信息（以环回接口为源端）

```
R1 (Default IPv4 Address-Family Enabled)
router bgp 65100
 network 10.1.1.0 mask 255.255.255.0
 redistribute connected
 neighbor 10.12.1.2 remote-as 65100
```

```
R2 (Default IPv4 Address-Family Enabled)
router bgp 65100
 redistribute connected
 neighbor 10.12.1.1 remote-as 65100
 neighbor 10.12.1.1 route-reflector-client
 neighbor 10.23.1.3 remote-as 65100
```

```
R3 (Default IPv4 Address-Family Disabled)
router bgp 65100
 no bgp default ipv4-unicast
 neighbor 10.23.1.2 remote-as 65100
 neighbor 10.34.1.4 remote-as 65100
 !
address-family ipv4
  redistribute connected
  neighbor 10.23.1.2 activate
  neighbor 10.34.1.4 activate
  neighbor 10.34.1.4 route-reflector-client
```

```
R4 (Default IPv4 Address-Family Disabled)
router bgp 65100
 no bgp default ipv4-unicast
 neighbor 10.34.1.3 remote-as 65100
 !
 address-family ipv4
  neighbor 10.34.1.3 activate
 exit-address-family
```

图 11-18 所示的拓扑结构中配置了 RR 和 RR 客户端，解释了 RR 的运行规则。R1 将前缀 10.1.1.0/24 作为普通 iBGP 路由宣告给了 R2。R2 按照 RR 规则 2 接收前缀 10.1.1.0/24 并将其宣告给 R3（非 RR 客户端）。R3 按照 RR 规则 1 接收前缀 10.1.1.0/24 并将其宣告给 R4（RR 客户端）。

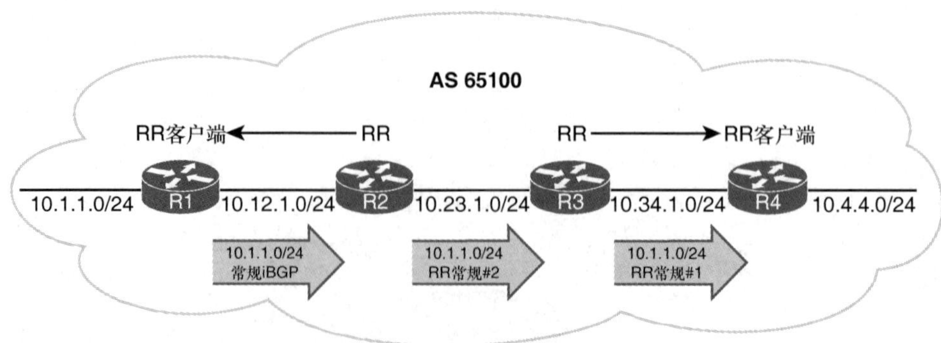

图 11-18 拓扑结构中的 RR 运行规则

例 11-16 显示了前缀 10.1.1.0/24 的 BGP 表。可以看出，该路由安装到 R2 的 BGP 表中之后，下一跳 IP 地址就发生了变化，但 R2、R3 和 R4 的下一跳 IP 地址仍然保持相同。

例 11-16　前缀 10.1.1.0/24 的 BGP 表（以环回接口为源端）

```
R1# show bgp ipv4 unicast | i Network|10.1.1
     Network          Next Hop            Metric LocPrf Weight Path
 *>  10.1.1.0/24      0.0.0.0                  0         32768 i
```

```
R2# show bgp ipv4 unicast | i Network|10.1.1
     Network          Next Hop            Metric LocPrf Weight Path
 *>i 10.1.1.0/24      10.12.1.1                0    100      0 i
```

```
R3# show bgp ipv4 unicast | i Network|10.1.1
     Network          Next Hop            Metric LocPrf Weight Path
 *>i 10.1.1.0/24      10.12.1.1                0    100      0 i
```

```
R4# show bgp ipv4 unicast | i Network|10.1.1
    Network           Next Hop            Metric LocPrf Weight Path
 *>i 10.1.1.0/24      10.12.1.1                0    100      0 i
```

注：请注意 R2、R3 和 R4 最佳路径指示符（>）后面的 i，表示该前缀是通过 iBGP 学到的。

（2）RR 中的环路预防机制

虽然 RR 满足了 iBGP 拓扑结构的全网状连接需求，但是可能会导致路由环路。因此，起草 RFC 1966 的时候，增加了两个与 BGP RR 相关的特定属性，以防止路由环路问题。

- ORIGINATOR_ID：该可选非传递 BGP 属性由第一台 RR 创建，且数值被设置为将路由注入/宣告到 AS 中的路由器的 RID。如果 NLRI 已经填充了 ORIGINATOR_ID，就不应该将其覆盖。收到 NLRI 后，如果路由器发现自己的 RID 位于 ORIGINATOR_ID 属性中，就丢弃该 NLRI。
- CLUSTER_LIST：该非传递 BGP 属性由 RR 进行更新。RR 会将自己的簇 ID 附加（而不覆盖）到该属性中，在默认情况下，这是 BGP 标识符。收到 NLRI 之后，如果 RR 自己的簇 ID 位于 CLUSTER_LIST 属性中，就会丢弃该 NLRI。

例 11-17 显示了 R4 关于前缀 10.1.1.0/24 的所有 BGP 路径属性。可以看出，路由器已经为该前缀填充了适当的 ORIGINATOR_ID 和 CLUSTER_LIST 字段。

例 11-17　R4 关于前缀 10.1.1.0/24 的 ORIGINATOR_ID 和 CLUSTER_LIST 属性

```
R4# show bgp ipv4 unicast 10.1.1.0/24
! Output omitted for brevity
Paths: (1 available, best #1, table default)
  Refresh Epoch 1
  Local
    10.12.1.1 from 10.34.1.3 (192.168.3.3)
      Origin IGP, metric 0, localpref 100, valid, internal, best
      Originator: 192.168.1.1, Cluster list: 192.168.3.3, 192.168.2.2
```

2．联盟

RFC 3065 引入了 BGP 联盟的概念，作为解决前面所说的 iBGP 全网状连接问题的可选方案。联盟由多个被称为成员 AS 的 sub-AS 组成，这些 sub-AS 组成较大的 AS，称为 AS 联盟。成员 AS 通常使用私有 ASN 空间（64,512～65,535）中的 ASN。联盟中的 eBGP 对等体并不知道它们与联盟进行对等连接，并在配置中引用联盟标识符（Confederation Identifier）。

图 11-19 显示了联盟标识符为 AS 200 的 BGP 联盟拓扑结构。成员 AS 为 AS 65100 和 AS 65200。R3 在成员 AS 65100 中提供路由反射功能。

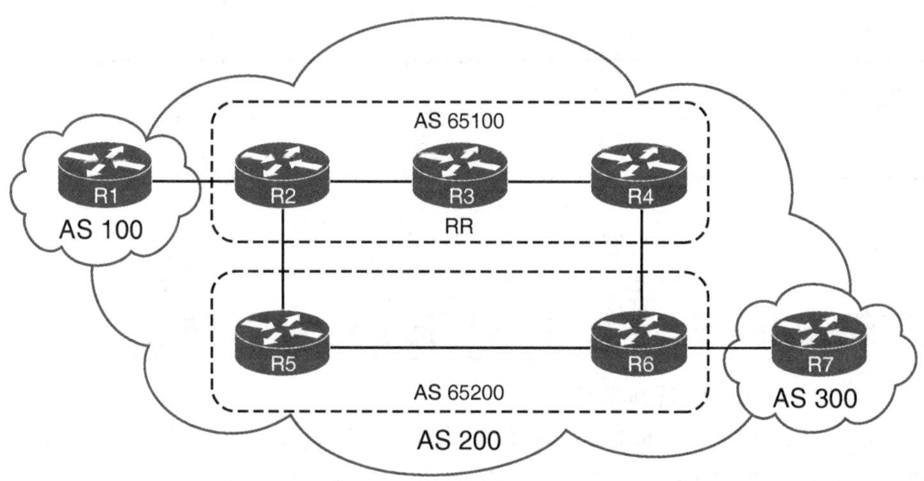

图 11-19 BGP 联盟拓扑结构

BGP 联盟的配置步骤如下。

步骤 1 使用全局命令 **router bgp** *member-asn* 初始化 BGP 进程。

步骤 2 使用命令 **bgp confederation identifier** *as-number* 标识 BGP 联盟。

步骤 3 在与其他成员 AS 直接对等的路由器上，通过命令 **bgp confederation peers** *member-asn* 识别对等成员 AS。

步骤 4 按常规方式配置 BGP 联盟成员，再按照常规 BGP 配置方式进行其余配置。

例 11-18 显示了相关的 BGP 联盟配置。R1 和 R7 并不感知 BGP 联盟，与 R2 和 R6 是对等体，看起来就像是 AS 200 的成员一样。请注意，R3 不需要配置命令 **bgp confederation peers**，因为 R3 不与其他成员 AS 进行对等连接。

例 11-18 BGP 联盟配置

```
R1
router bgp 100
 neighbor 10.12.1.2 remote-as 200
```

```
R2
router bgp 65100
 bgp confederation identifier 200
```

```
 bgp confederation peers 65200
neighbor 10.12.1.1 remote-as 100
 neighbor 10.23.1.3 remote-as 65100
 neighbor 10.25.1.5 remote-as 65200
```

R3

```
router bgp 65100
 bgp confederation identifier 200
 neighbor 10.23.1.2 remote-as 65100
 neighbor 10.23.1.2 route-reflector-client
 neighbor 10.34.1.4 remote-as 65100
 neighbor 10.34.1.4 route-reflector-client
```

R4

```
router bgp 65100
 bgp confederation identifier 200
 bgp confederation peers 65200
 neighbor 10.34.1.3 remote-as 65100
 neighbor 10.46.1.6 remote-as 65200
```

R5

```
router bgp 65200
 bgp confederation identifier 200
 bgp confederation peers 65100
 neighbor 10.25.1.2 remote-as 65100
 neighbor 10.56.1.6 remote-as 65200
```

R6

```
router bgp 65200
 bgp confederation identifier 200
 bgp confederation peers 65100
 neighbor 10.46.1.4 remote-as 65100
 neighbor 10.56.1.5 remote-as 65200
 neighbor 10.67.1.7 remote-as 300
```

R7

```
router bgp 300
 neighbor 10.67.1.6 remote-as 200
```

联盟共享 iBGP 和 eBGP 会话行为，但存在以下差异。

- AS_PATH 属性包含一个名为 AS_CONFED_SEQUENCE 的子字段。AS_CONFED_SEQUENCE 子字段在 AS_PATH 中列在外部 ASN 之前的括号中。路由从成员 AS 传递到其他成员 AS 的时候，会附加 AS_CONFED_SEQUENCE 子字段以包含成员 AS 的 ASN。AS_CONFED_SEQUENCE 子字段主要用于预防路由环路，选择最短 AS_PATH 时不考虑该子字段（不计数）。
- RR 可以像普通 iBGP 对等体一样在成员 AS 中使用。
- BGP MED 属性可以传递给所有其他成员 AS，但不离开联盟。
- LOCAL_PREF 属性可以传递给所有其他成员 AS，但不离开联盟。
- 在成员 AS 之间交换路由时，外部联盟路由的下一跳地址不变。
- 将路由宣告到联盟之外时，需要从 AS_PATH 中删除 AS_CONFED_SEQUENCE

子字段。

例 11-19 显示了 R1 的 BGP 表，列出了该拓扑结构宣告的所有路由。请注意，R2 将路由宣告到联盟外部时，从路由中删除了成员 AS 的 ASN。AS 100 不知道 AS 200 是联盟。

例 11-19　R1 的 BGP 表

```
R1-AS100# show bgp ipv4 unicast | begin Network
     Network          Next Hop            Metric LocPrf Weight Path
 *>  10.1.1.0/24      0.0.0.0                  0         32768 ?
 *>  10.7.7.0/24      10.12.1.2                              0 200 300 i
 *   10.12.1.0/24     10.12.1.2                0              0 200 ?
 *>                   0.0.0.0                  0         32768 ?
 *>  10.23.1.0/24     10.12.1.2                0              0 200 ?
 *>  10.25.1.0/24     10.12.1.2                0              0 200 ?
 *>  10.46.1.0/24     10.12.1.2                               0 200 ?
 *>  10.56.1.0/24     10.12.1.2                               0 200 ?
 *>  10.67.1.0/24     10.12.1.2                               0 200 ?
 *>  10.78.1.0/24     10.12.1.2                               0 200 300 ?
```

例 11-20 显示了 R2 的 BGP 表，列出了参与成员 AS 65100 的所有路由。请注意，R7 宣告前缀 10.7.7.0/24 时，虽然穿越了不同的成员 AS，但是并不会修改下一跳 IP 地址。从括号中的 AS_CONFED_SEQUENCE 值可以看出，该前缀穿越了联盟 AS 200 中的子 AS 65200。

例 11-20　R2 的 BGP 表

```
R2# show bgp ipv4 unicast | begin Network
     Network          Next Hop            Metric LocPrf Weight Path
 *>  10.1.1.0/24      10.12.1.1              111              0 100 ?
 *>  10.7.7.0/24      10.67.1.7                0    100       0 (65200) 300 i
 *>  10.12.1.0/24     0.0.0.0                  0         32768 ?
 *                    10.12.1.1              111              0 100 ?
 *>  10.23.1.0/24     0.0.0.0                  0         32768 ?
 *   10.25.1.0/24     10.25.1.5                0    100       0 (65200) ?
 *>                   0.0.0.0                  0         32768 ?
 *>  10.46.1.0/24     10.56.1.6                0    100       0 (65200) ?
 *>  10.56.1.0/24     10.25.1.5                0    100       0 (65200) ?
 *>  10.67.1.0/24     10.56.1.6                0    100       0 (65200) ?
*>   10.78.1.0/24     10.67.1.7                0    100       0 (65200) 300 ?
Processed 8 prefixes, 10 paths
```

例 11-21 从 R4 的角度显示了 R7 宣告的前缀 10.7.7.0/24 的完整 NLRI 信息。请注意，NLRI 包含了字段 confed-internal 和 confed-external（具体取决于该 NLRI 是在同一成员 AS 内还是在其他成员 AS 内收到的）。

例 11-21　完整 NLRI 信息

```
R4# show bgp ipv4 unicast 10.7.7.0/24
! Output omitted for brevity
BGP routing table entry for 10.7.7.0/24, version 504
Paths: (2 available, best #1, table default)
```

```
Advertised to update-groups:
   3
Refresh Epoch 1
(65200) 300
  10.67.1.7 from 10.34.1.3 (192.168.3.3)
    Origin IGP, metric 0, localpref 100, valid, confed-internal, best
    Originator: 192.168.2.2, Cluster list: 192.168.3.3
    rx pathid: 0, tx pathid: 0x0
Refresh Epoch 1
(65200) 300
  10.67.1.7 from 10.46.1.6 (192.168.6.6)
    Origin IGP, metric 0, localpref 100, valid, confed-external
    rx pathid: 0, tx pathid: 0
```

11.5 IPv6 MP-BGP

MP-BGP 允许 BGP 为多种协议承载 NLRI，如 IPv4、IPv6 和 MPLS（Multiprotocol Label Switching，多协议标签交换）L3VPN（Layer 3 Virtual Private Network，三层虚拟专网）。

RFC 4760 定义了以下新功能特性。

- 新的 AFI 模型。
- 新的 BGPv4 可选和非传递属性。
  - 多协议可达 NLRI。
  - 多协议不可达 NLRI。

新的多协议可达 NLRI 属性负责描述 IPv6 路由信息，而多协议不可达 NLRI 属性则从服务中撤销 IPv6 路由。这些属性都是可选非传递属性，因此，如果较旧的路由器无法理解这些属性，就可以忽略这些属性。

底层 IPv4 路径矢量路由协议的功能特性及规则也适用于 IPv6 MP-BGP。IPv6 MP-BGP 继续使用与 IPv4 BGP 相同的周知 TCP 端口 179 建立会话的对等连接。在初始的 OPEN 消息协商期间，BGP 对等路由器会交换功能信息。MP-BGP 包含了 AFI 属性字段（描述所支持的协议）和 SAFI 属性字段（描述该前缀是否适用于单播或多播路由表）。

- **IPv4 单播**：AFI:1，SAFI:1。
- **IPv6 单播**：AFI:2，SAFI:1。

图 11-20 所示的拓扑结构包含了 3 个不同的 AS，R2 与 R1 和 R3 建立了 eBGP 会话。

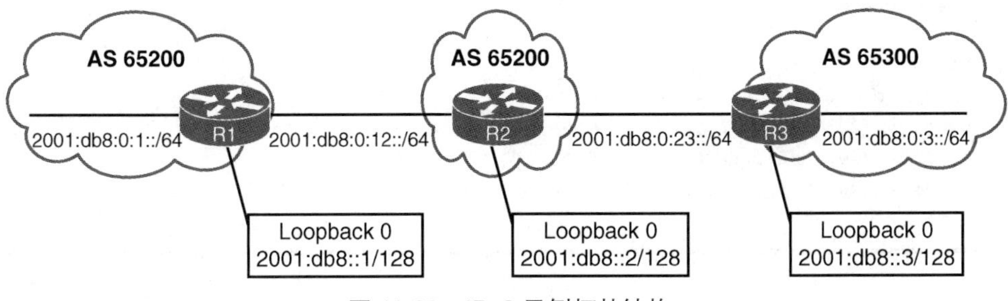

图 11-20　IPv6 示例拓扑结构

该拓扑结构从已定义的链路本地范围 FE80::/10 配置了链路本地地址，R1 所有链路都配置了 FE80::1，R2 所有链路都配置了 FE80::2，R3 所有链路都配置了 FE80::3。本节将以该拓扑结构为例加以说明。

11.5.1 IPv6 BGP 配置

前面所说的 BGP 配置规则均适用于 IPv6，区别在于必须初始化 IPv6 地址簇并激活邻居。仅使用 IPv6 编址的路由器必须静态定义 BGP RID，以确保会话的成功建立。

用于建立 BGP 会话的协议与 AFI/SAFI 路由宣告完全独立。BGP 使用的 TCP 会话是四层协议，可以使用 IPv4 地址或 IPv6 地址建立会话的邻接关系并交换路由。

> 注：为简化操作，建议为 BGP 对等连接使用唯一的全局单播地址。如果没有为接口手动分配地址，那么使用链路本地地址的 BGP 对等连接就可能会存在风险。硬件故障或缆线调整都会改变 MAC 地址，从而产生新的链路本地地址，从而导致会话失败，因为无状态地址自动配置会生成新的 IP 地址。

例 11-22 显示了 R1、R2 和 R3 的 IPv6 BGP 配置。本例使用了全局单播地址来建立对等会话，BGP RID 被设置为本书一直使用的 IPv4 环回地址格式。R1 通过重分发宣告了所有网络，R2 和 R3 通过 **network** 语句宣告了所有直连网络。

例 11-22 IPv6 BGP 配置

```
R1
router bgp 65100
 bgp router-id 192.168.1.1
 bgp log-neighbor-changes
 no bgp default ipv4-unicast
 neighbor 2001:DB8:0:12::2 remote-as 65200
 !
address-family ipv6
  neighbor 2001:DB8:0:12::2 activate
  redistribute connected
```

```
R2
router bgp 65200
 bgp router-id 192.168.2.2
 bgp log-neighbor-changes
 no bgp default ipv4-unicast
 neighbor 2001:DB8:0:12::1 remote-as 65100
 neighbor 2001:DB8:0:23::3 remote-as 65300
!
 address-family ipv6
  neighbor 2001:DB8:0:12::1 activate
  neighbor 2001:DB8:0:23::3 activate
  network 2001:DB8::2/128
  network 2001:DB8:0:12::/64
  network 2001:DB8:0:23::/64
```

```
R3
router bgp 65300
```

```
 bgp router-id 192.168.3.3
 bgp log-neighbor-changes
 no bgp default ipv4-unicast
 neighbor 2001:DB8:0:23::2 remote-as 65200
 !
 address-family ipv6
  neighbor 2001:DB8:0:23::2 activate
  network 2001:DB8::3/128
  network 2001:DB8:0:3::/64
  network 2001:DB8:0:23::/64
```

注：IOS 默认宣告 IPv4 单播路由能力，除非邻居使用命令 **no bgp default ipv4-unicast** 关闭了该特性（可以在 IPv4 地址簇模式下或 BGP 进程的全局模式下配置该命令）。

路由器在初始 BGP 会话协商期间交换 AFI 能力。可以通过命令 **show bgp ipv6 unicast neighbors** *ip-address* [**detail**]显示 IPv6 能力协商是否成功的详细信息。例 11-23 显示了应该在 IPv6 会话建立和路由宣告阶段检查的字段信息。

例 11-23　查看 BGP 邻居的 IPv6 能力

```
R1# show bgp ipv6 unicast neighbors 2001:DB8:0:12::2
! Output omitted for brevity
BGP neighbor is 2001:DB8:0:12::2, remote AS 65200, external link
  BGP version 4, remote router ID 192.168.2.2
  BGP state = Established, up for 00:28:25
  Last read 00:00:54, last write 00:00:34, hold time is 180, keepalive interval is
60 seconds
  Neighbor sessions:
    1 active, is not multisession capable (disabled)
  Neighbor capabilities:
    Route refresh: advertised and received(new)
    Four-octets ASN Capability: advertised and received
    Address family IPv6 Unicast: advertised and received
    Enhanced Refresh Capability: advertised and received
..
For address family: IPv6 Unicast
  Session: 2001:DB8:0:12::2
  BGP table version 13, neighbor version 13/0
  Output queue size : 0
  Index 1, Advertise bit 0
  1 update-group member
  Slow-peer detection is disabled
  Slow-peer split-update-group dynamic is disabled
                               Sent       Rcvd
  Prefix activity:             ----       ----
    Prefixes Current:             3          5 (Consumes 520 bytes)
    Prefixes Total:               6         10
```

命令 **show bgp ipv6 unicast summary** 可以显示会话状态的摘要信息，包括已交换的路由数量和会话的正常运行时间。例 11-24 突出显示了 R2 的 IPv6 AFI 邻居状态。可以看出，两个邻居的邻接关系正常运行时间约为 25min，邻居 2001:db8:0:12::1 正在宣告 3 条路由，邻居 2001:db8:0:23::3 也在宣告 3 条路由。

例 11-24 验证 IPv6 BGP 会话

```
R2# show bgp ipv6 unicast summary
BGP router identifier 192.168.2.2, local AS number 65200
BGP table version is 19, main routing table version 19
7 network entries using 1176 bytes of memory
8 path entries using 832 bytes of memory
3/3 BGP path/bestpath attribute entries using 456 bytes of memory
2 BGP AS-PATH entries using 48 bytes of memory
0 BGP route-map cache entries using 0 bytes of memory
0 BGP filter-list cache entries using 0 bytes of memory
BGP using 2512 total bytes of memory
BGP activity 7/0 prefixes, 8/0 paths, scan interval 60 secs

Neighbor        V     AS MsgRcvd MsgSent TblVer InQ OutQ Up/Down State/PfxRcd
2001:DB8:0:12::1 4  65100      35      37     19   0    0 00:25:08          3
2001:DB8:0:23::3 4  65300      32      37     19   0    0 00:25:11          3
```

例 11-25 显示了 R1、R2 和 R3 的 IPv6 单播 BGP 表。请注意，某些路由将未指定地址 (::) 作为下一跳。未指定地址表明本地路由器正在为 BGP 表生成前缀。权重 32,768 也表明该前缀是由本地路由器发起的。

例 11-25 查看 IPv6 单播 BGP 表

```
R1# show bgp ipv6 unicast
BGP table version is 13, local router ID is 192.168.1.1
Status codes: s suppressed, d damped, h history, * valid, > best, i - internal,
              r RIB-failure, S Stale, m multipath, b backup-path, f RT-Filter,
              x best-external, a additional-path, c RIB-compressed,
Origin codes: i - IGP, e - EGP, ? - incomplete
RPKI validation codes: V valid, I invalid, N Not found

     Network          Next Hop            Metric LocPrf Weight Path
 *>  2001:DB8::1/128  ::                       0         32768 ?
 *>  2001:DB8::2/128  2001:DB8:0:12::2         0             0 65200 i
 *>  2001:DB8::3/128  2001:DB8:0:12::2                       0 65200 65300 i
 *>  2001:DB8:0:1::/64 ::                      0         32768 ?
 *>  2001:DB8:0:3::/64 2001:DB8:0:12::2                      0 65200 65300 i
 *   2001:DB8:0:12::/64 2001:DB8:0:12::2       0             0 65200 i
 *>                   ::                       0         32768 ?
 *>  2001:DB8:0:23::/64 2001:DB8:0:12::2                     0 65200 65300 i
```

```
R2# show bgp ipv6 unicast | begin Network
    Network          Next Hop            Metric LocPrf Weight Path
 *>  2001:DB8::1/128  2001:DB8:0:12::1         0             0 65100 ?
 *>  2001:DB8::2/128  ::                       0         32768 i
 *>  2001:DB8::3/128  2001:DB8:0:23::3         0             0 65300 i
 *>  2001:DB8:0:1::/64 2001:DB8:0:12::1        0             0 65100 ?
 *>  2001:DB8:0:3::/64 2001:DB8:0:23::3        0             0 65300 i
 *>  2001:DB8:0:12::/64 ::                     0         32768 i
 *                    2001:DB8:0:12::1         0             0 65100 ?
 *>  2001:DB8:0:23::/64 ::                       0         32768 i
```

```
                    2001:DB8:0:23::3         0             0 65300 i
```

```
R3# show bgp ipv6 unicast | begin Network
     Network          Next Hop            Metric LocPrf Weight Path
 *>  2001:DB8::1/128    2001:DB8:0:23::2                        0 65200 65100 ?
 *>  2001:DB8::2/128    2001:DB8:0:23::2        0               0 65200 i
 *>  2001:DB8::3/128    ::                      0           32768 i
 *>  2001:DB8:0:1::/64  2001:DB8:0:23::2                        0 65200 65100 ?
 *>  2001:DB8:0:3::/64  ::                      0           32768 i
 *>  2001:DB8:0:12::/64 2001:DB8:0:23::2        0               0 65200 i
 *>  2001:DB8:0:23::/64 ::                      0           32768 i
```

可以通过命令 **show bgp ipv6 unicast** *prefix/prefix-length* 查看 IPv6 路由的 BGP 路径属性。例 11-26 显示 R3 正在检查 R1 的环回地址，可以看出，部分通用字段（如 AS_PATH、路由来源以及本地优先级）与 IPv4 路由相同。

例 11-26　查看 IPv6 路由的 BGP 路径属性

```
R3# show bgp ipv6 unicast 2001:DB8::1/128
BGP routing table entry for 2001:DB8::1/128, version 9
Paths: (1 available, best #1, table default)
  Not advertised to any peer
  Refresh Epoch 2
  65200 65100
    2001:DB8:0:23::2 (FE80::2) from 2001:DB8:0:23::2 (192.168.2.2)
      Origin incomplete, localpref 100, valid, external, best
      rx pathid: 0, tx pathid: 0x0
```

例 11-27 显示了 R2 的 IPv6 BGP 表项。请注意，下一跳地址是下一跳转发地址的链路本地地址（通过递归查找来解析）。

例 11-27　BGP 学到的 IPv6 路由的全局 RIB

```
R2# show ipv6 route bgp
IPv6 Routing Table - default - 10 entries
Codes: C - Connected, L - Local, S - Static, U - Per-user Static route
       B - BGP, HA - Home Agent, MR - Mobile Router, R - RIP
       H - NHRP, I1 - ISIS L1, I2 - ISIS L2, IA - ISIS interarea
       IS - ISIS summary, D - EIGRP, EX - EIGRP external, NM - NEMO
       ND - ND Default, NDp - ND Prefix, DCE - Destination, NDr - Redirect
       RL - RPL, O - OSPF Intra, OI - OSPF Inter, OE1 - OSPF ext 1
       OE2 - OSPF ext 2, ON1 - OSPF NSSA ext 1, ON2 - OSPF NSSA ext 2
       la - LISP alt, lr - LISP site-registrations, ld - LISP dyn-eid
       a - Application
B   2001:DB8::1/128 [20/0]
     via FE80::1, GigabitEthernet0/0
B  2001:DB8::3/128 [20/0]
     via FE80::3, GigabitEthernet0/1
B  2001:DB8:0:1::/64 [20/0]
     via FE80::1, GigabitEthernet0/0
B  2001:DB8:0:3::/64 [20/0]
     via FE80::3, GigabitEthernet0/1
```

11.5.2 IPv6 汇总

IPv6 的路由汇总或聚合过程与 IPv4 的相同，命令格式也相同，区别在于需要在 IPv6 地址簇下通过命令 **aggregate-address** *prefix/prefix-length* [**summary-only**] [**as-set**] 进行配置。

仍然以图 11-20 中的 IPv6 部署方案为例，现在要在 R2 上汇总所有的环回地址（2001:db8:0:1/128、2001:db8:0:2/128 和 2001:db8:0:3/128）以及 R1 与 R2 之间的对等链路（2001:db8:0:12/64），相应的配置如例 11-28 所示。

例 11-28　在 R2 上配置 IPv6 BGP 路由汇总

```
router bgp 65200
 bgp router-id 192.168.2.2
 bgp log-neighbor-changes
 neighbor 2001:DB8:0:12::1 remote-as 65100
 neighbor 2001:DB8:0:23::3 remote-as 65300
 !
 address-family ipv4
  no neighbor 2001:DB8:0:12::1 activate
  no neighbor 2001:DB8:0:23::3 activate
 exit-address-family
 !
 address-family ipv6
 bgp scan-time 6
  network 2001:DB8::2/128
  network 2001:DB8:0:12::/64
  aggregate-address 2001:DB8::/59 summary-only
  neighbor 2001:DB8:0:12::1 activate
  neighbor 2001:DB8:0:23::3 activate
exit-address-family
```

例 11-29 显示了 R1 和 R3 的 BGP 表。可以看出，所有明细路由均被聚合和抑制到了 2001:db8::/59 中。

例 11-29　验证 IPv6 路由汇总

```
R3# show bgp ipv6 unicast | b Network
     Network          Next Hop            Metric LocPrf Weight Path
 *>  2001:DB8::/59    2001:DB8:0:23::2         0             0 65200 i
 *>  2001:DB8::3/128  ::                       0         32768 i
 *>  2001:DB8:0:3::/64  ::                     0         32768 i
 *>  2001:DB8:0:23::/64 ::                     0         32768 i
```

```
R1# show bgp ipv6 unicast | b Network
     Network          Next Hop            Metric LocPrf Weight Path
 *>  2001:DB8::/59    2001:DB8:0:12::2         0             0 65200 i
 *>  2001:DB8::1/128  ::                       0         32768 ?
 *>  2001:DB8:0:1::/64  ::                     0         32768 ?
 *>  2001:DB8:0:12::/64 ::                     0         32768 ?
 *>  2001:DB8:0:23::/64 2001:DB8:0:12::2       0 65200 65300 i
```

IPv6 环回地址（2001:db8:0:1/128、2001:db8:0:2/128 和 2001:db8:0:3/128）的汇总

非常简单，因为这些地址都落在基本的 IPv6 汇总区间 2001:db8:0:0::/64 内，第四个 16 比特段（分别以十进制数值 1、2、3 开头）仅消耗 2 个比特，因而可以将这些地址区间轻松地汇总为 2001:db8:0:0::/62（或 2001:db8::/62）。

对于 R1 与 R2 之间的对等链路（2001:db8:0:12::/64）来说，首先要以十六进制（而不是十进制）数值进行考虑。第四个 16 比特段携带了十进制数值 18（而不是 12），因而最少需要 5 个比特。表 11-6 列出了需要汇总的比特、IPv6 汇总地址以及汇总区间内的组件网络。

表 11-6　IPv6 汇总地址

需要汇总的比特	IPv6 汇总地址	组件网络
2	2001:db8:0:0::/62	2001:db8:0:0::/64 到 2001:db8:0:3::/64
3	2001:db8:0:0::/61	2001:db8:0:0::/64 到 2001:db8:0:7::/64
4	2001:db8:0:0::/60	2001:db8:0:0::/64 到 2001:db8:0:F::/64
5	2001:db8:0:0::/59	2001:db8:0:0::/64 到 2001:db8:0:1F::/64
6	2001:db8:0:0::/58	2001:db8:0:0::/64 到 2001:db8:0:3F::/64

目前，R2 与 R3 之间的对等链路（2001:db8:0:23::/64）还未被汇总和抑制，因为还能在例 11-29 的 R1 路由表中看到该地址。十六进制数值 23（通常写为 0x23）转换为十进制就是 35，需要 6 个比特。因此，如果要汇总网络 2001:db8:0:23::/64，就必须将汇总的网络区间更改为 2001:db8::/58。例 11-30 显示了 R2 的配置变更情况。

例 11-30　更改配置以汇总网络 2001:db8:0:23::/64

```
R2# configure terminal
Enter configuration commands, one per line. End with CNTL/Z.
R2(config)# router bgp 65200
R2(config-router)# address-family ipv6 unicast
R2(config-router-af)# no aggregate-address 2001:DB8::/59 summary-only
R2(config-router-af)# aggregate-address 2001:DB8::/58 summary-only
```

例 11-31 证实 2001:db8:0:23::/64 已位于聚合地址空间内，不再宣告给 R1。

例 11-31　验证网络 2001:db8:0:23::/64 的汇总情况

```
R1# show bgp ipv6 unicast | b Network
     Network          Next Hop            Metric LocPrf Weight Path
 *>  2001:DB8::/58    2001:DB8:0:12::2         0             0 65200 i
 *>  2001:DB8::1/128  ::                       0         32768 ?
 *>  2001:DB8:0:1::/64 ::                      0         32768 ?
 *>  2001:DB8:0:12::/64 ::                     0         32768 ?
```

11.5.3 IPv6 over IPv4

BGP 可以使用 IPv4 或 IPv6 TCP 会话交换路由。常规部署方案通常都通过专用 IPv4 会话交换 IPv4 路由，通过专用 IPv6 会话交换 IPv6 路由。不过，也可以通过 IPv4 TCP 会话共享 IPv6 路由，或者通过 IPv6 TCP 会话共享 IPv4 路由，还可以通过单个 BGP

会话共享 IPv4 和 IPv6 路由。

例 11-32 以图 11-20 所示的拓扑结构为例解释了通过 IPv4 交换 IPv6 路由的配置方式。可以看出，必须首先激活 IPv6 邻居，然后在 IPv6 地址簇下将路由注入 BGP 中。

例 11-32 在 IPv4 BGP 会话上配置 IPv6 路由交换

```
R1
router bgp 65100
 bgp router-id 192.168.1.1
 no bgp default ipv4-unicast
 neighbor 10.12.1.2 remote-as 65200
 !
address-family ipv6 unicast
  redistribute connected
  neighbor 10.12.1.2 activate
```

```
R2
router bgp 65200
 bgp router-id 192.168.2.2
 no bgp default ipv4-unicast
 neighbor 10.12.1.1 remote-as 65100
 neighbor 10.23.1.3 remote-as 65300
 !
 address-family ipv6 unicast
  bgp scan-time 6
  network 2001:DB8::2/128
  network 2001:DB8:0:12::/64
  aggregate-address 2001:DB8::/62 summary-only
  neighbor 10.12.1.1 activate
  neighbor 10.23.1.3 activate
```

```
R3
router bgp 65300
 bgp router-id 192.168.3.3
 no bgp default ipv4-unicast
 neighbor 10.23.1.2 remote-as 65200
 !
 address-family ipv6 unicast
  network 2001:DB8::3/128
  network 2001:DB8:0:3::/64
  network 2001:DB8:0:23::/64
  neighbor 10.23.1.2 activate
```

完成了 3 台路由器的 BGP 配置之后，就可以通过 **show bgp ipv6 unicast summary** 命令来确认 BGP 会话。例 11-33 验证了通过 IPv4 BGP 会话交换 IPv6 前缀。

例 11-33 验证交换 IPv6 前缀的 IPv4 BGP 会话

```
R1# show bgp ipv6 unicast summary | begin Neighbor
Neighbor        V           AS MsgRcvd MsgSent   TblVer  InQ OutQ Up/Down  State/PfxRcd
10.12.1.2       4        65200   115     116       11    0    0 01:40:14          2
```

```
R2# show bgp ipv6 unicast summary | begin Neighbor
Neighbor        V           AS MsgRcvd MsgSent   TblVer  InQ OutQ Up/Down  State/PfxRcd
```

```
10.12.1.1       4       65100   114     114       8    0    0 01:39:17         3
10.23.1.3       4       65300   113     115       8    0    0 01:39:16         3
```

```
R3# show bgp ipv6 unicast summary | begin Neighbor
Neighbor        V          AS MsgRcvd MsgSent   TblVer  InQ OutQ Up/Down  State/PfxRcd
10.23.1.2       4       65200   114     112        7    0    0 01:38:49         2
```

例 11-34 显示了 3 台路由器的 IPv6 BGP 表，表明路由已成功进行了宣告。对于通过 IPv4 BGP 会话宣告的 IPv6 路由来说，为下一跳分配的是一个映射 IPv4 的 IPv6 地址，格式为::FFFF:xx.xx.xx.xx，其中，xx.xx.xx.xx 是 BGP 对等连接的 IPv4 地址。由于该地址不是有效的转发地址，因而不会在 RIB 中安装该 IPv6 路由。

例 11-34 查看通过 IPv4 BGP 会话交换的 IPv6 路由

```
R1# show bgp ipv6 unicast | begin Network
     Network          Next Hop            Metric LocPrf Weight Path
 *   2001:DB8::/62    ::FFFF:10.12.1.2         0             0 65200 i
 *>  2001:DB8::1/128  ::                       0         32768 ?
 *>  2001:DB8:0:1::/64 ::                      0         32768 ?
 *   2001:DB8:0:12::/64 ::FFFF:10.12.1.2       0             0 65200 i
 *>                   ::                       0         32768 ?
```

```
R2# show bgp ipv6 unicast | begin Network
     Network          Next Hop            Metric LocPrf Weight Path
 *>  2001:DB8::/62    ::                                32768 i
 s   2001:DB8::1/128  ::FFFF:10.12.1.1         0            0 65100 ?
 s>  2001:DB8::2/128  ::                       0        32768 i
 s   2001:DB8::3/128  ::FFFF:10.23.1.3         0            0 65300 i
 s   2001:DB8:0:1::/64 ::FFFF:10.12.1.1        0            0 65100 ?
 s   2001:DB8:0:3::/64 ::FFFF:10.23.1.3        0            0 65300 i
 *   2001:DB8:0:12::/64 ::FFFF:10.12.1.1       0            0 65100 ?
 *>                   ::                       0        32768 i
 *   2001:DB8:0:23::/64 ::FFFF:10.23.1.3       0            0 65300 i
```

```
R3# show bgp ipv6 unicast | begin Network
     Network          Next Hop            Metric LocPrf Weight Path
 *   2001:DB8::/62    ::FFFF:10.23.1.2         0            0 65200 i
 *>  2001:DB8::3/128  ::                       0        32768 i
 *>  2001:DB8:0:3::/64 ::                      0        32768 i
 *   2001:DB8:0:12::/64 ::FFFF:10.23.1.2       0            0 65200 i
 *>  2001:DB8:0:23::/64 ::                     0        32768 i
```

例 11-35 测试了 R1 与 R3 之间的连接性，证实无法维持两者之间的连接性。

例 11-35 检查 R1 与 R3 之间的连接性

```
R1# ping 2001:DB8:0:3::3
Type escape sequence to abort.
Sending 5, 100-byte ICMP Echos to 2001:DB8:0:3::3, timeout is 2 seconds:

% No valid route for destination
Success rate is 0 percent (0/1)
```

```
R1# traceroute 2001:DB8:0:3::3
```

```
Type escape sequence to abort.
Tracing the route to 2001:DB8:0:3::3

  1  *  *  *
  2  *  *  *
  3  *  *  *
  ..
```

为了解决这个问题，需要在 BGP 路由映射中手动设置 IPv6 下一跳地址。例 11-36 显示了 R1、R2 和 R3 的 BGP 配置。

例 11-36 在 BGP 路由映射中手动设置 IPv6 下一跳地址

```
R1
route-map FromR1R2Link permit 10
 set ipv6 next-hop 2001:DB8:0:12::1
!
router bgp 65100
 address-family ipv6 unicast
  neighbor 10.12.1.2 route-map FromR1R2LINK out
```

```
R2
route-map FromR2R1LINK permit 10
 set ipv6 next-hop 2001:DB8:0:12::2
route-map FromR2R3LINK permit 10
 set ipv6 next-hop 2001:DB8:0:23::2
!
router bgp 65200
 address-family ipv6 unicast
  neighbor 10.12.1.1 route-map FromR2R1LINK out
  neighbor 10.23.1.3 route-map FromR2R3LINK out
```

```
R3
route-map FromR3R2Link permit 10
 set ipv6 next-hop 2001:DB8:0:23::3
!
router bgp 65300
 address-family ipv6 unicast
  neighbor 10.23.1.2 route-map FromR3R2Link out
```

在出站路由映射上手动设置了 IPv6 下一跳地址之后，3 台路由器的 BGP 表如例 11-37 所示。可以看出，此时的下一跳 IP 地址有效，且可以将路由安装到 RIB 中。

例 11-37 手动设置了 IPv6 下一跳地址之后查看 IPv6 路由

```
R1# show bgp ipv6 unicast | begin Network
    Network            Next Hop            Metric LocPrf Weight Path
 *> 2001:DB8::/62      2001:DB8:0:12::2         0             0 65200 i
 *> 2001:DB8::1/128    ::                       0         32768 ?
 *> 2001:DB8:0:1::/64  ::                       0         32768 ?
 *> 2001:DB8:0:12::/64 ::                       0         32768 ?
 *                     2001:DB8:0:12::2         0             0 65200 i
```

```
R2# show bgp ipv6 unicast | begin Network
```

```
   Network          Next Hop            Metric LocPrf Weight Path
 *> 2001:DB8::/62    ::                                  32768 i
 s> 2001:DB8::1/128  2001:DB8:0:12::1          0              0 65100 ?
 s> 2001:DB8::2/128  ::                        0          32768 i
 s> 2001:DB8::3/128  2001:DB8:0:23::3          0              0 65300 i
 s> 2001:DB8:0:1::/64 2001:DB8:0:12::1         0              0 65100 ?
 s> 2001:DB8:0:3::/64 2001:DB8:0:23::3         0              0 65300 i
 *> 2001:DB8:0:12::/64 ::                      0          32768 i
 r> 2001:DB8:0:23::/64 2001:DB8:0:23::3        0              0 65300 i
```

```
R3# show bgp ipv6 unicast | begin Network
   Network          Next Hop            Metric LocPrf Weight Path
 *> 2001:DB8::/62    2001:DB8:0:23::2
                                             0              0 65200 i
 *> 2001:DB8::3/128  ::                      0          32768 i
 *> 2001:DB8:0:3::/64 ::                     0          32768 i
 *> 2001:DB8:0:12::/64 2001:DB8:0:23::2      0              0 65200 i
 *> 2001:DB8:0:23::/64 ::                    0          32768 i
```

备考任务

本书提供多种备考手段：此处的练习题以及 Pearson Test Prep 软件中的模拟考试题。与实际试题相比，下面问题的难度更高，因为它们都是开放式问题。通过这种难度更高的问题，读者可以更好地测试知识掌握程度，以确保完全掌握本章基本概念和主要内容。下面的问题都可以在附录中找到参考答案。

1．复习所有考试要点

请复习本章涉及的所有重要主题，这些内容都用“考试要点”图标做了标记，表 11-7 列出了这些考试要点及其描述。

表 11-7　　考试要点

考试要点	描述
段落	自治系统号（ASN）
段落	路径属性
段落	路由器间通信
图 11-1	BGP 单跳和多跳会话
段落	BGP 消息
段落	BGP 邻居状态
段落	BGP 基本配置
段落	验证 BGP 会话
表 11-3	BGP 摘要字段信息
列表	BGP 表
段落	BGP 前缀有效性检查和安装
图 11-6	BGP 路由处理
段落	查看特定路由的全部路径和路径属性

续表

考试要点	描述
段落	查看特定 BGP 对等体的 Adj-RIB-Out 表
段落	理解 BGP 会话类型和行为
段落	iBGP 全网状连接需求
段落	使用环回地址进行对等连接
段落	eBGP 对等连接
段落	eBGP 和 iBGP 拓扑结构
段落	下一跳控制
段落	路由反射器
图 11-6	路由反射器的设计规则
段落	BGP 联盟
段落	IPv6 BGP 配置
段落	IPv6 汇总
段落	通过 IPv4 BGP 会话宣告 IPv6 前缀

2. 定义关键术语

请对本章中的下列关键术语进行定义。

地址簇、AS_PATH、自治系统、BGP 联盟、eBGP 会话、iBGP 会话、可选传递属性、可选非传递属性、路径矢量路由协议、路由反射器、路由反射器客户端、周知强制属性、周知自选属性、Loc-RIB 表。

3. 检查命令的记忆程度

以下列出了本章用到的各种重要的配置和验证命令，虽然并不需要记忆每条命令的完整语法格式，但是应该记住这些命令所需的基本关键字。

为了检查你对这些命令的记忆情况，请用一张纸遮住表 11-8 的右侧，通过表格左侧的描述内容，看一看是否能记起这些命令。

表 11-8 命令参考

任务	命令语法
初始化 BGP 路由器进程	**router bgp** *as-number*
静态配置 BGP 路由器 ID	**bgp router-id** *router-id*
识别 BGP 对等体并与之建立会话	**neighbor** *ip-address* **remote-as** *as-number*
配置 BGP 会话定时器	**neighbor** *ip-address* **timers** *keepalive holdtime* [*minimum-holdtime*]
指定特定 BGP 对等体的 BGP 数据包的源接口	**neighbor** *ip-address* **update-source** *interface-id*
指定应该在 BGP 联盟中出现的 ASN	**bgp confederation identifier** *as-number*
指定该路由器将要对等连接的 BGP 联盟成员 AS	**bgp confederation peers** *member-asn*
禁用自动 IPv4 地址簇配置模式	**no bgp default ip4-unicast**

续表

任务	命令语法
初始化特定地址簇和子地址簇	**address-family** *afi safi*
为特定地址簇激活 BGP 邻居	**neighbor** *ip-address* **activate**
将网络宣告到 BGP 中	**network** *network* **mask** *subnet-mask* [**route-map** *route-map-name*]
修改前缀宣告的下一跳 IP 地址以匹配 BGP 会话使用的 IP 地址	**neighbor** *ip-address* **next-hop-self** [**all**]
将相关联的 BGP 对等体配置为路由反射器客户端	**neighbor** *ip-address* **route-reflector-client**
显示 BGP 数据库的内容	**show bgp** *afi safi* [*network*] [**detailed**]
显示 BGP 表和邻居对等会话的摘要信息	**show bgp** *afi safi* **summary**
显示与特定对等体协商的 BGP 设置以及与该对等体交换的前缀数量	**show bgp** *afi safi* **neighbors** *ip-address*
显示特定 BGP 邻居的 Adj-RIB-Out BGP 表	**show bgp** *afi safi* **neighbor** *ip-address* **advertised routes**

由于 ENARSI 300-410 认证考试重点考查考生作为网络专家的实际动手能力，因而必须掌握与本章主题相关的配置、验证及故障排查命令。

第 12 章

高级 BGP

本章主要讨论以下主题。

- **路由汇总**：本节将描述 BGP 路由汇总的工作方式以及相应的路由汇总注意事项。
- **BGP 路由过滤和控制**：本节将讨论基于网络前缀、AS_PATH 或其他 BGP 路径属性进行的路由过滤和控制机制。
- **BGP 团体**：本节将介绍 BGP 团体以及周知团体对前缀宣告的影响，还将讨论如何在条件前缀过滤或控制机制中使用 BGP 团体。
- **最大前缀数量**：本节将讨论路由器如何限制接收的前缀数量，以确保 BGP 表不超过其容量。
- **配置扩展性**：本节将解释如何通过对等体组和对等体模板来简化拥有大量 BGP 会话的路由器的 BGP 配置工作。

BGP 支持数十万条网络前缀，是 Internet 路由协议的理想选择。很多组织机构也通过 BGP 来实现网络路由的灵活性和流量工程能力。本章将在第 11 章的基础上进行扩展，讨论一些常见的 BGP 高级功能及概念，如 BGP 路由汇总、路由过滤、BGP 团体以及大型 BGP 网络部署的优化技术。

12.1 "我已经知道了吗？"测验

"我已经知道了吗？"测验的目的是帮助读者确定是否需要完整地学习本章知识或者直接跳至"备考任务"，如果读者对题目的答案还存在疑问，或者评估自己对这些主题知识的掌握程度还不够的话，就可以从头学起。表 12-1 列出了本章的主要内容以及与这些内容相关联的"我已经知道了吗？"测验题，答案可参见附录。

表 12-1　"我已经知道了吗？"基本主题章节与所对应的测验题

涵盖测验题的基本主题章节	测验题
路由汇总	1、2
BGP 路由过滤和控制	3～5
BGP 团体	6
最大前缀数量	7
配置扩展性	8

> **注意**：自我评价的目的是检验你对本章知识的掌握程度，如果不知道或仅部分知道问题的答案，出于自我评价的目的，请在该问题上标记“错”。为了不影响自我评价的结果，对不懂的问题请不要猜测答案，否则可能会造成一种已掌握的假象。

1. 下面哪条 BGP 命令可以宣告汇总路由以防止下游 BGP 路由器进行链路震荡处理？
   a. **aggregate-address** *network subnet-mask* **as-set**
   b. **aggregate-address** *network subnet-mask* **summary-only**
   c. **summary-address** *network subnet-mask*
   d. **summary-address** *network* **mask** *subnet-mask*
2. 什么是 BGP 原子聚合属性？
   a. 一种 BGP 路径属性，用于指示不应该将前缀宣告给对等体
   b. 一种 BGP 路径属性，用于指示路径属性丢失
   c. 因链路震荡而不应安装对等体路由的时间
   d. 在汇总期间被抑制的 BGP 路由
3. 下面哪条扩展的 ACL 表项可以允许网络 172.16.x.x 中前缀长度为/24～/32 的所有网络？
   a. **permit ip 172.16.0.0 0.0.255.255 255.255.255.0 0.0.0.255**
   b. **permit ip 172.16.0.0 255.255.0.0 0.0.255.255 0.0.0.0**
   c. **permit ip 172.16.0.0 255.255.0.0 255.255.255.0 0.0.0.255**
   d. **permit ip 172.16.0.0 0.0.255.255 0.0.255.255 0.0.0.0**
4. 下面哪条命令仅显示源自 AS 40 或 AS 45 的网络前缀？
   a. **show bgp ipv4 unicast regexp _40|45$**
   b. **show bgp ipv4 unicast regexp ^40|45**
   c. **show bgp ipv4 unicast regexp _4(0|5)$**
   d. **show bgp ipv4 unicast regexp _[40,45]$**
5. 是非题：可以将 BGP AS_PATH ACL 和前缀列表同时应用于邻居。
   a. 对
   b. 错
6. 下面哪一项不是周知 BGP 团体？
   a. No_Advertise
   b. Internet
   c. No_Export
   d. Private_Route
7. 假设某路由器已经配置了命令 **neighbor 10.12.1.2 maximum-prefix 100**，那么 BGP 对等体向其宣告 101 条前缀会发生什么？
   a. 第 101 条前缀将覆盖 Loc-RIB 表中的第 1 条前缀
   b. 第 101 条前缀将被丢弃
   c. BGP 会话将被关闭
   d. 收到第 101 条前缀并将其安装到 Loc-RIB 表中，同时生成一条告警消息

8. BGP 对等体组与对等体模板之间的主要区别是什么？
   a. 可以拥有不同的入站路由策略
   b. 可以拥有不同的出站路由策略
   c. 可以拥有不同的 BGP 认证设置
   d. 可以拥有不同的 BGP 定时器

基础主题

12.2 路由汇总

汇总前缀可以节省宝贵的路由器资源，并通过减小路由表的大小来加速最佳路径计算过程。此外，路由汇总还可以隐藏下游路由器的路由震荡来实现更好的稳定性，从而减少路由翻动。虽然大多数服务提供商不接受大于/24 的 IPv4 前缀（/25～/32），但截至本书写作之时，Internet 仍然拥有超过 80 万条路由，而且这个数字还在持续增长。路由汇总可以减少 Internet 路由器的 BGP 表大小。

动态 BGP 路由汇总包括聚合网络前缀的配置。如果与聚合网络前缀相匹配的可行组件路由进入了 BGP 表，就会创建聚合前缀。发端路由器将下一跳设置为 Null0，作为聚合前缀的丢弃路由，以避免出现路由环路。

12.2.1 汇总地址

可以通过 BGP 地址簇配置命令 **aggregate-address** *network subnet-mask* [**summary-only**] [**as-set**]实现动态路由汇总。

图 12-1 显示了一个简单的 BGP 汇总拓扑结构，R1 与 R2 建立了一条 eBGP 会话，R2 与 R3 建立了一条 eBGP 会话。

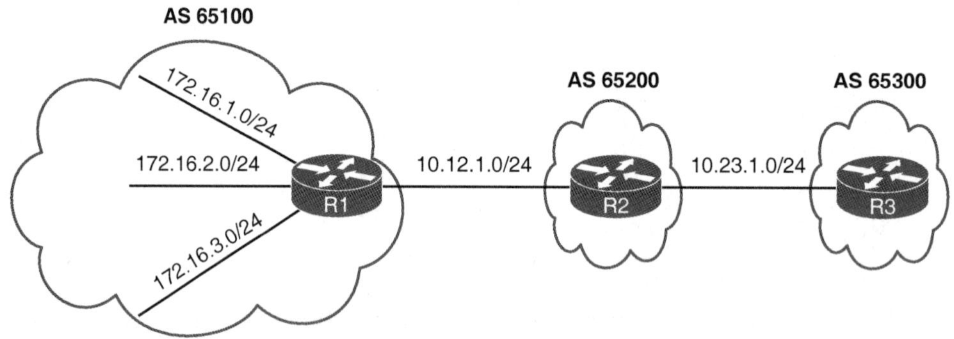

图 12-1 BGP 汇总拓扑结构

例 12-1 显示了执行路由聚合之前的 R1、R2 和 R3 的 BGP 表。R1 的末梢网络（172.16.1.0/24、172.16.2.0/24 和 172.16.3.0/24）、路由器的环回地址（192.168.1.1/32、192.168.2.2/32 和 192.168.3.3/32）以及对等链路（10.12.1.0/24 和 10.23.1.0/24）在所有自治系统内进行宣告。

例 12-1 执行路由聚合之前的 R1、R2 和 R3 的 BGP 表

```
R1# show bgp ipv4 unicast | begin Network
     Network          Next Hop            Metric LocPrf Weight Path
 *   10.12.1.0/24     10.12.1.2                0             0 65200 ?
 *>                   0.0.0.0                  0         32768 ?
 *>  10.23.1.0/24     10.12.1.2                0             0 65200 ?
 *>  172.16.1.0/24    0.0.0.0                  0         32768 ?
 *>  172.16.2.0/24    0.0.0.0                  0         32768 ?
 *>  172.16.3.0/24    0.0.0.0                  0         32768 ?
 *>  192.168.1.1/32   0.0.0.0                  0         32768 ?
 *>  192.168.2.2/32   10.12.1.2                0             0 65200 ?
 *>  192.168.3.3/32   10.12.1.2                              0 65200 65300 ?
```

```
R2# show bgp ipv4 unicast | begin Network
     Network          Next Hop            Metric LocPrf Weight Path
 *   10.12.1.0/24     10.12.1.1                0             0 65100 ?
 *>                   0.0.0.0                  0         32768 ?
 *   10.23.1.0/24     10.23.1.3                0             0 65300 ?
 *>                   0.0.0.0                  0         32768 ?
 *>   172.16.1.0/24   10.12.1.1                0             0 65100 ?
 *>   172.16.2.0/24   10.12.1.1                0             0 65100 ?
 *>   172.16.3.0/24   10.12.1.1                0             0 65100 ?
 *>   192.168.1.1/32  10.12.1.1                0             0 65100 ?
 *>   192.168.2.2/32  0.0.0.0                  0         32768 ?
 *>   192.168.3.3/32  10.23.1.3                0             0 65300 ?
```

```
R3# show bgp ipv4 unicast | begin Network
     Network          Next Hop            Metric LocPrf Weight Path
 *>  10.12.1.0/24     10.23.1.2                0             0 65200 ?
 *   10.23.1.0/24     10.23.1.2                0             0 65200 ?
 *>                   0.0.0.0                  0         32768 ?
 *>  172.16.1.0/24    10.23.1.2                              0 65200 65100 ?
 *>  172.16.2.0/24    10.23.1.2                              0 65200 65100 ?
 *>  172.16.3.0/24    10.23.1.2                              0 65200 65100 ?
 *>  192.168.1.1/32   10.23.1.2                              0 65200 65100 ?
 *>  192.168.2.2/32   10.23.1.2                0             0 65200 ?
 *>  192.168.3.3/32   0.0.0.0                  0         32768 ?
```

R1 将所有末梢网络（172.16.1.0/24、172.16.2.0/24 和 172.16.3.0/24）聚合到网络前缀 172.16.0.0/20 中，R2 将所有路由器环回地址聚合到网络前缀 192.168.0.0/16 中。例 12-2 显示了 R1（运行了默认 IPv4 地址簇）和 R2（未运行默认 IPv4 地址簇）的配置信息。

例 12-2 R1 和 R2 的配置信息

```
R1# show running-config | section router bgp
router bgp 65100
 bgp log-neighbor-changes
 aggregate-address 172.16.0.0 255.255.240.0
 redistribute connected
 neighbor 10.12.1.2 remote-as 65200
```

```
R2# show running-config | section router bgp
```

```
router bgp 65200
 bgp log-neighbor-changes
 no bgp default ipv4-unicast
 neighbor 10.12.1.1 remote-as 65100
 neighbor 10.23.1.3 remote-as 65300
 !
 address-family ipv4
  aggregate-address 192.168.0.0 255.255.0.0
  redistribute connected
  neighbor 10.12.1.1 activate
  neighbor 10.23.1.3 activate
exit-address-family
```

例 12-3 显示了执行路由聚合之后的 R1、R2 和 R3 的 BGP 表。

例 12-3 执行路由聚合之后的 R1、R2 和 R3 的 BGP 表

```
R1# show bgp ipv4 unicast | begin Network
     Network          Next Hop            Metric LocPrf Weight Path
 *   10.12.1.0/24     10.12.1.2                0             0 65200 ?
 *>                   0.0.0.0                  0         32768 ?
 *>  10.23.1.0/24     10.12.1.2                0             0 65200 ?
 *>  172.16.0.0/20    0.0.0.0                            32768 i
 *>  172.16.1.0/24    0.0.0.0                  0         32768 ?
 *>  172.16.2.0/24    0.0.0.0                  0         32768 ?
 *>  172.16.3.0/24    0.0.0.0                  0         32768 ?
 *>  192.168.0.0/16   10.12.1.2                0             0 65200 i
 *>  192.168.1.1/32   0.0.0.0                  0         32768 ?
 *>  192.168.2.2/32   10.12.1.2                0             0 65200 ?
 *>  192.168.3.3/32   10.12.1.2                              0 65200 65300 ?
```

```
R2# show bgp ipv4 unicast | begin Network
     Network          Next Hop            Metric LocPrf Weight Path
 *   10.12.1.0/24     10.12.1.1                0             0 65100 ?
 *>                   0.0.0.0                  0         32768 ?
 *   10.23.1.0/24     10.23.1.3                0             0 65300 ?
 *>                   0.0.0.0                  0         32768 ?
 *>  172.16.0.0/20    10.12.1.1                0             0 65100 i
 *>  172.16.1.0/24    10.12.1.1                0             0 65100 ?
 *>  172.16.2.0/24    10.12.1.1                0             0 65100 ?
 *>  172.16.3.0/24    10.12.1.1                0             0 65100 ?
 *>  192.168.0.0/16   0.0.0.0                            32768 i
 *>  192.168.1.1/32   10.12.1.1                0             0 65100 ?
 *>  192.168.2.2/32   0.0.0.0                  0         32768 ?
 *>  192.168.3.3/32   10.23.1.3                0             0 65300 ?
```

```
R3# show bgp ipv4 unicast | begin Network
     Network          Next Hop            Metric LocPrf Weight Path
 *>  10.12.1.0/24     10.23.1.2                0             0 65200 ?
 *   10.23.1.0/24     10.23.1.2                0             0 65200 ?
 *>                   0.0.0.0                  0         32768 ?
 *>  172.16.0.0/20    10.23.1.2                              0 65200 65100 i
 *>  172.16.1.0/24    10.23.1.2                              0 65200 65100 ?
 *>  172.16.2.0/24    10.23.1.2                              0 65200 65100 ?
 *>  172.16.3.0/24    10.23.1.2                              0 65200 65100 ?
```

```
 *>  192.168.0.0/16     10.23.1.2                0            0 65200 i
 *>  192.168.1.1/32     10.23.1.2                             0 65200 65100 ?
 *>  192.168.2.2/32     10.23.1.2                0            0 65200 ?
 *>  192.168.3.3/32     0.0.0.0                  0        32768 ?
```

请注意，虽然可以看到网络前缀 172.16.0.0/20 和 192.168.0.0/16，但所有路由器都仍然存在较小的组件网络前缀。这是因为 **aggregate-address** 命令除了宣告聚合网络前缀之外，还会宣告原始组件网络前缀。可以通过可选关键字 **summary-only** 在汇总网络前缀区间内抑制组件网络前缀。例 12-4 显示了携带关键字 **summary-only** 的配置示例。

例 12-4　抑制组件网络前缀的 BGP 路由聚合配置

```
R1# show running-config | section router bgp
router bgp 65100
 bgp log-neighbor-changes
 aggregate-address 172.16.0.0 255.255.240.0 summary-only
 redistribute connected
 neighbor 10.12.1.2 remote-as 65200
```

```
R2# show running-config | section router bgp
router bgp 65200
 bgp log-neighbor-changes
 no bgp default ipv4-unicast
 neighbor 10.12.1.1 remote-as 65100
 neighbor 10.23.1.3 remote-as 65300
 !
address-family ipv4
  aggregate-address 192.168.0.0 255.255.0.0 summary-only
  redistribute connected
  neighbor 10.12.1.1 activate
  neighbor 10.23.1.3 activate
 exit-address-family
```

在聚合命令中添加了关键字 **summary-only** 之后，R3 的 BGP 表如例 12-5 所示。R1 的末梢网络被汇总到网络前缀 172.16.0.0/20 中，R1 和 R2 的环回地址被汇总到网络前缀 192.168.0.0/16 中。此时，R3 已经看不到 R1 的末梢网络以及 R1 或 R2 的环回地址。

例 12-5　执行了路由聚合和抑制操作之后的 R3 BGP 表

```
R3# show bgp ipv4 unicast | begin Network
     Network          Next Hop            Metric LocPrf Weight Path
 *>  10.12.1.0/24     10.23.1.2                0             0 65200 ?
 *   10.23.1.0/24     10.23.1.2                0             0 65200 ?
 *>                   0.0.0.0                  0         32768 ?
 *>  172.16.0.0/20    10.23.1.2                              0 65200 65100 i
 *>  192.168.0.0/16   10.23.1.2                0             0 65200 i
 *>  192.168.3.3/32   0.0.0.0                  0         32768 ?
```

例 12-6 显示了 R2 的 BGP 表和 RIB。可以看出，BGP 抑制了组件环回地址，R2 不再宣告这些地址。此外，R2 还安装了一条指向 Null0 的丢弃路由，以实现路由环路预防机制。

例 12-6 执行了路由聚合和抑制操作之后的 R2 BGP 表和 RIB

```
R2# show bgp ipv4 unicast
BGP table version is 10, local router ID is 192.168.2.2
Status codes: s suppressed, d damped, h history, * valid, > best, i - internal,
              r RIB-failure, S Stale, m multipath, b backup-path, f RT-Filter,
              x best-external, a additional-path, c RIB-compressed,
Origin codes: i - IGP, e - EGP, ? - incomplete
RPKI validation codes: V valid, I invalid, N Not found

     Network          Next Hop            Metric LocPrf Weight Path
 *   10.12.1.0/24     10.12.1.1                0             0 65100 ?
 *>                   0.0.0.0                  0         32768 ?
 *   10.23.1.0/24     10.23.1.3                0             0 65300 ?
 *>                   0.0.0.0                  0         32768 ?
 *>  172.16.0.0/20    10.12.1.1                0             0 65100 i
 *>  192.168.0.0/16   0.0.0.0                            32768 i
 s>  192.168.1.1/32   10.12.1.1                0             0 65100 ?
 s>  192.168.2.2/32   0.0.0.0                  0         32768 ?
 s>  192.168.3.3/32   10.23.1.3                0             0 65300 ?
```

```
R2# show ip route bgp | begin Gateway
Gateway of last resort is not set

      172.16.0.0/20 is subnetted, 1 subnets
B        172.16.0.0 [20/0] via 10.12.1.1, 00:06:18
B     192.168.0.0/16 [200/0], 00:05:37, Null0
      192.168.1.0/32 is subnetted, 1 subnets
B        192.168.1.1 [20/0] via 10.12.1.1, 00:02:15
      192.168.3.0/32 is subnetted, 1 subnets
B        192.168.3.3 [20/0] via 10.23.1.3, 00:02:15
```

例 12-7 显示 R1 的末梢网络已被抑制，而且 RIB 也安装了 172.16.0.0/20 的汇总丢弃路由。

例 12-7 执行了路由聚合和抑制操作之后的 R1 BGP 表和 RIB

```
R1# show bgp ipv4 unicast | begin Network
     Network          Next Hop            Metric LocPrf Weight Path
 *   10.12.1.0/24     10.12.1.2                0             0 65200 ?
 *>                   0.0.0.0                  0         32768 ?
 *>  10.23.1.0/24     10.12.1.2                0             0 65200 ?
 *>  172.16.0.0/20    0.0.0.0                            32768 i
 s>  172.16.1.0/24    0.0.0.0                  0         32768 ?
 s>  172.16.2.0/24    0.0.0.0                  0         32768 ?
 s>  172.16.3.0/24    0.0.0.0                  0         32768 ?
 *>  192.168.0.0/16   10.12.1.2                0             0 65200 i
 *>  192.168.1.1/32   0.0.0.0                  0         32768 ?
```

```
R1# show ip route bgp | begin Gateway
Gateway of last resort is not set
    10.0.0.0/8 is variably subnetted, 3 subnets, 2 masks
B        10.23.1.0/24 [20/0] via 10.12.1.2, 00:12:50
      172.16.0.0/16 is variably subnetted, 7 subnets, 3 masks
```

```
B        172.16.0.0/20 [200/0], 00:06:51, Null0
B     192.168.0.0/16 [20/0] via 10.12.1.2, 00:06:10
```

12.2.2 原子聚合属性

聚合路由相当于一条拥有较短前缀长度的新 BGP 路由。BGP 路由器在汇总路由时，不会宣告聚合前的 AS_PATH 信息。新的 BGP 聚合前缀不包含 BGP 的路径属性（如 AS_PATH、MED 和 BGP 团体），因而原子聚合属性表明出现了路径属性丢失。

为了解释这个概念，可以先删除 R1 此前的 BGP 网络前缀聚合配置。将 R2 配置为聚合 172.16.0.0/20 和 192.168.0.0/16 且抑制组件网络前缀（见例 12-8）。

例 12-8 聚合 172.16.0.0/20 和 192.168.0.0/16 的配置

```
R2# show running-config | section router bgp
router bgp 65200
 bgp log-neighbor-changes
 no bgp default ipv4-unicast
 neighbor 10.12.1.1 remote-as 65100
 neighbor 10.23.1.3 remote-as 65300
 !
 address-family ipv4
  aggregate-address 192.168.0.0 255.255.0.0 summary-only
  aggregate-address 172.16.0.0 255.255.240.0 summary-only
  redistribute connected
  neighbor 10.12.1.1 activate
  neighbor 10.23.1.3 activate
 exit-address-family
```

例 12-9 显示了 R2 和 R3 的 BGP 表。R2 正在将 R1 的末梢网络（172.16.1.0/24、172.16.2.0/24 和 172.16.3.0/24）聚合并抑制到网络 172.16.0.0/20 中。组件网络前缀保持了 R2 的 AS_PATH 65100，聚合网络 172.16.0.0/20 看起来似乎是 R2 在本地生成的。

从 R3 的角度来看，R2 不会宣告 R1 的末梢网络，而是宣告自己的 172.16.0.0/20 网络。R3 上的网络前缀 172.16.0.0/20 的 AS_PATH 只有 AS 65200，不包含 AS 65100。

例 12-9 路径属性丢失后的 R2 和 R3 BGP 表

```
R2# show bgp ipv4 unicast | begin Network
     Network          Next Hop            Metric LocPrf Weight Path
 *    10.12.1.0/24     10.12.1.1                0             0 65100 ?
 *>                    0.0.0.0                  0         32768 ?
 *    10.23.1.0/24     10.23.1.3                0             0 65300 ?
 *>                    0.0.0.0                  0         32768 ?
 *>   172.16.0.0/20    0.0.0.0                            32768 i
 s>   172.16.1.0/24    10.12.1.1                0             0 65100 ?
 s>   172.16.2.0/24    10.12.1.1                0             0 65100 ?
 s>   172.16.3.0/24    10.12.1.1                0             0 65100 ?
 *>   192.168.0.0/16   0.0.0.0                            32768 i
 s>   192.168.1.1/32   10.12.1.1                0             0 65100 ?
 s>   192.168.2.2/32   0.0.0.0                  0         32768 ?
 s>   192.168.3.3/32   10.23.1.3                0             0 65300 ?
```

```
R3# show bgp ipv4 unicast | begin Network
```

```
     Network          Next Hop            Metric LocPrf Weight Path
 *>  10.12.1.0/24     10.23.1.2                0             0 65200 ?
 *   10.23.1.0/24     10.23.1.2                0             0 65200 ?
 *>                   0.0.0.0                  0         32768 ?
 *>  172.16.0.0/20    10.23.1.2                0             0 65200 i
 *>  192.168.0.0/16   10.23.1.2                0             0 65200 i
 *>  192.168.3.3/32   0.0.0.0                  0         32768 ?
```

例 12-10 显示了 R3 关于网络前缀 172.16.0.0/20 的 BGP 表项。路由的 NLRI 信息表明该路由是由 AS 65200 中 RID 为 192.168.2.2 的路由器聚合的。此外，还设置了原子聚合属性，指示路径属性（如 AS_PATH）丢失了。

例 12-10 检查 BGP 原子聚合属性

```
R3# show bgp ipv4 unicast 172.16.0.0
BGP routing table entry for 172.16.0.0/20, version 25
Paths: (1 available, best #1, table default)
  Not advertised to any peer
  Refresh Epoch 2
  65200, (aggregated by 65200 192.168.2.2)
    10.23.1.2 from 10.23.1.2 (192.168.2.2)
      Origin IGP, metric 0, localpref 100, valid, external, atomic-aggregate, best
      rx pathid: 0, tx pathid: 0x0
```

12.2.3 基于 AS_SET 的路由聚合

为了保留 BGP 路径属性的历史记录，可以在 **aggregate-address** 命令中使用可选关键字 **as-set**。路由器生成聚合路由时，会将组件聚合路由的 BGP 路径属性复制到该路由上，原始前缀中的 AS_PATH 设置将存储在 AS_PATH 的 AS_SET 字段中（显示在括号中），仅将 AS_SET 算作一跳，即使其中包含了多个 AS。

例 12-11 显示了 R2 更新后的 BGP 配置，此时使用关键字 **as-set** 来汇总这两条前缀。

例 12-11 在保留 BGP 路径属性的同时进行路由聚合

```
R2# show running-config | section router bgp
router bgp 65200
 bgp log-neighbor-changes
 no bgp default ipv4-unicast
 neighbor 10.12.1.1 remote-as 65100
 neighbor 10.23.1.3 remote-as 65300
 !
address-family ipv4
  aggregate-address 192.168.0.0 255.255.0.0 as-set summary-only
  aggregate-address 172.16.0.0 255.255.240.0 as-set summary-only
  redistribute connected
  neighbor 10.12.1.1 activate
  neighbor 10.23.1.3 activate
 exit-address-family
```

例 12-12 再次显示了 R3 关于网络前缀 172.16.0.0/20 的 BGP 表项，可以看出，此时的 BGP 路径属性已经传播到了新前缀中。请注意，此时的 AS_PATH 包含了 AS 65100。

例 12-12 验证 BGP 路径属性已注入 BGP 聚合路由

```
R3# show bgp ipv4 unicast 172.16.0.0
BGP routing table entry for 172.16.0.0/20, version 30
Paths: (1 available, best #1, table default)
  Not advertised to any peer
  Refresh Epoch 2
  65200 65100, (aggregated by 65200 192.168.2.2)
    10.23.1.2 from 10.23.1.2 (192.168.2.2)
      Origin incomplete, metric 0, localpref 100, valid, external, best
      rx pathid: 0, tx pathid: 0x0
```

```
R3# show bgp ipv4 unicast | begin Network
     Network          Next Hop            Metric LocPrf Weight Path
 *>  10.12.1.0/24     10.23.1.2                0             0 65200 ?
 *   10.23.1.0/24     10.23.1.2                0             0 65200 ?
 *>                   0.0.0.0                  0         32768 ?
 *>  172.16.0.0/20    10.23.1.2                0             0 65200 65100 ?
 *>  192.168.3.3/32   0.0.0.0                  0         32768 ?
```

大家是否注意到 R3 的 BGP 表已不再包含网络 192.168.0.0/16？原因出在 R2 上，R2 汇总了 R1（AS 65100）、R2（AS 65200）和 R3（AS 65300）的所有环回网络，此时 R2 将所有组件网络前缀的 BGP AS_PATH 属性都复制到了 AS_SET 中，192.168.0.0/16 的 AS_PATH 包含了 AS 65300。因此，将聚合路由宣告给 R3 之后，R3 会丢弃该前缀，因为 R3 看见自己的 ASN 位于该路由的 AS_PATH 中，认为存在路由环路。

例 12-13 显示了 R2 的 BGP 表以及聚合网络前缀 192.168.0.0/16 的聚合属性。

例 12-13 查看 192.168.0.0/16 的聚合属性

```
R2# show bgp ipv4 unicast | begin Network
     Network          Next Hop            Metric LocPrf Weight Path
 *   10.12.1.0/24     10.12.1.1                0             0 65100 ?
 *>                   0.0.0.0                  0         32768 ?
 *   10.23.1.0/24     10.23.1.3                0             0 65300 ?
 *>                   0.0.0.0                  0         32768 ?
 *>  172.16.0.0/20    0.0.0.0                      100   32768 65100 ?
 s>  172.16.1.0/24    10.12.1.1                0             0 65100 ?
 s>  172.16.2.0/24    10.12.1.1                0             0 65100 ?
 s>  172.16.3.0/24    10.12.1.1                0             0 65100 ?
 *>  192.168.0.0/16   0.0.0.0                      100   32768 {65100,65300} ?
 s>  192.168.1.1/32   10.12.1.1                0             0 65100 ?
 s>  192.168.2.2/32   0.0.0.0                  0         32768 ?
 s>  192.168.3.3/32   10.23.1.3                0             0 65300 ?
```

```
R2# show bgp ipv4 unicast 192.168.0.0
BGP routing table entry for 192.168.0.0/16, version 28
Paths: (1 available, best #1, table default)
  Advertised to update-groups:
     1
  Refresh Epoch 1
  {65100,65300}, (aggregated by 65200 192.168.2.2)
```

```
    0.0.0.0 from 0.0.0.0 (192.168.2.2)
      Origin incomplete, localpref 100, weight 32768, valid, aggregated, local, best
      rx pathid: 0, tx pathid: 0x0
```

与 R3 不安装网络前缀 192.168.0.0/16 一样，R1 也不会安装网络前缀 192.168.0.0/16，因为 R1 在该路由宣告的 AS_PATH 中检测到了 AS 65100，判断出存在路由环路。可以通过检查 R1 的 BGP 表加以确认（见例 12-14）。

例 12-14 R1 的 BGP 表（丢弃了 192.168.0.0/16）

```
R1# show bgp ipv4 unicast | begin Network
     Network          Next Hop            Metric LocPrf Weight Path
 *   10.12.1.0/24     10.12.1.2                0             0 65200 ?
 *>                   0.0.0.0                  0         32768 ?
 *>  10.23.1.0/24     10.12.1.2                0             0 65200 ?
 *>  172.16.1.0/24    0.0.0.0                  0         32768 ?
 *>  172.16.2.0/24    0.0.0.0                  0         32768 ?
 *>  172.16.3.0/24    0.0.0.0                  0         32768 ?
 *>  192.168.1.1/32   0.0.0.0                  0         32768 ?
```

12.3 BGP 路由过滤和控制

条件式路由选择是一种选择性识别从对等体宣告或接收到的前缀的方法。可以修改或删除特定路由以控制流量流、降低内存利用率或提高安全性。

图 12-2 显示了完整的 BGP 路由处理逻辑。请注意，路由策略应用在接收入站路由和宣告出站路由的时候。

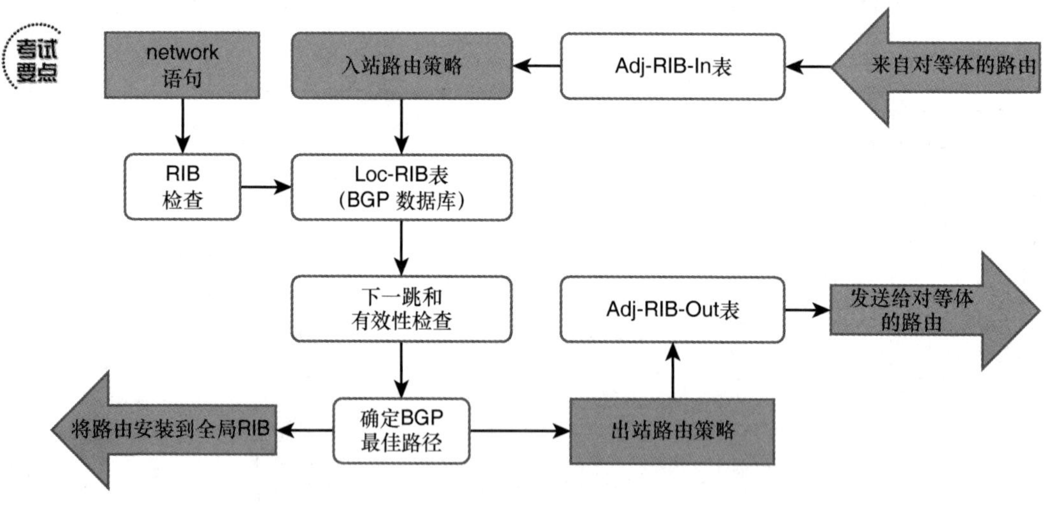

图 12-2 BGP 路由处理

IOS XE 提供了 4 种过滤特定 BGP 对等体入站或出站路由的方法，这些方法可以单独使用，也可以与其他方法协同使用。

- **分发列表**：分发列表根据标准或扩展 ACL 过滤网络前缀。隐式拒绝适用于所有不被允许的前缀。

- **前缀列表**：是一个前缀匹配规范列表，以自上而下的方式允许或拒绝网络前缀，与 ACL 非常相似。隐式拒绝适用于所有不被允许的前缀。
- **AS_PATH ACL/过滤**：是一个允许或拒绝网络前缀的正则表达式命令列表（基于当前 AS_PATH 值）。隐式拒绝适用于所有不被允许的前缀。
- **路由映射**：是一种根据各种前缀属性进行条件匹配的方法，可以执行各种匹配操作，可以是简单的允许或拒绝，也可以修改 BGP 路径属性。隐式拒绝适用于所有不被允许的前缀。

> 注：BGP 邻居不能为接收或宣告路由操作同时应用分发列表和前缀列表。

接下来将详细介绍这些过滤方法。以一个简单的应用场景为例，即使 R1（AS 65100）与 R2（AS 65200）建立了一条 eBGP 对等连接，R2 也可能与其他自治系统（如 AS 65300）进行对等连接。与本例相关的拓扑结构就是 R1 与 R2 对等连接，重点分析 R1 BGP 表的网络前缀和 AS_PATH（见例 12-15）。

例 12-15　R1 的 BGP 表

```
R1# show bgp ipv4 unicast | begin Network
     Network          Next Hop            Metric LocPrf Weight Path
 *>  10.3.3.0/24      10.12.1.2               33             0 65200 65300 3003 ?
 *   10.12.1.0/24     10.12.1.2               22             0 65200 ?
 *>                   0.0.0.0                  0         32768 ?
 *>  10.23.1.0/24     10.12.1.2              333             0 65200 ?
 *>  100.64.2.0/25    10.12.1.2               22             0 65200 ?
 *>  100.64.2.192/26  10.12.1.2               22             0 65200 ?
 *>  100.64.3.0/25    10.12.1.2               22             0 65200 65300 300 ?
 *>  192.168.1.1/32   0.0.0.0                  0         32768 ?
 *>  192.168.2.2/32   10.12.1.2               22             0 65200 ?
 *>  192.168.3.3/32   10.12.1.2 3            333             0 65200 65300 ?
```

12.3.1　分发列表过滤

分发列表可以通过标准 ACL 或扩展 ACL 以逐个邻居的方式过滤网络前缀。可以通过 BGP 地址簇配置命令 **neighbor** *ip-address* **distribute-list** {*acl-number* | *acl-name*} {**in** | **out**}配置分发列表。请记住，BGP 的扩展 ACL 使用源字段来匹配网络部分，使用目的字段来匹配子网掩码。

例 12-16 显示了 R1 通过分发列表进行路由过滤的 BGP 配置。首先创建了名为 ACL-ALLOW 的扩展 ACL，其中包含了两个表项，第一个表项允许 192.168.0.0～192.168.255.255 的所有网络，第二个表项允许包含 100.64.x.0 且前缀长度为/25 的所有网络（目的是解释 BGP 扩展 ACL 的通配符功能）。然后将该分发列表关联到 R2 的 BGP 会话。

例 12-16　R1 通过分发列表进行路由过滤的 BGP 配置

```
R1
ip access-list extended ACL-ALLOW
 permit ip 192.168.0.0 0.0.255.255 host 255.255.255.255
```

```
 permit ip 100.64.0.0 0.0.255.0 host 255.255.255.128
!
router bgp 65100
 address-family ipv4
  neighbor 10.12.1.2 distribute-list ACL-ALLOW in
```

例 12-17 显示了 R1 的路由表。可以看出，R1 将两条本地路由（10.12.1.0/24 和 192.168.1.1/32）注入 BGP 表中，允许来自 R2（AS 65200）和 R3（AS 65300）的两个环回网络（因为它们均位于 ACL-ALLOW 的第一个表项内），还允许两个匹配 100.64.x.0 模式的网络（100.64.2.0/25 和 100.64.3.0/25）。此外，网络 100.64.2.192/26 被拒绝，因为其前缀长度与 ACL-ALLOW 的第二个表项不匹配。（应用 BGP 分发列表之前的路由信息如例 12-15 所示。）

例 12-17　查看 BGP 分发列表过滤后的路由

```
R1# show bgp ipv4 unicast | begin Network
     Network          Next Hop            Metric LocPrf Weight Path
 *>  10.12.1.0/24     0.0.0.0                  0         32768 ?
 *>  100.64.2.0/25    10.12.1.2               22             0 65200 ?
 *>  100.64.3.0/25    10.12.1.2               22             0 65200 65300 300 ?
 *>  192.168.1.1/32   0.0.0.0                  0         32768 ?
 *>  192.168.2.2/32   10.12.1.2               22             0 65200 ?
 *>  192.168.3.3/32   10.12.1.2             3333             0 65200 65300 ?
```

12.3.2　前缀列表过滤

前缀列表可以通过逐个邻居的方式过滤网络前缀。可以通过 BGP 地址簇配置命令 **neighbor** *ip-address* **prefix-list** *prefix-list-name* {**in** | **out**}配置前缀列表。

接下来以例 12-15 所示的初始 BGP 表为例来解释前缀列表的使用方式，对该 BGP 表进行过滤以仅允许 RFC1918 空间内的路由。例 12-18 首先创建了一个名为 RFC1918 的前缀列表，仅允许 RFC1918 地址空间中的前缀。然后在 R1 上将该前缀列表作为入站过滤器，以过滤 R2 宣告的前缀。例 12-18 显示了该前缀列表以及应用于 R2 宣告的路由的配置情况。

例 12-18　配置前缀列表过滤

```
R1# configure terminal
Enter configuration commands, one per line. End with CNTL/Z.
R1(config)# ip prefix-list RFC1918 seq 10 permit 10.0.0.0/8 le 32
R1(config)# ip prefix-list RFC1918 seq 20 permit 172.16.0.0/12 le 32
R1(config)# ip prefix-list RFC1918 seq 30 permit 192.168.0.0/16 le 32
R1(config)# router bgp 65100
R1(config-router)# address-family ipv4 unicast
R1(config-router-af)# neighbor 10.12.1.2 prefix-list RFC1918 in
```

应用了前缀列表之后，可以检查 R1 的 BGP 表（见例 12-19）。可以看出，由于网络 100.64.2.0/25、100.64.2.192/26 和 100.64.3.0/25 均不满足前缀列表匹配条件，因而均被过滤。（应用 BGP 前缀列表之前的路由信息如例 12-15 所示。）

例 12-19 验证 BGP 前缀列表的过滤情况

```
R1# show bgp ipv4 unicast | begin Network
     Network          Next Hop            Metric LocPrf Weight Path
 *>  10.3.3.0/24      10.12.1.2               33             0 65200 65300 3003 ?
 *   10.12.1.0/24     10.12.1.2               22             0 65200 ?
 *>                   0.0.0.0                  0         32768 ?
 *>  10.23.1.0/24     10.12.1.2              333             0 65200 ?
 *>  192.168.1.1/32   0.0.0.0                  0         32768 ?
 *>  192.168.2.2/32   10.12.1.2               22             0 65200 ?
 *>  192.168.3.3/32   10.12.1.2             3333             0 65200 65300 ?
```

12.3.3 AS_PATH 过滤

很多时候，条件匹配网络前缀显得过于复杂，最好能标识来自特定组织机构的所有路由。在这种情况下，就可以将路径选择与 BGP AS_PATH 结合起来。可以通过 AS_PATH ACL 实现 AS_PATH 过滤功能，AS_PATH ACL 使用正则表达式（Regex）配置匹配规则。

1．正则表达式

为了有效解析大量可用 ASN（4,294,967,295），可以采用正则表达式。正则表达式根据查询修饰符来选择适当的内容。表 12-2 列出了正则表达式的常用查询修饰符。

表 12-2 正则表达式的常用查询修饰符

修饰符	功能
_（下画线）	匹配空格
^（脱字符）	表示字符串的开始
$（美元符号）	表示字符串的结束
[]（方括号）	匹配指定范围内的单个字符或嵌套
-（连字符）	表示圆括号中的数字范围
[^]（方括号中的脱字符）	不包含方括号中的字符
()（圆括号）	用于嵌套搜索模式
|（管道符）	为查询操作提供 or 功能
.（句点）	匹配单个字符（包括空格）
+（加号）	一个或多个字符或模式实例
?（问号）	匹配一个或多个字符或模式实例
*（星号）	匹配零个或多个字符或模式

注：.、^、$、*、+、()、[]、?等字符是特殊控制字符，必须结合转义字符（\）使用。例如，如果要匹配输出结果中的*，就要使用语法*。

可以通过 **show bgp** *afi safi* **regexp** *regex-pattern* 命令使用正则表达式来解析 BGP 表。接下来就以图 12-3 所示的拓扑结构和例 12-20 所示的 BGP 表为例，来说明完成各种不同任务的正则表达式查询修饰符。

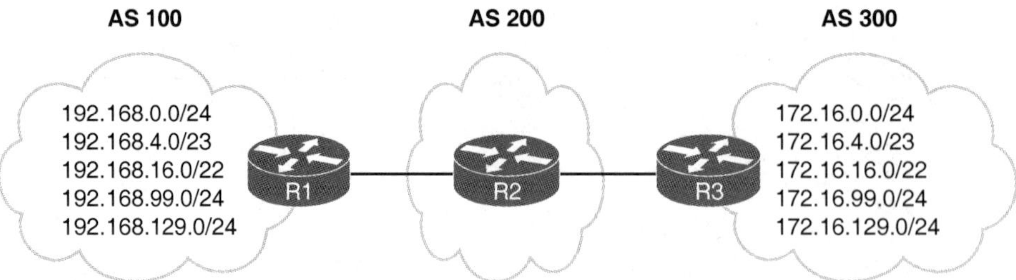

图 12-3 BGP 正则表达式参考拓扑结构

例 12-20 用于正则表达式查询的 BGP 表

```
R2# show bgp ipv4 unicast
! Output omitted for brevity
     Network          Next Hop Metric LocPrf Weight Path
*> 172.16.0.0/24      172.32.23.3     0              0 300 80 90 21003 2100 i
*> 172.16.4.0/23      172.32.23.3     0              0 300 878 1190 1100 1010 i
*> 172.16.16.0/22     172.32.23.3     0              0 300 779 21234 45 i
*> 172.16.99.0/24     172.32.23.3     0              0 300 145 40 i
*> 172.16.129.0/24    172.32.23.3     0              0 300 10010 300 1010 40 50 i
*> 192.168.0.0/16     172.16.12.1     0              0 100 80 90 21003 2100 i
*> 192.168.4.0/23     172.16.12.1     0              0 100 878 1190 1100 1010 i
*> 192.168.16.0/22    172.16.12.1     0              0 100 779 21234 45 i
*> 192.168.99.0/24    172.16.12.1     0              0 100 145 40 i
*> 192.168.129.0/24   172.16.12.1     0              0 100 10010 300 1010 40 50 i
```

注：出于特殊目的，前缀 172.16.129.0/24 的 AS_PATH 中出现了两个不连续的 AS 300。实际应用中不会出现这种情况，因为这种情况表示存在路由环路。

（1）下画线（_）

查询修饰符功能：匹配空格。

场景：仅显示穿越 AS 100 的 AS。第一个假设是例 12-21 显示的语法 **show bgp ipv4 unicast regex 100** 是理想的，该正则表达式查询包括以下非期望 ASN：1100、2100、21003 和 10010。

例 12-21 AS 100 的 BGP 正则表达式查询

```
R2# show bgp ipv4 unicast regexp 100
! Output omitted for brevity
     Network          Next Hop    Metric LocPrf Weight Path
*> 172.16.0.0/24      172.32.23.3      0             0 300 80 90 21003 2100 i
*> 172.16.4.0/23      172.32.23.3      0             0 300 878 1190 1100 1010 i
*> 172.16.129.0/24    172.32.23.3      0             0 300 10010 300 1010 40 50 i
*> 192.168.0.0/16     172.16.12.1      0             0 100 80 90 21003 2100 i
*> 192.168.4.0/23     172.16.12.1      0             0 100 878 1190 1100 1010 i
*> 192.168.16.0/22    172.16.12.1      0             0 100 779 21234 45 i
*> 192.168.99.0/24    172.16.12.1      0             0 100 145 40 i
*> 192.168.129.0/24   172.16.12.1      0             0 100 10010 300 1010 40 50 i
```

注：为了更好地理解正则表达式，输出结果以高亮方式显示了 AS_PATH 中与查询表达式相匹配的部分。

例 12-22 使用下画线来表示 100 左边的空格，作用是去掉不需要的 ASN，该正则表达式查询包含以下非期望 ASN：10010。

例 12-22　AS _100 的 BGP 正则表达式查询

```
R2# show bgp ipv4 unicast regexp _100
! Output omitted for brevity
     Network          Next Hop      Metric LocPrf Weight Path
*> 172.16.129.0/24   172.32.23.3       0              0 300 10010 300 1010 40 50 i
*> 192.168.0.0/16    172.16.12.1       0              0 100 80 90 21003 2100 i
*> 192.168.4.0/23    172.16.12.1       0              0 100 878 1190 1100 1010 i
*> 192.168.16.0/22   172.16.12.1       0              0 100 779 21234 45 i
*> 192.168.99.0/24   172.16.12.1       0              0 100 145 40 i
*> 192.168.129.0/24  172.16.12.1       0              0 100 10010 300 1010 40 i
```

例 12-23 给出了最终查询方式，在 ASN（100）的前面和后面均使用下画线来完成对穿越 AS 100 的路由的查询操作。

例 12-23　AS _100_的 BGP 正则表达式查询

```
R2# show bgp ipv4 unicast regexp _100_
! Output omitted for brevity
     Network          Next Hop      Metric LocPrf Weight Path
*> 192.168.0.0/16    172.16.12.1       0              0 100 80 90 21003 2100 i
*> 192.168.4.0/23    172.16.12.1       0              0 100 878 1190 1100 1010 i
*> 192.168.16.0/22   172.16.12.1       0              0 100 779 21234 45 i
*> 192.168.99.0/24   172.16.12.1       0              0 100 145 40 i
*> 192.168.129.0/24  172.16.12.1       0              0 100 10010 300 1010 40 50 i
```

（2）脱字符（^）

查询修饰符功能：表示字符串的开始。

场景：仅显示从 AS 300 宣告的路由。乍看起来，命令 **show bgp ipv4 unicast regexp _300_** 似乎可用，但例 12-24 还包含了路由 192.168.129.0/24。请注意，前缀 172.16.129.0/24 有两个匹配项。

例 12-24　AS 300 的 BGP 正则表达式查询

```
R2# show bgp ipv4 unicast regexp _300_
! Output omitted for brevity
     Network          Next Hop      Metric LocPrf Weight Path
*> 172.16.0.0/24     172.32.23.3        0             0 300 80 90 21003 2100 i
*> 172.16.4.0/23     172.32.23.3        0             0 300 878 1190 1100 1010 i
*> 172.16.16.0/22    172.32.23.3        0             0 300 779 21234 45 i
*> 172.16.99.0/24    172.32.23.3        0             0 300 145 40 i
*> 172.16.129.0/24   172.32.23.3        0             0 300 10010 300 1010 40 50 i
*> 192.168.129.0/24  172.16.12.1        0             0 100 10010 300 1010 40 50 i
```

由于 AS 300 是直连 AS，因而更有效的方式是确保 300 是列表中的第一个 ASN。例 12-25 显示了正则表达式模式中的脱字符。

例 12-25 使用脱字符的 BGP 正则表达式查询

```
R2# show bgp ipv4 unicast regexp ^300_
! Output omitted for brevity
     Network          Next Hop        Metric LocPrf Weight Path
*> 172.16.0.0/24     172.32.23.3         0             0 300 80 90 21003 2100 i
*> 172.16.4.0/23     172.32.23.3         0             0 300 878 1190 1100 1010 i
*> 172.16.16.0/22    172.32.23.3         0             0 300 779 21234 45 i
*> 172.16.99.0/24    172.32.23.3         0             0 300 145 40 i
*> 172.16.129.0/24   172.32.23.3         0             0 300 10010 300 1010 40 50 i
```

(3) 美元符号 ($)

查询修饰符功能：表示字符串的结束。

场景：仅显示源自 AS 40 的路由。例 12-26 使用了正则表达式模式“_40_”，但遗憾的是，结果中仍然包含了源自 AS 50 的路由。

例 12-26 使用 AS 40 的 BGP 正则表达式查询

```
R2# show bgp ipv4 unicast regexp _40_
! Output omitted for brevity
  Network            Next Hop       Metric LocPrf Weight Path
*> 172.16.99.0/24     172.32.23.3       0             0 300 145 40 i
*> 172.16.129.0/24    172.32.23.3       0             0 300 10010 300 1010 40 50 i
*> 192.168.99.0/24    172.16.12.1       0             0 100 145 40 i
*> 192.168.129.0/24   172.16.12.1       0             0 100 10010 300 1010 40 50 i
```

例 12-27 提供了使用美元符号的解决方案，即正则表达式模式“_40$”。

例 12-27 使用美元符号的 BGP 正则表达式查询

```
R2# show bgp ipv4 unicast regexp _40$
! Output omitted for brevity
     Network          Next Hop       Metric LocPrf Weight Path
*> 172.16.99.0/24    172.32.23.3       0             0 300 145 40 i
*> 192.168.99.0/24   172.16.12.1       0    100      0 100 145 40 i
```

(4) 方括号 ([ ])

查询修饰符功能：匹配指定范围内的单个字符或嵌套。

场景：仅显示 ASN 内包含 11 或 14 的路由。例 12-28 使用了正则表达式过滤器“1[14]”。

例 12-28 使用方括号的 BGP 正则表达式查询

```
R2# show bgp ipv4 unicast regexp 1[14]
! Output omitted for brevity
     Network          Next Hop    Metric LocPrf  Weight Path
*> 172.16.4.0/23     172.32.23.3       0             0 300 878 1190 1100 1010 i
*> 172.16.99.0/24    172.32.23.3       0             0 300 145 40 i
*> 192.168.4.0/23    172.16.12.1       0             0 100 878 1190 1100 1010 i
*> 192.168.99.0/24   172.16.12.1       0             0 100 145 40 i
```

(5) 连字符 (-)

查询修饰符功能：表示圆括号中的数字范围。

场景：仅显示 ASN 的最后两位数字是 40、50、60、70 或 80 的路由。例 12-29 使用了正则表达式查询“[4-8]0_”。

例 12-29 使用连字符的 BGP 正则表达式查询

```
R2# show bgp ipv4 unicast regexp [4-8]0_
! Output omitted for brevity
     Network          Next Hop       Metric LocPrf Weight Path
*> 172.16.0.0/24      172.32.23.3       0             0 300 80 90 21003 2100 i
*> 172.16.99.0/24     172.32.23.3       0             0 300 145 40 i
*> 172.16.129.0/24    172.32.23.3       0             0 300 10010 300 1010 40 50 i
*> 192.168.0.0/16     172.16.12.1       0             0 100 80 90 21003 2100 i
*> 192.168.99.0/24    172.16.12.1       0             0 100 145 40 i
*> 192.168.129.0/24   172.16.12.1       0             0 100 10010 300 1010 40 50 i
```

（6）方括号中的脱字符（[^]）

查询修饰符功能：不包含方括号中的字符。

场景：仅显示第二个 ASN 是 100 或 300 且后面不以 3、4、5、6、7 或 8 开头的路由。该正则表达式查询的第一个组件是正则表达式查询“^[13]00_”，负责将 AS 限制为 AS 100 或 300，第二个组件是正则表达式过滤器“_[^3-8]”，负责将 3～8 开头的 ASN 过滤掉，完整的正则表达式查询是“^[13]00_[^3-8]”（见例 12-30）。

例 12-30 使用方括号中的脱字符的 BGP 正则表达式查询

```
R2# show bgp ipv4 unicast regexp ^[13]00_[^3-8]
! Output omitted for brevity
     Network          Next Hop       Metric LocPrf Weight Path
*> 172.16.99.0/24     172.32.23.3       0             0 300 145 40 i
*> 172.16.129.0/24    172.32.23.3       0             0 300 10010 300 1010 40 50 i
*> 192.168.99.0/24    172.16.12.1       0             0 100 145 40 i
*> 192.168.129.0/24   172.16.12.1       0             0 100 10010 300 1010 40 50 i
```

（7）圆括号（()）和管道符（|）

查询修饰符功能：搜索模式嵌套并提供 or 功能。

场景：仅显示 AS_PATH 以 AS 40 或 45 结尾的路由，例 12-31 给出了正则表达式过滤器“_4(5|0)$”示例。

例 12-31 使用圆括号的 BGP 正则表达式查询

```
R2# show bgp ipv4 unicast regexp _4(5|0)$
! Output omitted for brevity
     Network          Next Hop       Metric LocPrf Weight Path
*> 172.16.16.0/22     172.32.23.3       0             0 300 779 21234 45 i
*> 172.16.99.0/24     172.32.23.3       0             0 300 145 40 i
*> 192.168.16.0/22    172.16.12.1       0             0 100 779 21234 45 i
*> 192.168.99.0/24    172.16.12.1       0             0 100 145 40 i
```

（8）句点（.）

查询修饰符功能：匹配单个字符（包括空格）。

场景：仅显示源自 AS 1～99 的路由。例 12-32 的正则表达式查询“..$”需要一个空格，其后是任意字符（包括其他空格）。

例 12-32 使用句点的 BGP 正则表达式查询

```
R2# show bgp ipv4 unicast regexp _..$
! Output omitted for brevity
     Network          Next Hop       Metric LocPrf Weight Path
*> 172.16.16.0/22    172.32.23.3       0              0 300 779 21234 45 i
*> 172.16.99.0/24    172.32.23.3       0              0 300 145 40 i
*> 172.16.129.0/24   172.32.23.3       0              0 300 10010 300 1010 40 50 i
*> 192.168.16.0/22   172.16.12.1       0              0 100 779 21234 45 i
*> 192.168.99.0/24   172.16.12.1       0              0 100 145 40 i
*> 192.168.129.0/24  172.16.12.1       0              0 100 10010 300 1010 40 50 i
```

（9）加号（+）

查询修饰符功能：一个或多个字符或模式实例。

场景：仅显示 AS_PATH 中包含至少一个“10”的路由，但是不能使用匹配模式“100”。因此，该正则表达式的第一部分需要构建匹配模式“(10)+”，第二部分增加限制条件 [^(100)]，组合后的 Regex 模式为(10)+[^(100)]（见例 12-33）。

例 12-33 使用加号的 BGP 正则表达式查询

```
R2# show bgp ipv4 unicast regexp (10)+[^(100)]
! Output omitted for brevity
     Network          Next Hop       Metric LocPrf Weight Path
*> 172.16.4.0/23     172.32.23.3       0              0 300 878 1190 1100 1010 i
*> 172.16.129.0/24   172.32.23.3       0              0 300 10010 300 1010 40 50 i
*> 192.168.4.0/23    172.16.12.1       0              0 100 878 1190 1100 1010 i
*> 192.168.129.0/24  172.16.12.1       0              0 100 10010 300 1010 40 50 i
```

（10）问号（？）

查询修饰符功能：匹配一个或多个字符或模式实例。

场景：仅显示来自相邻 AS 或直连 AS 的路由（也就是说，限制在两个 AS 之外）。例 12-34 给出的查询示例更加复杂，首先需要定义一个初始查询组件来标识 AS，即“[0-9]+”；第二个查询组件包括空格和可选的第二个 AS。“？”的作用是限制 AS 匹配一个或两个 AS。

> 注：输入“？”之前必须使用 Ctrl+V 组合键转义序列。

例 12-34 使用问号的 BGP 正则表达式查询

```
R1# show bgp ipv4 unicast regexp ^[0-9]+ ([0-9]+)?$
! Output omitted for brevity
     Network          Next Hop          Metric LocPrf Weight Path
*> 172.16.99.0/24    172.32.23.3          0              0 300 40 i
*> 192.168.99.0/24   172.16.12.1          0    100       0 100 40 i
```

（11）星号（*）

查询修饰符功能：匹配零个或多个字符或模式。

场景：显示来自任意 AS 的所有路由。该操作看起来似乎没什么用，但是使用 AS_PATH 访问列表时其可能就是一个有效的要求，具体将在本章后面进行解释（见例 12-35）。

例 12-35 使用星号的 BGP 正则表达式查询

```
R1# show bgp ipv4 unicast regexp .*
! Output omitted for brevity
     Network          Next Hop      Metric LocPrf Weight Path
*> 172.16.0.0/24      172.32.23.3      0             0 300 80 90 21003 2100 i
*> 172.16.4.0/23      172.32.23.3      0             0 300 1080 1090 1100 1110 i
*> 172.16.16.0/22     172.32.23.3      0             0 300 11234 21234 31234 i
*> 172.16.99.0/24     172.32.23.3      0             0 300 40 i
*> 172.16.129.0/24    172.32.23.3      0             0 300 10010 300 30010 30050 i
*> 192.168.0.0/16     172.16.12.1      0    100      0 100 80 90 21003 2100 i
*> 192.168.4.0/23     172.16.12.1      0    100      0 100 1080 1090 1100 1110 i
*> 192.168.16.0/22    172.16.12.1      0    100      0 100 11234 21234 31234 i
*> 192.168.99.0/24    172.16.12.1      0    100      0 100 40 i
*> 192.168.129.0/24   172.16.12.1      0    100      0 100 10010 300 30010 30050 i
```

2. AS_PATH ACL

如果要通过 AS_PATH 从 BGP 邻居中选择路由，就需要定义 AS_PATH ACL。AS_PATH ACL 按照自上而下的顺序进行处理，找到第一个匹配项之后就执行相应的 **permit** 或 **deny** 操作。AS_PATH ACL 的末尾都包含一条隐式拒绝语句。

IOS 最多支持 500 个 AS_PATH ACL，可以通过命令 **ip as-path access-list** *acl-number* {**deny** | **permit**} *regex-query* 创建 AS_PATH ACL，然后通过命令 **neighbor** *ip-address* **filter-list** *acl-number* {**in** | **out**}应用 AS_PATH ACL。

例 12-36 显示了 R2（AS 65200）宣告给 R1（AS 65100）的路由。

例 12-36 应用 AS_PATH ACL 之前的 BGP 表

```
R2# show bgp ipv4 unicast neighbors 10.12.1.1 advertised-routes | begin Network
     Network          Next Hop            Metric LocPrf Weight Path
 *>  10.3.3.0/24      10.23.1.3               33             0 65300 3003 ?
 *>  10.12.1.0/24     0.0.0.0                  0         32768 ?
 *>  10.23.1.0/24     0.0.0.0                  0         32768 ?
 *>  100.64.2.0/25    0.0.0.0                  0         32768 ?
 *>  100.64.2.192/26  0.0.0.0                  0         32768 ?
 *>  100.64.3.0/25    10.23.1.3                3             0 65300 300 ?
 *>  192.168.2.2/32   0.0.0.0                  0         32768 ?
 *>  192.168.3.3/32   10.23.1.3              333             0 65300 ?

Total number of prefixes 8
```

R2 将从 R3（AS 65300）学到的路由宣告给 R1。从本质上来说，R2 在 AS 之间提供转接连接，如果这是一条 Internet 连接，且 R2 是一家企业，那么 R2 就不希望宣告从其他 AS 学到的路由。建议配置 AS_PATH ACL 以仅宣告 AS 65200 路由。

例 12-37 显示了 R2 的配置信息，R2 利用 AS_PATH ACL 将流量流限制为本地发起的流量（使用正则表达式“^$”）。为了确保起作用，需要在所有的 eBGP 邻居关系上都应用该 AS_PATH ACL。

例 12-37 配置 AS_PATH ACL

```
R2
ip as-path access-list 1 permit ^$
!
router bgp 65200
 address-family ipv4 unicast
  neighbor 10.12.1.1 filter-list 1 out
  neighbor 10.23.1.3 filter-list 1 out
```

应用了 AS_PATH ACL 之后，可以再次检查路由宣告情况。例 12-38 显示了 R2 宣告给 R1 的路由，可以看出，此时的路由都没有 AS_PATH，由此可以确认仅向外宣告了本地发起的路由。（应用 BGP AS_PATH ACL 之前的 BGP 表如例 12-36 所示。）

例 12-38 验证应用了 AS_PATH ACL 之后的本地路由宣告

```
R2# show bgp ipv4 unicast neighbors 10.12.1.1 advertised-routes | begin Network
     Network          Next Hop            Metric LocPrf Weight Path
 *>  10.12.1.0/24     0.0.0.0                  0         32768 ?
 *>  10.23.1.0/24     0.0.0.0                  0         32768 ?
 *>  100.64.2.0/25    0.0.0.0                  0         32768 ?
 *>  100.64.2.192/26  0.0.0.0                  0         32768 ?
 *>  192.168.2.2/32   0.0.0.0                  0         32768 ?

Total number of prefixes 5
```

12.3.4 路由映射

与单纯的过滤机制相比，路由映射（Route Map）能够提供更加丰富的功能特性，还能控制 BGP 的路径属性。路由映射以 BGP 邻居为基础来控制被宣告或接收的路由，可以在每个方向使用不同的路由映射。可以在特定的地址簇下通过命令 **neighbor** *ip-address* **route-map** *route-map-name* {**in** | **out**}将路由映射与特定的 BGP 邻居相关联。

例 12-39 显示了应用路由映射之前 R1 的 BGP 表，接下来将以该 BGP 表为例来解释路由映射的功能。

例 12-39 应用路由映射之前 R1 的 BGP 表

```
R1# show bgp ipv4 unicast | begin Network
     Network          Next Hop            Metric LocPrf Weight Path
 *>  10.1.1.0/24      0.0.0.0                  0         32768 ?
 *>  10.3.3.0/24      10.12.1.2               33             0 65200 65300 3003 ?
 *   10.12.1.0/24     10.12.1.2               22             0 65200 ?
 *>                   0.0.0.0                  0         32768 ?
 *>  10.23.1.0/24     10.12.1.2              333             0 65200 ?
 *>  100.64.2.0/25    10.12.1.2               22             0 65200 ?
 *>  100.64.2.192/26  10.12.1.2               22             0 65200 ?
 *>  100.64.3.0/25    10.12.1.2               22             0 65200 65300 300 ?
 *>  192.168.1.1/32   0.0.0.0 0                          32768 ?
 *>  192.168.2.2/32   10.12.1.2               22             0 65200 ?
 *>  192.168.3.3/32   10.12.1.2             3333             0 65200 65300 ?
```

路由映射可以在处理过程中执行多个步骤，为了解释该概念，本例的路由映射包括了以下 4 个步骤。

步骤 1 使用前缀列表拒绝网络 192.168.0.0/16 中的所有路由。

步骤 2 匹配源自 AS 65200 且位于网络区间 100.64.0.0/10 内的所有路由，并将 BGP 本地优先级设置为 222。

步骤 3 匹配源自 AS 65200 且与步骤 2 不匹配的所有路由，并将 BGP 权重设置为 65,200。

步骤 4 允许所有其他路由进行处理。

例 12-40 显示了 R1 的配置，该配置引用了多个前缀列表以及 AS_PATH ACL。

例 12-40 R1 为入站 AS 65200 路由配置的路由映射

```
R1
ip prefix-list FIRST-RFC1918 permit 192.168.0.0/16 le 32
ip as-path access-list 1 permit _65200$
ip prefix-list SECOND-CGNAT permit 100.64.0.0/10 le 32
!
route-map AS65200IN deny 10
 description Deny any RFC1918 networks via Prefix List Matching
match ip address prefix-list FIRST-RFC1918
route-map AS65200IN permit 20
 description Change local preference for AS65200 originate route in 100.64.x.x/10
 match ip address prefix-list SECOND-CGNAT
 match as-path 1
 set local-preference 222
route-map AS65200IN permit 30
 description Change the weight for AS65200 originate routes
 match as-path 1
 set weight 65200
route-map AS65200IN permit 40
 description Permit all other routes un-modified
!
router bgp 65100
 address-family ipv4 unicast
  neighbor 10.12.1.1 route-map AS65200IN in
```

例 12-41 显示了 R1 的 BGP 表，可以看出进行了以下操作。

- 路由 192.168.2.2/32 和 192.168.3.3/32 被丢弃，路由 192.168.1.1/32 是本地生成的路由。
- 网络 100.64.2.0/25 和 100.64.2.192/26 的本地优先级已被修改为 222，因为它们源自 AS 65200 且位于网络区间 100.64.0.0/10 内。
- 已为来自 R2 的路由 10.12.1.0/24 和 10.23.1.0/24 分配了具有本地意义的 BGP 属性权重 65,200。
- 其他路由均已收到且未做任何修改。

例 12-41 验证 R1 为 AS 65200 配置了路由映射之后的 BGP 表变化情况

```
R1# show bgp ipv4 unicast | b Network
     Network          Next Hop            Metric LocPrf Weight Path
 *>  10.1.1.0/24      0.0.0.0                  0         32768 ?
```

```
*>  10.3.3.0/24       10.12.1.2              33                 0 65200 65300 3003 ?
r>  10.12.1.0/24      10.12.1.2              22             65200 65200 ?
r                     0.0.0.0                 0             32768 ?
*>  10.23.1.0/24      10.12.1.2             333             65200 65200 ?
*>  100.64.2.0/25     10.12.1.2              22        222      0 65200 ?
*>  100.64.2.192/26   10.12.1.2              22        222      0 65200 ?
*>  100.64.3.0/25     10.12.1.2              22                 0 65200 65300 300 ?
*>  192.168.1.1/32    0.0.0.0                 0             32768 ?
```

注：最佳实践是为每个 BGP 邻居的入站和出站前缀使用不同的路由策略。

12.3.5 清除 BGP 连接

不同的 BGP 路由控制技术可能要求刷新 BGP 会话之后清除操作才能生效。BGP 支持两种 BGP 会话清除方式：第一种方式是硬重置，该方式会拆除 BGP 会话并从对等体删除 BGP 路由，是破坏性最大的清除方式；第二种方式是软重置，该方式使 BGP 缓存无效并从 BGP 对等体请求完整的路由宣告。

可以通过命令 **clear ip bgp** *ip-address* 在路由器上启动硬重置操作，增加可选关键字 **soft** 之后即可实现软重置。如果用星号代替命令中的对等体的 IP 地址，就可以清除所有路由器的 BGP 会话。

BGP 策略发生变更之后，必须重新处理 BGP 表以通知相应的邻居，必须对 BGP 对等体收到的路由进行再次处理。如果 BGP 会话支持路由刷新功能，那么对等体就会将前缀重新宣告（刷新）给请求路由器，从而允许入站策略使用新的变更后的策略进行处理。会话建立之后，就可以为每个地址簇协商路由刷新功能。

事实上，在支持路由刷新功能的会话上执行软重置操作会发起路由刷新操作。可以通过命令 **clear bgp** *afi safi* {*ip-address* | *} **soft** [**in** | **out**]为指定地址簇执行软重置操作。如果单个 BGP 对等体配置了多个地址簇，那么软重置功能可以大大减少必须交换的路由数量。更改出站路由策略时可以使用可选关键字 **out**，更改入站路由策略时可以使用可选关键字 **in**。如果用星号代替命令中的对等体的 IP 地址，就会对所有 BGP 对等体执行软重置操作。

12.4 BGP 团体

BGP 团体提供了在上游和下游路由器上标记路由和修改 BGP 路由策略的强大能力，可以在每台路由器的每个属性上有选择地附加、删除或修改 BGP 团体。

BGP 团体是一个可选传递性 BGP 属性，可以从一个 AS 传输到另一个 AS。BGP 团体是一个可以包含在路由中的 32 比特数字，BGP 团体可以显示为完整的 32 比特数字（0～4,294,967,295）或两个 16 比特数字(0～65,535):(0～65,535)，通常将后一种格式称为新格式。

按照惯例，对于私有 BGP 团体来说，前 16 比特表示团体发端 AS，后 16 比特表示发端 AS 定义的模式。不同的组织机构可以采用不同的私有 BGP 团体模式，无须注册。BGP 团体模式可以表示一个 AS 的地理位置，也可以表示另一个 AS 中的路由宣告方法。

2006 年，RFC 4360 通过扩展格式进一步扩充了 BGP 团体的能力。扩展后的 BGP 团体提供了多种信息结构，通常用于 VPN 服务。

12.4.1　启用 BGP 团体支持

IOS 和 IOS XE 路由器默认不将 BGP 团体宣告给对等体。可以在邻居的地址簇配置下通过 BGP 地址簇配置命令 **neighbor** *ip-address* **send-community** [**standard** | **extended** | **both**]，以逐个邻居的方式启用 BGP 团体。如果未指定关键字，那么默认仅发送标准团体。

IOS XE 节点能够以新格式显示 BGP 团体，如果使用全局配置命令 **ip bgp-community new-format**，那么将更容易阅读。例 12-42 的上部以十进制格式显示了 BGP 团体，下部则以新格式显示了 BGP 团体。

例 12-42　BGP 团体格式

```
! DECIMAL FORMAT
R3# show bgp 192.168.1.1
! Output omitted for brevity
BGP routing table entry for 192.168.1.1/32, version 6
Community: 6553602 6577023
```

```
! New-Format
R3# show bgp 192.168.1.1
! Output omitted for brevity
BGP routing table entry for 192.168.1.1/32, version 6
Community: 100:2 100:23423
```

12.4.2　周知团体

RFC 1997 定义了一组全局团体（称为周知团体），其团体范围为 4,294,901,760（0xFFFF0000）～4,294,967,295（0xFFFFFFFF）。所有能够发送/接收 BGP 团体的路由器都必须支持周知团体。常见周知团体包括以下几种。

- Internet。
- No_Advertise。
- No_Export。
- Local-AS。

1. BGP 团体 No_Advertise

No_Advertise 团体（0xFFFFFF02 或 4,294,967,042）指定不要将携带该团体的路由宣告给任何 BGP 对等体。可以从上游 BGP 对等体宣告 BGP 团体 No_Advertise，也可以使用入站 BGP 策略在本地进行宣告，无论使用哪种方法，都要在 BGP Loc-RIB 表中设置 No_Advertise 团体，都会影响出站路由宣告。可以在路由映射中通过命令 **set community no-advertise** 设置 No_Advertise 团体。

图 12-4 中的 R1 正在向 R2 宣告网络 10.1.1.0/24。R2 在与 R1 相关联的入站路由

映射的前缀上设置了 BGP 团体 No_Advertise，R2 不将网络 10.1.1.0/24 宣告给 R3。

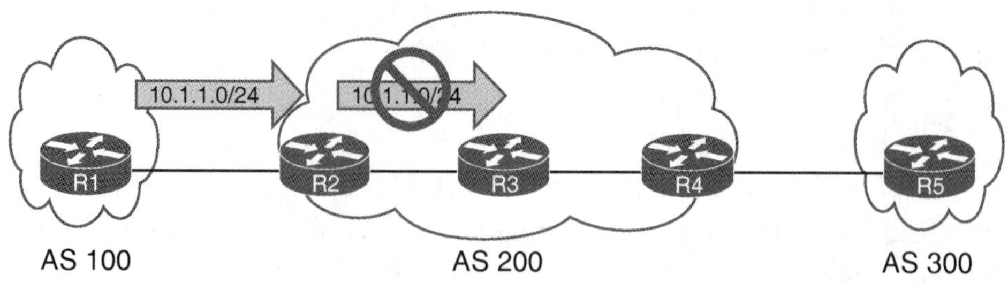

图 12-4　BGP 团体 No_Advertise 拓扑结构

例 12-43 显示了 R2 关于网络前缀的 NLRI，可以看出，该 NLRI 没有宣告给任何对等体（Not advertised to any peer），且设置了 BGP 团体 No_Advertise。

例 12-43　No_Advertise 路由的 BGP 属性

```
R2# show bgp 10.1.1.0/24
! Output omitted for brevity
BGP routing table entry for 10.1.1.0/24, version 18
Paths: (1 available, best #1, table default, not advertised to any peer)
  Not advertised to any peer
  Refresh Epoch 1
  100, (received & used)
    10.1.12.1 from 10.1.12.1 (192.168.1.1)
      Origin IGP, metric 0, localpref 100, valid, external, best
      Community: no-advertise
```

可以通过命令 **show bgp** *afi safi* **community no-advertise** 快速查看携带 No_Advertise 团体的 BGP 路由（见例 12-44）。

例 12-44　查看携带 No_Advertise 团体的 BGP 路由

```
R2# show bgp ipv4 unicast community no-advertise
! Output omitted for brevity
     Network          Next Hop            Metric LocPrf Weight Path
 *>  10.1.1.0/24      10.1.12.1                0             0 100 i
```

2. BGP 团体 No_Export

如果收到的路由携带了 No_Export 团体（0xFFFFFF01 或 4,294,967,041），就不向任何 eBGP 对等体宣告该路由。如果收到携带 No_Export 团体的路由的路由器是联盟成员，就会将该路由宣告给联盟中的其他子 AS。可以在路由映射中通过命令 **set community no-export** 设置 No_Export 团体。

图 12-5 所示的拓扑结构包含了 3 个 AS，AS 200 是由成员 AS 65100 和 AS 65200 组成的 BGP 联盟。R1 向 R2 宣告网络 10.1.1.0/24，R2 在与 R1 相关联的入站路由映射上设置了 BGP 团体 No_Export。R2 将该前缀宣告给 R3，R3 又将该前缀宣告给了 R4。但 R4 不会将该前缀宣告给 R5，因为这是一条 eBGP 会话，且前缀携带了 BGP 团体 No_Export。

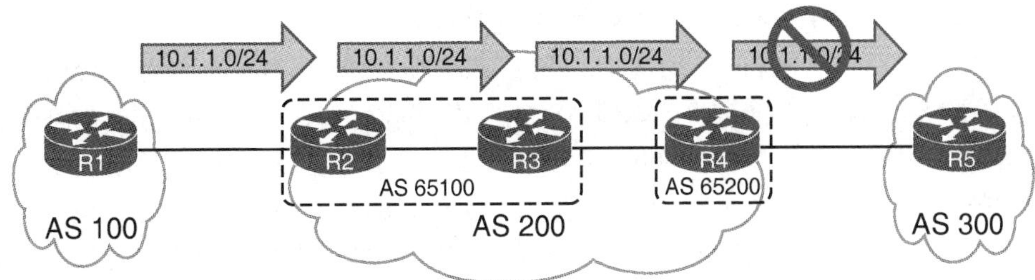

图 12-5　BGP 团体 No-Export 拓扑结构

例 12-45 显示了 R3 和 R4 上的 10.1.1.0/24 的 BGP PA。请注意，R3 和 R4 显示 “not advertised to EBGP peer”（未宣告给 eBGP 对等体）。R3 可以将网络 10.1.1.0/24 宣告给 R4，因为 R3 和 R4 是同一个 BGP 联盟的成员（虽然它们的 ASN 不同）。

例 12-45　No_Export 路由的 BGP PA

```
R3# show bgp ipv4 unicast 10.1.1.0/24
BGP routing table entry for 10.1.1.0/24, version 6
Paths: (1 available, best #1, table default, not advertised to EBGP peer)
  Advertised to update-groups:
     3
  Refresh Epoch 1
  100, (Received from a RR-client), (received & used)
    10.1.23.2 from 10.1.23.2 (192.168.2.2)
      Origin IGP, metric 0, localpref 100, valid, confed-internal, best
      Community: no-export
```

```
R4# show bgp ipv4 unicast 10.1.1.0/24
! Output omitted for brevity
BGP routing table entry for 10.1.1.0/24, version 4
Paths: (1 available, best #1, table default, not advertised to EBGP peer)
  Not advertised to any peer
  Refresh Epoch 1
  (65100) 100, (received & used)
    10.1.23.2 (metric 20) from 10.1.34.3 (192.168.3.3)
      Origin IGP, metric 0, localpref 100, valid, confed-external, best
      Community: no-export
```

可以通过命令 **show bgp** *afi safi* **community no-export** 查看携带 No_Export 团体的所有 BGP 路由（见例 12-46），这就是 R4 没有将路由宣告给 R5 的原因。

例 12-46　查看携带 No_Export 团体的所有 BGP 路由

```
R4# show bgp ipv4 unicast community no-export | b Network
     Network          Next Hop            Metric LocPrf Weight Path
 *>  10.1.1.0/24      10.1.23.2                0    100      0 (65100) 100 i
```

```
R2# show bgp ipv4 unicast community no-export | b Network
     Network          Next Hop            Metric LocPrf Weight Path
 *>  10.1.1.0/24      10.1.12.1                0             0 100 i
```

3. BGP团体Local-AS（No_Export_SubConfed）

No_Export_SubConfed团体（0xFFFFFF03或4,294,967,043）称为Local-AS团体，携带该团体的路由不能宣告到本地AS之外。如果收到携带Local-AS团体的路由的路由器是联盟成员，那么仅在该sub-AS（成员AS）内部宣告该路由，而不会在成员AS之间进行宣告。可以在路由映射中通过命令 **set community local-as** 设置Local-AS团体。

图12-6所示的拓扑结构包含3个AS，AS 200是由成员AS 65100和AS 65200组成的BGP联盟。R1向R2宣告网络10.1.1.0/24，R2在与R1相关联的入站路由映射上设置了Local-AS团体。R2将该前缀宣告给了R3，但R3不会将该前缀宣告给R4，因为该前缀包含了Local-AS团体。

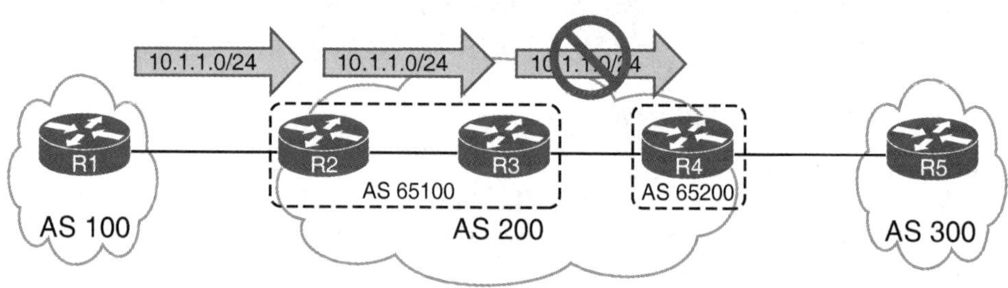

图12-6 BGP团体Local-AS拓扑结构

从例12-47可以看出，该前缀没有宣告到本地AS外部（not advertised outside local AS），也没有宣告给任何对等体（Not advertised to any peer）。

例12-47 Local-AS路由的BGP属性

```
R3# show bgp ipv4 unicast 10.1.1.0/24
BGP routing table entry for 10.1.1.0/24, version 8
Paths: (1 available, best #1, table default, not advertised outside local AS)
  Not advertised to any peer
  Refresh Epoch 1
  100, (Received from a RR-client), (received & used)
    10.1.23.2 from 10.1.23.2 (192.168.2.2)
      Origin IGP, metric 0, localpref 100, valid, confed-internal, best
      Community: local-AS
```

可以通过命令 **show bgp** *afi safi* **community local-AS** 查看携带Local-AS团体的所有BGP路由（见例12-48）。

例12-48 查看携带Local-AS团体的所有BGP路由

```
R3# show bgp ipv4 unicast community local-AS | b Network
     Network          Next Hop            Metric LocPrf Weight Path
 *>i 10.1.1.0/24      10.1.23.2                0    100      0 100 i
```

```
R2# show bgp ipv4 unicast community local-AS | b Network
     Network          Next Hop            Metric LocPrf Weight Path
 *>  10.1.1.0/24      10.1.12.1                0             0 100 i
```

12.4.3 条件匹配 BGP 团体

条件匹配 BGP 团体可以根据路由的路径属性中的 BGP 团体来选择路由，因而可以在路由映射中进行选择性处理。例 12-49 显示了 R1 的 BGP 表，可以看出，R1 从 R2（AS 65200）收到了多条路由。

例 12-49　来自 R2（AS 65200）的 BGP 路由

```
R1# show bgp ipv4 unicast | begin Network
     Network          Next Hop            Metric LocPrf Weight Path
 *>  10.1.1.0/24      0.0.0.0                  0         32768 ?
 *   10.12.1.0/24     10.12.1.2               22             0 65200 ?
 *>                   0.0.0.0                  0         32768 ?
 *>  10.23.1.0/24     10.12.1.2              333             0 65200 ?
 *>  192.168.1.1/32   0.0.0.0                  0         32768 ?
 *>  192.168.2.2/32   10.12.1.2               22             0 65200 ?
 *>  192.168.3.3/32   10.12.1.2             3333             0 65200 65300 ?
```

本例希望条件匹配特定团体。首先通过命令 **show bgp** *afi safi* **detail** 显示整个 BGP 表，然后手动选择携带特定 BGP 团体的路由。不过，如果知道了特定 BGP 团体，就可以通过命令 **show bgp** *afi safi* **community** 显示携带特定 BGP 团体的所有路由：

```
R1# show bgp ipv4 unicast community 333:333 | begin Network
     Network          Next Hop            Metric LocPrf Weight Path
 *>  10.23.1.0/24     10.12.1.2           333              0 65200 ?
```

例 12-50 显示了网络 10.23.1.0/24 的显式路径表项以及所有的 BGP 路径属性。可以看出，该路径已经添加了两个 BGP 团体（333:333 和 65300:333）。

例 12-50　查看网络 10.23.1.0/24 的 BGP 路径属性

```
R1# show ip bgp 10.23.1.0/24
BGP routing table entry for 10.23.1.0/24, version 15
Paths: (1 available, best #1, table default)
  Not advertised to any peer
  Refresh Epoch 3
  65200
    10.12.1.2 from 10.12.1.2 (192.168.2.2)
      Origin incomplete, metric 333, localpref 100, valid, external, best
      Community: 333:333 65300:333
      rx pathid: 0, tx pathid: 0x0
```

条件匹配需要创建一个团体列表，团体列表的结构与 ACL 的相似，可以是标准团体列表也可以是扩展团体列表，而且可以通过数字或名称引用团体列表。标准团体列表的编号为 1～99，可以匹配周知团体或私有团体号（ASN:16 比特数字）；扩展团体列表的编号为 100～500，使用 Regex 模式。

团体列表的配置命令为 **ip community-list** {*1-500* | **standard** *list-name* | **expanded** *list-name*} {**permit** | **deny**} *community-pattern*，可以在路由映射中通过命令 **match community** *1-500* 引用团体列表。

注：如果同一条 **ip community list** 语句中存在多个团体，那么该语句中的所有团体都必须位于路由当中。如果只需要多个团体中的某一个，就可以使用多条 **ip community list** 语句。

例 12-51 创建了一个匹配团体 333:333 的 BGP 团体列表，然后在路由映射 COMMUNITY-CHECK 的第一个序列中使用了该 BGP 团体列表（拒绝携带团体 333:333 的所有路由），第二个路由映射序列允许所有其他 BGP 路由，并将 BGP 权重（本地有效）设置为 111，最后将该路由映射应用在从 R2 宣告到 R1 的路由上。

例 12-51　条件匹配 BGP 团体

```
R1
ip community-list 100 permit 333:333
!
route-map COMMUNITY-CHECK deny 10
 description Block Routes with Community 333:333 in it
 match community 100
route-map COMMUNITY-CHECK permit 20
 description Allow routes with either community in it
 set weight 111
!
router bgp 65100
 address-family ipv4 unicast
 neighbor 10.12.1.2 route-map COMMUNITY-CHECK in
```

例 12-52 显示了将路由映射应用于邻居之后的 BGP 表。可以看出，网络前缀 10.23.1.0/24 被丢弃了，而且其他所有从 AS 65200 学到的路由的 BGP 权重均被设置为 111。

例 12-52　应用路由映射之后的 R1 的 BGP 表

```
R1# show bgp ipv4 unicast | begin Network
     Network          Next Hop            Metric LocPrf Weight Path
 *>  10.1.1.0/24      0.0.0.0                  0         32768 ?
 *   10.12.1.0/24     10.12.1.2               22           111 65200 ?
 *>                   0.0.0.0                  0         32768 ?
 *>  192.168.1.1/32   0.0.0.0                  0         32768 ?
 *>  192.168.2.2/32   10.12.1.2               22           111 65200 ?
 *>  192.168.3.3/32   10.12.1.2             3333           111 65200 65300 ?
```

12.4.4 设置私有 BGP 团体

可以通过命令 **set community** *bgp-community* [**additive**]在路由映射中设置私有 BGP 团体。设置私有 BGP 团体时，默认覆盖现有团体，不过也可以通过可选关键字 **additive** 保留现有团体。

例 12-53 显示了网络 10.23.1.0/24 的 BGP 表项（拥有 BGP 团体 333:333 和 65300:333），网络 10.3.3.0/24 则拥有 BGP 团体 65300:300。

例 12-53　查看两个网络前缀的 BGP 团体

```
R1# show bgp ipv4 unicast 10.23.1.0/24
! Output omitted for brevity
BGP routing table entry for 10.23.1.0/24, version 15
```

```
  65200
    10.12.1.2 from 10.12.1.2 (192.168.2.2)
      Origin incomplete, metric 333, localpref 100, valid, external, best
      Community: 333:333 65300:333
```

```
R1# show bgp ipv4 unicast 10.3.3.0/24
! Output omitted for brevity
BGP routing table entry for 10.3.3.0/24, version 12
  65200 65300 3003
    10.12.1.2 from 10.12.1.2 (192.168.2.2)
      Origin incomplete, metric 33, localpref 100, valid, external, best
      Community: 65300:300
```

例 12-54 显示了在网络 10.23.1.0/24 上设置私有 BGP 团体的配置，由于未使用关键字 **additive**，因而团体 10:23 覆盖了现有团体值 333:333 和 65300:333；而网络 10.3.3.0/24 则将团体 3:0、3:3 和 10:10 添加到现有团体中，因为该路由映射序列包含了关键字 **additive**。接下来将该路由映射与 R2（AS 65200）相关联。

例 12-54　配置私有 BGP 团体

```
ip prefix-list PREFIX10.23.1.0 seq 5 permit 10.23.1.0/24
ip prefix-list PREFIX10.3.3.0 seq 5 permit 10.3.3.0/24
!
route-map SET-COMMUNITY permit 10
 match ip address prefix-list PREFIX10.23.1.0
 set community 10:23
route-map SET-COMMUNITY permit 20
 match ip address prefix-list PREFIX10.3.3.0
 set community 3:0 3:3 10:10 additive
route-map SET-COMMUNITY permit 30
!
router bgp 65100
 address-family ipv4
  neighbor 10.12.1.2 route-map SET-COMMUNITY in
```

应用了路由映射并刷新了路由之后，就可以检查路径属性加以确认（见例 12-55）。可以看出与预期结果完全一致，网络 10.23.1.0/24 删除了先前的 BGP 团体，而网络 10.3.3.0/24 则保留了先前的 BGP 团体。

例 12-55　验证 BGP 团体的变化情况

```
R1# show bgp ipv4 unicast 10.23.1.0/24
! Output omitted for brevity
BGP routing table entry for 10.23.1.0/24, version 22
  65200
    10.12.1.2 from 10.12.1.2 (192.168.2.2)
      Origin incomplete, metric 333, localpref 100, valid, external, best
      Community: 10:23
```

```
R1# show bgp ipv4 unicast 10.3.3.0/24
BGP routing table entry for 10.3.3.0/24, version 20
  65200 65300 3003
    10.12.1.2 from 10.12.1.2 (192.168.2.2)
```

```
    Origin incomplete, metric 33, localpref 100, valid, external, best
    Community: 3:0 3:3 10:10 65300:300
```

12.5 最大前缀数量

在 Internet 历史上，曾经因为路由器收到的路由数量超出了处理能力，而引发了多次 Internet 中断事故。BGP 的最大前缀功能可以限制从 BGP 对等体接收的路由数量，该功能可以确保 BGP 表不会因超出内存或处理能力而导致路由器中断。通常建议为低端路由器的 BGP 对等体设置前缀数量限制，以确保这些路由器不会出现过载问题。

可以通过 BGP 地址簇配置命令 **neighbor** *ip-address* **maximum-prefix** *prefix-count* [*warning-percentage*] [**restart** *time*] [**warning-only**]为 BGP 邻居设置前缀数量限制。

如果对等体宣告的路由数量超过了最大前缀数量，那么对等体就会将邻居移动到 FSM 中的 Idle（PfxCt）状态，关闭 BGP 会话，并发送相应的 syslog 消息。系统默认不会自动重建 BGP 会话，该行为可以避免出现持续不断地加载路由、重置会话和重新加载路由的问题。如果希望在一定时间后重启 BGP 会话，就可以使用可选关键字 **restart** *time*。

请注意，前缀数量达到限制之前并不会生成告警消息。可以在 **maximum-prefix** 后面增加告警百分比（设置为 1～100），一旦达到告警阈值，就可以发送告警消息。例如，假设最大前缀数量为 100，告警阈值为 75，那么相应的配置命令就是 **maximum-prefix 100 75**。达到阈值后，路由器就会生成以下告警消息：

```
%ROUTING-BGP-5-MAXPFX : No. of IPv4 Unicast prefixes received from 192.168.1.1 has reached
75, max 100
```

可以通过使用可选关键字 **warning-only** 将最大前缀操作行为从关闭 BGP 会话更改为仅生成告警消息。如果达到了阈值，就会丢弃其他额外的前缀。

例 12-56 显示了最大前缀配置情况，该配置限制路由器仅接收 7 条前缀。

例 12-56 最大前缀配置

```
router bgp 100
 neighbor 10.12.1.2 remote-as 200
!
 address-family ipv4
  neighbor 10.12.1.2 activate
  neighbor 10.12.1.2 maximum-prefix 7
```

例 12-57 显示邻居 10.12.1.2 已超过最大前缀阈值，并关闭了 BGP 会话。

例 12-57 超过最大前缀阈值

```
R1# show bgp ipv4 unicast summary | begin Neighbor
Neighbor        V       AS MsgRcvd MsgSent    TblVer  InQ OutQ Up/Down  State/PfxRcd
10.12.1.2       4      200       0       0         1    0    0 00:01:14 Idle (PfxCt)
```

```
R1# show log | include BGP
05:10:04.989: %BGP-5-ADJCHANGE: neighbor 10.12.1.2 Up
05:10:04.990: %BGP-4-MAXPFX: Number of prefixes received from 10.12.1.2 (afi 0)
```

```
 reaches 6, max 7
05:10:04.990: %BGP-3-MAXPFXEXCEED: Number of prefixes received from 10.12.1.2
 (afi 0): 8 exceeds limit 7
05:10:04.990: %BGP-3-NOTIFICATION: sent to neighbor 10.12.1.2 6/1
 (Maximum Number of Prefixes Reached) 7 bytes 00010100 000007
05:10:04.990: %BGP-5-NBR_RESET: Neighbor 10.12.1.2 reset
 (Peer over prefix limit)
05:10:04.990: %BGP-5-ADJCHANGE: neighbor 10.12.1.2 Down Peer over prefix limit
```

12.6 配置扩展性

随着所要配置的功能特性或 BGP 会话数量的不断增多，BGP 配置的工作量也将随之快速增加。IOS 提供了可以为多个邻居同时应用相似配置的方法，从部署的角度来看，这样做可以大幅简化配置工作，而且也使配置信息更容易阅读。

12.6.1 IOS 对等体组

IOS 对等体组（Peer Group）通过将 BGP 对等体分到不同的 BGP 更新组中，来简化 BGP 配置并减少系统资源（CPU 和内存）的消耗。BGP 更新组允许路由器执行一次出站路由策略之后，将更新复制给所有成员（如果没有对等体组，就需要为每台路由器执行出站路由策略处理）。由于 BGP 更新组中的所有成员均共享相同的出站策略，因而可以在执行出站路由处理的过程中节省大量路由器资源。

BGP 对等体组中的路由器包含相同的出站路由策略。除了增强路由器性能之外，将多台路由器分配到对等体组之后，BGP 对等体组还能大幅简化 BGP 的配置工作。所有的对等体组设置都要在 **neighbor** *ip-address* 命令中以 *peer-group-name* 字段代替 *ip-address* 字段。对等体组中的所有路由器都位于同一个更新组中，因而必须拥有相同的会话类型：内部（iBGP）或外部（eBGP）。

> 注：对等体组的成员可以拥有各自唯一的入站路由策略。

可以在全局 BGP 配置中通过命令 **neighbor** *group-name* **peer-group** 定义对等体组，所有 BGP 参数都要用 **peer-group** *group-name* 代替 **neighbor** *ip-address* 进行配置，可以通过命令 **neighbor** *ip-address* **peer-group** *group-name* 将 BGP 对等体 IP 地址与对等体组进行关联。请注意，不能通过对等体组名称激活 BGP 邻居，而必须通过 IP 地址为每个地址簇激活 BGP 邻居。

例 12-58 显示了 R1 与 R2、R3 及 R4 建立对等连接的 BGP 配置。该配置利用环回接口［R2（192.168.2.2）、R3（192.168.3.3）、R4（192.168.4.4）］建立 iBGP 会话，并将下一跳地址修改为建立 BGP 会话的 IP 地址。

例 12-58 对等连接配置示例

```
router bgp 100
 no bgp default ipv4-unicast
 neighbor AS100 peer-group
 neighbor AS100 remote-as 100
 neighbor AS100 update-source Loopback0
```

```
 neighbor 192.168.2.2 peer-group AS100
 neighbor 192.168.3.3 peer-group AS100
 neighbor 192.168.4.4 peer-group AS100
 !
address-family ipv4
 neighbor AS100 next-hop-self
 neighbor 192.168.2.2 activate
 neighbor 192.168.3.3 activate
 neighbor 192.168.4.4 activate
exit-address-family
```

12.6.2 IOS 对等体模板

BGP 对等体组有一个限制条件，那就是所有邻居都必须拥有相同的出站路由策略。IOS BGP 对等体模板可以实现可重用的设置模式，可以根据需要通过继承和模板嵌套的方式进行分层设置。如果继承的配置与调用的对等体模板之间存在冲突，那么调用的对等体模板就会抢占继承值。BGP 对等体模板有两种类型。

- **对等体会话：**此类模板包含 BGP 会话的特定配置。可以通过 BGP 配置命令 **template peer-session** *template-name* 定义对等体会话模板的设置，然后输入与 BGP 会话相关的配置命令。
- **对等体策略：**此类模板包含地址簇策略的特定配置。可以通过 BGP 配置命令 **template peer-policy** *template-name* 定义对等体策略模板的设置，然后输入与 BGP 地址簇相关的配置命令。

如果要嵌套会话模板，就可以使用命令 **inherit peer-session** *template-name sequence*；如果要嵌套策略模板，就可以使用命令 **inherit peer-policy** *template-name sequence*。

例 12-59 显示了 BGP 对等体模板的配置示例。BGP 邻居 10.12.1.2 调用 TEMPLATE-PARENT-POLICY 进行地址簇策略设置。TEMPLATE-PARENT-POLICY 将入站路由映射设置为 FILTERROUTES，并调用 TEMPLATE-CHILD-POLICY，将最大前缀数量设置为 10。

例 12-59 对等体模板的配置示例

```
router bgp 100
 template peer-policy TEMPLATE-PARENT-POLICY
  route-map FILTERROUTES in
  inherit peer-policy TEMPLATE-CHILD-POLICY 20
 exit-peer-policy
 !
 template peer-policy TEMPLATE-CHILD-POLICY
  maximum-prefix 10
 exit-peer-policy
 !
 bgp log-neighbor-changes
 neighbor 10.12.1.2 remote-as 200
 !
 address-family ipv4
```

```
 neighbor 10.12.1.2 activate
 neighbor 10.12.1.2 inherit peer-policy TEMPLATE-PARENT-POLICY
exit-address-family
```

注：BGP 对等体可以与对等体组或对等体模板进行关联，但不能同时关联两者。

备考任务

本书提供多种备考手段：此处的练习题以及 Pearson Test Prep 软件中的模拟考试题。与实际试题相比，下面问题的难度更高，因为它们都是开放式问题。通过这种难度更高的问题，读者可以更好地测试知识掌握程度，以确保完全掌握本章基本概念和主要内容。下面的问题都可以在附录中找到参考答案。

1. 复习所有考试要点

请复习本章涉及的所有重要主题，这些内容都用“考试要点”图标做了标记，表 12-3 列出了这些考试要点及其描述。

表 12-3　　考试要点

考试要点	描述
段落	汇总地址
段落	抑制组件网络前缀的路由聚合
段落	原子聚合属性
段落	基于 AS_SET 的路由聚合
图 12-2	BGP 路由处理
段落	BGP 过滤方法
段落	分发列表过滤
段落	前缀列表过滤
段落	正则表达式（Regex）
段落	AS_Path ACL
段落	路由映射
段落	清除 BGP 连接
段落	启用 BGP 团体支持
段落	BGP 团体 No_Advertise
段落	BGP 团体 No_Export
段落	BGP 团体 Local-AS（No_Export_SubConfed）
段落	配置团体列表
段落	设置私有 BGP 团体
段落	最大前缀数量
段落	IOS 对等体组
段落	IOS 对等体模板

2. 定义关键术语

请对本章中的下列关键术语进行定义。

访问控制列表（ACL）、AS 路径、原子聚合属性、BGP 团体、BGP 多归属、分发列表、Local-AS 团体、No_Export 团体、No_Advertise 团体、对等体组、对等体模板、前缀列表、正则表达式、路由映射、转接路由。

3. 检查命令的记忆程度

以下列出了本章用到的各种重要的配置和验证命令，虽然并不需要记忆每条命令的完整语法格式，但是应该记住这些命令所需的基本关键字。

为了检查你对这些命令的记忆情况，请用一张纸遮住表 12-4 的右侧，通过表格左侧的描述内容，看一看是否能记起这些命令。

表 12-4 命令参考

任务	命令语法
配置 BGP 聚合 IPv4 前缀	**aggregate-address** *network subnet-mask* [**summary-only**] [**as-set**]
配置 BGP 聚合 IPv6 前缀	**aggregate-address** *prefix/prefix-length* [**summary-only**] [**as-set**]
配置前缀列表	{**ip** | **ipv6**} **prefix-list** *prefix-list-name* [**seq** *sequence-number*] {**permit** | **deny**} *high-order-bit-pattern/high-order-bit-count* [**ge** *ge-value*] [**le** *le-value*]
配置路由映射表项	**route-map** *route-map-name* [**permit** | **deny**] [*sequence-number*]
在路由映射中使用 AS_PATH 进行条件匹配	**match as-path** *acl-number*
在路由映射中使用 ACL 进行条件匹配	**match ip address** {*acl-number* | *acl-name*}
在路由映射中使用前缀列表进行条件匹配	**match ip address prefix-list** *prefix-list-name*
在路由映射中使用本地优先级进行条件匹配	**match local-preference** *local-preference*
利用 ACL 过滤去往 BGP 邻居的前缀	**neighbor** *ip-address* **distribute-list** {*acl-number* | *acl-name*} {**in** | **out**}
利用前缀列表过滤去往 BGP 邻居的前缀	**neighbor** *ip-address* **prefix-list** *prefix-list-name* {**in** | **out**}
基于 BGP AS_PATH 创建 ACL	**ip as-path access-list** *acl-number* {**deny** | **permit**} *regex-query*
利用 AS_PATH ACL 过滤去往 BGP 邻居的前缀	**neighbor** *ip-address* **filter-list** *acl-number* {**in** | **out**}
将入站或出站路由映射与特定的 BGP 邻居相关联	**neighbor** *ip-address* **route-map** *route-map-name* {**in** | **out**}
配置 IOS 路由器以新格式显示 BGP 团体，以增强 BGP 团体的可读性	**ip bgp-community new-format**
为条件路由匹配创建 BGP 团体	**ip community-list** {*1-500* | **standard** *list-name* | **expanded** *list-name*} {**permit** | **deny**} *community-pattern*
在路由映射中设置 BGP 属性	**set community** *bgp-community* [**additive**]
配置邻居能够接收的最大 BGP 前缀数量	**neighbor** *ip-address* **maximum-prefix** *prefix-count* [*warning-percentage*] [**restart** *time*] [**warning-only**]
定义 BGP 对等体组	**neighbor** *group-name* **peer-group**
为特定 BGP 对等体初始化路由刷新	**clear bgp** *afi safi* {*ip-address*|*} **soft** [**in** | **out**]
显示当前 BGP 表（满足指定 AS_PATH 正则表达式的路由）	**show bgp** *afi safi* **regexp** *regex-pattern*
显示当前 BGP 表（满足指定 BGP 团体的路由）	**show bgp** *afi safi* **community** *community*

由于 ENARSI 300-410 认证考试重点考查考生作为网络专家的实际动手能力，因而必须掌握与本章主题相关的配置、验证及故障排查命令。

第 13 章

BGP 路径选择

本章主要讨论以下主题。

- **理解 BGP 路径选择**：本节将介绍路径选择的基本概念，包括选择最长前缀长度。
- **BGP 最佳路径**：本节将描述在 BGP 表中安装多条路由时 BGP 识别最佳路径的逻辑。
- **BGP 等价多路径**：本节将讨论如何将其他路径呈现给 RIB 以安装到路由表中。

BGP 的路由宣告包含 NLRI 和 PA。NLRI 由网络前缀和前缀长度组成，BGP 属性（如 AS_PATH 和路由来源）存储在 PA 中。BGP 路由可能会包含多条去往同一目的网络的路径，路由器在选择最佳路径时，每条路径的属性都会影响路由的优选性，BGP 路由器仅向邻居路由器宣告最佳路径。

BGP 在 Loc-RIB 表中维护了所有路由以及计算出来的最佳路径及其路径属性，然后将最佳路径提供给 RIB，以安装到路由器的路由表中。如果最佳路径不再可用，那么路由器就会在现有路径中快速识别新的最佳路径。BGP 会在以下 4 种事件发生后立即为前缀重新计算最佳路径。

- BGP 下一跳可达性发生变化。
- 连接 eBGP 对等体的接口发生故障。
- 路由重分发出现变化。
- 收到了路由的新路径或者删除了路径。

BGP 最佳路径选择算法会影响流量进入或离开自治系统的方式，某些路由器配置会根据网络设计要求修改 BGP 属性，以影响入站流量、出站流量或入站及出站流量。

13.1 “我已经知道了吗？”测验

“我已经知道了吗？”测验的目的是帮助读者确定是否需要完整地学习本章知识或者直接跳至“备考任务”，如果读者对题目的答案还存在疑问，或者评估自己对这些主题知识的掌握程度还不够的话，就可以从头学起。表 13-1 列出了本章的主要内容以及与这些内容相关联的“我已经知道了吗？”测验题，答案可参见附录。

表 13-1 “我已经知道了吗？”基本主题章节与所对应的测验题

涵盖测验题的基本主题章节	测验题
理解 BGP 路径选择	1
BGP 最佳路径	2~7
BGP 等价多路径	8

注意：自我评价的目的是检验你对本章知识的掌握程度，如果不知道或仅部分知道问题的答案，出于自我评价的目的，请在该问题上标记“错”。为了不影响自我评价的结果，对不懂的问题请不要猜测答案，否则可能会造成一种已掌握的假象。

1. 是非题：BGP 汇总功能为服务提供商之间的流量提供了负载均衡机制。
   a. 对
   b. 错
2. 是非题：BGP 路由器会宣告每条前缀的所有路径，因而每个邻居都能构建自己的拓扑表。
   a. 对
   b. 错
3. 下面哪种技术是 BGP 确定最佳路径时的第二个选择标准？
   a. 权重
   b. 本地优先级
   c. 路由来源
   d. MED
4. 是非题：如果路由器发现某网络前缀的当前最佳路径不如新的更优路径之后，就会从 Loc-RIB 表中删除当前最佳路径。
   a. 对
   b. 错
5. BGP 最佳路径算法在对比了路由来源（本地、聚合、接收自对等体）之后，将使用下面哪种属性来确定最佳路径？
   a. 本地优先级
   b. AS_PATH
   c. AIGP
   d. MED
6. 下面哪种属性对于 BGP 最佳路径算法来说具有本地意义？
   a. 权重
   b. 本地优先级
   c. AS_PATH
   d. MED
7. 是非题：只能在 3 个或更多的 AS 之间比较 MED。
   a. 对

b. 错

8. 是非题：启用了 BGP 多路径机制之后，路由器可以选择多条路径作为最佳路径，并将它们全部安装到 RIB 中。

   a. 对

   b. 错

基础主题

13.2 理解 BGP 路径选择

BGP 最佳路径选择算法会影响流量进入或离开自治系统的方式。某些路由器配置会根据网络设计要求修改 BGP 属性，以影响入站流量、出站流量或入站及出站流量。很多网络工程师都不理解 BGP 的最佳路径选择方式，导致网络出现次优路由。本节将说明路由器通过 BGP 转发数据包使用的逻辑规则。

路由器始终通过检查网络表项的前缀长度来选择数据包应采用的路径。为数据包选择的路径取决于前缀长度，始终首选前缀长度最长的路径，例如，/28 优于/26，/26 优于/24。BGP 使用该逻辑来影响 BGP 路径选择。

假设某组织机构拥有网络区间 100.64.0.0/16，但是希望仅宣告两个子网（100.64.1.0/24 和 100.64.2.0/24），而且必须在路由器出现故障后提供弹性机制。虽然可以由两台路由器（R1 和 R2）同时向外宣告两条前缀（100.64.1.0/24 和 100.64.2.0/24），但是如果因 BGP 最佳路径算法导致所有流量都到达其中的一台路由器（R1），那么该组织机构该如何为每个子网分发网络流量呢？虽然可以在向外宣告前缀时修改各种 BGP PA，但 SP（Service Provider，服务提供商）可以设置 BGP 策略以忽略这些 PA，从而导致随机接收网络流量。

保证网络流量能够在组织机构外部确定性地选择特定路径的更好方法，是在两台路由器上宣告汇总前缀（100.64.0.0/16），然后通过其中的一台路由器为其中的一条前缀宣告一个更长的匹配前缀，再通过另一台路由器为另一条前缀宣告一个更长的匹配前缀。这样就能允许流量以确定性的方式进入网络，还能在第一台路由器出现故障后提供到另一个网络的备份路径。图 13-1 解释了该概念，R1 宣告了前缀 100.64.1.0/24，R2 宣告了前缀 100.64.2.0/24，同时，两台路由器还宣告了汇总网络前缀 100.64.0.0/16。

无论服务提供商采取何种路由策略，都仅在一台路由器上向外宣告明细前缀。宣告汇总地址可以实现冗余机制。如果 R1 出现了故障，那么网络设备就可以利用 R2 的路由宣告 100.64.0.0/16 到达网络 100.64.1.0/24。

> 注：应该确保组织机构向外宣告的汇总前缀仅位于自己的网络区间内。此外，服务提供商通常不接收长度超过/24 的 IPv4 路由（如/25 或/26）或长度超过/48 的 IPv6 路由。限制路由宣告的目的是控制 Internet 路由表的大小。

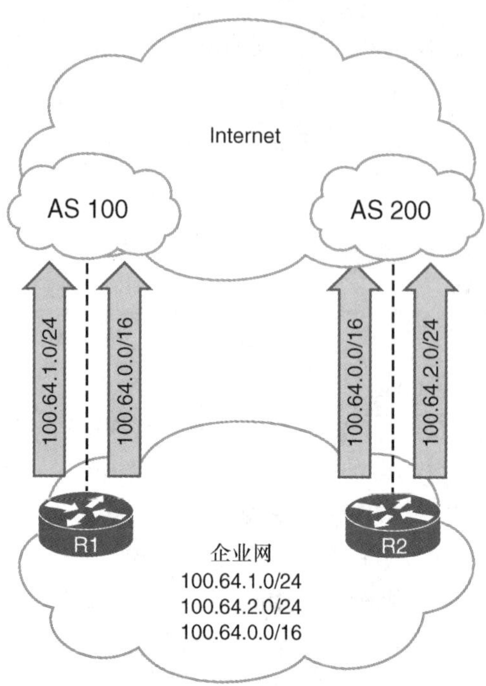

图 13-1 基于最长匹配的 BGP 路径选择

13.3 BGP 最佳路径

BGP 自动将接收到的第一条路径安装为最佳路径，如果收到了相同网络前缀长度的其他路径，就会将新路径与当前最佳路径进行对比。如果两者相同，就会继续比较其他属性，直至找到最佳路径。

BGP 最佳路径算法依次使用下列属性确定最佳路由。

- 优选权重最高的路径。
- 优选本地优先级最高的路径。
- 优选本地路由器生成的路由。
- 优选 AIGP（Accumulated Interior Gateway Protocol，累积内部网关协议）度量属性较小的路径。
- 优选 AS_PATH 最短的路径。
- 优选路由来源最优的路径。
- 优选 MED（Multi-Exit Discriminator，多出口鉴别器）最小的路径。
- 外部路径优于内部路径。
- 优选经由最近的 IGP 邻居的路径。
- 对于 eBGP 路径来说，优选最早的路由。
- 优选邻居 BGP RID 最小的路径。
- 优选 BGP 邻居 IP 地址最小的路径。

注：所有 BGP 前缀都必须通过路由有效性检查，且下一跳 IP 地址必须可解析，这样的路由才有资格成为最佳路径。有些设备商和图书认为这是计算最佳路径的第一步。

通过控制 BGP PA，不同的组织机构可以设置不同的 BGP 路由策略。由于某些 PA 是可传递属性，能够从一个 AS 传递到另一个 AS，因而调整这些 PA 可能会影响其他 SP 的下游路由。有些 PA 则是非传递属性，仅在组织机构内部影响路由策略。可以根据各种因素实现网络前缀的条件匹配，如 AS_PATH 长度、特定 ASN 和 BGP 团体。

第 11 章已经介绍了 BGP PA 的分类情况。表 13-2 列出了所有 BGP 实现都必须支持的 BGP PA 以及可以在 AS 之间宣告的 BGP PA。

表 13-2　　BGP PA 分类

名称	所有 BGP 实现都必须支持的 BGP PA	可以在 AS 之间宣告的 BGP PA
周知强制属性	是	是
周知自选属性	是	否
可选传递属性	否	是
可选非传递属性	否	否

接下来将解释 BGP 最佳路径选择算法的各个组件。

13.3.1 权重

BGP 权重是思科定义的属性，比较 BGP 权重是选择 BGP 最佳路径的第一步。权重是路由器在本地分配的 16 比特数值（0～65,535），不会宣告给其他路由器。首选权重较高的路径。可以通过入站路由映射为特定路由设置权重，也可以为学自特定邻居的所有路由设置权重。权重不会宣告给对等体，仅影响路由器或 AS 的出站流量。由于权重是最佳路径选择算法的第一步，因此，如果不希望其他属性影响特定网络前缀的最佳路径，就可以使用权重属性。

可以在路由映射中通过命令 **set weight** *weight* 设置匹配前缀的权重值。使用 BGP 地址簇配置命令 **neighbor** *ip-address* **weight** *weight* 可以为邻居接收的所有前缀设置权重。

图 13-2 解释了权重属性及其对 BGP 最佳路径选择算法的影响。

- R4、R5 和 R6 位于 AS 400 中，通过环回接口建立了全网状的 iBGP 对等连接。AS 200 和 AS 300 提供到达 AS 100 的转接连接。
- R4 是 AS 400 的边缘路由器，将从 R2 收到的前缀 172.16.0.0/24 的权重设置为 222，目的是确保 R4 的出站流量通过 R2 到达该前缀。
- R6 是 AS 400 的边缘路由器，将从 R3 收到的前缀 172.24.0.0/24 的权重设置为 333，目的是确保 R6 的出站流量通过 R3 到达该前缀。

例 13-1 给出了控制 R4 和 R6 权重的 BGP 配置示例。R4 使用默认的 IPv4 地址簇，R6 未使用默认的 IPv4 地址簇，但使用了 BGP 对等体组。

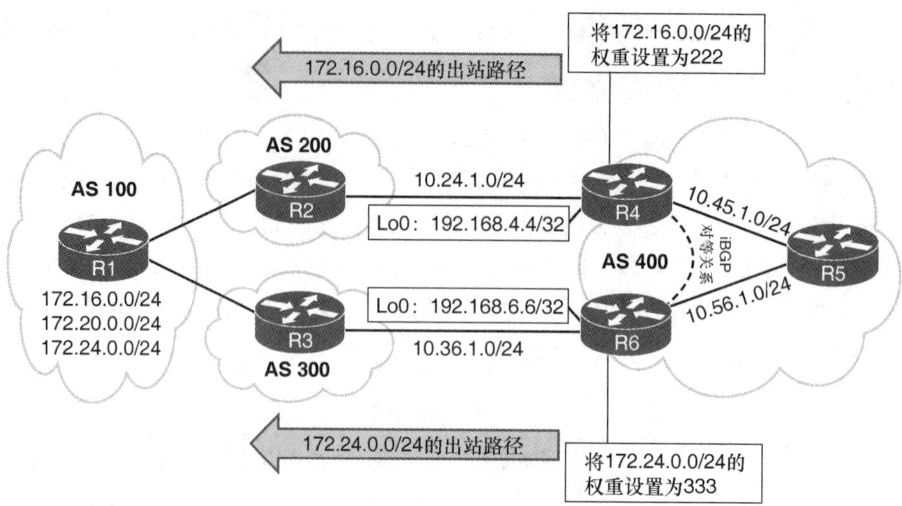

图 13-2 BGP 权重拓扑结构

例 13-1 控制权重的 BGP 配置示例

```
R4
ip prefix-list PRE172 permit 172.16.0.0/24
!
route-map AS200 permit 10
 match ip address prefix-list PRE172
 set weight 222
route-map AS200 permit 20
!
router bgp 400
 neighbor 10.24.1.2 remote-as 200
 neighbor 10.24.1.2 route-map AS200 in
 neighbor 192.168.5.5 remote-as 400
 neighbor 192.168.5.5 update-source Loopback0
 neighbor 192.168.5.5 next-hop-self
 neighbor 192.168.6.6 remote-as 400
 neighbor 192.168.6.6 update-source Loopback0
 neighbor 192.168.6.6 next-hop-self
```

```
R6
ip prefix-list PRE172 permit 172.24.0.0/24
!
route-map AS300 permit 10
 match ip address prefix-list PRE172
 set weight 333
route-map AS300 permit 20
!
router bgp 400
 no bgp default ipv4-unicast
 neighbor AS400 peer-group
 neighbor AS400 remote-as 400
 neighbor AS400 update-source Loopback0
 neighbor 10.36.1.3 remote-as 300
 neighbor 192.168.4.4 peer-group AS400
 neighbor 192.168.5.5 peer-group AS400
```

```
!
address-family ipv4
 neighbor AS400 next-hop-self
 neighbor 10.36.1.3 activate
 neighbor 10.36.1.3 route-map AS300 in
 neighbor 192.168.4.4 activate
 neighbor 192.168.5.5 activate
exit-address-family
```

例 13-2 显示了控制权重之后 R4、R5 和 R6 的 BGP 表。可以看出，仅在 R4 和 R6 本地设置了权重，权重未宣告给任何 AS 400 路由器，且所有其他前缀的权重均设置为 0。“>”表示最佳路径。

BGP 权重仅在本地有意义。R4、R5 和 R6 将在最佳路径选择算法中使用其他参数为未在本地修改权重的前缀选择最佳路径。

例 13-2　控制权重之后 R4、R5 和 R6 的 BGP 表

```
R4# show bgp ipv4 unicast | begin Network
     Network          Next Hop            Metric LocPrf Weight Path
 * i 172.16.0.0/24    192.168.6.6              0    100      0 300 100 i
 *>                   10.24.1.2                            222 200 100 i
 * i 172.20.0.0/24    192.168.6.6              0    100      0 300 100 i
 *>                   10.24.1.2                              0 200 100 i
 * i 172.24.0.0/24    192.168.6.6              0    100      0 300 100 i
 *>                   10.24.1.2                              0 200 100 i
```

```
R5# show bgp ipv4 unicast | begin Network
     Network          Next Hop            Metric LocPrf Weight Path
 *>i 172.16.0.0/24    192.168.4.4              0    100      0 200 100 i
 * i                  192.168.6.6              0    100      0 300 100 i
 *>i 172.20.0.0/24    192.168.4.4              0    100      0 200 100 i
 * i                  192.168.6.6              0    100      0 300 100 i
 *>i 172.24.0.0/24    192.168.4.4              0    100      0 200 100 i
 * i                  192.168.6.6              0    100      0 300 100 i
```

```
R6# show bgp ipv4 unicast | begin Network
     Network          Next Hop            Metric LocPrf Weight Path
 * i 172.16.0.0/24    192.168.4.4              0    100      0 200 100 i
 *>                   10.36.1.3                              0 300 100 i
 * i 172.20.0.0/24    192.168.4.4              0    100      0 200 100 i
 *>                   10.36.1.3                              0 300 100 i
 * i 172.24.0.0/24    192.168.4.4              0    100      0 200 100 i
 *>                   10.36.1.3                            333 300 100 i
```

例 13-3 显示了 R4 关于网络前缀 172.16.0.0/24 的路径信息。可以看出，存在多条路径，且最佳路径经由 R2（因为该路径的权重被设置为 222）。命令 **show bgp ipv4 unicast** *network* 对于查看和比较 BGP PA 来说非常有用。

例 13-3　R4 关于网络前缀 172.16.0.0/24 的路径信息

```
R4# show bgp ipv4 unicast 172.16.0.0/24
BGP routing table entry for 172.16.0.0/24, version 4
Paths: (2 available, best #2, table default)
  Advertised to update-groups:
```

```
    2
! Path #1
  Refresh Epoch 4
  300 100
    192.168.6.6 (metric 21) from 192.168.6.6 (192.168.6.6)
      Origin IGP, metric 0, localpref 100, valid, internal
! Path #2
  Refresh Epoch 2
  200 100
    10.24.1.2 from 10.24.1.2 (192.168.2.2)
      Origin IGP, localpref 100, weight 222, valid, external, best
```

13.3.2 本地优先级

本地优先级（LOCAL_PREF）是周知自选属性，包含在整个 AS 的路径宣告中。本地优先级属性是一个 32 比特数值（0～4,294,967,295），表示离开 AS 到达目的网络前缀的优先级。本地优先级不在 eBGP 对等体之间宣告，通常用于影响出站流量（离开 AS 的流量）的下一跳地址。既可以通过路由映射为特定路由设置本地优先级，也可以为接收自特定邻居的所有路由设置本地优先级。

本地优先级数值越大越优。如果 BGP 边缘路由器收到前缀后没有定义本地优先级，那么在计算最佳路径的时候，就使用默认的本地优先级数值 100，且将其包含在发送给其他 iBGP 对等体的宣告当中。可以通过命令 **bgp default local-preference** *default-local-preference* 将本地优先级的默认值从 100 更改为其他值。

可以在路由映射或路由策略中通过 **set local-preference** *preference* 命令为特定路由设置本地优先级，也可以通过 BGP 地址簇配置命令 **neighbor** *ip-address* **local-preference** *preference* 为邻居收到的所有路由设置本地优先级。修改本地优先级可以影响其他 iBGP 对等体的路径选择，但不会影响 eBGP 对等体的路径选择，因为本地优先级不会宣告到 AS 外部。

图 13-3 修改了本地优先级以影响前缀 172.24.0.0/24 和 172.16.0.0/24 的流量流。

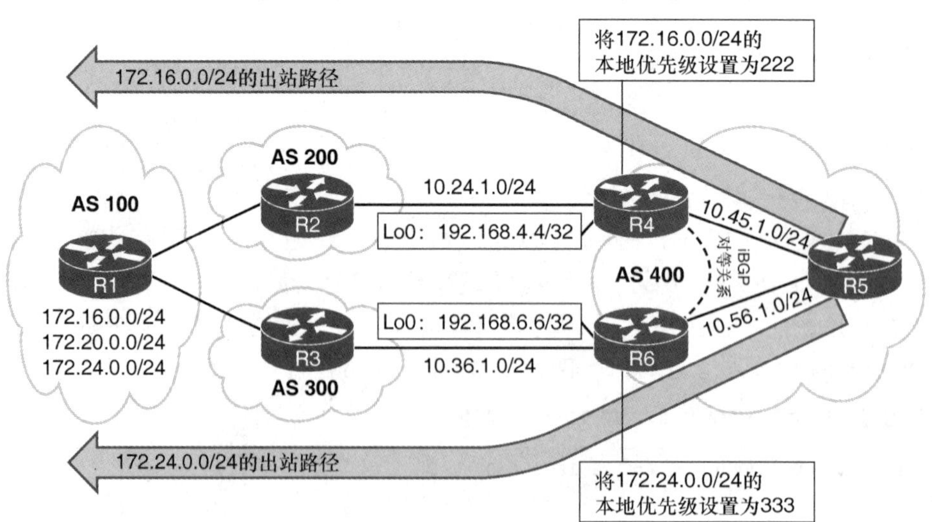

图 13-3 BGP 本地优先级拓扑结构

- R4、R5 和 R6 位于 AS 400 中，通过环回接口建立了全网状的 iBGP 对等连接。AS 200 和 AS 300 提供到达 AS 100 的转接连接。
- R4 是 AS 400 的边缘路由器，将从 R2 收到的前缀 172.16.0.0/24 的本地优先级设置为 222，使其成为 AS 400 的优选路径。
- R6 是 AS 400 的边缘路由器，将从 R2 收到的前缀 172.24.0.0/24 的本地优先级设置为 333，使其成为 AS 400 的优选路径。

例 13-4 给出了修改 R4 和 R6 本地优先级的 BGP 配置示例。

例 13-4　修改本地优先级的 BGP 配置示例

```
R4
ip prefix-list PRE172 permit 172.16.0.0/24
!
route-map AS200 permit 10
 match ip address prefix-list PRE172
 set local-preference 222
route-map AS200 permit 20
!
router bgp 400
 neighbor 10.24.1.2 remote-as 200
 neighbor 10.24.1.2 route-map AS200 in
 neighbor 192.168.5.5 remote-as 400
 neighbor 192.168.5.5 update-source Loopback0
 neighbor 192.168.5.5 next-hop-self
 neighbor 192.168.6.6 remote-as 400
 neighbor 192.168.6.6 update-source Loopback0
 neighbor 192.168.6.6 next-hop-self
```

```
R6
ip prefix-list PRE172 permit 172.24.0.0/24
!
route-map AS300 permit 10
 match ip address prefix-list PRE172
 set local-preference 333
route-map AS300 permit 20
!
router bgp 400
 no bgp default ipv4-unicast
 neighbor AS400 peer-group
 neighbor AS400 remote-as 400
 neighbor AS400 update-source Loopback0
 neighbor 10.36.1.3 remote-as 300
 neighbor 192.168.4.4 peer-group AS400
 neighbor 192.168.5.5 peer-group AS400
 !
 address-family ipv4
  neighbor AS400 next-hop-self
  neighbor 10.36.1.3 activate
  neighbor 10.36.1.3 route-map AS300 in
  neighbor 192.168.4.4 activate
  neighbor 192.168.5.5 activate
```

例 13-5 显示了修改本地优先级之后 R4、R5 和 R6 的 BGP 表。这 3 台 AS 400 路由器发送给网络前缀 172.16.0.0/24 的流量都通过 R4 的链路到达 R2（AS 200），发送给网络前缀 172.24.0.0/24 的流量都通过 R6 的链路到达 R3（AS 300）。172.20.0.0/24 使用 BGP 最佳路径选择算法后续步骤中的逻辑。请注意，其他前缀以默认本地优先级 100 宣告给 iBGP 路由器。

此时，R4 只有一条路径去往网络前缀 172.16.0.0/24，R6 只有一条路径去往网络前缀 172.24.0.0/24，R5 只有一条路径去往网络前缀 172.16.0.0/24 和 172.24.0.0/24。

例 13-5 修改本地优先级之后 R4、R5 和 R6 的 BGP 表

```
R4# show bgp ipv4 unicast | begin Network
     Network          Next Hop            Metric LocPrf Weight Path
 *>  172.16.0.0/24    10.24.1.2                     222      0 200 100 i
 * i 172.20.0.0/24    192.168.6.6              0    100      0 300 100 i
 *>                   10.24.1.2                              0 200 100 i
 *>i 172.24.0.0/24    192.168.6.6              0    333      0 300 100 i
 *                    10.24.1.2                              0 200 100 i
```

```
R5# show bgp ipv4 unicast | begin Network
     Network          Next Hop            Metric LocPrf Weight Path
 *>i 172.16.0.0/24    192.168.4.4              0    222      0 200 100 i
 * i 172.20.0.0/24    192.168.6.6              0    100      0 300 100 i
 *>i                  192.168.4.4              0    100      0 200 100 i
 *>i 172.24.0.0/24    192.168.6.6              0    333      0 300 100 i
```

```
R6# show bgp ipv4 unicast | begin Network
     Network          Next Hop            Metric LocPrf Weight Path
 *>i 172.16.0.0/24    192.168.4.4              0    222      0 200 100 i
 *                    10.36.1.3                              0 300 100 i
 * i 172.20.0.0/24    192.168.4.4              0    100      0 200 100 i
 *>                   10.36.1.3                              0 300 100 i
 *> 172.24.0.0/24     10.36.1.3                     333      0 300 100 i
```

网络工程师在查看例 13-5 的输出结果时，可能会看到 R4 只有一条路径去往网络前缀 172.16.0.0/24，认为 R4 删除了经由 AS 300 的路径，因为该路径不如经由 AS 200 的路径。但实际情况并非如此，路由器并不会丢弃未被选为最佳路径的路径，这些路径始终维护在 BGP Loc-RIB 表中，在最佳路径不可用的情况下还可以继续使用这些路径。如果路由器从宣告的路径中识别出不同的最佳路径，就会撤销此前宣告给其他路由器的最佳路径，并宣告新的最佳路径。

为了更好地理解上述过程，接下来将详细讨论每台路由器在 3 个不同阶段（时间周期）执行的处理逻辑。

第一阶段：初始 BGP 边缘路由处理

第一阶段是 BGP 边缘路由器 R4 和 R6 初次处理路由的阶段。R4 的操作情况如下。

- R4 从 R2 收到前缀 172.16.0.0/24，并将本地优先级设置为 222。
- R4 从 R2 收到前缀 172.20.0.0/24 和 172.24.0.0/24。
- 这些前缀不存在其他路径，因而所有路径都被标记为最佳路径。

■ R4 将这些路径宣告给 R5 和 R6（未设置本地优先级的路由以默认本地优先级 100 进行宣告）。

R6 的操作情况如下。

■ R6 从 R3 收到前缀 172.24.0.0/24，并将本地优先级设置为 333。
■ R6 从 R3 收到前缀 172.16.0.0/24 和 172.20.0.0/24。
■ 这些前缀不存在其他路径，因而所有路径都被标记为最佳路径。
■ R6 将这些路径宣告给 R4 和 R5（未设置本地优先级的路由以默认本地优先级 100 进行宣告）。

例 13-6 显示了该阶段处理后 R4 和 R6 的 BGP 表。请注意 R4 关于前缀 172.16.0.0/24 的本地优先级和 R6 关于前缀 172.24.0.0/24 的本地优先级。其他表项均没有设置本地优先级值。

例 13-6 第一阶段处理后 R4 和 R6 的 BGP 表

```
R4# show bgp ipv4 unicast | begin Network
     Network          Next Hop            Metric LocPrf Weight Path
 *>  172.16.0.0/24    10.24.1.2                     222      0 200 100 i
 *>  172.20.0.0/24    10.24.1.2                              0 200 100 i
 *>  172.24.0.0/24    10.24.1.2                              0 200 100 i
```

```
R6# show bgp ipv4 unicast | begin Network
     Network          Next Hop            Metric LocPrf Weight Path
 *>  172.16.0.0/24    10.36.1.3                              0 300 100 i
 *>  172.20.0.0/24    10.36.1.3                              0 300 100 i
 *>  172.24.0.0/24    10.36.1.3                     333      0 300 100 i
```

第二阶段：BGP 边缘的多路径评估

第二阶段是 R4 和 R6 接收彼此的路由并比较前缀的每条路径的阶段。最终，R6 宣告了网络前缀 172.16.0.0/24 的路由撤销，R4 宣告了网络前缀 172.24.0.0/24 的路由撤销。R5 同时收到了 R4 和 R6 的路由，导致这两条路径都出现在 BGP Adj-RIB-In 表中。

R4 的操作情况如下。

■ R4 从 R6 收到所有网络前缀的路径。
■ R4 检测出来自 R2（AS 200）的 172.16.0.0/24 路径比来自 R6（AS 300）的路径拥有更高的本地优先级，因而 R4 将来自 R2 的路径作为该前缀的最佳路径。
■ R4 检测出来自 R3 的 172.20.0.0/24 路径与来自 R2 的路径拥有相同的本地优先级（未设置本地优先级的路由使用默认值 100），因而需要在最佳路径选择算法中使用本地优先级之后的参数来确定最佳路径。
■ R4 检测出来自 R6（AS 300）的 172.24.0.0/24 路径比来自 R2（AS 200）的路径拥有更高的本地优先级，因而 R4 将来自 R6 的路径标记为该前缀的最佳路径，并向 R5 和 R6 发送路由撤销，以撤销来自 R2 的路径。

R5 的操作情况如下。

■ R5 从 R4 和 R6 收到所有网络前缀的路径。
■ R5 检测出来自 R4（AS 200）的 172.16.0.0/24 路径比来自 R6（AS 300）的路径拥有更高的本地优先级，因而 R5 将来自 R4 的路径标记为该前缀的最佳路径。这两条路径都位于 BGP 表中。

- R5 检测出来自 R4 和 R6 的 172.20.0.0/24 路径拥有相同的本地优先级，因而需要在最佳路径选择算法中使用本地优先级之后的参数来确定最佳路径。这两条路径都位于 BGP 表中。
- R5 检测出来自 R6（AS 300）的 172.24.0.0/24 路径比来自 R2（AS 200）的路径拥有更高的本地优先级，因而 R5 将来自 R6 的路径标记为该前缀的最佳路径。这两条路径都位于 BGP 表中。

R6 的操作情况如下。

- R6 从 R4 收到所有网络前缀的 R4 的路由宣告。
- R6 检测出来自 R4（AS 200）的 172.16.0.0/24 路径比来自 R3（AS 300）的路径拥有更高的本地优先级，因而 R6 选择来自 R4 的路径作为该前缀的最佳路径，并向 R4 和 R5 发送路由撤销，以撤销来自 R3 的路径。
- R6 检测出来自 R3 的 172.20.0.0/24 路径与来自 R4 的路径拥有相同的本地优先级（未设置本地优先级的路由使用默认值 100），由于两者的本地优先级相同，因而需要在最佳路径选择算法中使用本地优先级之后的参数来确定最佳路径。
- R6 检测出来自 R3（AS 300）的 172.24.0.0/24 路径比来自 R4（AS 200）的路径拥有更高的本地优先级，因而 R6 保留来自 R3 的路径作为该前缀的最佳路径。

例 13-7 显示了经过第二阶段处理之后的 R4、R5 和 R6 的 BGP 表。

例 13-7　经过第二阶段处理之后的 R4、R5 和 R6 的 BGP 表

```
R4# show bgp ipv4 unicast | begin Network
     Network          Next Hop            Metric LocPrf Weight Path
 *> 172.16.0.0/24    10.24.1.2                      222      0 200 100 i
 * i                 192.168.6.6              0     100      0 200 100 i
 *> 172.20.0.0/24    10.24.1.2                               0 200 100 i
 * i                 192.168.6.6              0     100      0 200 100 i
 * 172.24.0.0/24     10.24.1.2                               0 200 100 i
 *>i                 192.168.6.6              0     333      0 200 100 i
```

```
R5# show bgp ipv4 unicast | begin Network
     Network          Next Hop            Metric LocPrf Weight Path
 *>i 172.16.0.0/24   192.168.4.4              0     222      0 200 100 i
 * i                 192.168.4.4              0     100      0 200 100 i
 * i 172.20.0.0/24   192.168.6.6              0     100      0 300 100 i
 *>i                 192.168.4.4              0     100      0 200 100 i
 *>i 172.24.0.0/24   192.168.6.6              0     333      0 300 100 i
 * i                 192.168.4.4              0     100      0 200 100 i
```

```
R6# show bgp ipv4 unicast | begin Network
     Network          Next Hop            Metric LocPrf Weight Path
 *   172.16.0.0/24   10.36.1.3                               0 300 100 i
 *>i                 192.168.4.4              0     222      0 200 100 i
 *> 172.20.0.0/24    10.36.1.3                               0 300 100 i
 * i                 192.168.4.4              0     100      0 200 100 i
 *> 172.24.0.0/24    10.36.1.3                      333      0 300 100 i
 * i                 192.168.4.4              0     100      0 200 100 i
```

第三阶段：最终 BGP 处理状态

第三阶段是最后一个处理阶段。拓扑结构中的 R4、R5 和 R6 将处理所有路由撤销。

- R4 和 R5 收到 R6 撤销网络前缀 172.16.0.0/24，并将其从 BGP 表中删除。
- R5 和 R6 收到 R4 撤销网络前缀 172.24.0.0/24，并将其从 BGP 表中删除。

例 13-8 显示了经过第三阶段处理之后的 R4、R5 和 R6 的 BGP 表。

例 13-8　经过第三阶段处理之后的 R4、R5 和 R6 的 BGP 表

```
R4# show bgp ipv4 unicast | begin Network
     Network          Next Hop            Metric LocPrf Weight Path
 *>  172.16.0.0/24    10.24.1.2                     222      0 200 100 i
 * i 172.20.0.0/24    192.168.6.6              0    100      0 300 100 i
 *>                   10.24.1.2                              0 200 100 i
 *>i 172.24.0.0/24    192.168.6.6              0    333      0 300 100 i
 *                    10.24.1.2                              0 200 100 i
```

```
R5# show bgp ipv4 unicast | begin Network
     Network          Next Hop            Metric LocPrf Weight Path
 *>i 172.16.0.0/24    192.168.4.4              0    222      0 200 100 i
 * i 172.20.0.0/24    192.168.6.6              0    100      0 300 100 i
 *>i                  192.168.4.4              0    100      0 200 100 i
 *>i 172.24.0.0/24    192.168.6.6              0    333      0 300 100 i
```

```
R6# show bgp ipv4 unicast | begin Network
     Network          Next Hop            Metric LocPrf Weight Path
 *>i 172.16.0.0/24    192.168.4.4              0    222      0 200 100 i
 *                    10.36.1.3                              0 300 100 i
 * i 172.20.0.0/24    192.168.4.4              0    100      0 200 100 i
 *>                   10.36.1.3                              0 300 100 i
 *>  172.24.0.0/24    10.36.1.3                     333      0 300 100 i
```

13.3.3　network 或聚合宣告中源自本地的路由

BGP 最佳路径选择算法的第三个决策因素是确定路由是否源自本地。优先顺序如下。

- 本地宣告的路由。
- 本地聚合的网络。
- 从 BGP 对等体收到的路由。

13.3.4　AIGP

AIGP 是可选非传递 PA，包含在整个 AS 的路由宣告中。IGP 通常使用最低路径度量来识别去往目的端的最短路径，但其扩展性无法与 BGP 相比。BGP 使用 AS 来标识路由策略的单个控制域，考虑到扩展性问题以及每个 AS 都可能使用不同的路由策略来计算路径度量，因而 BGP 不使用路径度量。

对于存在多个 AS 且每个 AS 都有唯一的 IGP 路由域的场景来说，AIGP 为 BGP 提供了维护和计算概念性路径度量的能力。由于所有 AS 都在单一路由域的控制下，拥有一致的 BGP 和 IGP 路由策略，因而基于路径度量做出路由决策对于 BGP 来说也是一种可行选择。

图 13-4 中的 AS 100、AS 200 和 AS 300 都在同一个服务提供商的控制之下。所有路由器之间的 BGP 会话均已启用 AIGP，并将 IGP 重分发到了 BGP 中。AIGP 度量在 AS 100、AS 200 和 AS 300 之间宣告，从而允许 BGP 将 AIGP 度量用于 AS 之间的最佳路径计算。

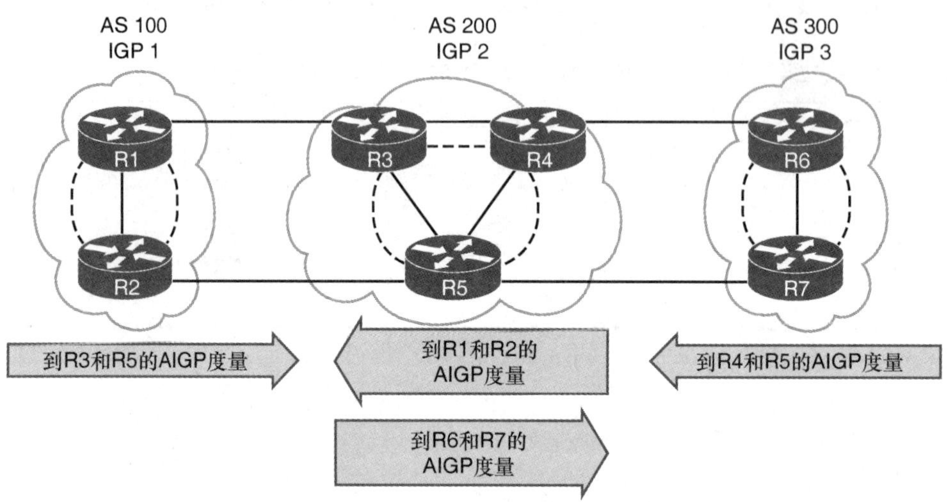

图 13-4 在 AS 之间交换 AIGP PA

BGP 对等体必须就交换 AIGP PA 达成一致，而且仅在启用了 AIGP 的对等体之间的前缀宣告中包含 AIGP 度量。可以通过 BGP 地址簇配置命令 **neighbor** *ip-address* **aigp** 为 BGP 邻居启用 AIGP 度量。

AIGP 度量是一个 32 比特数值（0～4,294,967,295），可以在重分发过程中或者在接收携带路由映射的前缀期间进行设置。路由映射使用配置命令 **set aigp-metric** {**igp-metric** | *metric*}，关键字 **igp-metric** 可以在重分发路由器上将特定路由的 AIGP 度量值设置为 IGP 路径度量。静态路由和网络宣告以到达路由下一跳地址的路径度量填充 AIGP 度量。

AIGP 度量的规则如下。

- 拥有 AIGP 度量的路径优于无 AIGP 度量的路径。
- 如果下一跳地址需要进行递归查找，那么 AIGP 路径就需要计算 AIGP 衍生度量以包含到达下一跳地址的距离，这样就能将到达 BGP 边缘路由器的开销包含在内。AIGP 衍生度量公式：AIGP 衍生度量=原始 AIGP 度量+下一跳 AIGP 度量。
  - 如果存在多条 AIGP 路径，且其中一条路径的下一跳地址包含 AIGP 度量，而另一条路径的下一跳地址不包含 AIGP 度量，就不使用非 AIGP 路径。
  - 如果执行了多次查找，就要递归增加下一跳 AIGP 度量。
- 根据 AIGP 衍生度量（递归下一跳）或实际的 AIGP 度量（非递归下一跳）比较 AIGP 路径，优选 AIGP 度量较低的路径。

■ 路由器 R2 宣告从 R1 学到的启用了 AIGP 功能的路径时，如果下一跳地址更改为R2的地址，那么R2就会递增AIGP度量以反映R1与R2之间的距离(IGP路径度量)。

13.3.5 最短 AS_PATH

考试要点

BGP 最佳路径选择算法的下一个决策因素是 AS_PATH 长度（通常与 AS 跳数相关），AS_PATH 越短越优。

> 注：如果部署了 BGP 联盟，那么在计算 AS_PATH 长度的时候就不计算 AS_CONFED_SEQUENCE（联盟 AS_PATH）。对于 AS_PATH 的 AS_SET 部分来说，即使聚合地址拥有多个 ASN，也仅将 AS_SET 作为一条 AS_PATH 表项。

将 ASN 附加到 AS_PATH 上之后会让 AS_PATH 变长，因而与其他路径相比，这样的路径就显得不够理想。可以在路由映射上通过命令 **set as-path prepend** *as-number* 附加 ASN。AS_PATH 通常由网络所有者附加，网络所有者通常将自己的 ASN 添加到 AS_PATH 中。

通常不选择附加了 AS_PATH 的路径作为 BGP 最佳路径，因为该路径的 AS_PATH 比无附加的路径宣告长。在发送给其他 AS 的路径宣告中附加 AS_PATH，可以影响入站流量；在接收其他 AS 的路径宣告时附加 AS_PATH，可以影响出站流量。

图 13-5 解释了附加 AS_PATH 对出站流量模式的影响情况。

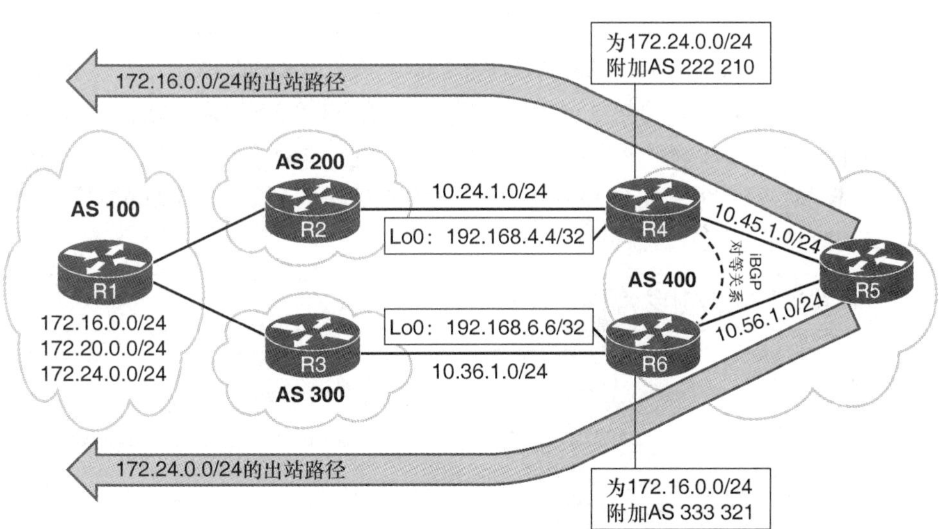

图 13-5 附加 AS_PATH 对出站流量模式的影响

■ R4、R5 和 R6 位于 AS 400 中，通过环回接口建立了全网状的 iBGP 对等连接。AS 200 和 AS 300 提供到达 AS 100 的转接连接。

■ R4 为从 R2 收到的路径 172.24.0.0/24 附加 AS 222 210，使其成为 AS 400 的最不推荐路径。

■ R6 为从 R3 收到的路径 172.16.0.0/24 附加 AS 333 321，使其成为 AS 400 的最

不推荐路径。

例 13-9 显示了 R4 和 R6 附加 AS_PATH 的配置示例。

例 13-9 R4 和 R6 附加 AS_PATH 的配置示例

```
R4
ip prefix-list PRE172 permit 172.24.0.0/24
!
route-map AS200 permit 10
 match ip address prefix-list PRE172
 set as-path prepend 222 210
route-map AS200 permit 20
!
router bgp 400
 neighbor 10.24.1.2 remote-as 200
 neighbor 10.24.1.2 route-map AS200 in
```

```
R6
ip prefix-list PRE172 permit 172.16.0.0/24
!
route-map AS300 permit 10
 match ip address prefix-list PRE172
 set as-path prepend 333 321
route-map AS300 permit 20
!
router bgp 400
 neighbor 10.36.1.3 remote-as 300
 neighbor 10.36.1.3 route-map AS300 in
```

例 13-10 显示了附加了 AS_PATH 之后 R4、R5 和 R6 的 BGP 表。这 3 台路由器都将经由 R2（AS 200）的路径选为网络前缀 172.16.0.0/24 的最佳路径，因为该路径的 AS_PATH 长度为 2，而经由 R3（AS 300）的路径的 AS_PATH 长度为 4。此外，这 3 台路由器都将经由 R3（AS 300）的路径选为网络前缀 172.24.0.0/24 的最佳路径，因为其 AS_PATH 长度最短。

例 13-10 附加了 AS_PATH 之后 R4、R5 和 R6 的 BGP 表

```
R4# show bgp ipv4 unicast | begin Network
     Network          Next Hop            Metric LocPrf Weight Path
 *>  172.16.0.0/24    10.24.1.2                              0 200 100 i
 *>  172.20.0.0/24    10.24.1.2                              0 200 100 i
 * i                  192.168.6.6              0    100      0 300 100 i
 *   172.24.0.0/24    10.24.1.2                              0 222 210 200 100 i
 *>i                  192.168.6.6              0    100      0 300 100 i
```

```
R5# show bgp ipv4 unicast | begin Network
     Network          Next Hop            Metric LocPrf Weight Path
 *>i 172.16.0.0/24    192.168.4.4              0    100      0 200 100 i
 * i 172.20.0.0/24    192.168.4.4              0    100      0 200 100 i
 *>i                  192.168.6.6              0    100      0 300 100 i
 *>i 172.24.0.0/24    192.168.6.6              0    100      0 300 100 i
```

```
R6# show bgp ipv4 unicast | begin Network
```

```
    Network          Next Hop            Metric LocPrf Weight Path
*>i 172.16.0.0/24    192.168.4.4              0    100      0 200 100 i
*                    10.36.1.3                              0 333 321 300 100 i
* i 172.20.0.0/24    192.168.4.4              0    100      0 200 100 i
*>                   10.36.1.3                              0 300 100 i
*> 172.24.0.0/24     10.36.1.3                              0 300 100 i
```

注：需要记住的是，BGP 路由器不会删除次优路由。如果要删除这些次优路由，就必须从邻居处撤销路由。本章在 13.3.2 节介绍的路由宣告分阶段分析方法也适用于此处。

13.3.6 路由来源类型

考试要点

BGP 最佳路径选择算法的下一个决策因素是名为路由来源（Origin）的周知强制属性。对于思科路由器来说，通过 **network** 语句宣告的网络的路由来源属性被默认设置为“i”（对于 IGP 路由来说），重分发网络的路由来源属性则被默认设置为“？”（不完整路由），路由来源的优先顺序如下。

- IGP 路由（最优）。
- EGP 路由。
- 不完整路由（最差）。

可以通过命令 **set origin** {**igp** | **incomplete**}在路由映射上修改前缀的路由来源属性。无法在 IOS XE 路由器上手动设置 EGP 路由来源。

图 13-6 解释了路由来源属性的修改情况。

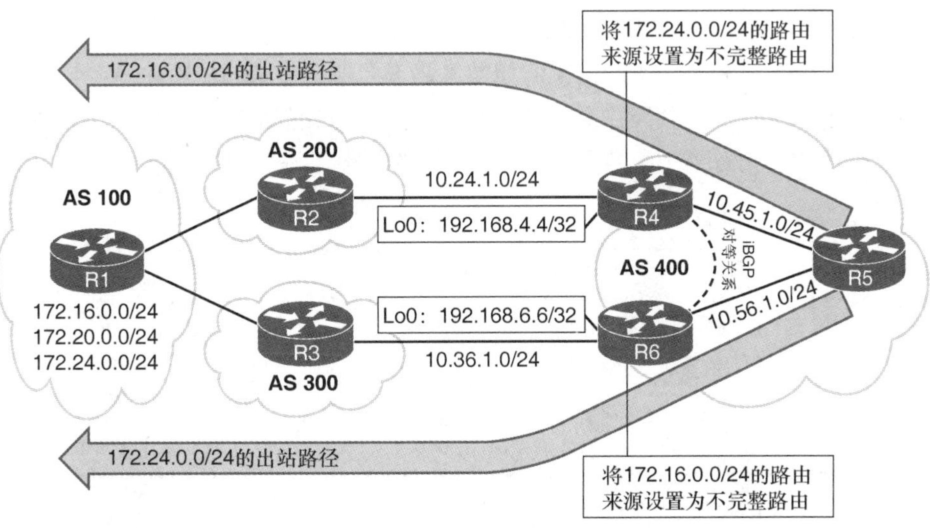

图 13-6 路由来源属性的修改情况

- R4、R5 和 R6 位于 AS 400 中，AS 200 和 AS 300 提供了到达 AS 100 的转接连接。AS 100 以路由属性 IGP 宣告前缀 172.16.0.0/24、172.20.0.0/24 和 172.24.0.0/24。
- R4 将从 R2 收到的路径 172.24.0.0/24 的路由来源属性设置为不完整路由，使其成为 R4、R5 和 R6 最不推荐的路径。

■ R6 将从 R3 收到的路径 172.16.0.0/24 的路由来源属性设置为不完整路由，使其成为 R4、R5 和 R6 最不推荐的路径。

例 13-11 显示了 R4 和 R6 修改 BGP 路由来源属性的配置示例。

例 13-11 R4 和 R5 修改 BGP 路由来源属性的配置示例

```
R4
ip prefix-list PRE172 permit 172.24.0.0/24
!
route-map AS200 permit 10
 match ip address prefix-list PRE172
 set origin incomplete
route-map AS200 permit 20
!
router bgp 400
 neighbor 10.24.1.2 remote-as 200
 neighbor 10.24.1.2 route-map AS200 in
```

```
R6
ip prefix-list PRE172 permit 172.16.0.0/24
!
route-map AS300 permit 10
 match ip address prefix-list PRE172
 set origin incomplete
route-map AS300 permit 20
!
router bgp 400
 neighbor 10.36.1.3 remote-as 300
 neighbor 10.36.1.3 route-map AS300 in
```

例 13-12 显示了修改路由来源属性之后 R4、R5 和 R6 的 BGP 表。可以看出，路由来源属性为“不完整路由”的路径都没有被选为最佳路径，因为路由来源 IGP 优于不完整路由。请注意 AS_PATH 信息最右边的路由来源标识符（i 和？）。

例 13-12 修改路由来源属性之后 R4、R5 和 R6 的 BGP 表

```
R4# show bgp ipv4 unicast | begin Network
     Network          Next Hop            Metric LocPrf Weight Path
 *>  172.16.0.0/24    10.24.1.2                              0 200 100 i
 * i 172.20.0.0/24    192.168.6.6              0    100      0 300 100 i
 *>                   10.24.1.2                              0 200 100 i
 *>i 172.24.0.0/24    192.168.6.6              0    100      0 300 100 i
 *                    10.24.1.2                              0 200 100 ?
```

```
R5# show bgp ipv4 unicast | begin Network
     Network          Next Hop            Metric LocPrf Weight Path
 *>i 172.16.0.0/24    192.168.4.4              0    100      0 200 100 i
 * i 172.20.0.0/24    192.168.4.4              0    100      0 200 100 i
 *>i                  192.168.6.6              0    100      0 300 100 i
 *>i 172.24.0.0/24    192.168.6.6              0    100      0 300 100 i
```

```
R6# show bgp ipv4 unicast | begin Network
     Network          Next Hop            Metric LocPrf Weight Path
```

```
*>i 172.16.0.0/24    192.168.4.4              0    100       0 200 100 i
*                    10.36.1.3                               0 300 100 ?
* i 172.20.0.0/24    192.168.4.4              0    100       0 200 100 i
*>                   10.36.1.3                               0 300 100 i
*>  172.24.0.0/24    10.36.1.3                               0 300 100 i
```

13.3.7 MED

BGP 最佳路径选择算法的下一个决策因素是名为 MED 的非传递属性。MED 使用被称为度量的 32 比特数值（0～4,294,967,295），BGP 在网络宣告或重分发期间自动将 MED 设置为 IGP 路径度量。从 eBGP 会话收到 MED 之后，可以将 MED 宣告给其他 iBGP 对等体，但是不能将其发送到接收该 MED 的 AS 之外。MED 的目的是影响来自不同 AS 的入站流量，MED 数值越小越优。

> 注：为了让 MED 成为一个有效的决策因素，必须确保待决策路径均来自同一 ASN。

RFC 4451 规定，应该优选无 MED 值的前缀，而且从本质上来说，应该将其与 MED 值 0 进行比较。某些组织机构要求将所有前缀的 MED 都设置为特定值，并声明无 MED 值的路径是最不推荐路径。如果从 eBGP 对等体学到的前缀没有 MED，那么设备将默认使用 MED 值 0 来计算最佳路径。IOS 路由器向 iBGP 对等体宣告的前缀的 MED 值为 0。

图 13-7 以一个简单的拓扑结构解释了这个概念。AS 100 在每台边缘路由器（R1 和 R2）上以不同的 MED 值宣告网络前缀 172.16.0.0/24 和 172.20.0.0/24。AS 200 通过 R3 将流量发送给网络前缀 172.16.10.0/24，因为 R1 的 MED 值（40）小于 R2 的 MED 值（60）。AS 200 通过 R4 将流量发送给网络前缀 172.20.0.0/24，因为 R2 的 MED 值（30）小于 R1 的 MED 值（70）。

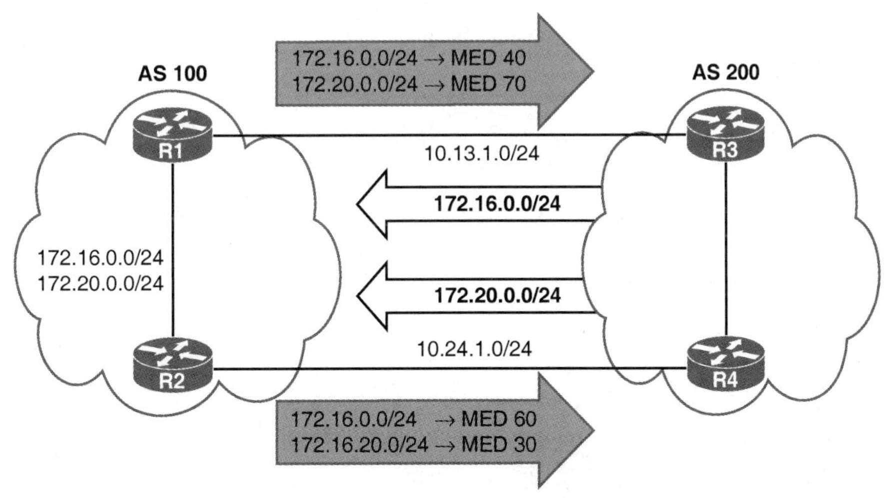

图 13-7 MED 影响出站流量

可以使用入站路由映射通过命令 **set metric** *metric* 来设置 MED。图 13-8 仍然以前面的最佳路径选择拓扑结构为例，但是将 R2 和 R3 都放到了 AS 200 中，这对于确保

MED 的正常工作来说至关重要。

- R4、R5 和 R6 位于 AS 400 中，通过环回接口建立了全网状的 iBGP 对等连接。AS 200 和 AS 300 提供了到 AS 100 的转接连接。
- R4 将网络前缀 172.16.0.0/24、172.20.0.0/24、172.24.0.0/24 的 MED 值分别设置为 40、50、90。
- R6 将网络前缀 172.16.0.0/24 和 172.24.0.0/24 的 MED 值分别设置为 80 和 10。

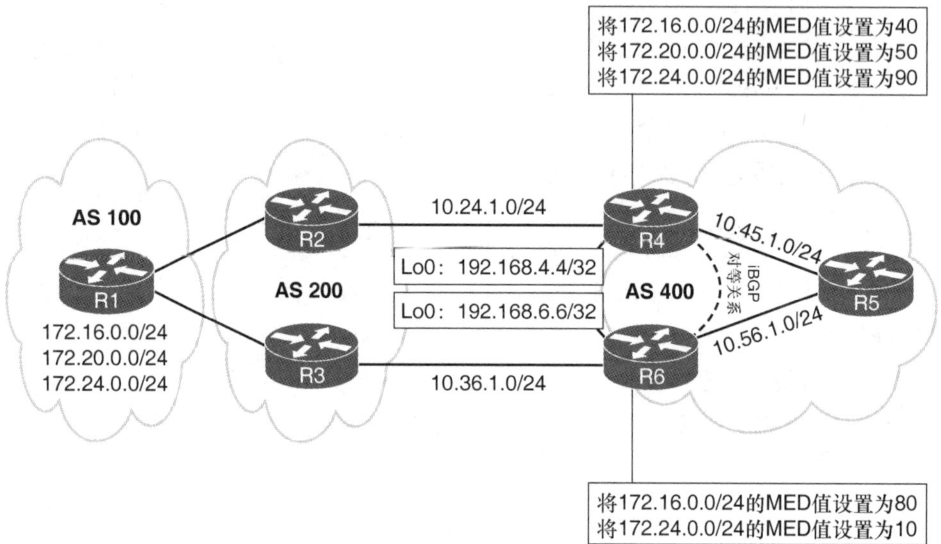

图 13-8 修改 MED 值

例 13-13 显示了 R4 和 R6 修改 MED 值的配置示例（见图 13-8）。

例 13-13 修改 MED 值的配置示例

```
R4
ip prefix-list PRE172-01 permit 172.16.0.0/24
ip prefix-list PRE172-02 permit 172.20.0.0/24
ip prefix-list PRE172-03 permit 172.24.0.0/24
!
route-map AS200-R2 permit 10
 match ip address prefix-list PRE172-01
 set metric 40
route-map AS200-R2 permit 20
 match ip address prefix-list PRE172-02
 set metric 50
route-map AS200-R2 permit 30
 match ip address prefix-list PRE172-03
 set metric 90
route-map AS200-R2 permit 40
!
router bgp 400
 neighbor 10.24.1.2 remote-as 200
 neighbor 10.24.1.2 route-map AS200-R2 in
```

```
R6
```

```
ip prefix-list PRE172-01 permit 172.16.0.0/24
ip prefix-list PRE172-03 permit 172.24.0.0/24
!
route-map AS200-R3 permit 10
 match ip address prefix-list PRE172-01
 set metric 80
route-map AS200-R3 permit 20
 match ip address prefix-list PRE172-03
 set metric 10
route-map AS200-R3 permit 30
!
router bgp 400
 neighbor 10.36.1.3 remote-as 200
 neighbor 10.36.1.3 route-map AS200-R3 in
```

例 13-14 显示了修改 MED 值之后 R4、R5 和 R6 的 BGP 表。这 3 台 AS 400 中的路由器向网络前缀 172.16.0.0/24 发送的流量都经由 R4 的链路到达 R2，因为 MED 值 40 小于 80；同时，这 3 台 AS 400 中的路由器向网络前缀 172.24.0.0/24 发送的流量都经由 R6 的链路到达 R3，因为 MED 值 10 小于 90。

例 13-14 修改 MED 值之后 R4、R5 和 R6 的 BGP 表

```
R4# show bgp ipv4 unicast | begin Network
     Network          Next Hop            Metric LocPrf Weight Path
 *>  172.16.0.0/24    10.24.1.2               40             0 200 100 i
 *>i 172.20.0.0/24    192.168.6.6              0    100      0 200 100 i
 *                    10.24.1.2               50             0 200 100 i
 *>i 172.24.0.0/24    192.168.6.6             10    100      0 200 100 i
 *                    10.24.1.2               90             0 200 100 i
```

```
R5# show bgp ipv4 unicast | begin Network
     Network          Next Hop            Metric LocPrf Weight Path
 *>i 172.16.0.0/24    192.168.4.4             40    100      0 200 100 i
 *>i 172.20.0.0/24    192.168.6.6              0    100      0 200 100 i
 *>i 172.24.0.0/24    192.168.6.6             10    100      0 200 100 i
```

```
R6# show bgp ipv4 unicast | begin Network
     Network          Next Hop            Metric LocPrf Weight Path
 *>i 172.16.0.0/24    192.168.4.4             40    100      0 200 100 i
 *                    10.36.1.3               80             0 200 100 i
 *> 172.20.0.0/24     10.36.1.3                              0 200 100 i
 *> 172.24.0.0/24     10.36.1.3               10             0 200 100 i
```

1．无 MED 时的操作行为

某组织机构可能希望其不同的服务提供商为每条前缀都宣告一个 MED 值。如果没有 MED，那么默认无 MED 的路径将优于包含 MED 的路径。组织机构也可以修改该默认行为，以便次选无 MED 的前缀。

对于例 13-13 来说，R6 的路由映射被配置为从 R3 收到前缀 172.20.0.0/24 之后不设置 MED 值。如果不宣告 MED，那么 MED 值将默认为 0。AS 400 中的 3 台路由器评估完 MED 值 0（来自 R3）和 50（来自 R2）之后，将选择经由 R3 的路径作

为优选路径。

但这样的场景可能会产生非期望的路由行为。如果某路径没有 MED，就可以在 BGP 路由器进程下通过命令 **bgp bestpath med missing-as-worst** 将 MED 值设置为无穷大（4,294,967,295）。应该在 AS 的所有节点上都配置该命令，以确保 AS 内的所有路由器都拥有相同的最佳路径选择算法设置。

将命令 **bgp bestpath med missing-as-worst** 应用于 R4、R5 和 R6 之后，例 13-15 显示了配置变更后的 BGP 表。可以看出，R6 将学自 R3 的路由 172.20.0.0/24 的 MED 值设置成了 4,294,967,295。

例 13-15 配置了 **med missing-as-worst** 之后 R4、R5 和 R6 的 BGP 表

```
R4# show bgp ipv4 unicast | begin Network
     Network          Next Hop            Metric LocPrf Weight Path
 *>  172.16.0.0/24    10.24.1.2               40             0 200 100 i
 *>  172.20.0.0/24    10.24.1.2               50             0 200 100 i
 *>i 172.24.0.0/24    192.168.6.6             10    100      0 200 100 i
 *                    10.24.1.2               90             0 200 100 i
```

```
R5# show bgp ipv4 unicast | begin Network
     Network          Next Hop            Metric LocPrf Weight Path
 *>i 172.16.0.0/24    192.168.4.4             40    100      0 200 100 i
 *>i 172.20.0.0/24    192.168.4.4             50    100      0 200 100 i
 *>i 172.24.0.0/24    192.168.6.6             10    100      0 200 100 i
```

```
R6# show bgp ipv4 unicast | begin Network
     Network          Next Hop            Metric LocPrf Weight Path
*>i  172.16.0.0/24    192.168.4.4             40    100      0 200 100 i
 *                    10.36.1.3               80             0 200 100 i
 *>i 172.20.0.0/24    192.168.4.4             50    100      0 200 100 i
 *                    10.36.1.3       4294967295             0 200 100 i
 *>  172.24.0.0/24    10.36.1.3               10             0 200 100 i
```

注：BGP 配置命令 **default-metric** *metric* 可以在收到的路径无 MED 时将度量设置为指定值，以确保路由器能够正常计算前缀的 BGP 最佳路径，而无须手动设置 MED 属性或者将 MED 值设置为无穷大。

2. 始终比较 MED 值

默认的 MED 值比较机制要求 AS_PATH 值必须相同，这是因为不同的 AS 可能部署了不同的 MED 设置策略。这意味着仅当多条链路都来自同一服务提供商时，才能通过 MED 影响流量。但组织机构通常使用不同的服务提供商来实现冗余机制，在这种情况下，就需要放宽默认的 BGP MED 值比较规则，以比较不同服务提供商之间的 MED 值。

always-compare-med 功能特性允许始终比较 MED 值，而不考虑 AS_PATH 值。可以通过 BGP 配置命令 **bgp always-compare-med** 启用该功能特性。

注：必须在 AS 中的所有 BGP 路由器上均启用该功能特性，否则将会出现路由环路。

3. BGP 确定性 MED

最佳路径选择算法将路由更新与现有最佳路径进行比较，并按存储在 Loc-RIB 表中的顺序处理这些路径。BGP 表按照路径的接收顺序存储路径。如果未启用 **always-compare-med**，那么仅将路由更新的路径 MED 值与现有最佳路径的进行比较，而不与 Loc-RIB 表中的其他所有路径的进行比较，这样就可能会导致 MED 最佳路径比较进程出现波动。

图 13-9 所示的拓扑结构就因为路径宣告顺序而没有比较 MED 值。

- R4 以 MED 值 200 宣告前缀 172.16.0.0/24，R5 选择 R4 的路径作为最佳路径（因为不存在其他路径）。
- R3 以 MED 值 100 宣告前缀 172.16.0.0/24。与 R4 的前缀宣告相比，由于 AS_PATH 来自不同的 AS，因而 BGP 最佳路径计算不考虑 MED。因此，R4 的路径仍然是最佳路径，因为这是最早从 eBGP 学到的路径。
- R2 以 MED 值 150 宣告前缀 172.16.0.0/24，由于其 AS_PATH 值与 R4 的不同，因而 BGP 最佳路径计算不考虑 MED。因此，R4 的路径仍然是最佳路径，因为这是最早从 eBGP 学到的路径。

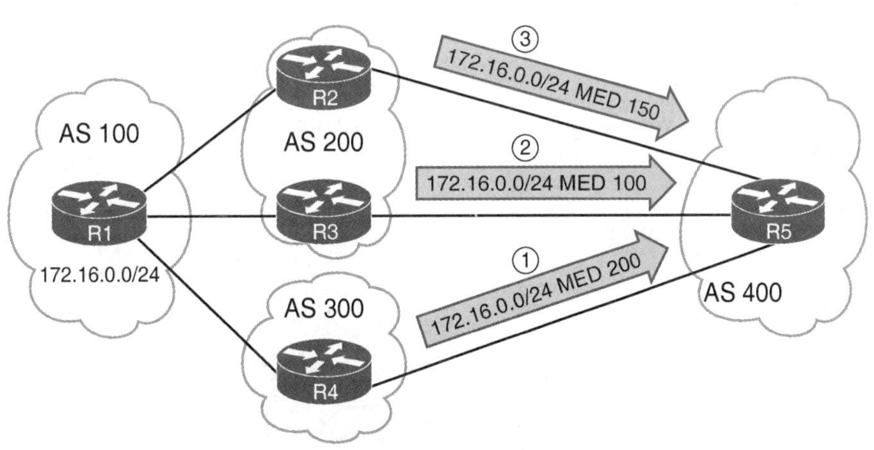

图 13-9 MED 值比较存在的问题

BGP 确定性 MED 可以解决这个问题。将拥有相同 AS_PATH 值的路径归为一组，作为最佳路径识别进程的一部分，然后将每个组的 MED 值与其他组的 MED 值进行比较。

启用 BGP 确定性 MED 功能之后，最佳路径选择结果将有所不同。R2 和 R3 的路径将归为一组，因为它们拥有相同的 AS_PATH 值（200 100）。由于 R4 的 AS_PATH 值为（300 100），因而将 R4 归为单独的一组。R3 是 AS_PATH 组（200 100）的最佳路径，R4 是 AS_PATH 组（300 100）的最佳路径，然后将这两个 AS_PATH 组进行比较，由于 R3 的 MED 值低于 R4 的，因而 R3 的路径被选为最佳路径，与路由的宣告顺序无关。

可以通过 BGP 配置命令 **bgp deterministic-med** 启用 BGP 确定性 MED，建议在同

一个 AS 的所有路由器上都部署该特性。

13.3.8 eBGP 路由优于 iBGP 路由

BGP 最佳路径选择算法的下一个决策因素是路由来自 iBGP 对等体、eBGP 对等体还是联盟成员 AS（sub-AS）对等体，最佳路径选择顺序如下。

- eBGP 对等体（最优）。
- 联盟成员 AS 对等体。
- iBGP 对等体（最差）。

> 注：BGP 联盟（第 11 章曾经做了简要描述）不在 ENARSI 300-410 认证考试范围内。

13.3.9 最小 IGP 度量

BGP 最佳路径选择算法的下一个决策因素是使用到达 BGP 下一跳地址拥有最小 IGP 度量的路径。

图 13-10 所示的拓扑结构中的 R2、R3、R4 和 R5 位于 AS 400 中，AS 400 对等体通过 Loopback 0 接口建立了全网状的 iBGP 会话。R1 将网络前缀 172.16.0.0/24 宣告给 R2 和 R4。

与 R4 的 iBGP 路径相比，R3 优选了 R2 的路径，因为 R2 到达下一跳地址的度量值较小。与 R2 的 iBGP 路径相比，R5 优选了 R4 的路径，因为 R4 到达下一跳地址的度量值较小。

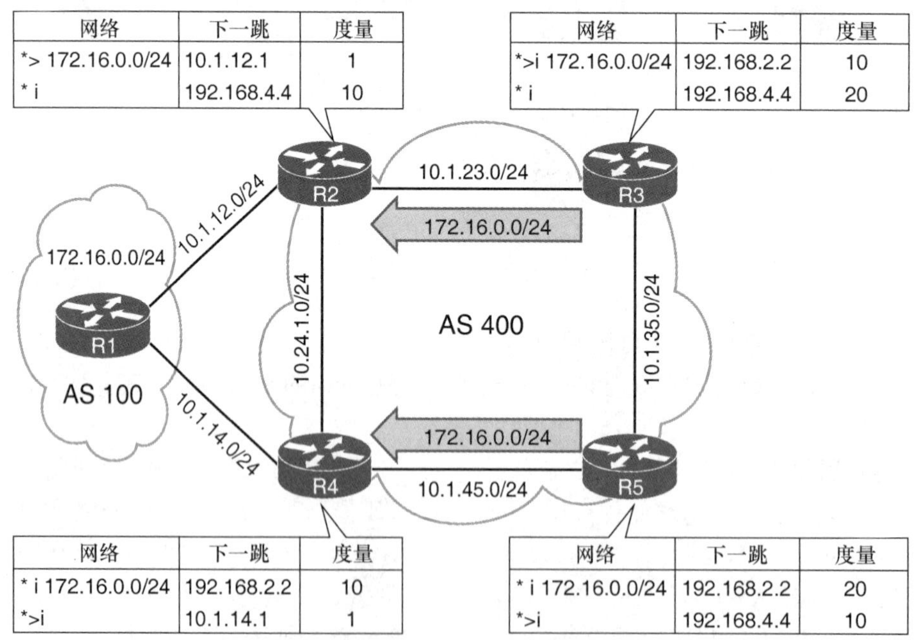

图 13-10 最小 IGP 度量拓扑结构

13.3.10 优选最早的 eBGP 路径

BGP 可以维护大型路由表，会话不稳定会导致 BGP 频繁执行最佳路径计算。因此，BGP 通过优选最早（已建立）的 BGP 会话所在的路径来维护网络稳定性。该方式的不足之处在于，无法从设计角度确定性地识别 BGP 最佳路径。

13.3.11 路由器 ID

BGP 最佳路径选择算法的下一个决策因素是将 eBGP 宣告路由器中路由器 ID 最小的选为最佳路径。如果路由是通过路由反射器收到的，就用 ORIGINATOR_ID 替换路由器 ID。

13.3.12 最小 Cluster_List 长度

BGP 最佳路径选择算法的下一个决策因素是选择 Cluster_List 长度最小的路径为最佳路径。Cluster_List 是一个非传递性的 BGP 属性，由路由反射器进行更新，路由反射器将自己的 cluster-id 追加（而不是覆盖）到该属性中。路由反射器利用 cluster-id 属性实现环路预防机制。cluster-id 不会在 AS 之间宣告，仅具有本地意义。简单来说，本步骤的目的就是找到 iBGP 宣告跳数最少的路径。

图 13-11 解释了最小 Cluster_List 长度在 BGP 最佳路径计算过程中的作用方式。

- R3 仅使用 ORIGINATOR_ID 将网络前缀 172.16.0.0/24 宣告给 RR1 和 RR2。
- RR1 将自己的路由器 ID 附加到 Cluster_List 之后，将该路径宣告反射给 RR2。
- RR2 选择直接来自 R3 的路径宣告。因为 R3 的 Cluster_List 长度为 0，优于 RR1 的 Cluster_List 长度 1。

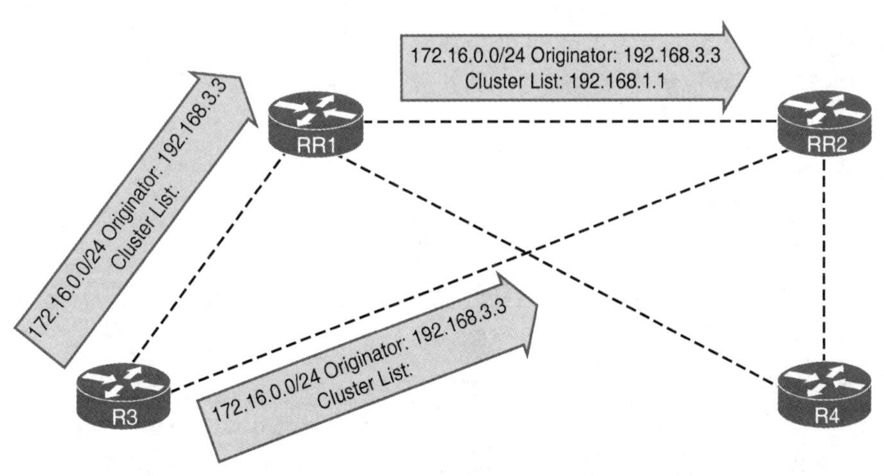

图 13-11 最小 Cluster_List 长度

13.3.13 最小 BGP 邻居地址

BGP 最佳路径选择算法的最后一步就是选择来自最小 BGP 邻居地址的路径。该步骤仅限于 iBGP 对等体，因为 eBGP 对等体使用最早接收到的路径作为最佳路径决策依据。

图 13-12 解释了选择拥有最小 BGP 邻居地址的路由器的概念。R1 将网络前缀 172.16.0.0/24 宣告给 R2，R1 和 R2 使用网络前缀 10.12.1.0/24 和 10.12.2.0/24 建立了两条 BGP 会话。R2 选择了 10.12.1.1 宣告的路径，因为该 IP 地址较小。

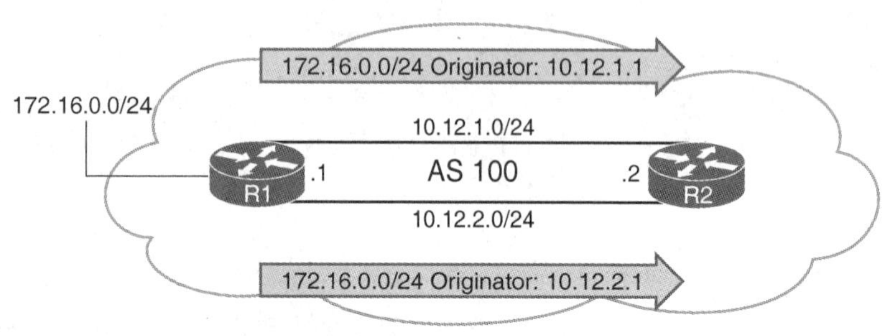

图 13-12 最小 IP 地址

13.4 BGP 等价多路径

本书讨论的所有 IGP 都支持 ECMP（Equal-Cost Multipath，等价多路径）机制，等价多路径通过在协议的 RIB 中安装多条路径来实现负载均衡能力。虽然 BGP 仅选择一条最佳路径，但允许在 RIB 中安装多条路由。可以从行为上将 BGP 等价多路径分为以下 3 种情况（本书仅讨论前两种）。

- eBGP 多路径。
- iBGP 多路径。
- eBGP 和 iBGP（eiBGP）多路径。

启用 BGP 等价多路径功能不会改变最佳路径选择算法，也不会改变向其他 BGP 对等体宣告路径的行为，仅将 BGP 最佳路径宣告给对等体。

配置 BGP 等价多路径功能时，其他额外路径必须与最佳路径的下列 BGP 路径属性相匹配。

- 权重。
- 本地优先级。
- AS_PATH 长度。
- AS_PATH 内容（虽然联盟可以包含不同的 AS_CONFED_SEQUENCE 路径）。
- 路由来源。
- MED。
- 宣告方法（iBGP 或 eBGP）（如果前缀是通过 iBGP 宣告学到的，就必须确保 IGP 开销匹配才能将 iBGP 和 eBGP 视为等价）。

可以通过 BGP 配置命令 **maximum-paths** *number-paths* 启用 eBGP 等价多路径功能。路径数量表示允许在 RIB 中安装的 eBGP 路径数。可以通过命令 **maximum-paths ibgp** *number-paths* 设置要在 RIB 中安装的 iBGP 路由数。请注意，需要在适当的地址簇下运行这些命令。

备考任务

本书提供多种备考手段：此处的练习题以及 Pearson Test Prep 软件中的模拟考试题。与实际试题相比，下面问题的难度更高，因为它们都是开放式问题。通过这种难度更高的问题，读者可以更好地测试知识掌握程度，以确保完全掌握本章基本概念和主要内容。下面的问题都可以在附录中找到参考答案。

1．复习所有考试要点

请复习本章涉及的所有重要主题，这些内容都用“考试要点”图标做了标记，表 13-3 列出了这些考试要点及其描述。

表 13-3 考试要点

考试要点	描述
段落	BGP 优选前缀长度最长的路径
段落	通过路由汇总引导流量流
段落	BGP 最佳路径
表 13-2	BGP PA 分类
段落	权重
段落	本地优先级
段落	多路径时的路径删除
段落	源自本地的路由
段落	AIGP
段落	最短 AS_PATH
段落	路由来源类型
段落	MED
段落	无 MED 时的操作行为
段落	MED 值比较
段落	BGP 确定性 MED
段落	eBGP 路由优于 iBGP 路由
段落	最小 IGP 度量
段落	BGP 等价多路径
段落	等价多路径配置需求

2．定义关键术语

请对本章中的下列关键术语进行定义。

BGP 多路径、Loc-RIB、可选传递属性、可选非传递属性、周知强制属性、周知自选属性。

3．检查命令的记忆程度

以下列出了本章用到的各种重要的配置和验证命令，虽然并不需要记忆每条命令的完整语法格式，但是应该记住这些命令所需的基本关键字。

为了检查你对这些命令的记忆情况，请用一张纸遮住表 13-4 的右侧，通过表格左侧的描述内容，看一看是否能记起这些命令。

表 13-4　命令参考

任务	命令语法
在路由映射中设置权重	**set weight** *weight*
为从邻居学到的所有路由设置权重	**neighbor** *ip-address* **weight** *weight*
在路由映射中设置本地优先级	**set local-preference** *preference*
为从邻居学到的所有路由设置本地优先级	**neighbor** *ip-address* **local-preference** *preference*
启用 AIGP 路径属性的宣告	**neighbor** *ip-address* **aigp**
在路由映射中设置 AIGP	**set aigp-metric** {**igp-metric** | *metric*}
在路由映射中设置 AS_PATH 附加特性	**set as-path prepend** *as-number*
通过路由映射设置路由来源	**set origin** {**igp** | **incomplete**}
通过路由映射设置 MED	**set metric** *metric*
在没有 MED 的情况下将 MED 设置为无穷大	**bgp bestpath med missing-as-worst**
在没有 MED 的情况下将 MED 设置为默认值	**default-metric** *metric*
确保始终比较 MED 值（与 AS_PATH 值无关）	**bgp always-compare-med**
将具有相同 AS_PATH 值的路径组合在一起，作为最佳路径识别过程的一部分	**bgp deterministic-med**
配置 eBGP 多路径	**maximum-paths** *number-paths*
配置 iBGP 多路径	**maximum-paths ibgp** *number-paths*

由于 ENARSI 300-410 认证考试重点考查考生作为网络专家的实际动手能力，因而必须掌握与本章主题相关的配置、验证及故障排查命令。

第 14 章

BGP 故障排查

本章主要讨论以下主题。

- **BGP 邻居邻接关系故障排查**：本节将讨论 BGP 邻居关系无法建立的故障原因及故障排查技术。虽然本节主要讨论的是 IPv4 单播 BGP 邻居关系，但是 IPv6 单播 BGP 邻居关系也会出现同样的问题。
- **BGP 路由故障排查**：本节将讨论无法学习或宣告 BGP 路由的故障原因及故障排查技术。虽然本节主要讨论的是 IPv4 单播 BGP 路由关系，但是 IPv6 单播 BGP 路由关系也会出现同样的问题。
- **BGP 路径选择故障排查**：本节将讨论 BGP 确定到达目的网络的最佳路径的方式以及理解该过程对于故障排查操作的重要性。
- **IPv6 BGP 故障排查**：本节将讨论与 IPv6 BGP 相关的特定故障问题及故障排查方法，这些故障问题对于 IPv4 BGP 来说不存在。
- **故障工单（BGP）**：本节将通过 BGP 故障工单来解释如何通过结构化的故障排查过程来解决故障问题。
- **故障工单（MP-BGP）**：本节将通过 MP-BGP 故障工单来解释如何通过结构化的故障排查过程来解决故障问题。

BGP 是一种 Internet 协议，主要设计目的是在自治系统之间（也就是处于不同管理控制范围内的网络之间）交换路由信息，这也是将 BGP 归类为 EGP 的原因。BGP 基于本地优先级、AS_PATH 长度甚至 BGP RID 来选择最佳路径，而不像 OSPF 基于带宽、EIGRP 基于带宽和时延、RIP 基于路由器跳数来选择最佳路径。BGP 是扩展性最好、最强壮以及最可控的路由协议，当然也需要付出一定的代价，而这些代价就是后文将要讨论的各种故障问题。

本章将讨论建立 IPv4 和 IPv6 eBGP 以及 iBGP 邻居邻接关系时可能遇到的各种故障问题，以及识别和排查相关故障的方法。此外，本章还将讨论交换 IPv4 和 IPv6 eBGP 以及 iBGP 路由过程中可能出现的故障问题，以及识别和排查相关故障的方法。由于 BGP 属于路径矢量路由协议，其路径决策取决于各种属性，因而必须熟练掌握 BGP 的路径决策进程。本章将详细解释 BGP 的路径决策进程。

14.1 “我已经知道了吗？”测验

“我已经知道了吗？”测验的目的是帮助读者确定是否需要完整地学习本章知识或者直接跳至“备考任务”，如果读者对题目的答案还存在疑问，或者评估自己对这些主题知识的掌握程度还不够的话，就可以从头学起。表 14-1 列出了本章的主要内容以及与这些内容相关联的“我已经知道了吗？”测验题，答案可参见附录。

表 14-1 “我已经知道了吗？”基本主题章节与所对应的测验题

涵盖测验题的基本主题章节	测验题
BGP 邻居邻接关系故障排查	1～5
BGP 路由故障排查	6～10
BGP 路径选择故障排查	11
IPv6 BGP 故障排查	12、13

注意：自我评价的目的是检验你对本章知识的掌握程度，如果不知道或仅部分知道问题的答案，出于自我评价的目的，请在该问题上标记“错”。为了不影响自我评价的结果，对不懂的问题请不要猜测答案，否则可能会造成一种已掌握的假象。

1．下面哪些命令可以识别已经建立的 IPv4 单播 BGP 邻居邻接关系？（选择两项）

a．**show ip route bgp**

b．**show bgp ipv4 unicast**

c．**show bgp ipv4 unicast summary**

d．**show bgp ipv4 unicast neighbors**

2．在 **show bgp ipv4 unicast summary** 命令的输出结果中，如何确定特定邻居关系是否已成功建立？

a．该邻居列在输出结果中

b．Version 列中有数字 4

c．State/PfxRcd 列有一个数字

d．State/PfxRcd 列有一个单词 Active

3．BGP 邻居关系无法建立的可能原因有哪些？（选择两项）

a．BGP 定时器不匹配

b．BGP 数据包来自错误 IP 地址

c．通过默认路由可以到达邻居设备

d．**network** 命令配置错误

4．建立 BGP 会话时使用的 TCP 端口号是什么？

a．110

b．123

c．179

d．443

5. 未建立 TCP 会话时，邻居的 BGP 状态是什么？
   a. Open（打开）
   b. Idle（空闲）
   c. Active（激活）
   d. Established（已建立）
6. 无法将路由宣告给其他 BGP 路由器的可能原因有哪些？（选择 3 项）
   a. 定时器不匹配
   b. 水平分割规则
   c. **network mask** 命令缺失
   d. 路由过滤器
7. 下面哪条命令可以验证从所有 BGP 邻居学到的 IPv4 BGP 路由？
   a. **show ip route bgp**
   b. **show bgp ipv4 unicast**
   c. **show bgp ipv4 unicast summary**
   d. **show bgp ipv4 unicast neighbors**
8. 如果从 BGP 学到的路由的下一跳不可达，那么会怎么样？
   a. 该路由会被丢弃
   b. 该路由会被放入 BGP 表并宣告给其他邻居
   c. 该路由会被放入 BGP 表并且不会标记为有效路由
   d. 该路由会被放入 BGP 表和路由表
9. 下面有关 BGP 水平分割规则的描述正确的是哪一项？
   a. 通过 iBGP 对等体接收到 BGP 路由的 BGP 路由器不会将该路由宣告给其他 iBGP 对等路由器
   b. 通过 eBGP 对等体接收到 BGP 路由的 BGP 路由器不会将该路由宣告给其他 iBGP 对等路由器
   c. 通过 eBGP 对等体接收到 BGP 路由的 BGP 路由器不会将该路由宣告给其他 eBGP 对等路由器
   d. 通过 iBGP 对等体接收到 BGP 路由的 BGP 路由器将丢弃该路由
10. 下面有关管理距离描述正确的有哪些？（选择两项）
   a. eBGP 为 20
   b. iBGP 为 20
   c. eBGP 为 200
   d. iBGP 为 200
11. 对于 BGP 最佳路径决策进程来说，正确的 BGP 属性顺序是什么？
   a. 权重→本地优先级→路由来源→AS_PATH→来源代码→MED
   b. AS_PATH→来源代码→MED→权重→本地优先级→路由来源
   c. 本地优先级→权重→路由来源→AS_PATH→来源代码→MED
   d. 权重→本地优先级→路由来源→AS_PATH→MED→来源代码

12. 使用 MP-BGP 时必须满足哪些条件？（选择两项）
    a. 需要在地址簇配置模式下激活 IPv6 邻居
    b. 需要在路由器配置模式下激活 IPv6 邻居
    c. 需要在路由器配置模式下定义 IPv6 邻居
    d. 需要在地址簇配置模式下定义 IPv6 邻居
13. 下面哪条命令可以验证已经学到的 IPv6 单播 BGP 路由？
    a. **show bgp ipv6 unicast**
    b. **show bgp ipv6 unicast summary**
    c. **show bgp ipv6 unicast neighbor**
    d. **show ipv6 route bgp**

基础主题

14.2 BGP 邻居邻接关系故障排查

BGP 以手动方式建立邻居的邻接关系，这一点与 EIGRP 和 OSPF 不同，这些路由协议可以在接口上启用路径进程并动态建立邻居邻接关系，因而 BGP 的配置很容易出现人为差错，使得故障排查进程更为复杂。此外，BGP 包括 iBGP 和 eBGP 两种形式，理解这两种 BGP 形式的差异并且能够识别相应的故障问题，对于 BGP 的故障排查操作来说至关重要。

本节将介绍 BGP 邻居关系的建立方式以及排查邻居关系无法建立的故障的方法。

如果要验证 IPv4 单播 BGP 邻居，可以使用两种 **show** 命令：**show bgp ipv4 unicast summary**（该命令与以前的 **show ip bgp summary** 命令相同）和 **show bgp ipv4 unicast neighbors**（该命令与以前的 **show ip bgp neighbors** 命令相同）。首次验证 BGP 邻居时，最好使用 **show bgp ipv4 unicast summary** 命令，因为该命令可以提供简明扼要的输出结果，而 **show bgp ipv4 unicast neighbors** 命令的输出结果非常冗长，通常并不适合首次邻居验证操作。例 14-1 给出了 **show bgp ipv4 unicast summary** 命令的输出结果，可以看出 R1 有两个 BGP 邻居，分别位于 IP 地址 10.1.12.2 和 10.1.13.3，这两个邻居都是 eBGP 邻居，因为它们的自治系统号与本地自治系统号不匹配。请注意 State/PfxRcd 列，如果该列出现了数字（如本例），就意味着成功建立了 BGP 邻居关系；如果该列出现的是“Idle”（空闲）或“Active”（激活），就表明邻居关系的建立过程有问题。

例 14-1 通过 **show bgp ipv4 unicast summary** 命令验证 BGP 邻居

```
R1# show bgp ipv4 unicast summary
BGP router identifier 10.1.13.1, local AS number 65501
BGP table version is 1, main routing table version 1

Neighbor        V           AS MsgRcvd MsgSent TblVer  InQ OutQ Up/Down  State/PfxRcd
10.1.12.2       4        65502      16      16      1    0    0 00:11:25        0
10.1.13.3       4        65502      15      12      1    0    0 00:09:51        0
```

此外，BGP 邻居关系建立之后，还会生成如下类似的 syslog 消息：

```
%BGP-5-ADJCHANGE: neighbor 10.1.12.2 Up
```

BGP 邻居关系无法建立的可能原因如下。

- **接口处于中断状态**：接口必须处于 Up/Up 状态。
- **三层连接中断**：必须能够到达试图建立邻接关系的邻居设备的 IP 地址。
- **通过默认路由到达邻居**：必须能够使用除默认路由之外的路由到达邻居。
- **邻居没有到达本地路由器的路径**：建立 BGP 对等关系的两台路由器都必须能够到达对方。
- **neighbor 语句错误**：**neighbor** *ip_address* **remote-as** *as_number* 语句中的 IP 地址和自治系统号必须正确。
- **ACL**：ACL 或防火墙阻塞了 TCP 端口 179。
- **BGP 数据包来自错误的 IP 地址**：入站 BGP 数据包的源 IP 地址必须与本地的 **neighbor** 语句相匹配。
- **BGP 数据包的 TTL 到期**：对等体相距过远，超出了允许值。
- **认证参数不匹配**：建立 BGP 对等关系的两台路由器必须遵循相同的认证参数。
- **对等体组配置错误**：虽然对等体组能够简化重复性的 BGP 配置，但是如果对等体组配置错误，那么将无法建立邻居关系或者无法学习路由。
- **定时器**：虽然定时器无须匹配，但是如果设置了"minimum holdtime from neighbor"（邻居的最小保持时间）选项，就可能无法建立邻居的邻接关系。

排查 BGP 邻居邻接关系故障时，必须能够识别这些问题并理解问题出现的原因，接下来将详细讨论这些问题。

14.2.1 接口处于中断状态

用于建立 BGP 邻居关系的 IP 地址所属的接口必须处于 Up/Up 状态。需要明确的是，这里的接口可以是物理接口或逻辑接口。请记住，可以使用环回接口来发起 BGP 数据包，这一点对于邻居之间存在冗余路径的应用场合来说非常普遍。在这种情况下，某条路径出现故障（如本地物理接口中断）后，由于环回接口是 BGP 数据包的源和目的接口，因而邻居关系仍然可以使用其他本地物理接口。因此，如果以 Loopback 0 的 IP 地址作为 BGP 数据包的源地址，那么除了到达试图建立邻居关系的 IP 地址的物理接口必须处于 Up/Up 状态之外，环回接口也必须处于 Up/Up 状态。如前所述，可以通过 **show ip interface brief** 命令验证接口的状态。

14.2.2 三层连接中断

虽然建立 BGP 邻居关系的路由器不需要直连或者处于同一个子网中，但是必须拥有三层连接。为了验证三层连接性，可以使用 **ping** 命令，如果 ping 成功，就表明三层连接没问题。请注意，路由器如果要建立三层连接，其路由表必须拥有去往正确方向的路由，如果路由表中没有指向邻居的路由，就无法建立邻居关系。

例 14-2 给出了 **show bgp ipv4 unicast summary** 命令的输出结果。可以看出，State/PfxRcd 列显示为 Idle，表明本地路由器没有与邻居建立 TCP 会话，对于本例来说，路由器 R5 正试图与 IP 地址为 2.2.2.2 的邻居建立邻接关系。在 R5 上运行 **show ip route 2.2.2.2 255.255.255.255** 命令，并且从 R5 向 2.2.2.2 发起 ping 测试（见例 14-3），从输出结果可以看出三层连接不存在。在运行 ping 测试时指定源地址是一个非常好的主意，该源地址就是希望与其建立 BGP 对等关系的本地设备的 IP 地址。

例 14-2 通过 **show bgp ipv4 unicast summary** 命令验证 BGP 状态

```
R5# show bgp ipv4 unicast summary
BGP router identifier 10.1.45.5, local AS number 65502
BGP table version is 1, main routing table version 1

Neighbor        V           AS MsgRcvd MsgSent   TblVer  InQ OutQ Up/Down  State/PfxRcd
2.2.2.2         4        65502       0       0        1    0    0 never    Idle
```

例 14-3 验证是否有到达邻居的路由以及 ping 测试是否成功

```
R5# show ip route 2.2.2.2 255.255.255.255
% Network not in table

R5# ping 2.2.2.2 source 5.5.5.5
Type escape sequence to abort.
Sending 5, 100-byte ICMP Echos to 2.2.2.2, timeout is 2 seconds:
.....
Success rate is 0 percent (0/5)
```

14.2.3 通过默认路由到达邻居

继续讨论前面的三层连接中断问题，虽然例 14-4 显示不存在去往 2.2.2.2 的路由，但是向 2.2.2.2 发起的 ping 测试成功，这是因为 R5 的路由表中有一条默认路由（见例 14-5）。

例 14-4 没有到达邻居的路由，但 ping 测试成功

```
R5# show ip route 2.2.2.2 255.255.255.255
% Network not in table

R5# ping 2.2.2.2 source 5.5.5.5
Type escape sequence to abort.
Sending 5, 100-byte ICMP Echos to 2.2.2.2, timeout is 2 seconds:
Packet sent with a source address of 5.5.5.5
!!!!!
Success rate is 100 percent (5/5), round-trip min/avg/max = 84/91/104 ms
```

例 14-5 验证路由表中是否存在默认路由

```
R5# show ip route
...output omitted...

Gateway of last resort is 10.1.45.4 to network 0.0.0.0
```

```
D*EX  0.0.0.0/0 [170/3328] via 10.1.45.4, 00:08:37, GigabitEthernet1/0
      3.0.0.0/32 is subnetted, 1 subnets
D        3.3.3.3 [90/131072] via 10.1.45.4, 00:53:34, GigabitEthernet1/0
      4.0.0.0/32 is subnetted, 1 subnets
D        4.4.4.4 [90/130816] via 10.1.45.4, 00:53:19, GigabitEthernet1/0
...output omitted...
```

虽然可以通过默认路由到达邻居，但是 BGP 不会将默认路由视为建立邻居邻接关系的有效路由。从 R5 的 **show bgp ipv4 unicast summary** 命令输出结果可以看出（见例 14-6），目前的 BGP 状态为 Idle，表明未建立 TCP 会话。

例 14-6 通过 **show bgp ipv4 unicast summary** 命令验证 R5 的 BGP 状态

```
R5# show bgp ipv4 unicast summary
BGP router identifier 10.1.45.5, local AS number 65502
BGP table version is 1, main routing table version 1

Neighbor        V           AS MsgRcvd MsgSent   TblVer  InQ OutQ Up/Down  State/PfxRcd
2.2.2.2         4        65502       0       0        1    0    0 never    Idle
```

14.2.4 邻居没有到达本地路由器的路径

到目前为止，我们已经了解到如果本地路由器没有去往其试图建立 BGP 对等关系的 IP 地址的路由，那么本地路由器将处于 Idle 状态；如果邻居没有返回本地路由器的路由，那么邻居路由器也将处于 Idle 状态。从例 14-7 可以看出，正试图与 R5 建立 BGP 对等关系的路由器（R2）也处于 Idle 状态，虽然该路由器有去往 5.5.5.5 的路由。出现 Idle 状态的原因是路由器无法建立 TCP 会话。

例 14-7 验证 R2 的 BGP 状态以及去往 5.5.5.5 的路由

```
R2# show bgp ipv4 unicast summary
BGP router identifier 2.2.2.2, local AS number 65502
BGP table version is 1, main routing table version 1

Neighbor        V           AS MsgRcvd MsgSent   TblVer  InQ OutQ Up/Down  State/PfxRcd
5.5.5.5         4        65502       0       0        1    0    0 00:00:13 Idle
10.1.12.1       4        65501       2       2        1    0    0 00:00:12        0

R2# show ip route 5.5.5.5 255.255.255.255
Routing entry for 5.5.5.5/32
  Known via "eigrp 100", distance 90, metric 131072, type internal
  Redistributing via eigrp 100
  Last update from 10.1.24.4 on GigabitEthernet2/0, 00:23:58 ago
  Routing Descriptor Blocks:
  * 10.1.24.4, from 10.1.24.4, 00:23:58 ago, via GigabitEthernet2/0
      Route metric is 131072, traffic share count is 1
      Total delay is 5020 microseconds, minimum bandwidth is 1000000 Kbit
      Reliability 255/255, minimum MTU 1500 bytes
      Loading 1/255, Hops 2
```

14.2.5 neighbor 语句错误

如果要建立 BGP 对等关系，可以在 BGP 配置模式下使用 **neighbor** *ip_address* **remote-as** *as_number* 命令。例 14-8 显示了 R2 的两条 **neighbor remote-as** 命令，**neighbor 5.5.5.5 remote-as 65502** 命令的作用是建立 iBGP 对等关系，而 **neighbor 10.1.12.1 remote-as 65501** 命令的作用则是建立 eBGP 对等关系。建立 iBGP 对等关系的原因是"remote-as 65502"与用来创建 BGP 进程的自治系统号相匹配（**router bgp 65502**），建立 eBGP 对等关系的原因是"remote-as 65501"与用来创建 BGP 进程的自治系统号不同（**router bgp 65502**）。

例 14-8 在 R2 上验证 **neighbor remote-as** 命令

```
R2# show run | s router bgp
router bgp 65502
 bgp log-neighbor-changes
 neighbor 5.5.5.5 remote-as 65502
 neighbor 5.5.5.5 update-source Loopback0
 neighbor 10.1.12.1 remote-as 65501
```

该命令有两个非常重要的点：将要与其建立对等关系的对等体的地址；对等体所在的自治系统。如果任一个参数配置错误，就会出现 Idle 或 Active 状态。

如前所述，如果没有去往指定 IP 地址的路由，就会出现 Idle 状态。不过，如果有路由且 TCP 三次握手过程已完成，就会发送 OPEN 消息，如果没有响应该 OPEN 消息，路由器就会处于 Active 状态。

如果指定的自治系统号与对等体的自治系统号不匹配，就会在 Idle 与 Active 状态之间进行切换。

可以通过 **show tcp brief all** 命令在路由器上验证 TCP 会话的状态。从例 14-9 可以看出，R2 已经与 IP 地址为 5.5.5.5 的设备以及 10.1.12.1 的设备建立了 TCP 会话。

例 14-9 验证 TCP 会话的状态

```
R2# show tcp brief all
TCB        Local Address              Foreign Address       (state)
68DD357C   10.1.12.2.179              10.1.12.1.35780        ESTAB
68DD24DC   2.2.2.2.179                5.5.5.5.45723          ESTAB
```

14.2.6 BGP 数据包来自错误的 IP 地址

对于冗余拓扑结构来说，BGP 路由器会在不同的接口上配置多个有效的 IP 地址。图 14-1 给出了带有冗余连接的 BGP 自治系统示意。由于存在多条路径，因而 R2、R3 和 R4 之间可以通过任何物理接口建立 BGP 对等关系，例如，R2 与 R4 可以通过直连连接或者通过经由 R3 的连接来建立 BGP 对等关系。

在路由器上运行 **neighbor** *ip_address* **remote-as** *as_number* 命令时，路由器会通过指定的 IP 地址来确定 BGP OPEN 消息是否来自应该与其建立 BGP 对等关系的路由器。BGP OPEN 消息有一个源 IP 地址，将该源 IP 地址与本地 **neighbor remote-as** 命令中的地址相比对，如果匹配，就能建立 BGP 对等关系，否则将无法建立 BGP 对等关系。由于源 IP 地址基于发送 BGP OPEN 消息的路由器的出站接口，因此，如果 R2 从接口 Gi2/0 向 R4 发送 BGP OPEN 消息，那么 R4 就需要通过 R2 的 Gi2/0 接口的 IP 地址配置 **neighbor** 命令。如果 R2 与 R4 之间的链路出现了故障，虽然 R2 与 R4 仍然能够通过经由 R3 的链路建立对等关系，但此时 R2 是通过接口 Gi0/0 的源 IP 地址发送 BGP OPEN 消息的，因而无法建立 BGP 对等关系，因为此时的 BGP 数据包来自错误的 IP 地址。

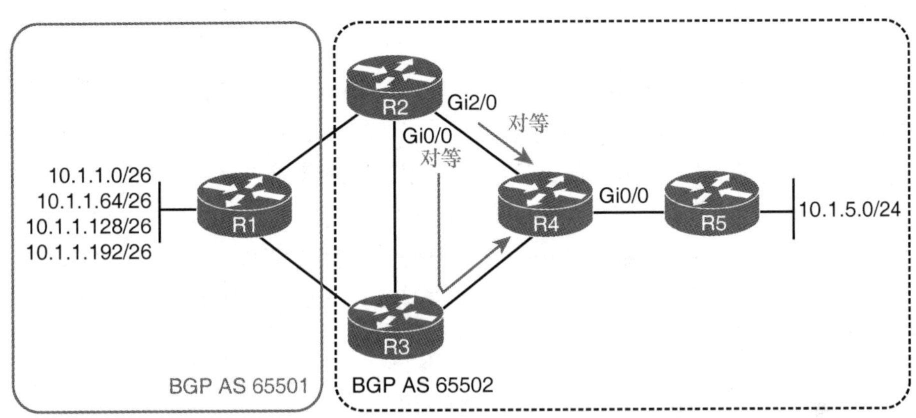

图 14-1　带有冗余连接的 BGP 自治系统示意

如果希望在发送 BGP 消息的时候控制所使用的 IP 地址，可以使用 **neighbor** *ip_address* **update-source** *interface_type interface_number* 命令。例 14-10 显示了 R2 的 **show run | section router bgp** 命令输出结果。可以看出，R4 使用 IP 地址 4.4.4.4（R4 的环回接口）与 R2 建立对等关系，所有发送给 4.4.4.4 的 BGP 消息都使用 Loopback 0 的 IP 地址 2.2.2.2（见例 14-10）。

例 14-10　验证 R2 的 **neighbor** 语句及环回 IP 地址

```
R2# show run | section router bgp
router bgp 65502
 bgp log-neighbor-changes
 neighbor 4.4.4.4 remote-as 65502
 neighbor 4.4.4.4 update-source Loopback0
 neighbor 10.1.12.1 remote-as 65501

R2# show ip interface brief | include Loopback
Loopback0        2.2.2.2         YES        manual up           up
```

R4 的正确配置也必不可少。对于本例来说，R4 除了需要配置携带选项 **update-source** 的 **neighbor** 语句，以控制发送给 R2 的 BGP 消息的源 IP 地址之外，还需要通过 R2 的 IP 地址 2.2.2.2 配置 **neighbor remote-as** 语句。例 14-11 显示了成功建立 BGP 对等关系所需的 R4 配置示例。

例 14-11　验证 R4 的 BGP 配置与 R2 的是镜像关系

```
R4# show run | section router bgp
router bgp 65502
 bgp log-neighbor-changes
```

```
 neighbor 2.2.2.2 remote-as 65502
 neighbor 2.2.2.2 update-source Loopback0

R4# show ip interface brief | include Loopback
Loopback0            4.4.4.4          YES          manual up             up
```

14.2.7 ACL

BGP 先使用 TCP 端口 179 建立 TCP 会话，再通过 TCP 会话建立 BGP 对等关系。如果在试图建立 BGP 对等关系的路由器之间的路径上配置了阻塞 TCP 端口 179 的 ACL，就无法建立 BGP 对等关系。如例 14-12 所示，R4（以图 14-1 为例）在接口 Gig0/0 上应用了 ACL 100，该 ACL 将拒绝所有源自或去往端口 179（BGP）的数据包，R2 与 R5 之间将无法建立 BGP 对等关系，因为与 BGP 端口 179 相关联的所有数据包都被拒绝了。从例 14-12 所示的输出结果底部可以看出，R5 的状态为 Idle，这是因为 R4 拒绝了与端口 179 有关的所有 TCP 流量，致使 R5 无法与邻居 2.2.2.2 建立 TCP 会话。

例 14-12 验证 ACL 阻塞了 BGP 数据包以及 R5 的状态

```
R4# show access-lists
Extended IP access list 100
    10 deny tcp any any eq bgp
    20 deny tcp any eq bgp any
    30 permit ip any any

R4# show ip interface gigabitEthernet 0/0 | include access list
  Outgoing access list is 100
  Inbound access list is not set

R5# show bgp ipv4 unicast summary
BGP router identifier 10.1.45.5, local AS number 65502
BGP table version is 1, main routing table version 1

Neighbor        V           AS MsgRcvd MsgSent   TblVer  InQ OutQ Up/Down  State/PfxRcd
2.2.2.2         4        65502       0       0        1    0    0 00:02:24 Idle
```

例 14-12 中的 ACL 拒绝了所有源自或去往端口 179 的 BGP 数据包，如果 ACL 仅阻塞单个方向的 BGP 数据包，那么会怎么样呢？例如，仅在 ACL 中配置 **deny tcp any any eq bgp** 并将其应用于接口 Gig0/0 的出站方向，那么将仅在接口 Gig0/0 的出站方向阻塞去往端口 179 的数据包，此时会如何处理从端口 179 发送出来的流量呢？此时将不再阻塞这些流量，因而在这种情况下，如果能控制 BGP TCP 会话的服务器和客户端，那么仍然能够建立 BGP TCP 会话。

非常正确，BGP 会话是一种服务器/客户端关系，其中的一台路由器使用端口 179（服务器），另一台路由器使用临时端口（客户端）。默认情况下，这两台路由器都会使用三次握手来尝试建立 TCP 会话。由于这两台路由器都会从临时端口向端口 179 发送 TCP Syn 数据包，这两台路由器都会从端口 179 向临时端口发送 Syn/Ack 响应，然后从临时端口向端口 179 发送 Ack 数据包，因而会在两台路由器之间建立两条 BGP 会话，但实际上只应该存在一条 BGP 会话，这种情形被称为 BGP 连接冲突。BGP 能够自动解决这个问题，简单而言，就是 BGP RID 较大的路由器将成为服务器。

如果希望避免出现这类问题，那么可以从一开始就通过 **neighbor** *ip_address* **transport connection-mode** { **active** | **passive** }命令来控制谁是服务器、谁是客户端。如果指定了关键字 **active**，就表示希望该路由器主动发起 TCP 会话，因而 **active** 表示客户端；如果指定了关键字 **passive**，就表示希望该路由器被动等待其他路由器发起 TCP 会话，因而 **passive** 表示服务器。

可以通过 **show bgp ipv4 unicast neighbors** 命令显示已使用的本地端口号和远程端口号。如果本地端口是端口 179 且远程端口是临时端口，那么本地路由器就是服务器；如果远程端口是端口 179 且本地端口是临时端口，那么本地路由器就是客户端。例 14-13 通过 **show bgp ipv4 unicast neighbors | i ^BGP neighbor|Local port|Foreign port** 命令仅显示了 R2 的邻居以及本地端口号和外部端口号。请注意，在 R2 与 R1（1.1.1.1）、R4（4.4.4.4）和 R5（5.5.5.5）的 TCP 会话中，R2 是客户端，因为本地端口号是一个随机的端口号。但是在 R2 与 R3 的 TCP 会话中，R2 是服务器，因为本地端口号是 BGP 端口号 179。

例 14-13　验证本地和外部 BGP 端口号

```
R2# show bgp ipv4 unicast neighbors | i ^BGP neighbor|Local port|Foreign port
BGP neighbor is 1.1.1.1, remote AS 65501, external link
Local host: 2.2.2.2, Local port: 23938
Foreign host: 1.1.1.1, Foreign port: 179
BGP neighbor is 3.3.3.3, remote AS 65502, internal link
Local host: 2.2.2.2, Local port: 179
Foreign host: 3.3.3.3, Foreign port: 45936
BGP neighbor is 4.4.4.4, remote AS 65502, internal link
Local host: 2.2.2.2, Local port: 34532
Foreign host: 4.4.4.4, Foreign port: 179
BGP neighbor is 5.5.5.5, remote AS 65502, internal link
Local host: 2.2.2.2, Local port: 49564
Foreign host: 5.5.5.5, Foreign port: 179
```

14.2.8　BGP 数据包的 TTL 到期

由于 eBGP 对等关系默认位于两台直连的路由器之间，因而意味着建立 eBGP 对等关系的路由器应该位于 1 跳之内。对于 iBGP 对等体来说，要想建立 iBGP 对等关系，路由器之间最多可以相距 255 跳。例 14-14 显示了 **show bgp ipv4 unicast neighbors |include BGP neighbor|TTL** 命令的输出结果。可以看出，eBGP 邻居 10.1.12.1 必须在 1 跳内可达，而 iBGP 邻居 5.5.5.5 最多可能相距 255 跳，如果邻居在列出的跳数内不可达，那么 BGP 数据包将到期，邻居关系将无法建立。

例 14-14　验证 eBGP 和 iBGP 数据包的 TTL

```
R2# show bgp ipv4 unicast neighbors | include BGP neighbor|TTL
BGP neighbor is 5.5.5.5, remote AS 65502, internal link
Minimum incoming TTL 0, Outgoing TTL 255
```

```
BGP neighbor is 10.1.12.1, remote AS 65501, external link
Minimum incoming TTL 0, Outgoing TTL 1
```

如果 TTL 的大小不足以支持建立 BGP 对等关系所要求的距离，就会丢弃该数据包。例如，图 14-2 中的 R1 与 R2 之间通过各自的环回接口建立 eBGP 对等关系，R1 的环回接口是 1.1.1.1，R2 的环回接口是 2.2.2.2。通过 ping 测试可以发现，三层连接成功，而且不是通过默认路由到达邻居的。

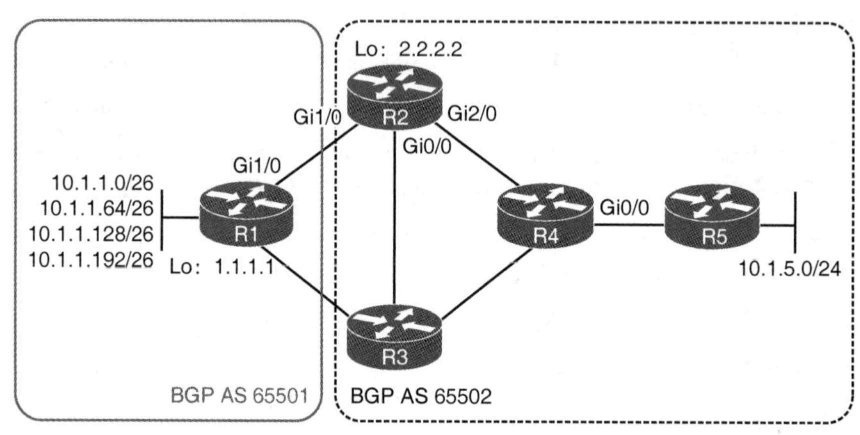

图 14-2 R1 与 R2 之间通过各自的环回接口建立 eBGP 对等关系

例 14-15 显示了 R1 和 R2 的 BGP 配置信息。可以看出，R1 通过邻居地址 2.2.2.2（R2 的环回地址）以及 Loopback 0 的源地址（1.1.1.1）与 R2 建立了对等关系，R2 通过邻居地址 1.1.1.1（R1 的环回地址）以及 Loopback 0 的源地址（2.2.2.2）与 R1 建立了对等关系。请注意，这些环回接口并不直接相连（1 跳距离），由于需要建立的是 eBGP 邻居关系，因而可以判断该对等关系将无法建立。

例 14-15 验证 R1 和 R2 的 BGP 配置

```
R1# show run | s router bgp
router bgp 65501
 bgp log-neighbor-changes
 neighbor 2.2.2.2 remote-as 65502
 neighbor 2.2.2.2 update-source Loopback0
 neighbor 10.1.13.3 remote-as 65502

R2# show run | s router bgp
router bgp 65502
bgp log-neighbor-changes
 neighbor 1.1.1.1 remote-as 65501
 neighbor 1.1.1.1 update-source Loopback0
 neighbor 5.5.5.5 remote-as 65502
 neighbor 5.5.5.5 update-source Loopback0
```

从例 14-16 的 **show bgp ipv4 unicast summary** 命令输出结果可以看出，对等关系确实未建立，因为这两台路由器都处于 Idle 状态，其根源在于 eBGP 对等体的地址不是直接相连的（1 跳距离）。

例 14-16 验证 R1 和 R2 的 BGP 状态

```
R1# show bgp ipv4 unicast summary
BGP router identifier 10.1.13.1, local AS number 65501
BGP table version is 1, main routing table version 1

Neighbor        V           AS MsgRcvd MsgSent    TblVer  InQ OutQ Up/Down  State/PfxRcd
2.2.2.2         4        65502       0       0         1    0    0 never    Idle
10.1.13.3       4        65502      36      35         1    0    0 00:29:49        0

R2# show bgp ipv4 unicast summary
BGP router identifier 2.2.2.2, local AS number 65502
BGP table version is 1, main routing table version 1

Neighbor        V           AS MsgRcvd MsgSent    TblVer  InQ OutQ Up/Down  State/PfxRcd
1.1.1.1         4        65501       0       0         1    0    0 never    Idle
5.5.5.5         4        65502      27      26         1    0    0 00:20:52        0
```

为了解决上述 eBGP 邻居关系无法建立的故障问题，可以通过 **neighbor** *ip_address* **ebgp-multihop** [*TTL*]命令修改 eBGP 数据包的 TTL，对于本例来说，只要将 TTL 修改为 2 即可解决问题。为此可以在 R1 上运行 **neighbor 2.2.2.2 ebgp-multihop 2** 命令，在 R2 上运行 **neighbor 1.1.1.1 ebgp-multihop 2** 命令，从例 14-17 可以看出，R2 目前已经允许邻居 1.1.1.1 最多位于 2 跳之外，从 **show bgp ipv4 unicast summary** 命令的输出结果可以看出对等关系已经建立。这里有个小技巧，可以通过 **traceroute** 来确定跳数（只要 ACL 不阻塞该操作）。

例 14-17 验证修改后的 eBGP 数据包的 TTL

```
R2# show bgp ipv4 unicast neighbors | include BGP neighbor|TTL
BGP neighbor is 1.1.1.1, remote AS 65501, external link
 External BGP neighbor may be up to 2 hops away.
BGP neighbor is 5.5.5.5, remote AS 65502, internal link
Minimum incoming TTL 0, Outgoing TTL 255

R2# show bgp ipv4 unicast summary
BGP router identifier 2.2.2.2, local AS number 65502
BGP table version is 1, main routing table version 1

Neighbor        V           AS MsgRcvd MsgSent TblVer InQ OutQ Up/Down State/PfxRcd
1.1.1.1         4        65501       2       4      1   0    0 00:00:04        0
5.5.5.5         4        65502      38      37      1   0    0 00:30:57        0
```

14.2.9 认证参数不匹配

BGP 支持对等体之间采用 MD5 认证机制，与前文讨论过的所有认证要求一样，如果认证参数不匹配，那么将无法建立对等关系。如果开启了 syslog 消息机制，那么在 BGP 认证参数不匹配时，TCP 设备会生成如下 syslog 消息：

```
%TCP-6-BADAUTH: No MD5 digest from 2.2.2.2(179) to 1.1.1.1(45577) tableid - 0
```

此时的 BGP 状态将为 Idle 状态（见例 14-18）。

例 14-18 验证认证参数不匹配时的邻居状态

```
R1# show bgp ipv4 unicast summary
BGP router identifier 1.1.1.1, local AS number 65501
BGP table version is 1, main routing table version 1

Neighbor        V           AS MsgRcvd MsgSent   TblVer  InQ OutQ Up/Down  State/PfxRcd
2.2.2.2         4        65502       0       0        1    0    0 00:02:49 Idle
10.1.13.3       4        65502       7       5        1    0    0 00:02:48        0
```

14.2.10 对等体组配置错误

由于启用了 BGP 的路由器在发送路由更新时，会为每个邻居都构建独立的更新消息，因此，如果路由器拥有大量 BGP 邻居，那么将会消耗大量的路由器 CPU 资源，为了节约路由器的 CPU 资源，可以考虑部署 BGP 对等体组。部署了对等体组之后，路由器可以同时向整个对等体组发送 BGP 更新，而不需要逐个邻居发送 BGP 更新。需要注意的是，虽然只是执行一次更新操作，但仍然需要基于每个邻居分别进行 TCP 传输。对等体组不但能够节约路由器的 CPU 资源，还能减少大量的录入或者复制、粘贴操作。例 14-19 显示了对等体组配置示例。

排查对等体组故障时，需要注意以下问题。

- **忘记将邻居 IP 地址关联到对等体组：** 创建了对等体组之后，需要使用 **neighbor** *ip_address* **peer-group** *peer_group_name* 命令将邻居与对等体组中的配置建立关联关系。如果没有建立关联关系，那么邻居 IP 地址将不会使用对等体组中的配置，而是使用对等体组之外的 BGP 配置，从而导致邻居关系无法建立。
- **对等体组配置错误：** 在实际应用中可能会忽视的一个事实就是，适用于某个邻居的配置不一定适合其他邻居。例如，使用 Loopback 0 作为更新源对 iBGP 对等体来说没问题，但是对于 eBGP 对等体来说就有问题了。
- **应用于对等体组的路由过滤器不适合所有对等体：** 通过路由映射或其他方式应用的路由过滤器可能无法在所有路由器上都获得期望效果。使用路由过滤器时要特别注意，以确保路由过滤器能够为对等体组中的所有邻居都产生期望效果。
- **执行顺序产生了非期望效果：** 如果对等体组与特定的 **neighbor** 语句之间有冲突，那么将优选 **neighbor** 语句。在例 14-19 中，对等体组指定的更新源是 Loopback 0，但是对于邻居 3.3.3.3 来说，则在 **neighbor 3.3.3.3 update-source Loopback1** 命令中指定使用 Loopback 1，该 **neighbor** 语句覆盖了对等体组的配置。

例 14-19 对等体组配置示例

```
R2# show run | section router bgp
router bgp 65502
 bgp log-neighbor-changes
 network 10.1.5.0 mask 255.255.255.0
 neighbor ENARSI_IBGP_NEIGHBORS peer-group
 neighbor ENARSI_IBGP_NEIGHBORS transport connection-mode passive
 neighbor ENARSI_IBGP_NEIGHBORS update-source Loopback0
```

```
neighbor ENARSI_IBGP_NEIGHBORS next-hop-self
neighbor ENARSI_IBGP_NEIGHBORS route-map ENARSI_BGP_FILTER out
neighbor 1.1.1.1 remote-as 65501
neighbor 1.1.1.1 password CISCO
neighbor 1.1.1.1 ebgp-multihop 2
neighbor 1.1.1.1 update-source Loopback0
neighbor 3.3.3.3 remote-as 65502
neighbor 3.3.3.3 peer-group ENARSI_IBGP_NEIGHBORS
neighbor 3.3.3.3 update-source Loopback1
neighbor 4.4.4.4 remote-as 65502
neighbor 4.4.4.4 peer-group ENARSI_IBGP_NEIGHBORS
neighbor 5.5.5.5 remote-as 65502
neighbor 5.5.5.5 peer-group ENARSI_IBGP_NEIGHBORS
```

14.2.11 定时器

需要澄清的是，BGP 定时器无须匹配，这是因为 BGP 使用两个邻居之间的最小定时器子集。如果 R1 配置的默认 Hello 间隔是 60s、保持时间是 180s，R3 配置的 Hello 间隔是 30s、保持时间是 90s，那么两个邻居之间使用的 Hello 间隔将是 30s、保持时间将是 90s（见例 14-20）。

例 14-20 验证 BGP 定时器

```
R1# show bgp ipv4 unicast neighbors 10.1.13.3 | include hold time|holdtime
  Last read 00:00:02, last write 00:00:29, hold time is 90, keepalive interval is
30 seconds
R3# show bgp ipv4 unicast neighbors 10.1.13.1 | include hold time|holdtime
  Last read 00:00:10, last write 00:00:23, hold time is 90, keepalive interval is
30 seconds
  Configured hold time is 90, keepalive interval is 30 seconds
  Minimum holdtime from neighbor is 90 seconds
```

请注意，R3 配置的“Minimum holdtime”（最小保持时间）为 90s，这样做的目的是确保当邻居使用较为激进的定时器参数时，本地路由器不会跟着使用这样的定时器参数，但是与简单地不使用这样的定时器参数相比，更糟糕的情况是根本就无法建立邻居关系。如例 14-21 所示，R1 的 Hello 间隔被设置为 10s，保持时间被设置为 30s，R3 的最小保持时间被设置为 90s，因而 R3 不同意 R1 设置的 30s 保持时间，邻居关系将无法建立。从例 14-21 的输出结果可以看到，收到了保持时间不可接受的 BGP 通告消息。

例 14-21 将 R1 的 BGP 定时器修改为不可接受的数值

```
R1# config t
Enter configuration commands, one per line. End with CNTL/Z.
R1(config)# router bgp 65501
R1(config-router)# neighbor 10.1.13.3 timers 10 30
R1(config-router)# do clear ip bgp 10.1.13.3
R1(config-router)#
%BGP-5-ADJCHANGE: neighbor 10.1.13.3 Down User reset
%BGP_SESSION-5-ADJCHANGE: neighbor 10.1.13.3 IPv4 Unicast topology base removed from
session User reset
%BGP-3-NOTIFICATION: received from neighbor 10.1.13.3 active 2/6 (unacceptable hold
```

```
time) 0 bytes
R1(config-router)#
%BGP-5-NBR_RESET: Neighbor 10.1.13.3 active reset (BGP Notification received)
%BGP-5-ADJCHANGE: neighbor 10.1.13.3 active Down BGP Notification received
%BGP_SESSION-5-ADJCHANGE: neighbor 10.1.13.3 IPv4 Unicast topology base removed from
session BGP Notification received
R1(config-router)#
%BGP-3-NOTIFICATION: received from neighbor 10.1.13.3 active 2/6 (unacceptable hold
time) 0 bytes
R1#
```

总之，虽然定时器参数无须完全匹配，但如果设置了最小保持时间，那么定时器的最小值必须大于或等于最小保持时间，否则将无法建立邻居关系。

14.3 BGP 路由故障排查

BGP 邻接关系建立之后，BGP 路由器之间将相互交换 BGP 路由信息。BGP 表或路由表出现 BGP 路由缺失故障的原因很多，本节将解释这些可能的故障原因以及如何利用故障排查方法来识别这些故障原因。

如前所述，对等体是 BGP 信息共享的基础，如果没有对等体，就无法学习 BGP 路由。因此，除缺少对等体之外，还有哪些原因可能会导致 BGP 网络出现路由缺失问题呢？下面列出了 BGP 表或路由表出现 BGP 路由缺失的各种可能原因。

- **network mask 命令缺失或错误**：只有配置了正确的 **network** 命令，才能正确宣告路由。
- **下一跳地址不可达**：如果要使用 BGP 路由，下一跳地址必须可达。
- **BGP 水平分割规则**：通过 iBGP 对等体学到 BGP 路由的路由器不会与其他 iBGP 对等体共享这些路由。
- **更优的路由信息源**：如果从更可靠的路由信息源学到了完全相同的网络，就不会使用从 BGP 学到的路由信息。
- **路由过滤**：配置的路由过滤器可能会阻止与邻居共享路由或者从邻居学习路由。

可以通过 **show bgp ipv4 unicast** 命令（与以前的 **show ip bgp** 命令相同）验证从 BGP 学到的 IPv4 单播路由或者从本地注入 BGP 表的路由（见例 14-22）。路由出现在 BGP 表中的原因如下。

- 其他 BGP 路由器将路由宣告给本地路由器。
- **network mask** 命令与本地路由表中的路由相匹配。
- 通过 **redistribute** 命令从其他本地路由信息源导入路由。
- 通过 **summary-address** 命令创建汇总路由。

例 14-22 检查 BGP 表

```
R1# show bgp ipv4 unicast
BGP table version is 10, local router ID is 1.1.1.1
Status codes: s suppressed, d damped, h history, * valid, > best, i - internal,
              r RIB-failure, S Stale, m multipath, b backup-path, f RT-Filter,
              x best-external, a additional-path, c RIB-compressed,
```

```
Origin codes: i - IGP, e - EGP, ? - incomplete
RPKI validation codes: V valid, I invalid, N Not found

     Network          Next Hop            Metric LocPrf Weight Path
 *>  1.1.1.1/32       0.0.0.0                  0         32768 ?
 *>  10.1.1.0/26      0.0.0.0                  0         32768 i
 *>  10.1.1.0/24      0.0.0.0                          32768 i
 *>  10.1.1.64/26     0.0.0.0                  0         32768 i
 *>  10.1.1.128/26    0.0.0.0                  0         32768 i
 *>  10.1.1.192/26    0.0.0.0                  0         32768 i
 *   10.1.5.0/24      10.1.13.3             3328             0 65502 i
 *>                   2.2.2.2               3328             0 65502 i
 *>  10.1.12.0/24     0.0.0.0                  0         32768 ?
 *>  10.1.13.0/24     0.0.0.0                  0         32768 ?
```

如果仅查看 BGP 表，那么将很难确定所有网络的确切路由信息源，如果能同时查看运行配置中的命令以及 BGP 表的输出结果，那么将会得到更为精确的相关信息。对于 BGP 表来说，如果网络的下一跳不是 0.0.0.0，就表明该路由是路由器从对等体学到的；如果下一跳是 0.0.0.0，就表明路由来自本地路由器。如果 Path 列以“？”结尾，就表明该路由是通过重分发方式进入 BGP 进程的；如果 Path 列以“i”为结尾，就表明该路由是通过 **summary-address** 命令或 **network mask** 命令注入的。

可以通过 **show ip route** 命令查看路由表信息，如果仅希望查看 BGP 路由，就可以使用 **show ip route bgp** 命令（见例 14-23），路由表中的 BGP 路由均以“B”开头。

例 14-23　检查路由表中的 BGP 路由

```
R2# show ip route bgp
...output omitted...

Gateway of last resort is 10.1.12.1 to network 0.0.0.0

      10.0.0.0/8 is variably subnetted, 15 subnets, 3 masks
B        10.1.1.0/24 [20/0] via 1.1.1.1, 00:19:11
B        10.1.1.0/26 [20/0] via 1.1.1.1, 00:41:04
B        10.1.1.64/26 [20/0] via 1.1.1.1, 00:36:45
B        10.1.1.128/26 [20/0] via 1.1.1.1, 00:36:15
B        10.1.1.192/26 [20/0] via 1.1.1.1, 00:36:15
B        10.1.13.0/24 [20/0] via 1.1.1.1, 00:20:23
```

下面将逐一分析 BGP 路由缺失的各种可能原因以及在故障排查过程中识别这些故障原因的方法。

14.3.1 network mask 命令缺失或错误

network mask 命令的作用是将路由宣告到 BGP 中，如果只能记住该命令的一件事情，就记住该命令的“极其挑剔性”吧！下面列出了说该命令极其挑剔的原因。

- 利用 BGP 宣告的网络/前缀必须位于路由表中并且来自其他路由信息源（直连路由、静态路由或其他路由协议）。
- **network mask** 命令必须与路由表中列出的网络/前缀精确匹配。

如果这两个条件不满足，就无法宣告网络/前缀。请仔细分析例 14-24 以确定是否能够宣告网络 10.1.1.0/26。

例 14-24 确定是否能够宣告网络 10.1.1.0/26

```
R1# config t
Enter configuration commands, one per line. End with CNTL/Z.
R1(config)# router bgp 65501
R1(config-router)# network 10.1.1.0 mask 255.255.255.192
R1(config-router)# end
R1# show ip route
...output omitted...

Gateway of last resort is not set

      1.0.0.0/32 is subnetted, 1 subnets
C        1.1.1.1 is directly connected, Loopback0
      2.0.0.0/32 is subnetted, 1 subnets
S        2.2.2.2 [1/0] via 10.1.12.2
      10.0.0.0/8 is variably subnetted, 12 subnets, 3 masks
C        10.1.1.0/26 is directly connected, GigabitEthernet0/0.1
L        10.1.1.1/32 is directly connected, GigabitEthernet0/0.1
C        10.1.1.64/26 is directly connected, GigabitEthernet0/0.2
L        10.1.1.65/32 is directly connected, GigabitEthernet0/0.2
C        10.1.1.128/26 is directly connected, GigabitEthernet0/0.3
L        10.1.1.129/32 is directly connected, GigabitEthernet0/0.3
C        10.1.1.192/26 is directly connected, GigabitEthernet0/0.4
L        10.1.1.193/32 is directly connected, GigabitEthernet0/0.4
C        10.1.12.0/24 is directly connected, GigabitEthernet1/0
L        10.1.12.1/32 is directly connected, GigabitEthernet1/0
C        10.1.13.0/24 is directly connected, GigabitEthernet2/0
L        10.1.13.1/32 is directly connected, GigabitEthernet2/0
```

从例 14-24 可以看出，由于路由表中存在与 **network** 命令完全匹配的网络，因而能够宣告网络 10.1.1.0/26。

下面再来分析例 14-25，**network mask** 命令能够成功宣告命令中指定的网络吗？

例 14-25 确定是否能够宣告指定网络

```
R1# config t
Enter configuration commands, one per line. End with CNTL/Z.
R1(config)# router bgp 65501
R1(config-router)# network 10.1.1.0 mask 255.255.255.0
R1(config-router)# end
R1# show ip route
...output omitted...

Gateway of last resort is not set
```

```
      1.0.0.0/32 is subnetted, 1 subnets
C        1.1.1.1 is directly connected, Loopback0
      2.0.0.0/32 is subnetted, 1 subnets
S        2.2.2.2 [1/0] via 10.1.12.2
      10.0.0.0/8 is variably subnetted, 12 subnets, 3 masks
C        10.1.1.0/26 is directly connected, GigabitEthernet0/0.1
L        10.1.1.1/32 is directly connected, GigabitEthernet0/0.1
C         10.1.1.64/26 is directly connected, GigabitEthernet0/0.2
L         10.1.1.65/32 is directly connected, GigabitEthernet0/0.2
C         10.1.1.128/26 is directly connected, GigabitEthernet0/0.3
L         10.1.1.129/32 is directly connected, GigabitEthernet0/0.3
C         10.1.1.192/26 is directly connected, GigabitEthernet0/0.4
L         10.1.1.193/32 is directly connected, GigabitEthernet0/0.4
C         10.1.12.0/24 is directly connected, GigabitEthernet1/0
L         10.1.12.1/32 is directly connected, GigabitEthernet1/0
C         10.1.13.0/24 is directly connected, GigabitEthernet2/0
L         10.1.13.1/32 is directly connected, GigabitEthernet2/0
```

本例 **network mask** 命令宣告的是网络 10.1.1.0/24，虽然 10.1.1.0/24 是 10.1.1.0/26、10.1.1.64/26、10.1.1.128/26 以及 10.1.1.192/26 的汇总路由，但由于 **network mask** 命令明确宣告的是网络 10.1.1.0/24，而 10.1.1.0/24 并不在路由表中，因而宣告不成功。

能够识别因 **network mask** 命令缺失或错误而导致的路由缺失问题非常重要，如果路由器没有学到其应该学到的 BGP 路由，就可以检查运行配置以确定是否配置了宣告该网络的 **network mask** 命令，以及路由表中是否存在相匹配的路由。

14.3.2　下一跳地址不可达

如果在 BGP 表中看到的 BGP 路由没有出现在路由表中，那么路由器就有可能无法到达该下一跳。BGP 路由器如果要将特定 BGP 路由安装到路由表中，就必须能够到达该网络所列出的下一跳地址。例 14-26 显示了 R5 的 **show bgp ipv4 unicast** 命令输出结果。请注意网络 10.1.1.0/26，可以看出“*”后面没有“>”，“*>”表示这是到达该网络的有效最佳路径，并且已经安装到了路由表中。对于本例来说，该路径是有效路径，但并非最佳路径，因而没有安装到路由表中。

例 14-26　识别 BGP 下一跳问题

```
R5# show bgp ipv4 unicast
BGP table version is 2, local router ID is 5.5.5.5
Status codes: s suppressed, d damped, h history, * valid, > best, i - internal,
              r RIB-failure, S Stale, m multipath, b backup-path, f RT-Filter,
              x best-external, a additional-path, c RIB-compressed,
Origin codes: i - IGP, e - EGP, ? - incomplete
RPKI validation codes: V valid, I invalid, N Not found

     Network          Next Hop            Metric LocPrf Weight Path
 * i 1.1.1.1/32       1.1.1.1                  0    100      0 65501 ?
 * i 10.1.1.0/26      1.1.1.1                  0    100      0 65501 i
 * i 10.1.1.0/24      1.1.1.1                  0    100      0 65501 i
 * i 10.1.1.64/26     1.1.1.1                  0    100      0 65501 i
 * i 10.1.1.128/26    1.1.1.1                  0    100      0 65501 i
 * i 10.1.1.192/26    1.1.1.1                  0    100      0 65501 i
```

```
 r>i 10.1.5.0/24       10.1.24.4             3328    100       0 i
 * i 10.1.12.0/24      1.1.1.1                  0    100       0 65501 ?
 * i 10.1.13.0/24      1.1.1.1                  0    100       0 65501 ?
```

考试要点

未使用该路由的原因是下一跳地址不可达。例 14-27 中的 **ping 1.1.1.1** 命令失败，表明下一跳地址不可达。

例 14-27 验证下一跳地址可达性

```
R5# ping 1.1.1.1
Type escape sequence to abort.
Sending 5, 100-byte ICMP Echos to 1.1.1.1, timeout is 2 seconds:
.....
Success rate is 0 percent (0/5)
```

以图 14-3 为例，请注意图中 R5 与下一跳地址 1.1.1.1 所处的位置。对于 BGP 路由来说，位于自治系统外部的下一跳地址是将该路由宣告给本地自治系统的路由器的 IP 地址，接收宣告的路由器（本例中的 R2）默认不更改下一跳，这是因为 BGP 以每个自治系统跳为基础，而不是以每个路由器跳为基础。因此，下一跳是从下一跳自治系统中宣告该网络的路由器的 IP 地址。

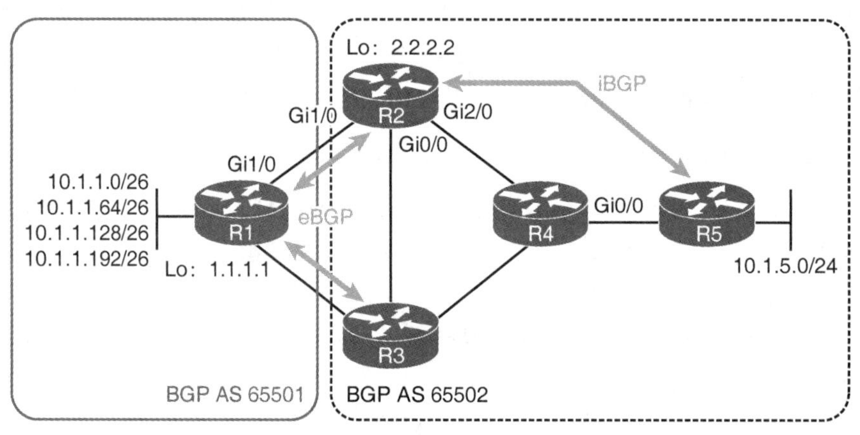

图 14-3 下一跳地址行为的故障排查

解决上述问题的方法有很多，关键是告诉 R5 如何到达下一跳，下面给出了一些常见的解决方法。

- 在 R2 和 R3 上创建静态默认路由，并将其宣告到 IGP 路由表中。
- 在 R5 上创建静态默认路由。
- 在 R5 上创建静态路由。
- 将下一跳地址宣告到 IGP 中。

此外，还可以使用 BGP 的一个内嵌式选项，即 **neighbor** *ip_address* **next-hop-self** 命令，该命令允许 R2 在将路由宣告给对等体之前将下一跳地址修改为自己的地址。如例 14-28 所示，R2 配置了 **neighbor 5.5.5.5 next-hop-self** 命令，因而 R2 在将路由宣告给 R5 的时候，将下一跳地址更改为了 2.2.2.2。例 14-29 显示了 R5 的 BGP 表信息，可以看出 10.1.1.0/26 的下一跳已经是 2.2.2.2，并且该路由后面显示了>，因而该路由是最佳路由且被安装到了路由表中。

例 14-28 修改下一跳地址

```
R2# config t
Enter configuration commands, one per line. End with CNTL/Z.
R2(config)# router bgp 65502
R2(config-router)# neighbor 5.5.5.5 next-hop-self
```

例 14-29 验证 BGP 表中的下一跳地址

```
R5# show bgp ipv4 unicast
BGP table version is 10, local router ID is 5.5.5.5
Status codes: s suppressed, d damped, h history, * valid, > best, i - internal,
              r RIB-failure, S Stale, m multipath, b backup-path, f RT-Filter,
              x best-external, a additional-path, c RIB-compressed,
Origin codes: i - IGP, e - EGP, ? - incomplete
RPKI validation codes: V valid, I invalid, N Not found

     Network          Next Hop            Metric LocPrf Weight Path
 *>i 10.1.1.0/26      2.2.2.2                  0    100      0 65501 i
 *>i 10.1.1.0/24      2.2.2.2                  0    100      0 65501 i
 *>i 10.1.1.64/26     2.2.2.2                  0    100      0 65501 i
 *>i 10.1.1.128/26    2.2.2.2                  0    100      0 65501 i
 *>i 10.1.1.192/26    2.2.2.2                  0    100      0 65501 i
 r>i 10.1.5.0/24      2.2.2.2               3328    100      0 i
 r>i 10.1.12.0/24     2.2.2.2                  0    100      0 65501 ?
 r>i 10.1.13.0/24     2.2.2.2                  0    100      0 65501 ?
```

14.3.3 BGP 水平分割规则

BGP 水平分割规则要求通过 iBGP 接收到 BGP 路由的 BGP 路由器不能将该路由宣告给其他 iBGP 对等路由器，牢记该规则对于识别 BGP 路由缺失故障来说至关重要。图 14-4 显示了当前的 BGP 对等关系，可以看出 R2 与 R4 建立了 iBGP 对等关系，R4 与 R5 建立了 iBGP 对等关系。R2 向 R4 宣告网络 10.1.1.0/26（作为一个示例）时，通过的是 iBGP 对等关系，由于 R4 与 R5 也建立了 iBGP 对等关系，因而根据 BGP 水平分割规则，R4 不会将网络 10.1.1.0/26 宣告给 R5。

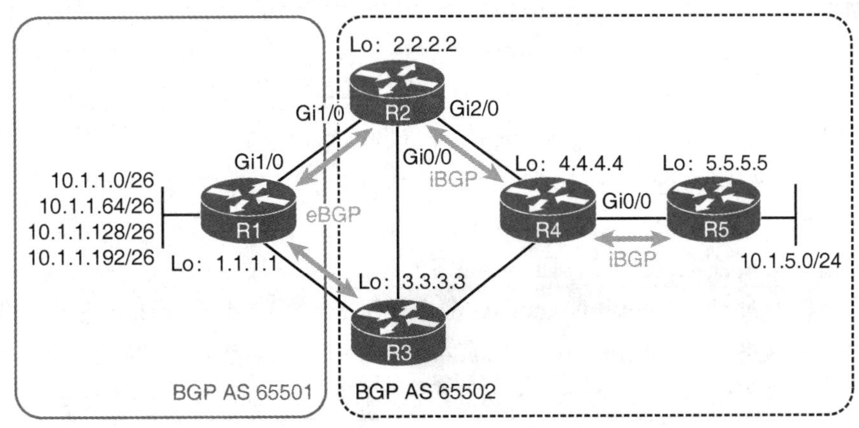

图 14-4 强制遵守 BGP 水平分割规则的 BGP 对等关系

如果 R5 希望学到网络 10.1.1.0/26，那么 R5 必须是从 eBGP 对等体学到该路由的路由器的 iBGP 对等体，或者是路由反射器的对等体（这方面的内容不在本书讨论范围之内）。为了确保 R4 和 R5 均能学到网络 10.1.1.0/26（以及其他网络），图 14-5 给出了相应的 iBGP 对等关系示意，此外，该对等关系还能优化 BGP AS 中的冗余机制。

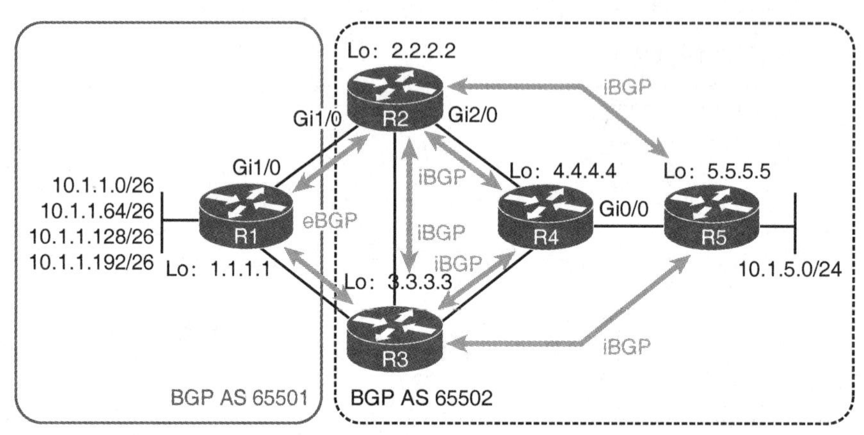

图 14-5　正确的 BGP 对等关系能够避免 BGP 水平分割规则带来的问题

在所有路由器上运行 **show bgp ipv4 unicast summary** 命令以识别 BGP 对等关系，然后在纸上绘出这些路由器之间的对等关系，这有助于我们识别 BGP 水平分割规则是否是路由缺失的故障根源。需要牢记如下原则：通过 iBGP 接收到 BGP 路由的 BGP 路由器不能将该路由宣告给其他 iBGP 对等路由器。

14.3.4　更优的路由信息源

从 eBGP 对等体学到的路由的 AD 值是 20，从 iBGP 对等体学到的路由的 AD 值是 200，为什么两者会有如此巨大的差异呢？这是因为 BGP 的设计目的是在自治系统之间共享路由信息，因而如果通过 eBGP、iBGP 或 EIGRP 源学到其他自治系统的路由后，就希望将学自 eBGP 的路由作为优于其他所有动态路由协议的最佳路由信息源。仍然以图 14-5 为例，R1 通过 eBGP 向 R2 及 R3 宣告 10.1.1.0/26，由于 R3 与 R2 是 iBGP 对等体，因而 R3 通过 iBGP 将该路由宣告给 R2。此外，在 R3 上将学自 eBGP 的路由 10.1.1.0/26 重分发到 EIGRP 中，并且 R2 通过 EIGRP 更新学到了该路由，那么此时的 R2 就从多个不同的路由信息源学到了相同的网络：eBGP（20）、iBGP（200）和 EIGRP（170）。因而 R2 将选择 eBGP 路径（因为其 AD 值最小）。如果 eBGP 路由的 AD 值不是最小的，就会使用其他路由信息源，从而出现次优路由问题，导致流量在离开该网络之前都必须首先经过 R3，而不是从 R2 直接去往 R1。

可以通过 **show bgp ipv4 unicast** 命令显示 R5 的 IPv4 单播 BGP 表（见例 14-30）。可以看出网络 10.1.5.0/24、10.1.12.0/24 和 10.1.13.0/24 都是最佳路由（因为均标识了“>”），但都不是有效路由。此外，这些路由都存在 RIB 故障（因为标识了字母“r”），RIB 故障表明无法将这些 BGP 路由安装到路由表中，但是从输出结果可以清楚地看出，这些路由均位于路由表中（因为这些路由均标识了“>”）。请注意，路由表中的这些路由均来自其他更优的路由信息源。

例 14-30 验证 BGP 路由

```
R5# show bgp ipv4 unicast
BGP table version is 10, local router ID is 5.5.5.5
Status codes: s suppressed, d damped, h history, * valid, > best, i - internal,
              r RIB-failure, S Stale, m multipath, b backup-path, f RT-Filter,
              x best-external, a additional-path, c RIB-compressed,
Origin codes: i - IGP, e - EGP, ? - incomplete
RPKI validation codes: V valid, I invalid, N Not found

     Network          Next Hop            Metric LocPrf Weight Path
 * i 1.1.1.1/32       3.3.3.3                  0    100      0 65501 ?
 *>i                  2.2.2.2                  0    100      0 65501 ?
 * i 10.1.1.0/26      3.3.3.3                  0    100      0 65501 i
 *>i                  2.2.2.2                  0    100      0 65501 i
 * i 10.1.1.0/24      3.3.3.3                  0    100      0 65501 i
 *>i                  2.2.2.2                  0    100      0 65501 i
 * i 10.1.1.64/26     3.3.3.3                  0    100      0 65501 i
 *>i                  2.2.2.2                  0    100      0 65501 i
 * i 10.1.1.128/26    3.3.3.3                  0    100      0 65501 i
 *>i                  2.2.2.2                  0    100      0 65501 i
 * i 10.1.1.192/26    3.3.3.3                  0    100      0 65501 i
 *>i                  2.2.2.2                  0    100      0 65501 i
 r i 10.1.5.0/24      3.3.3.3               3328    100      0 i
 r>i                  2.2.2.2               3328    100      0 i
 r i 10.1.12.0/24     3.3.3.3                  0    100      0 65501 ?
 r>i                  2.2.2.2                  0    100      0 65501 ?
 r i 10.1.13.0/24     3.3.3.3                  0    100      0 65501 ?
 r>i                  2.2.2.2                  0    100      0 65501 ?
```

例 14-31 显示了 **show ip route 10.1.5.0 255.255.255.0** 命令的输出结果，可以看出 10.1.5.0/24 是通过直连路由学到的。此外，从该例的 **show ip route 10.1.12.0 255.255.255.0** 命令输出结果中还可以看到，10.1.12.0/24 是通过 EIGRP 学到的。由于直连路由始终是最可信路由，因而将始终使用直连路由，而不使用其他路由信息。对于网络 10.1.12.0/24 来说，例 14-32 的输出结果表明，该路由是通过 iBGP（internal）从 R2 和 R3 学到的，其 AD 值为 200，大于 EIGRP 路由的 AD 值。

例 14-31 验证路由表中路由的 AD 值

```
R5# show ip route 10.1.5.0 255.255.255.0
Routing entry for 10.1.5.0/24
 Known via "connected", distance 0, metric 0 (connected, via interface)
...output omitted...

R5# show ip route 10.1.12.0 255.255.255.0
Routing entry for 10.1.12.0/24
 Known via "eigrp 100", distance 90, metric 3328, type internal
...output omitted...
```

例 14-32 验证 BGP 路由的详细信息

```
R5# show bgp ipv4 unicast 10.1.12.0
BGP routing table entry for 10.1.12.0/24, version 50
Paths: (2 available, best #2, table default, RIB-failure(17))
  Not advertised to any peer
  Refresh Epoch 2
  65501
    3.3.3.3 (metric 131072) from 3.3.3.3 (3.3.3.3)
      Origin incomplete, metric 0, localpref 100, valid, internal
      rx pathid: 0, tx pathid: 0
  Refresh Epoch 2
  65501
    2.2.2.2 (metric 131072) from 2.2.2.2 (2.2.2.2)
      Origin incomplete, metric 0, localpref 100, valid, internal, best
      rx pathid: 0, tx pathid: 0x0
```

可以通过 **show bgp ipv4 unicast rib-failure** 命令验证路由出现 RIB 故障的原因。从例 14-33 的输出结果可以看出，这 3 个 RIB 故障的原因都是 BGP 路由的 AD 值较高。

例 14-33 验证 RIB 故障

```
R5# show bgp ipv4 unicast rib-failure
  Network          Next Hop                      RIB-failure RIB-NH Matches
10.1.5.0/24        2.2.2.2             Higher admin distance              n/a
10.1.12.0/24       2.2.2.2             Higher admin distance              n/a
10.1.13.0/24       2.2.2.2             Higher admin distance              n/a
```

14.3.5 路由过滤

BGP 对路由的控制能力强大到了令人难以想象的程度，以至于完全可以单独用一章专门描述 BGP 路由的控制问题，但这些内容已经超出了本书以及 ENARSI 认证考试的范围，大家需要掌握的就是在排查 BGP 路由缺失故障时，确定是否因为应用了路由过滤器而导致了路由缺失故障。在 R5 上运行 **show bgp ipv4 unicast** 命令可以显示 R5 的 BGP 表信息，从例 14-34 的输出结果可以看出，没有路由 10.1.13.0/24。

例 14-34 验证 R5 的路由缺失情况

```
R5# show bgp ipv4 unicast
BGP table version is 10, local router ID is 5.5.5.5
Status codes: s suppressed, d damped, h history, * valid, > best, i - internal,
              r RIB-failure, S Stale, m multipath, b backup-path, f RT-Filter,
              x best-external, a additional-path, c RIB-compressed,
Origin codes: i - IGP, e - EGP, ? - incomplete
RPKI validation codes: V valid, I invalid, N Not found

     Network          Next Hop            Metric LocPrf Weight Path
 * i 1.1.1.1/32       3.3.3.3                  0    100      0 65501 ?
 *>i                  2.2.2.2                  0    100      0 65501 ?
 * i 10.1.1.0/26      3.3.3.3                  0    100      0 65501 i
 *>i                  2.2.2.2                  0    100      0 65501 i
```

```
 * i 10.1.1.0/24      3.3.3.3              0    100      0 65501 i
 *>i                  2.2.2.2              0    100      0 65501 i
 * i 10.1.1.64/26     3.3.3.3              0    100      0 65501 i
 *>i                  2.2.2.2              0    100      0 65501 i
 * i 10.1.1.128/26    3.3.3.3              0    100      0 65501 i
 *>i                  2.2.2.2              0    100      0 65501 i
 * i 10.1.1.192/26    3.3.3.3              0    100      0 65501 i
 *>i                  2.2.2.2              0    100      0 65501 i
 r i 10.1.5.0/24      3.3.3.3           3328    100      0 i
 r>i                  2.2.2.2           3328    100      0 i
 r i 10.1.12.0/24     3.3.3.3              0    100      0 65501 ?
 r>i                  2.2.2.2              0    100      0 65501 ?
```

接下来通过 **show bgp ipv4 unicast neighbors** *ip_address* **routes** 命令来验证是否从 R2 或 R3 收到了该路由（见例 14-35），输出结果清楚地表明没有收到路由 10.1.13.0/24。请注意，该命令显示的是应用了路由过滤器之后收到的路由，因而需要检查应用路由过滤器之前，R2 或 R3 是否宣告了路由 10.1.13.0/24。从例 14-36 的 **show bgp ipv4 unicast neighbors** *ip_address* **advertised-routes** 命令输出结果可以看出，R2 和 R3 正在向 R5 宣告网络 10.1.13.0/24。

例 14-35　验证 R5 是否收到了路由

```
R5# show bgp ipv4 unicast neighbors 2.2.2.2 routes
BGP table version is 9, local router ID is 5.5.5.5
Status codes: s suppressed, d damped, h history, * valid, > best, i - internal,
              r RIB-failure, S Stale, m multipath, b backup-path, f RT-Filter,
              x best-external, a additional-path, c RIB-compressed,
Origin codes: i - IGP, e - EGP, ? - incomplete
RPKI validation codes: V valid, I invalid, N Not found

     Network          Next Hop            Metric LocPrf Weight Path
 *>i 1.1.1.1/32       2.2.2.2                  0    100      0 65501 ?
 *>i 10.1.1.0/26      2.2.2.2                  0    100      0 65501 i
 *>i 10.1.1.0/24      2.2.2.2                  0    100      0 65501 i
 *>i 10.1.1.64/26     2.2.2.2                  0    100      0 65501 i
 *>i 10.1.1.128/26    2.2.2.2                  0    100      0 65501 i
 *>i 10.1.1.192/26    2.2.2.2                  0    100      0 65501 i
 r>i 10.1.5.0/24      2.2.2.2               3328    100      0 i
 r>i 10.1.12.0/24     2.2.2.2                  0    100      0 65501 ?

Total number of prefixes 8
R5# show bgp ipv4 unicast neighbors 3.3.3.3 routes
BGP table version is 9, local router ID is 5.5.5.5
Status codes: s suppressed, d damped, h history, * valid, > best, i - internal,
              r RIB-failure, S Stale, m multipath, b backup-path, f RT-Filter,
              x best-external, a additional-path, c RIB-compressed,
Origin codes: i - IGP, e - EGP, ? - incomplete
RPKI validation codes: V valid, I invalid, N Not found

     Network          Next Hop            Metric LocPrf Weight Path
 * i 1.1.1.1/32       3.3.3.3                  0    100      0 65501 ?
 * i 10.1.1.0/26      3.3.3.3                  0    100      0 65501 i
 * i 10.1.1.0/24      3.3.3.3                  0    100      0 65501 i
```

```
 * i 10.1.1.64/26      3.3.3.3                  0    100      0 65501 i
 * i 10.1.1.128/26     3.3.3.3                  0    100      0 65501 i
 * i 10.1.1.192/26     3.3.3.3                  0    100      0 65501 i
 r i 10.1.5.0/24       3.3.3.3               3328    100      0 i
 r i 10.1.12.0/24      3.3.3.3                  0    100      0 65501 ?

Total number of prefixes 8
```

例 14-36 验证是否向 R5 发送了路由

```
R2# show bgp ipv4 unicast neighbors 5.5.5.5 advertised-routes
BGP table version is 10, local router ID is 2.2.2.2
Status codes: s suppressed, d damped, h history, * valid, > best, i - internal,
              r RIB-failure, S Stale, m multipath, b backup-path, f RT-Filter,
              x best-external, a additional-path, c RIB-compressed,
Origin codes: i - IGP, e - EGP, ? - incomplete
RPKI validation codes: V valid, I invalid, N Not found

     Network          Next Hop            Metric LocPrf Weight Path
 r> 1.1.1.1/32        1.1.1.1                  0             0 65501 ?
 *> 10.1.1.0/26       1.1.1.1                  0             0 65501 i
 *> 10.1.1.0/24       1.1.1.1                  0             0 65501 i
 *> 10.1.1.64/26      1.1.1.1                  0             0 65501 i
 *> 10.1.1.128/26     1.1.1.1                  0             0 65501 i
 *> 10.1.1.192/26     1.1.1.1                  0             0 65501 i
 *> 10.1.5.0/24       10.1.24.4             3328         32768 i
 r> 10.1.12.0/24      1.1.1.1                  0             0 65501 ?
 *> 10.1.13.0/24      1.1.1.1                  0             0 65501 ?

Total number of prefixes 9

R3# show bgp ipv4 unicast neighbors 5.5.5.5 advertised-routes
BGP table version is 10, local router ID is 3.3.3.3
Status codes: s suppressed, d damped, h history, * valid, > best, i - internal,
              r RIB-failure, S Stale, m multipath, b backup-path, f RT-Filter,
              x best-external, a additional-path, c RIB-compressed,
Origin codes: i - IGP, e - EGP, ? - incomplete
RPKI validation codes: V valid, I invalid, N Not found

     Network          Next Hop            Metric LocPrf Weight Path
 *> 1.1.1.1/32        10.1.13.1                0             0 65501 ?
 *> 10.1.1.0/26       10.1.13.1                0             0 65501 i
 *> 10.1.1.0/24       10.1.13.1                0             0 65501 i
 *> 10.1.1.64/26      10.1.13.1                0             0 65501 i
 *> 10.1.1.128/26     10.1.13.1                0             0 65501 i
 *> 10.1.1.192/26     10.1.13.1                0             0 65501 i
 *> 10.1.5.0/24       10.1.34.4             3328         32768 i
 *> 10.1.12.0/24      10.1.13.1                0             0 65501 ?
 r> 10.1.13.0/24      10.1.13.1                0             0 65501 ?

Total number of prefixes 9
```

运行 **show ip protocols** 命令可以显示应用到 BGP 自治系统的入站过滤器（见例 14-37）。例 14-37 显示了一个使用名为 FILTER_10.1.13.0/24 的前缀列表的分发列表，

还显示了该前缀列表的信息，可以看出该前缀列表拒绝路由 10.1.13.0/24 并允许其他所有路由。

例 14-37 验证是否为 R5 应用了路由过滤器

```
R5# show ip protocols
...output omitted...

Routing Protocol is "bgp 65502"
 Outgoing update filter list for all interfaces is not set
 Incoming update filter list for all interfaces is (prefix-list) FILTER_10.1.13.0/24
 IGP synchronization is disabled
 Automatic route summarization is disabled
 Neighbor(s):
   Address FiltIn FiltOut DistIn DistOut Weight RouteMap
   2.2.2.2
   3.3.3.3
 Maximum path: 1
 Routing Information Sources:...output omitted...

R5# show ip prefix-list
ip prefix-list FILTER_10.1.13.0/24: 2 entries
 seq 5 deny 10.1.13.0/24
 seq 10 permit 0.0.0.0/0 le 32

R5# show run | include bgp 65502|distribute-list
router bgp 65502
 distribute-list prefix FILTER_10.1.13.0/24 in
```

由于例 14-37 中的路由过滤器应用于整个 BGP 进程，因而无论从哪台路由器收到了路由 10.1.13.0/24，都会被拒绝。不过，也可以通过下述命令将路由过滤器直接应用于特定邻居：

neighbor *ip_address* **distribute-list** *access_list_number* { **in** | **out** }

neighbor *ip_address* **prefix-list** *prefix_list_name* { **in** | **out** }

neighbor *ip_address* **route-map** *map_name* { **in** | **out** }

neighbor *ip_address* **filter-list** *access_list_number* { **in** | **out** }

如何验证是否为特定邻居应用了路由过滤器呢？仍然可以使用之前说过的 **show** 命令，此时只要注意查看输出结果中的异同点即可。从例 14-38 的 **show ip protocols** 命令输出结果可以看出，该例直接为邻居 2.2.2.2 应用了一个入站分发列表。请注意，输出结果仅标识了该 ACL 名称的前 6 个字符。接着检查运行配置，可以看出分发列表正使用名为 FILTER_10.1.13.0/24 的 ACL。通过 **show ip access-lists** 命令可以证实路由器拒绝了来自 2.2.2.2 的路由 10.1.13.0/24，但允许其他所有路由。

例 14-38 验证应用于邻居的分发列表

```
R5# show ip protocols
...output omitted...

Routing Protocol is "bgp 65502"
```

```
 Outgoing update filter list for all interfaces is not set
 Incoming update filter list for all interfaces is not set
 IGP synchronization is disabled
 Automatic route summarization is disabled
 Neighbor(s):
   Address FiltIn FiltOut DistIn DistOut Weight RouteMap
   2.2.2.2                FILTER
   3.3.3.3
 Maximum path: 1
 Routing Information Sources:
...output omitted...

R5# show run | include bgp 65502|distribute-list
router bgp 65502
 neighbor 2.2.2.2 distribute-list FILTER_10.1.13.0/24 in

R5# show ip access-lists
Standard IP access list FILTER_10.1.13.0/24
 10 deny 10.1.13.0, wildcard bits 0.0.0.255
 20 permit any
```

如前所述，可以将路由映射、前缀列表和过滤器列表直接应用于 **neighbor** 命令，过滤器列表将出现在 **show ip protocols** 命令输出结果的 FiltIn 和 FiltOut 列中，而路由映射则出现在 **show ip protocols** 命令输出结果的 RouteMap 列中。如果将前缀列表直接应用于 **neighbor** 命令，那么 **show ip protocols** 命令的输出结果将不会出现前缀列表信息，此时需要查看 **show bgp ipv4 unicast neighbors** 命令的输出结果。不过之前曾经说过，该命令的输出结果非常冗长，因此，在排查路由过滤器故障时，请记住以下非常有用的命令形式：

show bgp ipv4 unicast neighbors *ip_address* | **include prefix|filter|Route map**

例 14-39 给出了 R5 的 **show bgp ipv4 unicast neighbors** 命令输出结果示例（根据应用于邻居 R2 和 R3 的过滤器情况），从输出结果可以看出有一个名为 FILTER_10.1.13.0/24 的入站前缀列表直接应用于邻居 3.3.3.3，还为发送给邻居 3.3.3.3 的路由应用了名为 FILTER_10.1.5.0/24 的出站路由映射。对于邻居 2.2.2.2 来说，有一个入站“network filter”（网络过滤器）（分发列表）应用于 **neighbor** 语句（使用名为 FILTER_10.1.13.0/24 的 ACL），还有一个名为 25 的入站 AS_PATH ACL。

例 14-39 验证应用于 neighbor 语句的过滤器

```
R5# show bgp ipv4 unicast neighbors 3.3.3.3 | include prefix|filter|Route map
  Incoming update prefix filter list is FILTER_10.1.13.0/24
  Route map for outgoing advertisements is FILTER_10.1.5.0/24
R5# show bgp ipv4 unicast neighbors 2.2.2.2 | include prefix|filter|Route map
  Incoming update network filter list is FILTER_10.1.13.0/24
  Incoming update AS path filter list is 25
```

14.4 BGP 路径选择故障排查

与 OSPF 及 EIGRP 不同，BGP 的路由决策不考虑链路带宽，而是通过各种 BGP

属性来确定最佳路径。因而在排查 BGP 路径故障时，必须掌握 BGP 的所有属性，从而理解 BGP 做出路由决策的原因。本节将讨论 BGP 的最佳路径决策进程，此外还会讨论私有自治系统号问题。

14.4.1 理解最佳路径决策进程

BGP 在确定最佳路径时，按照如下顺序依次检查 BGP 属性。

- 优选权重最大的路径。
- 优选本地优先级最高的路径。
- 优选由本地路由器生成的路径。
- 优选 AIGP 度量属性较小的路径。
- 优选 AS_PATH 最短的路径。
- 优选路由来源最优的路径。
- 优选 MED 最小的路径。
- 优选外部路径，次选内部路径。
- 优选经由最近 IGP 邻居的路径。
- 为 eBGP 路径优选最早的路径。
- 优选邻居 BGP RID 最小的路径。
- 优选邻居 IP 地址最小的路径。

为了更好地解释 BGP 的最佳路径决策进程，请参考图 14-6 并分析例 14-40 给出的 R5 的 **show bgp ipv4 unicast 10.1.1.0** 命令输出结果。

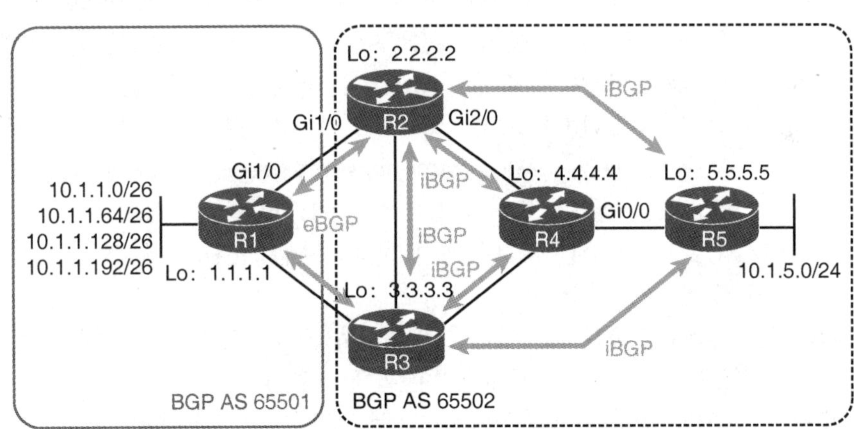

图 14-6 用于理解 BGP 最佳路径决策进程的拓扑结构示意

例 14-40 在路由器 R5 上验证网络 10.1.1.0 的 BGP 表

```
R5# show bgp ipv4 unicast 10.1.1.0
BGP routing table entry for 10.1.1.0/26, version 46
Paths: (2 available, best #1, table default)
  Not advertised to any peer
  Refresh Epoch 4
  65501
    2.2.2.2 (metric 131072) from 2.2.2.2 (2.2.2.2)
```

```
    Origin IGP, metric 0, localpref 100, valid, internal, best
    rx pathid: 0, tx pathid: 0x0
Refresh Epoch 1
65501
  3.3.3.3 (metric 131072) from 3.3.3.3 (3.3.3.3)
    Origin IGP, metric 0, localpref 100, valid, internal
    rx pathid: 0, tx pathid: 0
```

BGP 找到匹配属性后将立即停止检查其他属性，并使用该匹配属性来选择最佳路径。此外，如果下一跳 IP 地址不可达，那么路由器根本就不会执行路径决策进程（因为路由器认为无法访问下一跳）。

步骤 1 BGP 首先检查权重，权重越大越好。例 14-40 没有列出权重，因为这两条路径使用的都是默认权重 0，因而权重相同，继续检查下一个属性。

步骤 2 接着检查本地优先级，本地优先级越高越好。例 14-40 中的两条路径的 localpref（本地优先级）都是 100（默认值），因而本地优先级相同，继续检查下一个属性。

步骤 3 路由器检查路由是否是由它自己生成的 BGP 路由（下一跳 IP 地址为 0.0.0.0），如果是，就优选该路由。例 14-40 的输出结果最左侧显示下一跳 IP 地址分别为 2.2.2.2 和 3.3.3.3，因而 R5 没有生成任何路由，继续检查下一个属性。

步骤 4 接下来检查 AIGP（如果配置了 AIGP）。本例未配置 AIGP，因为例 14-40 的输出结果没有显示 AIGP 度量，因而继续检查下一个属性。

步骤 5 接下来检查 AS_PATH，AS_PATH 越短越优。例 14-40 中两条路径的 AS_PATH 均为 65,501，因而 AS_PATH 相同，继续检查下一个属性。

步骤 6 检查路由来源，IGP 优于 EGP，EGP 优于不完全路由。请注意，此时与 iBGP 以及 eBGP 无关，iBGP 和 eBGP 的对比还在后面。IGP 表示路由是由 **network mask** 或 **summary-address** 命令生成的，不完全路由表示路由是通过重分发方式进入 BGP 的，EGP 表示路由是由 EGP（BGP 的前身）生成的。例 14-40 中的两条路径的路由来源都是 IGP，因而继续检查下一个属性。

步骤 7 接着检查 MED（度量），MED 越小越好。例 14-40 中的两条路径的 MED 相同（均为 0），因而继续检查下一个属性。

步骤 8 eBGP 路由优于 iBGP 路由。例 14-40 中的两条路径都是从 iBGP 学到的（internal），因而该属性也相同，继续检查下一个属性。

步骤 9 现在比较去往邻居的 IGP 路径。例 14-40 中去往 2.2.2.2 的 IGP 路径的度量是 131,072，去往 3.3.3.3 的 IGP 路径的度量也是 131,072，因而该属性也相同，继续检查下一个属性。

步骤 10 如果都是 eBGP 路径，就检查路由的新旧程度。例 14-40 中的两条路径均是 iBGP 路径，因而绕过这一步，直接检查下一个属性。

步骤 11 现在比较 BGP RID，BGP RID 越小越优。例 14-40 中的邻居 2.2.2.2 的

RID 是 2.2.2.2（如括号中所示），邻居 3.3.3.3 的 RID 是 3.3.3.3（如括号中所示），那么哪个 RID 较小呢？当然是 2.2.2.2 较小。因而由 RID 为 2.2.2.2 的邻居提供的路由被认为是最佳路径。如果 RID 也相同，就接着比较邻居的 IP 地址，优选经由邻居 IP 地址最小的邻居的路径。

下面请按照上述原则练习最佳路径的确定方法，后面将会给出简要解释。以图 14-7 和例 14-41 为例来确定 R2 将使用哪种属性来选择去往 10.1.1.128 的最佳路径。

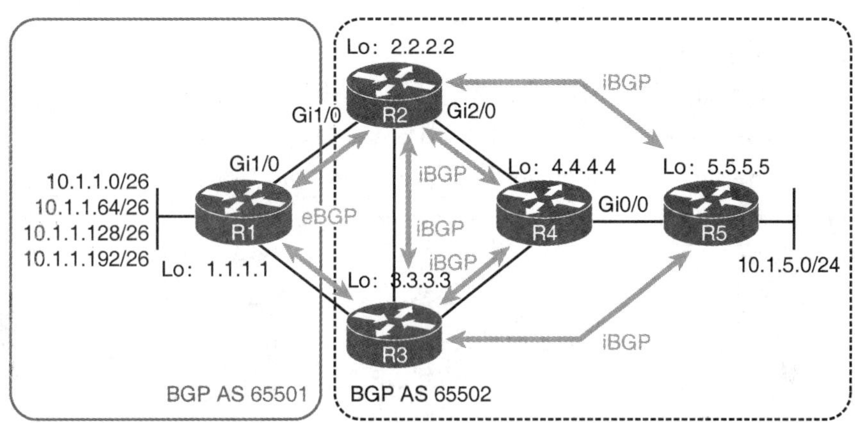

图 14-7 BGP 最佳路径决策进程拓扑结构练习示意

例 14-41 BGP 最佳路径决策进程练习

```
R2# show bgp ipv4 unicast 10.1.1.128
BGP routing table entry for 10.1.1.128/26, version 6
Paths: (2 available, best #2, table default)
  Advertised to update-groups:
    2
  Refresh Epoch 2
  65501
    3.3.3.3 (metric 131072) from 3.3.3.3 (3.3.3.3)
    Origin IGP, metric 0, localpref 100, valid, internal
    rx pathid: 0, tx pathid: 0
  Refresh Epoch 3
  65501
    1.1.1.1 from 1.1.1.1 (1.1.1.1)
    Origin IGP, metric 0, localpref 100, valid, external, best
    rx pathid: 0, tx pathid: 0x0
```

下面来看一下具体的路径决策进程。

- 权重相同，接着评估。
- 本地优先级相同，接着评估。
- 没有本地路由器发起的路由，接着评估。
- 没有使用 AIGP 度量，接着评估。
- AS_PATH 相同（均为 65,501），接着评估。
- 路由来源相同，接着评估。
- MED（度量）相同（均为 0），接着评估。

■ 从邻居 1.1.1.1 学到的路径是外部路径（eBGP），从邻居 3.3.3.3 学到的路径是内部路径（iBGP），由于外部路径优于内部路径，因而优选学自邻居 1.1.1.1 的路径。

如果没有得到期望路径，或者期望路径没有被用作最佳路径，就需要在故障排查过程中重复上述路径决策进程，以确定当前路径被选为最佳路径的原因。有可能是在本地或者远程修改了某种属性，从而影响了路由决策进程，因此，必须能够识别相应的故障问题，并且能够按照预期目标修改必要的属性信息来控制路径的选择过程。

14.4.2 私有自治系统号

与 IPv4 地址一样，BGP 自治系统号也存在私有号码空间。对于 2 字节的自治系统号码空间来说，私有号码空间是 64,512～65,534；对于 4 字节的自治系统号码空间来说，私有号码空间是 4,200,000,000～4,294,967,294。这些私有自治系统号可以用于单归属或双归属到同一个 ISP 的网络，从而可以为多归属到多个 ISP 的网络节约大量公有自治系统号。

虽然可以在客户网络中使用私有自治系统号，但是在将路由宣告给 Internet（全球 BGP 表）的时候，这些自治系统号不能出现在 AS_PATH 属性中。因为多个自治系统可能会使用相同的私有自治系统号，从而引发 Internet 路由故障。

在将私有自治系统号发送到全球 BGP 表中时，必须终止这些私有自治系统号，此时可以使用 **neighbor** *ip_address* **remove-private-as** 命令。

14.4.3 使用 debug 命令

由于 BGP 出现重大变化的时候会实时生成 syslog 消息，因而邻居出现故障后，可以通过 syslog 消息获知故障情况。因此，除非万不得已，否则都不建议大量使用 **debug** 命令，因为 **debug** 命令会给路由器资源带来巨大的压力，一般作为最后手段！下面将介绍一些可能会用到的 **debug** 命令，不过到目前为止，完全可以使用前文讨论过的各种 **show** 命令获得相同的有用信息。

例 14-42 显示了 **debug ip routing** 命令输出结果，该命令显示了路由器的 IP 路由表的更新情况，例中邻居路由器的 Loopback 0 接口（IP 地址为 10.3.3.3）被管理性关闭，然后又被管理性开启。由于网络 10.3.3.3/32 最初不可用，后来又变成可用状态，因而路由 10.3.3.3/32 在路由器的 IP 路由表中被删除之后又被添加到路由表中。请注意，本命令的输出结果并不专门针对 BGP，可以通过 **debug ip routing** 命令查看 BGP 之外的其他路由进程的信息。

例 14-42 **debug ip routing** 命令输出结果

```
R2# debug ip routing
IP routing debugging is on
RT: 10.3.3.3/32 gateway changed from 172.16.1.1 to 172.16.2.2
RT: NET-RED 10.3.3.3/32
RT: del 10.3.3.3/32 via 172.16.2.2, bgp metric [20/0]
RT: delete subnet route to 10.3.3.3/32
RT: NET-RED 10.3.3.3/32
```

```
RT: SET_LAST_RDB for 10.3.3.3/32
 NEW rdb: via 172.16.1.1

RT: add 10.3.3.3/32 via 172.16.1.1, bgp metric [20/0]
RT: NET-RED 10.3.3.3/32
```

例 14-43 给出了 **debug ip bgp** 命令输出结果，虽然该命令不能显示 BGP 更新的内容，但是该命令对于查看 IPv4 BGP 对等关系的实时状态的变化情况非常有用。从输出结果可以看出，该路由器与 IP 地址为 172.16.1.1 的邻居之间的对等会话被关闭了。

例 14-43　debug ip bgp 命令输出结果

```
R2# debug ip bgp
BGP debugging is on for address family: IPv4 Unicast
*Mar 1 00:23:26.535: BGP: 172.16.1.1 remote close, state CLOSEWAIT
*Mar 1 00:23:26.535: BGP: 172.16.1.1 -reset the session
*Mar 1 00:23:26.543: BGPNSF state: 172.16.1.1 went from nsf_not_active to
 nsf_not_active
*Mar 1 00:23:26.547: BGP: 172.16.1.1 went from Established to Idle
*Mar 1 00:23:26.547: %BGP-5-ADJCHANGE: neighbor 172.16.1.1 Down Peer closed the
 session
*Mar 1 00:23:26.547: BGP: 172.16.1.1 closing
*Mar 1 00:23:26.651: BGP: 172.16.1.1 went from Idle to Active
*Mar 1 00:23:26.663: BGP: 172.16.1.1 open active delayed 30162ms (35000ms max,
 28% jitter)
```

例 14-44 给出了 **debug ip bgp updates** 命令输出结果，该命令能够提供比 **debug ip bgp** 命令更详细的信息，特别是可以显示 IPv4 BGP 的路由更新内容。从输出结果可以看出，路由 10.3.3.3/32 被添加到该路由器的 IP 路由表中了。

例 14-44　debug ip bgp updates 命令输出结果

```
R2# debug ip bgp updates
BGP updates debugging is on for address family: IPv4 Unicast
*Mar 1 00:24:27.455: BGP(0): 172.16.1.1 NEXT_HOP part 1 net 10.3.3.3/32, next
 172.16.1.1
*Mar 1 00:24:27.455: BGP(0): 172.16.1.1 send UPDATE (format) 10.3.3.3/32, next
 172.16.1.1, metric 0, path 65002
*Mar 1 00:24:27.507: BGP(0): 172.16.1.1 rcv UPDATE about 10.3.3.3/32 — withdrawn
*Mar 1 00:24:27.515: BGP(0): Revise route installing 1 of 1 routes for
 10.3.3.3/32 -> 172.16.2.2(main) to main IP table
*Mar 1 00:24:27.519: BGP(0): updgrp 1 - 172.16.1.1 updates replicated for
 neighbors: 172.16.2.2
*Mar 1 00:24:27.523: BGP(0): 172.16.1.1 send UPDATE (format) 10.3.3.3/32, next
 172.16.1.2, metric 0, path 65003 65002
*Mar 1 00:24:27.547: BGP(0): 172.16.2.2 rcvd UPDATE w/ attr: nexthop 172.16.2.2,
 origin i, path 65003 65002
*Mar 1 00:24:27.551: BGP(0): 172.16.2.2 rcvd 10.3.3.3/32...duplicate ignored
*Mar 1 00:24:27.555: BGP(0): updgrp 1 - 172.16.1.1 updates replicated for
 neighbors: 172.16.2.2
*Mar 1 00:24:27.675: BGP(0): 172.16.2.2 rcv UPDATE w/ attr: nexthop 172.16.2.2,
 origin i, originator 0.0.0.0, path 65003 65001 65002, community, extended
community
*Mar 1 00:24:27.683: BGP(0): 172.16.2.2 rcv UPDATE about 10.3.3.3/32 — DENIED
```

```
 due to: AS-PATH contains our own AS;
...OUTPUT OMITTED...
```

14.5 IPv6 BGP 故障排查

IPv4 BGP 和 IPv6 BGP 都是在相同的 BGP 自治系统配置模式下进行配置的，称为 MP-BGP。在同一台路由器上同时部署 IPv4 BGP 和 IPv6 BGP 的时候，需要使用地址簇并为这些地址簇激活相应的邻居。本节将以图 14-8 为例来讨论使用基于 IPv4 和 IPv6 单播路由的 MP-BGP 时可能遇到的其他故障问题（除了本章已经讨论过的故障问题）。

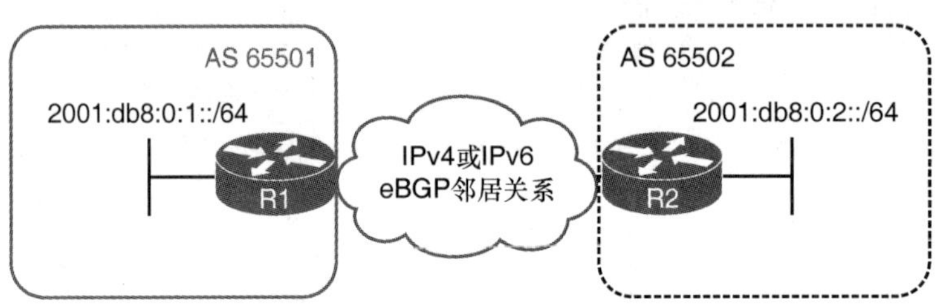

图 14-8　MP-BGP 拓扑结构

交换 IPv6 BGP 路由的方式有两种：通过 IPv4 TCP 会话或者 IPv6 TCP 会话来交换 IPv6 BGP 路由。例 14-45 给出了一个 MP-BGP 配置示例，该例中的 IPv6 BGP 路由是通过 IPv4 TCP 会话进行交换的。

例 14-45　通过 IPv4 TCP 会话交换 IPv6 路由的 MP-BGP 配置

```
R1# show run | s router bgp
router bgp 65501
 bgp log-neighbor-changes
 neighbor 2.2.2.2 remote-as 65502
 neighbor 2.2.2.2 ebgp-multihop 2
 neighbor 2.2.2.2 password CISCO
 neighbor 2.2.2.2 update-source Loopback0
!
 address-family ipv4
  network 10.1.1.0 mask 255.255.255.192
  network 10.1.1.64 mask 255.255.255.192
  network 10.1.1.128 mask 255.255.255.192
  network 10.1.1.192 mask 255.255.255.192
  aggregate-address 10.1.1.0 255.255.255.0
  redistribute connected
  neighbor 2.2.2.2 activate
  exit-address-family
 !
 address-family ipv6
  network 2001:DB8:1::/64
  neighbor 2.2.2.2 activate
  exit-address-family
```

请注意，AF（Address Family，地址簇）包括 IPv4 单播地址簇和 IPv6 单播地址簇两大类，需要在 AF 配置之外标识邻居及远程自治系统号，然后在 AF 内通过 **neighbor** *ip_address* **activate** 命令激活邻居。对于本例来说，IPv6 AF 使用 IPv4 邻居地址来建立 TCP 会话，因而该 TCP 会话是基于 IPv4 的 TCP 会话。例 14-46 显示了 **show bgp ipv6 unicast summary** 命令的输出结果，该命令显示了与路由器 2.2.2.2 建立的 IPv6 单播 AF 的邻居邻接关系信息。请注意，邻接关系是通过 IPv4 单播地址建立的。此外，该输出结果还显示从邻居路由器学到了一条 IPv6 路由。

例 14-46　验证 MP-BGP IPv6 单播 AF 的邻居邻接关系

```
R1# show bgp ipv6 unicast summary
BGP router identifier 1.1.1.1, local AS number 65501
BGP table version is 2, main routing table version 2
2 network entries using 336 bytes of memory
2 path entries using 208 bytes of memory
2/1 BGP path/bestpath attribute entries using 272 bytes of memory
1 BGP AS-PATH entries using 24 bytes of memory
0 BGP route-map cache entries using 0 bytes of memory
0 BGP filter-list cache entries using 0 bytes of memory
BGP using 840 total bytes of memory
BGP activity 11/0 prefixes, 18/6 paths, scan interval 60 secs

Neighbor        V           AS MsgRcvd MsgSent   TblVer  InQ OutQ Up/Down  State/PfxRcd
2.2.2.2         4        65502      25      25        2    0    0 00:12:02        1
```

如果要验证从所有邻居学到的 IPv6 单播路由，可以使用 **show bgp ipv6 unicast** 命令（见例 14-47），该命令可以显示 IPv6 BGP 表。路由 2001:db8:1::/64 是本地生成的路由，因为下一跳是“::”，并且该路由位于路由表中，因为该路由项的前面标识了“*>”。下面来分析路由 2001:db8:2::/64，该路由是从 R2（IP 地址为 2.2.2.2 的邻居）学到的，由于该路由项前面没有标识“*>”，因而该路由没有被安装到路由表中，其原因是该路由的下一跳地址不可达。地址::FFFF:2.2.2.2 是动态生成的下一跳地址，创建该地址的目的是替换原始下一跳地址 2.2.2.2，这是因为 IPv6 路由中不能出现 IPv4 下一跳地址，那为什么下一跳是一个 IPv4 地址呢？因为 IPv6 AF 的邻接关系是 IPv4 邻接关系。

例 14-47　验证 IPv6 BGP 表中的 MP-BGP IPv6 单播路由

```
R1# show bgp ipv6 unicast
BGP table version is 2, local router ID is 1.1.1.1
Status codes: s suppressed, d damped, h history, * valid, > best, i - internal,
              r RIB-failure, S Stale, m multipath, b backup-path, f RT-Filter,
              x best-external, a additional-path, c RIB-compressed,
Origin codes: i - IGP, e - EGP, ? - incomplete
RPKI validation codes: V valid, I invalid, N Not found

     Network          Next Hop            Metric LocPrf Weight Path
 *>  2001:DB8:1::/64  ::                       0         32768 i
 *   2001:DB8:2::/64  ::FFFF:2.2.2.2           0             0 65502 i
```

为了解决这个问题，需要创建一个路由映射，将下一跳地址更改为有效的 IPv6 地址，然后将路由映射应用到 **neighbor** 语句中。需要特别注意的是，必须在宣告该路由的

路由器上完成上述操作，而不是在接收该路由的路由器上完成上述操作。例 14-48 显示了在 R2 上配置的路由映射情况，该路由映射将下一跳地址更改为 2001:db8:12::2，然后将该路由映射应用到邻居 1.1.1.1 的出站方向上。

例 14-48 修改 BGP 下一跳地址

```
R2# config t
Enter configuration commands, one per line. End with CNTL/Z.
R2(config)# route-map CHANGE_NH permit 10
R2(config-route-map)# set ipv6 next-hop 2001:db8:12::2
R2(config-route-map)# exit
R2(config)# router bgp 65502
R2(config-router)# address-family ipv6 unicast
R2(config-router-af)# neighbor 1.1.1.1 route-map CHANGE_NH out
```

此时再检查 **show bgp ipv6 unicast** 命令的输出结果（见例 14-49），可以看出此时的下一跳地址是有效下一跳地址，且该路由已经被安装到了路由表中。

例 14-49 验证 BGP 下一跳地址

```
R1# show bgp ipv6 unicast
BGP table version is 3, local router ID is 1.1.1.1
Status codes: s suppressed, d damped, h history, * valid, > best, i - internal,
              r RIB-failure, S Stale, m multipath, b backup-path, f RT-Filter,
              x best-external, a additional-path, c RIB-compressed,
Origin codes: i - IGP, e - EGP, ? - incomplete
RPKI validation codes: V valid, I invalid, N Not found

     Network          Next Hop            Metric LocPrf Weight Path
 *>  2001:DB8:1::/64  ::                       0         32768 i
 *>  2001:DB8:2::/64  2001:DB8:12::2           0             0 65502 i
```

建立 IPv6 TCP 会话和邻居关系的时候，虽然不必担心刚才讨论的问题，但是必须确保定义并激活了 IPv6 邻居。从例 14-50 可以看出，为了建立 IPv6 TCP 会话，需要在 AF 配置之外通过 **neighbor** *ipv6_address* **remote-as** *autonomous_system_number* 命令定义邻居，然后在 IPv6 AF 配置中通过 **neighbor** *ipv6_address* **activate** 命令激活该邻居。

例 14-50 通过 IPv6 TCP 会话交换 IPv6 路由的 MP-BGP 配置

```
R1# show run | section router bgp
router bgp 65501
 bgp log-neighbor-changes
  neighbor 2.2.2.2 remote-as 65502
  neighbor 2.2.2.2 ebgp-multihop 2
  neighbor 2.2.2.2 password CISCO
  neighbor 2.2.2.2 update-source Loopback0
  neighbor 10.1.13.3 remote-as 65502
  neighbor 2001:DB8:12::2 remote-as 65502
  !
  address-family ipv4
   network 10.1.1.0 mask 255.255.255.192
```

```
  network 10.1.1.64 mask 255.255.255.192
  network 10.1.1.128 mask 255.255.255.192
  network 10.1.1.192 mask 255.255.255.192
  aggregate-address 10.1.1.0 255.255.255.0
  redistribute connected
  neighbor 2.2.2.2 activate
  neighbor 10.1.13.3 activate
  no neighbor 2001:DB8:12::2 activate
 exit-address-family
 !
 address-family ipv6
  network 2001:DB8:1::/64
  neighbor 2001:DB8:12::2 activate
 exit-address-family
```

从例 14-51 的 **show bgp ipv6 unicast summary** 命令输出结果可以看出，R1 已经与地址为 2001:db8:12::2 的设备通过 IPv6 TCP 会话建立了 IPv6 BGP 的邻居邻接关系，并且收到了一条前缀。命令 **show bgp ipv6 unicast** 显示了 IPv6 BGP 表的情况（见例 14-52）。可以看出，2001:DB8:2::/64 通过下一跳 2001:DB8:12::2 可达，并且该路由已经被安装到路由表中了（因为该路由的前面标识了“*>”）。

例 14-51 基于 IPv6 TCP 会话的 MP-BGP 邻接关系

```
R1# show bgp ipv6 unicast summary
BGP router identifier 1.1.1.1, local AS number 65501
BGP table version is 5, main routing table version 5
2 network entries using 336 bytes of memory
2 path entries using 208 bytes of memory
2/2 BGP path/bestpath attribute entries using 272 bytes of memory
1 BGP AS-PATH entries using 24 bytes of memory
0 BGP route-map cache entries using 0 bytes of memory
0 BGP filter-list cache entries using 0 bytes of memory
BGP using 840 total bytes of memory
BGP activity 12/1 prefixes, 22/10 paths, scan interval 60 secs

Neighbor        V        AS MsgRcvd MsgSent   TblVer  InQ OutQ Up/Down  State/PfxRcd
2001:DB8:12::2  4     65502     5       5        4    0    0 00:00:05        1
```

例 14-52 验证 IPv6 BGP 表

```
R1# show bgp ipv6 unicast
BGP table version is 5, local router ID is 1.1.1.1
Status codes: s suppressed, d damped, h history, * valid, > best, i - internal,
              r RIB-failure, S Stale, m multipath, b backup-path, f RT-Filter,
              x best-external, a additional-path, c RIB-compressed,
Origin codes: i - IGP, e - EGP, ? - incomplete
RPKI validation codes: V valid, I invalid, N Not found

     Network          Next Hop            Metric LocPrf Weight Path
 *>  2001:DB8:1::/64  ::                       0         32768 i
 *>  2001:DB8:2::/64  2001:DB8:12::2           0             0 65502 i
```

14.6 故障工单（BGP）

本节将给出与本章前面讨论过的主题相关的故障工单，目的是通过这些故障工单让读者真正了解现实世界或考试环境中的故障排查流程。本节的所有故障工单都以图 14-9 所示的拓扑结构为例。

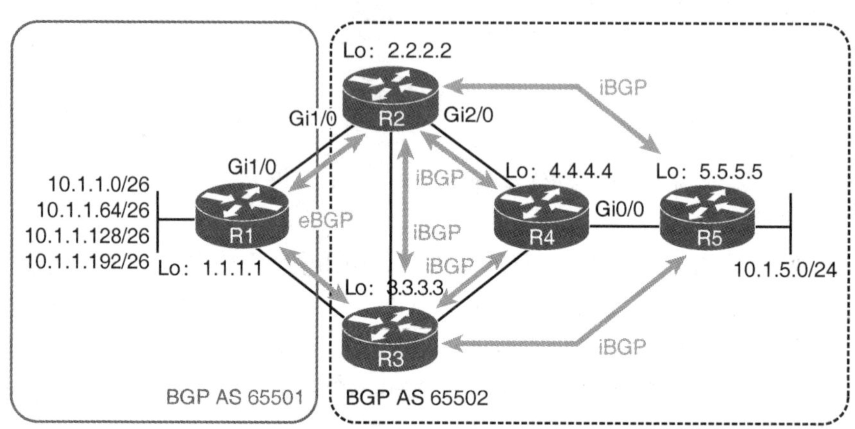

图 14-9 BGP 故障工单拓扑结构

14.6.1 故障工单 14-1

故障问题：假设你是 BGP AS 65502 的管理员，外出休假期间，R1 与 R2 之间的链路出现了故障。R1 与 R2 之间的链路出现故障时，理论上认为 R1 与 R3 之间的链路会将流量转发给 BGP AS 65501，但实际情况却并非如此，因而不得不修复 R1 与 R2 之间的链路，同时不断收到 10.1.5.0/24 网络用户提交的有关网络 10.1.1.0/24 中断的大量投诉报告。

此时连接性毫无问题，从 10.1.5.0/24 中的 PC 向 10.1.1.10 发起 ping 测试即可证实这一点，从例 14-53 可以看出 ping 测试成功。由于此时还处于上班时间，因而无法断开 R1 与 R2 之间的链路来复现问题，因为这样做会使用户无法使用网络，此时必须采用其他更具创造性的故障排查方法。

例 14-53 验证连接性

```
C:\>ping 10.1.1.10

Pinging 10.1.1.10 with 32 bytes of data:

Reply from 10.1.1.10: bytes=32 time 1ms TTL=128
Reply from 10.1.1.10: bytes=32 time 1ms TTL=128
Reply from 10.1.1.10: bytes=32 time 1ms TTL=128
Reply from 10.1.1.10: bytes=32 time 1ms TTL=128

Ping statistics for 10.1.1.10:
 Packets: Sent = 4, Received = 4, Lost = 0 (0% loss),
Approximate round trip times in milli-seconds:
 Minimum = 0ms, Maximum = 0ms, Average = 0ms
```

如果路由器R5希望知道AS 65501的网络，那就必须将这些网络宣告给它，检查R5是否了解这些网络的最佳方式就是查看R5的BGP表。根据网络拓扑结构，R5应该从R2和R3学到这些网络信息。例14-54显示了**show bgp ipv4 unicast**命令的输出结果，从Next Hop列可以看出，所有去往网络10.1.1.x/26的有效路由都是通过下一跳地址2.2.2.2（R2）到达的，没有任何一条有效路由是通过下一跳地址3.3.3.3（R3）到达这些网络的。

例14-54 检查R5的BGP表

```
R5# show bgp ipv4 unicast
BGP table version is 56, local router ID is 5.5.5.5
Status codes: s suppressed, d damped, h history, * valid, > best, i - internal,
              r RIB-failure, S Stale, m multipath, b backup-path, f RT-Filter,
              x best-external, a additional-path, c RIB-compressed,
Origin codes: i - IGP, e - EGP, ? - incomplete
RPKI validation codes: V valid, I invalid, N Not found

     Network          Next Hop            Metric LocPrf Weight Path
 *>i 1.1.1.1/32       2.2.2.2                  0    100      0 65501 ?
 *>i 10.1.1.0/26      2.2.2.2                  0    100      0 65501 i
 *>i 10.1.1.64/26     2.2.2.2                  0    100      0 65501 i
 *>i 10.1.1.128/26    2.2.2.2                  0    100      0 65501 i
 *>i 10.1.1.192/26    2.2.2.2                  0    100      0 65501 i
 r>i 10.1.5.0/24      2.2.2.2               3328    100      0 i
 r i                  3.3.3.3               3328    100      0 i
 r>i 10.1.12.0/24     2.2.2.2                  0    100      0 65501 ?
 r>i 10.1.13.0/24     2.2.2.2                  0    100      0 65501 ?
```

接下来需要确定R5是否收到了来自R3的路由，因而运行**show bgp ipv4 unicast neighbors 2.2.2.2 routes**命令和**show bgp ipv4 unicast neighbors 3.3.3.3 routes**命令以确定收到了哪些路由，并通过对比确定R2和R3分别宣告了哪些路由。从例14-55所示的输出结果可以清楚地看出，R5没有从R3收到任何有关网络10.1.1.x/26的路由信息，这就是R1与R2之间的链路出现故障后失去网络连接性的原因，因为R5根本就没有从R3收到任何路由信息。

例14-55 检查R5从R2和R3收到的路由信息

```
R5# show bgp ipv4 unicast neighbors 2.2.2.2 routes
BGP table version is 56, local router ID is 5.5.5.5
Status codes: s suppressed, d damped, h history, * valid, > best, i - internal,
              r RIB-failure, S Stale, m multipath, b backup-path, f RT-Filter,
              x best-external, a additional-path, c RIB-compressed,
Origin codes: i - IGP, e - EGP, ? - incomplete
RPKI validation codes: V valid, I invalid, N Not found

     Network          Next Hop            Metric LocPrf Weight Path
 *>i 1.1.1.1/32       2.2.2.2                  0    100      0 65501 ?
 *>i 10.1.1.0/26      2.2.2.2                  0    100      0 65501 i
 *>i 10.1.1.64/26     2.2.2.2                  0    100      0 65501 i
 *>i 10.1.1.128/26    2.2.2.2                  0    100      0 65501 i
 *>i 10.1.1.192/26    2.2.2.2                  0    100      0 65501 i
 r>i 10.1.5.0/24      2.2.2.2               3328    100      0 i
```

```
 r>i 10.1.12.0/24     2.2.2.2                  0    100      0 65501 ?
 r>i 10.1.13.0/24     2.2.2.2                  0    100      0 65501 ?

Total number of prefixes 8
R5# show bgp ipv4 unicast neighbors 3.3.3.3 routes
BGP table version is 56, local router ID is 5.5.5.5
Status codes: s suppressed, d damped, h history, * valid, > best, i - internal,
              r RIB-failure, S Stale, m multipath, b backup-path, f RT-Filter,
              x best-external, a additional-path, c RIB-compressed,
Origin codes: i - IGP, e - EGP, ? - incomplete
RPKI validation codes: V valid, I invalid, N Not found

     Network          Next Hop            Metric LocPrf Weight Path
 r i 10.1.5.0/24      3.3.3.3               3328    100      0 i

Total number of prefixes 1
```

访问 R3 并运行 **show bgp ipv4 unicast neighbors 5.5.5.5 advertised-routes** 命令以确定 R3 向 R5 发送了哪些路由（如果有的话）。从例 14-56 可以看出，R3 没有将任何与网络 10.1.1.x/26 有关的路由信息宣告给 R5，因而可以提出新的疑问：R3 知道这些网络吗？

例 14-56　检查 R3 发送给 R5 的路由

```
R3# show bgp ipv4 unicast neighbors 5.5.5.5 advertised-routes
BGP table version is 108, local router ID is 3.3.3.3
Status codes: s suppressed, d damped, h history, * valid, > best, i - internal,
              r RIB-failure, S Stale, m multipath, b backup-path, f RT-Filter,
              x best-external, a additional-path, c RIB-compressed,
Origin codes: i - IGP, e - EGP, ? - incomplete
RPKI validation codes: V valid, I invalid, N Not found

     Network          Next Hop            Metric LocPrf Weight Path
 *>  10.1.5.0/24      10.1.34.4             3328         32768 i

Total number of prefixes 1
```

在 R3 上运行 **show ip route 10.1.1.0 255.255.255.0 longer-prefixes** 命令（见例 14-57），可以发现这些网络是通过 BGP 学到的。但是从输出结果中还能发现一些奇怪信息，即 AD 值为 200（该 AD 值与学自 iBGP 的路由相关联）且下一跳经由 2.2.2.2（R2），但实际上 AD 值应该是 eBGP 的 20，下一跳应该是 R1 的 IP 地址。

例 14-57　检查 R3 路由表中的 BGP 路由

```
R3# show ip route 10.1.1.0 255.255.255.0 longer-prefixes
Codes: L - local, C - connected, S - static, R - RIP, M - mobile, B - BGP
 D - EIGRP, EX - EIGRP external, O - OSPF, IA - OSPF inter area
 N1 - OSPF NSSA external type 1, N2 - OSPF NSSA external type 2
 E1 - OSPF external type 1, E2 - OSPF external type 2
 i - IS-IS, su - IS-IS summary, L1 - IS-IS level-1, L2 - IS-IS level-2
 ia - IS-IS inter area, * - candidate default, U - per-user static route
 o - ODR, P - periodic downloaded static route, H - NHRP, l - LISP
 + - replicated route, % - next hop override
```

```
Gateway of last resort is not set

      10.0.0.0/8 is variably subnetted, 14 subnets, 3 masks
B        10.1.1.0/26 [200/0] via 2.2.2.2, 00:09:07
B        10.1.1.64/26 [200/0] via 2.2.2.2, 00:09:07
B        10.1.1.128/26 [200/0] via 2.2.2.2, 00:09:07
B        10.1.1.192/26 [200/0] via 2.2.2.2, 00:09:07
```

接下来在 R3 上运行 **show bgp ipv4 unicast** 命令以检查 BGP 表（见例 14-58）。从输出结果可以看出，这些路由的下一跳只有 R2 和 R4，R1 不是任何路由的下一跳。

例 14-58 检查 R3 BGP 表中的 BGP 路由

```
R3# show bgp ipv4 unicast
BGP table version is 108, local router ID is 3.3.3.3
Status codes: s suppressed, d damped, h history, * valid, > best, i - internal,
              r RIB-failure, S Stale, m multipath, b backup-path, f RT-Filter,
              x best-external, a additional-path, c RIB-compressed,
Origin codes: i - IGP, e - EGP, ? - incomplete
RPKI validation codes: V valid, I invalid, N Not found

     Network          Next Hop            Metric LocPrf Weight Path
 *>i 1.1.1.1/32       2.2.2.2                  0    100      0 65501 ?
 *>i 10.1.1.0/26      2.2.2.2                  0    100      0 65501 i
 *>i 10.1.1.0/24      2.2.2.2                  0    100      0 65501 i
 *>i 10.1.1.64/26     2.2.2.2                  0    100      0 65501 i
 *>i 10.1.1.128/26    2.2.2.2                  0    100      0 65501 i
 *>i 10.1.1.192/26    2.2.2.2                  0    100      0 65501 i
 * i 10.1.5.0/24      2.2.2.2               3328    100      0 i
 *>                   10.1.34.4             3328         32768 i
 r>i 10.1.12.0/24     2.2.2.2                  0    100      0 65501 ?
 r>i 10.1.13.0/24     2.2.2.2                  0    100      0 65501 ?
```

在 R3 上运行 **show bgp ipv4 unicast neighbors 10.1.13.1 routes** 命令（见例 14-59），可以看出 R3 没有从 R1 学习到任何路由信息。

例 14-59 验证从 R1 学习到的路由信息

```
R3# show bgp ipv4 unicast neighbors 10.1.13.1 routes

Total number of prefixes 0
```

由于 R1 不在你的 AS 中，因而无法访问 R1 并执行故障排查操作，必须向 AS 65501 的管理员寻求帮助，但此时还不必这么做，因为我们还可以继续深入分析 R3 的相关信息。例如，如果要学习 BGP 路由，就必须建立 BGP 邻接关系，因而可以运行 **show bgp ipv4 unicast summary** 命令（见例 14-60），以确认 R3 与 R1 是否是邻居。从输出结果可以看出 R1 和 R3 不是邻居，因为当前状态显示为 Idle，因而可以推断这就是问题出现的可能原因。

例 14-60 验证 R1 与 R3 之间的邻居邻接关系

```
R3# show bgp ipv4 unicast summary
BGP router identifier 3.3.3.3, local AS number 65502
```

```
BGP table version is 108, main routing table version 108
9 network entries using 1296 bytes of memory
10 path entries using 800 bytes of memory
5/4 BGP path/bestpath attribute entries using 680 bytes of memory
1 BGP AS-PATH entries using 24 bytes of memory
0 BGP route-map cache entries using 0 bytes of memory
0 BGP filter-list cache entries using 0 bytes of memory
BGP using 2800 total bytes of memory
BGP activity 17/8 prefixes, 71/61 paths, scan interval 60 secs

Neighbor        V           AS MsgRcvd MsgSent   TblVer  InQ OutQ Up/Down  State/PfxRcd
2.2.2.2         4        65502   34      34       108      0    0 00:24:29        9
4.4.4.4         4        65502   47      48       108      0    0 00:39:00        0
5.5.5.5         4        65502    5       6       108      0    0 00:00:18        0
10.1.13.1       4        65510    0       0         1      0    0 never    Idle
```

将例 14-60 所示的输出结果与网络文档（见图 14-9）进行对比，可以看出 10.1.13.1 的自治系统号有误，输出结果中列出的自治系统号是 65,510，但实际上应该是 65,501。为了解决该问题，需要删除当前的 **neighbor remote-as** 语句并增加新的正确语句（见例 14-61），修改完成后，就可以成功建立邻居关系了。

例 14-61 修改 **neighbor remote-as** 语句

```
R3# config t
Enter configuration commands, one per line. End with CNTL/Z.
R3(config)# router bgp 65502
R3(config-router)# no neighbor 10.1.13.1 remote-as 65510
R3(config-router)# neighbor 10.1.13.1 remote-as 65501
%BGP-5-ADJCHANGE: neighbor 10.1.13.1 Up
R3(config-router)#
```

为了证实故障问题已解决，可以访问 R5 并运行 **show bgp ipv4 unicast** 命令（见例 14-62）。可以证实 R5 的 BGP 表中已经列出了来自 R2 和 R3 的路由，表明故障问题已解决。下班之后，断开 R1 与 R2 之间的链路，确认此时的流量已经成功流经 R3 与 R1 之间的链路了。

例 14-62 确认 R5 已经学到来自 R2 和 R3 的路由

```
R5# show bgp ipv4 unicast
BGP table version is 56, local router ID is 5.5.5.5
Status codes: s suppressed, d damped, h history, * valid, > best, i - internal,
              r RIB-failure, S Stale, m multipath, b backup-path, f RT-Filter,
              x best-external, a additional-path, c RIB-compressed,
Origin codes: i - IGP, e - EGP, ? - incomplete
RPKI validation codes: V valid, I invalid, N Not found

     Network          Next Hop            Metric LocPrf Weight Path
 * i 1.1.1.1/32       3.3.3.3                  0    100      0 65501 ?
 *>i                  2.2.2.2                  0    100      0 65501 ?
 * i 10.1.1.0/26      3.3.3.3                  0    100      0 65501 i
 *>i                  2.2.2.2                  0    100      0 65501 i
 * i 10.1.1.64/26     3.3.3.3                  0    100      0 65501 i
 *>i                  2.2.2.2                  0    100      0 65501 i
```

```
* i 10.1.1.128/26    3.3.3.3              0    100      0 65501 i
*>i                  2.2.2.2              0    100      0 65501 i
* i 10.1.1.192/26    3.3.3.3              0    100      0 65501 i
*>i                  2.2.2.2              0    100      0 65501 i
r i 10.1.5.0/24      3.3.3.3           3328    100      0 i
r>i                  2.2.2.2           3328    100      0 i
r i 10.1.12.0/24     3.3.3.3              0    100      0 65501 ?
r>i                  2.2.2.2              0    100      0 65501 ?
r i 10.1.13.0/24     3.3.3.3              0    100      0 65501 ?
r>i                  2.2.2.2              0    100      0 65501 ?
```

闲暇时检查 R3 的日志文件，可以发现多次出现了如下 BGP syslog 消息：

```
%BGP-3-NOTIFICATION: sent to neighbor 10.1.13.1 passive 2/2 (peer in wrong AS) 2 bytes FFDD
```

上述 syslog 消息清楚地表明对等体处于错误的自治系统中。因此，在进行故障排查操作之前，应仔细检查日志文件，从而节省大量的宝贵时间。

14.6.2 故障工单 14-2

故障问题：假设你是 BGP AS 65501 的管理员，网络 10.1.1.0/26 和 10.1.1.64/26 中的用户报告称无法访问 10.1.5.5 的网络资源，但是能够访问本地网络的资源。

首先验证故障问题，在 R1 上向 10.1.5.5 发起两次 ping 测试（源端分别是 10.1.1.1 和 10.1.1.65），从例 14-63 可以看出 ping 测试失败。

例 14-63 通过 ping 测试验证故障问题

```
R1# ping 10.1.5.5 source 10.1.1.1
Type escape sequence to abort.
Sending 5, 100-byte ICMP Echos to 10.1.5.5, timeout is 2 seconds:
Packet sent with a source address of 10.1.1.1
.....
Success rate is 0 percent (0/5)
R1# ping 10.1.5.5 source 10.1.1.65
Type escape sequence to abort.
Sending 5, 100-byte ICMP Echos to 10.1.5.5, timeout is 2 seconds:
Packet sent with a source address of 10.1.1.65
.....
Success rate is 0 percent (0/5)
```

在 R1 上运行 **show ip route 10.1.5.5** 命令（见例 14-64），可以看到一条从 BGP 学到的经由 R2 去往 10.1.5.5 的路由。

例 14-64 确认 R1 拥有去往 10.1.5.5 的路由

```
R1# show ip route 10.1.5.5
Routing entry for 10.1.5.0/24
  Known via "bgp 65501", distance 20, metric 3328
  Tag 65502, type external
  Last update from 2.2.2.2 00:12:35 ago
  Routing Descriptor Blocks:
  * 2.2.2.2, from 2.2.2.2, 00:12:35 ago
      Route metric is 3328, traffic share count is 1
      AS Hops 1
```

```
    Route tag 65502
    MPLS label: none
```

此时可以考虑检查数据包的传送范围，从而判断数据包在何处出现了传送失败问题，因而决定运行扩展的 **traceroute** 命令以收集相关信息。从例 14-65 可以看出路由跟踪操作在下一跳路由器（R2）处失败。

例 14-65 检查数据包出现传送失败问题之前传送了多远距离

```
R1# traceroute 10.1.5.5 source 10.1.1.1
Type escape sequence to abort.
Tracing the route to 10.1.5.5
VRF info: (vrf in name/id, vrf out name/id)
 1 10.1.12.2 40 msec 44 msec 28 msec
 2 * * *
 3 * * *
 4 * * *
...output omitted...
R1# traceroute 10.1.5.5 source 10.1.1.65
Type escape sequence to abort.
Tracing the route to 10.1.5.5
VRF info: (vrf in name/id, vrf out name/id)
 1 10.1.12.2 44 msec 48 msec 36 msec
 2 * * *
 3 * * *
 4 * * *
...output omitted...
```

这时候你可能会感觉到有些困惑，因而需要仔细梳理已经获得的信息。前面已经证实 R1 知道经 R2 可以到达 10.1.5.5，因而 R1 应该可以将数据包路由到该地址，但是从路由跟踪结果来看，数据包在 R2 出现了传送失败，是不是 R2 不知道如何到达 10.1.1.0/26 或者 10.1.1.64/26 以响应路由跟踪操作呢？是不是 10.1.5.5 不知道这两个网络从而无法响应 ping 操作呢？因而接下来决定对 R2 进行故障排查。由于 R2 必须知道 10.1.1.0/26 和 10.1.1.64/26 才能成功响应路由跟踪操作，因而 R1 需要通过 BGP 的 **network mask** 命令将这两个网络宣告给 R2。在 R1 上运行 **show bgp ipv4 unicast** 命令以验证 10.1.1.0/26 和 10.1.1.64/26 是否位于 BGP 表中，从例 14-66 可以看出，它们位于 BGP 表中。由于这两条路由都在 BGP 表中，而且均被列为有效且最佳路径，因而应该能够宣告给邻居。

例 14-66 验证 R1 的 BGP 表

```
R1# show bgp ipv4 unicast
BGP table version is 10, local router ID is 1.1.1.1
Status codes: s suppressed, d damped, h history, * valid, > best, i - internal,
              r RIB-failure, S Stale, m multipath, b backup-path, f RT-Filter,
              x best-external, a additional-path, c RIB-compressed,
Origin codes: i - IGP, e - EGP, ? - incomplete
RPKI validation codes: V valid, I invalid, N Not found

     Network          Next Hop            Metric LocPrf Weight Path
 *>  1.1.1.1/32       0.0.0.0                  0         32768 ?
 *>  10.1.1.0/26      0.0.0.0                  0         32768 i
```

```
*>  10.1.1.64/26      0.0.0.0                  0         32768 i
*>  10.1.1.128/26     0.0.0.0                  0         32768 i
*>  10.1.1.192/26     0.0.0.0                  0         32768 i
*   10.1.5.0/24       10.1.13.3             3328             0 65502 i
*>                    2.2.2.2               3328             0 65502 i
*> 10.1.12.0/24       0.0.0.0                  0         32768 ?
*> 10.1.13.0/24       0.0.0.0                  0         32768 ?
```

接下来运行 **show bgp ipv4 unicast summary** 命令以验证 BGP 邻居，从例 14-67 所示的输出结果可以看出，R2 和 R3 都是 R1 的 BGP 邻居，因为 State/PfxRcd 列显示的是数字。

例 14-67 验证 R1 的 BGP 邻居

```
R1# show bgp ipv4 unicast summary
BGP router identifier 1.1.1.1, local AS number 65501
BGP table version is 10, main routing table version 10
9 network entries using 1296 bytes of memory
10 path entries using 800 bytes of memory
4/4 BGP path/bestpath attribute entries using 544 bytes of memory
1 BGP AS-PATH entries using 24 bytes of memory
0 BGP route-map cache entries using 0 bytes of memory
0 BGP filter-list cache entries using 0 bytes of memory
BGP using 2664 total bytes of memory
BGP activity 19/10 prefixes, 54/44 paths, scan interval 60 secs

Neighbor        V           AS MsgRcvd MsgSent TblVer InQ OutQ Up/Down State/PfxRcd
2.2.2.2         4        65502      38      39     10    0    0 00:30:05        1
10.1.13.3       4        65502       7       6     10    0    0 00:02:06        1
```

为此运行 **show bgp ipv4 unicast neighbors 2.2.2.2 advertised-routes** 命令和 **show bgp ipv4 unicast neighbors 10.1.13.3 advertised-routes** 命令，以验证 R1 将哪些路由宣告给了 R2 和 R3。从例 14-68 可以看出，R1 没有向邻居宣告任何路由。

例 14-68 验证 R1 宣告的路由

```
R1# show bgp ipv4 unicast neighbors 2.2.2.2 advertised-routes

Total number of prefixes 0
R1# show bgp ipv4 unicast neighbors 10.1.13.3 advertised-routes

Total number of prefixes 0
```

是什么原因导致无法将 BGP 表中的有效最佳路由宣告给 eBGP 邻居呢？是过滤器吗？因而决定检查 **show ip protocols** 命令的输出结果，以确定是否为 BGP 自治系统应用了过滤器。从例 14-69 可以看出，没有应用任何过滤器。

例 14-69 验证 R1 是否应用了过滤器

```
R1# show ip protocols
*** IP Routing is NSF aware ***

Routing Protocol is "bgp 65501"
```

```
  Outgoing update filter list for all interfaces is not set
  Incoming update filter list for all interfaces is not set
  IGP synchronization is disabled
  Automatic route summarization is disabled
  Redistributing: connected
  Unicast Aggregate Generation:
    10.1.1.0/24
  Neighbor(s):
    Address          FiltIn FiltOut DistIn DistOut Weight RouteMap
    2.2.2.2
    10.1.13.3
  Maximum path: 1
  Routing Information Sources:
    Gateway     Distance   Last Update
    2.2.2.2           20   00:37:02
    10.1.13.3         20   21:12:13
  Distance: external 20 internal 200 local 200
```

请注意，我们在前面的 ENARSI 学习中已经了解到（本章前面），前缀列表过滤器并不会出现在 **show ip protocols** 命令的输出结果中，而仅会出现在 BGP 邻居的输出结果中，因而运行 **show bgp ipv4 unicast neighbors | i prefix** 命令以检查是否应用了前缀列表过滤器。从例 14-70 所示的输出结果可以看出，名为 BGP_FILTER 的前缀列表过滤器在出站方向被应用了两次。

例 14-70 验证 R1 是否应用了 BGP 前缀列表过滤器

```
R1# show bgp ipv4 unicast neighbors | i prefix
 Outgoing update prefix filter list is BGP_FILTER
   prefix-list                          27           0
 Outgoing update prefix filter list is BGP_FILTER
   prefix-list                          27           0
```

这时候我们感觉已经找到正确的排查方向，因而运行 **show run | section router bgp** 命令（见例 14-71），以检查 R1 的 BGP 配置并查找故障线索。从输出结果可以发现，邻居 2.2.2.2 和 10.1.13.3 的出站方向均应用了前缀列表过滤器 BGP_FILTER。

例 14-71 验证 R1 的 BGP 配置

```
R1# show run | section router bgp
router bgp 65501
 bgp log-neighbor-changes
 network 10.1.1.0 mask 255.255.255.192
 network 10.1.1.64 mask 255.255.255.192
 network 10.1.1.128 mask 255.255.255.192
 network 10.1.1.192 mask 255.255.255.192
 aggregate-address 10.1.1.0 255.255.255.0
 redistribute connected
 neighbor 2.2.2.2 remote-as 65502
 neighbor 2.2.2.2 password CISCO
neighbor 2.2.2.2 ebgp-multihop 2
 neighbor 2.2.2.2 update-source Loopback0
 neighbor 2.2.2.2 prefix-list BGP_FILTER out
```

```
neighbor 10.1.13.3 remote-as 65502
neighbor 10.1.13.3 prefix-list BGP_FILTER out
```

接下来需要检查该前缀列表的配置信息，因而运行 **show ip prefix-list BGP_FILTER** 命令（见例 14-72）。可以看出，10.1.1.128/26 和 10.1.1.192/26 均被拒绝了，因而不会将这两条路由宣告给 R2 或 R3。检查网络文档后发现，不应该将 10.1.1.128/26 和 10.1.1.192/26 宣告给 BGP AS 65502（由该前缀列表过滤器来完成）。

例 14-72　验证 R1 的前缀列表

```
R1# show ip prefix-list BGP_FILTER
ip prefix-list BGP_FILTER: 2 entries
 seq 5 deny 10.1.1.128/26
 seq 10 deny 10.1.1.192/26
```

仔细分析上述结果即可看出问题之所在。该前缀列表末尾的隐式拒绝全部表项将拒绝所有路由，因而通过 **ip prefix-list BGP_FILTER permit 0.0.0.0/0 le 32** 命令在前缀列表中增加允许表项（见例 14-73）。让 R1 允许其他所有路由，对于本例来说就是允许 10.1.1.0/26 和 10.1.1.64/26。**show ip prefix-list BGP_FILTER** 命令的输出结果可以证实，已经在前缀列表中增加了相应的允许表项。

例 14-73　修改 R1 的前缀列表

```
R1# config t
Enter configuration commands, one per line. End with CNTL/Z.
R1(config)# ip prefix-list BGP_FILTER permit 0.0.0.0/0 le 32
R1(config)# end
%SYS-5-CONFIG_I: Configured from console by console
R1# show ip prefix-list BGP_FILTER
ip prefix-list BGP_FILTER: 3 entries
 seq 5 deny 10.1.1.128/26
 seq 10 deny 10.1.1.192/26
 seq 15 permit 0.0.0.0/0 le 32
```

可以通过 **clear bgp ipv4 unicast * soft out** 命令强制刷新发送给 R1 邻居的 BGP 信息，然后运行 **show bgp ipv4 unicast neighbors 2.2.2.2 advertised-routes** 命令和 **show bgp ipv4 unicast neighbors 10.1.13.3 advertised-routes** 命令，证实这两条路由都已经宣告给了 R1 的邻居。例 14-74 的输出结果表明正在宣告 10.1.1.0/26 和 10.1.1.64/26。

例 14-74　验证宣告给 R1 邻居的路由

```
R1# show bgp ipv4 unicast neighbors 2.2.2.2 advertised-routes
BGP table version is 10, local router ID is 1.1.1.1
Status codes: s suppressed, d damped, h history, * valid, > best, i - internal,
              r RIB-failure, S Stale, m multipath, b backup-path, f RT-Filter,
              x best-external, a additional-path, c RIB-compressed,
Origin codes: i - IGP, e - EGP, ? - incomplete
RPKI validation codes: V valid, I invalid, N Not found

     Network          Next Hop            Metric LocPrf Weight Path
 *>  1.1.1.1/32       0.0.0.0                  0         32768 ?
```

```
 *>  10.1.1.0/26      0.0.0.0                  0         32768 i
 *>  10.1.1.64/26     0.0.0.0                  0         32768 i
 ...output omitted...
R1# show bgp ipv4 unicast neighbors 10.1.13.3 advertised-routes
BGP table version is 10, local router ID is 1.1.1.1
Status codes: s suppressed, d damped, h history, * valid, > best, i - internal,
              r RIB-failure, S Stale, m multipath, b backup-path, f RT-Filter,
              x best-external, a additional-path, c RIB-compressed,
Origin codes: i - IGP, e - EGP, ? - incomplete
RPKI validation codes: V valid, I invalid, N Not found

     Network          Next Hop            Metric LocPrf Weight Path
 *>  1.1.1.1/32       0.0.0.0                  0         32768 ?
 *>  10.1.1.0/26      0.0.0.0                  0         32768 i
 *>  10.1.1.64/26     0.0.0.0                  0         32768 i
...output omitted...
```

不过，此时仍然要验证故障问题是否已真正解决，确定 10.1.1.0/26 和 10.1.1.64/26 中的用户是否能够到达 10.1.5.5，因而再次从 10.1.1.1 和 10.1.1.65 向 10.1.5.5 发起 ping 测试。从例 14-75 可以看出，故障问题已解决。

例 14-75　验证故障问题已解决

```
R1# ping 10.1.5.5 source 10.1.1.1
Type escape sequence to abort.
Sending 5, 100-byte ICMP Echos to 10.1.5.5, timeout is 2 seconds:
Packet sent with a source address of 10.1.1.1
!!!!!
Success rate is 100 percent (5/5), round-trip min/avg/max = 44/58/68 ms
R1# ping 10.1.5.5 source 10.1.1.65
Type escape sequence to abort.
Sending 5, 100-byte ICMP Echos to 10.1.5.5, timeout is 2 seconds:
Packet sent with a source address of 10.1.1.65
!!!!!
Success rate is 100 percent (5/5), round-trip min/avg/max = 20/48/80 ms
```

14.6.3　故障工单 14-3

故障问题：假设你是 BGP AS 65502 的管理员，流量报告显示从自治系统出去的流量都流经 R3 并穿越骨干链路，但这是一种非期望情况，除非 R2 与 R1 之间的链路出现故障。

首先验证故障问题，从 R5 发起路由跟踪测试。从例 14-76 可以看出，向 10.1.1.1 和 10.1.1.65 发起的路由跟踪测试均通过 R3 到达 AS 65501。

例 14-76　验证故障问题

```
R5# traceroute 10.1.1.1 source 10.1.5.5
Type escape sequence to abort.
Tracing the route to 10.1.1.1
VRF info: (vrf in name/id, vrf out name/id)
 1 10.1.45.4 48 msec 40 msec 28 msec
 2 10.1.34.3 64 msec 32 msec 60 msec
 3 10.1.13.1 [AS 65501] 72 msec 52 msec 48 msec
```

```
R5# traceroute 10.1.1.65 source 10.1.5.5
Type escape sequence to abort.
Tracing the route to 10.1.1.65
VRF info: (vrf in name/id, vrf out name/id)
 1 10.1.45.4 48 msec 40 msec 28 msec
 2 10.1.34.3 64 msec 32 msec 60 msec
 3 10.1.13.1 [AS 65501] 72 msec 52 msec 48 msec
```

在 R5 上运行 **show ip route 10.1.1.1** 命令和 **show ip route 10.1.1.65** 命令以验证这些路由（见例 14-77），可以看出这些路由都是通过 iBGP 学到的，而且都是经 3.3.3.3（R3）到达的。

例 14-77　验证 R5 的路由

```
R5# show ip route 10.1.1.1
Routing entry for 10.1.1.0/26
  Known via "bgp 65502", distance 200, metric 0
  Tag 65501, type internal
  Last update from 3.3.3.3 00:01:09 ago
  Routing Descriptor Blocks:
  * 3.3.3.3, from 3.3.3.3, 00:01:09 ago
      Route metric is 0, traffic share count is 1
      AS Hops 1
      Route tag 65501
      MPLS label: none
R5# show ip route 10.1.1.65
Routing entry for 10.1.1.64/26
  Known via "bgp 65502", distance 200, metric 0
 Tag 65501, type internal
  Last update from 3.3.3.3 00:02:10 ago
  Routing Descriptor Blocks:
  * 3.3.3.3, from 3.3.3.3, 00:02:10 ago
      Route metric is 0, traffic share count is 1
      AS Hops 1
      Route tag 65501
      MPLS label: none
```

这两条路由是从 R2 学到的吗？可以运行 **show bgp ipv4 unicast** 命令来检查 BGP 表。从例 14-78 显示的 BGP 表可以看出，10.1.1.0/26 和 10.1.1.64/26 都是从 R2 学到的，那为什么 R5 会将 R3 优选为最佳路径呢？此时必须在下一跳地址 2.2.2.2 和 3.3.3.3 之间检查 BGP 路径选择进程的决策情况。

例 14-78　检查 R5 的 BGP 表

```
R5# show bgp ipv4 unicast
BGP table version is 613, local router ID is 5.5.5.5
Status codes: s suppressed, d damped, h history, * valid, > best, i - internal,
              r RIB-failure, S Stale, m multipath, b backup-path, f RT-Filter,
              x best-external, a additional-path, c RIB-compressed,
Origin codes: i - IGP, e - EGP, ? - incomplete
RPKI validation codes: V valid, I invalid, N Not found

     Network          Next Hop            Metric LocPrf Weight Path
```

```
*>i 1.1.1.1/32       3.3.3.3              0    100      0 65501 ?
* i                  2.2.2.2              0     50      0 65501 ?
*>i 10.1.1.0/26      3.3.3.3              0    100      0 65501 i
* i                  2.2.2.2              0     50      0 65501 i
*>i 10.1.1.64/26     3.3.3.3              0    100      0 65501 i
* i                  2.2.2.2              0     50      0 65501 i
r>i 10.1.5.0/24      3.3.3.3           3328    100      0 i
r i                  2.2.2.2           3328     50      0 i
r>i 10.1.12.0/24     3.3.3.3              0    100      0 65501 ?
r i                  2.2.2.2              0     50      0 65501 ?
r>i 10.1.13.0/24     3.3.3.3              0    100      0 65501 ?
r i                  2.2.2.2              0     50      0 65501 ?
```

首先，R5 能到达 2.2.2.2 和 3.3.3.3 吗？很明显，R5 可以到达 3.3.3.3，因为 R5 目前就是将 3.3.3.3 作为下一跳地址的。从 **show ip route 2.2.2.2** 命令的输出结果可以看出（见例 14-79），R5 也能到达 2.2.2.2。该信息非常重要，因为如果下一跳地址不可达，那么将永远不会使用该路径。

例 14-79 确认 2.2.2.2 可达

```
R5# show ip route 2.2.2.2
Routing entry for 2.2.2.2/32
  Known via "eigrp 100", distance 90, metric 131072, type internal
  Redistributing via eigrp 100
  Last update from 10.1.45.4 on GigabitEthernet1/0, 22:33:44 ago
  Routing Descriptor Blocks:
  * 10.1.45.4, from 10.1.45.4, 22:33:44 ago, via GigabitEthernet1/0
  Route metric is 131072, traffic share count is 1
  Total delay is 5020 microseconds, minimum bandwidth is 1000000 Kbit
  Reliability 255/255, minimum MTU 1500 bytes
  Loading 1/255, Hops 2
```

接下来检查权重，经由 2.2.2.2 和 3.3.3.3 的这两条路径的权重均为 0（见例 14-78）。由于权重相同，因而检查下一个属性，即本地优先级。对于本例来说，经由 2.2.2.2 的路径的本地优先级为 50，经由 3.3.3.3 的路径的本地优先级为 100，本地优先级的默认值为 100，而且越高越好，因而优选经由 3.3.3.3 的路径，因为该路径的本地优先级较高。看起来 R2 在宣告经由 2.2.2.2 的路径时修改了该路径的本地优先级，或者 R5 在收到经由 2.2.2.2 的路径时修改了该路径的本地优先级。

可以通过 **show run | section router bgp** 命令检查 R5 的 BGP 配置（见例 14-80）。没有看到任何修改本地优先级的配置信息，如果有的话，应该会看到有路由映射应用到 2.2.2.2 的 **neighbor** 语句上。

例 14-80 检查 R5 的 BGP 配置

```
R5# show run | section router bgp
router bgp 65502
 bgp log-neighbor-changes
 neighbor 2.2.2.2 remote-as 65502
 neighbor 2.2.2.2 update-source Loopback0
 neighbor 3.3.3.3 remote-as 65502
 neighbor 3.3.3.3 update-source Loopback0
```

访问 R2 并运行 **show run | section router bgp** 命令，可以发现对等体组 ENARSI_IBGP_NEIGHBORS 的出站方向应用了名为 ENARSI_BGP_FILTER 的路由映射（见例 14-81），还可以发现 R5 也是该对等体组的成员，因而该路由映射也应用到了 R5 上。为此运行 **show route-map ENARSI_BGP_FILTER** 命令检查该路由映射的配置信息（见例 14-82），可以看出该路由映射将本地优先级设置为 50。检查网络文档后发现，本地优先级应该为 150。

例 14-81　检查 R2 的 BGP 配置

```
R2# show run | section router bgp
router bgp 65502
 bgp log-neighbor-changes
 network 10.1.5.0 mask 255.255.255.0
 neighbor ENARSI_IBGP_NEIGHBORS peer-group
 neighbor ENARSI_IBGP_NEIGHBORS transport connection-mode passive
 neighbor ENARSI_IBGP_NEIGHBORS update-source Loopback0
 neighbor ENARSI_IBGP_NEIGHBORS next-hop-self
 neighbor ENARSI_IBGP_NEIGHBORS route-map ENARSI_BGP_FILTER out
 neighbor 1.1.1.1 remote-as 65501
 neighbor 1.1.1.1 password CISCO
 neighbor 1.1.1.1 ebgp-multihop 2
 neighbor 1.1.1.1 update-source Loopback0
 neighbor 3.3.3.3 remote-as 65502
 neighbor 3.3.3.3 peer-group ENARSI_IBGP_NEIGHBORS
 neighbor 4.4.4.4 remote-as 65502
 neighbor 4.4.4.4 peer-group ENARSI_IBGP_NEIGHBORS
 neighbor 5.5.5.5 remote-as 65502
 neighbor 5.5.5.5 peer-group ENARSI_IBGP_NEIGHBORS
```

例 14-82　检查 R2 的路由映射

```
R2# show route-map ENARSI_BGP_FILTER
route-map ENARSI_BGP_FILTER, permit, sequence 10
 Match clauses:
 Set clauses:
 local-preference 50
 Policy routing matches: 0 packets, 0 bytes
```

因而需要修改 R2 的路由映射中的本地优先级以解决上述问题（见例 14-83）。**show route-map ENARSI_BGP_FILTER** 命令的输出结果可以证实，本地优先级已经被成功修改为 150。为了加快 BGP 的修改速度，可以运行 **clear bgp ipv4 unicast * soft out** 命令。

例 14-83　修改路由映射中的本地优先级

```
R2# config t
Enter configuration commands, one per line. End with CNTL/Z.
R2(config)# route-map ENARSI_BGP_FILTER 10
R2(config-route-map)# set local-preference 150
R2(config-route-map)# end
%SYS-5-CONFIG_I: Configured from console by console
R2# show route-map ENARSI_BGP_FILTER
route-map ENARSI_BGP_FILTER, permit, sequence 10
```

```
Match clauses:
Set clauses:
local-preference 150
Policy routing matches: 0 packets, 0 bytes
```

回到 R5 并执行路由跟踪操作（见例 14-84），证实从自治系统出去的流量已经开始使用经 R2 的路径了。

例 14-84 确认故障问题已解决

```
R5# traceroute 10.1.1.1 source 10.1.5.5
Type escape sequence to abort.
Tracing the route to 10.1.1.1
VRF info: (vrf in name/id, vrf out name/id)
 1 10.1.45.4 28 msec 44 msec 8 msec
 2 10.1.24.2 40 msec 40 msec 40 msec
 3 10.1.12.1 [AS 65501] 64 msec 56 msec 100 msec
R5# traceroute 10.1.1.65 source 10.1.5.5
Type escape sequence to abort.
Tracing the route to 10.1.1.65
VRF info: (vrf in name/id, vrf out name/id)
 1 10.1.45.4 28 msec 44 msec 24 msec
 2 10.1.24.2 32 msec 56 msec 48 msec
 3 10.1.12.1 [AS 65501] 68 msec 36 msec 56 msec
```

14.7 故障工单（MP-BGP）

本节将给出与本章前面讨论过的主题相关的故障工单，目的是通过这些故障工单让读者真正了解现实世界或考试环境中的故障排查流程。本节的故障工单以图 14-10 所示的拓扑结构为例。

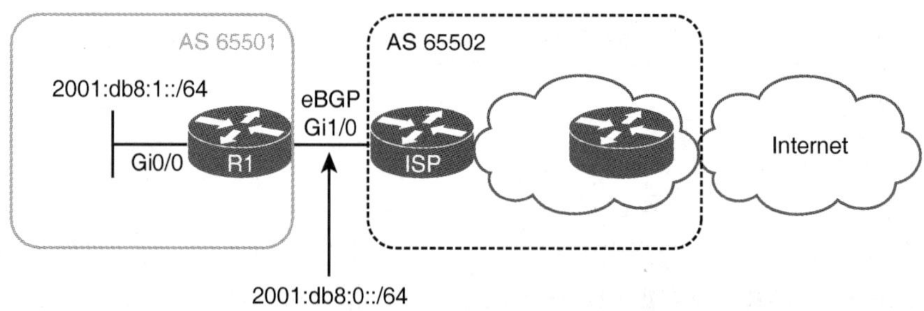

图 14-10 MP-BGP 故障工单拓扑结构

故障工单 14-4

故障问题：假设你是 BGP AS 65501 的管理员，该 AS 的另一名管理员向你请求帮助，AS 中的路由器（R1）无法通过 BGP 学习 ISP 的默认路由，因而 AS 中的用户都无法访问 Internet。

首先在 R1 上运行 **show ipv6 route** 命令以验证故障问题。从例 14-85 可以看出目前没有默认路由，但实际上应该通过 MP-eBGP 从 ISP 学到默认路由。

例 14-85 验证故障问题

```
R1# show ipv6 route
IPv6 Routing Table - default - 5 entries
Codes: C - Connected, L - Local, S - Static, U - Per-user Static route
       B - BGP, R - RIP, H - NHRP, I1 - ISIS L1
       I2 - ISIS L2, IA - ISIS interarea, IS - ISIS summary, D - EIGRP
       EX - EIGRP external, ND - ND Default, NDp - ND Prefix, DCE - Destination
       NDr - Redirect, O - OSPF Intra, OI - OSPF Inter, OE1 - OSPF ext 1
       OE2 - OSPF ext 2, ON1 - OSPF NSSA ext 1, ON2 - OSPF NSSA ext 2, l - LISP
C   2001:DB8::/64 [0/0]
     via GigabitEthernet1/0, directly connected
L   2001:DB8::1/128 [0/0]
     via GigabitEthernet1/0, receive
C   2001:DB8:1::/64 [0/0]
     via GigabitEthernet0/0, directly connected
L   2001:DB8:1::1/128 [0/0]
     via GigabitEthernet0/0, receive
L   FF00::/8 [0/0]
     via Null0, receive
```

运行 **show bgp ipv6 unicast** 命令以验证 IPv6 BGP 表的内容：

```
R1# show bgp ipv6 unicast
R1#
```

可以看出，IPv6 BGP 表中没有任何路由信息。

接下来验证 R1 是否有 IPv6 单播 BGP 邻居，从 **show bgp ipv6 unicast summary** 命令的输出结果可以看出，没有任何邻居：

```
R1# show bgp ipv6 unicast summary
R1#
```

此时可以推断 R1 的 BGP 配置有问题，因而运行 **show run | section router bgp** 命令以验证 R1 的 BGP 配置信息。从例 14-86 可以看出，配置中指定了 **neighbor 2001:DB8::2 remote-as 65502** 命令，虽然地址及远程自治系统号都正确，但是发现配置中有一条 **no neighbor 2001:DB8::2 activate** 命令，该命令表示未在 AF 中激活该邻居。请注意，这里的 AF 是 IPv4 AF，而正在处理的 AF 是 IPv6 AF，因而需要在 IPv6 AF 中激活该邻居。仔细分析后可以发现，该配置没有指定 IPv6 AF，因而没有激活邻居 2001:DB8::2。

例 14-86 查看 R1 的 BGP 配置

```
R1# show run | section router bgp
router bgp 65501
 bgp router-id 1.1.1.1
 bgp log-neighbor-changes
 neighbor 2001:DB8::2 remote-as 65502
 !
 address-family ipv4
  no neighbor 2001:DB8::2 activate
 exit-address-family
```

为了解决这个问题，需要在 IPv6 AF 配置模式下通过 **neighbor 2001:db8::2 activate** 命令激活该邻居（见例 14-87）。激活邻居之后，就可以成功建立邻接关系了。

例 14-87 在 IPv6 AF 配置模式下激活邻居

```
R1# config t
Enter configuration commands, one per line. End with CNTL/Z.
R1(config)# router bgp 65501
R1(config-router)# address-family ipv6 unicast
R1(config-router-af)# neighbor 2001:db8::2 activate
R1(config-router-af)#
%BGP-5-ADJCHANGE: neighbor 2001:DB8::2 Up
```

可以通过 **show bgp ipv6 unicast** 命令再次检查 R1 的 IPv6 BGP 表（见例 14-88），可以看出默认路由已经列在 IPv6 BGP 表中了。例 14-89 给出的路由表也显示了该默认路由，表明故障问题已解决！

例 14-88 验证 R1 的 IPv6 BGP 表中的默认路由

```
R1# show bgp ipv6 unicast
BGP table version is 4, local router ID is 1.1.1.1
Status codes: s suppressed, d damped, h history, * valid, > best, i - internal,
              r RIB-failure, S Stale, m multipath, b backup-path, f RT-Filter,
              x best-external, a additional-path, c RIB-compressed,
Origin codes: i - IGP, e - EGP, ? - incomplete
RPKI validation codes: V valid, I invalid, N Not found

     Network          Next Hop            Metric LocPrf Weight Path
 *>  ::/0             2001:DB8::2              0             0 65502 i
```

例 14-89 验证默认路由已经列在 R1 的 IPv6 路由表中

```
R1# show ipv6 route
IPv6 Routing Table - default - 6 entries
Codes: C - Connected, L - Local, S - Static, U - Per-user Static route
       B - BGP, R - RIP, H - NHRP, I1 - ISIS L1
       I2 - ISIS L2, IA - ISIS interarea, IS - ISIS summary, D - EIGRP
       EX - EIGRP external, ND - ND Default, NDp - ND Prefix, DCE - Destination
       NDr - Redirect, O - OSPF Intra, OI - OSPF Inter, OE1 - OSPF ext 1
       OE2 - OSPF ext 2, ON1 - OSPF NSSA ext 1, ON2 - OSPF NSSA ext 2, l - LISP
B   ::/0 [20/0]
     via FE80::C836:17FF:FEE8:1C, GigabitEthernet1/0
C   2001:DB8::/64 [0/0]
     via GigabitEthernet1/0, directly connected
L   2001:DB8::1/128 [0/0]
     via GigabitEthernet1/0, receive
C   2001:DB8:1::/64 [0/0]
     via GigabitEthernet0/0, directly connected
L   2001:DB8:1::1/128 [0/0]
     via GigabitEthernet0/0, receive
L   FF00::/8 [0/0]
     via Null0, receive
```

备考任务

本书提供多种备考手段：此处的练习题以及 Pearson Test Prep 软件中的模拟考试题。与实际试题相比，下面问题的难度更高，因为它们都是开放式问题。通过这种难度更高的问题，读者可以更好地测试知识掌握程度，以确保完全掌握本章基本概念和主要内容。下面的问题都可以在附录中找到参考答案。

1. 复习所有考试要点

请复习本章涉及的所有重要主题，这些内容都用“考试要点”图标做了标记，表 14-2 列出了这些考试要点及其描述。

表 14-2 考试要点

考试要点	描述
例 14-1	通过 **show bgp ipv4 unicast summary** 命令验证 BGP 邻居
列表	排查 BGP 邻居关系故障时应考虑的主要因素
小节	通过默认路由到达邻居
小节	**neighbor** 语句错误
段落	控制 BGP 数据包的源地址的方式
段落	BGP TCP 会话的建立方式以及控制 TCP 会话的服务器和客户端的方式
段落	控制 eBGP 数据包的 TTL 的方式
段落	最小保持时间参数阻止 BGP 邻居关系建立的原因
列表	BGP 表或路由表中出现 BGP 路由缺失的原因
例 14-22	检查 BGP 表
列表	BGP **network mask** 命令的使用条件
段落	BGP 的下一跳问题
段落	识别 BGP 水平分割故障
段落	排查可能会导致 BGP 路由无法宣告或学习的过滤器故障
列表	BGP 成功确定去往特定网络的最佳路径的决策进程
段落	通过 IPv4 BGP TCP 会话交换 IPv6 BGP 路由时可能会出现的下一跳故障
段落	通过 IPv4 BGP TCP 会话交换 IPv6 BGP 路由时出现的下一跳故障的解决方法

2. 定义关键术语

请对本章中的下列关键术语进行定义。

BGP、EGP、eBGP、iBGP、MP-BGP、ISP、地址簇、TTL、对等体组、水平分割规则（iBGP)、权重、本地优先级、AS_PATH、MED。

3. 检查命令的记忆程度

以下列出了本章用到的各种重要的配置和验证命令，虽然并不需要记忆每条命令的完整语法格式，但是应该记住这些命令所需的基本关键字。

为了检查你对这些命令的记忆情况，请用一张纸遮住表 14-3 的右侧，通过表格左侧的描述内容，看一看是否能记起这些命令。

表 14-3 命令参考

任务	命令语法
显示路由器的 BGP RID、自治系统号、BGP 内存使用信息以及 IPv4/IPv6 单播 BGP 邻居的摘要信息	**show bgp {ipv4 | ipv6} unicast summary**
显示路由器的所有 IPv4/IPv6 BGP 邻居的详细信息	**show bgp {ipv4 | ipv6}unicast neighbors**
显示 IPv4/IPv6 BGP 表中的 IPv4/IPv6 网络前缀	**show bgp {ipv4 | ipv6}unicast**
显示路由器的 IPv4/IPv6 路由表中从 BGP 学到的所有路由	**show {ipv4 | ipv6}route bgp**
显示 BGP 事件（如建立对等关系）的实时信息	**debug ip bgp**
显示 BGP 路由器发送和接收 BGP 更新的实时信息	**debug ip bgp updates**
显示路由器的 IP 路由表中出现的路由更新信息（该命令不是 BGP 专用命令）	**debug ip routing**

注：**show ip bgp** 命令的输出结果与 **show bgp ipv4 unicast** 命令的输出结果相同，**show ip bgp summary** 命令的输出结果与 **show bgp ipv4 unicast summary** 命令的输出结果相同，**show ip bgp neighbors** 命令的输出结果与 **show bgp ipv4 unicast neighbors** 命令的输出结果也相同。

由于 ENARSI 300-410 认证考试重点考查考生作为网络专家的实际动手能力，因而必须掌握与本章主题相关的配置、验证及故障排查命令。

第 15 章

路由映射与条件转发

本章主要讨论以下主题。

- **条件匹配**：本节将讨论如何通过 ACL 或前缀列表实现网络前缀的条件匹配。
- **路由映射**：本节将解释路由映射的结构以及如何将条件匹配与条件操作组合在一起以过滤或控制路由。
- **条件转发数据包**：本节将讨论路由器根据网络流量沿不同路径转发数据包的方式。
- **故障工单**：本节将通过 3 个故障工单来解释如何通过结构化的故障排查过程来解决故障问题。

本章将讨论路由器根据各种特征选择路由并更改自身操作行为的能力，更改路由器操作行为的方法包括路由控制、路由过滤以及根据流经路由器的流量类型修改流量路径。

15.1 “我已经知道了吗？”测验

“我已经知道了吗？”测验的目的是帮助读者确定是否需要完整地学习本章知识或者直接跳至“备考任务”，如果读者对题目的答案还存在疑问，或者评估自己对这些主题知识的掌握程度还不够的话，就可以从头学起。表 15-1 列出了本章的主要内容以及与这些内容相关联的“我已经知道了吗？”测验题，答案可参见附录。

表 15-1 “我已经知道了吗？”基本主题章节与所对应的测验题

涵盖测验题的基本主题章节	测验题
条件匹配	1、2
路由映射	3～5
条件转发数据包	6

注意：自我评价的目的是检验你对本章知识的掌握程度，如果不知道或仅部分知道问题的答案，出于自我评价的目的，请在该问题上标记“错”。为了不影响自我评价的结果，对不懂的问题请不要猜测答案，否则可能会造成一种已掌握的假象。

1. 是非题：如果路由协议是 IGP 而非 BGP，那么用于匹配路由的扩展 ACL 可以更改路由器的操作行为。

   a. 对

b．错

2．下面哪些网络前缀与前缀匹配模式 10.168.0.0/13 ge 24 相匹配？（选择两项）

a．10.168.0.0/13

b．10.168.0.0/24

c．10.173.1.0/28

d．10.104.0.0/24

3．如果路由映射 **route-map QUESTION deny 30** 不包含条件匹配语句，那么会怎么样？

a．其余路由均被丢弃

b．其余路由均被接收

c．所有路由均被丢弃

d．所有路由均被接收

4．使用下列路由映射时，与前缀列表 PrefixRFC1918 不匹配的路由会怎么样？

```
route-map QUESTION deny 10
  match ip address prefix-list PrefixRFC1918
route-map QUESTION permit 20
  set metric 200
```

a．路由被允许，且度量被设置为 200

b．路由被拒绝

c．路由被允许

d．路由被允许，且默认度量被设置为 100

5．是非题：如果存在多个类型相同的条件匹配项，那么只需满足一个条件即可匹配前缀。

a．对

b．错

6．是非题：策略路由会修改路由器的路由表。

a．对

b．错

基础主题

15.2 条件匹配

对路由实施批量变更很难实现网络调优，本节将讨论一些常见的条件匹配路由技术，即 ACL 和前缀列表。

15.2.1 ACL

ACL 的最初目的是对流入或流出网络接口的数据包进行过滤，类似于基本防火墙的功能。目前的 ACL 可以为各种功能特性（如 QoS）提供数据包分类功能，也可以在路由协议中识别网络。

ACL 由 ACE（Access Control Entry，访问控制表项）组成，ACE 是 ACL 中负责标识所要采取的操作（**permit** 或 **deny**）以及相关数据包分类的表项。数据包分类按照自上（最小序列）而下（较大序列）的方式进行，直至找到匹配项。找到匹配项之后，就可以采取相应的操作（**permit** 或 **deny**），处理操作到此结束。每个 ACL 的末尾都有一个隐式 **deny** ACE，作用是拒绝所有与该 ACL 前面 ACE 都不匹配的数据包。

注：ACE 在 ACL 中的位置非常重要，如果 ACE 的次序有问题，那么极有可能产生非期望结果。

可以将 ACL 分为两类。

- **标准 ACL**：仅根据源网络定义数据包。
- **扩展 ACL**：可以根据源端、目的端、协议、端口或其他数据包属性的组合定义数据包。本书关注的是路由，因而将 ACL 的讨论范围限定为源端、目的端和协议等属性。

标准 ACL 使用列表号为 1～99、1300～1999 的表项或命名式 ACL。扩展 ACL 使用列表号为 100～199、2000～2699 的表项或命名式 ACL。命名式 ACL 与标准 ACL 或扩展 ACL 一起使用，提供与 ACL 相关的功能，通常是首选方式。

1．标准 ACL

标准 ACL 的定义过程如下。

步骤 1 在 ACL 配置模式下通过命令 **ip access-list standard** {*acl-number* | *acl-name*} 定义 ACL。

步骤 2 使用命令[*sequence*] {**permit** | **deny**} *source source-wildcard* 配置 ACE。对于 *source source-wildcard* 来说，可以用关键字 **any** 代替 0.0.0.0 0.0.0.0，也可以用关键字 **host** 引用/32 IP 地址，从而省略 *source-wildcard*。

注：某些网络工程师认为命令 **access-list** *acl-number* {**permit**|**deny**} *source source-wildcard* 过于陈旧，因为该命令无法删除特定 ACE。在该命令的前面添加关键字 **no** 之后，会删除整个 ACL。如果将该命令应用于接口或其他无法预料的场景，就可能导致无法访问路由器。

表 15-2 给出了 ACL 配置模式下的 ACE 示例，并解释了与标准 ACL 相匹配的网络。

表 15-2 标准 ACL 与网络的匹配情况

ACE	网络
permit any	允许所有网络
permit 172.16.0.0 0.0.255.255	允许 172.16.0.0 区间内的所有网络（172.16.0.0～172.16.255.255）
permit host 192.168.1.1	仅允许网络 192.168.1.1/32

注：如果未提供序列号，其就会根据最高序列号自动递增 10，第一个表项是 10。这样的序列化方式可以在使用 ACL 之后删除特定 ACE 或者插入 ACE。以 5 或 10 为单位增加 ACE 的序列号是一种比较好的做法，这样做可以方便今后根据需要增加表项。

2．扩展 ACL

扩展 ACL 的定义过程如下。

步骤 1 在 ACL 配置模式下通过命令 **ip access-list extended** {*acl-number* | *acl-name*} 定义 ACL。

步骤 2 通过命令[**sequence**] {**permit** | **deny**} **protocol** *source source-wildcard destination destination-wildcard* 配置 ACE。

利用扩展 ACL 选择网络前缀的行与采用的路由协议是 IGP（如 EIGRP、OSPF 或 IS-IS）还是 BGP 有关。

（1）IGP 网络选择

如果使用 ACL 进行 IGP 网络选择，就可以用 ACL 的源字段标识网络，用目的字段标识网络区间所允许的最小前缀长度。表 15-3 提供了 ACL 配置模式下的 ACE 示例以及扩展 ACL 所匹配的网络。请注意，网络 172.16.0.0 在目的通配符方面的细微差异影响了表 15-3 中第二行和第三行允许的网络区间。

表 15-3　　用于 IGP 路由选择的扩展 ACL

ACE	网络
permit ip any any	允许所有网络
permit ip host 172.16.0.0 host 255.240.0.0	允许 172.16.0.0/12 区间内的所有网络
permit ip host 172.16.0.0 host 255.255.0.0	允许 172.16.0.0/16 区间内的所有网络
permit host 192.168.1.1	仅允许网络 192.168.1.1/32

（2）BGP 网络选择

扩展 ACL 匹配 BGP 路由时的响应与匹配 IGP 路由时的响应不同。源字段匹配路由的网络部分，目的字段匹配子网掩码（见图 15-1）。在引入前缀列表之前，扩展 ACL 是唯一能够支持 BGP 的匹配规则。

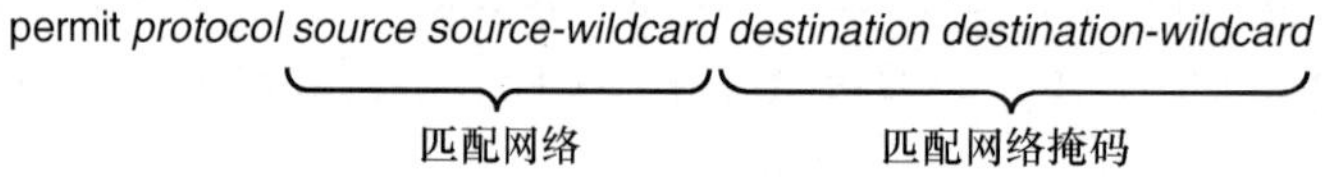

permit *protocol source source-wildcard destination destination-wildcard*

匹配网络　　匹配网络掩码

图 15-1　扩展 ACL 匹配 BGP 路由

表 15-4 解释了网络和子网掩码的通配符概念。

表 15-4　　用于 BGP 路由选择的扩展 ACL

ACE	网络
permit ip 10.0.0.0 0.0.0.0 255.255.0.0 0.0.0.0	仅允许网络 10.0.0.0/16
permit ip 10.0.0.0 0.0.255.0 255.255.255.0 0.0.0.0	允许前缀长度为/24 的所有 10.0.x.0 网络
permit ip 172.16.0.0 0.0.255.255 255.255.255.0 0.0.0.255	允许前缀长度为/24～/32 的所有 172.16.x.x 网络
permit ip 172.16.0.0 0.0.255.255 255.255.255.128 0.0.0.127	允许前缀长度为/25～/32 的所有 172.16.x.x 网络

15.2.2 前缀匹配

除 ACL 之外，前缀列表是另一种可以在路由协议中识别网络的方法。前缀列表可以识别特定 IP 地址、网络或网络区间，可以利用前缀匹配规范选择具有多种前缀长度的多个网络。与 ACL 相比，很多网络工程师都更喜欢使用前缀列表来选择网络。

前缀匹配规范的结构包括两部分：高阶比特模式和高阶比特数（确定所要匹配的比特模式中的高阶比特）。有些文档也将高阶比特模式称为地址或网络，将高阶比特数称为长度或掩码长度。

图 15-2 给出了基本的前缀匹配规范示例，其中的高阶比特模式是 192.168.0.0，高阶比特数是 16。为了更好地解释高阶比特数的位置，图 15-2 中将高阶比特模式转换成了二进制模式。由于不包含额外的匹配长度参数，因而此处的高阶比特数是精确匹配。

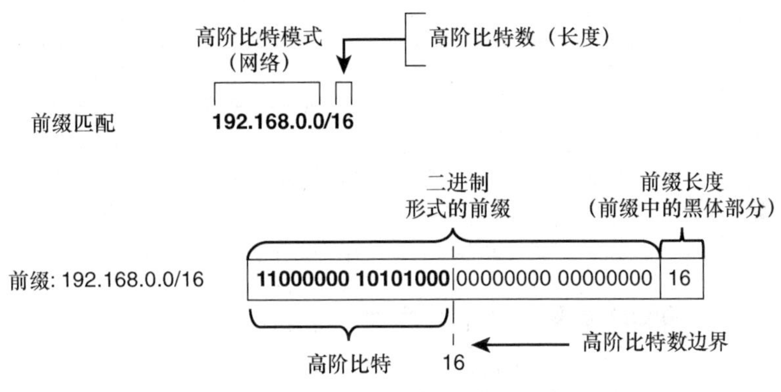

图 15-2 基本的前缀匹配规范示例

虽然前缀匹配规范逻辑看起来似乎与访问列表的功能相同，但前缀匹配技术真正强大且灵活的地方在于，可以利用匹配长度参数在一条语句中通过指定前缀长度来识别多个网络。匹配长度参数选项如下。

- le：小于或等于，即<=。
- ge：大于或等于，即>=。
- 两者：同时使用 le 和 ge。

图 15-3 给出了一个前缀匹配规范示例，其中的高阶比特模式是 10.168.0.0，高阶比特数是 13，前缀匹配长度必须大于或等于 24。

前缀 10.168.0.0/13 不满足匹配要求，因为前缀长度小于 24，而前缀 10.168.0.0/24 则满足匹配要求。前缀 10.173.1.0/28 满足匹配要求，因为前 13 比特与高阶比特模式匹配，且前缀长度位于匹配长度参数范围内。前缀 10.104.0.0/24 不满足匹配要求，因为高阶比特数范围内的高阶比特模式不匹配。

图 15-4 所示的前缀匹配规范中的高阶比特模式为 10.0.0.0，高阶比特数为 8，前缀匹配长度必须介于 22～26。

前缀 10.0.0.0/8 不匹配的原因是前缀长度太短。前缀 10.0.0.0/24 匹配的原因是前缀比特模式匹配且前缀长度在 22～26。前缀 10.0.0.0/30 不匹配的原因是前缀长度太长。所有第 1 个八比特组以 10 开头且前缀长度介于 22～26 的前缀均将符合该前缀匹配规范。

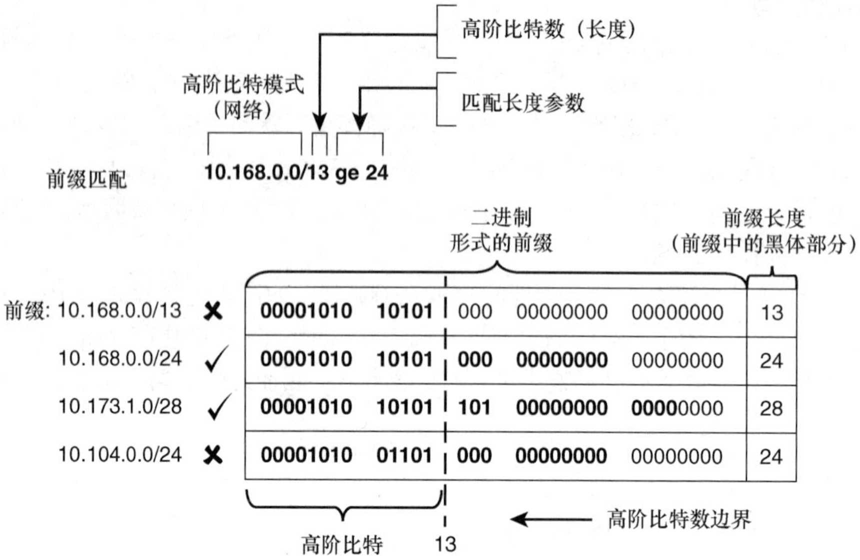

高阶比特数（长度）

高阶比特模式（网络）

匹配长度参数

前缀匹配 10.168.0.0/13 ge 24

前缀		二进制形式的前缀	前缀长度（前缀中的黑体部分）
前缀: 10.168.0.0/13	✗	**00001010 10101** 000 00000000 00000000	13
10.168.0.0/24	✓	**00001010 10101 000 00000000** 00000000	24
10.173.1.0/28	✓	**00001010 10101 101 00000000 0000**0000	28
10.104.0.0/24	✗	**00001010 01101 000 00000000** 00000000	24

高阶比特 13 ← 高阶比特数边界

图 15-3 带匹配长度参数的前缀匹配规范示例

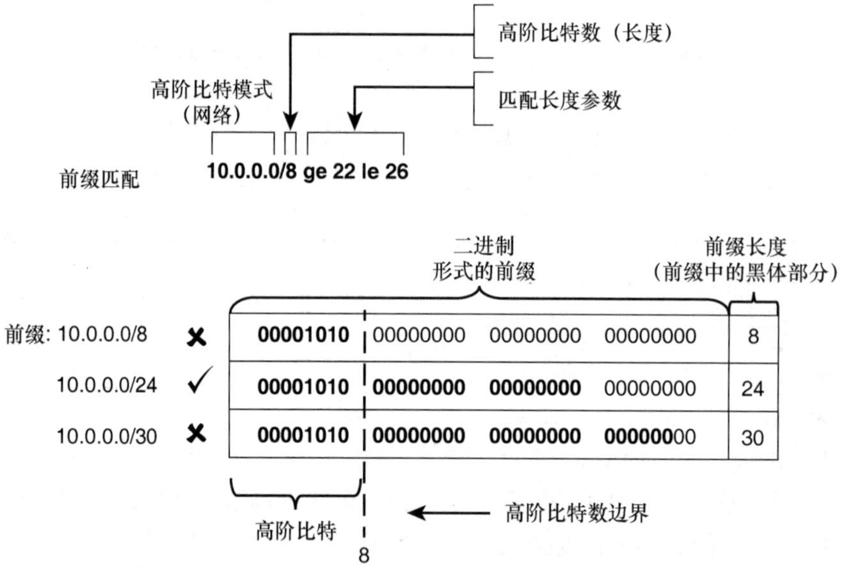

高阶比特数（长度）

高阶比特模式（网络）

匹配长度参数

前缀匹配 10.0.0.0/8 ge 22 le 26

前缀		二进制形式的前缀	前缀长度（前缀中的黑体部分）
前缀: 10.0.0.0/8	✗	**00001010** 00000000 00000000 00000000	8
10.0.0.0/24	✓	**00001010 00000000 00000000** 00000000	24
10.0.0.0/30	✗	**00001010 00000000 00000000 000000**00	30

高阶比特 8 ← 高阶比特数边界

图 15-4 带有不合格匹配前缀的前缀匹配规范示例

注：如果要匹配大于高阶比特数的特定前缀长度，就需要匹配 ge 值和 le 值。

1. 前缀列表

前缀列表可以包含多个前缀匹配规范表项，每个表项都包含 **permit** 或 **deny** 操作。前缀列表以自上而下的方式按序处理表项，并以相应的 **permit** 或 **deny** 操作对第一个前缀匹配项进行处理。

可以通过下列全局配置命令配置前缀列表：

```
ip prefix-list prefix-list-name [seq sequence-number]
{permit | deny} high-order-bit- pattern/high-order-bit-count
[ge ge-value] [le le-value]
```

如果未提供序列号，其就根据最高序列号自动递增 5，本例中第一条表项的序列号是 5。这种序列编号方式允许删除特定表项。由于无法对前缀列表进行重新排序，因而建议预留足够空间以便后续插入新的表项。

IOS 和 IOS XE 要求 ge 值大于高阶比特数，且 le 值大于或等于 ge 值：

高阶比特数 < ge 值 ≤ le 值

例 15-1 为 RFC 1918 地址范围内的所有网络都定义了一个名为 RFC1918 的前缀列表示例，该前缀列表仅允许 192.168.0.0 网络区间存在/32 前缀，而不允许其他网络区间存在/32 前缀。

例 15-1　前缀列表示例

```
ip prefix-list RFC1918 seq 5 permit 192.168.0.0/13 ge 32
ip prefix-list RFC1918 seq 10 deny 0.0.0.0/0 ge 32
ip prefix-list RFC1918 seq 15 permit 10.0.0.0/8 le 32
ip prefix-list RFC1918 seq 20 permit 172.16.0.0/12 le 32
ip prefix-list RFC1918 seq 25 permit 192.168.0.0/16 le 32
```

可以看出，序列号为 5 的表项允许 192.168.0.0/13 比特模式中的全部/32 前缀，序列 10 拒绝所有比特模式中的全部/32 前缀，序列 15、20、25 则允许适当网络区间中的路由。请注意，序列顺序对于前两条表项来说非常重要，因为只有这样才能确保该前缀列表中仅 192.168.0.0 存在/32 前缀。

2. IPv6 前缀列表

前缀匹配逻辑对于 IPv6 网络和 IPv4 网络来说完全相同。需要记住的是，IPv6 网络在标识网络区间时以十六进制表示，而不是以二进制表示。但最终都在二进制层面运行。

IPv6 前缀列表使用以下全局配置命令进行配置：

```
ipv6 prefix-list prefix-list-name [seq sequence-number]
{permit | deny} high-order-bit- pattern/high-order-bit-count
[ge ge-value] [le le-value]
```

例 15-2 显示了一个名为 PRIVATE-IPV6 的前缀列表示例，允许标准规定的 IPv6 空间中的所有网络。

例 15-2　IPv6 前缀列表示例

```
ipv6 prefix-list PRIVATE-IPV6 seq 5 permit 2001:2::/48 ge 48
ipv6 prefix-list PRIVATE-IPV6 seq 10 permit 2001:db8::/32 ge 32
```

15.3　路由映射

路由映射可以为各种路由协议提供大量有用特性。从最简单的角度来看，路由映射可以像 ACL 那样过滤网络，还能通过添加或修改网络属性来提供更多附加功能。必须在路由协议中引用路由映射才能影响路由协议的行为。路由映射对于 BGP 来说是非常关键的组件，因为路由映射是修改每个邻居独特路由策略的主要组件。

路由映射包括以下组件。

- **序列号**：指示路由映射的处理顺序。
- **条件匹配规则**：识别特定序列的前缀特性（网络、BGP 路径属性、下一跳等）。
- **处理操作**：允许或拒绝前缀。
- **可选操作**：取决于路由器引用路由映射的方式，可选操作包括修改、添加或删除路由特性。

路由映射的命令语法如下：

```
route-map route-map-name [permit | deny] [sequence-number]
```

route-map 语句的规则如下。

- 如果未提供处理操作，就使用默认的 **permit** 操作。
- 如果未提供序列号，那么序列号默认为 10。
- 如果未包含条件匹配语句，那么隐含所有前缀均与该语句相关联。
- 匹配了条件匹配规则之后，路由映射仅在处理完所有可选操作（如已配置）之后停止。
- 如果路由未被条件匹配，就为该路由执行隐含的 **deny** 操作。

例 15-3 给出了一个路由映射示例，包含了前面所说的 4 个组件。条件匹配规则基于 ACL 指定的网络区间，例中增加了必要的注释以方便了解每个序列中的路由映射行为。

例 15-3 路由映射示例

```
route-map EXAMPLE permit 10
 match ip address ACL-ONE
! Prefixes that match ACL-ONE are permitted. Route-map completes processing upon a match

route-map EXAMPLE deny 20
 match ip address ACL-TWO
! Prefixes that match ACL-TWO are denied. Route-map completes processing upon a match

route-map EXAMPLE permit 30
 match ip address ACL-THREE
 set metric 20
! Prefixes that match ACL-THREE are permitted and modify the metric. Route-map completes
! processing upon a match

route-map EXAMPLE permit 40
! Because a matching criteria was not specified, all other prefixes are permitted
! If this sequence was not configured, all other prefixes would drop because of the
! implicit deny for all route-maps
```

注：删除特定 **route-map** 语句时应包含序列号，以免删除整个路由映射。

15.3.1 条件匹配

解释了路由映射的组件和处理顺序之后，本节将讨论路由的匹配方式。表 15-5 列

出了最常用的条件匹配选项的匹配命令及描述，可以看出，存在大量可用选项。

表 15-5 条件匹配选项

匹配命令	描述
match as-path *acl-number*	基于正则表达式查询操作选择前缀，以隔离 BGP PA 的 AS_PATH 中的 ASN（允许多个匹配变量）
match community *community-list*	基于 BGP 团体属性选择前缀
match interface *interface-id*	基于所关联的接口匹配网络或流量
match ip address {*acl-number* | *acl-name*}	基于 ACL 定义的网络选择规则选择前缀
match {**ip** | **ipv6**} **address prefix-list** *prefix-list-name*	基于前缀选择规则选择前缀
match local-preference	基于 BGP 属性本地优先级选择前缀（允许多个匹配变量）
match metric {*1-4294967295* | **external** *1-4294967295*} [+- *deviation*]	基于度量（可以是精确度量、度量区间或者可接受的偏差范围）选择前缀
match source-protocol {bgp *asn* | **connected** | eigrp *asn* | **ospf** *process-id* | **static**}	基于源协议和特定路由进程（如果可用）选择前缀
match tag *tag-value*	基于其他路由器设置的数字标记（0～4,294,967,295）选择前缀（允许多个匹配变量）

1．多个条件匹配规则

如果为特定路由映射序列配置了同一类型的多个变量（ACL、前缀列表、标记等），且要求只要任一个变量匹配即认为该前缀匹配，就需要在配置中使用布尔逻辑运算符 or。

例 15-4 中的序列 10 要求前缀匹配 ACL-ONE 或 ACL-TWO。请注意，序列 20 未配置匹配语句，因而未匹配序列 10 的所有前缀均满足该条件并被拒绝。

例 15-4 包含多个匹配变量的路由映射示例

```
route-map EXAMPLE permit 10
 match ip address ACL-ONE ACL-TWO
!
route-map EXAMPLE deny 20
```

注：序列 20 是冗余配置，因为未匹配序列 10 的所有前缀均包含了隐式 **deny** 语句。

如果为特定路由映射序列配置了多个匹配选项，且要求前缀必须同时满足这些匹配选项才能符合该序列匹配要求，就需要在这类配置中使用布尔逻辑运算符 and。

在下面的代码段中，序列 10 要求前缀与 ACL-ONE 匹配，且度量值在 500～600：

```
route-map EXAMPLE permit 10
  match ip address ACL-ONE
  match metric 550 +- 50
```

如果前缀不同时满足这两个匹配选项，就不符合序列 10 的要求且会被拒绝（因为其他序列没有 **permit** 操作）。

2. 复杂匹配

某些网络工程师发现，如果条件匹配规则使用 ACL、AS-PATH ACL 或包含 **deny** 语句的前缀列表，那么路由映射就会显得过于复杂。例如，例 15-5 中的 ACL 对网络区间 172.16.1.0/24 应用了 **deny** 语句。

例 15-5 复杂匹配路由映射

```
ip access-list standard ACL-ONE
 deny 172.16.1.0 0.0.0.255
 permit 172.16.0.0 0.0.255.255

route-map EXAMPLE permit 10
 match ip address ACL-ONE
!
route-map EXAMPLE deny 20
 match ip address ACL-ONE
!
route-map EXAMPLE permit 30
 set metric 20
```

查看这类配置时必须先遵循序列顺序，再关注条件匹配规则，应该仅在匹配后才使用处理操作和可选操作。如果匹配了条件匹配规则中的 **deny** 语句，那么该路由就会被路由映射中的序列拒绝。

由于前缀 172.16.1.0/24 被 ACL-ONE 拒绝，因而可以推断序列 10 和 20 无匹配项，这样一来就不需要处理操作（**permit** 或 **deny**）。序列 30 未配置匹配语句，允许剩余的所有路由，因而前缀 172.16.1.0/24 将被传递给序列 30，度量值将被设置为 20。前缀 172.16.2.0/24 匹配 ACL-ONE，并传递给序列 10。

注：路由映射按照序列号、条件匹配规则、处理操作和可选操作依次进行处理，匹配组件中的 **deny** 语句与路由映射的序列操作相隔离。

15.3.2 可选操作

除能够传递前缀之外，路由映射还能修改路由属性。表 15-6 列出了常见的路由映射 **set** 操作。

表 15-6 路由映射 **set** 操作

set 操作	描述
set as-path prepend {*as-number-pattern* | **last-as** *1-10*}	使用指定模式或者邻接 AS 的多次迭代为网络前缀追加 AS_PATH
set ip next-hop { *ip-address* | **peer-address** | **self** }	为所有匹配前缀设置下一跳 IP 地址，BGP 动态控制使用关键字 **peer-address** 或 **self**
set local-preference *0-4294967295*	设置 BGP PA 本地优先级
set metric {*+value* | *-value* | *value*}	修改现有度量或者为特定路由设置度量，*value* 的取值范围是 0～4,294,967,295
set origin {**igp** | **incomplete**}	设置 BGP PA 路由来源
set tag *tag-value*	设置数字标记（0～4,294,967,295）以通过其他路由器识别网络
set weight *0-65535*	设置 BGP PA 权重

15.3.3　continue

默认的路由映射行为是按照顺序处理路由映射序列，并在第一次匹配时执行处理操作、执行可选操作（如果可行），然后停止处理，这样就能避免处理多个路由映射序列。

在路由映射中添加了关键字 **continue** 之后，就允许路由映射继续处理其他路由映射序列。例 15-6 显示了一个基本的使用关键字 **continue** 的路由映射配置示例。网络前缀 192.168.1.1 匹配序列 10、20 和 30，由于在序列 10 中添加了关键字 **continue**，因而会接着处理序列 20，但不会处理序列 30，因为序列 20 中没有配置关键字 **continue**。可以看出，匹配了前缀 192.168.1.1 之后，将其度量修改为 20，下一跳地址修改为 10.12.1.1。

例 15-6　使用关键字 continue 的路由映射配置示例

```
ip access-list standard ACL-ONE
 permit 192.168.1.1 0.0.0.0
 permit 172.16.0.0 0.0.255.255
 !
ip access-list standard ACL-ONE
 permit 192.168.1.1 0.0.0.0
permit 172.16.0.0 0.0.255.255
 !
ip access-list standard ACL-TWO
 permit 192.168.1.1 0.0.0.0
 permit 172.31.0.0 0.0.255.255
!
route-map EXAMPLE permit 10
 match ip address ACL-ONE
 set metric 20
 continue
!
route-map EXAMPLE permit 20
 match ip address ACL-TWO
 set ip next-hop 10.12.1.1
!
route-map EXAMPLE permit 30
 set ip next-hop 10.13.1.3
```

注：关键字 **continue** 的使用并不常见，因为这样会增加路由映射故障排查的复杂度。

15.4　条件转发数据包

路由器根据 IP 数据包的目的 IP 地址做出转发决策。在某些场景下，路由器在确定应该将数据包转发到何处时，可能会考虑其他因素，如数据包长度或源 IP 地址。

PBR（Policy-Based Routing，策略路由）允许根据除目的 IP 地址之外的其他数据包特征对数据包进行条件转发。

PBR 提供了以下能力。

- 根据协议类型（ICMP、TCP、UDP 等）进行路由。

- 根据源 IP 地址、目的 IP 地址或两者进行路由。
- 根据时延、链路速率或特定瞬时流量利用率等参数，为去往相同目的端的流量手动分配不同的网络路径。

条件路由的主要缺点如下。

- 在扩展性方面存在管理负担。
- 缺乏网络智能。
- 故障排查复杂。

路由器接口收到数据包之后，将检查数据包以确定是否执行 PBR 处理。此外，本地 PBR 还可以识别本地路由器发起的流量。

PBR 验证下一跳 IP 地址是否存在之后，通过指定的下一跳 IP 地址转发数据包。也可以配置额外的下一跳 IP 地址，如果第一个下一跳 IP 地址不在 RIB 中，就可以使用备用下一跳 IP 地址。如果路由表中没有指定的下一跳 IP 地址，就不执行数据包的条件转发。

> 注：条件转发不会修改 RIB，因为其并非适用于所有数据包。这通常会增加故障排查的复杂度，因为路由表仅显示从路由协议学到的下一跳 IP 地址，而不显示条件转发流量的下一跳 IP 地址。

15.4.1 PBR 配置

可以通过携带 **match** 和 **set** 语句的路由映射配置 PBR，并将配置应用到入站接口上。具体配置步骤如下。

步骤 1 通过命令 **route-map** *route-map-name* [**permit** | **deny**] [*sequence-number*]配置路由映射。

步骤 2 定义条件匹配规则。可以通过命令 **match length** *minimum-length maximum-length* 定义基于数据包长度的条件匹配规则，也可以通过命令 **match ip address** {*access-list-number* | *acl-name*}以 ACL 的方式定义基于数据包 IP 地址字段的条件匹配规则。

步骤 3 通过命令 **set ip** [**default**] **next-hop** *ip-address* [... *ip-address*]为符合条件匹配规则的数据包指定一个或多个下一跳。可以通过可选关键字 **default** 更改操作行为，即仅在 RIB 无目的地址时，才使用路由映射指定的下一跳地址。如果 RIB 存在可选路由，就使用该路由作为转发数据包的下一跳地址。

步骤 4 通过接口参数命令 **ip policy route-map** *route-map-name* 将路由映射应用到入站接口上。

图 15-5 通过一个示例拓扑结构解释了上述 PBR 概念。R1、R2、R3、R4 和 R5 都配置了 OSPF，R2 与 R5 之间的流量穿越了网络 10.24.1.0/24，因为向 R3 发送流量会给第二链路带来更多的额外开销。

例 15-7 未配置 PBR，在网络 10.1.1.0/24～10.5.5.0/24 执行 **traceroute** 之后，可以看出正常的流量路径。

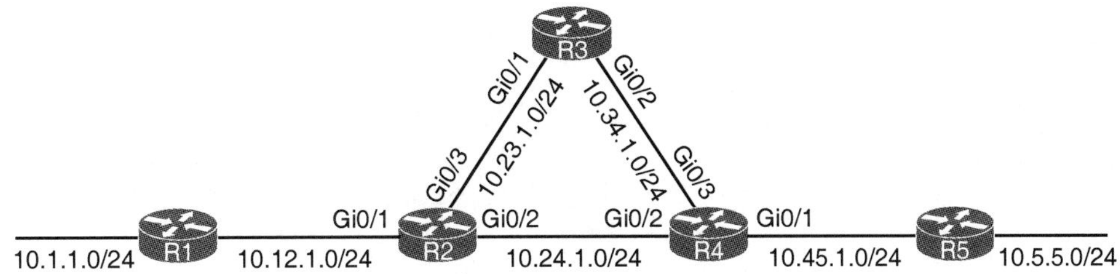

图 15-5 PBR 下一跳拓扑结构

例 15-7 通过 **traceroute** 显示正常的流量路径

```
R1# traceroute 10.5.5.5 source 10.1.1.1
Type escape sequence to abort.
Tracing the route to 10.5.5.5
  1 10.12.1.2 5 msec 7 msec 3 msec
  2 10.24.1.4 3 msec 5 msec 13 msec
  3 10.45.1.5 5 msec * 4 msec
```

例 15-8 显示了 R2 的 PBR 配置。可以看出，此时将 10.1.1.0/24 去往网络 10.5.5.0/24 的网络流量都路由到了 10.23.1.3（R3）。

例 15-8 配置 PBR

```
R2
ip access-list extended ACL-PBR
 permit ip 10.1.1.0 0.0.0.255 10.5.5.0 0.0.0.255
!
route-map PBR-TRANSIT permit 10
 match ip address ACL-PBR
 set ip next-hop 10.23.1.3
!
interface GigabitEthernet0/1
 ip address 10.12.1.2 255.255.255.0
 ip policy route-map PBR-TRANSIT
```

注：无须在例 15-8 的路由映射中为遵循 RIB 转发规则的流量配置额外语句。

应用了 PBR 之后，例 15-9 显示了网络 10.1.1.0/24 与 10.5.5.0/24 之间的流量路径。可以看出，此时使用的路径已不再是前面显示的网络 10.24.1.0/24，而是经由 R3 的路径（该路径更长）。

例 15-9 应用 PBR 之后的 R1 到 R5 的流量路径

```
R1# trace 10.5.5.5 source 10.1.1.1
Type escape sequence to abort.
Tracing the route to 10.5.5.5
  1 10.12.1.2 3 msec 3 msec 7 msec
  2 10.23.1.3 4 msec 6 msec 14 msec
  3 10.34.1.4 4 msec 1 msec 4 msec
  4 10.45.1.5 11 msec * 6 msec
```

从例 15-10 可以看出，应用 PBR 配置之后并不会修改路由表。条件转发数据包不在 RIB 之内，使用命令 **show ip route** 也看不到相关信息。

例 15-10 R2 关于网络 10.5.5.0/24 的路由表

```
R2# show ip route 10.5.5.5
Routing entry for 10.5.5.0/24
  Known via "ospf 1", distance 110, metric 3, type intra area
  Last update from 10.24.1.4 on GigabitEthernet0/2, 00:12:37 ago
  Routing Descriptor Blocks:
  * 10.24.1.4, from 10.45.1.5, 00:12:37 ago, via GigabitEthernet0/2
      Route metric is 3, traffic share count is 1
```

15.4.2 本地 PBR

路由器发起的数据包不会进行策略路由。如果希望对本地生成的流量进行策略路由，就可以使用本地 PBR 功能。可以通过全局配置命令 **ip local policy** *route- map-name* 为路由器应用本地 PBR 功能。

图 15-6 场景中的 R1 由网络 172.16.14.0/24 上的专用带外管理接口进行管理。图 15-6 中的所有路由器及接口均启用了 OSPF（R1 的 Gi0/2 接口除外），在整个网络范围内应用了 ACL，以确保去往网络 172.16.14.0/24 的流量仅穿越网络 172.16.14.0/24。此外，要求管理流量绝对不能使用网络 10.12.1.0/24 或 10.23.1.0/24。

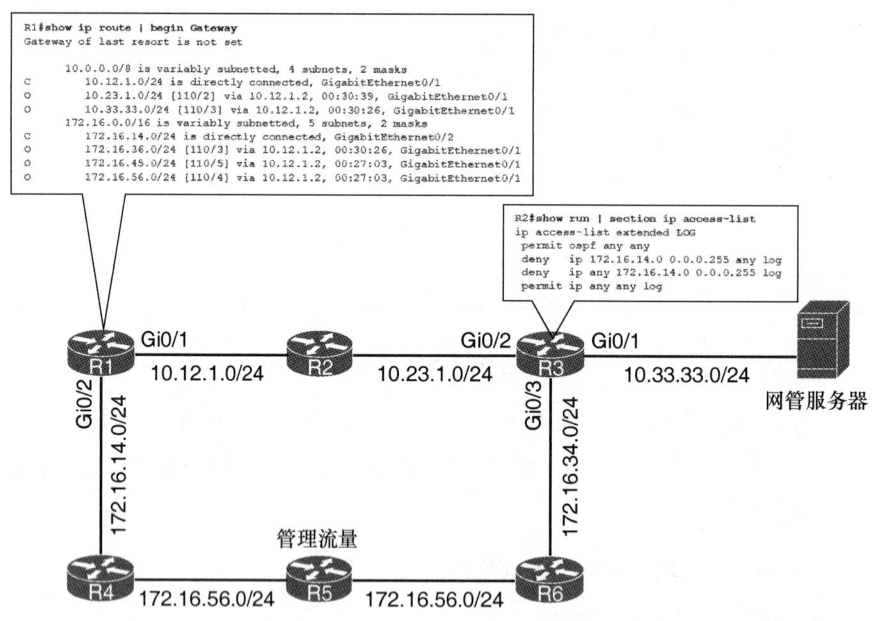

图 15-6 本地 PBR 拓扑结构

作为问题的一部分，R3 等路由器会尝试穿越 R2 到达网络 172.16.14.0/24。R1 未在 172.16.14.0/24 接口上启用 OSPF，因而 R1 不会将该网络宣告到 OSPF 路由域中。但 R4 已经在 172.16.14.0/24 接口上启用了 OSPF，因而所有流量都将被引导到正确的入站接口。

R1 GigabitEthernet 0/2 接口的出站流量仍然使用 R1 GigabitEthernet 0/1 接口转发所有流量，因为 R1 仅通过 GigabitEthernet 0/1 接口学习路由，而不会通过 R1 的 GigabitEthernet 0/2 接口学习路由。即使使用了静态路由，也可以通过带外网络（172.16.0.0/16）转接流量，这是非期望行为。

从例 15-11 可以看出，R1 将流量从其 GigabitEthernet 0/2 接口经 10.12.1.0/24 转发给网络 10.33.33.0/24 上的网络管理系统，该流量被 R2 配置的 ACL 阻塞了（见图 15-6）。

例 15-11　接口收到流量后未向外发送

```
R1# traceroute 10.33.33.3 source 172.16.14.1
Type escape sequence to abort.
Tracing the route to 10.37.77.3
VRF info: (vrf in name/id, vrf out name/id)
  1 10.12.1.2 !A * !A
```

```
R2# 04:40:16.194: %SEC-6-IPACCESSLOGP: list LOG denied udp
172.16.14.1(0) -> 10.33.33.3(0), 1 packet
```

如果 R1 配置了本地 PBR，那么对于源自网络 172.16.14.0/24 的本地流量来说，R1 将仅修改这些流量的下一跳 IP 地址，即将其修改为 172.16.14.4。例 15-12 显示了 R1 的本地 PBR 配置信息。

例 15-12　配置本地 PBR

```
R1
ip access-list extended ACL-MANAGEMENT-LOCAL-PBR
 permit permit ip 172.16.14.0 0.0.0.255 any
!
route-map LOCAL-PBR permit 10
 match ip address ACL-LOCAL-PBR
 set ip next-hop 172.16.14.4
!
ip local policy route-map LOCAL-PBR
```

R1 配置了本地 PBR 之后，例 15-13 证实 172.16.14.1～10.33.33.0/24 的网络流量将使用带外网络（172.16.0.0/16）。

例 15-13　验证本地 PBR

```
R1# traceroute 10.33.33.3 source 172.16.14.1
Type escape sequence to abort.
Tracing the route to 10.37.77.3
VRF info: (vrf in name/id, vrf out name/id)
  1 172.16.14.4 3 msec 3 msec 2 msec
  2 172.16.45.5 6 msec 5 msec 6 msec
  3 172.16.56.6 7 msec 8 msec 6 msec
  4 172.16.36.3 9 msec * 7 msec
```

通过命令 **debug ip policy** 为 PBR 启用调试功能之后，可以查看策略决策信息。例 15-14 显示了该 **debug** 命令的使用情况以及与 PBR 相匹配的流量信息。

例 15-14 PBR 调试

```
R1# debug ip policy
Policy routing debugging is on
```

```
R1# ping 10.33.33.3 source 172.16.14.1
! Output omitted for brevity
Type escape sequence to abort.
Sending 5, 100-byte ICMP Echos to 10.33.33.3, timeout is 2 seconds:
Packet sent with a source address of 172.16.14.1
!!!!!
Success rate is 100 percent (5/5), round-trip min/avg/max = 7/7/7 ms
R1#
01:47:14.986: IP: s=172.16.14.1 (local), d=10.33.33.3, len 100, policy match
01:47:14.987: IP: route map LOCAL-PBR, item 10, permit
01:47:14.987: IP: s=172.16.14.1 (local), d=10.33.33.3 (GigabitEthernet0/2), len 100,
policy routed
01:47:14.988: IP: local to GigabitEthernet0/2 172.16.14.4
01:47:14.993: IP: s=172.16.14.1 (local), d=10.33.33.3, len 100, policy match
01:47:14.994: IP: route map LOCAL-PBR, item 10, permit
01:47:14.994: IP: s=172.16.14.1 (local), d=10.33.33.3 (GigabitEthernet0/2), len 100,
policy routed
..
```

15.5 故障工单

本节将给出与本章前面讨论过的主题相关的故障工单，目的是通过这些故障工单让读者真正了解现实世界或考试环境中的故障排查流程。本节的所有故障工单都以图 15-7 所示的拓扑结构为例。

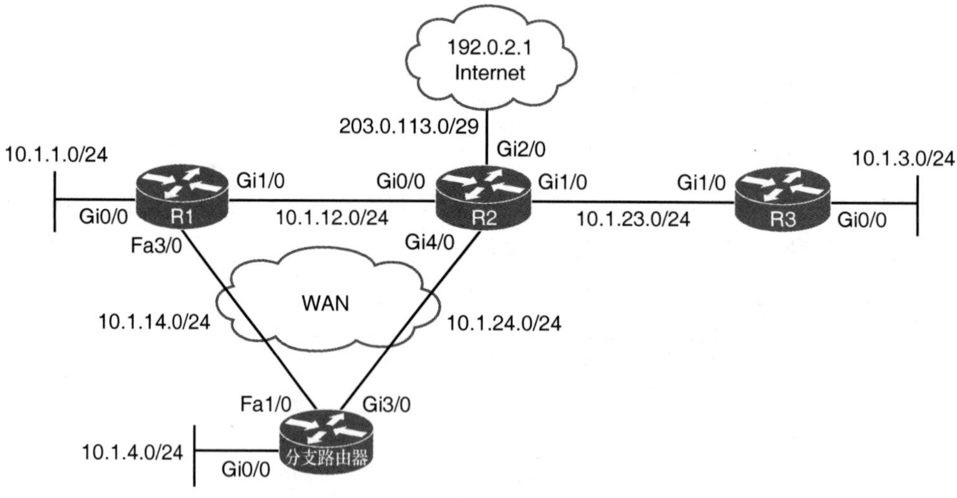

图 15-7 PBR 故障工单拓扑结构

15.5.1 故障工单 15-1

故障问题：从 10.1.4.0/24 去往 10.1.1.0/24 的流量应该通过 Fa1/0 被直接路由给 R1，

但实际上却通过 Gi3/0 经 R2 到达目的地。

首先验证故障问题。从 10.1.4.0/24 中的 PC 向目的地 10.1.1.1 发起路由跟踪操作（见例 15-15），从下一跳 10.1.24.2 可以看出，数据包使用了经由 R2 的路径。

例 15-15　向目的地 10.1.1.1 发起路由跟踪操作以验证故障问题

```
C:\>tracert 10.1.1.1
Tracing route to 10.1.1.1 over a maximum of 30 hops

 1      6 ms     1 ms     2 ms    10.1.4.4
 2      8 ms     3 ms     4 ms    10.1.24.2
 3     12 ms     5 ms     8 ms    10.1.12.1
Trace complete.
```

访问分支路由器并运行 **show ip route** 命令。从例 15-16 可以看出，可以通过下一跳 10.1.24.2 到达网络 10.1.1.0/24。但是从例 15-17 可以看出，EIGRP 拓扑表显示还可以使用另一条经由 10.1.14.1 的路径，由于该路径没有最佳可行距离（度量），因而 EIGRP 没有使用该路由，为此需要证实这两条路径均存在且 EIGRP 做出了最佳决策。为了强制从 10.1.4.0 去往 10.1.1.0 的流量使用快速以太网链路，可以部署 PBR，因而接下来将注意力转到 PBR 的配置上。

例 15-16　验证路由表项

```
Branch# show ip route
Codes: L - local, C - connected, S - static, R - RIP, M - mobile, B - BGP
       D - EIGRP, EX - EIGRP external, O - OSPF, IA - OSPF inter area
       N1 - OSPF NSSA external type 1, N2 - OSPF NSSA external type 2
       E1 - OSPF external type 1, E2 - OSPF external type 2
       i - IS-IS, su - IS-IS summary, L1 - IS-IS level-1, L2 - IS-IS level-2
       ia - IS-IS inter area, * - candidate default, U - per-user static route
       o - ODR, P - periodic downloaded static route, H - NHRP, l - LISP
       + - replicated route, % - next hop override

Gateway of last resort is 10.1.24.2 to network 0.0.0.0

D*EX 0.0.0.0/0 [170/15360] via 10.1.24.2, 01:10:05, GigabitEthernet3/0
     10.0.0.0/8 is variably subnetted, 10 subnets, 2 masks
D       10.1.1.0/24 [90/20480] via 10.1.24.2, 01:10:05, GigabitEthernet3/0
D       10.1.3.0/24 [90/20480] via 10.1.24.2, 01:10:05, GigabitEthernet3/0
C       10.1.4.0/24 is directly connected, GigabitEthernet0/0
L       10.1.4.4/32 is directly connected, GigabitEthernet0/0
D       10.1.12.0/24 [90/15360] via 10.1.24.2, 01:10:05, GigabitEthernet3/0
C       10.1.14.0/24 is directly connected, FastEthernet1/0
L       10.1.14.4/32 is directly connected, FastEthernet1/0
D       10.1.23.0/24 [90/15360] via 10.1.24.2, 01:10:05, GigabitEthernet3/0
C       10.1.24.0/24 is directly connected, GigabitEthernet3/0
L       10.1.24.4/32 is directly connected, GigabitEthernet3/0
     192.0.2.0/32 is subnetted, 1 subnets
D EX    192.0.2.1 [170/573440] via 10.1.24.2, 00:00:06, GigabitEthernet3/0
     203.0.113.0/29 is subnetted, 1 subnets
D       203.0.113.0 [90/15360] via 10.1.24.2, 01:10:05, GigabitEthernet3/0
```

例 15-17 验证所有 EIGRP 路由

```
Branch# show ip eigrp topology
EIGRP-IPv4 VR(TSHOOT) Topology Table for AS(100)/ID(10.1.24.4)
Codes: P - Passive, A - Active, U - Update, Q - Query, R - Reply,
       r - reply Status, s - sia Status

P 10.1.12.0/24, 1 successors, FD is 1966080
       via 10.1.24.2 (1966080/1310720), GigabitEthernet3/0
       via 10.1.14.1 (13762560/1310720), FastEthernet1/0
P 10.1.14.0/24, 1 successors, FD is 13107200
       via Connected, FastEthernet1/0
P 10.1.3.0/24, 1 successors, FD is 2621440
       via 10.1.24.2 (2621440/1966080), GigabitEthernet3/0
P 10.1.23.0/24, 1 successors, FD is 1966080
       via 10.1.24.2 (1966080/1310720), GigabitEthernet3/0
P 203.0.113.0/29, 1 successors, FD is 1966080
       via 10.1.24.2 (1966080/1310720), GigabitEthernet3/0
P 10.1.4.0/24, 1 successors, FD is 1310720
       via Connected, GigabitEthernet0/0
P 10.1.24.0/24, 1 successors, FD is 1310720
       via Connected, GigabitEthernet3/0
P 0.0.0.0/0, 1 successors, FD is 1966080
       via 10.1.24.2 (1966080/1310720), GigabitEthernet3/0
P 192.0.2.1/32, 1 successors, FD is 73400320, U
       via 10.1.24.2 (73400320/72744960), GigabitEthernet3/0
       via 10.1.14.1 (78643200/72089600), FastEthernet1/0
P 10.1.1.0/24, 1 successors, FD is 2621440
       via 10.1.24.2 (2621440/1966080), GigabitEthernet3/0
       via 10.1.14.1 (13762560/1310720), FastEthernet1/0
```

由于 PBR 应用于入站流量，因而首先通过 **show ip policy** 命令验证分支路由器的接口 Gig0/0 是否应用了 PBR 路由映射（见例 15-18）。可以看出，该接口应用了名为 PBR_EXAMPLE 的路由映射。

例 15-18 验证是否在正确的接口上应用了 PBR 路由映射

```
Branch# show ip policy
Interface        Route map
Gi0/0            PBR_EXAMPLE
```

接下来通过 **show route-map** 命令验证该路由映射（见例 15-19）。可以看出，该路由映射中只有一个序列，而且该序列是一个允许序列，如果且仅如果路由表中没有明细路由，那么与 ACL 100 中的地址相匹配的所有流量都将被路由到下一跳地址 10.1.14.1。仔细分析该允许序列，为什么是“如果且仅如果路由表中没有明细路由”呢？这是由于该序列使用了 **ip default next-hop** 命令，因而 PBR 会检查路由表，如果路由表存在明细路由，那么 PBR 就将使用明细路由；如果路由表中没有明细路由，就会对数据包执行策略路由。

例 15-19 验证路由映射配置

```
Branch# show route-map
route-map PBR_EXAMPLE, permit, sequence 10
  Match clauses:
```

```
    ip address (access-lists): 100
  Set clauses:
    ip default next-hop 10.1.14.1
Policy routing matches: 0 packets, 0 bytes
```

从例 15-19 可以看出，路由表中有一条明细路由可以到达网络 10.1.1.0/24，因而不会对数据包执行策略路由。为了解决这个问题，需要将 **ip default next-hop** 命令修改为 **ip next-hop**，例 15-20 显示了解决该问题的配置示例。

例 15-20 修改路由映射配置

```
Branch# config t
Enter configuration commands, one per line. End with CNTL/Z.
Branch(config)# route-map PBR_EXAMPLE permit 10
Branch(config-route-map)# no set ip default next-hop 10.1.14.1
Branch(config-route-map)# set ip next-hop 10.1.14.1
Branch(config-route-map)# end
```

修改了路由映射配置之后，可以通过 **show route-map** 命令加以验证（见例 15-21）。可以看出，路由映射配置已经修改为 **ip next-hop 10.1.14.1**。

例 15-21 验证新的路由映射配置

```
Branch# show route-map
route-map PBR_EXAMPLE, permit, sequence 10
  Match clauses:
    ip address (access-lists): 100
  Set clauses:
    ip next-hop 10.1.14.1
  Policy routing matches: 0 packets, 0 bytes
```

接下来在客户端 PC 上运行与验证故障问题时相同的路由跟踪操作。从例 15-22 可以看出，下一跳 IP 地址是 10.1.14.1，证实数据包正在穿越快速以太网链路。为了进一步证实问题已解决，可以在分支路由器上运行 **show route-map** 命令（见例 15-23），可以看出数据包已经成功通过 PBR 按期望进行路由了。至此，故障问题已解决！

例 15-22 确认数据包采用了正确路径

```
C:\>tracert 10.1.1.1
Tracing route to 10.1.1.1 over a maximum of 30 hops

 1     6 ms     1 ms     2 ms   10.1.4.4
 2     8 ms     3 ms     4 ms   10.1.14.1
Trace complete.
```

例 15-23 验证策略匹配

```
Branch# show route-map
route-map PBR_EXAMPLE, permit, sequence 10
  Match clauses:
    ip address (access-lists): 100
  Set clauses:
    ip next-hop 10.1.14.1
  Policy routing matches: 6 packets, 360 bytes
```

15.5.2 故障工单 15-2

故障问题：从 10.1.4.0/24 去往 10.1.1.0/24 的流量应该通过 Fa1/0 被直接路由给 R1，实际上却通过 Gi3/0 经 R2 到达目的地。

首先验证故障问题。从 10.1.4.0/24（分支机构）中的 PC 向目的地 10.1.1.1 发起路由跟踪操作（见例 15-24），从下一跳地址 10.1.24.2 可以看出，数据包采用了经由 R2 的路径。

例 15-24 向目的地 10.1.1.1 发起路由跟踪操作以验证故障问题

```
C:\>tracert 10.1.1.1
Tracing route to 10.1.1.1 over a maximum of 30 hops

 1      6 ms     1 ms     2 ms    10.1.4.4
 2      8 ms     3 ms     4 ms    10.1.24.2
 3     12 ms     5 ms     8 ms    10.1.12.1
Trace complete.
```

由于假定数据包被策略路由了，因而访问分支路由器并运行 **debug ip policy** 命令，然后再次在客户端上执行路由跟踪操作并观察分支路由器上的 **debug** 命令的输出结果（见例 15-25）。可以看出，有一条策略匹配路由映射 PBR_EXAMPLE 中的拒绝序列 10，**debug** 命令的输出结果表明该策略被拒绝，数据包正按照常规路由表进行路由。

因此，虽然有一个匹配项，但数据包仍然采用了常规路由方式，这是因为匹配的是拒绝序列。拒绝序列的意思是不采用策略路由，而采用常规路由。

例 15-25 观察 **debug ip policy** 命令的输出结果

```
Branch# debug ip policy
Policy routing debugging is on
Branch#
IP: s=10.1.4.1 (GigabitEthernet0/0), d=10.1.1.1, len 28, policy match
IP: route map PBR_EXAMPLE, item 10, deny
IP: s=10.1.4.1 (GigabitEthernet0/0), d=10.1.1.1, len 28, policy rejected -- normal
forwarding
Branch#
```

接下来运行 **show route-map** 命令（见例 15-26）。可以看出，该路由映射只有一个序列，而且该序列是一个拒绝序列，该拒绝序列要求所有与 ACL 100 中的地址相匹配的流量都进行正常路由，而不执行序列中的 **set** 子句（因为这是一个拒绝序列）。

例 15-26 验证路由映射配置

```
Branch# show route-map
route-map PBR_EXAMPLE, deny, sequence 10
  Match clauses:
    ip address (access-lists): 100
  Set clauses:
    ip next-hop 10.1.14.1
Nexthop tracking current: 0.0.0.0
10.1.14.1, fib_nh:0,oce:0,status:0

Policy routing matches: 0 packets, 0 bytes
```

为了解决这个问题，需要将序列 10 从拒绝序列更改为允许序列，例 15-27 显示了解决该问题所需的配置示例。

例 15-27 修改路由映射配置

```
Branch# config t
Enter configuration commands, one per line. End with CNTL/Z.
Branch(config)# route-map PBR_EXAMPLE permit 10
Branch(config-route-map)# end
```

修改了路由映射配置之后，可以通过 **show route-map** 命令加以验证（见例 15-28）。可以看出，序列 10 已被修改为允许序列。

例 15-28 验证新的路由映射配置

```
Branch# show route-map
route-map PBR_EXAMPLE, permit, sequence 10
  Match clauses:
    ip address (access-lists): 100
  Set clauses:
    ip next-hop 10.1.14.1
  Policy routing matches: 0 packets, 0 bytes
```

接下来在客户端 PC 上运行与验证故障问题时相同的路由跟踪操作。从例 15-29 可以看出，下一跳 IP 地址是 10.1.14.1，证实数据包正在通过快速以太网链路。为了进一步证实问题已解决，可以观察分支路由器的 **debug** 命令输出结果（见例 15-30），可以看出流量已经成功通过 PBR 按期望进行路由了。至此，故障问题已解决！

例 15-29 确认数据包采用了正确路径

```
C:\>tracert 10.1.1.1
Tracing route to 10.1.1.1 over a maximum of 30 hops

 1      6 ms     1 ms     2 ms   10.1.4.4
 2      8 ms     3 ms     4 ms   10.1.14.1
Trace complete.
```

例 15-30 通过 **debug** 命令验证 PBR

```
Branch# debug ip policy
IP: s=10.1.4.1 (GigabitEthernet0/0), d=10.1.1.1, len 28, policy match
IP: route map PBR_EXAMPLE, item 10, permit
IP: s=10.1.4.1 (GigabitEthernet0/0), d=10.1.1.1 (FastEthernet1/0), len 28,
policy routed
IP: GigabitEthernet0/0 to FastEthernet1/0 10.1.14.1
```

15.5.3 故障工单 15-3

故障问题：从 10.1.4.0/24 去往 10.1.1.0/24 的流量应该通过 Fa1/0 被直接路由给 R1，实际上却通过 Gi3/0 经 R2 到达目的地。

首先验证故障问题。从 10.1.4.0/24 中的 PC 向目的地 10.1.1.1 发起路由跟踪操作（见例 15-31）。从下一跳 10.1.24.2 可以看出，数据包采用了经由 R2 的路径，但是该流量应该被策略路由到下一跳 IP 地址 10.1.14.1。

例 15-31 向目的地 10.1.1.1 发起路由跟踪操作以验证故障问题

```
C:\>tracert 10.1.1.1
Tracing route to 10.1.1.1 over a maximum of 30 hops

 1      6 ms     1 ms     2 ms   10.1.4.4
 2      8 ms     3 ms     4 ms   10.1.24.2
 3     12 ms     5 ms     8 ms   10.1.12.1
Trace complete.
```

由于 PBR 应用于入站流量，因而首先通过 **show ip policy** 命令验证分支路由器的接口 Gig0/0 应用的 PBR 路由映射情况（见例 15-32）。从输出结果可以看出，接口 Fa0/1 应用了名为 PBR_EXAMPLE 的路由映射，而接口 Gig0/0 却没有应用任何 PBR 路由映射。

例 15-32 验证是否在正确的接口上应用了 PBR 路由映射

```
Branch# show ip policy
Interface       Route map
Fa1/0           PBR_EXAMPLE
```

不过，在得出路由映射 PBR_EXAMPLE 被应用到错误接口的结论之前，还需要确认该路由映射是完成期望目标的路由映射。如果该路由映射不能完成期望目标，那么将该路由映射从接口 Fa0/1 上删除并应用到接口 Gig0/0 上之后，仍然会出现故障问题。

接下来通过 **show route-map PBR_EXAMPLE** 命令验证该路由映射（见例 15-33）。可以看出，该路由映射只有一个序列，而且该序列是一个允许序列，即所有与 ACL 100 中的地址相匹配的流量均被路由到下一跳地址 10.1.14.1。

例 15-33 验证路由映射配置

```
Branch# show route-map PBR_EXAMPLE
route-map PBR_EXAMPLE, permit, sequence 10
  Match clauses:
    ip address (access-lists): 100
  Set clauses:
    ip next-hop 10.1.14.1
  Policy routing matches: 0 packets, 0 bytes
```

此时需要通过 **show access-lists 100** 命令进一步验证 ACL 100 的配置信息（见例 15-34）。可以看出，ACL 100 的作用是匹配来自 10.1.4.0～10.1.4.255 且去往 10.1.1.0～10.1.1.255 的流量，证实该 ACL 正确，且路由映射也正确，因而可以断定该路由映射被应用到了错误的接口上。

例 15-34 验证 ACL 100 配置

```
Branch# show access-lists 100
Extended IP access list 100
    10 permit ip 10.1.4.0 0.0.0.255 10.1.1.0 0.0.0.255
```

为了解决该问题，需要从 Fa1/0 删除 **ip policy route-map** 命令，并将该命令应用到接口 Gig0/0 上。例 15-35 给出了解决该问题的配置示例。

例 15-35　修改 **ip policy route-map** 配置

```
Branch# config t
Enter configuration commands, one per line. End with CNTL/Z.
Branch(config)# int fa1/0
Branch(config-if)# no ip policy route-map PBR_EXAMPLE
Branch(config-if)# int gig 0/0
Branch(config-if)# ip policy route-map PBR_EXAMPLE
```

修改了路由映射配置之后，可以通过 **show ip policy** 命令加以验证（见例 15-36）。可以看出，路由映射 PBR_EXAMPLE 已经正确应用到接口 Gig0/0 上了。

例 15-36　验证路由映射已经应用到正确接口上

```
Branch# show ip policy
Interface         Route map
Gi0/0             PBR_EXAMPLE
```

接下来在客户端 PC 上运行与验证故障问题时相同的路由跟踪操作。从例 15-37 可以看出，下一跳 IP 地址是 10.1.14.1，证实数据包正在通过快速以太网链路。至此，故障问题已解决!

例 15-37　确认数据包采用了正确路径

```
C:\>tracert 10.1.1.1
Tracing route to 10.1.1.1 over a maximum of 30 hops

 1      6 ms      1 ms      2 ms    10.1.4.4
 2      8 ms      3 ms      4 ms    10.1.14.1
Trace complete.
```

备考任务

本书提供多种备考手段：此处的练习题以及 Pearson Test Prep 软件中的模拟考试题。与实际试题相比，下面问题的难度更高，因为它们都是开放式问题。通过这种难度更高的问题，读者可以更好地测试知识掌握程度，以确保完全掌握本章基本概念和主要内容。下面的问题都可以在附录中找到参考答案。

1．复习所有考试要点

请复习本章涉及的所有重要主题，这些内容都用“考试要点”图标做了标记，表 15-7 列出了这些考试要点及其描述。

表 15-7　考试要点

考试要点	描述
段落	ACL
段落	用于 IGP 路由选择的扩展 ACL
段落	用于 BGP 路由选择的扩展 ACL
段落	前缀匹配规范
段落	前缀匹配高阶比特模式

续表

考试要点	描述
段落	利用匹配长度参数匹配前缀
段落	前缀列表
段落	IPv6 前缀列表
段落	路由映射
段落	条件匹配
段落	多个条件匹配规则
段落	复杂匹配
段落	可选操作
段落	PBR
段落	本地 PBR

2．定义关键术语

请对本章中的下列关键术语进行定义。

前缀列表、策略路由、路由映射。

3．检查命令的记忆程度

以下列出了本章用到的各种重要的配置和验证命令，虽然并不需要记忆每条命令的完整语法格式，但是应该记住这些命令所需的基本关键字。

为了检查你对这些命令的记忆情况，请用一张纸遮住表 15-8 的右侧，通过表格左侧的描述内容，看一看是否能记起这些命令。

表 15-8 命令参考

任务	命令语法
配置前缀列表	{**ip** | **ipv6**} **prefix-list** *prefix-list-name* [**seq** *sequence-number*] {**permit** | **deny**} *high-order-bit-pattern/high-order-bit-count* [**ge** *ge-value*] [**le** *le-value*]
创建路由映射表项	**route-map** *route-map-name* [**permit** | **deny**] [*sequence-number*]
在路由映射中使用 AS_PATH 实现条件匹配	**match as-path** *acl-number*
在路由映射中使用 ACL 实现条件匹配	**match ip address** {*acl-number* | *acl-name*}
在路由映射中使用前缀列表实现条件匹配	**match ip address prefix-list** *prefix-list-name*
在路由映射中使用本地优先级实现条件匹配	**match local-preference** *local-preference*
使用指定模式或者邻接 AS 的多次迭代为网络前缀追加 AS_PATH	**set as-path prepend** {*as-number-pattern* | **last-as** *1-10*}
为匹配前缀设置下一跳 IP 地址	**set ip next-hop** *ip-address*
设置 BGP PA 本地优先级	**set local-preference** *0-4294967295*
设置数字标记（0～4,294,967,295）以通过其他路由器识别网络	**set tag** *tag-value*

由于 ENARSI 300-410 认证考试重点考查考生作为网络专家的实际动手能力，因而必须掌握与本章主题相关的配置、验证及故障排查命令。

第 16 章

路由重分发

本章主要讨论以下主题。

- **路由重分发概述**：本节将描述路由重分发的基础知识以及在路由协议之间重分发路由时的规则。
- **特定协议配置**：本节将讨论在路由协议之间重分发路由时的特定协议行为及配置示例。

本章将主要讨论从一种路由协议进程获取路由并将其注入另一种路由协议进程的过程，以提供完整网络连接性的概念。

16.1 “我已经知道了吗？”测验

“我已经知道了吗？”测验的目的是帮助读者确定是否需要完整地学习本章知识或者直接跳至“备考任务”，如果读者对题目的答案还存在疑问，或者评估自己对这些主题知识的掌握程度还不够的话，就可以从头学起。表 16-1 列出了本章的主要内容以及与这些内容相关联的“我已经知道了吗？”测验题，答案可参见附录。

表 16-1 “我已经知道了吗？”基本主题章节与所对应的测验题

涵盖测验题的基本主题章节	测验题
路由重分发概述	1～6
特定协议配置	7、8

注意：自我评价的目的是检验你对本章知识的掌握程度，如果不知道或仅部分知道问题的答案，出于自我评价的目的，请在该问题上标记“错”。为了不影响自我评价的结果，对不懂的问题请不要猜测答案，否则可能会造成一种已掌握的假象。

1. 假设 R1 从 EIGRP 学到前缀 10.11.11.0/24。R1 将 EIGRP 路由重分发给 OSPF，而 OSPF 又被 R1 重分发到 BGP 中。R1 将所有 BGP 网络前缀都宣告给 R3。那么 R3 是否收到了前缀 10.11.11.0/24？

   a. 是

   b. 否

2. 外部 EIGRP 路由的管理距离是多少？

   a. 90

   b. 110

c．170
d．200

3．OSPF 的默认种子度量是什么？
a．20
b．100
c．32,768
d．无穷大

4．假设 R1 从 EIGRP 学到前缀 10.11.11.0/24。R1 将 EIGRP 路由重分发给 OSPF。R1 与 R2 建立了 OSPF 邻接关系。R2 将 OSPF 重分发到 BGP 中。R2 将所有 BGP 网络前缀都宣告给 R3。那么 R3 是否收到了前缀 10.11.11.0/24？
a．是
b．否

5．外部 OSPF 路由的管理距离是多少？
a．150
b．110
c．180
d．200

6．EIGRP 的默认种子度量是什么？
a．20
b．100
c．32,768
d．无穷大

7．需要通过下面哪条命令将外部 OSPF 路由重分发到 EIGRP 中？
a．**ospf-external-prefixes redistributable**
b．**eigrp receive external source networks**
c．**ospf redistribute-internal**
d．无

8．需要通过下面哪条命令将外部 OSPF 路由重分发到 BGP 中？
a．**ospf-external-prefixes redistributable**
b．**match external**
c．**bgp redistribute-internal**
d．无

基础主题

16.2 路由重分发概述

组织机构可能使用多种路由协议，在同一路由协议的多个实例（进程）之间划分路由域，有时也可能需要与使用不同路由协议的其他组织机构的网络进行合并。在这些情况下，来自某种路由协议进程的路由需要注入其他路由协议进程，以提供完整的网络连接性。路由重分发负责将路由从一种路由协议进程注入另一种路由协议进程。

图 16-1 中的网络包含了多种未协同工作的路由协议。R1、R2 和 R3 使用 EIGRP 交换路由，R3、R4 和 R5 使用 OSPF 交换路由。R1 和 R5 将各自的 Loopback 0 接口（192.168.1.1/32 和 192.168.5.5/32）宣告给相应的路由协议，但相互之间无法建立连接。只有 R3 能够连接 R1 和 R5，因为 R3 是唯一同时参与这两种路由协议且拥有完整网络视图的路由器。

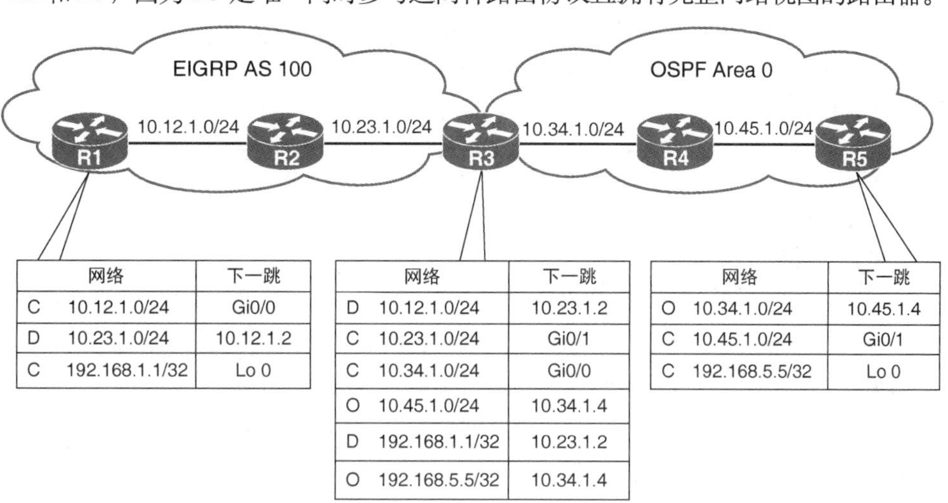

网络	下一跳
C 10.12.1.0/24	Gi0/0
D 10.23.1.0/24	10.12.1.2
C 192.168.1.1/32	Lo 0

网络	下一跳
D 10.12.1.0/24	10.23.1.2
C 10.23.1.0/24	Gi0/1
C 10.34.1.0/24	Gi0/0
O 10.45.1.0/24	10.34.1.4
D 192.168.1.1/32	10.23.1.2
O 192.168.5.5/32	10.34.1.4

网络	下一跳
O 10.34.1.0/24	10.45.1.4
C 10.45.1.0/24	Gi0/1
C 192.168.5.5/32	Lo 0

图 16-1 运行了多种路由协议的网络

虽然 R3 拥有所有的 EIGRP 和 OSPF 路由，但这些路由不会自动在路由协议之间进行重分发。必须配置路由重分发，才能将 EIGRP 路由注入 OSPF 中，将 OSPF 路由注入 EIGRP 中。相互重分发是同一台路由器上的两种路由协议将路由双向重分发给对方的进程。

图 16-2 中的 R3 正在执行相互重分发操作。OSPF 路由以外部路由方式存在于 EIGRP 中，EIGRP 路由也以外部路由方式存在于 OSPF 路由域中（Type 5 LSA）。此时，R1 与 R5 可以在环回接口之间建立连接，因为路由表中已经存在相应的路由。

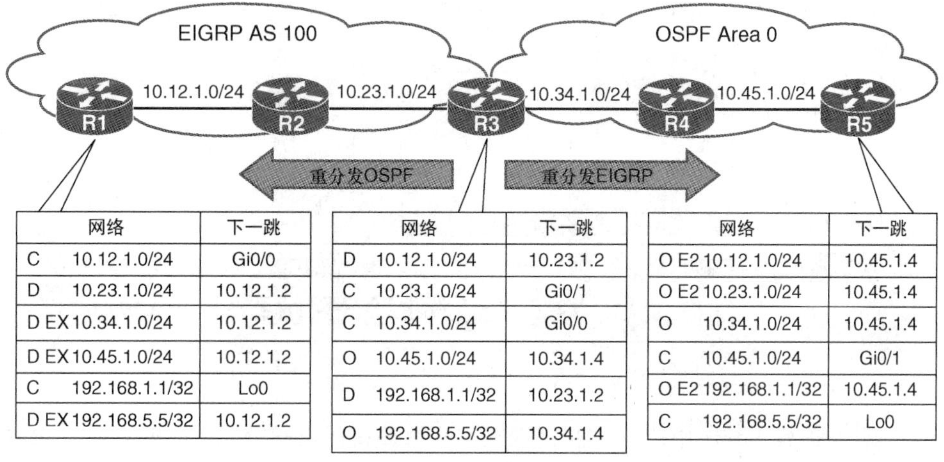

网络	下一跳
C 10.12.1.0/24	Gi0/0
D 10.23.1.0/24	10.12.1.2
D EX 10.34.1.0/24	10.12.1.2
D EX 10.45.1.0/24	10.12.1.2
C 192.168.1.1/32	Lo0
D EX 192.168.5.5/32	10.12.1.2

网络	下一跳
D 10.12.1.0/24	10.23.1.2
C 10.23.1.0/24	Gi0/1
C 10.34.1.0/24	Gi0/0
O 10.45.1.0/24	10.34.1.4
D 192.168.1.1/32	10.23.1.2
O 192.168.5.5/32	10.34.1.4

网络	下一跳
O E2 10.12.1.0/24	10.45.1.4
O E2 10.23.1.0/24	10.45.1.4
O 10.34.1.0/24	10.45.1.4
C 10.45.1.0/24	Gi0/1
O E2 192.168.1.1/32	10.45.1.4
C 192.168.5.5/32	Lo0

图 16-2 相互重分发拓扑结构

路由重分发始终包含两种路由协议：源协议和目的协议。源协议提供需要重分发的网络前缀，目的协议则接收注入的网络前缀。需要在目的协议下配置重分发，并标识源协议。使用路由映射可以在路由注入目的协议期间过滤或修改路由属性。表 16-2 列出了可以执行路由重分发的源协议。

表 16-2 执行路由重分发的源协议

路由源	描述
静态路由	位于 RIB 中的静态路由。静态路由只能充当源协议
直连路由	与目的协议不关联的处于 Up 状态的接口。直连路由只能充当源协议
EIGRP 路由	EIGRP 中的路由，包括启用了 EIGRP 的直连网络
OSPF 路由	OSPF LSDB 中的路由，包括启用了 OSPF 的接口
BGP 路由	BGP Loc-RIB 表中所有从外部学到的路由，iBGP 路由需要通过命令 **bgp redistribute-internal** 注入 IGP 中

16.2.1 重分发是非传递的

在单台路由器上的两种或多种路由协议之间进行路由重分发时，需要注意重分发操作是非传递的。也就是说，假设路由器将协议 1 的路由重分发给协议 2，将协议 2 的路由重分发给协议 3，但协议 1 的路由并不会重分发给协议 3。

例 16-1 给出了 EIGRP 与 OSPF 相互重分发以及 OSPF 与 BGP 相互重分发的逻辑示例。

例 16-1 多协议重分发逻辑示例

```
router eigrp
  redistribute ospf
router ospf
  redistribute eigrp
  redistribute bgp
router bgp
  redistribute ospf
```

图 16-3 解释了路由器的协议重分发情况。可以看出，EIGRP 路由 172.16.1.0/24 重分发给了 OSPF，但没有重分发给 BGP。BGP 路由 172.16.3.0/24 重分发给了 OSPF，但没有重分发给 EIGRP。前缀 172.16.2.0/24 重分发给了 EIGRP 和 BGP。

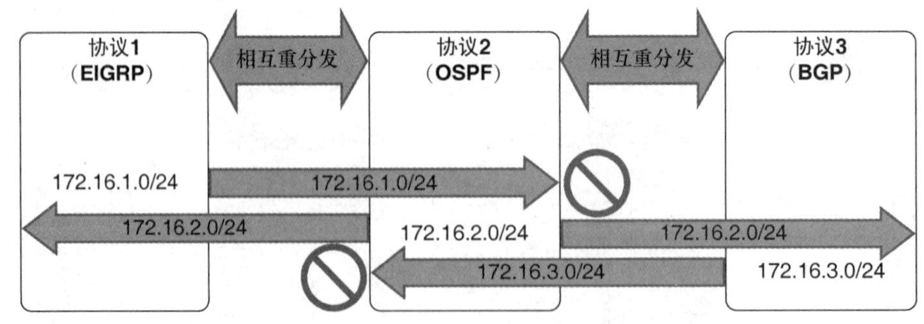

图 16-3 非传递的重分发逻辑

如果要在 3 种路由协议之间交换路由，就必须在 3 种协议之间配置相互重分发（见例 16-2）。

例 16-2 多协议重分发逻辑

```
router eigrp
  redistribute ospf
  redistribute bgp
router ospf
  redistribute eigrp
  redistribute bgp
router bgp
  redistribute ospf
  redistribute eigrp
```

在 3 种路由协议之间都配置了重分发之后，OSPF 和 BGP 就拥有了 EIGRP 的 172.16.1.0/24 网络，EIGRP 和 BGP 就拥有了 OSPF 的 172.1.6.2.0/24 网络，OSPF 和 EIGRP 也就拥有了 BGP 的 172.16.3.0/24 网络。图 16-4 解释了路由器对这 3 条网络前缀的处理情况。

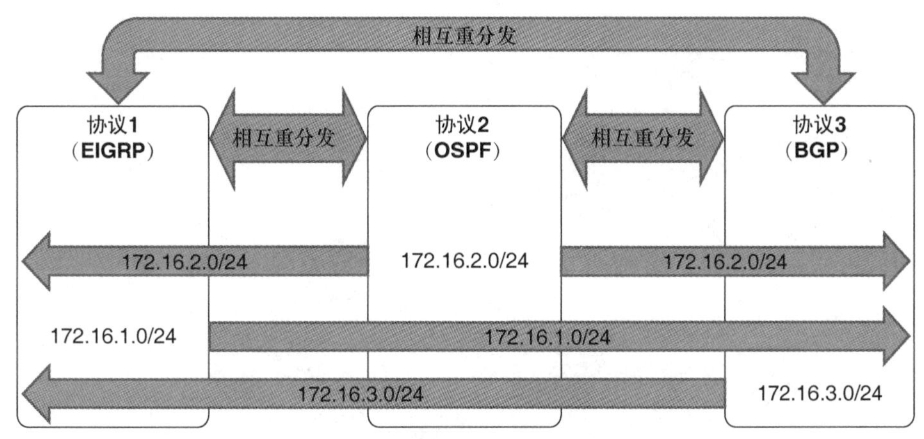

图 16-4 多协议相互重分发

16.2.2 连续协议重分发

考试要点

连续协议重分发指的是通过一系列路由器在多种路由协议之间重分发路由（见图 16-5）。

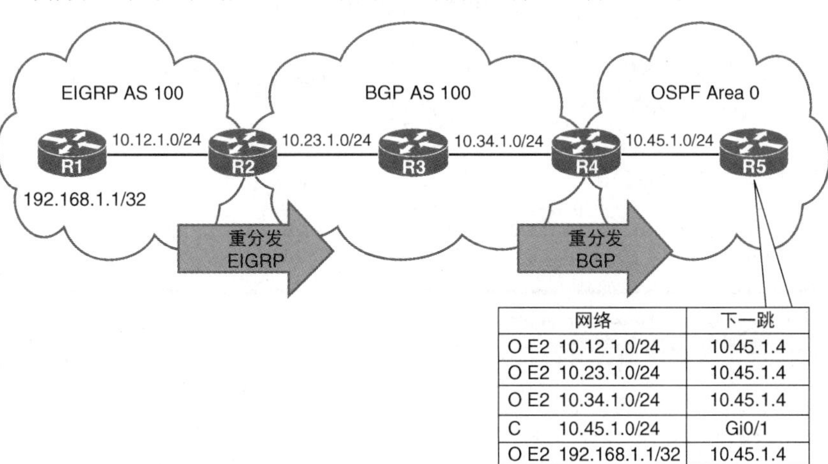

网络	下一跳
O E2 10.12.1.0/24	10.45.1.4
O E2 10.23.1.0/24	10.45.1.4
O E2 10.34.1.0/24	10.45.1.4
C 10.45.1.0/24	Gi0/1
O E2 192.168.1.1/32	10.45.1.4

图 16-5 在不同的路由器上执行连续协议重分发

图 16-5 中的 R2 将 EIGRP 前缀 192.168.1.1/32 重分发到 BGP 中，R4 将 BGP 前缀 192.168.1.1/32 重分发到 OSPF 中，此时，3 种路由协议都包含了前缀 192.168.1.1/32。

16.2.3 路由必须位于 RIB 中

为了确保能够将路由重分发到目的协议中，要求路由必须位于 RIB 中。从本质上来说，该要求可以确保重分发路由器相信该路由可达，从而提供必要的安全机制。

除要求路由必须位于 RIB 中之外，还要求重分发到目的协议中的源协议必须是 RIB 中被重分发路由的来源。这样就能确保路由器仅向目的协议重分发其认为的最佳路由。该逻辑的唯一例外就是参与源协议的直连接口，因为它们的 AD 值为 0。

图 16-6 中的 R1 和 R3 都在宣告网络 10.13.1.0/24，R5 将 RIP 和 OSPF 路由重分发到 EIGRP 中。RIP 的 AD 值为 120，OSPF 的 AD 值为 110。

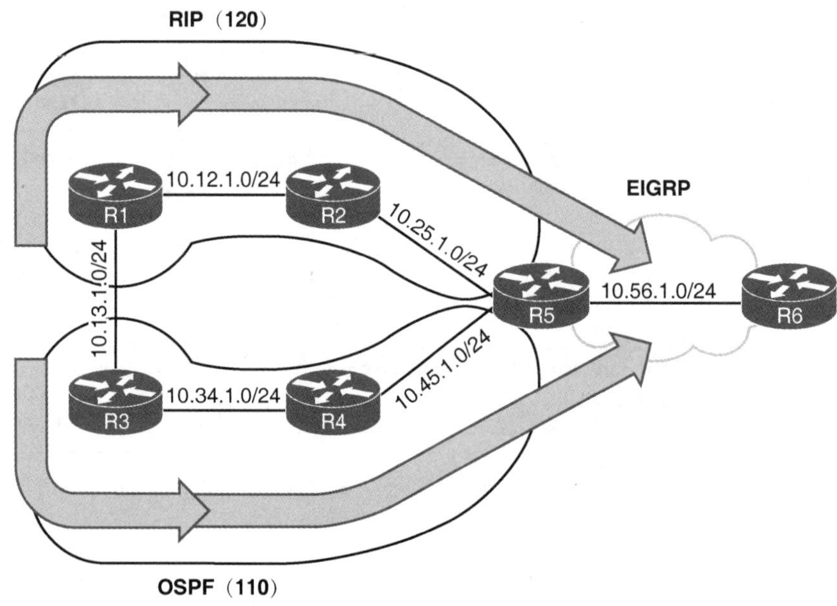

图 16-6 识别源协议的拓扑结构

R5 从 RIP 和 OSPF 收到 10.13.1.0/24 的路由信息。例 16-3 证实 R5 的 RIP 数据库以及 OSPF LSDB 都包含了网络 10.13.1.0/24。

例 16-3 验证 LSDB 中的网络

```
R5# show ip rip database 10.13.1.0 255.255.255.0 10.13.1.0/24
    [2] via 10.25.1.2, 00:00:30, GigabitEthernet0/0
```

```
R5# show ip ospf database router 192.168.3.3
! Output omitted for brevity
            OSPF Router with ID (192.168.5.5) (Process ID 1)
   Link State ID: 192.168.3.3
   Advertising Router: 192.168.3.3
..
   Link connected to: a Stub Network
```

```
    (Link ID) Network/subnet number: 10.13.1.0
    (Link Data) Network Mask: 255.255.255.0
```

R5 判断出到达 10.13.1.0/24 的最理想路径是 OSPF 路由，因为其 AD 值小于 RIP 的 AD 值。从例 16-4 所示的 R5 路由表可以看出，OSPF 路由 10.13.1.0/24 已经位于 RIB 当中。

例 16-4 R5 路由表

```
R5# show ip route
! Output omitted for brevity

R        10.12.1.0/24 [120/1] via 10.25.1.2, 22:46:01, GigabitEthernet0/1
O        10.13.1.0/24 [110/3] via 10.45.1.4, 00:04:27, GigabitEthernet0/0
C        10.25.1.0/24 is directly connected, GigabitEthernet0/1
O        10.34.1.0/24 [110/2] via 10.45.1.4, 22:48:24, GigabitEthernet0/0
C        10.45.1.0/24 is directly connected, GigabitEthernet0/0
C        10.56.1.0/24 is directly connected, GigabitEthernet0/2
```

例 16-5 显示了网络 10.13.1.0/24 的 EIGRP 拓扑表。在重分发期间，R5 检查 RIB 并确认网络 10.13.1.0/24 位于 RIB 中，同时确认源协议就是安装该路由的协议。EIGRP 将源协议标识为 OSPF，且路径度量为 3。

例 16-5 网络 10.13.1.0/24 的 EIGRP 拓扑表

```
R5# show ip eigrp topology 10.13.1.0/24
! Output omitted for brevity
EIGRP-IPv4 Topology Entry for AS(100)/ID(10.56.1.5) for 10.13.1.0/24
   State is Passive, Query origin flag is 1, 1 Successor(s), FD is 2560000256
   Descriptor Blocks:
   10.45.1.4, from Redistributed, Send flag is 0x0
       External data:
        AS number of route is 1
        External protocol is OSPF, external metric is 3
```

注：将 AD 值较高的源协议重分发到 AD 值较低的目的协议时，路由表中显示的路由始终是源协议路由。

16.2.4 种子度量

每种路由协议都使用各自不同的方法来计算路由的最佳路径。例如，EIGRP 使用带宽、时延、负载和可靠性来计算最佳路径，而 OSPF 主要使用路径度量来计算 SPT。OSPF 不能使用 EIGRP 的路径属性来计算 SPT，EIGRP 也不能仅使用总路径度量来运行 DUAL。源协议必须向目的协议提供相关度量，以便目的协议能够为重分发路由计算最佳路径。

每种路由协议在重分发时都会提供一个种子度量（Seed Metric），以确保目的协议能够计算最佳路径。种子度量是一个基准，在两种不同的协议（如 EIGRP 和 OSPF）发生路由重分发时，种子度量可以反映重分发期间的信息丢失情况。路由映射可以在重分发期间修改路由的种子度量。表 16-3 提供了目的协议的默认种子度量。

表 16-3 默认种子度量

协议	默认种子度量
EIGRP	无穷大。种子度量为无穷大的路由不会安装到 EIGRP 拓扑表中
OSPF	所有路由都是 Type 2 外部路由。源自 BGP 的路由使用种子度量 1，源自其他协议的路由使用种子度量 20
BGP	路由来源设置为“不完整”（Incomplete），MED 设置为 IGP 度量，权重设置为 32,768

16.3 特定协议配置

每种路由协议都有自己独特的重分发行为。IOS 和 IOS XE 路由器在目的协议中通过以下命令来标识源协议：

```
redistribute {connected | static | eigrp as-number | ospf process-id [match
{internal | external [1|2]}] | bgp as-number} [destination-
protocol-options] [route-map route-map-name]
```

路由重分发通常通过路由映射来控制或过滤重分发路由器的路由。表 16-4 列出了在重分发期间进行路由选择的 **match** 命令。

表 16-4 路由映射 **match** 命令

match 命令	描述
match interface *interface-type interface-number*	根据出站接口选择前缀以选择路由
match route-type {**external** [**type-1** | **type-2**] | **internal** | **local** | **nssa-external** [**type-1** | **type-2**]}	基于路由协议特征选择前缀。 external：外部 BGP、EIGRP 或 OSPF 路由。 internal：内部 EIGRP 或区域内/区域间 OSPF 路由。 local：本地生成的 BGP 路由。 nssa-external：NSSA 外部路由（Type 7 LSA）

表 16-5 列出了路由映射 **set** 操作，可以在路由重分发到目的协议时修改路由。

表 16-5 路由映射 **set** 操作

set 操作	描述
set as-path prepend {*as-number-pattern* | **last-as** *1-10*}	使用指定模式或者邻接 AS 的多次迭代为网络前缀追加 AS_PATH
set ip next-hop {*ip-address* | **peer-address** | **self**}	为匹配前缀设置下一跳 IP 地址，BGP 动态控制需要使用关键字 **peer-address** 或 **self**
set local-preference *0-4294967295*	设置 BGP PA 本地优先级
set metric {*+value* | *-value* | *value*} * *value* 的取值范围是 0～4,294,967,295	修改现有度量或者为路由设置度量
set origin {**igp** | **incomplete**}	设置 BGP PA 路由来源
set weight *0-65535*	设置 BGP PA 权重

16.3.1 特定源协议行为

接下来从源协议角度来分析每种协议的特定行为。

1. 直连网络

服务提供商网络有一种很常见的应用场景，那就是自治系统内的 iBGP 路由器需要路由表中存在 eBGP 对等网络。除在接口上启用路由协议以便将网络安装到路由拓扑中外，还可以将网络重分发到 IGP 中。由于不需要在链路上启用路由协议，因而解决了 IGP 的安全问题。

直连网络指的是与 Up 接口（未参与目的协议）的主用和备用 IP 地址相关联的网络。路由重分发时，只需要重分发选定接口，实现方式是通过路由映射选择期望接口。

例 16-6 给出的路由映射在 Loopback 0 接口上选择了指定直连网络 192.168.1.1/32。

例 16-6 选择性的直连网络重分发

```
router bgp 65100
 address-family ipv4
  redistribute connected route-map RM-LOOPBACK0
!
route-map RM-LOOPBACK0 permit 10
 match interface Loopback0
```

2. BGP

BGP 默认仅将 eBGP 路由重分发给 IGP。图 16-7 中的 R3 和 R4 分别将网络 192.168.3.3/32、192.168.4.4/32 宣告到 BGP 中。R2 将 BGP 重分发到 OSPF 中，但是仅重分发了 192.168.4.4/32，因为该路由是 eBGP 路由。由于存在 BGP 环路预防规则，因而没有包含 R3 宣告的 iBGP 路由。假设 IGP 路由拓扑有路径到达 R3 的网络 192.168.3.3/32（因为位于同一个自治系统内）。BGP 的默认行为是要求路由携带 AS_PATH 属性才能重分发到 IGP 中。

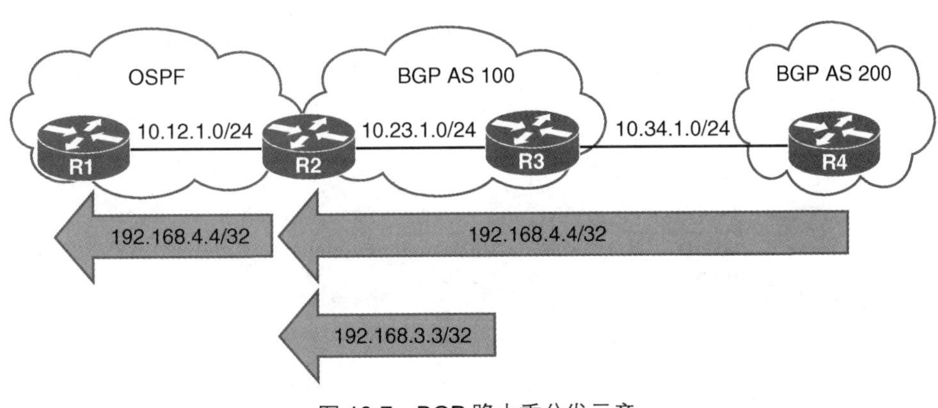

图 16-7 BGP 路由重分发示意

注：BGP 旨在处理大规模路由表，IGP 则不行。如果路由器拥有较大的 BGP 表（如超过 800,000 条路由的 Internet 路由表），那么将 BGP 重分发到 IGP 中时应采用选择性的路由重分发，否则，可能会导致 IGP 路由域出现不稳定现象，进而出现丢包问题。

可以修改 BGP 的默认行为，从而能够通过 BGP 配置命令 **bgp redistribute-internal** 重分发所有 BGP 路由。如果希望将 iBGP 路由 192.168.3.3/32 重分发到 OSPF 中，就需要在 R2 上配置命令 **bgp redistribute-internal**。

注：将 iBGP 路由重分发到 IGP 中可能会出现路由环路问题，比较合乎逻辑的解决方案是将特定网络宣告到 IGP 中。

16.3.2 特定目的协议行为

接下来从目的协议的角度来说明各种路由协议的特定行为。既可以在同一路由协议的不同进程之间重分发路由，也可以将路由重分发到不同的路由协议中。

1. EIGRP

外部 EIGRP 路由的 AD 值为 170，且默认种子度量为无穷大，因而阻止了将路由安装到 EIGRP 拓扑表中。但是，如果将一个 EIGRP 自治系统重分发到另一个 EIGRP 自治系统中，就会在重分发期间包含所有路径度量。

可以将默认路径度量从无穷大更改为特定的带宽、负载、时延、可靠性和 MTU 值，从而能够将 EIGRP 路由安装到 EIGRP 拓扑表中。路由器可以通过地址簇配置命令 **default-metric** *bandwidth delay reliability load mtu* 设置默认度量，其中，时延以 10μs 为单位。

此外，也可以在路由映射中或者在重分发的时候通过下列命令设置度量：

```
redistribute source-protocol [metric bandwidth delay reliability
load mtu] [route-map route-map-name]
```

注：EIGRP 拓扑结构库配置采用的是 EIGRP 命名配置模式。

图 16-8 提供了一个 EIGRP 重分发拓扑结构，R2 相互重分发 OSPF 与 EIGRP，R3 相互重分发 BGP 与 EIGRP。R1 宣告了 Loopback 0 地址 192.168.1.1/32，R4 宣告了 Loopback 0 地址 192.168.4.4/32。

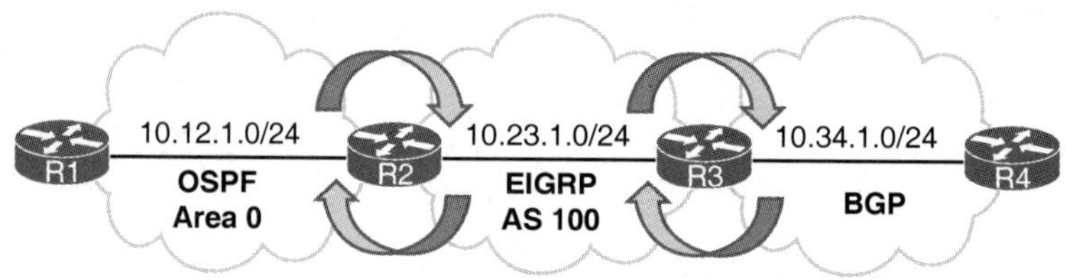

图 16-8 EIGRP 重分发拓扑结构

例 16-7 显示了相关的 EIGRP 重分发配置。R2 使用了配置命令 **default-metric**，给出了传统配置模式和命名配置模式的配置示例，请注意默认度量在 EIGRP 命名配置模式下的配置方式。此外，R3 通过 **redistribute** 命令指定了种子度量。

例 16-7 配置 EIGRP 重分发

```
R2 (AS Classic Configuration)
router eigrp 100
 default-metric 1000000 1 255 1 1500
 network 10.23.1.0 0.0.0.255
```

```
 redistribute ospf 1
```

```
R2 (Named Mode Configuration)
router eigrp EIGRP-NAMED
 address-family ipv4 unicast autonomous-system 100
  topology base
   default-metric 1000000 1 255 1 1500
   redistribute ospf 1
  exit-af-topology
  network 10.23.1.0 0.0.0.255
```

```
R3 (Named Mode Configuration)
router eigrp EIGRP-NAMED
address-family ipv4 unicast autonomous-system 100
  topology base
   redistribute bgp 65100 metric 1000000 1 255 1 1500
  exit-af-topology
  network 10.23.1.0 0.0.0.255
exit-address-family
```

可以通过路由映射命令 **set metric** *bandwidth delay reliability load mtu* 设置 *K* 值来覆盖 EIGRP 种子度量。在重分发过程中以逐个前缀的方式设置度量是一种有效的流量工程方法。例 16-8 给出了通过路由映射设置 EIGRP 度量的配置示例（没有使用 **default-metric** 命令）。

例 16-8　通过路由映射设置 EIGRP 度量的配置示例

```
R2
router eigrp 100
 network 10.23.1.0 0.0.0.255
 redistribute ospf 1 route-map OSPF-2-EIGRP
!
route-map OSPF-2-EIGRP permit 10
 set metric 1000000 1 255 1 1500
```

例 16-9 显示了重分发路由的 EIGRP 拓扑表，突出显示了本地重分发的路由。可以看出，R3 重分发的路由（10.34.1.0/24 和 192.168.4.4/32）的路径度量增大了，因为 R2 与 R3 之间的链路时延加到了初始种子度量上。

例 16-9　重分发路由的 EIGRP 拓扑表

```
R2# show ip eigrp topology
EIGRP-IPv4 Topology Table for AS(100)/ID(192.168.2.2)
Codes: P - Passive, A - Active, U - Update, Q - Query, R - Reply,
       r - reply Status, s - sia Status

P 10.34.1.0/24, 1 successors, FD is 3072
        via 10.23.1.3 (3072/2816), GigabitEthernet0/1
P 192.168.4.4/32, 1 successors, FD is 3072, tag is 65200
        via 10.23.1.3 (3072/2816), GigabitEthernet0/1
P 10.12.1.0/24, 1 successors, FD is 2816
        via Redistributed (2816/0)
P 192.168.1.1/32, 1 successors, FD is 2816
```

```
       via Redistributed (2816/0)
P 10.23.1.0/24, 1 successors, FD is 2816
       via Connected, GigabitEthernet0/1
```

重分发路由在路由表中显示为 D EX，AD 值为 170（见例 16-10）。

例 16-10 验证外部 EIGRP 路由

```
R2# show ip route | begin Gateway
! Output omitted for brevity
Gateway of last resort is not set
      10.0.0.0/8 is variably subnetted, 5 subnets, 2 masks
C        10.12.1.0/24 is directly connected, GigabitEthernet0/0
C        10.23.1.0/24 is directly connected, GigabitEthernet0/1
D EX     10.34.1.0/24 [170/3072] via 10.23.1.3, 00:07:43, GigabitEthernet0/1
O        192.168.1.1 [110/2] via 10.12.1.1, 00:29:22, GigabitEthernet0/0
D EX     192.168.4.4 [170/3072] via 10.23.1.3, 00:08:49, GigabitEthernet0/1
```

```
R3# show ip route | begin Gateway
! Output omitted for brevity

D EX     10.12.1.0/24 [170/15360] via 10.23.1.2, 00:22:27, GigabitEthernet0/1
C        10.23.1.0/24 is directly connected, GigabitEthernet0/1
C        10.34.1.0/24 is directly connected, GigabitEthernet0/0
D EX     192.168.1.1 [170/15360] via 10.23.1.2, 00:22:27, GigabitEthernet0/1
B        192.168.4.4 [20/0] via 10.34.1.4, 00:13:21
```

2. EIGRP 到 EIGRP 的重分发

在 EIGRP AS 之间重分发路由时，可以在重分发期间保留路径度量。图 16-9 所示的拓扑结构包含了多个 EIGRP AS，R2 在 AS 10 与 AS 20 之间相互重分发路由，R3 在 AS 20 与 AS 30 之间相互重分发路由。R1 将 Loopback 0 接口（192.168.1.1/32）宣告给 EIGRP AS 10，R4 将 Loopback 0 接口（192.168.4.4/32）宣告给 EIGRP AS 30。

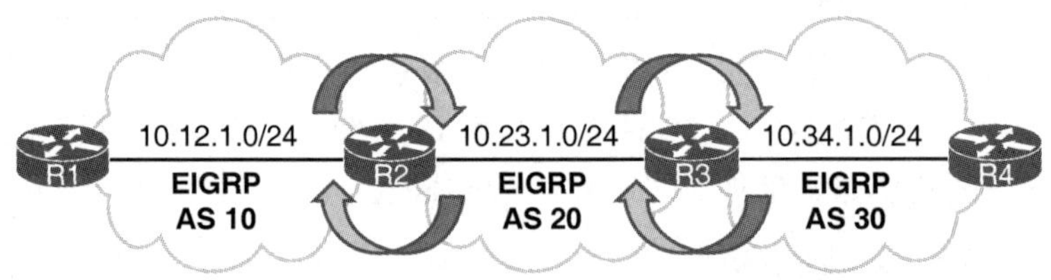

图 16-9 EIGRP 相互重分发拓扑结构

例 16-11 给出了 R2 和 R3 的配置示例。由于在 EIGRP AS 之间重分发时可以保留默认种子度量，因而不需要设置。R2 采用了 EIGRP 传统配置模式，而 R3 则采用了 EIGRP 命名配置模式。

例 16-11 配置 EIGRP 相互重分发

```
R2
router eigrp 10
 network 10.12.1.0 0.0.0.255
 redistribute eigrp 20
```

```
router eigrp 20
 network 10.23.1.0 0.0.0.255
 redistribute eigrp 10
```

```
R3
router eigrp EIGRP-NAMED-20
 address-family ipv4 unicast autonomous-system 20
  topology base
   redistribute eigrp 30
  exit-af-topology
  network 10.23.1.0 0.0.0.255
!
router eigrp EIGRP-NAMED-30
 address-family ipv4 unicast autonomous-system 30
  topology base
   redistribute eigrp 20
  exit-af-topology
  network 10.34.1.0 0.0.0.255
exit-address-family
```

例 16-12 证实 R1 已经从 AS 20 和 AS 30 学到了路由，R4 已经从 AS 10 和 AS 20 学到了路由。

例 16-12 路由验证

```
R1# show ip route eigrp | begin Gateway
Gateway of last resort is not set

      10.0.0.0/8 is variably subnetted, 4 subnets, 2 masks
D EX     10.23.1.0/24 [170/3072] via 10.12.1.2, 00:09:07, GigabitEthernet0/0
D EX     10.34.1.0/24 [170/3328] via 10.12.1.2, 00:05:48, GigabitEthernet0/0
      192.168.4.0/32 is subnetted, 1 subnets
D EX     192.168.4.4 [170/131328] via 10.12.1.2, 00:05:48, GigabitEthernet0/0
```

```
R4# show ip route eigrp | begin Gateway
Gateway of last resort is not set

      10.0.0.0/8 is variably subnetted, 4 subnets, 2 masks
D EX     10.12.1.0/24 [170/3328] via 10.34.1.3, 00:07:31, GigabitEthernet0/0
D EX     10.23.1.0/24 [170/3072] via 10.34.1.3, 00:07:31, GigabitEthernet0/0
      192.168.1.0/32 is subnetted, 1 subnets
D EX     192.168.1.1 [170/131328] via 10.34.1.3, 00:07:31, GigabitEthernet0/0
```

例 16-13 显示了 AS 10 和 AS 20 中的路由 192.168.4.4/32 的 EIGRP 拓扑表。两个 AS 的带宽、可靠性、负载、时延等 EIGRP 路径度量相同。虽然两个 AS 的可行距离相同（131,072），但 AS 10 的 RD 值为 0，AS 20 的 RD 值为 130,816，RD 在重分发到 AS 10 之后被重置了。

例 16-13 192.168.4.4/32 的 EIGRP 拓扑表

```
R2# show ip eigrp topology 192.168.4.4/32
! Output omitted for brevity
EIGRP-IPv4 Topology Entry for AS(10)/ID(192.168.2.2) for 192.168.4.4/32
  State is Passive, Query origin flag is 1, 1 Successor(s), FD is 131072
```

```
  Descriptor Blocks:
  10.23.1.3, from Redistributed, Send flag is 0x0
      Composite metric is (131072/0), route is External
      Vector metric:
        Minimum bandwidth is 1000000 Kbit
        Total delay is 5020 microseconds
        Reliability is 255/255
        Load is 1/255
        Minimum MTU is 1500
        Hop count is 2
        Originating router is 192.168.2.2
      External data:
        AS number of route is 20
        External protocol is EIGRP, external metric is 131072
        Administrator tag is 0 (0x00000000)
EIGRP-IPv4 Topology Entry for AS(20)/ID(192.168.2.2) for 192.168.4.4/32
  State is Passive, Query origin flag is 1, 1 Successor(s), FD is 131072
  Descriptor Blocks:
  10.23.1.3 (GigabitEthernet0/1), from 10.23.1.3, Send flag is 0x0
      Composite metric is (131072/130816), route is External
      Vector metric:
        Minimum bandwidth is 1000000 Kbit
        Total delay is 5020 microseconds
        Reliability is 255/255
        Load is 1/255
        Minimum MTU is 1500
        Hop count is 2
        Originating router is 192.168.3.3
      External data:
        AS number of route is 30
        External protocol is EIGRP, external metric is 2570240
```

3. OSPF

区域内、区域间和外部 OSPF 路由的 AD 值被设置为 110。外部 OSPF 路由可以分为 Type 1 或 Type 2，默认设置是 Type 2。源自 BGP 的路由的种子度量是 1，其他协议的种子度量是 20。这里有一个例外，如果 OSPF 重分发其他 OSPF 进程的路由，就会携带路径度量。Type 1 与 Type 2 外部 OSPF 路由之间的主要区别如下。

- Type 1 路由优于 Type 2 路由。
- Type 1 度量等于重分发度量加上到达 ASBR 的总路径度量。也就是说，从发端 ASBR 向外传播 LSA 的时候，会导致度量也随之增加。
- Type 2 度量仅等于重分发度量。对于紧邻 ASBR 的路由器与离发端 ASBR 30 跳之外的路由器来说，两者度量相同。如果两条 Type 2 路径的度量完全相同，那么优选转发开销较低的路径。Type 2 是 OSPF 使用的默认外部度量类型。

如果要将路由重分发到 OSPF 中，那么需要使用以下命令：

```
redistribute source-protocol [subnets] [metric metric] [metric-type {1 | 2}]
[tag 0-4294967295] [route-map route-map-name]
```

如果不包含可选关键字 **subnets**，那么将仅重分发有类别网络。可选关键字 **tag** 允许将 32 比特路由标签包含在所有重分发路由中。可以在重分发期间设置关键字 **metric** 和 **metric-type**。

图 16-10 提供了一个 OSPF 重分发拓扑结构，R2 在 EIGRP 与 OSPF 之间相互重分发，R3 在 RIP 与 OSPF 之间相互重分发。R1 宣告了 Loopback 0 接口 192.168.1.1/32，R4 宣告了 Loopback 0 接口 192.168.4.4/32。

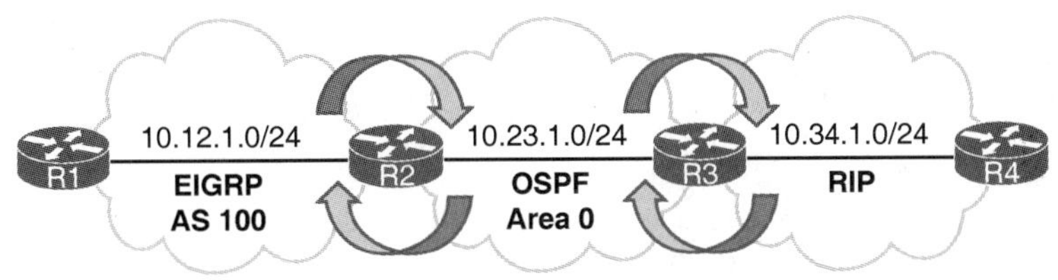

图 16-10 OSPF 重分发拓扑结构

例 16-14 显示了相关的 OSPF 重分发配置。请注意，R2 和 R3 使用了不同的 OSPF 进程 ID，但仍然能够建立邻接关系。如本节后面所述，OSPF 进程 ID 在将 OSPF 接口关联到 OSPF 进程上时具有本地意义。

例 16-14 配置 OSPF 重分发

```
R2
router ospf 2
  router-id 192.168.2.2
  network 10.23.1.0 0.0.0.255 area 0
  redistribute eigrp 100 subnets
```

```
R3
router ospf 3
  router-id 192.168.3.3
  redistribute rip subnets
  network 10.23.1.3 0.0.0.0 area 0
```

例 16-15 显示了 OSPF 域中外部网络的 Type 5 LSA。可以看出，路由 10.12.1.0/24、10.34.1.0/24、192.168.1.1/32 和 192.168.4.4/32 已经成功重分发到了 OSPF 中，被重分发的网络是 Type 2 路由，度量为 20。

例 16-15 R3 的 OSPF LSDB

```
R3# show ip ospf database external
! Output omitted for brevity

            OSPF Router with ID (192.168.3.3) (Process ID 2)
            Type-5 AS External Link States

Link State ID: 10.12.1.0 (External Network Number )
Advertising Router: 192.168.2.2
Network Mask: /24
      Metric Type: 2 (Larger than any link state path)
      Metric: 20
```

```
Link State ID: 10.34.1.0 (External Network Number )
Advertising Router: 192.168.3.3
Network Mask: /24
      Metric Type: 2 (Larger than any link state path)
      Metric: 20

Link State ID: 192.168.1.1 (External Network Number )
Advertising Router: 10.23.1.2
Network Mask: /32
      Metric Type: 2 (Larger than any link state path)
      Metric: 20

Link State ID: 192.168.4.4 (External Network Number )
Advertising Router: 192.168.3.3
Network Mask: /32
      Metric Type: 2 (Larger than any link state path)
      Metric: 20
```

重分发路由在路由表中显示为 O E2（Type 2 外部路由）或 O E1（Type 1 外部路由）。例 16-16 中的路由器没有显式设置度量类型，因而从拓扑结构重分发的所有路由都是 O E2 路由。

例 16-16 验证 OSPF 路由重分发

```
R2# show ip route | begin Gateway
Gateway of last resort is not set

      10.0.0.0/8 is variably subnetted, 5 subnets, 2 masks
C        10.12.1.0/24 is directly connected, GigabitEthernet0/0
C        10.23.1.0/24 is directly connected, GigabitEthernet0/1
O E2     10.34.1.0/24 [110/20] via 10.23.1.3, 00:04:44, GigabitEthernet0/1
      192.168.1.0/32 is subnetted, 1 subnets
D        192.168.1.1 [90/130816] via 10.12.1.1, 00:03:56, GigabitEthernet0/0
      192.168.2.0/32 is subnetted, 1 subnets
C        192.168.2.2 is directly connected, Loopback0
O E2  192.168.4.0/24 [110/20] via 10.23.1.3, 00:04:42, GigabitEthernet0/1
```

```
R3# show ip route | begin Gateway
Gateway of last resort is not set

      10.0.0.0/8 is variably subnetted, 5 subnets, 2 masks
O E2     10.12.1.0/24 [110/20] via 10.23.1.2, 00:05:41, GigabitEthernet0/1
C        10.23.1.0/24 is directly connected, GigabitEthernet0/1
C        10.34.1.0/24 is directly connected, GigabitEthernet0/0
      192.168.1.0/32 is subnetted, 1 subnets
O E2     192.168.1.1 [110/20] via 10.23.1.2, 00:05:41, GigabitEthernet0/1
      192.168.3.0/32 is subnetted, 1 subnets
C        192.168.3.3 is directly connected, Loopback0
R     192.168.4.0/24 [120/1] via 10.34.1.4, 00:00:00, GigabitEthernet0/0
```

4. OSPF 到 OSPF 的重分发

在 OSPF 进程之间重分发路由时，会在重分发期间保留路径度量（与度量类型无关）。

图 16-11 所示的拓扑结构包含了多个 OSPF 进程和区域。R2 在 OSPF 进程 1 与 OSPF 进程 2 之间重分发路由，R3 在 OSPF 进程 2 与 OSPF 进程 3 之间重分发路由。R2 和 R3 在重分发过程中将度量类型设置为 Type 1，因而路径度量增大了。R1 将 Loopback 0 接口 192.168.1.1/32 宣告给了 OSPF 进程 1，R4 将 Loopback 0 接口 192.168.4.4/32 宣告给了 OSPF 进程 3。

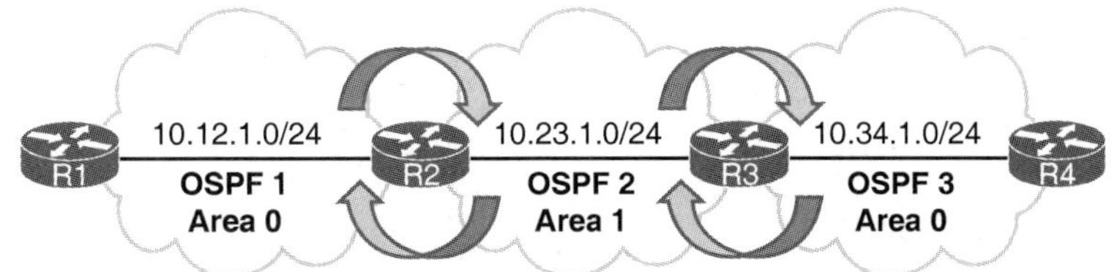

图 16-11 OSPF 多进程重分发拓扑结构

> 注：虽然图 16-11 所示的拓扑结构看起来不连续，但 OSPF 仍然在进程之间执行路由重分发。虽然 OSPF 多进程重分发技术可以通过不连续的 OSPF 网络宣告路由，但可能会导致路径信息丢失，因为 Type 1、Type 2 和 Type 3 LSA 不会通过路由重分发进行传播。

例 16-17 显示了 R2 和 R3 的重分发配置。请注意，由于将路由重分发到目的协议的时候设置了度量类型，因而路由在穿越不同的 OSPF 进程之后度量增大了。

例 16-17 配置 OSPF 多进程重分发

```
R2# show running-config | section router ospf
router ospf 1
 redistribute ospf 2 subnets metric-type 1
 network 10.12.1.0 0.0.0.255 area 0
router ospf 2
 redistribute ospf 1 subnets metric-type 1
 network 10.23.1.0 0.0.0.255 area 1
```

```
R3# show running-config | section router ospf
router ospf 2
 redistribute ospf 3 subnets metric-type 1
 network 10.23.1.0 0.0.0.255 area 1
router ospf 3
 redistribute ospf 2 subnets metric-type 1
 network 10.34.1.0 0.0.0.255 area 0
```

从例 16-18 可以看出，R1 从 OSPF 进程 3（R3 和 R4）学到了路由，R4 从 OSPF 进程 1（R1 和 R2）学到了路由。请注意，度量在重分发过程中保留了下来。

例 16-18 验证 OSPF 多进程重分发

```
R1# show ip route ospf | begin Gateway
Gateway of last resort is not set

      10.0.0.0/8 is variably subnetted, 4 subnets, 2 masks
O E1     10.23.1.0/24 [110/2] via 10.12.1.2, 00:00:21, GigabitEthernet0/0
O E1     10.34.1.0/24 [110/3] via 10.12.1.2, 00:00:21, GigabitEthernet0/0
      192.168.4.0/32 is subnetted, 1 subnets
```

```
O E1     192.168.4.4 [110/4] via 10.12.1.2, 00:00:21, GigabitEthernet0/0
```

```
R4# show ip route ospf | begin Gateway
Gateway of last resort is not set

      10.0.0.0/8 is variably subnetted, 4 subnets, 2 masks
O E1     10.12.1.0/24 [110/3] via 10.34.1.3, 00:01:36, GigabitEthernet0/0
O E1     10.23.1.0/24 [110/2] via 10.34.1.3, 00:01:46, GigabitEthernet0/0
      192.168.1.0/32 is subnetted, 1 subnets
O E1     192.168.1.1 [110/4] via 10.34.1.3, 02:38:49, GigabitEthernet0/0
```

5. OSPF 转发地址

考试要点

OSPF Type 5 LSA 包含了一个被称为转发地址的字段，使用该字段可以在源端使用共享网段时优化转发流量。图 16-12 给出了一个不太常见的 RFC 2328 场景。除网络 10.123.1.0/24 外，Area 0 中的所有链路都启用了 OSPF。R1 与 R2（ASBR）建立了一条 eBGP 会话，然后将 AS 100 路由 192.168.1.1/32 重分发到 OSPF 域中。R3 与 R1 有直接连接，但是并没有与 R1 建立 BGP 会话。

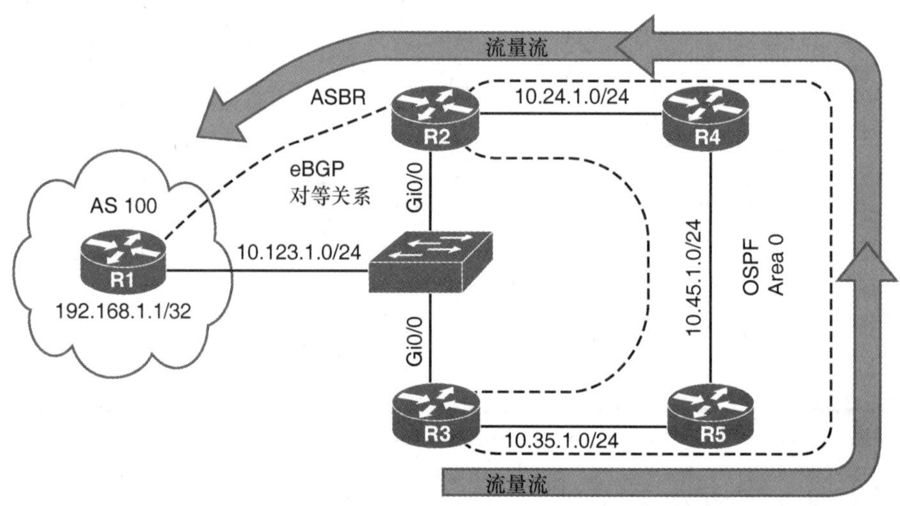

图 16-12 OSPF 转发地址设置为默认值

例 16-19 显示了 192.168.1.1/32 的 AS 100 路由的 Type 5 LSA。可以看出，ASBR 被标识为 10.123.1.2（所有 OSPF 路由器将数据包转发到该 IP 地址以便到达网络 192.168.1.1/32），转发地址是默认值 0.0.0.0。

例 16-19 转发地址为 0.0.0.0 的 OSPF 外部 LSA

```
R3# show ip ospf database external
! Output omitted for brevity
                Type-5 AS External Link States

  Routing Bit Set on this LSA in topology Base with MTID 0
  LS Type: AS External Link
  Link State ID: 192.168.1.1 (External Network Number )
  Advertising Router: 10.123.1.2
  Network Mask: /32
```

```
      Metric Type: 2 (Larger than any link state path)
      Metric: 1
      Forward Address: 0.0.0.0
```

从例 16-20 可以看出，R3（和 R5）去往 192.168.1.1/32 的网络流量采用的是次优路由（R3→R5→R4→R2→R1），最佳路由应该使用直连网络 10.123.1.0/24。

例 16-20 验证次优路由

```
R3# trace 192.168.1.1
Tracing the route to 192.168.1.1
  1 10.35.1.5   0 msec 0 msec 1 msec
  2 10.45.1.4   0 msec 0 msec 0 msec
  3 10.24.1.2   1 msec 0 msec 0 msec
  4 10.123.1.1 1 msec * 0 msec
```

```
R5# trace 192.168.1.1
Tracing the route to 192.168.1.1
  1 10.45.1.4   0 msec 0 msec 0 msec
  2 10.24.1.2   1 msec 0 msec 0 msec
  3 10.123.1.1 1 msec * 0 msec
```

RFC 2328 针对这类场景定义了 OSPF Type 5 LSA 的转发地址。如果转发地址是 0.0.0.0，那么所有路由器都要将数据包转发给 ASBR，从而产生潜在的次优路由问题。

如果出现了以下情况，就要在源协议中将 OSPF 转发地址从 0.0.0.0 更改为下一跳 IP 地址。

- ASBR 指向下一跳 IP 地址的接口启用了 OSPF。
- 接口未被设置为被动接口。
- 接口是广播或非广播 OSPF 网络类型。

如果转发地址被设置为除 0.0.0.0 之外的其他值，那么 OSPF 路由器就仅将流量转发给转发地址。如图 16-13 所示，R2 和 R3 连接网络 10.123.1.0/24 的以太网接口都启用了 OSPF。接口都是以太网接口，默认为广播 OSPF 网络类型，满足上述所有条件。

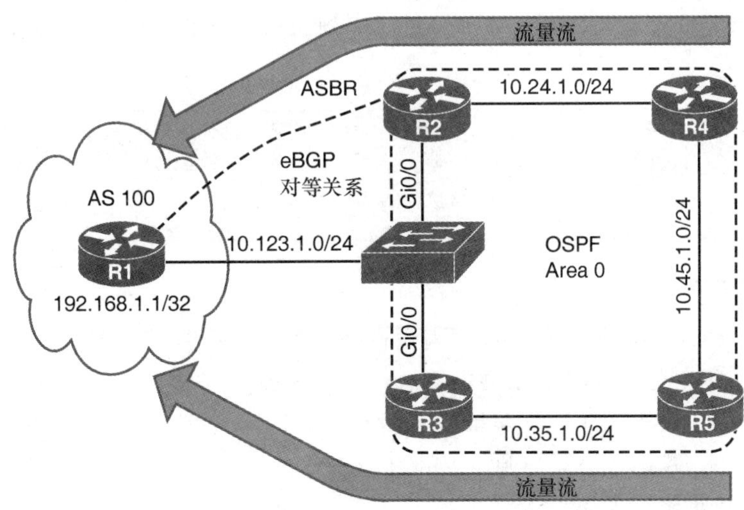

图 16-13 OSPF 转发地址设置为非默认值

例 16-21 显示了网络 192.168.1.1/32 的 Type 5 LSA。可以看出，此时已经在 R2 的 10.123.1.2 接口上启用了 OSPF，且该接口是广播网络类型，转发地址已从此前的 0.0.0.0 更改为 10.123.1.1。

例 16-21 转发地址为 10.123.1.1 的 OSPF 外部 LSA

```
R3# show ip ospf database external
! Output omitted for brevity
                Type-5 AS External Link States1

  Options: (No TOS-capability, DC)
  LS Type: AS External Link
  Link State ID: 192.168.1.1 (External Network Number )
  Advertising Router: 10.123.1.2
  Network Mask: /32
        Metric Type: 2 (Larger than any link state path)
        Metric: 1
        Forward Address: 10.123.1.1
```

从例 16-22 可以看出，R3 和 R5 已经采用最佳路由去往 R1，因为转发地址已被更改为 10.123.1.1。

例 16-22 验证最佳路由

```
R3# trace 192.168.1.1
Tracing the route to 192.168.1.1
  1 10.123.1.1 0 msec * 1 msec
```

```
R5# trace 192.168.1.1
Tracing the route to 192.168.1.1
  1 10.35.1.3 0 msec 0 msec 1 msec
  2 10.123.1.1 0 msec * 1 msec
```

如果 Type 5 LSA 转发地址不是默认值，那么该地址就必须是区域内或区域间 OSPF 路由。如果路由不存在，就会忽略该 LSA，也不会将其安装到 RIB 中。这样就可以确保至少有两条路由直连外部下一跳地址。否则，就没有理由在 LSA 中包含转发地址。

> 注：虽然 OSPF 转发地址优化了去往目的网络的转发路径，但是对回程流量没有影响。例如，图 16-13 中的 R3 或 R5 的出站流量仍然通过 R3 的 Gi0/0 接口向外转发，但回程流量却直接发送给了 R2。

6. BGP

由于 BGP 是路径矢量协议，因而将路由重分发到 BGP 中时不需要种子度量。重分发路由将设置以下 BGP 属性。

- 路由来源属性设置为 incomplete。
- 下一跳地址设置为源协议的 IP 地址。
- 权重设置为 32,768。

- MED 设置为源协议的路径度量。

图 16-14 所示的拓扑结构中的 R2 在 OSPF 与 BGP 之间相互重分发，R3 在 EIGRP 与 BGP 之间相互重分发。R1 将 Loopback 0 接口 192.168.1.1/32 宣告给相应的路由协议，R4 也将 Loopback 0 接口 192.168.4.4/32 宣告给相应的路由协议。

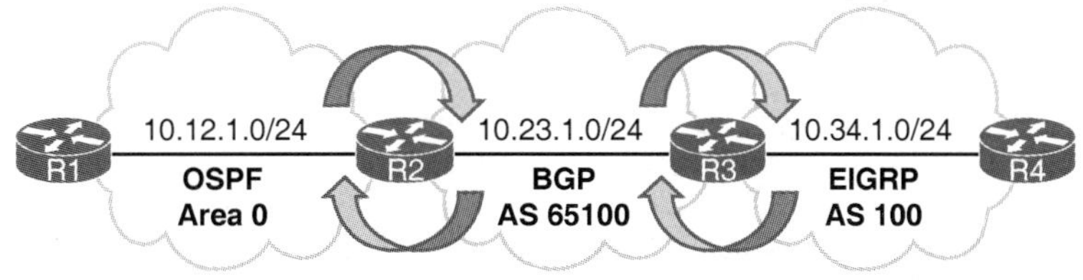

图 16-14 BGP 重分发拓扑结构

例 16-23 显示了 R2 和 R3 的 BGP 重分发配置，R2 将 OSPF 重分发到 BGP 中，R3 将 EIGRP 重分发到 BGP 中。R3 禁用了默认的 IPv4 地址簇配置。请注意，R2 和 R3 使用了命令 **bgp redistribute-internal**，该命令允许将所有从 iBGP 学到的前缀重分发给 OSPF 或 EIGRP。

例 16-23 BGP 重分发配置

```
R2 (Default IPv4 Address Family Enabled)
router bgp 65100
 bgp redistribute-internal
 network 10.23.1.0 mask 255.255.255.0
 redistribute ospf 1
 neighbor 10.23.1.3 remote-as 65100
```

```
R3 (Default IPv4 Address Family Disabled)
router bgp 65100
 no bgp default ipv4-unicast
 neighbor 10.23.1.2 remote-as 65100
 !
 address-family ipv4
  bgp redistribute-internal
  network 10.23.1.0 mask 255.255.255.0
  redistribute eigrp 100
  neighbor 10.23.1.2 activate
exit-address-family
```

例 16-24 显示了 AS 65100 的 BGP 表。可以看出，其 BGP 表已经安装了网络 192.168.1.1/32 和 192.168.4.4/32，度量则在重分发期间从 IGP 度量继承而来。

例 16-24 AS 65100 的 BGP 表

```
R2# show bgp ipv4 unicast | begin Network
     Network          Next Hop            Metric LocPrf Weight Path
*>   10.12.1.0/24     0.0.0.0                  0         32768 ?
* i  10.23.1.0/24     10.23.1.3                0    100      0 i
*>                    0.0.0.0                  0         32768 i
*>i  10.34.1.0/24     10.23.1.3                0    100      0 ?
*>   192.168.1.1/32   10.12.1.1                2         32768 ?
*>i  192.168.4.4/32   10.34.1.4           130816    100      0 ?
```

例 16-25 显示了重分发路由的详细 BGP 路径信息。可以看出，路由来源是 incomplete，BGP 度量与重分发时的 IGP 度量相匹配。

例 16-25 验证 BGP 路由

```
R2# show bgp ipv4 unicast 192.168.1.1
! Output omitted for brevity

BGP routing table entry for 192.168.1.1/32, version 3
Paths: (1 available, best #1, table default)
  Local
    10.12.1.1 from 0.0.0.0 (192.168.2.2)
      Origin incomplete, metric 2, localpref 100, weight 32768, valid, sourced, best
```

```
R3# show bgp ipv4 unicast 192.168.4.4
BGP routing table entry for 192.168.4.4/32, version 3
Paths: (1 available, best #1, table default)
  Local
    10.34.1.4 from 0.0.0.0 (10.34.1.3)
      Origin incomplete, metric 130816, localpref 100, weight 32768, valid, sourced,
best
```

注：从 OSPF 向 BGP 重分发路由时，默认不包含 OSPF 外部路由。如果要重分发 OSPF 外部路由，就需要配置 **match external** [**1** | **2**]命令。

高可用网络设计方案通常都要设计多个路由重分发点来确保冗余性，但这样做也提高了路由反馈的概率。路由反馈可能会导致次优路由或路由环路，不过可以通过本章及第 12 章介绍的相关技术加以解决。

备考任务

本书提供多种备考手段：此处的练习题以及 Pearson Test Prep 软件中的模拟考试题。与实际试题相比，下面问题的难度更高，因为它们都是开放式问题。通过这种难度更高的问题，读者可以更好地测试知识掌握程度，以确保完全掌握本章基本概念和主要内容。下面的问题都可以在附录中找到参考答案。

1．复习所有考试要点

请复习本章涉及的所有重要主题，这些内容都用“考试要点”图标做了标记，表 16-6 列出了这些考试要点及其描述。

表 16-6 考试要点

考试要点	描述
段落	重分发术语
段落	重分发是非传递的
段落	连续协议重分发
段落	路由必须位于 RIB 中
段落	种子度量

续表

考试要点	描述
表 16-3	默认种子度量
段落	源协议：直连网络
段落	源协议：BGP
段落	目的协议：EIGRP
段落	EIGRP 种子度量
段落	EIGRP 到 EIGRP 的重分发
段落	目的协议：OSPF
段落	OSPF 有类别和无类别重分发
段落	OSPF 到 OSPF 的重分发
段落	OSPF 转发地址
段落	目的协议：BGP

2．定义关键术语

请对本章中的下列关键术语进行定义。

目的协议、相互重分发、源协议、连续协议重分发、种子度量。

3．检查命令的记忆程度

以下列出了本章用到的各种重要的配置和验证命令，虽然并不需要记忆每条命令的完整语法格式，但是应该记住这些命令所需的基本关键字。

为了检查你对这些命令的记忆情况，请用一张纸遮住表 16-7 的右侧，通过表格左侧的描述内容，看一看是否能记起这些命令。

表 16-7　　命令参考

任务	命令语法
将源协议重分发到目的协议中	**redistribute** {**connected** | **static** | **eigrp** *as-number* | **ospf** *process-id* [**match** {**internal** | **external** [**1**|**2**]}] | **bgp** *as-number* } [*destination-protocol-options*] [**route-map** *route-map-name*]
为重分发前缀设置默认 EIGRP 种子度量	**default-metric** *bandwidth delay reliability load mtu*
允许将从 iBGP 学到的前缀重分发到 IGP 中	**bgp redistribute-internal**

由于 ENARSI 300-410 认证考试重点考查考生作为网络专家的实际动手能力，因而必须掌握与本章主题相关的配置、验证及故障排查命令。

第 17 章

路由重分发故障排查

本章主要讨论以下主题。

- **高级路由重分发故障排查**：本节将说明在网络中执行多点重分发时可能存在的次优路由和路由环路问题，还将讨论识别和排查这些重分发故障的方法。
- **IPv4 和 IPv6 路由协议路由重分发故障排查**：本节将讨论 IPv4 和 IPv6 路由协议（如 EIGRP、OSPF 和 BGP）路由重分发的故障排查方法及注意事项。
- **故障工单（重分发）**：本节将通过故障工单来解释如何通过结构化的故障排查过程来解决故障问题。

部署路由重分发的原因有很多，有时是因为需要从一种协议迁移到另一种协议，有时可能是因为某些服务或应用程序需要特定的路由协议，也可能是因为处于混合供应商环境中，以及不同的网络设备可能仅支持某些协议，甚至可能是因为政治问题或特定国家/地区的特殊需求。无论出于何种原因，只要网络中使用了多种路由协议，那么都有很大的可能需要在这些路由协议之间进行重分发，以便网络中的所有用户都能访问所有网络。如此一来，就可能会遇到需要排查的故障问题。

本章探讨在两种协议之间的多个位置执行路由重分发时可能遇到的故障问题，研究 IPv4 和 IPv6 EIGRP、OSPF、BGP 路由重分发的区别。理解相关内容有助于快速解决与重分发有关的各类故障问题。最后，本章还将具体讨论 4 个路由重分发故障工单。

17.1 “我已经知道了吗？”测验

“我已经知道了吗？”测验的目的是帮助读者确定是否需要完整地学习本章知识或者直接跳至“备考任务”，如果读者对题目的答案还存在疑问，或者评估自己对这些主题知识的掌握程度还不够的话，就可以从头学起。表 17-1 列出了本章的主要内容以及与这些内容相关联的“我已经知道了吗？”测验题，答案可参见附录。

表 17-1 “我已经知道了吗？”基本主题章节与所对应的测验题

涵盖测验题的基本主题章节	测验题
高级路由重分发故障排查	1～3
重分发引起的路由环路故障排查	1～3
IPv4 和 IPv6 路由协议路由重分发故障排查	4～11

> 注意：自我评价的目的是检验你对本章知识的掌握程度，如果不知道或仅部分知道问题的答案，出于自我评价的目的，请在该问题上标记“错”。为了不影响自我评价的结果，对不懂的问题请不要猜测答案，否则可能会造成一种已掌握的假象。

1. 下面哪些方法可以解决多点重分发引起的路由问题？（选择所有正确项）
   a. 修改重分发路由的种子度量
   b. 修改重分发路由的管理距离
   c. 在重分发路由时标记路由，然后拒绝将它们重分发回发端路由源
   d. 修改用于到达边界路由器的度量
2. 下面哪种方法可以解决路由重分发引起的次优路由问题？
   a. 修改重分发路由的种子度量
   b. 修改重分发路由的管理距离
   c. 仅重分发无类别网络
   d. 重分发之前修改路由的度量
3. 下面哪一项是正确的？
   a. EIGRP 命令 **distance 165 10.1.1.1 0.0.0.0** 将从邻居 10.1.1.1 学到的所有 EIGRP 路由的 AD 值更改为 165
   b. EIGRP 命令 **distance 165 10.1.1.1 0.0.0.0** 将 EIGRP 学到的路由 10.1.1.0/24 的 AD 值更改为 165
   c. EIGRP 命令 **distance 165 10.1.1.1 0.0.0.0** 将从邻居 10.1.1.1 学到的内部 EIGRP 路由的 AD 值更改为 165
   d. EIGRP 命令 **distance 165 10.1.1.1 0.0.0.0** 将从邻居 10.1.1.1 学到的外部 EIGRP 路由的 AD 值更改为 165
4. 将某个路由源的路由重分发到其他路由源时，必须满足下面哪一项要求？
   a. 路由源必须具有相似的度量
   b. 路由源必须具有相似的管理距离
   c. 该路由必须位于执行重分发的路由器的路由表中
   d. 该路由必须是执行重分发的路由器的直连路由
5. 下面哪些路由协议的默认种子度量是不可达的？（选择两项）
   a. RIP
   b. EIGRP
   c. OSPF
   d. BGP
6. 下面哪种路由协议的默认种子度量是 20？
   a. RIPng
   b. EIGRPv6
   c. OSPFv3
   d. BGP

7. 执行路由重分发时存在 4 种种子度量选项：接受默认值、使用 **default-metric** 命令指定种子度量、使用 **redistribute** 命令的 **metric** 选项、使用路由映射。如果通过这 4 种选项配置了不同的度量值，那么将优选哪一种？
   a. 默认值
   b. **default-metric** 命令
   c. **redistribute** 命令的 **metric** 选项
   d. 用于 **redistribute** 命令的路由映射
8. 下面哪一项是 OSPF 路由重分发到 EIGRP 中时的强制选项？
   a. **metric**
   b. **metric type**
   c. **subnets**
   d. **match**
9. 下面哪一项是无类别网络重分发到 OSPF 中时的强制选项？
   a. **metric**
   b. **metric type**
   c. **subnets**
   d. **match**
10. 从一种 IPv6 路由协议重分发到另一种 IPv6 路由协议时，重分发的内容不包含下面哪一项？
   a. 前缀
   b. 种子度量
   c. 参与路由进程的直连路由
   d. 管理距离
11. 使用路由映射进行重分发时，与路由映射中的拒绝表项相匹配的路由会发生什么？
   a. 以默认值进行重分发
   b. 以 **set** 子句中的值进行重分发
   c. 仅当有该路由的路由表项时才进行重分发
   d. 不进行重分发

基础主题

17.2 高级路由重分发故障排查

高可用网络设计方案通过冗余机制解决了单点故障问题。在不同的路由协议之间重分发路由时，网络中必须存在至少两个重分发点，以确保发生故障时仍能提供网络连接性。在两种协议之间执行多点重分发时，可能会出现以下问题。

- 次优路由。
- 路由环路。

这些问题可能会导致最终用户失去连接或者连接速度变慢。本章将深入讨论如何识别这些故障问题以及解决这些故障问题的可用方法。

17.2.1 重分发导致的次优路由故障排查

将路由从一种路由源重分发到另一种路由源时，由于在重分发点注入种子度量的时候，会丢失原始路由源的信息，因而目的路由源会失去全网可视性或者被隐藏起来。如果两种路由源之间只有一个重分发点，那么这个问题倒没有什么影响。不过，如果两种路由源之间有多个重分发点（见图 17-1），就有可能会选择次优路由到达这些重分发路由。

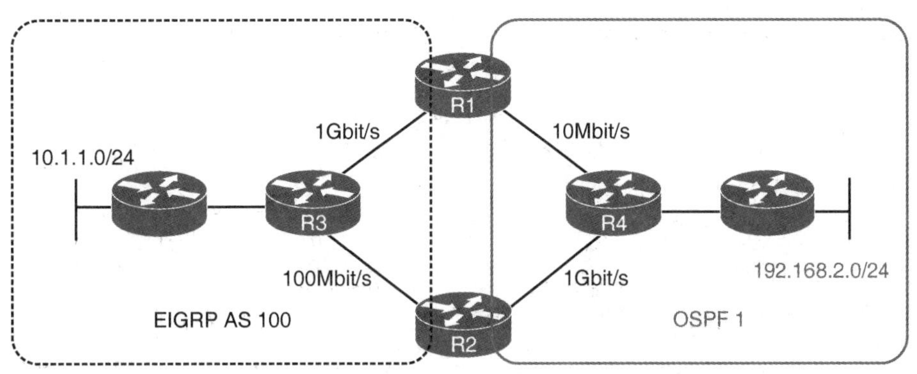

图 17-1 次优路由拓扑结构

首先分析图 17-1 中的 R1 和 R2，它们到达 192.168.2.0/24 的最佳路径经由 R2，因为 1Gbit/s 链路比 10Mbit/s 链路更快。在 R1 和 R2 上将路由重分发到 EIGRP 后，EIGRP 并不知道 OSPF 域中存在 10Mbit/s 链路或 1Gbit/s 链路。因此，如果在 R1 和 R2 上执行路由重分发操作时使用了不恰当的种子度量，那么从 10.1.1.0/24 去往 192.168.2.0/24 的流量就有可能会采用经由 R1 的次优路径。不过，从 EIGRP AS 的角度来看，这却是一条最佳路径，因为 EIGRP 只能看到种子度量以及 EIGRP 自治系统内的 1Gbit/s 链路和 100Mbit/s 链路。因此，如果在将路由重分发到 EIGRP 时为 R1 和 R2 定义的种子度量完全相同，就会优选 EIGRP 自治系统中的 1Gbit/s 链路，流量将会去往 R1，然后 R1 再通过 10Mbit/s 链路将流量发送给 192.168.2.0/24。虽然流量也能到达目的地，但选择的路径却是次优路径。

除 **traceroute** 命令外，还可以通过拓扑结构图来识别该故障问题。对于图 17-1 来说，如果从 10.1.1.0/24 向 192.168.2.0/24 发起的路由跟踪操作穿越了 R1，就表明路由重分发导致了次优路由问题。

解决该问题的方法是在边界路由器（本例中的 R1 和 R2）上使用不同的种子度量，以确保优选特定路径（因为其总路径度量较小）。因此，R2 的 EIGRP 种子度量应该大大小于 R1 的 EIGRP 种子度量，这样才能确保 R3 选择经由 R2 的路径，即使 R3 与 R2 之间的链路带宽小于 R3 与 R1 之间的链路带宽。问题的关键就是要确保流量不会选择 10Mbit/s 链路。

反过来看，将路由从 EIGRP 重分发到 OSPF 中时，重分发路由的默认种子度量为

20，并且被标记为 E2 路由，因而该路由在整个 OSPF 域中的度量始终为 20。首先，将流量从 192.168.2.0/24 发送给 10.1.1.0/24 时，可能会认为从 R4 到 R1 和 R2 会出现负载均衡。除 E2 种子度量外，仅当 R4 到达这两台 ASBR 的度量（转发度量）相等时才有可能实现负载均衡。但是对于本例来说，这两条路径的转发度量并不相等，因为 10Mbit/s 链路的开销要大于 1Gbit/s 链路的开销，因而所有从 192.168.2.0/24 去往 10.1.1.0/24 的流量都会在 OSPF 域中选择 1Gbit/s 链路并穿越 R2。不过，如果将 R2 的种子度量设置得大于 20，而让 R1 的种子度量仍然保留为 20，那么流量就会选择经由 R1 的路径，因为此时该路径的种子度量较小。但是对于本例来说，这却是一条次优路径。因此，如果使用的度量类型为 E2，就可以简单地让优选的 ASBR 宣告最小的种子度量，以确保选择最佳路由。如果使用的度量类型为 E1，那么去往目的网络的总开销就等于网络中的链路开销加上种子度量。因此，如果出现了次优路由问题，就需要确定 E2 路由最恰当的种子度量，以确保选择最佳路径，或者使用度量类型 E1，那样就会同时使用内部开销与种子度量来确定总开销。

在排查由重分发导致的次优路由故障时，需要记住以下内容。

- 根据拓扑结构，能够识别在网络中的多个重分发点进行的相互路由重分发。
- 根据连接情况，能够识别链路的不同速率。
- 根据所用路由协议，能够识别种子度量的确定方式以及不同路由协议的处理方式。
- 根据需求，知道如何利用 **default-metric** 命令、**redistribute** 命令中的 **metric** 参数或者路由映射在边界路由器上控制度量来解决次优路由问题。

17.2.2 重分发导致的路由环路故障排查

以图 17-2 为例，网络 10.1.1.0/24 首先被重分发到 EIGRP 自治系统中，然后又在 R1 和 R2 上被重分发到 OSPF 域中。虽然这看起来没有什么问题，但是可能会因为 AD 问题而出现故障。下面就来详细分析可能出现的故障情况。

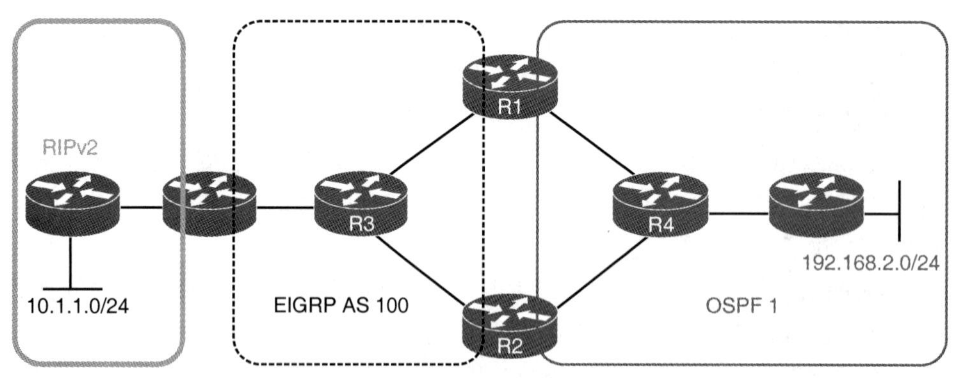

图 17-2 路由环路拓扑结构

将网络 10.1.1.0/24 从 RIPv2 重分发到 EIGRP AS 100 时，该路由被列为 EIGRP 自治系统中的外部路由，R1 和 R2 将该路由安装到路由表中，相应的代码为 D EX，AD

值为 170（见图 17-3）。

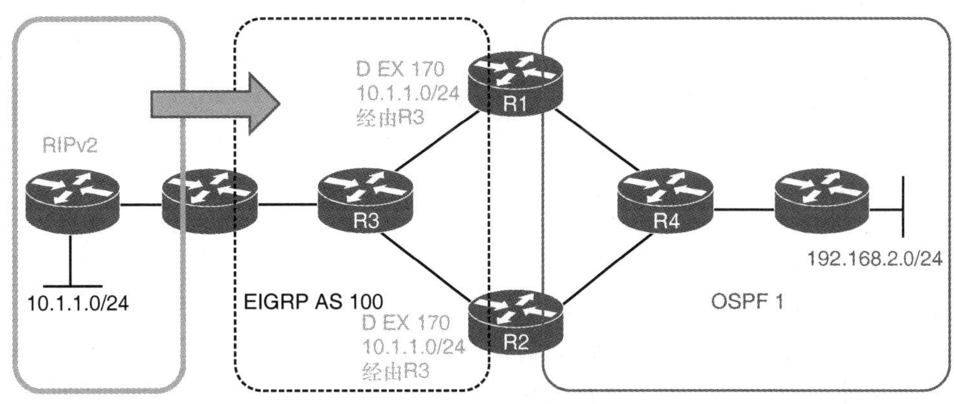

图 17-3 将 10.1.1.0/24 重分发到 EIGRP 自治系统中

R1 和 R2 将网络 10.1.1.0/24 重分发到 OSPF 域中时，默认由 Type 5 LSA 将该路由宣告为 O E2 路由，AD 值为 110（见图 17-4）。请注意，该 LSA 会在整个区域内进行泛洪，因而 R1 会收到 R2 发送的 LSA，R2 也会收到 R1 发送的 LSA，这样就会产生问题。仔细分析 R1 的两条 10.1.1.0/24 路由项，R1 会优选哪一条呢？R1 会优选 OSPF 路由，因为 OSPF 路由的 AD 值较小，因而 R1 将经由 R2 到达 10.1.1.0/24。仔细分析 R2 的两条 10.1.1.0/24 路由项，R2 会优选哪一条呢？R2 会优选 OSPF 路由，因为 OSPF 路由的 AD 值较小，因而 R2 将经由 R1 到达 10.1.1.0/24。

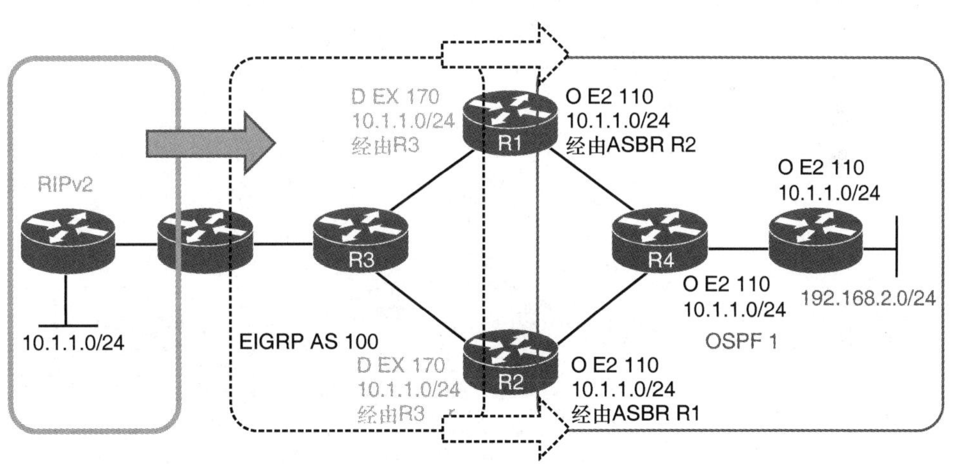

图 17-4 在 R1 和 R2 上将 10.1.1.0/24 重分发到 OSPF 域中

假设从 192.168.2.0/24 向 10.1.1.0/24 发送流量，那么流量将会在 R1 与 R2 之间来回转发，从而产生路由环路问题。

不过，该应用场景可能会因为路由重分发的工作方式而变得更加糟糕。前文曾经说过，将路由从一种路由源重分发到另一种路由源（从 EIGRP 重分发到 OSPF）时，该路由必须位于正在重分发该路由的路由源的路由表中。

再次分析图 17-4，R1 和 R2 最初从 R3 学到路由 10.1.1.0/24 时，该路由是一条 EIGRP 外部路由，那时候路由表中还没有 10.1.1.0/24 的其他路由信息源，因而其被认为是最佳路由信息源，并且以 EIGRP 路由的方式安装到路由表中。后来出现了从 EIGRP 到 OSPF 的路由重分发操作，将路由 10.1.1.0/24 从路由表重分发到了 OSPF 进程并在 OSPF 域中进行宣告。当 R1 和 R2 分别从对方学到 OSPF 路由 10.1.1.0/24 后，由于 OSPF 路由的 AD 值（110）小于 EIGRP 路由的 AD 值（170），R1 和 R2 均认为 OSPF 路由是更优的路由信息源，因而使用 OSPF 路由替换 EIGRP 路由，这样一来会出现什么情况呢？此时 R1 和 R2 的路由表中已经没有该 EIGRP 路由了，虽然该 EIGRP 路由仍然位于 EIGRP 拓扑表中，但已经不在路由表中了，因而根本无法将路由 10.1.1.0/24 重分发到 OSPF 中，也就没有需要宣告的 Type 5 LSA 了。因此，R1 和 R2 必须通知 OSPF 域中的路由器，说明路由 10.1.1.0/24 已经不存在。这样做了之后，R1 和 R2 的路由表中就不再拥有通过 OSPF 从对方学到的路由 10.1.1.0/24 了，那么将会出现什么情况呢？EIGRP 外部路由 10.1.1.0/24 将会被重新安装到路由表中，由于执行了从 EIGRP 到 OSPF 的路由重分发操作，因而将不断重复上述过程。由于路由表中的路由出现了不断地插入和删除操作，使得路由表变得非常不稳定。通过 **debug ip routing** 命令就可以确认这一点，因为该命令能够显示路由表的变化情况。

考试要点

接下来做进一步分析。从图 17-5 可以看出，当 OSPF 路由 10.1.1.0/24 位于 R1 和 R2 的路由表中时，该路由又被重分发回了 EIGRP 自治系统，该行为也被称为路由反馈。此时，R3 认为可以经由 RIPv2 域与 EIGRP 自治系统之间的边界路由器（R5）到达 10.1.1.0/24，也可以经由 EIGRP 与 OSPF 之间的 R1 和 R2 到达 10.1.1.0/24。根据学到的到达 10.1.1.0/24 的路径的度量情况，R3 可能会选择到达 RIPv2 域的正确路径，也可能会选择经由 R1 或 R2 的路径，最终可能会导致流量黑洞问题。

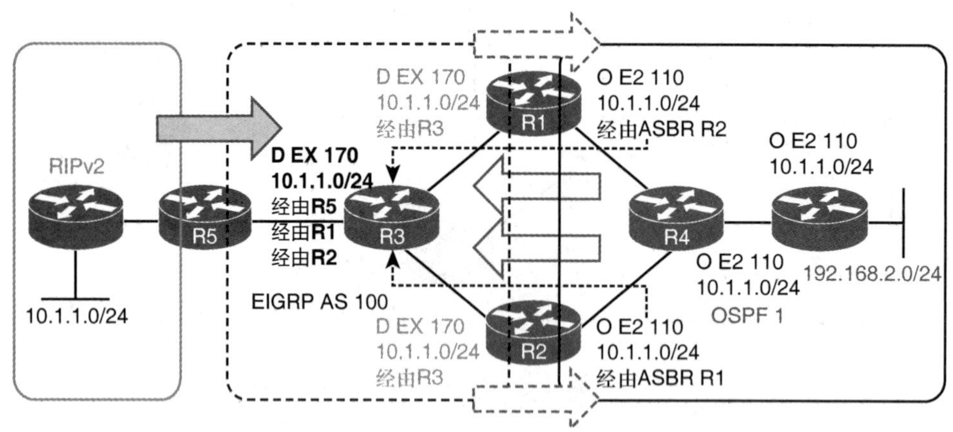

图 17-5　将 10.1.1.0/24 从 OSPF 重分发回 EIGRP 自治系统

很明显这是一种非常糟糕的情况，只要仔细分析拓扑结构即可发现该问题。请注意在不使用 **show** 命令的情况下识别该故障问题的方法。此外，该故障的现象也呈现多样化特点，例如，用户从 192.168.2.0/24 到 10.1.1.0/24 的网络连接忽好忽坏，原因是路由表中的相应路由不停地添加、删除，导致一会儿有路由环路，一会儿没有路由环路，因而需要检查拓扑结构以找出可能导致这类故障的可能位置，并采取相应的措施来解决故障问题，或者在出现故障时，找出故障原因并制订相应的故障解决办法。

前面曾经说过，导致该故障问题的原因是 AD 值 110 优于 170，因而需要在 R1 和 R2 上减小 EIGRP 路由 10.1.1.0/24 的 AD 值，或者在 R1 和 R2 上加大从 OSPF 学到的路由 10.1.1.0/24 的 AD 值，目的是确保优选从 EIGRP 学到的路由。无论采取哪种方法，都需要在 R1 和 R2 上使用 **distance** 命令并指定路由 10.1.1.0/24 的 AD 值。由于仅希望影响本例中的路由 10.1.1.0/24，因而可以使用 ACL 并与 **distance** 命令相关联，从而单独筛选出路由 10.1.1.0/24。如果希望减小 EIGRP AD 值，就应该将 AD 值设置为小于或等于 109；如果希望增大 OSPF AD 值，就应该将 AD 值设置为大于或等于 171。

EIGRP 已经通过分配不同的 AD 值来区分从自治系统内部学到的路由与从自治系统外部学到的路由。

- 内部 EIGRP 路由：90。
- 外部 EIGRP 路由：170。

如果要修改 IOS 路由器的默认 AD 值，可以使用 EIGRP 配置命令 **distance eigrp** *ad-internal ad-external*。度量值的有效范围是 1～255，如果度量值为 255，就不能将路由安装到 RIB 中。

Cisco IOS 路由器可以通过下列命令为特定内部网络选择性地修改 AD 值：

```
distance ad source-ip source-ip-wildcard [acl-number | acl-name]
```

其中，选项 *source-ip* 的作用是将修改范围限制在 EIGRP 表中从特定路由器学到的路由，选项 *acl* 的作用是限制特定网络前缀。请注意，EIGRP 不允许基于外部 EIGRP 路由的前缀进行选择性的 AD 修改。

例 17-1 显示了图 17-5 中的 R1 和 R2 的配置示例。R1 和 R2 将学到的所有外部 EIGRP 路由的 AD 值均设置为 109，低于从 OSPF 学到的路由的 AD 值，因而这些 EIGRP 路由都将安装到 R1 和 R2 的路由表中。

例 17-1　EIGRP AD 控制配置

```
R1(config)# router eigrp 100
R1(config-rtr)# distance eigrp 90 109
R1(config-rtr)# end

R2(config)# router eigrp 100
R2(config-rtr)# distance eigrp 90 109
R2(config-rtr)# end
```

OSPF 为从 OSPF 路由域内和域外学到的路由使用相同的默认 AD 值 110。可以通过下列 OSPF 配置命令在 IOS 路由器上修改默认 AD 值：

```
distance ospf {external | inter-area | intra-area} ad
```

该命令允许为每种 OSPF 网络类型设置不同的 AD 值。

IOS 路由器支持通过下列命令为特定网络有选择地设置 AD 值：

```
distance ad source-ip source-ip-wildcard [acl-number | acl-name]
```

其中，选项 *source-ip* 的作用是将修改范围限制为 OSPF LSDB 中从 LSA 的宣告路由器中学到的路由，地址字段 *source-ip-wildcard* 匹配宣告路由的 RID。选项 *acl* 的作用是限制特定网络前缀。

例 17-2 显示了修改后的 R1 和 R2 配置，将 OSPF 外部路由的 AD 值设置为 171，使其大于外部 EIGRP 路由的 AD 值（170），从而确保 EIGRP 路由优于 OSPF 路由（对于图 17-5 中的 10.1.1.0/24 来说），并将路由安装到 R1 和 R2 的路由表中。

例 17-2　OSPF 定制化 AD 配置

```
R1(config)# router ospf 1
R1(config-rtr)# distance ospf external 171
R1(config-rtr)#

R2(config)# router ospf 1
R2(config-rtr)# distance ospf external 171
R2(config-rtr)#
```

BGP 区分从 iBGP 对等体、eBGP 对等体以及本地学到的路由。在 IOS 路由器上，可以通过 BGP 配置命令 **distance bgp** *external-ad internal-ad local-routes* 设置每种 BGP 网络类型的 AD 值，通过地址簇命令 **distance** *ad source-ip source-wildcard* [*acl-number* | *acl-name*]修改从特定邻居收到的路由的 AD 值。

例如，BGP 命令 **distance 44 55 66** 将 eBGP 路由的 AD 值设置为 44，将 iBGP 路由的 AD 值设置为 55，将本地学到的路由的 AD 值设置为 66。

还可以通过另一种方法来解决图 17-5 所示的故障问题。可以将分发列表附加到 R1 和 R2 的 OSPF 进程上，OSPF 可以通过分发列表控制从 OSPF 数据库安装哪些路由。因此，如果在分发列表中拒绝将 OSPF 数据库中的路由 10.1.1.0/24 安装到路由表中，就可以将 AD 值为 170 的 EIGRP 路由安装到路由表中。

例 17-3 显示了此时的 R1 和 R2 配置信息。

例 17-3　使用分发列表控制将哪些 OSPF 路由安装到路由表中

```
R1(config)# ip prefix-list PREFER_EIGRP seq 10 deny 10.1.1.0/24
R1(config)# ip prefix-list PREFER_EIGRP seq 20 permit 0.0.0.0/0 le 32
R1(config)# router ospf 1
R1(config-rtr)# distribute-list prefix PREFER_EIGRP in
R1(config-rtr)#

R2(config)# ip prefix-list PREFER_EIGRP seq 10 deny 10.1.1.0/24
R2(config)# ip prefix-list PREFER_EIGRP seq 20 permit 0.0.0.0/0 le 32
R2(config)# router ospf 1
R2(config-rtr)# distribute-list prefix PREFER_EIGRP in
R2(config-rtr)#
```

最后，不希望从 EIGRP 重分发到 OSPF 的路由又被重分发回 EIGRP 自治系统（也不希望从 OSPF 重分发到 EIGRP 的路由又被重分发回 OSPF 域中），因为这种路由重分发行为会导致环路等路由问题，从而无法将数据包正确传送到目的端（还会消耗网络中各种设备的 CPU 和内存资源）。解决这类故障问题的最好方法是路由标签。图 17-6

显示了 R1 和 R2 在重分发路由时添加路由标签（可以是标识路由的任意值）的方式，通过路由映射完成该操作。对于本例来说，R1 将路由 10.1.1.0/24 重分发到 OSPF 域中时为该路由添加了标签 10，R2 将路由 10.1.1.0/24 重分发到 OSPF 域中时为该路由添加了标签 20。

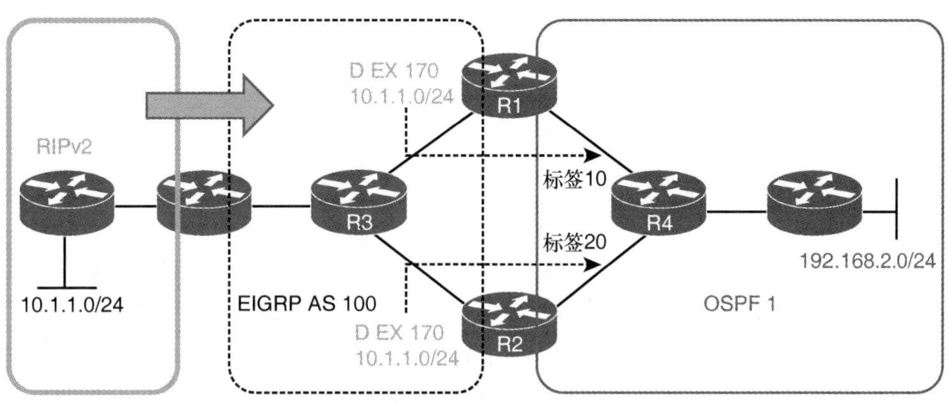

图 17-6 在重分发路由时添加路由标签

例 17-4 给出了 R1 和 R2 在执行重分发操作时为路由 10.1.1.0/24 添加标签所需的配置命令。首先必须通过 ACL 或前缀列表定义希望标记的路由，然后创建一个路由映射。路由映射序列需要匹配前面创建的 ACL 或前缀列表，并在匹配后设置期望的标签值，本例 R1 设置的标签是 10，R2 设置的标签是 20。请注意，此时千万不要忘记其他希望重分发的无标签路由，这就是路由映射中序列 20 的作用，如果忘了这一点，那么这些路由将会被拒绝，无法被重分发。最后，将路由映射关联到重分发命令上。

考试要点

例 17-4 重分发路由时为路由添加标签

```
R1#
ip prefix-list TAG_10.1.1.0/24 seq 5 permit 10.1.1.0/24
!
route-map REDIS_EIGRP_TO_OSPF permit 10
 match ip address prefix-list TAG_10.1.1.0/24
 set tag 10
route-map REDIS_EIGRP_TO_OSPF permit 20
!
router ospf 1
 redistribute eigrp 100 subnets route-map REDIS_EIGRP_TO_OSPF

R2#
ip prefix-list TAG_10.1.1.0/24 seq 5 permit 10.1.1.0/24
!
route-map REDIS_EIGRP_TO_OSPF permit 10
 match ip address prefix-list TAG_10.1.1.0/24
 set tag 20
route-map REDIS_EIGRP_TO_OSPF permit 20
!
router ospf 1
 redistribute eigrp 100 subnets route-map REDIS_EIGRP_TO_OSPF
```

此时还没有解决所有问题，为了防止 R1 和 R2 将从 OSPF 学到的带有标签的路由 10.1.1.0/24 重分发回 EIGRP，需要根据标签来拒绝这些路由。从图 17-7 可以看出，在 R1 上拒绝将标签为 20 的路由重分发到 EIGRP 自治系统中，在 R2 上拒绝将标签为 10 的路由重分发到 EIGRP 自治系统中。

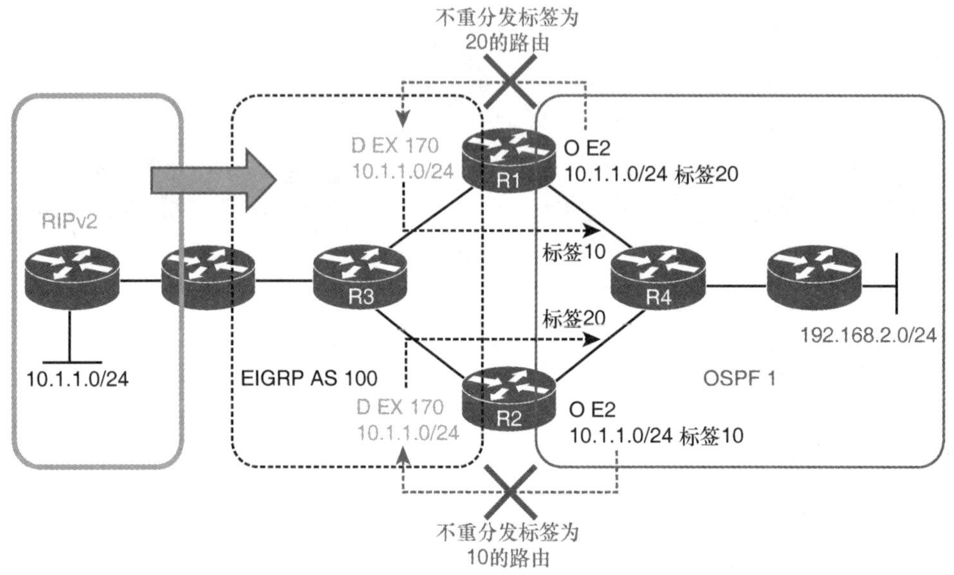

图 17-7 在重分发过程中通过标签来拒绝路由

例 17-5 显示了确保 R1 和 R2 不将网络 10.1.1.0/24 重分发回 EIGRP 自治系统所需的配置命令。请注意路由映射中的第一个序列，这是一个拒绝序列，在路由重分发中使用拒绝序列时，表示匹配时将不重分发路由，因而 R1 不会将标签为 20 的路由从 OSPF 重分发到 EIGRP 中（如序列 10），而序列 20 则允许重分发其他所有路由。对于 R2 来说，序列 10 不允许 R2 将标签为 10 的路由从 OSPF 重分发到 EIGRP 中，而序列 20 则允许 R2 重分发其他所有路由。

例 17-5 通过标签防止重新注入路由

```
R1#
route-map REDIS_OSPF_INTO_EIGRP deny 10
 match tag 20
route-map REDIS_OSPF_INTO_EIGRP permit 20
!
router eigrp 100
 redistribute ospf 1 metric 100000 100 255 1 1500 route-map REDIS_OSPF_INTO_EIGRP

R2#
route-map REDIS_OSPF_INTO_EIGRP deny 10
 match tag 10
route-map REDIS_OSPF_INTO_EIGRP permit 20
!
router eigrp 100
 redistribute ospf 1 metric 100000 100 255 1 1500 route-map REDIS_OSPF_INTO_EIGRP
```

归纳起来，对于高级路由重分发故障排查场景来说，需要记住以下内容。

- 内部前缀信息始终优于外部前缀信息。
- 始终不应该将重分发前缀再次重分发回原始路由域中。
- 绘制拓扑结构图是快速有效解决这类故障问题的强制条件。

17.3 IPv4 和 IPv6 路由协议路由重分发故障排查

路由重分发特性可以将从某种路由协议学到的路由（如静态配置的路由、本地直连路由或者通过路由协议学到的路由）注入其他路由协议中，如果两种路由协议进行相互重分发，那么通过每种路由协议学到的路由都会被注入另一种路由协议中。

本节将简要回顾路由重分发并解释路由重分发的故障排查方法。

17.3.1 路由重分发回顾

如果路由器连接了两个或多个路由域，且该路由器是路由重分发点，那么通常将该路由器称为边界路由器（见图 17-8）。边界路由器可以将静态路由、直连路由以及从路由协议学到的路由重分发到其他路由协议中。

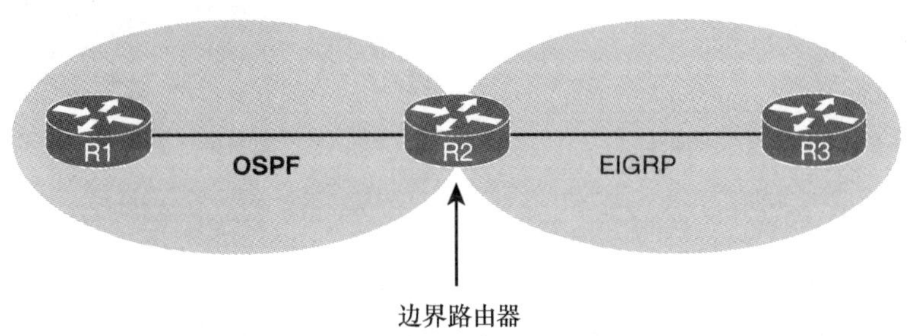

图 17-8 边界路由器

路由从路由表进入路由协议数据库（如 EIGRP 拓扑表或 OSPF LSDB）时会发生重分发操作（见图 17-9），对于故障排查操作来说这是一个非常重要的概念，因为如果路由不在路由表中，就无法进行重分发操作。请记住，如果路由不在路由表中，就需要排查其他底层故障问题，以保证路由重分发操作的正常进行。例如，如果要将 EIGRP 路由重分发到 OSPF 中，且该 EIGRP 路由不在路由表中，那么这就不是一个重分发故障，而是一个 EIGRP 故障，必须首先解决 EIGRP 故障。

由于不同的路由协议使用的度量类型不同（见图 17-10），因而将路由重分发到路由协议中时，必须将目的协议使用的度量关联到被重分发的路由上。

为重分发给其他路由协议的路由分配的度量称为种子度量，在不同的路由协议之间传递可达性的相对程度时，必须使用种子度量。可以采用以下 3 种方式定义种子度量。

- **default-metric** 命令。
- **redistribute** 命令中的 **metric** 参数。
- 应用于 **redistribute** 命令的路由映射。

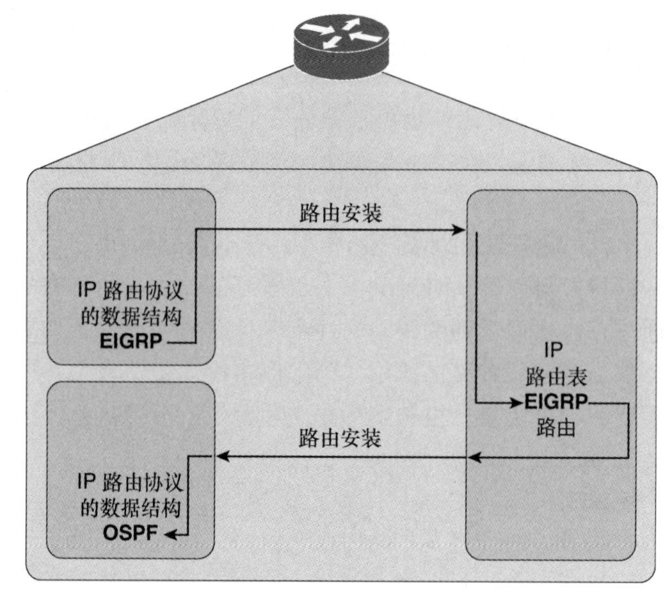

图 17-9 路由从路由表进入路由协议数据库时会发生重分发操作

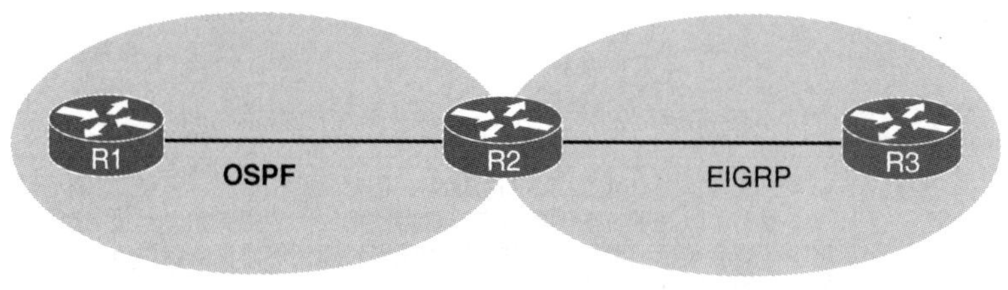

图 17-10 不同的路由协议使用不同的度量类型

如果通过上述命令定义了多种种子度量，那么优先顺序为：在应用于 **redistribute** 命令的路由映射中定义的度量；在 **redistribute** 命令的 **metric** 参数中定义的度量；在 **default-metric** 命令中定义的度量。

如果没有指定种子度量，那么将使用默认种子度量。请记住，EIGRP 的默认种子度量被认为不可达，因而将路由重分发到 EIGRP 时，如果没有手动配置种子度量，那么被重分发路由将不可达，从而不会将这些路由宣告给路由域中的其他路由器。OSPF 的默认种子度量为 20，如果被重分发的是 BGP 路由，那么种子度量为 1。如果将路由重分发到 BGP 中，那么 BGP 使用与 IGP 完全相同的度量值。

注：对于 EIGRP 来说，无须在重分发静态路由或直连路由时指定度量。此外，对于 EIGRP 来说，如果从其他 EIGRP 自治系统重分发路由，那么也不必指定度量，因为此时会保留原始度量。

有些路由协议（如 EIGRP 和 OSPF）可以将路由标记为内部路由（本地配置的路由或直连路由）或外部路由（从其他路由进程学到的路由），并且内部路由的优先级高于外部路由。这种可以区别内部路由与外部路由的能力有助于防止出现潜在的路由环路问题，两种路由协议在多个重分发点不断将相同路由重分发给对方时，就会出现所谓的路由环路问题。

在分析具体的路由重分发案例之前，请记住，将路由从一种 IP 路由协议重分发到另一种 IP 路由协议时必须满足以下两个前提条件。

- 该路由必须被执行重分发的路由协议安装在边界路由器（执行重分发操作的路由器）的路由表中。
- 目的协议必须将可达度量分配给被重分发的路由。

根据上述两个前提条件，表 17-2 列出了各种路由重分发故障排查目标以及相应的处理建议。

表 17-2　　路由重分发故障排查目标

故障排查目标	故障排查建议
源协议	验证从其他路由协议重分发的路由已经被该路由协议学到。执行合适的 **show** 命令以检查源协议的数据结构，确保源协议已经学到了该路由
路由选择	由于被重分发的路由必须位于路由器的 IP 路由表中，因而必须确保将源协议的路由注入路由器的 IP 路由表中
重分发配置	如果源协议的路由已经注入路由器的 IP 路由表中，但是却没有被重分发到目的协议中，就应该检查重分发的配置信息，包括检查这些路由被重分发到目的协议时使用的度量、检查可能会阻止路由重分发操作的路由过滤机制、检查重分发配置语法以确认指定了正确的路由进程 ID 或自治系统号
目的协议	如果已经将路由重分发到目的协议中，但邻居路由器却没有学到该路由，就应该检查目的协议，虽然可以使用传统的方法来排查目的协议的故障问题，但是需要记住的是，被重分发的路由可能会被标记为外部路由，因而需要检查目的协议的特性，以确定目的协议是否对外部路由和内部路由采取了不同的处理方式

17.3.2　重分发到 EIGRP 时的故障排查

将路由重分发到 IPv4 EIGRP 时，可以通过关键字 **metric** 指定度量或者通过关键字 **route-map** 应用路由映射。如果将 OSPF 重分发到 EIGRP 中（见例 17-6），那么还可以指定 **match** 选项，允许仅匹配 **internal** 路由、仅匹配 **external** 路由、仅匹配 **nssa-external** 路由或者匹配它们的组合。

例 17-6　IPv4 EIGRP 重分发选项

```
R1(config)# router eigrp 1
R1(config-router)# redistribute ospf 1 ?
 match Redistribution of OSPF routes
 metric Metric for redistributed routes
 route-map Route map reference
 <cr>
```

在排查重分发到 IPv4 EIGRP 的故障时，最常见的故障问题就是度量问题。前面曾经说过，重分发到 EIGRP 时的默认种子度量为无穷大（不可达），因此，如果没有利用本章前面所说的各种选项来手动设置度量的话，所有被重分发的路由都不会宣告给 EIGRP 自治系统中的其他路由器。需要记住的是，如果路由域存在多个重分发点，就必须考虑所指定的度量是否会产生次优路由问题。

此外，如果应用了错误的路由映射，或者路由映射配置有误，那么将无法正确重分发路由。

对于 IPv6 EIGRP 来说，除了可以使用关键字 **metric** 和 **route-map** 之外，还可以使用关键字 **include-connected**。在默认情况下，将路由重分发到 IPv4 EIGRP 时，边界路由器会同时将参与路由进程的本地接口所关联的网络重分发出去，但将路由重分发到 IPv6 EIGRP 时却不会这么做。因此，如果希望同时将参与路由进程的本地接口所关联的网络重分发到 IPv6 EIGRP 中，就必须使用关键字 **include-connected**（见例 17-7）。

例 17-7 IPv6 EIGRP 重分发选项

```
R1(config)# ipv6 router eigrp 1
R1(config-rtr)# redistribute ospf 1 ?
 include-connected Include connected
 match Redistribution of OSPF routes
 metric Metric for redistributed routes
 route-map Route map reference
 <cr>
```

在边界路由器上，可以通过 **show ip protocols** 命令验证哪些路由协议正在进行路由重分发（见例 17-8）。可以看出，R2 正在将 OSPF 路由重分发到 IPv4 EIGRP 中。

例 17-8 验证重分发到 IPv4 EIGRP 中的路由协议

```
R2# show ip protocols
*** IP Routing is NSF aware ***

Routing Protocol is "eigrp 100"
 Outgoing update filter list for all interfaces is not set
 Incoming update filter list for all interfaces is not set
 Default networks flagged in outgoing updates
 Default networks accepted from incoming updates
 Redistributing: ospf
 EIGRP-IPv4 Protocol for AS(100)
 Metric weight K1=1, K2=0, K3=1, K4=0, K5=0
...output omitted...
```

通过 **show ip eigrp topology** 命令检查 IPv4 EIGRP 拓扑表时，可以看到通过重分发方式注入 EIGRP 进程的路由，因为这些路由会被标识为 via Redistributed（见例 17-9）。

例 17-9 验证重分发到 IPv4 EIGRP 的路由（拓扑表）

```
R2# show ip eigrp topology
EIGRP-IPv4 Topology Table for AS(100)/ID(203.0.113.1)
     Codes: P - Passive, A - Active, U - Update, Q - Query, R - Reply,
            r - reply Status, s - sia Status

P 10.1.12.0/24, 1 successors, FD is 2560000256
     via Redistributed (2560000256/0)
P 10.1.14.0/24, 1 successors, FD is 2560000256
     via Redistributed (2560000256/0)
P 10.1.3.0/24, 1 successors, FD is 3072
     via 10.1.23.3 (3072/2816), GigabitEthernet1/0
```

```
P 10.1.23.0/24, 1 successors, FD is 2816
     via Connected, GigabitEthernet1/0
P 10.1.1.0/24, 1 successors, FD is 2560000256
     via Redistributed (2560000256/0)
```

可以在边界路由器上通过 **show ip route** *ip-address* 命令检查路由表中的重分发路由（见例 17-10），输出结果显示了路由的获得方式、重分发方式以及在重分发点使用的度量值等信息。

例 17-10 验证重分发到 IPv4 EIGRP 的路由（路由表）

```
R2# show ip route 10.1.1.0
Routing entry for 10.1.1.0/24
 Known via "ospf", distance 110, metric 1
 Redistributing via eigrp 100, ospf
 Advertised by eigrp 100 metric 1 1 1 1 1
 Last update from 10.1.12.1 on GigabitEthernet0/0, 00:00:19 ago
 Routing Descriptor Blocks:
 * 10.1.12.1, from 10.1.12.1, 00:00:19 ago, via GigabitEthernet0/0
 Route metric is 1, traffic share count is 1
```

检查 IPv4 EIGRP 自治系统中的其他路由器（非边界路由器）的路由表时可以发现，被重分发路由的默认 AD 值为 170，代码为 D EX（见例 17-11）。

例 17-11 在路由表中检查 IPv4 EIGRP 重分发路由

```
R3# show ip route
Codes: L - local, C - connected, S - static, R - RIP, M - mobile, B - BGP
      D - EIGRP, EX - EIGRP external, O - OSPF, IA - OSPF inter area
      N1 - OSPF NSSA external type 1, N2 - OSPF NSSA external type 2
      E1 - OSPF external type 1, E2 - OSPF external type 2
      i - IS-IS, su - IS-IS summary, L1 - IS-IS level-1, L2 - IS-IS level-2
      ia - IS-IS inter area, * - candidate default, U - per-user static route
      o - ODR, P - periodic downloaded static route, H - NHRP, l - LISP
      + - replicated route, % - next hop override

Gateway of last resort is not set

 10.0.0.0/8 is variably subnetted, 7 subnets, 2 masks
D EX 10.1.1.0/24
        [170/2560000512] via 10.1.23.2, 00:04:38, GigabitEthernet1/0
C 10.1.3.0/24 is directly connected, GigabitEthernet0/0
L 10.1.3.3/32 is directly connected, GigabitEthernet0/0
D EX 10.1.12.0/24
        [170/2560000512] via 10.1.23.2, 00:04:38, GigabitEthernet1/0
D EX 10.1.14.0/24
        [170/2560000512] via 10.1.23.2, 00:04:38, GigabitEthernet1/0
C 10.1.23.0/24 is directly connected, GigabitEthernet1/0
L 10.1.23.3/32 is directly connected, GigabitEthernet1/0
```

对于 IPv6 EIGRP 来说，**show ipv6 protocols** 命令的输出结果可以提供更加详细的重分发信息（见例 17-12）。请注意，使用该命令可以显示重分发路由协议、种子度量以及是否包含直连网络。

例 17-12 通过 **show ipv6 protocols** 命令验证 IPv6 EIGRP 重分发

```
R2# show ipv6 protocols
...output omitted...
IPv6 Routing Protocol is "eigrp 100"
EIGRP-IPv6 Protocol for AS(100)
 Metric weight K1=1, K2=0, K3=1, K4=0, K5=0
 NSF-aware route hold timer is 240
 Router-ID: 203.0.113.1
 Topology : 0 (base)
 Active Timer: 3 min
 Distance: internal 90 external 170
 Maximum path: 16
 Maximum hopcount 100
  Maximum metric variance 1

  Interfaces:
    GigabitEthernet1/0
  Redistribution:
    Redistributing protocol OSPF 1 with metric 1 1 1 1 1 include-connected
```

此外，在边界路由器上运行 **show ipv6 eigrp topology** 命令后可以看到被重分发的路由信息（见例 17-13）。

例 17-13 通过 **show ipv6 eigrp topology** 命令验证 IPv6 EIGRP 重分发

```
R2# show ipv6 eigrp topology
EIGRP-IPv6 Topology Table for AS(100)/ID(203.0.113.1)
Codes: P - Passive, A - Active, U - Update, Q - Query, R - Reply,
 r - reply Status, s - sia Status

P 2001:DB8:0:1::/64, 1 successors, FD is 2560000256
        via Redistributed (2560000256/0)
P 2001:DB8:0:3::/64, 1 successors, FD is 3072
        via FE80::C804:10FF:FE2C:1C (3072/2816), GigabitEthernet1/0
P 2001:DB8:0:12::/64, 1 successors, FD is 2560000256
        via Redistributed (2560000256/0)
P 2001:DB8:0:23::/64, 1 successors, FD is 2816
        via Connected, GigabitEthernet1/0
```

检查 IPv6 EIGRP 自治系统中的其他路由器（非边界路由器）的路由表时可以发现，被重分发路由的默认 AD 值为 170，代码为 EX（见例 17-14）。

例 17-14 验证 IPv6 EIGRP 重分发路由

```
R3# show ipv6 route
IPv6 Routing Table - default - 7 entries
Codes: C - Connected, L - Local, S - Static, U - Per-user Static route
 B - BGP, R - RIP, H - NHRP, I1 - ISIS L1
 I2 - ISIS L2, IA - ISIS interarea, IS - ISIS summary, D - EIGRP
 EX - EIGRP external, ND - ND Default, NDp - ND Prefix, DCE - Destination
 NDr - Redirect, O - OSPF Intra, OI - OSPF Inter, OE1 - OSPF ext 1
 OE2 - OSPF ext 2, ON1 - OSPF NSSA ext 1, ON2 - OSPF NSSA ext 2, l - LISP
EX 2001:DB8:0:1::/64 [170/2560000512]
    via FE80::C802:AFF:FE88:1C, GigabitEthernet1/0
```

```
C 2001:DB8:0:3::/64 [0/0]
    via GigabitEthernet0/0, directly connected
L 2001:DB8:0:3::3/128 [0/0]
    via GigabitEthernet0/0, receive
EX 2001:DB8:0:12::/64 [170/2560000512]
    via FE80::C802:AFF:FE88:1C, GigabitEthernet1/0
C 2001:DB8:0:23::/64 [0/0]
    via GigabitEthernet1/0, directly connected
L 2001:DB8:0:23::3/128 [0/0]
    via GigabitEthernet1/0, receive
L FF00::/8 [0/0]
    via Null0, receive
```

17.3.3　重分发到 OSPF 时的故障排查

将路由重分发到 OSPF 时，可以使用比其他路由协议更多的配置选项（见例 17-15）。选项 **metric** 可以在重分发点指定种子度量，由于 OSPF 的默认种子度量为 20，因而将路由重分发到 OSPF 时并不强制要求指定度量值，即便没有指定度量值，也能将被重分发路由宣告给 OSPF 域中的其他路由器。选项 **metric-type** 可以定义被重分发路由的 OSPF 外部路由类型，默认类型为 Type 2，在路由表中被标识为 E2。对于 E2 来说，每台路由器都会为外部路由保留种子度量，而 Type 1（在路由表中被标识为 E1）则允许每台路由器提取种子度量并加上到达域中重分发点的所有链路的开销，因而每台路由器都拥有种子度量以及到达重分发路由器的总开销。可以通过选项 **nssa-only** 限制仅将路由重分发到 NSSA 中，通过选项 **route-map** 则可以引用路由映射，从而对重分发路由实施更加精细化的控制手段。**subnets** 是一个非常重要的选项，如果没有 **subnets**，那么只能重分发有类别网络（如掩码为/8 的 A 类地址、掩码为/16 的 B 类地址和掩码为/24 的 C 类地址），有了 **subnets** 之后，就可以重分发所有的有类别网络和无类别网络，因此，如果希望重分发所有子网，那么必须使用 **subnets**。选项 **tag** 可以为路由添加一个数字 ID（标签），以后实施路由过滤或路由控制时就可以通过标签来引用路由。

例 17-15　OSPFv2 重分发选项

```
R1(config)# router ospf 1
R1(config-router)# redistribute eigrp 100 ?
 metric       Metric for redistributed routes
 metric-type  OSPF/IS-IS exterior metric type for redistributed routes
 nssa-only    Limit redistributed routes to NSSA areas
 route-map    Route map reference
 subnets      Consider subnets for redistribution into OSPF
 tag          Set tag for routes redistributed into OSPF
 <cr>
```

进一步分析例 17-16 可以看出，该例显示了将路由重分发到 OSPFv3 时的可用选项信息，与 OSPFv2 相比，增加或减少了哪些选项呢？增加了选项 **include-connected**。在默认情况下，将路由重分发到 OSPFv2 时，ASBR 会同时将参与路由进程的本地接口所关联的网络重分发出去，而将路由重分发到 OSPFv3 时却不会这么做。因此，如果希望 ASBR 同时将参与路由进程的本地接口所关联的网络重分发到 OSPFv3 中，就必须使用选项 **include-connected**。

由于 IPv6 不存在有类别网络和无类别网络的概念，因而 OSPFv3 不支持选项 **subnets**。

例 17-16 OSPFv3 重分发选项

```
R1(config)# ipv6 router ospf 1
R1(config-rtr)# redistribute eigrp 100 ?
 include-connected  Include connected
 metric             Metric for redistributed routes
 metric-type        OSPF/IS-IS exterior metric type for redistributed routes
 nssa-only          Limit redistributed routes to NSSA areas
 route-map          Route map reference
 tag                Set tag for routes redistributed into OSPF
 <cr>
```

可以通过 **show ip protocols** 命令验证哪些路由协议正在将路由重分发到 OSPFv2 中，从例 17-17 可以看出，正在将 EIGRP AS 100 中的路由（包括子网）重分发到 OSPFv2 路由进程中。

例 17-17 验证重分发到 OSPFv2 中的路由协议

```
R2# show ip protocols
...output omitted...
Routing Protocol is "ospf 1"
  Outgoing update filter list for all interfaces is not set
  Incoming update filter list for all interfaces is not set
  Router ID 203.0.113.1
  It is an autonomous system boundary router
 Redistributing External Routes from,
    eigrp 100, includes subnets in redistribution
  Number of areas in this router is 1. 1 normal 0 stub 0 nssa
  Maximum path: 4
  Routing for Networks:
    10.1.12.2 0.0.0.0 area 0
  Routing Information Sources:
    Gateway         Distance      Last Update
    10.1.14.1       110           00:19:48
  Distance: (default is 110)
```

被重分发到 OSPFv2 普通区域中的路由会在 Type 5 LSA 中进行宣告。被重分发到 OSPFv2 NSSA 或完全 NSSA 中的路由会在 Type 7 LSA 中进行宣告，然后在 ABR 处转换为 Type 5 LSA。通过 **show ip ospf database** 命令可以查看注入 OSPFv2 LSDB 的重分发路由信息（见例 17-18），可以看出网络 10.1.3.0 和 10.1.23.0 已经被重分发到 OSPFv2 路由进程中了。

例 17-18 验证 OSPFv2 LSDB 中的重分发路由

```
R2# show ip ospf database

            OSPF Router with ID (203.0.113.1) (Process ID 1)
```

```
               Router Link States (Area 0)

Link ID        ADV Router      Age     Seq#        Checksum    Link count
10.1.14.1      10.1.14.1       738     0x80000003 0x009AEA     3
203.0.113.1    203.0.113.1     596     0x80000003 0x005829     1

               Net Link States (Area 0)

Link ID        ADV Router      Age     Seq#        Checksum
10.1.12.1      10.1.14.1       738     0x80000002 0x001F8F

               Type-5 AS External Link States

Link ID        ADV Router      Age     Seq#        Checksum    Tag
10.1.3.0       203.0.113.1     596     0x80000002 0x00EB67     0
10.1.23.0      203.0.113.1     596     0x80000002 0x000F30     0
```

在 ASBR 上通过 **show ip route** *ip-address* 命令可以检查路由表中的重分发路由（见例 17-19），输出结果显示了路由的获得方式、重分发方式以及宣告方式。对于本例来说，该路由是通过 EIGRP 100 获得的，并且通过关键字 **subnets** 将该路由重分发到 OSPF 进程 1。

例 17-19　在 ASBR 的路由表中验证重分发路由

```
R2# show ip route 10.1.3.0
Routing entry for 10.1.3.0/24
  Known via "eigrp 100", distance 90, metric 3072, type internal
  Redistributing via eigrp 100, ospf 1
  Advertised by ospf 1 subnets
  Last update from 10.1.23.3 on GigabitEthernet1/0, 00:50:19 ago
  Routing Descriptor Blocks:
  * 10.1.23.3, from 10.1.23.3, 00:50:19 ago, via GigabitEthernet1/0
      Route metric is 3072, traffic share count is 1
      Total delay is 20 microseconds, minimum bandwidth is 1000000 Kbit
      Reliability 255/255, minimum MTU 1500 bytes
      Loading 1/255, Hops 1
```

检查 OSPFv2 域中的其他路由器（非 ASBR）的路由表时可以发现，被重分发路由的 AD 默认值为 110，代码为 O E2（见例 17-20）。如果将度量类型更改为 Type 1，那么将显示代码 O E1，如果路由处于 NSSA 或完全 NSSA，那么将显示代码 O N1 或 O N2。

例 17-20　在路由表中检查 OSPFv2 重分发路由

```
R1# show ip route
Codes: L - local, C - connected, S - static, R - RIP, M - mobile, B - BGP
      D - EIGRP, EX - EIGRP external, O - OSPF, IA - OSPF inter area
      N1 - OSPF NSSA external type 1, N2 - OSPF NSSA external type 2
      E1 - OSPF external type 1, E2 - OSPF external type 2
      i - IS-IS, su - IS-IS summary, L1 - IS-IS level-1, L2 - IS-IS level-2
      ia - IS-IS inter area, * - candidate default, U - per-user static route
      o - ODR, P - periodic downloaded static route, H - NHRP, l - LISP
      + - replicated route, % - next hop override
```

```
Gateway of last resort is not set

      10.0.0.0/8 is variably subnetted, 8 subnets, 2 masks
C        10.1.1.0/24 is directly connected, GigabitEthernet0/0
L        10.1.1.1/32 is directly connected, GigabitEthernet0/0
O E2     10.1.3.0/24 [110/20] via 10.1.12.2, 00:49:11, GigabitEthernet1/0
C        10.1.12.0/24 is directly connected, GigabitEthernet1/0
L        10.1.12.1/32 is directly connected, GigabitEthernet1/0
C        10.1.14.0/24 is directly connected, FastEthernet3/0
L        10.1.14.1/32 is directly connected, FastEthernet3/0
O E2     10.1.23.0/24 [110/20] via 10.1.12.2, 00:49:11, GigabitEthernet1/0
```

对于 OSPFv3 来说，例 17-21 显示了 **show ipv6 protocols** 命令的输出结果。请注意，使用该命令可以显示重分发路由协议、种子度量以及是否包含直连网络。

例 17-21 通过 show ipv6 protocols 命令验证 OSPFv3 重分发

```
R2# show ipv6 protocols
...output omitted...
IPv6 Routing Protocol is "ospf 1"
  Router ID 2.2.2.2
  Autonomous system boundary router
  Number of areas: 1 normal, 0 stub, 0 nssa
  Interfaces (Area 0):
    GigabitEthernet0/0
  Redistribution:
    Redistributing protocol eigrp 100 with metric 10 include-connected
```

与 OSPFv2 相似，在 ASBR 上运行 **show ipv6 ospf database** 命令后可以识别外部 Type 5 路由（见例 17-22）。

例 17-22 通过 show ipv6 ospf database 命令验证 OSPFv3 重分发

```
R2# show ipv6 ospf database

            OSPFv3 Router with ID (2.2.2.2) (Process ID 1)

                Router Link States (Area 0)

ADV Router       Age          Seq#          Fragment ID  Link count Bits
 1.1.1.1         1429         0x80000004    0            1          B
 2.2.2.2         1446         0x80000003    0            1          E

                Net Link States (Area 0)

ADV Router       Age          Seq#          Link ID      Rtr count
 1.1.1.1         1429         0x80000002    4            2

                Inter Area Prefix Link States (Area 0)

ADV Router       Age          Seq#          Prefix
 1.1.1.1         1693         0x80000002    2001:DB8:0:14::/64

                Link (Type-8) Link States (Area 0)
```

```
ADV Router      Age         Seq#          Link ID   Interface
 1.1.1.1        1693        0x80000002    4         Gi0/0
 2.2.2.2        1446        0x80000002    3         Gi0/0

                Intra Area Prefix Link States (Area 0)

ADV Router      Age         Seq#          Link ID Ref-lstype Ref-LSID
 1.1.1.1        1429        0x80000006    0       0x2001     0
 1.1.1.1        1429        0x80000002    4096    0x2002     4

                Type-5 AS External Link States

ADV Router      Age         Seq#          Prefix
 2.2.2.2        46          0x80000003    2001:DB8:0:3::/64
 2.2.2.2        46          0x80000003    2001:DB8:0:23::/64
```

检查 OSPFv3 域中其他路由器（非 ASBR）的路由表时可以发现，被重分发路由的 AD 默认值为 110，代码为 OE2（见例 17-23）。如果将度量类型更改为 Type 1，那么将显示代码 OE1。对于 NSSA 或完全 NSSA 来说，重分发路由会被列为 ON1 或 ON2。

例 17-23 验证 OSPFv3 重分发路由

```
R1# show ipv6 route
IPv6 Routing Table - default - 9 entries
Codes: C - Connected, L - Local, S - Static, U - Per-user Static route
 B - BGP, R - RIP, H - NHRP, I1 - ISIS L1
 I2 - ISIS L2, IA - ISIS interarea, IS - ISIS summary, D - EIGRP
 EX - EIGRP external, ND - ND Default, NDp - ND Prefix, DCE - Destination
 NDr - Redirect, O - OSPF Intra, OI - OSPF Inter, OE1 - OSPF ext 1
 OE2 - OSPF ext 2, ON1 - OSPF NSSA ext 1, ON2 - OSPF NSSA ext 2, l - LISP
C   2001:DB8:0:1::/64 [0/0]
     via GigabitEthernet0/0, directly connected
L   2001:DB8:0:1::1/128 [0/0]
     via GigabitEthernet0/0, receive
OE2 2001:DB8:0:3::/64 [110/10]
     via FE80::C802:AFF:FE88:8, GigabitEthernet1/0
C   2001:DB8:0:12::/64 [0/0]
     via GigabitEthernet1/0, directly connected
L   2001:DB8:0:12::1/128 [0/0]
     via GigabitEthernet1/0, receive
C   2001:DB8:0:14::/64 [0/0]
     via FastEthernet3/0, directly connected
L   2001:DB8:0:14::1/128 [0/0]
     via FastEthernet3/0, receive
OE2 2001:DB8:0:23::/64 [110/10]
     via FE80::C802:AFF:FE88:8, GigabitEthernet1/0
L   FF00::/8 [0/0]
     via Null0, receive
```

请注意，如果将 BGP 重分发到 OSPF、EIGRP 或 RIP 中，那么默认仅重分发 eBGP 路由，如果仅希望重分发 iBGP 路由，就需要在路由器 BGP 配置模式下运行 **bgp redistribute-internal** 命令。

17.3.4 重分发到 BGP 时的故障排查

将路由重分发到 IPv4 BGP 时，可以使用与 EIGRP 相同的配置选项，可以通过关键字 **metric** 指定度量或者通过关键字 **route-map** 指定路由映射。如果将 OSPF 重分发到 BGP（见例 17-24），还可以指定 **match** 选项，允许仅匹配 **internal**、仅匹配 **external**、仅匹配 **nssa-external** 或者匹配它们的组合。对于 BGP 来说，默认仅重分发内部 OSPF 路由，如果希望重分发外部 OSPF 路由，就必须在重分发过程中明确指定。

由于 BGP 默认使用 IGP 度量，因而不需要使用关键字 **metric**。如果应用了错误的路由映射，或者路由映射配置有误，就无法正确重分发路由。

例 17-24 IPv4 BGP 重分发选项

```
R1(config)# router bgp 65001
R1(config-router)# address-family ipv4 unicast
R1(config-router-af)# redistribute ospf 1 ?
 match       Redistribution of OSPF routes
 metric      Metric for redistributed routes
 route-map   Route map reference
 vrf         VPN Routing/Forwarding Instance
 <cr>
```

对于 IPv6 BGP 来说，除了可以使用关键字 **metric** 和 **route-map** 之外，还可以使用关键字 **include-connected**。在默认情况下，将路由重分发到 IPv4 BGP 时，边界路由器会同时将参与路由进程的本地接口所关联的网络重分发出去，而将路由重分发到 IPv6 BGP 时却不会这么做。因此，如果希望同时将参与路由进程的本地接口所关联的网络重分发到 IPv6 BGP 中，就必须使用关键字 **include-connected**（见例 17-25）。

例 17-25 IPv6 BGP 重分发选项

```
R1(config)# router bgp 65001
R1(config-router) # address-family ipv6 unicast
R1(config-router-af) # redistribute ospf 1 ?
 include-connected   Include connected
 match               Redistribution of OSPF routes
 metric              Metric for redistributed routes
 route-map           Route map reference
 <cr>
```

可以通过 **show ip protocols** 命令和 **show ipv6 protocols** 命令验证哪些路由协议正在将路由重分发到 BGP 路由进程中（见例 17-26）。

例 17-26 验证重分发到 BGP 中的路由协议

```
R2# show ip protocols
...output omitted...
Routing Protocol is "bgp 65500"
  Outgoing update filter list for all interfaces is not set
  Incoming update filter list for all interfaces is not set
  IGP synchronization is disabled
  Automatic route summarization is disabled
  Redistributing: ospf 1 (internal)
```

```
 Neighbor(s):
   Address     FiltIn FiltOut DistIn DistOut Weight RouteMap
   10.1.23.3
 Maximum path: 1
Routing Information Sources:
   Gateway          Distance     Last Update
 Distance: external 20 internal 200 local 200

R2# show ipv6 protocols
...output omitted...
IPv6 Routing Protocol is "bgp 65500"
  IGP synchronization is disabled
  Redistribution:
    Redistributing protocol ospf 1 (internal) include-connected
  Neighbor(s):
  Address FiltIn FiltOut Weight RoutemapIn RoutemapOut
  2001:DB8:0:23::3
```

从例 17-27 可以看出，重分发路由在 BGP 表中的 Path 列下面显示一个问号（?）。

例 17-27　验证 BGP 表中的重分发路由

```
R2# show bgp all
For address family: IPv4 Unicast

BGP table version is 4, local router ID is 203.0.113.1
Status codes: s suppressed, d damped, h history, * valid, > best, i - internal,
              r RIB-failure, S Stale, m multipath, b backup-path, f RT-Filter,
              x best-external, a additional-path, c RIB-compressed,
Origin codes: i - IGP, e - EGP, ? - incomplete
RPKI validation codes: V valid, I invalid, N Not found

 Network            Next Hop       Metric LocPrf Weight Path
 *> 10.1.1.0/24      10.1.12.1         2         32768 ?
 *> 10.1.12.0/24     0.0.0.0           0         32768 ?
 *> 10.1.14.0/24     10.1.12.1         2         32768 ?

For address family: IPv6 Unicast

BGP table version is 4, local router ID is 203.0.113.1
Status codes: s suppressed, d damped, h history, * valid, > best, i - internal,
              r RIB-failure, S Stale, m multipath, b backup-path, f RT-Filter,
              x best-external, a additional-path, c RIB-compressed,
Origin codes: i - IGP, e - EGP, ? - incomplete
RPKI validation codes: V valid, I invalid, N Not found

 Network               Next Hop     Metric     LocPrf     Weight Path
 *> 2001:DB8:0:1::/64   ::               2                 32768 ?
 *> 2001:DB8:0:12::/64  ::               0                 32768 ?
 *> 2001:DB8:0:14::/64  ::               2                 32768 ?

…output omitted…
```

17.3.5 基于路由映射的重分发故障排查

如果将路由映射应用于 **redistribution** 命令，那么在故障排查过程中必须考虑以下问题。

- 是否应用了正确的路由映射？
- 是否将序列明确指定为允许序列或拒绝序列？指定的是否正确？允许序列表示将重分发相匹配的路由，而拒绝语句则表示不重分发相匹配的路由。
- 如果 **match** 语句中使用了访问列表或前缀列表，就需要使用 **show** { **ip** | **ipv6** } **access-list** 命令或 **show** { **ip** | **ipv6** } **prefix-list** 命令来验证访问列表或前缀列表的正确性。
- 如果有 **set** 子句，就需要验证是否指定了正确值，以确保实现期望目标。
- 如果路由与路由映射序列中的所有 **match** 语句均不匹配，那么将匹配路由映射末尾的隐式拒绝全部序列，从而不重分发该路由。
- 如果将路由映射应用于 **redistribution** 命令，但是该路由映射并不存在，那么将不会重分发任何路由。

17.4 故障工单（重分发）

本节将给出与本章前面讨论过的主题相关的故障工单，目的是通过这些故障工单让读者真正了解现实世界或考试环境中的故障排查流程。本节的所有故障工单都以图17-11所示的拓扑结构为例。

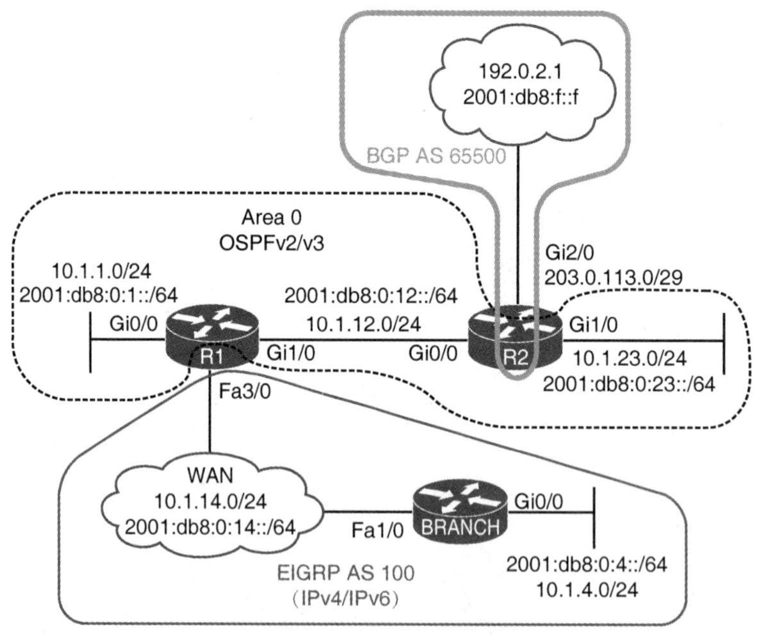

图17-11 重分发故障工单拓扑结构

17.4.1 故障工单17-1

故障问题：IPv4分支机构中的用户报告称无法访问分支机构外部的任何网络资源。

首先需要在分支路由器上检查路由表（使用 **show ip route** 命令），以查看分支路由器知道哪些路由（见例 17-28）。从输出结果可以看出，分支路由器仅知道直连路由和本地路由。

例 17-28　验证分支路由器的路由表

```
Branch# show ip route
...output omitted...
      10.0.0.0/8 is variably subnetted, 4 subnets, 2 masks
C        10.1.4.0/24 is directly connected, GigabitEthernet0/0
L        10.1.4.4/32 is directly connected, GigabitEthernet0/0
C        10.1.14.0/24 is directly connected, FastEthernet1/0
L        10.1.14.4/32 is directly connected, FastEthernet1/0
```

因此推断分支路由器可能没有与 R1 建立 EIGRP 邻居关系，然后在分支路由器上运行 **show ip eigrp neighbors** 命令以确认该假设。从例 17-29 可以看出，IP 地址为 10.1.14.1 的设备已经与分支路由器建立了邻接关系，通过 **show cdp neighbors detail** 命令可以看出该 IP 地址属于 R1（见例 17-29）。

例 17-29　验证分支路由器的 EIGRP 邻居

```
Branch# show ip eigrp neighbors
EIGRP-IPv4 VR(TSHOOT) Address-Family Neighbors for AS(100)
H   Address                 Interface          Hold Uptime  SRTT RTO  Q   Seq
                                               (sec)        (ms)      Cnt Num
0   10.1.14.1               Fa1/0                12 01:40:12 62   372  0   6

Branch# show cdp neighbors detail
-------------------------
Device ID: R1
Entry address(es):
  IP address: 10.1.14.1
  IPv6 address: 2001:DB8:0:14::1 (global unicast)
  IPv6 address: FE80::C801:AFF:FE88:54 (link-local)
...output omitted...
```

由于 R1 与分支路由器是邻居，但分支路由器没有从 R1 学到任何路由，因而可以使用 **show ip protocols** 命令检查分支路由器上是否应用了入站路由过滤器。从例 17-30 可以看出，其上没有应用入站路由过滤器。

例 17-30　验证分支路由器上的入站路由过滤器

```
Branch# show ip protocols
*** IP Routing is NSF aware ***

Routing Protocol is "eigrp 100"
  Outgoing update filter list for all interfaces is not set
  Incoming update filter list for all interfaces is not set
  Default networks flagged in outgoing updates
...output omitted...
```

接下来在 R1 上运行 **show ip protocols** 命令以检查出站路由过滤器。从例 17-31 可以看出，其上也没有应用出站路由过滤器。

例 17-31 验证 R1 的出站路由过滤器

```
R1# show ip protocols
*** IP Routing is NSF aware ***

Routing Protocol is "eigrp 100"
  Outgoing update filter list for all interfaces is not set
  Incoming update filter list for all interfaces is not set
  Default networks flagged in outgoing updates
  Default networks accepted from incoming updates
  Redistributing: ospf 1
  EIGRP-IPv4 Protocol for AS(100)
  Metric weight K1=1, K2=0, K3=1, K4=0, K5=0
  NSF-aware route hold timer is 240
...output omitted...
```

由于图 17-11 显示了 R1 是执行路由重分发的边界路由器，因而接下来将排查重点转移到 R1 的重分发配置上，以确定 OSPF 路由是否被重分发到了 EIGRP 中。例 17-32 显示了 **show ip protocols** 命令的输出结果，可以看出 OSPF 进程 1 正在被重分发到 EIGRP AS 100 中。不过到现在为止，所有的故障排查结果都表明分支路由器没有学到任何重分发路由。

例 17-32 验证 OSPF 路由正在被重分发到 EIGRP 中

```
R1# show ip protocols
*** IP Routing is NSF aware ***

Routing Protocol is "eigrp 100"
  Outgoing update filter list for all interfaces is not set
  Incoming update filter list for all interfaces is not set
  Default networks flagged in outgoing updates
  Default networks accepted from incoming updates
  Redistributing: ospf 1
  EIGRP-IPv4 Protocol for AS(100)
    Metric weight K1=1, K2=0, K3=1, K4=0, K5=0
    NSF-aware route hold timer is 240
...output omitted...
```

接下来在 R1 上运行 **show ip eigrp topology** 命令，该命令可以确认是否真的有路由从 OSPF 被重分发到 EIGRP 中。从例 17-33 可以看出，没有任何 OSPF 路由被重分发到 EIGRP 自治系统中。

例 17-33 验证被重分发路由位于 EIGRP 拓扑表中

```
R1# show ip eigrp topology
EIGRP-IPv4 Topology Table for AS(100)/ID(10.1.14.1)
Codes: P - Passive, A - Active, U - Update, Q - Query, R - Reply,
       r - reply Status, s - sia Status

P 10.1.14.0/24, 1 successors, FD is 28160
```

```
        via Connected, FastEthernet3/0
P 10.1.4.0/24, 1 successors, FD is 28416
        via 10.1.14.4 (28416/2816), FastEthernet3/0
```

前面曾经说过，只能重分发位于路由表中的路由，因而在 R1 上运行 **show ip route** 命令（见例 17-34），证实路由表中存在应该被重分发的路由。

例 17-34 验证被重分发的路由位于路由表中

```
R1# show ip route
...output omitted...
      10.0.0.0/8 is variably subnetted, 8 subnets, 2 masks
C        10.1.1.0/24 is directly connected, GigabitEthernet0/0
L        10.1.1.1/32 is directly connected, GigabitEthernet0/0
D        10.1.4.0/24 [90/28416] via 10.1.14.4, 02:05:59, FastEthernet3/0
C        10.1.12.0/24 is directly connected, GigabitEthernet1/0
L        10.1.12.1/32 is directly connected, GigabitEthernet1/0
C        10.1.14.0/24 is directly connected, FastEthernet3/0
L        10.1.14.1/32 is directly connected, FastEthernet3/0
O        10.1.23.0/24 [110/2] via 10.1.12.2, 02:02:11, GigabitEthernet1/0
      192.0.2.0/32 is subnetted, 1 subnets
O E2     192.0.2.1 [110/1] via 10.1.12.2, 01:03:22, GigabitEthernet1/0
```

接下来通过 **show run | section router eigrp** 命令检查 R1 为 EIGRP 进程配置的 **redistribute** 命令（见例 17-35）。可以看到配置了命令 **redistribute ospf 1**，但立即发现缺少了度量，而度量又是 EIGRP 的强制项，如果没有指定度量（通过 **default-metric** 命令、**metric** 命令或者路由映射指定），那么被重分发的路由将不可达。至此，已经成功定位了故障问题。

例 17-35 验证 R1 的 redistribute 命令

```
R1# show run | section router eigrp
router eigrp 100
 network 10.1.14.1 0.0.0.0
 redistribute ospf 1
ipv6 router eigrp 100
 redistribute ospf 1 metric 100000 100 255 1 1500 include-connected
```

为了解决这个问题，需要以度量值 **100000 100 255 1 1500** 再次运行 **redistribute ospf 1** 命令，然后运行 **show ip eigrp topology** 命令（见例 17-36），可以证实路由已经被重分发。

例 17-36 验证被重分发的路由位于 R1 拓扑表中

```
R1# show ip eigrp topology
EIGRP-IPv4 Topology Table for AS(100)/ID(10.1.14.1)
Codes: P - Passive, A - Active, U - Update, Q - Query, R - Reply,
       r - reply Status, s - sia Status

P 10.1.12.0/24, 1 successors, FD is 51200
        via Redistributed (51200/0)
P 10.1.14.0/24, 1 successors, FD is 28160
        via Connected, FastEthernet3/0
```

```
P 10.1.23.0/24, 1 successors, FD is 51200
        via Redistributed (51200/0)
P 10.1.4.0/24, 1 successors, FD is 28416
        via 10.1.14.4 (28416/2816), FastEthernet3/0
P 192.0.2.1/32, 1 successors, FD is 51200
        via Redistributed (51200/0)
P 10.1.1.0/24, 1 successors, FD is 51200
        via Redistributed (51200/0)
```

在分支路由器上运行 **show ip route** 命令可以证实故障问题已解决（见例 17-37），因为此时的分支路由器已经学到了外部 EIGRP 路由，而且用户也能成功访问分支机构外部的网络资源。

例 17-37 验证被重分发的路由位于分支路由器的路由表中

```
Branch# show ip route
Codes: L - local, C - connected, S - static, R - RIP, M - mobile, B - BGP
 D - EIGRP, EX - EIGRP external, O - OSPF, IA - OSPF inter area
 N1 - OSPF NSSA external type 1, N2 - OSPF NSSA external type 2
 E1 - OSPF external type 1, E2 - OSPF external type 2
 i - IS-IS, su - IS-IS summary, L1 - IS-IS level-1, L2 - IS-IS level-2
 ia - IS-IS inter area, * - candidate default, U - per-user static route
 o - ODR, P - periodic downloaded static route, H - NHRP, l - LISP
 + - replicated route, % - next hop override

Gateway of last resort is not set

      10.0.0.0/8 is variably subnetted, 7 subnets, 2 masks
D EX     10.1.1.0/24 [170/614400] via 10.1.14.1, 00:02:58, FastEthernet1/0
C        10.1.4.0/24 is directly connected, GigabitEthernet0/0
L        10.1.4.4/32 is directly connected, GigabitEthernet0/0

D EX     10.1.12.0/24 [170/614400] via 10.1.14.1, 00:02:58, FastEthernet1/0
C        10.1.14.0/24 is directly connected, FastEthernet1/0
L        10.1.14.4/32 is directly connected, FastEthernet1/0
D EX     10.1.23.0/24 [170/614400] via 10.1.14.1, 00:02:58, FastEthernet1/0
      192.0.2.0/32 is subnetted, 1 subnets
D EX     192.0.2.1 [170/614400] via 10.1.14.1, 00:02:58, FastEthernet1/0
```

17.4.2 故障工单 17-2

故障问题：网络 10.1.23.0/24 中的用户报告称无法访问网络 10.1.4.0/24 中的任何网络资源。

首先在 R2 上验证故障问题。从 10.1.23.2 向 10.1.4.4 发起 ping 测试，从例 17-38 可以看出 ping 测试失败。由于 R2 无法 ping 通目的网络，因而可以证实 10.1.23.0/24 中的客户端无法连接 10.1.4.0/24 中的资源。

例 17-38 在 R2 上验证故障问题

```
R2# ping 10.1.4.4 source 10.1.23.2
Type escape sequence to abort.
Sending 5, 100-byte ICMP Echos to 10.1.4.4, timeout is 2 seconds:
```

```
Packet sent with a source address of 10.1.23.2
.....
Success rate is 0 percent (0/5)
```

接下来在 R2 上运行 **traceroute** 命令以识别可能的故障根源(见例 17-39)，从 10.1.23.2 向 10.1.4.4 发起的路由跟踪操作经过了 203.0.113.2，即出站接口 Gig2/0（从例 17-40 中的 **show ip interface brief** 命令输出结果可以看出）。

例 17-39 运行路由跟踪操作以识别可能的故障根源

```
R2# traceroute 10.1.4.4 source 10.1.23.2
Type escape sequence to abort.
Tracing the route to 10.1.4.4
VRF info: (vrf in name/id, vrf out name/id)
  1 203.0.113.2 28 msec 44 msec 32 msec
  2 * * *
...output omitted...
```

例 17-40 验证接口的 IP 地址

```
R2# show ip interface brief
Interface              IP-Address      OK? Method Status                Protocol
Ethernet0/0            unassigned      YES NVRAM  administratively down down
GigabitEthernet0/0     10.1.12.2       YES NVRAM  up                    up
GigabitEthernet1/0     10.1.23.2       YES NVRAM  up                    up
GigabitEthernet2/0     203.0.113.1 YES NVRAM  up                    up
```

接下来在 R2 上运行 **show ip route 10.1.4.4** 命令（见例 17-41），可以看出该子网不在路由表中。

例 17-41 验证 R2 的指定路由

```
R2# show ip route 10.1.4.4
% Subnet not in table
```

此时应该将注意力转移到 R1 上，并运行 **show ip route 10.1.4.4** 命令（见例 17-42），输出结果表明通过 EIGRP 出站接口 Fast Ethernet 3/0 可以到达 10.1.4.4。此外，从拓扑结构可以看出，为了保证 OSPF 域有路由去往该网络，需要将该路由重分发到 OSPF 路由进程中。从例 17-42 可以看出，该路由已被重分发到 OSPF 进程 1 中。

例 17-42 验证 R1 的指定路由

```
R1# show ip route 10.1.4.4
Routing entry for 10.1.4.0/24
  Known via "eigrp 100", distance 90, metric 28416, type internal
  Redistributing via eigrp 100, ospf 1
  Last update from 10.1.14.4 on FastEthernet3/0, 2d14h ago
  Routing Descriptor Blocks:
  * 10.1.14.4, from 10.1.14.4, 2d14h ago, via FastEthernet3/0
      Route metric is 28416, traffic share count is 1
      Total delay is 110 microseconds, minimum bandwidth is 100000 Kbit
      Reliability 255/255, minimum MTU 1500 bytes
      Loading 1/255, Hops 1
```

仔细分析 R1 的 OSPF 数据库（见例 17-43）后可以看出，10.1.4.0 没有被列为外部 Type 5 LSA，意味着没有将该路由成功重分发到 OSPF 进程中。

例 17-43 验证 R1 的指定路由

```
R1# show ip ospf database

            OSPF Router with ID (10.1.14.1) (Process ID 1)

                Router Link States (Area 0)

Link ID         ADV Router      Age         Seq#       Checksum Link count
10.1.14.1       10.1.14.1       1698        0x8000007D 0x0064CD 2
203.0.113.1     203.0.113.1     1274        0x80000084 0x005972 2

                Net Link States (Area 0)

Link ID         ADV Router      Age         Seq#       Checksum
10.1.12.2       203.0.113.1     1274        0x8000007C 0x0010FE

                Type-5 AS External Link States

Link ID         ADV Router      Age         Seq#       Checksum Tag
192.0.2.1       203.0.113.1     1274        0x8000007C 0x00FD38 0
```

在 R1 上运行 **show run | section router ospf** 命令以验证 R1 的 OSPF 配置信息。从例 17-44 可以看出，OSPF 配置中列出了 **redistribute eigrp 100** 命令。但是如前所述，该 EIGRP 路由并没有被重分发，因而需要仔细分析 **show run | section router eigrp** 命令的输出结果，以确定是否重分发了正确的 EIGRP 自治系统（见例 17-45），输出结果证实重分发了正确的 EIGRP 自治系统。

例 17-44 验证 R1 的 OSPF 配置

```
R1# show run | section router ospf
router ospf 1
 redistribute eigrp 100
 network 10.1.1.1 0.0.0.0 area 0
 network 10.1.12.1 0.0.0.0 area 0
ipv6 router ospf 1
 redistribute eigrp 100 include-connected
```

例 17-45 验证 R1 的 EIGRP 配置

```
R1# show run | section router eigrp
router eigrp 100
 network 10.1.14.1 0.0.0.0
 redistribute ospf 1 metric 100000 100 255 1 1500
ipv6 router eigrp 100
 redistribute ospf 1 metric 100000 100 255 1 1500 include-connected
```

仔细思考后可以发现网络 10.1.4.0/24 属于无类别网络，而当前的 **redistribute eigrp**

100 命令只能重分发有类别网络，因而需要在该 **redistribute** 命令中增加关键字 **subnets** 以重分发无类别网络（见例 17-46）。运行 **show ip ospf database** 命令后可以证实，目前的 OSPF 数据库已经学到了 EIGRP 路由 10.1.4.0/24（见例 17-47）。

例 17-46　在 **redistribute** 命令中增加关键字 **subnets**

```
R1# config t
Enter configuration commands, one per line. End with CNTL/Z.
R1(config)# router ospf 1
R1(config-router)# redistribute eigrp 100 subnets
```

例 17-47　验证路由 10.1.4.0 位于 R1 的 OSPF 数据库中

```
R1# show ip ospf database

            OSPF Router with ID (10.1.14.1) (Process ID 1)

               Router Link States (Area 0)

Link ID         ADV Router      Age         Seq#           Checksum Link count
10.1.14.1       10.1.14.1       1698        0x8000007D     0x0064CD 2
203.0.113.1     203.0.113.1     1274        0x80000084     0x005972 2

               Net Link States (Area 0)

Link ID         ADV Router      Age         Seq#           Checksum
10.1.12.2       203.0.113.1     1274        0x8000007C     0x0010FE

               Type-5 AS External Link States

Link ID         ADV Router      Age          Seq#          Checksum Tag
10.1.4.0        10.1.14.1       17           0x80000001    0x006215 0
10.1.14.0       10.1.14.1       17           0x80000001    0x00F379 0
192.0.2.1       203.0.113.1     1923         0x8000007C    0x00FD38 0
```

接下来访问 R2 并运行 **show ip route 10.1.4.4** 命令（见例 17-48），证实 R2 目前已经知道了该网络。

例 17-48　验证 R2 目前已经知道了网络 10.1.4.0/24

```
R2# show ip route 10.1.4.4
Routing entry for 10.1.4.0/24
 Known via "ospf 1", distance 110, metric 20, type extern 2, forward metric 1
 Redistributing via bgp 65500
 Advertised by bgp 65500 match internal external 1 & 2
 Last update from 10.1.12.1 on GigabitEthernet0/0, 00:04:52 ago
 Routing Descriptor Blocks:
 * 10.1.12.1, from 10.1.14.1, 00:04:52 ago, via GigabitEthernet0/0
     Route metric is 20, traffic share count is 1
```

最后，从 10.1.23.2 向 10.1.4.4 发起 ping 测试以确认故障问题已经解决，从例 17-49 可以看出 ping 测试成功。

例 17-49 ping 测试成功

```
R2# ping 10.1.4.4 source 10.1.23.2
Type escape sequence to abort.
Sending 5, 100-byte ICMP Echos to 10.1.4.4, timeout is 2 seconds:
Packet sent with a source address of 10.1.23.2
!!!!!
Success rate is 100 percent (5/5), round-trip min/avg/max = 36/55/72 ms
```

17.4.3 故障工单 17-3

故障问题：网络 2001:db8:0:4::/64 中的用户报告称无法访问网络 2001:db8:0:1::/64 中的任何网络资源。

首先在分支路由器上验证故障问题。从例 17-50 可以看出，从 2001:db8:0:4::4 向 2001:db8:0:1::1 发起的 ping 测试失败。

例 17-50 通过 ping 测试验证故障问题

```
Branch# ping 2001:db8:0:1::1 source 2001:db8:0:4::4
Type escape sequence to abort.
Sending 5, 100-byte ICMP Echos to 2001:DB8:0:1::1, timeout is 2 seconds:
Packet sent with a source address of 2001:DB8:0:4::4
.....
Success rate is 0 percent (0/5)
```

为了收集更多有用信息，决定再次 ping 网络 2001:db8:0:23::/64 中的某个 IPv6 地址。从例 17-51 可以看出，ping 测试成功，因而可以断定 IPv6 OSPF 域中只有部分路由被重分发到 IPv6 EIGRP 域中。在分支路由器上运行 **show ipv6 route** 命令（见例 17-52），输出结果证实分支路由器只学到了两条外部路由：2001:db8:0:23::/64 和 2001:db8:f::/64。

例 17-51 通过 ping 收集更多信息

```
Branch# ping 2001:db8:0:23::2 source 2001:db8:0:4::4
Type escape sequence to abort.
Sending 5, 100-byte ICMP Echos to 2001:DB8:0:23::2, timeout is 2 seconds:
Packet sent with a source address of 2001:DB8:0:4::4
!!!!!
Success rate is 100 percent (5/5), round-trip min/avg/max = 8/47/120 ms
```

例 17-52 验证分支路由器的路由

```
Branch# show ipv6 route
...output omitted...
C   2001:DB8:0:4::/64 [0/0]
     via GigabitEthernet0/0, directly connected
L   2001:DB8:0:4::4/128 [0/0]
     via GigabitEthernet0/0, receive
C   2001:DB8:0:14::/64 [0/0]
     via FastEthernet1/0, directly connected
```

```
L   2001:DB8:0:14::4/128 [0/0]
     via FastEthernet1/0, receive
EX  2001:DB8:0:23::/64 [170/614400]
     via FE80::C801:AFF:FE88:54, FastEthernet1/0
EX  2001:DB8:F::/64 [170/614400]
     via FE80::C801:AFF:FE88:54, FastEthernet1/0
L   FF00::/8 [0/0]
     via Null0, receive
```

根据所收集到的信息，决定在 R1 上检查是否执行了路由重分发操作。在 R1 上运行 **show ipv6 protocols** 命令（见例 17-53）。请注意输出结果中的 EIGRP 部分并检查重分发信息，可以看出 OSPF 进程 1 被重分发到了 EIGRP AS 100 中，此外还指定了度量值（是 EIGRP 的强制要求），并且重分发了内部路由和外部路由。因此想到，可能应用了路由映射来控制被重分发的路由，不过在 **show ipv6 protocols** 命令输出结果的 Redistribution 部分并没有看到路由映射，因而可以判断不是路由映射问题。

例 17-53　验证 R1 的 IPv6 重分发

```
R1# show ipv6 protocols
IPv6 Routing Protocol is "connected"
IPv6 Routing Protocol is "ND"
IPv6 Routing Protocol is "eigrp 100"
EIGRP-IPv6 Protocol for AS(100)
  Metric weight K1=1, K2=0, K3=1, K4=0, K5=0
  NSF-aware route hold timer is 240
  Router-ID: 10.1.14.1
  Topology : 0 (base)
    Active Timer: 3 min
    Distance: internal 90 external 170
    Maximum path: 16
    Maximum hopcount 100
    Maximum metric variance 1
 Interfaces:
    FastEthernet3/0
  Redistribution:
    Redistributing protocol ospf 1 with metric 100000 100 255 1 1500 (internal,
external 1 & 2, nssa-external 1 & 2)
IPv6 Routing Protocol is "ospf 1"
  Router ID 10.1.14.1
  Autonomous system boundary router
  Number of areas: 1 normal, 0 stub, 0 nssa
  Interfaces (Area 0):
    GigabitEthernet1/0
    GigabitEthernet0/0
  Redistribution:
    Redistributing protocol eigrp 100 include-connected
```

在 R1 上运行 **show ipv6 eigrp topology** 命令以确认是否有路由从 OSPF 被重分发到 EIGRP 中（见例 17-54）。可以看出，仅重分发了路由 2001:db8:0:23::/64 和 2001:db8:f::/64。

例 17-54 查看 R1 的 EIGRP 拓扑表

```
R1# show ipv6 eigrp topology
EIGRP-IPv6 Topology Table for AS(100)/ID(10.1.14.1)
Codes: P - Passive, A - Active, U - Update, Q - Query, R - Reply,
       r - reply Status, s - sia Status

P 2001:DB8:0:4::/64, 1 successors, FD is 28416
        via FE80::C800:CFF:FEE4:1C (28416/2816), FastEthernet3/0
P 2001:DB8:F::/64, 1 successors, FD is 51200
        via Redistributed (51200/0)
P 2001:DB8:0:14::/64, 1 successors, FD is 28160
        via Connected, FastEthernet3/0
P 2001:DB8:0:23::/64, 1 successors, FD is 51200
        via Redistributed (51200/0)
```

检查 R1 的 **show ipv6 route** 命令输出结果可以发现，R1 的 IPv6 路由表中的路由 2001: db8:0:1::/64 和 2001:db8:0:12::/64 均被标记为直连路由（见例 17-55）。由于 R1 被配置为将 OSPF 重分发到 EIGRP 中，因而为了重分发这些路由，这些路由必须以直连路由形式进行重分发或者参与 OSPF 进程，为此在 R1 上运行 **show ipv6 ospf interface brief** 命令（见例 17-56），证实 Gig0/0 和 Gig1/0 均参与了 OSPF 进程。不过从目前收集到的信息来看，这些路由仍然没有被重分发。

例 17-55 查看 R1 的 IPv6 路由表

```
R1# show ipv6 route
...output omitted...
C   2001:DB8:0:1::/64 [0/0]
     via GigabitEthernet0/0, directly connected
L   2001:DB8:0:1::1/128 [0/0]
     via GigabitEthernet0/0, receive
D   2001:DB8:0:4::/64 [90/28416]
     via FE80::C800:CFF:FEE4:1C, FastEthernet3/0
C   2001:DB8:0:12::/64 [0/0]
     via GigabitEthernet1/0, directly connected
L   2001:DB8:0:12::1/128 [0/0]
     via GigabitEthernet1/0, receive
C   2001:DB8:0:14::/64 [0/0]
     via FastEthernet3/0, directly connected
L   2001:DB8:0:14::1/128 [0/0]
     via FastEthernet3/0, receive
O   2001:DB8:0:23::/64 [110/2]
     via FE80::C802:AFF:FE88:8, GigabitEthernet1/0
OE2 2001:DB8:F::/64 [110/1]
     via FE80::C802:AFF:FE88:8, GigabitEthernet1/0
L   FF00::/8 [0/0]
     via Null0, receive
```

例 17-56 查看 R1 的 IPv6 OSPF 接口

```
R1# show ipv6 ospf interface brief
Interface  PID   Area   Intf ID    Cost  State Nbrs F/C
Gi1/0      1     0      4          1     BDR   1/1
Gi0/0      1     0      3          1     DR    0/0
```

前面曾经说过，IPv6 重分发与 IPv4 重分发对直连网络的处理方式有所不同，默认不重分发 IPv6 直连网络，需要使用关键字 **include-connected** 强制重分发直连网络。再次查看例 17-53 显示的 **show ipv6 protocols** 命令输出结果中的 Redistribution 部分，可以看出 **redistribute** 命令中并没有包含关键字 **include-connected**。

访问 R1 并在 IPv6 EIGRP 配置模式下运行 **redistribute ospf 1 metric 100000 100 255 1 1500 include-connected** 命令（见例 17-57），以解决上述问题。

例 17-57　修改 **redistribute** 命令

```
R1# config t
Enter configuration commands, one per line. End with CNTL/Z.
R1(config)# ipv6 router eigrp 100
R1(config-rtr)# redistribute ospf 1 metric 100000 100 255 1 1500 include-connected
```

再次运行 **show ipv6 protocols** 命令和 **show ipv6 eigrp topology** 命令（见例 17-58），可以看出目前已重分发直连路由。

例 17-58　修改配置后验证路由已经被重分发

```
R1# show ipv6 protocols
IPv6 Routing Protocol is "connected"
IPv6 Routing Protocol is "ND"
IPv6 Routing Protocol is "eigrp 100"
EIGRP-IPv6 Protocol for AS(100)
  Metric weight K1=1, K2=0, K3=1, K4=0, K5=0
...output omitted...
  Redistribution:
    Redistributing protocol ospf 1 with metric 100000 100 255 1 1500 (internal,
external 1 & 2, nssa-external 1 & 2) include-connected
...output omitted...

R1# show ipv6 eigrp topology
EIGRP-IPv6 Topology Table for AS(100)/ID(10.1.14.1)
Codes: P - Passive, A - Active, U - Update, Q - Query, R - Reply,
       r - reply Status, s - sia Status

P 2001:DB8:0:4::/64, 1 successors, FD is 28416
        via FE80::C800:CFF:FEE4:1C (28416/2816), FastEthernet3/0
P 2001:DB8:0:1::/64, 1 successors, FD is 51200
        via Redistributed (51200/0)
P 2001:DB8:F::/64, 1 successors, FD is 51200
        via Redistributed (51200/0)
P 2001:DB8:0:14::/64, 1 successors, FD is 28160
        via Connected, FastEthernet3/0
P 2001:DB8:0:12::/64, 1 successors, FD is 51200
        via Redistributed (51200/0)
P 2001:DB8:0:23::/64, 1 successors, FD is 51200
        via Redistributed (51200/0)
```

回到分支路由器并运行 **show ipv6 route** 命令，可以看出路由表中已经存在关于 2001:db8:0:1::/64 和 2001:db8:0:12::/64 的路由表项了（见例 17-59）。

例 17-59 验证分支路由器已经学到了路由

```
Branch# show ipv6 route
IPv6 Routing Table - default - 9 entries
Codes: C - Connected, L - Local, S - Static, U - Per-user Static route
     B - BGP, R - RIP, H - NHRP, I1 - ISIS L1
     I2 - ISIS L2, IA - ISIS interarea, IS - ISIS summary, D - EIGRP
     EX - EIGRP external, ND - ND Default, NDp - ND Prefix, DCE - Destination
     NDr - Redirect, O - OSPF Intra, OI - OSPF Inter, OE1 - OSPF ext 1
     OE2 - OSPF ext 2, ON1 - OSPF NSSA ext 1, ON2 - OSPF NSSA ext 2, l - LISP
EX   2001:DB8:0:1::/64 [170/614400]
      via FE80::C801:AFF:FE88:54, FastEthernet1/0
C    2001:DB8:0:4::/64 [0/0]
      via GigabitEthernet0/0, directly connected
L    2001:DB8:0:4::4/128 [0/0]
      via GigabitEthernet0/0, receive
EX   2001:DB8:0:12::/64 [170/614400]
      via FE80::C801:AFF:FE88:54, FastEthernet1/0
C    2001:DB8:0:14::/64 [0/0]
      via FastEthernet1/0, directly connected
L    2001:DB8:0:14::4/128 [0/0]
      via FastEthernet1/0, receive
EX   2001:DB8:0:23::/64 [170/614400]
      via FE80::C801:AFF:FE88:54, FastEthernet1/0
EX   2001:DB8:F::/64 [170/614400]
      via FE80::C801:AFF:FE88:54, FastEthernet1/0
L    FF00::/8 [0/0]
      via Null0, receive
```

最后，从分支机构的 2001:db8:0:4::4 向 2001:db8:0:1::1 发起 ping 测试以确认故障是否已解决。从例 17-60 可以看出 ping 测试成功，表明故障问题已解决。

例 17-60 ping 测试成功表明故障问题已解决

```
Branch# ping 2001:db8:0:1::1 source 2001:db8:0:4::4
Type escape sequence to abort.
Sending 5, 100-byte ICMP Echos to 2001:DB8:0:1::1, timeout is 2 seconds:
Packet sent with a source address of 2001:DB8:0:4::4
!!!!!
Success rate is 100 percent (5/5), round-trip min/avg/max = 24/32/44 ms
```

17.4.4 故障工单 17-4

故障问题：某初级管理员向你寻求帮助，称 BGP AS 65500 中的用户无法访问 IPv4 EIGRP AS 100 中的 IPv4 资源，但是能够访问 OSPFv2 域中的资源。由于你没有访问 BGP AS 65500 中的任何路由器（R2 除外），因而该初级管理员在不知所措的情况下向你寻求帮助。

首先检查图 17-11 以确定哪台本地路由器正在运行 BGP，可以看出是 R2。在 R2 上运行 **show bgp ipv4 unicast summary** 命令以确认 R2 是否有 BGP 邻居，从例 17-61 可以看出，203.0.113.2 是 R2 的邻居。由于输出结果的 State/PfxRcd 列下面有一个数字，

因而这是一个已经建立的邻居关系。为了进一步证实这一点，在 R2 上运行 **show bgp ipv4 unicast neighbors | include BGP** 命令（见例 17-62），输出结果表明 203.0.113.2 是一个已建立的邻居。

例 17-61 验证 BGP 邻居

```
R2# show bgp ipv4 unicast summary
BGP router identifier 203.0.113.1, local AS number 65500
BGP table version is 33, main routing table version 33
4 network entries using 576 bytes of memory
4 path entries using 320 bytes of memory
3/3 BGP path/bestpath attribute entries using 408 bytes of memory
0 BGP route-map cache entries using 0 bytes of memory
0 BGP filter-list cache entries using 0 bytes of memory
BGP using 1304 total bytes of memory
BGP activity 28/18 prefixes, 30/20 paths, scan interval 60 secs

Neighbor        V    AS     MsgRcvd MsgSent TblVer InQ OutQ Up/Down State/PfxRcd
203.0.113.2     4    65500 496      500      33      0    0    07:26:42          1
```

例 17-62 验证已建立的 BGP 邻居

```
R2# show bgp ipv4 unicast neighbors | include BGP
BGP neighbor is 203.0.113.2, remote AS 65500, internal link
  BGP version 4, remote router ID 192.0.2.1
  BGP state = Established, up for 07:31:19
  BGP table version 33, neighbor version 33/0
  Last reset 07:31:29, due to BGP Notification received of session 1, header synchronization
problems
```

接下来通过 **show bgp ipv4 unicast neighbors 203.0.113.2 advertised-routes** 命令验证是否有路由被宣告给了邻居 203.0.113.2。从例 17-63 可以看出，R2 向 203.0.113.2 宣告了 3 条路由，分别为 10.1.1.0/24、10.1.12.0/24 和 10.1.23.0/24。由图 17-11 可以知道，EIGRP 路由是 10.1.14.0/24 和 10.1.4.0/24，但是这两条路由并没有被列为被宣告路由。

例 17-63 验证已宣告的 BGP 路由

```
R2# show bgp ipv4 unicast neighbors 203.0.113.2 advertised-routes
BGP table version is 33, local router ID is 203.0.113.1
Status codes: s suppressed, d damped, h history, * valid, > best, i - internal,
              r RIB-failure, S Stale, m multipath, b backup-path, f RT-Filter,
              x best-external, a additional-path, c RIB-compressed,
Origin codes: i - IGP, e - EGP, ? - incomplete
RPKI validation codes: V valid, I invalid, N Not found

      Network          Next Hop      Metric     LocPrf      Weight     Path
 *> 10.1.1.0/24       10.1.12.1          2                             32768 ?
 *> 10.1.12.0/24      0.0.0.0            0                             32768 ?
 *> 10.1.23.0/24      0.0.0.0            0                             32768 ?

Total number of prefixes 3
```

在 R2 上运行 **show ip protocols** 命令以验证 BGP 配置（见例 17-64）。从输出结果

可以看出没有为邻居 203.0.113.2 应用任何阻止路由重分发操作的路由过滤器、分发列表或者路由映射，但是注意到仅重分发了 OSPF 内部路由，因而在 R2 上运行 **show ip route** 命令（见例 17-65），证实 10.1.14.0/24 和 10.1.4.0/24 都是 OSPF 外部路由。因此，可以断定故障问题与 BGP 不重分发 OSPF 外部路由有关。

例 17-64　运行 **show ip protocols** 命令验证 BGP 配置

```
R2# show ip protocols
*** IP Routing is NSF aware ***
...output omitted...
Routing Protocol is "bgp 65500"
  Outgoing update filter list for all interfaces is not set
  Incoming update filter list for all interfaces is not set
  IGP synchronization is disabled
  Automatic route summarization is disabled
  Redistributing: ospf 1 (internal)

  Neighbor(s):
    Address          FiltIn FiltOut DistIn DistOut Weight RouteMap
    203.0.113.2
  Maximum path: 1
  Routing Information Sources:
    Gateway          Distance     Last Update
    203.0.113.2      200          07:54:48
  Distance: external 20 internal 200 local 200
```

例 17-65　验证 R2 的 IPv4 路由

```
R2# show ip route
Codes: L - local, C - connected, S - static, R - RIP, M - mobile, B - BGP
       D - EIGRP, EX - EIGRP external, O - OSPF, IA - OSPF inter area
       N1 - OSPF NSSA external type 1, N2 - OSPF NSSA external type 2
       E1 - OSPF external type 1, E2 - OSPF external type 2
       i - IS-IS, su - IS-IS summary, L1 - IS-IS level-1, L2 - IS-IS level-2
      ia - IS-IS inter area, * - candidate default, U - per-user static route
       o - ODR, P - periodic downloaded static route, H - NHRP, l - LISP
       + - replicated route, % - next hop override

Gateway of last resort is 203.0.113.2 to network 0.0.0.0

S*    0.0.0.0/0 [1/0] via 203.0.113.2
      10.0.0.0/8 is variably subnetted, 7 subnets, 2 masks
O        10.1.1.0/24 [110/2] via 10.1.12.1, 4d20h, GigabitEthernet0/0
O E2     10.1.4.0/24 [110/20] via 10.1.12.1, 1d23h, GigabitEthernet0/0
C        10.1.12.0/24 is directly connected, GigabitEthernet0/0
L        10.1.12.2/32 is directly connected, GigabitEthernet0/0
O E2     10.1.14.0/24 [110/20] via 10.1.12.1, 1d23h, GigabitEthernet0/0
C        10.1.23.0/24 is directly connected, GigabitEthernet1/0
L        10.1.23.2/32 is directly connected, GigabitEthernet1/0
      192.0.2.0/32 is subnetted, 1 subnets
B        192.0.2.1 [200/0] via 203.0.113.2, 08:00:48
      203.0.113.0/24 is variably subnetted, 2 subnets, 2 masks
C        203.0.113.0/29 is directly connected, GigabitEthernet2/0
L        203.0.113.1/32 is directly connected, GigabitEthernet2/0
```

在 R2 上运行 **show run | section router bgp** 命令以验证 BGP 配置（见例 17-66），在 IPv4 地址簇下面可以看到 **redistribute ospf 1** 命令，但是该命令仅重分发 OSPF 内部路由，默认并不重分发 OSPF 外部路由。

例 17-66 验证 R2 的 BGP 配置

```
R2# show run | section router bgp
router bgp 65500
 bgp log-neighbor-changes
 neighbor 2001:DB8:0:A::A remote-as 65500
 neighbor 203.0.113.2 remote-as 65500
 !
 address-family ipv4
  bgp redistribute-internal
  redistribute ospf 1
  no neighbor 2001:DB8:0:A::A activate
  neighbor 203.0.113.2 activate
 exit-address-family
 !
 address-family ipv6
  redistribute ospf 1 match internal external 1 external 2 include-connected
  bgp redistribute-internal
  neighbor 2001:DB8:0:A::A activate
 exit-address-family
```

由于这些路由都是外部 Type 2 OSPF 路由，因而需要在 IPv4 BGP 地址簇配置模式下运行 **redistribute ospf 1 match internal external 2** 命令（见例 17-67），然后运行 **show ip protocols** 命令以验证是否重分发了这些外部 Type 2 OSPF 路由，从例 17-68 可以看出已经重分发了这些路由。

例 17-67 在 IPv4 BGP 地址簇配置模式下修改 **redistribute** 命令

```
R2# config t
Enter configuration commands, one per line. End with CNTL/Z.
R2(config)# router bgp 65500
R2(config-router)# address-family ipv4 unicast
R2(config-router-af)# redistribute ospf 1 match internal external 2
```

例 17-68 验证是否重分发了外部 Type 2 OSPF 路由

```
R2# show ip protocols
...output omitted...
Routing Protocol is "bgp 65500"
  Outgoing update filter list for all interfaces is not set
  Incoming update filter list for all interfaces is not set
  IGP synchronization is disabled
  Automatic route summarization is disabled
  Redistributing: ospf 1 (internal, external 2)

  Neighbor(s):
    Address             FiltIn FiltOut DistIn DistOut Weight RouteMap
    203.0.113.2
```

```
  Maximum path: 1
  Routing Information Sources:
    Gateway         Distance      Last Update
    203.0.113.2     200          1d07h
  Distance: external 20 internal 200 local 200
```

接下来再次运行 **show bgp ipv4 unicast neighbors 203.0.113.2 advertised-routes** 命令以验证 10.1.14.0/24 和 10.1.4.0/24 是否已经被宣告给了 BGP AS 65500。从例 17-69 可以看出，这些路由已经被宣告给了 BGP AS 65500。

例 17-69 验证已经将 OSPF 路由宣告给了 BGP 邻居

```
R2# show bgp ipv4 unicast neighbors 203.0.113.2 advertised-routes
BGP table version is 35, local router ID is 203.0.113.1
Status codes: s suppressed, d damped, h history, * valid, > best, i - internal,
              r RIB-failure, S Stale, m multipath, b backup-path, f RT-Filter,
              x best-external, a additional-path, c RIB-compressed,
Origin codes: i - IGP, e - EGP, ? - incomplete
RPKI validation codes: V valid, I invalid, N Not found

 Network          Next Hop            Metric LocPrf Weight Path
 *> 10.1.1.0/24   10.1.12.1                2         32768 ?
 *> 10.1.4.0/24   10.1.12.1               20         32768 ?
 *> 10.1.12.0/24  0.0.0.0                  0         32768 ?
 *> 10.1.14.0/24  10.1.12.1               20         32768 ?
 *> 10.1.23.0/24  0.0.0.0 0                          32768 ?

Total number of prefixes 5
```

最后，给 BGP AS 65500 中其他路由器的管理员打电话，以确认他们是否能够访问 EIGRP AS 100 中的资源。管理员们都说可以访问，因而表明故障问题已解决。

备考任务

本书提供多种备考手段：此处的练习题以及 Pearson Test Prep 软件中的模拟考试题。与实际试题相比，下面问题的难度更高，因为它们都是开放式问题。通过这种难度更高的问题，读者可以更好地测试知识掌握程度，以确保完全掌握本章基本概念和主要内容。下面的问题都可以在附录中找到参考答案。

1．复习所有考试要点

请复习本章涉及的所有重要主题，这些内容都用“考试要点”图标做了标记，表 17-3 列出了这些考试要点及其描述。

表 17-3 考试要点

考试要点	描述
段落	解决并防止因路由重分发导致的次优路由问题
列表	排查因路由重分发导致的次优路由故障
段落	多点重分发导致的路由环路问题

续表

考试要点	描述
段落	多点重分发导致的路由表不稳定问题
段落	多点重分发导致的流量黑洞问题
段落	修改 EIGRP AD 值
段落	修改 OSPF AD 值
段落	修改 BGP AD 值
例 17-3	使用分发列表控制将哪些 OSPF 路由安装在路由表中
例 17-4	重分发路由时为路由添加标签
例 17-5	通过标签防止重新注入路由
小节	重分发进程
列表	种子度量的 3 种定义方式
列表	重分发路由时的前提条件
表 17-2	路由重分发故障排查目标
小节	重分发到 EIGRP 时的故障排查
小节	重分发到 OSPF 时的故障排查
小节	重分发到 BGP 时的故障排查
列表	基于路由映射的重分发故障排查

2．定义关键术语

请对本章中的下列关键术语进行定义。

重分发、边界路由器、度量、种子度量、关键字 **subnets**、Type 5 LSA、ASBR、路由环路、单点重分发、多点重分发、路由标签、管理距离。

3．检查命令的记忆程度

以下列出了本章用到的各种重要的配置和验证命令，虽然并不需要记忆每条命令的完整语法格式，但是应该记住这些命令所需的基本关键字。

为了检查你对这些命令的记忆情况，请用一张纸遮住表 17-4 的右侧，通过表格左侧的描述内容，看一看是否能记起这些命令。

表 17-4　　命令参考

任务	命令语法
显示在设备上启用的被重分发到其他 IPv4 路由协议的 IPv4 路由信息源	**show ip protocols**
显示在设备上启用的被重分发到其他 IPv6 路由协议的 IPv4 路由信息源	**show ipv6 protocols**
对于路由重分发来说，使用该命令可以显示哪些 IPv4 路由在边界路由器上被重分发到 IPv4 EIGRP 进程中	**show ip eigrp topology**
对于路由重分发来说，使用该命令可以显示哪些 IPv6 路由在边界路由器上被重分发到 IPv6 EIGRP 进程中	**show ipv6 eigrp topology**

续表

任务	命令语法
显示哪些 IPv4 路由被重分发到 OSPFv2 进程中，这些路由以 Type 5 LSA 或 Type 7 LSA 进行表示	**show ip ospf database**
显示哪些 IPv6 路由被重分发到 OSPFv3 进程中，这些路由以 Type 5 LSA 或 Type 7 LSA 进行表示	**show ipv6 ospf database**
显示从 IPv4 和 IPv6 BGP 学到的路由，最初通过重分发学到的路由会在 Path 列标注问号（?）	**show bgp all**
显示路由器的 BGP 路由器 ID、自治系统号、BGP 内存利用率以及 IPv4 单播 BGP 邻居的摘要信息	**show bgp ipv4 unicast summary**
显示路由器全部 IPv4 BGP 邻居的详细信息	**show bgp ipv4 unicast neighbors**

由于 ENARSI 300-410 认证考试重点考查考生作为网络专家的实际动手能力，因而必须掌握与本章主题相关的配置、验证及故障排查命令。

第 18 章

VRF、MPLS和MPLS三层VPN

本章主要讨论以下主题。

- **部署和验证 VRF-Lite**：本节将讨论 VRF 以及配置和验证 VRF-Lite 的方式。
- **MPLS 操作**：本节将介绍 MPLS 及其主要内容，如 LSR、LSP、LDP 和标签交换。
- **MPLS 三层 VPN**：本节将讨论 MPLS 三层 VPN 的基本内容。

VPN 通过公网将专网连接在一起。采用 VPN 之后，专网之间发送的数据包需要封装新的报头，通过这些新报头在公网上转发数据包，而不会暴露专网的原始数据报头。这样就可以在任意两个端点之间转发数据包，而不需要中间路由器从原始数据报头和数据中提取信息。数据包到达远程端点之后，将删除 VPN 报头，然后通过原始报头确定转发决策。VPN 是在现有网络［称为底层网络（Underlay Network）］之上构建的一种叠加网络（Overlay Network）。

本章将介绍 MPLS（Multiprotocol Label Switching，多协议标签交换）的基本组件 VRF（Virtual Routing and Forwarding，虚拟路由和转发），讨论 VRF-Lite 解决方案的配置和验证方式。同时，还将介绍 MPLS 操作的基本内容，解释 LSR（Label Switching Router，标签交换路由器）的基本概念、LDP（Label Distribution Protocol，标签分发协议）的作用、LSP（Label-Switched Path，标签交换路径）的基本概念以及标签交换过程。最后，本章还将讨论 MPLS 三层 VPN 的基本内容。

18.1 “我已经知道了吗？”测验

“我已经知道了吗？”测验的目的是帮助读者确定是否需要完整地学习本章知识或者直接跳至“备考任务”，如果读者对题目的答案还存在疑问，或者评估自己对这些主题知识的掌握程度还不够的话，就可以从头学起。表 18-1 列出了本章的主要内容以及与这些内容相关联的“我已经知道了吗？”测验题，答案可参见附录。

表 18-1　“我已经知道了吗？”基本主题章节与所对应的测验题

涵盖测验题的基本主题章节	测验题
部署和验证 VRF-Lite	1～3
MPLS 操作	4～7
MPLS 三层 VPN	8～10

> 注意：自我评价的目的是检验你对本章知识的掌握程度，如果不知道或仅部分知道问题的答案，出于自我评价的目的，请在该问题上标签“错”。为了不影响自我评价的结果，对不懂的问题请不要猜测答案，否则可能会造成一种已掌握的假象。

1. VRF 的作用是什么？
   a. 将单台物理路由器划分为多台虚拟路由器
   b. 在路由器上运行生成树协议
   c. 在不支持 BGP 的路由器上使用 BGP
   d. 将服务器用作虚拟路由器
2. 下面哪条命令可以将接口与 VRF 相关联？
   a. **ip vrf** *vrf-name*
   b. **vrf** *vrf-name*
   c. **ip vrf forwarding** *vrf-name*
   d. **vrf forwarding** *vrf-name*
3. 假设创建了一个名为 RED 的 VRF 实例并将其与需要的接口相关联，请问下面哪条命令可以验证 VRF 路由表的内容？
   a. **show ip cef**
   b. **show ip vrf**
   c. **show ip route vrf**
   d. **show ip route vrf RED**
4. 如何在 MPLS 域中转发数据包？
   a. 使用数据包的目的 IP 地址
   b. 使用数据包的源 IP 地址
   c. 使用标签中指定的数字
   d. 使用帧的 MAC 地址
5. 下面哪种类型的路由器负责为数据包添加 MPLS 标签？
   a. 入站边缘 LSR
   b. 出站边缘 LSR
   c. 中间 LSR
   d. P 路由器
6. 路由器使用下面哪种协议交换标签？
   a. LLDP
   b. STP
   c. LDP
   d. CDP
7. 为了提高 MPLS 性能，如何在 LSP 的倒数第二台 LSR 删除标签，而不是等到最后一台 LSR 删除标签？
   a. 使用 LLDP

b．使用 LDP

c．使用 PHP

d．使用 HTTP

8．MPLS 三层 VPN 使用下面哪些标签？（选择两项）

a．LDP 标签

b．VPN 标签

c．802.1q 标签

d．MPLS 标签

9．MPLS 三层 VPN 使用下面哪种动态路由协议在 PE 路由器之间建立对等关系？

a．OSPF

b．EIGRP

c．IS-IS

d．MP-BGP

10．如何在 MPLS 三层 VPN 中的 PE 路由器上隔离客户路由？

a．使用 VRF

b．使用 VDC

c．使用 MP-BGP

d．使用 LDP

基础主题

18.2 部署和验证 VRF-Lite

VRF 是一种在单台物理路由器上创建独立虚拟路由器的技术。VRF-Lite 提供了无 MPLS 的 VRF 能力。路由器接口、路由表和转发表均以每个实例为基础进行隔离，能够有效避免不同 VRF 实例的流量相互干扰的情况。VRF 是 MPLS 三层 VPN 架构的重要组成部分，其通过逻辑切分而非多台设备的方式来增强路由器的功能。

本节将介绍 VRF 以及在思科网络中配置和验证 VRF-Lite 的方式。

18.2.1 VRF-Lite 概述

在默认情况下，所有路由器接口、路由表以及转发表都与全局 VRF 实例相关联，因而大家常说的路由表实际上就是全局 VRF 实例的路由表。如果需要将路由器划分为多台虚拟路由器，就可以创建额外的 VRF 实例。对应地，还需要创建额外的路由和转发表。

为什么需要将物理路由器划分为多台虚拟路由器呢？可以以具体场景来说明可能的原因。假设出于安全原因，需要构建 3 个不同的网络，以确保每个网络中的流量与其他网络中的流量相隔离，但又希望仅构建一个物理网络来完成这项任务。此时就可以通过 VRF 来实现上述需求。图 18-1 中的单个物理拓扑结构被划分为 3 个不同的逻辑隔离的网络，为了简便起见，将这些逻辑网络称为 RED、GREEN 和 BLUE 网络。

RED 网络使用的地址空间是 10.0.0.0/8，GREEN 网络使用的地址空间是 172.16.0.0/16，BLUE 网络使用的地址空间是 192.168.0.0/16。采用 VRF-Lite 技术之后，就可以将这些网络的流量隔离在各自的虚拟网络中，而且每台路由器都能拥有多个虚拟路由表，每个虚拟路由表都专门用于各自的 VRF 实例。

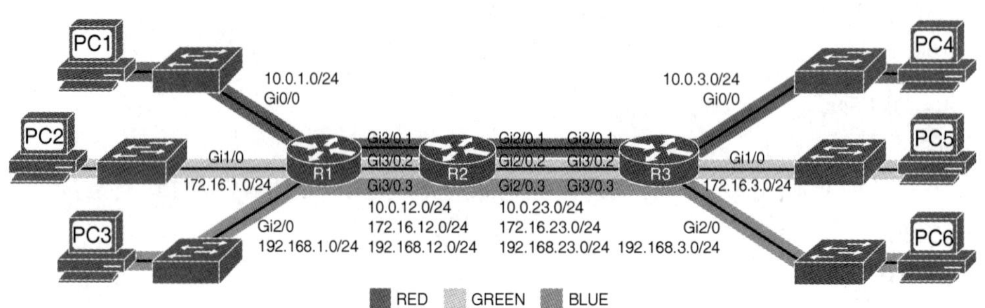

图 18-1　包含 3 个 VRF 实例的拓扑结构（从上到下分别是 RED、GREEN 和 BLUE 网络）

18.2.2　创建和验证 VRF 实例

首先在路由器 R1 上创建 RED、GREEN 和 BLUE VRF 实例。例 18-1 通过 **ip vrf** *vrf-name* 命令在路由器上创建了这些 VRF 实例。

例 18-1　通过 **ip vrf** *vrf-name* 命令在 R1 上创建 VRF 实例

```
R1# configure terminal
R1(config)# ip vrf RED
R1(config-vrf)# exit
R1(config)# ip vrf GREEN
R1(config-vrf)# exit
R1(config)# ip vrf BLUE
```

为了验证是否创建了 VRF 实例，可以在 R1 上运行 **show ip vrf** 命令（见例 18-2）。可以看出，此时的 Interfaces 列为空，需要为每个 VRF 实例分配接口以隔离流量。

例 18-2　验证是否在 R1 上创建了 VRF 实例

```
R1# show ip vrf
  Name                                        Default RD            Interfaces
  BLUE                                        <not set>
  GREEN                                       <not set>
  RED                                         <not set>
```

为了将接口分配给 VRF 实例，可以在接口配置模式下使用 **ip vrf forwarding** *vrf-name* 命令（见例 18-3）。

> 注：VRF 名称区分大小写，因而 red、RED、Red 或 rED 代表不同的 VRF 实例。

例 18-3　通过 **ip vrf forwarding** 命令为 VRF 实例分配接口

```
R1# configure terminal
R1(config)# interface gigabitEthernet 0/0
R1(config-if)# ip vrf forwarding RED
```

```
R1(config-if)# interface gigabitEthernet 1/0
R1(config-if)# ip vrf forwarding GREEN
R1(config-if)# interface gigabitEthernet 2/0
R1(config-if)# ip vrf forwarding BLUE
R1(config-if)# end
```

再次运行 **show ip vrf** 命令，可以确认已经将接口分配给了正确的 VRF 实例（见例 18-4）。

例 18-4 验证是否已经将接口分配给了正确的 VRF 实例

```
R1# show ip vrf
  Name                             Default RD          Interfaces
  BLUE                             <not set>           Gi2/0
  GREEN                            <not set>           Gi1/0
  RED                              <not set>           Gi0/0
```

回到图 18-1，R1 的接口 Gi3/0 通过单条物理链路连接 R2。请注意，每个接口只能属于一个 VRF 实例。如果单个物理接口需要支持多个 VRF 实例，就需要将物理接口划分为多个子接口。因此，需要将 Gi3/0 接口划分为多个子接口。例 18-5 显示了创建子接口并将其分配给正确 VRF 实例的配置方式，同时通过 **show ip vrf** 命令验证了接口是否位于正确的 VRF 实例中。

考试要点

例 18-5 在 R1 上创建子接口并将其分配给正确的 VRF 实例

```
R1# configure terminal
R1(config)# interface gigabitEthernet 3/0.1
R1(config-subif)# ip vrf forwarding RED
R1(config-vrf)# interface gigabitEthernet 3/0.2
R1(config-subif)# ip vrf forwarding GREEN
R1(config-vrf)# interface gigabitEthernet 3/0.3
R1(config-subif)# ip vrf forwarding BLUE
R1(config-vrf)# end
R1# show ip vrf
  Name                             Default RD          Interfaces
  BLUE                             <not set>           Gi2/0
                                                       Gi3/0.3
GREEN                              <not set>           Gi1/0
                                                       Gi3/0.2
RED                                <not set>           Gi0/0
                                                       Gi3/0.1
```

接下来可以在 R1 上配置网络编址。例 18-6 显示了图 18-1 中的 R1 每个接口的 IP 地址配置信息。请注意，子接口必须配置 dot1q 封装方式，否则将无法为接口分配 IP 地址。此外，需要注意的是，配置 R2 连接 R1 的子接口时，还要为它们配置相同的 VLAN 号。

例 18-6 为 R1 的接口和子接口配置 IP 地址

```
R1# configure terminal
R1(config)# int gig 0/0
R1(config-if)# ip address 10.0.1.1 255.255.255.0
```

```
R1(config-if)# int gig 1/0
R1(config-if)# ip address 172.16.1.1 255.255.255.0
R1(config-if)# int gig 2/0
R1(config-if)# ip address 192.168.1.1 255.255.255.0
R1(config-if)# int gig 3/0.1
R1(config-subif)# encapsulation dot1Q 100
R1(config-subif)# ip address 10.0.12.1 255.255.255.0
R1(config-subif)# int gig 3/0.2
R1(config-subif)# encapsulation dot1Q 200
R1(config-subif)# ip address 172.16.12.1 255.255.255.0
R1(config-subif)# int gig 3/0.3
R1(config-subif)# encapsulation dot1Q 300
R1(config-subif)# ip address 192.168.12.1 255.255.255.0
```

可以通过 **show ip vrf interfaces** 命令验证分配给接口的 IP 地址、接口所在的 VRF 实例以及协议所处的 Up 或 Down 状态（见例 18-7）。

考试要点

例 18-7 验证接口的 IP 地址、VRF 实例及协议配置

```
R1# show ip vrf interfaces
Interface              IP-Address         VRF                          Protocol
Gi2/0                  192.168.1.1        BLUE                         up
Gi3/0.3                192.168.12.1       BLUE                         up
Gi1/0                  172.16.1.1         GREEN                        up
Gi3/0.2                172.16.12.1        GREEN                        up
Gi0/0                  10.0.1.1           RED                          up
Gi3/0.1                10.0.12.1          RED                          up
```

如前所述，创建 VRF 实例就是在创建虚拟网络，因而这些虚拟网络都需要有自己的路由表以确保相互隔离。通过命令 **ip vrf** *vrf-name* 创建了 VRF 实例之后，就立即为网络创建了虚拟路由表。可以通过 **show ip route** 命令显示全局路由表（见例 18-8）。可以看出，虽然在接口上创建了 IP 地址，但路由表中并没有路由，此时的路由表中应该有直连路由和本地路由。但由于接口位于 VRF 实例中，因而这些网络并不会显示在全局路由表中，而是列在特定 VRF 路由表中。因此，需要查看每个 VRF 实例的路由表，可以通过 **show ip route vrf** *vrf-name* 命令查看特定 VRF 实例的路由表信息。例 18-9 显示了 **show ip route vrf RED**、**show ip route vrf GREEN** 和 **show ip route vrf BLUE** 的输出结果。

例 18-8 验证全局路由表

```
R1# show ip route
Codes: L - local, C - connected, S - static, R - RIP, M - mobile, B - BGP
       D - EIGRP, EX - EIGRP external, O - OSPF, IA - OSPF inter area
       N1 - OSPF NSSA external type 1, N2 - OSPF NSSA external type 2
       E1 - OSPF external type 1, E2 - OSPF external type 2
       i - IS-IS, su - IS-IS summary, L1 - IS-IS level-1, L2 - IS-IS level-2
       ia - IS-IS inter area, * - candidate default, U - per-user static route
       o - ODR, P - periodic downloaded static route, H - NHRP, l - LISP
       + - replicated route, % - next hop override

Gateway of last resort is not set
R1#
```

例 18-9 验证 VRF 实例的路由表信息

```
R1# show ip route vrf RED

Routing Table: RED
...output omitted...
Gateway of last resort is not set

      10.0.0.0/8 is variably subnetted, 4 subnets, 2 masks
C        10.0.1.0/24 is directly connected, GigabitEthernet0/0
L        10.0.1.1/32 is directly connected, GigabitEthernet0/0
C        10.0.12.0/24 is directly connected, GigabitEthernet3/0.1
L        10.0.12.1/32 is directly connected, GigabitEthernet3/0.1
R1# show ip route vrf GREEN

Routing Table: GREEN
...output omitted...
Gateway of last resort is not set

      172.16.0.0/16 is variably subnetted, 4 subnets, 2 masks
C        172.16.1.0/24 is directly connected, GigabitEthernet1/0
L        172.16.1.1/32 is directly connected, GigabitEthernet1/0
C        172.16.12.0/24 is directly connected, GigabitEthernet3/0.2
L        172.16.12.1/32 is directly connected, GigabitEthernet3/0.2
R1# show ip route vrf BLUE

Routing Table: BLUE
...output omitted...
Gateway of last resort is not set

      192.168.1.0/24 is variably subnetted, 2 subnets, 2 masks
C        192.168.1.0/24 is directly connected, GigabitEthernet2/0
L        192.168.1.1/32 is directly connected, GigabitEthernet2/0
      192.168.12.0/24 is variably subnetted, 2 subnets, 2 masks
C        192.168.12.0/24 is directly connected, GigabitEthernet3/0.3
L        192.168.12.1/32 is directly connected, GigabitEthernet3/0.3
R1#
```

接下来配置路由器 R2，例 18-10 给出了 R2 所需的配置信息。

例 18-10 创建 R2 VRF 实例、为 VRF 实例分配子接口并在子接口上配置 IP 地址

```
R2# config terminal
R2(config)# ip vrf RED
R2(config-vrf)# ip vrf GREEN
R2(config-vrf)# ip vrf BLUE
R2(config-vrf)# int gig 3/0.1
R2(config-subif)# ip vrf forwarding RED
R2(config-subif)# encapsulation dot1Q 100
R2(config-subif)# ip address 10.0.12.2 255.255.255.0
R2(config-subif)# int gig 3/0.2
R2(config-subif)# ip vrf forwarding GREEN
R2(config-subif)# encapsulation dot1Q 200
R2(config-subif)# ip address 172.16.12.2 255.255.255.0
R2(config-subif)# int gig 3/0.3
```

```
R2(config-subif)# ip vrf forwarding BLUE
R2(config-subif)# encapsulation dot1Q 300
R2(config-subif)# ip address 192.168.12.2 255.255.255.0
R2(config)# interface gigabitEthernet 2/0.1
R2(config-subif)# ip vrf forwarding RED
R2(config-subif)# encapsulation dot1Q 100
R2(config-subif)# ip address 10.0.23.2 255.255.255.0
R2(config-subif)# interface gigabitEthernet 2/0.2
R2(config-subif)# ip vrf forwarding GREEN
R2(config-subif)# encapsulation dot1Q 200
R2(config-subif)# ip address 172.16.23.2 255.255.255.0
R2(config-subif)# interface gigabitEthernet 2/0.3
R2(config-subif)# ip vrf forwarding BLUE
R2(config-subif)# encapsulation dot1Q 300
R2(config-subif)# ip address 192.168.23.2 255.255.255.0
```

例 18-11 显示了 **show ip vrf interfaces** 命令和 **show ip route vrf** *vrf_name* 命令的输出结果，证实 R2 配置正确。

例 18-11 通过 **show ip vrf interfaces** 命令和 **show ip route vrf** *vrf_name* 命令验证 R2 的配置

```
R2# show ip vrf interfaces
Interface              IP-Address      VRF                              Protocol
Gi3/0.3                192.168.12.2    BLUE                             up
Gi2/0.3                192.168.23.2    BLUE                             up
Gi3/0.2                172.16.12.2     GREEN                            up
Gi2/0.2                172.16.23.2     GREEN                            up
Gi3/0.1                10.0.12.2       RED                              up
Gi2/0.1                10.0.23.2       RED                              up
R2# show ip route vrf RED

Routing Table: RED
...output omitted...
Gateway of last resort is not set

      10.0.0.0/8 is variably subnetted, 4 subnets, 2 masks
C        10.0.12.0/24 is directly connected, GigabitEthernet3/0.1
L        10.0.12.2/32 is directly connected, GigabitEthernet3/0.1
C        10.0.23.0/24 is directly connected, GigabitEthernet2/0.1
L        10.0.23.2/32 is directly connected, GigabitEthernet2/0.1
R2# show ip route vrf GREEN

Routing Table: GREEN
...output omitted...
Gateway of last resort is not set

      172.16.0.0/16 is variably subnetted, 4 subnets, 2 masks
C        172.16.12.0/24 is directly connected, GigabitEthernet3/0.2
L        172.16.12.2/32 is directly connected, GigabitEthernet3/0.2
C        172.16.23.0/24 is directly connected, GigabitEthernet2/0.2
L        172.16.23.2/32 is directly connected, GigabitEthernet2/0.2
R2# show ip route vrf BLUE

Routing Table: BLUE
...output omitted...
```

```
Gateway of last resort is not set

      192.168.12.0/24 is variably subnetted, 2 subnets, 2 masks
C        192.168.12.0/24 is directly connected, GigabitEthernet3/0.3
L        192.168.12.2/32 is directly connected, GigabitEthernet3/0.3
      192.168.23.0/24 is variably subnetted, 2 subnets, 2 masks
C        192.168.23.0/24 is directly connected, GigabitEthernet2/0.3
L        192.168.23.2/32 is directly connected, GigabitEthernet2/0.3
R2#
```

接下来配置路由器 R3，例 18-12 显示了 R3 所需的配置信息。

例 18-12　创建 R3 VRF 实例、为 VRF 实例分配接口并在接口上配置 IP 地址

```
R3# configure terminal
R3(config)# ip vrf RED
R3(config-vrf)# ip vrf GREEN
R3(config-vrf)# ip vrf BLUE
R3(config-vrf)# interface gigabitethernet 0/0
R3(config-if)# ip vrf forwarding RED
R3(config-if)# ip address 10.0.3.3 255.255.255.0
R3(config-if)# interface gigabitethernet 1/0
R3(config-if)# ip vrf forwarding GREEN
R3(config-if)# ip address 172.16.3.3 255.255.255.0
R3(config-if)# interface gigabitethernet 2/0
R3(config-if)# ip vrf forwarding BLUE
R3(config-if)# ip address 192.168.3.3 255.255.255.0
R3(config-if)# interface gigabitethernet 3/0.1
R3(config-subif)# ip vrf forwarding RED
R3(config-subif)# encapsulation dot1Q 100
R3(config-subif)# ip address 10.0.23.3 255.255.255.0
R3(config-subif)# interface gigabitethernet 3/0.2
R3(config-subif)# ip vrf forwarding GREEN
R3(config-subif)# encapsulation dot1Q 200
R3(config-subif)# ip address 172.16.23.3 255.255.255.0
R3(config-subif)# interface gigabitethernet 3/0.3
R3(config-subif)# ip vrf forwarding BLUE
R3(config-subif)# encapsulation dot1Q 300
R3(config-subif)# ip address 192.168.23.3 255.255.255.0
```

例 18-13 显示了 **show ip vrf interfaces** 命令和 **show ip route vrf** *vrf_name* 命令的输出结果，证实 R3 配置正确。

例 18-13　通过 **show ip vrf interfaces** 命令和 **show ip route vrf** *vrf_name* 命令验证 R3 的配置

```
R3# show ip vrf interfaces
Interface              IP-Address      VRF                                Protocol
Gi2/0                  192.168.3.3     BLUE                               up
Gi3/0.3                192.168.23.3    BLUE                               up
Gi1/0                  172.16.3.3      GREEN                              up
Gi3/0.2                172.16.23.3     GREEN                              up
Gi0/0                  10.0.3.3        RED                                up
Gi3/0.1                10.0.23.3       RED                                up
R3# show ip route vrf RED
```

```
Routing Table: RED
...output omitted...
Gateway of last resort is not set

      10.0.0.0/8 is variably subnetted, 4 subnets, 2 masks
C        10.0.3.0/24 is directly connected, GigabitEthernet0/0
L        10.0.3.3/32 is directly connected, GigabitEthernet0/0
C        10.0.23.0/24 is directly connected, GigabitEthernet3/0.1
L        10.0.23.3/32 is directly connected, GigabitEthernet3/0.1
R3# show ip route vrf GREEN

Routing Table: GREEN
...output omitted...
Gateway of last resort is not set

      172.16.0.0/16 is variably subnetted, 4 subnets, 2 masks
C        172.16.3.0/24 is directly connected, GigabitEthernet1/0
L        172.16.3.3/32 is directly connected, GigabitEthernet1/0
C        172.16.23.0/24 is directly connected, GigabitEthernet3/0.2
L        172.16.23.3/32 is directly connected, GigabitEthernet3/0.2
R3# show ip route vrf BLUE

Routing Table: BLUE
...output omitted...
Gateway of last resort is not set

      192.168.3.0/24 is variably subnetted, 2 subnets, 2 masks
C        192.168.3.0/24 is directly connected, GigabitEthernet2/0
L        192.168.3.3/32 is directly connected, GigabitEthernet2/0
      192.168.23.0/24 is variably subnetted, 2 subnets, 2 masks
C        192.168.23.0/24 is directly connected, GigabitEthernet3/0.3
L        192.168.23.3/32 is directly connected, GigabitEthernet3/0.3
```

如果要验证使用 VRF 实例时的连接性，需要在 **ping** 命令中指定 VRF 实例，否则，使用的将是全局路由表，而不是 VRF 路由表。例 18-14 显示了 R1 向 R2 发起的一系列 ping 测试。目的端为 10.0.12.2 的第一次 ping 测试失败，原因是未指定 VRF 实例，从而使用的是全局路由表；第二次 ping 测试虽然指定了 GREEN VRF 实例，但使用的是 RED VRF 实例中的 IP 地址，因而无法 ping 通；最后一次 ping 测试使用了正确的 VRF 实例（RED）以及 RED VRF 实例中的 IP 地址（10.0.12.2），因而 ping 测试成功。这是一个非常好的说明 VRF 实例能够提供隔离能力的案例。

例 18-14 通过 ping 命令验证连接性

```
R1# ping 10.0.12.2
Type escape sequence to abort.
Sending 5, 100-byte ICMP Echos to 10.0.12.2, timeout is 2 seconds:
.....
Success rate is 0 percent (0/5)
R1# ping vrf GREEN 10.0.12.2
Type escape sequence to abort.
Sending 5, 100-byte ICMP Echos to 10.0.12.2, timeout is 2 seconds:
.....
```

```
Success rate is 0 percent (0/5)
R1# ping vrf RED 10.0.12.2
Type escape sequence to abort.
Sending 5, 100-byte ICMP Echos to 10.0.12.2, timeout is 2 seconds:
!!!!!
Success rate is 100 percent (5/5), round-trip min/avg/max = 44/49/60 ms
```

例 18-15 显示了 RED VRF 路由表的输出结果。此时的路由表中只有直连路由和本地路由。为了让所有路由器都知道其他所有网络，可以使用静态或动态路由。下面的案例以动态路由协议 EIGRP 为例，解释如何为每个 VRF 实例提供完全的连接性。

例 18-15　通过 **show ip route vrf RED** 命令验证 RED VRF 路由表

```
R1# show ip route vrf RED

Routing Table: RED
...output omitted...
Gateway of last resort is not set

      10.0.0.0/8 is variably subnetted, 4 subnets, 2 masks
C        10.0.1.0/24 is directly connected, GigabitEthernet0/0
L        10.0.1.1/32 is directly connected, GigabitEthernet0/0
C        10.0.12.0/24 is directly connected, GigabitEthernet3/0.1
L        10.0.12.1/32 is directly connected, GigabitEthernet3/0.1
```

如果需要为多个 VRF 实例配置 EIGRP，就可以采用 EIGRP 命名配置模式，该配置模式可以创建多个地址簇（见例 18-16）。首先，可以在全局配置模式下通过 **router eigrp** *name* 命令进入 EIGRP 命名配置模式。接下来，需要为每个 VRF 实例都创建一个地址簇，可以通过命令 **address-family ipv4 vrf** *vrf-name* **autonomous-system** *as-number* 完成该操作。最后根据应用场景需求配置相应的 EIGRP 命令，对于本例来说，在多个接口上启用路由进程（见例 18-16）。

例 18-16　为多个 VRF 实例配置 EIGRP

```
R1# configure terminal
R1(config)# router eigrp VRFEXAMPLE
R1(config-router)# address-family ipv4 vrf RED autonomous-system 10
R1(config-router-af)# network 10.0.1.1 0.0.0.0
R1(config-router-af)# network 10.0.12.1 0.0.0.0
R1(config-router)# address-family ipv4 vrf GREEN autonomous-system 172
R1(config-router-af)# network 172.16.1.1 0.0.0.0
R1(config-router-af)# network 172.16.12.1 0.0.0.0
R1(config-router)# address-family ipv4 vrf BLUE autonomous-system 192
R1(config-router-af)# network 192.168.1.1 0.0.0.0
R1(config-router-af)# network 192.168.12.1 0.0.0.0
R1(config-router-af)# end
```

如果要验证接口是否参与了正确的 VRF 实例的 EIGRP 进程，就可以使用 **show ip eigrp vrf** *vrf-name* **interfaces** 命令（见例 18-17）。请注意，每个 EIGRP AS 仅包含相应 VRF 实例中已启用 EIGRP 进程的接口。

例 18-17 验证接口是否参与了正确的 VRF 实例的 EIGRP 进程

```
R1# show ip eigrp vrf RED interfaces
EIGRP-IPv4 VR(VRFEXAMPLE) Address-Family Interfaces for AS(10)
           VRF(RED)
                    Xmit Queue  PeerQ         Mean   Pacing Time  Multicast  Pending
Interface    Peers  Un/Reliable Un/Reliable  SRTT   Un/Reliable  Flow Timer  Routes
Gi0/0          0        0/0        0/0          0       0/0            0          0
Gi3/0.1        0        0/0        0/0          0       0/0            0          0
R1# show ip eigrp vrf GREEN interfaces
EIGRP-IPv4 VR(VRFEXAMPLE) Address-Family Interfaces for AS(172)
           VRF(GREEN)
                    Xmit Queue  PeerQ         Mean   Pacing Time  Multicast  Pending
Interface    Peers  Un/Reliable Un/Reliable  SRTT   Un/Reliable  Flow Timer  Routes
Gi1/0          0        0/0        0/0          0       0/0           0           0
Gi3/0.2        0        0/0        0/0          0       0/0           0           0
R1# show ip eigrp vrf BLUE interfaces
EIGRP-IPv4 VR(VRFEXAMPLE) Address-Family Interfaces for AS(192)
           VRF(BLUE)
                    Xmit Queue  PeerQ        Mean   Pacing Time  Multicast  Pending
Interface    Peers  Un/Reliable  Un/Reliable SRTT   Un/Reliable  Flow Timer Routes
Gi2/0          0        0/0        0/0          0       0/0           0          0
Gi3/0.3        0        0/0        0/0          0       0/0           0          0
```

为其他路由器配置了 EIGRP 之后，可以通过 **show ip eigrp vrf** *vrf-name* **neighbors** 命令验证邻居邻接关系。与前面一样，由于配置了多个 VRF 实例，因而例 18-18 中的每条 **show** 命令仅显示该 VRF 实例内的邻居信息。

例 18-18 通过 **show ip eigrp vrf** *vrf-name* **neighbors** 命令验证每个 VRF 实例的 EIGRP 邻居

```
R1# show ip eigrp vrf RED neighbors
EIGRP-IPv4 VR(VRFEXAMPLE) Address-Family Neighbors for AS(10)
           VRF(RED)
H   Address                 Interface              Hold Uptime    SRTT   RTO  Q    Seq
                                                   (sec)          (ms)        Cnt  Num
0   10.0.12.2               Gi3/0.1                  13 00:02:31    48   288  0    7
R1# show ip eigrp vrf GREEN neighbors
EIGRP-IPv4 VR(VRFEXAMPLE) Address-Family Neighbors for AS(172)
           VRF(GREEN)
H    Address                Interface              Hold Uptime    SRTT   RTO  Q    Seq
                                                   (sec)          (ms)        Cnt  Num
0   172.16.12.2             Gi3/0.2                  12 00:02:09    64   384  0    7
R1# show ip eigrp vrf BLUE neighbors
EIGRP-IPv4 VR(VRFEXAMPLE) Address-Family Neighbors for AS(192)
           VRF(BLUE)
H   Address                 Interface              Hold Uptime    SRTT   RTO  Q    Seq
                                                   (sec)          (ms)        Cnt  Num
0   192.168.12.2            Gi3/0.3                  12 00:01:53    49   294  0    7
```

VRF 网络收敛之后，可以通过 **show ip route vrf** *vrf-name* 命令验证路由表是否包含了从 EIGRP 学到的路由。例 18-19 通过 **show ip route vrf** *vrf-name* **eigrp** 命令将输出结果限制为仅从 EIGRP 学到的路由。

例 18-19 通过 **show ip route vrf** *vrf-name* **eigrp** 命令验证 VRF 路由表中的 EIGRP 路由

```
R1# show ip route vrf RED eigrp

Routing Table: RED
...output omitted...
Gateway of last resort is not set

      10.0.0.0/8 is variably subnetted, 6 subnets, 2 masks
D        10.0.3.0/24 [90/20480] via 10.0.12.2, 00:02:17, GigabitEthernet3/0.1
D        10.0.23.0/24 [90/15360] via 10.0.12.2, 00:03:51, GigabitEthernet3/0.1
R1# show ip route vrf GREEN eigrp

Routing Table: GREEN
...output omitted...
Gateway of last resort is not set

      172.16.0.0/16 is variably subnetted, 6 subnets, 2 masks
D        172.16.3.0/24
           [90/20480] via 172.16.12.2, 00:01:55, GigabitEthernet3/0.2
D        172.16.23.0/24
           [90/15360] via 172.16.12.2, 00:03:28, GigabitEthernet3/0.2
R1# show ip route vrf BLUE eigrp

Routing Table: BLUE
...output omitted...
Gateway of last resort is not set

D     192.168.3.0/24
           [90/20480] via 192.168.12.2, 00:01:41, GigabitEthernet3/0.3
D     192.168.23.0/24
           [90/15360] via 192.168.12.2, 00:03:06, GigabitEthernet3/0.3
R1#
```

接下来可以通过 **ping vrf** *vrf-name ipv4-address* 命令验证 R1 到 R3 的 VRF 连接是否存在（见例 18-20）。

例 18-20 验证 R1 到 R3 的 VRF 连接

```
R1# ping vrf RED 10.0.3.3
Type escape sequence to abort.
Sending 5, 100-byte ICMP Echos to 10.0.3.3, timeout is 2 seconds:
!!!!!
Success rate is 100 percent (5/5), round-trip min/avg/max = 68/91/112 ms
R1# ping vrf GREEN 172.16.3.3
Type escape sequence to abort.
Sending 5, 100-byte ICMP Echos to 172.16.3.3, timeout is 2 seconds:
!!!!!
Success rate is 100 percent (5/5), round-trip min/avg/max = 64/71/80 ms
R1# ping vrf BLUE 192.168.3.3
Type escape sequence to abort.
Sending 5, 100-byte ICMP Echos to 192.168.3.3, timeout is 2 seconds:
!!!!!
Success rate is 100 percent (5/5), round-trip min/avg/max = 64/68/72 ms
R1#
```

例 18-21 显示了从 R1 到不同目的端的 **ping** 命令输出结果，从中可以看出 VRF 的通信隔离方式。在第一次 ping 测试中，PC1 向 PC4 发起 ping 测试，由于两者位于同一 VRF 实例中，因而 ping 测试成功。在第二次 ping 测试中，PC1 向 PC5 发起 ping 测试，由于两者位于不同的 VRF 实例中，因而 ping 测试失败。在第三次 ping 测试中，PC1 向 PC6 发起 ping 测试，由于两者位于不同的 VRF 实例中，因而 ping 测试失败。在第四次 ping 测试中，PC2 向 PC5 发起 ping 测试，由于两者位于同一 VRF 实例中，因而 ping 测试成功。对于最后一次 ping 测试来说，PC3 向 PC6 发起 ping 测试，由于两者位于同一 VRF 实例中，因此 ping 测试成功。

例 18-21 验证 PC 之间的 VRF 连接

```
PC-1> ping 10.0.3.10
84 bytes from 10.0.3.10 icmp_seq=1 ttl=61 time=71.777 ms
84 bytes from 10.0.3.10 icmp_seq=2 ttl=61 time=62.830 ms
84 bytes from 10.0.3.10 icmp_seq=3 ttl=61 time=55.874 ms
84 bytes from 10.0.3.10 icmp_seq=4 ttl=61 time=59.833 ms

PC-1> ping 172.16.3.10
*10.0.1.1 icmp_seq=1 ttl=255 time=7.773 ms (ICMP type:3, code:1, Destination host
unreachable)
*10.0.1.1 icmp_seq=2 ttl=255 time=11.936 ms (ICMP type:3, code:1, Destination host
unreachable)
*10.0.1.1 icmp_seq=3 ttl=255 time=4.985 ms (ICMP type:3, code:1, Destination host
unreachable)
*10.0.1.1 icmp_seq=4 ttl=255 time=5.986 ms (ICMP type:3, code:1, Destination host
unreachable)

PC-1> ping 192.168.3.10
*10.0.1.1 icmp_seq=1 ttl=255 time=9.973 ms (ICMP type:3, code:1, Destination host
unreachable)
*10.0.1.1 icmp_seq=2 ttl=255 time=7.980 ms (ICMP type:3, code:1, Destination host
unreachable)
*10.0.1.1 icmp_seq=3 ttl=255 time=3.990 ms (ICMP type:3, code:1, Destination host
unreachable)
*10.0.1.1 icmp_seq=4 ttl=255 time=12.068 ms (ICMP type:3, code:1, Destination host
unreachable)

PC-2> ping 172.16.3.10
84 bytes from 172.16.3.10 icmp_seq=1 ttl=61 time=72.805 ms
84 bytes from 172.16.3.10 icmp_seq=2 ttl=61 time=55.850 ms
84 bytes from 172.16.3.10 icmp_seq=3 ttl=61 time=56.875 ms
84 bytes from 172.16.3.10 icmp_seq=4 ttl=61 time=56.840 ms

PC-3> ping 192.168.3.10
84 bytes from 192.168.3.10 icmp_seq=1 ttl=61 time=71.835 ms
84 bytes from 192.168.3.10 icmp_seq=2 ttl=61 time=65.802 ms
84 bytes from 192.168.3.10 icmp_seq=3 ttl=61 time=58.842 ms
84 bytes from 192.168.3.10 icmp_seq=4 ttl=61 time=52.831 ms
```

18.3 MPLS 操作

MPLS 是一种基于标签而不是数据包三层目的地址做出转发决策的包转发方法。

虽然 MPLS 支持多种不同的三层协议，但本节仅关注 IP。本节将详细分析如何通过标签而非目的 IPv4 地址来转发 IP 数据包。在深入探讨 MPLS 之前，首先需要明确一点，即对于当前的路由器来说，MPLS 的速度并不比传统 IP 路由速度快多少。既然如此，那为什么还要考虑 MPLS 呢？主要原因在于 MPLS 可以大幅减少核心路由器的转发开销，使得核心路由器更加高效。此外，MPLS 还可以转发除 IPv4 之外的其他三层协议，且支持多种服务，如单播路由、多播路由、VPN、TE（Traffic Engineering，流量工程）、QoS（Quality of Service，服务质量）和 AToM（Any Transport over MPLS，基于 MPLS 的任意传输），因而 MPLS 非常高效、灵活。

本节将详细讨论 LIB（Label Information Base，标签信息库）、LFIB（Label Forwarding Information Base，标签转发信息库）、LDP（Label Distribution Protocol，标签分发协议）、LSP（Label-Switched Path，标签交换路径）以及 LSR（Label Switching Router，标签交换路由器）等内容。

18.3.1　MPLS LIB 和 LFIB

从图 18-2 可以看出，MPLS 路由器的控制平面除使用路由协议交换路由信息以填充 IP 路由表（RIB）外，还要通过 LDP 与其他 MPLS 路由器交换标签信息。交换标签信息之后，就使用标签信息填充 LIB，再用最佳标签信息填充 FIB，从而可以为无标签 IP 数据包添加标签，并在 LFIB 中对标签 IP 数据包进行标签转发。如果需要由 FIB 转发数据包，那么也可以删除标签。

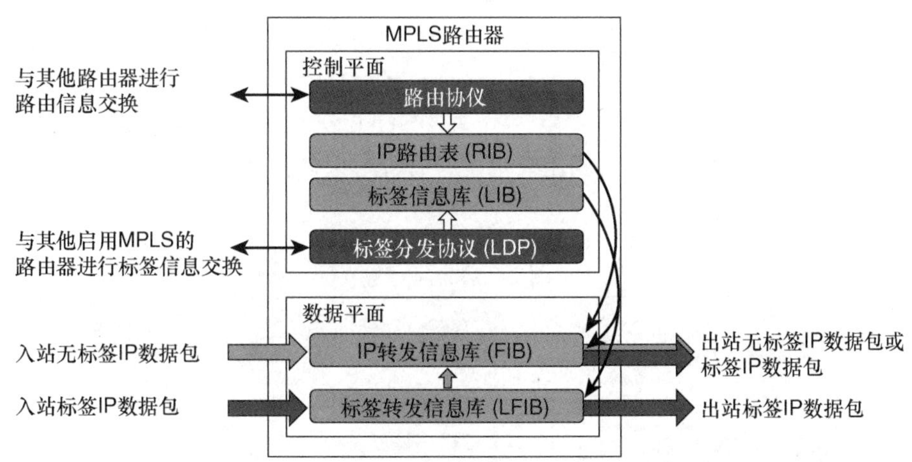

图 18-2　MPLS 路由器的控制平面和数据平面

假设无标签 IP 数据包到达的目的端 10.0.0.5，由于数据包没有标签，因而由 FIB 执行转发决策。如果 FIB 指示的出站接口不是 MPLS 接口，就以无标签方式转发数据包。如果 FIB 指示的出站接口是 MPLS 接口，就为数据包添加标签，然后通过 MPLS 接口向外转发标签 IP 数据包。

标签 IP 数据包到达 MPLS 接口之后，由于携带标签，因而由 LFIB 执行转发决策。如果 LFIB 指示的出站接口是 MPLS 接口，就删除标签、添加新标签，然后通过 MPLS

接口向外转发标签 IP 数据包。如果 LFIB 指示的出站接口不是 MPLS 接口，就删除标签，并通过 FIB 转发无标签 IP 数据包。

18.3.2 LSR

以图 18-3 为例。路由器 R1～R5 是 MPLS 域的一部分，由于它们都支持 MPLS，因而称为 LSR。LSR 能够理解 MPLS 标签，可以在接口上接收和发送标签 IP 数据包。对于本例来说，R1 和 R5 是边缘 LSR，R2、R3 和 R4 是中间 LSR。边缘 LSR 位于 MPLS 域的边缘，负责为进入 MPLS 域的数据包添加标签（称为入站 LSR）、为离开 MPLS 域的数据包删除标签（称为出站 LSR），甚至还可以根据需要以标签或无标签方式转发数据包。中间 LSR 位于 MPLS 域内，主要通过标签信息转发数据包。

图 18-3 MPLS 域中的 LSR

18.3.3 LSP

LSP 是标签 IP 数据包穿越 MPLS 域所采用的累积标签路径（路由器序列）。LSP 是单向路径（见图 18-4），因而在源端与目的端之间存在多条潜在路径的复杂网络中，从源端到目的端的 LSP 可能与返回流量的 LSP 不同，不过通常使用的都是方向相反的同一路径传送返回流量，原因在于构建对称网络及转发路径的底层动态路由协议（如 OSPF 和 EIGRP）。对于本例来说，R1 到 10.0.0.0/24 的 LSP 使用的标签是 87、11、65 和 23，沿着这条路径，每台路由器都会检查标签以做出转发决策，然后删除标签、根据需要添加新标签，再转发数据包。

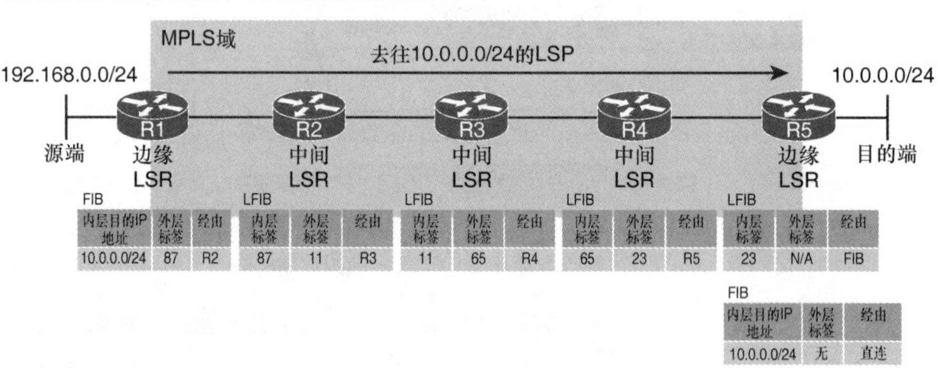

图 18-4 MPLS 域中的 LSP

18.3.4 标签

为了确保 MPLS 正常工作，必须在数据包中添加标签。标签作为二层帧报头和三层 IP 数据包报头之间的填充报头。图 18-5 显示了 MPLS 标签位置，标签大小为 4 字节（32 比特），包含 4 个不同的字段（见图 18-6），前 20 比特（标签）定义标签号，后 3 比特（EXP）定义 QoS，接下来的 1 比特（S）定义标签是否是标签栈中的最后一个标签（如果数据包使用了多个标签，如 MPLS VPN），最后 8 比特（TTL）的作用与 IP 的 TTL 的作用相同，因此，如果 TTL 达到 0 时 MPLS 帧仍未到达目的端，就丢弃该 MPLS 帧。

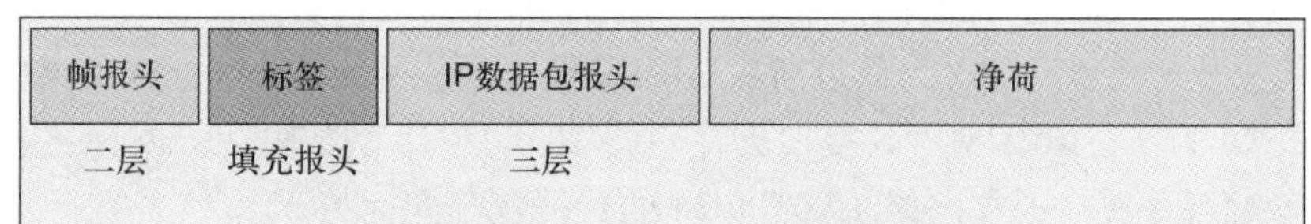

图 18-5　MPLS 标签位置

图 18-6　MPLS 标签格式

启用 MPLS 功能特性的路由器会自动将标签分配给它们了解的所有网络。那么，路由器是如何了解网络的呢？可以通过本地配置方式，在路由器接口上配置 IP 地址并在接口上运行 **no shutdown** 命令，也可以通过 OSPF、EIGRP 等动态路由协议传播路由信息。以图 18-7 为例，R5 给网络 10.0.0.0/24 分配了标签 23，R4 给网络 10.0.0.0/24 分配了标签 65，R3 给网络 10.0.0.0/24 分配了标签 11，R2 给网络 10.0.0.0/24 分配了标签 87，R1 给网络 10.0.0.0/24 分配了标签 19。需要注意的是，标签具有本地意义。每台路由器，无论是有本地连接网络 10.0.0.0/24（如 R5）还是没有本地连接网络（如其他路由器），都会为其了解的网络生成一个本地标签。

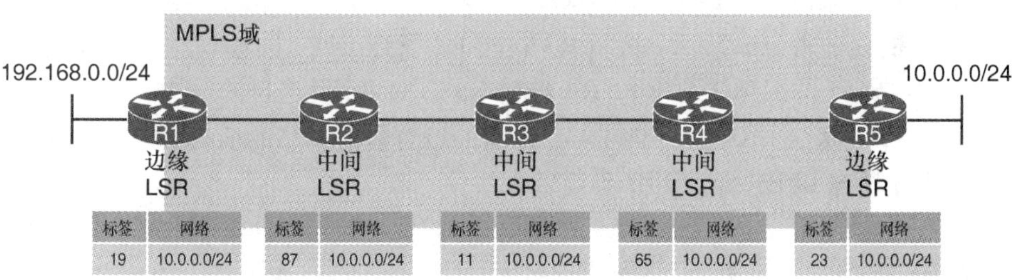

图 18-7　路由器将标签与网络 10.0.0.0/24 关联起来

18.3.5 LDP

考试要点

如果要建立 LSP，就要与直连 LSR 共享/分发标签，该操作是通过 LDP 完成的，该协议是最常见的共享/分发 IPv4 前缀标签的协议。在接口上启用了 MPLS 之后，就会通过 UDP 端口 646 将 LDP Hello 包从接口发送给目的多播地址 224.0.0.2（全部路由器多播地址）。同一链路上启用了 MPLS 且收到 Hello 包的所有设备都将通过端口 646 与邻接设备建立 LDP TCP 会话，从而可以相互交换标签信息。Hello 包中有一个 LDP ID，可以唯一标识邻居和标签空间，LDP ID 可以基于平台（为通过所有接口去往同一目的网络的数据包使用相同标签)，也可以基于接口（为通过不同接口去往同一目的网络的数据包使用不同标签）。两台 LSR 之间建立 LDP TCP 会话时，其中一台路由器必须是活动路由器，活动路由器负责建立 TCP 会话。LDP ID 较大的路由器将被选为活动路由器，负责在两台路由器之间建立 TCP 会话。

从图 18-8 可以看出，建立了 TCP 会话之后，R1 为通过所有 MPLS 接口去往网络 10.0.0.0/24 的数据包分配标签 19，R2 为通过所有 MPLS 接口去往网络 10.0.0.0/24 的数据包分配标签 87，R3 为通过所有 MPLS 接口去往网络 10.0.0.0/24 的数据包分配标签 11，R4 为通过所有 MPLS 接口去往网络 10.0.0.0/24 的数据包分配标签 65，R5 为通过所有 MPLS 接口去往网络 10.0.0.0/24 的数据包分配标签 23。

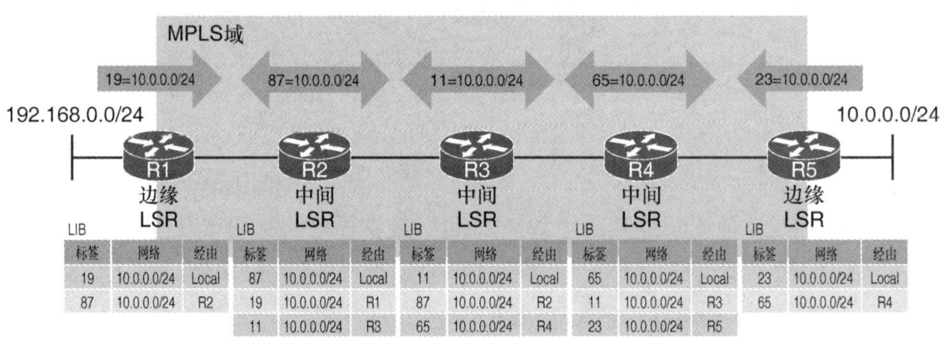

图 18-8 使用 LDP 在所有启用 MPLS 的接口上分配标签的 LSR

每台路由器都从 LDP 邻居学到标签并填充自己的 LIB。初看起来似乎不太正确，因为如果专注于 R3,就会发现存在 3 条 10.0.0.0/24 表项,这些表项都代表什么含义呢?标签 11 的表项是本地意义标签，是 R3 宣告给其他路由器的标签，这样就能确保这些路由器向 R3 发送目的端为 10.0.0.0/24 的数据包时，应该在数据包中添加哪个标签。标签 87 的表项来自 R2，R2 希望 R3 在向 R2 发送去往 10.0.0.0/24 的数据包时使用该标签。标签 65 的表项来自 R4，R4 希望 R3 在向 R4 发送目的端为 10.0.0.0/24 的数据包时使用该标签。LIB 包含了路由器知道的所有目的网络的所有标签，将选取最佳标签/网络并填充 LFIB，由 LFIB 确定转发决策。

18.3.6 标签交换

根据 IP 路由表和 LIB 中的信息，图 18-9 中的路由器可以按照图中所示方式填充各自的 LFIB 和 FIB。R1 收到携带标签 19 的数据包之后，将检查 LFIB，发现必须用标签 87 将该数据包转发给 R2。不过，对于本例来说，数据包到达连接网络 192.168.0.0/24 的接口时，并没有标签，因为没有路由器为离开该接口的数据包添加标签。因此，目的 IP 地址为 10.0.0.0/24 的数据包到达 R1 连接网络 192.168.0.0/24 的接口之后，FIB 指示需要添加标签 87，并将 R2 作为下一跳地址进行转发。R2 收到携带标签 87 的数据包之后，将检查 LFIB，发现必须用标签 11 且以 R3 为下一跳地址转发该数据包。R3 收到携带标签 11 的数据包之后，将检查 LFIB，发现必须用标签 65 且以 R4 为下一跳地址转发该数据包。R4 收到携带标签 65 的数据包之后，将检查 LFIB，发现必须用标签 23 且以 R5 为下一跳地址转发该数据包。R5 收到携带标签 23 的数据包之后，将检查 LFIB，发现没有出站标签，意味着自己是 LSP 的末端，因而需要删除标签，并通过 IP 路由表（FIB）进行常规路由。

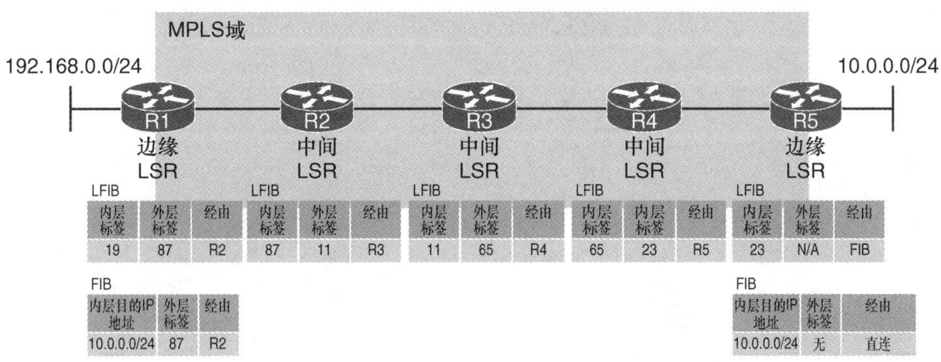

图 18-9　FIB 和 LFIB 信息

18.3.7　倒数第二跳

进一步分析图 18-9 中的路由器 R5。R5 收到去往 10.0.0.0/24 的标签数据包之后，需要执行两次查找操作。首先需要在 LFIB 中执行查找操作，因为 R5 收到的是标签帧。对于本例来说，LFIB 没有找到出站标签，因而必须删除标签并根据第二次查找操作结果做出转发决策（使用 FIB 转发数据包）。可以看出，上述操作的处理效率较为低下。解决这种低效问题的方法是启用 PHP（Penultimate Hop Popping，倒数第二跳）特性。启用了 PHP 特性之后，R4 在将数据包发送给 R5 之前就会弹出标签。此时，对于目的网络 10.0.0.0/24 来说，R5 不再像前述场景那样向 R4 宣告标签 23，而是宣告“Pop”（弹出），即 R5 告诉 R4 它是网络 10.0.0.0/24 的 LSP 的末端，R4 应该删除所有标签并将无标签数据包转发给 R5。因此，R5 收到的将是无标签数据包，通过 FIB 执行单次查找操作即可转发该数据包。从图 18-10 可以看出，R5 将标签“pop”宣告给了 R4，R4 也相应地填充了自己的 LFIB，此时 R4 LFIB 的外层标签列显示为“pop”。此后，R4 收到携带标签 65 的数据包之后，将弹出标签并通过 R5 进行转发。R5 收到无标签数据包之后，将通过 FIB 将数据包转发到网络 10.0.0.0/24 中的目的 IP 地址。

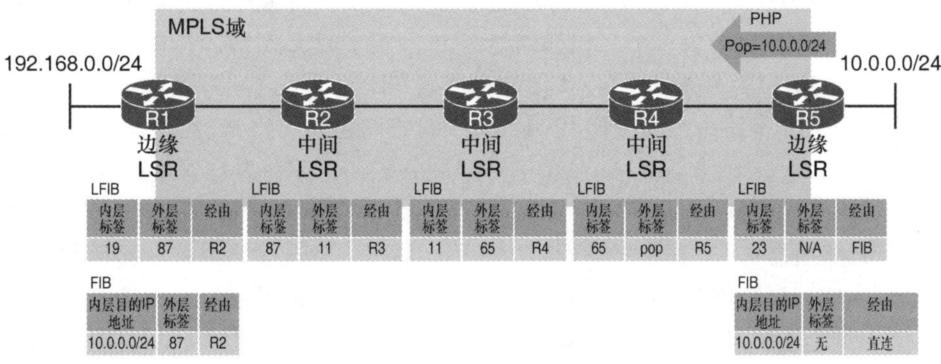

图 18-10　PHP：R5 指示 R4 弹出标签

18.4 MPLS 三层 VPN

MPLS 三层 VPN 可以通过共享网络在客户私有站点之间提供对等连接。图 18-11 给出了一个提供商（如 ISP）MPLS 域示例，图中的客户 A 和客户 B 都通过相同的 MPLS 域将自己的私有站点连接在一起。通常将 MPLS 域称为 P 网络，将客户站点称为 C 网络。

本节将讨论如何通过 MPLS 三层 VPN 经提供商公网连接客户专网。

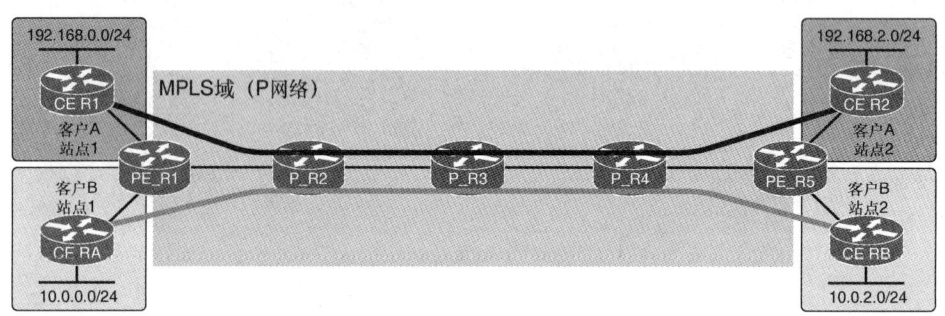

图 18-11 将客户站点连接在一起的 MPLS 域示例

18.4.1 MPLS 三层 VPN 概述

对于 MPLS 三层 VPN 架构来说，客户路由器被称为 CE（Customer Edge，客户边缘）路由器，不运行 MPLS。实际上，CE 路由器完全不需要了解 MPLS、标签甚至 VRF 实例，这使得客户能够更容易地利用提供商 MPLS 域带来的好处。CE 路由器连接 MPLS 域的 PE（Provider Edge，提供商边缘）路由器，PE 路由器（见图 18-11 中的 PE_R1 和 PE_R5）是 MPLS 域的入站和出站 LSR。P（Provider，提供商）路由器（见图 18-11 中的 P_R2、P_R3 和 P_R4）是 MPLS 域的中间 LSR。现在希望客户 A 的站点 1 与客户 A 的站点 2 能够通过 MPLS 域交换各自的本地路由信息，并根据需要通过 MPLS 域在站点 1 与站点 2 之间转发流量。对于客户 B 的站点 1 与客户 B 的站点 2 来说，也有同样的需求。对于 MPLS 三层 VPN 来说，不同客户的地址空间重叠没有丝毫影响，因而客户 A 和客户 B 可以使用相同的私有 IP 地址空间（具体将在本章后面进行讨论）。

为了支持多客户，PE 路由器需要通过 VRF 实例将客户路由信息和流量进行隔离（见图 18-12），需要为每个客户都创建一个不同的 VRF 实例，并将连接 CE 路由器的接口与该 VRF 实例进行关联。CE 路由器与 PE 路由器之间可以通过 RIP、EIGRP、OSPF 或 BGP 等路由协议交换 IPv4 路由，且将路由安装到 PE 路由器上与该客户相关的 VRF 表中。因此，从客户的角度来看，PE 路由器只是客户网络中的路由器（但是受到提供商的控制）。需要注意的是，所有的 P 路由器对于客户来说都是不可见的。

PE 路由器从 CE 路由器学到路由之后，就可以将这些路由重分发到 MP-BGP 中，从而能够与其他 PE 路由器交换这些路由。对端 PE 路由器收到这些路由之后，会将这些路由重分发到 IGP 中，并将其安装到正确的客户 VRF 实例中，从而能够与 CE 路由器进行交换（见图 18-13）。

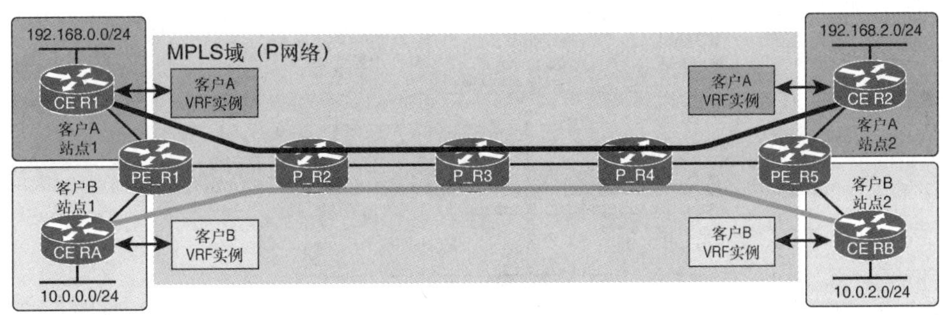

图 18-12 通过 VRF 实例隔离客户路由信息和流量

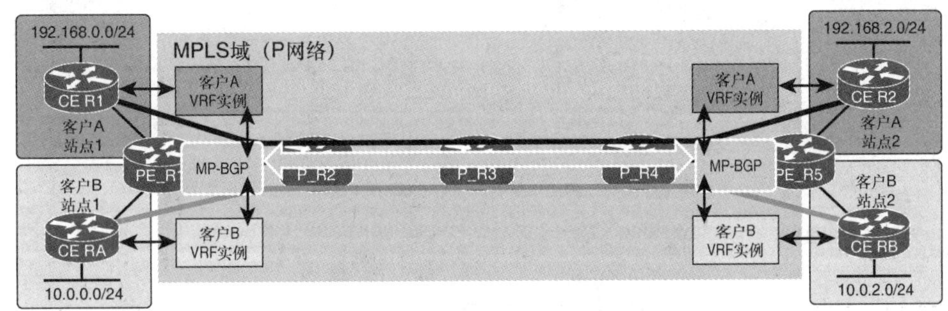

图 18-13 PE 路由器将客户信息重分发到 MP-BGP 中

需要注意的是，P 路由器并不参与上述 BGP 进程，只有 PE 路由器参与，PE 路由器之间会建立 MP-IBGP（Multiprotocol-Interior Border Gateway Protocol，多协议内部边界网关协议）邻居，并使用 IGP（如 OSPF 或 IS-IS）建立的底层网络交换路由。因此，PE 路由器和 P 路由器使用动态路由协议来了解 P 网络中的所有目的端，且 PE 路由器需要在此之上通过 MP-IBGP 来交换客户路由。

18.4.2 MPLS 三层 VPNv4 地址

接下来回到重叠的 IPv4 地址空间。如果将所有客户路由都重分发到 MP-BGP 中，那么 BGP 该如何处理属于不同客户的相同网络前缀呢？MPLS 通过 RD（Route Distinguisher，路由鉴别符）来扩展客户的 IP 前缀，使其包含一个与其他相同前缀相区分的唯一值。PE 路由器以每个客户的 VRF 实例为基础生成和使用 RD。为了简化起见，无论是否存在重叠地址空间，MPLS 都使用 RD，也就是说，始终使用 RD。

将唯一的 64 比特 RD 附加到 32 比特客户前缀（IPv4 路由）上之后，就可以创建被称为 VPNv4 地址（见图 18-14）的 96 比特唯一前缀，MP-IBGP 邻居路由器之间将交换该 VPNv4 地址。

图 18-15 中的客户 A VRF 实例使用的 RD 为 1:100，客户 B VRF 实例使用的 RD 为 1:110。将这些 RD 附加到 IPv4 前缀上之后，得到的 VPNv4 路由为 1:100:192.168.0.0/24 和 1:110:10.0.0.0/24。假设客户 A 也使用网络 10.0.0.0/24 并将其宣告给其他站点，此时就需要利用 RD 来实现地址的唯一性，即客户 A 的 VPNv4 路由为 1:100:10.0.0.0/24，而客户 B 的 VPNv4 路由为 1:110:10.0.0.0/24。

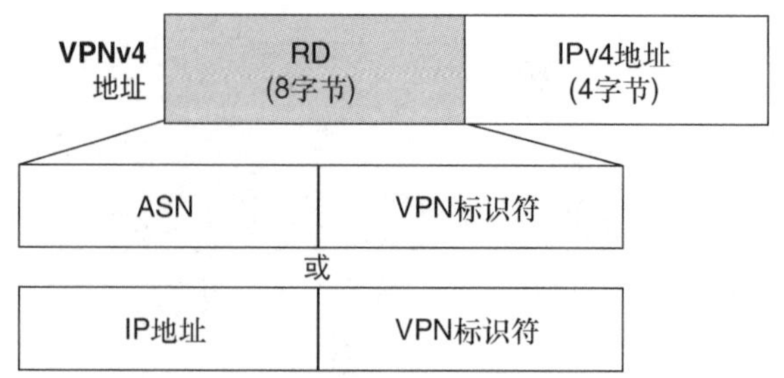

图 18-14　VPNv4 地址格式

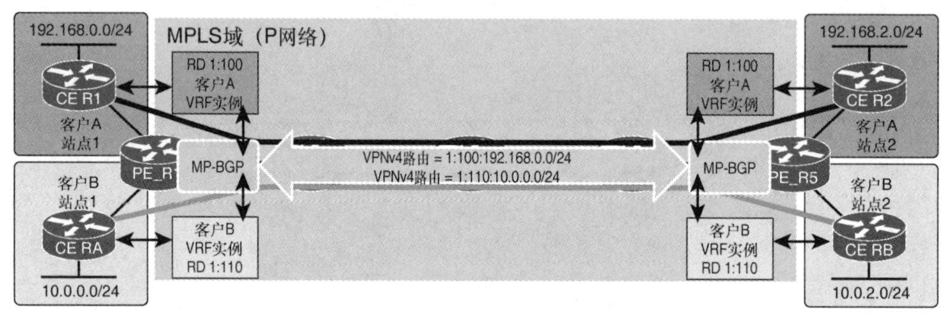

图 18-15　PE 路由器交换 VPNv4 路由

图 18-15 中的操作步骤如下。

步骤 1　CE 路由器与 PE 路由器通过动态路由协议（如 OSPF 或 EIGRP）交换路由。

步骤 2　PE 路由器将特定客户路由放到特定客户的 VRF 表中。

步骤 3　将客户 VRF 表中的路由作为 VPNv4 路由重分发到 MP-BGP 中。

步骤 4　PE 路由器通过 MP-IBGP 对等连接交换 VPNv4 路由。

步骤 5　PE 路由器将 VPNv4 路由作为 OSPF、EIGRP 等路由重分发到特定客户的 VRF 表中。

步骤 6　PE 路由器与 CE 路由器通过动态路由协议（如 OSPF 或 EIGRP）交换路由。

18.4.3　MPLS 三层 VPN 标签栈

MPLS 域转发流量时需要用到标签栈，具体来说，如果要成功通过 MPLS 域转发流量，就需要用到两个标签。附加到 IP 数据包上的第一个标签是 VPN 标签，附加的第二个标签是 LDP 标签（见图 18-16）。IP 数据包到达入站 PE 路由器之后，PE 路由器就会附加这两个标签。出站路由器通过 VPN 标签来确定客户数据包的详细信息及处理方式，而 LDP 标签则用于在 MPLS 域内的 PE 路由器之间进行标签交换。VPN 标签是通过 MP-IBGP 对等连接从 PE 路由器学到的，而 LDP 标签则是通过 18.3 节讨论的方法学到的。

IP数据包	VPN标签	LDP标签

图 18-16　MPLS 三层 VPN 标签栈示例

以图 18-17 为例，假设 PE_R5 从 CE RB 学到了 10.0.2.0/24，并将其放到客户 B

的 VRF 实例中，然后重分发到 MP-BGP 中，从而创建了 VPNv4 路由 1:110:10.0.2.0/24。为了确保转发成功，需要为该 VPNv4 路由创建一个 VPN 标签，本例中的 PE_R5 分配了 VPN 标签 35，并通过 MP-IBGP 对等连接与 PE_R1 共享了该标签信息。此后，只要 PE_R1 收到去往 10.0.2.0/24 的 IP 数据包，就知道应该附加 VPN 标签 35 以转发数据包。但是，由于只有 PE 路由器才知道该标签信息，PE_R1 将该数据包转发给 P_R2 之后，P_R2 因不知道 VPN 标签 35 而丢弃该数据包，因而需要通过 LDP 标签转发来自 PE_R1 和 PE_R5 的数据包。

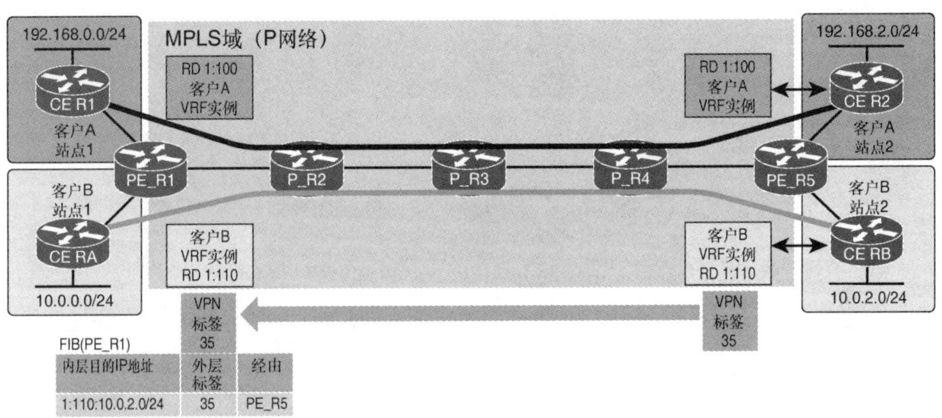

图 18-17　PE_R5 分配 VPN 标签并与 PE_R1 共享该标签信息

图 18-18 显示了通过 LDP 交换 PE 路由器（入站和出站 LSR）和 P 路由器（中间 LSR）生成的标签的过程。PE_R5 通知 P_R4 应该弹出标签，P_R4 通知 P_R3 使用标签 52，P_R3 通知 P_R2 使用标签 10，P_R2 通知 PE_R1 使用标签 99，与本章前面讨论的过程完全相同。

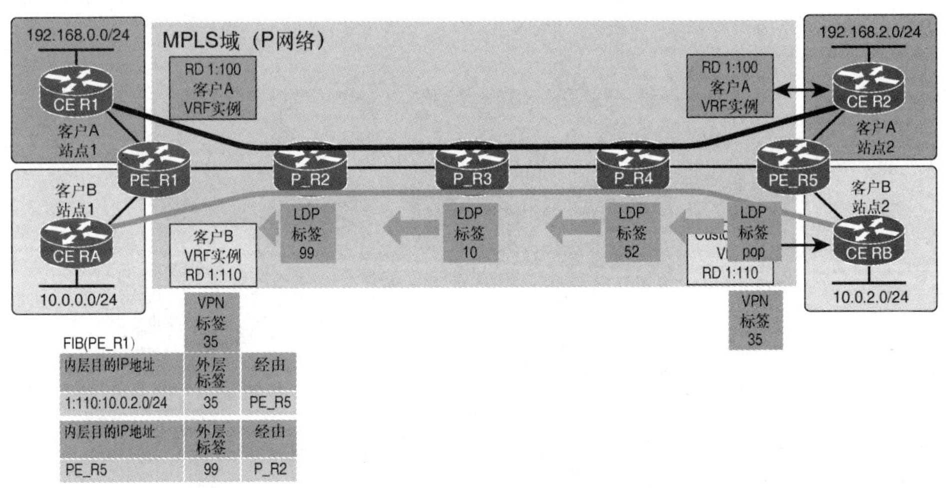

图 18-18　LDP 标签分配

从图 18-19 可以看出，目前已经建立了可以将 VPN 数据包从 PE_R1 交换到 PE_R5 的 LSP。

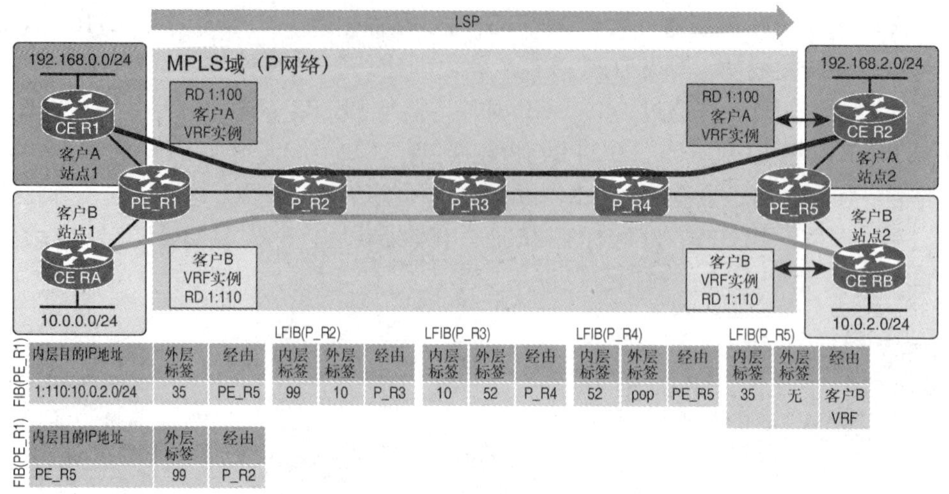

图 18-19　MPLS 三层 VPN LSP

接下来分析图 18-20。目的端为 10.0.2.0/24 的 IP 包从 CE RA 到达 PE_R1 之后，PE_R1 确定该数据包需要 VPN 标签 35，从而使得 PE_R5 知道应该如何处理该 VPN 数据包，还需要 LDP 标签 99，从而能够通过 MPLS 域对该 VPN 数据包进行标签交换。确定标签栈之后，PE_R1 就可以将该标签栈数据包发送给 P_R2。P_R2 收到该数据包之后，仅检查 LDP 标签，查找 LFIB 之后发现，应该将标签 99 交换为标签 10 并转发给 P_R3，因而据此执行相应的操作。P_R3 收到数据包之后，也仅检查 LDP 标签，查找 LFIB 之后发现，应该将标签 10 交换为标签 52 并转发给 P_R4，因而据此执行相应的操作。P_R4 收到数据包之后，也仅检查 LDP 标签，查找 LFIB 之后发现，应该弹出标签 52 并转发给 PE_R5，因而据此执行相应的操作。此时，PE_R5 仅需要读取 VPN 标签 35。对于本例来说，将删除该标签，并通过客户 B 的 VRF 实例将 IP 包转发给 CE RB。

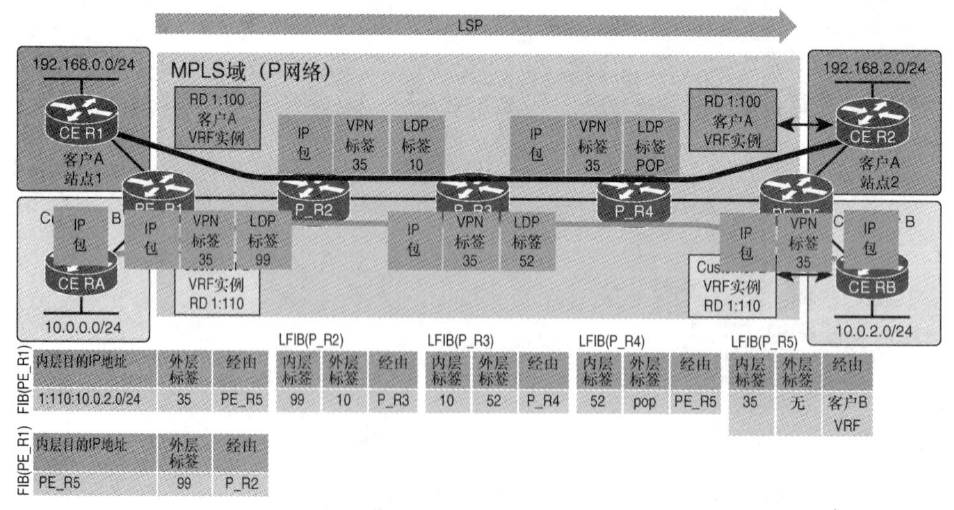

图 18-20　通过 MPLS 三层 VPN 域进行转发

备考任务

本书提供多种备考手段：此处的练习题以及 Pearson Test Prep 软件中的模拟考试题。与实际试题相比，下面问题的难度更高，因为它们都是开放式问题。通过这种难度更高的问题，读者可以更好地测试知识掌握程度，以确保完全掌握本章基本概念和主要内容。下面的问题都可以在附录中找到参考答案。

1．复习所有考试要点

请复习本章涉及的所有重要主题，这些内容都用“考试要点”图标做了标记，表 18-2 列出了这些考试要点及其描述。

表 18-2　考试要点

考试要点	描述
段落	VRF 的作用
例 18-1	通过命令 **ip vrf** *vrf-name* 在 R1 上创建 VRF 实例
例 18-3	通过命令 **ip vrf forwarding** 为 VRF 实例分配接口
例 18-5	在 R1 上创建子接口并将其分配给正确的 VRF 实例
例 18-7	验证接口的 IP 地址、VRF 实例及协议配置
例 18-9	验证 VRF 实例的路由表信息
小节	MPLS LIB 和 LFIB
小节	LSR
小节	LSP
小节	标签
小节	LDP
段落	PHP 的作用
小节	MPLS 三层 VPN 概述
段落	MPLS 三层 VPNv4 地址和路由鉴别符
步骤	PE 路由器交换 VPNv4 路由
小节	MPLS 三层 VPN 标签栈

2．定义关键术语

请对本章中的下列关键术语进行定义。

VRF、VRF-Lite、MPLS、LIB、LFIB、RIB、FIB、LSR、边缘 LSR、中间 LSR、出站 LSR、入站 LSR、LSP、LDP、标签、LDP 标签、VPN 标签、PHP、MPLS 三层 VPN、P 网络、C 网络、CE 路由器、PE 路由器、P 路由器、VPNv4 地址、标签栈。

3．检查命令的记忆程度

以下列出了本章用到的各种重要的配置和验证命令，虽然并不需要记忆每条命令的完整语法格式，但是应该记住这些命令所需的基本关键字。

为了检查你对这些命令的记忆情况，请用一张纸遮住表 18-3 的右侧，通过表格左侧的描述内容，看一看是否能记起这些命令。

表 18-3 命令参考

任务	命令语法
定义 VRF 实例并进入该实例的 VRF 配置模式（在全局配置模式下）	**ip vrf** *vrf-name*
将子接口或接口与 VRF 实例相关联（在接口配置模式下）	**ip vrf forwarding** *vrf-name*
显示已配置的 VRF 实例以及相关联的路由器接口	**show ip vrf**
显示全局路由表中的路由	**show ip route**
显示该命令指定的 VRF 的路由表中的路由	**show ip route vrf** *vrf-name*
显示路由器上所有启用了 VRF 的接口，包括其 IP 地址以及协议所处的 Up 或 Down 状态	**show ip vrf interfaces**
测试指定 VRF 的 IP 连接性	**ping vrf** *vrf-name ipv4-address*

由于 ENARSI 300-410 认证考试重点考查考生作为网络专家的实际动手能力，因而必须掌握与本章主题相关的配置、验证及故障排查命令。

第 19 章

DMVPN 隧道

本章主要讨论以下主题。

- **GRE 隧道**：本节将讨论 GRE（Generic Routing Encapsulation，通用路由封装）隧道的工作方式以及 GRE 隧道的配置方式。
- **NHRP**：本节将讨论 NHRP（Next Hop Resolution Protocol，下一跳解析协议）及其将底层 IP 地址动态映射为叠加隧道 IP 地址的方式。
- **DMVPN**：本节将讨论 DMVPN（Dynamic Multipoint Virtual Private Network，动态多点虚拟专网）的 3 个阶段以及 DMVPN 隧道涉及的相关技术。
- **DMVPN 配置**：本节将解释 DMVPN 隧道的配置方式。
- **Spoke-to-Spoke 通信**：本节将讨论 Spoke-to-Spoke（分支路由器到分支路由器）DMVPN 隧道的建立方式。
- **叠加网络的故障问题**：本节将讨论叠加网络的常见故障问题，并提供防范这些故障问题的最佳设计理念。
- **DMVPN 故障检测与高可用性**：本节将讨论 DMVPN 故障检测机制以及实现弹性 DMVPN 的方法。
- **IPv6 DMVPN 配置**：本节将讨论 DMVPN 隧道如何将 IPv6 网络作为底层或叠加网络。

DMVPN 是思科提供的可扩展的 VPN 体系架构解决方案。DMVPN 使用 GRE 进行隧道传输，使用 NHRP 进行按需转发和信息映射，使用 IPsec 提供安全的叠加网络，从而在提供全网状连接的情况下解决站点到站点 VPN 隧道的缺陷问题。本章将详细讨论部署 DMVPN 时涵盖的相关技术及组件。

19.1 “我已经知道了吗？”测验

“我已经知道了吗？”测验的目的是帮助读者确定是否需要完整地学习本章知识或者直接跳至“备考任务”，如果读者对题目的答案还存在疑问，或者评估自己对这些主题知识的掌握程度还不够的话，就可以从头学起。表 19-1 列出了本章的主要内容以及与这些内容相关联的“我已经知道了吗？”测验题，答案可参见附录。

表 19-1 “我已经知道了吗？”基本主题章节与所对应的测验题

涵盖测验题的基本主题章节	测验题
GRE 隧道	1
NHRP	2
DMVPN	3~7
Spoke-to-Spoke 通信	8
叠加网络的故障问题	9
DMVPN 故障检测与高可用性	10
IPv6 DMVPN 配置	11

注意：自我评价的目的是检验你对本章知识的掌握程度，如果不知道或仅部分知道问题的答案，出于自我评价的目的，请在该问题上标记“错”。为了不影响自我评价的结果，对不懂的问题请不要猜测答案，否则可能会造成一种已掌握的假象。

1. GRE 隧道支持下面哪些协议？（选择所有正确项）
   a. DECnet
   b. SNA（System Network Architecture，系统网络架构）
   c. IPv4
   d. IPv6
   e. MPLS
2. 是非题：NHRP 是思科部署 DMVPN 的专有协议。
   a. 对
   b. 错
3. 下面哪个 DMVPN 阶段不能与分支站点前缀的路由汇总进行配合？
   a. DMVPN 第一阶段
   b. DMVPN 第二阶段
   c. DMVPN 第三阶段
   d. DMVPN 第四阶段
4. 下面哪个 DMVPN 阶段引入了分层隧道结构？
   a. DMVPN 第一阶段
   b. DMVPN 第二阶段
   c. DMVPN 第三阶段
   d. DMVPN 第四阶段
5. 是非题：DMVPN 支持多播。
   a. 对
   b. 错
6. 中心路由器在 DMVPN 第一阶段与 DMVPN 第二阶段的配置区别是什么？
   a. 使用命令 **ip nhrp shortcut**

b. 使用命令 **ip nhrp redirect**

c. 使用命令 **ip nhrp version 2**

d. 没有区别

7. 分支路由器在 DMVPN 第二阶段与 DMVPN 第三阶段的配置区别是什么？

a. 使用命令 **ip nhrp shortcut**

b. 使用命令 **ip nhrp redirect**

c. 使用命令 **ip nhrp version 3**

d. 没有区别

8. 是非题：分支路由器在中心路由器上注册后，中心路由器将与分支路由器进行通信，以便与其他分支路由器建立全网状隧道。

a. 对

b. 错

9. 系统日志消息“Midchain parent maintenance for IP midchain out”表示什么意思？

a. PKI 证书基础设施有问题

b. 隧道存在递归路由环路

c. 远程对等体将隧道置于维护模式

d. 封装接口已关闭

10. NHRP 缓存定时器的默认时长是多少？

a. 2h

b. 1h

c. 30min

d. 15min

11. 使用 IPv6 DMVPN 隧道时，网络工程师通常会忽略下面哪个问题？

a. 更改隧道接口的 MTU 以容纳更大的数据包头部

b. 在隧道接口上配置链路本地 IP 地址

c. 将隧道置于 IPv6 GRE 多点模式

d. 以 CIDR 表示法（如 2001:12:14::1/64）配置 NBMA 地址

基础主题

19.2 GRE 隧道

GRE 隧道可以封装不同类型的网络层数据包并将其通过 IP 网络进行传输，最初的 GRE 隧道旨在为不可路由的老旧协议（如 DECnet、SNA 和 IPX）提供传输机制。

DMVPN 采用 mGRE（Multipoint GRE，多点 GRE）封装方式且支持动态路由协议，解决了其他 VPN 技术存在的各种支持能力问题。由于 GRE 隧道建立在现有传输网络（也称为底层网络）之上，因而将 GRE 隧道归为叠加网络。

路由器为 GRE 隧道封装数据包时，会给数据包添加额外的 IP 报头信息，新的 IP 报头信息将远程端点的 IP 地址作为目的端。新的 IP 报头允许数据包在两个隧道端点之间路由，无须检查数据包的净荷，数据包到达远程端点之后，将删除 GRE 报头，并将原始数据包转发给远程路由器。

注：GRE 隧道支持将 IPv4 或 IPv6 地址用作叠加或传输网络。

接下来将首先介绍 GRE 隧道的基础知识，然后解释作为 DMVPN 组件的 mGRE 隧道。GRE 和 mGRE 隧道默认不使用加密机制，需要进行额外配置（如第 20 章所述）。此外，还将讨论 GRE 隧道的相关配置过程。

19.2.1 GRE 隧道配置

图 19-1 解释了 GRE 隧道的配置过程，网络区间 172.16.0.0/16 是传输（底层）网络，192.168.100.0/24 是 GRE 隧道（叠加网络）。

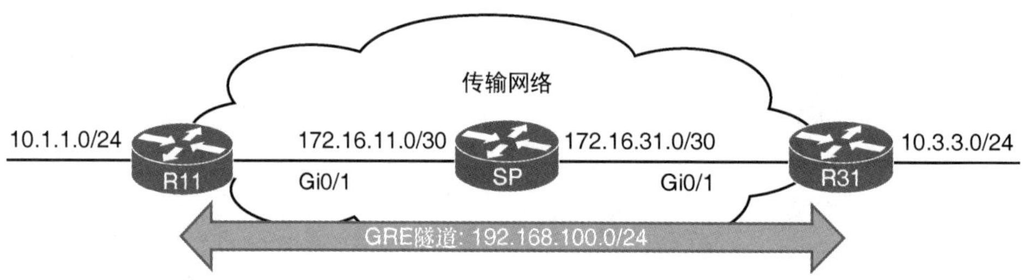

图 19-1 GRE 隧道拓扑结构

拓扑结构中的 R11、R31 和 SP 路由器已经在所有的 10.0.0.0/8 和 172.16.0.0/16 网络接口上启用了 RIP，因而 R11 和 R31 可以定位远程路由器的封装接口。R11 将 SP 路由器用作到达网络 172.16.31.0/30 的下一跳，R31 将 SP 路由器用作到达网络 172.16.11.0/30 的下一跳。

例 19-1 显示了创建 GRE 隧道之前的 R11 路由表信息。可以看出，网络 10.3.3.0/24 可达（通过 RIP）且相距 R11 两跳。

例 19-1 创建 GRE 隧道之前的 R11 路由表信息

```
R11# show ip route
! Output omitted for brevity
Codes: L - local, C - connected, S - static, R - RIP, M - mobile, B - BGP
       D - EIGRP, EX - EIGRP external, O - OSPF, IA - OSPF inter area

Gateway of last resort is not set

      10.0.0.0/8 is variably subnetted, 3 subnets, 2 masks
C        10.1.1.0/24 is directly connected, GigabitEthernet0/2
R        10.3.3.0/24 [120/2] via 172.16.11.2, 00:00:01, GigabitEthernet0/1
      172.16.0.0/16 is variably subnetted, 3 subnets, 2 masks
C        172.16.11.0/30 is directly connected, GigabitEthernet0/1
R        172.16.31.0/30 [120/1] via 172.16.11.2, 00:00:10, GigabitEthernet0/1
```

```
R11# trace 10.3.3.3 source 10.1.1.1
Tracing the route to 10.3.3.3
   1 172.16.11.2 0 msec 0 msec 1 msec
   2 172.16.31.3 0 msec
```

配置 GRE 隧道的步骤如下。

步骤 1　通过全局配置命令 **interface tunnel** *tunnel-number* 创建隧道接口。

步骤 2　通过接口参数命令 **tunnel source** {*ip-address* | *interface-id*}标识隧道的本地源接口。隧道源接口是用于封装和解封装 GRE 隧道的接口，隧道源接口可以是物理接口，也可以是环回接口。如果传输接口出现故障，就可以由环回接口提供可达性。

步骤 3　通过接口参数命令 **tunnel destination** *ip-address* 标识隧道目的接口。隧道目的接口是远程路由器的底层 IP 地址(本地路由器向该地址发送 GRE 数据包)。

步骤 4　通过命令 **ip address** *ip-address subnet-mask* 向隧道接口分配 IP 地址。

步骤 5　(可选)可以使用接口参数命令 **bandwidth** [*1-10000000*]定义隧道带宽(以 kbit/s 为单位)。虚接口没有时延的概念，因而需要配置参考带宽，以便使用带宽进行最佳路径计算的路由协议能够做出正确的路由决策。此外，带宽还可以用于接口的 QoS 配置。

步骤 6　(可选) 使用接口参数命令 **keepalive** [*seconds* [*retries*]]指定 GRE 隧道的保活定时器，默认定时器为 10s，重试次数为 3。默认的隧道接口是 GRE P2P。如果路由器检测到路由表中存在去往隧道目的端的路由，那么隧道接口（线路协议）将进入 Up 状态。如果去往隧道目的端的路由不在路由表中，那么隧道接口（线路协议）将进入 Down 状态。隧道保活定时器可以保持隧道端点之间的双向通信，以确保线路协议的正常运行。否则，路由器必须依靠路由协议定时器来检测远程端点的失效情况。

步骤 7　(可选) 使用接口参数命令 **ip mtu** *mtu* 定义隧道接口的 IP MTU。GRE 隧道至少给数据包大小增加 24 字节，以容纳添加到数据包的报头信息。在隧道接口上指定 IP MTU，可以让路由器在主机必须检测并指定数据包 MTU 之前执行分段操作。

表 19-2 列出了主要隧道技术的封装开销情况，报头大小因不同的配置选项而异。对于本章的所有示例来说，IP MTU 均设置为 1400。

表 19-2　隧道的封装开销

隧道类型	隧道报头大小
无 IPsec 的 GRE	24 字节
DES/3DES IPsec（传输模式）	18～25 字节
DES/3DES IPsec（隧道模式）	38～45 字节
GRE/DMVPN + DES/3DES	42～49 字节
GRE/DMVPN + AES + SHA-1	62～77 字节

19.2.2 GRE 隧道配置示例

例 19-2 显示了 R11 和 R31 的 GRE 隧道配置信息，在 LAN（10.0.0.0/8）和 GRE 隧道（192.168.100.0/24）上启用了 EIGRP，在 LAN（10.0.0.0/8）和传输网络（172.16.0.0/16）上启用了 RIP，但是没有在 GRE 隧道上启用 RIP。R11 与 R31 成为 GRE 隧道的直连 EIGRP 对等体，因为两者之间的所有网络流量都封装在 GRE 隧道中。

EIGRP 的 AD 值较小（为 90），因而路由器使用从 EIGRP 连接（使用 GRE 隧道）学到的路由，而不使用从 RIP（AD 值为 120）学到的来自传输网络的路由。请注意，EIGRP 采用了命名配置模式。EIGRP 命名配置模式较为清晰，可以将整个 EIGRP 配置放在一个集中位置。EIGRP 命名配置模式是 EIGRP 配置模式中唯一支持某些新功能特性（如末梢站点）的配置方法。

例 19-2 显示 GRE 隧道配置信息

```
R11
interface Tunnel100
 bandwidth 4000
 ip address 192.168.100.11 255.255.255.0
 ip mtu 1400
 keepalive 5 3
 tunnel source GigabitEthernet0/1
 tunnel destination 172.16.31.1
!
router eigrp GRE-OVERLAY
 address-family ipv4 unicast autonomous-system 100
  topology base
  exit-af-topology
  network 10.0.0.0
  network 192.168.100.0
 exit-address-family
!
router rip
 version 2
 network 10.0.0.0
 network 172.16.0.0
 no auto-summary
```

```
R31
interface Tunnel100
 bandwidth 4000
 ip address 192.168.100.31 255.255.255.0
 ip mtu 1400
 keepalive 5 3
 tunnel source GigabitEthernet0/1
 tunnel destination 172.16.11.1
!
router eigrp GRE-OVERLAY
 address-family ipv4 unicast autonomous-system 100
  topology base
  exit-af-topology
```

```
  network 10.0.0.0
  network 192.168.100.0
 exit-address-family
!
router rip
 version 2
 network 10.0.0.0
 network 172.16.0.0
 no auto-summary
```

配置了 GRE 隧道之后，可以通过 **show interface tunnel** *number* 命令验证隧道的状态（见例 19-3）。可以看出，输出结果中包含了隧道源和目的地址、保持激活值（如果有）以及隧道线路协议的状态。此外，还可以看出该隧道是一条 GRE/IP 隧道。

例 19-3　显示 GRE 隧道参数

```
R11# show interface tunnel 100
! Output omitted for brevity
Tunnel100 is up, line protocol is up
  Hardware is Tunnel
  Internet address is 192.168.100.1/24
  MTU 17916 bytes, BW 400 Kbit/sec, DLY 50000 usec,
    reliability 255/255, txload 1/255, rxload 1/255
 Encapsulation TUNNEL, loopback not set
 Keepalive set (5 sec), retries 3
 Tunnel source 172.16.11.1 (GigabitEthernet0/1), destination 172.16.31.1
 Tunnel Subblocks:
    src-track:
       Tunnel100 source tracking subblock associated with GigabitEthernet0/1
      Set of tunnels with source GigabitEthernet0/1, 1 member (includes
      iterators), on interface <OK>
 Tunnel protocol/transport GRE/IP
    Key disabled, sequencing disabled
    Checksumming of packets disabled
 Tunnel TTL 255, Fast tunneling enabled
 Tunnel transport MTU 1476 bytes
 Tunnel transmit bandwidth 8000 (kbps)
 Tunnel receive bandwidth 8000 (kbps)
 Last input 00:00:02, output 00:00:02, output hang never
```

例 19-4 显示了 R11 与 R31 成为 EIGRP 邻居之后的路由表信息。可以看出，R11 直接通过 Tunnel 100 从 R31 学到了网络 10.3.3.0/24。

例 19-4　配置了 GRE 隧道之后的 R11 路由表信息

```
R11# show ip route
! Output omitted for brevity
Codes: L - local, C - connected, S - static, R - RIP, M - mobile, B - BGP
       D - EIGRP, EX - EIGRP external, O - OSPF, IA - OSPF inter area

Gateway of last resort is not set
    10.0.0.0/8 is variably subnetted, 3 subnets, 2 masks
```

```
C        10.1.1.0/24 is directly connected, GigabitEthernet0/2
D        10.3.3.0/24 [90/38912000] via 192.168.100.31, 00:03:35, Tunnel100
      172.16.0.0/16 is variably subnetted, 3 subnets, 2 masks
C        172.16.11.0/30 is directly connected, GigabitEthernet0/1
R        172.16.31.0/30 [120/1] via 172.16.11.2, 00:00:03, GigabitEthernet0/1
      192.168.100.0/24 is variably subnetted, 2 subnets, 2 masks
C        192.168.100.0/24 is directly connected, Tunnel100
```

例 19-5 验证了 10.1.1.1 的流量经 Tunnel 100（192.168.100.0/24）到达网络 10.3.3.3。

例 19-5 验证从 R11 到 R31 的流量路径

```
R11# traceroute 10.3.3.3 source 10.1.1.1
Tracing the route to 10.3.3.3
  1 192.168.100.31 1 msec * 0 msec
```

注：从 R11 的角度来看，传输网络只有一跳距离。跟踪操作不会显示底层网络的所有跳。同样，数据包的 TTL 也被封装为净荷的一部分。对于 GRE 隧道来说，无论传输网络中有多少跳，原始 TTL 都仅递减 1。

19.3 NHRP

RFC 2332 将 NHRP 定义为一种为 NBMA 网络（如帧中继和 ATM 网络）中的主机或网络（具备类似 ARP 的功能）提供地址解析的方法。NHRP 为设备提供了一种了解协议及 NBMA 网络的方法，使得设备之间可以进行直接通信。

NHRP 是一种客户端/服务器协议，允许设备通过直连网络或其他网络注册自己。NHRP 的 NHS（Next-Hop Server，下一跳服务器）负责注册地址或网络、维护 NHRP 存储库并应答 NHC（Next-Hop Client，下一跳客户端）收到的查询消息。从本质上来说，NHC 与 NHS 之间是事务处理关系。

DMVPN 使用 mGRE 隧道，因而需要一种将隧道 IP 地址映射到传输（底层）IP 地址的方法，NHRP 提供了相应的 IP 地址映射技术。DMVPN 分支路由器（NHC）静态配置中心路由器（NHS）的 IP 地址，从而能够在中心路由器上注册自己的隧道和 NBMA（传输）IP 地址。建立了 Spoke-to-Spoke（分支路由器到分支路由器）隧道之后，就可以通过 NHRP 消息为分支路由器提供相互定位所需的信息，从而能够建立 Spoke-to-Spoke DMVPN 隧道。此外，分支路由器还可以通过 NHRP 消息定位远程网络。思科在 RFC 2332 中增加了额外的 NHRP 消息类型，以支持 DMVPN 的一些最新增强功能。

所有的 NHRP 数据包都必须包含源 NBMA 地址、源协议地址、目的协议地址和 NHRP 消息类型。表 19-3 列出了 NHRP 消息类型。

注：NBMA 地址指的是传输网络，协议地址指的是分配给叠加网络的 IP 地址（隧道 IP 地址或网络/主机地址）。

表 19-3 NHRP 消息类型

消息类型	描述
Registration（注册）	Registration 消息由 NHC（DMVPN 分支路由器）发送给 NHS（DMVPN 中心路由器），Registration 消息允许 NHS 知道 NHC 的 NBMA 信息。此外，NHC 还会在 Registration 消息中指定 NHS 应该维护该消息的时长及其他属性
Resolution（解析）	Resolution 消息是 NHRP 消息，负责定位并提供面向目的端的出站路由器的地址解析信息。在实际查询期间发送解析请求，解析应答可以提供远程分支路由器的隧道 IP 地址及 NBMA IP 地址
Redirect（重定向）	Redirect 消息是 DMVPN 第三阶段的基本组件，允许中间路由器通知封装设备（路由器）可以通过更优路径（Spoke-to-Spoke 隧道）到达特定网络。封装设备可以发送重定向抑制消息，从而在指定时间段内禁止重定向请求，一般来说，仅在更优路径不可行或路由策略不允许时，才会这么做
Purge（清除）	发送 Purge 消息的目的是删除缓存的 NHRP 表项。可以通过 Purge 消息通知路由器 NHRP 使用的路由出现丢失。Purge 消息通常由 NHS 发送给 NHC（负责应答），表示其应答的地址/网络映射不再有效（例如，无法从原始站点访问网络或者地址/网络已经移动）。在可行的情况下，Purge 消息通常采用最直接的路径（Spoke-to-Spoke 隧道），如果未建立 Spoke-to-Spoke 隧道，就通过中心路由器转发 Purge 消息
Error（差错）	通过 Error 消息告诉 NHRP 数据包的发端出现了差错

NHRP 消息扩展字段可以包含更多的额外信息。表 19-4 列出了常见的 NHRP 消息扩展字段。

表 19-4 NHRP 消息扩展字段

NHRP 消息扩展字段	描述
响应端地址（Responder Address）	用于确定应答消息的响应节点的地址
前向转接 NHS 记录（Forward Transit NHS Record）	包含了 NHRP 请求包穿越的 NHS 列表
反向转接 NHS 记录（Reverse Transit NHS Record）	包含了 NHRP 应答包穿越的 NHS 列表
认证（Authentication）	负责在 NHRP 发送端之间传送认证信息，以逐跳方式进行成对认证。该字段以明文方式发送
供应商专用（Vendor Private）	负责在 NHRP 发送端之间传达供应商专用信息
NAT（Network Address Translation，网络地址转换）	如果中心路由器或分支路由器位于 NAT 设备后面且隧道封装在 IPsec 中，那么 DMVPN 可以工作。该 NHRP 消息扩展字段可以通过 NHRP 数据包的源协议地址和 NHRP 数据包的 IP 报头中的内部全局 IP 地址来检测请求的 NBMA 地址（内部本地地址）

19.4 DMVPN

DMVPN 可以为网络管理员提供如下好处。

- **零接触配置**：增加分支路由器之后，不需要对 DMVPN 中心路由器进行额外配置。DMVPN 分支路由器可以采用模板化隧道配置。
- **可扩展的部署能力**：由于分支路由器仅维护最少的对等关系和最少的永久性状态，因而能够实现大规模部署，网络规模不受设备（物理、虚拟或逻辑）的限制。
- **Spoke-to-Spoke 隧道**：DMVPN 提供全网状连接，但只需配置初始的 Spoke-to-Hub（分支路由器到中心路由器）隧道，Spoke-to-Spoke 隧道可以按需动态创建，并在不需要时拆除。建立了初始的 Spoke-to-Hub 隧道之后，按需动态创建 Spoke-to-Spoke 隧道时，不会出现任何丢包情况。分支路由器只要维护与其通信的分支路由器的转发状态即可。

- **灵活的网络拓扑**：DMVPN 操作对于控制平面或数据平面叠加拓扑不进行任何严格设定。DMVPN 控制平面支持高分布、高弹性模型，可以实现大规模扩展并避免单点故障或拥塞问题。从另一个极端来看，DMVPN 也可以在集中式模型中执行单点控制。
- **多协议支持**：DMVPN 可以将 IPv4、IPv6 和 MPLS 作为叠加或传输网络协议。
- **多播支持**：DMVPN 的隧道接口支持多播流量。
- **自适应连接**：DMVPN 路由器可以在 NAT 设备后面建立连接，分支路由器可以使用 DHCP 等动态 IP 编址机制。
- **标准化组件**：DMVPN 采用行业标准化技术（如 NHRP、GRE 和 IPsec）来构建叠加网络，从而能够大大降低实施者的学习难度和故障排查难度。

DMVPN 可以在简化新站点部署配置的情况下，实现完整的连接能力。由于在 DMVPN 网络中增加新分支路由器时，无须对 DMVPN 中心路由器进行额外配置，因而可以将 DMVPN 视为一种零接触技术。该技术有助于实现一致性配置，所有分支路由器都可以使用相同的隧道配置（模板化），从而大大简化了对网络配置系统（如 Cisco Prime Infrastructure）的支持和部署需求。

分支路由器向中心路由器发起永久 VPN 连接，分支站点之间的网络流量不必穿越中心路由器。DMVPN 可以根据需要在分支路由器之间动态建立 VPN 隧道，使得网络流量［如 VoIP（Voice over IP，IP 语音）］可以采用直连路径，从而大大减少时延和抖动，还不会占用中心站点的网络带宽。

DMVPN 的发展分为 3 个阶段，每个阶段都在前一个阶段的基础上增加一些额外功能。DMVPN 的 3 个阶段都只要求路由器有一个隧道接口，且 DMVPN 的大小应涵盖与该隧道网络相关联的所有端点。DMVPN 分支路由器可以为传输和叠加网络使用 DHCP 或静态编址，通过 NHRP 确定其他分支路由器的 IP 地址（协议和 NBMA）。

19.4.1 第一阶段：Spoke-to-Hub

DMVPN 第一阶段（第一个 DMVPN 实现版本）为 VPN 站点提供了零接触部署能力。仅在分支站点与中心站点之间创建 VPN 隧道。分支站点之间的流量必须穿越中心站点才能到达其他分支站点。

19.4.2 第二阶段：Spoke-to-Spoke

DMVPN 第二阶段在 DMVPN 第一阶段基础上提供了新的额外功能，通过在分支设备之间按需创建 VPN 隧道来动态进行 Spoke-to-Spoke 通信。DMVPN 第二阶段不允许进行路由汇总（下一跳保留），因而也不支持不同 DMVPN（多级分层 DMVPN）之间的 Spoke-to-Spoke 通信。

19.4.3 第三阶段：分层树状 Spoke-to-Spoke

DMVPN 第三阶段通过增强 NHRP 消息以及与路由表的交互操作，进一步优化了 Spoke-to-Spoke 通信。对于 DMVPN 第三阶段来说，中心路由器向发起数据包流的分支路由器发送 NHRP 重定向消息，NHRP 重定向消息包含了发端分支路由器发起目的主机/网络解析操作所需的相关必要信息。

DMVPN 第三阶段中，NHRP 在路由表中为其创建的捷径（Shortcut）安装路径。NHRP 捷径将修改现有路由的下一跳表项或者向路由表添加更明细的路由表项。由于 NHRP 捷径在路由表中安装了更明细的路由，因而 DMVPN 第三阶段支持在中心路由器上进行网络汇总，同时能在分支路由器之间提供最佳路由。NHRP 捷径允许分层树状拓扑结构，区域中心负责管理区域内的 NHRP 流量和子网，但是可以在区域外部建立 Spoke-to-Spoke 隧道。

19.4.4 DMVPN 阶段对比

图 19-2 解释了 3 个 DMVPN 阶段的流量模式差异，这 3 种流量模式均支持直接的 Spoke-to-Hub 通信（如 R1 和 R2）。DMVPN 第一阶段中的 Spoke-to-Spoke 数据包流与 DMVPN 第二阶段和第三阶段的数据包流不同。对于 DMVPN 第一阶段来说，R3 与 R4 之间的流量必须穿越中心路由器，而 DMVPN 第二阶段和第三阶段则可以动态创建 Spoke-to-Spoke 隧道，从而能够进行直接通信。

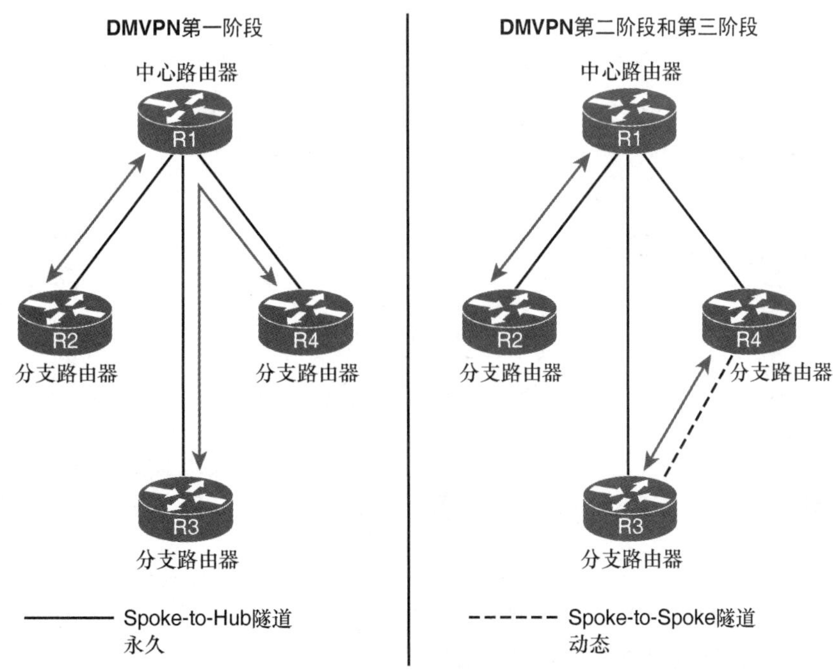

图 19-2　不同 DMVPN 阶段的 DMVPN 流量模式

图 19-3 以分层拓扑结构（多级）为例解释了 DMVPN 第二阶段与第三阶段之间的流量模式差异。在图 19-3 所示的两层设计方案中，R2 是 DMVPN Tunnel 20 的中心路

由器，R3 是 DMVPN Tunnel 30 的中心路由器，DMVPN Tunnel 20 和 Tunnel 30 之间的连接由 DMVPN Tunnel 10 建立。3 个 DMVPN 隧道均使用相同的 DMVPN 隧道 ID，即使使用了不同的隧道接口。对于 DMVPN 第二阶段隧道来说，R5 发出的流量必须流经中心路由器 R2，然后发送给 R3，最后返回 R6。对于 DMVPN 第三阶段隧道来说，R5 与 R6 之间建立了一条 Spoke-to-Spoke 隧道，两台路由器可以进行直接通信。

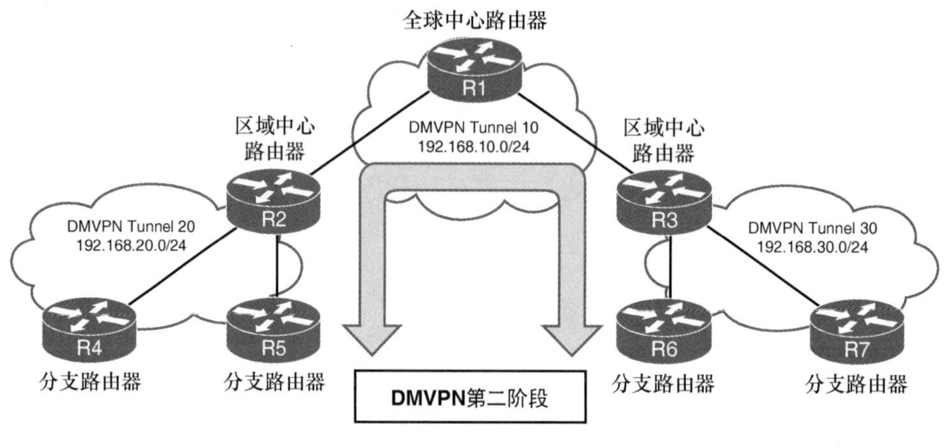

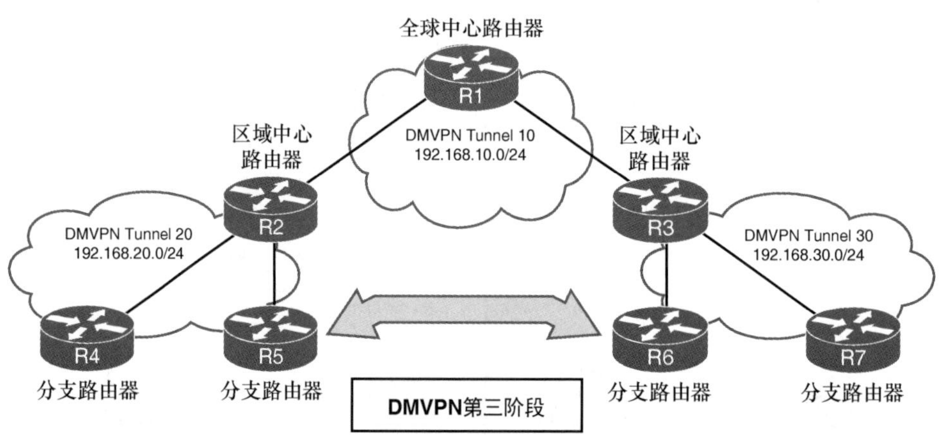

图 19-3 DMVPN 第二阶段和第三阶段对比

> **注：**每个 DMVPN 阶段都有自己的特定配置，不建议在同一个隧道网络上混合部署不同阶段的 DMVPN。如果因迁移而必须支持多个 DMVPN 阶段，那么应该使用第二个 DMVPN 网络（子网和隧道接口）。

本章通过 DMVPN 第一阶段介绍了基本的 DMVPN 知识，还解释了 DMVPN 第三阶段，但没有详细讨论 DMVPN 第二阶段。

19.5 DMVPN 配置

DMVPN 的配置包括两种路由器类型，即中心路由器和分支路由器（取决于路由器的角色）。DMVPN 中心路由器是 NHRP NHS，DMVPN 分支路由器是 NHRP NHC，应该为分支路由器预先配置中心路由器的静态 IP 地址，但分支路由器的 NBMA IP 地址可以采用静态配置方式配置，也可以通过 DHCP 进行分配。

> 注：对于本书来说，术语 spoke router 和 branch router 可以互换（指的都是分支路由器），hub router 和 headquarters/data center router 也可以互换（指的都是中心路由器）。

图 19-4 解释了 DMVPN 的配置及功能，R11 充当 DMVPN 中心路由器，R31 和 R41 充当 DMVPN 分支路由器，这 3 台路由器均通过静态默认路由去往 SP 路由器，SP 路由器负责为网络范围 172.16.0.0/16 内的 NBMA（传输）网络提供连接性。DMVPN 隧道配置了 EIGRP，为避免出现递归路由，EIGRP 需要谨慎宣告本地 LAN 网络。有关递归路由的详细内容将在 19.7 节进行讨论。

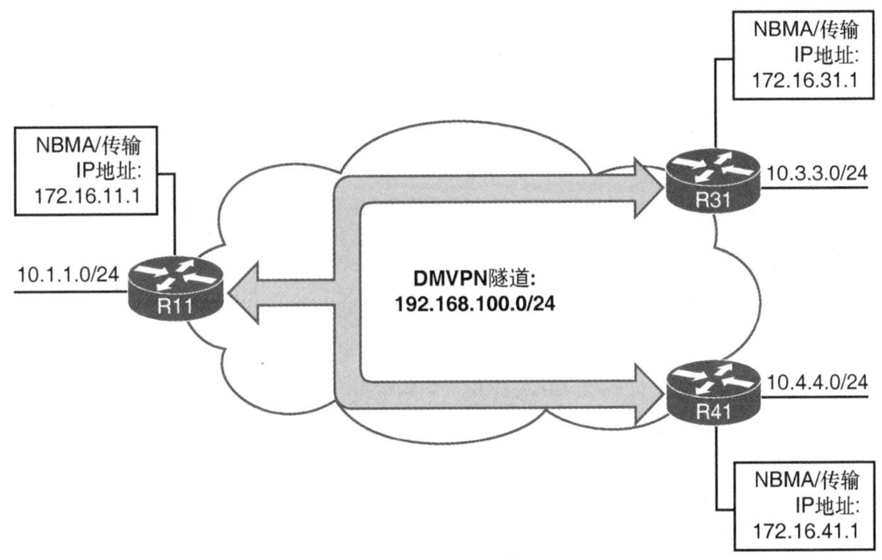

图 19-4 简单的 DMVPN 拓扑结构

19.5.1 DMVPN 中心路由器配置

考试要点

DMVPN 中心路由器的配置步骤如下。

步骤 1 通过全局配置命令 **interface tunnel** *tunnel-number* 创建隧道接口。

步骤 2 通过接口参数命令 **tunnel source** {*ip-address* | *interface-id*}标识隧道的本地源接口。隧道源接口与传输类型相关，封装接口可以是逻辑接口（如环回接口或子接口）。

> 注：如果转发表中存在多条去往解封装路由器的路径，使用环回接口就可能会产生 QoS 问题。端口通道也会出现相同的问题，截至本书写作之时仍不建议这样做。

步骤 3 通过接口参数命令 **tunnel mode gre multipoint** 将 DMVPN 隧道配置为 mGRE 隧道。

步骤 4 通过命令 **ip address** *ip-address subnet-mask* 为 DMVPN（隧道）分配 IP 地址。

注：子网掩码或网络大小应该能够容纳参与 DMVPN 隧道的路由器总数。本书中的所有 DMVPN 隧道均使用/24 子网掩码，可容纳 254 台路由器。DMVPN 可以扩展到容纳 2000 台或更多台设备（具体取决于所使用的硬件）。

步骤 5 通过接口参数命令 **ip nhrp network-id** *1-4294967295* 在隧道接口上启用 NHRP，并为虚接口唯一地标识 DMVPN 隧道。NHRP 网络 ID 具有本地意义，负责在路由器上标识 DMVPN，因为多个隧道接口可以属于同一个 DMVPN。建议参与同一个 DMVPN 的所有路由器都使用相同的 NHRP 网络 ID。

步骤 6 （可选）定义隧道密钥，如果多个隧道接口使用步骤 3 定义的相同的隧道源接口，就可以通过隧道密钥来识别 DMVPN 虚拟隧道接口。隧道密钥（如果配置）必须匹配，才能确保两台路由器成功建立 DMVPN 隧道。隧道密钥为 DMVPN 报头增加了 4 字节，可以通过命令 **tunnel key** *0-4294967295* 配置隧道密钥。

注：虽然 NHRP 网络 ID 与隧道接口号之间没有任何技术关联，但是从操作支持角度来看，保持两者相同会有一定的帮助。

步骤 7 （可选）为 NHRP 启用多播支持。NHRP 为多播数据包提供了协议（隧道 IP）地址到 NBMA（传输）地址的映射服务。如果要支持多播或使用多播的路由协议，就可以在 DMVPN 中心路由器上通过隧道命令 **ip nhrp map multicast dynamic** 启用该功能。

步骤 8 对于 DMVPN 第三阶段，可以通过命令 **ip nhrp redirect** 启用 NHRP 重定向功能。

步骤 9 （可选）通过接口参数命令 **bandwidth** [*1-10000000*]定义隧道带宽（以 kbit/s 为单位）。虚接口没有时延的概念，因而需要配置参考带宽，以便使用带宽进行最佳路径计算的路由协议能够做出正确的路由决策。此外，带宽还可以用于接口的 QoS 配置。

步骤 10 （可选）通过接口参数命令 **ip mtu** *mtu* 为隧道接口配置 IP MTU。DMVPN 隧道的 MTU 通常为 1400，以满足额外的封装开销需求。

步骤 11 （可选）可以通过命令 **ip tcp adjust-mss** *mss-size* 定义 TCP MSS（Maximum Segment Size，最大报文段长度）。TCP MSS 调整功能可以在 MSS 超过配置值的时候，允许路由器编辑 TCP 三次握手的净荷。DMVPN 接口通常使用数值 1360，以满足 IP、GRE 和 IPsec 报头的需要。

注：mGRE 隧道不支持保活选项。

19.5.2 DMVPN 分支路由器配置：DMVPN 第一阶段（点到点）

DMVPN 第一阶段分支路由器的配置与中心路由器的配置相似，区别在于以下几点。

- 不使用 mGRE 隧道，而是指定隧道目的接口。
- NHRP 映射至少指向一个活动 NHS。

DMVPN 第一阶段分支路由器的配置步骤如下。

步骤 1 通过全局配置命令 **interface tunnel** *tunnel-number* 创建隧道接口。

步骤 2 通过接口参数命令 **tunnel source** {*ip-address* | *interface-id*}标识隧道的本地源接口。

步骤 3 通过接口参数命令 **tunnel destination** *ip-address* 识别隧道目的端。隧道目的端是本地路由器用来建立 DMVPN 隧道的 DMVPN 中心路由器的 IP（NBMA）地址。

步骤 4 通过命令 **ip address** {*ip-address subnet-mask* | **dhcp**}或 **ipv6 address** *ipv6-address/prefix-length* 为 DMVPN（隧道）分配 IP 地址。截至本书写作之时，隧道 IPv6 地址的分配还不支持 DHCP。

步骤 5 通过接口参数命令 **ip nhrp network-id** *1-4294967295* 在隧道接口上启用 NHRP，并为虚接口唯一地标识 DMVPN 隧道。

步骤 6 （可选）定义 NHRP 隧道密钥。如果多个隧道都终结在步骤 3 定义的相同接口上，就可以通过隧道密钥来识别 DMVPN 虚拟隧道接口。隧道密钥必须匹配，才能确保两台路由器成功建立 DMVPN 隧道。隧道密钥为 DMVPN 报头增加了 4 字节，可以通过命令 **tunnel key** *0-4294967295* 配置隧道密钥。

注：如果在中心路由器上定义了隧道密钥，就必须在所有分支路由器上也定义隧道密钥。

步骤 7 通过命令 **ip nhrp nhs** *nhs-address* **nbma** *nbma-address* [**multicast**]指定一个或多个 NHRP NHS 的地址。关键字 **multicast** 可以在 NHRP 中提供多播映射功能，并且是支持以下路由协议所必需的：RIP、EIGRP 和 OSPF。使用该命令是定义 NHRP 配置的最简单方法。表 19-5 列出了可选 NHRP 映射命令，仅在非 NHS 节点需要静态单播或多播映射的情况下才需要这些命令。

表 19-5 可选 NHRP 映射命令

命令	功能
ip nhrp nhs *nhs-address*	创建 NHS 表项并将其分配给隧道 IP 地址
ip nhrp map *ip-address nbma-address*	将 NBMA 地址映射为隧道 IP 地址
ip nhrp map multicast [*nbma-address* | **dynamic**]	映射 NBMA 地址，这些地址被用作通过网络发送的广播包或多播包的目的地址

注：需要记住的是，NBMA 地址是传输 IP 地址，NHS 地址是 DMVPN 中心路由器的协议地址。对于大多数网络工程师来说，这是最难记住的概念。

步骤 8 （可选）通过接口参数命令 **bandwidth** [*1-10000000*]定义隧道带宽（以 kbit/s

为单位）。虚接口没有时延的概念，因而需要配置参考带宽，以便使用带宽进行最佳路径计算的路由协议能够做出正确的路由决策。此外，带宽还可以用于接口的 QoS 配置。

步骤 9 （可选）通过接口参数命令 **ip mtu** *mtu* 为隧道接口配置 IP MTU。DMVPN 隧道的 MTU 通常为 1400，以满足额外的封装开销需求。

步骤 10 （可选）可以通过命令 **ip tcp adjust-mss** *mss-size* 定义 TCP MSS。TCP MSS 调整功能可以在 MSS 超过配置值的时候，允许路由器编辑 TCP 三次握手的净荷。DMVPN 接口通常使用数值 1360，以满足 IP、GRE 和 IPsec 报头的需要。

例 19-6 给出了 R11（中心路由器）、R31（分支路由器）和 R41（分支路由器）的示例配置。请注意，R11 使用的是 **tunnel mode gre multipoint** 配置，而 R31 和 R41 使用的是 **tunnel destination 172.16.11.1**（R11 的传输端点 IP 地址）配置。此外，这 3 台路由器都设置了适当的 MTU、带宽和 TCP MSS 值。

> 注：R31 采用单条多值 NHRP 命令配置 NHRP，而 R41 则通过 3 条 NHRP 命令来提供相同的配置功能。例 19-6 突出显示了上述配置。可以看出，不同的配置方式可能会给典型用途带来额外的配置复杂性。

例 19-6 DMVPN 第一阶段配置

```
R11-Hub
interface Tunnel100
 bandwidth 4000
 ip address 192.168.100.11 255.255.255.0
 ip mtu 1400
 ip nhrp map multicast dynamic
 ip nhrp network-id 100
 ip tcp adjust-mss 1360
 tunnel source GigabitEthernet0/1
 tunnel mode gre multipoint
 tunnel key 100
```

```
R31-Spoke (Single Command NHRP Configuration)
interface Tunnel100
 bandwidth 4000
 ip address 192.168.100.31 255.255.255.0
 ip mtu 1400
 ip nhrp network-id 100
 ip nhrp nhs 192.168.100.11 nbma 172.16.11.1 multicast
 ip tcp adjust-mss 1360
 tunnel source GigabitEthernet0/1
 tunnel destination 172.16.11.1
 tunnel key 100
```

```
R41-Spoke (Multi-Command NHRP Configuration)
interface Tunnel100
 bandwidth 4000
 ip address 192.168.100.41 255.255.255.0
```

```
 ip mtu 1400
 ip nhrp map 192.168.100.11 172.16.11.1
 ip nhrp map multicast 172.16.11.1
 ip nhrp network-id 100
 ip nhrp nhs 192.168.100.11
 ip tcp adjust-mss 1360
 tunnel source GigabitEthernet0/1
 tunnel destination 172.16.11.1
 tunnel key 100
```

19.5.3 查看 DMVPN 隧道状态

配置了 DMVPN 之后，一种好的做法是验证隧道是否已建立以及 NHRP 的运行是否正常。

命令 **show dmvpn** [**detail**]可以显示隧道接口、隧道角色、隧道状态、隧道对等体以及正常运行时间。如果管理性地关闭了 DMVPN 隧道接口，就不再存在与该隧道接口相关联的表项。隧道状态包括如下内容（按照建立顺序）。

- **INTF**：DMVPN 隧道的线路协议处于关闭状态。
- **IKE**：配置了 IPsec 的 DMVPN 隧道尚未成功建立 IKE（Internet Key Exchange，互联网密钥交换）会话。
- **IPsec**：已建立 IKE 会话，但尚未建立 IPsec SA（Security Association，安全关联）。
- **NHRP**：DMVPN 分支路由器尚未成功注册。
- **Up**：DMVPN 分支路由器已注册到 DMVPN 中心路由器上，且从中心路由器收到了 ACK（肯定的注册应答）。

例 19-7 提供了 **show dmvpn** 命令的输出结果。可以看出，R31 和 R41 已经与一个 NHS（R11）定义了一条隧道，且该表项处于静态状态（因为隧道接口中的静态 NHRP 映射）。R31 和 R41 注册并建立了到 R11 的隧道之后，R11 就动态学到了两条隧道。

例 19-7 查看 DMVPN 第一阶段的 DMVPN 隧道状态

```
R11-Hub# show dmvpn
Legend: Attrb --> S - Static, D - Dynamic, I - Incomplete
        N - NATed, L - Local, X - No Socket
        T1 - Route Installed, T2 - Nexthop-override
        C - CTS Capable
        # Ent --> Number of NHRP entries with same NBMA peer
        NHS Status: E --> Expecting Replies, R --> Responding, W --> Waiting
        UpDn Time --> Up or Down Time for a Tunnel
==========================================================================

Interface: Tunnel100, IPv4 NHRP Details
Type:Hub, NHRP Peers:2,

 # Ent  Peer NBMA Addr Peer Tunnel Add State  UpDn Tm Attrb
 ----- --------------- --------------- ----- -------- -----
     1 172.16.31.1      192.168.100.31    UP 00:05:26     D
```

```
    1 172.16.41.1      192.168.100.41    UP 00:05:26     D
```

```
R31-Spoke# show dmvpn
! Output omitted for brevity
Interface: Tunnel100, IPv4 NHRP Details
Type:Spoke, NHRP Peers:1,

# Ent  Peer NBMA Addr Peer Tunnel Add State  UpDn Tm Attrb
 ----- --------------- --------------- ----- -------- -----
    1 172.16.11.1      192.168.100.11    UP 00:05:26     S
```

```
R41-Spoke# show dmvpn
! Output omitted for brevity
Interface: Tunnel100, IPv4 NHRP Details
Type:Spoke, NHRP Peers:1,

# Ent  Peer NBMA Addr Peer Tunnel Add State UpDn Tm Attrb
 ----- --------------- --------------- ----- -------- -----
    1 172.16.11.1      192.168.100.11    UP   00:05:26    S
```

注：两台路由器必须相互维护 NHRP Up 状态，这样才能确保在两者之间传输数据流。

例 19-8 提供了 **show dmvpn detail** 命令的输出结果。请注意，关键字 **detail** 可以显示本地隧道和 NBMA IP 地址、隧道运行状况监控信息以及 VRF 上下文，此外，还能显示 IPsec 加密信息（如果已配置）。

例 19-8 查看 DMVPN 第一阶段的 DMVPN 隧道状态

```
R11-Hub# show dmvpn detail
Legend: Attrb --> S - Static, D - Dynamic, I - Incomplete
         N - NATed, L - Local, X - No Socket
         T1 - Route Installed, T2 - Nexthop-override
         C - CTS Capable
         # Ent --> Number of NHRP entries with same NBMA peer
         NHS Status: E --> Expecting Replies, R --> Responding, W --> Waiting
          UpDn Time --> Up or Down Time for a Tunnel
==========================================================================

Interface Tunnel100 is up/up, Addr. is 192.168.100.11, VRF ""
   Tunnel Src./Dest. addr: 172.16.11.1/MGRE, Tunnel VRF ""
   Protocol/Transport: "multi-GRE/IP", Protect ""
   Interface State Control: Disabled
   nhrp event-publisher : Disabled
Type:Hub, Total NBMA Peers (v4/v6): 2

# Ent  Peer NBMA Addr Peer Tunnel Add State  UpDn Tm Attrb    Target Network
----- --------------- --------------- ----- -------- ----- -----------------
    1 172.16.31.1      192.168.100.31    UP 00:01:05     D  192.168.100.31/32
    1 172.16.41.1      192.168.100.41    UP 00:01:06     D  192.168.100.41/32
```

```
R31-Spoke# show dmvpn detail
! Output omitted for brevity
```

```
Interface Tunnel100 is up/up, Addr. is 192.168.100.31, VRF ""
  Tunnel Src./Dest. addr: 172.16.31.1/172.16.11.1, Tunnel VRF ""
  Protocol/Transport: "GRE/IP", Protect ""
  Interface State Control: Disabled
  nhrp event-publisher : Disabled
IPv4 NHS:
192.168.100.11 RE NBMA Address: 172.16.11.1 priority = 0 cluster = 0
Type:Spoke, Total NBMA Peers (v4/v6): 1

# Ent  Peer NBMA Addr Peer Tunnel Add State  UpDn Tm Attrb    Target Ne
----- --------------- --------------- ----- -------- ----- ------------
    1 172.16.11.1      192.168.100.11    UP 00:00:28     S  192.168.100
```

```
R41-Spoke# show dmvpn detail
! Output omitted for brevity

Interface Tunnel100 is up/up, Addr. is 192.168.100.41, VRF “”
  Tunnel Src./Dest. addr: 172.16.41.1/172.16.11.1, Tunnel VRF “”
  Protocol/Transport: "GRE/IP", Protect ""
  Interface State Control: Disabled
  nhrp event-publisher : Disabled

IPv4 NHS:
192.168.100.11 RE NBMA Address: 172.16.11.1 priority = 0 cluster = 0
Type:Spoke, Total NBMA Peers (v4/v6): 1

# Ent  Peer NBMA Addr Peer Tunnel Add State  UpDn Tm Attrb    Target Network
----- --------------- --------------- ----- -------- ----- -----------------
    1 172.16.11.1      192.168.100.11    UP 00:02:00     S  192.168.100.11/32
```

19.5.4 查看 NHRP 缓存

NHRP 提供的信息是 DMVPN 操作的重要组件，每台路由器都要维护一个已接收或正在处理的请求消息的缓存。命令 **show ip nhrp [brief]** 可以显示路由器的本地 NHRP 缓存。NHRP 缓存包含以下字段信息。

- 主机（IPv4：/32。IPv6：/128）或 *network*/xx 的网络表项以及隧道 IP 地址到 NBMA（传输）IP 地址的映射。
- 接口号、存在的持续时间以及超时时间（小时:分:秒），仅动态表项会超时。
- NHRP 映射表项类型。

表 19-6 列出了本地缓存的 NHRP 映射表项。

表 19-6　　NHRP 映射表项

NHRP 映射表项	描述
静态表项	在 DMVPN 接口上静态创建的表项
动态表项	动态创建的表项。对于 DMVPN 第一阶段来说，该表项是通过 NHRP 注册请求消息向 NHS 注册的分支路由器创建的表项
不完全表项	处理 NHRP 解析请求时放置在本地的临时表项。不完全表项可以避免对同一个表项重复发起 NHRP 请求，从而避免不必要的路由器资源消耗。该表项将最终超时并允许对同一个网络发起另一个 NHRP 解析请求

续表

NHRP 映射表项	描述
本地表项	显示本地映射信息。这是一种典型表项，代表了 NHRP 解析应答所宣告的本地网络。该表项记录了通过 NHRP 解析应答消息收到该本地网络映射的节点信息
无套接字表项	该映射表项没有相关联的 IPsec 套接字且未触发加密
NBMA 地址表项	非广播多路接入地址或者收到该表项的传输 IP 地址

NHRP 消息标志可以指定 NHRP 缓存表项或者为其创建该表项的对等体的属性信息。表 19-7 列出了 NHRP 消息标志。

表 19-7　　NHRP 消息标志

NHRP 消息标志	描述
used（已用）	表示该 NHRP 映射表项在过去的 60s 内用于转发数据包
implicit（隐式）	表示该 NHRP 映射表项是隐式学到的，这类映射表项包括从本地路由器收到的 NHRP 解析请求收集的源映射信息，或者从路由器转发的 NHRP 解析数据包收集的源映射信息
unique（唯一）	表示该 NHRP 映射表项必须唯一且不能被拥有相同隧道 IP 地址但 NBMA 地址不同的映射表项覆盖
router（路由器）	表示该 NHRP 映射表项来自远程路由器（提供网络接入能力）或者远程路由器后面的主机
rib	表示该 NHRP 映射表项在路由表中拥有相应的路由表项，该表项有一条相关联的 H 路由
nho	表示该 NHRP 映射表项拥有相应的路径，该路径覆盖了另一种路由协议安装的远程网络的下一跳
nhop	表示远程下一跳地址（如远程隧道接口）及与其相关联的 NBMA 地址的 NHRP 映射表项

命令 **show ip nhrp [brief | detail]**可以显示路由器的本地 NHRP 缓存信息。例 19-9 显示了示例拓扑结构中的每台路由器 DMVPN 第一阶段的本地 NHRP 缓存。可以看出，R11 仅包含 R31 和 R41 的动态注册消息。如果 R31 和 R41 无法维持与 R11 的传输 IP 地址的连接性，那么 R11 就会删除隧道映射。R11 的 NHRP 消息标志表明 R31 和 R41 已成功注册（向 R11 发送唯一的注册消息），且刚刚将流量转发给了这两台路由器。

例 19-9　DMVPN 第一阶段的本地 NHRP 缓存

```
R11-Hub# show ip nhrp
192.168.100.31/32 via 192.168.100.31
  Tunnel100 created 23:04:04, expire 01:37:26
  Type: dynamic, Flags: unique registered used nhop
  NBMA address: 172.16.31.1
192.168.100.41/32 via 192.168.100.41
  Tunnel100 created 23:04:00, expire 01:37:42
  Type: dynamic, Flags: unique registered used nhop
  NBMA address: 172.16.41.1
```

```
R31-Spoke# show ip nhrp
192.168.100.11/32 via 192.168.100.11
  Tunnel100 created 23:02:53, never expire
  Type: static, Flags:
  NBMA address: 172.16.11.1
```

```
R41-Spoke# show ip nhrp
```

```
192.168.100.11/32 via 192.168.100.11
  Tunnel100 created 23:02:53, never expire
  Type: static, Flags:
  NBMA address: 172.16.11.1
```

注：可选关键字 **detail** 可以显示提交了 NHRP 解析请求的路由器列表及其请求 ID。

例 19-10 显示了 **show ip nhrp brief** 命令的输出结果。由于使用了关键字 **brief**，因而不会显示某些细节信息，如 NHRP 消息标志 used 和 nhop。

例 19-10　**show ip nhrp brief** 命令的输出结果

```
R11-Hub# show ip nhrp brief
****************************************************************************
    NOTE: Link-Local, No-socket and Incomplete entries are not displayed
****************************************************************************
Legend: Type --> S - Static, D - Dynamic
         Flags --> u - unique, r - registered, e - temporary, c - claimed
         a - authoritative, t - route
============================================================================
Intf     NextHop Address                                    NBMA Address
         Target Network                              T/Flag
-------- ------------------------------------------- ------ ----------------
Tu100    192.168.100.31                                     172.16.31.1
         192.168.100.31/32                           D/ur
Tu100    192.168.100.41                                     172.16.41.1
         192.168.100.41/32                           D/ur
```

```
R31-Spoke# show ip nhrp brief
! Output omitted for brevity
Intf     NextHop Address                                    NBMA Address
         Target Network                              T/Flag
-------- ------------------------------------------- ------ ----------------
Tu100    192.168.100.11                                     172.16.11.1
         192.168.100.11/32                           S/
```

```
R41-Spoke# show ip nhrp brief
! Output omitted for brevity
Intf     NextHop Address                                    NBMA Address
         Target Network                              T/Flag
-------- ------------------------------------------- ------ ----------------
Tu100    192.168.100.11                                     172.16.11.1
         192.168.100.11/32                           S/
```

例 19-11 显示了 R11、R31 和 R41 的路由表。这 3 台路由器分别维护了与 LAN 网络 10.1.1.0/24、10.3.3.0/24 和 10.4.4.0/24 的连接性。请注意，分支路由器之间的下一跳地址是 192.168.100.11（R11）。

例 19-11　DMVPN 第一阶段路由表

```
R11-Hub# show ip route
! Output omitted for brevity
Codes: L - local, C - connected, S - static, R - RIP, M - mobile, B - BGP
```

```
        D - EIGRP, EX - EIGRP external, O - OSPF, IA - OSPF inter area

Gateway of last resort is 172.16.11.2 to network 0.0.0.0

S*     0.0.0.0/0 [1/0] via 172.16.11.2
       10.0.0.0/8 is variably subnetted, 4 subnets, 2 masks
C         10.1.1.0/24 is directly connected, GigabitEthernet0/2
D         10.3.3.0/24 [90/27392000] via 192.168.100.31, 23:03:53, Tunnel100
D         10.4.4.0/24 [90/27392000] via 192.168.100.41, 23:03:28, Tunnel100
       172.16.0.0/16 is variably subnetted, 2 subnets, 2 masks
C         172.16.11.0/30 is directly connected, GigabitEthernet0/1
       192.168.100.0/24 is variably subnetted, 2 subnets, 2 masks
C         192.168.100.0/24 is directly connected, Tunnel100
```

```
R31-Spoke# show ip route
! Output omitted for brevity
Gateway of last resort is 172.16.31.2 to network 0.0.0.0
S*     0.0.0.0/0 [1/0] via 172.16.31.2
       10.0.0.0/8 is variably subnetted, 4 subnets, 2 masks
D         10.1.1.0/24 [90/26885120] via 192.168.100.11, 23:04:48, Tunnel100
C         10.3.3.0/24 is directly connected, GigabitEthernet0/2
D         10.4.4.0/24 [90/52992000] via 192.168.100.11, 23:04:23, Tunnel100
       172.16.0.0/16 is variably subnetted, 2 subnets, 2 masks
C         172.16.31.0/30 is directly connected, GigabitEthernet0/1
       192.168.100.0/24 is variably subnetted, 2 subnets, 2 masks
C         192.168.100.0/24 is directly connected, Tunnel100
```

```
R41-Spoke# show ip route
! Output omitted for brevity
Gateway of last resort is 172.16.41.2 to network 0.0.0.0

S*     0.0.0.0/0 [1/0] via 172.16.41.2
       10.0.0.0/8 is variably subnetted, 4 subnets, 2 masks
D         10.1.1.0/24 [90/26885120] via 192.168.100.11, 23:05:01, Tunnel100
D         10.3.3.0/24 [90/52992000] via 192.168.100.11, 23:05:01, Tunnel100
C         10.4.4.0/24 is directly connected, GigabitEthernet0/2
       172.16.0.0/16 is variably subnetted, 2 subnets, 2 masks
C         172.16.41.0/24 is directly connected, GigabitEthernet0/1
       192.168.100.0/24 is variably subnetted, 2 subnets, 2 masks
C         192.168.100.0/24 is directly connected, Tunnel100
```

例 19-12 显示的跟踪结果证实 R31 可以连接 R41，但网络流量仍必须穿越 R11。

例 19-12　从 R31 到 R41 的 DMVPN 第一阶段跟踪结果

```
R31-Spoke# traceroute 10.4.4.1 source 10.3.3.1
Tracing the route to 10.4.4.1
  1 192.168.100.11 0 msec 0 msec 1 msec
  2 192.168.100.41 1 msec * 1 msec
```

19.5.5 DMVPN 第三阶段配置（多点）

DMVPN 第三阶段的中心路由器配置在中心路由器上增加了接口参数命令 **ip nhrp redirect**，该命令会检查隧道接口的数据包流，如果检测到 DMVPN 发出了“发夹”

(Hairpinning) 数据包，就会向源分支路由器发送重定向消息。这里所说的发夹行为指的是接口接收和发送的流量均来自同一个网络（由 NHRP 网络 ID 加以标识），例如，如果数据包进入和离开的是同一个隧道接口，就会出现发夹行为。

DMVPN 第三阶段的分支路由器配置需要使用 mGRE 隧道接口，在隧道接口上配置命令 **ip nhrp shortcut**。

注： 在同一个 DMVPN 隧道接口上配置 **ip nhrp shortcut** 和 **ip nhrp redirect** 命令没有任何负面影响。

DMVPN 第三阶段的分支路由器的配置步骤如下。

步骤 1 通过全局配置命令 **interface tunnel** *tunnel-number* 创建隧道接口。

步骤 2 通过接口参数命令 **tunnel source** {*ip-address* | *interface-id*}标识隧道的本地源接口。

步骤 3 通过接口参数命令 **tunnel mode gre multipoint** 将 DMVPN 隧道配置为 GRE 多点隧道。

步骤 4 通过命令 **ip address** *ip-address subnet-mask* 为 DMVPN（隧道）分配 IP 地址。

步骤 5 通过接口参数命令 **ip nhrp network-id** *1-4294967295* 在隧道接口上启用 NHRP，并为虚接口唯一地标识 DMVPN 隧道。

步骤 6 （可选）通过命令 **tunnel key** *0-4294967295* 定义 NHRP 隧道密钥。隧道密钥必须匹配，才能确保两台路由器成功建立 DMVPN 隧道。

步骤 7 通过命令 **ip nhrp shortcut** 启用 NHRP 捷径功能。

步骤 8 通过命令 **ip nhrp nhs** *nhs-address* **nbma** *nbma-address* [**multicast**]指定一个或多个 NHRP NHS 的地址。

步骤 9 （可选）通过接口参数命令 **ip mtu** *mtu* 定义隧道接口的 IP MTU。DMVPN 隧道的 MTU 通常为 1400。

步骤 10 （可选）定义 TCP MSS 功能特性。该功能特性可以在 MSS 超过配置值时，允许路由器编辑 TCP 三次握手的净荷。配置命令是 **ip tcp adjust-mss** *mss-size*，DMVPN 接口通常使用数值 1360，以满足 IP、GRE 和 IPsec 报头的需要。

例 19-13 显示了 DMVPN 第三阶段的 R11（中心路由器）、R31（分支路由器）和 R41（分支路由器）的配置。请注意，这 3 台路由器都配置了 **tunnel mode gre multipoint**，且设置了适当的 MTU、带宽和 TCP MSS 值。此外，R11 使用了命令 **ip nhrp redirect**，R31 和 R41 使用了命令 **ip nhrp shortcut**。

例 19-13　DMVPN 第三阶段的路由器配置

```
R11-Hub
interface Tunnel100
 bandwidth 4000
 ip address 192.168.100.11 255.255.255.0
 ip mtu 1400
 ip nhrp map multicast dynamic
```

```
 ip nhrp network-id 100
 ip nhrp redirect
 ip tcp adjust-mss 1360
 tunnel source GigabitEthernet0/1
 tunnel mode gre multipoint
 tunnel key 100
```

```
R31-Spoke
interface Tunnel100
 bandwidth 4000
 ip address 192.168.100.31 255.255.255.0
 ip mtu 1400
 ip nhrp network-id 100
 ip nhrp nhs 192.168.100.11 nbma 172.16.11.1 multicast
 ip nhrp shortcut
 ip tcp adjust-mss 1360
 tunnel source GigabitEthernet0/1
 tunnel mode gre multipoint
 tunnel key 100
```

```
R41-Spoke
interface Tunnel100
 bandwidth 4000
 ip address 192.168.100.41 255.255.255.0
 ip mtu 1400
 ip nhrp network-id 100
 ip nhrp nhs 192.168.100.12 nbma 172.16.11.1 multicast
 ip nhrp shortcut
 ip tcp adjust-mss 1360
 tunnel source GigabitEthernet0/1
 tunnel mode gre multipoint
 tunnel key 100
```

19.5.6 IP NHRP 认证

虽然 NHRP 提供了认证能力，但是由于密码以明文方式进行存储，因而认证能力很弱。大多数网络管理员将 NHRP 认证机制作为避免意外建立两条不同隧道的方法。可以通过接口参数命令 **ip nhrp authentication** *password* 启用 NHRP 认证机制。

19.5.7 IP NHRP 注册唯一性

NHC 向 NHS 注册时，会提供协议（隧道 IP）地址和 NBMA（传输 IP）地址。在默认情况下，NHC 要求 NHS 分配给协议地址的 NBMA 地址保持唯一性，以确保 NBMA 地址不会被其他 IP 地址覆盖。NHS 负责维护这些设置信息的本地缓存。该功能由 NHS 的 NHRP 消息标志 unique 加以标识（见例 19-14）。

例 19-14 NHRP 注册唯一性

```
R11-Hub# show ip nhrp 192.168.100.31
192.168.100.31/32 via 192.168.100.31
   Tunnel100 created 00:11:24, expire 01:48:35
   Type: dynamic, Flags: unique registered used nhop
   NBMA address: 172.16.31.1
```

如果 NHC 客户端试图使用其他 NBMA 地址向 NHS 进行注册，那么注册将失败（见例 19-15）。例 19-15 首先禁用了 DMVPN 隧道接口并更改了传输接口上的 IP 地址，然后再次启用了该 DMVPN 隧道接口。可以看出，DMVPN 中心路由器拒绝了本次 NHRP 注册进程，因为该协议地址已被注册到了其他的 NBMA 地址。

例 19-15 因注册唯一性而导致注册失败

```
R31-Spoke(config)# interface tunnel 100
R31-Spoke(config-if)# shutdown
00:17:48.910: %DUAL-5-NBRCHANGE: EIGRP-IPv4 100: Neighbor 192.168.100.11
      (Tunnel100) is down: interface down
00:17:50.910: %LINEPROTO-5-UPDOWN: Line protocol on Interface Tunnel100,
    changed state to down
00:17:50.910: %LINK-5-CHANGED: Interface Tunnel100, changed state to
    administratively down
R31-Spoke(config-if)# interface GigabitEthernet0/1
R31-Spoke(config-if)# ip address 172.16.31.31 255.255.255.0
R31-Spoke(config-if)# interface tunnel 100
R31-Spoke(config-if)# no shutdown
00:18:21.011: %NHRP-3-PAKREPLY: Receive Registration Reply packet with error -
    unique address registered already(14)
00:18:22.010: %LINEPROTO-5-UPDOWN: Line protocol on Interface Tunnel100, changed
    state to up
```

如果站点的传输接口使用了 DHCP 连接，就可能会出现故障问题，因为在 NHRP 缓存超时之前，DHCP 可能会为站点分配不同的 IP 地址。如果路由器出现了连接中断且分配了不同的 IP 地址，就无法注册到 NHS 路由器上，直到 NHRP 缓存清除该路由器为止。

接口参数命令 **ip nhrp registration no-unique** 可以阻止路由器在发送给 NHS 的注册请求包中设置 NHRP 消息标志 unique。这样一来，即便 NBMA 地址出现了变化，客户端也能重新连接 NHS。应该在所有启用了 DHCP 的分支路由器接口上都启用该功能特性。当然，也可以在所有分支路由器的隧道接口上都启用该功能特性，从而保持所有隧道接口的配置一致性，而且从操作角度来看，这样做也能简化配置的验证操作。

注：NHC（分支路由器）必须发起注册操作才能确保上述变更在 NHS 上生效。可以在 NHRP 超时定时器超时之后正常发起该操作，也可以在分支路由器的传输 IP 地址发生变化之前通过重置隧道接口来加快该操作。

19.6 Spoke-to-Spoke 通信

修改了 R11、R31 和 R41 的配置以支持第三阶段 DMVPN 之后，就可以成功建立隧道。所有的 DMVPN 隧道状态、本地 NHRP 缓存和路由表均与例 19-7～例 19-11 完全相同。请注意，此时 R31 与 R41 之间还没有交换流量。

本节将重点讨论建立 Spoke-to-Spoke 通信的底层机制。在 DMVPN 第一阶段，分支路由器依靠配置的隧道目的端来确定应该将封装后的数据包发送到什么位置。由于 DMVPN 第三阶段中 DMVPN 使用了 mGRE 隧道，因而其依靠 NHRP 重定向和解析请求消息来确定目的网络的 NBMA 地址。

建立双向 Spoke-to-Spoke 隧道之前，数据包均以传统的 Hub-and-Spoke 方式穿越中心路由器。数据包穿越中心路由器时，中心路由器会执行 NHRP 重定向操作，以查找更优的 Spoke-to-Spoke 隧道。

例 19-16 中的 R31 向 R41 发起了路由跟踪操作。请注意，第一个数据包穿越了 R11（中心路由器），但发送第二个数据包流时，由于已经建立了 Spoke-to-Spoke 隧道，因而流量直接通过传输和叠加网络从 R31 发送给 R41。

例 19-16 在分支路由器之间启动流量传输

```
! Initial Packet Flow
R31-Spoke# traceroute 10.4.4.1 source 10.3.3.1
Tracing the route to 10.4.4.1
  1 192.168.100.11 5 msec 1 msec 0 msec <- This is the Hub Router (R11-Hub)
  2 192.168.100.41 5 msec * 1 msec
```

```
! Packetflow after Spoke-to-Spoke Tunnel is Established
R31-Spoke# traceroute 10.4.4.1 source 10.3.3.1
Tracing the route to 10.4.4.1
 1 192.168.100.41 1 msec * 0 msec
```

19.6.1 建立 Spoke-to-Spoke 隧道

本节将详细讨论 Spoke-to-Spoke DMVPN 隧道的建立过程。图 19-5 显示了 3 台路由器（R11、R31 和 R41）建立双向 Spoke-to-Spoke DMVPN 隧道的流量流信息。

图 19-5 中的编号对应下面的步骤序号。

步骤 1 R31 对 10.4.4.1 执行路由查找操作，找到下一跳 IP 地址为 192.168.100.11 的路由表项 10.4.4.0/24。R31 封装去往 10.4.4.1 的数据包并通过 Tunnel 100 接口将其转发给 R11。

步骤 2 R11 收到 R31 发送的数据包之后，对目的端为 10.4.4.1 的数据包执行路由查找操作。R11 通过下一跳 IP 地址 192.168.100.41 找到了网络 10.4.4.0/24。R11 检查 NHRP 缓存并找到地址 192.168.100.41/32 的表项。R11 通过在 NHRP 缓存中找到的 NBMA IP 地址 172.16.41.1 将数据包转发给 R41，然后通过同一隧道接口向外转发数据包。

R11 在隧道接口上配置了 **ip nhrp redirect** 命令，发现从 R31 收到的数据包是从隧道接口发出的发夹流量。因此，R11 向 R31 发送 NHRP 重定向消息，指示数据包源 IP 地址 10.3.3.1 和目的 IP 地址 10.4.4.1。NHRP 重定向消息告知 R31，流量正在使用次优路径。

步骤 3 R31 收到 NHRP 重定向消息之后，向 R11 发送 10.4.4.1 的 NHRP 解析请求。R31 在 NHRP 解析请求中提供了自己的协议（隧道 IP）地址 192.168.100.31 和源 NBMA 地址 172.16.31.1。R41 对 10.3.3.1 执行路由查找操作，找到下一跳 IP 地址为 192.168.100.11 的路由表项 10.3.3.0/24。R41 封装发送给 10.4.4.1 的数据包，并通过 Tunnel 100 接口将其转发给 R11。

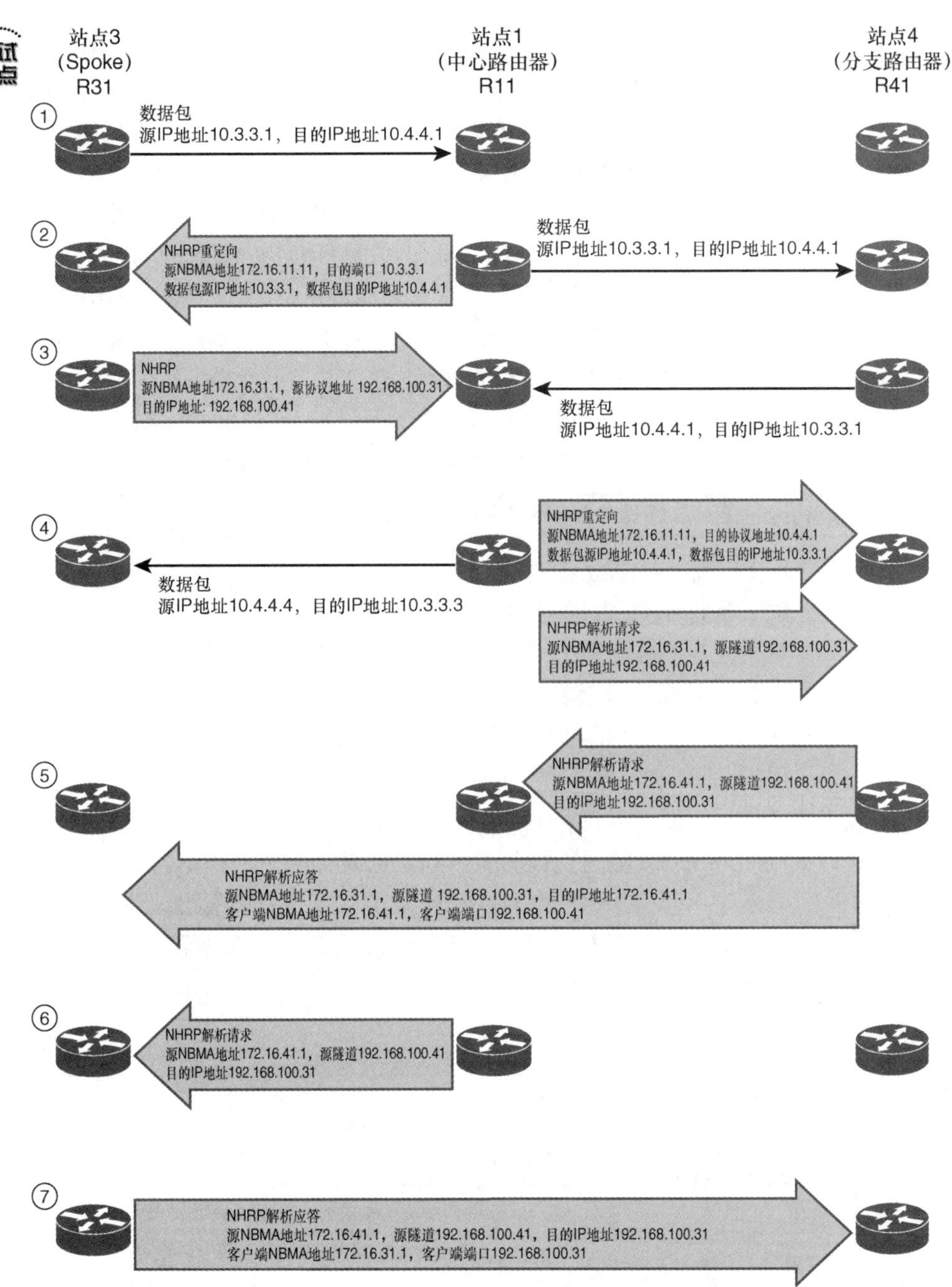

图 19-5 DMVPN 第三阶段 Spoke-to-Spoke 流量流及隧道创建过程

步骤 4 R11 收到 R41 发送的数据包之后，对去往 10.3.3.1 的数据包执行路由查找操作。R11 通过下一跳 IP 地址 192.168.100.31 找到了网络 10.3.3.0/24。R11 检查 NHRP 缓存并找到地址 192.168.100.31/32 的表项，R11 使用在 NHRP 缓存中找到的 NBMA IP 地址 172.16.31.1 将数据包转发给 R31，然后通过同一隧道接口向外转发数据包。

R11 在隧道接口上配置了 **ip nhrp redirect** 命令，发现从 R41 收到的数据包是从隧道接口发出的发夹流量。因此，R11 向 R41 发送 NHRP 重定向消息，指示数据包源 IP 地址 10.4.4.1 和目的 IP 地址 10.3.3.1。NHRP 重定向消息告知 R41，流量正在使用次优路径。R11 转发 R31 关于地址 10.4.4.1 的 NHRP 解析请求。

步骤 5 R41 向 R11 发送关于地址 10.3.3.1 的 NHRP 解析请求，提供了自己的协议（隧道 IP）地址 192.168.100.41 和源 NBMA 地址 172.16.41.1。R41 通过 R31 发送的 NHRP 解析请求中的源地址信息，直接将 NHRP 解析应答发送给 R31。NHRP 解析应答包含了 R31 发送的 NHRP 解析请求中的原始源地址信息（作为一种验证方法），且包含了客户端协议地址 192.168.100.41 和客户端 NBMA 地址 172.16.41.1（如果配置了 IPsec 保护机制，那么在发送 NHRP 解析应答之前，将建立 IPsec 隧道）。

注：NHRP 解析应答面向整个子网，而不是指定的主机地址。

步骤 6 R11 转发 R41 关于表项 192.168.100.31 和 10.4.4.1 的 NHRP 解析请求。

步骤 7 R31 通过 R41 发送的 NHRP 解析请求中的源地址信息，直接将 NHRP 解析应答发送给 R41。NHRP 解析应答包含了 R41 发送的 NHRP 解析请求中的原始源地址信息（作为一种验证方法），且包含了客户端协议地址 192.168.100.31 和客户端 NBMA 地址 172.16.31.1（同样，如果配置了 IPsec 保护，那么在向另一个方向回送 NHRP 解析应答之前，将建立 IPsec 隧道）。

完成步骤 7 之后，就可以建立双向 Spoke-to-Spoke DMVPN 隧道。此后，就可以直接通过该 Spoke-to-Spoke 隧道交换流量，而不必再穿越中心路由器。

例 19-17 显示了 R31 和 R41 的 DMVPN 隧道状态。可以看出，建立了两个新的 Spoke-to-Spoke 隧道（以高亮方式显示），DLX 表项表示本地（无套接字）路由，到 R11 的原始隧道仍然是静态隧道。

例 19-17　R31 和 R41 的 DMVPN 隧道状态

```
R31-Spoke# show dmvpn detail
Legend: Attrb --> S - Static, D - Dynamic, I - Incomplete
          N - NATed, L - Local, X - No Socket
         T1 - Route Installed, T2 - Nexthop-override
         C - CTS Capable
        # Ent --> Number of NHRP entries with same NBMA peer
        NHS Status: E --> Expecting Replies, R --> Responding, W --> Waiting
        UpDn Time --> Up or Down Time for a Tunnel
==========================================================================
Interface Tunnel100 is up/up, Addr. is 192.168.100.31, VRF ""
    Tunnel Src./Dest. addr: 172.16.31.1/MGRE, Tunnel VRF ""
    Protocol/Transport: "multi-GRE/IP", Protect ""
    Interface State Control: Disabled
    nhrp event-publisher : Disabled

IPv4 NHS:
192.168.100.11 RE NBMA Address: 172.16.11.1 priority = 0 cluster = 0
Type:Spoke, Total NBMA Peers (v4/v6): 3
```

```
# Ent  Peer NBMA Addr Peer Tunnel Add State  UpDn Tm Attrb    Target Network
----- --------------- --------------- ----- -------- ----- -----------------
    1 172.16.31.1       192.168.100.31    UP 00:00:10   DLX        10.3.3.0/24
    2 172.16.41.1       192.168.100.41    UP 00:00:10   DT2   10.4.4.0/24
      172.16.41.1       192.168.100.41    UP 00:00:10   DT1   192.168.100.41/32
    1 172.16.11.1       192.168.100.11    UP 00:00:51     S    192.168.100.11/32
```

```
R41-Spoke# show dmvpn detail
! Output omitted for brevity
IPv4 NHS:
192.168.100.11 RE NBMA Address: 172.16.11.1 priority = 0 cluster = 0
Type:Spoke, Total NBMA Peers (v4/v6): 3

# Ent  Peer NBMA Addr Peer Tunnel Add State  UpDn Tm Attrb    Target Network
----- --------------- --------------- ----- -------- ----- -----------------
    2 172.16.31.1       192.168.100.31    UP 00:00:34   DT2        10.3.3.0/24
      172.16.31.1       192.168.100.31    UP 00:00:34   DT1  192.168.100.31/32
    1 172.16.41.1       192.168.100.41    UP 00:00:34   DLX        10.4.4.0/24
    1 172.16.11.1       192.168.100.11    UP 00:01:15     S  192.168.100.11/32
```

例 19-18 显示了 R31 和 R41 的 NHRP 缓存。请注意 NHRP 消息标志：router、rib、nho 和 nhop。消息标志 rib nho 表示该路由器在路由表中发现了属于不同协议的相同路由，NHRP 通过在路由表中安装下一跳捷径来覆盖其他协议关于该网络的下一跳表项。消息标志 nhop rib 表示该路由器拥有通过 NBMA 地址访问隧道 IP 地址的显式方法，且已经在路由表中安装了相关联的路由。

例 19-18　R31 和 R41 的 NHRP 缓存

```
R31-Spoke# show ip nhrp detail
10.3.3.0/24 via 192.168.100.31
   Tunnel100 created 00:01:44, expire 01:58:15
   Type: dynamic, Flags: router unique local
   NBMA address: 172.16.31.1
   Preference: 255
    (no-socket)
   Requester: 192.168.100.41 Request ID: 3
10.4.4.0/24 via 192.168.100.41
   Tunnel100 created 00:01:44, expire 01:58:15
   Type: dynamic, Flags: router rib nho
   NBMA address: 172.16.41.1
   Preference: 255
192.168.100.11/32 via 192.168.100.11
   Tunnel100 created 10:43:18, never expire
   Type: static, Flags: used
   NBMA address: 172.16.11.1
   Preference: 255
192.168.100.41/32 via 192.168.100.41
   Tunnel100 created 00:01:45, expire 01:58:15
   Type: dynamic, Flags: router used nhop rib
   NBMA address: 172.16.41.1
   Preference: 255
```

```
R41-Spoke# show ip nhrp detail
```

```
10.3.3.0/24 via 192.168.100.31
   Tunnel100 created 00:02:04, expire 01:57:55
   Type: dynamic, Flags: router rib nho
   NBMA address: 172.16.31.1
   Preference: 255
10.4.4.0/24 via 192.168.100.41
   Tunnel100 created 00:02:04, expire 01:57:55
   Type: dynamic, Flags: router unique local
   NBMA address: 172.16.41.1
   Preference: 255
     (no-socket)
   Requester: 192.168.100.31 Request ID: 3
192.168.100.11/32 via 192.168.100.11
   Tunnel100 created 10:43:42, never expire
   Type: static, Flags: used
   NBMA address: 172.16.11.1
   Preference: 255
192.168.100.31/32 via 192.168.100.31
   Tunnel100 created 00:02:04, expire 01:57:55
   Type: dynamic, Flags: router used nhop rib
   NBMA address: 172.16.31.1 Preference: 255
```

注：例 19-18 使用可选关键字 **detail** 来查看 NHRP 缓存信息。R31 的表项 10..0/24 和 R41 的表项 10.4.4.0/24 显示了路由器响应解析请求数据包的设备列表以及收到的请求 ID（Request ID）。

19.6.2 NHRP 路由表控制

NHRP 与路由/转发表之间的交互关系密切，根据需要在 RIB（也称为路由表）中安装或修改路由。如果路由表中存在与网络和前缀长度完全匹配的表项，那么 NHRP 就会用捷径覆盖现有的下一跳。虽然前缀仍然由原始协议负责，但被覆盖的下一跳地址在路由表中以百分号（%）加以标识。

例 19-19 显示了 R31 和 R41 的路由表信息。EIGRP 远程网络的下一跳 IP 地址（以高亮方式显示）仍然显示 192.168.100.11 为下一跳地址，但此时标识了百分号（%），表示下一跳已被覆盖。此外，R31 将去往 192.168.100.41/32 的 NHRP 路由安装到了路由表中，R41 也将去往 192.168.100.31/32 的 NHRP 路由安装到了路由表中。

例 19-19　R31 和 R41 的路由表信息

```
R31-Spoke# show ip route
! Output omitted for brevity
Codes: L - local, C - connected, S - static, R - RIP, M - mobile, B - BGP
       D - EIGRP, EX - EIGRP external, O - OSPF, IA - OSPF inter area
       o - ODR, P - periodic downloaded static route, H - NHRP, l - LISP
       + - replicated route, % - next hop override, p - overrides from PfR

Gateway of last resort is 172.16.31.2 to network 0.0.0.0

S*     0.0.0.0/0 [1/0] via 172.16.31.2
       10.0.0.0/8 is variably subnetted, 4 subnets, 2 masks
D         10.1.1.0/24 [90/26885120] via 192.168.100.11, 10:44:45, Tunnel100
```

```
C          10.3.3.0/24 is directly connected, GigabitEthernet0/2
D %        10.4.4.0/24 [90/52992000] via 192.168.100.11, 10:44:45, Tunnel100
      172.16.0.0/16 is variably subnetted, 2 subnets, 2 masks
C          172.16.31.0/30 is directly connected, GigabitEthernet0/1
      192.168.100.0/24 is variably subnetted, 3 subnets, 2 masks
C          192.168.100.0/24 is directly connected, Tunnel100
H          192.168.100.41/32 is directly connected, 00:03:21, Tunnel100
```

```
R41-Spoke# show ip route
! Output omitted for brevity
Gateway of last resort is 172.16.41.2 to network 0.0.0.0
S*    0.0.0.0/0 [1/0] via 172.16.41.2
      10.0.0.0/8 is variably subnetted, 4 subnets, 2 masks
D          10.1.1.0/24 [90/26885120] via 192.168.100.11, 10:44:34, Tunnel100
D %        10.3.3.0/24 [90/52992000] via 192.168.100.11, 10:44:34, Tunnel100
C          10.4.4.0/24 is directly connected, GigabitEthernet0/2
      172.16.0.0/16 is variably subnetted, 2 subnets, 2 masks
C          172.16.41.0/24 is directly connected, GigabitEthernet0/1
      192.168.100.0/24 is variably subnetted, 3 subnets, 2 masks
C          192.168.100.0/24 is directly connected, Tunnel100
H          192.168.100.31/32 is directly connected, 00:03:10, Tunnel100
```

可以通过命令 **show ip route next-hop-override** 显示携带显式 NHRP 捷径的路由表信息。例 19-20 显示了示例拓扑结构的该命令输出结果。可以看出，NHRP 捷径由消息标志 NHO 加以标识，且显示在原始表项（携带正确的下一跳 IP 地址）下方。

例 19-20　显示携带显式 NHRP 捷径的路由表信息

```
R31-Spoke# show ip route next-hop-override
! Output omitted for brevity
Codes: L - local, C - connected, S - static, R - RIP, M - mobile, B - BGP
       D - EIGRP, EX - EIGRP external, O - OSPF, IA - OSPF inter area
       + - replicated route, % - next hop override

Gateway of last resort is 172.16.31.2 to network 0.0.0.0

S*    0.0.0.0/0 [1/0] via 172.16.31.2
      10.0.0.0/8 is variably subnetted, 4 subnets, 2 masks
D          10.1.1.0/24 [90/26885120] via 192.168.100.11, 10:46:38, Tunnel100
C          10.3.3.0/24 is directly connected, GigabitEthernet0/2
D %        10.4.4.0/24 [90/52992000] via 192.168.100.11, 10:46:38, Tunnel100
                       [NHO][90/255] via 192.168.100.41, 00:05:14, Tunnel100
      172.16.0.0/16 is variably subnetted, 2 subnets, 2 masks
C          172.16.31.0/30 is directly connected, GigabitEthernet0/1
      192.168.100.0/24 is variably subnetted, 3 subnets, 2 masks
C          192.168.100.0/24 is directly connected, Tunnel100
H          192.168.100.41/32 is directly connected, 00:05:14, Tunnel100
```

```
R41-Spoke# show ip route next-hop-override
! Output omitted for brevity
Gateway of last resort is 172.16.41.2 to network 0.0.0.0

S*    0.0.0.0/0 [1/0] via 172.16.41.2
      10.0.0.0/8 is variably subnetted, 4 subnets, 2 masks
```

```
D        10.1.1.0/24 [90/26885120] via 192.168.100.11, 10:45:44, Tunnel100
D %      10.3.3.0/24 [90/52992000] via 192.168.100.11, 10:45:44, Tunnel100
                    [NHO][90/255] via 192.168.100.31, 00:04:20, Tunnel100
C        10.4.4.0/24 is directly connected, GigabitEthernet0/2
      172.16.0.0/16 is variably subnetted, 2 subnets, 2 masks
C        172.16.41.0/24 is directly connected, GigabitEthernet0/1
      192.168.100.0/24 is variably subnetted, 3 subnets, 2 masks
C        192.168.100.0/24 is directly connected, Tunnel100
H        192.168.100.31/32 is directly connected, 00:04:20, Tunnel100
```

注：回顾例 19-17 的输出结果，DT2 表项表示的就是下一跳 IP 地址已被覆盖的网络。

19.6.3 基于路由汇总的 NHRP 路由表控制

汇总 WAN 链路上的路由可以屏蔽网络收敛过程、提升可扩展性，从而提高网络的稳定性。本节将解释无精确路由时 NHRP 与路由表之间的交互方式。假设 R11 的 EIGRP 配置通过 Tunnel 100 向外宣告汇总前缀 10.0.0.0/8，分支路由器将使用该汇总路由转发流量，直到 NHRP 建立了 Spoke-to-Spoke 隧道。Spoke-to-Spoke 隧道初始化之后，就可以将来自 NHRP 的更明细的表项安装到路由表中。

例 19-21 显示了 R11 的 EIGRP 配置变更情况，以汇总 Tunnel 100 接口宣告的网络 10.0.0.0/8。

例 19-21 R11 的 EIGRP 配置变更情况

```
R11-Hub
router eigrp OVERLAY
 address-family ipv4 unicast autonomous-system 100
 af-interface Tunnel100
   summary-address 10.0.0.0 255.0.0.0
   hello-interval 20
   hold-time 60
   no split-horizon
 exit-af-interface
 !
 topology base
 exit-af-topology
 network 10.0.0.0
 network 192.168.100.0
 exit-address-family
```

可以通过命令 **clear ip nhrp** 清除所有路由器的 NHRP 缓存，该命令将删除所有 NHRP 表项。例 19-22 显示了 R11、R31 和 R41 的路由表，可以看出，只有汇总路由 10.0.0.0/8 在 3 台路由器之间提供了初始连接。

例 19-22 汇总后的路由表

```
R11-Hub# show ip route
! Output omitted for brevity
Gateway of last resort is 172.16.11.2 to network 0.0.0.0

S*    0.0.0.0/0 [1/0] via 172.16.11.2
```

```
      10.0.0.0/8 is variably subnetted, 5 subnets, 3 masks
D        10.0.0.0/8 is a summary, 00:28:44, Null0
C        10.1.1.0/24 is directly connected, GigabitEthernet0/2
D        10.3.3.0/24 [90/27392000] via 192.168.100.31, 11:18:13, Tunnel100
D        10.4.4.0/24 [90/27392000] via 192.168.100.41, 11:18:13, Tunnel100
      172.16.0.0/16 is variably subnetted, 2 subnets, 2 masks
C        172.16.11.0/30 is directly connected, GigabitEthernet0/1
      192.168.100.0/24 is variably subnetted, 2 subnets, 2 masks
C        192.168.100.0/24 is directly connected, Tunnel100
```

```
R31-Spoke# show ip route
! Output omitted for brevity
Gateway of last resort is 172.16.31.2 to network 0.0.0.0

S*    0.0.0.0/0 [1/0] via 172.16.31.2
      10.0.0.0/8 is variably subnetted, 3 subnets, 3 masks
D        10.0.0.0/8 [90/26885120] via 192.168.100.11, 00:29:28, Tunnel100
C        10.3.3.0/24 is directly connected, GigabitEthernet0/2
      172.16.0.0/16 is variably subnetted, 2 subnets, 2 masks
C        172.16.31.0/30 is directly connected, GigabitEthernet0/1
      192.168.100.0/24 is variably subnetted, 2 subnets, 2 masks
C        192.168.100.0/24 is directly connected, Tunnel100
```

```
R41-Spoke# show ip route
! Output omitted for brevity
Gateway of last resort is 172.16.41.2 to network 0.0.0.0

S*    0.0.0.0/0 [1/0] via 172.16.41.2
      10.0.0.0/8 is variably subnetted, 3 subnets, 3 masks
D        10.0.0.0/8 [90/26885120] via 192.168.100.11, 00:29:54, Tunnel100
C        10.4.4.0/24 is directly connected, GigabitEthernet0/2
      172.16.0.0/16 is variably subnetted, 2 subnets, 2 masks
C        172.16.41.0/24 is directly connected, GigabitEthernet0/1
      192.168.100.0/24 is variably subnetted, 2 subnets, 2 masks
C        192.168.100.0/24 is directly connected, Tunnel100
```

再次从 10.3.3.1 向 10.4.4.1 发送流量以初始化该 Spoke-to-Spoke 隧道。R11 仍然会为发夹流量发送 NHRP 重定向消息，仍然按照前面所说的模式完成处理过程，区别在于 NHRP 会在 R31 和 R41 的路由表中安装更明细的路由：分别为 10.3.3.0/24 和 10.4.4.0/24。从例 19-23 可以看出，NHRP 注入的路由以标志 H 加以标识。

例 19-23　汇总后的路由表以及 Spoke-to-Spoke 流量

```
R31-Spoke# show ip route
! Output omitted for brevity
Codes: L - local, C - connected, S - static, R - RIP, M - mobile, B - BGP
       D - EIGRP, EX - EIGRP external, O - OSPF, IA - OSPF inter area
       o - ODR, P - periodic downloaded static route, H - NHRP, l - LISP

Gateway of last resort is 172.16.31.2 to network 0.0.0.0

S*    0.0.0.0/0 [1/0] via 172.16.31.2
      10.0.0.0/8 is variably subnetted, 4 subnets, 3 masks
D        10.0.0.0/8 [90/26885120] via 192.168.100.11, 00:31:06, Tunnel100
```

```
C        10.3.3.0/24 is directly connected, GigabitEthernet0/2
H        10.4.4.0/24 [250/255] via 192.168.100.41, 00:00:22, Tunnel100
      172.16.0.0/16 is variably subnetted, 2 subnets, 2 masks
C        172.16.31.0/30 is directly connected, GigabitEthernet0/1
      192.168.100.0/24 is variably subnetted, 3 subnets, 2 masks
C        192.168.100.0/24 is directly connected, Tunnel100
H        192.168.100.41/32 is directly connected, 00:00:22, Tunnel100
```

```
R41-Spoke# show ip route
! Output omitted for brevity

Gateway of last resort is 172.16.41.2 to network 0.0.0.0

S*    0.0.0.0/0 [1/0] via 172.16.41.2
      10.0.0.0/8 is variably subnetted, 4 subnets, 3 masks
D        10.0.0.0/8 [90/26885120] via 192.168.100.11, 00:31:24, Tunnel100
H        10.3.3.0/24 [250/255] via 192.168.100.31, 00:00:40, Tunnel100
C        10.4.4.0/24 is directly connected, GigabitEthernet0/2
      172.16.0.0/16 is variably subnetted, 2 subnets, 2 masks
C        172.16.41.0/24 is directly connected, GigabitEthernet0/1
      192.168.100.0/24 is variably subnetted, 3 subnets, 2 masks
C        192.168.100.0/24 is directly connected, Tunnel100
H        192.168.100.31/32 is directly connected, 00:00:40, Tunnel100
```

例 19-24 显示了 R31 与 R41 初始化了 Spoke-to-Spoke 隧道且在 R11 上进行路由汇总后的 DMVPN 隧道详细信息。请注意，这两个新的 Spoke-to-Spoke 隧道表项均为 DT1，因为它们都是 RIB 中的新路由。如果这些路由是更明细的路由（见例 19-19），那么 NHRP 就会覆盖下一跳地址并使用 DT2 表项。

例 19-24 DMVPN 隧道详细信息

```
R31-Spoke# show dmvpn detail
! Output omitted for brevity
Legend: Attrb --> S - Static, D - Dynamic, I - Incomplete
        N - NATed, L - Local, X - No Socket
        T1 - Route Installed, T2 - Nexthop-override
        C - CTS Capable
        # Ent --> Number of NHRP entries with same NBMA peer
        NHS Status: E --> Expecting Replies, R --> Responding, W --> Waiting
        UpDn Time --> Up or Down Time for a Tunnel
==========================================================================
IPv4 NHS:
192.168.100.11 RE NBMA Address: 172.16.11.1 priority = 0 cluster = 0
Type:Spoke, Total NBMA Peers (v4/v6): 3

# Ent  Peer NBMA Addr Peer Tunnel Add State  UpDn Tm Attrb    Target Network
----- --------------- --------------- ----- -------- ----- -----------------
    1 172.16.31.1      192.168.100.31    UP 00:01:17   DLX       10.3.3.0/24
    2 172.16.41.1      192.168.100.41    UP 00:01:17   DT1       10.4.4.0/24
      172.16.41.1      192.168.100.41    UP 00:01:17   DT1 192.168.100.41/32
    1 172.16.11.1      192.168.100.11    UP  11:21:33     S 192.168.100.11/32
```

```
R41-Spoke# show dmvpn detail
! Output omitted for brevity
```

```
IPv4 NHS:
192.168.100.11 RE NBMA Address: 172.16.11.1 priority = 0 cluster = 0
Type:Spoke, Total NBMA Peers (v4/v6): 3
# Ent  Peer NBMA Addr Peer Tunnel Add State  UpDn Tm Attrb    Target Network
----- --------------- --------------- ----- -------- ----- -----------------
    2 172.16.31.1       192.168.100.31    UP 00:01:56   DT1         10.3.3.0/24
      172.16.31.1       192.168.100.31    UP 00:01:56   DT1 192.168.100.31/32
    1 172.16.41.1       192.168.100.41    UP 00:01:56   DLX         10.4.4.0/24
    1 172.16.11.1       192.168.100.11    UP 11:22:09     S 192.168.100.11/32
```

本节讨论了 Spoke-to-Spoke DMVPN 隧道的建立过程以及 NHRP 与路由表交互的方法。DMVPN 第三阶段完全支持路由汇总机制，应该通过路由汇总来减少通过 WAN 宣告的前缀数量。

19.7　叠加网络的故障问题

隧道或叠加网络经常会出现两类故障问题：递归路由和出站接口选择。接下来将详细讨论这两类故障问题并解释相应的解决方案。

19.7.1　递归路由

在网络隧道上使用路由协议时必须格外小心。如果路由器试图通过隧道（叠加网络）到达远程路由器的封装接口（传输 IP 地址），就会出现问题。如果将传输网络宣告到运行在隧道上的同一种路由协议中，那么这就是一种非常常见的故障问题。

图 19-6 所示的拓扑结构中的 R11 与 R31 建立了一条 GRE 隧道。R11、R31 和 SP 路由器在传输网络 100.64.0.0/16 上运行了 OSPF，R11 和 R31 在 LAN 10.0.0.0/8 和隧道网络 192.168.100.0/24 上运行了 EIGRP。

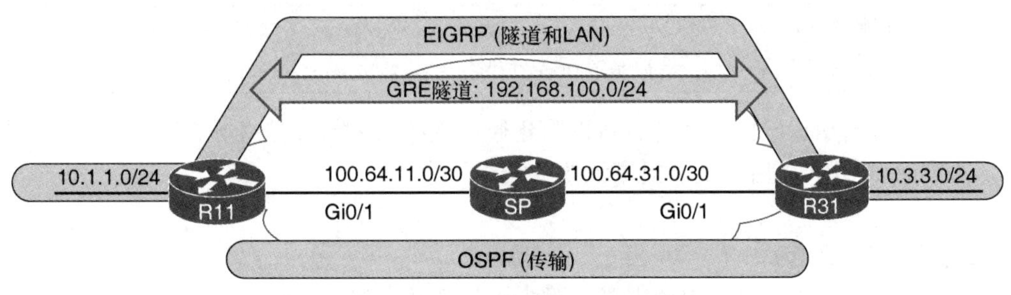

图 19-6　典型的 LAN

例 19-25 显示了 R11 的路由表信息，可以看出，一切运行正常。

例 19-25　配置了 GRE 隧道的 R11 路由表信息

```
R11# show ip route
! Output omitted for brevity
      10.0.0.0/8 is variably subnetted, 3 subnets, 2 masks
C        10.1.1.0/24 is directly connected, GigabitEthernet0/2
D        10.3.3.0/24 [90/25610240] via 192.168.100.31, 00:02:35, Tunnel0
      100.0.0.0/8 is variably subnetted, 3 subnets, 2 masks
```

```
C        100.64.11.0/24 is directly connected, GigabitEthernet0/1
O        100.64.31.0/24 [110/2] via 100.64.11.2, 00:03:11, GigabitEthernet0/1
     192.168.100.0/24 is variably subnetted, 2 subnets, 2 masks
C        192.168.100.0/24 is directly connected, Tunnel100
```

某初级网络管理员意外地将网络接口 100.64.0.0/16 添加到了 R11 和 R31 的 EIGRP 中。由于 SP 路由器未运行 EIGRP，因而不会建立邻接关系。但由于 EIGRP 的 AD 值比 OSPF 的小，因而 R11 和 R31 将该传输网络添加到了 EIGRP 中。此后，路由器尝试通过隧道到达隧道端点地址，但无法做到。通常将该场景称为递归路由（Recursive Routing）。

路由器可以检测递归路由并提供相应的系统日志消息（见例 19-26）。关闭隧道（会终结 EIGRP 邻接关系）之后，R11 和 R31 可以通过 OSPF 再次发现对方。但是，重新建立隧道之后，又会建立 EIGRP 邻接关系，致使故障问题不停地重复出现。

例 19-26 R11 关于 GRE 隧道的递归路由系统日志消息

```
00:49:52: %DUAL-5-NBRCHANGE: EIGRP-IPv4 100: Neighbor 192.168.100.31 (Tunnel100)
           is up: new adjacency
00:49:52: %ADJ-5-PARENT: Midchain parent maintenance for IP midchain out of
          Tunnel100 - looped chain attempting to stack
00:49:57: %TUN-5-RECURDOWN: Tunnel100 temporarily disabled due recursive routing
00:49:57: %LINEPROTO-5-UPDOWN: Line protocol on Interface Tunnel100, changed
          state to down
00:49:57: %DUAL-5-NBRCHANGE: EIGRP-IPv4 100: Neighbor 192.168.30.3 (Tunnel100) is
          down: interface down
00:50:12: %LINEPROTO-5-UPDOWN: Line protocol on Interface Tunnel100, changed
          state to up
00:50:15: %DUAL-5-NBRCHANGE: EIGRP-IPv4 100: Neighbor 192.168.100.31 (Tunnel100)
           is up: new adjacency
```

注：仅点到点 GRE 隧道提供系统日志消息“temporarily disabled due to recursive routing.”，DMVPN 和 GRE 隧道使用的消息是“looped chained attempting to stack.”。

为了解决递归路由问题，可以阻止通过隧道网络宣告隧道端点地址。在传输网络上删除 EIGRP 之后，就能提高该拓扑结构的稳定性。

19.7.2 出站接口选择

在某些场景下，路由器很难正确识别封装隧道数据包的出站接口。分支站点通常都使用多个传输网络（每个传输网络建立一条 DMVPN 隧道）来实现网络弹性。假设 R31 连接了两个不同的 Internet 服务提供商（通过 DHCP 接收 IP 地址），那么 R31 只有两条默认路由提供到传输网络的连接性（见例 19-27）。

那么 R31 如何知道应该使用哪个接口发送 Tunnel 100 的数据包呢？如果 R31 需要发送 Tunnel 200 的数据包，那么决策过程会发生什么变化呢？如果路由器选择了正确接口，那么隧道就能正常运行；如果路由器选择了错误接口，那么隧道将永远无法正常运行。

例 19-27 两条默认路由及路径选择

```
R31-Spoke# show ip route
! Output omitted for brevity
Gateway of last resort is 172.16.31.2 to network 0.0.0.0

S*     0.0.0.0/0 [254/0] via 172.16.31.2
                 [254/0] via 100.64.31.2
C      100.64.31.0/30 is directly connected, GigabitEthernet0/2
C      172.16.31.0/30 is directly connected, GigabitEthernet0/1
```

注：如果中心路由器需要通过 DMVPN 隧道宣告默认路由，那么该问题可能会进一步恶化。

19.7.3 FVRF

VRF 上下文可以在物理路由器上创建唯一的逻辑路由器，因而不同的 VRF 实例的路由器接口、路由表以及转发表完全隔离。这就意味着不同的传输网络的路由表是完全隔离的，且 LAN 接口的路由表与所有传输网络的路由表也是隔离的。

从某种意义上来说，DMVPN 隧道能够感知 VRF，即隧道源端或目的端可以关联到与 DMVPN 隧道本身不同的 VRF 实例。这就意味着与传输网络相关联的接口可以与传输 VRF 实例相关联，而 DMVPN 隧道则可以关联其他 VRF 实例。与传输网络相关联的 VRF 实例被称为 FVRF（Front Door VRF，前门 VRF）实例。

为每个 DMVPN 隧道使用 FVRF 实例可以防止递归路由，因为传输和叠加网络保持在分离的路由表中。为每个传输网络使用唯一的 FVRF 实例并使其与相关的 DMVPN 隧道相关联，可以确保数据包始终使用正确的接口。

注：虽然 VRF 实例仅具有本地意义，但保持配置/命名的一致性可以降低操作复杂性。

1. 配置 FVRF

创建 FVRF 实例、将其分配给传输接口并让 DMVPN 隧道感知 FVRF 实例，需要执行以下步骤。

步骤 1 通过命令 **vrf definition** *vrf-name* 创建 FVRF 实例。

步骤 2 通过命令 **address-family** {**ipv4** | **ipv6**}为传输网络初始化正确的地址簇，支持 IPv4、IPv6 或两者。

步骤 3 进入接口子模式，通过命令 **interface** *interface-id* 指定需要与 VRF 实例相关联的接口，然后通过接口参数命令 **vrf forwarding** *vrf-name* 将 VRF 实例关联到接口上。

注：如果接口已经配置了 IP 地址，那么将 VRF 实例关联到接口上的时候，会删除该接口的 IP 地址。

步骤 4 通过命令 **ip address** *ip-address subnet-mask* 配置 IPv4 地址，或者通过命令 **ipv6 address** *ipv6-address/prefix-length* 配置 IPv6 地址。

步骤 5 在 DMVPN 隧道上通过接口参数命令 **tunnel vrf** *vrf-name* 将 FVRF 实例

与 DMVPN 隧道相关联。

> 注：DMVPN 隧道可以在使用 FVRF 实例的同时与 VRF 实例相关联，需要在隧道接口上同时使用命令 **vrf forwarding** *vrf-name* 和 **tunnel vrf** *vrf-name*。为确保生效，需要选择不同的 VRF 名称。

例 19-28 显示了 R31 创建名为 INET01 和 INET02 的 FVRF 实例配置示例。可以看出，FVRF 实例与接口相关联的时候，接口删除了 IP 地址。此后，重新配置了 IP 地址，并将 FVRF 实例与 DMVPN 隧道相关联。

例 19-28　FVRF 实例配置示例

```
R31-Spoke(config)# vrf definition INET01
R31-Spoke(config-vrf)# address-family ipv4
R31-Spoke(config-vrf-af)# vrf definition INET02
R31-Spoke(config-vrf)# address-family ipv4
R31-Spoke(config-vrf-af)# interface GigabitEthernet0/1
R31-Spoke(config-if)# vrf forwarding INET01
% Interface GigabitEthernet0/1 IPv4 disabled and address(es) removed due to
     enabling VRF INET01
R31-Spoke(config-if)# ip address 172.16.31.1 255.255.255.252
R31-Spoke(config-if)# interface GigabitEthernet0/2
R31-Spoke(config-if)# vrf forwarding INET02
% Interface GigabitEthernet0/2 IPv4 disabled and address(es) removed due to
     enabling VRF INET02
R31-Spoke(config-if)# ip address dhcp
R31-Spoke(config-if)# interface tunnel 100
R31-Spoke(config-if)# tunnel vrf INET01
R31-Spoke(config-if)# interface tunnel 200
R31-Spoke(config-if)# tunnel vrf INET02
```

2. FVRF 静态默认路由

通过 DHCP 分配 IP 地址的 FVRF 接口将自动安装 AD 值为 254 的默认路由。配置了静态 IP 地址的 FVRF 接口在 FVRF 上下文中仅需要静态默认路由，相应的配置命令是 **ip route vrf** *vrf-name* **0.0.0.0 0.0.0.0** *next-hop-ip*。例 19-29 显示了 R31 为 INET01 FVRF 实例配置的静态默认路由。INET02 FVRF 实例不需要静态默认路由，因为该实例从 DHCP 服务器获取路由。

例 19-29　FVRF 静态默认路由配置

```
R31-Spoke
ip route vrf MPLS01 0.0.0.0 0.0.0.0 172.16.31.2
```

19.8 DMVPN 故障检测与高可用性

NHRP 映射表项会在 NHRP 缓存中保留有限时间，表项的有效时间取决于 NHRP 保持时间，NHRP 保持时间默认为 7200s（2h）。可以通过接口参数命令 **ip nhrp holdtime** *1-65535* 修改 NHRP 保持时间，应该将保持时间修改为建议值 600s。

NHRP 注册数据包的一个辅助功能是可以验证与 NHS（中心路由器）之间的连接性是否正常。NHRP 注册消息以 NHRP 超时周期为间隔进行发送，如果未收到 NHRP 注册应答消息，就会再次发送 NHRP 注册请求，第一个数据包将延时 1s，第二个数据包将延时 2s，第三个数据包将延时 4s。如果在第三次重试之后仍未收到 NHRP 注册应答消息，就会宣称 NHS 处于中断状态。

注：需要说明的是，通过 **show dmvpn** 命令检查隧道状态时，会记录 Spoke-to-Hub 注册消息，且隧道状态显示为 NHRP，实际的隧道接口的线路协议状态仍然为 Up。

在 Spoke-to-Hub 隧道正常运行期间，分支路由器会持续定期发送 NHRP 注册请求、刷新 NHRP 超时表项并保持 Spoke-to-Hub 隧道处于 Up 状态。但是，对于 Spoke-to-Spoke 隧道来说，如果在超时后的 2min 内仍在使用该隧道，那么 NHRP 请求就会刷新 NHRP 超时表项并保留该隧道，如果不再使用，就会拆除该隧道。

NHRP 超时时间默认是 NHRP 保持时间的三分之一，即 2400s（40min）。可以通过接口参数命令 **ip nhrp registration timeout** *1-65535* 修改 NHRP 超时时间。

注：宣告 NHS 中断之后，NHC 仍会尝试向中断 NHS 进行注册，称为探测状态（Probe State）。重试数据包之间的延迟会逐渐递增，相应的延迟模式为 1s、2s、4s、8s、16s、32s 和 64s。重试数据包的延迟永远不会超过 64s，如果收到了注册应答，就会重新宣告 NHS（中心路由器）处于 Up 状态。

DMVPN 中心路由器冗余机制

分支路由器到中心路由器的连接性对于维持 DMVPN 隧道连接来说至关重要。如果中心路由器出现了故障，或者分支路由器失去与中心路由器之间的连接性，那么 DMVPN 隧道就会丧失数据包传输能力。为同一个 DMVPN 隧道部署多台 DMVPN 中心路由器，可以提供有效的冗余能力并消除单点故障。

只要为隧道接口增加 NHRP 映射命令，即可添加额外的 DMVPN 中心路由器。所有处于活动状态的 DMVPN 中心路由器都参与路由域并交换路由。DMVPN 分支路由器会维护多条 NHRP 表项（每个 DMVPN 中心路由器一条），不需要对中心路由器进行额外配置。

19.9 IPv6 DMVPN 配置

DMVPN 使用 GRE 隧道，能够隧道化多种协议。NHRP 的增强功能增加了对 IPv6 的支持，使得 mGRE 隧道能够找到 IPv6 地址。因此，DMVPN 可以将 IPv4 和 IPv6 用作隧道协议或传输协议，满足多协议应用需求。

前面讨论的所有 IPv4 相关配置命令，都有对应的 IPv6 命令。表 19-8 列出了 IPv4 隧道协议命令以及相对应的 IPv6 命令。

表 19-8　　IPv4 和 IPv6 隧道协议命令

IPv4 命令	IPv6 命令
ip mtu *mtu*	**ipv6 mtu** *mtu*
ip tcp adjust-mss *mss-size*	**ipv6 tcp adjust-mss** *mss-size*

续表

IPv4 命令	IPv6 命令
ip nhrp network-id *1-4294967295*	**ipv6 nhrp network-id** *1-4294967295*
ip nhrp nhs *nhs-address* **nbma** *nbma-address* [**multicast**] [**priority** *0-255*]	**ipv6 nhrp nhs** *nhs-address* **nbma** *nbma-address* [**multicast**] [**priority** *0-255*]
ip nrhp redirect	**ipv6 nhrp redirect**
ip nhrp shortcut	**ipv6 nhrp shortcut**
ip nhrp authentication *password*	**ipv6 nhrp authentication** *password*
ip nhrp registration no-unique	**ipv6 nhrp registration no-unique**
ip nhrp holdtime *1-65535*	**ipv6 nhrp holdtime** *1-65535*
ip nhrp registration timeout *1-65535 ipv6 nhrp redirect*	**ipv6 nhrp registration timeout** *1-65535*

表 19-9 列出了与支持 IPv6 传输网络相关的配置命令，表 19-9 未列出的隧道命令均与传输网络无关，其支持任意版本的 IP 传输协议。

表 19-9 IPv4 和 IPv6 传输协议命令

IPv4 命令	IPv6 命令
tunnel mode gre multipoint	**tunnel mode gre multipoint ipv6**
ip route vrf *vrf-name* 0.0.0.0 0.0.0.0 *next-hop-ip*	**ipv6 route vrf** *vrf-name* 0.0.0.0 0.0.0.0 *next-hop-ip*

可以从不同角度来理解 IPv6 over DMVPN，通常存在以下 3 种理解。

- **IPv4 over IPv6**：IPv4 是 IPv6 传输网络上的隧道协议。
- **IPv6 over IPv6**：IPv6 是 IPv6 传输网络上的隧道协议。
- **IPv6 over IPv4**：IPv6 是 IPv4 传输网络上的隧道协议。

无论是哪种理解方式，DMVPN 都支持将 IPv4 或 IPv6 用作隧道协议或传输协议。不过，选择正确的命令集极为重要，而且应该基于所选择的隧道技术进行选择。为了帮助大家正确选择表 19-8 和表 19-9 中的配置命令，表 19-10 提供了一个选择矩阵。需要注意的是，表 19-8 中的 *nhs-address* 或 *nbma-address* 可以是 IPv4 地址或 IPv6 地址。

表 19-10 DMVPN 隧道技术与配置命令选择矩阵

隧道模式	隧道协议命令	传输协议命令
IPv4 over IPv4	IPv4	IPv4
IPv4 over IPv6	IPv4	IPv6
IPv6 over IPv4	IPv6	IPv4
IPv6 over IPv6	IPv6	IPv6

注：如果隧道协议是 IPv6，那么为隧道接口分配唯一的 IPv6 链路本地 IP 地址至关重要。IPv6 使用链路本地 IP 地址发现对方并将其安装到路由表中。

表 19-11 列出了 IPv4 **show** 命令以及相对应的 IPv6 命令。

表 19-11 IPv4 和 IPv6 **show** 命令

IPv4 命令	IPv6 命令
show ip nhrp [**brief** | **detail**]	**show ipv6 nhrp** [**brief** | **detail**]
show dmvpn [**ipv4**][**detail**]	**show dmvpn** [**ipv6**][**detail**]
show ip nhrp traffic	**show ipv6 nhrp traffic**
show ip nhrp nhs [**detail**]	**show ipv6 nhrp nhs** [**detail**]

19.9.1 IPv6 over IPv6 配置实例

为了帮助读者全面理解 IPv6 DMVPN 的配置方法，本节将以图 19-4 所示的拓扑结构为例来解释 IPv6 over IPv6 的配置方式。为了简化 IPv6 编址方案，本书的 IPv6 地址的前两个十六比特组（Hextet）均使用 2001:db8（RFC 定义的 IPv6 的地址空间），在前两个十六比特组之后，将 IPv4 八比特组（Octet）数字复制到 IPv6 十六比特组中，因而本书的 IPv6 地址看起来应该比较熟悉。表 19-12 提供了本书将 IPv4 地址和网络转换为 IPv6 地址和网络的示例。

表 19-12 IPv6 编址方案

IPv4 地址	IPv4 网络	IPv6 地址	IPv6 网络
10.1.1.11	10.1.1.0/24	2001:db8:10:1:1::11	2001:db8:10:1:1::/80
172.16.11.1	172.16.11.0/30	2001:db8:172:16:11::1	2001:db8:172:16:11::/126
10.1.0.11	10.1.0.11/32	2001:db8:10:1:0::11	2001:db8:10:1::11/128

例 19-30 显示了中心路由器 R11 的 IPv6 over IPv6 DMVPN 配置。VRF 的定义使用了 **address-family ipv6** 命令，GRE 隧道的定义使用了 **tunnel mode gre multipoint ipv6** 命令。请注意，隧道接口配置了常规的 IPv6 地址以及链路本地 IPv6 地址，隧道编号集成在链路本地 IPv6 地址中。

例 19-30 中心路由器 R11 的 IPv6 over IPv6 DMVPN 配置

```
R11-Hub
vrf definition INET01
 address-family ipv6
 exit-address-family
!
interface Tunnel100
 description DMVPN-INET
 bandwidth 4000
 ipv6 tcp adjust-mss 1360
 ipv6 address FE80:100::11 link-local
 ipv6 address 2001:DB8:192:168:100::11/80
 ipv6 mtu 1380
 ipv6 nhrp authentication CISCO
 ipv6 nhrp map multicast dynamic
 ipv6 nhrp network-id 100
 ipv6 nhrp holdtime 600
 ipv6 nhrp redirect
 tunnel source GigabitEthernet0/1
```

```
 tunnel mode gre multipoint ipv6
 tunnel key 100
 tunnel vrf INET01
!
interface GigabitEthernet0/1
 description INET01-TRANSPORT
 vrf forwarding INET01
 ipv6 address 2001:DB8:172:16:11::1/126
interface GigabitEthernet1/0
 description LAN
 ipv6 address 2001:DB8:10:1:111::11/80
!
ipv6 route vrf INET01 ::/0 GigabitEthernet0/1 2001:DB8:172:16:11::2
```

例 19-31 显示了分支路由器 R31 和 R41 的 IPv6 DMVPN 配置。

例 19-31 分支路由器 R31 和 R41 的 IPv6 DMVPN 配置

```
R31-Spoke
vrf definition INET01
 address-family ipv6
 exit-address-family
!
interface Tunnel100
 description DMVPN-INET01
 bandwidth 4000
 ipv6 tcp adjust-mss 1360
 ipv6 address FE80:100::31 link-local
 ipv6 address 2001:DB8:192:168:100::31/80
 ipv6 mtu 1380
 ipv6 nhrp authentication CISCO
 ipv6 nhrp map multicast dynamic
 ipv6 nhrp network-id 100
 ipv6 nhrp holdtime 600
 ipv6 nhrp nhs 2001:DB8:192:168:100::11 nbma 2001:DB8:172:16:11::1 multicast
 ipv6 nhrp shortcut
 if-state nhrp
 tunnel source GigabitEthernet0/1
 tunnel mode gre multipoint ipv6
 tunnel key 100
 tunnel vrf INET01
!
interface GigabitEthernet0/1
 description INET01-TRANSPORT
 vrf forwarding INET01
 ipv6 address 2001:DB8:172:16:31::1/126
interface GigabitEthernet1/0
 description SiteB-Local-LAN
 ipv6 address 2001:DB8:10:3:3::31/80
!
ipv6 route vrf INET01 ::/0 GigabitEthernet0/1 2001:DB8:172:16:31::2
```

```
R41-Spoke
vrf definition INET01
 address-family ipv6
```

```
 exit-address-family
!
interface Tunnel100
 description DMVPN-INET
 bandwidth 4000
 ipv6 tcp adjust-mss 1360
 ipv6 address FE80:100::41 link-local
 ipv6 address 2001:DB8:192:168:100::41/80
 ipv6 mtu 1380
 ipv6 nhrp authentication CISCO
 ipv6 nhrp map multicast dynamic
 ipv6 nhrp network-id 100
 ipv6 nhrp holdtime 600
 ipv6 nhrp nhs 2001:DB8:192:168:100::11 nbma 2001:DB8:172:16:11::1 multicast
 ipv6 nhrp shortcut
 if-state nhrp
 tunnel source GigabitEthernet0/1
 tunnel mode gre multipoint ipv6
 tunnel key 100
 tunnel vrf INET01
!
interface GigabitEthernet0/1
 description INET01-TRANSPORT
 vrf forwarding INET01
 ipv6 address 2001:DB8:172:16:41::1/126
interface GigabitEthernet1/0
 description Site4-Local-LAN
 ipv6 address 2001:DB8:10:4:4::41/80
!
ipv6 route vrf INET01 ::/0 GigabitEthernet0/1 2001:DB8:172:16:41::2
```

19.9.2 IPv6 DMVPN 验证

可以通过 **show dmvpn [detail]**命令查看任何 DMVPN 隧道信息（与隧道或传输协议无关）。虽然输出结果因为 IPv6 地址格式而略有不同，但提供的信息与此前相同。

例 19-32 显示了 R31 建立了到 DMVPN 中心路由器的静态隧道之后的 IPv6 DMVPN 隧道状态。可以看出，此时的传输协议是 IPv6，且 NHS 设备正在使用 IPv6 地址。

例 19-32 验证 IPv6 DMVPN 隧道状态

```
R31-Spoke# show dmvpn detail
Legend: Attrb --> S - Static, D - Dynamic, I - Incomplete
        N - NATed, L - Local, X - No Socket
        T1 - Route Installed, T2 - Nexthop-override
        C - CTS Capable
        # Ent --> Number of NHRP entries with same NBMA peer
        NHS Status: E --> Expecting Replies, R --> Responding, W --> Waiting
        UpDn Time --> Up or Down Time for a Tunnel
==========================================================================
Interface Tunnel100 is up/up, Addr. is 2001:DB8:192:168:100::31, VRF ""
   Tunnel Src./Dest. addr: 2001:DB8:172:16:31::1/MGRE, Tunnel VRF "INET01"
   Protocol/Transport: "multi-GRE/IPv6", Protect ""
   Interface State Control: Enabled
```

```
    nhrp event-publisher : Disabled

IPv6 NHS:
2001:DB8:192:168:100::11 RE NBMA Address: 2001:DB8:172:16:11::1 priority = 0 cluster
= 0
Type:Spoke, Total NBMA Peers (v4/v6): 2
    1.Peer NBMA Address: 2001:DB8:172:16:11::1
        Tunnel IPv6 Address: 2001:DB8:192:168:100::11
        IPv6 Target Network: 2001:DB8:192:168:100::11/128
        # Ent: 2, Status: UP, UpDn Time: 00:00:53, Cache Attrib: S
! Following entry is shown in the detailed view and uses link-local addresses
    2.Peer NBMA Address: 2001:DB8:172:16:11::1
        Tunnel IPv6 Address: FE80:100::11
        IPv6 Target Network: FE80:100::11/128
        # Ent: 0, Status: NHRP, UpDn Time: never, Cache Attrib: SC
```

例 19-33 验证了 R31 与 R41 之间建立 Spoke-to-Spoke DMVPN 隧道前后的 IPv6 连接性情况。

例 19-33 R31 与 R41 之间的 IPv6 连接性情况

```
! Initial packet flow
R31-Spoke# traceroute 2001:db8:10:4:4::41
Tracing the route to 2001:DB8:10:4:4::41
  1 2001:DB8:192:168:100::11 2 msec
  2 2001:DB8:192:168:100::41 5 msec 4 msec 5 msec
```

```
! Packet flow after spoke-to-spoke tunnel is established
R31-Spoke# traceroute 2001:db8:10:4:4::41
Tracing the route to 2001:DB8:10:4:4::41
  1 2001:DB8:192:168
```

备考任务

本书提供多种备考手段：此处的练习题以及 Pearson Test Prep 软件中的模拟考试题。与实际试题相比，下面问题的难度更高，因为它们都是开放式问题。通过这种难度更高的问题，读者可以更好地测试知识掌握程度，以确保完全掌握本章基本概念和主要内容。下面的问题都可以在附录中找到参考答案。

1．复习所有考试要点

请复习本章涉及的所有重要主题，这些内容都用“考试要点”图标做了标记，表 19-13 列出了这些考试要点及其描述。

表 19-13 考试要点

考试要点	描述
段落	GRE 隧道
列表	GRE 隧道配置
段落	NHRP

续表

考试要点	描述
表 19-3	NHRP 消息类型
段落	DMVPN
段落	DMVPN 第一阶段
段落	DMVPN 第三阶段
段落	DMVPN 中心路由器配置
段落	DMVPN 第一阶段分支路由器配置
表 19-5	可选 NHRP 映射命令
段落	查看 DMVPN 隧道状态
段落	DMVPN 第三阶段分支路由器配置
段落	IP NHRP 认证
段落	IP NHRP 注册唯一性
图 19-5	创建 Spoke-to-Spoke DMVPN 隧道
段落	NHRP 路由表控制
段落	基于路由汇总的 NHRP 路由表控制
段落	递归路由
段落	出站接口选择
段落	FVRF
段落	DMVPN 故障检测与高可用性
段落	DMVPN 中心路由器冗余机制
段落	IPv6 DMVPN 配置

2. 定义关键术语

请对本章中的下列关键术语进行定义。

DMVPN、DMVPN 第一阶段、DMVPN 第三阶段、封装接口、FVRF、GRE 隧道、NHRP、NHRP 重定向、NHRP 捷径、NHS、递归路由。

3. 检查命令的记忆程度

以下列出了本章用到的各种重要的配置和验证命令，虽然并不需要记忆每条命令的完整语法格式，但是应该记住这些命令所需的基本关键字。

为了检查你对这些命令的记忆情况，请用一张纸遮住表 19-14 的右侧，通过表格左侧的描述内容，看一看是否能记起这些命令。

表 19-14　　命令参考

任务	命令语法
指定用于封装隧道数据包的源 IP 地址或接口	**tunnel source** {*ip-address* | *interface-id*}
指定用于建立隧道的目的 IP 地址	**tunnel destination ip-address**
将 GRE 隧道转换为 mGRE 隧道	**tunnel mode gre multipoint**

续表

任务	命令语法
启用 NHRP 并在本地唯一标识一条 DMVPN 隧道	**ip nhrp network-id** *1-4294967295*
多个隧道使用同一个封装接口时，可以在 DMVPN 隧道接口上全局定义一个隧道密钥，以允许路由器识别具体的封装接口	**tunnel key** *0-4294967295*
启用明文 NHRP 认证	**ip nhrp authentication** *password*
将 FVRF 实例关联到 DMVPN 隧道接口上	**tunnel vrf** *vrf-name*
允许 NHRP 客户端在中心路由器超时之前注册不同的 IP 地址	**ip nhrp registration no-unique**
在 DMVPN 中心路由器的隧道接口上启用 NHRP 重定向	**ip nhrp redirect**
启用将 NHRP 捷径安装到分支路由器 RIB 中的能力	**ip nhrp shortcut**
在 DMVPN 中心路由器的隧道接口上启用多播映射	**ip nhrp map multicast dynamic**
在分支路由器上指定 NHRP NHS、NBMA 地址以及多播映射	**ip nhrp nhs** *nhs-address* **nbma** *nbma-address* [**multicast**] 或 **ip nhrp nhs** *nhs-address* **ip nhrp map** *ip-address nbma-address* **ip nhrp map multicast** [*nbma-address* | **dynamic**]
显示隧道接口的状态和统计信息	**show interface tunnel** *number*
显示 DMVPN 隧道接口关联、NHRP 映射及 IPsec 会话等详细信息	**show dmvpn** [**detail**]
显示路由器的 NHRP 缓存	**show ip nhrp** [**brief**]
显示为覆盖路由安装的 NHRP 捷径	**show ip route next-hop-override**

由于 ENARSI 300-410 认证考试重点考查考生作为网络专家的实际动手能力，因而必须掌握与本章主题相关的配置、验证及故障排查命令。

第 20 章

DMVPN 隧道安全

本章主要讨论以下主题。

- **安全传输组件**：本节将讨论数据完整性、数据机密性和数据可用性需求。
- **IPsec 基础知识**：本节将解释 IP 安全加密涵盖的相关重要概念。
- **IPsec 隧道保护**：本节将讨论 IPsec 保护机制与 DMVPN 隧道的集成方式。

本章将重点讨论提供数据完整性、数据机密性和数据可用性的 WAN 安全组件。虽然 SP 网络设置了一定的信任等级，以维护数据的完整性和机密性，但是在 DMVPN 隧道上启用 IPsec 保护机制之后，信任边界就从 SP 转移到了自己的组织机构。可以在使用预共享密钥（Pre-Shared Key）或 PKI 的传输网络上部署 DMVPN IPsec 隧道保护机制，本章将详细讨论如何保护路由器之间通过 DMVPN 传输的数据。

20.1 "我已经知道了吗？"测验

"我已经知道了吗？"测验的目的是帮助读者确定是否需要完整地学习本章知识或者直接跳至"备考任务"，如果读者对题目的答案还存在疑问，或者评估自己对这些主题知识的掌握程度还不够的话，就可以从头学起。表 20-1 列出了本章的主要内容以及与这些内容相关联的"我已经知道了吗？"测验题，答案可参见附录。

表 20-1　"我已经知道了吗？"基本主题章节与所对应的测验题

涵盖测验题的基本主题章节	测验题
安全传输组件	1、2
IPsec 基础知识	3～5
IPsec 隧道保护	6

注意：自我评价的目的是检验你对本章知识的掌握程度，如果不知道或仅部分知道问题的答案，出于自我评价的目的，请在该问题上标记"错"。为了不影响自我评价的结果，对不懂的问题请不要猜测答案，否则可能会造成一种已掌握的假象。

1. MPLS 三层 VPN WAN 模型通过下面哪种机制来保护 SP 网络上的数据？
   a. 由于 MPLS 三层 VPN 包含了 SP 网络的加密机制，因而能够保护数据的机密性

b．由于 MPLS 三层 VPN 包含了 SP 网络的校验和机制，因而能够保护数据的完整性
c．SP 网络不保护数据的完整性
d．数据机密性取决于 SP 的处理流程

2．下面哪种 IPsec 安全机制可以确保黑客获得了会话密钥之后也无法无限期地维持对该会话的访问能力？
a．重放检测
b．定期更新密钥
c．完全正向保密
d．封装安全净荷

3．是非题：IKEv2 密钥环功能允许以逐个邻居的方式设置预共享密钥。
a．对
b．错

4．是非题：启用 IPsec 隧道加密机制包括配置 IKEv2 配置文件并与隧道接口相关联。
a．对
b．错

5．下面哪条命令可以在隧道接口上启用 IPsec 加密？
a．**tunnel protection ipsec profile** *profile-name*
b．**ipsec protection profile** *profile-name*
c．**crypto map** *map-name* **ipsec-isakmp interface** *interface-id*
d．**crypto map** *map-name* **tunnel** *tunnel-id* **ipsec-isakmp**

6．假设某路由器刚刚配置了 IPsec DMVPN 隧道保护机制，如果 IPsec 数据包重放功能要求将数据包数量设置为 64，那么应该使用下面哪条命令？
a．**crypto ipsec security-association replay window-size 64**
b．**ipsec security-replay window-size 64**
c．**ipsec window-size 64**
d．无须任何命令

基础主题

20.2 安全传输组件

企业员工在网络上传输数据时，通常都会与某种程度的敏感性相关联。例如，银行对账单、信用卡号和产品设计方案通常都是高度敏感性数据，如果被恶意用户得到这些数据，那么很可能会给企业或特定用户造成严重影响。由于员工认为企业拥有全部企业网络基础设施，因而在其中传输数据是安全的，但如果企业网涉及了 WAN，就不一定如此了。正确设计的网络可以提供数据机密性、完整性和可用性。如果缺乏这些组件，那么企业就可能会失去潜在客户，因为客户认为自己的数据可能不够安全。

考试要点

数据机密性、数据完整性和数据可用性的相关术语及维护方式如下。

- **数据机密性**：确保仅授权用户才能查看数据。可以通过加密机制来维护数据机密性。
- **数据完整性**：确保仅授权用户才能修改数据。数据必须保持准确性才具有价值，数据不准确可能会产生无法预料的成本，如对产品设计进行修改而导致产品无法正常工作，产品出现故障之后，识别和解决故障所花的时间就与此相关。可以通过加密的数字签名（通常是校验和）来维护数据完整性。
- **数据可用性**：确保网络始终可用且能安全地传输数据。可以通过冗余机制以及适当的设计措施来确保数据可用性。

WAN 设计基于可信 SP 连接。最初的网络电路是点对点连接，可信 SP 连接源于对基础设施的访问控制并实现隐私能力。即使 SP 使用的是对等网络，也可以通过 MPLS VPN 等技术来实现逻辑分段能力。

WAN 的数据机密性在一定程度上取决于传输类型以及 SP 员工对网络的受限访问机制。信息安全和网络工程师认为 SP 网络是安全的，不需要在 SP WAN 电路上进行加密。

图 20-1 显示了保护网络数据安全的传统方式。假定整个受控基础设施（企业和 SP）都是安全的，那么仅当流量暴露在公有 Internet 上时，才需要进行加密。

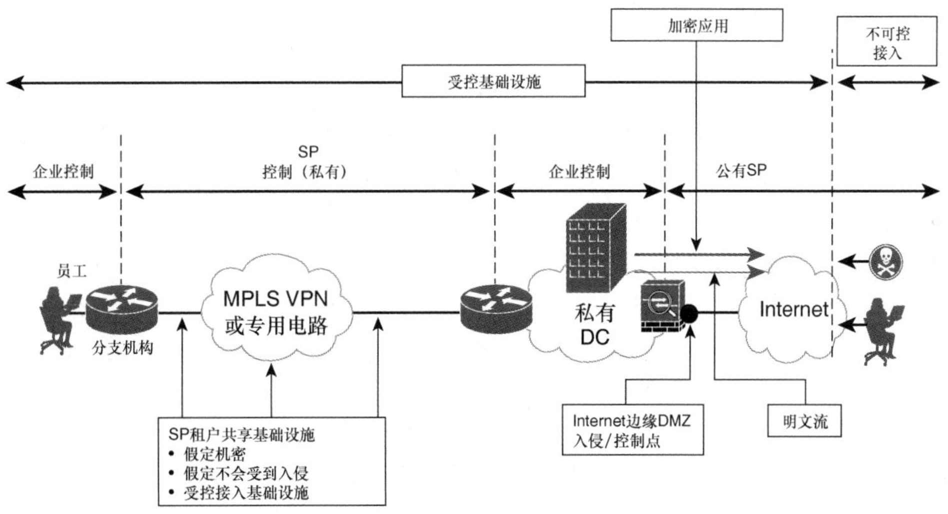

图 20-1　典型 WAN

此外，该拓扑结构中的 Internet 边缘是唯一的网络入侵点，可以通过思科 ASA（Adaptive Security Appliance，自适应安全设备）等防火墙来保护 Internet 边缘，这类防火墙可以防止外部用户访问托管了电子商务应用的 DC（Data Center，数据中心）中的网络和服务器。

图 20-2 中以 Internet 作为 WAN 传输网络。Internet 不提供受控访问能力，无法保证数据完整性或数据机密性。Internet 等公用传输网络面临黑客、窃听和中间人入侵等大量安全威胁。此外，分支机构 WAN、企业 WAN 和 Internet 边缘都是可能的网络入侵点。

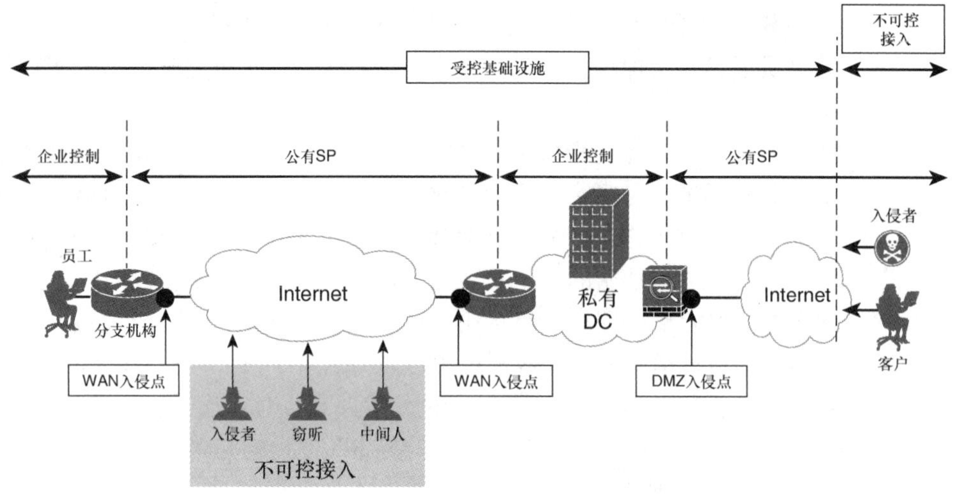

图 20-2 以 Internet 作为 WAN 传输网络

对于通过 Internet 进行传输的 DMVPN 隧道来说，可以部署 IPsec 加密机制来维护数据的机密性和完整性。IPsec 是定义在 RFC 2401 中的一组行业标准，用于保护 IP 网络流量。

对于传统的专用 WAN 模型来说，信任点是 SP，SP 能够控制对企业网的访问能力。但配置系统有时也可能会出错，导致数据泄露到其他客户网络中。有时，某些地理区域可能会出现公然破坏数据机密性或完整性的攻击行为。因此，受到严格隐私法规限制的组织机构（医疗机构、政府和财务机构）通常都要求所有流量在所有 WAN 链路上进行传输时都必须进行加密（无论采用何种传输方式），增加 IPsec 隧道保护机制是一种非常直接的安全措施，可以避免与 IPsec 点对点隧道相关的问题出现。

20.3 IPsec 基础知识

DMVPN 隧道默认不加密，但是可以通过 IPsec 进行加密。IPsec 通过基于密码的安全机制提供加密能力，在设计之初就充分考虑了互操作性。IPsec 与 DMVPN 隧道协同使用时，加密后的 DMVPN 隧道可以通过下列功能在任意传输网络上提供安全的叠加网络。

- **源认证**：可以通过预共享密钥（静态）或证书认证（动态）来实现源认证。
- **数据机密性**：通过各种加密算法来实现数据机密性。
- **数据完整性**：通过哈希算法来确保数据在传输过程中不被篡改。
- **重放检测**：该功能可以防止黑客试图抓取和插入网络流量。
- **定期密钥更新**：每隔指定的时间或者在特定流量范围内，在端点之间创建新的安全密钥。
- **完全正向保密**：每个会话密钥的生成都独立于先前密钥，攻破了一个密钥并不意味着攻破了后续密钥。

IPsec 安全体系架构由以下组件组成。

- 安全协议。

- 密钥管理。
- 安全关联。

20.3.1 安全协议

IPsec 使用两种协议来提供数据完整性和机密性，这些协议可以单独使用，也可以根据需要组合使用。接下来将逐一解释这两种协议。

1. AH

IP AH（Authentication Header，认证报头）提供数据完整性和认证能力，保护数据包免受黑客的重放攻击。AH 协议可确保原始数据包（在封装/加密之前）在公有网络上传输时不被篡改，可以创建类似于校验和的数字签名以确保数据包不被修改。AH 使用 IP 报头中的协议号 51。

2. ESP

ESP（Encapsulating Security Payload，封装安全净荷）提供数据机密性和认证能力，保护数据包免受黑客的重放攻击。通常意义上的净荷指的是去除报头部分的实际数据，但是对于 ESP 来说，净荷指的是封装在 IPsec 报头中的原始数据包。ESP 协议通过对净荷进行加密并在跨公有网络上传输时增加新的报头，来确保原始净荷（封装之前）的数据机密性。ESP 使用 IP 报头中的协议号 50。

20.3.2 密钥管理

安全加密的关键组件之一就是密钥通信，密钥可以在流量通过不安全网络进行传输时进行加密和解密。密钥的生成、分发和存储过程称为密钥管理，IPsec 默认使用 IKE 协议进行密钥管理。

IKEv2 定义在 RFC 4306 中，负责解决密钥通信各方的相互认证问题。IKEv2 支持 EAP（Extensible Authentication Protocol，扩展认证协议）（基于证书的认证机制），对带宽消耗较少，支持 NAT 穿越，还能检测隧道的存活性。

20.3.3 安全关联

SA（Security Association，安全关联）是 IPsec 体系架构的重要组成部分，包含了两台端点设备之间协商一致的安全参数。SA 包括以下两种类型。

- **IKE SA**：用于控制平面功能（如 IPsec 密钥管理和 IPsec SA 管理等）。
- **IPsec SA**：用于数据平面功能，负责保护两个站点之间传输的数据。

虽然两台端点设备之间只能有一个 IKE SA，但相同的两台端点设备之间可以建立多个 IPsec SA。

> 注：IPsec SA 是单向的，在两个站点之间交换网络流量时，至少需要两个 IPsec SA（一个用于入站方向，另一个用于出站方向）。

20.3.4 ESP 模式

传统的 IPsec 提供了两种 ESP 数据包保护模式。

- **隧道模式**：对整个原始数据包进行加密，并增加一组新的 IPsec 报头，这些新的 IPsec 报头可以路由数据包并提供叠加功能。
- **传输模式**：仅加密和认证数据包净荷，该模式不提供叠加功能，且基于原始 IP 报头路由数据包。

考试要点

图 20-3 显示了原始数据包、传输模式下的 IPsec 数据包以及隧道模式下的 IPsec 数据包结构。接下来将通过解释各种 DMVPN 数据包结构来扩展这些概念，也可以将 DMVPN 数据包结构与普通数据包结构进行对比。

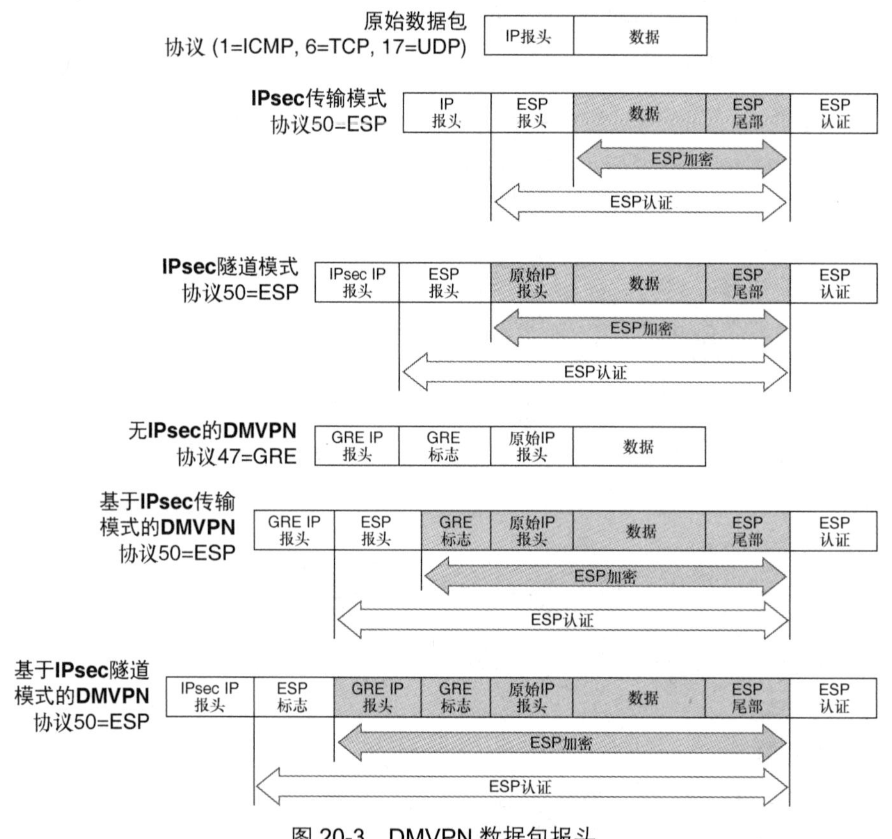

图 20-3 DMVPN 数据包报头

1．无 IPsec 的 DMVPN

对于未加密的 DMVPN 数据包来说，首先为原始数据包增加 GRE 标志，然后增加新的 GRE IP 报头，以便在传输（底层）网络上路由数据包。GRE IP 报头会增加 20 字节的额外开销，GRE 标志会增加 4 字节的额外开销。这些数据包使用协议字段 GRE（47）。

> 注：如果指定了隧道密钥，那么无论是否选择了加密类型（如果有），都会给每个数据包增加额外的 4 字节开销。

2. 基于 IPsec 传输模式的 DMVPN

对于使用 ESP 传输模式的加密 DMVPN 数据包来说，首先为原始数据包增加 GRE 标志，然后对这部分数据包进行加密，接着为加密净荷添加签名，最后增加 GRE IP 报头，以便在传输（底层）网络上路由数据包。

GRE IP 报头会增加 20 字节的额外开销，GRE 标志会增加 4 字节的额外开销，加密签名则会增加一定数量的字节开销（具体取决于所用的加密机制）。这些数据包使用协议字段 ESP（50）。

3. 基于 IPsec 隧道模式的 DMVPN

对于使用 ESP 隧道模式的加密 DMVPN 数据包来说，首先为原始数据包增加 GRE 标志，然后增加新的 GRE IP 报头，接着对这部分数据包进行加密并为加密净荷添加签名，最后增加新的 IPsec IP 报头，以便在传输（底层）网络上路由数据包。

GRE IP 报头会增加 20 字节的额外开销，GRE 标志会增加 4 字节的额外开销，IPsec IP 报头会增加 20 字节的额外开销，加密签名则会增加一定数量的字节开销（取决于具体所用的加密机制）。这些数据包使用协议字段 ESP（50）。

请注意，IPsec 隧道模式对于 DMVPN 来说“无感”，只是增加了 20 字节开销。IPsec 传输模式则应该用于加密后的 DMVPN 隧道。

20.4 IPsec 隧道保护

在 DMVPN 上启用 IPsec 隧道保护机制时，要求所有设备都必须启用 IPsec 隧道保护机制。如果某些路由器启用了 IPsec 隧道保护机制，而其他路由器却没有启用 IPsec 隧道保护机制，那么配置参数不匹配的设备将无法在隧道接口上建立连接。

20.4.1 预共享密钥认证

部署 IPsec 隧道保护机制的第一种方式就是使用静态预共享密钥，需要创建如下内容。

- IKEv2 密钥环。
- IKEv2 配置文件。
- IPsec 转换集。
- IPsec 配置文件。

本节重点关注连接 Internet 的 DMVPN 路由器（见图 20-4）。接下来将详细讨论如何在 DMVPN Tunnel 200 上配置 IPsec 隧道保护机制。

1. IKEv2 密钥环

IKEv2 密钥环是预共享密钥的存储库。可以在密钥环中定义哪些密钥应用于哪些主机，基于远程路由器的 IP 地址来识别密码。创建 IKEv2 密钥环的步骤如下。

步骤 1 通过命令 **crypto ikev2 keyring** *keyring-name* 创建 IKEv2 密钥环。

步骤 2 通过命令 **peer** *peer-name* 创建对等体。为了简单起见，本例仅创建了一个名为 ANY 的对等体，但实际的密钥环支持多个对等体，每个对等体都有一个匹配的限定符，可以使用不同的密码。

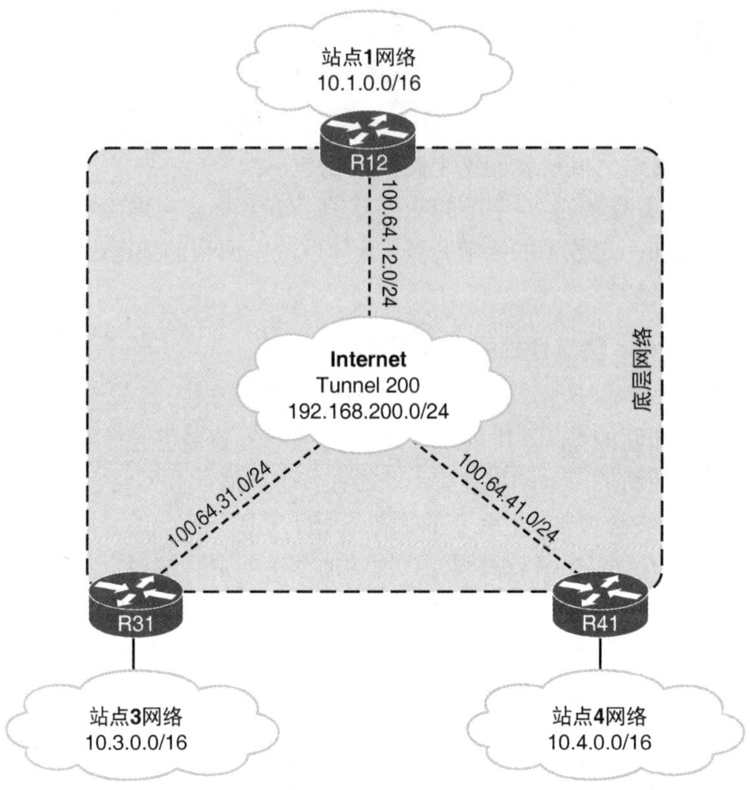

图 20-4 DMVPN 示例

步骤 3 识别 IP 地址以使用适当的对等体配置（基于远程设备的 IP 地址）。通过命令 **address** *network subnetmask* 定义 IP 地址范围，为简单起见，本例使用数值 0.0.0.0 0.0.0.0 以匹配任意对等体。IPv6 传输网络可以使用数值::/0 来匹配任意 IPv6 对等体。

步骤 4 最后一步是通过命令 **pre-shared-key** *secure-key* 定义预共享密钥。一般来说，使用长的字母、数字混合密钥可以提高安全性。

例 20-1 显示了一个简单的 IKEv2 密钥环，负责保护 Internet 上的 DMVPN 路由器。

例 20-1 IKEv2 密钥环

```
crypto ikev2 keyring DMVPN-KEYRING-INET
 peer ANY
 address 0.0.0.0 0.0.0.0
 pre-shared-key CISCO456
```

2. IKEv2 配置文件

IKEv2 配置文件是在 IKE 安全关联期间使用的一组不可协商的安全参数，IKEv2 配置文件随后会与 IPsec 配置文件相关联。IKEv2 配置文件必须定义本地和远程认证方法以及 **match** 语句（匹配身份、证书等）。

创建 IKEv2 配置文件的基本步骤如下。

步骤 1 通过命令 **crypto ikev2 profile** *ike-profile-name* 定义 IKEv2 配置文件。

步骤 2 通过命令 **match identity remote address** *ip-address* 定义对等体的 IP 地址。为了简单起见，使用数值 0.0.0.0 以匹配任意对等体。IPv6 传输网络可以使用数值::/0 来匹配任意 IPv6 对等体。

步骤 3 （可选）通过命令 **identity local address** *ip-address* 设置本地路由器的身份（基于 IP 地址）。部署预共享密钥认证机制不需要该命令，但是该命令对于部署 PKI 认证机制来说非常有帮助。指定的 IP 地址应该与注册证书时使用的 IP 地址相匹配（建议使用 Loopback 0 IP 地址）。

步骤 4 如果 DMVPN 隧道使用了 FVRF，就通过命令 **match fvrf** {*vrf-name* | **any**} 将 FVRF 实例与 IKEv2 配置文件相关联。使用关键字 **any** 可以选择任一个 FVRF 实例。

步骤 5 为远程对等体收到的连接请求定义认证方法。可以通过命令 **authentication local** {**pre-share** | **rsa-sig**} 定义本地认证方法。只能选择一个本地认证方法。关键字 **pre-share** 用于预共享静态密钥，**rsa-sig** 用于证书认证。

步骤 6 为发送给远程对等体的连接请求定义认证方法。可以通过命令 **authentication remote** {**pre-share** | **rsa-sig**} 定义远程认证方法，多次重复该命令就可以定义多种远程认证方法。关键字 **pre-share** 用于预共享静态密钥，**rsa-sig** 用于证书认证。

步骤 7 对于预共享认证来说，需要通过命令 **keyring local** *keyring-name* 将 IKEv2 密钥环与 IKEv2 配置文件相关联。

例 20-2 显示了使用预共享密钥认证的 IKEv2 配置文件示例。

例 20-2 IKEv2 配置文件示例

```
crypto ikev2 profile DMVPN-IKE-PROFILE-INET
 match fvrf INET01
 match identity remote address 0.0.0.0
 authentication remote pre-share
 authentication local pre-share
 keyring local DMVPN-KEYRING-INET
```

可以通过命令 **show crypto ikev2 profile** 显示 IKEv2 配置文件（见例 20-3），其中包含认证方法、FVRF、IKE 密钥环、身份的 IP 地址以及 IKE 生存期等信息。

例 20-3 显示 IKEv2 配置文件

```
R12-DC1-Hub2# show crypto ikev2 profile
IKEv2 profile: DMVPN-IKE-PROFILE-INET
 Ref Count: 1
 Match criteria:
  Fvrf: INET01
  Local address/interface: none
  Identities:
   address 0.0.0.0
  Certificate maps: none
 Local identity: none
 Remote identity: none
```

```
Local authentication method: pre-share
Remote authentication method(s): pre-share
EAP options: none
Keyring: DMVPN-KEYRING-INET
Trustpoint(s): none
Lifetime: 86400 seconds
DPD: disabled
NAT-keepalive: disabled
Ivrf: none
Virtual-template: none
mode auto: none
AAA AnyConnect EAP authentication mlist: none
AAA EAP authentication mlist: none
AAA Accounting: none
AAA group authorization: none
AAA user authorization: none
```

3. IPsec 转换集

IPsec 转换集负责标识对流量进行加密的安全协议（如 ESP），指定通过协议 ESP 或 AH 对数据进行认证。

表 20-2 提供了可插入 IPsec 转换集的常见 IPsec 转换矩阵，插入准则如下。

- 为数据机密性选择 ESP 加密转换。
- 为数据机密性选择 AH 或 ESP 认证转换。

表 20-2 IPsec 转换矩阵

转换类型	转换	描述
ESP 加密	esp-aes 128	基于 128 比特 AES（Advanced Encryption Standard，高级加密标准）加密算法的 ESP
	esp-aes 192	基于 192 比特 AES 加密算法的 ESP
	esp-aes 256	基于 256 比特 AES 加密算法的 ESP
	esp-gcm 128	使用 GCM（Galois Counter Mode，伽罗瓦计数器模式）128 比特密码的 ESP 转换
	esp-gcm 192	使用 GCM 192 比特密码的 ESP 转换
	esp-gcm 256	使用 GCM 256 比特密码（下一代加密）的 ESP 转换
ESP 认证	esp-sha-hmac	基于 SHA（Secure Hash Algorithm，安全哈希算法，HMAC 的变体）认证算法的 ESP
	esp-sha256-hmac	基于 256 比特 SHA-2（HMAC 的变体）认证算法的 ESP
	esp-sha384-hmac	基于 384 比特 SHA-2（HMAC 的变体）认证算法的 ESP
	esp-sha512-hmac	基于 512 比特 SHA-2（HMAC 的变体）认证算法的 ESP
AH 认证	ah-md5-hmac	基于 MD5 认证算法的 AH
	ah-sha-hmac	基于 SHA 认证算法的 AH

创建 IPsec 转换集的步骤如下。

步骤 1 通过命令 **crypto ipsec transform-set** *transform-set-name* [*esp-encryption-name*] [*esp-authentication-name*] [*ah-authentication-name*]创建 IPsec 转换

集并标识转换方式，转换集和转换标识都通过该命令完成。只能为 ESP 加密、ESP 认证和 AH 认证选择一个 IPsec 转换集，建议的 IPsec 转换集组合如下：

```
esp-aes 256 和 esp-sha-hmac
esp-aes 和 esp-sha-hmac
```

步骤 2 通过命令 **mode** {**transport** | **tunnel**}配置 ESP 模式。默认模式是 ESP 隧道模式，没有什么好处，却为每个数据包增加了 20 字节的开销。本例使用 ESP 传输模式。

例 20-4 显示了一个 IPsec 转换集示例。

例 20-4 IPsec 转换集示例

```
crypto ipsec transform-set AES256/SHA/TRANSPORT esp-aes 256 esp-sha-hmac
 mode transport
```

可以通过命令 **show crypto ipsec transform-set** 验证 IPsec 转换集（见例 20-5）。

例 20-5 验证 IPsec 转换集

```
R12-DC1-Hub2# show crypto ipsec transform-set
! Output omitted for brevity
Transform set AES256/SHA/TRANSPORT: { esp-256-aes esp-sha-hmac }
  will negotiate = { Transport, },
```

4. IPsec 配置文件

IPsec 配置文件包括 IPsec 转换集和 IKEv2 配置文件。创建 IPsec 配置文件的步骤如下。

步骤 1 通过命令 **crypto ipsec profile** *profilename* 创建 IPsec 配置文件，然后进入 IPsec 配置文件配置子模式环境。

步骤 2 通过命令 **set transform-set** *transform-set-name* 指定 IPsec 转换集。

步骤 3 通过命令 **set ikev2-profile** *ike-profile-name* 指定 IKEv2 配置文件。

例 20-6 提供了一个 IPsec 配置文件示例。

例 20-6 IPsec 配置文件示例

```
crypto ipsec profile DMVPN-IPSEC-PROFILE-INET
 set transform-set AES256/SHA/TRANSPORT
 set ikev2-profile DMVPN-IKE-PROFILE-INET
```

可以通过命令 **show crypto ipsec profile** 验证 IPsec 配置文件（见例 20-7）。

例 20-7 验证 IPsec 配置文件

```
R12-DC1-Hub2# show crypto ipsec profile
! Output omitted for brevity
IPSEC profile DMVPN-IPSEC-PROFILE-INET
          IKEv2 Profile: DMVPN-IKE-PROFILE-INET
          Security association lifetime: 4608000 kilobytes/3600 seconds
          Responder-Only (Y/N): N
```

```
        PFS (Y/N): N
        Mixed-mode : Disabled
        Transform sets={
                AES256/SHA/TRANSPORT: { esp-256-aes esp-sha-hmac } ,
```

5. 加密隧道接口

配置完所有必需的 IPsec 组件之后，就可以通过命令 **tunnel protection ipsec profile** *profile-name* [**shared**]将 IPsec 配置文件与 DMVPN 隧道接口关联起来，如果路由器需要在同一个传输接口上终结多个加密 DMVPN 隧道，就需要使用关键字 **shared**。该命令可以在多个 DMVPN 隧道之间共享 IPsec SADB（Security Association Database，安全关联数据库）。由于 SADB 是共享数据库，因而必须在每个 DMVPN 隧道接口上定义唯一的隧道密钥，以确保加密/解密流量能够穿越正确的 DMVPN 隧道。

> 注：由于本书的示例拓扑结构没有在同一个传输接口上终结多个 DMVPN 隧道，因而不需要使用关键字 **shared**，也不需要定义隧道密钥。

例 20-8 提供了加密 DMVPN 隧道接口的配置示例。将本节的配置应用于 R12、R31 和 R41 之后，就可以通过 IPsec 来保护 DMVPN 隧道了。

例 20-8　加密 DMVPN 隧道接口的配置示例

```
interface Tunnel200
 tunnel protection ipsec profile DMVPN-IPSEC-PROFILE-INET
```

6. IPsec 数据包重放保护

思科的 IPsec 实现提供了防重放机制，通过为每个加密数据包分配唯一的序列号来防止入侵者复制加密数据包。路由器解密 IPsec 数据包时，会跟踪接收到的数据包，IPsec 防重放服务可以拒绝（丢弃）重复的数据包或旧的数据包。

路由器通过以下逻辑来识别可接受的数据包寿命。路由器维护了一个序列号窗口（默认大小为 64 个数据包）。最小序列号等于数据包的最大序列号减去窗口大小，如果序列号介于最小序列号与最大序列号之间，就认为该数据包有效。

有时默认的 64 个数据包窗口大小无法满足需求。序列号是在加密期间设置的，该操作发生在 QoS 策略处理之前。数据包可能会因为 QoS 优先级而被延迟，导致数据包出现乱序（低优先级数据包需要进行排队，高优先级数据包则立即进行转发）。接收路由器上的序列号将增大，因为高优先级数据包不断将窗口向前推动，等到低优先级数据包随后到达时，就会被丢弃。

增加防重放窗口的大小不会影响吞吐量或安全性。为了在解密设备上存储序列号，每个入站 IPsec SA 都需要额外的 128 字节。可以通过命令 **crypto ipsec securityassociation replay window-size** *window-size* 在全局范围内增加窗口大小，思科建议为平台使用最大窗口大小（1024）。

7. 失效对等体检测

两台路由器之间建立了 IPsec VPN 隧道之后，可能会因某些原因而导致路由器之间的连接出现故障。但是大多数情况下，IKE 和 IPsec 本身无法检测对等体连接故障，因而会导致网络流量被阻塞，直至 SA 生存期到期。

DPD（Dead Peer Detection，失效对等体检测）能够检测与远程 IPsec 对等体之间的连接性故障。以按需模式启用 DPD 之后，仅在需要将流量发送给 IPsec 对等体且对对等体的有效性存在疑问时，两台路由器才会检查连接性。在这种情况下，路由器会发送 DPD R-U-THERE 请求以查询远程对等体的状态，如果远程路由器未响应 R-U-THERE 请求，那么请求路由器就会在等待重试间隔之后再次发送 R-U-THERE 请求，最多重试 5 次。此后，就会宣告对等体已失效。

可以在 IKEv2 配置文件中通过命令 **crypto ikev2 dpd** [*interval-time*] [*retry-time*] **on-demand** 配置 DPD。通常将间隔时间设置为路由协议定时器的两倍（2×20），将重试间隔设置为 5s。从本质上来说，总时间长度为 2×20（路由协议定时器）$+5\times5$（重试次数）= 65s，超出了路由协议保留时间，因而仅在路由协议无法正常运行时 DPD 才起作用。

请注意，仅在分支路由器上配置 DPD，不在中心路由器上配置 DPD，因为中心路由器维护所有分支路由器的状态需要大量 CPU 处理资源。

8．NAT 保活

启用了 NAT 保活机制之后，可以确保两个对等体在连接建立期间保持动态 NAT 映射处于活动状态。NAT 保持激活消息是 UDP（User Datagram Protocol，用户数据报协议）数据包，包含了 1 字节未加密净荷。使用 DPD 检测对等体状态时，如果 IPsec 实体在指定时段内未发送或接收数据包，就会发送 NAT 保活消息。可以通过命令 **crypto isakmp nat keepalive** *seconds* 启用 NAT 保活机制。

> 注：需要将该命令放在 DMVPN 分支路由器上，因为分支路由器与中心路由器之间的路由协议需要维护 NAT 状态，而 Spoke-to-Spoke 隧道不维护路由协议关系，因而不需要维护 NAT 状态。

9．基于预共享认证的 IPsec DMVPN 完整配置

例 20-9 使用本节的所有设置在 R12、R31 和 R41 的 Internet DMVPN 隧道上启用了 IPsec 保护功能。

例 20-9　基于预共享认证的 IPsec DMVPN 完整配置

```
R12
crypto ikev2 keyring DMVPN-KEYRING-INET
 peer ANY
   address 0.0.0.0 0.0.0.0
   pre-shared-key CISCO456
!
crypto ikev2 profile DMVPN-IKE-PROFILE-INET
 match fvrf INET01
 match identity remote address 0.0.0.0
 authentication remote pre-share
 authentication local pre-share
 keyring local DMVPN-KEYRING-INET
```

```
!
crypto ipsec transform-set AES256/SHA/TRANSPORT esp-aes 256 esp-sha-hmac
 mode transport
!
crypto ipsec profile DMVPN-IPSEC-PROFILE-INET
 set transform-set AES256/SHA/TRANSPORT
 set ikev2-profile DMVPN-IKE-PROFILE-INET
!
interface Tunnel200
 tunnel protection ipsec profile DMVPN-IPSEC-PROFILE-INET
!
crypto ipsec security-association replay window-size 1024
```

```
R31 and R41
crypto ikev2 keyring DMVPN-KEYRING-INET
 peer ANY
  address 0.0.0.0 0.0.0.0
  pre-shared-key CISCO456
!
crypto ikev2 profile DMVPN-IKE-PROFILE-INET
 match fvrf INET01
 match identity remote address 0.0.0.0
 authentication remote pre-share
 authentication local pre-share
 keyring local DMVPN-KEYRING-INET
 dpd 40 5 on-demand
!
crypto ipsec transform-set AES256/SHA/TRANSPORT esp-aes 256 esp-sha-hmac
 mode transport
!
crypto ipsec profile DMVPN-IPSEC-PROFILE-INET
 set transform-set AES256/SHA/TRANSPORT
 set ikev2-profile DMVPN-IKE-PROFILE-INET
!
interface Tunnel200
 tunnel protection ipsec profile DMVPN-IPSEC-PROFILE-INET
!
crypto ipsec security-association replay window-size 1024
!
crypto isakmp nat keepalive 20
```

20.4.2 DMVPN 隧道加密验证

为 DMVPN 隧道配置了 IPsec 保护机制之后，应该验证相应的配置状态。命令 **show dmvpn detail** 提供了 IPsec 的相关信息。

例 20-10 显示了该命令在 R31 上运行的输出结果，列出了 DMVPN 隧道状态、底层 IP 地址和数据包计数等信息，检查输出结果中的数据包计数信息是验证网络流量通过 DMVPN 隧道发送或接收的步骤之一。

例 20-10 验证 IPsec DMVPN 隧道保护机制

```
R31-Spoke# show dmvpn detail
! Output omitted for brevity
```

```
# Ent Peer NBMA Addr  Peer Tunnel Add State UpDn Tm Attrb Target Network
----- --------------- --------------- ----- -------- ----- -----------------
    1  100.64.12.1      192.168.200.12     UP  00:03:39    S   192.168.200.12/32

Crypto Session Details:
--------------------------------------------------------------------------------
Interface: Tunnel200
Session: [0xE7192900]
 Session ID: 1
 IKEv2 SA: local 100.64.31.1/500 remote 100.64.12.1/500 Active
 Capabilities:(none) connid:1 lifetime:23:56:20
 Crypto Session Status: UP-ACTIVE
 fvrf: INET01, Phase1_id: 100.64.12.1
 IPSEC FLOW: permit 47 host 100.64.31.1 host 100.64.12.1
        Active SAs: 2, origin: crypto map
        Inbound: #pkts dec'ed 22 drop 0 life (KB/Sec) 4280994/3380
        Outbound: #pkts enc'ed 20 drop 0 life (KB/Sec) 4280994/3380
 Outbound SPI : 0x35CF62F4, transform : esp-256-aes esp-sha-hmac
   Socket State: Open

Pending DMVPN Sessions:
```

命令 **show crypto ipsec sa** 可以提供命令 **show dmvpn detail** 所没有的更多输出信息。例 20-11 显示了所有安全关联的相关信息，请注意检查路径 MTU、隧道模式以及重放检测信息。

例 20-11　验证 IPsec 安全关联

```
R31-Spoke# show crypto ipsec sa

interface: Tunnel200
   Crypto map tag: Tunnel200-head-0, local addr 100.64.31.1

   protected vrf: (none)
   local ident (addr/mask/prot/port): (100.64.31.1/255.255.255.255/47/0)
   remote ident (addr/mask/prot/port): (100.64.12.1/255.255.255.255/47/0)
   current_peer 100.64.12.1 port 500
    PERMIT, flags={origin_is_acl,}
   #pkts encaps: 16, #pkts encrypt: 16, #pkts digest: 16
   #pkts decaps: 18, #pkts decrypt: 18, #pkts verify: 18
   #pkts compressed: 0, #pkts decompressed: 0
   #pkts not compressed: 0, #pkts compr. failed: 0
   #pkts not decompressed: 0, #pkts decompress failed: 0
   #send errors 0, #recv errors 0

    local crypto endpt.: 100.64.31.1, remote crypto endpt.: 100.64.12.1
    plaintext mtu 1362, path mtu 1400, ip mtu 1400, ip mtu idb Tunnel200
    current outbound spi: 0x366F5BFF(913267711)
    PFS (Y/N): N, DH group: none

    inbound esp sas:
     spi: 0x66DD2026(1725767718)
       transform: esp-256-aes esp-sha-hmac ,
       in use settings ={Transport, }
```

```
        conn id: 4, flow_id: SW:4, sibling_flags 80000000, crypto map: Tunnel200-head-0
        sa timing: remaining key lifetime (k/sec): (4306710/3416)
        IV size: 16 bytes
       replay detection support: Y
        Status: ACTIVE(ACTIVE)

    inbound ah sas:
    inbound pcp sas:

    outbound esp sas:
     spi: 0x366F5BFF(913267711)
       transform: esp-256-aes esp-sha-hmac ,
        in use settings ={Transport, }
        conn id: 3, flow_id: SW:3, sibling_flags 80000000, crypto map: Tunnel200-head-0
        sa timing: remaining key lifetime (k/sec): (4306711/3416)
       IV size: 16 bytes
       replay detection support: Y
       Status: ACTIVE(ACTIVE)

    outbound ah sas:
    outbound pcp sas:
```

注：为所有传输网络都配置加密机制可以简化部署和故障排查工作，因为此时所有的传输网络配置均相同。由于所有路径的配置均相同，因而不需要对流量进行特别关注。

20.4.3 IKEv2 保护

从前面了解到的 IKEv1 限制可以看出，保护路由器免受各种 IKE 攻击是 IKEv2 得以发展的重要原因。第一个关键概念就是限制 IKE 建立过程所需的数据包数量。由于 CPU 需要维护每个 SA 的状态以及会话协商信息，因而 CPU 的利用率会不断提高。如果 CPU 处于高利用率状态，那么已启动的会话最终就可能会无法完成，因为其他会话消耗了有限的 CPU 资源。如果预期会话数与能够建立的会话数不同，就可能会产生问题。限制可协商的会话数能够在最大程度上减少所需的 CPU 资源，从而得到预期可建立的会话数。

可以通过命令 **crypto ikev2 limit** {**max-in-negotation-sa** *limit* | **max-sa** *limit*} [**outgoing**] 限制正在建立的会话数或者允许建立的会话数。

- 关键字 **max-sa** 可以限制路由器在正常情况下能够建立的 SA 总数。为了实现重新协商，可以将该值设置为正在进行的会话数的两倍。
- 如果要限制同时协商的 SA 数量，可以使用关键字 **max-in-negotiation-sa**。
- 为了保护 IKE 免受半开（Half-open）会话的影响，可以利用 Cookie 来验证会话是有效的 IKEv2 会话，而不是 DoS（Denial-of-Service，拒绝服务）攻击。可以通过命令 **crypto ikev2 cookie-challenge** *challenge-number* 定义执行 IKEv2 Cookie 质询之前的半开 SA 阈值。

例 20-12 中的 R41 将 SA 数量限制为 10，将协商数量限制为 6，并在会话数大于 4 的时候进行 IKEv2 Cookie 质询。R41 到中心路由器（R11）有 1 条静态会话，还允许 9 条会话，且均执行 IKEv2 Cookie 质询。

可以通过命令 **show crypto ikev2 stats** 显示 SA 限制参数。可以看出，R41 目前已与 4 台 DMVPN 中心路由器建立了 4 条会话。

例 20-12　配置加密 IKEv2 限制参数

```
R41-Spoke(config)# crypto ikev2 limit max-sa 10
R41-Spoke(config)# crypto ikev2 limit max-in-negotation-sa 6 outgoing
R41-Spoke(config)# crypto ikev2 limit max-in-negotation-sa 6
R41-Spoke(config)# crypto ikev2 cookie-challenge 4
R41-Spoke(config)# end
```

```
R41-Spoke# show crypto ikev2 stats
------------------------------------------------------------------------------
                Crypto IKEv2 SA Statistics
------------------------------------------------------------------------------
System Resource Limit:    0     Max IKEv2 SAs: 10 Max in nego(in/out): 6/6
Total incoming IKEv2 SA Count: 0          active:   0    negotiating: 0
Total outgoing IKEv2 SA Count: 4          active:   4    negotiating: 0
Incoming IKEv2 Requests: 1      accepted:   1       rejected:     0
Outgoing IKEv2 Requests: 4      accepted:   4       rejected:      0
Rejected IKEv2 Requests: 0     rsrc low:    0       SA limit:      0
IKEv2 packets dropped at dispatch: 0
Incoming IKEV2 Cookie Challenged Requests: 0
               accepted: 0      rejected: 0         rejected no cookie: 0
Total Deleted sessions of Cert Revoked Peers: 0
conformed 0000 bps, exceeded 0000 bps, violated 0000 bps
```

使用本章介绍的这些安全技术，可以有效地保护路由器及其传输端口，从而为网络提供数据完整性、数据机密性和数据可用性。

备考任务

本书提供多种备考手段：此处的练习题以及 Pearson Test Prep 软件中的模拟考试题。与实际试题相比，下面问题的难度更高，因为它们都是开放式问题。通过这种难度更高的问题，读者可以更好地测试知识掌握程度，以确保完全掌握本章基本概念和主要内容。下面的问题都可以在附录中找到参考答案。

1．复习所有考试要点

请复习本章涉及的所有重要主题，这些内容都用“考试要点”图标做了标记，表 20-3 列出了这些考试要点及其描述。

表 20-3　　考试要点

考试要点	描述
段落	数据安全术语
段落	安全关联
段落	ESP 模式
段落	IKEv2 密钥环
段落	IKEv2 配置文件

续表

考试要点	描述
段落	IPsec 转换集
段落	加密隧道接口
段落	IPsec 数据包重放保护
段落	DMVPN 隧道加密验证
段落	IKEv2 保护

2. 定义关键术语

请对本章中的下列关键术语进行定义。

认证报头（AH）协议、封装安全有效净荷（ESP）、数据机密性、数据完整性、数据可用性、源认证、重放检测、定期密钥更新、安全关联（SA）。

3. 检查命令的记忆程度

以下列出了本章用到的各种重要的配置和验证命令，虽然并不需要记忆每条命令的完整语法格式，但是应该记住这些命令所需的基本关键字。

为了检查你对这些命令的记忆情况，请用一张纸遮住表 20-4 的右侧，通过表格左侧的描述内容，看一看是否能记起这些命令。

表 20-4 命令参考

任务	命令语法
配置 IKEv2 密钥环	**crypto ikev2 keyring** *keyring-name* **peer** *peer-name* **address** *network subnet-mask* **pre-shared-key** *secure-key*
配置 IKEv2 配置文件	**crypto ikev2 profile** *ike-profile-name* **match identity remote address** *ip-address* **identity local address** *ip-address* **match fvrf** {*vrf-name* | **any**} **authentication local pre-share** **authentication remote pre-share** **keyring local** *keyring-name*
配置 IPsec 转换集	**crypto ipsec transform-set** *transform-set-name* [*esp-encryptionname*] [*esp-authentication-name*] [*ah-authentication-name*] **mode** {**transport** | **tunnel**}
配置 IPsec 配置文件	**crypto ipsec profile** *profile-name* **set transform-set** *transform-set-name* **set ikev2-profile** *ike-profile-name*
加密 DMVPN 隧道接口	**tunnel protection ipsec profile** *profile-name* [**shared**]
修改默认的 IPsec 重放窗口大小	**crypto ipsec security-association replay window-size** *window-size*
启用 IPsec NAT 保活机制	**crypto isakmp nat keepalive** *seconds*
显示 IKEv2 配置文件	**show crypto ikev2 profile**
显示 IPsec 配置文件	**show crypto ipsec profile**

由于 ENARSI 300-410 认证考试重点考查考生作为网络专家的实际动手能力，因而必须掌握与本章主题相关的配置、验证及故障排查命令。

第 21 章

ACL 和前缀列表故障排查

本章主要讨论以下主题。

- **IPv4 ACL 故障排查：** 本节将解释 IPv4 ACL 的阅读方法，以提高 IPv4 ACL 相关故障的排查效率。此外，本节还将讨论采用标准 IPv4 ACL、扩展 IPv4 ACL 以及基于时间的 IPv4 ACL 过滤 IPv4 数据包时的故障排查命令及进程。
- **IPv6 ACL 故障排查：** 本节将解释 IPv6 ACL 的阅读方法，以提高 IPv6 ACL 相关故障的排查效率。此外，本节还将讨论排查 IPv6 数据包过滤故障时需要用到的相关命令及进程。
- **前缀列表故障排查：** 本节将讨论高效排查前缀列表故障的方法，以解决与前缀列表相关的故障问题，并确定故障根源是否是前缀列表。
- **故障工单：** 本节将通过故障工单来解释如何通过结构化的故障排查过程来解决故障问题。

作为故障排查人员，必须熟练掌握 ACL 和前缀列表这类强大的工具和手段。ACL 和前缀列表能够对流量或路由进行分类，并根据需要采取相应的操作。ACL 或前缀列表的任何细微差错都可能会改变其含义，导致依赖它们进行路由或流量处理的服务或功能特性出现差错。

因此，必须能够高效阅读 ACL 及前缀列表，理解并掌握它们的处理方式以及网络设备利用其表项做出处理决策的方式，否则将无法成功解决或证实 ACL 故障或前缀列表故障。

本章将详细讨论 ACL 及前缀列表的相关信息，包括处理方式、阅读方式以及故障识别方式等内容。此外，本章还将解释利用 ACL 进行流量过滤以及利用前缀列表进行路由过滤的方法。

21.1 “我已经知道了吗？”测验

“我已经知道了吗？”测验的目的是帮助读者确定是否需要完整地学习本章知识或者直接跳至“备考任务”，如果读者对题目的答案还存在疑问，或者评估自己对这些主题知识的掌握程度还不够的话，就可以从头学起。表 21-1 列出了本章的主要内容以及与这些内容相关联的“我已经知道了吗？”测验题，答案可参见附录。

表 21-1 “我已经知道了吗？”基本主题章节与所对应的测验题

涵盖测验题的基本主题章节	测验题
IPv4 ACL 故障排查	1～4
IPv6 ACL 故障排查	5～7
前缀列表故障排查	8～10

注意：自我评价的目的是检验你对本章知识的掌握程度，如果不知道或仅部分知道问题的答案，出于自我评价的目的，请在该问题上标记“错”。为了不影响自我评价的结果，对不懂的问题请不要猜测答案，否则可能会造成一种已掌握的假象。

1. IPv4 ACL 的正确处理顺序是什么？
   a. 自顶而下处理，最长匹配后立即执行，隐式拒绝全部
   b. 最长匹配后立即执行，自顶而下处理，隐式拒绝全部
   c. 隐式拒绝全部，匹配后立即执行，自顶而下处理
   d. 自顶而下处理，匹配后立即执行，隐式拒绝全部
2. 如果接口应用了 ACL，但是数据包与该 ACL 中的任何表项均不匹配，那么将如何处理该数据包？
   a. 转发
   b. 泛洪
   c. 丢弃
   d. 缓存
3. 在接口上应用如下 ACL 的效果是什么：**20 permit tcp 10.1.1.0 0.0.0.63 host 192.0.2.1 eq 23**？
   a. 允许 IP 地址为 192.0.2.1 的设备向 IP 地址范围为 10.1.1.0～10.1.1.63 的所有设备发送 Telnet 流量
   b. 允许 IP 地址范围为 10.1.1.0～10.1.1.63 的所有设备向 IP 地址为 192.0.2.1 的设备发送 Telnet 流量
   c. 允许 IP 地址范围为 10.1.1.0～10.1.1.63 的所有设备向 IP 地址为 192.0.2.1 的设备发送 SSH 流量
   d. 允许 IP 地址为 192.0.2.1 的设备向 IP 地址范围为 10.1.1.0～10.1.1.63 的所有设备发送 SSH 流量
4. 下面哪条命令可以在接口上利用 ACL 100 成功过滤入站流量？
   a. **access-group 100 in**
   b. **access-class 100 in**
   c. **ip access-group 100 in**
   d. **ip traffic-filter 100 in**
5. IPv6 ACL 的正确处理顺序是什么？
   a. 匹配后立即执行→隐式允许 icmp nd→隐式拒绝全部→自顶而下处理
   b. 自顶而下处理→匹配后立即执行→隐式允许 icmp nd→隐式拒绝全部

c. 自顶而下处理→隐式允许 icmp nd→匹配后立即执行→隐式拒绝全部
d. 隐式允许 icmp nd→自顶而下处理→匹配后立即执行→隐式拒绝全部

6. 向 IPv6 ACL 的末尾添加如下表项后会怎么样：**deny ipv6 any any log**？（选择两项）
   a. 拒绝且记录所有流量
   b. 拒绝且记录与该 ACL 中任一条表项不匹配的流量
   c. 仍隐式允许 ICMP 邻居发现消息
   d. 拒绝 ICPM 邻居发现消息
7. 下面哪条命令可以在接口上利用名为 ENARSI 的 IPv6 ACL 成功过滤出站流量？
   a. **access-group ENARSI out**
   b. **access-class ENARSI out**
   c. **ipv6 access-group ENARSI out**
   d. **ipv6 traffic-filter ENARSI out**
8. 下面哪个 IP 前缀列表仅匹配默认路由？
   a. **ip prefix-list ENARSI permit 0.0.0.0/0 le 32**
   b. **ip prefix-list ENARSI permit 0.0.0.0/0 ge 32**
   c. **ip prefix-list ENARSI permit 0.0.0.0/0 ge 1**
   d. **ip prefix-list ENARSI permit 0.0.0.0/0**
9. 下面哪个 IP 前缀列表将匹配全部路由？
   a. **ip prefix-list ENARSI permit 0.0.0.0/0 le 32**
   b. **ip prefix-list ENARSI permit 0.0.0.0/0 ge 32**
   c. **ip prefix-list ENARSI permit 0.0.0.0/0 ge 1**
   d. **ip prefix-list ENARSI permit 0.0.0.0/0**
10. 下面哪些路由将匹配如下前缀列表：**ip prefix-list ENARSI seq 35 deny 192.168.0.0/20 ge 24 le 28**？
   a. IP 地址为 192.168.0.0～192.168.15.255 且子网掩码为 24～28 的路由
   b. 192.168.0.0/20 子网内且子网掩码大于 24 且小于 28 的路由
   c. 子网 ID 和掩码为 192.168.0.0/20 的路由
   d. IP 地址为 192.168.0.0～192.168.15.255 且子网掩码为 24 或 28 的路由

基础主题

21.2 IPv4 ACL 故障排查

ACL 的作用是根据各种条件（如源或目的 IP 地址、源或目的端口号、传输层协议、QoS 标记等）识别流量。创建 ACL 之后，必须将其应用到相应的服务、功能特性或接口上，否则不起任何作用。例如，可以利用 ACL 识别将要通过 NAT 和 PAT（Port Address Translation，端口地址转换）转换为公有地址的私有 IP 地址，也可以利用 ACL 来控制重分发哪些路由、对哪些数据包进行策略路由以及哪些数据包将被路由器允许或拒绝。因此，作为故障排查人员，必须能够正确阅读 ACL 以确定其正确性，否则在相应的服务上应用 ACL 之后将无法获得期望效果。

本节将解释 IPv4 ACL 的故障排查方法，确保按照期望创建正确的 ACL，此外还将提供与数据包过滤相关的案例，以及与分发列表、路由映射、PBR 等功能特性相关的案例。

21.2.1 阅读 IPv4 ACL

虽然正确阅读 ACL 并理解其创建意图对于故障排查人员来说至关重要，但是由于在排查 ACL 相关故障时需要识别故障原因，因而理解 ACL 的工作方式更加重要。下面列出了 IPv4 ACL 的处理步骤，请务必记住这些处理步骤，因为这将有助于正确理解 IPv4 ACL 的处理行为。

步骤 1 **自顶而下处理：**ACL 由不同的表项组成，设备按照自顶而下的顺序依次处理 ACL 中的这些表项。

步骤 2 **匹配后立即执行：**与数据包中被比对的数值相匹配的第一个表项就是将要使用的表项，该表项可能是允许表项，也可能是拒绝表项，将根据 ACL 的部署方式处理数据包。即便 ACL 中后面的表项也匹配，也不会进行任何处理，因为只有第一个匹配表项起作用。

步骤 3 **隐式拒绝全部：**如果 ACL 的所有表项与数据包均不匹配，那么根据 ACL 末尾不可见的隐式拒绝全部表项，将自动拒绝该数据包（基于该原因，ACL 中至少需要有一条允许表项，否则会自动拒绝全部）。

例 21-1 给出了一个使用标准列表号的 ACL 示例，该 ACL 仅使用源 IPv4 地址，本例中的 ACL 列表号为 1，包含 4 条表项，且这些表项按照最精确到最不精确的方式进行排列。对于早期的 IOS 版本来说，如果没有按照最精确到最不精确的方式创建 ACL 表项，以较为通用的表项（与 ACL 中前面的表项相比）结束，就会因为丢弃或允许不应该的流量而产生故障问题。对于后来较新的 IOS 版本来说，如果试图创建的表项比 ACL 中已有表项更精确，那么路由器将阻止建立该表项，并提示相应的出错消息。

例 21-1 使用标准列表号的 ACL 示例

```
Router# show access-lists
Standard IP access list 1
 5 deny 10.1.1.5
 10 permit 10.1.1.0, wildcard bits 0.0.0.63 (1 match)
 20 deny 10.1.1.64, wildcard bits 0.0.0.63
 30 permit 10.1.1.0, wildcard bits 0.0.0.255
```

请注意列表号为 5 的表项拒绝源自 10.1.1.5 的流量的方式，虽然紧挨着的列表号为 10 的表项允许 10.1.1.5，但由于 ACL 采用自顶而下且匹配后立即执行的处理方式，因而将拒绝 10.1.1.5。同样，虽然列表号为 30 的表项允许源自 10.1.1.0～10.1.1.255 的所有流量，但是 10.1.1.5 被列表号为 5 的表项拒绝，10.1.1.64～10.1.1.127 则被列表号为 20 的表项拒绝。那么其他源 IP 地址与该 ACL 中的表项均不匹配该怎么办呢？如 IP

地址 192.168.2.1，由于 ACL 的末尾隐含了一条拒绝全部表项（看不见），因而这些源 IP 地址均被拒绝。

由于扩展 ACL 包含了更多参数，因而其阅读及故障排查方式也更为复杂。前面给出的 ACL 示例是一个标准 ACL，只能在表项中指定源地址，而扩展 ACL 则可以指定源地址和目的地址、源端口号和目的端口号、协议以及其他参数，因而能够提供更加精细化的匹配控制能力。此外，需要记住的是，可以对标准 IPv4 ACL 和扩展 IPv4 ACL 进行命名，而不一定仅仅使用编号。

例 21-2 给出了一个使用扩展列表号的 ACL 示例，例中的 ACL 列表号为 100，包含 4 条表项，并且这些表项按照最精确到最不精确的方式进行排列。请注意，列表号为 10 的表项拒绝 10.1.1.5 访问地址为 192.0.2.1 且使用端口 80 的 TCP 服务，同时，列表号为 20 的表项允许 10.1.1.5 以 Telnet 方式登录 192.0.2.1，并且列表号为 40 的表项允许 10.1.1.5 访问在任何端口上使用任何协议的目的地，因而可以在扩展 ACL 中采用更为精细化的控制手段来控制流量的匹配情况。

例 21-2 使用扩展列表号的 ACL 示例

```
R1# show access-lists 100
Extended IP access list 100
 10 deny tcp host 10.1.1.5 host 192.0.2.1 eq www
 20 permit tcp 10.1.1.0 0.0.0.63 host 192.0.2.1 eq telnet
 30 deny ip 10.1.1.64 0.0.0.63 host 192.0.2.1
 40 permit ip 10.1.1.0 0.0.0.255 any
```

21.2.2 使用 IPv4 ACL 进行过滤

利用 ACL 过滤数据包时，必须将 ACL 应用到接口上，此时可以在接口配置模式下使用 **ip access-group** { *acl_number*|*name* } { **in** | **out** }命令完成该工作（见例 21-3）。在接口上应用 ACL 时方向非常重要，在创建 ACL 的时候就必须考虑方向问题，如果将 ACL 应用到错误的接口或错误的方向，那么将无法实现期望目标。利用 **show ip interface** *interface_type interface_number* 命令可以验证应用到接口的 ACL 的相关信息。从例 21-3 可以看出，ACL 1 应用在 Gig0/0 的入站方向，ACL 100 应用在 Gig0/0 的出站方向。

例 21-3 验证应用于接口的 ACL

```
R1(config)# interface gigabitEthernet 0/0
R1(config-if)# ip access-group 100 out
R1(config-if)# ip access-group 1 in
R1(config-if)# end
R1# show ip interface gigabitEthernet 0/0
GigabitEthernet0/0 is up, line protocol is up
 Internet address is 10.1.1.1/24
 Broadcast address is 255.255.255.255
 Address determined by non-volatile memory
 MTU is 1500 bytes
 Helper address is 172.16.1.10
```

```
Directed broadcast forwarding is disabled
Multicast reserved groups joined: 224.0.0.5 224.0.0.6
Outgoing access list is 100
Inbound access list is 1
Proxy ARP is enabled
Local Proxy ARP is disabled
```

21.2.3 使用基于时间的 IPv4 ACL

ACL 默认在任何时间内都有效，但这可能并不是期望实现目标，例如，可能希望在某些时间段拒绝流量去往 Internet，在其他时间段则允许流量去往 Internet，或者允许特定服务或特定用户在星期一到星期五的下午 9 点到凌晨 1 点将文件备份到服务器上，其他时间则禁止备份文件。

为了实现该目标，可以使用基于时间的 ACL。例 21-4 给出了一个基于时间的 ACL 示例，可以看到列表号为 10 的 ACL 表项增加了一个“time-range”（时间范围）选项，该时间范围基于 AFTERHOURS 时间范围内配置的时间值。此外，该表项还标识了“active”（有效），表示当前表项将拒绝 10.1.1.5～192.0.2.1 的主机的 WWW 流量。由于基于时间的 ACL 附加了一个时间范围，因而在排查基于时间的 ACL 故障时，还必须同时检查时间范围本身的配置情况，例 21-5 给出了利用 **show time-range AFTERHOURS** 命令显示的 AFTERHOURS 时间范围的配置情况，其中有两个 weekdays 表项，一个是从下午 5 点到午夜，另一个是从午夜到上午 9 点（8:59），此外还有一个包含了全天所有时间的 weekend 表项，AFTERHOURS 后面也标识了“active”，表明目前有效且用在 ACL 中，等到该 ACL 表项位于时间范围之外时，就会显示“inactive”（失效）。

考试要点

例 21-4 基于时间的 ACL 示例

```
R1# show access-lists 100
Extended IP access list 100
 10 deny tcp host 10.1.1.5 host 192.0.2.1 eq www time-range AFTERHOURS (active)
 20 permit tcp 10.1.1.0 0.0.0.63 host 192.0.2.1 eq telnet
 30 deny ip 10.1.1.64 0.0.0.63 host 192.0.2.1
 40 permit ip 10.1.1.0 0.0.0.255 any
```

例 21-5 R1 配置的时间范围示例

```
R1# show time-range AFTERHOURS
time-range entry: AFTERHOURS (active)
 periodic weekdays 17:00 to 23:59
 periodic weekdays 0:00 to 8:59
 periodic weekend 0:00 to 23:59
 used in: IP ACL entry
```

到目前为止，我们已经了解到在排查基于时间的 ACL 故障时，除了排查 ACL 本身的故障之外，还要排查时间范围，但是还缺一个非常重要的排查对象：时间。基于时间的 ACL 以路由器的时钟为基础，如果路由器的时钟不正确，那么基于时间的 ACL 就有可能会在错误的时间内有效或失效。例 21-6 给出了利用 **show clock** 命令验证路由器当前时钟的方式，可以看出当前时间为 5 月 25 日（星期日）的上午 10:53，因而根据 AFTERHOURS 的配置情况，此时基于时间的 ACL 表项应该处于有效状态，仅希望星期一至星期五的上午 9 点到下午 5 点允许 Web 流量，其他时间则拒绝。

例 21-6　查看思科路由器的时间

```
R1# show clock
*10:53:50.067 UTC Sun May 25 2019
```

请等一下，是否能够确认上述时间的正确性呢？是否在以手动方式设置时钟？是否更改过这些时钟？或者正在使用 NTP（Network Time Protocol，网络时间协议）服务器吗？此时应该查看其他时间源以确定当前路由器时间的正确性。此外，如果使用了 NTP（应该使用），那么还需要检查 NTP 的设置情况，以确定时钟是否已经同步且时间正确，同时千万不要忘记夏令时因素。

21.3　IPv6 ACL 故障排查

IPv6 ACL 在 IPv6 网络中扮演了非常重要的角色，它可以根据不同的目的对流量进行分类，例如，对实施策略路由的流量进行分类，或者对穿越路由器时被过滤的流量进行分类。

利用 IPv6 ACL，可以按照逐个接口的方式对 IPv6 流量进行过滤。本节将解释 IPv6 ACL 的阅读方式，从而能够帮助故障排查人员有效地排查与 IPv6 ACL 相关的故障问题，并且能够确定是否按照期望目标将这些 ACL 正确应用到相应的接口上。

21.3.1　阅读 IPv6 ACL

虽然正确阅读 IPv6 ACL 并理解其创建意图对于故障排查人员来说至关重要，但是由于在排查 IPv6 ACL 相关故障时需要识别故障原因，因而理解 IPv6 ACL 的工作方式更加重要。下面列出了 IPv6 ACL 的处理步骤（与 IPv4 ACL 的相似），请务必记住这些处理步骤，因为这将有助于正确理解 IPv6 ACL 的处理行为。

步骤 1　自顶而下处理： ACL 由不同的表项组成，设备按照自顶而下的顺序依次处理 ACL 中的这些表项。

步骤 2　匹配后立即执行： 与数据包中被比对的数值相匹配的第一个表项就是将要使用的表项，该表项可能是允许表项，也可能是拒绝表项，将根据 ACL 的部署方式处理数据包。即便 ACL 中的后面表项也匹配，也不会进行任何处理，因为只有第一个匹配表项起作用。

步骤 3　隐式允许 icmp nd： 如果数据包是 NA（Neighbor Advertisement，邻居宣告）或 NS（Neighbor Solicitation，邻居请求）消息，就允许。

步骤 4　隐式拒绝全部： 如果 ACL 的所有表项与数据包均不匹配，那么根据 ACL 末尾不可见的隐式拒绝全部表项，将自动拒绝该数据包。

稍等，有没有发现上述步骤与 IPv4 ACL 的区别？上述步骤在隐式拒绝全部之前增加了一个步骤。前面曾经说过，IPv6 依赖 NDP 的 NA 和 NS 消息来确定与 IPv6 地址相关联的 MAC 地址，因而在隐式拒绝全部之前，需要为 NA 和 NS 消息增加以下隐式允许 icmp nd 的表项，以保证不会拒绝这些消息：

```
permit icmp any any nd-na
permit icmp any any nd-ns
```

不过，由于这些语句都是隐式允许语句，因而所有静态输入的命令都位于这些语句之前，如果像 IPv4 那样在 IPv6 ACL 的末尾运行了 **deny ipv6 any any log** 命令，那么将会中断 NDP 进程，因为该语句会在此时就拒绝 NA 和 NS 消息。因此，在排查 NDP 故障时，必须意识到 ACL 是可能的故障原因之一。

对于 IPv4 ACL 来说，标准 IPv4 ACL 与扩展 IPv4 ACL 之间有清晰的界限，但 IPv6 只有一种 ACL，与 IPv4 的扩展 ACL 相似。因此，可以在 IPv6 ACL 表项中根据期望目标灵活提供很少或很多信息。

例 21-7 给出了在 R1 上创建的 IPv6 ACL 示例，该 IPv6 ACL 的名称是 ENARSI，其阅读方式与 IPv4 ACL 的完全相同，例如，列表号为 20 的表项将拒绝任何设备向 2001:DB8:A:B::7/128 发送与 Telnet 相关的 TCP 流量，而列表号为 30 的表项将允许从 2001:DB8:A:A::20/128 向 2001:DB8:D::1/128 发送与 WWW 相关的 TCP 流量。

考试要点

例 21-7 IPv6 ACL 示例

```
R1# show ipv6 access-list
IPv6 access list ENARSI
 permit tcp host 2001:DB8:A:A::20 host 2001:DB8:A:B::7 eq telnet sequence 10
 deny tcp any host 2001:DB8:A:B::7 eq telnet sequence 20
 permit tcp host 2001:DB8:A:A::20 host 2001:DB8:D::1 eq www sequence 30
 deny ipv6 2001:DB8:A:A::/80 any sequence 40
 permit ipv6 2001:DB8:A:A::/64 any sequence 50
```

请注意，IPv6 ACL 中没有通配符掩码，而是在表项中指定前缀（见例 21-7 中列表号为 40 和 50 的表项），前缀能够实现与通配符掩码（定义地址范围）相同的目标。例如，前缀/128 就相当于全 0 的通配符掩码，表示该精确地址或主机（匹配地址中的所有比特），前缀/0 则相当于全 255 的通配符掩码（不匹配地址中的任何比特），前缀/64 表示必须匹配前 64 比特，后 64 比特则不必匹配，因而将包含/64 网络中的所有接口 ID。那么前缀/80 呢？前缀/80 表示必须匹配前 80 比特，最后 48 比特则不必匹配。因此，前缀定义的是 IPv6 地址中必须匹配的比特数。

21.3.2 利用 IPv6 ACL 进行过滤

利用 IPv6 ACL 过滤数据包时，必须将 ACL 应用到接口上，此时可以在接口配置模式下使用 **ipv6 traffic-filter** { *acl_name* } { **in** | **out** }命令完成该工作（见例 21-8）。在接口上应用 IPv6 ACL 时方向非常重要，在创建 ACL 的时候就必须考虑方向问题，如果将 ACL 应用到错误的接口或错误的方向，那么将无法实现期望目标。利用 **show ipv6 interface** *interface_type interface_number* 命令可以验证应用到接口的 IPv6 ACL 的相关

信息。从例 21-8 可以看出，IPv6 ACL ENARSI 应用在接口 Gig0/0 的入站方向。

例 21-8 验证应用于接口的 IPv6 ACL

```
R1(config)# interface gigabitEthernet 0/0
R1(config-if)# ipv6 traffic-filter ENARSI in
R1(config-if)# end
R1# show ipv6 interface gigabitEthernet 0/0
GigabitEthernet0/0 is up, line protocol is up
 IPv6 is enabled, link-local address is FE80::C808:3FF:FE78:8
 No Virtual link-local address(es):
 Global unicast address(es):
 2001:DB8:A:A::1, subnet is 2001:DB8:A:A::/64
 Joined group address(es):
 FF02::1
 FF02::2
 FF02::1:2
 FF02::1:FF00:1
 FF02::1:FF78:8
 MTU is 1500 bytes
 ICMP error messages limited to one every 100 milliseconds
 ICMP redirects are enabled
 ICMP unreachables are sent
 Input features: Access List
 Inbound access list ENARSI
 ND DAD is enabled, number of DAD attempts: 1
 ND reachable time is 30000 milliseconds (using 30000)
 ND advertised reachable time is 0 (unspecified)
 ND advertised retransmit interval is 0 (unspecified)
 ND router advertisements are sent every 200 seconds
 ND router advertisements live for 1800 seconds
 ND advertised default router preference is Medium
 Hosts use stateless autoconfig for addresses.
 Hosts use DHCP to obtain other configuration.
```

21.4 前缀列表故障排查

虽然 ACL 能够为希望匹配的流量提供非常精细化的控制手段，但无法根据子网掩码来识别路由。因此，如果要为路由过滤操作匹配路由，那么 ACL 就无法提供精细化的控制能力，此时就要用到前缀列表，前缀列表可以定义希望匹配的路由和前缀。本节将解释前缀列表的阅读方式，从而在调用前缀列表的相关功能特性出现故障时，能够有效解决前缀列表导致的故障问题或者证实前缀列表是故障根源。

注：本节讨论的内容均适用于 IPv4 前缀列表和 IPv6 前缀列表，两者的唯一区别在于，IPv4 前缀列表中的是 IPv4 地址和掩码，IPv6 前缀列表中的是 IPv6 地址和掩码，不过两者的原理和概念完全相同，因而本节的所有示例均基于 IPv4。

21.4.1 阅读前缀列表

首先看一个前缀列表示例。例 21-9 显示了创建名为 ENARSI 的前缀列表所用的相关配置命令，并且给出了 **show ip prefix-list** 命令的输出结果，该命令可以验证路由器配置的 IPv4 前缀列表信息，如果要验证 IPv6 前缀列表，需要使用 **show ipv6 prefix-list** 命令。

例 21-9 IPv4 前缀列表示例

```
R1# config t
Enter configuration commands, one per line. End with CNTL/Z.
R1(config)# ip prefix-list ENARSI seq 10 deny 10.1.1.0/26
R1(config)# ip prefix-list ENARSI seq 20 permit 10.1.1.0/24 le 32
R1(config)# ip prefix-list ENARSI seq 30 permit 0.0.0.0/0
R1(config)# ip prefix-list ENARSI seq 35 deny 192.168.0.0/20 ge 24 le 28
R1(config)# end
R1# show ip prefix-list
ip prefix-list ENARSI: 4 entries
 seq 10 deny 10.1.1.0/26
 seq 20 permit 10.1.1.0/24 le 32
 seq 30 permit 0.0.0.0/0
 seq 35 deny 192.168.0.0/20 ge 24 le 28
```

可以采取两种不同的方式来阅读前缀列表的表项，阅读前缀列表表项的不同方式取决于前缀表项的末尾是否有 le（小于或等于）或 ge（大于或等于）。

- **没有 ge 或 le**：如果表项不含 ge 或 le，就可以将前缀视为一个地址和一个子网掩码。以例 21-9 中列表号为 10 的表项为例，该表项中没有 ge 或 le，因而将精确匹配网络 10.1.1.0/26。例如，如果利用前缀列表来过滤 EIGRP 路由更新，那么该表项就会拒绝网络 10.1.1.0/26（意味着该网络将被过滤，不会发送给邻居，也不会从邻居收到该网络）。
- **有 ge 或 le**：如果表项包含 ge 或 le，就可以将前缀视为一个地址和一个通配符掩码。以例 21-9 中列表号为 20 的表项为例，由于该表项包含了 le，因而该表项定义了一个数值范围，10.1.1.0/24 实际上意味着 10.1.1.0 0.0.0.255（其中的 0.0.0.255 是子网掩码的反码），表示 10.1.1.0～10.1.1.255 的地址（与 ACL 相似），末尾的 le 表示小于或等于，32 指的是子网掩码，因此该表项将允许范围为 10.1.1.0～10.1.1.255 且子网掩码小于或等于 32（0～32）的所有地址。例如，如果利用前缀列表来过滤路由更新，那么该表项将允许 10.1.1.0/24、10.1.1.64/26 以及 10.1.1.128/30 等网络，因为这些网络均位于已定义的前缀范围及子网掩码范围内。

对于例 21-9 中列表号为 30 的表项来说，由于没有 ge 或 le，因而将精确匹配所列的地址和掩码。本例的地址和掩码为 0.0.0.0/0，是默认路由，因此，如果利用该表项过滤路由更新，那么该过滤器将允许默认路由。

对于例 21-9 中列表号为 50 的表项来说，由于有 ge 和 le，因而其地址和掩码被视为定义地址范围的地址及通配符掩码。因此，192.168.0.0/20 表示 192.168.0.0 0.0.15.255，定义的地址范围是 192.168.0.0～192.168.15.255。此外，ge 24 le 28 表示子网掩码范围是 24～28。因此，如果利用该表项过滤路由，那么该表项将拒绝范围为 192.168.0.0～192.168.15.255 且子网掩码为 24～28 的所有地址。

现在轮到你了，哪些路由将匹配下列前缀列表呢？

```
ip prefix-list EXAMPLE permit 10.1.1.0/24 ge 26
```

在继续学习之前，请试着自己回答该问题。

由于该表项有一个 ge，因而/24 被视为通配符掩码 0.0.0.255，意味着路由范围是10.1.1.0～10.1.1.255（前 24 比特必须匹配），而 ge 26 表示路由的子网掩码必须为 26～32，因而本前缀列表将匹配范围为 10.1.1.0～10.1.1.255 且子网掩码为 26～32 的所有路由。

21.4.2 前缀列表的处理

下面列出了前缀列表的处理步骤，请务必记住这些处理步骤，因为这有助于读者正确理解前缀列表的处理行为。

步骤 1 自顶而下处理：前缀列表由不同的表项组成，设备按照自顶而下的顺序依次处理前缀列表中的这些表项。对于例 21-9 来说，将依次处理列表号为 10、20、30、40 的表项。

步骤 2 匹配后立即执行：第一个匹配的表项就是将要使用的表项，该表项可能是允许表项，也可能是拒绝表项，并指示信息的处理方式。即便前缀列表中的后面表项也匹配，也不会进行任何处理，因为只有第一个匹配表项起作用。例如，虽然例 21-9 中的网络 10.1.1.0/26 位于列表号为 20 的表项定义的范围内，该表项将允许该网络，但是列表号为 10 的表项却拒绝该网络，而且首先处理的就是列表号为 10 的表项，因而该前缀列表将拒绝 10.1.1.0/26。

步骤 3 隐式拒绝全部：如果没有匹配项，那么根据前缀列表末尾不可见的隐式拒绝全部表项，将自动拒绝该信息。例如，如果利用例 21-9 中的前缀列表来过滤路由更新，并且收到了关于 172.16.32.0/29 的更新消息，由于列表号为 10、20、30 和 40 的表项均不匹配，因而将拒绝该路由更新。

由于前缀列表的末尾有一条隐式拒绝全部表项，因而前缀列表中至少要有一条允许语句，否则将拒绝所有信息。例如，如果要创建一个前缀列表以拒绝某条特定路由或某两条特定路由（如 10.1.1.0/24 和 10.1.2.0/24），就会创建如下表项：

```
ip prefix-list NAME seq 10 deny 10.1.1.0/24
ip prefix-list NAME seq 20 deny 10.1.2.0/24
```

虽然上述语句能够拒绝这两条路由，但由于前缀列表的末尾有一条隐式拒绝全部表项，因而该前缀列表也将拒绝其他所有前缀。因此，为了允许其他前缀，必须在前缀列表中包含一条这样的表项，下面的表项即可完成该功能：

```
ip prefix-list NAME seq 30 permit 0.0.0.0/0 le 32
```

请注意，不要将该表项与例 21-9 中的默认路由表项（seq 30）相混淆，默认路由表项中没有 le 或 ge，而该表项中有 le 或 ge。由于有 le，因而其表示的是地址和通配符掩码，0.0.0.0/0 实际表示的是 0.0.0.0 255.255.255.255，即地址范围是全部地址，子网掩码为 le 32，即 0～32，因此，该表项将允许所有路由。对于 IPv6 来说，允许全部路由的语句为：

```
ipv6 prefix-list NAME seq 30 permit ::/0 le 128
```

21.5 故障工单

本节将给出与本章前面讨论过的主题相关的故障工单，目的是通过这些故障工单让读者真正了解现实世界或考试环境中的故障排查流程。

21.5.1 故障工单21-1：IPv4 ACL故障工单

故障问题：PC1的用户（见图21-1）抱怨无法Telnet到192.0.2.1，但是又需要这么做。同时，该用户能够ping通192.0.2.1，且能够访问基于Web的网络资源。

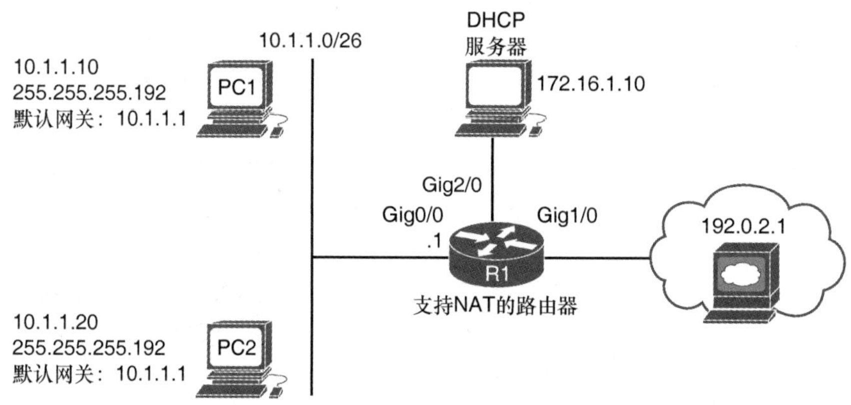

图21-1 IPv4 ACL故障工单拓扑结构

首先验证该故障问题。从PC1尝试向192.0.2.1发起Telnet操作，从例21-10的输出结果可以看出，操作失败。接着从PC1向192.0.2.1发起ping测试，从例21-10的输出结果可以看出，ping测试成功。

例21-10 PC1向192.0.2.1发起的Telnet失败、ping测试成功

```
C:\PC1>telnet 192.0.2.1
Connecting To 192.0.2.1...Could not open connection to the host, on port 23: Connect
failed

C:\PC1>ping 192.0.2.1
Reply from 192.0.2.1: bytes=32 time 1ms TTL=128
Reply from 192.0.2.1: bytes=32 time 1ms TTL=128
Reply from 192.0.2.1: bytes=32 time 1ms TTL=128
Reply from 192.0.2.1: bytes=32 time 1ms TTL=128

Ping statistics for 192.0.2.1:
Packets: Sent = 4, Received = 4, Lost = 0 (0% loss),
Approximate round trip times in milli-seconds:
Minimum = 0ms, Maximum = 0ms, Average = 0ms
```

此时应该想到故障原因可能是192.0.2.1禁用了Telnet服务或者应用了某种形式的ACL。为什么会想到ACL呢？因为该故障允许某些类型的流量，而拒绝其他类型的流

量，因而可以判断出该行为与流量过滤有关。

首先验证 R1 是否配置了可能会过滤 Telnet 相关流量的 ACL，通过 **show ip access-lists** 命令可以验证 R1 是否配置了 ACL（见例 21-11）。从输出结果可以看出，R1 配置了一个列表号为 100 的扩展 IPv4 ACL，其中有两条与 Telnet 相关的表项，一条是列表号为 10 的允许表项，另一条是列表号为 20 的拒绝表项。请注意，拒绝表项有 9 个匹配数据包，而允许表项没有匹配数据包。请大声朗读列表号为 10 的表项：

```
Sequence 10 will permit tcp traffic related to telnet from 192.0.2.1 to 10.1.1.10
```

再次查看该表项并考虑流量基于该表项的处理方式：

```
FROM 192.0.2.1 TO 10.1.1.10
```

PC1 正试图建立一条到 192.0.2.1 的 Telnet 会话（而不是从相反方向），而列表号为 10 的表项匹配的并不是从 PC1 到 192.0.2.1 的 Telnet 流量，而是从 192.0.2.1 到 PC1 的 Telnet 流量。

列表号为 20 的表项拒绝从网络 10.1.1.0/26 到所有目的地与 Telnet 相关的 TCP 流量，因此，按照自顶而下以及匹配后立即执行的处理原则，列表号为 20 的表项匹配了从 PC1 到 192.0.2.1 的 Telnet 流量，因而该流量被拒绝。

例 21-11 验证 R1 配置的 ACL

```
R1# show ip access-lists
Extended IP access list 100
 10 permit tcp host 192.0.2.1 host 10.1.1.10 eq telnet
 20 deny tcp 10.1.1.0 0.0.0.63 any eq telnet (9 matches)
 30 deny tcp 10.1.1.0 0.0.0.63 any eq ftp
 40 permit tcp 10.1.1.0 0.0.0.63 any eq 22
 50 deny tcp 10.1.1.0 0.0.0.63 any eq smtp
 60 permit ip any any (2 matches)
```

解决上述问题的最好方式就是删除列表号为 10 的表项并用正确表项替代该表项，此时可以采用命名式 ACL 配置模式来完成该工作。例 21-12 给出了利用命名式 ACL 配置模式来修改编号 ACL 的方式，此外还显示了 **show ip access-lists** 命令的输出结果，可以看出已经修改了该表项。

例 21-12 利用命名式 ACL 配置模式来修改编号 ACL

```
R1# config t
Enter configuration commands, one per line. End with CNTL/Z.
R1(config)# ip access-list extended 100
R1(config-ext-nacl)# no 10
R1(config-ext-nacl)# 10 permit tcp host 10.1.1.10 host 192.0.2.1 eq 23
R1(config-ext-nacl)# end
R1#
R1# show access-lists
Extended IP access list 100
 10 permit tcp host 10.1.1.10 host 192.0.2.1 eq telnet
 20 deny tcp 10.1.1.0 0.0.0.63 any eq telnet (9 matches)
```

```
 30 deny tcp 10.1.1.0 0.0.0.63 any eq ftp
 40 permit tcp 10.1.1.0 0.0.0.63 any eq 22
 50 deny tcp 10.1.1.0 0.0.0.63 any eq smtp
 60 permit ip any any (4 matches)
```

此时，从例 21-13 的输出结果可以看出，在 PC1 上运行的 **telnet 192.0.2.1** 命令已经成功。

例 21-13 从 PC1 向 192.0.2.1 发起的 Telnet 连接成功

```
C:\PC1>telnet 192.0.2.1
User Access Verification
Password:
```

再次查看 **show ip access-lists** 命令的输出结果（见例 21-14），可以看出目前列表号为 10 的表项已经有匹配的数据包了。

例 21-14 验证 ACL 表项的数据包匹配情况

```
R1# show ip access-lists
Extended IP access list 100
 10 permit tcp host 10.1.1.10 host 192.0.2.1 eq telnet (25 matches)
 20 deny tcp 10.1.1.0 0.0.0.63 any eq telnet (9 matches)
 30 deny tcp 10.1.1.0 0.0.0.63 any eq ftp
 40 permit tcp 10.1.1.0 0.0.0.63 any eq 22
 50 deny tcp 10.1.1.0 0.0.0.63 any eq smtp
 60 permit ip any any (5 matches)
```

21.5.2 故障工单 21-2：IPv6 ACL 故障工单

故障问题：PC2 的用户（见图 21-2）抱怨无法 Telnet 到 2001:db8:a:b::7，但是又需要这么做。同时，该用户能够 ping 通 2001:db8:a:b::7，且能够从 DHCP 服务器收到与 DHCP 相关的信息。

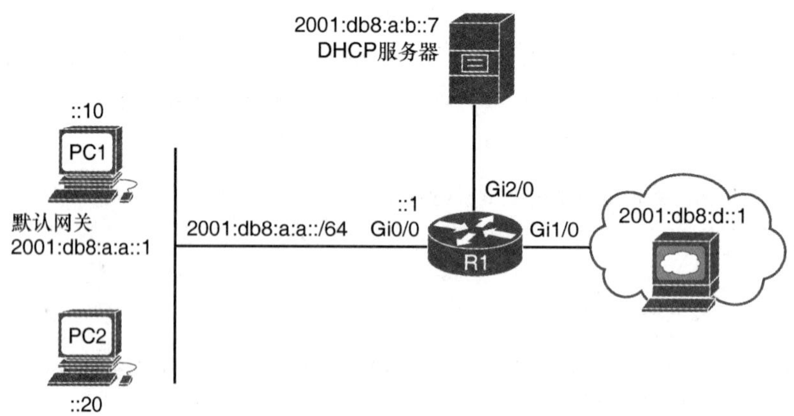

图 21-2 IPv6 ACL 故障工单拓扑结构

首先验证故障问题。从 PC2 尝试向 2001:db8:a:b::7 发起 Telnet 操作，从例 21-15 的

输出结果可以看出，操作失败。接着从 PC2 向 2001:db8:a:b::7 发起 ping 测试，从例 21-15 的输出结果可以看出，ping 测试成功。

例 21-15　PC2 向 2001:db8:a:b::7 发起的 Telnet 失败、ping 测试成功

```
C:\PC2>telnet 2001:db8:a:b::7
Connecting To 2001:db8:a:B::7...Could not open connection to the host, on port 23:
Connect failed

C:\PC2>ping 2001:db8:a:b::7

Pinging 2001:db8:a:b::7 with 32 bytes of data:
Reply from 2001:db8:a:b::7: time=46ms
Reply from 2001:db8:a:b::7: time=40ms
Reply from 2001:db8:a:b::7: time=40ms
Reply from 2001:db8:a:b::7: time=40ms

Ping statistics for 2001:db8:a:b::7:
 Packets: Sent = 4, Received = 4, Lost = 0 (0% loss),
Approximate round trip times in milli-seconds:
 Minimum = 40ms, Maximum = 46ms, Average = 41ms
```

是什么原因导致允许 ping 却拒绝 Telnet 呢？此时应该想到的故障原因可能是 2001:db8:a:b::7 禁用了 Telnet 服务或者 IPv6 ACL 过滤了接口的入站或出站流量，这是因为该故障允许某些类型的流量，却拒绝其他类型的流量，在大多数情况下该行为与流量过滤有关。

首先从 R1 向 2001:db8:a:b::7 发起 Telnet 操作，以验证 2001:db8:a:b::7 是否运行了 Telnet 服务，从例 21-16 的输出结果可以看出，Telnet 成功。如果 Telnet 不成功，就可以访问该服务器或者联系该服务器的负责人，以确定是否启用了 Telnet 服务。

例 21-16　从 R1 向 2001:db8:a:b::7 发起的 Telnet 操作成功

```
R1# telnet 2001:db8:a:b::7
Trying 2001:DB8:A:B::7 ... Open

User Access Verification

Password:
```

接下来利用 **show ipv6 interface gigabitEthernet 2/0** 命令来验证 R1 是否配置了与接口 Gi2/0 相关联的 ACL（见例 21-17），从输出结果可以看出没有配置 IPv6 ACL。

例 21-17　验证 R1 Gi2/0 的 ACL

```
R1# show ipv6 interface gigabitEthernet 2/0
GigabitEthernet2/0 is up, line protocol is up
 IPv6 is enabled, link-local address is FE80::C808:3FF:FE78:38
 No Virtual link-local address(es):
 Global unicast address(es):
 2001:DB8:A:B::1, subnet is 2001:DB8:A:B::/64
 Joined group address(es):
```

```
FF02::1
FF02::2
FF02::1:FF00:1
FF02::1:FF78:38
MTU is 1500 bytes
ICMP error messages limited to one every 100 milliseconds
ICMP redirects are enabled
ICMP unreachables are sent
ND DAD is enabled, number of DAD attempts: 1
ND reachable time is 30000 milliseconds (using 30000)
ND advertised reachable time is 0 (unspecified)
ND advertised retransmit interval is 0 (unspecified)
ND router advertisements are sent every 200 seconds
ND router advertisements live for 1800 seconds
ND advertised default router preference is Medium
Hosts use stateless autoconfig for addresses.
```

然后利用 **show ipv6 interface gigabitEthernet 0/0** 命令来验证 R1 是否配置了与接口 Gi0/0 相关联的 ACL（见例 21-18），从输出结果可以看出该接口应用了一个名为 ENARSI 的入站 IPv6 ACL。

例 21-18 验证 R1 Gi0/0 的 ACL

```
R1# show ipv6 interface gigabitEthernet 0/0
GigabitEthernet0/0 is up, line protocol is up
 IPv6 is enabled, link-local address is FE80::C808:3FF:FE78:8
 No Virtual link-local address(es):
 Global unicast address(es):
 2001:DB8:A:A::1, subnet is 2001:DB8:A:A::/64
 Joined group address(es):
 FF02::1
 FF02::2
 FF02::1:2
 FF02::1:FF00:1
 FF02::1:FF78:8
 MTU is 1500 bytes
 ICMP error messages limited to one every 100 milliseconds
 ICMP redirects are enabled
 ICMP unreachables are sent
 Input features: Access List
 Inbound access list ENARSI
 ND DAD is enabled, number of DAD attempts: 1
 ND reachable time is 30000 milliseconds (using 30000)
 ND RAs are suppressed (all)
 Hosts use stateless autoconfig for addresses.
 Hosts use DHCP to obtain other configuration.
```

此时应该利用 **show ipv6 access-list ENARSI** 命令验证名为 ENARSI 的 IPv6 ACL（见例 21-19），请注意列表号为 20 的表项，该允许语句允许 PC2 使用 Telnet 登录 2001:db8:a:b::7，但是请注意列表号为 10 的表项，该拒绝语句阻止所有设备使用 Telnet 登录 2001:db8:a:b::7。考虑到 IPv6 ACL 采取自顶而下且匹配后立即执行的处理原则，因而将立即执行列表号为 10 的表项，这就是问题所在，列表号为 10 的表项与 PC2 的 Telnet 流量相匹配，因而拒绝了该流量。

请注意，对于 IPv6 来说，路由器允许在较不精确的表项之后配置更精确的表项，这一点与前面所说的 IPv4 ACL 的操作行为不同。

例 21-19 R1 上的 ENARSI IPv6 ACL

```
R1# show ipv6 access-list ENARSI
IPv6 access list ENARSI
 deny tcp any host 2001:DB8:A:B::7 eq telnet (6 matches) sequence 10
 permit tcp host 2001:DB8:A:A::20 host 2001:DB8:A:B::7 eq telnet sequence 20
 permit tcp host 2001:DB8:A:A::20 host 2001:DB8:D::1 eq www sequence 30
 permit ipv6 2001:DB8:A:A::/64 any (67 matches) sequence 40
```

为了解决该问题，可以连接 R1 并进入名为 ENARSI 的 ACL 的 IPv6 ACL 配置模式，然后删除列表号为 20 的表项，并以列表号 5 添加一个相同表项，这样该表项就可以位于列表号为 10 的表项之前了（见例 21-20）。此外，还要利用 **show ipv6 access-list ENARSI** 命令验证修改情况。

例 21-20 修改 R1 的 ENARSI IPv6 ACL

```
R1# config t
Enter configuration commands, one per line. End with CNTL/Z.
R1(config)# ipv6 access-list ENARSI
R1(config-ipv6-acl)# no sequence 20
R1(config-ipv6-acl)# seq 5 permit tcp host 2001:DB8:A:A::20 host 2001:DB8:A:B::7 eq
telnet

R1# show ipv6 access-list ENARSI
IPv6 access list ENARSI
 permit tcp host 2001:DB8:A:A::20 host 2001:DB8:A:B::7 eq telnet sequence 5
 deny tcp any host 2001:DB8:A:B::7 eq telnet (6 matches) sequence 10
 permit tcp host 2001:DB8:A:A::20 host 2001:DB8:D::1 eq www sequence 30
 permit ipv6 2001:DB8:A:A::/64 any (67 matches) sequence 40
```

再次回到 PC2 并尝试向 2001:db8:a:b::7 发起 Telnet 操作，从例 21-21 的输出结果可以看出，此时的 Telnet 已经成功。

例 21-21 从 PC2 到 2001:db8:a:b::7 的 Telnet 成功

```
C:\PC2>telnet 2001:db8:a:b::7

User Access Verification

Password:
```

21.5.3 故障工单 21-3：前缀列表故障工单

故障问题：某初级管理员报告称 R1（见图 21-3）无法通过 EIGRP 学习任何路由（见例 21-22），在排查过程中已经确认建立了邻居关系，接口也参与了路由进程，而且其他路由器也能学习路由。现在请求协助解决该故障问题。根据经验，你首先询问该初级管理员是否检查了路由过滤器，该初级管理员回答未曾检查。

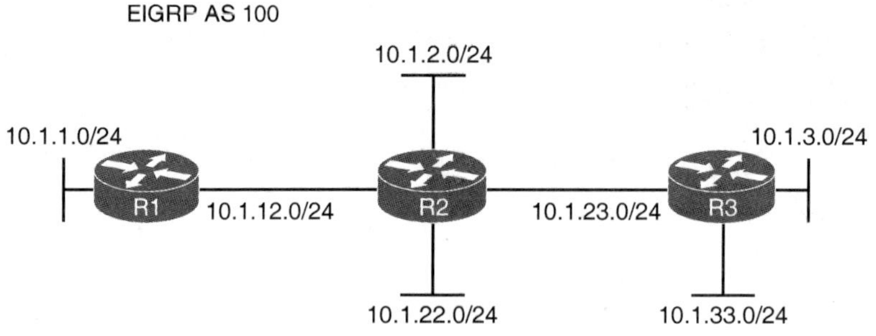

图 21-3 前缀列表故障工单拓扑结构

例 21-22 验证 R1 路由表中的路由

```
R1# show ip route
...output omitted...
Gateway of last resort is not set

 10.0.0.0/8 is variably subnetted, 4 subnets, 2 masks
C 10.1.1.0/24 is directly connected, GigabitEthernet0/0
L 10.1.1.1/32 is directly connected, GigabitEthernet0/0
C 10.1.12.0/24 is directly connected, GigabitEthernet1/0
L 10.1.12.1/32 is directly connected, GigabitEthernet1/0
```

首先在 R1 上运行 **show ip protocols** 命令（见例 21-23），输出结果表明存在一个使用前缀列表（名为 FILTER_10.1.3.0）的入站路由过滤器。

例 21-23 验证 R1 是否配置了路由过滤器

```
R1# show ip protocols
*** IP Routing is NSF aware ***

Routing Protocol is "eigrp 100"
 Outgoing update filter list for all interfaces is not set
 Incoming update filter list for all interfaces is (prefix-list) FILTER_10.1.3.0
 Default networks flagged in outgoing updates
 Default networks accepted from incoming updates
...output omitted...
```

接下来在 R1 上运行 **show ip prefix-list** 命令以查看名为 FILTER_10.1.3.0 的前缀列表（见例 21-24），从输出结果可以看出拒绝了前缀 10.1.3.0/24。初级管理员认为这不是问题，因为根据网络文档，应该拒绝 10.1.3.0/24 并允许其他所有前缀，但是你认为这绝对有问题，并提醒该初级管理员注意前缀列表的处理方式：自顶而下；匹配后立即执行；隐式拒绝全部。因此，该前缀列表拒绝了所有前缀，而不是仅仅拒绝了 10.1.3.0/24。

例 21-24 查看 R1 的前缀列表

```
R1# show ip prefix-list
ip prefix-list FILTER_10.1.3.0: 1 entries
 seq 5 deny 10.1.3.0/24
```

为了解决这个问题，需要为前缀列表 FILTER_10.1.3.0 创建一条允许其他所有路由的表项：

```
ip prefix-list FILTER_10.1.3.0 seq 10 permit 0.0.0.0/0 le 32
```

例 21-25 显示了 R1 更新后的前缀列表信息，例 21-26 显示了 R1 更新后的路由表信息，可以看到除 10.1.3.0/24（该路由被拒绝）之外的全部路由。

例 21-25　查看 R1 更新后的前缀列表信息

```
R1# show ip prefix-list
ip prefix-list FILTER_10.1.3.0: 2 entries
 seq 5 deny 10.1.3.0/24
 seq 10 permit 0.0.0.0/0 le 32
```

例 21-26　查看 R1 路由表中更新后的路由表信息

```
R1# show ip route
...output omitted...
Gateway of last resort is not set

 10.0.0.0/8 is variably subnetted, 8 subnets, 2 masks
C 10.1.1.0/24 is directly connected, GigabitEthernet0/0
L 10.1.1.1/32 is directly connected, GigabitEthernet0/0
D 10.1.2.0/24 [90/130816] via 10.1.12.2, 00:01:32, GigabitEthernet1/0
C 10.1.12.0/24 is directly connected, GigabitEthernet1/0
L 10.1.12.1/32 is directly connected, GigabitEthernet1/0
D 10.1.22.0/24 [90/130816] via 10.1.12.2, 00:01:32, GigabitEthernet1/0
D 10.1.23.0/24 [90/3072] via 10.1.12.2, 00:01:32, GigabitEthernet1/0
D 10.1.33.0/24 [90/131072] via 10.1.12.2, 00:01:32, GigabitEthernet1/0
```

备考任务

本书提供多种备考手段：此处的练习题以及 Pearson Test Prep 软件中的模拟考试题。与实际试题相比，下面问题的难度更高，因为它们都是开放式问题。通过这种难度更高的问题，读者可以更好地测试知识掌握程度，以确保完全掌握本章基本概念和主要内容。下面的问题都可以在附录中找到参考答案。

1. 复习所有考试要点

请复习本章涉及的所有重要主题，这些内容都用“考试要点”图标做了标记，表 21-2 列出了这些考试要点及其描述。

表 21-2　考试要点

考试要点	描述
步骤列表	IPv4 ACL 处理步骤
段落	阅读 IPv4 标准 ACL
段落	阅读 IPv4 扩展 ACL
例 21-3	验证应用于接口的 ACL

续表

考试要点	描述
例 21-4	基于时间的 ACL 示例
列表	IPv6 ACL 处理步骤
例 21-7	IPv6 ACL 示例
例 21-8	验证应用于接口的 IPv6 ACL
段落	阅读前缀列表
步骤列表	前缀列表的处理步骤
段落	阅读 IPv4 标准 ACL

2. 定义关键术语

请对本章中的下列关键术语进行定义。

标准 ACL、扩展 ACL、命名式 ACL、基于时间的 ACL、IPv6 ACL、隐式拒绝、隐式允许、前缀列表、ge、le。

3. 检查命令的记忆程度

以下列出了本章用到的各种重要的配置和验证命令，虽然并不需要记忆每条命令的完整语法格式，但是应该记住这些命令所需的基本关键字。

为了检查你对这些命令的记忆情况，请用一张纸遮住表 21-3 的右侧，通过表格左侧的描述内容，看一看是否能记起这些命令。

表 21-3 命令参考

任务	命令语法
显示设备上配置的所有 ACL	**show access-lists**
显示设备上配置的所有 IPv4 ACL	**show ip access-lists**
显示设备上配置的所有 IPv6 ACL	**show ipv6 access-list**
显示接口上应用的入站和出站 IPv4 ACL	**show ip interface** *interface_type interface_number*
显示接口上应用的入站和出站 IPv6 ACL	**show ipv6 interface** *interface_type interface_number*
显示设备上配置的所有时间范围	**show time-range**
显示设备的日期和时间	**show clock**

由于 ENARSI 300-410 认证考试重点考查考生作为网络专家的实际动手能力，因而必须掌握与本章主题相关的配置、验证及故障排查命令。

第 22 章

基础设施安全

本章主要讨论以下主题。

- **思科 IOS AAA 故障排查**：本节将讨论如何通过本地数据库、RADIUS 服务器和 TACACS+服务器来识别和解决与 AAA 相关的故障问题。
- **uRPF 故障排查**：本节将讨论与 uRPF（unicast Reverse Path Forwarding，单播反向路径转发）相关的故障排查问题。
- **CoPP 故障排查**：本节将解释 CoPP（Control Plane Policing，控制平面策略）以及排查 CoPP 相关故障时的考虑因素。
- **IPv6 第一跳安全特性**：本节将讨论 IPv6 第一跳安全特性，如 RA 保护、DHCPv6 保护、IPv6 ND 检查/监听以及源保护等。

AAA 是使用本地用户名和密码数据库或 AAA 服务器（如 RADIUS 或 TACACS 服务器）以增强认证、授权和记账服务的框架。AAA 可用于多种不同的服务和功能特性，ENARSI 重点关注的是管理接入（通过 AAA 实现控制台和 vty 接入控制），因而有效排查与 AAA 相关的故障问题就显得非常重要，因为如果 AAA 无法正常工作，那么出于管理原因将导致无法接入设备。本章将详细讨论这些问题。

uRPF 是一项安全特性，可以帮助限制甚至消除网络上的 IP 欺骗包。如果实施不当，那么很有可能会丢弃合法数据包。本章将详细讨论 uRPF 的使用注意事项，以更有效地排查 uRPF 故障问题。

对于 CoPP 来说，必须正确配置 CoPP 的诸多组件，如 ACL、分类映射和策略映射。理解这些组件及注意事项有助于成功排查 CoPP 故障。本章将提供 CoPP 故障排查时的检查列表。

最后，IPv6 是 IP 通信的未来，必须确保其安全性。本章将介绍多种 IPv6 第一跳安全特性，以帮助读者在 ENARSI 认证考试中正确描述这些特性。

22.1 “我已经知道了吗？”测验

“我已经知道了吗？”测验的目的是帮助读者确定是否需要完整地学习本章知识或者直接跳至“备考任务”，如果读者对题目的答案还存在疑问，或者评估自己对这些主题知识的掌握程度还不够的话，就可以从头学起。表 22-1 列出了本章的主要内容以及与这些内容相关联的“我已经知道了吗？”测验题，答案可参见附录。

表 22-1 “我已经知道了吗？”基本主题章节与所对应的测验题

涵盖测验题的基本主题章节	测验题
思科 IOS AAA 故障排查	1～3
uRPF 故障排查	4～5
CoPP 故障排查	6～8
IPv6 第一跳安全特性	9～10

注意：自我评价的目的是检验你对本章知识的掌握程度，如果不知道或仅部分知道问题的答案，出于自我评价的目的，请在该问题上标记“错”。为了不影响自我评价的结果，对不懂的问题请不要猜测答案，否则可能会造成一种已掌握的假象。

1. 如果外部服务器无法提供认证功能，那么可以通过下面哪条命令在思科 IOS 设备上配置用户自定义方法列表以使用该设备的数据库？
   a. **aaa authentication login default local group radius**
   b. **aaa authentication login default group radius local**
   c. **aaa authentication login REMOTE_ACCESS local group radius**
   d. **aaa authentication login MANAGEMENT_ACCESS group radius local**
2. 假设思科路由器配置了以下命令：

```
aaa authentication login default group radius local
```

   如果本地数据库在检查时不包含任何用户名和密码，那么在登录过程中会发生什么？
   a. 将使用 RADIUS 服务器进行认证
   b. 认证将失败
   c. 该用户将被授予访问权限
   d. 将使用线路密码
3. 假设路由器的配置如下：

```
R1# show run | i aaa|username
aaa new-model
username ENARSI password 0 EXAM
R1# show run | s vty
line vty 0 4
password cisco
transport input all
R1#
```

   基于上述配置，如果有人使用 Telnet 访问路由器，那么会怎么样？
   a. 验证将失败，因为没有 AAA 方法列表
   b. 要求用户使用线路密码 cisco
   c. 要求用户使用用户名 ENARSI 和密码 EXAM
   d. 将授予用户访问权限，使用用户名 ENARSI 和密码 EXAM，或者使用线路密码 cisco
4. 如果需要 uRPF 将返回接口与入站接口和默认路由进行匹配，那么应该使用下面哪条命令？
   a. **ip verify unicast source reachable-via rx allow-default**
   b. **ip verify unicast source reachable-via any allow-default**

c. **ip verify unicast source reachable-via any allow-default 111**
d. **ip verify unicast source reachable-via rx allow-self-ping**

5. 如果流量流是异步流量，那么 uRPF 应该使用下面哪条命令？
   a. **ip verify unicast source reachable-via rx allow-default**
   b. **ip verify unicast source reachable-via rx**
   c. **ip verify unicast source reachable-via any**
   d. **ip verify unicast source reachable-via rx allow-self-ping**
6. 可以通过下面哪条命令来验证符合特定分类映射（用于 CoPP）的数据包数量？
   a. **show access-list**
   b. **show class-map**
   c. **show policy-map**
   d. **show policy-map control-plane**
7. 如何处理策略映射？
   a. 一次性处理，匹配最佳分类映射
   b. 自上而下处理，匹配适用的第一个分类映射
   c. 自下而上处理，匹配适用的第一个分类映射
   d. 不处理；处理分类映射
8. 如果流量与策略映射中指定的用户自定义分类映射都不匹配，那么会怎么样？
   a. 忽略
   b. 丢弃
   c. 发送
   d. 按照默认类别中定义的策略进行处理
9. 下面哪种 IPv6 第一跳安全特性可以阻塞不需要的 RA 消息？
   a. RA 保护
   b. DHCPv6 保护
   c. IPv6 ND 检查/监听
   d. 源保护
10. 下面哪种 IPv6 第一跳安全特性可以验证 IPv6 流量的来源（如果来源无效，就阻塞）？
   a. RA 保护
   b. DHCPv6 保护
   c. IPv6 ND 检查/监听
   d. 源保护

基础主题

22.2 思科 IOS AAA 故障排查

AAA 是为管理平面提供认证、授权、记账等功能的安全框架。AAA 中的第

一个 A 表示认证，负责根据所知的信息、所拥有的信息或所存在的信息来识别和验证用户。AAA 中的第二个 A 表示授权，负责确定和控制已认证用户能够执行的操作。AAA 中的最后一个 A 表示记账，负责收集用于计费、审计和报告的相关信息。

本节将基于本地数据库、RADIUS 服务器和 TACACS+服务器来详细讨论 AAA 的相关内容。

例 22-1 所示的 Cisco IOS AAA 配置示例实现了对 vty 线路和控制台端口的管理接入。命令 **aaa new-model** 负责在路由器上启用 AAA 服务。系统默认禁用 AAA，因而在启用 AAA 之前，Cisco IOS 设备不提供 AAA 命令。

本例通过 **username admin password 0 letmein** 命令创建了用户名 admin 和密码 letmein，并将其存储在本地用户名和密码数据库中。接下来会看到，如果 AAA 服务器不可用，就可以利用这些认证信息进行应急认证。（需要注意的是，admin 是个糟糕的用户名，letmein 也是一个糟糕的密码；本例仅作为示例，请永远也不要使用这类弱认证信息。）

命令 **tacacs server TACSRV1** 负责提供连接 TACACS+服务器所需的设置。对于本例来说，服务器位于 10.0.10.51，且使用预共享密钥 TACACSPASSWORD。

命令 **radius server RADSRV1** 负责提供连接 RADIUS 服务器所需的设置。对于本例来说，服务器位于 10.0.10.51，且使用认证端口 1812、记账端口 1813 和预共享密钥 RADIUSPASSWORD。

命令 **aaa group server radius RADIUSMETHOD** 将一台或多台将在某种列表或方法中协同使用的 RADIUS 服务器组合在一起，并指定将要使用的通用设置。对于本例来说， RADSRV1 位于该服务器组中（因为命令 **server name RADSRV1**），且路由器发送给 RADIUS 服务器的所有数据包都来自 Loopback 1 的 IP 地址（因为命令 **ip radius source-interface Loopback1**）。

命令 **aaa group server tacacs+ TACACSMETHOD** 将一台或多台将在某种列表或方法中协同使用的 TACACS 服务器组合在一起，并指定将要使用的通用设置。对于本例来说，TACSRV1 位于该服务器组中（因为命令 **server name TACSRV1**），且路由器发送给 TACACS 服务器的所有数据包都来自 Loopback 1 的 IP 地址(因为命令 **ip tacacs source-interface Loopback1**)。

命令 **aaa authentication login VTY_ACCESS group RADIUSMETHOD local** 创建了一个名为 VTY_ACCESS 的 AAA 方法列表，用于登录认证。使用的第一种认证方法是 RADIUSMETHOD 组中的服务器组，如果 RADIUS 服务器不可用，那么使用的第二种认证方法就是本地用户名和密码数据库。

命令 **aaa authentication login CONSOLE_ACCESS group TACACSMETHOD local** 创建了一个名为 CONSOLE_ACCESS 的 AAA 方法列表，用于登录认证。使用的第一种认证方法是 TACACSMETHOD，如果 TACACS 服务器不可用，那么使用的第二种认证方法就是本地用户名和密码数据库。

line con 0 配置模式下的命令 **login authentication CONSOLE_ACCESS** 要求控制台

端口使用名为 CONSOLE_ACCESS 的 AAA 方法列表，对控制台端口进行认证。

line vty 0 4 配置模式下的命令 **login authentication VTY_ACCESS** 要求 vty 线路使用名为 VTY_ACCESS 的 AAA 方法列表，对 vty 接入进行认证（如 Telnet 和 SSH 连接）。

例 22-1　验证思科 IOS AAA 配置

```
R1# show run | section username|aaa|line|radius|tacacs
aaa new-model
username admin password 0 letmein
tacacs server TACSRV1
 address ipv4 10.0.10.51
 key TACACSPASSWORD
radius server RADSRV1
 address ipv4 10.0.10.51 auth-port 1812 acct-port 1813
 key RADIUSPASSWORD
aaa group server radius RADIUSMETHOD
 server name RADSRV1
 ip radius source-interface Loopback1
aaa group server tacacs+ TACACSMETHOD
 server name TACSRV1
 ip tacacs source-interface Loopback1
aaa authentication login VTY_ACCESS group RADIUSMETHOD local
aaa authentication login CONSOLE_ACCESS group TACACSMETHOD local
line con 0
 logging synchronous
 login authentication CONSOLE_ACCESS
line vty 0 4
 login authentication VTY_ACCESS
 transport input all
```

以例 22-1 为例，排查思科 IOS AAA 认证故障时，应考虑以下事项。

- **需要启用 AAA：**思科路由器和交换机默认禁用 AAA，如果要启用 AAA，就需要使用 **aaa new-model** 命令。启用了 AAA 之后，除了控制台线路之外的所有线路都将立即采用本地认证，因此，如果本地数据库中没有用户名和密码，就无法远程接入设备，不过仍然可以在没有用户名或密码的情况下通过控制台接入设备。
- **AAA 依赖于本地用户名和密码数据库或 AAA 服务器（如 RADIUS 或 TACACS+）：**AAA 默认使用本地用户名和密码数据库进行认证，如果本地数据库中没有可用于远程接入的用户名和密码，那么认证将失败。因此，如果要使用本地认证，那么本地设备上就必须存在用户名和密码。即使使用 AAA 服务器，也应该在本地数据库中至少配置一个用户名和密码，以便在 AAA 服务器不可用的时候，能够回退到本地认证方式。从例 22-1 可以看出，可以通过用户名 admin 和密码 letmein 进行认证。
- **认证方法列表定义了认证方法：**如果没有认证方法列表，那么 vty 线路将默认使用本地用户名和密码数据库。不过，如果使用了方法列表，就可以定义将要使用的认证方法以及相应的顺序。例22-1显示了用户自定义的名为VTY_ACCESS的登录认证方法列表，该方法列表将首先使用RADIUS服务器组RADIUSMETHOD，如果服务器不可用，就回退到本地认证。请注意，如果本地数据库中没有用户名和密码，那么认证将失败（因为服务器不可用）。

- **认证方法列表服务不正确**：创建方法列表时，需要指定方法列表所适用的服务。例如，AAA认证登录方法列表用于控制台和vty线路认证，AAA认证PPP方法列表用于PPP会话的认证,AAA认证dot1x方法列表则对连接dot1x接口的用户进行认证。因此，如果创建的是用于登录认证的方法列表，却应用于PPP接口，就无法正常工作。如果创建的是用于dot1x认证的方法列表，却应用于vty线路，那么也将无法正常工作。方法列表服务必须与所要创建的方法列表服务相匹配。
- **将AAA方法列表应用于指定线路**：对于为vty线路或控制台线路定义认证方式的方法列表来说，需要通过**login authentication** { **default** | *list_name* }命令加以应用。例22-1将方法列表VTY_ACCESS应用于vty线路，将CONSOLE_ACCESS方法列表应用于控制台线路。
- **路由器必须能够访问AAA服务器**：在路由器上使用**test aaa**命令或者通过Telnet来访问AAA服务器的认证端口号，以验证连接性。
- **路由器需要配置正确的预共享密钥**：确保路由器和AAA服务器配置了相同的预共享密钥。对于本例来说，RADIUS服务器的预共享密钥是RADIUSPAS SWORD，TACACS+服务器的预共享密钥是TACACSPASSWORD。
- **需要配置正确的认证和记账端口**：RADIUS使用端口1812或1645（思科默认）进行认证，使用端口1813或1646（思科默认）进行记账。因此，如果RADIUS服务器使用了端口1812和1813，就必须在思科设备上配置相应的端口号，因为思科设备默认使用1645和1646。TACACS +使用端口49。
- **需要在AAA服务器上配置用户名和密码**：仔细检查以确保在AAA服务器上配置了正确的用户名和密码。
- **AAA服务器组需要拥有正确的AAA服务器IP地址**：确保AAA服务器组中的服务器的IP地址正确。
- **用户可以进行认证，但不能执行任何命令**：确保服务器已经授权用户执行他或她需要执行的命令。
- **在AAA服务器上配置客户端IP地址**：配置AAA服务器时，必须指定客户端IP地址（对于本例来说就是路由器）。请记住，路由器在发送数据包时会使用出站接口作为数据包的源端。如果出站接口未配置AAA服务器期望的IP地址，那么客户端就无法使用AAA服务器及其服务。建议将环回接口的IP地址用作数据包的源地址，并作为在AAA服务器上配置的客户端IP地址。因此，必须使用**ip radius source-interface** *interface_type interface_number*

或 **ip tacacs source-interface** *interface_type interface_number* 命令配置路由器，确保每次都能使用正确的 IP 地址发送 RADIUS 和 TACACS 数据包。

可以通过 **debug aaa authentication** 命令实时验证 AAA 认证过程，可以通过 **debug radius authentication** 命令实时查看 RADIUS 认证过程，可以通过 **debug tacacs authentication** 命令实时查看 TACACS 认证过程，可以通过 **debug aaa protocol local** 命令实时查看本地认证过程。

22.3 uRPF 故障排查

uRPF 是一项安全特性，有助于限制甚至消除网络上的 IP 欺骗包，实现方式是检查入站数据包的源 IP 地址并确定其是否有效，如果有效，就转发数据包；如果无效，就丢弃数据包。请注意，为了确保 uRPF 能够正常工作，必须在 IOS 设备上启用 CEF（Cisco Express Forwarding，思科快速转发）。

uRPF 支持 3 种不同的运行模式：严格、松散和 VRF。选择不同的运行模式就需要按照相应的方式来确定数据包有效或无效。

- **严格模式**：在严格模式下，路由器查看数据包的源 IP 地址并记下入站接口，然后查找路由表以确定用于到达该数据包源 IP 地址的接口（默认路由除外），如果该接口与接收该数据包的接口完全相同，且不是默认路由，就认为该数据包有效并进行转发。如果是其他接口，就丢弃该数据包。
- **松散模式**：在松散模式下，路由器仅查看数据包的源 IP 地址，然后查找路由表以确定是否有任何接口（默认路由除外）能够到达该数据包列出的源 IP 地址。如果存在相应的接口且不是默认路由，就认为该数据包有效并进行转发。如果没有，就丢弃该数据包。
- **VRF 模式**：VRF 模式与松散模式相同，但是仅检查与收到该数据包的接口处于相同 VRF 中的接口。

> **注**：可能并非所有设备都支持上述 3 种运行模式，需要查询思科产品手册以确定当前设备是否支持特定模式。

由于 uRPF 是通过命令 **ip verify unicast source reachable-via** {**rx** | **any**} [**allow-default**] [**allow-self-ping**] [*list*]以逐个接口的方式进行配置的，因而选择正确的运行模式极为重要（**rx** 表示严格模式，**any** 表示松散模式）。如果选择了错误的运行模式，就会因为对称路由和不对称路由而导致最终丢弃有效数据包。在对称路由场合下，源流量和返回流量均使用相同路径；在非对称路由场合下，返回流量使用的是不同路径。因此，如果在非对称路由情况下选择了严格模式，就会丢弃合法流量。因而应该在企业网中结合使用松散和严格模式，对于可能出现非对称路由的场合来说，可以使用松散模式；对于能够确保对称路由的场合来说，可以使用严格模式。例如，通常应该在连接包含了终端的子网的路由器接口上使用严格模式，而在上行链路使用松散模式。

如果返回路径与默认路由选择的接口相关联，就可以使用 **allow-default** 选项。默认不使用该选项，不过，如果需要覆盖该行为，就可以在命令中使用 **allow-default** 选项。

另一个需要注意的选项是 *list*，该选项允许附加一个 ACL，以确定哪些数据包需要执行 uRPF 检查，哪些数据包不需要执行 uRPF 检查。因此，如果要排查数据包未执行 uRPF 检查的故障问题，那么故障原因很可能是 ACL。

使用 uRPF 时，路由器默认无法 ping 通自身接口。所有由路由器生成并去往该路由器的数据包均被丢弃。如果需要 ping 通自身接口，就需要使用 **allow-self-ping** 选项。不过，应慎重使用该选项，因为这样做很可能会导致 DoS 攻击。

如果要验证接口是否启用了 uRPF 和 CEF，就可以在特权 EXEC 模式下使用 **show cef interface** *interface_name interface number* 命令。如果启用了 CEF，那么输出结果将显示"IP CEF switching enabled."；如果启用了 uRPF，那么输出结果将显示"IP unicast RPF check is enabled."。

22.4 CoPP 故障排查

CoPP 与具体的 IOS 版本及平台版本相关，因而本节将主要讨论适用所有版本的通用组件。

配置 CoPP 时，应执行以下操作。

- 创建 ACL 以识别流量。
- 创建分类映射以定义流量类别。
- 创建策略映射以定义服务策略。
- 将服务策略应用于控制平面。

排查 CoPP 故障时，应注意 ACL、分类映射、策略映射以及服务策略的应用问题。

22.4.1 创建 ACL 以识别流量

CoPP 利用 ACL 来识别流量。匹配了流量之后，这些流量就将成为策略操作对象。因此，创建 ACL 是 CoPP 进程最关键的一步，因为 ACL 是 CoPP 的基础，也是最主要的模块。如果 ACL 创建错误，就无法匹配正确流量，也就无法正确应用策略。

例 22-2 创建了 3 个 ACL，每个 ACL 都考虑了特定用途（请注意，本例仅作为示例，并不完美，并没有包含现实网络正常工作所必需的所有信息）。

例 22-2 CoPP 的 ACL 创建示例

```
R1# config terminal
Enter configuration commands, one per line. End with CNTL/Z.
R1(config)# ip access-list extended COPP-ICMP-ACL-EXAMPLE
R1(config-ext-nacl)# permit udp any any range 33434 33463 ttl eq 1
R1(config-ext-nacl)# permit icmp any any unreachable
R1(config-ext-nacl)# permit icmp any any echo
R1(config-ext-nacl)# permit icmp any any echo-reply
R1(config-ext-nacl)# permit icmp any any ttl-exceeded
R1(config-ext-nacl)# exit
R1(config)# ip access-list extended COPP-MGMT-TRAFFIC-ACL-EXAMPLE
```

```
R1(config-ext-nacl)# permit udp any eq ntp any
R1(config-ext-nacl)# permit udp any any eq snmp
R1(config-ext-nacl)# permit tcp any any eq 22
R1(config-ext-nacl)# permit tcp any eq 22 any established
R1(config-ext-nacl)# permit tcp any any eq 23
R1(config-ext-nacl)# exit
R1(config)# ip access-list extended COPP-ROUTING-PROTOCOLS-ACL-EXAMPLE
R1(config-ext-nacl)# permit tcp any eq bgp any established
R1(config-ext-nacl)# permit eigrp any host 224.0.0.10
R1(config-ext-nacl)# permit ospf any host 224.0.0.5
R1(config-ext-nacl)# permit ospf any host 224.0.0.6
R1(config-ext-nacl)# permit pim any host 224.0.0.13
R1(config-ext-nacl)# permit igmp any any
R1(config-ext-nacl)# end
R1#
```

排查与 CoPP 相关的 ACL 故障时，应关注以下问题。

- **组合**：将流量类型组合在一起时，应确保根据这些流量在网络内的功能进行组合。例如，可以将路由协议（如 BGP、OSPF 和 EIGRP）组合在一起，将管理协议（如 SSH、Telnet、HTTP、TFTP、SNMP、NTP 和 DNS）组合在一起。如果混合并匹配各种不同的协议，那么后续应用策略时可能无法适用于所关心的流量类型。
- **操作**：可以在 ACL 中指定允许或拒绝操作。对于 CoPP 来说，允许意味着匹配流量并应用策略，拒绝则意味着将该流量排除在指定类别之外，并归入其他类别。因此，排查 CoPP 场景故障时，如果发现某个类别的流量应该应用但尚未应用策略，就应该检查 ACL 的允许或拒绝配置，如果拒绝了流量，那么很可能就是该流量未匹配特定类别的原因。
- **协议**：可以在 ACL 中定义希望匹配的协议。如果在 ACL 中指定了错误的协议，就会在指定类别中匹配错误的流量类型。因此，排查 CoPP 场景故障时，需要验证是否在 ACL 中指定了正确的协议。
- **源和目的 IP 地址**：由于可以在 ACL 中指定源和目的 IP 地址，因而能够细化 CoPP 策略，仅匹配特定源或目的 IP 地址的流量。因此，必须为 ACL 应用正确的源 IP 地址和目的 IP 地址，否则无法匹配正确流量。如果 ACL 使用了特定源 IP 地址和目的 IP 地址，那么在排查相关故障时，建议将 ACL 中的 IP 地址更改为 **any / any**，如果匹配成功，就表明 ACL 配置的初始 IP 地址存在问题；否则表明 IP 地址没问题。
- **运算符和端口**：协议、应用程序以及服务都有相关联的端口号。ACL 可以定义大于、小于和等于运算符以及端口号（如 179、21、22、23、80 和 443），确保 ACL 定义的运算符和端口号完全正确，才能保证 CoPP 运行成功。

> **注**：不应该在用于 CoPP 的 ACL 中使用关键字 **log** 或 **log-input**，这些关键字可能会给 CoPP 功能带来无法预料的结果，最好避免使用这些关键字。

可以通过 **show access-lists** 命令验证 ACL（见例 22-3）。

例 22-3　通过 **show access-lists** 命令验证 ACL

```
R1# show access-lists
Extended IP access list COPP-ICMP-ACL-EXAMPLE
   10 permit udp any any range 33434 33463 ttl eq 1
   20 permit icmp any any unreachable
   30 permit icmp any any echo (28641 matches)
   40 permit icmp any any echo-reply
   50 permit icmp any any ttl-exceeded
Extended IP access list COPP-MGMT-TRAFFIC-ACL-EXAMPLE
   10 permit udp any eq ntp any
   20 permit udp any any eq snmp
   30 permit tcp any any eq 22
   40 permit tcp any eq 22 any established
   50 permit tcp any any eq telnet (73 matches)
Extended IP access list COPP-ROUTING-PROTOCOLS-ACL-EXAMPLE
   10 permit tcp any eq bgp any established
   20 permit eigrp any host 224.0.0.10 (2499 matches)
   30 permit ospf any host 224.0.0.5 (349 matches)
   40 permit ospf any host 224.0.0.6
   50 permit pim any host 224.0.0.13
   60 permit igmp any any
R1#
```

22.4.2　创建分类映射以定义流量类别

可以通过分类映射来定义流量类别。流量类别通常包含 3 个组件，首先要有一个名字；其次应使用一条或多条 **match** 命令来识别属于该类别的数据包；最后应该有评估 **match** 命令的指令。从例 22-4 可以看出，第一个分类映射的名称为 COPP-ICMP-CLASSMAP-EXAMPLE，且指示匹配全部。该分类映射只有一个匹配条件，负责匹配名为 COPP-ICMP-ACL-EXAMPLE 的 ACL（请注意，本例仅作为示例，并不完美，并没有包含现实网络正常工作所必需的所有信息）。

例 22-4　CoPP 分类映射配置示例

```
R1# configure terminal
Enter configuration commands, one per line. End with CNTL/Z.
R1(config)# class-map match-all COPP-ICMP-CLASSMAP-EXAMPLE
R1(config-cmap)# match access-group name COPP-ICMP-ACL-EXAMPLE
R1(config-cmap)# exit
R1(config)# class-map match-all COPP-MGMT-TRAFFIC-CLASSMAP-EXAMPLE
R1(config-cmap)# match access-group name COPP-MGMT-TRAFFIC-ACL-EXAMPLE
R1(config-cmap)# exit
R1(config)# class-map match-all COPP-ROUTING-PROTOCOLS-CLASSMAP-EXAMPLE
R1(config-cmap)# match access-group name COPP-ROUTING-PROTOCOLS-ACL-EXAMPLE
R1(config-cmap)# end
R1#
```

分类映射的配置语法如下：

```
router(config)# class-map [match-any | match-all] class-name
router(config-cmap)# match [access-group | protocol | ip prec | ip dscp]
```

排查与 CoPP 相关的分类映射故障时，应关注以下内容。

考试要点

- **访问组：match** 命令使用的 ACL 是否正确？分类映射中的 ACL 负责定义必须匹配的期望流量（数据包）。如果匹配，就会将该数据包归类为该类别的成员，并应用正确的服务策略。如果应用了错误的 ACL，就无法获得预期结果。此外，ACL 可能未配置正确的协议、地址、运算符、端口或操作，从而导致分类映射无法匹配正确流量。在这种情况下，必须对 ACL 进行故障排查。
- **指令：**分类映射可能包含以下两条指令之一，即 **match-any** 或 **match-all**。如果分类映射定义了多条 **match** 命令，那么使用正确指令将非常重要。如果分类映射只有一条 **match** 命令，那么指令将无关紧要。假设某分类映射包含了多条 **match** 命令，如果使用的是 **match-any**，就意味着流量只要与其中任一条 **match** 命令相匹配即可归入该流量类别；如果使用的是 **match-all**，就意味着流量必须与所有 **match** 命令相匹配才能归入该流量类别。这一点是故障排查过程中容易出错的地方。从例 22-5 可以看出，分类映射使用的指令是 **match-all**，但是根据 **match** 命令和 ACL，该指令有意义吗？如果无法确定，那么请考虑是否能够将数据包同时设置为 ICMP、BGP 和 EIGRP 包呢？当然不能！因此，流量永远也不会匹配分类映射 CoPP-CLASS，因而永远也不会受到隐式默认列表的影响。此时，正确的指令应该是 **match-any**，而不是 **match-all**。
- **协议：**如果选择不使用 ACL 进行匹配，就可以使用 **match** 命令的内置协议选项。使用协议选项时，必须确保指定了正确协议。例如，如果要匹配 ARP 数据包，就需要使用 **match protocol arp** 命令。
- **IP PREC/IP DSCP：**如果只需要根据 IP 优先级或 IP DSCP（Differentiated Services Code Point，差分服务代码点）值进行匹配，就可以使用 **match** 命令的 **ip prec** 或 **ip dscp** 选项。根据所要匹配的流量，应确保选择正确选项并指定正确值。
- **大小写：**ACL 名称区分大小写。在分类映射中指定 ACL 时，必须仔细检查以确保名称完全匹配。

例 22-5 CoPP **match-any** 与 **match-all** 示例

```
ip access-list extended CoPP-ECMP
 permit icmp any any echo
!
ip access-list extended CoPP-BGP
 permit tcp any eq bgp any established
!
ip access-list extended CoPP-EIGRP
 permit eigrp any host 224.0.0.10
!
class-map match-all CoPP-CLASS
 match access-group name CoPP-ICMP
```

```
 match access-group name CoPP-BGP
 match access-group name CoPP-EIGRP
!
```

如果要验证所有已配置的分类映射，就可以使用 **show class-map** 命令（见例 22-6）。

需要记住的是，如果流量与所有分类映射都不匹配，就将流量归类为默认类别并应用默认策略映射。

例 22-6 通过 **show class-map** 命令验证分类映射

```
R1# show class-map
 Class Map match-all COPP-MGMT-TRAFFIC-CLASSMAP-EXAMPLE (id 2)
   Match access-group name COPP-MGMT-TRAFFIC-ACL-EXAMPLE

 Class Map match-any class-default (id 0)
   Match any

 Class Map match-all COPP-ROUTING-PROTOCOLS-CLASSMAP-EXAMPLE (id 3)
   Match access-group name COPP-ROUTING-PROTOCOLS-ACL-EXAMPLE

 Class Map match-all COPP-ICMP-CLASSMAP-EXAMPLE (id 1)
   Match access-group name COPP-ICMP-ACL-EXAMPLE
R1#
```

22.4.3 创建策略映射以定义服务策略

CoPP 通过策略映射将流量类别（由分类映射定义）与一个或多个策略相关联，从而生成服务策略。策略映射的 3 个组件分别是名称、流量类别和策略。从例 22-7 可以看出，名为 COPP-POLICYMAP-EXAMPLE 的策略映射标识了多个流量类别以及流量匹配之后需要应用的策略（请注意，本例仅作为示例，并不完美，并没有包含现实网络正常工作所必需的所有信息）。

例 22-7 CoPP 的策略映射配置示例

```
R1# configure terminal
Enter configuration commands, one per line. End with CNTL/Z.
R1(config)# policy-map COPP-POLICYMAP-EXAMPLE
R1(config-pmap)# class COPP-MGMT-TRAFFIC-CLASSMAP-EXAMPLE
R1(config-pmap-c)# police 32000 conform-action transmit exceed-action transmit
R1(config-pmap-c-police)# violate-action transmit
R1(config-pmap-c-police)# exit
R1(config-pmap-c)# exit
R1(config-pmap)# class COPP-ROUTING-PROTOCOLS-CLASSMAP-EXAMPLE
R1(config-pmap-c)# police 34000 conform-action transmit exceed-action transmit
R1(config-pmap-c-police)# violate-action transmit
R1(config-pmap-c-police)# exit
R1(config-pmap-c)# exit
R1(config-pmap)# class COPP-ICMP-CLASSMAP-EXAMPLE
R1(config-pmap-c)# police 8000 conform-action transmit exceed-action transmit
R1(config-pmap-c-police)# violate-action drop
```

```
R1(config-pmap-c-police)# end
R1#
```

为 CoPP 创建策略映射的语法如下：

```
router(config)# policy-map service_policy_name
router(config-pmap)# class traffic_class_name
router(config-pmap-c)# police [cir | rate] conform-action
[transmit | drop] exceed-action [transmit | drop]
```

排查与 CoPP 相关的策略映射故障时，应考虑以下内容。

- **操作顺序：**策略映射按照自上而下的方式进行处理，因此，如果指定了多个类别，就会首先评估列出的第一个类别，然后评估第二个类别，然后评估第三个类别，以此类推，直至列表末尾的默认类别。如果流量在自上而下的评估过程中匹配了某个类别，那么评估过程将终止（不再执行进一步评估），并为该流量应用相应的策略及动作。这一点非常重要，因为如果策略映射包含了 7 个类别，且数据包最终与第三个和第五个类别相匹配，那么仅匹配和应用第三个类别，因为该类别是自上而下列表中匹配的第一个类别。

  因此，如果希望匹配列表中的第五个类别，但并没有得到预期结果，就需要检查是否应用了更靠前的类别。
- **分类映射：**是否在策略映射中定义了正确的分类映射？如果定义了分类映射，就需要根据本章前面讨论的分类映射内容来检查分类映射是否正确。此外，如前所述，还需要确保正确构造了 ACL 以实现期望结果。
- **策略：**需要在策略映射中确保应用了正确的 CIR（以比特每秒为单位）或 RATE（以数据包每秒为单位）。对于 conform-action 来说，可以发送也可以丢弃流量，且需要确保应用正确的操作。对于 exceed-action 来说，可以发送也可以丢弃流量，且需要确保应用正确的操作。请注意，对于某些 IOS 版本来说，如果希望丢弃与特定类别相匹配的流量，就可以通过关键字 **drop** 来代替 **police** 命令。
- **默认类别：**需要记住的是，如果数据包与定义的所有流量类别都不匹配，就将其归类为默认类别。因此，如果流量属于默认类别（可能会出现这种情况），就需要确保默认类别能够按预期方式处理流量。
- **大小写：**分类映射名称区分大小写。在策略映射中指定分类映射时，必须仔细检查以确保名称完全匹配。

如果要验证所有已配置的策略映射，就可以使用命令 **show policy-map**（见例 22-8）。

例 22-8　通过 **show policy-map** 命令验证策略映射

```
R1# show policy-map
  Policy Map COPP-POLICYMAP-EXAMPLE
    Class COPP-MGMT-TRAFFIC-CLASSMAP-EXAMPLE
     police cir 32000 bc 1500 be 1500
```

```
    conform-action transmit
    exceed-action transmit
    violate-action transmit
 Class COPP-ROUTING-PROTOCOLS-CLASSMAP-EXAMPLE
  police cir 34000 bc 1500 be 1500
    conform-action transmit
    exceed-action transmit
    violate-action transmit
 Class COPP-ICMP-CLASSMAP-EXAMPLE
  police cir 8000 bc 1500 be 1500
    conform-action transmit
    exceed-action transmit
    violate-action drop

R1#
```

22.4.4 将服务策略应用于控制平面接口

需要将服务策略（在策略映射中指定）附加到正确的接口上（见例 22-9）。

例 22-9 将服务策略应用于控制平面接口

```
R1# configure terminal
Enter configuration commands, one per line. End with CNTL/Z.
R1(config)# control-plane
R1(config-cp)# service-policy input COPP-POLICYMAP-EXAMPLE
*Sep 20 22:24:58.939: %CP-5-FEATURE: Control-plane Policing feature enabled on
Control plane aggregate path
R1(config-cp)# end
R1#
```

排查服务策略的应用故障时，应考虑以下内容。

- **正确的接口**：只能将 CoPP 应用于一个接口，那就是控制平面接口，因而排查起来非常简单，就是看 CoPP 是否应用于控制平面接口。可以通过 **show policy-map control-plane [input | output]**命令加以验证（见例 22-10）。
- **方向**：由于可以将 CoPP 应用于进入或离开控制平面接口的数据包，因而必须指定正确的方向。对于入站数据包来说，需要指定 **input**；对于出站数据包来说，需要指定 **output**。也可以通过 **show policy-map control-plane** 命令的输出结果验证方向。请注意，并非所有版本都支持输出 CoPP，如果支持输出方向，就需要确保在 ACL 和分类映射中对流量进行正确分类。例如，对于 BGP、OSPF 和 EIGRP 来说，通常要为发送的应答包使用输出 CoPP（因为是已经收到的数据包）。对于 ICMP 来说，则需要处理差错和信息性应答消息。对于 Telnet、SSH（Secure Shell，安全外壳）、HTTP（Hypertext Transfer Protocol，超文本传送协议）或 SNMP（Simple Network Management Protocol，简单网络管理协议）来说，则需要处理应答或自陷（Trap）消息。如果没有为应答消息配置正确的 ACL 和分类映射，那么将无法获得预期结果。

- **大小写**：策略映射名称区分大小写。将策略映射应用于控制平面接口时，必须仔细检查以确保名称完全匹配。

例 22-10 **show policy-map control-plane** 命令的输出结果

```
R1# show policy-map control-plane
Control Plane

  Service-policy input: COPP-POLICYMAP-EXAMPLE

    Class-map: COPP-MGMT-TRAFFIC-CLASSMAP-EXAMPLE (match-all)
      73 packets, 4386 bytes
      5 minute offered rate 0000 bps, drop rate 0000 bps
      Match: access-group name COPP-MGMT-TRAFFIC-ACL-EXAMPLE
      police:
          cir 32000 bps, bc 1500 bytes, be 1500 bytes
        conformed 73 packets, 4386 bytes; actions:
          transmit
        exceeded 0 packets, 0 bytes; actions:
          transmit
        violated 0 packets, 0 bytes; actions:
          transmit
        conformed 0000 bps, exceeded 0000 bps, violated 0000 bps

    Class-map: COPP-ROUTING-PROTOCOLS-CLASSMAP-EXAMPLE (match-all)
      2765 packets, 211446 bytes
      5 minute offered rate 0000 bps, drop rate 0000 bps
      Match: access-group name COPP-ROUTING-PROTOCOLS-ACL-EXAMPLE
      police:
          cir 34000 bps, bc 1500 bytes, be 1500 bytes
        conformed 2765 packets, 211446 bytes; actions:
          transmit
        exceeded 0 packets, 0 bytes; actions:
          transmit
        violated 0 packets, 0 bytes; actions:
          transmit
        conformed 0000 bps, exceeded 0000 bps, violated 0000 bps

    Class-map: COPP-ICMP-CLASSMAP-EXAMPLE (match-all)
      28641 packets, 3265074 bytes
      5 minute offered rate 0000 bps, drop rate 0000 bps
      Match: access-group name COPP-ICMP-ACL-EXAMPLE
      police:
          cir 8000 bps, bc 1500 bytes, be 1500 bytes
        conformed 22436 packets, 2557704 bytes; actions:
          transmit
        exceeded 5157 packets, 587898 bytes; actions:
          transmit
        violated 1048 packets, 119472 bytes; actions:
          drop
        conformed 0000 bps, exceeded 0000 bps, violated 0000 bps

    Class-map: class-default (match-any)
```

```
      675 packets, 101548 bytes
      5 minute offered rate 0000 bps, drop rate 0000 bps
      Match: any
R1#
```

此外，**show policy-map control-plane** 输出结果提供的大量有用信息可以帮助排查策略映射的故障问题。可以验证所应用的策略映射、分类映射的应用顺序、分类映射的匹配条件以及应用于匹配流量的策略等信息。此外，还可以验证 cir、bc 和 be 值，以及合规（conformed）、超出（exceeded）和违规（violated）数据包的数量。

22.4.5 CoPP 小结

将上述内容整合到一起，排查 CoPP 故障时应考虑以下步骤。

步骤 1 通过 **show policy-map control-plane** 命令验证是否已应用服务策略且用于正确方向。如果否，就解决该问题；如果是，就继续执行步骤 2。

步骤 2 通过 **show policy-map control-plane** 命令或 **show policy-map** 命令验证策略映射的配置是否正确。检查是否已经应用了正确的分类映射、rate/cir、conform-action 和 exceed-action 选项。此外，还要确保按照正确顺序定义了流量类别（基于自上而下的处理顺序）。如果否，就解决该问题；如果是，就继续执行步骤 3。

步骤 3 通过 **show class-map** 命令验证是否正确配置了分类映射。验证是否应用了正确的指令（**match-any**、**match-all**）以及正确的 ACL、协议、IP 优先级或 IP DSCP 值。如果否，就解决该问题；如果是，就继续执行步骤 4。

步骤 4 通过 **show access-list** 命令验证是否已经为希望匹配的流量类型配置了正确的 ACL，需要验证操作（允许或拒绝）、协议、地址、运算符、端口号以及可用于识别期望流量的任何信息。如果发现任何问题，就解决这些问题。

至此，所有操作均应按预期进行。如果有问题，就需要返回并再次验证上述所有内容，因为可能错过了某些信息。

22.5 IPv6 第一跳安全特性

ENARSI 认证考试的目标要求考生必须能够正确描述 IPv6 第一跳安全特性。本节将重点讨论 RA 保护（RA Guard）、DHCPv6 保护（DHCPv6 Guard）、绑定表、IPv6 ND 检查/监听以及源保护（Source Guard）等特性。

22.5.1 RA 保护

RA（Router Advertisement，路由器宣告）保护特性能够分析 RA 并过滤未授权设备的非期望 RA。前面曾经说过，路由器可以通过 RA 在链路上宣告自己。某些 RA 可

能是非期望或“伪造”RA，我们希望不要在网络上出现这些 RA。此时就可以通过 RA 保护特性来阻止或拒绝这些非期望的 RA 消息。RA 保护特性要求在 RA 保护策略配置模式下配置相应的策略，并通过 **ipv6 nd raguard attach-policy** [*policy-name* [**vlan** {**add** | **except** | **none** | **remove** | **all**} *vlan* [*vlan1*, *vlan2*, *vlan3*, ...]]]命令将策略应用于接口，从而以逐个接口方式启用 RA 保护特性。

22.5.2 DHCPv6 保护

DHCPv6 保护特性与 IPv4 的 DHCP 监听功能非常相似，旨在确保伪造的 DHCPv6 服务器无法将地址分发给客户端、无法重定向客户端流量或者因耗尽 DHCPv6 服务器资源而引发 DoS 攻击。对于 IPv6 来说，DHCPv6 保护特性可以阻止来自未授权 DHCPv6 服务器和中继代理的应答和宣告消息。DHCPv6 保护特性要求在 DHCP 保护配置模式下配置相应的策略，并通过命令 **ipv6 dhcp guard attach-policy** [*policy-name* [**vlan** {**add** | **except** | **none** | **remove** | **all**} *vlan* [*vlan1*, *vlan2*, *vlan3*, ...]]]将策略应用于接口，从而以逐个接口方式启用 DHCPv6 保护特性。

22.5.3 绑定表

绑定表是一个数据库，列出了连接到设备上的 IPv6 邻居，包含链路层地址、IPv4 或 IPv6 地址以及前缀绑定等信息。其他 IPv6 第一跳安全特性可以使用绑定表中的信息来防止监听和重定向攻击。

22.5.4 IPv6 ND 检查/监听

IPv6 ND（Neighbor Discovery，邻居发现）检查/监听特性可以学习并填充无状态自动配置地址的绑定表。该特性可以分析 ND 消息并在绑定表中安装有效绑定信息，丢弃所有无效绑定消息。可以通过有效的 ND 消息来验证 IPv6-to-MAC 映射。

22.5.5 源保护

源保护是二层监听接口特性，可以验证 IPv6 流量的源端。如果到达接口的流量来自未知源端，那么源保护特性就可以阻止该流量。为了确保流量来自已知源端，必须确保该源端位于绑定表中。可以通过 ND 检查/监听或 IPv6 地址探查机制来学习源端，并将其安装到绑定表中。

备考任务

本书提供多种备考手段：此处的练习题以及 Pearson Test Prep 软件中的模拟考试题。与实际试题相比，下面问题的难度更高，因为它们都是开放式问题。通过这种难度更高的问题，读者可以更好地测试知识掌握程度，以确保完全掌握本章基本概念和主要内容。下面的问题都可以在附录中找到参考答案。

1. 复习所有考试要点

请复习本章涉及的所有重要主题，这些内容都用“考试要点”图标做了标记，表 22-2

列出了这些考试要点及其描述。

表 22-2 考试要点

考试要点	描述
列表	AAA 故障排查应考虑事项
段落	通过 uRPF 严格和松散模式来避免故障问题
段落	在 uRPF 中使用 **allow-default** 选项
列表	排查与 CoPP 相关的 ACL 故障
列表	排查与 CoPP 相关的分类映射故障
列表	排查与 CoPP 相关的策略映射故障
例 22-10	**show policy-map control-plane** 命令的输出结果
小节	IPv6 第一跳安全特性

2. 定义关键术语

请对本章中的下列关键术语进行定义。

AAA、方法列表、RADIUS、TACACS+、uRPF、CoPP、分类映射、策略映射、ACL、RA 保护、DHCPv6 保护、IPv6 邻居发现、IPv6 监听、源保护。

3. 检查命令的记忆程度

以下列出了本章用到的各种重要的配置和验证命令，虽然并不需要记忆每条命令的完整语法格式，但是应该记住这些命令所需的基本关键字。

为了检查你对这些命令的记忆情况，请用一张纸遮住表 22-3 的右侧，通过表格左侧的描述内容，看一看是否能记起这些命令。

表 22-3 命令参考

任务	命令语法
显示设备上配置的本地用户名和密码、已经配置的 AAA 命令以及 vty 线路配置	**show run | section username|aaa|line vty**
显示认证进程的实时信息	**debug aaa authentication**
显示 RADIUS 认证进程的实时信息	**debug radius authentication**
显示本地认证进程的实时信息	**debug aaa protocol local**
在路由器上启用 AAA 服务	**aaa new-model**
在本地用户名和密码数据库中创建用户名和密码	**username** *name* **password** *password*
创建一组用于 AAA 登录的方法列表，使用一组 AAA 服务器进行认证，如果 AAA 服务器不可达，就回退到本地用户名和密码数据库	**aaa authentication login** *method-list-name* **group** *server-group* **local**
在线路配置模式下将 AAA 方法列表应用于 vty 或控制台线路	**login authentication** *method-list-name*
在接口配置模式下为接口配置 uRPF	**ip verify unicast source reachable-via** {**rx** | **any**} [**allow-default**] [**allow-self-ping**] [*list*]

续表

任务	命令语法
显示路由器配置的所有 ACL	**show access-lists**
显示路由器配置的所有分类映射	**show class-map**
显示路由器配置的所有策略映射	**show policy-map**
验证已应用的策略映射和分类映射的应用顺序、分类映射的匹配条件以及应用于匹配流量的策略	**show policy-map control-plane**

由于 ENARSI 300-410 认证考试重点考查考生作为网络专家的实际动手能力，因而必须掌握与本章主题相关的配置、验证及故障排查命令。

第 23 章

设备管理和管理工具故障排查

本章主要讨论以下主题。

- **设备管理故障排查**：本节将讨论如何识别和解决与控制台和 vty 接入以及远程传输工具相关的故障问题，包括 Telnet、SSH（Secure Shell，安全外壳）、TFTP（Trivial File Transfer Protocol，简易文件传输协议）、HTTP（Hypertext Transfer Protocol，超文本传输协议）、HTTPS（Hypertext Transfer Protocol Secure，超文本传输安全协议）和 SCP（Secure Copy Protocol，安全复制协议）等协议相关的故障问题排查。
- **管理工具故障排查**：本节将讨论各种管理工具的使用和故障排查技术，包括 syslog、SNMP（Simple Network Management Protocol，简单网络管理协议）、思科 IOS IP SLA（Service Level Agreement，服务等级协议）、对象跟踪（Object Tracking）、NetFlow 和 Flexible NetFlow。此外，本节还将讨论 BFD（Bidirectional Forwarding Detection，双向转发检测）以及 Cisco DNA Center Assurance（思科 DNA 中心保障）。

排查思科路由器故障时必须以某种方式接入路由器，可以通过控制台端口物理接入路由器，或者通过 vty 线路远程接入路由器。如果出于管理目的尝试接入设备而出现接入失败，那么在继续排查其他故障之前，必须首先找出接入失败的原因。

有时，需要与路由器执行文件和 IOS 映像的复制操作，因而需要使用专为远程传输操作设计的协议。如果因某种原因而导致传输失败，就必须能够根据故障协议的状态排查相应的故障原因。

管理工具是工程师们最好的朋友。遇到麻烦或者需要助力时，管理工具能为工程师们提供有效帮助。syslog、SNMP、思科 IOS IP SLA、对象跟踪、NetFlow、Flexible NetFlow 和 Cisco DNA Center Assurance 等工具能够确保网络一切正常。

本章将重点讨论设备管理和管理工具无法正常工作的各种原因，包括控制台/vty 接入，TFTP、HTTP、HTTPS 和 SCP 远程传输工具，以及系统日志、SNMP、思科 IOS IP SLA、对象跟踪、NetFlow 和 Flexible NetFlow 等网络管理工具。此外，本章还将讨论 BFD 以及如何利用 Cisco DNA Center Assurance 解决网络故障。

23.1 “我已经知道了吗？”测验

“我已经知道了吗？”测验的目的是帮助读者确定是否需要完整地学习本章知识或

者直接跳至“备考任务”，如果读者对题目的答案还存在疑问，或者评估自己对这些主题知识的掌握程度还不够的话，就可以从头学起。表 23-1 列出了本章的主要内容以及与这些内容相关联的“我已经知道了吗？”测验题，答案可参见附录。

表 23-1 “我已经知道了吗？”基本主题章节与所对应的测验题

涵盖测验题的基本主题章节	测验题
设备管理故障排查	1～4
管理工具故障排查	5～10

注意：自我评价的目的是检验你对本章知识的掌握程度，如果不知道或仅部分知道问题的答案，出于自我评价的目的，请在该问题上标记“错”。为了不影响自我评价的结果，对不懂的问题请不要猜测答案，否则可能会造成一种已掌握的假象。

1. 下面哪些是思科路由器或交换机的默认串行终端设置？（选择两项）
   a. 9600 波特
   b. 16 数据比特
   c. 1 停止比特
   d. 奇偶校验比特
2. 下面哪条命令可以定义通过 vty 线路远程接入思科设备时使用的协议？
   a. **transport input**
   b. **login**
   c. **login local**
   d. **exec**
3. 下面哪条命令可以指定 SSH 接入使用本地数据库进行认证？
   a. **login**
   b. **login local**
   c. **login authentication default**
   d. **transport input ssh**
4. 在思科 IOS 路由器上键入下列命令之后的运行结果是什么？
   copy http://10.0.3.8/cisco_ios_files/c3900-universalk9-mz.SPA.156-3.M6a.bin flash:c3900-universalk9-mz.SPA.156-3.M6a.bin
   a. 将配置文件从 Web 服务器复制到路由器上
   b. 将 IOS 映像从路由器复制到 Web 服务器上
   c. 将 IOS 映像从 Web 服务器复制到路由器上
   d. 将配置文件从路由器复制到 Web 服务器上
5. 路由器的系统日志消息未出现时间戳，最可能的原因是什么？
   a. NTP 配置不正确
   b. 根据 **show clock** 输出结果，路由器的时间设置错误
   c. 在路由器上执行了 **no service timestamps** 命令

d. 未使用 **terminal monitor** 命令

6. 如果认证机制使用 SHA 等哈希算法，加密机制使用 AES 等加密算法，那么下面哪一项是有效的 SNMP 安全级别？
   a. noAUTHnoPRIV
   b. AUTHnoPRIV
   c. AUTHPRIV
   d. PRIV
7. 下面哪种情况需要 IP SLA 响应端？
   a. 测试语音数据包的单向时延
   b. 测试浮动静态路由的连接性
   c. 测试第一跳弹性协议的连接性
   d. 通过 ICMP 回应包测试往返时间
8. 下面哪条命令可以验证路由器配置的 NetFlow 版本？
   a. **show ip flow export**
   b. **show ip flow Interface**
   c. **show ip flow cache**
   d. **show flow record**
9. 下面哪条命令可以验证分配给流监控器的流导出器？
   a. **show flow Interface**
   b. **show flow exporter**
   c. **show flow monitor**
   d. **show flow record**
10. 下面哪种 Cisco DNA Center Assurance 工具能够以图形化方式显示客户端上运行的应用程序和服务穿越网络上的各种设备到达目的端的路径？
   a. Application Experience
   b. Device 360
   c. Client 360
   d. Path Trace

基础主题

23.2 设备管理故障排查

在网络管理过程中，需要通过各种方式来接入思科 IOS 路由器。如果能够物理接入设备或者使用接入服务器，就可以使用控制台线路接入方式。此外还有 vty 线路接入方式，可以利用 Telnet 或 SSH 提供远程连接，从而实现远程管理功能。无论使用哪种接入方式进行网络管理，都可能需要排查无法连接特定设备的故障原因，从而能够继续排查所报告故障。因此从潜在的关联关系来说，可能必须先解决一个故障问题然后才能继续解决下一个故障问题。此外，在故障排查过程中，有时还需要传输配置文件或 IOS 映像，因而还必须掌握使用 TFTP、HTTP（S）和 SCP 等协议进行远程传输时的故障排查技术。

本节将详细讨论管理接入思科 IOS 路由器时的失败原因、确定故障根源的方法以及解决措施。此外，本节还将讨论与远程传输故障排查相关的注意事项。

23.2.1 控制台接入故障排查

开箱后即可使用的默认接入思科路由器和交换机的方法就用到了控制台端口，排查控制台接入故障时应考虑以下问题。

- **是否在终端程序中选择了正确的 COM 端口**：虽然在大多数情况下终端程序会显示多个 COM 端口，但通常只有下拉列表中的最后一个 COM 端口才是正确的 COM 端口，如果不是最后一个，就可以尝试其他端口。事实上，这就是一个不断试错的过程。确定运行终端程序所用的操作系统的 COM 端口号可能会有所帮助。例如，对于 Windows 10 来说，可以通过设备管理器（Device Manager）确定 COM 端口号。
- **是否正确配置了终端程序的设置**：思科设备使用以下默认值，即 9600 波特，8 数据比特，1 停止比特，没有奇偶校验比特。
- **是否使用线路密码认证控制台**：如果使用了线路密码，就需要配置 **login** 命令。默认不配置 **login** 命令和线路密码。
- **是否使用本地用户名和密码认证控制台**：如果使用了本地认证，那么本地数据库中必须存在相应的用户名和密码，且需要 **login** 命令。
- **是否使用 AAA 服务器认证控制台**：如果使用了 AAA 认证，就需要在控制台配置模式下使用 **login authentication** { **default** | *list_name* }命令定义方法列表。
- **是否使用了正确的电缆和驱动程序连接控制台端口**：检查设备文档以确定具体需求，较新的设备一般使用 mini USB 端口作为控制台端口（需要在 PC 上安装驱动程序），而较旧的设备则使用 Serial-to-RJ45 控制台（反转）电缆。如果设备没有串行端口，就需要使用 USB-to-Serial 电缆连接控制台电缆，并在 PC 上安装正确的驱动程序。

23.2.2 vty 接入故障排查

大多数设备可以通过 vty 线路实现远程管理，vty 线路支持 Telnet 和 SSH 等远程接入协议。通常不推荐使用 Telnet，因为管理站与路由器/交换机之间的所有流量都采用明文方式进行传送，如果恶意用户能够抓取数据包，就能看到来回传送的所有数据。如果使用 SSH，就会加密所有数据包，即便恶意用户抓取了数据包，也无法读取数据包中的内容。

1. Telnet

如果通过 Telnet 方式接入设备出现了故障，那么在故障排查过程中应考虑如下问题。

- **远程路由器/交换机的 IP 地址是否可达？**可以利用 **ping** 命令进行测试。
- **是否为线路定义了正确的传输协议？**对于 IOS 15.0 及以后版本来说，默认允许 Telnet 和 SSH，如果还支持其他传输协议，通常也允许这些协议，不过也

可以通过 **transport input** 命令来更改所允许的传输协议。可以通过 **show line vty** *line_number* | **include Allowed** 命令验证所允许的传输协议。从例 23-1 可以看出，本例的入站和出站连接均允许 Telnet 和 SSH。

- **线路是否被配置为要求用户提供登录凭证？**默认要求用户提供登录凭证。**login** 命令要求线路提示用户输入密码（见例 23-2）。不过，如果需要通过本地数据库进行用户认证，就需要使用 **login local** 命令。如果需要通过 AAA 进行用户认证，就需要使用 **login authentication** { **default** | *list_name* }命令。
- **是否指定了密码？**由于默认启用 **login** 命令，因而需要提供密码。如果没有设置密码，就会显示出错消息“Password required, but none set”。如果使用 **login local** 命令或 AAA，就会提示输入用户名和密码。如果本地数据库中没有存储用户名和密码，那么登录无效并失败。
- **是否有 ACL 基于 IP 地址定义了哪些管理站可以访问路由器/交换机？**例 23-3 显示了 vty 线路应用了 ACL 1，该 ACL 仅允许从 IP 地址 192.168.1.11 访问路由器/交换机。注意到该 ACL 配置了显式拒绝表项，因而能够跟踪被拒绝的远程接入尝试次数（本例为 7 次）。如果希望收到有关拒绝哪些 IP 地址的日志消息，可以在该 ACL 的显式拒绝表项的最后添加关键字 **log**，添加了关键字 **log** 后，将会显示如下类似的日志消息：%SEC-6-IPACCESSLOGS: list 1 denied 10.1.12.2 1 packet。
- **是否所有的 vty 线路都忙？**思科路由器和交换机默认有 5 条 vty 线路（编号为 0～4），有些设备可能会拥有更多的 vty 线路，但是无论有多少条 vty 线路，如果所有的 vty 线路都已经建立了连接，就无法再建立新连接（见例 23-4）。从例 23-4 中的 SW1 的 **show users** 命令输出结果可以看出，已经有 1 条控制台连接和 5 条 vty 连接（线路 0～4），因此，下一台设备试图通过 Telnet 方式访问 SW1 时，就会被拒绝并收到消息“Password required, but none set”（虽然这并不是一个技术问题）。如果需要手动清除 vty 线路，就可以使用 **clear line** 命令，并输入 vty 线路前面指定的线路号（见例 23-4），而不是 vty 线路后面列出的实际 vty 线路号。
- **客户端与设备之间的路径是否应用了阻塞端口 23 的 ACL？**Telnet 使用 TCP 端口 23，如果在路由器或防火墙上配置了阻塞端口 23 的 ACL，就无法成功建立 Telnet 连接。

例 23-1 验证线路的传输协议

```
SW1# show line vty 0 | include Allowed
Allowed input transports are telnet ssh.
Allowed output transports are telnet ssh.
```

例 23-2 验证 vty 的 **login** 命令

```
SW1# show run | section line vty
line vty 0 4
 login
```

例 23-3 验证提供管理接入安全性的 ACL

```
SW1# show run | section line vty
line vty 0 4
 access-class 1 in
 password cisco
 login
DSW1# show ip access-lists 1
Standard IP access list 1
 10 permit 192.168.1.11 (4 matches)
 20 deny any (7 matches)
```

例 23-4 验证使用了哪些线路

```
SW1# show users
 Line User Host(s) Idle Location
* 0 con 0 idle 00:00:00
 1 vty 0 idle 00:00:42 10.1.1.2
 2 vty 1 idle 00:00:48 10.1.10.1
 3 vty 2 idle 00:00:55 10.1.20.1
 4 vty 3 idle 00:00:47 10.1.23.3
 5 vty 4 idle 00:00:41 10.1.43.4
```

2. SSH

使用 SSH 时，除了会遇到与 Telnet 相似的故障问题，还可能存在其他故障问题。排查 SSH 接入故障时，应考虑以下问题。

- **是否指定了正确的 SSH 版本？**默认同时启用版本 1 和版本 2，不过也可以通过 **ip ssh version** { **1** | **2** }命令仅启用版本 1 或版本 2。如果客户端使用版本 2 连接版本 1 设备，那么 SSH 连接将失败；如果客户端使用版本 1，而设备配置的是版本 2，那么也无法建立 SSH 连接。可以通过 **show ip ssh** 命令检查正在运行的 SSH 版本情况（见例 23-5），如果显示的版本是 1.99，就表示正在运行 SSHv1 和 SSHv2；如果显示的版本是 1，就表示正在运行 SSHv1；如果显示的版本是 2，就表示正在运行 SSHv2。
- **是否指定了正确的 login 命令？**由于 SSH 使用用户名和密码进行认证，因而不能使用 **login** 命令，因为 **login** 命令只要求提供密码，此时需要使用 **login local** 命令与本地数据库进行通信，或者使用 **login authentication** { **default** | *list_name* } 命令与 AAA 服务器进行通信。例 23-6 使用的是 **login local** 命令。
- **是否指定了正确的密钥长度？**SSHv2 使用的 RSA 密钥长度为 768 或者更长。如果正在使用密钥长度较短的 SSHv1，且准备切换到 SSHv2，就需要以正确的密钥长度创建新密钥，否则 SSHv2 将无法工作。如果正在使用 SSHv2，但无意间将密钥长度指定为小于 768，那么也将无法建立 SSHv2 连接。
- **客户端与设备之间的路径上是否应用了阻塞端口 22 的 ACL？**SSH 使用 TCP 端口 22，如果在路由器或防火墙上配置了阻塞端口 22 的 ACL，就无法成功建立 SSH 连接。

例 23-5 验证 SSH 版本

```
SW1# show ip ssh
SSH Enabled - version 1.99
Authentication timeout: 120 secs; Authentication retries: 3
Minimum expected Diffie Hellman key size : 1024 bits
IOS Keys in SECSH format(ssh-rsa, base64 encoded):
ssh-rsa AAAAB3NzaC1yc2EAAAADAQABAAAAgQDtRqwdcEI+aGEXYmklh4G6pSJW1th6/Ivg4BCp19tO
BmdoW6NZahL2SxdzjKW8VIBjO1lVeaMfdmvKlpLjUlx7JDAkPs4Q39kzdPHY74MzD1/u+Fwvir8O5AQO
rUMkc5vuVEHFVc4WxQsxH4Q4Df10a6Q3UAOtnL4E0a7ez/imHw==
```

例 23-6 验证 vty 线路配置

```
SW1# show run | s line vty
line vty 0 4
 password cisco
 login local
```

如果要验证当前的 SSH 连接，就可以使用 **show ssh** 命令（见例 23-7），可以看出有一个用户名为 cisco 的 SSHv2 入站和出站连接，该会话使用的加密方式是 aes128-cbc，使用的 HMAC（Hashed Message Authentication Code，哈希报文认证码）是 hmac-sha1。

例 23-7 验证 SSH 连接

```
SW1# show ssh
Connection Version Mode Encryption Hmac State Username
0 2.0 IN aes128-cbc hmac-sha1 Session started cisco
0 2.0 OUT aes128-cbc hmac-sha1 Session started cisco
%No SSHv1 server connections running.
```

3. 密码加密等级

由于所有的密码均默认以明文方式存储在 IOS 配置中，因而从安全性角度出发，建议对配置中的密码采取加密或哈希处理。例 23-8 显示了运行配置中存储的密码安全等级，等级 0 表示不加密，等级 4 表示使用 SHA-256 加密，等级 5 表示使用 MD5 加密，等级 7 表示使用 Type-7 加密，加密等级从强到弱依次为 4、5、7、0。如果要部署等级 7 加密，就需要运行 **service password-encryption** 命令。如果要部署等级 4 加密，就需要在指定密码时使用关键字 **secret**。如果需要使用等级 5 加密（IOS 12.4 及以前版本的默认加密等级），就需要使用关键字 **secret 5**，并指定实际的 MD5 哈希值而不是明文密码。

例 23-8 验证密码安全等级

```
SW1# show run | section username
username admin password 0 letmein
username administrator password 7 082D495A041C0C19
username cisco secret 4 tnhtc92DXBhelxjYk8LWJrPV36S2i4ntXrpb4RFmfqY
username Raymond secret 5 $1$sHu.$sIjLazYcNOkRrgAjhyhxn0
```

23.2.3 远程传输故障排查

虽然思科设备已经预装了 IOS 及其他文件，但很有可能需要在某个时间点升级

IOS 映像或设备上存储的其他文件。此时，可以通过多种不同的协议来完成该操作。本节将重点介绍 TFTP、HTTP、HTTPS 和 SCP。

1. TFTP

TFTP 是一种不安全的文件传输协议，可以为使用 TFTP 服务器的思科设备传输文件。TFTP 使用 UDP 端口 69，因而被归类为不可靠协议。如果希望从源端到目的端实现可靠传输，就可以使用基于 TCP 的传输协议。排查 TFTP 故障时，应考虑以下事项。

- 将文件复制到 TFTP 服务器时，确保 TFTP 服务器拥有足够的存储空间。
- 从 TFTP 服务器复制文件时，确保思科设备上的存储位置拥有足够的存储空间。可以通过 **show flash** 命令验证当前可用空间，并与将要复制的文件大小进行比较。如果将要复制的文件大于可用空间，那么只能进行部分复制，并收到失败消息 "buffer overflow - xxxx /xxxx"，其中，前 4 个 x 表示从源文件读取的字节数，后 4 个 x 表示目的端的可用字节数。
- 确保可以从思科设备访问 TFTP 服务器。
- 检查从源端到目的端的路径，以确定是否存在可能阻塞 TFTP 流量的访问列表。
- 如果为 TFTP 流量使用了管理接口，就通过 **ip tftp source-interface** *interface_ type interface_number* 命令指定将被用作 TFTP 流量源端的管理接口。
- 确保正确使用了 **copy** 命令：

```
copy source destination
copy tftp://10.0.3.8/cisco_ios_files/c3900-universalk9-mz.SPA.156-3.M6a.bin
flash:c3900-universalk9-mz.SPA.156-3.M6a.bin
copy flash:c3900-universalk9-mz.SPA.156-3.M6a.bin http://10.0.3.8/
cisco_ios_files/c3900-universalk9-mz.SPA.156-3.M6a.bin
```

- 复制到闪存时，需要确保文件名不超过 63 个字符。闪存中的文件名长度限制为 63 个字符。

2. HTTP（S）

设备可以通过 HTTP（使用 TCP 端口 80 的不安全协议）或更安全的版本 HTTPS（使用 TCP 端口 443）与远程 Web 服务器之间复制思科 IOS 映像文件、核心文件、配置文件、日志文件以及脚本等。如果设备通过 HTTP（S）远程接入服务器出现了故障，那么在故障排查过程中应考虑以下事项。

- 确保思科设备支持 HTTP 客户端。可以通过 **show ip http client all** 命令加以验证，如果该命令运行正常，就表明支持 HTTP 客户端。
- 检查路由器是否可以连接 Web 服务器：在思科设备上执行 **ping** 命令，向 Web 服务器的 URL 或 IP 地址发起 ping 测试。
- 确保在 **copy** 命令中指定了 Web 服务器的正确 URL 或 IP 地址：**copy** 命令要求按照源端和目的端的顺序进行指定。例如，如果从 Web 服务器复制到闪存，那么源端就是 Web 服务器。如果从闪存复制到 Web 服务器，那么目的端就是 Web 服务器。

- 确保在 **copy** 命令中指定了正确的文件名。
- 确保在 **copy** 命令中指定了正确的用户名和密码。
  此外，还可以通过 **ip http client username** *username* 和 **ip http client password** *password* 命令指定认证凭证。请注意，**copy** 命令使用的用户名和密码会覆盖其他命令中的用户名和密码。
- 检查是否在 **copy** 命令中指定了正确端口。HTTP 默认使用端口 80，HTTPS 默认使用端口 443，不过也可以配置 Web 服务器使用任何端口。例如，下例指定了端口号 8080。
- 检查思科设备发送给 Web 服务器的数据包是否来自正确的 IP 地址。如果不是，就表明可能是路径上的 ACL 丢弃了数据包。可以通过 **ip http client source-interface** *interface-id* 命令配置源 IP 地址。
- 确保指定了正确的协议：HTTP 或 HTTPS。如果试图连接 HTTP 服务器，那么 URL 就应该以 http 开头；如果试图连接 HTTPS 服务器，那么 URL 就应该以 https 开头。
- 如果希望获得与 HTTP 和 HTTPS 复制故障相关的更多有用信息，可以使用 **debug ip http client all** 命令。

3. SCP

SCP 是将文件从存储位置复制到思科设备的另一种可选方式，SCP 依靠 SSH 提供安全且经过认证的文件传输方法。此外，SCP 要求启用 AAA，以便路由器能够确定用户是否有权执行复制操作。例 23-9 显示了思科 IOS 路由器的 SCP 配置示例。

例 23-9 思科 IOS 路由器的 SCP 配置示例

```
R1# config terminal
Enter configuration commands, one per line. End with CNTL/Z.
R1(config)# aaa new-model
R1(config)# aaa authentication login default local
R1(config)# aaa authorization exec default local
R1(config)# username ENARSI privilege 15 password EXAM
R1(config)# ip domain-name ENARSI.LOCAL
R1(config)# crypto key generate rsa modulus 1024
The name for the keys will be: R1.ENARSI.LOCAL
% The key modulus size is 1024 bits
% Generating 1024 bit RSA keys, keys will be non-exportable...
[OK] (elapsed time was 7 seconds)

R1(config)#
*Sep 21 02:04:36.546: %SSH-5-ENABLED: SSH 1.99 has been enabled
R1(config)#ip ssh version 2
R1(config)#ip scp server enable
R1(config)#end
R1#
```

排查 SCP 故障时，应考虑以下事项。

- 确保已在设备上正确配置了 SSH、认证和授权。

- 确保 RSA（Rivest-Shamir-Adleman）密钥可用且能够用于加密。
- 确保 AAA 配置正确且可用。
- 确保在思科设备上启用了 SCP。如果没有，就可以通过 **ip scp server enable** 命令启用。
- 确保正确使用了 **copy** 命令。
- 验证复制操作是否使用了正确的用户名和密码。如果使用的是外部认证服务器，就需要验证服务器的认证凭证。
- 如果希望获得与 SCP 故障相关的更多有用信息，可以使用 **debug ip scp** 命令。

例 23-10 使用用户名 ENARSI 将文件从路由器上的闪存成功复制给了 SCP 服务器（10.0.3.8）。请注意，如果未在 **copy** 命令中指定密码，那么 CLI（Command-Line Interface，命令行接口）就会提示输入密码（如本例）。

例 23-10 在思科路由器上执行 SCP **copy** 命令

```
copy flash:c3900-universalk9-mz.SPA.156-3.M6a.bin scp://ENARSI@10.0.3.8/
Address or name of remote host [10.0.3.8]?
Destination username [ENARSI]?
Destination filename [c3900-universalk9-mz.SPA.156-3.M6a.bin]?
Writing c3900-universalk9-mz.SPA.156-3.M6a.bin
Password:
!!!!!!!!!!!!!!!!!!!!!!!!!!!!!!!!!!!!!!!!!!!!!!!!!!!!!!!!!!!!!!!!!!!!!!!!!!!!!!!!
```

23.3 管理工具故障排查

网络以及网络上的客户端的运行状况对于网络的正常运行来说至关重要，管理人员可以通过各种工具的帮助有效监控网络中的运行状况。但是，如果管理工具出现了故障或者无法提供期望结果，就必须对这些管理工具进行有效的故障排查。本节将讨论如何通过 syslog、SNMP、IP SLA、对象跟踪、NetFlow 和 Flexible NetFlow 等工具对故障问题进行排查。此外，本节还将详细讨论 BFD 的作用以及如何通过 Cisco DNA Center Assurance 开展故障排查操作。

23.3.1 syslog 故障排查

如果要验证 syslog 的配置、确认是否启用了日志记录功能并查看缓存中存储的 syslog 消息，就可以使用 **show logging** 命令（见例 23-11）。在故障排查过程中，需要利用 syslog 在正确的时间生成正确类型的消息。在默认情况下，控制台日志、监控日志以及缓存日志会显示严重性等级（Severity Level）为 7（调试级别）及以下的消息，虽然默认禁止将日志记录到服务器，但一旦启用了该特性，就会将所有严重性等级的消息都发送给服务器。因此，在任何情况下，如果没有收到期望的 syslog 消息，就应该验证是否配置了正确的严重性等级。从例 23-11 可以看出，控制台日志和监控日志配置的严重性等级均为报告（Informational）级别，缓存日志被配置为调试（Debugging）级别，自陷（Trap）日志则被配置为告警（Warning）级别。

例 23-11 验证 syslog 配置

```
R4# show logging
Syslog logging: enabled (0 messages dropped, 0 messages rate-limited, 0 flushes,
0 overruns, xml disabled, filtering disabled)

No Active Message Discriminator.

Inactive Message Discriminator:
OSPF severity group drops 4

     Console logging: level informational, 116 messages logged, xml disabled,
                      filtering disabled
     Monitor logging: level informational, 0 messages logged, xml disabled,
                      filtering disabled
     Buffer logging: level debugging, 175 messages logged, xml disabled,
                      filtering disabled
     Exception Logging: size (8192 bytes)
     Count and timestamp logging messages: disabled
     Persistent logging: disabled
No active filter modules.

     Trap logging: level warnings, 108 message lines logged
     Logging to 10.1.100.100 (udp port 514, audit disabled,
           link up),
           2 message lines logged,
           0 message lines rate-limited,
           0 message lines dropped-by-MD,
           xml disabled, sequence number disabled
           filtering disabled
     Logging Source-Interface: VRF Name:

Log Buffer (8192 bytes):
Jul 24 21:54:50.422: %SYS-5-CONFIG_I: Configured from console by console
Jul 24 21:57:16.070: %OSPFv3-4-ERRRCV: OSPFv3-10-IPv6 Received invalid packet: Bad Checksum
from FE80::C829:FFF:FE50:54, GigabitEthernet2/0
Jul 24 21:58:20.014: NTP message received from 192.168.1.10 on interface 'GigabitEthernet2/0'
(10.1.34.4).
Jul 24 21:58:20.018: NTP Core(DEBUG): ntp_receive: message received
Jul 24 21:58:20.022: NTP Core(DEBUG): ntp_receive: peer is 0x00000000, next action is 3.
Jul 24 21:58:20.030: NTP message sent to 192.168.1.10, from interface
'GigabitEthernet2/0' (10.1.34.4).
Jul 24 21:59:25.014: NTP message received from 192.168.1.10 on interface
'GigabitEthernet2/0' (10.1.34.4).
Jul 24 21:59:25.018: NTP Core(DEBUG): ntp_receive: message received
Jul 24 21:59:25.022: NTP Core(DEBUG): ntp_receive: peer is 0x00000000, next action is 3.
Jul 24 21:59:25.026: NTP message sent to 192.168.1.10, from interface 'GigabitEthernet2/0'
(10.1.34.4).
```

如果将日志记录到服务器，就需要指定正确的服务器 IP 地址，且服务器必须可达。此外，由于 syslog 使用 UDP 端口 514，因而必须确保没有 ACL 阻塞去往 UDP 端口 514 的流量。

缓存的默认大小为 8192 字节，缓存满了之后，旧的记录项就会被覆盖。因此，如果正在使用缓存且出现了 syslog 消息丢失情况，就可以考虑通过 **logging buffered** *size* 命令增加缓存容量或者将消息发送给 syslog 服务器。

最后，如果通过 Telnet 或 SSH 远程连接到设备上，但是却没有出现 syslog 消息，就表示没有运行 **terminal monitor** 命令。

在日志消息和调试消息上打上时间戳对于故障排查来说非常重要，如果这些消息没有包含时间戳，就表明运行了 **no service timestamps** 命令。如果要配置时间戳，就可以使用 **timestamps** [**debug** | **log**] [**datetime** | **uptime**]命令，选项 **datetime** 的作用是在生成日志消息或调试消息的时候包含日期和时间信息，因而设置精确的日期和时间极为重要，此时就可以使用 NTP。选项 **uptime** 的作用是根据上次重启之后已经过去的总时间来提供时间戳信息。

如果能够正确使用 **debug** 命令，那么将会发现这些命令是极为出色的故障排查工具。每种思科 IOS 服务和功能都有相关联的 **debug** 命令，可以提供与该协议或服务正在发生的各种实时信息。与此相对，**show** 命令只能提供协议或服务的快照信息。不过，使用 **debug** 命令时必须格外小心，如果在错误的时间点使用了 **debug** 命令，就可能会导致路由器的 CPU 过载，进而变得不稳定甚至崩溃。此时，唯一的选择只能进行物理重启。例如，对于 NAT 来说，**show ip nat translations** 命令可以提供键入该命令时发生的地址转换快照，而命令 **debug ip nat translations** 则可以实时显示所有正在发生的地址转换行为。对于非常繁忙的网络环境来说，这样做可能会使路由器崩溃，因为地址转换数量过大可能会使路由器不堪重负。因此，在错误的时间使用该 **debug** 命令将会导致灾难性后果。例如，**debug eigrp packet** 命令可以调试每个 EIGRP 包，但是如果只想调试 Hello 包，那么最好使用 **debug eigrp packet hello** 命令。因此，在进行故障排查时，务必使用最佳 **debug** 命令以获取必要信息（不多也不少），这样才不会劣化路由器的性能。

条件式 **debug** 命令可能会给大家带来一定的误解。大多数人看到条件式 **debug** 命令时，可能会认为是在 **debug** 命令中指定条件以限制输出结果，如 **debug eigrp packet** 和 **debug eigrp packet hello**，大家可能会认为第二条命令就是条件式 **debug** 命令，但实际上并不是，该命令只是一条相对精细化的 **debug** 命令。从 ENRASI 认证考试和现实工作需要出发，大家必须了解条件式 **debug** 命令指的是在命令中指定约束条件，将输出结果限定为特定接口、IP 地址、MAC 地址、VLAN 以及用户名等。例如，如果希望 **debug eigrp packet hello** 命令仅显示到达接口 GigabitEthernet 0/0 的数据包，就可以在特权 EXEC 模式下创建条件式 **debug** 命令：

```
debug condition interface gigabitethernet 0/0
```

此后执行的所有 **debug** 命令或者已经运行的所有 **debug** 命令，都将仅显示与接口 GigabitEthernet 0/0 相关联的调试输出结果，且一直应用该条件，直至禁用该条件或重启设备。此外，可以通过简单地指定多个条件来实现堆叠的条件式 **debug** 命令：

```
debug condition gigabitethernet 0/0
debug condition ip 10.0.1.1
```

此时，仅当满足上述两个条件时才会显示调试结果。

如果要验证当前指定的条件信息，就可以使用 **show debug condition** 命令。

23.3.2 SNMP 故障排查

无论使用的是 SNMPv2c 还是 SNMPv3，都要求必须能够从代理 ping 通服务器。如果三层连接有问题，那么 SNMP NMS（Network Management Server，网管服务器）就无法访问代理的 MIB（Management Information Base，管理信息库）信息。此外，SNMP 的常规消息使用 UDP 端口 161，自陷消息和通告消息使用 UDP 端口 162。因此，如果 ACL 拒绝了这些端口，那么 NMS 与代理之间就无法进行正常的 SNMP 通信。

排查 SNMPv2c 故障时应关注以下内容。

- **确保团体字符串匹配**：为了确保 NMS 能够从代理读取或写入信息，要求 NMS 与代理的读团体字符串或读/写团体字符串必须匹配。从例 23-12 可以看出，只读团体字符串被指定为 CISCO。
- **确保对服务器进行分类的 ACL 正确**：如果通过 ACL 来定义允许哪个 NMS（基于 IP 地址）检索 MIB 对象，就必须在 ACL 中准确定义服务器地址。从例 23-12 可以看出，ACL 10 仅允许 IP 地址为 10.1.100.100 的 NMS 使用只读团体字符串 CISCO 读取 MIB 对象。
- **确保通告配置正确**：如果代理被配置为发送自陷或通告消息，就需要验证以下内容。
  - 确保已启用自陷机制。
  - 确保指定了正确的主机（NMS）IP 地址。
  - 确保指定了正确的 SNMP 版本。
  - 确保指定了正确的团体字符串。

  如果不希望发送所有自陷消息，就必须指定需要发送的自陷消息。从例 23-12 可以看出，命令 **snmp-server host** 指示以团体字符串 CISCO 将 SNMPv2c 通告发送给 10.1.100.100 的 NMS。
- **防止索引重排**：为了避免索引重排并确保索引在重启或小版本升级期间的持续性，可以使用 **snmp-server ifindex persistent** 命令（在运行配置中显示为 **snmp ifmib ifindex persist**）。

例 23-12 SNMPv2c 配置示例

```
R4# show run | section snmp
snmp-server community CISCO RO 10
snmp-server enable traps cpu threshold
snmp-server host 10.1.100.100 informs version 2c CISCO
snmp ifmib ifindex persist
R4# show ip access-lists
Standard IP access list 10
 10 permit 10.1.100.100
```

与 SNMPv2c 相比，SNMPv3 在安全性方面做了重大改进，提供了增强型的认证和加密机制。排查 SNMPv3 故障时应关注以下内容。

- **用户、视图和组嵌套：**SNMPv3 可以创建嵌套在组中携带认证和加密参数的用户（组定义了能够读写代理上的 MIB 对象的服务器）。如果用户、视图和组嵌套错误，那么 SNMPv3 就无法按预期运行。例 23-13 的用户 NMSERVER 嵌套在组 NMSREADONLY 中，该组允许 IP 地址为 10.1.100.100 的 NMS 以只读方式访问 MIBACCESS 视图中列出的 ODI（Object Identifier，对象标识符）。
- **指定了错误的安全级别：**SNMPv3 支持 3 种安全级别，即 noAuthNoPriv、authNoPriv 和 authPriv。为组、用户以及所要发送的自陷消息指定的安全级别必须与服务器使用的安全级别相匹配。例 23-13 指定的安全级别是 authPriv（配置命令中的参数 **priv**），意味着同时启用认证和加密机制。
- **哈希算法、加密算法或密码定义错误：**执行认证操作时，哈希算法及密码必须匹配，否则认证将失败。执行加密操作时，加密算法及密码必须匹配，否则 NMS 将无法解密收到的数据。例 23-13 使用的哈希算法是 SHA，加密算法是 AES-256，密码是 MYPASSWORD。
- **在视图中指定了错误的 OID：**视图确定了 NMS 能够访问的 MIB 对象。如果对象定义错误，那么 SNMPv3 就无法按预期运行。例 23-13 在视图 MIBACCESS 中定义了对象 sysUpTime、ifAdminStatus 和 ifOperStatus。
- **通告配置：**如果代理被配置为发送自陷或通告消息，就应该验证是否启用了自陷、是否指定了正确的主机（NMS）IP 地址、是否指定了正确的 SNMP 版本和正确的安全级别，还要确保指定了自陷或通告消息（默认仅指定自陷消息）。如果不希望发送所有自陷消息，那么还必须正确指定希望发送的自陷消息。此外，还要为认证/加密进程指定正确的 SNMPv3 用户名。例 23-13 中的 **snmp-server host** 命令指示 SNMPv3 使用名为 NMSERVER 的用户提供的认证和加密机制向 IP 地址为 10.1.100.100 的 NMS 发送与 CPU 相关的自陷消息。
- **防止索引重排：**为了避免索引重排并确保索引在重启或小版本升级期间的持续性，可以使用 **snmp-server ifindex persistent** 命令（在运行配置中显示为 **snmp ifmib ifindex persist**）。

例 23-13 SNMPv3 配置示例

```
R2# show run | section snmp
snmp-server group NMSREADONLY v3 priv read MIBACCESS access 99
snmp-server view MIBACCESS sysUpTime included
snmp-server view MIBACCESS ifAdminStatus included
snmp-server view MIBACCESS ifOperStatus included
snmp-server user NMSERVER NMSREADONLY v3 auth sha MYPASSWORD priv aes 256 MYPASSWORD
snmp-server host 10.1.100.100 version 3 priv NMSERVER cpu
snmp ifmib ifindex persist
SW2# show ip access-lists
Standard IP access list 99
 10 permit 10.1.100.100
```

可以通过 **show snmp group** 命令验证已配置的 SNMP 组，例 23-14 中的 SNMP 组

是 NMSREADONLY，安全模型是“v3 priv”（authPriv），相关联的只读视图是 MIBACCESS，且仅允许访问列表 99 中的服务器读取视图中的 OID。

例 23-14 验证 SNMP 组

```
R2# show snmp group
groupname: NMSREADONLY                                              security model:v3 priv
contextname: <no context specified>                                 storage-type:
nonvolatile
readview : MIBACCESS                                                writeview: <no
writeview specified>
notifyview: *tv.00000000.00000000.10000000.0
row status: active          access-list: 99
```

可以通过 **show snmp user** 命令验证已配置的 SNMP 用户，例 23-15 显示了名为 NMSERVER 的用户，该用户正在使用 SHA 认证协议以及 AES-256 私密性（加密）协议。此外，该用户还关联了 SNMP 组 NMSREADONLY。

例 23-15 验证 SNMP 用户

```
SW2# show snmp user

User name: NMSERVER
Engine ID: 800000090300001C57FEF601
storage-type: nonvolatile active
Authentication Protocol: SHA
Privacy Protocol: AES256
Group-name: NMSREADONLY
```

可以通过 **show snmp host** 命令验证将自陷或通告消息发送到了何处。从例 23-16 可以看出，通告消息发送给了 IP 地址为 10.1.100.100 的 NMS（使用 UDP 端口 162），该通告消息是自陷消息，用于认证和加密的用户名是 NMSERVER，安全模型是“v3 priv”。

例 23-16 验证 SNMP 主机

```
SW2# show snmp host
Notification host: 10.1.100.100    udp-port: 162       type: trap
user: NMSERVER      security model: v3 priv
```

可以通过 **show snmp view** 命令查看每个视图包含的 OID 信息。从例 23-17 可以看出，MIBACCESS 视图包含了 sysUpTime、ifAdminStatus 和 ifOperStatus 等 OID。

例 23-17 验证 SNMP 视图

```
SW2# show snmp view
...output omitted...
cac_view lifEntry.20 - included read-only active
cac_view cciDescriptionEntry.1 - included read-only active
MIBACCESS sysUpTime - included nonvolatile active
MIBACCESS ifAdminStatus - included nonvolatile active
MIBACCESS ifOperStatus - included nonvolatile active
v1default iso - included permanent active
```

```
v1default internet - included permanent active
...output omitted...
```

23.3.3 思科 IOS IP SLA 故障排查

思科 IOS IP SLA 能够以可预测方式生成连续、可靠探针（模拟流量），来测量网络性能并测试网络可用性。IP SLA 能够采集的数据类型与探针的安装方式高度相关，通常可以采集丢包、单向时延、响应时间、抖动、网络资源可用性、应用性能、服务器响应时间甚至语音质量等多种有用信息。

IP SLA 包括 IP SLA 源端（发送探针）和 IP SLA 响应端（应答探针），并不是所有场合都同时需要 IP SLA 源端和响应端，但所有场合都需要 IP SLA 源端，仅在采集不是由特定目的设备提供的业务的精确统计数据时，才需要使用 IP SLA 响应端，响应端能够向源端返回精确的度量响应（考虑了探测包自身的处理时间）。图 23-1 给出的应用场景只包含发送 ping 包以测试连接性的 IP SLA 源端，图 23-2 给出的应用场景包含了执行抖动（数据包之间的时延变化）测试的 IP SLA 源端和 IP SLA 响应端。

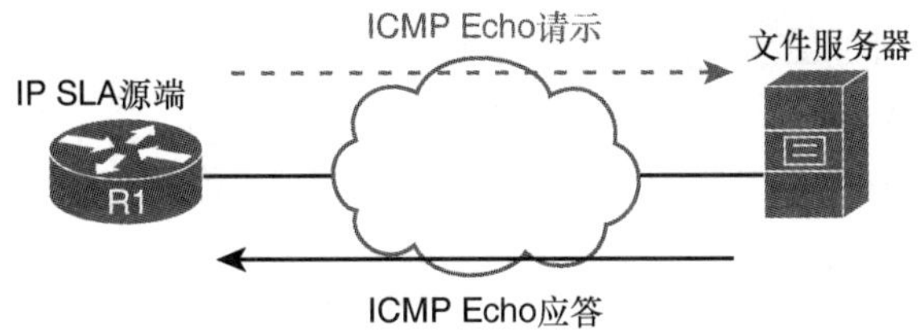

图 23-1 IP SLA 源端拓扑结构

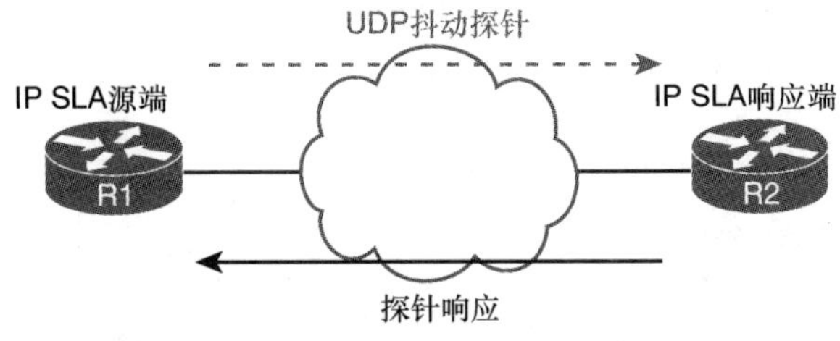

图 23-2 IP SLA 源端和响应端拓扑结构

例 23-18 给出了图 23-1 的配置示例，可以看出 R1 被配置为 IP SLA 源端，R1 发送的探测包是从本地源地址 192.168.1.11 到 10.1.100.100 的 ICMP Echo（ping）消息，该探测包每 15s 发送一次且永不停止。

例 23-18 IP SLA 的 ICMP Echo 探测配置示例

```
R1# show run | section sla
ip sla 2
 icmp-echo 10.1.100.100 source-ip 192.168.1.11
 frequency 15
ip sla schedule 2 life forever start-time now
```

例 23-19 给出了图 23-2 的配置示例，可以看出 R1 被配置为 IP SLA 源端，R1 发送的探测包正在测试从源地址 192.168.1.11 到 10.1.34.4（使用端口 65051）的 UDP 抖动情况，每次测试均发送 20 个探测包，每个探测包的大小均为 160 字节，每隔 30s 重复一次，探测启动后永不停止。为了得到与抖动相关的测试结果，需要有相应的设备来处理探测包和响应包，因而目的设备必须支持思科 IOS IP SLA，且必须配置为响应端，本例中的 R2 就被配置为 IP SLA 响应端。

例 23-19 IP SLA 的 UDP 抖动探测配置示例

```
R1# show run | section sla
ip sla 1
 udp-jitter 10.1.34.4 65051 source-ip 192.168.1.11 num-packets 20
 request-data-size 160
 frequency 30
ip sla schedule 1 life forever start-time now

R2# show run | section sla
ip sla responder
```

考试要点

排查思科 IOS IP SLA 故障时应注意以下事项。

- 必须根据希望测量的度量值来选择正确的操作类型。
- 目的 IP 地址必须可达且必须定义正确。
- 源 IP 地址必须能够从目的端可达且必须定义正确。
- 必须能够识别任何必需的端口。
- 必须启动 SLA 实例。
- 如果测量操作需要 IP SLA 响应端，就必须配置相应的响应端且必须可达。

show ip sla application 命令不但能够验证特定平台支持的 IP SLA 操作类型，还能验证已经配置了多少种操作以及当前激活了多少种操作（见例 23-20）。

例 23-20 **show ip sla application** 命令输出结果

```
R1# show ip sla application
        IP Service Level Agreements
Version: Round Trip Time MIB 2.2.0, Infrastructure Engine-III
Supported Operation Types:
        icmpEcho, path-echo, path-jitter, udpEcho, tcpConnect, http
        dns, udpJitter, dhcp, ftp, lsp Group, lspPing, lspTrace
        802.1agEcho VLAN, EVC, Port, 802.1agJitter VLAN, EVC, Port
        pseudowirePing, udpApp, wspApp

Supported Features:
        IPSLAs Event Publisher

IP SLAs low memory water mark: 30919230
Estimated system max number of entries: 22645

Estimated number of configurable operations: 22643
Number of Entries configured : 2
Number of active Entries     : 2
```

```
Number of pending Entries  : 0
Number of inactive Entries : 0
Time of last change in whole IP SLAs: 09:29:04.789 UTC Sat Jul 26 2014
```

如果要验证每个 IP SLA 实例的配置值以及未进行修改的默认值，就可以使用 **show ip sla configuration** 命令（见例 23-21），例 23-21 中显示了两个表项（实例）：表项 1 和表项 2。每个表项都可以验证正在执行的操作类型、操作超时情况、源和目的地址、源和目的端口、服务类型值、包大小、包间隔（如果该操作支持）以及为该操作配置的调度计划等。对于本例来说，表项 1 和表项 2 均已启动且永不停止。

例 23-21 **show ip sla configuration** 命令输出结果

```
R1# show ip sla configuration
IP SLAs Infrastructure Engine-III
Entry number: 1
Owner:
Tag:
Operation timeout (milliseconds): 5000
Type of operation to perform: udp-jitter
Target address/Source address: 10.1.34.4/192.168.1.11
Target port/Source port: 65051/0
Type Of Service parameter: 0x0
Request size (ARR data portion): 160
Packet Interval (milliseconds)/Number of packets: 20/20
Verify data: No
Vrf Name:
Control Packets: enabled
Schedule:
   Operation frequency (seconds): 30 (not considered if randomly scheduled)
   Next Scheduled Start Time: Start Time already passed
   Group Scheduled : FALSE
   Randomly Scheduled : FALSE
   Life (seconds): Forever
   Entry Ageout (seconds): never
   Recurring (Starting Everyday): FALSE
   Status of entry (SNMP RowStatus): Active
Threshold (milliseconds): 5000
Distribution Statistics:
   Number of statistic hours kept: 2
   Number of statistic distribution buckets kept: 1
   Statistic distribution interval (milliseconds): 20
Enhanced History:

Entry number: 2
Owner:
Tag:
Operation timeout (milliseconds): 5000
Type of operation to perform: icmp-echo
Target address/Source address: 10.1.100.100/192.168.1.11
Type Of Service parameter: 0x0
Request size (ARR data portion): 28
Verify data: No
Vrf Name:
```

```
Schedule:
   Operation frequency (seconds): 15 (not considered if randomly scheduled)
   Next Scheduled Start Time: Start Time already passed
   Group Scheduled : FALSE
   Randomly Scheduled : FALSE
   Life (seconds): Forever
   Entry Ageout (seconds): never
   Recurring (Starting Everyday): FALSE
   Status of entry (SNMP RowStatus): Active
Threshold (milliseconds): 5000
Distribution Statistics:
   Number of statistic hours kept: 2
   Number of statistic distribution buckets kept: 1
   Statistic distribution interval (milliseconds): 20
Enhanced History:
History Statistics:
   Number of history Lives kept: 0
   Number of history Buckets kept: 15
   History Filter Type: None
```

如果要显示 IP SLA 操作的结果以及采集到的统计信息，就可以使用 **show ip sla statistics** 命令（见例 23-22），可以通过输出结果验证操作类型、最后启动的时间、最近返回的代码、返回值（取决于操作类型）以及成功和失败的次数。

例 23-22 show ip sla statistics 命令输出结果

```
R1# show ip sla statistics
IPSLAs Latest Operation Statistics

IPSLA operation id: 1
Type of operation: udp-jitter
        Latest RTT: 53 milliseconds
Latest operation start time: 09:52:23 UTC Sat Jul 26 2014
Latest operation return code: OK
RTT Values:
        Number Of RTT: 17 RTT Min/Avg/Max: 46/53/66 milliseconds
Latency one-way time:
        Number of Latency one-way Samples: 0
        Source to Destination Latency one way Min/Avg/Max: 0/0/0 milliseconds
        Destination to Source Latency one way Min/Avg/Max: 0/0/0 milliseconds
Jitter Time:
        Number of SD Jitter Samples: 14
        Number of DS Jitter Samples: 14
        Source to Destination Jitter Min/Avg/Max: 1/7/13 milliseconds
        Destination to Source Jitter Min/Avg/Max: 1/6/13 milliseconds
Packet Loss Values:
        Loss Source to Destination: 0
        Source to Destination Loss Periods Number: 0
        Source to Destination Loss Period Length Min/Max: 0/0
        Source to Destination Inter Loss Period Length Min/Max: 0/0
        Loss Destination to Source: 3
        Destination to Source Loss Periods Number: 2
        Destination to Source Loss Period Length Min/Max: 1/2
        Destination to Source Inter Loss Period Length Min/Max: 1/9
```

```
        Out Of Sequence: 0 Tail Drop: 0
        Packet Late Arrival: 0 Packet Skipped: 0
Voice Score Values:
        Calculated Planning Impairment Factor (ICPIF): 0
        Mean Opinion Score (MOS): 0
Number of successes: 61
Number of failures: 0
Operation time to live: Forever

IPSLA operation id: 2
        Latest RTT: 1 milliseconds
Latest operation start time: 09:52:49 UTC Sat Jul 26 2014
Latest operation return code: OK
Number of successes: 95
Number of failures: 1
Operation time to live: Forever
```

如果要验证 IP SLA 响应端的操作类型，就可以使用 **show ip sla responder** 命令（见例 23-23）。对于充当 IP SLA 响应端的思科 IOS 设备来说，该命令可以验证通用控制端口号、接收到的所有探测包数量、差错次数以及最近的 IP SLA 探测包的源地址。

例 23-23 show ip sla responder 命令输出结果

```
R2# show ip sla responder
        General IP SLA Responder on Control port 1967
General IP SLA Responder is: Enabled
Number of control message received: 2333 Number of errors: 0
Recent sources:
        192.168.1.11 [09:53:52.001 UTC Sat Jul 26 2014]
        192.168.1.11 [09:53:22.033 UTC Sat Jul 26 2014]
        192.168.1.11 [09:52:52.029 UTC Sat Jul 26 2014]
        192.168.1.11 [09:52:22.049 UTC Sat Jul 26 2014]
        192.168.1.11 [09:51:52.029 UTC Sat Jul 26 2014]
Recent error sources:

        Permanent Port IP SLA Responder
Permanent Port IP SLA Responder is: Disabled

udpEcho Responder:
  IP Address             Port
```

例 23-24 通过 **debug ip sla trace 2** 命令显示了 SLA 操作的实时输出结果，从输出结果可以看出，IP SLA 实例 2 的跟踪操作成功，本次操作经历了唤醒、启动、发送探测、接收响应以及更新统计信息等处理过程。

例 23-24 debug 命令显示 IP SLA 实例 2 的跟踪操作成功

```
R1# debug ip sla trace 2
IPSLA-INFRA_TRACE:OPER:2 slaSchedulerEventWakeup
IPSLA-INFRA_TRACE:OPER:2 Starting an operation
IPSLA-OPER_TRACE:OPER:2 source IP:192.168.1.11
IPSLA-OPER_TRACE:OPER:2 Starting icmpecho operation - destAddr=10.1.100.100,
```

```
sAddr=192.168.1.11
IPSLA-OPER_TRACE:OPER:2 Sending ID: 113
IPSLA-OPER_TRACE:OPER:2 ID:113, RTT=1
IPSLA-INFRA_TRACE:OPER:2 Updating result
```

例 23-25 通过 **debug ip sla trace 2** 命令显示了 SLA 操作的实时输出结果，从输出结果可以看出，IP SLA 实例 2 的跟踪操作失败。输出结果显示源 IP 地址 192.168.1.11 与目的 IP 地址 10.1.100.100 之间的 SLA 操作超时。输出结果随后更新到了 SLA 统计信息中，从统计信息中可以证实本次 IP SLA 实例 2 的跟踪操作没有成功。

例 23-25 **debug** 命令显示 IP SLA 实例 2 的跟踪操作失败

```
R1# debug ip sla trace 2
IPSLA-INFRA_TRACE:OPER:2 slaSchedulerEventWakeup
IPSLA-INFRA_TRACE:OPER:2 Starting an operation
IPSLA-OPER_TRACE:OPER:2 source IP:192.168.1.11
IPSLA-OPER_TRACE:OPER:2 Starting icmpecho operation - destAddr=10.1.100.100,
sAddr=192.168.1.11
IPSLA-OPER_TRACE:OPER:2 Sending ID: 205
IPSLA-OPER_TRACE:OPER:2 Timeout - destAddr=10.1.100.100, sAddr=192.168.1.11
IPSLA-INFRA_TRACE:OPER:2 Updating result
```

23.3.4 对象跟踪故障排查

对象跟踪（Object Tracking）可以根据被跟踪对象所处的 Up 或 Down 状态来动态控制响应操作。例如，可以将某个对象关联到静态路由上，如果对象处于 Up 状态，就将路由安装到路由表中；如果对象处于 Down 状态，就不将路由安装到路由表中。对于 FHRP（First-Hop Redundancy Protocol，第一跳冗余协议）来说，可以根据被跟踪对象所处的状态，递减或递增 FHRP 优先级。例如，如果被跟踪对象处于 Down 状态，就递减 FHRP 的优先级。

对象跟踪特性可以跟踪 IP 路由、IP SLA 实例、接口以及对象组。例如，可以跟踪使用 ICMP Echo 的 IP SLA 实例，如果 Echo 失败，那么 IP SLA 实例也将失败，导致被跟踪对象处于 Down 状态。如果被跟踪对象与 FHRP 相关联，就会递减 FHRP 的优先级；如果被跟踪对象与静态路由相关联，就会从路由表中删除该静态路由。

如果要验证被跟踪对象的配置以及被跟踪对象的状态，就可以使用 **show track** 命令。例 23-26 中的被跟踪对象 1 位于 SW1 上，正在跟踪 IP 路由 10.1.43.0/24 的可达性。如果该路由位于路由表中，就表明对象处于 Up 状态；如果路由不在路由表中，就表明对象处于 Down 状态。此外，该对象还关联了 HSRP Vlan10 10（如输出结果“Tracked by:”后面的信息）。

例 23-26 验证被跟踪对象的配置及状态信息（Up）

```
SW1# show track
Track 1
  IP route 10.1.43.0 255.255.255.0 reachability
  Reachability is Up (EIGRP)
    1 change, last change 00:01:55
```

```
  First-hop interface is GigabitEthernet1/0/10
 Tracked by:
   HSRP Vlan10 10
```

从例 23-27 可以看出，被跟踪对象处于 Down 状态，因为路由 10.1.43.0/24 已经不在路由表中了。由于该对象与 HSRP Vlan10 10 相关联，因而会根据 HSRP Vlan10 10 的配置情况执行相应的操作，如递减本地 HSRP 优先级。

例 23-27 验证被跟踪对象的配置及状态信息（Down）

```
SW1#
%TRACKING-5-STATE: 1 ip route 10.1.43.0/24 reachability Up->Down
SW1# show track
Track 1
  IP route 10.1.43.0 255.255.255.0 reachability
  Reachability is Down (no route)
    2 changes, last change 00:00:04
  First-hop interface is unknown
  Tracked by:
    HSRP Vlan10 10
```

23.3.5 NetFlow 和 Flexible NetFlow 故障排查

思科 IOS NetFlow 可以深刻洞察网络流量模式。目前很多企业都在销售 NetFlow 采集器，这些软件程序可以获取存储在本地设备缓存中的 NetFlow 信息，并将原始数据转换为有用的图形和表格，以更加直观地反映流量模式。

NetFlow 可以区分不同的流量流。这里所说的流（Flow）指的是包含一串共享报头信息的数据包，包括源 IP 地址、目的 IP 地址、协议号、端口号和 ToS（Type of Service，服务类型）等报头字段信息，而且这些数据包还会进入设备的同一个接口。NetFlow 可以跟踪每个被监测流的包数和字节数，并将这些信息存储到流缓存中。

可以在单台路由器上以单机（Standalone）模式使用 NetFlow 功能，并在 CLI 中查看流缓存信息。这种单机模式对于故障排查操作来说非常有用，因为可以在数据包进入路由器时观测这些正在创建的流量流。不过，与其使用单机模式的 NetFlow，还不如将路由器流缓存中的表项导出到 NetFlow 采集器中。NetFlow 采集器是一种运行在网络中的计算机/服务器上的应用程序。NetFlow 采集器收到一段时间内的流信息之后，就可以由运行在 NetFlow 采集器上的分析软件生成详细的流量统计报告。

例 23-28 显示了路由器的 NetFlow 配置示例。可以看出，**ip flow ingress** 命令配置在 Fast Ethernet 0/0 上，**ip flow egress** 命令配置在 Fast Ethernet 0/1 上。如果希望抓取到达接口的入站流量，就可以配置 **ingress** 命令；如果希望抓取流出接口的出站流量，就可以配置 **egress** 命令；如果希望抓取双向流量，就可以在接口上同时配置 **ingress** 和 **egress** 命令。尽管并不必需，但路由器 R4 仍然将流缓存信息导出到了 NetFlow 采集器上。命令 **ip flow-export source lo 0** 指示路由器 R4 与 NetFlow 采集器之间的所有通信过程都将通过 Loopback 0 接口。本例指定的版本是 NetFlow 版本 5，版本必须与 NetFlow 采集器相匹配。请注意，一定要查看 NetFlow 采集器的说明文档，以确认所要配置的版本。最后，本例配置了命令 **ip flow-export destination 192.168.1.50 5000**，指定 NetFlow 采集器的 IP 地址为 192.168.1.50，且应该通过 UDP 端口 5000 与 NetFlow 采集器进行通信。NetFlow 没有标准的端口号，因而选择端口时应查看 NetFlow 采集器文档。

例 23-28 NetFlow 配置示例

```
R4# configure terminal
R4(config)# int fa 0/0
R4(config-if)# ip flow ingress
R4(config-if)# exit
R4(config)# int fa 0/1
R4(config-if)# ip flow egress
R4(config-if)# exit
R4(config)# ip flow-export source lo 0
R4(config)# ip flow-export version 5
R4(config)# ip flow-export destination 192.168.1.50 5000
R4(config)# end
```

虽然外部 NetFlow 采集器对于长期流分析来说非常有价值，还能提供详细的图形和表格，不过也可以在路由器的 CLI 窗口下执行 **show ip cache flow** 命令以获取流信息摘要（见例 23-29）。故障排查人员可以根据例 23-29 的输出结果确认很多有用信息，例如，可以确认流量在 IP 地址 10.8.8.6 与 192.168.0.228 之间流动。

例 23-29 通过 **show ip cache flow** 命令查看 NetFlow 信息

```
R4# show ip cache flow
...OUTPUT OMITTED...
Protocol    Total  Flows  Packets  Bytes  Packets  Active(Sec)    Idle(Sec)
----------  Flows  /Sec   /Flow    /Pkt   /Sec     /Flow          /Flow
TCP-Telnet  12     0.0    50       40     0.1      15.7           14.2
TCP-WWW     12     0.0    40       785    0.1      7.1            6.2
TCP-other   536    0.1    1        55     0.2      0.3            10.5
UDP-TFTP    225    0.0    4        59     0.1      11.9           15.4
UDP-other   122    0.0    114      284    3.0      15.9           15.4
ICMP        41     0.0    13       91     0.1      49.9           15.6
IP-other    1      0.0    389      60     0.0      1797.1         3.4
Total:      949    0.2    18       255    3.8      9.4            12.5

SrcIf       SrcIPaddress   DstIf    DstIPaddress   Pr SrcP  DstP  Pkts
Fa0/0       10.3.3.1       Null     224.0.0.10     58 0000  0000  62
Fa0/1       10.8.8.6       Fa0/0    192.168.0.228  06 C2DB  07D0  2
Fa0/0       192.168.0.228  Fa0/1    10.8.8.6       06 07D0  C2DB  1
Fa0/0       192.168.1.50   Fa0/1    10.8.8.6       11 6002  6BD2  9166
Fa0/1       10.8.8.6       Fa0/0    192.168.1.50   11 6BD2  6002  9166
Fa0/0       10.1.1.2       Local    10.3.3.2       06 38F2  0017  438
```

排查 NetFlow 故障时应注意以下事项。

- **流量方向**：NetFlow 采集功能是以逐个接口的方式启用的，而且是单向行为。这就意味着可以在接口上通过 **ip flow ingress** 命令让 NetFlow 抓取接口的入站流量，或者通过 **ip flow egress** 命令让 NetFlow 抓取接口的出站流量。理解流量流对于确保能够采集到所需要的信息来说非常重要。同时，由于流量是单向的，因而如果希望抓取双向流量，就需要在同一接口上同时启用入站和出站采集功能。如果要验证接口方向，就可以使用 **show ip flow interface** 命令（见例 23-30）。

- **接口**：由于 NetFlow 采集功能是以逐个接口的方式启用的，因而选择正确的接口和正确的方向至关重要。例如，如果某路由器拥有 3 个接口，那么采集某个接口的入站流量仅会抓取到达该接口的流量，而采集某个接口的出站流量则仅会抓取离开该接口的所有流量（与到达接口无关）。因此，了解流量的流动方式以及所要抓取的流量，有助于选择正确的接口和正确的方向。如果要验证启用了 NetFlow 的接口以及抓取流量的方向，就可以使用 **show ip flow interface** 命令（见例 23-30）。
- **导出目的端**：NetFlow 采集操作默认是本地操作，如果要导出流缓存中采集到的信息，就需要配置 NetFlow 采集器。可以通过命令 **ip flow-export destination** {*ip address* | *hostname*} *udp-port* 让路由器将 NetFlow 采集到的信息导出给 NetFlow 采集器。请注意，一定要指定正确的 IP 地址或主机名，以及 NetFlow 采集器的 UDP 端口号。可以通过 **show ip flow export** 命令验证导出源端和目的端信息（见例 23-31）。
- **导出源端**：如果将 NetFlow 采集器配置为接收特定设备（基于 IP 地址）的 NetFlow 信息，就必须将设备配置为使用该 IP 地址作为 NetFlow 导出数据包的源端。可以通过命令 **ip flow-export source** *interface-type interface number* 加以配置，可以通过 **show ip flow export** 命令验证导出源端和目的端信息（见例 23-31）。
- **版本**：NetFlow 采集器支持不同的版本，最常见的版本是版本 5 和版本 9，目前最常见的版本就是版本 9。版本规定了将信息发送给采集器时的格式化方式，如果设备使用的是版本 5，而采集器使用的是版本 9，那么两者的格式就不同。如果设备使用的是版本 9，而服务器使用的是版本 5，那么两者的格式也不相同。在这两种情况下，采集操作都无法成功。为了确保设备能够以正确的格式将采集到的信息导出给 NetFlow 采集器，需要使用 **ip flow-export version [5 | 9]**命令。可以通过 **show ip flow export** 命令验证将要导出的 NetFlow 版本（见例 23-31）。

例 23-30 通过 **show ip flow interface** 命令查看 NetFlow 信息

```
R3# show ip flow interface
GigabitEthernet2/0
  ip flow ingress
  ip flow egress
R3#
```

例 23-31 通过 **show ip flow export** 命令查看 NetFlow 信息

```
R3# show ip flow export
Flow export v5 is enabled for main cache
```

```
  Export source and destination details :
  VRF ID : Default
    Source(1)       192.168.23.1 (Loopback0)
    Destination(1)  192.168.1.50 (5000)
  Version 5 flow records
  0 flows exported in 0 udp datagrams
  0 flows failed due to lack of export packet
  0 export packets were sent up to process level
  0 export packets were dropped due to no fib
  0 export packets were dropped due to adjacency issues
  0 export packets were dropped due to fragmentation failures
  0 export packets were dropped due to encapsulation fixup failures
R3#
```

需要注意的是，流在本地思科设备上仅进行临时存储。如果未导出流给 NetFlow 采集器，就会在一定的时间将这些流从缓存中删除，以释放资源。仅当设备被配置为导出流且仅当流在本地设备上的流缓存中到期之后，才将流导出给 NetFlow 采集器。流在以下情况下到期并导出。

- 如果流处于空闲或去活状态（默认为 15s），就可以从缓存中删除并导出流。
- 如果流达到了最大生存期（默认为 30min）（称为活动定时器），就可以从缓存中删除并导出流。
- 如果缓存已满，就会采用试探方式立即老化较早的流并将其导出。
- 如果 TCP 连接已经关闭（已经看到 FIN 字节）或重置（已经看到 RST 字节），就可以从缓存中删除并导出流。

如果需要，也可以修改到期设置。如果缓存经常被填满，就可以使用 **ip flow-cache entries** *number* 命令更改缓存大小。可以通过 **ip flow-cache timeout active** *minutes* 命令修改流的最大生存期（活动定时器），通过 **ip flow-cache timeout inactive** *seconds* 命令修改空闲（去活）定时器，通过 **show ip cache flow** 命令验证定时器的配置情况（见例 23-32）。

如果需要清除路由器的 NetFlow 统计信息，就可以使用 **clear ip flow stats** 命令。可以通过 **show ip cache flow** 命令验证最后一次清除 NetFlow 统计信息的时间（见例 23-32）。

例 23-32 通过 **show ip cache flow** 命令查看 NetFlow 定时器

```
R3# show ip cache flow
IP packet size distribution (97 total packets):
   1-32   64   96  128  160  192  224  256  288  320  352  384  416  448  480
   .000 .000 1.00 .000 .000 .000 .000 .000 .000 .000 .000 .000 .000 .000 .000

    512  544  576 1024 1536 2048 2560 3072 3584 4096 4608
   .000 .000 .000 .000 .000 .000 .000 .000 .000 .000 .000

IP Flow Switching Cache, 4456704 bytes
  2 active, 65534 inactive, 3 added
  1239 ager polls, 0 flow alloc failures
  Active flows timeout in 30 minutes
  Inactive flows timeout in 15 seconds
```

```
IP Sub Flow Cache, 533256 bytes
  1 active, 16383 inactive, 1 added, 1 added to flow
  0 alloc failures, 0 force free
  1 chunk, 1 chunk added
  last clearing of statistics never
...output omitted...
```

Flexible NetFlow 将 NetFlow 提升到了一个新的高度，其允许用户根据需要自定义流量分析参数，这就意味着排查故障时需要验证更多的参数。排查 Flexible NetFlow 故障时，需要验证流记录、流监控器、流导出及接口配置等信息。

流记录负责定义将要抓取的内容。可以使用预定义记录（由思科创建）或用户自定义记录（由用户创建）。无论使用的是预定义记录还是用户自定义记录，都要验证这些记录是否已经被配置为抓取希望抓取的内容。对于预定义记录来说，需要通过思科文档来确定它们所要抓取的内容，因为列表信息会随着时间的推移而有所更新。使用用户自定义记录时，可以通过 **show flow record** 命令验证是否在流记录中指定了正确的匹配和采集条件，也可以使用 **show running-config flow record** 命令（见例 23-33）。请注意，如果使用的是预定义的流记录，就可以通过 **show flow monitor** 命令来验证正在使用的是哪种记录。

考试要点

例 23-33 查看 Flexible NetFlow 流记录

```
R3# show flow record
flow record ENARSI-FLOWRECORD:
  Description:         User defined
  No. of users:        1
  Total field space: 16 bytes
  Fields:
    match ipv4 source address
    match ipv4 destination address
    match application name
    collect interface input

R3# show running-config flow record
Current configuration:
!
flow record ENARSI-FLOWRECORD
 match ipv4 source address
 match ipv4 destination address
 match application name
 collect interface input
!
R3#
```

流监控器是应用于接口的 Flexible NetFlow 组件。流监控器包含流记录（预定义记录或用户自定义记录），这些流记录负责确定将要匹配和采集的内容。接下来就可以将需要采集的流添加到流监控器缓存。可以通过 **show flow monitor** 命令显示当前应用的流记录、应用的流导出器、缓存类型、缓存大小以及已为流监控器设置的定时器（见例 23-34），通过 **show flow monitor name** *monitor-name* **cache format record** 命令显示流监控器缓存的状态、统计信息和流数据（见例 23-35）。

例 23-34 查看 Flexible NetFlow 流监控器

```
R3# show flow monitor
Flow Monitor ENARSI-FLOWMONITOR:
  Description:        User defined
  Flow Record:        ENARSI-FLOWRECORD
  Flow Exporter:      ENARSI-FLOWEXPORTER
  Cache:
    Type:               normal
    Status:             allocated
    Size:               4096 entries / 213008 bytes
    Inactive Timeout:   15 secs
    Active Timeout:     1800 secs
    Update Timeout:     1800 secs

R3#
```

例 23-35 查看 Flexible NetFlow 流监控器缓存格式记录

```
R3# show flow monitor name ENARSI-FLOWMONITOR cache format record
  Cache type:                               Normal
  Cache size:                                 4096
  Current entries:                               3
  High Watermark:                                3

  Flows added:                                  57
  Flows aged:                                   54
    - Active timeout      (   1800 secs)        24
    - Inactive timeout    (     15 secs)        30
    - Event aged                                 0
    - Watermark aged                             0
    - Emergency aged                             0

IPV4 SOURCE ADDRESS:       10.0.123.1
IPV4 DESTINATION ADDRESS:  224.0.0.5
APPLICATION NAME:          cisco unclassified
interface input:           Gi2/0

IPV4 SOURCE ADDRESS:       10.0.123.2
IPV4 DESTINATION ADDRESS:  224.0.0.5
APPLICATION NAME:          cisco unclassified
interface input:           Gi2/0

IPV4 SOURCE ADDRESS:       10.0.123.1
IPV4 DESTINATION ADDRESS:  192.168.4.4
APPLICATION NAME:          prot icmp
interface input:           Gi2/0

R3#
```

可以将流监控器缓存设置为 Normal（常规）、Immediate（时）或 Permanent（永久）。前面曾经说过，如果缓存已满或者 TCP 连接已经关闭或重置，那么 Normal 缓存中的流就会到期并导出（根据去活定时器和活动定时器）。对于 Immediate 缓存来说，数据包到达之后，Immediate 缓存就会立即到期，从而立即导出，每次仅导出一个数据包。在这种情况下，定时器可有可无。如果需要采集和导出大量数据包，就会给网络链路带来巨大压力，还会使得 NetFlow 采集器过载。因此，应谨慎使用 Immediate 缓存。Permanent 缓存永远也不会删除本地信息，不过仍然会根据“timeout update”（超时更新）将信息发送给采集器，如果需要将信息保存在设备本地，那么 Permanent 缓存将非常有用。不过，需要注意的是，如果缓存已满，就无法监控任何新流，还会在缓存统计信息中收到“Flows not added”（未增加流）消息。因此，应谨慎使用 Permanent 缓存。

在接口上启用了 Flexible NetFlow 特性之后，Flexible NetFlow 才会采集数据。可以通过命令{**ip** | **ipv6** } **flow monitor** *monitor-name* {**input** | **output** }在接口上启用 Flexible NetFlow 特性。可以通过 **show flow interface** 命令显示 Flexible NetFlow 的状态，并验证是否已在指定接口上启用了 Flexible NetFlow（见例 23-36）。

例 23-36　查看启用了 Flexible NetFlow 的接口

```
R3# show flow interface
Interface GigabitEthernet2/0
  FNF:  monitor:            ENARSI-FLOWMONITOR
        direction:          Input
        traffic(ip):        on
R3#
```

几乎在所有场合下，都需要将采集并存储在流监控器缓存中的数据导出给 NetFlow 采集器，因而必须配置流导出器。配置流导出器时，需要指定 NetFlow 采集器的主机名或 IP 地址、NetFlow 版本（版本 5 或版本 9）（目的是确保思科设备能够在发送数据之前正确格式化数据）、NetFlow 采集器使用的 UDP 端口号以及将要分配给哪个流监控器。排查流导出器故障时，可以通过 **show flow exporter** 命令验证是否指定了正确的参数（见例 23-37），并通过 **show flow monitor** 命令验证是否将正确的流导出器分配给了正确的流监控器（见例 23-34）。

例 23-37　查看 Flexible NetFlow 流导出器信息

```
R3# show flow exporter
Flow Exporter ENARSI-FLOWEXPORTER:
  Description:              User defined
  Export protocol:          NetFlow Version 9
  Transport Configuration:
    Destination IP address: 10.0.3.15
    Source IP address:      10.0.1.1
    Source Interface:       Loopback0
    Transport Protocol:     UDP
    Destination Port:       5000
    Source Port:            63006
    DSCP:                   0x0
    TTL:                    255
    Output Features:        Not Used

R3#
```

注：Flexible NetFlow 要求启用 IPv4 和 IPv6 CEF。因此，如果使用 IPv4 NetFlow，就需要配置命令 **ip cef**；如果使用 IPv6 NetFlow，就需要配置命令 **ipv6 cef**。可以通过命令 **show ip cef** 和 **show ipv6 cef** 验证 IPv4 NetFlow 和 IPv6 NetFlow 是否正在运行，如果正在运行，就可以看到 CEF 表；如果未运行，就会收到以下消息：

```
For IPv4: %IPv4 CEF not running
For IPv6: %IPv6 CEF not running
```

23.3.6 BFD

某些环境中没有配套的载波检测信令机制来快速检测路由器之间的链路是否中断。图 23-3 显示了 3 种网络环境（假设直连接口没有出现链路故障），如果链路故障出在非直连链路，那么路由器就需要依靠路由协议的保活消息来确定远端邻居的可达性。按照目前的标准，这样做所耗费的时间令人难以接受。例如，OSPF 默认需要等待 40s 才会宣告邻居中断。

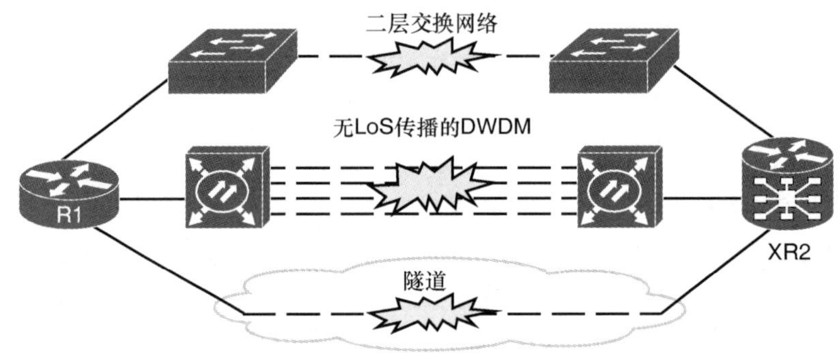

图 23-3 信号丢失检测面临的挑战

快速识别路由协议邻居可达性丢失的一种方式是将路由协议的 Hello 定时器和保活定时器的值设置得非常小。但是，引入快速 Hello 机制虽然能够减小故障检测间隔，但是也并不总能让网络有足够的时间可以在时间敏感型应用发现通信故障之前解决故障问题。此外，快速 Hello 机制还会增大路由器的 CPU 处理负载，而且随着邻居会话数的不断增加，还会存在显著的扩展性问题。

此时，BFD 应运而生。BFD 是一种“检测”协议，适用于所有介质类型、路由协议、拓扑结构和封装方式。BFD 可以快速检测同一个三层网络中的两台路由器之间的可达性故障，从而快速识别网络故障，并可以更快的速度完成收敛过程。BFD 是一种轻量级协议（也就是说，BFD 拥有较短的定长数据包），比快速路由协议 Hello 机制耗用的 CPU 更少。

例如，如果希望 EIGRP 能够快速发现邻居故障，就可以将 EIGRP Hello 定时器和保持定时器的值分别设置为 1 和 3，这样就能在 3s 之内检测到所有 EIGRP 邻居故障并进行收敛。但是这样的速度仍然不够快，而且处理这些额外的 EIGRP Hello 包所需的额外 CPU 处理资源也可能令人无法接受。如果改为在路由器之间使用 BFD，就可以将 Hello 间隔设置为 5，将保持时间设置为 15，通过轻量级 BFD 数据包来跟踪两台路由器之间的连接状况。在这种情况下，如果两台路由器之间的连接出现了故障，那么 BFD 就会通告其客户端（本例为 EIGRP），以便客户端可以根据需要指向收敛操作，而无须等待客户端保持定时器到期。由于 BFD 数据包比 EIGRP 数据包小且处理速度更快，因而占用的 CPU 资源更少，而且分布式路由平台的处理效率更高，因为线卡将直接处理 BFD 数据包，而不用将其发送给 CPU。可以将 BFD 定时器设置为亚秒值，这样就能比任何路由协议的故障检测速度都快。

图 23-4 中的 R1 和 R2 使用 BFD 功能来跟踪可达性：每 100ms 发送一次 BFD 数据包，如果连续丢失了 3 个数据包，那么 BFD 就会触发会话失败并通告 EIGRP。EIGRP 定时器设置为默认值 5 和 15。可以在路由器 EIGRP 配置模式下通过命令 **bfd interface** *interface-type interface-number* 在参与 EIGRP 的接口上启用 BFD。可以通过接口命令 **bfd interval** [*50-999*] **min_rx** [1-999] **multiplier** [*3-50*]以逐个接口的方式设置 BFD 定时器。

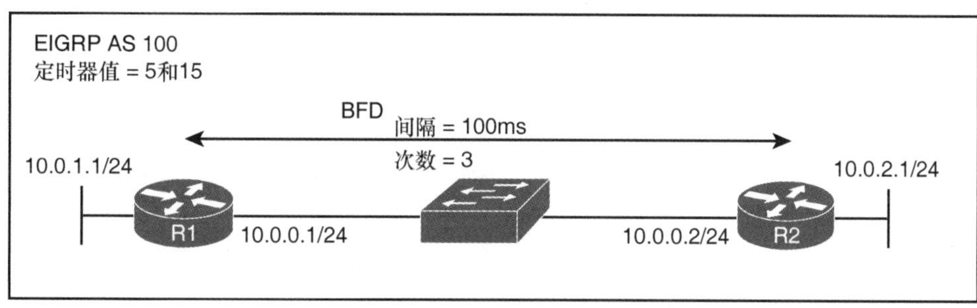

图 23-4 在两个 EIGRP 邻居之间配置 BFD

注：ENARSI 认证考试目标要求能够描述 BFD 功能特性，因而本书包含了 BFD 的相关内容。

23.3.7 Cisco DNA Center Assurance

网络的运行状况对于保证网络的持续成功运行来说至关重要，当前的网络可能包含数千台设备，拥有路由器、交换机、无线 LAN 控制器以及无线接入点等各种设备。传统的故障排查方法越来越难以满足当前网络日益复杂的洞察需求，因而必须能够查看整个网络的运行状况并确定必须解决的各种潜在问题。

Cisco DNA Center（思科 DNA 中心）是 Cisco DNA 的命令和控制中心。Cisco DNA Center 能够在几分钟之内完成设备的配置和部署，可以通过 AI（Artificial Intelligence，人工智能）和 ML（Machine Learning，机器学习）主动监控、排除故障并优化网络，还能通过集成第三方系统来优化运营流程。

Cisco DNA Center Assurance 只是 Cisco DNA Center 的一个组件。Cisco DNA Center Assurance 能够更快地预测故障问题，并能够借助主动监控功能，更好地洞察网络设备、网络应用、网络服务以及客户端的运行状况，因而能够确保策略部署和配置变更达到期望的业务效果，从而为用户提供更好的服务体验，减少故障排查时间，增加更多的创新时间。

Cisco DNA Center 的内容非常多，超出了 ENARSI 认证考试范围。ENARSI 官方考试目标要求能够“使用 Cisco DNA Center Assurance 解决网络故障（连接性、监控、设备运行状况、网络运行状况）”，因而本节将重点关注该考试目标。

第一个有价值的故障排查工具就是 Overall Health（总体运行状况）页面（见图 23-5），单击 Cisco DNA Center 网站顶部的 ASSURANCE 标签即可访问该页面。该页面概述了网络和客户端的总体运行状况，可以基于最近 3h、24h 或 7 天采集到的信息显示总体运行状况。单击 Hide/Show 按钮可以查看运行状况地图以及分层站点/建筑物地图。在 Network Devices 区域和 Client 区域，可以根据网络设备以及有线和无线客户端的运行状况获得总体网络/客户端得分。页面底部的 Top 10 Issues 区域显示了应该解决的问题，单击这些问题即可显示详细信息，包括问题的影响以及解决问题的建议措施。

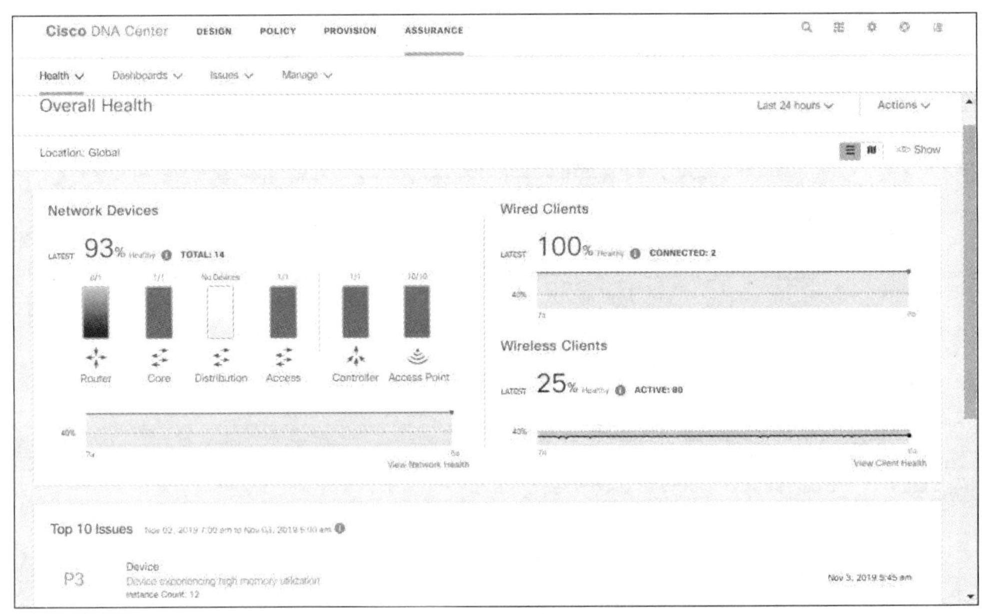

图 23-5　Cisco DNA Center Assurance 的 Overall Health 页面

另一个有价值的故障排查工具是 Network Health（网络运行状况）页面（见图 23-6），在 Cisco DNA Center Assurance 内选择 Health→Network 即可访问该页面。此外，还可以访问 Cisco DNA Center Assurance 内的 Client Health（客户端运行状况）页面（见图 23-7），访问方式是在 Cisco DNA Center Assurance 内选择 Health→Client。这些页面概述了网络以及属于网络一部分的客户端设备的运行状态。如果设备存在问题，那么将会以高亮方式显示并提供可能的建议补救措施。

可以通过 Network Health 页面了解网络及其设备的运行状况。可以根据类别（如接入层、核心层、分布层、路由器以及无线等）查看整个网络中运行正常的设备百分比，能够以 5min 为间隔显示过去 24h 内的详细信息。

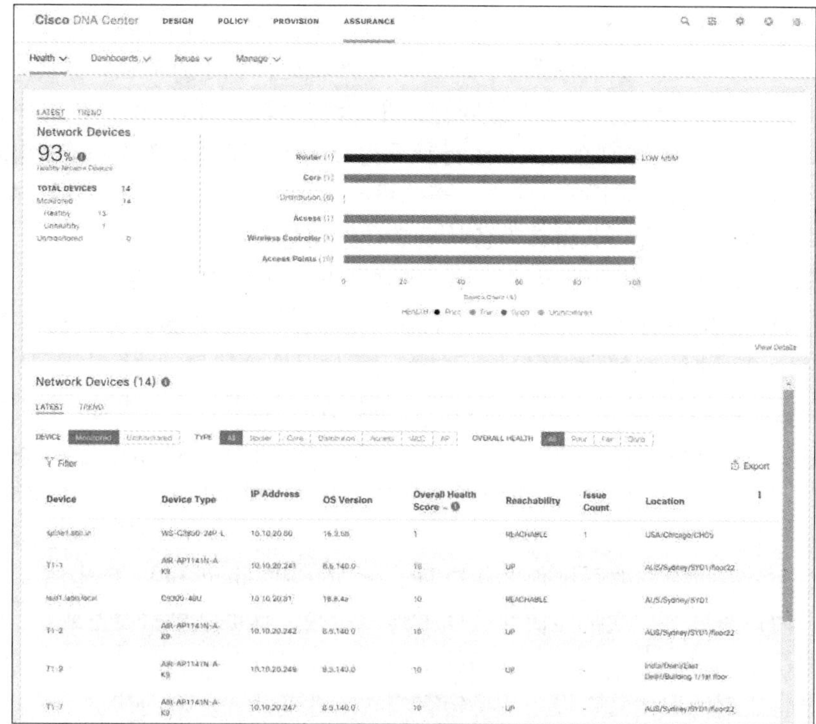

图 23-6 Network Health 页面（局部）

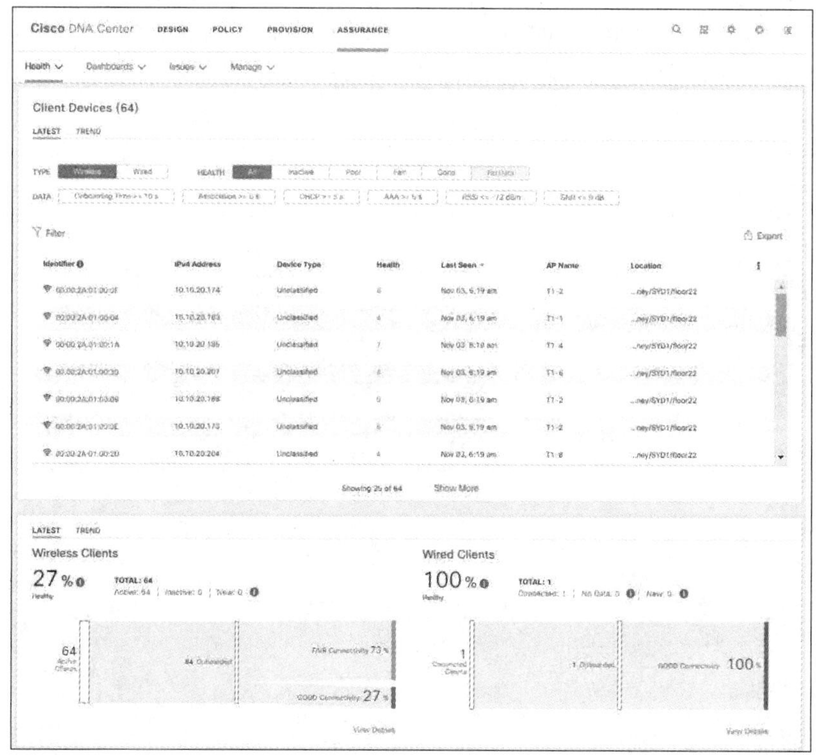

图 23-7 Client Health 页面（局部）

Network Devices 区域列出了每台设备的详细信息，如设备类型、IP 地址、OS 版本、可达性、问题计数及位置等。此外，该区域还提供了总体运行状况评分信息。运行状况得分为 1～3 的，表示关键问题，并以红色显示。运行状况得分为 4～7 的，表示告警，并以橙色/琥珀色显示。运行状况得分为 8～10 的，表示没有差错或告警，并以绿色显示。运行状况得分为 0 的，表示没有可用数据，并以灰色显示。在 Device 360 中单击具体设备，即可获得该设备的更多详细信息。

Client Health 页面的 Client Devices 区域列出了每个客户端的详细信息（见图 23-7），包括标识符、IPv4 地址、设备类型、最后看到的时间、所连接的交换机或 AP 名称以及位置等信息。此外，该区域还提供了总体运行状况评分信息。运行状况得分为 1～3 的，表示关键问题，并以红色显示。运行状况得分为 4～7 的，表示告警，并以橙色/琥珀色显示。运行状况得分为 8～10 的，表示没有差错或告警，并以绿色显示。运行状况得分为 0 的，表示没有可用数据，并以灰色显示。在 Client 360 中单击具体设备，可以获得该设备的更多详细信息。

下一个有价值的故障排查工具是 Device 360 和 Client 360。单击图 23-6 和图 23-7 中的任何设备或客户端都能访问这些工具，这些工具可以显示设备或客户端的详细信息，显示不同时间、不同应用的拓扑结构、吞吐量以及时延信息，从而让用户能够详细了解特定时间段内特定设备或特定客户端的性能状况。借助这些工具，用户可以在几秒之内展开详细的故障排查操作。图 23-8 显示了 IP 地址为 10.10.20.207 的客户端的 Client 360 仪表盘，可以看出，该客户端的 RF（Radio Frequency，射频）状况很差。在这种情况下，如果单击 Wireless client experiencing poor RF conditions on SSID “sandbox”，就会显示该问题的详细描述、最后一次出现的影响以及可能采取的建议补救措施。

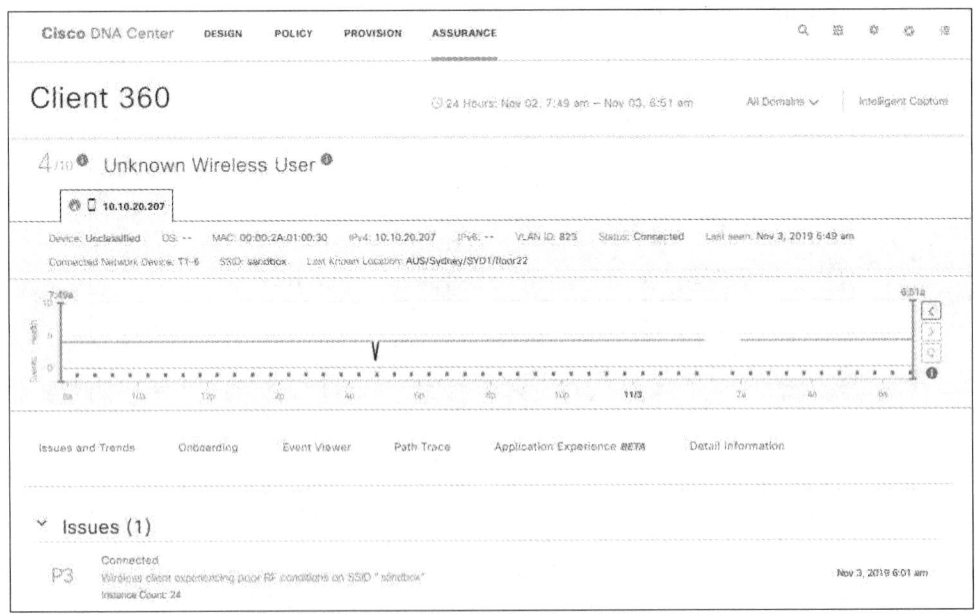

图 23-8 Client 360 页面（局部）

图 23-9 显示了名为 spine1.abc.in（IP 地址为 10.10.20.80）的交换机的 Device 360 页面。请注意，图 23-9 中显示了一个问题，即“Device experiencing high memory utilization”，如果单击该问题，就会显示该问题的详细描述以及可能采取的建议补救措施（见图 23-10）。

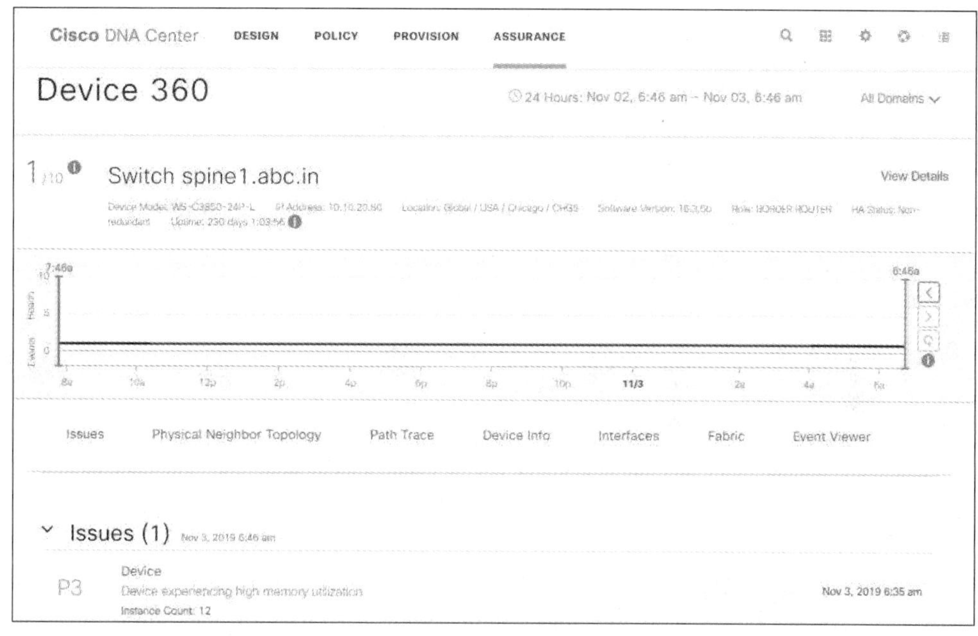

图 23-9　Device 360 页面（局部）

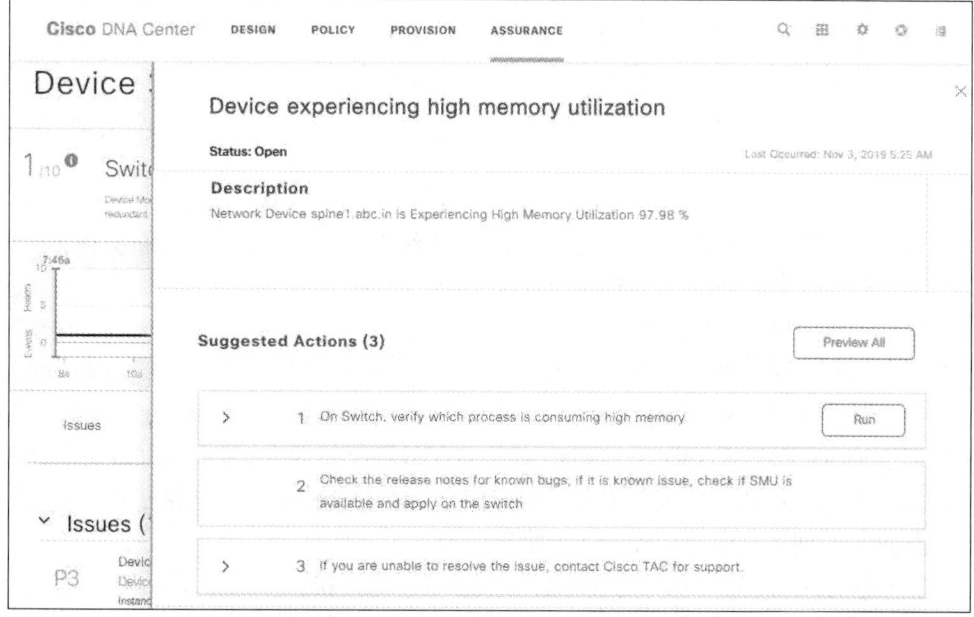

图 23-10　问题说明及建议操作

Cisco DNA Center Assurancc 提供的下一个故障排查工具是 Path Trace。该工具就是所有网络工程师都“梦寐以求”的 ping 和跟踪工具。Path Trace 能够以图形方式查看客户端上运行的应用和服务经网络中的设备到达目的端（如服务器）所经过的路径。只要简单地单击几下，即可利用该工具执行多种故障排查任务（如果采用命令行，那么很可能需要花费 5min～10min)。图 23-11 给出了在两台设备之间使用 Path Trace 的操作示例，可以在 Client 360 或 Device 360 页面访问 Path Trace。

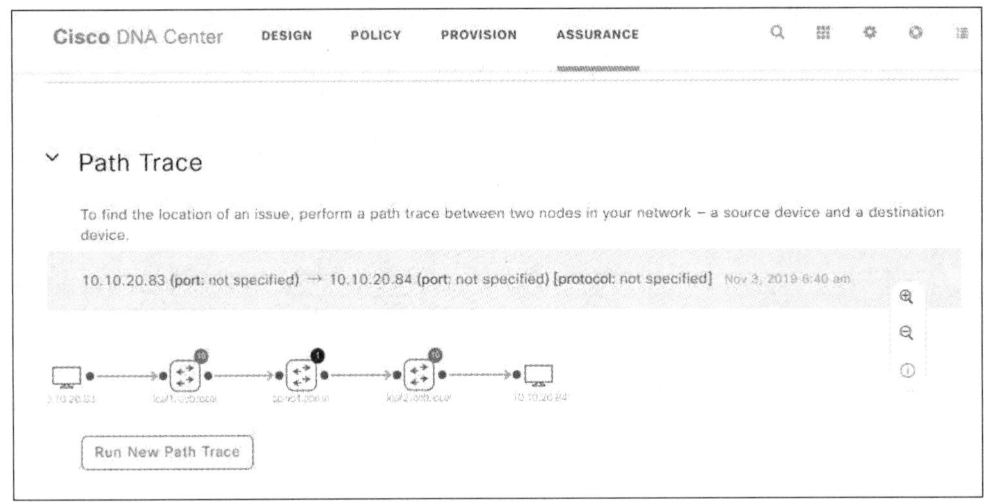

图 23-11 通过 Cisco DNA Center Assurance 的 Client 360 页面使用 Path Trace

Cisco DNA Center Assurance 提供的另一种非常出色的故障排查工具是 Network Time Travel。该工具允许用户跳进时光机并查看网络故障根源，而不用试图重现故障问题。以图 23-8 为例，该图显示了 Client 360 中的客户端的时间线视图，Cisco DNA Center 的很多区域都提供了时间线视图。可以在 Device 360 和 Client 360 页面看到整体网络运行状况、网络设备运行状况、客户端设备运行状况以及每台设备和客户端的运行状况的时间线视图。

有了 Cisco DNA Center Assurance 之后，实现网络监控操作就显得无比轻松。On-Device Analytics 功能可以对思科交换机、路由器和无线控制器执行保障和分析操作。有了该功能，只要确定了关键指标，就可以在事件发生之前立即采取措施。ITIL 将事件描述为服务中断或服务质量劣化，将整体业务目标及对象与 KPI（Key Performance Indicator，关键绩效指标）相关联，就能完全避免服务中断或服务质量劣化。

借助思科 AI 网络分析功能，可以在云端或现场部署 AI 和 ML 技术。AI 和 ML 能够增强 Cisco DNA Center Assurance 的性能和故障修复能力。可以通过自定义基线增强性能，因为 AI 和 ML 能够更好地确定核心性能改进措施；可以通过自动化机制缩短故障排查时间，从而有效提升故障修复能力。

可以通过 Global Issues 页面访问所有未解决的问题、已解决的问题和被忽略的问题（见图 23-12)。可以从 Issues 下拉列表中访问 Global Issues 页面。

最后，如果希望查看 Cisco DNA Center Assurance 能够监控到的所有故障问题，就可以从 Issues 下拉列表中选择 All Issues（见图 23-13），可以看到如下选项。

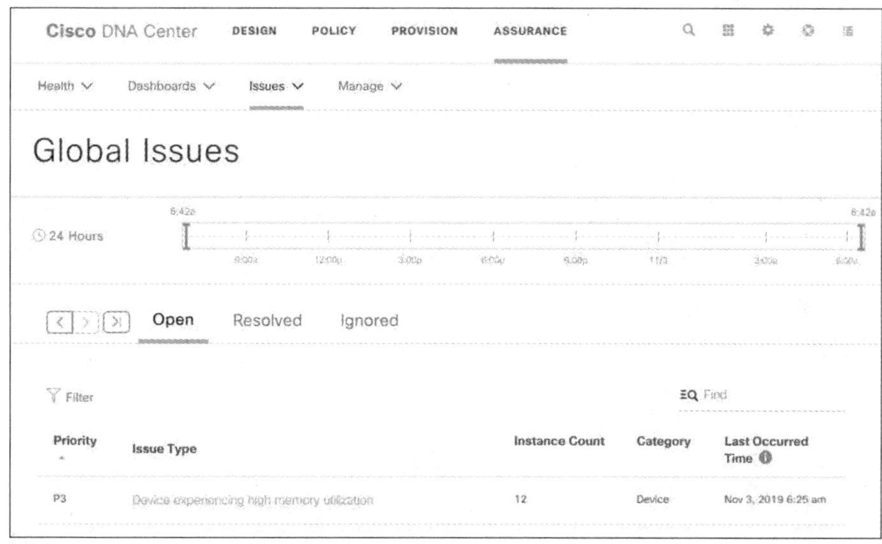

图 23-12 Cisco DNA Center Assurance 的 Global Issues 页面

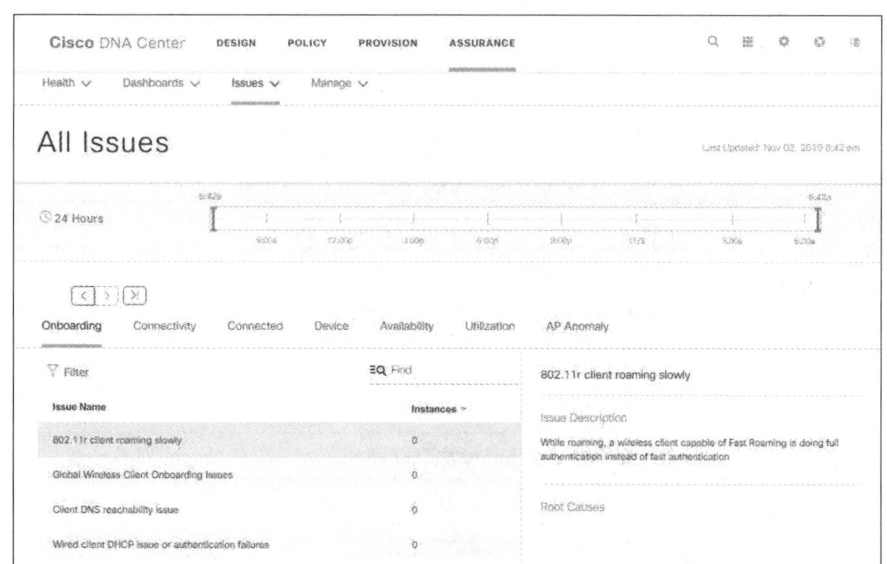

图 23-13 Cisco DNA Center Assurance 的 All Issues 页面

- **Onboarding**：用于确定与无线和有线客户端引导有关的故障问题。
- **Connectivity**：用于确定与网络连接有关的故障问题，包括路由协议（如 OSPF、BGP）和隧道。
- **Connected**：用于确定与客户端有关的故障问题。
- **Device**：用于确定与设备有关的故障问题，如 CPU、内存、风扇等。
- **Availability**：用于确定与接入点、无线 LAN 控制器等可用性有关的故障问题。
- **Utilization**：用于确定与接入点、无线 LAN 控制器、RF 等利用率有关的故障问题。

- **Application**：用于确定与应用程序体验有关的故障问题。
- **Sensor Test**：用于确定与全局传感器有关的故障问题。

备考任务

本书提供多种备考手段：此处的练习题以及 Pearson Test Prep 软件中的模拟考试题。与实际试题相比，下面问题的难度更高，因为它们都是开放式问题。通过这种难度更高的问题，读者可以更好地测试知识掌握程度，以确保完全掌握本章基本概念和主要内容。下面的问题都可以在附录中找到参考答案。

1．复习所有考试要点

请复习本章涉及的所有重要主题，这些内容都用“考试要点”图标做了标记，表 23-2 列出了这些考试要点及其描述。

表 23-2 考试要点

考试要点	描述
列表	排查控制台接入故障时的注意事项
列表	排查 Telnet 相关故障时的注意事项
列表	排查 SSH 相关故障时的注意事项
段落	密码加密等级
列表	排查 TFTP 远程传输相关故障时的注意事项
列表	排查 HTTP（S）远程传输相关故障时的注意事项
列表	排查 SCP 远程传输相关故障时的注意事项
例 23-11	验证 syslog 配置
列表	排查 SNMPv2c 相关故障时的注意事项
列表	排查 SNMPv3 相关故障时的注意事项
列表	排查 IP SLA 相关故障时的注意事项
列表	排查 NetFlow 相关故障时的注意事项
例 23-33	查看 Flexible NetFlow 流记录
例 23-34	查看 Flexible NetFlow 流监控器
例 23-35	查看 Flexible NetFlow 流监控器缓存格式记录
例 23-36	查看启用了 Flexible NetFlow 的接口
例 23-37	查看 Flexible NetFlow 流导出器信息
段落	Cisco DNA Center Assurance 的 Network Health 页面网络设备运行状况评分
段落	Cisco DNA Center Assurance 的 Client Health 页面连接网络的客户端的运行状况评分
段落	Cisco DNA Center Assurance 的 Client 360 和 Device 360 页面
段落	Cisco DNA Center Assurance 的 Path Trace 页面
列表	Cisco DNA Center Assurance 的 All Issues 的全部选项

2. 定义关键术语

请对本章中的下列关键术语进行定义。

AAA、BFD、Cisco DNA Center Assurance、Client 360、Device 360、Flexible NetFlow、流缓存、流导出器、流记录、流监控器、IP SLA、加密等级 4、加密等级 5、加密等级 7、线路、本地登录、NetFlow、对象跟踪、端口 23、端口 22、SSH、SNMPv2c、SNMPv3、syslog、Telnet。

3. 检查命令的记忆程度

以下列出了本章用到的各种重要的配置和验证命令，虽然并不需要记忆每条命令的完整语法格式，但是应该记住这些命令所需的基本关键字。

为了检查你对这些命令的记忆情况，请用一张纸遮住表 23-3 的右侧，通过表格左侧的描述内容，看一看是否能记起这些命令。

表 23-3　命令参考

任务	命令语法
显示 vty 线路上允许的入站和出站传输协议	**show line vty** *line_number* | **include Allowed**
仅显示 vty 线路上允许的入站传输协议	**show line vty** *line_number* | **include Allowed input transports**
显示运行配置中的 vty 线路配置	**show run | section line vty**
显示当前用于管理连接的线路	**show users**
显示当前是否启用了 SSH、SSH 的版本以及 SSH RSA 密钥	**show ip ssh**
显示到本地设备的 SSHv1 和 SSHv2 连接	**show ssh**
显示与 syslog 有关的信息，包括级别设置以及用于控制台、监控器、缓冲区和自陷日志记录的信息；验证缓冲区大小、缓冲区记录的内容以及 syslog 服务器的 IP 地址/端口号	**show logging**
显示路由器上配置的条件式 **debug** 命令	**show debug condition**
显示 SNMP 组信息，包括组名、安全模式、读写视图以及应用的 ACL	**show snmp group**
显示所有已配置的 SNMP 用户，输出结果包括用户名、使用的认证协议和加密协议以及用户所关联的 SNMP 组	**show snmp user**
显示 SNMP 服务器的本地配置，包括 IP 地址、UDP 端口、类型、关联的用户以及使用的安全模型	**show snmp host**
显示在本地设备上配置的 SNMP 视图	**show snmp view**
显示平台所支持的 IP SLA 操作、已经配置的操作以及当前处于活动状态的操作	**show ip sla application**
显示 IP SLA 实例的 IP SLA 配置值	**show ip sla configuration**
显示 IP SLA 实例的 IP SLA 操作结果	**show ip sla statistics**
显示 IP SLA 响应端的操作结果	**show ip sla responder**
显示本地设备已配置的跟踪对象，包括当前状态及其关联的服务或功能特性	**show track**
显示本地 NetFlow 流缓存以及配置的定时器	**show ip cache flow**
显示为 NetFlow 启用的接口以及抓取信息的方向	**show ip flow interface**

续表

任务	命令语法
显示 NetFlow 流导出器的配置，包括源和目的地址、端口号和 NetFlow 版本	**show ip flow export**
显示本地设备配置的所有用户定义的 Flexible NetFlow 流记录	**show flow record**
显示本地配置的 Flexible NetFlow 流监控器，验证关联的流记录和流导出器以及配置的定时器	**show flow monitor**
显示为 Flexible NetFlow 启用的接口以及抓取信息的方向	**show flow interface**
显示 Flexible NetFlow 流导出器的配置，包括源和目的地址、端口号和 NetFlow 版本	**show flow exporter**

由于 ENARSI 300-410 认证考试重点考查考生作为网络专家的实际动手能力，因而必须掌握与本章主题相关的配置、验证及故障排查命令。

附录

“我已经知道了吗？”测验的答案

第 1 章

1. b、d
2. a、c
3. b
4. d
5. b
6. c
7. c
8. b、c
9. a
10. a、b、c
11. d
12. c
13. c、d
14. c
15. a、b、c
16. d
17. b
18. c
19. d

第 2 章

1. b
2. c
3. c
4. a
5. a、b、c、e
6. b、d
7. b、c

8．b
9．b
10．c

第3章

1．b
2．f
3．a
4．c
5．b
6．b
7．a
8．d

第4章

1．b
2．a、b、d
3．a
4．c
5．a、b、c
6．c
7．a
8．b
9．a、b、c
10．a

第5章

1．e
2．c
3．d
4．a
5．a
6．c
7．a、b
8．b、d
9．a、c

第 6 章

1．c
2．c
3．a、d
4．b
5．b
6．d
7．b
8．b
9．b
10．b
11．a
12．c
13．c
14．a

第 7 章

1．d
2．d
3．c
4．b
5．c、d
6．b
7．a
8．b
9．a
10．b
11．b
12．b

第 8 章

1．a、b、c
2．c、d
3．b
4．b
5．a
6．c
7．c

8．b、d
9．c
10．a、b

第 9 章

1．c
2．c
3．c
4．b
5．b
6．a

第 10 章

1．a、c
2．a、c
3．b
4．c、d
5．c
6．b
7．b
8．d
9．b、c
10．a

第 11 章

1．a、c
2．a
3．b
4．b
5．b
6．b
7．c
8．a
9．a
10．a、c
11．a
12．b

第 12 章

1．b
2．b
3．a
4．c
5．a
6．d
7．c
8．a

第 13 章

1．a
2．b
3．b
4．b
5．c
6．a
7．b
8．b

第 14 章

1．c、d
2．c
3．b、c
4．c
5．b
6．b、c、d
7．a
8．c
9．a
10．a、d
11．a
12．a、c
13．a

第 15 章

1．a
2．b、c

3．a
4．a
5．a
6．b

第 16 章

1．b
2．c
3．a
4．a
5．b
6．d
7．d
8．c

第 17 章

1．a、b、c
2．a
3．c
4．c
5．a、b
6．c
7．d
8．a
9．c
10．c
11．d

第 18 章

1．a
2．c
3．d
4．c
5．a
6．c
7．c
8．a、b
9．d

10. a

第 19 章

1. a、b、c、d、e
2. b
3. b
4. c
5. a
6. d
7. a
8. b
9. b
10. a
11. b

第 20 章

1. d
2. c
3. a
4. b
5. a
6. d

第 21 章

1. d
2. c
3. b
4. c
5. b
6. b、d
7. d
8. d
9. a
10. a

第 22 章

1. d
2. b

3．c
4．a
5．c
6．d
7．b
8．d
9．a
10．d

第23章

1．a、c
2．a
3．b
4．c
5．c
6．c
7．a
8．a
9．c
10．d